Kossira · Grundlagen des Leichtbaus

Springer

*Berlin
Heidelberg
New York
Barcelona
Budapest
Hongkong
London
Mailand
Paris
Santa Clara
Singapur
Tokio*

Horst Kossira

Grundlagen des Leichtbaus

Einführung in die Theorie
dünnwandiger stabförmiger
Tragwerke

 Springer

Prof. Dr.-Ing. Horst Kossira
Technische Universität Braunschweig
Institut für Flugzeugbau
und Leichtbau
Langer Kamp 19
38106 Braunschweig

Die Deutsche Bibliothek – Cip-Einheitsaufnahme

Kossira Horst:
Grundlagen des Leichtbaus: Einführung in die Theorie dünnwandiger stabförmiger Tragwerke / Horst Kossira. - Berlin ; Heidelberg ; New York ; Barcelona ; Budapest ; Hongkong ; London ; Mailand ; Santa Clara ; Singapur ; Paris ; Tokio : Springer, 1996

ISBN 978-3-642-64846-5   ISBN 978-3-642-61444-6 (eBook)
DOI 10.1007/978-3-642-61444-6

Die Wiedergabe von Gebrauchsnamen, Handelsnamen, Warenbezeichnungen usw. in diesem Buch berechtigt auch ohne besondere Kennzeichnung nicht zu der Annahme, daß solche Namen im Sinne der Warenzeichen- und Markenschutz-Gesetzgebung als frei zu betrachten wären und daher von jedermann benutzt werden dürften.

Sollte in diesem Werk direkt oder indirekt auf Gesetze, Vorschriften oder Richtlinien (z.B. DIN, VDI, VDE) Bezug genommen oder aus ihnen zitiert worden sein, so kann der Verlag keine Gewähr für die Richtigkeit, Vollständigkeit oder Aktualität übernehmen. Es empfiehlt sich, gegebenenfalls für die eigenen Arbeiten die vollständigen Vorschriften oder Richtlinien in der jeweils gültigen Fassung hinzuzuziehen.

Satz: Reproduktionsfertige Vorlage des Autors
SPIN: 10526391   68/3020 - 5 4 3 2 1 0 - Gedruckt auf säurefreiem Papier

Wir werden das Suchen nie aufgeben,
Und das Ende all unseres Forschens
Wird dort sein, wo wir begonnen haben,
Und wir sehen den Ort zum ersten Mal.

T.S. Eliot

Vorwort

Während des Grundstudiums werden Studenten, die technische Disziplinen an Fachhochschulen und Technischen Universitäten studieren, mit den Grundlagen der allgemeinen Mechanik und damit auch der Festkörper- und Elastomechanik sowie der Festigkeitslehre in einem ersten Durchgang vertraut gemacht.

Während meiner Industrie- und Lehrtätigkeit auf den Gebieten Fluzeugbau und Leichtbau konnte ich feststellen, daß die Anwendung dieser Grundlagen auf weitergehende Theorien für viele Studenten sehr schwierig ist. Da zudem zukünftig immer mehr ein (Berufs-) lebenlanges Lernen erforderlich sein wird, ist es notwendig, weiterführende Fachliteratur lesen zu können, z.B. Bücher, die in Indexschreibweise abgefaßt sind.

Es ist daher neben der Wissensvermittlung Aufgabe dieses Buches, das eine Einführung in die Grundlagen des Leichtbaus stabförmiger Tragwerke gibt, zum einen Grundbegriffe und physikalische Zusammenhänge zu klären und zum anderen, ausgehend von der linearen Elastizitätstheorie, einfache Ingenieurtheorien insbesondere für die Anwendung auf dünnwandige stabförmige Tragwerke des Leichtbaus zu entwickeln. Es soll zudem anleiten, das systematische Vorgehen bei der Ableitung einer Theorie einzuüben und das Wissen vermitteln, das notwendig ist, um weiterführende Bücher lesen zu können, die sich z.B. mit Flächentragwerken oder mit physikalisch oder geometrisch nichtlinearen Theorien beschäftigen (Stabilitäts-, Plastizitätstheorie usw.) oder in Indexschreibweise geschrieben sind.

Um überlappend an die Vordiplomvorlesungen anzuschließen und eine systematische Darstellung ganzheitlich unter besonderer Berücksichtigung dünnwandiger Bauelemente bzw. stabförmiger Tragwerke (z.B. Tragflügel oder Rumpf eines Flugzeuges oder Schiffes, Eisenbahnwaggon, Rakete, Tragrahmen von Lastwagen, Tragkonstruktionen von Stahlbrücken, Hallen usw.) zu geben, wird teilweise Stoff der Grundvorlesungen wiederholt.

Da man nur in den seltensten Fällen ein Buch von vorn bis hinten durcharbeitet, sondern meist, ausgehend von einem zu lösenden Problem, nach Studium des Inhalts- oder Sachwortverzeichnisses dort zu lesen beginnt, wo man einen Beitrag zur gerade anliegenden Problemlösung vermutet, werden viele Hinweise auf Kapitel oder Formeln gegeben, die mit dem gefundenen Text in Zusammenhang stehen oder aber bereits in anderen Kapiteln unter anderen systematischen

Ordnungsgesichtspunkten behandelt wurden. Diese Bezüge, die auch die Vernetzung der Theorien aufzeigen, sind somit hilfreich; für den systematischen oder wissenden Leser ist das Nachschlagen jedoch oft mühsam. Dieser sollte, da er den Zusammenhang kennt, den Hinweis überlesen.

In diesem Buch wird in Kapitel 1 eine Einordnung und Abgrenzung des behandelten Stoffes und das Vorgehen bei der Idealisierung einer Struktur dargelegt, und es werden am Beispiel des Flugzeuges Definitionen gegeben, wie sie für Geräte notwendig sind an denen sich Kräfte, die aus dem umgebenden Medium resultieren sowie Antriebs- und Massenkräfte das Gleichgewicht halten.

Da die lineare Elastizitätstheorie die Grundlage der linearen Elastomechanik ist, wird diese zunächst abgehandelt, auch in Matrix- und Indexschreibweise (für karthesische Koordinaten) angeschrieben und die Differentialgleichungen für die Scheibe und die Torsionsbeziehungen für den zylindrischen Stab in Kapitel 2 hergeleitet. In Kapitel 2.5 wird zudem auf die Indexschreibweise, den Begriff des Tensors und die Transformationsbeziehungen eingegangen. Dieses mit dem Wort "Anhang" gekennzeichnete Kapitel ist ebenso wie Kapitel 2.4 für das Verständnis der im folgenden dargelegten Theorien nicht notwendig.

Kapitel 3 behandelt nach Einführung von Vereinfachungen und Abhandlung von allgemeinen Grundlagen und Definitionen die elementaren Theorien für Torsion (ETT), Biegung (EBT) und Wölbkrafttorsion (EWT). Kapitel 4 beschäftigt sich schließlich mit den Energiesätzen der Elastomechanik und ihrer Anwendung.

Da man eine Theorie erst wirklich verstanden hat, wenn man sie auf Beispiele anwenden kann, werden zu jedem Kapitel im zweiten Teil des Buches Aufgaben gerechnet, wobei zumindest ein Lösungsweg sehr ausführlich kommentiert wird. Im Anwendungsteil entspricht die Ziffernfolge bis zum Querstrich der des zugehörigen Theorieteiles. Die Bearbeitung der Beispiele erfolgte durch meine Mitarbeiter und zwar für:

Kap. 1.–	Herr Dipl.-Ing. Bardenhagen		
Kap. 2.3–	Herr Dipl.-Ing. Pleitner	und	Dipl.-Phys. Trappe
Kap. 3.1–	Herr Dipl.-Ing. Brendes		
Kap. 3.2–	Herr Dipl.-Ing. Pleitner	und	Dipl.-Ing. Kracht
Kap. 3.3–	Herr Dipl.-Ing. Humpert	und	Dipl.-Ing. Arnst
Kap. 3.4–	Herr Dipl.-Ing. Pleitner		
Kap. 4.–	Herr Dipl.-Ing. Haupt		

Ihnen, insbesondere aber Herrn Pleitner möchte ich sehr herzlich danken. Danken möchte ich auch den Studenten, die den Text geschrieben haben sowie Frau Steinkamp, die die Abbildungen des Theorieteiles und Frau Appel, die die des Anwendungsteiles erstellte.

Braunschweig, im März 1995

Inhaltsverzeichnis

Teil II: Beispiele zur Theorie und Anwendungen

Abkürzungen

AG-KOS	Allgemeines Koordinatensystem
BB	Bredt–Batho
CG	Culman'sche Gerade
DGL	Differentialgleichung
EBT	Elementare Biegetheorie
ELT	Einheitslast - Theorem
ESP	Elastischer (Flächen-) schwerpunkt
ETT	Elementare Torsionstheorie
EVT	Einheitsverschiebungs - Theorem
EWT	Elementare Wölbkrafttheorie
FVW	Faserverbund–Werkstoff
GG	Gleichgewicht
GGSG	Gleichgewichts - Spannungsgruppen
GRB	Geometrische Randbedingung
HA-KOS	Hauptachsen - Koordinatensystem
KGG	Kräftegleichgewicht
KOS	Koordinatensystem
KRB	Kraft(größen) Randbedingung
KVV	Kinematische Verschiebungs - Verzerrungs- und Verträglichkeits (- Beziehungen)
MÄ	Momentenäquivalenz
MGG	Momentengleichgewicht
PVK	Prinzip der virtuellen Kräfte
PVV	Prinzip der virtuellen Verrückungen
SM	Schubmittelpunkt (allgemeiner u. offener Profile)
SMg	Schubmittelpunkt *geschlossener* Profile
SP	Schwerpunkt
SP-KOS	Schwerpunktkoordinatensystem
SS	Statische Spannungs - Beziehungen
SSL	Statische Schnittgrößen - Lasten (- Beziehungen)
SSS	Statische Spannungs - Schnittgrößen (- Beziehungen)
UD	Unidirektional

Bezeichnungen

Symbol	Einheit K, L, M, Z	Kraft, Länge, Masse, Zeit	Erstes Auftreten
A			
A	L^2	Querschnittsfläche, Flächenintegral nullter Ordnung	1
$A_B = I_B$	L^4	Flächenträgheitsmomente bei Biegung	3.1.7
A_G	L^2	Querschnittfläche des Gurtes	3.3.8
A_Q	L^2	Schubübertragende Fläche	3.3.4
A_S	L^2	Querschnittfläche des Steges	3.3.8
A_{SF}	L^2	Fläche des Schubfeldes	4.7.1
$A_T = I_T$	L^4	Flächenträgheitsmoment bei Torsion (St. Venantscher Drillwiderstand)	2.4.2 3.1.7
$A_W = R$	L^6	Flächenträgheitsmoment bei Verwölbung	3.1.7
A_a	$K\,L$	äußere Arbeit	4.7.3
A_i	$K\,L$	innere Arbeit	4.7.3
A_0	L^2	Von der Mittellinie umschriebene Fläche	3.1.4
$(A_{0s} = \int\limits_0^s \hat{r}_t\,ds)$	L^2	Abkürzung	3.2.3
$A_z = S_y$ (A_y, A_ω)	L^3	Flächenintegral 1. Ordnung $A_z = \int z\,dA$ mit dem Abstand z zur y–Achse (statisches Moment).	3.1.7
$A_{rr} = I_p$	L^4	polares Flächenträgheitsmoment	3.1.7
$A_{yz} = I_{yz}$	L^4	Deviationsmoment, Zentrifugalmoment	3.1.7
$A_{y\omega} = I_{z\omega}$	L^5	Wölb(flächen)moment	3.1.7

$A_{zz} = I_y$ $(A_{yy} = I_z)$	L^4	Flächenintegral 2. Ordnung $A_{zz} = \int z^2 dA$ mit dem Abstand z zur y–Achse (Flächenträgheitsmoment)	3.1.7
$A_{\omega\omega} = I_\omega$	L^6	Wölbwiderstand	3.1.7
a		freier Parameter	2.2.1
a	L	Länge, Abmessung	2.4.2
B			
$\underline{B}$		Biegesteifigkeitsmatrix	3.3.3
B_ω	KL^2	Bimoment	3.1.5
b	L	Länge, Breite	2.4.2
b		freier Parameter	3.1.6
C			
C		Integrationskonstante	3.2.5
$C_q = \frac{Q_i}{A_{ss}}$	K/L^4	Konstante	3.3.5
$C_T = GA_T$	K/L^2	Torsionssteifigkeit	3.4.6
$C_\omega = EA_{\hat{\omega}\hat{\omega}}$	K/L^4	Wölbsteifigkeit	3.4.6
c		freier Parameter	3.1.6
c_{ij}		Dehnzahlen	2.2.3
c_{ij}	–	Transformationsmatrix (Indexschreibweise)	2.5.2
D			
$\underline{D}$		Differentialmatrix	2.2.1
$\underline{D}$		Dehnsteifigkeitsmatrix	3.3.3
d		freier Parameter	3.1.6
E			
E	K/L^2	Elastizitätsmodul	2.2.3
$\underline{E}$	K/L^2	Elastizitätsmatrix	2.2.3
e		freier Parameter	3.1.6
e	L	Abstand Pol (im SP) — Schubmittelpunkt	3.3.8

$\underline{e}$	–	Einheitsvektor $(e_x = e_1, e_y = e_2, e_z = e_3)$	2.5.1
$\underline{e}$	–	Verzerrungsvektor	2.2.2
$\underline{\underline{e}}, e_{ij}$	–	Verzerrungsmatrix, -tensor	2.2.2
F			
F		Kraftgröße (Überbegriff für Kräfte und / oder Momente)	1
$\underline{F}$		Kraftvektor (allgemein)	1
$\underline{\underline{F}}$	L^2/K	Federungs- , Flexibilitätsmatrix	2.2.3
F_Δ	L^2	Fläche des Dreiecks	3.3.8
f		freier Parameter	3.1.6
f_{ij}		Nachgiebigkeitskoeffizient	4.3.4
G			
G	K/L^2	Schubmodul	2.2.3
g	L/Z^2	Erdbeschleunigung	2.2.1
H			
h	L	Höhe, Abstand	3.1.1
I			
$I_y = A_{zz}$	L^4	Flächenträgheitsmoment (Flächenintegral 2. Ordnung) um die y – Achse	3.1.7
$I_{yz} = A_{yz}$	L^4	Deviationsmoment, Zentrifugalmoment	3.1.7
$I_{rr} = A_{rr}$	L^4	Polares Flächenträgheitsmoment	3.1.7
i		Laufindex	2.5.1
i	L/Z	Intensität von Quellen und Senken	3.3.5
J			
j		Laufindex	2.5.1
K			
K	K	Maßeinheit der Kraft	1
$\underline{\underline{K}}$		Koppel-(steifigkeits)-matrix	3.3.3

k	$-$	Laufindex	2.5.1
kl	$-$	Abklingfaktor	3.4.6
$k_i = \underline{X}$	K/L^3	Volumenkraft, z.B d'Alembertsche Trägheitskraft	2.2.1
k_{ij}		Steifigkeitskoeffizient	4.3.4
L			
L	L	Maßeinheit der Länge	1
$l = n_1$	$-$	Richtungscosinus $(\underline{n}x_1)$	2.2.1
l	L	Länge	2.4.2
l	$-$	Laufindex	2.5.1
l_W	L	Wölblänge	3.4.6
M			
M	M	Maßeinheit der Masse	1
$\underline{M}$	KL	Vektor des Einzelmomentes $[M_x M_y M_z]^T$	3.1.5
M_x	KL	(Einzel-) Moment, um die x-Richtung drehend	1
M^E	KL	Ersatzmoment	3.3.3
$M_{x(P)}^q$	KL	Auf einen Pol P bezogenes (Torsions-)Moment um die x Richtung wenn $\tau = $ const über der Wandstärke t ist	3.1.4
M_{xT}	KL	Torsionsmoment bei St. Venant'scher (zwangsfreier) Torsion	3.1.4
$M_{x\omega} = B'_\omega$	KL	Wölbmoment	3.1.4
m	M	Masse	1
$m = n_2$	$-$	Richtungscosinus $(\underline{n}x_2)$	2.2.1
m	$-$	Laufindex	2.5.1
$\underline{m}$	KL/L	Vektor der laufenden Momente $[m_x m_y m_z]^T$	
m_x	KL/L	Um die x-Achse drehende Komponente eines laufenden (Linien-) Momentes $\underline{m}$	1
$(\ )m$		aus der Masse resultierend	1

N			
N	K	Punkt-, Einzel-, Normalkraft (Schnittkraft)	1
N_x	K	Längskraft, Normalkraft in x-Richtung mit der Eigenschaft einer Schnittkraft	1
n		Koordinate in Normalenrichtung (z.B. zur Koordinate s)	2.4.2
n	K/L	Normal- (Kraft-) Fluß	1
$n = n_3$	–	Richtungscosinus $(\underline{n}x_3)$	2.2.1
$\underline{n}, n_j$	–	Normalenvektor $[n_1 n_2 n_3]^T$	2.2.1
$n_{xy} = n_{yx} = q$	K/L	Schubfluß	1
O			
O	L^2	Oberfläche	
O_u		Verschiebungsrand	2.2.2
O_p		Kraftrand	2.2.1
P			
P		Punkt (ausgezeichneter Ort), Pol	2.5.2
$\underline{P}$	K	äußere Punktlast, Einzelkraft	1
$\underline{P}_m$	K	Aus der Masse resultierende Kraft	1
$\underline{p}$	K/L^2	Flächenlast $[p_x p_y p_z]^T$	1
$\underline{p}$	K/L	Linienlast, Laufende Last $[p_x\ p_y\ p_z]^T$	1
$\underline{p}^E$	K/L	Ersatz - Linienlast $[p_y^E p_z^E]^T$	3.3.3
$\overline{p}$		Vorgegebene Last	2.2.1
Q			
$\underline{Q}$	K	Querkraft im engeren Sinn $[Q_y\ Q_z]^T$	1
$\underline{Q}$	K	Normalkraft $[N_x = Q_x\ Q_y\ Q_z]$ in den Koordinatenrichtungen	3.1.2
$\underline{Q}^E$	K	Ersatzquerkraft $[Q_y^E Q_z^E]^T$	3.3.3
$q = n_{xy}$	K/L	Schubfluß	1
q	L^3/Z	Durchflußmenge	3.1.3

q_0	K/L	konstanter Schubfluß	3.2.2
q_0	K/L	Integrationskonstante	3.1.3
q_Q	K/L	Schubfluß aus Querkraft resultierend	3.3.6
q_S	K/L	Schubfluß im Steg	3.3.8
q_T	K/L	Schubfluß aus Torsion resultierend	3.3.6
q_{0B}	K/L	Schubfluß bei geschlossenem Querschnitt infolge Biegung	3.3.7
q_{0T}	K/L	Schubfluß bei geschlossenem Querschnitt infolge Torsion	3.3.7
q_m	K/L	mittlerer Schubfluß	3.3.8
R			
$\underline{\underline{R}}$		Reutermatrix	2.5.5
$R_y = A_{z\omega}$	L^5	Wölb(flächen)moment um die y - Achse im Abstand z	3.1.7
$R_{\hat{y}}$	L	Krümmungsradius um die $\hat{y}$ - Achse	3.3.2
$R_{\hat{z}}$	L	Krümmungsradius um die $\hat{z}$ - Achse	3.3.2
r	L	Radius	2.4.2
r	L	Abstand vom (beliebigen) Pol	3.1.4
$\hat{r}$	L	Abstand vom Schubmittelpunkt	3.1.4
$\underline{r}$		Ortsvektor	2.5.2
r_t	L	Abstand beliebiger Pol - Tangente an die Mittellinie eines Querschnittes	2.4.1
$\hat{r}_t$	L	Abstand Schubmittelpunkt - Tangente an die Mittellinie eines Querschnittes	2.4.1
r_{SM}	L	Abstand Pol - Wirkungslinie der Querkraft durch SM	3.3.6
S			
$S_y = A_z$	L^3	Statisches Moment (Flächenintegral 1. Ordnung) um die y - Achse im Abstand z	3.1.7
s		Koordinate entlang eines Schnittes	2.4.2
s	L	laufende Koordinate die einer Kontur oder Mittellinie folgt	2.4.2

s_u	L	Umfang (Länge) der Mittellinie eines Querschnittes	3.1.1
T			
T	°	Temperaturdifferenz	2.2.3
$\underline{\underline{T}}$	–	Transformationsmatrix (Matrixschreibweise)	2.2.1
$\underline{\underline{T}}_T$	–	Transformationsmatrix eines Tensors	2.5.4
$\underline{\underline{T}}_\sigma = \underline{\underline{T}}_T$	–	Transformationsmatrix der Spannungen	2.5.3
$\underline{\underline{T}}_\epsilon$	–	Transformationsmatrix der Verzerrungen	2.5.5
$\underline{\underline{T}}_A = \underline{\underline{T}}_T$	–	Transformationsmatrix der Flächenträgheitsmomente	3.1.7
t	L	Wandstärke, Dicke	2.4.2
t_S	L	Dicke des Steges	3.3.8
t_G	L	Dicke des Gurtes	3.3.8
U			
U	L	Verschiebung (z.B. Durchbiegung) eines Punktes	4.2
U		Verschiebungsgröße (Verschiebung und / oder Drehung)	2.5.5
U_d	K/L^2	(Formänderungs-) Energiedichte	2.5.5
U_d^*	K/L^2	Komplementäre Energiedichte	4.4
U_R	L	Umfang (Länge) der Mittellinie eines Zylinderquerschnittes	4.4
U_ϵ	KL	Formänderungsenergie	4.4
U_ϵ^*	KL	Komplementäre Formänderungsenergie	4.4
u	L	Verschiebung in x-Richtung	2.2.2
$\underline{u}$	L	Verschiebungsvektor $\underline{u} = [u_1 u_2 u_3]^T = [uvw]^T$	2.2.2
$\bar{u}$	L	vorgegebene Verschiebung	2.2.2
$\underline{u}_i$	L	innere Weggrößen	3.1.2

	V		
V	K/L^3	Volumen	2.2.1
v	L	Verschiebung in y-Richtung	2.2.2
v	L/Z	Geschwindigkeit	1
v_t	L	Tangentiale Verschiebung an einem Hautelement	3.1.6

	W		
W	KL	Arbeit	4.3
W^*	KL	komplementäre Arbeit	4.3
W_b	K/L^3	Widerstandsmoment gegen Biegung (allgemein)	3.3.3
W_n	L	sekundäre Wölbfunktion (Normalenrichtung)	3.2.3
W_s	L	primäre Wölbfunktion (s − Richtung)	3.2.3
$W_{\hat{y}}$	K/L^3	Widerstandsmoment um die $\hat{y}$ - Achse	3.3.3
$W_{\hat{z}}$	K/L^3	Widerstandsmoment um die $\hat{z}$ - Achse	3.3.3
w	L	Verschiebung in z-Richtung	2.2.2
w_M	L	Aus einem Moment resultierende Durchbiegung	3.3.4

	X		
$\underline{X} = k_i$	K/L^3	Volumenkraft	1
x		Koordinate	1
$\tilde{x}$		Koordinate des gedrehten KOS	2.5.2
$\bar{x}$	L	Koordinate des SP - KOS	3.1.7
$\hat{x}$	L	Koordinate des HA - KOS	3.1.7

	Y		
y		Koordinate	1
$\tilde{y}$		Koordinate des gedrehten KOS	2.5.2
$\bar{y}$	L	Koordinate des SP - KOS	3.1.7

$\hat{y}$	L	Koordinate des HA - KOS	3.1.7
y_0	L	Schwerpunktsabstand im AG - KOS	3.1.7
y_0	L	Koordinatenabschnitt der Tangente an ein Profil	3.1.6
y_M	L	Abstand Pol - SM in y - Richtung	3.1.7
y_{Mg}	L	Abstand Pol - SMg in y - Richtung	3.3.6
y_{Q_z}	L	Abstand Pol – Q_z	3.3.7
y_{SM}	L	Abstand z - Achse – SM	3.1.7
y_{SMg}	L	Abstand z - Achse – SMg	3.3.7
$\mathbf{Z}$			
Z	Z	Maßeinheit der Zeit	
z		Koordinate	1
$\tilde{z}$		Koordinate des gedrehten KOS	2.5.2
$\bar{z}$	L	Koordinate des SP - KOS	3.1.7
$\hat{z}$	L	Koordinate des HA - KOS	3.1.7
z_0	L	Schwerpunktsabstand im AG - KOS	3.1.7
z_0	L	Koordinatenabschnitt der Tangente an ein Profil	3.1.6
z_M	L	Abstand Pol - SM in z - Richtung	3.1.7
z_{Mg}	L	Abstand Pol - SMg in z - Richtung	3.3.6
z_{Q_y}	L	Abstand Pol – Q_y	3.3.7
z_{SM}	L	Abstand y - Achse – SM	3.1.7
z_{SMg}	L	Abstand y - Achse – SMg	3.3.7
α		freier Parameter	2.2.2
α	–	Winkel	3.1.3
α	L/°L	Wärmedehnungskoeffizient	2.2.3
β	–	Winkel	
$\gamma = \rho g$	K/L³	Spezifisches Gewicht	1
γ_m	–	Mittlerer Schubwinkel	3.3.4
$\gamma_{\hat{x}\hat{y}}$	–	Gleitung, Scherung, Schubwinkel in der $\hat{x}\hat{y}$ - Ebene	2.2.2

$\gamma_{\mathrm{I}}\ \gamma_{\mathrm{II}}\ \gamma_{\mathrm{III}}$		skalare Invariante eines Tensors	
δ	–	Variationsoperator	4.2
δ	–	Virtuell (1. Variation)	4.2
$\underline{\delta}$	L	Vektor der zusammengefaßten geometrischen Größen	2.5.2
δ_{ij}	–	Kronecker - Symbol	2.5.4
$\delta_0 = \oint \frac{ds}{t(s)}$	–	Abkürzung	3.2.3
$\delta_{0s} = \int\limits_0^s \frac{ds}{t(s)}$	–	Abkürzung	3.2.3
ε	–	Dehnung	2.2.2
$\underline{\varepsilon}$	–	Verzerrungsvektor	2.2.2
ε_0	–	Membrandehnung (Über dem Querschnitt konstante Dehnung)	3.3.2
$\underline{\varepsilon}_0$	–	Vektor der Anfangsdehnung (z.B. durch Temperatur verursacht)	2.2.3
ε_{xL}	–	Dehnung aus Längung	3.1.2
ε_{xB}	–	Dehnung aus Biegung	3.1.2
ε_{xW}	–	Dehnung aus Verwölbung	3.1.2
η	–	Korrekturfaktor	3.2.5
$1/\eta_A = A/A_Q$	–	Schubverteilungszahl	3.3.4
η_A	–	Flächenwirkungsgrad	3.3.4
$\vartheta = \varphi'_x$	1/L	Verwindung	2.4.1
ϑ_i	1/L	Verwindung der i-ten Zelle	3.3.2
$\kappa_{\hat{y}} = 1/R_{\hat{y}}$	1/L	Krümmung um die $\hat{y}$ - Achse	3.3.2
$\kappa_{\hat{z}} = 1/R_{\hat{z}}$	1/L	Krümmung um die $\hat{z}$ - Achse	3.3.2
λ		Eigenwert	2.5.4
λ		Lagrangsche Multiplikatoren	4.7.5
$\underline{\underline{\lambda}}$	–	Transformatiosmatrix	2.5.2
ν	–	Poisson'sche Zahl, Querkontraktionszahl	2.2.3
π	KL	Potentielle Energie	4.7.3
π_a	KL	äußere potentielle Energie	4.7.3

π_i	KL	innere potentielle Energie	4.7.3
π^*	KL	komplementäre potentielle Energie	4.7.3
ρ	M/L^3	Dichte	1
ρA	M/L	Linienverteilte Masse	1
σ, σ_{xx}	K/L^2	Normalspannung	1
$\underline{\sigma}$	K/L^2	Spannungsvektor, verallgemeinerter Spannungsvektor	2.2.1
$\underline{\underline{\sigma}}, \sigma_{ij}$	K/L^2	Spannungs-Matrix, -Tensor	2.2.3
σ_W	K/L^2	Normalspannung infolge Wölbbehinderung	3.4.6
σ_0	K/L^2	Eigenspannungen	2.2.3
$\tau, \tau_{xy}, \tau_{xs}$ usw.	K/L^2	Schubspannungen	1
$\underline{\underline{\tau}}, \tau_{ij}$	–	Dyade, Tensor 2. Stufe	2.2.1
$\overset{(a)}{\underline{\underline{\tau}}}$		antimetrischer Tensor	2.5.4.2
$\overset{(s)}{\underline{\underline{\tau}}}$		symmetrischer Tensor	2.5.4.2
τ_{BB}	K/L^2	Schubspannung entsprechend Bredt - Batho	3.2.3
τ_{Qy}, τ_{Qz}	K/L^2	Schubspannung infolge der Querkraft Q_y bzw. Q_z	3.4.1
τ_{cr}	K/L^2	Kritische Beulschubspannung	3.3.8
τ_m	K/L^2	Mittlere Schubspannung	3.2.1
τ_ω	K/L^2	Schubspannung infolge der Verwölbung	3.4.1
Φ		Funktion (allgemein)	4.6
Φ		Airysche Spannungsfunktion	2.2.1
Φ		Prandtlsche Torsionsfunktion	2.4.2
ϕ_j	–	Winkel am Ort j	4.2.1
φ	–	Winkel	2.5.2
φ_x	–	Drillwinkel (um die x - Achse)	2.4.1
φ_y	–	Drillwinkel (um die y - Achse)	3.3.2
φ_z	–	Drillwinkel (um die z - Achse)	3.3.2
Ψ		Funktion (allgemein)	4.6

ψ	$-$	Winkel	3.1.6
$\psi = \frac{q(s)}{G\vartheta}$	L^2	Abkürzung	3.2.3
$\psi_0 = \frac{q_0}{G\vartheta}$	L^2	Abkürzung für q = const = q_0 (Bredt - Batho)	3.2.3
ψ_ω	L^2	Drillfunktion, im englischen warping function	2.4.1
$\psi_{\hat{\omega}}$	L^2	Drillfunktion bezogen auf den Schubmittelpunkt	2.4.1
ω	L^2	Wölbkoordinate (allgemein und offener Querschnitt)	2.4.1
$\hat{\omega}$	L^2	Hauptwölbkoordinate (Pol im Schubmittelpunkt)	2.4.1
ω^*	L^2	Wölbkoordinate (geschlossener Querschnitt)	2.4.1
$\hat{\omega}^*$	L^2	Hauptwölbkoordinate (geschlossener Querschnitt)	2.4.1
ω_{SM}	L^2	ω bezüglich des Schubmittelpunktes	3.1.7
ω_0	L^2	Integrationskonstante	3.1.4

1 Einführung

Soll eine neue Struktur, die eine vorgegebene Aufgabe unter einwirkenden Lasten (Kräften, Momenten, Temperaturen usw.) zu erfüllen hat, entwickelt werden, so wird zunächst der Konstrukteur aus seiner Erfahrung gepaart mit Phantasie und Inspiration den ersten Schritt (nämlich *von Null auf Eins*) machen und eine Struktur zeichnerisch darstellen, die die an sie gestellten Anforderungen wahrscheinlich erfüllen kann. Im zweiten Schritt (*von Eins auf Zwei*), muß das Tragverhalten der Konstruktion analysiert werden. Wegen der im allgemeinen hohen Komplexität muß die letztere bereits zu diesem Zeitpunkt in ein idealisiertes Ersatzsystem (siehe Abb. 1 − 1) überführt werden, auf das dann mehr oder weniger genaue Analysewerkzeuge angewandt werden können. Die Genauigkeit der Idealisierung ebenso wie die der verwendeten Analysewerkzeuge sollte abgestimmt sein und beeinflußt Kosten und Sicherheitszuschläge. Je genauer und damit kostenaufwendiger die Analyse, um so geringer die Sicherheitszuschläge und damit um so leichter die Struktur.

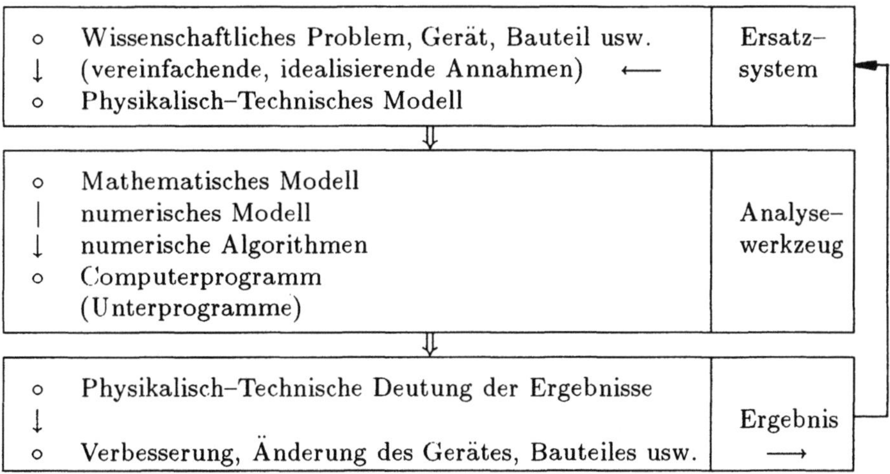

Abb. 1 − 1

Die Aufgabe des Statikers ist, die physikalischen Zusammenhänge der einzelnen
Elemente des Ersatzsystems zu erfassen, verbal zu beschreiben und anschließend
in einer mathematischen Schreibweise zu formulieren. Dabei ist darauf zu achten, daß die getroffenen (*vereinfachenden*) *Annahmen* und *Voraussetzungen* im
vorliegenden Fall auch zutreffen. Nach dem Durchlaufen von Rechengängen muß
das gefundene mathematische Ergebnis wiederum physikalisch gedeutet werden,
um Schlußfolgerungen zur Verbesserung der Konstruktion ziehen zu können.

Analysiert man Tragwerke, so können diese generell in *stabförmige Tragwerke*,
Flächentragwerke und *Körpertragwerke* eingeteilt, bzw. Konstruktionen oder zumindest ihre Elemente als solche idealisiert werden. Abmessungen und Bean-
spruchungsarten spielen bei der Einordnung und Abgrenzung der Tragwerke eine
Rolle. So kann z.B. ein Verstärkungsprofil, ebenso wie ein Schalenstück eines
Flugzeugrumpfes oder der gesamte Rumpf als stabförmiges Tragwerk aufgefaßt
und berechnet werden. Je nach Idealisierung muß auf die Erfüllung unterschiedlicher Voraussetzungen geachtet werden und werden der Rechenaufwand und das
erzielte Ergebnis voneinander abweichen. Aber auch bei der Idealisierung eines Bauteiles als stabförmiges Tragwerk kann die Realität unterschiedlich genau
erfaßt werden. So können z.B. die aus Schubspannungen und Wölbspannungen resultierenden Anteile mit genaueren Theorien erfaßt und "mitgenommen"
werden oder dürfen unter gewissen Voraussetzungen vernachlässigt werden. Genauere Abgrenzungen und Definitionen erfolgen dazu in Kap. 3.1 und bei der
einführenden Darlegung der verschiedenen Theorien.

Übersicht:					
Theorie		Verschie-bungen	Verzerrungen	Werkstoff	Kraftansatz auf Geometrie im Zustand
geometrisch	physikalisch				
linear	linear	klein (infinitesimal)	klein (infinitesimal)	elastisch	unverformt
nichtlinear	linear	groß (endlich)	klein/groß	elastisch	verformt
linear	nichtlinear	klein (infinitesimal)	klein/groß	elastisch plastisch	unverformt
nichtlinear	nichtlinear	groß (endlich)	groß (endlich)	elastisch plastisch	verformt

Abb. 1 − 2

Die bei der Analyse zu untersuchenden *statischen Versagensarten* resultieren
aus *Spannungsproblemen*, die meist mit linearen Theorien (bei denen die Kräfte
am unverformten Bauteil angesetzt werden dürfen) genügend genau beschrieben
werden, oder aus *Stabilitätsproblemen*. Die letzteren, die bei dünnwandigen
Bauteilen, wie sie vor allem im Leichtbau vorkommen, eine wichtige Rolle spielen, kann man wiederum in zwei Arten unterteilen, in *Durchschlags-* und *Ver-*

zweigungsprobleme. Es versagt hierbei die Konstruktion nicht aus Festigkeits-, sondern aus Stabilitätsgründen (Knicken, Beulen, Auskippen). Bei der Ableitung der beherrschenden Differentialgleichung (DGL) müssen in diesen Fällen (es handelt sich um geometrisch nichtlineare Theorien) die Kräfte am verformten Bauteil angesetzt werden.

Da bei Stabilitätsversagen im Vergleich zur Wandstärke immer große Verformungen auftreten, kann das kinematische Verhalten der Geometrie nur mit einer *geometrisch nichtlinearen Theorie* beschrieben werden. Diese Beschreibungsform ist auch bei Spannungsproblemen anzuwenden, wenn die Verformungen groß sind und genau ermittelt werden müssen (vgl. Abb. 1 − 2).

Eine weitere Unterscheidung muß bei der Betrachtung des physikalischen Verhaltens des Werkstoffes getroffen werden. Soll dieser nur im Bereich der Hooke-schen Geraden (z.B. bei technischen Metallegierungen) beansprucht werden, so liegt ein physikalisch lineares Verhalten vor. Soll jedoch die Traglast, d.h. das vollständige Versagen eines Bauelementes bestimmt werden, so muß die durch das Fließen aufgenommene Last mit berücksichtigt und damit mit einer *physikalisch nichtlinaren Theorie* gearbeitet werden (Abb. 1 − 3 und 1 − 4).

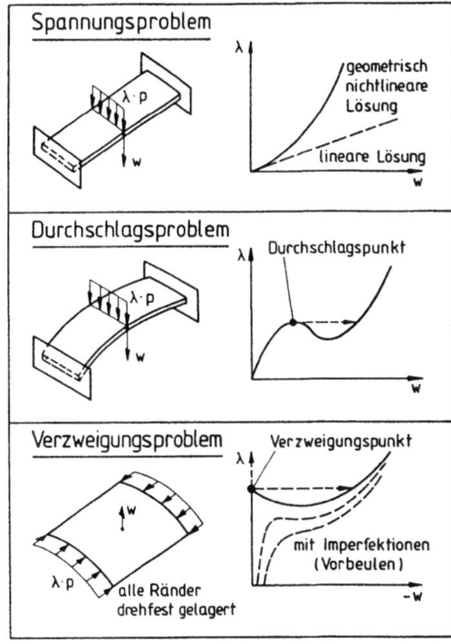

Geometrisch nichtlineare Probleme

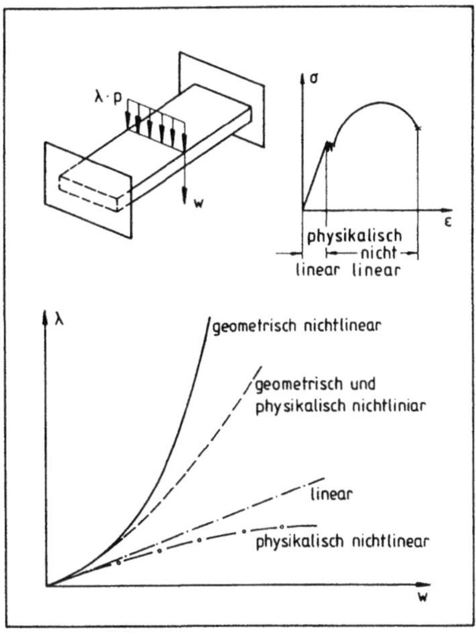

Einfluß geometrischer und physikalischer Nichtlinearitäten auf das Tragverhalten

Abb. 1 − 3   Abb. 1 − 4

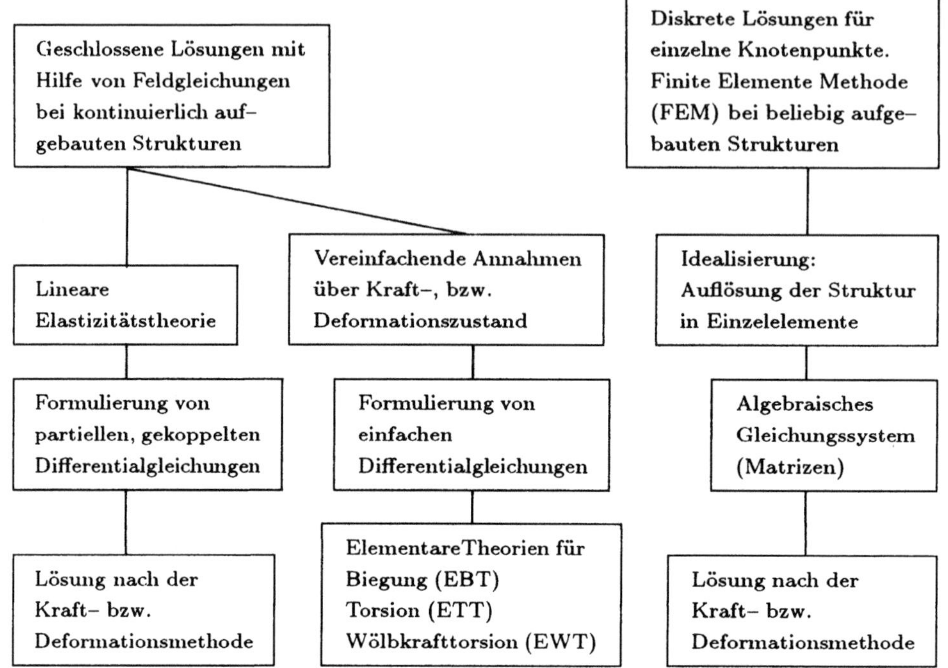

o Nur für einfache Fälle sind
geschlossene Lösungen findbar

o Anwenden numerischer Verfahren

Abb. 1 − 5

In diesem Buch werden nur Spannungsprobleme an stabförmigen Tragwerken (unter Längs−, Quer− und Torsionsbelastung) behandelt, außerdem wird ein sowohl geometrisch als auch physikalisch lineares Verhalten der stabförmigen Tragwerke vorausgesetzt. In Abb. 1 − 5 sind die Möglichkeiten zur Lösung statischer Fragestellungen ohne Berücksichtigung von energetischen Methoden dargestellt.

Mit Hilfe der linearen Elastizitätstheorie kann man gekoppelte partielle Differentialgleichungen (DGL'n) formulieren, die die Feldgrößen (Spannungen bzw. Verschiebungen) an jeder Stelle des Feldes beschreiben. Die DGL'n können theoretisch nach der Kraft- bzw. Deformationsmethode gelöst werden. Leider sind geschlossene Lösungen nur für sehr einfache Fälle (Berandungen und Randbedingungen) findbar. Die Differentialgleichungen der linearen Elastizitätstheorie werden hergeleitet und auch in Matrix- und Index-Schreibweise angeschrieben.

Durch vereinfachende Annahmen über den Kraft- bzw. Deformationszustand (Bernoulli 1654 − 1705, St. Venant 1797 − 1886) ist es möglich, für *stabförmige Tragwerke* recht einfache gewöhnliche DGL'n zu formulieren, die in einem großen Bereich angewendet werden können und sehr einfach zu lösen sind. Navier (1785 − 1836) veröffentlichte 1826 ein Buch über die Biegetheorie. Auf die Grenzen der

Anwendbarkeit der abgeleiteten *Elementaren Biege-Theorie* (EBT) und der *Elementaren Torsions-Theorie* (ETT) wird eingegangen. Es erfolgt außerdem eine Erweiterung durch die Einbeziehung der *Wölbkrafttorsion*, bei der auf das Ebenbleiben des Querschnittes durch die Mitnahme eines bilinearen Dehnungsgliedes verzichtet wird.

Ein statisches Problem kann zum einen mit Hilfe der beherrschenden DGL'n analysiert werden, zum anderen ist dies aber auch durch Energiebetrachtungen bzw. die Anwendung der Variationsrechnung möglich. Die bekannten Energiesätze werden daher abgeleitet, und am Beispiel des *Prinzips der virtuellen Kräfte* (PVK) bzw. *Prinzips der virtuellen Verschiebungen* (PVV), des *Einheits-Last-Theorems* (ELT) bzw. *Einheits-Verschiebungs-Theorems* (EVT) sowie der *Sätze* I und II von *Castigliano* wird das Arbeiten mit ihnen an stabförmigen Tragwerken demonstriert.

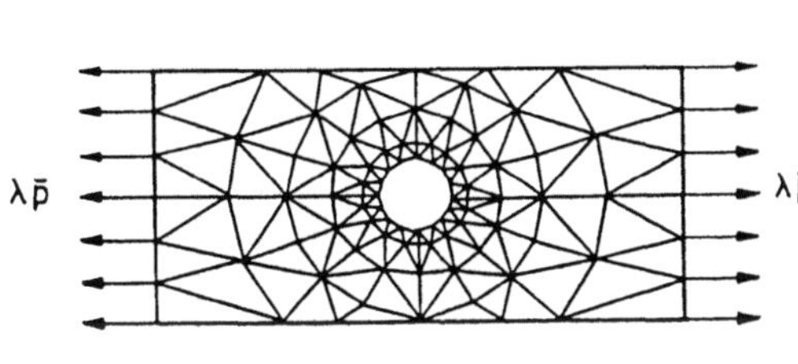

Abb. 1 − 6   Abb. 1 − 7

Eine weitere, vor allem durch die Verfügbarkeit von schnellen Rechnern mit einem großen Speicher sich heute sehr schnell verbreitende Möglichkeit Tragwerke zu analysieren, ist durch die *Finite Element Methode* (FEM) gegeben (Abb. 1−6 und 1 − 7). Mit dieser universellen Methode, die seit den 50er Jahren immer weiter entwickelt wurde, ist es möglich, beliebig aufgebaute Strukturen zu analysieren. Die Konstruktion wird dabei in einzelne beliebig große finite Elemente (FE), die Stäbe, Balken, Scheiben, Platten, Schalen usw. charakterisieren, diskretisiert ("zerschnitten") und in einzelnen Knoten (diskreten Punkten) miteinander verbunden. Die Gleichgewichts- und Verträglichkeitsbedingungen müssen nur in diesen Punkten erfüllt sein. Man erhält für eine Struktur ein algebraisches Gleichungssystem, dessen Größe von der Zahl der Knoten und der Zahl der Freiheitsgrade pro Knoten abhängt. Dieses Gleichungssystem ist theoretisch wiederum nach der *Kraft-* bzw. *Deformationsmethode* auflösbar. Praktisch haben sich jedoch die Deformationsmethode und die *Gemischten Methoden* durchgesetzt. Die Güte der Näherungslösung wird durch die Zahl der Freiheitsgrade pro Knoten und die Größe der Elemente bestimmt. Die Elementeigenschaften, ausgedrückt durch die Steifigkeitsmatrix, resultieren meist aus *Energietheoremen* bzw. der *Variationsmethode*.

Vorgehen bei der Idealisierung, Definitionen

Da erfahrungsgemäß dem Lernenden am Anfang die Approximation eines Gerätes durch ein Ersatzmodell schwer fällt, oder er Schwierigkeiten hat, die Theorie (z.B. des Biegebalkens) auf ein durch Lasten beanspruchtes Gerät (z.B. Flugzeug) anzuwenden, sollen im folgenden am Beispiel eines Flugzeuges zunächst einige aus den Mechanikvorlesungen bekannte Definitionen wiederholt und auf die Modellbildung sowie das generelle Vorgehen kurz eingegangen werden.

Eine Konstruktion unterliegt im allgemeinen einer Reihe unterschiedlicher *Lastfälle*. Für jeden dieser Lastfälle müssen durch *Lastannahmen* zunächst die *äußeren*, sich im Gleichgewicht miteinander befindenden Lasten bestimmt werden. Aus diesen resultieren für jeden beliebigen Schnitt jeweils die sogenannten *Schnittlasten* bzw. *Schnittgrößen* N, Q, M, M_ω usw. Man trägt den Schnittlastverlauf über dem stabförmigen Tragwerk für die verschiedenen Lastfälle jeweils auf und bestimmt daraus die Enveloppe, d.h. die Einhüllende der Schnittgrößen für die verschiedenen Lastfälle. Man überprüft nun, ob die zunächst angenommene Quer–Schnitt–Fläche mit der geforderten Sicherheit der zulässigen Vergleichsspannung des gewählten Materials entspricht. Ist dies nicht der Fall, muß die Querschnittsfläche geändert werden (siehe auch Lösungsschema Kap. 3.1.2, Abb. 3.1.2 − 1).

Zu den *vorgegebenen, äußeren Lasten*, aus denen die Schnittlasten bestimmt werden, gehören die *Oberflächenlasten*, die *Volumenlasten*, sowie die *sonstigen Lasten*, die z.B. Vorspannungen σ_0 hervorrufen, aus Temperaturen resultieren, die wiederum Wärmedehnungen (ε_0) und damit Wärmespannungen erzeugen, oder aus anderen Gegebenheiten entstehen.

Oberflächenlasten resultieren aus Kräften, die auf die Oberfläche einer Konstruktion oder eines Bauteiles einwirken. Zu ihnen gehören auch die Lasten, die man durch das *Freischneiden* eines Bauteils aus einer Konstruktion (dadurch ensteht ja eine neue Oberfläche an der diese Lasten wirken) erhält. Eine Flächenlast kann damit eine *äußere Last*, d.h. *vorgegebene Last*, oder eine nicht vorgegebene Last, z.B. eine *freigeschnittene, innere Last*, d.h. *Schnittlast*, sein. Im allgemeinen geht aus der Aufgabenstellung oder dem Rechengang hervor, ob es sich um eine *vorgegebene äußere* oder eine *Schnittlast* handelt. Man verwendet daher für beide der Einfachheit halber den gleichen Buchstaben. Sollte eine Verwechslung möglich sein oder der Tatbestand besonders hervorgehoben werden, so wird die *vorgegebene äußere* Last mit einem Querstrich als Superskript versehen z.B. $\bar{p}, \bar{m}, \overline{M}$ usw. Da am Rand die äußere Last gleich der inneren sein muß, schreibt man hier die Randbedingung $p = \bar{p}, m = \bar{m}, M = \overline{M}$ usw. Bei Einzellasten die als *Schnittgrößen* Kräfte und Momente erzeugen, soll immer unterschieden werden. Es ist $\underline{P} = [P_x P_y P_z]^T$ die äußere Kraft und $\underline{N} = [N_x = Q_x Q_y Q_z]^T$ die entsprechende Schnittkraft. Am Rand gilt somit $\underline{P} = \underline{N}$.

Flächenlast-, Linienlast-, Einzellast an einer Tragfläche

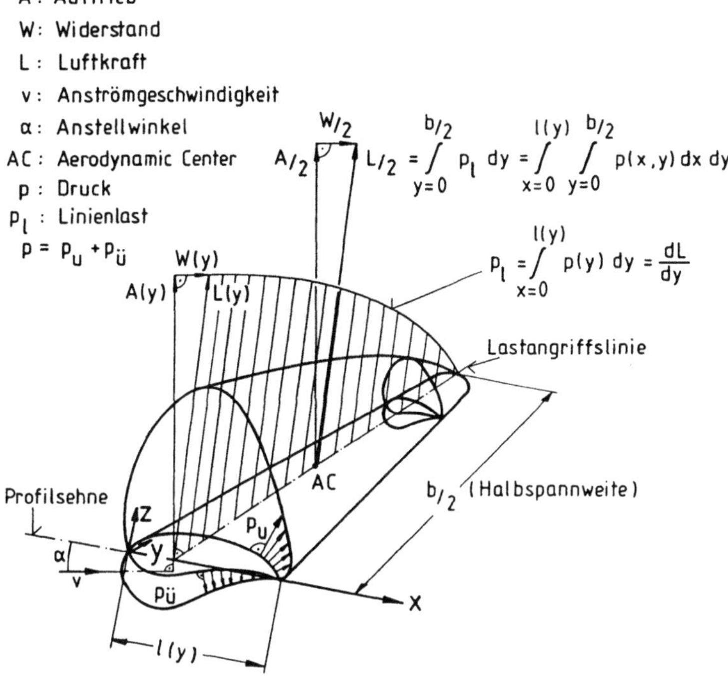

Abb. 1 − 8

Man unterteilt Lasten in:

Flächenlasten: $\underline{p}$ $\left[K/L^2, \text{ d.h. } \mathbf{Kraft/Länge^2}\right]$ ist z.B. ein Überdruck ($p_ü$), bzw. Unterdruck (p_u) auf einem Tragflügel (Abb. 1 − 8). Die Flächenlast einer Schnittfläche ist $\underline{p}$ und entspricht der Spannung $\underline{\sigma}$ (vgl. Gl. 2.2.1 − 7).

Linienlasten: $\underline{p} = [p_x p_y p_z]^T$ [K/L] Integriert man eine Flächenlast in einer Richtung, z.B. die Druckverteilung über die Flügeltiefe (Abb. 1−8), so erhält man eine Linienlast in Spannweitenrichtung. Linienlasten sind damit ebenfalls Flächenlasten, die auf eine linienförmige Oberfläche einwirken; z.B. kann ein Eisenbahnzug auf einer Brücke bei zweidimensionaler Betrachtung als Linienlast idealisiert werden.
Aus einer inneren Flächenlast $\underline{p}$ wird z.B. durch Integration über die Wandstärke t ebenfalls eine Linienlast (siehe dazu Kap. 2.3, Abb. 2.3 − 1).

$$n_y = \int\limits_{-t/2}^{+t/2} \sigma_{yy}\, dz \quad \text{oder} \quad n_{xy} = n_{yx} = q = \int\limits_{-t/2}^{+t/2} \tau_{xy}\, dz$$

Sind die Spannungen (σ, τ) über der Wandstärke konstant, wie z.B. bei einer Scheibe, an der definitionsgemäß äußere Lasten immer in der Mittelfläche angreifen, und integriert man über t, so erhält man an der Mittelfläche angreifende Linienlasten, nämlich:

$$Normalfluß \quad n = \sigma \cdot t$$

$$Schubfluß \quad q = \tau \cdot t$$

Bei dünnwandigen Behäutungen im Leichtbau (z.B. Außenhaut eines Flugzeugrumpfes) ist meist die *"Scheibenbedingung"* $\underline{\sigma} = $ const über t genügend genau erfüllt.

Einzel- oder *Punktlasten*: $\underline{P} = (P_x P_y P_z)^T$ $[K]$ Integriert man eine Flächenlast über die gesamte Fläche, so erhält man eine Einzellast. Diese ist somit eine Flächenlast, die auf eine unendliche kleine Fläche wirkt. Siehe dazu die in Abb. $1 - 8$ integrierte Flächenlast $\underline{P} = L/2$ über der Halbspannweite. Ihr Pendant ist an einem Schnitt die Schnittkraft $\underline{N} = [N_x \, Q_y \, Q_z]^T$.
Der Angriffspunkt der Punktlast ergibt sich aus dem Momentengleichgewicht und analog der Verlauf der Lastangriffslinie der Linienlast auf der Lastangriffsfläche der Flächenlast. (Siehe Abb. $1 - 8$)

Volumenlasten: $\underline{X} = [X_x X_y X_z]^T$ $[\text{K}/\text{L}^3]$ sind dem Volumen eingeprägte Lasten, die z.B. aus der Massenträgheit (d'Alembertsche Trägheitslasten), dem Magnetismus o.a.m. resultieren. Ebenso wie man, ausgehend von einer Flächenlast, durch Teilintegration zu Linien- und schließlich zu Punktlasten kommt, kann man durch Teilintegration über den Verlauf der Komponenten der Volumenlast auch hier *Linienlasten* oder *Punktlasten* bilden. Für Lasten aus der Masse m einer Konstruktion ist z.B. die dem Volumen eingeprägte und damit aus der Masse resultierende, auf das Volumen bezogene Kraft $\underline{X}$ gleich dem spezifischen Gewicht γ; und mit der Erdbeschleunigung g und der Dichte ϱ ist:

$$\underline{X} = \gamma = \varrho \, \underline{g}$$

und die Kraft aus der Masse: $\qquad \underline{P_m} = \varrho \, \underline{g} \, V = \underline{g} \int dm = \int \underline{X} \, dV$

Volumenlasten sind praktisch immer vorgegebene Lasten.

In Abb. $1 - 9$a ist die Kraft aus der Masse der Zelle für einzelne Abschnitte eines Sportflugzeuges im jeweiligen Teilschwerpunkt angreifend dargestellt, sowie die Gesamtmasse im Gesamtschwerpunkt SP. In Abb. $1 - 9$b ist über der Rumpflängsachse die aus der *Massenverteilung* $\varrho \cdot A$ resultierende *Kraftverteilung* p_m, eine Linienlast, aufgetragen. Dabei ist $A = A(x)$ der an der Stelle x vorhandene Materialquerschnitt. Zu der Masse der Zelle kommen nun noch die Massen durch Einbauten wie Motor, Sitze, Geräte usw. ebenso wie für Kraftstoff, Gepäck, Piloten usw. als Einzelmassen hinzu.

Während des gesamten Fluges eines Flugzeuges (Start, Steigflug, Reiseflug, Abfangen, Auftreten von Böen usw.) sind die Massenkräfte mit den Luftkräften im Gleichgewicht und erzeugen an der Struktur Schnittkräfte. Man muß somit zunächst die äußeren, für die Struktur vorgegebenen Kräfte aus den verschiedenen Lastfällen (Einwirken von Böen auf das Flugzeug, Fliegen von unterschiedlichen Manövern) ermitteln, ehe man die daraus resultierenden Schnittkräfte bestimmen und damit schließlich die zunächst angenommene, bzw. durch die Konstruktion zunächst vorgegebenen Wandstärken auf ihren Sicherheitsfaktor hin überprüfen kann, um in weiteren Iterationsschritten die Wandstärken schließlich zu optimieren.

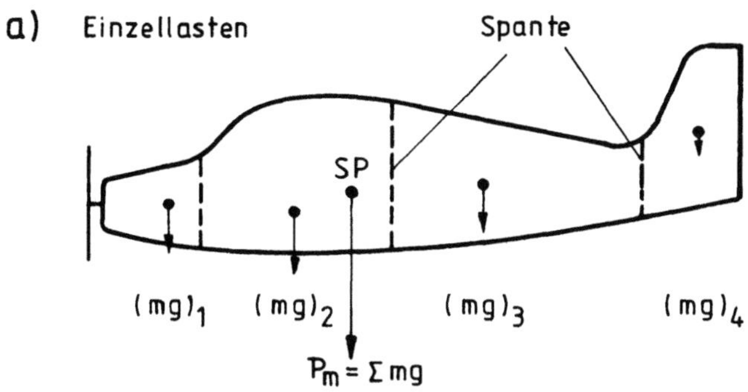

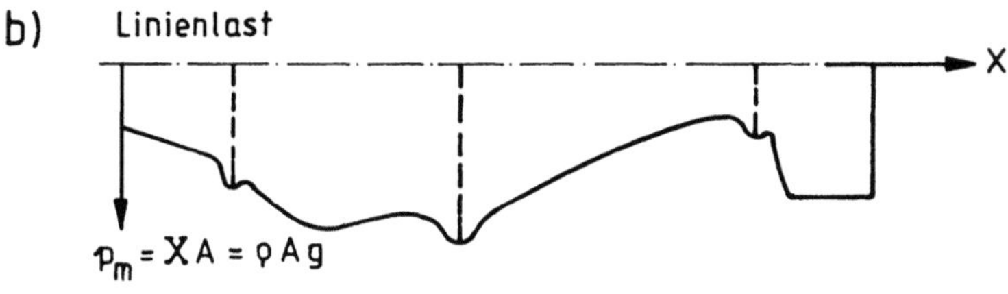

Abb. 1 − 9

Unterschiedliche Approximationsstufen der Idealisierung und das Vorgehen sollen am Beispiel eines *Flugzeuges im stationären Horizontalflug* in einer Folge von Abbildungen noch einmal erläutert werden.

Lastfall: Stationärer Horizontalflug

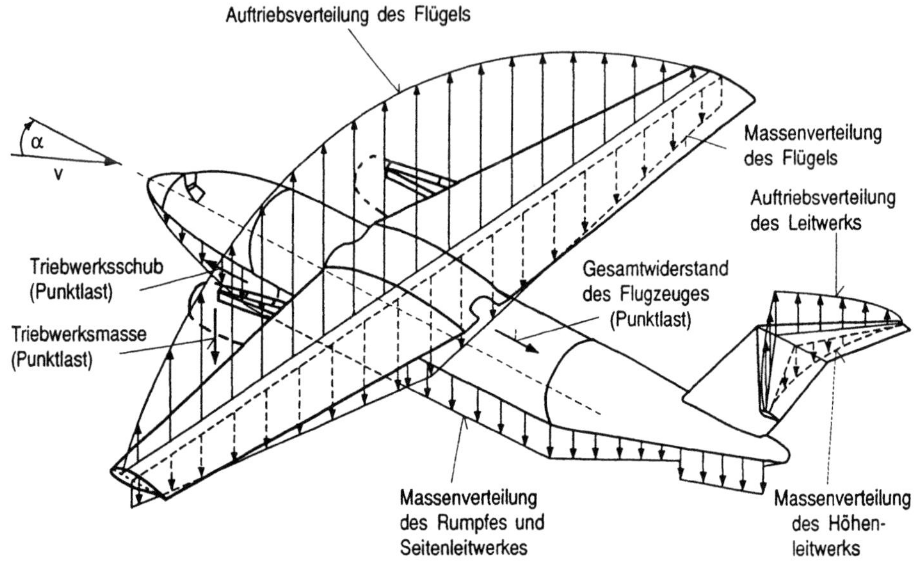

Abb. 1 – 10

Forderungen: $\circ\ \sum F \overset{!}{=} 0$

$\circ\ \sum M \overset{!}{=} 0$

$\circ$ Zulässige Spannungen und Verformungen

dürfen nicht überschritten werden

Die mit Hilfe aerodynamischer, flugmechanischer und konstruktiver Abschätzungen ermittelten Kraftfelder bzw. Kraftverläufe (Linienlasten) bzw. Einzellasten und, falls sie parallel verschoben wurden, die zugehörigen Momente werden je nach Zweck in ein Modell der vorgegebenen äußeren Lasten überführt. (Abb. 1 – 10 und 11).

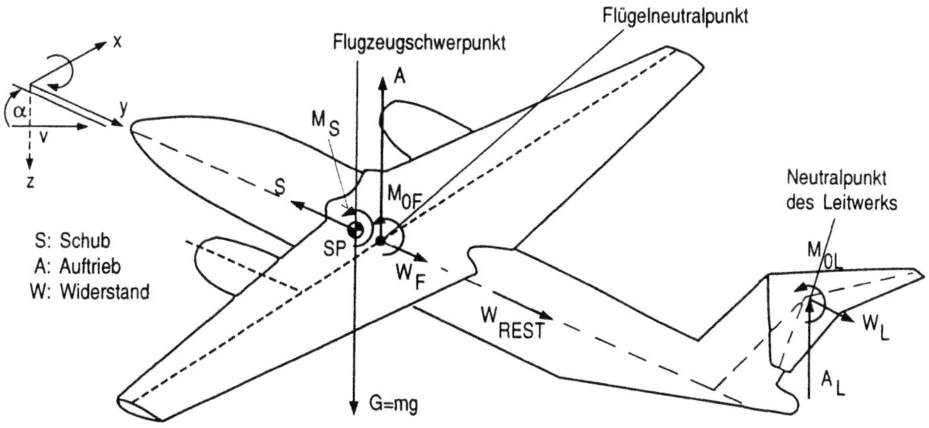

Abb. 1 − 11

Durch *Freischneiden* kann nun das Flugzeug in einzelne Tragwerke (Flügel, Rumpf, Leitwerk usw.) aufgeteilt werden. (Abb. 1 − 12)

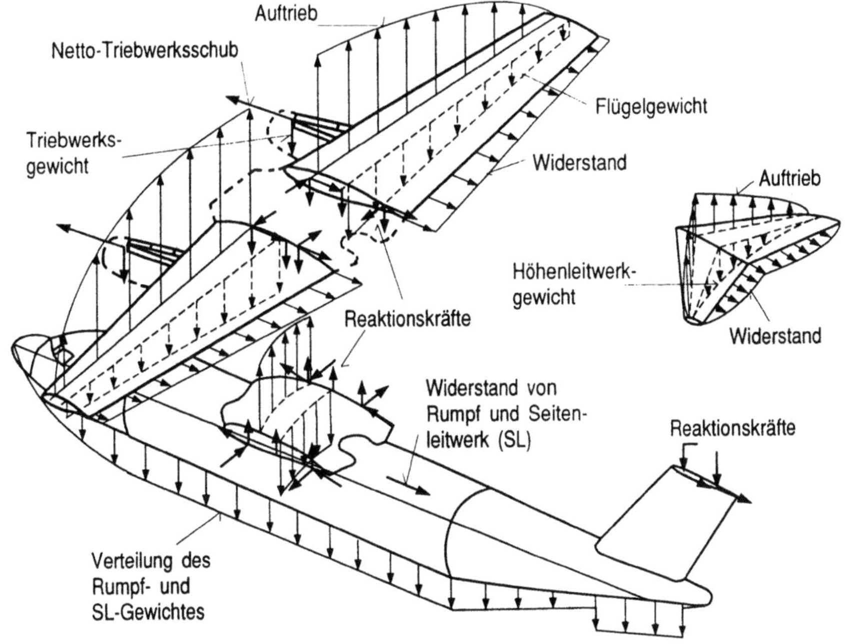

Abb. 1 − 12

Betrachtet man z.B. den Flügel als *stabförmiges Tragwerk*, so erfolgt nun zweckmäßigerweise nach Bestimmung der *Schwerelinie* (Verbindungslinie der *Flächenschwerpunkte* (SP)) und der *elastischen Linie* (Verbindungslinie der *Schubmit-*

telpunkte (SM)) aus der Konstruktion die Idealisierung zum belastungsmechanischen Ersatzmodell (Abb. 1 − 13) und mit Hilfe der *Kraft-Randbedingungen* (KRB) und der *statischen Schnittkräfte Lasten - Beziehungen* (SSL) (siehe Gl. 3.1.5 − 16) die Ermittlung der Schnittlasten.

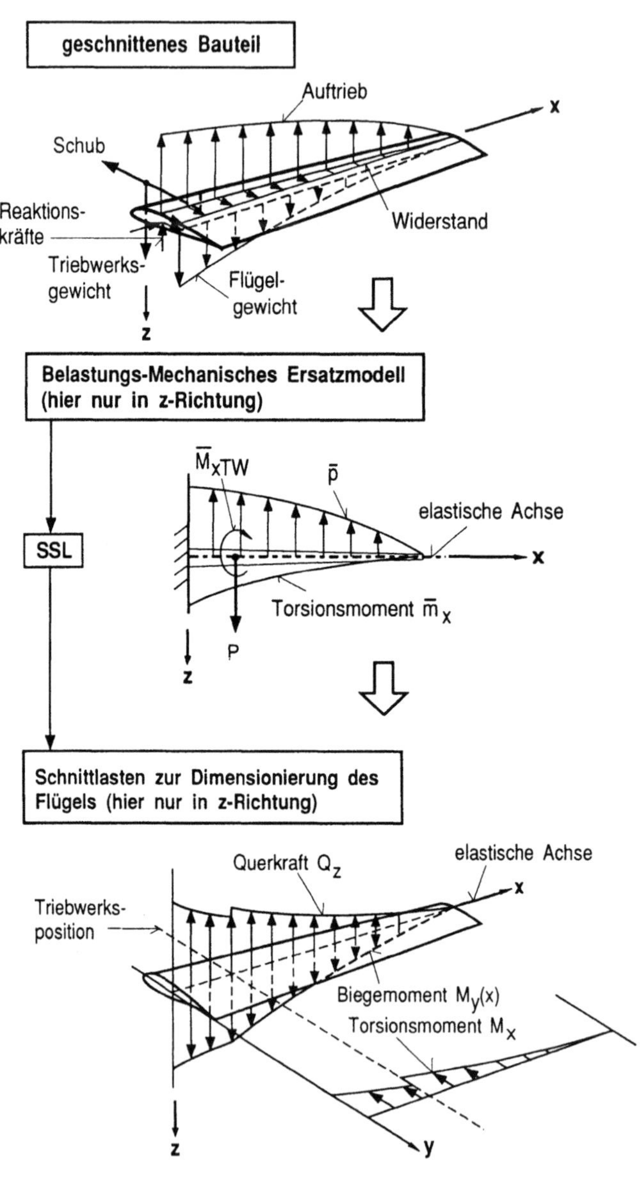

Abb. 1 − 13

Anmerkung: Soll das Tragwerk als *stabförmiges Tragwerk* idealisiert werden, so müssen die quer zur Stabachse x wirkenden Querkräfte $\bar{p}_y(x), \bar{p}_z(x)$ bzw. P_y, P_z in die elastische Achse und die Längskräfte $\bar{p}_x$ bzw. P_x in die Schwerelinie parallel verschoben werden. Die dabei entstehenden *freien Momente* (Torsion $\overline{m}_x(x)$ bzw. $\overline{M}_x$ und Biegung $\overline{m}_y, \overline{m}_z$ bzw. $\overline{M}_y, \overline{M}_z$) müssen zusätzlich berücksichtigt werden (Siehe Abb. $3.1.5 - 2$).

Will man einfache Theorien anwenden, die nur unter gewissen Voraussetzungen gelten (die ETT: *Elementare Torsionstheorie* gilt z.B. nur für zylindrische Querschnitte), so muß die Geometrie angepaßt werden (Abb. $1 - 14$).

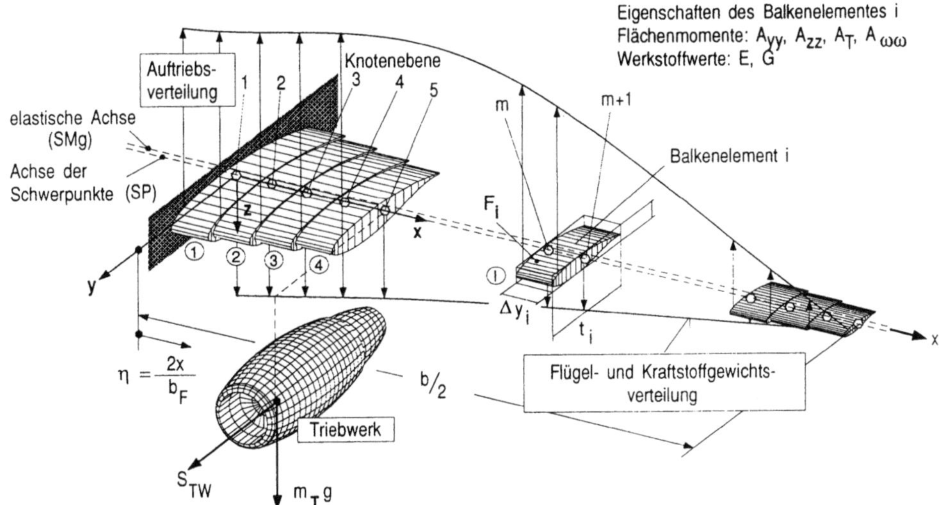

Abb. $1 - 14$

Zu dieser Idealisierung kommen weitere, die aus der kontruktiven Ausführung (Abb. $1 - 15$) und der Bauweise (Abb. $1 - 16$), d.h. aus der Struktur resultieren und schließlich zum *Strukturmechanischen Ersatzmodell* führen. Für dieses müssen zur Ermittlung der Spannungen und Verschiebungen die notwendigen Größen ermittelt werden, wie (Flächen-) Trägheitsmomente und in Kombination mit den Werkstoffkonstanten die Steifigkeiten (Dehn-, Biege-, Torsions-, Wölb- Steifigkeiten) als Funktion der Längsachse. Weitere Ausführungen siehe Übungen zu Kap. 1.

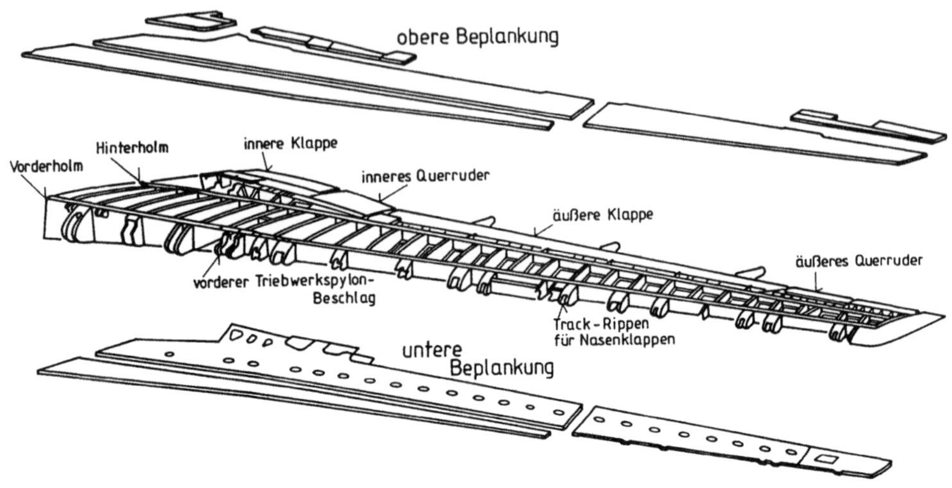

Abb. 1 – 15

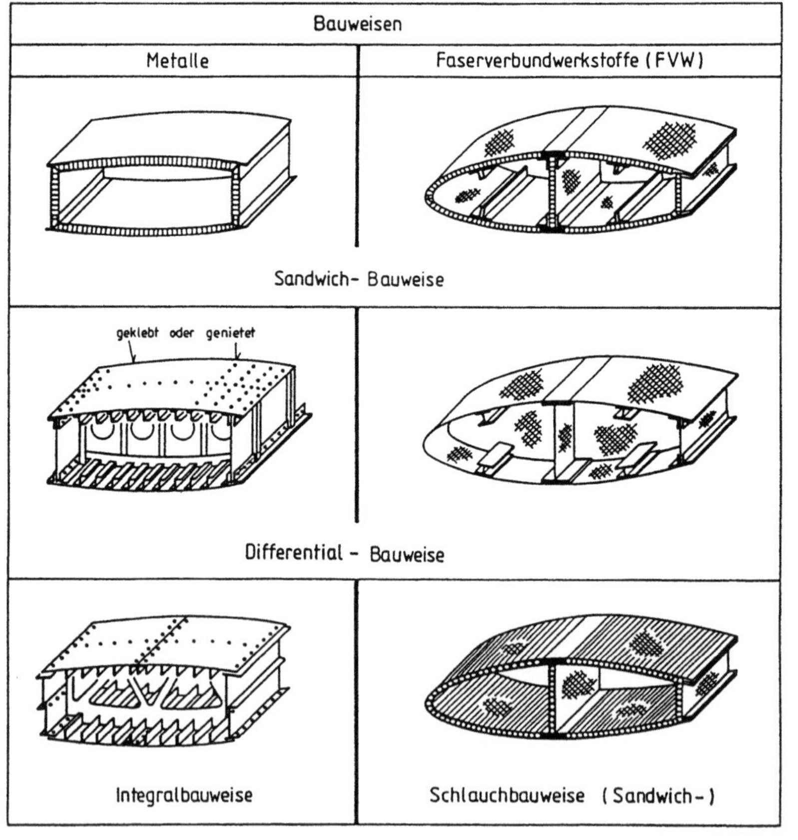

Abb. 1 – 16

2 Lineare Elastizitätstheorie

Im folgenden werden die Grundlagen der linearen Elastizitätstheorie kurz dargelegt, ihre Grundgleichungen auch in Matrix– und Index–Schreibweise angeschrieben und die Differentialgleichungen für den zweidimensionalen Fall unter Vernachlässigung der Volumenkräfte nach der Kraft– und nach der Deformationsmethode abgeleitet; zudem wird die St. Venantsche Torsionstheorie für zylindrische Vollquerschitte behandelt.

Im letzten Teil dieses Kapitels – in Kapitel 2.5 – wird schließlich noch für diejenigen, die den Übergang zur weiterführenden, in Index-Schreibweise geschriebenen Literatur suchen auf diese Schreibweise, den Begriff des Tensors, sowie auf die Transformation von Koordinaten, Vektoren und Tensoren zweiter Stufe in kartesischen Koordinatensystem eingegangen.

2.1 Voraussetzungen

Die *klassische* oder *lineare Elastizitätstheorie* beruht auf zwei Voraussetzungen:

   a) Die Verschiebungskomponenten u,v,w sind klein gegenüber den Abmessungen des Körpers.

   b) Ihre Ableitungen $\frac{\partial u}{\partial x}, \frac{\partial u}{\partial y} \ldots$ sind klein gegenüber 1.

Damit sind folgende Annahmen zulässig:

1. Das körperfeste Koordinatensystem ist unveränderlich.

2. Belastungs- und Verformungsgrößen dürfen nach dem Superpositionsprinzip

   a) aufgespalten bzw.

   b) überlagert werden.

3. Am unverformten Körper dürfen

   a) Randbedingungen angesetzt und für ihn

   b) Gleichgewichtsbedingungen aufgestellt werden.

2.2 Grundgleichungen der linearen Elastizitätstheorie

Man unterscheidet 3 Gruppen von Gleichungen:
1. Gleichgewichtsbeziehungen
2. kinematische Beziehungen
3. Stoffgesetze

2.2.1 Differentialgleichungen des Gleichgewichtes

Im folgenden werden die statischen Beziehungen formuliert. Es handelt sich dabei um zwei Gruppen von Gleichungen: zum einen um die in einem Körper geltenden und zum anderen um die in einem Schnitt bzw. an einer Oberfläche gültigen Gleichgewichtsbeziehungen. Da die beiden Gleichungsgruppen durch den Spannungstensor geprägt sind, werden sie mit dem Ausdruck *Statische Spannungsbeziehungen* (SS) charakterisiert.

2.2.1.1 Statische Beziehungen im Körperinneren (SS)

Entsprechend den drei translatorischen und den drei rotatorischen Freiheitsgraden eines Volumenelementes eines Körpers ergeben sich drei Kräfte- und drei Momenten-Gleichgewichtsgleichungen. Aus den letzteren folgt die Symmetrie des an dem betrachteten Volumenelement wirkenden *Spannungstensors* $\tau_{ij} = \tau_{ji}$, so daß diese explizit nicht weiter in Erscheinung treten. Der Begriff des *Tensors 2.Stufe*, meist verkürzt *Tensor* genannt, wird, sofern nicht geläufig, in Kap. 2.5 bzw. 2.5.4 erläutert. Der Spannungstensor ist eine *Dyade* deren Komponenten in diesem Kapitel als Spannungsmatrix $\underline{\underline{\sigma}}$ bzw. als *verallgemeinerter Spannungsvektor* $\underline{\sigma}$ in Erscheinung treten (Gl. 2.2.1 − 5c und 2.2.1 − 9b).

2.2.1.1.1 Ebener Fall

Die *Spannung* $\underline{\sigma}$, eine auf eine (Schnitt−)Fläche bezogene Kraft an der Stelle P ist ein Vektor, dessen erster Index die Normalenrichtung der Bezugsfläche angibt (z.B. $\underline{\sigma}_z$ in Abb. 2.2.1 − 1a). Dieser Vektor, der im allgemeinen nicht senkrecht auf der Schnittfläche steht, kann nun in Komponenten zerlegt werden. Diese werden durch einen zweiten Index gekennzeichnet, der ihre Wirkrichtung angibt (Abb. 2.2.1 − 1). Verläuft diese normal zur Schnittfläche so müssen die Indizes gleich sein und man nennt die Komponente *Normalspannung* (z.B. σ_{zz}, σ_{nn}, usw. Die Schnittfläche gilt dann für $z = const$ bzw. $n = const$). Liegt die Komponente in der Schnittfläche, so müssen die Indizes gemischt sein und man nennt diese Spannung *Schubspannung* (z.B. $\sigma_{zx} = \tau_{zx}$, $\sigma_{ns} = \tau_{ns}$).

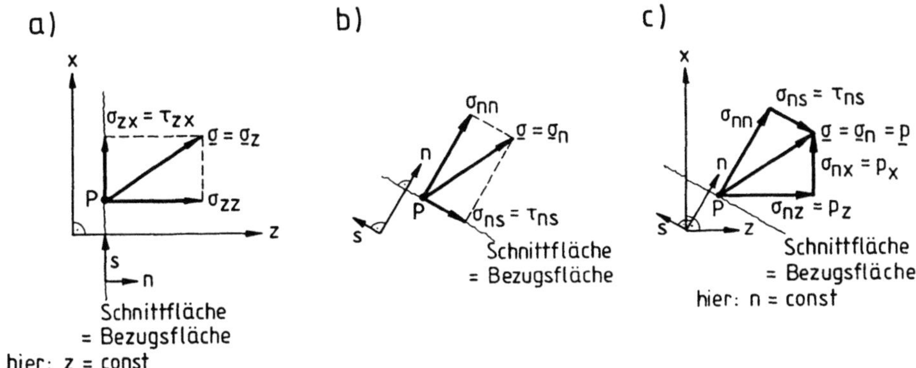

$$\text{Abb. } 2.2.1-1 \text{ (Siehe auch Abb. } 2.2.1-3 \text{ und } 2.2.1-5)$$

Es ist somit entsprechend Abb. $2.2.1-1$ und Abb. $2.2.1-3$

$$\underline{\sigma}_z = [\sigma_{zx}\sigma_{zy}\sigma_{zz}]^T = [\tau_{zx}\tau_{zy}\sigma_{zz}]^T$$

und wie nachfolgend gezeigt ist aus Symmetriegründen:

$$\underline{\sigma}_z = \underline{\sigma}_z{}^T$$

Man schreibt, da Eindeutigkeit vorliegt, für die Normalspannungskomponenten verkürzt meist $\sigma_x, \sigma_y, \sigma_z$.
Verläuft die Schnittfläche im Sonderfall so, daß die Schubspannungskomponenten null sind und damit nur eine Normalspannung auftritt, spricht man von einer *Hauptspannung* (siehe Kap. 2.5.4.2). Um nun das Gleichgewicht an einem Element $dxdy$ mit der Dicke "1" entsprechend Abb. $2.2.1-1$ zu betrachten, ist zuvor noch folgendes festzulegen:

o Die Spannung über dem zugehörigen Querschnitt eines infinitesimal kleinen Elementes ist jeweils konstant, z.B. $\underline{\sigma}_x = const$ über dy in Abb $2.2.1-2$. Diese Annahme ist zulässig, da eine Berücksichtigung nicht konstanter Anteile Größen ergäbe, die um eine Größenordnung kleiner wären.

o Eine Spannung ist positiv, wenn sie am positiven Schnittufer in die positive Koordinatenrichtung gerichtet ist oder am negativen Schnittufer in die negative Richtung.

o X_x, X_y sind *Raumkräfte* (Kräfte pro Volumeneinheit) bzw. *Volumenkräfte* z.B. d'Alembertsche Trägheitskräfte, Gravitations- oder elektrostatische Kräfte usw.

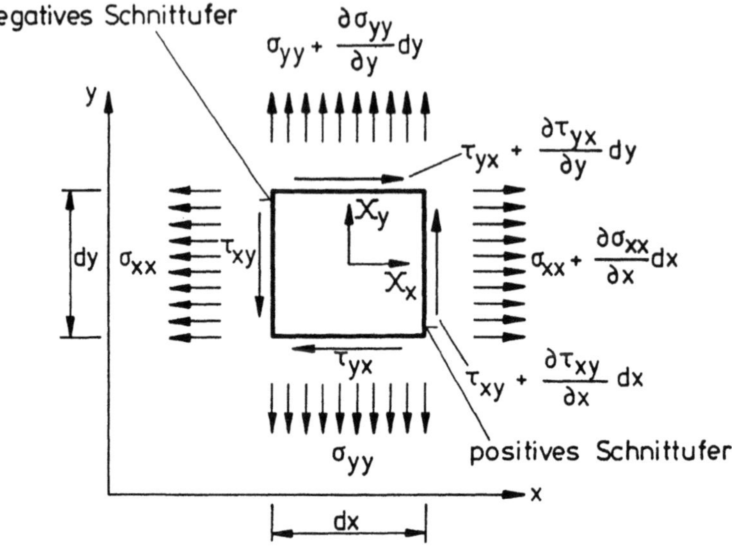

$$\text{Abb. } 2.2.1 - 2$$

Kräftegleichgewicht für ein Element der Dicke "1" (*Scheibenelement*):

$$\sum F_x = 0: \quad 0 = X_x dx dy \cdot \mathbf{1} + (\sigma_{xx} + \frac{\partial \sigma_{xx}}{\partial x} dx) dy \cdot \mathbf{1} - \sigma_{xx} dy \cdot \mathbf{1}$$

$$+ (\tau_{yx} + \frac{\partial \tau_{yx}}{\partial y} dy) dx \cdot \mathbf{1} - \tau_{yx} dx \cdot \mathbf{1}$$

analog gewinnt man

$$\sum F_y = 0: \quad \Longleftrightarrow \quad \boxed{\begin{aligned} 0 &= X_x + \frac{\partial \sigma_{xx}}{\partial x} + \frac{\partial \tau_{yx}}{\partial y} \\ 0 &= X_y + \frac{\partial \tau_{xy}}{\partial x} + \frac{\partial \sigma_{yy}}{\partial y} \end{aligned}} \qquad (2.2.1 - 1a)$$

bzw. in **Matrixschreibweise**

$$\begin{bmatrix} 0 \\ 0 \end{bmatrix} = \begin{bmatrix} X_x \\ X_y \end{bmatrix} + \overbrace{\begin{bmatrix} \sigma_{xx} & \tau_{xy} \\ \tau_{yx} & \sigma_{yy} \end{bmatrix}}^{Spannungstensor} \begin{bmatrix} \dfrac{\partial}{\partial x} \\ \dfrac{\partial}{\partial y} \end{bmatrix} \qquad (2.2.1 - 1b)$$

Momentengleichgewicht bezüglich des Mittelpunktes (Schwerpunktes) um die z-Achse:

$$\sum M_z = 0: \quad 0 = (2\tau_{xy} + \frac{\partial \tau_{xy}}{\partial x}dx)dy \cdot 1 \cdot \frac{dx}{2}$$
$$- (2\tau_{yx} + \frac{\partial \tau_{yx}}{\partial y}dy)dx \cdot 1 \cdot \frac{dy}{2} \tag{2.2.1 - 2}$$

In der Grenze für $dx, dy \to 0$ ist der Zuwachs der differentiellen Glieder von höherer Ordnung klein und damit vereinbarungsgemäß vernachlässigbar (Vgl. Kräftegleichgewicht, dort ist gerade dieser Anteil der wichtige). Dürfen x und y vertauscht werden, so ist die Gleichung erfüllt.

$$\sum M_z = 0: \quad \Longleftrightarrow \quad \boxed{\tau_{xy} = \tau_{yx}} \tag{2.2.1 - 3}$$

Es ergeben sich somit 3 Gleichungen mit 4 (σ_{xx}, σ_{yy}, τ_{xy}, τ_{yx}) bzw. 2 Gleichungen (2.2.1 − 1) mit 3 Unbekannten (σ_{xx}, σ_{yy}, $\tau_{xy} = \tau_{yx}$). Damit ist das vorliegende Gleichungsystem nicht direkt lösbar. Man arbeitet daher oft mit Spannungsansätzen, die das Gleichungssystem erfüllen (siehe Kap. 2.2.1.3).

2.2.1.1.2 Erweiterung auf den Raum

Aus dem zweidimensionalen in der Ebene (z.B. einer Scheibe mit der Dicke $t = 1$) wirkenden symmetrischen S wird bei einem dreidimensionalen Volumenelement ein symmetrischer Spannungstensor, der aus den 3 Spannungsvektoren $\underline{\sigma}_x$, $\underline{\sigma}_y$ und $\underline{\sigma}_z$ mit jeweils 3 Komponenten aufgebaut ist und sich somit aus 9 Komponenten zusammensetzt. Die Spalten oder Zeilen der Matrix $\underline{\underline{\sigma}}$ des Spannungstensors werden dabei aus den Komponenten der Vektoren $\underline{\sigma}_x, \underline{\sigma}_y, \underline{\sigma}_z$ gebildet. (Siehe Abb. 2.2.1 − 3)

$$\underline{\underline{\sigma}} = [\underline{\sigma}_x \, \underline{\sigma}_y \, \underline{\sigma}_z] = \begin{bmatrix} \sigma_{xx} & \tau_{yx} & | & \tau_{zx} \\ \tau_{xy} & \sigma_{yy} & | & \tau_{zy} \\ -- & -- & & \\ \tau_{xz} & \tau_{yz} & & \sigma_{zz} \end{bmatrix} = \begin{bmatrix} \sigma_{xx} & \tau_{xy} & | & \tau_{xz} \\ \tau_{yx} & \sigma_{yy} & | & \tau_{yz} \\ -- & -- & & \\ \tau_{zx} & \tau_{zy} & & \sigma_{zz} \end{bmatrix} = \begin{bmatrix} \underline{\sigma}_x^T \\ \underline{\sigma}_y^T \\ \underline{\sigma}_z^T \end{bmatrix} = \underline{\underline{\sigma}}^T$$

$$\text{(2.2.1 − 4)}$$

$$\underline{\underline{\sigma}} \qquad = \qquad \underline{\underline{\sigma}}^T \quad \text{für} \quad \tau_{ij} = \tau_{ji}$$

Weitere Ausführungen zum Begriff des Tensors und seinen Eigenschaften siehe Kap. 2.5.4 .

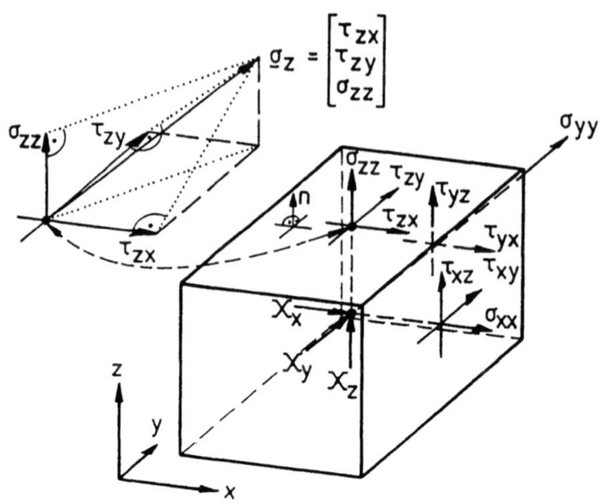

$$\text{Abb. } 2.2.1 - 3$$

Aus Gl. 2.2.1 − 1 wird somit für den dreidimensionalen Raum:

$$\sum F_x = 0: \quad 0 = X_x + \frac{\partial \sigma_{xx}}{\partial x} + \frac{\partial \tau_{xy}}{\partial y} + \frac{\partial \tau_{xz}}{\partial z}$$

$$\sum F_y = 0: \quad 0 = X_y + \frac{\partial \tau_{yx}}{\partial x} + \frac{\partial \sigma_{yy}}{\partial y} + \frac{\partial \tau_{yz}}{\partial z} \qquad (2.2.1 - 5a)$$

$$\sum F_z = 0: \quad 0 = X_z + \frac{\partial \tau_{zx}}{\partial x} + \frac{\partial \tau_{zy}}{\partial y} + \frac{\partial \sigma_{zz}}{\partial z}$$

bzw. in **Matrixschreibweise**:

$$\begin{bmatrix} 0 \\ 0 \\ 0 \end{bmatrix} = \begin{bmatrix} X_x \\ X_y \\ X_z \end{bmatrix} + \begin{bmatrix} \sigma_{xx} & \tau_{xy} & \tau_{xz} \\ \tau_{yx} & \sigma_{yy} & \tau_{yz} \\ \tau_{zx} & \tau_{zy} & \sigma_{zz} \end{bmatrix} \begin{bmatrix} \dfrac{\partial}{\partial x} \\ \dfrac{\partial}{\partial y} \\ \dfrac{\partial}{\partial z} \end{bmatrix} \qquad (2.2.1 - 5b)$$

$$\underline{0} \quad = \quad \underline{X} \quad + \quad \underline{\underline{\sigma}} \qquad\qquad \underline{\partial}$$

$$\text{mit} \quad \underline{\partial} = \begin{bmatrix} \dfrac{\partial}{\partial x} & \dfrac{\partial}{\partial y} & \dfrac{\partial}{\partial z} \end{bmatrix}^T \qquad \partial_x = \frac{\partial()}{\partial x} = \frac{\partial}{\partial x} = (\ )_{,1}$$

oder

$$\begin{bmatrix} 0 \\ 0 \\ 0 \end{bmatrix} = \begin{bmatrix} X_x \\ X_y \\ X_z \end{bmatrix} + \begin{bmatrix} \partial_x & 0 & 0 & \partial_y & 0 & \partial_z \\ 0 & \partial_y & 0 & \partial_x & \partial_z & 0 \\ 0 & 0 & \partial_z & 0 & \partial_y & \partial_x \end{bmatrix} \begin{bmatrix} \sigma_{xx} \\ \sigma_{yy} \\ \sigma_{zz} \\ \tau_{xy} \\ \tau_{yz} \\ \tau_{zx} \end{bmatrix} \qquad (2.2.1-5c)$$

$$\boxed{\underline{0} \;=\; \underline{X} \;+\; \underline{\underline{D}}^T \qquad\qquad \underline{\sigma}}$$

Dabei ist in:

Matrixschreibweise		**Indexschreibweise**	
$\underline{\sigma}$	Spannungsvektor	Spannungsvektor	σ_i
$\underline{\underline{\sigma}}$	Spannungsmatrix	Spannungstensor $i = 1, 2, 3 = x, y, z$ $j = 1, 2, 3 = x, y, z$	σ_{ij}
$\underline{\underline{D}}^T$	Differentialmatrix	zu differenzierende Matrix bzw. zu differenzierender Tensor in Richtung j	$[\ ]_{,j}$ $\sigma_{ij,j}$
$\underline{X}$	Vektor der *Volumenkräfte*. In der Statik repräsentiert $\underline{X}$ im allgemeinen die auf das Volumen bezogene *d'Alembertsche Trägheitskraft*, die eine *vorgegebene äußere Kraft* ist. Für den stationären Fall ist $\underline{X} = \underline{\gamma}$ und mit $\underline{\gamma} = \rho \underline{g}$ wird $V\underline{X} = V\rho\underline{g} = m\underline{g}$		k_i

(Vgl. hierzu Gl. 2.2.1 − 5b), z.B.

$$x_i \text{ für } i = 1, 2, 3 \quad \begin{cases} x_1 = x \\ x_2 = y \\ x_3 = z \end{cases} \quad \begin{aligned} \frac{\partial}{\partial x} &= \partial_x = \partial_1 = (\ )_{,1} \\ \frac{\partial}{\partial y} &= \partial_y = \partial_2 = (\ )_{,2} \\ \frac{\partial}{\partial z} &= \partial_z = \partial_3 = (\ )_{,3} \end{aligned}$$

und in **Indexschreibweise**

$$0 = k_i + \sigma_{ij,j}$$

$$(2.2.1-5d)$$

Das **Momentengleichgewicht** führt auf die Symmetrieeigenschaften des Spannungstensors,

$$\tau_{ij} = \tau_{ji}$$
$$\underline{\underline{\sigma}} = \underline{\underline{\sigma}}^T$$

$$(2.2.1-6)$$

so daß anstelle von 9 lediglich 6 im allgemeinen verschiedene Spannungstensorkomponenten verbleiben.

Geltungsbereich: Alle Punkte innerhalb eines Körpers. Die Spannungen sind dabei in der Regel von Punkt zu Punkt verschieden. An der Oberfläche (also am Rand) müssen sie im Gleichgewicht mit den vorgegebenen äußeren Kräften (Flächenlasten die auf den Körper wirken) stehen. Es gelten dann die im folgenden Kapitel abgeleiteten Gleichungen.

2.2.1.2 Statische Beziehungen an einem Schnitt bzw. am Rand (SSS)

Die Gleichgewichtsbedingungen für die Oberfläche (Schnitt bzw. Rand) müssen speziell ermittelt werden. Zunächst soll dies an der Schnitt-(Ober)-Fläche geschehen.

2.2.1.2.1 Ebener Fall (Dicke "1")

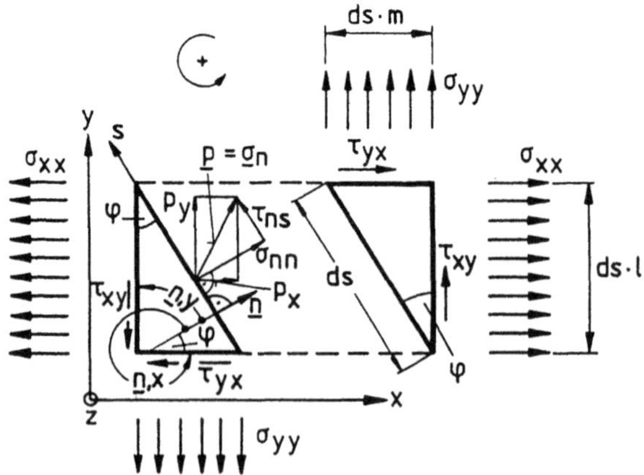

Abb. 2.2.1 − 4 (Siehe auch Abb. 2.2.1 − 1 und 2.5.2 − 1)

$p_x, p_y \hat{=}$ Schnitt- (oder Randkräfte) pro Flächeneinheit Oberfläche (z.B. Druckdifferenzen am Flügel)

$$
\begin{aligned}
l &= \cos(\underline{n}, x) &&= n_1 \\
m &= \cos(\underline{n}, y) &&= n_2 \\
n &= \cos(\underline{n}, z) &&= n_3
\end{aligned}
\qquad\qquad (2.2.1-7\text{a})
$$

In **Matrixschreibweise**

$$
\boxed{\;\underline{n} = [\cos(\underline{n}, x), \cos(\underline{n}, y), \cos(\underline{n}, z)]^\mathsf{T}\;}
\qquad \underline{n} : \text{Normalenvektor} \qquad (2.2.1-7\text{b})
$$

In **Indexschreibweise**

$$
\boxed{\;n_i = \cos(\underline{n}, x_i)\;}
\qquad\qquad\qquad\qquad (2.2.1-7\text{c})
$$

l, m, n bzw. n_1, n_2, n_3 können auch als Komponenten des Normalenvektors $\underline{n}$ aufgefaßt werden.

Kräftegleichgewicht: (Dicke "1")

$$
\begin{aligned}
\sum F_x : &\qquad p_x\, ds = \sigma_{xx}\, l\, ds + \tau_{yx}\, m\, ds \\
\sum F_y : &\qquad p_y\, ds = \tau_{xy}\, l\, ds + \sigma_{yy}\, m\, ds
\end{aligned}
\qquad\qquad (2.2.1-8\text{a})
$$

$$
\Longleftrightarrow \qquad
\boxed{\;
\begin{aligned}
p_x &= \sigma_{xx}\, l + \tau_{yx}\, m \\
p_y &= \tau_{xy}\, l + \sigma_{yy}\, m
\end{aligned}
\;}
\qquad\qquad (2.2.1-8\text{b})
$$

2.2.1.2.2 Erweiterung auf den Raum

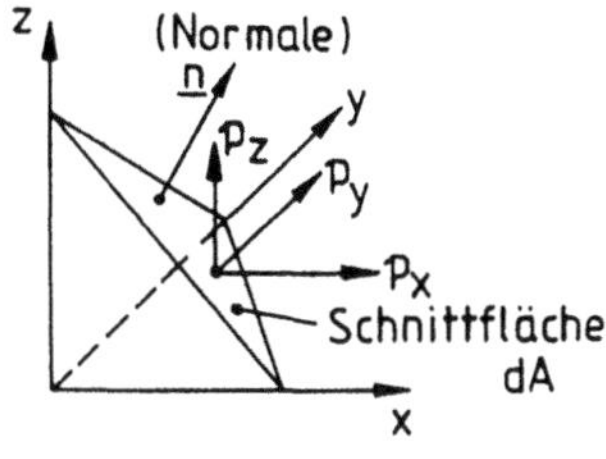

Abb. 2.2.1 − 5

Aus Gleichung 2.2.1 − 7b wird mit $\tau_{ij} = \tau_{ji}$ in **Matrixschreibweise**:

Cauchysche
Spannungsformel

$$\begin{bmatrix} p_x \\ p_y \\ p_z \end{bmatrix} = \begin{bmatrix} \sigma_{xx} & \tau_{xy} & \tau_{xz} \\ \tau_{yx} & \sigma_{yy} & \tau_{yz} \\ \tau_{zx} & \tau_{zy} & \sigma_{zz} \end{bmatrix} \begin{bmatrix} l \\ m \\ n \end{bmatrix} \qquad (2.2.1 - 9\text{a})$$

$$\boxed{ \quad \underline{p} \quad = \quad \underline{\underline{\sigma}} \quad \underline{n} \quad }$$

$$\in O_p \quad (\text{Schnittfläche})$$

oder

$$\begin{bmatrix} p_x \\ p_y \\ p_z \end{bmatrix} = \begin{bmatrix} l & 0 & 0 & m & 0 & n \\ 0 & m & 0 & l & n & 0 \\ 0 & 0 & n & 0 & m & l \end{bmatrix} \begin{bmatrix} \sigma_{xx} \\ \sigma_{yy} \\ \sigma_{zz} \\ \tau_{xy} \\ \tau_{yz} \\ \tau_{zx} \end{bmatrix} \qquad (2.2.1 - 9\text{b})$$

$$\boxed{ \quad \underline{p} \quad = \quad \underline{\underline{T}}_n^{\mathsf{T}} \quad \underline{\sigma} \quad } \qquad \in O_p \quad (\text{Schnittfläche})$$

Dabei bedeuten:

$\underline{p}$:   Vektor der *Schnittlast* [N/mm²]

$\underline{\underline{\sigma}}$:   *Spannungsmatrix* bzw. *Spannungstensor* σ_{ij}

$\underline{n}$:   *Richtungsvektor*

$\underline{\underline{T}}_n^{\mathsf{T}}$:   ist eine *Transformationsmatrix*, die die Winkel enthält um die die Spannungen infolge des gewählten Schnittes gedreht (transformiert) werden müssen.

(Siehe auch Kap. 3.1.4.1 Schnittgrößen am Vollquerschnitt und Kap. 2.5.2)

In **Indexschreibweise** ist $l = n_1$, $m = n_2$, $n = n_3$, und damit wird (vgl. Gl. 2.2.1 − 9a):

$$\boxed{ \quad p_i = \sigma_{ij} n_j \quad } \qquad (2.2.1 - 9\text{c})$$

Anmerkungen:

1) Schreibt man die Matrizen $\underline{\underline{D}}^{\mathsf{T}}$ und $\underline{\underline{T}}_n^{\mathsf{T}}$ in Indexschreibweise, so erkennt man den gleichen Aufbau.

2) Der Vektor der *Schnittlast* $\underline{p}$ steht nur in Sonderfällen senkrecht auf der Schnittfläche.

3) Am Rand (der ja ebenfalls als ein Schnitt angesehen werden kann) muß eine *äußere Last* $\underline{\bar{p}}$ der *inneren Last* $\underline{p}$ das Gleichgewicht halten. Handelt es sich um *vorgegebene Größen*, z.B. eine vorgegebene Flächenlast, so wird diese, wenn zur Unterscheidung von der Schnittlast notwendig, mit einem Querstrich (ausgeführt als Superskript) gekennzeichnet (siehe nachstehendes Kapitel).

2.2.1.2.3 Randbedingung der Kräfte (KRB)

Auf dem *"Kraft-Rand"*, also der Oberfläche, an der vorgegebene äußere Kräfte und/oder Momente angreifen, der sogenannten (*Kraft-*) *Oberfläche* O_p, muß die Schnittkraft $\underline{p}$ gleich der vorgegebenen äußeren *Kraft* $\underline{\bar{p}}$ sein, da dort auch *Schnitt-(Ober-)fläche* gleich *"Kraft-Rand"* ist. Damit gilt:

$$\text{bzw.} \quad \boxed{\begin{array}{l} \underline{p} = \underline{\bar{p}} \\[4pt] p_i = \bar{p}_i \end{array}} \quad \begin{array}{l} \in O_{\bar{p}} \quad \text{(Kraftrand)} \\[6pt] \text{mit} \quad \underline{\bar{p}}^{\mathsf{T}} = [\bar{p}_1 \ \ \bar{p}_2 \ \ \bar{p}_3] \end{array} \qquad (2.2.1-10)$$

Ausgehend von den Schnittspannungen erhält man durch Aufsummieren bzw. Integrieren über den *Schnittrand* die *Schnittgrößen*. Dies sind dann die *Statischen Spannungs- Schnittgrößenbeziehungen* (SSS). Am Rand müssen die Schnittgrößen gleich den äußeren Kraftgrößen sein.

2.2.1.3 Spannungsfelder, Airysche Spannungsfunktion, Spannungsansätze

Da die gekoppelten partiellen Differentialgleichungen (DGL'n) (Gl. 2.2.1 − 5 mit 2.2.1−9 und 2.2.1−10) allgemein nicht lösbar sind, macht man (empirisch gewonnene) Ansätze, welche die Randbedingungen (möglichst genau) und die DGL'n erfüllen. Die Lösung der DGL'n erfolgt also durch "überlegtes Probieren".

2.2.1.3.1 Spannungsfelder $\underline{\sigma}$

Es werden je nach Problem Ansätze in Form von Potenzreihen der Ortskoordinaten, analytische Funktionen (komplexe Funktionen) oder Fourier - Reihen über Spannungsverläufe $\underline{\sigma}(x, y, z)$ gemacht, welche die DGl'n des Gleichgewichts "erfahrungsgemäß" erfüllen. Die in den Ansätzen enthaltenen Koeffizienten (Freiwerte) werden mit Hilfe von Randbedingungen bestimmt.

In der Ebene:

Beispiel 1: Ansatz mit Konstanten: erfüllt die Gleichgewichts-(GG)-Bedingungen:

$$\sigma_{xx} = a_1 \qquad X_x = 0$$
$$\sigma_{yy} = a_2 \qquad X_y = 0$$
$$\tau_{xy} = a_3$$

$$\frac{\partial \sigma_{xx}}{\partial x} + \frac{\partial \tau_{xy}}{\partial y} = 0$$
$$\frac{\partial \sigma_{yy}}{\partial y} + \frac{\partial \tau_{xy}}{\partial x} = 0$$

Beispiel 2: linearer Polynomansatz: mit den GG-Bedingungen muß gelten:

$$\sigma_{xx} = a_1 + a_2 x + a_3 y$$
$$\sigma_{yy} = a_4 + a_5 x + a_6 y$$
$$\tau_{xy} = a_7 + a_8 x + a_9 y$$
$$X_x = X_y = 0$$

$$a_2 + a_9 = 0$$

$$a_6 + a_8 = 0$$

(Die *Freiwerte* a_2, a_9, a_6 und a_8 müssen aus den Randbedingungen bestimmt werden. Wenn $a_9 = a_8 = 0 \implies a_2 = a_6 = 0$.
Wenn zusätzlich $a_3 = a_5 = 0$ gilt, erhält man Beispiel 1).

2.2.1.3.2 Airysche Spannungsfunktion Φ

Dieser Spannungsansatz erfüllt automatisch die oben geforderten Gleichgewichtsbedingungen, falls die **Volumenkräfte gleich null** sind:

$$\boxed{\underline{X} = 0 \quad , \quad \sigma_{xx} = \frac{\partial^2 \Phi}{\partial y^2} \quad , \quad \sigma_{yy} = \frac{\partial^2 \Phi}{\partial x^2} \quad , \quad \tau_{xy} = -\frac{\partial^2 \Phi}{\partial x \partial y}} \qquad (2.2.1-11)$$

Beispiel 3 : quadratischer Polynomansatz für die Airysche Spannungsfunktion:

$$\Phi(x,y) = \underbrace{\underbrace{\underbrace{a_1 + a_2 x + a_3 y}_{linear} + a_4 xy}_{bilinear} + a_5 x^2 + a_6 y^2}_{quadratisch}$$

Für die Spannungen erhält man:

$$\sigma_{xx} = \frac{\partial^2 \Phi}{\partial y^2} = 2a_6$$

$$\sigma_{yy} = \frac{\partial^2 \Phi}{\partial x^2} = 2a_5$$

$$\tau_{xy} = -\frac{\partial^2 \Phi}{\partial x \partial y} = -a_4$$

Dieses Spannungsfeld entspricht dem des Beispieles 1.

2.2.1.3.3 Pascalsches Dreieck als Hilfsmittel für Spannungs- bzw. Verschiebungsansätze in Polynomform

Der Ansatz ist bei Mitnahme der folgenden Glieder:

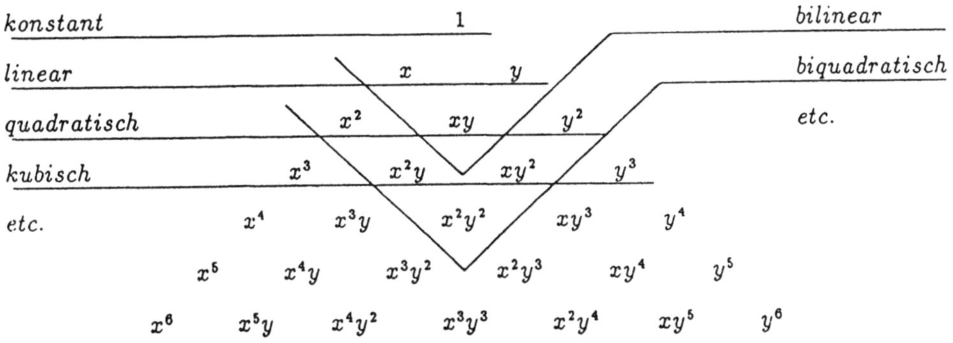

Abb. 2.2.1 − 6

Koppelglieder ($x^n y^m$) sind zur Erfassung von Schubanteilen notwendig.

2.2.2 Differentialgleichungen der Kinematik (KVV)

Im folgenden Abschnitt werden die an einem Körper unter Last auftretenden kinematischen Zusammenhänge formuliert: *kinematische Verschiebungs-, Verzerrungs-* und *Verträglichkeitsbeziehungen* (KVV).

2.2.2.1 Verschiebungs-Verzerrungsbeziehungen

2.2.2.1.1 Ebener Fall

Das Rechteck $dxdy$ mit den Eckpunkten $A\ B\ C\ D$ nimmt nach der Verformung die Lage $A'\ B'\ C'\ D'$ ein:

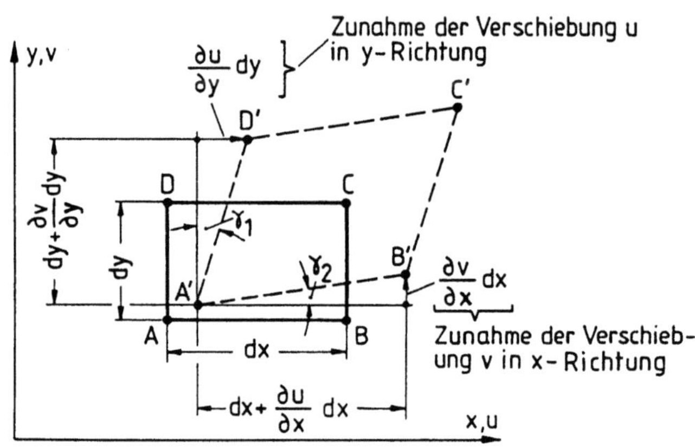

Abb. 2.2.2 − 1

$\dfrac{\partial v}{\partial x} = \gamma_2$ ist eine Steigung (und, da infinitesimal klein, gleich dem Winkel γ_2). Sie beschreibt die Zunahme der Verschiebung v, wenn man in x-Richtung um die Einheit 1 vorwärts geht.

$\dfrac{\partial v}{\partial x}dx = dv$ beschreibt die Zunahme der Verschiebung v, wenn man vom Ausgangspunkt in x-Richtung um das Stück dx vorwärts geht.

(Längs-) Dehnungen

Die Längung der Elementkante $\overline{AB}$ auf $\overline{A'B'}$ führt zur Dehnung:

$$\varepsilon_x = \frac{\Delta l}{l} = \frac{\overline{A'B'} - dx}{dx}$$

$$\Rightarrow \qquad \overline{A'B'} = (1 + \varepsilon_x)dx$$

geometrisch kann man nach Pythagoras aus dem Bild ablesen :

$$\overline{A'B'}^2 = (\frac{\partial v}{\partial x}dx)^2 + (dx + \frac{\partial u}{\partial x}dx)^2$$

damit erhält man durch Gleichsetzen:

$$(1 + \varepsilon_x)^2 dx^2 = (\frac{\partial v}{\partial x} dx)^2 + (dx + \frac{\partial u}{\partial x} dx)^2$$

$$1 + 2\varepsilon_x + \varepsilon_x^2 = (\frac{\partial v}{\partial x})^2 + 1 + 2\frac{\partial u}{\partial x} + (\frac{\partial u}{\partial x})^2$$

Unter Vernachlässigung von Gliedern höherer Ordnung im Rahmen der linearen Theorie erhält man schließlich:

$$\boxed{\varepsilon_x = \frac{\partial u}{\partial x}}$$

$(2.2.2 - 1)$

Eine analoge Rechnung für die y-Richtung liefert:

$$\boxed{\varepsilon_y = \frac{\partial v}{\partial y}}$$

$(2.2.2 - 2)$

Gleitungen oder Scherungen (Schubverformungen) $\widehat{=}$ Abweichung vom ursprünglich rechten Winkel

Der Schubwinkel γ_{xy} setzt sich zusammen aus den beiden Einzelabweichungen γ_1 und γ_2.

$$\gamma_{xy} = \gamma_2 + \gamma_1$$

für kleine Winkel ($\gamma \ll 1$) gilt:

$$\tan \gamma_{xy} \approx \tan \gamma_2 + \tan \gamma_1$$

Aus Abbb. 2.2.2 − 1 folgt:

$$\tan \gamma_{xy} = \frac{\frac{\partial v}{\partial x} dx}{dx + \frac{\partial u}{\partial x} dx} + \frac{\frac{\partial u}{\partial y} dy}{dy + \frac{\partial v}{\partial y} dy}$$

Entsprechend der in Kapitel 2.1 gemachten Voraussetzung (lineare Theorie) ist:

$$1 + \frac{\partial u}{\partial x} \approx 1 \quad ; \quad 1 + \frac{\partial v}{\partial y} \approx 1$$

Somit wird:

$$\boxed{\gamma_{xy} = \frac{\partial v}{\partial x} + \frac{\partial u}{\partial y}}$$

$(2.2.2 - 3)$

Verzerrungen: Der Begriff *Verzerrungen* soll als *Überbegriff* dienen; unter ihm sollen Dehnungen oder / und Gleitungen bzw. Scherungen verstanden werden.

2.2.2.1.2 Erweiterung auf den Raum

Erweitert man die für das Zweidimensionale gewonnenen 3 Gleichungen auf den
dreidimensionalen Raum, so erhält man durch Hinzunehmen der z-Koordinate
und zyklisches Vertauschen 6 Gleichungen.

$$
\begin{array}{ll}
\varepsilon_x = \dfrac{\partial u}{\partial x} & \gamma_{xy} = \dfrac{\partial u}{\partial y} + \dfrac{\partial v}{\partial x} \\[2ex]
\varepsilon_y = \dfrac{\partial v}{\partial y} & \gamma_{yz} = \dfrac{\partial v}{\partial z} + \dfrac{\partial w}{\partial y} \\[2ex]
\varepsilon_z = \dfrac{\partial w}{\partial z} & \gamma_{zx} = \dfrac{\partial w}{\partial x} + \dfrac{\partial u}{\partial z}
\end{array}
\tag{2.2.2 - 4a}
$$

In **Matrixschreibweise**

$$
\begin{bmatrix}
\varepsilon_x \\ \varepsilon_y \\ \varepsilon_z \\ \gamma_{xy} \\ \gamma_{yz} \\ \gamma_{zx}
\end{bmatrix}
=
\begin{bmatrix}
\partial_x & 0 & 0 \\
0 & \partial_y & 0 \\
0 & 0 & \partial_z \\
\partial_y & \partial_x & 0 \\
0 & \partial_z & \partial_y \\
\partial_z & 0 & \partial_x
\end{bmatrix}
\begin{bmatrix}
u \\ v \\ w
\end{bmatrix}
\tag{2.2.2 - 4b}
$$

$$
\underline{\varepsilon} \quad = \quad \underline{\underline{D}} \quad \underline{u}
$$

vgl. Gl. 2.2.1 − 5c.

In **Indexschreibweise** mit:

$$
\begin{aligned}
\underline{\varepsilon} &= \begin{bmatrix} \varepsilon_{11} & \varepsilon_{22} & \varepsilon_{33} & \gamma_{12} & \gamma_{23} & \gamma_{31} \end{bmatrix}^T \\
\underline{e} &= \begin{bmatrix} e_{11} & e_{22} & e_{33} & e_{12} & e_{23} & e_{31} \end{bmatrix}^T \\
&= \begin{bmatrix} \varepsilon_{11} & \varepsilon_{22} & \varepsilon_{33} & \tfrac{1}{2}\gamma_{12} & \tfrac{1}{2}\gamma_{23} & \tfrac{1}{2}\gamma_{31} \end{bmatrix}^T \\
\gamma_{ij} &= 2e_{ij} & i &= 1,2,3 \\
e_{ij} &= e_{ji} & j &= 1,2,3
\end{aligned}
$$

$$
e_{ij} = \frac{1}{2}\left(u_{i,j} + u_{j,i}\right)
\tag{2.2.2 - 4c}
$$

Anmerkungen:

1) Das kinematische Pendant zum *Spannungstensor* bildet der *Verzerrungs-
   tensor*.

Die nachfolgend analog zu den Spannungen geschriebenen Verzerrungen

$$\begin{bmatrix} \varepsilon_{xx} & \gamma_{xy} & \gamma_{xz} \\ \gamma_{yx} & \varepsilon_{yy} & \gamma_{yz} \\ \gamma_{zx} & \gamma_{zy} & \varepsilon_{zz} \end{bmatrix} \quad \Leftarrow \quad \text{kein Tensor}$$

bilden in dieser Form keinen Tensor und bedürfen daher bei einer Transformation einer von der Tensortransformation abweichenden Transformationsmatrix (siehe Kap. 2.5.5).

Die Verzerrungen befriedigen die Transformationsvorschriften eines Tensors jedoch dann und bilden damit auch nur dann einen Tensor, wenn man schreibt:

$$\begin{bmatrix} \varepsilon_{xx} & \tfrac{1}{2}\gamma_{xy} & \tfrac{1}{2}\gamma_{xz} \\ \tfrac{1}{2}\gamma_{yx} & \varepsilon_{yy} & \tfrac{1}{2}\gamma_{yz} \\ \tfrac{1}{2}\gamma_{zx} & \tfrac{1}{2}\gamma_{zy} & \varepsilon_{zz} \end{bmatrix} = \begin{bmatrix} e_{11} & e_{12} & e_{13} \\ e_{21} & e_{22} & e_{23} \\ e_{31} & e_{32} & e_{33} \end{bmatrix} \qquad (2.2.2-5)$$

Mit $\gamma_{ij} = \gamma_{ji}$ bzw. $e_{ij} = e_{ji}$ ist damit:

$$\begin{aligned} e_{11} &= \varepsilon_{11} = \varepsilon_{xx} \\ e_{22} &= \varepsilon_{22} = \varepsilon_{yy} \\ e_{33} &= \varepsilon_{33} = \varepsilon_{zz} \\ e_{12} &= \tfrac{1}{2}\gamma_{12} = \tfrac{1}{2}\gamma_{xy} \\ e_{13} &= \tfrac{1}{2}\gamma_{13} = \tfrac{1}{2}\gamma_{xz} \\ e_{23} &= \tfrac{1}{2}\gamma_{23} = \tfrac{1}{2}\gamma_{yz} \end{aligned} \qquad (2.2.2-6)$$

2) *Starrkörperbewegungen* sind in den Verschiebungen enthalten, nicht aber in den Verzerrungen. Bei der Bestimmung der Verzerrungen aus den Verschiebungen wird durch das Differenzieren die Starrkörperbewegung eliminiert:

Beispiel: Wir betrachten (siehe Abb. 2.2.2−2) innerhalb eines längeren unverformten Stabes ein Teilelement der Länge l. Wird das linke Stabende festgehalten und am rechten Stabende eine Zugkraft angebracht, so wird der gesamte Stab gleichmäßig gedehnt. Infolge der Stabdehnung vor dem betrachteten Teilelement verschiebt sich das linke Ende des Teilelementes um den Betrag α_1 nach rechts. Dies ist für das Teilelement eine reine *Starrkörperbewegung*. Darüberhinaus wird das Teilelement infolge der äußeren Kraft um den Betrag $\alpha_2 l$ gedehnt. Die Verschiebung des Knoten 1 am linken Ende des Stabelementes ist $U_1 = \alpha_1$ die des Knoten 2 am rechten Ende $U_2 = \alpha_1 + \alpha_2 l$.

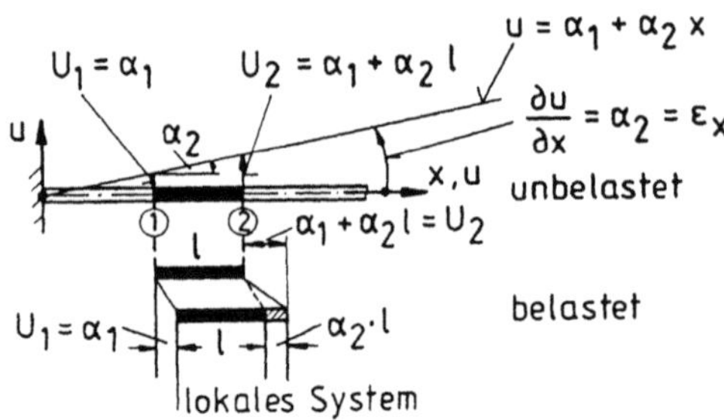

$$\text{Abbb. } 2.2.2-2$$

Befestigt man nun die Koordinate x am Knoten 1, so läßt sich die Verschiebung jedes Teilelementpunktes, d.h. das *Verschiebungs-feld* des lokalen Systems im Vergleich zum unbelasteten System, durch folgende Beziehung beschreiben:

$$u = \alpha_1 + \alpha_2 x \qquad\qquad (2.2.2-7)$$

U ist dabei die Verschiebung eines bestimmten Punktes und u des Verschiebungsfeldes. Durch Differenzieren erhält man aus der Verschiebung u die Verzerrung (Dehnung) ε_x

$$\varepsilon_x = \frac{\partial u}{\partial x} \quad\Longrightarrow\quad \varepsilon_x = \alpha_2 \qquad\qquad (2.2.2-8)$$

$\Longrightarrow$ Die *Festkörperverschiebung* $U_1 = \alpha_1$ des Teilelementes ist in der Verzerrung ε_x nicht enthalten.

3) Das Verschiebungsfeld hat mehr unabhängige Parameter (Freiheitsgrade) als das Verzerrungsfeld benötigt. Die Differenz entspricht den Starrkörper-freiheitsgraden des Elementes. In anderen Worten: Die eindeutige Beschreibung des Verschiebungsfeldes beinhaltet neben den Deformationsanteilen die Anteile der Starrkörperbewegung. Die Zahl der unabhängigen Parameter α_i des Verschiebungsfeldes ist daher um die Zahl der Starrkörperfrei-heitsgrade größer als die des Verzerrungsfeldes.

4) Die Verzerrungen sind nicht unabhängig voneinander. Als kinematische Variable liegen vor:

zweidimensionaler Fall	dreidimensionaler Fall
− 2 Verschiebungskomponenten (u,v)	− 3 Verschiebungskomponenten (u,v,w)
− 3 Verzerrungskomponenten $(\varepsilon_x, \varepsilon_y, \gamma_{xy})$	− 6 Verzerrungskomponenten $(\varepsilon_x, \varepsilon_y, \varepsilon_z, \gamma_{xy}, \gamma_{yz}, \gamma_{zx})$
− 3 Gleichungen zwischen Verschiebungen und Verzerrungen	− 6 Gleichungen zwischen Verschiebungen und Verzerrungen

Daraus folgt:
Zur Bestimmung eines eindeutigen und stetigen Verschiebungsfeldes aus vorgegebenen Verzerrungen müssen zwei Forderungen erfüllt sein:

1) Die Verzerrungen müssen aufeinander abgestimmt sein, d.h. die Verträglichkeitsbedingungen erfüllen. Diese müssen somit Beziehungen zwischen den Verzerrungen darstellen, die die eindeutige Lösbarkeit der DGL'n der Kinematik durch Integration gewährleisten.

2) Zur vollständigen Bestimmung der Verschiebungen müssen die Integrationskonstanten — sie repräsentieren die Starrkörperanteile der Verschiebungen — aus vorgegebenen Randverschiebungen bestimmt werden. (Andernfalls können Sprünge, Knicke, d.h. Unstetigkeiten, auftreten.)

2.2.2.2 Kompatibilitäts- bzw. Verträglichkeitsbeziehungen

Um Eindeutigkeit und Stetigkeit zu gewährleisten, müssen, wie vorstehend gezeigt, die 3 bzw. 6 Verzerrungen aufgrund ihrer Definition durch die 2 bzw. 3 Verschiebungskomponten gewissen Kompatibilitäts- bzw. Verträglichkeitsbedingungen gehorchen. Man erhält diese Bedingungen durch die Elimination der Verschiebungen aus dem System der Verzerrungs-Verschiebungsgleichungen.

2.2.2.2.1 Ebener Fall

Nach zweimaliger Differentiation $\dfrac{\partial^2}{\partial x \partial y}$ der Gl. 2.2.2 $-$ 3 erhält man im zweidimensionalen Fall (x,y-Ebene)

$$\frac{\partial^2}{\partial x \partial y}\gamma_{xy} = \frac{\partial^2}{\partial x \partial y}\frac{\partial u}{\partial y} + \frac{\partial^2}{\partial x \partial y}\frac{\partial v}{\partial x} \qquad (2.2.2-9)$$

mit $\varepsilon_x = \frac{\partial u}{\partial x}$ und $\varepsilon_y = \frac{\partial v}{\partial y}$ die Verträglichkeitsbedingung für den ebenen Fall ausgedrückt in Verzerrungen:

$$\boxed{\frac{\partial^2 \gamma_{xy}}{\partial x \partial y} = \frac{\partial^2 \varepsilon_x}{\partial y^2} + \frac{\partial^2 \varepsilon_y}{\partial x^2}} \qquad (2.2.2-10)$$

Eine Funktion ist immer dann eindeutig und stetig, d.h. sie ändert sich kontinuierlich (Vermeidung von Unstetigkeiten und Klaffungen), wenn sie folgende Forderung erfüllt:

$$\frac{\partial^2}{\partial x \partial y} = \frac{\partial^2}{\partial y \partial x} \qquad (2.2.2-11)$$

Dieser Operator wird aber vorstehend angewendet.

2.2.2.2.2 Erweiterung auf den Raum

Da im Leichtbau nur ebene Zustände eine Rolle spielen, kann auf ein vertieftes Eingehen auf den dreidimensionalen Fall mit seinen nachfolgend angegebenen 6 Gleichungen verzichtet werden.

$$
\begin{aligned}
\frac{\partial^2 \gamma_{xy}}{\partial x \partial y} &= \frac{\partial^2 \varepsilon_x}{\partial y^2} + \frac{\partial^2 \varepsilon_y}{\partial x^2} \qquad x - y - Ebene \\[2mm]
\frac{\partial^2 \gamma_{yz}}{\partial y \partial z} &= \frac{\partial^2 \varepsilon_y}{\partial z^2} + \frac{\partial^2 \varepsilon_z}{\partial y^2} \qquad y - z - Ebene \\[2mm]
\frac{\partial^2 \gamma_{zx}}{\partial z \partial x} &= \frac{\partial^2 \varepsilon_z}{\partial x^2} + \frac{\partial^2 \varepsilon_x}{\partial z^2} \qquad z - x - Ebene \\[2mm]
\frac{\partial^2 \varepsilon_x}{\partial y \partial z} &= \frac{1}{2}\frac{\partial}{\partial x}\left(-\frac{\partial \gamma_{yz}}{\partial x} + \frac{\partial \gamma_{zx}}{\partial y} + \frac{\partial \gamma_{xy}}{\partial z}\right) \\[2mm]
\frac{\partial^2 \varepsilon_y}{\partial z \partial x} &= \frac{1}{2}\frac{\partial}{\partial y}\left(-\frac{\partial \gamma_{zx}}{\partial y} + \frac{\partial \gamma_{xy}}{\partial z} + \frac{\partial \gamma_{yz}}{\partial x}\right) \\[2mm]
\frac{\partial^2 \varepsilon_z}{\partial x \partial y} &= \frac{1}{2}\frac{\partial}{\partial z}\left(-\frac{\partial \gamma_{xy}}{\partial z} + \frac{\partial \gamma_{yz}}{\partial x} + \frac{\partial \gamma_{zx}}{\partial y}\right)
\end{aligned}
\qquad (2.2.2-12)
$$

2.2.2.3 Randbedingungen für die Verschiebungen (GRB)

Bisher wurden vorwiegend die Verschiebungen $\underline{u} = [u \ v \ w]^T$ in einem Körper betrachtet. Für die *vorgegebenen Verschiebungen* $\underline{\bar{u}}$ auf dem Körperrand gilt folgende kinematische Randbedingung:

Die Oberflächenverschiebungen $\underline{u}$ eines verformbaren Körpers müssen mit den vorgeschriebenen Verschiebungen $\underline{\bar{u}}$ auf dem *Verschiebungs-Rand* O_u übereinstimmen.

$$
\boxed{\underline{u} = \underline{\bar{u}} \qquad oder \qquad \underline{u} - \underline{\bar{u}} = 0} \quad \in O_u \qquad (2.2.2-13a)
$$

In Indexschreibweise:

$$
\boxed{u_i = \bar{u}_i} \qquad \in O_u \qquad (2.2.2-13b)
$$

Anmerkung: Die nicht durch Kraft- oder Verschiebungsrandbedingungen beaufschlagte Oberfläche bildet den freien Rand.

2.2.3 Stoffgesetze

Das Stoffgesetz verknüpft die Spannungen mit den Verzerrungen und damit die statischen mit den kinematischen Variablen.

2.2.3.1 Homogene, isotrope Stoffe im dreidimensionalen Raum

Im folgenden wird auf *homogene, isotrope Stoffe* eingegangen, bei denen an jeder Stelle und in jeder Richtung die Eigenschaften gleich sind. Im allgemeinen wird ein derartiges Werkstoffverhalten bei den technischen Metallegierungen zugrunde gelegt. Gewalzte Bleche haben oft jedoch eine Textur und damit ein *orthotropes* Verhalten.

In einem *eindimensionalen Zug-* bzw. *Druckversuch* ermittelt man für den *linear-elastischen* Bereich des Werkstoffes das *Hookesche Gesetz* z.B. in x-Richtung.

$$\sigma_x = E\varepsilon_x \quad \Longleftrightarrow \quad \varepsilon_x = \frac{\sigma_x}{E} \qquad\qquad (2.2.3-1)$$

Gleichzeitig tritt eine Querkontraktion in z- und y-Richtung auf, d.h. der Querschnitt verformt sich in Abhängigkeit von der Querkontraktionszahl ν (*Poissonsche Zahl*) quer zur Beanspruchungsrichtung.

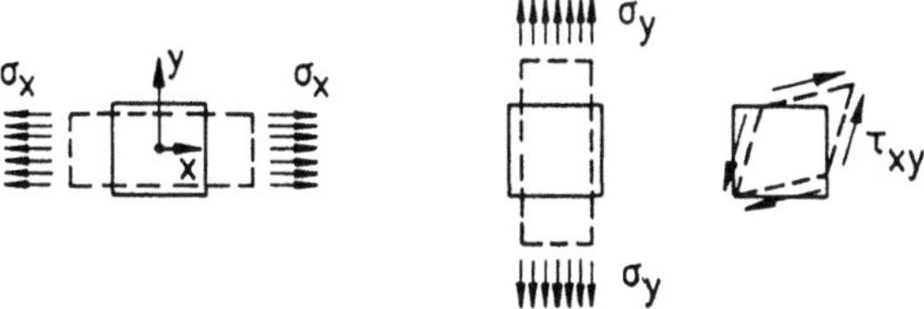

Abb. 2.2.3 − 1

Bei Belastung in x−Richtung (also durch $N_x = \sigma_x A$) ergeben sich die Dehnungen $\varepsilon_x = \sigma_x/E$, $\varepsilon_y = -\nu\sigma_x/E$ und $\varepsilon_z = -\nu\sigma_x/E$. Die Dehnungen infolge Belastungen in $y-$ bzw. $z-$Richtung sind analog, da das Spannungs-Dehnungs-Verhalten in allen Richtungen gleich ist.

Erzeugte Dehnung	Infolge Belastung in Richtung		
	x	y	z
$\varepsilon_x =$	$\dfrac{\sigma_x}{E}$	$-\nu\dfrac{\sigma_y}{E}$	$-\nu\dfrac{\sigma_z}{E}$
$\varepsilon_y =$	$-\nu\dfrac{\sigma_x}{E}$	$\dfrac{\sigma_y}{E}$	$-\nu\dfrac{\sigma_z}{E}$
$\varepsilon_z =$	$-\nu\dfrac{\sigma_x}{E}$	$-\nu\dfrac{\sigma_y}{E}$	$\dfrac{\sigma_z}{E}$

$$(2.2.3-2)$$

Durch Superposition erhält man hieraus das Gleichungssystem für die
Dehnungsverformungen (*Dehnungen*):

$$
\begin{aligned}
\varepsilon_x &= \frac{1}{E}(\quad \sigma_x - \nu\sigma_y - \nu\sigma_z) \\
\varepsilon_y &= \frac{1}{E}(-\nu\sigma_x + \quad \sigma_y - \nu\sigma_z) \\
\varepsilon_z &= \frac{1}{E}(-\nu\sigma_x - \nu\sigma_y + \quad \sigma_z)
\end{aligned}
$$

$$(2.2.3-3)$$

Die Dehnungen setzen sich hierbei jeweils aus Belastungsanteilen in x-, y- und
z-Richtung zusammen.

Die **Schubverformungen** (*Scherungen*) sind über den *Schubmodul G*, den man
aus der Querkontraktion ν und dem E-Modul berechnen kann, mit der Schubspannung verknüpft.

$$
\begin{aligned}
\gamma_{xy} &= \frac{\tau_{xy}}{G} = \frac{2(1+\nu)}{E}\tau_{xy} \\
\gamma_{yz} &= \frac{\tau_{yz}}{G} = \frac{2(1+\nu)}{E}\tau_{yz} \\
\gamma_{zx} &= \frac{\tau_{zx}}{G} = \frac{2(1+\nu)}{E}\tau_{zx} \\
\text{wobei:}\quad G &= \frac{E}{2(1+\nu)}
\end{aligned}
$$

$$(2.2.3-4)$$

Das Stoffgesetz wird somit durch sechs Gleichungen im dreidimensionalen Raum beschrieben.

In Matrixschreibweise erhält man für alle sechs Verformungen (*Verzerrungen*):

$$
\begin{bmatrix} \varepsilon_x \\ \varepsilon_y \\ \varepsilon_z \\ -- \\ \gamma_{xy} \\ \gamma_{yz} \\ \gamma_{zx} \end{bmatrix}
= \frac{1}{E}
\left[\begin{array}{ccc|ccc}
1 & -\nu & -\nu & 0 & 0 & 0 \\
-\nu & 1 & -\nu & 0 & 0 & 0 \\
-\nu & -\nu & 1 & 0 & 0 & 0 \\
\hline
0 & 0 & 0 & 2(1+\nu) & 0 & 0 \\
0 & 0 & 0 & 0 & 2(1+\nu) & 0 \\
0 & 0 & 0 & 0 & 0 & 2(1+\nu)
\end{array}\right]
\begin{bmatrix} \sigma_x \\ \sigma_y \\ \sigma_z \\ -- \\ \tau_{xy} \\ \tau_{yz} \\ \tau_{zx} \end{bmatrix}
$$

$$(2.2.3-5a)$$

$$
\underline{\varepsilon} \quad = \quad \underline{\underline{E}}^{-1} \quad \underline{\sigma}
$$

$\underline{\underline{E}}^{-1} = \underline{\underline{F}}$ nennt man auch *Flexibilitäts-* oder *Federungsmatrix*. Durch Inversion dieser Gleichung erhält man das entsprechende Gleichungssystem für die Spannungen $\underline{\sigma}$:

$$
\Longrightarrow \begin{bmatrix} \sigma_x \\ \sigma_y \\ \sigma_z \\ -- \\ \tau_{xy} \\ \tau_{yz} \\ \tau_{zx} \end{bmatrix}
= \underbrace{\frac{E}{2(1+\nu)}}_{G}
\left[\begin{array}{ccc|ccc}
\frac{2(1-\nu)}{1-2\nu} & \frac{2\nu}{1-2\nu} & \frac{2\nu}{1-2\nu} & 0 & 0 & 0 \\
\frac{2\nu}{1-2\nu} & \frac{2(1-\nu)}{1-2\nu} & \frac{2\nu}{1-2\nu} & 0 & 0 & 0 \\
\frac{2\nu}{1-2\nu} & \frac{2\nu}{1-2\nu} & \frac{2(1-\nu)}{1-2\nu} & 0 & 0 & 0 \\
\hline
0 & 0 & 0 & 1 & 0 & 0 \\
0 & 0 & 0 & 0 & 1 & 0 \\
0 & 0 & 0 & 0 & 0 & 1
\end{array}\right]
\begin{bmatrix} \varepsilon_x \\ \varepsilon_y \\ \varepsilon_z \\ -- \\ \gamma_{xy} \\ \gamma_{yz} \\ \gamma_{zx} \end{bmatrix}
$$

$$(2.2.3-5b)$$

$$
\underline{\sigma} \quad = \quad \underline{\underline{E}} \quad \underline{\varepsilon}
$$

$\underline{\underline{E}}$ nennt man *Elastizitätsmatrix*.

Wie man sieht, sind die Normalspannungen von den Schubspannungen entkoppelt. Es existieren zwei unabhängige Werkstoffkonstanten E, ν. Die Elastizitätsmatrix $\underline{\underline{E}}$ bzw. die Flexibilitätsmatrix $\underline{\underline{F}}$ ist symmetrisch.

In Indexschreibweise ist:

$$\sigma_{ij} = E_{ijkl}\varepsilon_{kl}$$

$$(2.2.3-5c)$$

$$\boxed{\varepsilon_{ij} = F_{ijkl}\sigma_{kl} = \frac{1+\nu}{E}\sigma_{ij} - \frac{\nu}{E}\delta_{ij}\sigma_{kl}}$$
$$(2.2.3-5\text{d})$$

$$\delta_{ij}\left\{\begin{array}{ll} = 1 & \text{für } i = j \\ = 0 & \text{für } i \neq j \end{array}\right\} \qquad \delta_{ij} : \textit{Kronecker-Delta} \qquad\qquad (2.2.3-6)$$

Verallgemeinerung des Stoffgesetzes zur Berücksichtigung von Anfangszuständen, z.B. *Anfangs-* oder *Eigenspannungen* $\underline{\sigma}_0$, *Anfangsdehnungen* oder *Temperatureinflüssen*, die zu Dehnungen $\underline{\varepsilon}_0$ führen, usw.

$$\begin{aligned} \underline{\sigma} &= \underline{\underline{E}}(\underline{\varepsilon} - \underline{\varepsilon}_0) + \underline{\sigma}_0 \\ \underline{\varepsilon} &= \underline{\underline{E}}^{-1}(\underline{\sigma} - \underline{\sigma}_0) + \underline{\varepsilon}_0 \end{aligned} \qquad\qquad (2.2.3-7)$$

Bei Temperaturänderung entstehen z.B. in isotropem Material die Wärmedehnungen:

$$\underline{\varepsilon}_0 = [\alpha T \quad \alpha T \quad \alpha T \quad 0 \quad 0 \quad 0]^{\mathsf{T}} \qquad\qquad (2.2.3-8)$$

α: *Wärmedehnungskoeffizient*
T: *Temperaturdifferenz.*

2.2.3.2 Ebene Zustände bei homogenem, isotropem Material

Da bei technischen Produkten in der Regel die Abmessungen in Dickenrichtung sehr viel kleiner als in Längen- und Breitenrichtung sind, arbeitet man meist mit genügender Genauigkeit mit zweidimensionalen Theorien. Das bedeutet, daß sowohl die statischen als auch die kinematischen Beziehungen nur für den zweidimensionalen Raum genutzt werden. Somit muß aber auch das Stoffgesetz, das die vorstehend genannten Beziehungen miteinander verknüpft, auf den ebenen Zustand reduziert werden. Man kann dies auf zwei Arten machen, indem man entweder die Dehnungen oder die Spannungen in z-Richtung gleich null setzt, da diese jeweils klein gegenüber den Größen in x- und y-Richtung sind.

2.2.3.2.1 Ebener Dehnungszustand ($\varepsilon_z = \gamma_{yz} = \gamma_{zx} = 0$)

Dieser Zustand wird für dickwandige Bauteile angesetzt, kommt also im Leichtbau selten zur Anwendung. Ebener Dehnungszustand bedeutet, daß Dehnungen bei Verformung eines Körpers nur in zwei Richtungen, nicht jedoch in der dritten Richtung auftreten. Beispielsweise sollen Verzerrungen nur in der x-y-Ebene, nicht jedoch in der z-Richtung entstehen, d.h.:

$$\varepsilon_z = \gamma_{yz} = \gamma_{zx} = 0 \qquad (2.2.3-9)$$

Einsetzen in das dreidimensionale isotrope Stoffgesetz liefert:

$$\begin{bmatrix} \varepsilon_x \\ \varepsilon_y \\ \varepsilon_z = 0 \\ \gamma_{xy} \\ \gamma_{yz} = 0 \\ \gamma_{zx} = 0 \end{bmatrix} = \frac{1}{E} \begin{bmatrix} 1 & -\nu & -\nu & 0 & 0 & 0 \\ -\nu & 1 & -\nu & 0 & 0 & 0 \\ -\nu & -\nu & 1 & 0 & 0 & 0 \\ 0 & 0 & 0 & 2(1+\nu) & 0 & 0 \\ 0 & 0 & 0 & 0 & 2(1+\nu) & 0 \\ 0 & 0 & 0 & 0 & 0 & 2(1+\nu) \end{bmatrix} \begin{bmatrix} \sigma_x \\ \sigma_y \\ \sigma_z \\ \tau_{xy} \\ \tau_{yz} \\ \tau_{zx} \end{bmatrix}$$

$$(2.2.3-10)$$

Dieses Gleichungssystem läßt sich nun wesentlich vereinfachen. Wichtig ist zunächst die Feststellung, daß eine Spannung in z-Richtung existiert, obwohl die Dehnung in z-Richtung verschwindet. Anders ausgedrückt: da $\varepsilon_z = 0$ gesetzt wird, muß der nachfolgende Spannungszusammenhang bestehen.

$$\varepsilon_z = 0 = \frac{1}{E}\left[\sigma_z - \nu(\sigma_x + \sigma_y)\right] \quad \Rightarrow \quad \sigma_z = \nu(\sigma_x + \sigma_y) \qquad (2.2.3-11)$$

Die Dehnung in y-Richtung lautet:

$$\varepsilon_y = \frac{1}{E}\left[\sigma_y - \nu(\sigma_x + \sigma_z)\right] \qquad (2.2.3-12)$$

Durch Einsetzen der soeben gefundenen Beziehung für σ_z erhält man

$$\varepsilon_y = \frac{1+\nu}{E}\left[(1-\nu)\sigma_y - \nu\sigma_x\right] \qquad (2.2.3-13)$$

Analog läßt sich die Dehnung in x-Richtung formulieren

$$\varepsilon_x = \frac{1}{E}\left[\sigma_x - \nu(\sigma_y + \sigma_z)\right] = \frac{1+\nu}{E}\left[(1-\nu)\sigma_x - \nu\sigma_y\right] \qquad (2.2.3-14)$$

Da keine Verformungen in z-Richtung auftreten, bleibt lediglich die Schubverzerrung in der x-y-Ebene übrig. Damit vereinfacht sich das Gleichungssystem (2.2.3 − 10) zu:

$$\begin{bmatrix} \varepsilon_x \\ \varepsilon_y \\ \gamma_{xy} \end{bmatrix} = \frac{1}{E}(1+\nu)\begin{bmatrix} 1-\nu & -\nu & 0 \\ -\nu & 1-\nu & 0 \\ 0 & 0 & 2 \end{bmatrix}\begin{bmatrix} \sigma_x \\ \sigma_y \\ \tau_{xy} \end{bmatrix} \qquad (2.2.3-15a)$$

Durch Inversion erhält man für die Spannungen:

$$\begin{bmatrix} \sigma_x \\ \sigma_y \\ \tau_{xy} \end{bmatrix} = \frac{E}{(1+\nu)(1-2\nu)} \begin{bmatrix} 1-\nu & \nu & 0 \\ \nu & 1-\nu & 0 \\ 0 & 0 & \frac{1-2\nu}{2} \end{bmatrix} \begin{bmatrix} \varepsilon_x \\ \varepsilon_y \\ \gamma_{xy} \end{bmatrix} \qquad (2.2.3-15\text{b})$$

Das gleiche Ergebnis findet man, wenn man im vollständigen Gleichungssystem (2.2.3 − 5b)

$$\underline{\sigma} = \underline{\underline{E}}\,\underline{\varepsilon}$$

die Verzerrungs-Komponenten $\varepsilon_z, \gamma_{yz}$ und γ_{zx} sämtlich gleich null setzt und damit die zugehörigen Spalten der Elastizitätsmatrix herausstreicht. Die Zeilen für die Schubspannungen τ_{yz} und τ_{zx} verschwinden dann ebenfalls.

2.2.3.2.2 Ebener Spannungszustand ($\sigma_z = \gamma_{yz} = \gamma_{zx} = 0$)

Der ebene Spannungszustand wird bei dünnwandigen Bauteilen (Leichtbau) angewandt. Hier wird die Spannung in z-Richtung (Dickenrichtung) als null angenommen. Eine Dehnung in dieser Richtung entsteht jedoch analog zur Spannung, die beim ebenen Dehnungszustand entstand, als $\varepsilon_z = 0$ gesetzt wurde.

Angemerkt sei hier noch, daß beim ebenen Spannungszustand meist $\sigma_z = \tau_{yz} = \tau_{zy} = 0$ gesetzt werden, was völlig analog zum ebenen Dehnungszustand ist. Es hat sich jedoch gezeigt, daß man bei Vereinfachungen oft davon ausgehen kann, daß Schubstarrheit vorliegt. Es geht dann die Verformung $\rightarrow 0$, die Steifigkeit $\rightarrow \infty$ und die Spannung kann endlich sein.

Da für $\quad \begin{aligned} \tau_{yz} &= G\gamma_{yz} \\ \tau_{zx} &= G\gamma_{zx} \end{aligned} \quad$ mit $\quad \begin{aligned} \gamma_{yz} &= 0 \\ \gamma_{zx} &= 0 \end{aligned} \quad \Longrightarrow \quad \begin{aligned} \tau_{yz} &= 0 \\ \tau_{zx} &= 0 \end{aligned}$

ist es zunächst nicht von Bedeutung, ob man die Verzerrungs- oder die Spannungsgröße null setzt. In beiden Fällen erhält man das gleiche ebene Stoffgesetz. Für den Fall der Schubstarrheit setzt man jedoch $\gamma_{yz} = 0$ und $G \rightarrow \infty$, so daß τ_{yz} durchaus einen endlichen Wert annehmen kann.

Ausgehend vom vollständigen Stoffgesetz

$$\begin{bmatrix} \sigma_x \\ \sigma_y \\ \sigma_z = 0 \\ \tau_{xy} \\ \tau_{yz} \\ \tau_{zx} \end{bmatrix} = \frac{E}{2(1+\nu)} \begin{bmatrix} \frac{2(1-\nu)}{1-2\nu} & \frac{2\nu}{1-2\nu} & \frac{2\nu}{1-2\nu} & 0 & 0 & 0 \\ \frac{2\nu}{1-2\nu} & \frac{2(1-\nu)}{1-2\nu} & \frac{2\nu}{1-2\nu} & 0 & 0 & 0 \\ \frac{2\nu}{1-2\nu} & \frac{2\nu}{1-2\nu} & \frac{2(1-\nu)}{1-2\nu} & 0 & 0 & 0 \\ 0 & 0 & 0 & 1 & 0 & 0 \\ 0 & 0 & 0 & 0 & 1 & 0 \\ 0 & 0 & 0 & 0 & 0 & 1 \end{bmatrix} \begin{bmatrix} \varepsilon_x \\ \varepsilon_y \\ \varepsilon_z \\ \gamma_{xy} \\ \gamma_{yz} = 0 \\ \gamma_{zx} = 0 \end{bmatrix}$$

$$(2.2.3-16)$$

erhält man in gleicher Weise wie beim ebenen Dehnungszustand (Abschnitt 2.2.3.2.1) ein Stoffgesetz für den ebenen Spannungszustand, für den gilt:

$$\sigma_z = \gamma_{yz} = \gamma_{zx} = 0 \qquad (2.2.3-17)$$

$$\sigma_z = \nu\varepsilon_x + \nu\varepsilon_y + (1-\nu)\varepsilon_z = 0 \quad \Rightarrow \quad \varepsilon_z = -\frac{\nu}{1-\nu}(\varepsilon_x + \varepsilon_y)$$

$$\sigma_y = \frac{E}{(1+\nu)(1-2\nu)}\left[\nu\varepsilon_x + (1-\nu)\varepsilon_y + \nu\varepsilon_z\right] = \frac{E}{1-\nu^2}(\varepsilon_y + \nu\varepsilon_x)$$

$$\sigma_x = \frac{E}{(1+\nu)(1-2\nu)}\left[(1-\nu)\varepsilon_x + \nu\varepsilon_y + \nu\varepsilon_z\right] = \frac{E}{1-\nu^2}(\varepsilon_x + \nu\varepsilon_y)$$

$$\tau_{xy} = \frac{E}{2(1+\nu)}\gamma_{xy}$$

$$(2.2.3-18)$$

bzw. in Matrixschreibweise:

$$\begin{bmatrix} \sigma_x \\ \sigma_y \\ \tau_{xy} \end{bmatrix} = \frac{E}{1-\nu^2} \begin{bmatrix} 1 & \nu & 0 \\ \nu & 1 & 0 \\ 0 & 0 & \frac{1-\nu}{2} \end{bmatrix} \begin{bmatrix} \varepsilon_x \\ \varepsilon_y \\ \gamma_{xy} \end{bmatrix} \qquad (2.2.3-19a)$$

Durch Invertieren bzw. durch analoge Umformung läßt sich aus der Gleichung 2.2.3 − 5a:

$$\underline{\varepsilon} = \underline{\underline{E}}^{-1}\underline{\sigma}$$

der Dehnungszustand ermitteln:

$$\begin{bmatrix} \varepsilon_x \\ \varepsilon_y \\ \gamma_{xy} \end{bmatrix} = \frac{1}{E} \begin{bmatrix} 1 & -\nu & 0 \\ -\nu & 1 & 0 \\ 0 & 0 & 2(1+\nu) \end{bmatrix} \begin{bmatrix} \sigma_x \\ \sigma_y \\ \tau_{xy} \end{bmatrix} \qquad (2.2.3-19b)$$

Zusammenfassung:
Ebener Spannungszustand: $\quad \sigma_z = \gamma_{yz} = \gamma_{zx} = 0 \quad$ (dünnwandige Bauteile)

$$\begin{bmatrix} \sigma_x \\ \sigma_y \\ \tau_{xy} \end{bmatrix} = \frac{E}{1-\nu^2} \begin{bmatrix} 1 & \nu & 0 \\ \nu & 1 & 0 \\ 0 & 0 & \frac{1-\nu}{2} \end{bmatrix} \begin{bmatrix} \varepsilon_x \\ \varepsilon_y \\ \gamma_{xy} \end{bmatrix}$$

$$\begin{bmatrix} \varepsilon_x \\ \varepsilon_y \\ \gamma_{xy} \end{bmatrix} = \frac{1}{E} \begin{bmatrix} 1 & -\nu & 0 \\ -\nu & 1 & 0 \\ 0 & 0 & 2(1+\nu) \end{bmatrix} \begin{bmatrix} \sigma_x \\ \sigma_y \\ \tau_{xy} \end{bmatrix}$$

$$(2.2.3-20)$$

Ebener Dehnungszustand: $\varepsilon_z = \gamma_{yz} = \gamma_{zx} = 0$ (dickwandige Bauteile)

$$
\begin{bmatrix} \varepsilon_x \\ \varepsilon_y \\ \gamma_{xy} \end{bmatrix} = \frac{1}{E}(1+\nu) \begin{bmatrix} 1-\nu & -\nu & 0 \\ -\nu & 1-\nu & 0 \\ 0 & 0 & 2 \end{bmatrix} \begin{bmatrix} \sigma_x \\ \sigma_y \\ \tau_{xy} \end{bmatrix}
$$

$$
\begin{bmatrix} \sigma_x \\ \sigma_y \\ \tau_{xy} \end{bmatrix} = \frac{E}{(1+\nu)(1-2\nu)} \begin{bmatrix} 1-\nu & \nu & 0 \\ \nu & 1-\nu & 0 \\ 0 & 0 & \frac{1-2\nu}{2} \end{bmatrix} \begin{bmatrix} \varepsilon_x \\ \varepsilon_y \\ \gamma_{xy} \end{bmatrix}
$$

$$(2.2.3 - 21)$$

Anmerkungen:

1) In der Literatur wird manchmal von einem "zweidimensionalen Stoffgesetz" gesprochen, wobei die Autoren ausgehend von dem in Gl. 2.2.3 − 5a aufgeführten Stoffgesetz, die mit dem Index z versehenen Spannungs- und Dehnungskomponenten sowie die zugehörigen Zeilen und Spalten streichen. Der verbleibende Rest ist dann mit dem Stoffgesetz für den ebenen Spannungszustand identisch.

2) Während das in der Realität vorhandene (3-dimensionale) Stoffgesetz in der Kontinuumsmechanik zur Anwendung kommt, benutzt man die vereinfachten ebenen Zustände, wenn die Abmessungen eines Körpers $a, b \gg t$ sind, wobei t die Dicke bedeutet.

3) Bei isotropen Materialien existieren 2 unabhängige Werkstoffkonstanten, nämlich der Elastizitätsmodul E und die Querkontraktionszahl ν (*Poissonsche Zahl*). Für den Schubmodul gilt: $G = f(E, \nu)$.

Umrechnungstabelle der gebräuchlichen Kennwerte der Elastomechanik nach H. Leipholz. [23]

	$\lambda =$	$\mu \equiv G =$	$E =$	$\nu =$	$K =$
λ, μ	λ	μ	$\frac{\mu(3\lambda+2\mu)}{\lambda+\mu}$	$\frac{\lambda}{2(\lambda+\mu)}$	$\lambda + \frac{2}{3}\mu$
λ, E	λ	$\frac{E-3\lambda+r}{4}$	E	$\frac{2\lambda}{E+\lambda+r}$	$\frac{E+3\lambda+r}{6}$
λ, ν	λ	$\frac{\lambda(1-2\nu)}{2\nu}$	$\frac{\lambda(1+\nu)(1-2\nu)}{\nu}$	ν	$\frac{\lambda(1+\nu)}{3\nu}$
λ, K	λ	$\frac{3}{2}(K-\lambda)$	$\frac{9K(K-\lambda)}{3K-\lambda}$	$\frac{\lambda}{3K-\lambda}$	K
μ, E	$\frac{\mu(E-2\mu)}{3\mu-E}$	μ	E	$\frac{E-2\mu}{2\mu}$	$\frac{\mu E}{3(3\mu-E)}$
μ, ν	$\frac{2\mu\nu}{1-2\nu}$	μ	$2\mu(1+\nu)$	ν	$\frac{2\mu(1+\nu)}{3(1-2\nu)}$
μ, K	$K - \frac{2}{3}\mu$	μ	$\frac{9K\mu}{6k+\mu}$	$\frac{3K-2\mu}{6K+2\mu}$	K
E, ν	$\frac{E\nu}{(1+\nu)(1-2\nu)}$	$\frac{E}{2(1+\nu)}$	E	ν	$\frac{E}{3(1-2\nu)}$
E, K	$\frac{3K(3K-E)}{9K-E}$	$\frac{3KE}{9K-E}$	E	$\frac{3K-E}{6K}$	K
ν, K	$\frac{3K\nu}{1+\nu}$	$\frac{3K(1-2\nu)}{2(1+\nu)}$	$3K(1-2\nu)$	ν	K

$r = \sqrt{E^2 + 9\lambda^2 + 2E\lambda}$
λ :   Lamé'sche Konstanten
ν :   Poisson'sche Querkontraktionszahl
K :   Kompressionsmodul
$\mu \equiv G$:   Schubmodul
E :   Young'scher Modul

Beachte: $\nu = \dfrac{1}{\mu}$ oft in der Literatur.

Abb. 2.2.3 − 2

2.2.3.3 Anisotrope Stoffe

Anisotrope Stoffe sind nicht isotrop, d.h. ihre Eigenschaften sind richtungs-
abhängig. Eine sehr wichtige Untergruppe bilden:

Orthotrope (orthogonal anisotrope) Stoffe

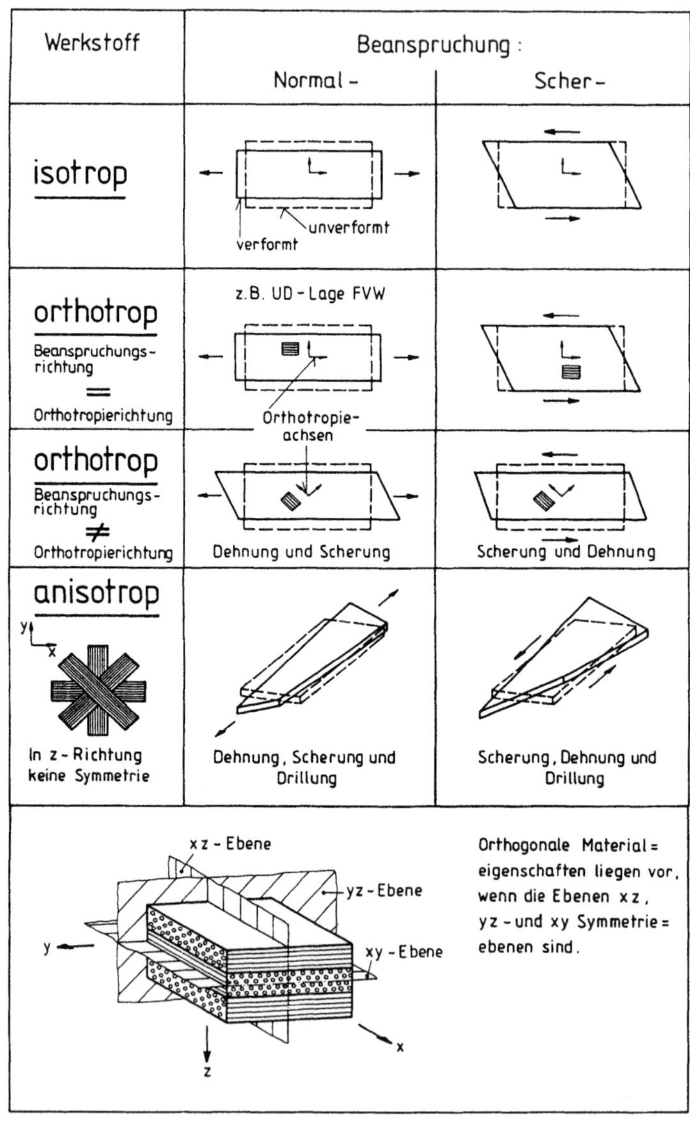

Abb. 2.2.3 − 3

Ihre linear-elastischen Materialeigenschaften sind orthogonal gerichtet. *Klassische Orthogonalität* liegt vor, wenn Symmetrie zu den drei orthogonalen Achsen

des KOS vorhanden ist (siehe Abb. 2.2.3−3). Es liegt dann bezüglich des Orthotropieachsensystems eine symmetrische Flexibilitäts- bzw. Elastizitätsmatrix in allgemeiner Form vor:

$$\underline{\underline{F}} = \underline{\underline{E}}^{-1} = \begin{bmatrix} c_{11} & c_{12} & c_{13} & 0 & 0 & 0 \\ & c_{22} & c_{23} & 0 & 0 & 0 \\ & & c_{33} & 0 & 0 & 0 \\ & & & c_{44} & 0 & 0 \\ & symm. & & & c_{55} & 0 \\ & & & & & c_{66} \end{bmatrix} \qquad (2.2.3 - 22)$$

Die Koeffizienten c_{ij}, auch *Dehnzahlen* genannt, setzen sich aus den *gerichteten Elastizitätskonstanten* (E, ν) zusammen.

Ebener Spannungszustand bei orthotropen Stoffen

Ein orthotropes Material ist z.B. ein gewalztes Blech oder eine unidirektionale (UD-)Schicht aus Faser-Verbund-Werkstoff (FVW). Hierfür lautet die Elastizitätsmatrix bzw. ihre Inverse wie folgt:

$$\underline{\underline{E}} = \frac{1}{1 - \nu_{xy}\nu_{yx}} \begin{bmatrix} E_x & \nu_{yx}E_y & 0 \\ \nu_{xy}E_x & E_y & 0 \\ 0 & 0 & (1 - \nu_{xy}\nu_{yx})G_{xy} \end{bmatrix}$$

$$\underline{\underline{F}} = \underline{\underline{E}}^{-1} = \begin{bmatrix} 1/E_x & -\nu_{xy}/E_y & 0 \\ -\nu_{yx}/E_x & 1/E_y & 0 \\ 0 & 0 & 1/G_{xy} \end{bmatrix} \qquad (2.2.3 - 23)$$

Die Nullen in der Matrix besagen, daß die Schub- und Normalspannungen bzw. Verzerrungen nicht gekoppelt sind, wenn die Beanspruchung in Richtung des Orthotropieachsensystems erfolgt. Ist dies nicht der Fall, so muß die *Elastizitäts*- bzw. *Flexibilitätsmatrix* in die Beanspruchungsrichtung transformiert werden, was ein Verschwinden der Nullen bzw. eine Koppelung zur Folge hat (Abb. 2.2.3− 3). Aus energetischen Gründen muß nach dem *Betti–Maxwellschen Reziprozitätssatz* (Kap. 4.3.3 und 4.3.4) Symmetrie vorliegen. Daher gilt:

$$\nu_{xy}E_x = \nu_{yx}E_y \qquad (2.2.3 - 24)$$

wobei die Reihenfolge der Indizierung wie folgt gewählt ist:

    1.Index: Richtung der Kontraktion
    2.Index: Richtung der einachsigen Belastung
Beispiel ν_{xy}:   Querkontraktion in x-Richtung infolge einer Spannung in
        y-Richtung.
Damit liegen hier 4 unabhängige Werkstoffkonstanten vor: $E_x, E_y, \nu_{xy}, G_{xy}$.

Anisotrope Stoffe

Im allgemeinen Fall (z.B. mehrere UD-Schichten mit willkürlicher Orientierung geschichtet) ist die Flexibilitäts- bzw. Elastizitätsmatrix voll besetzt, es treten immer Längsdehnungen infolge Schubspannungen und Gleitungen infolge Längsspannungen auf; außerdem kann Drillung auftreten (Abb. 2.2.3 − 1).

Für die *Dehnzahlen* α_{ik} gilt das *Betti–Maxwellsche Reziprozitätsgesetz* (Kap. 4.3.4). Die Matrix ist also symmetrisch: $\alpha_{ik} = \alpha_{ki}$. Es liegen somit im dreidimensionalen Fall 21 unabhängige Werkstoffkonstanten vor, die man kennen muß.

2.3 Anwendungen der Grundgleichungen auf die Scheibe

Da Scheibenbeanspruchungen im Leichtbau sehr oft vorkommen, sollen die Grundgleichungen auf eine Scheibenbeanspruchung angewendet und damit eine *zweidimensionale* bzw. *ebene Betrachtung* durchgeführt werden. Im folgenden wird die *Volumenkraft* $\underline{X}$ vernachlässigt ($X_x, X_y = 0$).

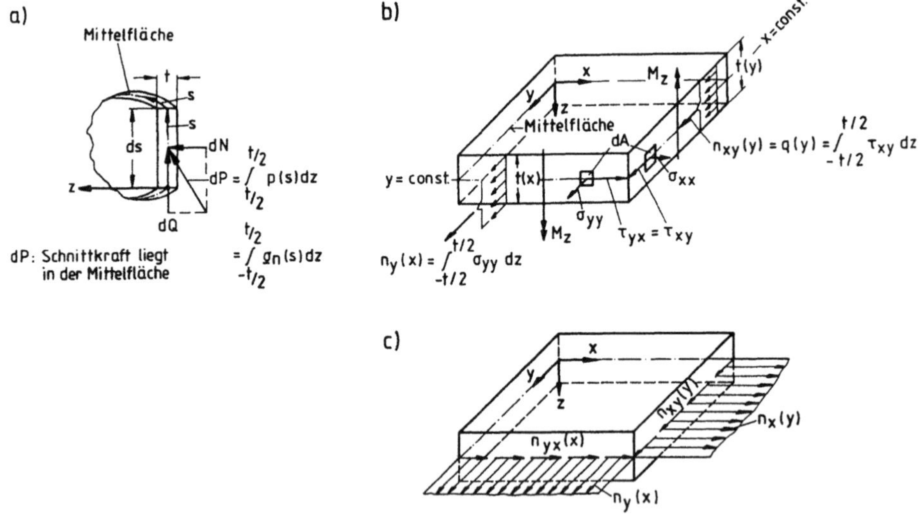

Abb. 2.3 − 1

Bei einer Scheibe dürfen laut Definition Kräfte nur in der Scheibenmittelebene angreifen, und dies bedeutet, daß bei einer Scheibe nur die Spannungen σ_{xx}, σ_{yy} und $\tau_{xy} = \tau_{yx}$ auftreten und über der Wandstärke (im folgenden in z–Richtung) konstant sind. Greifen Kräfte senkrecht zur Scheibenmittelfläche an, so liegt eine Plattenbeanspruchung vor (vgl. Unterschied zwischen Stab und Balken im eindimensionalen Fall). Die Dicke t ist klein gegenüber den übrigen Abmessungen. Es liegt entweder ein ebener Spannungs- oder ein ebener Dehnungszustand vor.

Die Schnittkraft $d\underline{N}$ kann in eine tangentiale ($dN_t = dQ$) und in eine normale (dN_n) Schnittkraft aufgeteilt werden. Aus diesen beiden Kräften entsteht für $\sigma \neq \sigma(z)$, d.h. $\sigma = const$ über t, ein *Normalfluß* n (mit Index für die Wirkrichtung), der senkrecht zur Schnittfläche wirkt, und ein *Schubfluß* q, der in Richtung der Schnittfläche "fließt". Die Koordinate s ist eine in der Mittelfläche liegende Querschnittskoordinate (Vgl. auch Kap. 1 und Kap. 3.1.3.1).

$$\text{Somit wird:} \qquad \underline{P} = \int\limits_{s} \int\limits_{-t/2}^{+t/2} \underline{p}(s)\, ds\, dz = \int\limits_{s} \underline{\sigma}_n\, t(s)\, ds$$

$$n = \sigma_{nn}(s)\, t(s) = \frac{dN}{ds} \quad \rightarrow n_x \text{ bzw. } n_y \tag{2.3-1}$$

$$q = \tau_{ns}(s)\, t(s) = \frac{dQ}{ds} \quad \rightarrow n_{xy} = n_{yx} = q \tag{2.3-2}$$

Physikalisch ist damit n die Zunahme der Schnittgröße N, wenn man in s-Richtung vorwärtsschreitet. Analoges gilt für den Schubfluß q (siehe Gl. 2.3.1 − 1). Zum besseren Verständnis siehe dazu auch das *hydrodynamische Analogon* in Kap. 3.1.3.1 Abb. 3.1.3 − 2.

2.3.1 Lösungsschema, Schnittgrößen, Ausgangsgleichungen

Lösungsschema:

Die 3 Gruppen von Gleichungen, die die Gleichgewichtsbeziehungen, die kinematischen Beziehungen und das Stoffverhalten (Stoffgesetz) beschreiben, können nun zu folgendem Lösungsschema verknüpft werden.

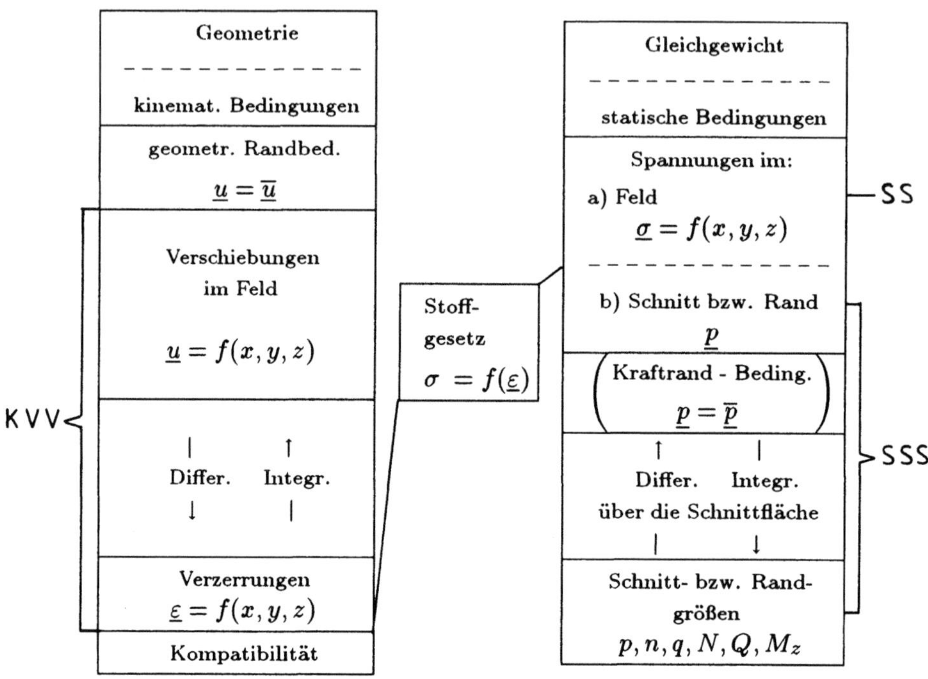

$$\text{Abb. } 2.3.1 - 1$$

Schnittgrößen (SSS)

Unter dem Begriff Schnittgrößen (siehe Abb. 2.3.1 − 1, Lösungsschema) in seiner umfassenden Bedeutung versteht man:

1. Die in einem beliebigen Schnitt bzw. am Rand (an diesem ist Schnitt = Rand) anliegende Flächenlast $\underline{p}\,[K/L^2]$ (Gl. 2.2.1 − 6).
2. Nach einer Teilintegration über die Schnittfläche die Flüsse n und $q\,[K/L]$.
3. Nach einer vollständigen Integration über die Schnittfläche bzw. die Randfläche die Kräfte N und Q und/oder das Moment M_z.

Für Schnitte senkrecht zu den Achsen des Koordinatensystems (KOS) werden entsprechend Abb. 2.2.1 − 4 für $x = const.$ die Richtungscosinusse $l = 1$ und $m = 0$, so daß mit Gl. 2.2.1 − 8b gilt: $p_x = \sigma_{xx}$ und $p_y = \tau_{xy}$. Analog wird für den Schnitt $y = const.$ $p_y = \sigma_{yy}$ und $p_x = \tau_{yx}$.

Anmerkung: Da an einer Scheibe definitionsgemäß keine Biegung und damit auch keine Querkräfte (senkrecht zur Scheibe) auftreten, sind $n_z = N_z = q_z = Q_z = 0$ und ebenso $M_x = M_y = 0$.

Aus Abb. 2.3 − 1b kann man damit die Schnittgrößen für die Schnitte $x = const$ und $y = const$ ablesen. Dabei sind $\tau_{xy} = \tau_{yx}, \sigma_{xx}, \sigma_{yy} \neq f(z)$.

Die *Statischen Spannungs - Schnittgrößenbeziehungen* (SSS) für die Scheibe und die mit den *Schnittgrößen* über die Kraftrandbeziehungen (KRB) verknüpften äußeren Kraftgrößen lauten:

$x = \text{const}$	$y \quad = \text{const}$
$n_{xy} = \tau_{xy}(y) \cdot t(y) = \int\limits_{-t/2}^{t/2} \tau_{xy}\,dz = q = n_{yx} = \tau_{yx}(x) \cdot t(x) = \int\limits_{-t/2}^{t/2} \tau_{yx}\,dz$	
$n_x = \sigma_{xx}(y) \cdot t(y) = \int\limits_{-t/2}^{t/2} \sigma_{xx}\,dz$	$n_y = \sigma_{yy}(x) \cdot t(x) = \int\limits_{-t/2}^{t/2} \sigma_{yy}\,dz$
$N_x = \int n_x\,dy \quad = \int \sigma_{xx}t\,dy$ $Q_y = \int q\,dy \quad = \int \tau_{xy}t\,dy$ $-M_z = \int n_x y\,dy \quad = \int \sigma_{xx}yt\,dy$	$N_y = \int n_y\,dx \quad = \int \sigma_{yy}t\,dx$ $Q_x = \int q\,dx \quad = \int \tau_{xy}t\,dx$ $M_z = \int n_y x\,dx \quad = \int \sigma_{yy}xt\,dx$
KRB: $\qquad\qquad\qquad p = \overline{p}$	
$n_x = \overline{p}_x(y) \qquad n_{xy} = \overline{p}_y(y)$ $N_x = P_x \qquad Q_y = P_y$ $M_z = \overline{M}_z$	$n_y = \overline{p}_y(x) \qquad n_{yx} = \overline{p}_x(x)$ $N_y = P_y \qquad Q_x = P_x$ $M_z = \overline{M}_z$

$$(2.3.1 - 1)$$

Ausgangsgleichungen:
1. Gleichgewicht im Inneren (SS):
   Das Kräftegleichgewicht in der Scheibe liefert in x- und y-Richtung unter Vernachlässigung der Volumenkräfte folgende Gleichungen:

$$\boxed{\frac{\partial \sigma_{xx}}{\partial x} + \frac{\partial \tau_{xy}}{\partial y} = 0 \left(= \frac{\partial n_x}{\partial x} + \frac{\partial n_{xy}}{\partial y} \right)}$$

$$(2.3.1 - 2a)$$

$$\boxed{\frac{\partial \sigma_{yy}}{\partial y} + \frac{\partial \tau_{xy}}{\partial x} = 0 \quad \left(= \frac{\partial n_y}{\partial y} + \frac{\partial n_{xy}}{\partial x} \right)} \qquad (2.3.1-2b)$$

Es liegen also 2 Gleichungen für 3 Unbekannte $(\sigma_x, \sigma_y, \tau_{xy})$ vor. Wegen der statischen Unbestimmtheit ist somit eine dritte Gleichung zu suchen.

2. Verschiebungs-Verzerrungsbeziehungen (KVV):

Die Längsdehnungen bzw. Gleitungen lassen sich mit Hilfe der Verschiebungen ausdrücken:

$$\varepsilon_x = \frac{\partial u}{\partial x} \quad ; \quad \varepsilon_y = \frac{\partial v}{\partial y} \quad ; \quad \gamma_{xy} = \frac{\partial u}{\partial y} + \frac{\partial v}{\partial x} \qquad (2.3.1-3)$$

Zum Einsetzen in die Verträglichkeitsbedingungen werden hiervon folgende Ableitungen der Dehnungen benötigt:

$$\frac{\partial^2 \varepsilon_x}{\partial y^2} = \frac{\partial^3 u}{\partial x \partial y^2} \quad ; \quad \frac{\partial^2 \varepsilon_y}{\partial x^2} = \frac{\partial^3 v}{\partial x^2 \partial y} \qquad (2.3.1-4)$$

3. Verträglichkeit (KVV):

Die Kompatibilität im quasi-zweidimensionalen Zustand ist entsprechend Kap. 2.2.2.2.1:

$$\frac{\partial^2 \gamma_{xy}}{\partial x \partial y} = \frac{\partial^2 \varepsilon_x}{\partial y^2} + \frac{\partial^2 \varepsilon_y}{\partial x^2} = \frac{\partial^3 u}{\partial y^2 \partial x} + \frac{\partial^3 v}{\partial x^2 \partial y} \qquad (2.3.1-5)$$

4. Stoffgesetz

Unter der Annahme, daß ein isotroper Werkstoff sowie ein *ebener Spannungszustand* vorliegen, gilt:

$$\begin{bmatrix} \varepsilon_x \\ \varepsilon_y \\ \gamma_{xy} \end{bmatrix} = \frac{1}{E} \begin{bmatrix} 1 & -\nu & 0 \\ -\nu & 1 & 0 \\ 0 & 0 & 2(1+\nu) \end{bmatrix} \begin{bmatrix} \sigma_x = n_x/t \\ \sigma_y = n_y/t \\ \tau_{xy} = n_{xy}/t \end{bmatrix} \qquad (2.3.1-6a)$$

$$\frac{1}{t} \begin{bmatrix} n_x \\ n_y \\ n_{xy} \end{bmatrix} = \begin{bmatrix} \sigma_x \\ \sigma_y \\ \tau_{xy} \end{bmatrix} = \frac{E}{1-\nu^2} \begin{bmatrix} 1 & \nu & 0 \\ \nu & 1 & 0 \\ 0 & 0 & \frac{1-\nu}{2} \end{bmatrix} \begin{bmatrix} \varepsilon_x \\ \varepsilon_y \\ \gamma_{xy} \end{bmatrix} \qquad (2.3.1-6b)$$

2.3.2 Lösungsweg bei Anwendung der Gleichungen für den ebenen Spannungszustand ($\sigma_z = 0$, isotroper Werkstoff)

Es gibt zwei Möglichkeiten, die ermittelten Grundgleichungen so zu verknüpfen, daß die Spannungen in einer Scheibe und ihre Verformungen ermittelt werden können. Geht man nach der *Kraftmethode* vor, so muß man zunächst eine dritte DGL in Spannungen (Kraftgrößen) ermitteln. Aus den dann vorliegenden drei DGL'n können theoretisch zunächst die Spannungen ermittelt werden. Entsprechend dem Lösungsschema in Abbildung 2.3.1 − 1 werden in einer *Nachlaufrechnung* sodann mit Hilfe des Stoffgesetzes die Verzerrungen und schließlich mit Hilfe der Verzerrungs-Verschiebungsbeziehungen (KVV) die Verschiebungen ermittelt.

Bei der *Deformationsmethode* ermittelt man zunächst zwei DGL'n, ausgedrückt in den Verschiebungen (u, v), um anschließend in einer *Nachlaufrechnung* mit Hilfe der Verschiebungs-Verzerrungs-Beziehungen die Verzerrungen und schließlich mit Hilfe des Stoffgesetzes die Spannungen zu bestimmen.

2.3.2.1 Kraftmethode: (gesucht sind die DGL'n der Spannungen)

$$\boxed{\text{Ermitteln der Spannungen} \rightarrow \text{Verzerrungen} \rightarrow \text{Verschiebungen}}$$

Durch Einsetzen des Stoffgesetzes (Gl. 2.3.1−6a) in die Verträglichkeitsbedingung (Gl. 2.3.1 − 5) erhält man die gesuchte dritte Gleichung:

$$\frac{1}{E}\left[\frac{\partial^2}{\partial y^2}(\sigma_x - \nu\sigma_y) + \frac{\partial^2}{\partial x^2}(\sigma_y - \nu\sigma_x)\right] = \frac{2(1+\nu)}{E}\frac{\partial^2 \tau_{xy}}{\partial x \partial y} \qquad (2.3.2 - 1)$$

Ordnet man vorstehende Gleichung, welche die Kompatibilität erfüllt, um, so erhält man schließlich:

$$\boxed{\frac{\partial^2 \sigma_x}{\partial y^2} + \frac{\partial^2 \sigma_y}{\partial x^2} - \nu\left(\frac{\partial^2 \sigma_x}{\partial x^2} + \frac{\partial^2 \sigma_y}{\partial y^2}\right) = 2(1+\nu)\frac{\partial^2 \tau_{xy}}{\partial x \partial y}} \qquad (2.3.2 - 2)$$

Zusammen mit den beiden Gleichungen (2.3.1 − 2) liegen nun 3 Gleichungen für die Spannungen $\sigma_x, \sigma_y, \tau_{xy}$ vor. Diese Spannungen sind damit theoretisch bestimmbar. Die Verzerrungen $\varepsilon_x, \varepsilon_y, \gamma_{xy}$ lassen sich durch Einsetzen der ermittelten Spannungen in das Stoffgesetz (2.3.1 − 6a) berechnen.Durch Integration der Verzerrungs-Verschiebungs-Gleichung nach Gl. 2.3.1 − 3 lassen sich dann die Verformungen u und v bestimmen.

Man kann Gl. 2.3.2 − 2 noch weiter umformen:
Differenzieren von (2.3.1 − 2a) nach x und von (2.3.1 − 2b) nach y und addieren beider Gleichungen führt zu

$$\frac{\partial^2 \sigma_x}{\partial x^2} + 2\frac{\partial^2 \tau_{xy}}{\partial x \partial y} + \frac{\partial^2 \sigma_y}{\partial y^2} = 0 \qquad (2.3.2 - 3)$$

Das Einsetzen in Gleichung (2.3.2 − 2) liefert dann die 3. Gleichgewichtsbedingung für die Scheibe in der Form:

$$\left(\frac{\partial^2}{\partial x^2} + \frac{\partial^2}{\partial y^2}\right)(\sigma_x + \sigma_y) = 0 \qquad (2.3.2 - 4)$$

2.3.2.1.1 Anwendung der Airyschen Spannungsfunktion

Falls man mit der Airy-Spannungsfunktion Φ als Lösungsansatz arbeitet, lassen sich aus Φ die Spannungen (vgl. Abschnitt: Airysche Spannungsfunktion, Gl. 2.2.1 − 11) berechnen:

$$\sigma_x = \frac{\partial^2 \Phi}{\partial y^2} \quad ; \quad \sigma_y = \frac{\partial^2 \Phi}{\partial x^2} \quad ; \quad \tau_{xy} = -\frac{\partial^2 \Phi}{\partial x \partial y}$$

Diese Ausdrücke, eingesetzt in die Gleichgewichtsbedingung (2.3.2 − 2) — die dritte Gleichgewichtsbedingung der Scheibe —, ergeben die sogenannte *Scheibengleichung*:

$$0 = \frac{\partial^4 \Phi}{\partial x^4} + 2\frac{\partial^4 \Phi}{\partial x^2 \partial y^2} + \frac{\partial^4 \Phi}{\partial y^4} \qquad (2.3.2 - 5)$$

Diese Gleichung läßt sich mit dem Laplace-Operator

$$\Delta = \nabla^2 = \frac{\partial^2}{\partial x^2} + \frac{\partial^2}{\partial y^2} \qquad (2.3.2 - 6)$$

ausdrücken als

$$\Delta^2 \Phi = \nabla^2 \nabla^2 \Phi = \nabla^4 \Phi = 0 \qquad (2.3.2 - 7)$$

Anmerkung: Die Spannungsfunktion Φ erfüllt hier das Gleichgewicht und die Verträglichkeit. Setzt man die Gl. 2.2.1 − 11 für die Spannungsfunktion in Gl. 2.3.1 − 2a und 2.3.1 − 2b ein, so erhält man triviale Lösungen.

2.3.2.2 Deformationsmethode: (gesucht sind die DGL'n der Verschiebungen)

$$\boxed{\text{Ermitteln der Verschiebungen} \;\rightarrow\; \text{Verzerrungen} \;\rightarrow\; \text{Spannungen}}$$

Einsetzen der Verzerrungs-Verschiebungs-Beziehungen (2.3.1 − 3) und des Stoffgesetzes (2.3.1 − 6b) in die Gleichgewichtsbeziehung (2.3.1 − 2a) führt zu der Gleichung:

$$\frac{E}{1-\nu^2}\left[\frac{\partial}{\partial x}\left(\frac{\partial u}{\partial x}+\nu\frac{\partial v}{\partial y}\right)+\frac{1-\nu}{2}\frac{\partial}{\partial y}\left(\frac{\partial u}{\partial y}+\frac{\partial v}{\partial x}\right)\right]=0 \qquad (2.3.2-8)$$

Umformen (Addition und Subtraktion von $\frac{1}{2}\frac{\partial^2 u}{\partial y^2}$) und Umordnen liefert:

$$\boxed{\frac{\partial^2 u}{\partial x^2}+\frac{\partial^2 u}{\partial y^2}=\frac{1+\nu}{2}\left(\frac{\partial^2 u}{\partial y^2}-\frac{\partial^2 v}{\partial x\partial y}\right)} \qquad (2.3.2-9a)$$

In gleicher Weise erhält man durch Einsetzen von (2.3.1 − 3) und (2.3.1 − 6b) in die Gleichung des Gleichgewichtes (2.3.1 − 2b) den Ausdruck:

$$\boxed{\frac{\partial^2 v}{\partial x^2}+\frac{\partial^2 v}{\partial y^2}=\frac{1+\nu}{2}\left(\frac{\partial^2 v}{\partial x^2}-\frac{\partial^2 u}{\partial x\partial y}\right)} \qquad (2.3.2-9b)$$

Hiermit liegen zwei Gleichungen (2.3.2 − 9a,b) für die beiden Verschiebungen u,v vor, die damit theoretisch ermittelbar sind. Die Verzerrungen $\varepsilon_x, \varepsilon_y, \gamma_{xy}$ sind dann mit (2.3.1 − 3) bestimmbar. Durch Einsetzen dieser Verzerrungen in das Stoffgesetz (2.3.1 − 6b) erhält man schließlich die Spannungen $\sigma_x, \sigma_y, \tau_{xy}$.

Die Gleichungen (2.3.2 − 9a,b) lassen sich auch in anderer Form angeben. Durch Addition und Subtraktion von $\frac{\partial^2 \mathbf{v}}{\partial \mathbf{x}\partial \mathbf{y}}$ läßt sich Gleichung (2.3.2 − 9a) erweitern zu

$$\frac{\partial}{\partial x}\left(\frac{\partial u}{\partial x}+\frac{\partial \mathbf{v}}{\partial \mathbf{y}}\right)+\frac{\partial}{\partial y}\left(\frac{\partial u}{\partial y}-\frac{\partial \mathbf{v}}{\partial \mathbf{x}}\right)=\frac{1+\nu}{2}\frac{\partial}{\partial y}\left(\frac{\partial u}{\partial y}-\frac{\partial v}{\partial x}\right) \qquad (2.3.2-10)$$

Erweitern mit $\frac{2}{1-\nu}$ ergibt

$$\frac{2}{1-\nu}\frac{\partial}{\partial x}\underbrace{\left(\frac{\partial u}{\partial x}+\frac{\partial v}{\partial y}\right)}_{\eta}+\frac{\partial}{\partial y}\underbrace{\left(\frac{\partial u}{\partial y}-\frac{\partial v}{\partial x}\right)}_{\zeta}=0 \qquad (2.3.2-11)$$

Dieser Ausdruck läßt sich unter Einführung der Vereinbarungen

$$\boxed{\begin{aligned} \eta &= \frac{\partial u}{\partial x} + \frac{\partial v}{\partial y} \\ \zeta &= \frac{\partial u}{\partial y} - \frac{\partial v}{\partial x} \end{aligned}}$$

$$(2.3.2 - 12)$$

abkürzen zu

$$\boxed{\frac{2}{1-\nu}\frac{\partial \eta}{\partial x} + \frac{\partial \zeta}{\partial y} = 0}$$

$$(2.3.2 - 13a)$$

Entsprechend erhält man aus (2.3.2 − 9b)

$$\boxed{\frac{2}{1-\nu}\frac{\partial \eta}{\partial y} - \frac{\partial \zeta}{\partial x} = 0}$$

$$(2.3.2 - 13b)$$

2.3.3 Lösungsweg bei Anwendung der Gleichungen für den ebenen Dehnungszustand ($\varepsilon_z = 0$, isotroper Werkstoff)

Der Lösungsweg bei Anwendung des ebenen Dehnungszustandes verläuft in gleicher Weise wie bei Einarbeitung des ebenen Spannungszustandes. Allerdings ist nun das Stoffgesetz für den *ebenen Dehnungszustand* Gl. 2.2.3 − 15 einzusetzen.

$$\begin{bmatrix} \varepsilon_x \\ \varepsilon_y \\ \gamma_{xy} \end{bmatrix} = \frac{1+\nu}{E} \begin{bmatrix} (1-\nu) & -\nu & 0 \\ -\nu & (1-\nu) & 0 \\ 0 & 0 & 2 \end{bmatrix} \begin{bmatrix} \sigma_x = n_x/t \\ \sigma_y = n_y/t \\ \tau_{xy} = n_{xy}/t \end{bmatrix}$$

$$(2.3.3 - 1a)$$

$$\frac{1}{t}\begin{bmatrix} n_x \\ n_y \\ n_{xy} \end{bmatrix} = \begin{bmatrix} \sigma_x \\ \sigma_y \\ \tau_{xy} \end{bmatrix} = \frac{E}{(1+\nu)(1-2\nu)} \begin{bmatrix} (1-\nu) & \nu & 0 \\ \nu & (1-\nu) & 0 \\ 0 & 0 & \frac{1-2\nu}{2} \end{bmatrix} \begin{bmatrix} \varepsilon_x \\ \varepsilon_y \\ \gamma_{xy} \end{bmatrix}$$

$$(2.3.3 - 1b)$$

2.3.3.1 Deformationsmethode

Analog zur Deformationsmethode bei Anwendung des ebenen Spannungszustandes ergeben sich beim ebenen Dehnungszustand durch Einsetzen der Gleichungen $(2.3.1-3)$ und $(2.3.3-1b)$ in die Gleichgewichtsbeziehung $(2.3.1-2)$ die beiden Ausdrücke

$$\frac{\partial^2 u}{\partial x^2} + \frac{\partial^2 u}{\partial y^2} = \frac{1}{2(1-\nu)}\left(\frac{\partial^2 u}{\partial y^2} - \frac{\partial^2 v}{\partial x \partial y}\right)$$
$$\frac{\partial^2 v}{\partial x^2} + \frac{\partial^2 v}{\partial y^2} = \frac{1}{2(1-\nu)}\left(\frac{\partial^2 v}{\partial x^2} - \frac{\partial^2 u}{\partial x \partial y}\right)$$

$$(2.3.3-2)$$

Mit den Vereinbarungen

$$\eta = \frac{\partial u}{\partial x} + \frac{\partial v}{\partial y}$$
$$\zeta = \frac{\partial u}{\partial y} - \frac{\partial v}{\partial x}$$

$$(2.3.3-3)$$

läßt sich dafür schreiben

$$\frac{2(1-\nu)}{1-2\nu}\frac{\partial \eta}{\partial x} + \frac{\partial \zeta}{\partial y} = 0$$
$$\frac{2(1-\nu)}{1-2\nu}\frac{\partial \eta}{\partial y} - \frac{\partial \zeta}{\partial x} = 0$$

$$(2.3.3-4)$$

2.3.3.2 Kraftmethode

Ebenfalls analog zur Kraftmethode bei Anwendung des ebenen Spannungszustandes erhält man beim ebenen Dehnungszustand durch Einsetzen des entsprechenden Stoffgesetzes $(2.3.3-1a)$ in die Kompatibilitätsbeziehung $(2.3.1-5)$ die dritte Gleichgewichtsbeziehung

$$\frac{\partial^2 \sigma_x}{\partial y^2} + \frac{\partial^2 \sigma_y}{\partial x^2} - \frac{\nu}{1-\nu}\left(\frac{\partial^2 \sigma_x}{\partial x^2} + \frac{\partial^2 \sigma_y}{\partial y^2}\right) = \frac{2}{1-\nu}\frac{\partial^2 \tau_{xy}}{\partial x \partial y}$$

$$(2.3.3-5)$$

Differenziert man (2.3.1 − 2a) nach x und (2.3.1 − 2b) nach y, addiert beide Gleichungen und setzt das Ergebnis in die rechte Seite vorstehender Gleichung ein, so erhält man (vgl. Kraftmethode für den ebenen Spannungszustand) die 3. Gleichgewichtsbedingung für die Scheibe in der Form:

$$\boxed{\left(\frac{\partial^2}{\partial x^2} + \frac{\partial^2}{\partial y^2}\right)(\sigma_x + \sigma_y) = 0} \qquad\qquad (2.3.3 - 6)$$

2.3.4 Anmerkungen und Zusammenfassung

Anmerkungen:

1) Die Gleichungen in u und v sind selten benutzbar. Sie unterscheiden sich für den ebenen Dehnungs- und Spannungszustand.
2) Die in Spannungen ausgedrückten Gleichungen 2.3.2 − 4 und 2.3.3 − 6 sind für den ebenen Dehnungs- und Spannungszustand gleich. Um die zugehörigen Verschiebungen zu ermitteln, müssen die unterschiedlichen Stoffgesetze (ebener Spannungs– bzw. ebener Dehnungszustand) eingesetzt werden und man erhält so für die Verschiebungen unterschiedliche Ergebnisse.
3) Die Lösungen dieser partiellen DGl'n sind meist sehr schwierig. Daher werden oft vereinfachende Annahmen erforderlich.

Zusammenfassung

1) Gleichgewichts-Gleichungen

$$\begin{array}{lll} a) & \underline{\underline{D}}^{\mathsf{T}}\underline{\sigma} + \underline{X} = 0 & \in V \\ b) & \underline{\underline{T}}_n^{\mathsf{T}}\underline{\sigma} - \underline{p} = 0 & \in O_p \quad \text{(Schnittfläche)} \\ c) & \underline{p} = \overline{\underline{p}} & \in O_p \quad \text{(Kraftrand)} \end{array} \qquad (2.3.4 - 1)$$

2) Kinematische Gleichungen

$$\begin{array}{ll} a) & \underline{\varepsilon} = \underline{\underline{D}}\,\underline{u} \\ b) & \underline{u} = \overline{\underline{u}} \quad \in O_u \ \text{(Verschiebungsrand)} \\ c) & \text{Verträglichkeitsbedingungen Kap. 2.2.2.2,} \\ & \text{Gl. } 2.2.2 - 10 \ \text{bzw. Gl. } 2.2.2 - 12 \end{array} \qquad (2.3.4 - 2)$$

3) Stoffgesetz

$$\begin{array}{lll} a) & \underline{\sigma} = \underline{\underline{E}}\,\underline{\varepsilon} & \underline{\sigma} = \underline{\underline{E}}(\underline{\varepsilon} - \underline{\varepsilon}_0) + \underline{\sigma}_0 \\ b) & \underline{\varepsilon} = \underline{\underline{F}}\,\underline{\sigma} & \underline{\varepsilon} = \underline{\underline{F}}(\underline{\sigma} - \underline{\sigma}_0) + \underline{\varepsilon}_0 \end{array} \qquad (2.3.4 - 3)$$

4) gesucht sind:

$$\underline{\sigma} = \underline{\sigma}(\underline{x}) \qquad \underline{x}^{\mathsf{T}} = [x_1, x_2, x_3] \qquad \text{6 Spannungen}$$

$$\underline{\varepsilon} = \underline{\varepsilon}(\underline{x}) \qquad \qquad \qquad \qquad \text{6 Verzerrungen}$$

$$\underline{u} = \underline{u}(\underline{x}) \qquad \qquad \qquad \qquad \underline{\text{3 Verschiebungen}}$$

$$\text{15 Unbekannte}$$

5) gegeben sind:

$$\overline{\underline{X}} = \underline{X}(\underline{x}) \qquad \text{Volumenkräfte}$$

$$\overline{\underline{p}} = \underline{p}(\underline{x}) \qquad \text{Kraftrandbedingungen}$$

$$\overline{\underline{u}} = \underline{u}(\underline{x}) \qquad \text{Verschiebungsrandbedingungen}$$

1a, 2a und 3a enthalten 15 Gleichungen, denen 15 Unbekannte gegenüberstehen.

Lösung nach der Deformationsmethode (ebener Fall):

Durch Eliminiation der Spannungen $\underline{\sigma}$ und Verzerrungen $\underline{\varepsilon}$ erhält man nach Navier und Lamé drei Gleichungen, die nur noch die Verschiebungen $\underline{u}$ enthalten (2.3.4 − 2a in 2.3.4 − 3a in 2.3.4 − 1a eingesetzt):

$$\underline{\underline{D}}^{\mathsf{T}} \underline{\underline{E}} (\underline{\underline{D}}\,\underline{u} - \underline{\varepsilon}_0) = -\underline{X} \qquad \in V$$

$$\underline{u} = \overline{u} \qquad \in O_u \qquad\qquad (2.3.4 - 4)$$

$$\underline{\underline{T}}_n^{\mathsf{T}} (\underline{\underline{E}}\,\underline{\underline{D}}\,\underline{u}) = \overline{p} \qquad \in O_p$$

Im *ebenen Fall* liegen 2 Gleichungen mit 2 Unbekannten $\in V$ vor. Unter Vernachlässigung der Volumenkräfte sind dies die Gl. 2.3.2 − 9 bzw. Gl. 2.3.2 − 13 für den ebenen Spannungszustand und die Gl. 2.3.3 − 2 bzw. Gl. 2.3.3 − 4 für den ebenen Dehnungszustand.

Lösung nach der Kraftmethode (ebener Fall):

Gleichung (2.3.4−1a) liefert 2 Gleichungen für die 3 unbekannten Spannungen $\underline{\sigma}$ (Gl. 2.3.1−2). Durch Einsetzen des Stoffgesetzes (Gl. 2.3.4−3) in die Verträglichkeitsbedingung (Gl. 2.3.1 − 5) erhält man die fehlende dritte Gleichung. Unter Vernachlässigung der Volumenkräfte ist dies Gl. 2.3.2 − 4 bzw. Gl. 2.3.3 − 6. Bei Anwendung der Airyschen Spannungsfunktion sind dies Gl. 2.3.2 − 5 bzw. Gl. 2.3.2 − 7.

2.4 Anwendung der Grundgleichungen bei Torsion

Coulomb (1736 – 1836) hat als erster die Torsion an Kreisquerschnitten behandelt und dabei ebenso wie Jacob Bernoulli (1654 – 1705) bei der Biegung das Ebenbleiben der Querschnitte vorausgesetzt. Die Verwölbungsfreiheit ist für diesen speziellen Fall auch gegeben. Auf dieser Annahme aufbauend, behandelte Navier (1785 – 1836) das Torsionsproblem allgemein. Seine Lösungen stehen jedoch im Widerspruch zum Experiment.

2.4.1 St. Venantsche Torsionstheorie

Eine Theorie, die *Verwölbungen*, d.h. das Heraustreten von Längsverschiebungen u aus der Querschnittsebene zuläßt und die die Randbedingungen an der Oberfläche erfüllt, wurde 1856 zum ersten Mal von Barré de Saint Venant (1797 – 1886) veröffentlicht.

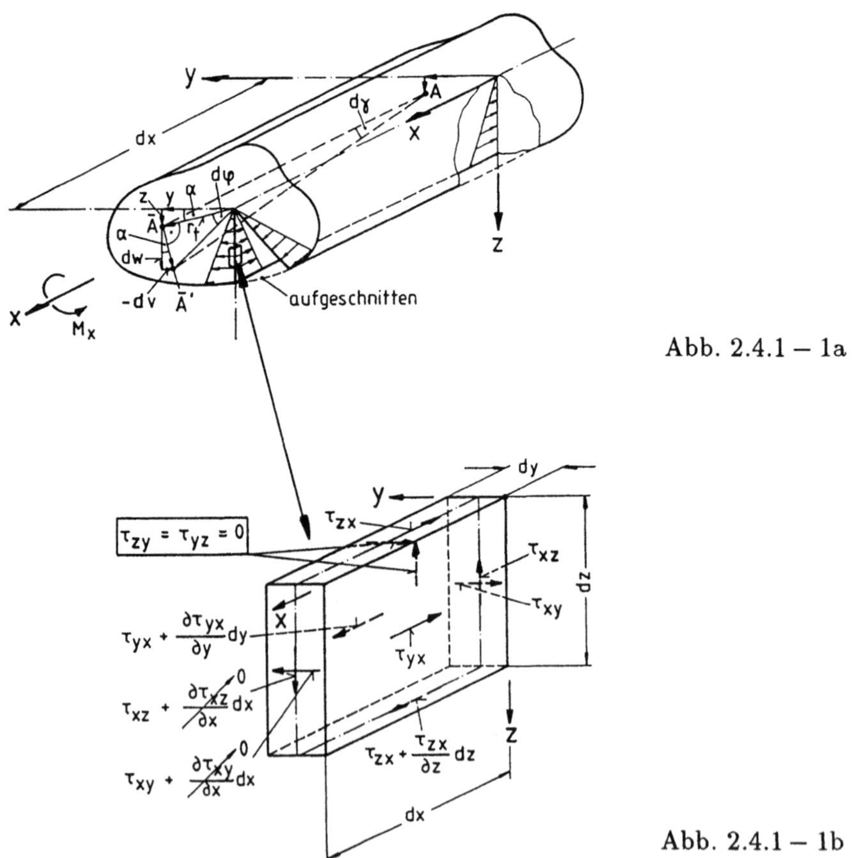

Abb. 2.4.1 – 1a

Abb. 2.4.1 – 1b

Wenn die Verwölbung sich frei ausbilden kann, spricht man von *zwangsfreier*, bzw. *St. Venantscher*, manchmal auch *reiner Drillung*. Wird die Verwölbung z.B. durch Festschweißen eines Stabendes behindert oder wird ein kontinuierliches Moment m_x eingeleitet, so entstehen bei Torsionsbelastung auch Längsspannungen, die sogenannten Wölbspannungen. Bei der St. Venantschen Torsion handelt es sich um *reine Torsion* infolge eines zur Stabachse parallelen Torsionsmomentes $M_x = M_{xT}$ ohne Wölbbehinderung. Es wird im folgenden ein zylindrischer Stab mit nur einer Berandungskurve, also ein Vollquerschnitt, zugrunde gelegt.

2.4.1.1 Kinematische Zusammenhänge (KVV)

Tordiert man einen Stab unter den oben genannten Voraussetzungen und nimmt man weiterhin an, daß der Querschnitt in der y–z–Ebene nur eine reine Drehbewegung ohne eine Eigenverformung durchführt, so wird sich dieser um eine Achse, die Drehachse, bzw. den Momentanpol "verdrehen". Der Einfachheit halber wird die x–Achse des Koordinatensystems (KOS) in die *Dreh–* bzw. *Drillachse* gelegt. Abbildung 2.4.1 − 1a zeigt ein Stück dx des tordierten Stabes. Die zur x–Achse parallele Gerade $\overline{\overline{AA}}$ wird sich bei Torsion nach $\overline{\overline{AA'}}$ verschieben bzw. um den Winkel $d\varphi$ drehen. Die Zunahme des *Drillwinkels* φ in x–Richtung, d.h. die *Verwindung* ϑ, kann bei homogenem isotropen Material und unbehinderter Verwölbung als konstant angenommen werden, so daß gilt:

$$\frac{\partial \varphi}{\partial x} = \varphi' = \vartheta = \text{const} \tag{2.4.1 − 1}$$

Aus der Geometrie (Abb. 2.4.1 − 1a) folgt:

$$d\varphi = \frac{\partial \varphi}{\partial x}\, dx = \varphi'\, dx \qquad\qquad \cos\alpha = \frac{y}{\hat{r}_t} = \frac{dw}{\hat{r}_t \cdot d\varphi}$$

$$\sin\alpha = \frac{z}{\hat{r}_t} = \frac{-dv}{\hat{r}_t \cdot d\varphi} \tag{2.4.1 − 2}$$

$$-dv = z\, d\varphi = z\, \varphi'\, dx \tag{2.4.1 − 3}$$

$$dw = y\, d\varphi = y\, \varphi'\, dx \tag{2.4.1 − 4}$$

Neben den Verschiebungen in der Querschnittsebene kann noch eine Verschiebung in x–Richtung, also aus dem ebenen Querschnitt heraus, und damit eine *Verwölbung* auftreten. Diese wird der Verwindung ϑ proportional sein und von der Querschnittsgestalt abhängen. Es ist somit die Funktion der Verwölbung:

$$u = \vartheta\, \psi_{\hat{\omega}}(y, z) \tag{2.4.1 − 5}$$

$\psi_{\hat{\omega}}$ nennt man *Drillfunktion* und in der englischsprachigen Literatur *warping function*. Sie ist auf den Schubmittelpunkt, d.h. die Drillachse bezogen.

Anmerkung:

Bei dünnwandigen Stäben (siehe Kap. 3.2) ist für

offene Profile $\qquad\qquad\qquad \psi_{\hat{\omega}} = -\hat{\omega}$

geschlossene Profile $\qquad\qquad \psi_{\hat{\omega}} = -\hat{\omega}^*$
$$(2.4.1-6)$$

ω und ω^* sind dabei **_Wölbkoordinaten_** und $\hat{\omega}$ und $\hat{\omega}^*$ **_Haupt-Wölbkoordinaten_**.

Weiterhin muß bei der Einleitung von zwei entgegengesetzt an den Stabenden wirkenden Torsionsmomenten die Verwölbung im Stab unabhängig von x sein, und damit ist $\frac{\partial u}{\partial x} = 0$.

Aus den Gleichungen $2.4.1-2$ bis $2.4.1-5$ erhält man die **_Weg-_** bzw. **_Verschiebungsgrößen_**:

$$
\boxed{
\begin{aligned}
u &= \vartheta\,\psi_{\hat{\omega}}(y,z) \\[4pt]
\varphi &= \vartheta\,x \\[4pt]
v &= -\vartheta\,x\,z \\[4pt]
w &= \vartheta\,x\,y
\end{aligned}
}
\qquad\qquad (2.4.1-7)
$$

Da reine Torsion vorliegen soll und keine Wölbbehinderungen vorhanden sind und sich somit keine Normalspannungen bilden können, wird aus den kinematischen Beziehungen Gl. $2.2.2-4a$ mit Gl. $2.4.1-7$:

$$
\varepsilon_x = \frac{\partial u}{\partial x} = 0 \qquad
\varepsilon_y = \frac{\partial v}{\partial y} = 0 \qquad
\varepsilon_z = \frac{\partial w}{\partial z} = 0
\qquad\qquad (2.4.1-8)
$$

$$
\begin{aligned}
\gamma_{xy} &= \frac{\partial u}{\partial y} + \frac{\partial v}{\partial x} = \vartheta\left(\frac{\partial\psi_{\hat{\omega}}}{\partial y} - z\right) &&= \frac{\tau_{xy}}{G} \\[8pt]
\gamma_{yz} &= \frac{\partial v}{\partial z} + \frac{\partial w}{\partial y} = \vartheta\,(x - x) &&= 0 &&= \tau_{yz} \\[8pt]
\gamma_{zx} &= \frac{\partial w}{\partial x} + \frac{\partial u}{\partial z} = \vartheta\left(\frac{\partial\psi_{\hat{\omega}}}{\partial z} + y\right) &&= \frac{\tau_{zx}}{G}
\end{aligned}
\qquad (2.4.1-9)
$$

Die Verzerrungs–Verschiebungsbeziehungen (KVV) bei Torsion sind somit:

$$
\boxed{
\begin{aligned}
&\varepsilon_x = \varepsilon_y = \varepsilon_z = \gamma_{yz} = 0 \\[10pt]
&\gamma_{xy} = \vartheta\left(\frac{\partial\psi_{\hat{\omega}}}{\partial y} - z\right) \\[8pt]
&\gamma_{xz} = \vartheta\left(\frac{\partial\psi_{\hat{\omega}}}{\partial z} + y\right)
\end{aligned}
}
\qquad (2.4.1-10\,\mathrm{a,b,c})
$$

2.4.1.2 Stoffgesetz, Spannungs– Verschiebungsbeziehungen

Mit dem Stoffgesetz Gl. 2.2.3 − 5b, das infolge $\varepsilon_x = \varepsilon_y = \varepsilon_z = \gamma_{yz} = 0$ zu

$$\underline{\tau} = G\,\underline{\gamma} \tag{2.4.1 − 11}$$

degeneriert, und Gl. 2.4.1 − 10, erhält man die Spannungs– Verschiebungsbeziehungen:

$$
\begin{array}{|l|}
\hline
\sigma_x = \sigma_y = \sigma_z = \tau_{yz} = 0 \\
\hline
\tau_{xy} = G\,\gamma_{xy} = G\,\vartheta \left(\dfrac{\partial \psi_{\hat{\omega}}}{\partial y} - z \right) \\[2mm]
\tau_{xz} = G\,\gamma_{xz} = G\,\vartheta \left(\dfrac{\partial \psi_{\hat{\omega}}}{\partial z} + y \right) \\
\hline
\end{array}
\tag{2.4.1 − 12a, b, c}
$$

2.4.1.3 Gleichgewichtsbeziehungen (SS)

Gleichgewicht im Körperinneren

Unter Vernachlässigung der Volumenkräfte erhält man mit Gl. 2.4.1 − 12a die Spannungen aus den Gleichgewichtsbeziehungen Gl. 2.2.1 − 5a.

$$
\begin{array}{|l|}
\hline
\sigma_x = \sigma_y = \sigma_z = \tau_{yz} = 0 \\
\hline
\dfrac{\partial \tau_{xy}}{\partial y} + \dfrac{\partial \tau_{xz}}{\partial z} = 0 \\[2mm]
\dfrac{\partial \tau_{xy}}{\partial x} = 0 \\[2mm]
\dfrac{\partial \tau_{xz}}{\partial x} = 0 \\
\hline
\end{array}
\tag{2.4.1 − 13a, b, c, d}
$$

Das gleiche Ergebnis erhält man aus der Gleichgewichtsbetrachtung des Volumenelementes in Abbildung 2.4.1 − 1b.

Man kann aus Gl. 2.4.1 − 12 die Funktion $\psi_{\hat{\omega}}$ eliminieren, indem man bildet:

$$\frac{\partial \tau_{xz}}{\partial y} - \frac{\partial \tau_{xy}}{\partial z} = G\,\vartheta \left(\frac{\partial \psi_{\hat{\omega}}}{\partial y \partial z} + 1 - \frac{\partial \psi_{\hat{\omega}}}{\partial y \partial z} + 1 \right) \tag{2.4.1 − 14}$$

$$\frac{\partial \tau_{xz}}{\partial y} - \frac{\partial \tau_{xy}}{\partial z} = 2\,G\,\vartheta \tag{2.4.1 − 15}$$

Setzt man die Beziehungen für τ_{xy} und τ_{xz} aus Gl. 2.4.1 − 12 in Gl. 2.4.1 − 13b ein, so wird:

$$\boxed{\frac{\partial^2 \psi_{\hat{\omega}}}{\partial y^2} + \frac{\partial^2 \psi_{\hat{\omega}}}{\partial z^2} = \nabla^2 \psi_{\hat{\omega}} = 0}$$

$$(2.4.1 - 16)$$

Die Lösung des Problems besteht nun in der Ermittlung von $\psi_{\hat{\omega}}$.

Randbedingungen auf der Zylinderoberfläche

Auf der Zylinderoberfläche darf keine Spannung auftreten.

Es ist somit: $\qquad \bar{p} = \underline{p} = 0$ $\qquad\qquad\qquad\qquad\qquad (2.4.1 - 17)$

außerdem ist (Abb. 2.4.1 − 1b): $\qquad l = \cos(\underline{n}, x) = 0$ $\qquad\qquad (2.4.1 - 18)$

Aus Gl. 2.2.1 − 9a bzw. 2.2.1 − 9b wird mit Gl. 2.4.1 − 12:

$$p_x = 0 = \tau_{xy} \cdot m + \tau_{xz} \cdot n \quad \Longrightarrow \quad 0 = \left(\frac{\partial \psi_{\hat{\omega}}}{\partial y} - z \right) m + \left(\frac{\partial \psi_{\hat{\omega}}}{\partial z} + y \right) n$$

$$p_y = 0$$

$$p_z = 0$$

$$(2.4.1 - 19)$$

Randbedingungen an den Zylinderenden

Man kann zeigen, daß die resultierenden Querkräfte aus den Schubspannungen an den Stabenden null sind, wenn man diese in $\psi_{\hat{\omega}}$ ausdrückt und nur noch ein Schnittmoment wirkt, das dem äußeren Moment entspricht (siehe dazu Kap. 2.4.2.2.3).

Anmerkung: Besteht im vorliegenden Fall die Lösung des Problems in der Ermittlung der Drillfunktion $\psi_{\hat{\omega}}(y, z)$, so besteht im folgenden Kapitel die Lösung des Problems in der Ermittlung der Prandtlschen Spannungsfunktion $\Phi(y, z)$.

2.4.2 Prandtlsche Torsionsfunktion

Ging die bisherige Betrachtung von einer Drillfunktion $\psi_{\hat{\omega}}(y, z)$ aus, so führte Prandtl eine Spannungsfunktion $\Phi(y, z)$ zur Lösung des Problemes ein. Die Ausgangsgleichungen bilden die Gleichgewichtsbeziehungen Gl. 2.4.1 − 13.

$$\sigma_x = \sigma_y = \sigma_z = \tau_{yz} = 0 \qquad\qquad (2.4.2 - 1a)$$

$$\frac{\partial \tau_{xy}}{\partial y} + \frac{\partial \tau_{xz}}{\partial z} = 0 \qquad\qquad (2.4.2 - 1b)$$

$$\frac{\partial \tau_{xy}}{\partial x} = 0 \qquad\qquad (2.4.2 - 1c)$$

$$\frac{\partial \tau_{zx}}{\partial x} = 0 \qquad\qquad (2.4.2 - 1d)$$

Aus den letzten beiden Gleichungen folgt, daß die Schubspannungen τ_{xy} und τ_{xz} nur Funktionen von y und z sind. Damit sind sie in x–Richtung an allen Punkten des Zylinders konstant.

Prandtl führte eine *Spannungsfunktion* $\phi(y, z)$ zur Lösung des Problems ein,

$$\tau_{xy} = \frac{\partial \phi(y, z)}{\partial z} \qquad \tau_{xz} = - \frac{\partial \phi(y, z)}{\partial y} \qquad\qquad (2.4.2 - 2)$$

die die Gl. 2.4.2 − 1a befriedigt, ebenso wie die Kompatibilitätsgleichungen und die Randbedingungen. Durch die letzteren unterscheiden sich die Torsionsprobleme voneinander.

2.4.2.1 Ermittlung der Kompatibilitätsbedingungen

Im folgenden sollen die Kompatibilitätsbedingungen als Funktion der Spannungsfunktion ausgedrückt werden.
Nach Gl. 2.4.1 − 10a gilt:

$$\varepsilon_x = \varepsilon_y = \varepsilon_z = \gamma_{yz} = 0 \qquad\qquad (2.4.2 - 3)$$

Außerdem sind die verbleibenden Spannungen τ_{xy} bzw. τ_{xz} − und damit auch γ_{xy} und γ_{xz} (siehe Gl. 2.4.2 − 1b,c) − nur Funktionen von y und z. Setzt man diese Bedingungen in Gleichung 2.2.2−12 ein, so werden die ersten 4 Gleichungen gleich null. Aus der 5. und 6. Gleichung erhält man:

$$0 = \frac{\partial}{\partial y} \left(-\frac{\partial \gamma_{zx}}{\partial y} + \frac{\partial \gamma_{xy}}{\partial z} \right)$$
$$\qquad\qquad (2.4.2 - 4)$$
$$0 = \frac{\partial}{\partial z} \left(-\frac{\partial \gamma_{xy}}{\partial z} + \frac{\partial \gamma_{zx}}{\partial y} \right)$$

Ausgedrückt in Spannungen bzw. den Spannungsfunktionen Gl. 2.4.2 − 2:

$$\frac{\partial}{\partial y}\left(\frac{\partial^2 \phi}{\partial y^2} + \frac{\partial^2 \phi}{\partial z^2}\right) = \frac{\partial}{\partial y}\left(\nabla^2 \phi\right) = 0$$

$$-\frac{\partial}{\partial z}\left(\frac{\partial^2 \phi}{\partial z^2} + \frac{\partial^2 \phi}{\partial y^2}\right) = \frac{\partial}{\partial z}\left(\nabla^2 \phi\right) = 0$$

$$(2.4.2 - 5)$$

Daraus folgt, daß

$$\boxed{\nabla^2 \phi = \frac{\partial^2 \phi(y, z)}{\partial y^2} + \frac{\partial^2 \phi(y, z)}{\partial z^2} = \text{const}}$$

$$(2.4.2 - 6)$$

sein muß, soll die Kompatibilität erfüllt sein. Diese Bedingung muß für alle Punkte innerhalb eines Stabes gelten.

Setzt man die Prandtlsche Spannungsfunktion in Gl. 2.4.1 − 15 ein, so wird

$$\boxed{\begin{aligned} \frac{\partial^2 \phi(y, z)}{\partial y^2} + \frac{\partial^2 \phi(y, z)}{\partial z^2} &= -2\,G\,\vartheta \\ \nabla^2 \phi &= -2\,G\,\vartheta \end{aligned}}$$

$$(2.4.2 - 7)$$

Die vorliegende DGL $(\nabla^2 \phi = C)$ ist in der Technik häufig anzutreffen. Dabei beschreibt ϕ:

- in der Strömungsmechanik die Stromfunktion
- bei einer Membrane mit konstanter Spannung, z.B. einer Seifenhaut, die Transversalverschiebung, wobei die Konstante C das Verhältnis von Druck zu Vorspannung angibt
- in der Wärmelehre die Temperatur
- usw.

2.4.2.2 Gleichgewichtsbeziehungen (SS)

2.4.2.2.1 Randbedingungen auf der Zylinderoberfläche

Da an der zylindrischen Oberfläche keine äußeren Kräfte angreifen, muß gelten:

$$\bar{p} = [\bar{p}_x \quad \bar{p}_y \quad \bar{p}_z]^T = 0 \qquad\qquad (2.4.2 - 8)$$

Da die Normale senkrecht auf der x−Achse steht, ist $\cos(\underline{n}, y) = l = 0$ (vgl. auch Kap. 2.4.1.3 Randbedingungen auf der Zylinderoberfläche).

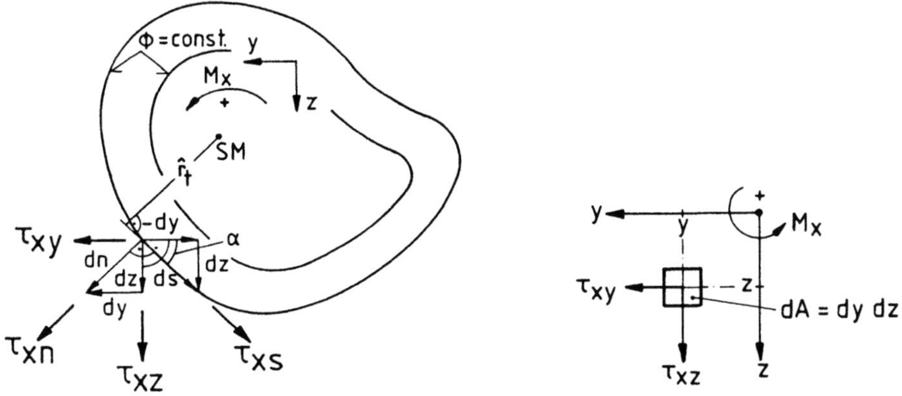

Abb. 2.4.2 − 1a   Abb. 2.4.2 − 1b

Aus Abbildung 2.4.2 − 1b kann man entnehmen:

$$
\begin{aligned}
l &= \cos(\underline{n}, x) = 0 \\
m &= \cos(\underline{n}, y) = \sin\alpha = \frac{dz}{ds} = \frac{dy}{dn} \\
n &= \cos(\underline{n}, z) = \cos\alpha = -\frac{dy}{ds} = \frac{dz}{dn}
\end{aligned}
\qquad (2.4.2-9)
$$

Setzt man diese Ausdrücke in die Gleichungen für die Randbedingungen (Gl. 2.2.1 − 9a) ein, so erhält man:

$$
\tau_{xy}\, m + \tau_{xz}\, n = 0 \quad , \quad \tau_{yz} = 0 \qquad (2.4.2-10)
$$

und mit Gleichung 2.4.2 − 10:

$$
\tau_{xy}\,\frac{dz}{ds} - \tau_{xz}\,\frac{dy}{ds} = 0 \qquad (2.4.2-11)
$$

Mit der Spannungsfunktion (Gl. 2.4.2 − 2) wird:

$$
\frac{\partial\phi}{\partial z}\,\frac{dz}{ds} + \frac{\partial\phi}{\partial y}\,\frac{dy}{ds} = 0 = \frac{\partial\phi}{\partial s} \qquad (2.4.2-12a)
$$

bzw.
$$
\frac{\partial\phi}{\partial s} = 0 = \tau_{xy}\, m + \tau_{xz}\, n \qquad (2.4.2-12b)
$$

Damit muß aber auf der zylindrischen Oberfläche beim Vorwärtsschreiten in s−Richtung

$$
\phi = \text{const} \qquad (2.4.2-13)
$$

sein. Da diese Konstante aber, wie Gleichung 2.4.2 − 2 zeigt, die Spannung nicht beeinflußt (die Ableitung ist null), kann sie für den Rand gleich null gesetzt werden. Damit ergibt sich für die Zylinderoberfläche als

Randbedingung: $\boxed{\phi_{\text{Rand}} = 0}$ $\qquad\qquad\qquad$ (2.4.2 − 14)

2.4.2.2.2 Spannungen im Stabquerschnitt (yz–Ebene)

Wie aus Abb. 2.4.2 − 1a entnommen werden kann, ist s die laufende Koordinate auf einer Zylindermantellinie, für die ϕ = const ist. Für ein sn–Koordinatensystem gilt folgendes: Dreht man das xy–KOS in positivem, d.h. Gegen-Uhrzeigersinn in das sn–KOS, so gilt entsprechend Gl. 2.5.2 − 1, bzw. folgt aus Abb. 2.4.2 − 1a:

$$\begin{bmatrix} \tau_{xn} \\ \tau_{xs} \end{bmatrix} = \begin{bmatrix} \cos\alpha & \sin\alpha \\ -\sin\alpha & \cos\alpha \end{bmatrix} \begin{bmatrix} \tau_{xy} \\ \tau_{xz} \end{bmatrix} = \begin{bmatrix} \tau_{xy} & \tau_{xz} \\ \tau_{xz} & -\tau_{xy} \end{bmatrix} \begin{bmatrix} \cos\alpha \\ \sin\alpha \end{bmatrix} \qquad (2.4.2 − 15)$$

mit $\qquad\qquad$
$$m = \cos\alpha = \frac{dy}{dn} = \frac{dz}{ds}$$
$$n = \sin\alpha = \frac{dz}{dn} = -\frac{dy}{ds}$$
$\qquad\qquad\qquad\qquad\qquad\qquad\qquad$ (2.4.2 − 16)

Nach Einsetzen von Gl. 2.4.2 − 16 in Gl. 2.4.2 − 15 wird:

$$\begin{bmatrix} \tau_{xn} \\ \tau_{xs} \end{bmatrix} = \begin{bmatrix} \tau_{xy} & \tau_{xz} \\ \tau_{xz} & -\tau_{xy} \end{bmatrix} \begin{bmatrix} m \\ n \end{bmatrix} \qquad\qquad (2.4.2 − 17a)$$

$$\tau_{xn} = \tau_{xy}\, m + \tau_{xz}\, n = 0 \qquad\qquad (2.4.2 − 17b)$$

$$\tau_{xs} = \tau_{xz}\, m - \tau_{xy}\, n \qquad\qquad (2.4.2 − 17c)$$

Gleichung 2.4.2 − 17b ist identisch mit Gleichung 2.4.2 − 10, und damit ist:

$$\tau_{xy}\, m + \tau_{xz}\, n = 0 = \tau_{xn} \qquad , \qquad\qquad (2.4.2 − 18)$$

d.h. es treten in Normalenrichtung keine Schubspannungen auf. Aus Gl. 2.4.2 − 12b folgt, daß die resultierende Schubspannung für jeden beliebigen Punkt eine Tangente an den Verlauf von ϕ = const ist. Man nennt diese Linien in der Literatur oft *Schubspannungslinien.* Aus der dritten Gleichung (2.4.2 − 17c) folgt:

$$\tau_{xs} = -\frac{\partial \phi}{\partial y}\, m - \frac{\partial \phi}{\partial z}\, n$$

$$= -\left[\frac{\partial \phi}{\partial y}\frac{dy}{dn} + \frac{\partial \phi}{\partial z}\frac{dz}{dn}\right] = -\frac{\partial \phi}{\partial n}$$

$$(2.4.2 - 19)$$

somit ist

$$\boxed{\quad \frac{\partial \phi}{\partial s} = 0 = \tau_{xn} \qquad \frac{\partial \phi}{\partial n} = -\tau_{xs} \quad}$$

$$(2.4.2 - 20)$$

Die aus reiner, d.h. nur durch ein Moment erzeugter Torsion resultierende Schubspannung ist

1. an jedem Punkt im Stab tangential zu den *Schubspannungslinien* $\phi = $ const. Es gibt keine Schubspannungen in Normalenrichtung und folglich auch nicht an der Zylinderoberfläche.

2. Sie hat einen Betrag, der gleich der negativen Ableitung in Normalenrichtung ist, d.h. τ_{xs} ist gleich der Zunahme der *Spannungsfunktion* $\phi(y, z)$, wenn man in negativer Normalenrichtung vorwärts schreitet. ϕ ist auf der Zylinderoberfläche null.

2.4.2.2.3 Schnittkräfte bzw. Randbedingungen an den Stabenden

An den Enden des Stabes sind die Richtungscosinusse:

$$l = 1$$
$$m = 0$$
$$n = 0$$

$$(2.4.2 - 21)$$

Aus Gl. 2.2.1 − 9a oder b wird dann:

$$\overline{p}_x = p_x = 0$$
$$\overline{p}_y = p_y = \tau_{xy}$$
$$\overline{p}_z = p_z = \tau_{xz}$$

$$(2.4.2 - 22)$$

An den Stabenden liegen also Schubspannungen vor (siehe dazu auch Abb. 2.4.1 − 1), die die gleiche Verteilung wie in einem Querschnitt im Inneren haben.

Die **resultierenden Kräfte** am Rand sind dann:

$$N_x = Q_x = \int \int \overline{p}_x \, dydz = 0 \qquad (2.4.2-23)$$

$$Q_y = \int \int \overline{p}_y \, dydz = \int \int \tau_{xy} \, dydz$$

Mit Gl. 2.4.2 − 2
$$= \int \int \frac{\partial \phi}{\partial z} \, dydz$$

und mit $\phi_{Rand} = 0 \implies \quad Q_y = \int dy \int \frac{\partial \phi}{\partial z} \, dz = 0 \qquad (2.4.2-24)$

analog:
$$Q_z = - \int dz \int \frac{\partial \phi}{\partial y} \, dy = 0 \qquad (2.4.2-25)$$

D.h. es treten keine Normalkräfte auf. Das **resultierende Moment** wird dann nach Abb. 2.4.2 − 1b:

$$dM_x = y \, \tau_{xz} \, dydz - z \, \tau_{xy} \, dydz$$
$$M_x = \int \int \left(y \, \tau_{xz} - z \, \tau_{xy} \right) \, dydz \qquad (2.4.2-26)$$

Ausgedrückt in der Spannungsfunktion:

$$M_x = - \int \int \left(y \frac{\partial \phi}{\partial y} + z \frac{\partial \phi}{z} \right) \, dydz \qquad (2.4.2-27)$$

Mit dem Gauß-Greenschen Integralsatz:

$$\int \int \Psi \frac{\partial \Phi}{\partial x} \, dxdy = \int_y (\Psi\Phi)|_x \, dy - \int \int \frac{\partial \Psi}{\partial x} \Phi \, dxdy \qquad (2.4.2-28)$$

wird:

$$M_x = - \left\{ \int \int \frac{\partial \phi}{\partial y} \, dy \, y \, dz + \int \int \frac{\partial \phi}{\partial z} \, dz \, z \, dy \right\}$$
$$= - \left\{ \int (\phi \, y)|_{Rand} \, dz - \int \int \phi \, dydz + \int (\phi \, z)|_{Rand} \, dy - \int \int \phi \, dzdy \right\} \qquad (2.4.2-29)$$

Da $\phi_{Rand} = 0$, wird

$$\boxed{M_x = 2 \int \int \phi \, dydz}\qquad (2.4.2 - 30)$$

Kann man die Prandtlsche Spannungsfunktion $\phi(y,z)$ finden, so ist mit Gl. 2.4.2–7 das Torsionsproblem exakt lösbar.

Bei Torsionsproblemen führt man analog zur Biegesteifigkeit $EI_B \,\hat{=}\, EA_B$ eine Torsionssteifigkeit $GI_T \,\hat{=}\, GA_T$ ein und setzt

$$\boxed{M_x = G\,A_T\,\vartheta}\qquad (2.4.2 - 31)$$

Aus den letzten beiden Gleichungen folgt

$$A_T = \frac{2}{G\,\vartheta} \int \int \phi \, dydz \qquad (2.4.2 - 32)$$

und mit Gl. $2.4.2 - 6$ und $2.4.2 - 7$ für $\quad -2\,G\,\vartheta = \nabla^2 \phi = \text{const}$

$$\text{ist} \qquad A_T = -\frac{4}{\nabla^2 \phi} \int \int \phi \, dydz \qquad (2.4.2 - 33)$$

Anmerkungen:

1. Führt man für die Spannungsfunktion ein:

$$\tau_{xy} = G\,\vartheta\,\frac{\partial \phi}{\partial z} \qquad \text{und} \qquad \tau_{xz} = -G\,\vartheta\,\frac{\partial \phi}{\partial y} \qquad (2.4.2 - 34)$$

$$\text{so wird (vgl. Gl. } 2.4.2 - 7) \qquad \nabla^2 \phi = -2 \qquad (2.4.2 - 35)$$

$$\text{und} \qquad M_x = 2\,G\,\vartheta \int \int \phi \, dydz = G\,A_T\,\vartheta \qquad (2.4.2 - 36)$$

$$A_T = 2 \int \int \phi \, dydz \qquad (2.4.2 - 37)$$

2. Setzt man in Gl. $2.4.2 - 26$ die Gl. $2.4.2 - 10$ ein, so erhält man M_x als Funktion von $\psi_{\hat{\omega}}(y,z)$:

$$M_x = G\,\vartheta \int \int \left[\left(\frac{\partial \psi_{\hat{\omega}}}{\partial z} + y \right) y - \left(\frac{\partial \psi_{\hat{\omega}}}{\partial y} - z \right) z \right] dydz \qquad (2.4.2 - 38)$$

$$A_T = \int \int \left[\left(\frac{\partial \psi_{\hat{\omega}}}{\partial z} + y \right) y - \left(\frac{\partial \psi_{\hat{\omega}}}{\partial y} - z \right) z \right] dydz \qquad (2.4.2 - 39)$$

2.4.2.3 Membrananalogie

Da, wie bereits bei der Ableitung der Gleichung $2.4.2 - 7$ erwähnt, die DGL:

$$\nabla^2 \phi = C \qquad\qquad\qquad (2.4.2 - 40)$$

in der Technik vielfach anzutreffen ist, kann man mit Hilfe der Membran– bzw. Seifenhautanalogie ϕ auch experimentell bestimmen.

Formt man z.B. einen Draht entsprechend der Außenkontur des Stabquerschnittes und beaufschlagt die Seifenhaut der umrahmten Fläche mit dem Druck $p\left[\frac{K}{L^2}\right]$, so entsteht an den Kanten eine gleichförmige *laufende Kraft* $n\left[\frac{K}{L}\right]$, während sich die Membran in x–Richtung um u(y,z) verschiebt.

Man kann zeigen, daß gilt:

$$\nabla^2 u = -\frac{p}{n} = C$$

Bei Torsion ist: $\qquad\qquad \nabla^2 \phi = -2\,\vartheta\,G = C \qquad\qquad (2.4.2 - 41)$

Am Rand ist $u(y, z) = 0$ und $\phi(y, z) = 0$.
Damit entspricht:

$$
\begin{aligned}
u(y, z) \quad &\hat{=} \quad \phi(y, z) \\
u = \text{const} \quad &\hat{=} \quad \phi = \text{const} \\
\frac{p}{n} \quad &\hat{=} \quad 2\,\vartheta\,G \\
\text{Volumen} = \iint u\,dydz \quad &\hat{=} \quad \frac{1}{2}\,M_x = \iint \phi\,dydz
\end{aligned}
\qquad (2.4.2 - 42)
$$

2.4.2.4 Ermittlung der Schubspannungsverteilung in einigen zylindrischen Vollquerschnitten

Die Prandtlsche Spannungsfunktion $\phi(y, z)$ verläuft wie gezeigt konform zur Außenkontur, ist jeweils konstant (ϕ_0) und auf dem Rand gleich null ($\phi_0' = 0$). Es ist daher zweckmäßig, einen Ansatz zu wählen, der diese Bedingungen berücksichtigt.

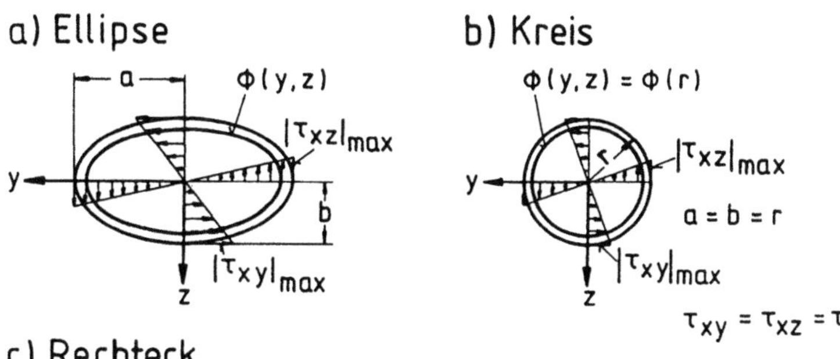

Abb. 2.4.2 − 2

a)   Für eine *Ellipse* (siehe Abb. 2.4.2−2) mit den Halbachsen a und b ist somit:

$$\phi(y, z) = \phi_0 \left\{ \left(\frac{y}{a} \right)^2 + \left(\frac{z}{b} \right)^2 - 1 \right\} \tag{2.4.2 − 43}$$

Mit Gl. 2.4.2 − 7:

$$-2G\vartheta = \phi_0 \left(\frac{2}{a^2} + \frac{2}{b^2} \right)$$

$$\phi_0 = -G\vartheta \frac{a^2 b^2}{a^2 + b^2} \tag{2.4.2 − 44}$$

Damit ist:

$$\phi(y, z) = -G\vartheta \frac{a^2 b^2}{a^2 + b^2} \left\{ \left(\frac{y}{a} \right)^2 + \left(\frac{z}{b} \right)^2 - 1 \right\} \tag{2.4.2 − 45}$$

und mit Gl. 2.4.2 − 2:

$$\tau_{xy} = -G\vartheta \frac{2a^2 z}{a^2 + b^2}$$

$$\tau_{yz} = -G\vartheta \frac{2b^2 y}{a^2 + b^2} \tag{2.4.2 − 46}$$

$$a > b \Longrightarrow |\tau_{xy}|_{max} > |\tau_{xz}|_{max} \qquad \text{(siehe Abb. 2.4.2 − 2)}$$

Das Torsionsmoment wird mit Gl. 2.4.2 − 32

$$\begin{aligned}
A_T &= \frac{2}{G\vartheta} \int\int \phi\, dy\, dz \\
&= -2\frac{a^2 b^2}{a^2 + b^2} \int\int \left\{ \left(\frac{y}{a}\right)^2 + \left(\frac{z}{b}\right)^2 - 1 \right\} dy\, dz \\
&= -\frac{2a^2 b^2}{a^2 + b^2} \cdot \frac{\pi}{4} \left(\frac{a^3 b}{a^2} + \frac{b^3 a}{b^2} - 4ab \right) \\
&= \pi \frac{a^3 b^3}{a^2 + b^2}
\end{aligned}$$

$$(2.4.2 - 47)$$

Das Torsionsmoment ist dann mit Gl. 2.4.2 − 31:

$$\begin{aligned}
M_x &= G\pi \frac{a^3 b^3}{a^2 + b^2} \vartheta \\
&= \frac{\pi}{2} ab^2 \left|\tau_{xy}\right|_{max} = \frac{\pi}{2} a^2 b \left|\tau_{xz}\right|_{max}
\end{aligned}$$

$$(2.4.2 - 48)$$

b) Für einen **Kreiszylinder** sind die Halbachsen der Ellipse gleich groß und es liegt somit der Sonderfall einer Ellipse mit den Halbachsen $a = b = r$ vor. Es ist dann analog zur Ellipse:

$$\phi(y, z) = \phi_0 \left\{ \left(\frac{y}{r}\right)^2 + \left(\frac{z}{r}\right)^2 - 1 \right\}$$

$$(2.4.2 - 49)$$

Es wird somit:

$$\begin{aligned}
\tau_{xy} &= \tau_{xz} = -G\vartheta y = -G\vartheta z = -G\vartheta r \\
A_T &= \frac{\pi}{2} r^4 \\
M_x &= G\frac{\pi}{2} r^4 \vartheta = \frac{\pi}{2} r^3 \left|\tau_{xy}\right|_{max}
\end{aligned}$$

$$(2.4.2 - 50)$$

c) Ein **Rechteckquerschnitt** mit den Abmessungen $l \cdot t = 2a \cdot 2b$ (siehe Abb. 2.4.2 − 2), bei dem $a \gg b = t/2$ ist, geht $a \longrightarrow \infty$ und $\frac{y}{a} \to 0$. Damit wird analog zur Ellipse aus Gl. 2.4.2 − 43 für $y =$ const

$$\phi(z) = \phi_0 \left\{ \left(\frac{z}{b}\right)^2 - 1 \right\} = -b^2 G\vartheta \left\{ \left(\frac{z}{b}\right)^2 - 1 \right\}$$

$$(2.4.2 - 51)$$

$$\tau_{xy} = -G\vartheta 2z \qquad \tau_{xy_{max}} = -G\vartheta t$$

$$(2.4.2 - 52)$$

$$A_T = -\frac{2}{G\vartheta} \cdot b^2 G\vartheta \cdot 4 \cdot \int\limits_{y=0}^{l/2} \int\limits_{z=0}^{t/2} \left\{ \left(\frac{z}{b}\right)^2 - 1 \right\} dy\,dz = \frac{t^3}{3} l \qquad (2.4.2-53)$$

$$M_x = G\frac{t^3}{3} l\vartheta = \frac{t^2}{3} l \left|\tau_{xy}\right|_{max} \qquad (2.4.2-54)$$

2.5 Anhang: Transformation von Koordinaten, Vektoren und Tensoren zweiter Stufe

Bei der Berechnung strukturmechanischer Problemstellungen müssen immer wieder Zusammenhänge, die in einem bestehenden Koordinatensystem gelten, in ein anderes überführt, d.h. transformiert werden. So kann durch eine derartige Manipulation z.B. ein Gleichungssystem durch *orthogonalisieren* entkoppelt werden, was zu einem klareren physikalischen Verständnis des Problems und zu einer wesentlich einfacheren und oft auch genaueren numerischen Behandlung führt.

Da zur verkürzten und übersichtlicheren Darstellung von mathematischen Zusammenhängen sich die *Matrix–* und *Index – Schreibweise* besonders eignen und sie immer häufiger verwendet werden, soll im folgenden auch der Übergang zu diesen Schreibweisen aufgezeigt werden, sowie der oft in der Literatur gebrauchte *Begriff des Tensors* erläutert werden.

Parallelverschiebungen eines Koordinatensystems (KOS) sind sehr einfach durch Addition bzw. Subtraktion der Koordinaten durchzuführen. Im folgenden wird daher nur auf Drehungen des KOS eingegangen, die sehr häufig vorkommen.

2.5.1 Übergang von der Vektor– bzw. Matrixschreibweise zur Indexschreibweise

Da bei Anwendung einfacher Ingenieurtheorien nur mit kartesischen Koordinatensystemen gearbeitet wird und nicht mit schiefwinkligen, können alle Indizes als "Fußnoten" geschrieben werden.

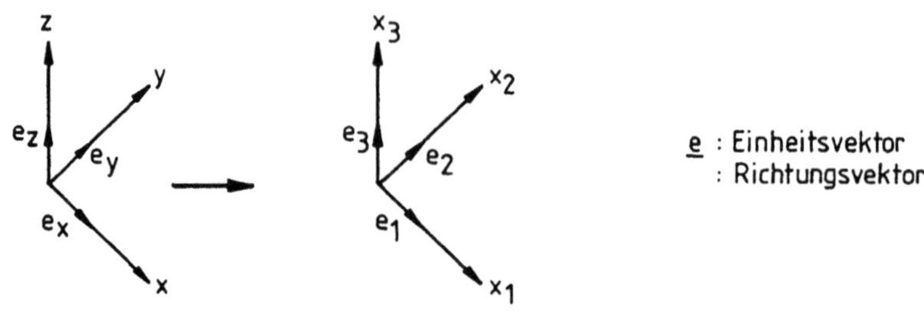

Abb. 2.5.1 − 1

Die Koordinatenrichtungen werden mit Ziffern belegt. Der Vektor $\underline{a}$ *hat drei Komponenten* und kann geschrieben werden:

$$\underline{a} = \begin{bmatrix} a_x \\ a_y \\ a_z \end{bmatrix} = \begin{bmatrix} a_1 \\ a_2 \\ a_3 \end{bmatrix} \qquad \text{Matrixschreibweise} \qquad (2.5.1-1a)$$

$$\underline{a} = a_x e_x + a_y e_y + a_z e_z \qquad \begin{array}{l}\text{Analytische bzw.}\\ \text{Komponenten-Schreibweise}\end{array} \qquad (2.5.1-1b)$$

$$\underline{a} = a_1 e_1 + a_2 e_2 + a_3 e_3 = \sum_{i=1}^{3} a_i e_i \qquad \text{Indexschreibweise} \qquad (2.5.1-1c)$$

Die Vektoren $\underline{a}$ und $\underline{b}^T$ bilden als *dyadisches Vektorprodukt* $\underline{a}\,\underline{b}^T$ die Matrix:

$$\underline{\underline{\tau}} = \begin{bmatrix} a_x b_x & a_x b_y & a_x b_z \\ a_y b_x & a_y b_y & a_y b_z \\ a_z b_x & a_z b_y & a_z b_z \end{bmatrix}$$

$$\tau_{ij} = \begin{bmatrix} a_1 b_1 & a_1 b_2 & a_1 b_3 \\ a_2 b_1 & a_2 b_2 & a_2 b_3 \\ a_3 b_1 & a_3 b_2 & a_3 b_3 \end{bmatrix} = \begin{bmatrix} \tau_{11} & \tau_{12} & \tau_{13} \\ \tau_{21} & \tau_{22} & \tau_{23} \\ \tau_{31} & \tau_{32} & \tau_{33} \end{bmatrix} \qquad \begin{array}{l}\text{Matrixschreibweise}\\[2em](2.5.1-2a)\end{array}$$

Dabei ist diese Matrix, wenn sie den Transformationsregeln der Dyade folgt, ein *Tensor zweiter Stufe, der aus 9 Komponenten* besteht und mit τ_{ij} charakterisiert werden kann.

$$\begin{aligned} \underline{a}\,\underline{b}^T = \; & a_1 b_1 e_1 e_1 + a_1 b_2 e_1 e_2 + a_1 b_3 e_1 e_3 \\ & + a_2 b_1 e_2 e_1 + a_2 b_2 e_2 e_2 + a_2 b_3 e_2 e_3 \qquad \text{Komponenten} \qquad (2.5.1-2b) \\ & + a_3 b_1 e_3 e_1 + a_3 b_2 e_3 e_2 + a_3 b_3 e_3 e_3 \end{aligned}$$

$$= \sum_{i=1}^{3}\sum_{j=1}^{3} a_i b_j e_i e_j = \sum_{i=1}^{3}\sum_{j=1}^{3} \tau_{ij} \cdot e_i e_j = \sum_{i=1}^{3}\sum_{j=1}^{3} \tau_{ij} \cdot e_{ij} \qquad \text{Indexschreibweise}$$

$$(2.5.1 - 2c)$$

Das Vektorprodukt $\underline{a}^T \underline{b}$ kann man schreiben:

$$\underline{a}^T \underline{b} = a_x b_x + a_y b_y + a_z b_z \qquad e_i e_i = 1$$
$$= a_1 b_1 e_1 e_1 + a_2 b_2 e_2 e_2 + a_3 b_3 e_3 e_3 \qquad \text{Komponenten}$$

$$(2.5.1 - 3a)$$

$$= \sum_{i=1}^{3} a_i b_i e_i e_i = \sum_{i=1}^{3} a_i b_i \qquad \text{Indexschreibweise} \qquad (2.5.1 - 3b)$$

Summationskonvention nach *Einstein*

Es wird vereinbart, daß immer eine Summation durchgeführt wird, wenn im gleichen Term der Laufindex mehrfach auftritt. Das Summenzeichen kann dann weggelassen werden.

Damit wird:

$$\underline{a} = a_i e_i \qquad = a_1 e_1 + a_2 e_2 + a_3 e_3$$
$$\underline{a}^T \underline{b} = a_i b_i \qquad = a_1 b_1 + a_2 b_2 + a_3 b_3$$
$$\underline{a}\,\underline{b}^T = a_i b_j e_i e_j$$

$$(2.5.1 - 4)$$

$$= \tau_{ij} \cdot e_{ij} = \quad \tau_{11} e_{11} + \tau_{12} e_{12} + \tau_{13} e_{13} \quad \leftarrow \quad i = 1, \, j = 1, 2, 3$$
$$+ \tau_{21} e_{21} + \tau_{22} e_{22} + \tau_{23} e_{23} \quad \leftarrow \quad i = 2, \, j = 1, 2, 3$$
$$+ \tau_{31} e_{31} + \tau_{32} e_{32} + \tau_{33} e_{33} \quad \leftarrow \quad i = 3, \, j = 1, 2, 3$$

Stumme Indizes

Summationsindizes dürfen während der Rechnung durch beliebige andere ausgetauscht werden.

$$u = \sum_{m} u_m i_m = \sum_{l} u_l i_l \qquad (2.5.1 - 5)$$

Aber ist P_k der k-te (Kraft–) Vektor mit den Komponenten P_{k1}, P_{k2}, P_{k3}, so ist

$$P_k = P_{km} e_m = P_{kn} e_n \neq P_{ln} e_n \qquad\qquad (2.5.1-6)$$

Freie Indizes

Indizes über die nicht summiert wird und die extra gekennzeichnet werden.

Bereichskonvention (nur selten angewendet)

Man verwendet:
- kleine griechische Buchstaben für die Laufindizes $\alpha = 1,2$
- kleine lateinische Buchstaben für die Laufindizes $m = 1,2,3$ $\quad(2.5.1-7)$

Kronecker–Symbol (–Delta)

$$e_m \cdot e_n = e_{mn} = \delta_{mn} \quad \begin{cases} \delta_{mn} = 1 & \text{für} \quad m = n \\ \delta_{mn} = 0 & \text{für} \quad m \neq n \end{cases} \qquad (2.5.1-8)$$

Differenzieren

Das totale Differential einer Funktion wird geschrieben für $f = f(x_i)$

$$df = \frac{\partial f}{\partial x_1} dx_1 + \frac{\partial f}{\partial x_2} dx_2 + \frac{\partial f}{\partial x_3} dx_3 = \frac{\partial f}{\partial x_i} dx_i = f_{,i} dx_i \qquad (2.5.1-9)$$

Die partielle Ableitung einer Koordinate x_i wird durch ein Komma gekennzeichnet, hinter dem der Index der unabhängigen Veränderlichen steht.

Vgl. Kap. 2.2.1.1.2, Gl. 2.2.1 − 5b und −d:

$$k_i + \sigma_{ij,j} = 0 = \underline{X} + \underline{\underline{D}}^T \cdot \underline{\sigma}$$
$$\frac{\partial}{\partial x} = \partial_x = \partial_1 = (\ )_{,1}$$
$$\frac{\partial}{\partial y} = \partial_y = \partial_2 = (\ )_{,2} \qquad\qquad (2.5.1-10)$$
$$\frac{\partial}{\partial z} = \partial_z = \partial_3 = (\ )_{,3}$$

Da neben der Matrixschreibweise der Übergang zur Indexschreibweise bei orthogonalen KOS aufgezeigt werden soll, sollen zunächst einige Vereinbarungen, die hier benötigt werden, dargelegt werden.

2.5.2 Koordinatentransformation, Transformation eines Ortsvektors, einer Strecke, eines Winkels

In Abb. $2.5.2 - 1$ ist der für den Punkt P bzw. den Ortsvektor $\underline{r}$ bestehende Zusammenhang dargestellt.

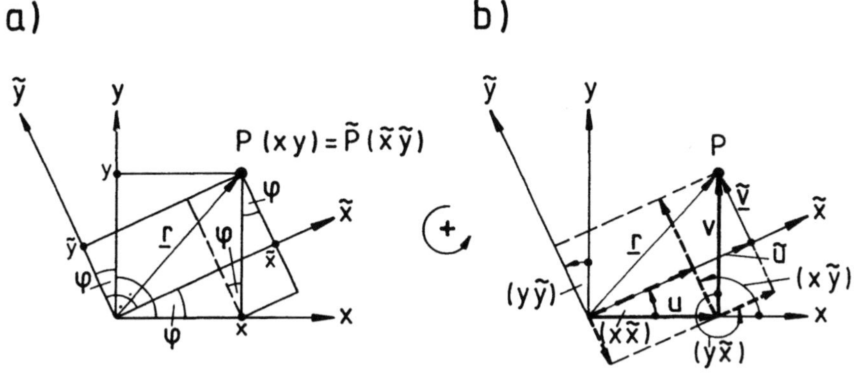

Abb. $2.5.2 - 1$

Aus Abb. $2.5.2 - 1$ folgt: In Matrixschreibweise:

$$\tilde{x} = \ x \cos \varphi + y \sin \varphi$$
$$\tilde{y} = -x \sin \varphi + y \cos \varphi$$

$$\begin{bmatrix} \tilde{x} \\ \tilde{y} \end{bmatrix} = \begin{bmatrix} \cos\varphi & \sin\varphi \\ -\sin\varphi & \cos\varphi \end{bmatrix} \begin{bmatrix} x \\ y \end{bmatrix} \qquad (2.5.2 - 1)$$

$$\boxed{\quad \underline{\tilde{P}} \ = \qquad \underline{\underline{\lambda}} \qquad \underline{P} \quad}$$

$$\tilde{x} = \ x \cos(x\tilde{x}) + y \cos(y\tilde{x})$$
$$\tilde{y} = \ x \cos(x\tilde{y}) + y \cos(y\tilde{y})$$

$$\begin{bmatrix} \tilde{x} \\ \tilde{y} \end{bmatrix} = \begin{bmatrix} \cos(x\tilde{x}) & \cos(y\tilde{x}) \\ \cos(x\tilde{y}) & \cos(y\tilde{y}) \end{bmatrix} \begin{bmatrix} x \\ y \end{bmatrix} \qquad (2.5.2 - 2)$$

$$\boxed{\quad \underline{\tilde{P}} \ = \qquad \underline{\underline{\lambda}} \qquad \underline{P} \quad}$$

$$
\begin{aligned}
\cos\varphi \quad &= \ | \ \cos(x\tilde{x}) \ = \ \cos\varphi \ = \ \cos(\tilde{x}x) \ | \ = \ \cos(360° - \varphi) \\
\cos(90° + \varphi) \quad &= \ | \ \cos(x\tilde{y}) \ = \ -\sin\varphi \ = \ \cos(\tilde{y}x) \ | \ = \ \cos(270° - \varphi) \\
\cos\varphi \quad &= \ | \ \cos(y\tilde{y}) \ = \ \cos\varphi \ = \ \cos(\tilde{y}y) \ | \ = \ \cos(360° - \varphi) \\
\cos(270° + \varphi) \quad &= \ | \ \cos(y\tilde{x}) \ = \ \sin\varphi \ = \ \cos(\tilde{x}y) \ | \ = \ \cos(90° - \varphi)
\end{aligned}
$$

$$(2.5.2 - 3)$$

Dabei hat ein Punkt P im xy–KOS die Koordinaten (xy) und im $\tilde{x}\tilde{y}$–KOS die Koordinaten $(\tilde{x}\tilde{y})$. Die Koordinaten können auch als Komponenten eines Ortsvektors $\underline{r}$ mit den Komponenten $\underline{r} = [u\,v]^T$ bzw. $\underline{\tilde{r}} = [\tilde{u}\,\tilde{v}]^T$ aufgefaßt werden. Die Matrix $\underline{\underline{\lambda}}$ ist die Transformationsmatrix für einen Punkt bzw. einen Ortsvektor, ausgedrückt in Koordinaten, bzw. Komponenten, hier für den zweidimensionalen Raum.

$$\underline{\tilde{r}} = \underline{\underline{\lambda}}\,\underline{r} \qquad\qquad (2.5.2-4)$$

Die Transformationsmatrix für den dreidimensionalen Raum kann man aus Gl. 2.5.2 − 2 durch erweitern bilden und lautet in:

Matrixschreibweise: Indexschreibweise:

$$
\overbrace{
\begin{bmatrix}
\cos(x\tilde{x}) & \cos(y\tilde{x}) & \cos(z\tilde{x}) \\
\cos(x\tilde{y}) & \cos(y\tilde{y}) & \cos(z\tilde{y}) \\
\cos(x\tilde{z}) & \cos(y\tilde{z}) & \cos(z\tilde{z})
\end{bmatrix}
}^{\underline{\underline{\lambda}}}
=
\overbrace{
\begin{bmatrix}
\cos(\tilde{x}x) & \cos(\tilde{x}y) & \cos(\tilde{x}z) \\
\cos(\tilde{y}x) & \cos(\tilde{y}y) & \cos(\tilde{y}z) \\
\cos(\tilde{z}x) & \cos(\tilde{z}y) & \cos(\tilde{z}z)
\end{bmatrix}
}^{\underline{\underline{\lambda}}}
=
\overbrace{
\begin{bmatrix}
c_{11} & c_{12} & c_{13} \\
c_{21} & c_{22} & c_{23} \\
c_{31} & c_{32} & c_{33}
\end{bmatrix}
}^{c_{ij}=c_{ji}}
$$

$$(2.5.2-5)$$

Die Transformation in Indexschreibweise kann dann wie folgt verkürzt geschrieben werden:

$$
\boxed{
\begin{aligned}
\tilde{x}_i &= c_{ij}\,x_j \\
\tilde{u}_i &= c_{ij}\,u_j
\end{aligned}
}
\qquad
\begin{aligned}
i &= 1,2,3 \\
j &= 1,2,3
\end{aligned}
\qquad\qquad (2.5.2-6)
$$

Die Transformationsmatrix $\underline{\underline{\lambda}} = c_{ij}$ hat folgende Eigenschaft,

$$
\boxed{\;\underline{\underline{\lambda}}^{-1} = \underline{\underline{\lambda}}^T\;}
\qquad\qquad (2.5.2-7)
$$

wie man an Gl. 2.5.2 − 1 leicht nachprüfen kann ist:

$$
\underline{\underline{\lambda}}^T =
\begin{bmatrix}
\cos\varphi & -\sin\varphi \\
\sin\varphi & \cos\varphi
\end{bmatrix}
$$

$$
\underline{\underline{\lambda}}^{-1} = \frac{1}{\cos^2\varphi + \sin^2\varphi} \cdot
\begin{bmatrix}
\cos\varphi & -\sin\varphi \\
\sin\varphi & \cos\varphi
\end{bmatrix}
= \underline{\underline{\lambda}}^T
$$

Damit wird bei Inversion aus:

$$
\begin{aligned}
\tilde{\underline{r}} &= \underline{\underline{\lambda}}\,\underline{r} \longrightarrow \underline{r} = \underline{\underline{\lambda}}^T\,\tilde{\underline{r}} \\
\tilde{\underline{P}} &= \underline{\underline{\lambda}}\,\underline{P} \longrightarrow \underline{P} = \underline{\underline{\lambda}}^T\,\tilde{\underline{P}}
\end{aligned}
$$

$$(2.5.2-8)$$

bzw. bei Indexschreibweise:

$$
\begin{aligned}
\tilde{x}_i &= c_{ij}\,x_j \longrightarrow x_i = c_{ji}\,\tilde{x}_j \\
\tilde{u}_i &= c_{ij}\,u_j \longrightarrow u_i = c_{ji}\,\tilde{u}_j
\end{aligned}
$$

$$(2.5.2-9)$$

oder ausgeschrieben z.B.:

$$
\tilde{\underline{u}} =
\begin{bmatrix} \tilde{u} \\ \tilde{v} \\ \tilde{w} \end{bmatrix}
= \underline{\underline{\lambda}}
\begin{bmatrix} u \\ v \\ w \end{bmatrix}
=
\begin{bmatrix} \tilde{u}_1 \\ \tilde{v}_2 \\ \tilde{w}_3 \end{bmatrix}
=
\overbrace{
\begin{bmatrix} c_{11} & c_{12} & c_{13} \\ c_{21} & c_{22} & c_{23} \\ c_{31} & c_{32} & c_{33} \end{bmatrix}}^{c_{ij}}
\begin{bmatrix} u_1 \\ v_2 \\ w_3 \end{bmatrix}
$$

$$
\underline{u} =
\begin{bmatrix} u \\ v \\ w \end{bmatrix}
= \underline{\underline{\lambda}}^T
\begin{bmatrix} \tilde{u} \\ \tilde{v} \\ \tilde{w} \end{bmatrix}
=
\begin{bmatrix} u_1 \\ v_2 \\ w_3 \end{bmatrix}
=
\underbrace{
\begin{bmatrix} c_{11} & c_{21} & c_{31} \\ c_{12} & c_{22} & c_{32} \\ c_{13} & c_{23} & c_{33} \end{bmatrix}}_{c_{ji}}
\begin{bmatrix} \tilde{u}_1 \\ \tilde{v}_2 \\ \tilde{w}_3 \end{bmatrix}
$$

$$(2.5.2-10)$$

Transformation einer Strecke

Eine Strecke wird durch ihre Endpunkte $P_1(x_1 y_1 z_1)$ und $P_2(x_2 y_2 z_2)$ begrenzt. Da die Transformation eines Punktes bekannt ist, wird für eine Strecke bzw. 2 Punkte in der Ebene:

$$
\begin{bmatrix} \tilde{x}_1 \\ \tilde{y}_1 \\ \tilde{x}_2 \\ \tilde{y}_2 \end{bmatrix}
=
\begin{bmatrix} \underline{\underline{\lambda}} & \\ & \underline{\underline{\lambda}} \end{bmatrix}
\cdot
\begin{bmatrix} x_1 \\ y_1 \\ x_2 \\ y_2 \end{bmatrix}
$$

$$(2.5.2-11)$$

$$
\begin{aligned}
\tilde{\underline{\delta}} &= \underline{\underline{T}}\,\underline{\delta} \\
\underline{\delta} &= \underline{\underline{T}}^T\,\tilde{\underline{\delta}}
\end{aligned}
$$

Anmerkung: Beim handwerklichen Vorgehen drückt man $\sin\varphi$ und $\cos\varphi$ meist in Koordinatenabschnitten aus.

Transformation eines Winkels in der Ebene

Da in der Ebene der Winkel eines am Punkt $P_1(x_1 y_1)$ um den Winkel α_1 gekrümmten Balkens bei einer Transformation konstant bleibt (invariant ist), gilt z.B. für die xy–Ebene, bei der die Drehachse die z–Achse ist:

$$\begin{bmatrix} \tilde{x}_1 \\ \tilde{y}_1 \\ \tilde{\alpha}_1 \end{bmatrix} = \begin{bmatrix} \cos\varphi & \sin\varphi & 0 \\ -\sin\varphi & \cos\varphi & 0 \\ 0 & 0 & 1 \end{bmatrix} \cdot \begin{bmatrix} x_1 \\ y_1 \\ \alpha_1 \end{bmatrix} \qquad (2.5.2-12)$$

$$\boxed{\;\tilde{\underline{\delta}}_1 \quad = \quad \underline{\underline{\lambda}} \qquad \underline{\delta}_1 \;}$$

2.5.3 Transformation der Spannungen

Spannungen sind einerseits gerichtete Größen, somit also Vektoren, andererseits eine auf eine bestimmte Fläche bezogene Kraft. Die Spannungen an einem Volumenelement bilden außerdem, wie bereits erwähnt und im folgenden noch weiter erläutert wird, einen Tensor. Will man die Spannung transformieren, so muß man gleichzeitig die Bezugs–Fläche transformieren. Transformiert man schließlich die Spannungen, die an einem Volumenelement wirken, so transformiert man den Spannungstensor.

Im folgenden sollen nun für die Ebene die Transformationsbeziehungen für die Spannungen und den Spannungstensor hergeleitet werden. Schneidet man ein unter Spannung stehendes Rechteck (Abb. 2.5.3 – 1a) zunächst im Schnitt $s = \tilde{y}$ auf, so ist Abb. 2.5.3 – 1c ein Teil der Darstellung in Abb. 2.2.1 – 4. Die nun auftretende Schnittgröße $\underline{p} = \underline{\sigma}_n$, die in Kap. 2.2.1.2.1 nur in die Komponenten $p_x = \sigma_{nx}$ und $p_y = \sigma_{ny}$ zerlegt wurde, wird nun in die zum Schnitt in Normalenrichtung weisende Spannungskomponente $\sigma_{nn} \;\hat{=}\; \sigma_{\tilde{x}\tilde{x}}$ und in die in der Schnittfläche auftretende Schubspannung $\tau_{ns} = \tau_{\tilde{x}\tilde{y}}$ zerlegt. Desgleichen werden im senkrecht verlaufenden Schnitt die aus dem Spannungsvektor $\underline{\sigma}_x$ resultierende Normalspannung σ_{xx} und Schubspannung τ_{xy} in die s– (d.h. Schnitt–) und n– (d.h. Normalen–) Richtung zerlegt. Ebenso wird mit dem Spannungsvektor $\underline{\sigma}_y$ verfahren (waagerechter Schnitt).

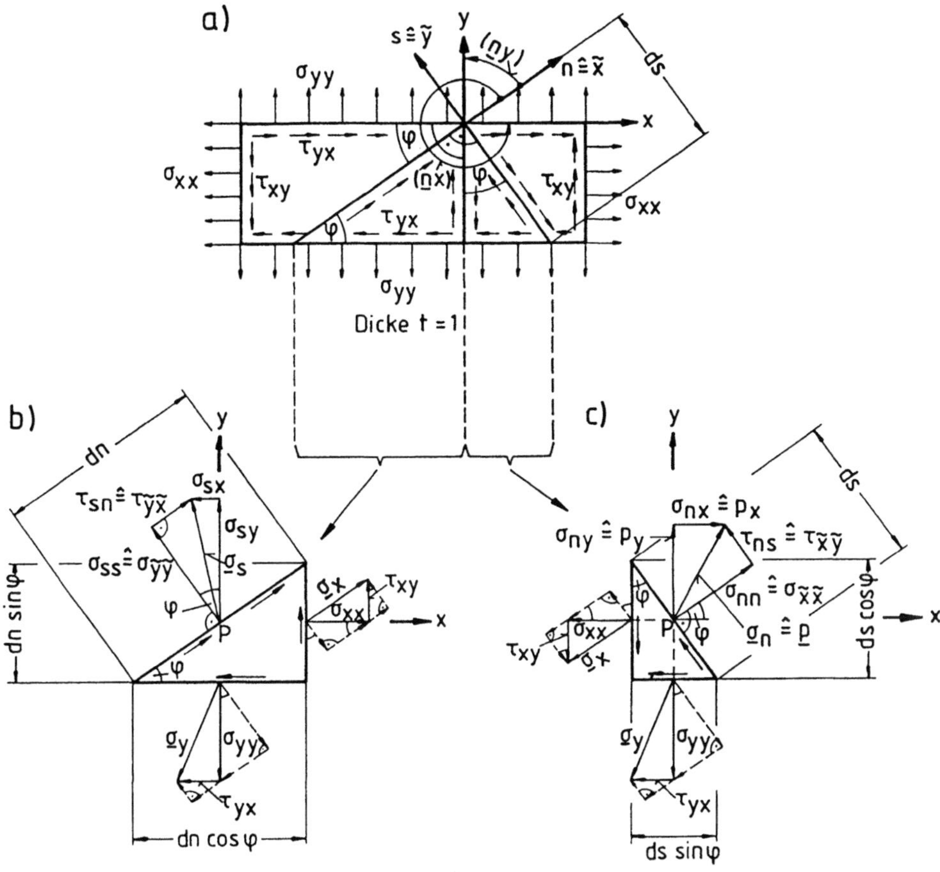

Abb. 2.5.3 − 1

Es ist:
$$\tau_{xy} = \tau_{yx} \qquad \underline{\sigma}_n \;\widehat{=}\; \underline{p} \qquad \begin{aligned} \sigma_{nx} &\widehat{=} p_x \\ \sigma_{ny} &\widehat{=} p_y \end{aligned} \qquad (2.5.3-1)$$

$$\tau_{\tilde{x}\tilde{y}} \;\widehat{=}\; \tau_{ns} = \tau_{sn} \;\widehat{=}\; \tau_{\tilde{y}\tilde{x}}$$

Aus Abb. 2.5.3−1c kann man nun das Kräftegleichgewicht in $n-$ und $s-$Richtung ablesen. Es ist die um den Winkel φ gedrehte Spannung:

$$\sigma_{\tilde{x}\tilde{x}} = \sigma_{nn} = \sigma_{xx}\cos^2\varphi + \sigma_{yy}\sin^2\varphi + 2\tau_{xy}\sin\varphi\cos\varphi$$

$$\tau_{\tilde{x}\tilde{y}} = \tau_{ns} = -\sigma_{xx}\sin\varphi\cos\varphi + \sigma_{yy}\sin\varphi\cos\varphi + \tau_{xy}(\cos^2\varphi - \sin^2\varphi)$$

$$(2.5.3-2)$$

Führt man das gleiche Verfahren an Abb. 2.5.3 − 1b durch (s und n bilden ein rechtwinkliges Koordinatensystem), so erhält man:

$$\tau_{\tilde{y}\tilde{x}} = \tau_{sn} = -\sigma_{xx}\sin\varphi\cos\varphi + \sigma_{yy}\sin\varphi\cos\varphi + \tau_{xy}(\cos^2\varphi - \sin^2\varphi)$$

$$\sigma_{\tilde{y}\tilde{y}} = \sigma_{ss} = \sigma_{xx}\sin^2\varphi + \sigma_{yy}\cos^2\varphi - 2\tau_{xy}\sin\varphi\cos\varphi$$

$$(2.5.3-3)$$

Da $\tau_{ns} = \tau_{sn}$ ist, kann man die Gl. $2.5.3 - 2$ und $2.5.3 - 3$ zusammenfassend in Matrix–Notation schreiben:

$$
\begin{bmatrix} \sigma_{\tilde{x}\tilde{x}} \\ \sigma_{\tilde{y}\tilde{y}} \\ \tau_{\tilde{x}\tilde{y}} \end{bmatrix} = \begin{bmatrix} \sigma_{nn} \\ \sigma_{ss} \\ \tau_{sn} \end{bmatrix} = \begin{bmatrix} \cos^2\varphi & \sin^2\varphi & 2\sin\varphi\cos\varphi \\ \sin^2\varphi & \cos^2\varphi & -2\sin\varphi\cos\varphi \\ -\sin\varphi\cos\varphi & \sin\varphi\cos\varphi & (\cos^2\varphi - \sin^2\varphi) \end{bmatrix} \begin{bmatrix} \sigma_{xx} \\ \sigma_{yy} \\ \tau_{xy} \end{bmatrix}
$$

$$(2.5.3 - 4)$$

$$
\boxed{\quad \tilde{\underline{\sigma}} \qquad\qquad = \qquad\qquad \underline{\underline{T}}_\sigma \qquad\qquad\qquad \underline{\sigma} \quad}
$$

Anmerkung: $\underline{\underline{T}}_\sigma$ ist die Transformationsmatrix für den verallgemeinerten *Spannungsvektor* $\underline{\sigma}$, der hier, für eine Scheibe angeschrieben, 3 Komponenten hat. Der *Spannungstensor* eines Scheibenelementes lautet mit seinen 4 Komponenten

$$
\begin{vmatrix} \sigma_{xx} & \tau_{xy} \\ \tau_{xy} & \sigma_{yy} \end{vmatrix} = \sigma_{ij} = \sigma_{ji} = \underline{\underline{\sigma}} = \underline{\underline{\sigma}}^T
$$

und ausgedrückt als verallgemeinerter Spannungsvektor:

$$
\underline{\sigma} = \begin{bmatrix} \sigma_{xx} & \sigma_{yy} & \tau_{xy} \end{bmatrix}^T
$$

Da die 4 Komponenten des (Spannungs-)Tensors symmetrisch zur Hauptdiagonalen sind, werden im verallgemeinerten (Spannungs-)Vektor nur 3 Komponenten angeschrieben.

Die Spannungsvektoren im engeren Sinn haben je 3 Komponenten für die Fläche:

$$
\begin{aligned}
x &= const : & \sigma_{xx}\tau_{xy}\tau_{xz} &= \sigma_{1j} \\
y &= const : & \tau_{yx}\sigma_{yy}\tau_{yz} &= \sigma_{2j} & \tau_{ij} = \tau_{ji} \\
z &= const : & \tau_{zx}\tau_{zy}\sigma_{zz} &= \sigma_{3j}
\end{aligned}
$$

Gemeinsam bilden sie den Tensor $\sigma_{ij} = \sigma_{ji}$ für einen Punkt im dreidimensionalen Raum. Der verallgemeinerte Spannungsvektor lautet in diesem Fall in Komponenten geschrieben:

$$
\begin{aligned}
\underline{\sigma} &= \begin{bmatrix} \sigma_{xx} & \sigma_{yy} & \sigma_{zz} & \tau_{xy} & \tau_{yz} & \tau_{zx} \end{bmatrix}^T \\
&= \begin{bmatrix} \sigma_{11} & \sigma_{22} & \sigma_{33} & \tau_{12} & \tau_{23} & \tau_{31} \end{bmatrix}^T \\
&= \begin{bmatrix} \sigma_{11} & \sigma_{22} & \sigma_{33} & \sigma_{12} & \sigma_{23} & \sigma_{31} \end{bmatrix}^T
\end{aligned}
$$

Die Gleichgewichtsbeziehungen für Abb. $2.5.3 - 1c$ in x– und y–Richtung entsprechen den in Kap. $2.2.1.2$ hergeleiteten statischen Beziehungen an einem Schnitt bzw. am Rand für $\cos(360° - \varphi) = \cos\varphi$ und $\cos(90° - \varphi) = \sin\varphi$. Man erhält entsprechend Gl. $2.2.1 - 8b$ bzw. Gl. $2.2.1 - 9a$:

$$\begin{bmatrix} p_x \\ p_y \end{bmatrix} = \begin{bmatrix} \sigma_{nx} \\ \sigma_{ny} \end{bmatrix} = \begin{bmatrix} \sigma_{xx} & \tau_{yx} \\ \tau_{xy} & \sigma_{yy} \end{bmatrix} \begin{bmatrix} \cos\varphi \\ \sin\varphi \end{bmatrix} \quad \text{für} \quad \begin{array}{l} \cos(\underline{n}x) = \cos(360° - \varphi) = \cos\varphi \\ \cos(\underline{n}y) = \cos(90° - \varphi) \ = \sin\varphi \end{array}$$

$$\boxed{\underline{p} \qquad = \qquad \underline{\underline{\sigma}} \qquad \underline{n}_s} \qquad (2.5.3 - 5)$$

Dabei soll der Index s bei n_s anzeigen, daß es sich um die Normale auf die s–Richtung handelt. Für das Momentengleichgewicht bezüglich des Punktes P in Abb. 2.5.3 − 1c kann man sofort ablesen:

$$\frac{1}{2} \cdot \sin\varphi \cdot \cos\varphi \cdot ds \cdot \tau_{xy} = \tau_{yx} \cdot ds \cdot \sin\varphi \cdot \frac{1}{2} \cdot \cos\varphi$$

$$\tau_{xy} = \tau_{yx}$$

Das gleiche Ergebnis liefert Abb. 2.5.3 − 1b. Aus Abb. 2.5.3 − 1c geht weiterhin hervor, daß der Vektor $\underline{\sigma}_n = \underline{p}$ zerlegt werden kann in die Komponenten:

$$\underline{p} = \begin{bmatrix} p_x \\ p_y \end{bmatrix} \ \hat{=} \ \begin{bmatrix} \sigma_{nx} \\ \sigma_{ny} \end{bmatrix} \ = \ \underline{\sigma}_n \ = \ \begin{bmatrix} \sigma_{nn} \\ \tau_{ns} \end{bmatrix} \ \hat{=} \ \begin{bmatrix} \sigma_{\tilde{x}\tilde{x}} \\ \tau_{\tilde{x}\tilde{y}} \end{bmatrix} \ = \ \underline{\sigma}_{\tilde{x}} \quad (2.5.3 - 6)$$

Der Vektor $\underline{\sigma}_n$ kann also in die Komponenten eines um den Winkel φ gedrehten Koordinatensystems (x, y: Ausgangssystem und $n, s \ \hat{=} \ \tilde{x}, \tilde{y}$: gedrehtes System mit $n \ \hat{=} \ \tilde{x}$: Normalenrichtung und $s \ \hat{=} \ \tilde{y}$: Schnittrichtung) zerlegt werden. Die Richtungen n, s entsprechen dabei den Richtungen $\tilde{x}, \tilde{y}$ in Gl. 2.5.2-1 ff., somit gilt:

$$\begin{bmatrix} \sigma_{nn} \\ \tau_{ns} \end{bmatrix} = \begin{bmatrix} \cos\varphi & \sin\varphi \\ -\sin\varphi & \cos\varphi \end{bmatrix} \begin{bmatrix} \sigma_{nx} \\ \sigma_{ny} \end{bmatrix} \qquad (2.5.3 - 7)$$

$$\boxed{\underline{\sigma}_{\tilde{x}} \quad = \qquad \underline{\underline{\lambda}} \qquad\qquad \underline{p}}$$

Aus Gl. 2.5.3 − 7 und Gl. 2.5.3 − 5 wird durch einsetzen:

$$\boxed{\underline{\sigma}_{\tilde{x}} \qquad = \qquad \underline{\underline{\lambda}} \qquad\qquad \underline{\underline{\sigma}} \qquad\qquad \underline{n}_s}$$

$$(2.5.3 - 8)$$

$$\underbrace{\begin{bmatrix} \sigma_{nn} \\ \tau_{ns} \end{bmatrix} = \begin{bmatrix} \sigma_{\tilde{x}\tilde{x}} \\ \tau_{\tilde{x}\tilde{y}} \end{bmatrix}}_{} = \underbrace{\begin{bmatrix} \cos\varphi & \sin\varphi \\ -\sin\varphi & \cos\varphi \end{bmatrix}}_{} \underbrace{\begin{bmatrix} \sigma_{xx} & \tau_{xy} \\ \tau_{xy} & \sigma_{yy} \end{bmatrix}}_{} \underbrace{\begin{bmatrix} \cos\varphi \\ \sin\varphi \end{bmatrix}}_{}$$

Spannungsvektor im ns-KOS bzw. im gedrehten KOS $\tilde{x}\tilde{y}$	Koordinatentransformation eines Vektors	Symmetrischer Spannungstensor im Ausgangszustand	Richtungs-Kosinus der Flächennormale des Schnittes s

Betrachten wir nun Abb. 2.5.3 − 1b, in der ein Schnitt senkrecht, also in Normalenrichtung zu s geführt ist, so müssen hier zum einen die Spannungsindizes gegenüber Abb. 2.5.3 − 1c vertauscht werden: $n \to s$, $s \to n$, $x \to y$, $y \to x$ bzw. $\sigma_{\tilde{x}} \to \sigma_{\tilde{y}}$ und zum anderen wird:

$$\cos(\underline{n}x) = \cos(270° - \varphi) = -\sin\varphi$$
$$\cos(\underline{n}y) = \cos(360° - \varphi) = \cos\varphi$$

$$(2.5.3 - 9)$$

Analog zum Vorgehen beim Schnitt in Abb. 2.5.3 − 1c erhält man dann:

$$\boxed{\quad \underline{\sigma}_{\tilde{y}} \qquad = \qquad \underline{\underline{\lambda}} \qquad\qquad \underline{\underline{\sigma}} \qquad\qquad \underline{n}_n \quad}$$

$$(2.5.3 - 10)$$

$$\overbrace{\begin{bmatrix} \tau_{sn} \\ \sigma_{ss} \end{bmatrix}} = \begin{bmatrix} \tau_{\tilde{y}\tilde{x}} \\ \sigma_{\tilde{y}\tilde{y}} \end{bmatrix} = \begin{bmatrix} \cos\varphi & \sin\varphi \\ -\sin\varphi & \cos\varphi \end{bmatrix} \begin{bmatrix} \sigma_{xx} & \tau_{xy} \\ \tau_{xy} & \sigma_{yy} \end{bmatrix} \begin{bmatrix} -\sin\varphi \\ \cos\varphi \end{bmatrix}$$

Anmerkung: Faßt man die auf der Schnittfläche (Abb. 2.5.3 − 1c) stehende Spannung $\sigma_{nn} \mathrel{\widehat{=}} \sigma_{\tilde{x}\tilde{x}}$ als um den Winkel φ transformierte Spannung $p_x = \sigma_{nx} \mathrel{\widehat{=}} \sigma_{xx}$ auf, zu der die Schubspannungen $\tau_{ns} \mathrel{\widehat{=}} \tau_{\tilde{x}\tilde{y}}$ gehört, so erhält man die Normalspannung $\sigma_{\tilde{y}\tilde{y}} \mathrel{\widehat{=}} \sigma_{ss}$ aus einer Drehung des KOS um den Winkel $(\varphi + 90°)$, da $\tilde{x} \mathrel{\widehat{=}} n$ senkrecht auf $s \mathrel{\widehat{=}} \tilde{y}$ steht. Setzt man den Wert $(\varphi + 90°)$ in Gl. 2.5.3 − 8 für $\sigma_{nn} \mathrel{\widehat{=}} \sigma_{\tilde{x}\tilde{x}}$ ein, so erhält man $\sigma_{ss} \mathrel{\widehat{=}} \sigma_{\tilde{y}\tilde{y}}$ und $\tau_{sn} = \tau_{xy}$ bzw. $\tau_{sn} = \tau_{xy} \mathrel{\widehat{=}} \tau_{\tilde{x}\tilde{y}} = \tau_{\tilde{y}\tilde{x}}$.

Betrachtet man die beiden Gl. 2.5.3 − 8 und Gl. 2.5.3 − 10 etwas genauer, so erkennt man, daß die gedrehten Spannungsvektoren $\underline{\sigma}_{\tilde{x}}$ und $\underline{\sigma}_{\tilde{y}}$ je einer Spalte des ungedrehten symmetrischen Spannungstensors entsprechen. Man kann also zusammenfassen:

$$\boxed{\quad \begin{bmatrix} \underline{\sigma}_{\tilde{x}} & \underline{\sigma}_{\tilde{y}} \end{bmatrix} = \qquad \underline{\underline{\lambda}} \qquad\qquad \underline{\underline{\sigma}} \qquad \begin{bmatrix} \underline{n}_s & \underline{n}_n \end{bmatrix} \quad} \qquad (2.5.3 - 11)$$

$$\begin{bmatrix} \sigma_{\tilde{x}\tilde{x}} & \tau_{\tilde{x}\tilde{y}} \\ \tau_{\tilde{x}\tilde{y}} & \sigma_{\tilde{y}\tilde{y}} \end{bmatrix} = \begin{bmatrix} \cos\varphi & \sin\varphi \\ -\sin\varphi & \cos\varphi \end{bmatrix} \begin{bmatrix} \sigma_{xx} & \tau_{xy} \\ \tau_{xy} & \sigma_{yy} \end{bmatrix} \begin{bmatrix} \cos\varphi & -\sin\varphi \\ \sin\varphi & \cos\varphi \end{bmatrix}$$

$$\boxed{\quad \begin{aligned} \underline{\underline{\tilde{\sigma}}} \quad &= \qquad \underline{\underline{\lambda}} \qquad\qquad \underline{\underline{\sigma}} \qquad\qquad \underline{\underline{\lambda}}^T \\ \underline{\underline{\sigma}} \quad &= \qquad \underline{\underline{\lambda}}^T \qquad\quad \underline{\underline{\tilde{\sigma}}} \qquad\qquad \underline{\underline{\lambda}} \end{aligned} \quad} \qquad (2.5.3 - 12)$$

Anmerkung: Im dreidimensionalen Fall wird für $\underset{=}{\lambda}$ Gl. 2.5.2 − 5 eingesetzt. Die vorliegende Gl. 2.5.3 − 12 ist die Transformationsgleichung für eine Dyade bzw. einen Tensor zweiter Stufe. Da $\underline{\underline{\sigma}}$ symmetrisch ist, gilt:

$$\underline{\underline{\sigma}} = \underline{\underline{\sigma}}^T$$

2.5.4 Dyadisches Produkt und der Begriff des Tensors

Bildet man das innere Produkt zweier Vektoren b und v, so erhält man ein Skalar:

$$w = \underline{b} \cdot \underline{v} = b_x v_x + b_y v_y + b_z v_z \tag{2.5.4 − 1}$$

Bildet man nun das innere Produkt aus drei Vektoren,

$$\underline{w} = (\underline{b} \cdot \underline{v}) \cdot \underline{a} \tag{2.5.4 − 2}$$

so erhält man das dyadische Produkt, das nur für die Vektorkoordinaten der beteiligten Vektoren erklärt ist. Es entsteht ein Linearzusammenhang zwischen den Vektoren $\underline{w}$ und $\underline{a}$ aus dem Produkt der Vektorkoordinaten der Vektoren $\underline{b}$ und $\underline{v}$.

Der Vektor $\underline{w}$ hat dann die Richtung des Vektors $\underline{a}$ und den Betrag der aus dem inneren Produkt der Vektoren $(\underline{b} \cdot \underline{v})$ multipliziert mit den Vektorkomponenten des Vektors $\underline{a}$ entsteht:

$$\underline{w} = \begin{bmatrix} w_x \\ w_y \\ w_z \end{bmatrix} = \begin{bmatrix} (b_x v_x + b_y v_y + b_z v_z) & a_x \\ (b_x v_x + b_y v_y + b_z v_z) & a_y \\ (b_x v_x + b_y v_y + b_z v_z) & a_z \end{bmatrix} \tag{2.5.4 − 3}$$

Dafür kann man aber in *Matrix-Schreibweise* auch schreiben:

$$\underline{w} = \begin{bmatrix} a_x b_x & a_x b_y & a_x b_z \\ a_y b_x & a_y b_y & a_y b_z \\ a_z b_x & a_z b_y & a_z b_z \end{bmatrix} \begin{bmatrix} v_x \\ v_y \\ v_z \end{bmatrix} \tag{2.5.4 − 4a}$$

$$\boxed{\underline{w} = \underline{a}\,\underline{b}^T \qquad \underline{v}} \tag{2.5.4 − 4b}$$

$$\boxed{\underline{w} = \underset{=}{\tau} \qquad \underline{v}} \tag{2.5.4 − 4c}$$

und in Indexschreibweise:

$$\boxed{w_i = \tau_{ij}\, v_j} \tag{2.5.4 − 4d}$$

Dabei bilden nun die *Elemente der Matrix* $\underline{\underline{\tau}} = \tau_{ij}$, die man auch *Tensorkoordinaten* nennt, einen linearen Zusammenhang zwischen den Koordinaten zweier Vektoren $\underline{w}$ und $\underline{v}$. Oder in anderen Worten: Das Koeffizientenschema $\underline{a}\,\underline{b}^T = \underline{\underline{\tau}} = \tau_{ij}$ mit 9 Koeffizienten, das den *linearen Zusammenhang* zwischen den Vektoren $\underline{w}$ und $\underline{v}$ herstellt, nennt man *dyadisches Produkt*. Die entstehende Matrix $\underline{\underline{\tau}}$ bzw. das *dyadische Produkt* ist ein *Tensor zweiter Stufe*.

Im Koeffizientenschema $\underline{a}\,\underline{b}^T = \underline{\underline{\tau}}$ (Gl. 2.5.4 − 4a) stehen in Spaltenform die Koordinaten desjenigen Vektors, durch dessen Richtung die Richtung der linearen Vektorfunktion, die das dyadische Produkt darstellt, bestimmt wird (vgl. Kap. 2.2.1.1.2).

Vertauscht man die Vektoren $\underline{a}$ und $\underline{b}$, so ist:

$$\underline{w} = (\underline{a} \cdot \underline{v}) \cdot \underline{b} \qquad\qquad (2.5.4-5)$$

$$\underline{\underline{\tau}}^T = \underline{b}\,\underline{a}^T = \begin{bmatrix} b_x a_x & b_x a_y & b_x a_z \\ b_y a_x & b_y a_y & b_y a_z \\ b_z a_x & b_z a_y & b_z a_z \end{bmatrix} = \tau_{ji} \qquad\qquad (2.5.4-6)$$

d.h. die Matrix ist transponiert zur Matrix in Gl. 2.5.4 − 4a.
Weitergehende Erläuterungen siehe in den Lehrbüchern von Lohr, Frisius, Betten u.a.m.

Einteilung der Tensoren

Man kann nun innere Produkte höherer Stufen bilden. Daher teilt man die Tensoren in Stufen ein:

Tensor

0. Stufe	τ	(Skalar)	$\widehat{=}$	Skalar	mal	Skalar	$3^0 = 1$	Basiselemente im dreidimensionalen Raum
1. "	τ_i	(Vektor)	$\widehat{=}$	Skalar	mal	Vektor	$3^1 = 3$	
2. "	τ_{ij}	(Dyade)	$\widehat{=}$	Vektor	mal	Vektor	$3^2 = 9$	
3. "	τ_{ijk}		$\widehat{=}$	Tensor 2. Stufe	mal	Vektor	$3^3 = 27$	
usw.					usw.		usw.	

Die Stufe des Tensors ist die Summe aus den Stufen der beteiligten Tensoren.

So erfolgt z.B. die allgemeinste Verknüpfung zwischen Dehnung und Spannung vermittels einer Linearkombination:

$$\sigma_{ij} = E_{ijkl} \cdot \varepsilon_{kl} \qquad i,j,k,l = 1,2,3 \qquad\qquad (2.5.4-7)$$

mit Hilfe des Tensors 4. Stufe E_{ijkl}.

Anmerkung: Da der Tensor 2. Stufe am häufigsten auftritt, hat sich im allgemeinen Sprachgebrauch eingebürgert, diesen einfach mit dem Begriff Tensor zu bezeichnen, ohne dessen Stufe extra anzugeben. So wird es auch in den folgenden Kapiteln geschehen. Die Stufe des Tensors ist aus der Anzahl seiner Indizes zu ersehen.

2.5.4.1 Transformation des dyadischen Produktes bzw. des Tensors 2. Stufe

Die Koeffizienten der Dyade $\underline{a}\,\underline{b}^T$ bestehen aus dem Produkt der Komponenten der Vektoren $\underline{a}$ und $\underline{b}$,

a) Vor der Transformation: b) nach der Transformation:

$$\underline{a}\,\underline{b}^T = \begin{bmatrix} a_1b_1 & a_1b_2 & a_1b_3 \\ a_2b_1 & a_2b_2 & a_2b_3 \\ a_3b_1 & a_3b_2 & a_3b_3 \end{bmatrix} \qquad \underline{\tilde{a}}\,\underline{\tilde{b}}^T = \begin{bmatrix} \tilde{a}_1\tilde{b}_1 & \tilde{a}_1\tilde{b}_2 & \tilde{a}_1\tilde{b}_3 \\ \tilde{a}_2\tilde{b}_1 & \tilde{a}_2\tilde{b}_2 & \tilde{a}_2\tilde{b}_3 \\ \tilde{a}_3\tilde{b}_1 & \tilde{a}_3\tilde{b}_2 & \tilde{a}_3\tilde{b}_3 \end{bmatrix} \qquad (2.5.4-8a)$$

$$= \quad \underline{\underline{\tau}} \quad = \tau_{ij} \qquad\qquad = \quad \underline{\underline{\tilde{\tau}}} \quad = \tilde{\tau}_{kl} \qquad (2.5.4-8b)$$

$$= \begin{bmatrix} \tau_{11} & \tau_{12} & \tau_{13} \\ \tau_{21} & \tau_{22} & \tau_{23} \\ \tau_{31} & \tau_{32} & \tau_{33} \end{bmatrix} \qquad = \begin{bmatrix} \tilde{\tau}_{11} & \tilde{\tau}_{12} & \tilde{\tau}_{13} \\ \tilde{\tau}_{21} & \tilde{\tau}_{22} & \tilde{\tau}_{23} \\ \tilde{\tau}_{31} & \tilde{\tau}_{32} & \tilde{\tau}_{33} \end{bmatrix} \qquad (2.5.4-8c)$$

$$\boxed{\underline{a}\,\underline{b}^T = a_i\,b_j = \tau_{ij}} \qquad\qquad \boxed{\underline{\tilde{a}}\,\underline{\tilde{b}}^T = \tilde{a}_k\,\tilde{b}_l = \tilde{\tau}_{kl}} \qquad (2.5.4-8d)$$

Die Transformation der Vektoren $\underline{a}$ und $\underline{b}$ bzw. der Dyade liefert in Matrixschreibweise:

$$\tilde{\underline{a}} = \underline{\underline{\lambda}}\,\underline{a}$$
$$\tilde{\underline{b}} = \underline{\underline{\lambda}}\,\underline{b} \qquad \longrightarrow \qquad \tilde{\underline{b}}^T = \underline{b}^T\,\underline{\underline{\lambda}}^T$$
$$\tilde{\underline{a}}\,\tilde{\underline{b}}^T = \underline{\underline{\lambda}}\,(\underline{a}\,\underline{b}^T)\,\underline{\underline{\lambda}}^T \qquad\qquad (2.5.4-9)$$
$$\underline{\underline{\tilde{\tau}}} = \underline{\underline{\lambda}}\,\underline{\underline{\tau}}\,\underline{\underline{\lambda}}^T$$

Ausführlich geschrieben:

$$\begin{bmatrix} \tilde{\tau}_{11} & \tilde{\tau}_{12} & \tilde{\tau}_{13} \\ \tilde{\tau}_{21} & \tilde{\tau}_{22} & \tilde{\tau}_{23} \\ \tilde{\tau}_{31} & \tilde{\tau}_{32} & \tilde{\tau}_{33} \end{bmatrix} = \begin{bmatrix} c_{11} & c_{12} & c_{13} \\ c_{21} & c_{22} & c_{23} \\ c_{31} & c_{32} & c_{33} \end{bmatrix} \begin{bmatrix} \tau_{11} & \tau_{12} & \tau_{13} \\ \tau_{21} & \tau_{22} & \tau_{23} \\ \tau_{31} & \tau_{32} & \tau_{33} \end{bmatrix} \begin{bmatrix} c_{11} & c_{21} & c_{31} \\ c_{12} & c_{22} & c_{32} \\ c_{13} & c_{23} & c_{33} \end{bmatrix}$$

$$(2.5.4-10a)$$

$$
\begin{array}{ccccc}
\tilde{\underline{\underline{\tau}}} & = & \underline{\underline{\lambda}} & \underline{\underline{\tau}} & \underline{\underline{\lambda}}^{T} \\[2ex]
\underline{\underline{\tau}} & = & \underline{\underline{\lambda}}^{T} & \tilde{\underline{\underline{\tau}}} & \underline{\underline{\lambda}}
\end{array}
$$

$$(2.5.4 - 10\text{b})$$

In Matrixschreibweise für i, j, k, l = 1, 2, 3 und der Transformation ausgedrückt in Richtungscosinussen (siehe Gl. 2.5.2 − 6) gilt für das gedrehte System:

$$
\tilde{\underline{a}} = \begin{bmatrix} \tilde{a}_1 \\ \tilde{a}_2 \\ \tilde{a}_3 \end{bmatrix} = \tilde{a}_k = c_{k1}a_1 + c_{k2}a_2 + c_{k3}a_3 = \sum_i c_{ki}a_i = c_{ki}a_i \qquad (2.5.4 - 11)
$$

$$
\tilde{\underline{b}} = \begin{bmatrix} \tilde{b}_1 \\ \tilde{b}_2 \\ \tilde{b}_3 \end{bmatrix} = \tilde{b}_l = c_{l1}b_1 + c_{l2}b_2 + c_{l3}b_3 = \sum_j c_{lj}a_j = c_{lj}a_j \qquad (2.5.4 - 12)
$$

und

$$
\tilde{a}\tilde{b}^T = \sum_i c_{ki}a_i \sum_j c_{lj}b_j = \sum_i \sum_j c_{ki}c_{lj}a_i b_j = c_{ki}c_{lj}a_i b_j
$$

$$
\begin{array}{c}
\tilde{a}_k \tilde{b}_l = c_{ki}c_{lj}a_i b_j \\[3ex]
\tilde{\tau}_{kl} = c_{ki}c_{lj}\tau_{ij} \\[3ex]
\tau_{kl} = c_{ik}c_{jl}\tilde{\tau}_{ij}
\end{array}
\qquad (2.5.4 - 13)
$$

Anmerkung: Man kann in einer Matrix beliebige Elemente zusammenfassen, Sie bilden dann und nur dann einen Tensor, wenn sie den vorstehend dargelegten Transformationsregeln eines Tensors genügen.

Beispiel: Ermittle die Transformationsbeziehungen für den ebenen, symmetrischen Spannungstensor τ_{ij}

$$\tau_{ij} = \begin{bmatrix} \sigma_{11} & \tau_{12} \\ \tau_{21} & \sigma_{22} \end{bmatrix} \qquad k, l, i, j = 1, 2$$

$k = 1, l = 1$

$$\tilde{\tau}_{11} = c_{1i}c_{1j}\tau_{ij}$$
$$\tilde{\tau}_{11} = c_{11}c_{11}\sigma_{11} + c_{12}c_{12}\sigma_{22} + c_{11}c_{12}\tau_{12} + c_{12}c_{11}\tau_{21}$$
$$= \cos^2(x\tilde{x})\sigma_{11} + \cos^2(x\tilde{y})\sigma_{22} + 2\cos(x\tilde{x})\cos(x\tilde{y})\tau_{12}$$
$$\sigma_{\tilde{x}\tilde{x}} = \cos^2\varphi\,\sigma_{xx} + \sin^2\varphi\,\sigma_{yy} + 2\sin\varphi\cos\varphi\,\tau_{xy}$$

$k = 2, l = 2$

$$\tilde{\tau}_{22} = c_{21}c_{21}\sigma_{11} + c_{22}c_{22}\sigma_{22} + c_{21}c_{22}\tau_{12} + c_{22}c_{21}\tau_{21}$$
$$\sigma_{\tilde{y}\tilde{y}} = \sin^2\varphi\,\sigma_{xx} + \cos^2\varphi\,\sigma_{yy} - 2\sin\varphi\cos\varphi\,\tau_{xy}$$

$k = 1, l = 2$ bzw. $k = 2, l = 1$

$$\tilde{\tau}_{12} = c_{11}c_{21}\sigma_{11} + c_{12}c_{22}\sigma_{22} + c_{11}c_{22}\tau_{12} + c_{12}c_{21}\tau_{21}$$
$$\tau_{\tilde{x}\tilde{y}} = -\sin\varphi\cos\varphi\,\sigma_{xx} + \sin\varphi\cos\varphi\,\sigma_{yy} + (\cos^2\varphi - \sin^2\varphi)\tau_{xy}$$

Schreibt man den transformierten Tensor in Vektorform $[\tau_{\tilde{x}\tilde{x}}\ \tau_{\tilde{y}\tilde{y}}\ \tau_{\tilde{x}\tilde{y}}]^T$ an, so sieht man, daß das Ergebnis dem in Gl. 2.5.3 − 4 entspricht und damit die Spannungen einen Tensor bilden.

$$\begin{bmatrix} \tau_{\tilde{x}\tilde{x}} \\ \tau_{\tilde{y}\tilde{y}} \\ \tau_{\tilde{x}\tilde{y}} \end{bmatrix} = \begin{bmatrix} \cos^2\varphi & \sin^2\varphi & 2\sin\varphi\cos\varphi \\ \sin^2\varphi & \cos^2\varphi & -2\sin\varphi\cos\varphi \\ -\sin\varphi\cos\varphi & \sin\varphi\cos\varphi & (\cos^2\varphi - \sin^2\varphi) \end{bmatrix} \begin{bmatrix} \tau_{xx} \\ \tau_{yy} \\ \tau_{xy} \end{bmatrix} \qquad (2.5.4-14a)$$

$$\underset{\tilde{\tau}}{} \quad = \quad \underset{=T}{} \quad \underset{\tau}{}$$

$$\begin{bmatrix} \tau_{xx} \\ \tau_{yy} \\ \tau_{xy} \end{bmatrix} = \begin{bmatrix} \cos^2\varphi & \sin^2\varphi & 2\sin\varphi\cos\varphi \\ \sin^2\varphi & \cos^2\varphi & -2\sin\varphi\cos\varphi \\ -\sin\varphi\cos\varphi & \sin\varphi\cos\varphi & (\cos^2\varphi - \sin^2\varphi) \end{bmatrix} \begin{bmatrix} \tau_{\tilde{x}\tilde{x}} \\ \tau_{\tilde{y}\tilde{y}} \\ \tau_{\tilde{x}\tilde{y}} \end{bmatrix} \qquad (2.5.4-14b)$$

$$\underset{\tau}{} \quad = \quad \underset{=T}{T^{-1}} \quad \underset{\tilde{\tau}}{}$$

2.5.4.2 Eigenschaften eines Tensors 2. Stufe

Symmetrische und antimetrische Tensoren

Ein Tensor 2. Stufe $\underline{\underline{\tau}} \,\widehat{=}\, \tau_{ij}$ heißt *symmetrisch*, wenn

$$\underline{\underline{\tau}} = \underline{\underline{\tau}}^T \qquad\qquad \text{bzw.} \qquad\qquad \tau_{ij} = \tau_{ji} \qquad\qquad (2.5.4-15)$$

und *antimetrisch*, wenn

$$\underline{\underline{\tau}} = -\underline{\underline{\tau}}^T \qquad\qquad \text{bzw.} \qquad\qquad \tau_{ij} = -\tau_{ji} \qquad\qquad (2.5.4-16)$$

ist.

Ein Tensor 2. Stufe τ_{ij} kann stets in einen *symmetrischen Anteil* $\overset{(s)}{\tau}_{ij}$ und einen *antimetrischen Anteil* $\overset{(a)}{\tau}_{ij}$ zerlegt werden.

$$\boxed{\tau_{ij} = \overset{(s)}{\tau}_{ij} + \overset{(a)}{\tau}_{ij}} \qquad\qquad (2.5.4-17)$$

denn es ist:
der symmetrische Tensor

$$\overset{(s)}{\tau}_{ij} = \frac{1}{2}(\tau_{ij} + \tau_{ji}) \qquad\qquad (2.5.4-18)$$

der antimetrische Tensor

$$\overset{(a)}{\tau}_{ij} = \frac{1}{2}(\tau_{ij} - \tau_{ji}) \qquad\qquad (2.5.4-19)$$

Eigenwerte und Eigenvektoren eines symmetrischen Tensors

Eigenwerte und Eigenvektoren sind dann vorhanden, wenn bei einer homogen-linearen Vektortransformation

$$\underline{w} = \underline{\underline{\tau}}\,\underline{v} \qquad\qquad \text{bzw.} \qquad\qquad w_i = \tau_{ij}\,v_j \qquad\qquad (2.5.4-20)$$

beim Vorliegen eines symmetrischen Tensors $\underline{\underline{\tau}} \,\widehat{=}\, \tau_{ij}$ die Vektoren $\underline{w}$ und $\underline{v}$ die gleiche Richtung haben und $\underline{v} \neq \underline{0}$ ist, wie z.B. bei einem Hauptachsensystem.

Dies sei auch der Fall für einen Vektor $\underline{a}$ mit

$$\underline{w} = \lambda\,\underline{a} \qquad\qquad \text{bzw.} \qquad\qquad w_i = \lambda\,a_j \qquad\qquad (2.5.4-21)$$

wobei λ und $|\underline{a}|$ noch unbestimmt sind.
Für $\underline{v} = \underline{a}$ muß gelten:

$$\boxed{(\underline{\underline{\tau}} - \lambda\underline{\underline{I}})\underline{a} = 0 \qquad \text{bzw.} \qquad (\tau_{ij} - \lambda\delta_{ij})a_j = 0} \qquad\qquad (2.5.4-22)$$

Dabei ist δ_{ij} das Kronecker-δ

$$\delta_{ij} = \begin{cases} 1 & \text{für } i = j \\ 0 & \text{für } i \neq j \end{cases} \qquad\qquad (2.5.4-23)$$

Die Erfüllung der Gl. 2.5.4 − 20 erfolgt durch:

λ (Skalar) den Eigenwert und
$\underline{a}$ den Eigenvektor.

Die Berechnung der Eigenwerte geschieht durch Nullsetzen der Koeffizientendeterminante des homogenen-linearen Gleichungs-Systems

$$\det(\underline{\underline{\tau}} - \lambda\underline{\underline{I}}) = \det(\tau_{ij} - \lambda\delta_{ij}) = \begin{vmatrix} \tau_{11} - \lambda & \tau_{12} & \tau_{13} \\ \tau_{21} & \tau_{22} - \lambda & \tau_{23} \\ \tau_{31} & \tau_{32} & \tau_{33} - \lambda \end{vmatrix} \qquad (2.5.4-24)$$

Als Ergebnis erhält man die *charakteristische Gleichung*, die für den dreidimensionalen Fall eine kubische und für den zweidimensionalen Fall eine quadratische Gleichung ist.

$$\lambda^3 - \gamma_I \lambda^2 + \gamma_{II}\lambda - \gamma_{III} = 0 \qquad\qquad (2.5.4-25)$$

Somit gibt es für jede symmetrische 3x3 bzw. 2x2 Matrix drei bzw. zwei aufeinander senkrecht stehende *Eigenrichtungen* und ebensoviele zugehörige *Eigenwerte*, die allerdings nicht notwendigerweise von einander verschieden sein müssen.

Die Lösungen der charakteristischen Gleichung sind ihre Wurzeln, die invariant bei einer KOS - Transformation sind, d.h. konstant bleiben. Die *skalaren Invarianten* des Tensors 2. Stufe sind dann:

$$\boxed{\begin{aligned} \gamma_I &= & \tau_{ii} & & = const \\ \gamma_{II} &= & \tfrac{1}{2}(\tau_{ii}\tau_{jj} - \tau_{ij}\tau_{ji}) & & = const \\ \gamma_{III} &= & \det \tau_{ij} & & = const \end{aligned}} \qquad\qquad (2.5.4-26)$$

Man erhält somit für das HA - KOS bzw. das beliebig gedrehte KOS:

$$
\begin{array}{llll}
 & HA\text{-}KOS & & beliebiges\ gedrehtes\ KOS \\
\gamma_I = & \tau_{11} + \tau_{22} + \tau_{33} & = & \tau_{xx} + \tau_{yy} + \tau_{zz} & = const \\
\gamma_{II} = & \tau_{11}\tau_{22} + \tau_{22}\tau_{33} + \tau_{33}\tau_{11} & = & \tau_{xx}\tau_{yy} + \tau_{yy}\tau_{zz} + \tau_{zz}\tau_{xx} \\
 & & & -[\tau_{xy}^2 + \tau_{yz}^2 + \tau_{zx}^2] & = const \\
\gamma_{III} = & \tau_{11}\tau_{22}\tau_{33} & = & \begin{vmatrix} \tau_{xx} & \tau_{xy} & \tau_{xz} \\ \tau_{yx} & \tau_{yy} & \tau_{yz} \\ \tau_{zx} & \tau_{zy} & \tau_{zz} \end{vmatrix} & = const
\end{array}
$$

$$(2.5.4 - 27)$$

Anmerkungen:

1) Bei einem HA-KOS verschwinden die gemischten Glieder, da $\delta_{ij} = 0$ für $i \neq j$.

2) Im zweidimensionalen Fall fallen die mit dem Index 3 bzw. z versehenen Terme weg. Die charakteristische Gleichung lautet:

$$\lambda^2 - \gamma_I \lambda + \gamma_{II} = 0 \qquad\qquad (2.5.4 - 28)$$

Mit:

$$
\begin{array}{llllll}
\gamma_I = & \tau_{ii} = & \tau_{11} + \tau_{22} = & \tau_{xx} + \tau_{yy} & = & const \\
\gamma_{II} = & \det \tau_{ij} = & \tau_{11}\tau_{22} = & \tau_{xx}\tau_{yy} - \tau_{xy}\tau_{yx} & = & const \\
 = & \frac{1}{2}(\tau_{ii}\tau_{jj} - \tau_{ij}\tau_{ji}) \\
i,j = & 1,2\ bzw.\ x,y
\end{array}
$$

$$(2.5.4 - 29)$$

Bestimmung der Hauptachsen und weitere Umformungen

Weitere Betrachtungen werden am Beispiel des Tensors für die Flächenträgheitsmomente Kap. 3.1.7.1.3 durchgeführt.

2.5.5 Transformation der Verzerrungen

Nicht nur die Spannungen, sondern auch die Verzerrungen müssen oft transformiert werden. Will man z.B. die in einem Bauteil auftretenden Dehnungen experimentell ermitteln, verwendet man dafür im allgemeinen Dehnmeßstreifen. Mit ihnen werden die Dehnungen in bestimmten Richtungen aufgenommen. Dehnungen in anderen Richtungen müssen durch Transformation der gemessenen Dehnungen ermittelt werden.

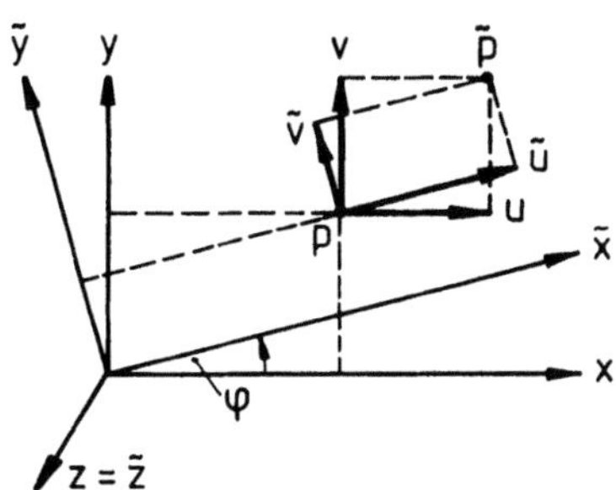

Abb. 2.5.5 − 1

Wie Abb. 2.5.5 − 1 zeigt sind die Verschiebungen $\tilde{u}$ und $\tilde{v}$ im gedrehten KOS jeweils Funktionen von u und v (siehe Gl. 2.5.5−2). Will man also die Verzerrungen im $\tilde{x}\tilde{y}$-System angeben, so muß dies beim Differenzieren der Verschiebungen beachtet und zudem die Kettenregel angewendet werden.

Die Transformationsvorschrift in Matrixschreibweise − wobei man in die () im vorliegenden Fall einmal ($\tilde{u}$) und einmal ($\tilde{v}$) einsetzt − lautet dann:

$$\begin{bmatrix} \dfrac{\partial()}{\partial \tilde{x}} \\ \dfrac{\partial()}{\partial \tilde{y}} \end{bmatrix} = \begin{bmatrix} \dfrac{\partial x}{\partial \tilde{x}} & \dfrac{\partial y}{\partial \tilde{x}} \\ \dfrac{\partial x}{\partial \tilde{y}} & \dfrac{\partial y}{\partial \tilde{y}} \end{bmatrix} \begin{bmatrix} \dfrac{\partial()}{\partial x} \\ \dfrac{\partial()}{\partial y} \end{bmatrix} \qquad (2.5.5-1)$$

$$\boxed{\quad \frac{\partial()}{\partial \tilde{x}} \quad = \quad \underline{\underline{J}} \quad\quad \frac{\partial()}{\partial x} \quad}$$

Die Matrix $\underline{\underline{J}}$ nennt man **Jacobi-Matrix**.
Aus den Gl. 2.5.2 − 2 mit 2.5.2 − 3, die sowohl für Koordinaten als auch für Verschiebungen gelten:

$$\begin{bmatrix} x \\ y \end{bmatrix} = \begin{bmatrix} \cos\varphi & -\sin\varphi \\ \sin\varphi & \cos\varphi \end{bmatrix} \begin{bmatrix} \tilde{x} \\ \tilde{y} \end{bmatrix} \qquad \begin{bmatrix} \tilde{u} \\ \tilde{v} \end{bmatrix} = \begin{bmatrix} \cos\varphi & \sin\varphi \\ -\sin\varphi & \cos\varphi \end{bmatrix} \begin{bmatrix} u \\ v \end{bmatrix} \qquad (2.5.5-2)$$

$$\underline{x} = \quad\quad \underline{\underline{\lambda}}^T \quad\quad \underline{\tilde{x}}$$

$$\underline{\tilde{x}} = \quad\quad \underline{\underline{\lambda}} \quad\quad \underline{x}$$

folgt:

$$\frac{\partial x}{\partial \tilde{x}} = \cos \varphi \qquad \frac{\partial x}{\partial \tilde{y}} = -\sin \varphi$$

$$\frac{\partial y}{\partial \tilde{x}} = \sin \varphi \qquad \frac{\partial y}{\partial \tilde{y}} = \cos \varphi$$

$$(2.5.5 - 3)$$

Damit lautet die *Jacobi–Matrix*:

$$\underline{\underline{J}} = \begin{bmatrix} \cos \varphi & \sin \varphi \\ -\sin \varphi & \cos \varphi \end{bmatrix}$$

$$(2.5.5 - 4)$$

Wendet man die Transformationsvorschrift Gl. 2.5.5 − 1 mit Gl. 2.5.5 − 4 nacheinander auf $\tilde{u} = \tilde{u}(u,v)$ (siehe Gl. 2.5.5 − 2) und $\tilde{v} = \tilde{v}(u,v)$ an, so erhält man:

für $(\tilde{u})$:

$$\varepsilon_{\tilde{x}} = \frac{\partial \tilde{u}}{\partial \tilde{x}} = \frac{\partial u}{\partial x}\cos^2 \varphi - \frac{\partial v}{\partial y}\sin^2 \varphi + \left(\frac{\partial v}{\partial x} + \frac{\partial u}{\partial y}\right)\sin \varphi \cos \varphi$$

$$\frac{\partial \tilde{u}}{\partial \tilde{y}} = \left(\frac{\partial v}{\partial y} - \frac{\partial u}{\partial x}\right)\sin \varphi \cos \varphi + \frac{\partial u}{\partial y}\cos^2 \varphi - \frac{\partial v}{\partial x}\sin^2 \varphi$$

für $(\tilde{v})$:

$$(2.5.5 - 5)$$

$$\frac{\partial \tilde{v}}{\partial \tilde{x}} = \left(\frac{\partial v}{\partial y} - \frac{\partial u}{\partial x}\right)\sin \varphi \cos \varphi - \frac{\partial u}{\partial y}\sin^2 \varphi + \frac{\partial v}{\partial x}\cos^2 \varphi$$

$$\varepsilon_{\tilde{y}} = \frac{\partial \tilde{v}}{\partial \tilde{y}} = \frac{\partial u}{\partial x}\sin^2 \varphi + \frac{\partial v}{\partial y}\cos^2 \varphi - \left(\frac{\partial u}{\partial y} + \frac{\partial v}{\partial x}\right)\sin \varphi \cos \varphi$$

$$\gamma_{\tilde{x}\tilde{y}} = \frac{\partial \tilde{u}}{\partial \tilde{y}} + \frac{\partial \tilde{v}}{\partial \tilde{x}}$$

Faßt man die vorstehenden Gleichungen in Matrixschreibweise zusammen, so erhält man:

$$\begin{bmatrix} \varepsilon_{\tilde{x}} \\ \varepsilon_{\tilde{y}} \\ \gamma_{\tilde{x}\tilde{y}} \end{bmatrix} = \begin{bmatrix} \cos^2 \varphi & \sin^2 \varphi & \sin \varphi \cos \varphi \\ \sin^2 \varphi & \cos^2 \varphi & -\sin \varphi \cos \varphi \\ -2\sin \varphi \cos \varphi & 2\sin \varphi \cos \varphi & (\cos^2 \varphi - \sin^2 \varphi) \end{bmatrix} \begin{bmatrix} \varepsilon_x \\ \varepsilon_y \\ \gamma_{xy} \end{bmatrix}$$

$$\boxed{\tilde{\varepsilon} \quad = \quad \underline{\underline{T}}_\varepsilon \quad \varepsilon}$$

$$(2.5.5 - 6)$$

$$\begin{bmatrix} \varepsilon_x \\ \varepsilon_y \\ \gamma_{xy} \end{bmatrix} = \begin{bmatrix} \cos^2 \varphi & \sin^2 \varphi & -\sin \varphi \cos \varphi \\ \sin^2 \varphi & \cos^2 \varphi & \sin \varphi \cos \varphi \\ 2\sin \varphi \cos \varphi & -2\sin \varphi \cos \varphi & (\cos^2 \varphi - \sin^2 \varphi) \end{bmatrix} \begin{bmatrix} \varepsilon_{\tilde{x}} \\ \varepsilon_{\tilde{x}} \\ \gamma_{\tilde{x}\tilde{y}} \end{bmatrix}$$

$$\boxed{\varepsilon \quad = \quad \underline{\underline{T}}_\varepsilon^{-1} \quad \tilde{\varepsilon}}$$

$$(2.5.5 - 7)$$

Vergleicht man die vorstehenden Transformations–Gleichungen mit denen eines Tensors (Gl. 2.5.4−14 oder Gl. 2.5.3−4), so stellt man fest, daß die Verzerrungen in dieser Form keinen Tensor bilden. Ein Tensor ergibt sich für:

$$\gamma_{xy} = 2e_{xy} \qquad \text{bzw.} \qquad e_{xy} = \frac{1}{2}\gamma_{xy}$$

$$\gamma_{\tilde{x}\tilde{y}} = 2e_{\tilde{x}\tilde{y}} \qquad\qquad\qquad e_{\tilde{x}\tilde{y}} = \frac{1}{2}\gamma_{\tilde{x}\tilde{y}}\,. \tag{2.5.5 − 8}$$

$$\begin{bmatrix} e_{\tilde{x}} \\ e_{\tilde{y}} \\ e_{\tilde{x}\tilde{y}} = \frac{1}{2}\gamma_{\tilde{x}\tilde{y}} \end{bmatrix} = \begin{bmatrix} \cos^2\varphi & \sin^2\varphi & 2\sin\varphi\cos\varphi \\ \sin^2\varphi & \cos^2\varphi & -2\sin\varphi\cos\varphi \\ -\sin\varphi\cos\varphi & \sin\varphi\cos\varphi & (\cos^2\varphi - \sin^2\varphi) \end{bmatrix} \begin{bmatrix} e_{\tilde{x}} \\ e_{\tilde{x}} \\ \frac{1}{2}\gamma_{xy} = e_{xy} \end{bmatrix} \tag{2.5.5 − 9}$$

$$\boxed{\quad \underline{\tilde{e}} \qquad = \qquad\qquad \underline{\underline{T}}_\tau \qquad\qquad\qquad \underline{e} \quad}$$

Man muß daher die Verzerrungsvektoren

$$\begin{aligned} \underline{e} &= \begin{bmatrix} e_{11} & e_{22} & e_{33} & e_{12} & e_{23} & e_{31} \end{bmatrix}^T \\ &= \begin{bmatrix} \varepsilon_{11} & \varepsilon_{22} & \varepsilon_{33} & \frac{1}{2}\gamma_{12} & \frac{1}{2}\gamma_{23} & \frac{1}{2}\gamma_{31} \end{bmatrix}^T \\ \text{und} \quad \underline{\varepsilon} &= \begin{bmatrix} \varepsilon_{11} & \varepsilon_{22} & \varepsilon_{33} & \gamma_{12} & \gamma_{23} & \gamma_{31} \end{bmatrix}^T \end{aligned} \tag{2.5.5 − 10}$$

unterscheiden. Der Vektor $\underline{e}$ besteht aus den Komponenten des symmetrischen Verzerrungstensors. Die Komponenten des Vektors $\underline{\varepsilon}$ bilden keinen Tensor. Die beiden Vektoren können mit der in der Literatur oft mit *Reuter - Matrix* bezeichneten Matrix $\underline{\underline{R}}$ hier angeschrieben für den zweidimensionalen Fall $(i, j = 1, 2)$

$$\underline{\underline{R}} = \begin{bmatrix} 1 & 0 & 0 \\ 0 & 1 & 0 \\ 0 & 0 & \frac{1}{2} \end{bmatrix} \qquad \underline{\underline{R}}^{-1} = \begin{bmatrix} 1 & 0 & 0 \\ 0 & 1 & 0 \\ 0 & 0 & 2 \end{bmatrix} \tag{2.5.5 − 11}$$

ineinander überführt werden.

$$\underline{e} = e_{ij} = \begin{bmatrix} e_{11} \\ e_{22} \\ e_{12} \end{bmatrix} = \begin{bmatrix} 1 & 0 & 0 \\ 0 & 1 & 0 \\ 0 & 0 & \frac{1}{2} \end{bmatrix} \begin{bmatrix} \varepsilon_{11} \\ \varepsilon_{22} \\ \gamma_{12} \end{bmatrix} \tag{2.5.5 − 12a}$$

$$\boxed{\begin{aligned} \underline{e} &= & \underline{\underline{R}} & & \underline{\varepsilon} \\ \underline{\varepsilon} &= & \underline{\underline{R}}^{-1} & & \underline{e} \end{aligned}} \tag{2.5.5 − 12b}$$

Somit kann man die Transformationsmatrix mit Hilfe der vorstehenden Beziehung umformen

$$\tilde{\underline{\varepsilon}} = \underline{\underline{T}}_\varepsilon \, \underline{\varepsilon}$$

$$\underline{\underline{R}}^{-1} \, \tilde{\underline{e}} = \underline{\underline{T}}_\varepsilon \underline{\underline{R}}^{-1} \, \underline{e}$$

$$\tilde{\underline{e}} = \underline{\underline{R}} \, \underline{\underline{T}}_\varepsilon \underline{\underline{R}}^{-1} \, \underline{e} = \underline{\underline{T}}_T \underline{e}$$

$$\boxed{\begin{aligned} \underline{\underline{T}}_T &= \underline{\underline{R}} \, \underline{\underline{T}}_\varepsilon \underline{\underline{R}}^{-1} \\ \underline{\underline{T}}_\varepsilon &= \underline{\underline{R}}^{-1} \, \underline{\underline{T}}_T \underline{\underline{R}} \end{aligned}}$$

$$(2.5.5 - 13)$$

Dabei ist $\underline{\underline{T}}_T$ die Transformationsmatrix für die in einem Vektor zusammengefaßten Komponenten eines symmetrischen Tensors und $\underline{\underline{T}}_\varepsilon$ die Transformationsmatrix, die üblicherweise für den Verzerrungsvektor angeschrieben wird, dessen Komponenten aber keinen symmetrischen Tensor bilden.
Da die auf das Volumen bezogene Formänderungsenergie, auch *Energiedichte* U_d genannt (Siehe Kap. 4.3)

$$U_d = \int_\varepsilon \underline{\sigma}^T d\underline{\varepsilon}$$

$$(2.5.5 - 14)$$

als physikalische Größe invariant sein muß, ist:

$$\underline{\sigma}^T \cdot \underline{\varepsilon} = \tilde{\underline{\sigma}}^T \cdot \tilde{\underline{\varepsilon}}$$

$$(2.5.5 - 15)$$

Daraus folgt mit Gl. 2.5.3 − 4 und Gl. 2.5.5 − 6

$$\underline{\sigma}^T \underline{\varepsilon} = \underline{\sigma}^T \cdot \underline{\underline{T}}_\sigma^T \cdot \underline{\underline{T}}_\varepsilon \cdot \underline{\varepsilon}$$

$$(2.5.5 - 16)$$

Damit ist:

$$\boxed{\begin{aligned} \underline{\underline{T}}_\sigma^T \cdot \underline{\underline{T}}_\varepsilon &= \underline{\underline{I}} = \underline{\underline{T}}_T^T \underline{\underline{T}}_\varepsilon \\ \underline{\underline{T}}_T^T &= \underline{\underline{T}}_\sigma^T = \underline{\underline{T}}_\varepsilon^{-1} \end{aligned}}$$

$$(2.5.5 - 17)$$

3 Stabförmige Tragwerke

Reale Bauwerke und Konstruktionen unterliegen Einwirkungen von äußeren Lasten. Um die ersteren dimensionieren zu können, muß man ein Ersatzsystem schaffen, das der Berechnung zugänglich ist. Man idealisiert daher die Konstruktion in verschiedenartige Bauelemente, die einzeln und als Summe (z.B. Stab und Stabwerk usw.) eine zudem idealisierte Berechnung ermöglichen.

3.1 Definitionen und Grundlagen

Ehe man sich den bei unterschiedlichen Belastungsarten auftretenden beanspruchungsspezifischen Phänomenen (aus Biegung, Torsion und Wölbkrafttorsion) zuwendet, sollen in diesem Kapitel zunächst die allgemeingültigen Grundlagen abgehandelt werden, was zwar teilweise eine Wiederholung des Stoffes einführender Mechanikvorlesungen bedeutet, hier aber in einem übergeordneten Zusammenhang betrachtet werden soll, vgl. Kap. 3.1.7 . Nach Klärung von Begriffen, Festlegung und Diskussion von Voraussetzungen und daraus resultierenden Folgerungen wird das in Kap. 2.3.1 erläuterte, generell geltende Lösungschema speziell für stabförmige Tragwerke dargelegt, Kap. 3.1.2 . An Hand dieses Lösungschemas werden sodann die zugehörigen übergeordnet geltenden Gleichungsgruppen in Kap. 3.1.3 bis Kap. 3.1.6 ermittelt. Das Kap. 3.1.7 bschäftigt sich schließlich mit Koordinatensystemen und den daraus resultierenden Auswirkungen auf die Flächenintegrale; bzw. es bereitet, wie man später bei Ableitung der *Elementaren Biegetheorie* (EBT) in Kap. 3.3.3 oder der *Elementaren Wölbkrafttorsionstheorie* (EWT) in Kap. 3.4.5 erkennen kann, die Einsichten in die *Orthogonalisierung* auftretender DGL-Systeme vor.

3.1.1 Begriffsbestimmungen und Voraussetzungen für stabförmige Tragwerke

Nachfolgend wird eine Klassifizierung und Abgrenzung der Tragwerke vorgenommen.

A) Stabförmige Tragwerke:

Von einem *stabförmigen Tragwerk* spricht man aus geometrischer Sicht immer dann, wenn seine Länge viel größer als die übrigen Abmessungen ist. Verkürzt spricht man oft nur von einem *Stab*, ohne diesem nur die unter A1) gegebene Definition zuzuordnen

Man spricht von *dünnwandigen Stäben*, wenn die Wandstärke t klein ist gegenüber den übrigen Abmessungen.

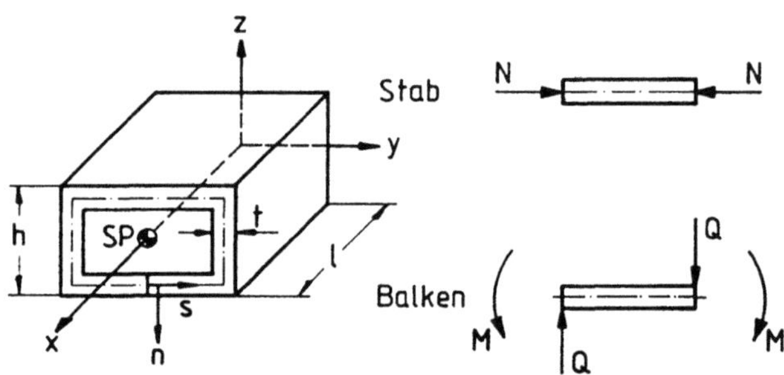

Abb. 3.1.1 − 1

Die Wanddicke t kann dabei eine Funktion der Mittellinienkoordinate s sein. Ist s_u der Umfang der Querschnittmittellinie, so liegt ein dünnwandiger Stab vor, wenn:

$$t \ll s_u \ll l$$

Die Verbindungslinie der Flächenschwerpunkte heißt *Stabachse*. Der Querschnitt kann sich längs der Stabachse verändern, die Stabachse selbst kann eine Gerade sowie eine ebene oder eine räumliche Kurve sein (gerade oder krumme Stäbe).

Im Hinblick auf die auf stabartige Elemente einwirkenden Kräfte unterscheidet man: *Stäbe* (A_1) und *Balken* (A_2).

A1) Der *Stab* im engeren Sinne kann nur Zug- oder Druckkräfte in seiner Längsrichtung aufnehmen. Er ist damit aus der Sicht der Kräfte eindimensional. Eine Einzelkraft wirkt in der Schwerelinie. Darüber hinaus kann ein Stab auch *Torsionsmomente* aufnehmen. Er tordiert dabei um den Schubmittelpunkt.

A2) Der reine *Balken* nimmt senkrecht zur Schwerelinie Querkräfte und daraus resultierende *Biegemomente* ebenso wie *freie Momente* auf. Balken und Kraft bilden eine Ebene.

Dem reinen Balken ist die Stabeigenschaft, d.h. eine Längskraft, oft überlagert. Es gibt für diesen Fall keine besondere Bezeichnung. Man spricht dann ebenfalls von einem Balken. Er ist dann aus der Sicht der Kraft 2–dimensional.

B) Flächentragwerke:

Bei den Flächentragwerken sind die Dickenabmessungen klein gegenüber den beiden anderen Abmessungen. Durch Halbieren der Wanddicke und Verbinden der so gefundenen Punkte erhält man die Mittelfläche.

B1) Bildet die Mittelfläche eine Ebene und liegen alle Kräfte in der Mittelebene, so handelt es sich um eine *Scheibe*. Sie ist damit aus der Sicht der Kräfte 2-dimensional (vgl. auch A1).

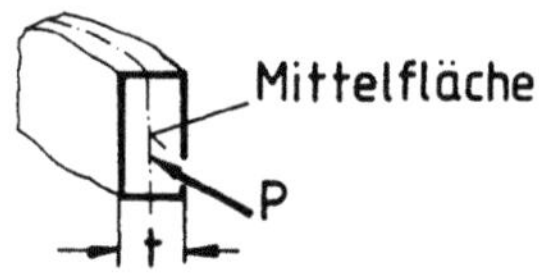

Abb. 3.1.1 − 2

B2) Bei einer *Platte* können zusätzlich noch Querkräfte (normal zur Mittelfläche) und Momente angreifen; sie ist damit aus der Sicht der Kräfte 3-dimensional (vgl. auch A2).

B3) Ist die Mittelfläche einfach oder doppelt gekrümmt, handelt es sich um eine *Schale* (Sonderfälle sind: (Kreis–)Zylinder–, (Kreis–)Kegel– und Kugelschale).

Bei Schalen unterscheidet man zwischen:

a) *Membranschalen*, die Kräfte nur in ihren Mittelflächen übertragen, d.h. die Biegesteifigkeit ist vernachlässigbar klein.

b) *Biegeschalen* können auch Querkräfte und Biegemomente weiterleiten.

C) Körpertragwerke:

Körpertragwerke haben in allen drei Dimensionen etwa gleiche Abmessungen.

Ihre Berechnung ist Aufgabe der Elastizitätstheorie bzw. der Kontinuumsmechanik.

Beispiele zur Tragwerkseinteilung: (l: Länge, h: Höhe, t: Dicke)

Tragwerke	$\frac{l}{h}$	Beispiel	$\frac{h}{t}$
kurze	<1		$\approx 10^3$
mittlere	$1<\frac{l}{h}<4$	Flügel, Rumpf-segmente	>100
lange	$4<\frac{l}{h}<10$		
sehr lange bzw. dünnwandige	>10	Stringer	>10

Abb. 3.1.1 − 3

Allgemeine Voraussetzungen für die Theorien stabförmiger Tragwerke

Bei den in den folgenden Kapiteln abgehandelten *elementaren Theorien* für *Torsion* (ETT) und *Biegung* (EBT) wird von nachstehenden Voraussetzungen ausgegangen:

1) Es gelten die Voraussetzungen, die für die lineare Elastizitätstheorie getroffen wurden (Kap. 2.1).

2) Bei dünnwandigen stabförmigen Bauteilen wird mit *Ausnahme der St. Venantschen Torsion an offenen Querschnitten* davon ausgegangen, daß die Änderungen der Normalspannungen und Schubspannungen über der Wandstärke vernachlässigbar klein sind. Man rechnet daher mit den in der Mittelfläche angreifenden über der Wandstärke t konstanten Kraftflüssen, wobei t eine Funktion der Mittellinienkoordinate s sein kann. (Kap. 3.1.3.1)

$$n = \sigma \cdot t(s) \qquad \text{Normal--(Kraft--)Fluß}$$
$$q = \tau \cdot t(s) \qquad \text{Schubfluß}$$

3) Die Querschnittsgestalt des stabförmigen Bauteiles ist (in y− und z−Richtung) beliebig aber in (x−, d.h.) Längsrichtung zylindrisch. *Eine Ausnahme macht man bei der Ermittlung der Normalspannung und der Biegelinie nach*

der EBT. Nur in diesem Fall darf bei schlanken Balken in guter Übereinstimmung mit der Wirklichkeit von einem in Längsrichtung veränderlichen Querschnittsverlauf ausgegangen werden.

4) Die Querschnittsgestalt bleibt auch bei dünnen Wandstärken unter Belastung erhalten. In der Praxis wird dies durch Spante, Spriegel, Schotte usw. gewährleistet, so daß Abplattungen, Ausbauchungen usw. verhindert werden.

5) Kräfte werden senkrecht zur Oberfläche (z.B. Flugzeug–, Schiffsrumpf, usw.) nur über Aussteifungen (Spante, Spriegel, Schotte, usw.) eingeleitet. Es wird davon ausgegangen, daß senkrecht zur Außenhaut an dieser keine Kräfte angreifen und damit auch keine Spannungen senkrecht zu ihrer Mittelfläche auftreten. Bei Vollquerschnitten geht man davon aus, daß das nachstehend beschriebene *St. Venantsche Prinzip* Gültigkeit hat und die Störspannungen infolge der Krafteinleitung rasch auf null abklingen.

6) Die auftretenden Spannungen bleiben unter den stabilitätskritischen (Knikken, Beulen, Auskippen) und überschreiten die Fließgrenze nicht. Die dargelegten Theorien gelten somit nicht an Krafteinleitungsstellen, sondern nur dort, wo die durch die Krafteinleitung entstandene Störung abgeklungen ist. Die ersten Aussagen zum Abklingen von Störungen machte St. Venant (1855).

7) Es liegt ein homogener, isotroper Werkstoff vor.

Das Prinzip von St. Venant (1855)

An Krafteinleitungsstellen entstehen Störungen, da z.B. eine Einzelkraft an der Einleitungsstelle den Querschnitt ungleichmäßig belastet. St. Venant stellte 1855 fest, daß Störungen des Spannungs–Verformungs–Zustandes infolge der Krafteinleitung im allgemeinen nur lokal wirksam sind. Es wirken lokale Eigenkraftgruppen, auch Gleichgewichts- Spannungsgruppen (GGSG) genannt, die nach außen nicht in Erscheinung treten, sondern untereinander im Gleichgewicht stehen. Die im folgenden dargelegten idealisierten Berechnungen gelten im allgemeinen aber nur für den ungestörten Zustand, d.h. nach Abklingen der Störungen, bzw. in genügend großem Abstand von den Störstellen (Krafteinleitungsstellen). D.h., in hinreichender Entfernung vom Angriffspunkt eines Kräftesystems hängt dessen Wirkung nicht mehr merkbar von seiner Verteilung bei Einleitung, sondern nur noch von seiner statischen Resultante ab. Für die Störstelle selbst müssen dann noch weitergehende Untersuchungen durchgeführt werden. Weitere Ausführungen dazu erfolgen bei Behandlung der einzelnen Theorien.

3.1.2 Lösungsablauf beim Berechnen von stabförmigen Tragwerken

Lösungsgrundlage bilden die bereits in Kapitel 1 genannten drei Gleichungsgruppen:

- Kinematik
- Gleichgewicht
- Stoffgesetz

Der Zusammenhang dieser Gruppen läßt sich anhand der bereits in Kap. 2.3.1 Abb. 2.3.1 − 1 wiedergegebenen Darstellung hier angepaßt an stabförmige Tragwerke erläutern:

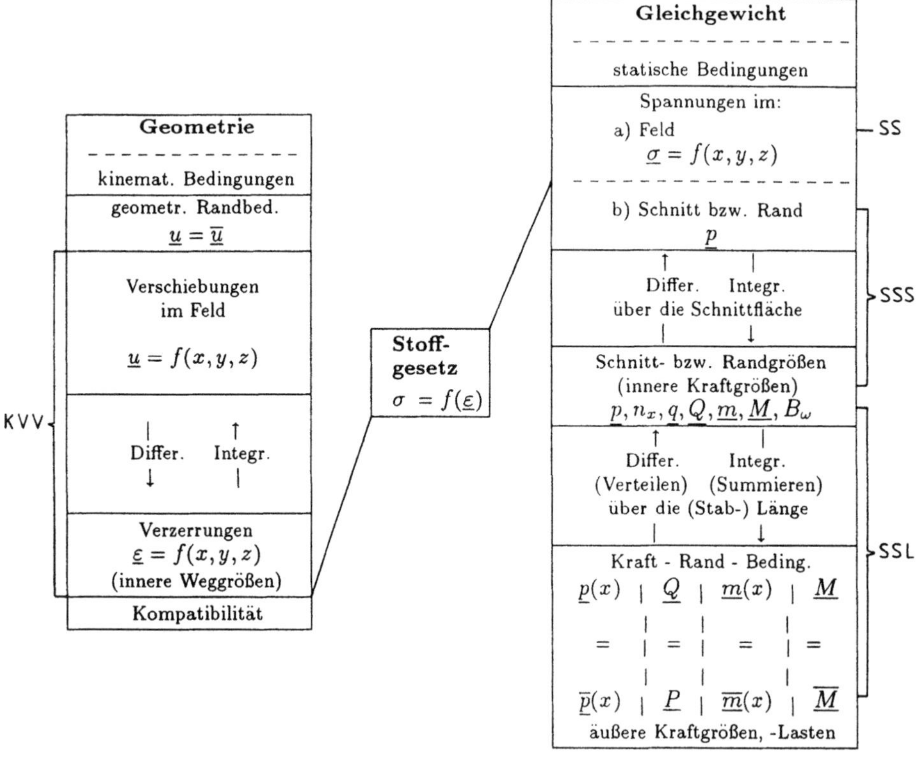

Abb. 3.1.2 − 1

Dabei bedeuten (siehe auch Kap. 1):

Vorgegebene, äußere Lasten auf dem Rand (Oberfläche)

Die Volumenlasten werden im folgenden vernachlässigt. In der Praxis werden sie zur Behandlung statischer Probleme als Einzel- oder Linienlasten idealisiert (siehe Kap. 1) und je nach Belastungsmechanischem Ersatzmodell transformiert.

$$
\begin{aligned}
\underline{P} &= \left[P_x\, P_y\, P_z\right]^T & [K] && \text{Einzelkraft} && \text{K: Kraft} \\
\overline{\underline{M}} &= \left[\overline{M}_x\, \overline{M}_y\, \overline{M}_z\right]^T & [KL] && \text{(Freies) Moment} && \text{L: Länge} \\
\overline{\underline{p}}(x) &= \left[\overline{p}_x\, \overline{p}_y\, \overline{p}_z\right]^T & [K/L] && \text{Linienlast} \\
\overline{\underline{m}}(x) &= \left[\overline{m}_x\, \overline{m}_y\, \overline{m}_z\right]^T & [KL/L] && \text{Linienmoment (Entsteht z.B.} \\
&&&&& \text{durch Parallelverschiebung} \\
&&&&& \text{einer Linienlast)} \\
\overline{\underline{p}} &= \left[\overline{p}_x\, \overline{p}_y\, \overline{p}_z\right]^T & [K/L^2] && \text{Flächenlast (z.B. Über- oder Unter-} \\
&&&&& \text{druck, wird durch Integration auf eine} \\
&&&&& \text{Linienlast reduziert, siehe Abb. } 1-8)
\end{aligned}
$$

$$(3.1.2-1)$$

Schnittgrößen (Schnittlasten), innere Kraftgrößen:

$$
\begin{aligned}
\underline{Q} &= \left[Q_x\, Q_y\, Q_z\right]^T & [K] && \text{Normalkraft} \\
N_x &= Q_x & [K] && \text{Längskraft} \\
& \quad\, Q_y, Q_z & [K] && \text{Querkraft} \\
\underline{M} &= \left[M_x\, M_y\, M_z\right]^T & [KL] && \text{Moment} \\
&&&& \text{(frei oder gebunden)} \\
\underline{n} &= \left[n_x\, n_y\right]^T \triangleq \left[n_x\, n_s = 0\right]^T & [K/L] && \text{Normalfluß} \\
&&&& \text{(Scheibe } \triangleq \text{ Haut)} \\
q &= \quad q_{xy} \quad \triangleq \quad q_{xs} & [K/L] && \text{Schubfluß} \\
&&&& \text{(Scheibe } \triangleq \text{ Haut)} \\
\underline{q} &= \left[q_{xy}\, q_{xz}\right]^T \triangleq \left[q_y\, q_z\right]^T & [K/L] && \text{Schubfluß} \\
&&&& \text{(Balken)} \\
\underline{p}(x) &= \left[p_x\, p_y\, p_z\right]^T & [K/L] && \text{Linienlast} \\
\underline{m}(x) &= \left[m_x\, m_y\, m_z\right]^T & [KL/L] && \text{Linienmoment} \\
\left(\underline{p}(A)\right. &= \left[p_x\, p_y\, p_z\right]^T & [K/L^2] && \left.\text{Flächenlast, Spannung}\right) \\
B_\omega &= & [KL^2] && \text{Bimoment}
\end{aligned}
$$

$$(3.1.2-2)$$

Randbedingungen:

$$
\begin{aligned}
\underline{P} &= \underline{Q} & \overline{\underline{p}} &= \underline{p} \\
\overline{\underline{M}} &= \underline{M} & \overline{\underline{m}} &= \underline{m}
\end{aligned}
$$

Der Querstrich als Superskript (bei gleichen Buchstaben) kennzeichnet eine vorgegebene Größe, z.B. eine äußere Last

$$(3.1.2-3)$$

Die **kinematischen Beziehungen** folgen aus der Geometrie: Durch Differenzieren bzw. Integrieren lassen sich aus den *Verschiebungen* u, v, w die *Formänderungen*, d.h. *Verzerrungen* ε bzw. γ berechnen (Beispiel: $\varepsilon_x = \frac{\partial u}{\partial x}$ bzw. $u = \int \varepsilon_x dx$). Für stabförmige Tragwerke werden die kinematischen Bedingungen meist aus einfachen geometrischen Zusammenhängen gewonnen, wie z.B. bei der Torsion in Kap. 3.2.1 Gl. 3.2.1 − 4 oder bei der Biegung unter gleichzeitiger Anwendung differentialgeometrischer Beziehungen. Siehe dazu z.B. Gl. 3.3.2−1 bis 3.3.2 − 16. Die Abkürzung KVV bedeutet dabei: *Kinematische Verschiebungs-Verzerrungs- und Verträglichkeitsbeziehungen.*

Bei den **statischen Bedingungen** unterscheidet man drei Gleichgewichtsbetrachtungen:

- Gleichgewicht der Kräfte im Körper: siehe hierzu z.B. die *statischen Spannungsbeziehungen* (SS), die in Kap. 2.2.1.1 abgeleitet wurden oder das folgende Kapitel 3.1.3.

- Gleichgewicht in einem Schnitt: Zusammenhang zwischen Spannung an der Oberfläche des Schnittes und äquivalenter Kraft im Schnitt (*Schnittkraft, Schnittgrößen*: N, Q, M, p, m, n, q), siehe dazu Kap. 2.2.1.2 und 3.1.4 . Die Abkürzung SSS bedeutet: *Statische Spannungs-Schnittgrößenbeziehungen.*

- Gleichgewicht an einem freigeschnitten stabförmigen Element, auf das äußere Kräfte wirken, also Gleichgewicht zwischen *Schnittgrößen* bzw. *inneren Kraftgrößen* und *äußeren Lasten* (z.B. Streckenlasten $\overline{p}(x)$ oder -momente $\overline{m}(x)$, Einzelkräfte $\overline{P}$ oder freie Einzelmomente $\overline{M}$), siehe dazu Kap. 3.1.5 (Gl. 3.1.5−1, 3.1.5−16). Die Abkürzung SSL bedeutet: **S**tatische **S**chnittgrößen-**L**astenbeziehungen

Das **Stoffgesetz** verknüpft die kinematischen mit den statischen Bedingungen (siehe dazu Lösungsschema Abb. 3.1.2 − 1).

Die bei den elementaren Theorien für stabförmige Tragwerke (EBT, ETT, EWT) eingeführten Vereinfachungen führen dazu, daß nur noch die Normalspannung σ_x und die Schubspannung τ auftritt, denn senkrecht zur "Haut" wirkende Kräfte werden entsprechend Punkt 5 der allgemeinen Voraussetzungen nur über Versteifungen eingeleitet und wirken somit nicht direkt senkrecht auf die Oberfläche ("Haut") ein und in Kap. 3.1.3.2 wird festgestellt, daß der Normalfluß n_s in Umfangsrichtung eines Hautelementes und damit in y−Richtung eines Scheibenelementes gleich null ist (Gl. 3.1.3 − 5). Setzt man aber im Stoffgesetz für den ebenen Spannungszustand (Gl. 2.2.3 − 20)

$$\sigma_y = 0$$

so wird
$$\sigma_x = E\varepsilon_x \quad \text{und} \quad \varepsilon_y = -\nu\varepsilon_x$$

(3.1.2 − 4)

Das Stoffgesetz degeneriert zu:

$$\begin{bmatrix} \sigma_x \\ \tau \end{bmatrix} = \begin{bmatrix} E_x & 0 \\ 0 & G \end{bmatrix} \begin{bmatrix} \varepsilon_x \\ \gamma \end{bmatrix}$$

(3.1.2 − 5)

Verknüpfung der Gleichungsgruppen

Im folgenden soll das Zusammenwirken der im Lösungsschema (Abb. 3.1.2 − 1) dargestellten Gleichungsgruppen noch einmal aufgezeigt werden. Es ist empfehlenswert, die folgenden Ausführungen jeweils nach Herleitung der hier nur schematisch aufgeführten einzelnen Gleichungsgruppen noch einmal zu lesen, um iterativ zu einem tieferen Verständnis zu gelangen.

Die *äußeren, vorgegebenen Weggrößen* (Verschiebungen und/oder Drehungen) $\overline{u}$ müssen am Rand gleich den *Weggrößen* u des Feldes sein (Verschiebungs-, bzw. *geometrische* Randbedingungen: GRB).

Bei stabförmigen Tragwerken sind dies:

$$\begin{bmatrix} \overline{u} \\ \overline{v} \\ \overline{w} \\ \overline{\varphi}_x \end{bmatrix} = \overline{u} = u = \begin{bmatrix} u \\ v \\ w \\ \varphi_x \end{bmatrix} \begin{matrix} \text{Längung} \\ \left. \right\} \text{ Biegung} \\ \text{Drillung} \end{matrix} \qquad (3.1.2-6)$$

Über kinematische Verschiebungs - Verzerrungs - bzw. Verträglichkeitsbeziehungen (KVV) sind im Inneren (Feld) der Bauteile die Verschiebungen mit den Verzerrungen $\underline{\varepsilon}$, d.h. den *Formänderungen* der Stabelemente verknüpft. Wie noch gezeigt wird, werden bei stabförmigen Tragwerken nur die Größen ε_x und γ berücksichtigt.

Die *äußeren Weggrößen* $\overline{u} = u$ gehen im vorliegenden Fall infolge der KVV über in die sogenannten *inneren Weggrößen* $\underline{u}_i$:

$$\underline{u}_i = [u' \; v'' \; w'' \; \varphi_x'']^T \qquad (3.1.2-7)$$

denn es ist:

$$\begin{matrix} \varepsilon_{xL} = & u' & \text{Längung} \\ \varepsilon_{xB} = -w''\hat{z} & \left. \right\} & \\ \varepsilon_{xB} = -v''\hat{y} & & \text{Biegung (EBT Gl. 3.3.2 − 3)} \\ \varepsilon_{xW} = -\varphi_x''\hat{\omega} & & \text{Wölbkrafttorsion (EWT Gl. 3.2.3 − 35)} \end{matrix} \qquad (3.1.2-8)$$

Das *Stoffgesetz* verknüpft die *Formänderungen* mit den *Spannungen*. Damit kann das Verzerrungsfeld in ein Spannungsfeld überführt werden. Im vorliegenden Fall degeneriert das Stoffgesetz zu $\sigma_x = E\varepsilon_x$ und $\tau = G\gamma$.

An jedem Element im Feld muß Gleichgewicht herrschen, was durch die *Statischen Spannungsbeziehungen* (SS) gewährleistet wird. Sie liefern die Spannungsverteilung im Feld. (Kap. 3.1.3.2)

Um von den Spannungen zu den *Schnittgrößen*, die man auch *innere Kraftgrößen* (Kräfte und/oder Momente) oder manchmal auch *Schnittlasten* nennt, zu kommen, muß an der zu betrachtenden Stelle das Feld aufgeschnitten werden. Mit

Hilfe der *Statischen Spannungs– Schnittgrößenbeziehungen* (SSS), d.h. durch Teil- bzw. vollständige Integration der im Schnitt anliegenden Spannungen $\underline{p}$ (siehe Gl. 2.2.1 – 8 und –9) über den Querschnitt des Schnittes erhält man die *Schnitt-* bzw. *inneren Kraftgrößen.* (Kap. 3.1.4)

Das *Elastizitätsgesetz* verknüpft vermittels des Stoffgesetzes die *inneren Weggrößen* $\underline{u}_i$ mit den *inneren Kraftgrößen* bzw. *Schnittgrößen.*

Der Rand kann ebenfalls als Schnitt betrachtet werden, an dem Gleichgewicht herrschen muß und zwar zwischen den *inneren Kraftgrößen* und den *äußeren Kraftgrößen.* Es gelten somit die *Kraft - Rand - Bedingungen* (KRB). Die Verknüpfung erfolgt über die *statischen Schnittgrößen - Lasten* (SSL) - Beziehungen (Gl. 3.1.5 – 16). Die Interaktion zwischen äußeren Kraftgrößen und inneren Kraftgrößen über die SSL und KRB ist schematisch in Gl. 3.1.5 – 1 dargestellt und wird in Kap. 3.1.5 im einzelnen erläutert.

3.1.3 Spannungen in dünnwandigen, stabförmigen Tragwerken (SS)

Analog zu Kap. 2.2.1.1 kann man an einem *dünnwandigen Element* einem sog. *Hautelement* die im Inneren geltenden Beziehungen, die denen der Scheibe entsprechen, durch Gleichgewichtsbetrachtungen ermitteln.

3.1.3.1 Kraftflüsse

Für dünnwandige Stabwerke, die mit einer linearen Theorie beschrieben werden, können die in Abb. 3.1.3–1 dargestellten Annahmen zum Spannungsverlauf über der Wandstärke gemacht werden. Aus der Abbildung geht hervor, daß Schub aus Querkraft und/oder Torsion resultiert und die Schubspannungen in den Fällen b), c) und d) als konstant über der Wandstärke t angenommen werden können.

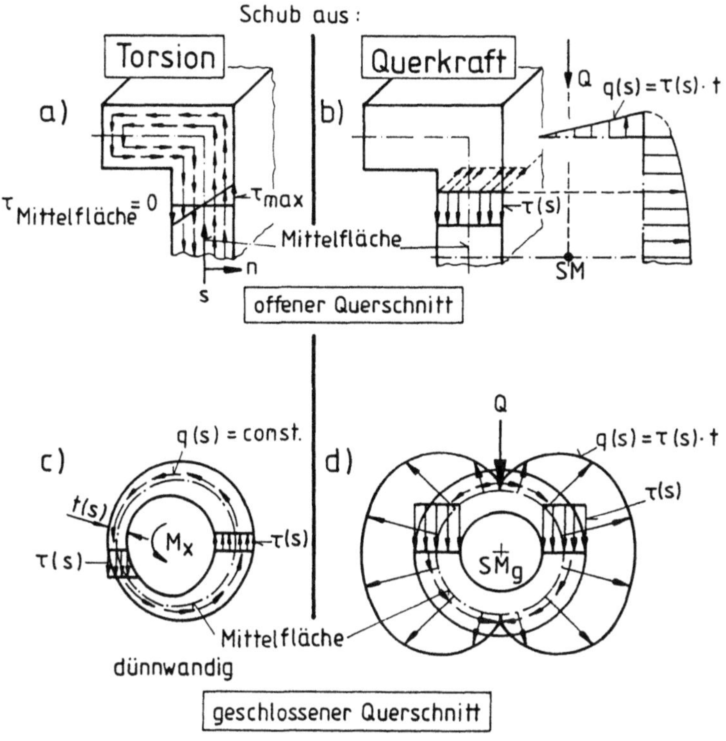

Abb. 3.1.3 − 1

Um die Schubspannung τ und Normalspannung σ unabhängig von der Wandstärke t darzustellen, wird im Leichtbau in den Fällen, in denen die Spannung als konstant über t angesehen werden kann, mit sogenannten *"Flüssen"* gearbeitet.

$$\text{\textit{Schubfluß}} \qquad q(s) = \tau \cdot t(s) \quad , \quad q\left[\frac{K}{L}\right]$$

$$\text{\textit{Normalfluß}} \qquad n(s) = \sigma \cdot t(s) \quad , \quad n\left[\frac{K}{L}\right]$$

$$(3.1.3 - 1a)$$

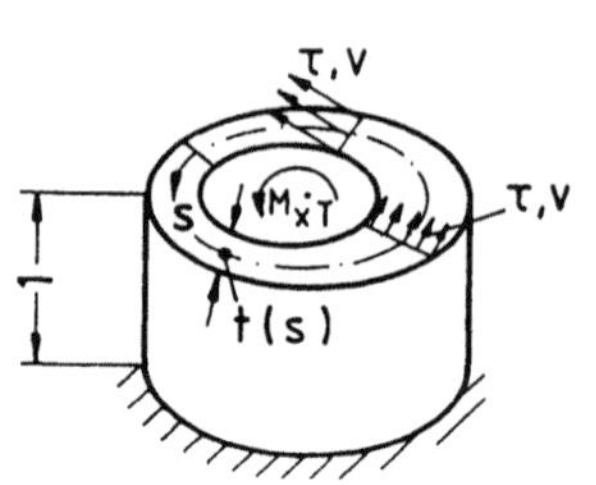

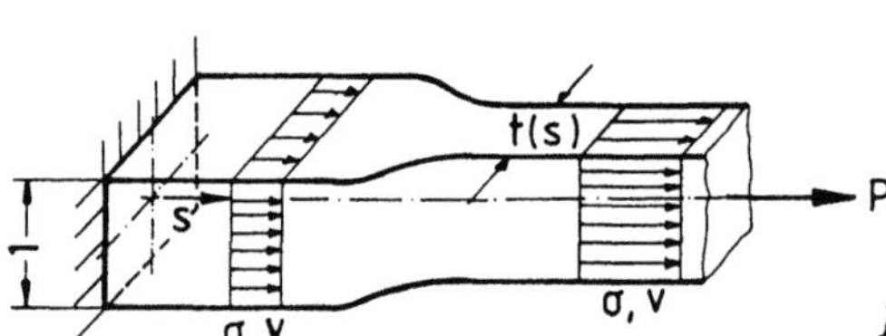

Als Anschauungshilfe kann hier für die Sonderfälle St. Venantsche Torsion in einem geschlossenen dünnwandigen Querschnitt und Normalkraftbeanspruchung eines Stabes das hydrodynamische Analogon vom fließenden Wasser in einem Kanal dienen:

Infolge der Kontinuitätsbedingung (hier für eine Höhe 1) ist in einem Wasserkanal (vgl. nebenstehende Skizze) die Durchflußmenge q bzw. n an jeder Stelle s gleich groß. Damit ergibt sich eine von der Kanalbreite $t(s)$ abhängige Durchflußgeschwindigkeit v.

Durchflußmenge $\quad q = v \cdot t(s) = const$

Abb. 3.1.3 − 2

Analog gilt für eine dünnwandige geschlossene Röhre mit der variablen Wandstärke $t(s)$ für den *ungestörten Querschnittsbereich* (z.B. keine Kerben) bei St. Venantscher Torsion, daß der Schubfluß q konstant für alle s ist, jedoch die Schubspannung τ von $t(s)$ abhängt. Für diesen besonderen Fall gilt:

Analog gilt für den

$$\boxed{\begin{aligned} \textit{Schubfluß} \quad & q = \tau \cdot t(s) = const = q_0 \\ \textit{Normalfluß} \quad & n = \sigma \cdot t(s) = const = n_0 \end{aligned}}$$

$$(3.1.3 − 2)$$

Anmerkung: Die Kraftflüssen zugrunde liegenden Spannungen (σ bzw. τ) sind immer konstant über t, können aber eine Funktion von s sein, z.B. die Schubspannung aus Torsion oder Querkraft (−Biegung) (Abb. 3.1.3 − 1b und 3.1.3 − 1d). Ein für die letztere gültiges hydrodynamisches Analogon wird in Kap. 3.3.5.1 beschrieben. In Sonderfällen ist $q = q_0 = const$ bzw. $n = n_0 = const$.

3.1.3.2 Gleichgewicht an einem dünnwandigen Element (SS)

Voraussetzungen:

Bei der Betrachtung des Gleichgewichtes an einem *dünnwandigen Element*, einem sog. *Hautelement* muß die Voraussetzung getroffen werden, daß es sich zwar um einen beliebigen Querschnitt, aber einen zylindrischen Körper handelt. Konische Körper, für die die abgeleiteten Formeln genau genommen nicht mehr gelten, werden zu einer ingenieurmäßigen Abschätzung (siehe Abb. 1−14) durch streckenweise zylindrische angenähert.

Die Querschnittsgestalt muß erhalten bleiben, d.h. es dürfen keine Abplattungen auftreten, was in der Praxis z.B. durch das Aussteifen mit Hilfe von Spanten gewährleistet wird. Nur über diese Spante werden theoretisch auch die äußeren Querkräfte in die Haut des stabförmigen Tragwerkes eingeleitet. Es wird vorausgesetzt, daß senkrecht zur Oberfläche und damit zur Mittelebene der Haut keine Spannungen auftreten. Damit dürfen aber — abgesehen von den Krafteinleitungsstellen, also im ungestörten Querschnitt — keine Kräfte senkrecht zur Mittelebene eines Hautelementes wirken. Weiterhin werden Volumenkräfte nicht berücksichtigt.

Kräftegleichgewicht:

Zur Ermittlung des Kräftegleichgewichtes (KGG) schneidet man nun aus einer offenen Röhre ein Teilelement mit den Kantenlängen dx und ds (s sei die Umlaufkoordinate des Querschnittes) heraus (Abb. 3.1.3 − 3).

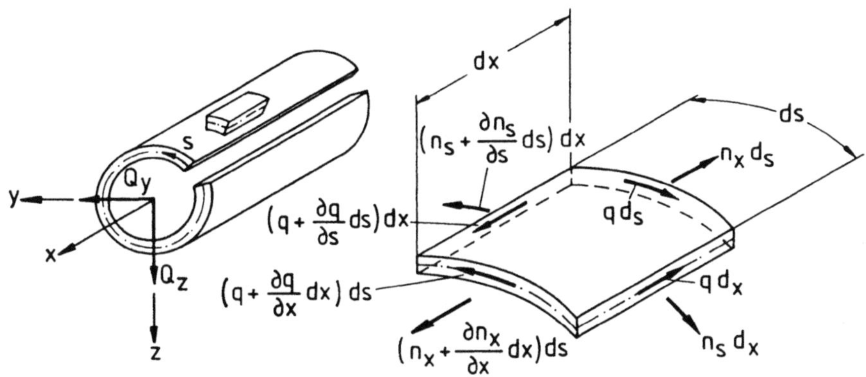

Abb. 3.1.3 − 3

Am positiven Schnittufer der Röhre greifen die Schnittkräfte Q_y und Q_z an. Die Multiplikation der Normalspannungen σ_x, σ_s und der Schubspannung τ mit der Wandstärke t führt zu den Normalflüssen n_x, n_s und dem Schubfluß q. Da die betrachtete Stelle sich zwischen zwei Krafteinleitungsorten (Spanten) befindet und damit keine Kräfte senkrecht zur Oberfläche der Teilschale dx, ds angreifen, treten nur Normal- und Schubspannungen in der Schalenmittelebene auf (vgl. Scheibe).

Die KGG–Gleichungen in $x-$ und $s-$Richtung lauten:

$$\sum F_x = 0 = \left(n_x + \frac{\partial n_x}{\partial x} dx - n_x \right) ds + \left(q + \frac{\partial q}{\partial s} ds - q \right) dx$$

$$\sum F_s = 0 = \left(n_s + \frac{\partial n_s}{\partial s} ds - n_s \right) dx + \left(q + \frac{\partial q}{\partial x} dx - q \right) ds$$

$$(3.1.3 - 3)$$

Durch Kürzen reduzieren sich die KGG–Gleichungen zu:

$$\boxed{\begin{aligned} \frac{\partial n_x}{\partial x} + \frac{\partial q}{\partial s} &= 0 \\ \frac{\partial n_s}{\partial s} + \frac{\partial q}{\partial x} &= 0 \end{aligned}}$$

$$(3.1.3 - 4)$$

Dies sind aber die schon in Kap. 2.2.1.1.1 hergeleiteten, nun jedoch in Flüssen ausgedrückten KGG-Gleichungen der Scheibe (Gl. 2.2.1 − 1) ohne Berücksichtigung der Volumenkräfte. In folgender Abbildung wird das Schalenelement in der $y - z-$Querschnittsebene betrachtet:

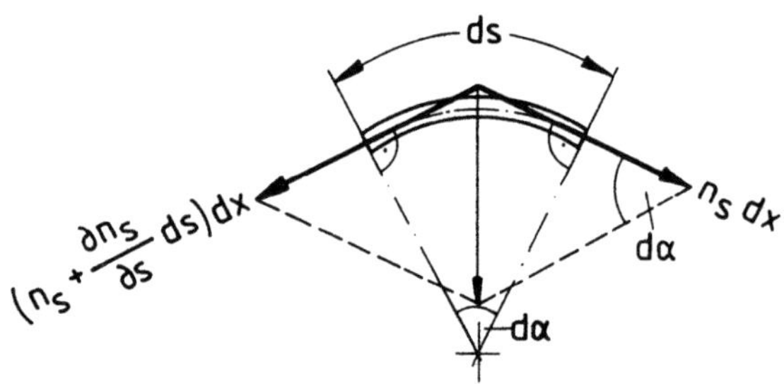

Abb. 3.1.3 − 4

In einer Scheibe liegen alle Kräfte definitionsgemäß in der Mittelebene. Kräfte senkrecht zur Oberfläche dürfen also nicht auftreten. Die Normalkräfte in Umlaufrichtung s greifen tangential zum Zylinder in Normalenrichtung der Schnittufer an. Hieraus folgt, daß sich eine Resultierende senkrecht zur Oberfläche (nämlich $n_s \cdot dx \cdot d\alpha$) ergibt. Da dies vereinbarungsgemäß entsprechend Punkt 6 der allgemeinen Voraussetzungen für die Theorien stabförmiger Tragwerke nicht der Fall ist und auch für die Scheibe nicht erlaubt ist und da die geometrischen Größen dx und $d\alpha$ nicht notwendigerweise gleich Null sein müssen, folgt hieraus:

$$n_s \cdot dx \cdot d\alpha \overset{!}{=} 0$$

$$n_s = 0 \rightarrow \sigma_y = 0$$

$$(3.1.3 - 5)$$

Mit anderen Worten: Bei zylindrischen, dünnwandigen Körpern stellt sich unter Querkraftbelastung kein Normalfluß n_s und damit keine Normalspannung

in Umfangsrichtung ein. D.h. für das Hautelement ist $\sigma_y = 0$ und $\sigma_z = 0$.
Das Stoffgesetz degeneriert zu Gl. $3.1.2 - 5$. Weiterhin vereinfachen sich die
vorstehenden KGG–Gleichungen zu:

$$\frac{\partial n_x}{\partial x} + \frac{\partial q}{\partial s} = 0 \qquad\qquad (3.1.3 - 6a)$$

$$\frac{\partial q}{\partial x} = 0 \quad \Rightarrow \quad q(x) = const. \qquad\qquad (3.1.3 - 6b)$$

Die erste Gleichung besagt, daß eine Zunahme des Schubflusses entlang der
s-Koordinate, d.h in Umfangsrichtung, mit einer gleich großen Abnahme des
Längskraftflusses in x–Richtung einhergeht. Da die Ableitung des Schubflusses
nach x verschwindet (2.Gleichung), folgt weiterhin, daß sich der Schubfluß in
Längsrichtung nicht ändert:

$$q(x) = const \quad \rightarrow \quad q \neq q(x)$$

Folglich ist der Schubfluß nur eine Funktion der Umlaufkoordinate s:

$$q = q(s)$$

Aus der ersten KGG-Gleichung $3.1.3 - 6a$ wird damit:

$$\frac{dq}{ds} = -\frac{\partial n_x}{\partial x} \quad \Longleftrightarrow \quad q(s) - q_0 = -\int \frac{\partial n_x(x,s)}{\partial x}\, ds \qquad\qquad (3.1.3 - 7)$$

Diese Beziehung bildet die Grundlage zur Schubflußberechnung dünnwandiger
Profile.

Anmerkung: Während die Gleichungen $3.1.3 - 4$ zu einem statisch überbestimmten System gehören (2 Gleichungen und 3 Unbekannte), stellen die
Gleichungen $3.1.3 - 6$ ein statisch bestimmtes System (2 Gleichungen und
2 Unbekannte) dar. Es liegt neben dem Schubfluß bzw. der Schubspannung nur noch ein Normalfluß bzw. eine Normalspannung in x-Richtung
vor.

In Kap. 3.3.3.2 wird auf die physikalischen Zusammenhänge noch einmal eingegangen.

3.1.4 Zusammenhang zwischen Spannungen und Schnittgrößen an den Schnittflächen eines stabförmigen Tragwerkes (SSS)

Im folgenden wird der mathematische Zusammenhang zwischen Schnittkräften und Spannungen, die an der Oberfläche eines Schnittes miteinander im Gleichgewicht sind, dargestellt. Dabei wird unterschieden in

- Vollquerschnitte (Kap. 3.1.4.1)

- allgemeine dünnwandige Querschnitte (Kap. 3.1.4.2), die geschlossen (z.B. Röhre usw.) oder offen (z.B. C-Profile usw.) sein können, und

- dünnwandige offene Querschnitte.

Für die letztgenannten Profilquerschnitte, die im Leichtbau als Aussteifungelemente (z.B. *Stringer, Spante, Spriegel* usw.) eine sehr bedeutsame Rolle spielen, können infolge des offenen Randes spezielle Beziehungen hergeleitet werden (Gl. 3.1.4 − 10ff).

3.1.4.1 Schnittgrößen am Vollquerschnitt (SSS)

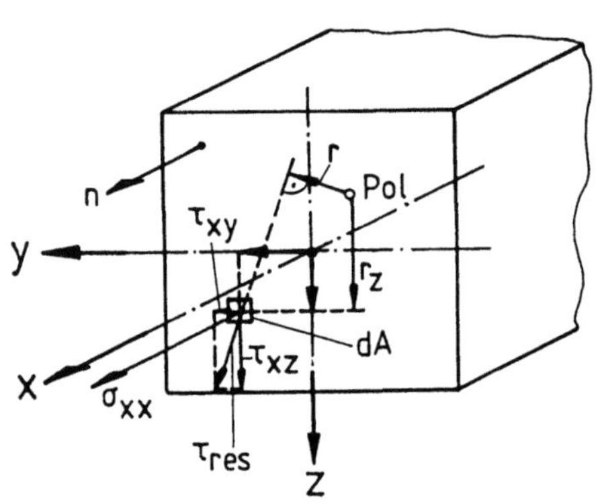

Dargestellt ist die Schnittfläche eines stabförmigen Tragwerkes mit den gewählten Koordinaten, den auftretenden Spannungen und dem beliebig gewählten aber in der Schnittebene liegenden Pol P. Der Schnitt ist senkrecht zur x−Achse.

Abb. 3.1.4 − 1

Die Gleichungen für die Randbedingungen bzw. den Schnitt entsprechend Kap. 2.2.1.2.2 (Gl. 2.2.1 − 9a) lauten:

$$p_x = l\sigma_{xx} + m\tau_{xy} + n\tau_{xz}$$

$$p_y = l\tau_{yx} + m\sigma_{yy} + n\tau_{yz} \qquad (3.1.4 - 1)$$

$$p_z = l\tau_{zx} + m\tau_{zy} + n\sigma_{zz}$$

Da die Schnittflächennormale n parallel zur Stabachse x verläuft, wird

$$l = \cos(\underline{n}, x) = \cos 0^o = 1$$
$$m = \cos(\underline{n}, y) = \cos 90^o = 0$$
$$n = \cos(\underline{n}, z) = \cos 90^o = 0$$

$$(3.1.4-2)$$

und damit

$$\left.\begin{array}{l} p_x = \sigma_{xx} \\ p_y = \tau_{xy} \\ p_z = \tau_{xz} \end{array}\right. \quad \text{, wobei} \quad \left.\begin{array}{l} \sigma_{xx} \\ \tau_{xy} \\ \tau_{xz} \end{array}\right\} = f(y, z) \quad \text{sein können und} \quad \tau_{ij} = \tau_{ji} \quad \text{ist.}$$

$$(3.1.4-3)$$

Integriert man nun die Schnittspannung $\underline{p} = \underline{\sigma}_x$ über die Oberfläche (hier Schnittfläche A), so erhält man die Schnittkräfte:

$$\text{Längskraft:} \qquad N_x = \int \sigma_{xx} dA$$

$$\text{Querkraft in } y-\text{Richtung:} \qquad Q_y = \int \tau_{xy} dA$$

$$\text{Querkraft in } z-\text{Richtung:} \qquad Q_z = \int \tau_{xz} dA$$

$$\text{Moment um die } y-\text{Achse:} \qquad M_y = \int \sigma_{xx} \cdot z dA$$

$$\text{Moment um die } z-\text{Achse:} \qquad M_z = -\int \sigma_{xx} \cdot y dA$$

$$(3.1.4-4)$$

Moment bzgl. des Poles P: $\qquad M_{x(P)} = \int \tau_{res} \cdot r dA$
(Moment um die $x-$Richtung)

$$= \int \tau_{xz} \cdot r_y dA - \int \tau_{xy} \cdot r_z dA$$

Anmerkungen:
1) Als Vorzeichenregel für die Momente gilt die "Rechte-Hand-Regel".

2) Die Schnittmomente werden ebenfalls als Schnittkräfte bezeichnet. Sie sind Schnittgrößen bezüglich eines Punktes (Poles) bzw. einer (Dreh-) Achse.

3.1.4.2 Schnittgrößen an offenen oder geschlossenen dünnwandigen Querschnitten (SSS)

Aus den vorstehenden Ausführungen folgt:

Wird ein mit Kräften bzw. Momenten belastetes Tragwerk an einer beliebigen Stelle geschnitten, dann greifen an diesem Schnitt zur Aufrechterhaltung des

Gleichgewichtes Schnittkräfte an. Diese Schnittkräfte des positiven und negativen Schnittufers unterscheiden sich lediglich durch ihr Vorzeichen (Gleichgewicht am Schnitt). Die Schnittlasten wirken ab der Oberfläche im Körper als Spannungen.

In Abb. 3.1.4 − 2 ist die Mittelebene eines offenen, dünnwandigen, stabförmigen Tragwerkes im $x, y, z-$ Koordinatensystem (KOS) dargestellt. Eingetragen sind am Tragwerk angreifende im Raum mögliche Schnitt-Kräfte und -Momente. Ein in $x-$Richtung verlaufendes, stabförmiges Tragwerk, hier ein Profil, wurde rechtwinklig zur $x-$Achse geschnitten. In der Schnittebene x, y liegt der beliebig gewählte Pol P und verläuft die Umlaufkoordinate s als Mittellinie der Wandstärke $t(s)$. Sie beginnt bei s_A und endet bei s_E (für $s_A = s_E$ wäre das Profil geschlossen).

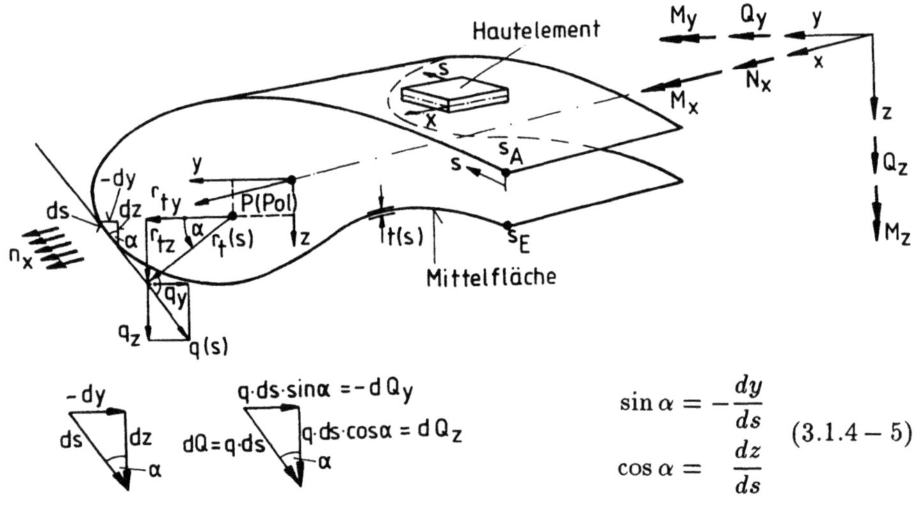

$$\sin \alpha = -\frac{dy}{ds}$$
$$\cos \alpha = \frac{dz}{ds}$$
$$(3.1.4-5)$$

Abb. 3.1.4 − 2

Im Schnitt sind statt der Normal- und Schubspannungen der Normalfluß n_x in $x-$Richtung und der Schubfluß q eingetragen. Während der Normalfluß eine ausgeprägte Richtung besitzt (Index x), ist die Schubflußrichtung von der Umlaufkoordinate s abhängig und stets tangential zur Tragwerkskontur in der $y, z-$Ebene. Ist der Konturwinkel α bekannt, so läßt sich der Schubfluß q, der im allgemeinen Fall eine Funktion von s ist, in Komponenten in $y-$ und $z-$Richtung aufteilen. Es ergeben sich die aus dem Schubfluß entstehenden Kräfte für das Konturelement ds aus dem skizzierten Krafteck (Abb. 3.1.4 − 2):

Kraft in $z-$Richtung: $\quad dQ_z = \quad q\, ds \cos \alpha = q_z dz$ $\qquad\qquad$ (3.1.4 − 6a)

Kraft in $y-$Richtung: $\quad dQ_y = -q\, ds \sin \alpha = q_y dy$ $\qquad\qquad$ (3.1.4 − 6b)

Der Schubfluß in $y-$Richtung ist negativ angegeben, da er in die negative $y-$Richtung weist. Die Kraft ist jedoch positiv, da $-dy = ds \sin \alpha$ ist. Das Torsionsmoment $M_{x(P)}$ um den beliebigen, aber in der Schnittebene liegenden, Pol P setzt sich, wie in den Kap. 3.2 und 3.4 noch ausführlich diskutiert wird, aus zwei Anteilen, nämlich dem in Kap. 3.2 erläuterten *St. Venantschen Torsionsmoment* M_{xT} und dem in Kap. 3.4 diskutierten *Wölbmoment $M_{x\omega}$*, zusammen:

$$M_{x(P)} = M_{xT} + M_{x\omega} \qquad (3.1.4-7)$$

In allen Fällen, in denen gilt: $\tau = $ const über t (siehe Abb. 3.1.3 − 1), ist für den beliebigen in der Schnittebene liegenden Pol P infolge des Schubflusses $q(s)$ im Teilstück ds:

$$dM = q(s)\, ds\, r_t(s) \qquad (3.1.4-8)$$

Nimmt man die Richtung von s bzw. *ds* im Gegenuhrzeigersinn als positiv an, und ist die Richtung von s bzw. *ds* positive *Wirkrichtung* von q (also $q > 0$) dann dreht auch das Moment positiv (d.h. im Gegenuhrzeigersinn) um die $x-$Achse. Der Index t bei r_t bedeutet, daß r_t durch den Pol geht und senkrecht auf der Tangente (Index t) steht, in der wiederum *ds* liegt.

Aus Abb. 3.1.3 − 1 und 3.1.3 − 2 geht hervor, daß $\tau=$ const über t bei Torsion dünnwandiger Röhren und bei der Einwirkung von Querkräften ist. Da, wie noch gezeigt wird, die Verwölbung der Mittelfläche eines Querschnittes aus einer Drehbewegung (rechte Winkel bleiben erhalten) der Mittelfläche in Stablängsrichtung (Abb. 3.4.1 − 1) entsteht, bilden sich im Fall der Wölbbehinderung bei Torsion, z.B. durch eine feste Einspannung, Schubspannungen, die konstant über der Dicke sind. Damit können mit der vorstehenden DGL (Gl. 3.1.4 − 8) erfaßt werden:

a) Die aus Wölbbehinderung der Mittelfläche resultierenden Momente $M_{x\omega}$ für offene und geschlossene Querschnitte.

b) Der St. Venantsche Torsionsanteil bei dünnwandigen geschlossenen Querschnitten

Für beide Fälle kann $\tau = $ *const* über der Wandstärke t angenommen werden, was durch den hochgestellten Index q beim zugehörigen Schnittmoment $M^q_{x(P)}$ angezeigt wird.

$$M^q_{x(P)} = \int q(s) r_t(s) ds \qquad (3.1.4-9)$$

Anmerkung: Nicht erfaßt wird der *St. Venantsche Torsionsanteil bei offenen Profilen.* Integriert man nämlich in diesem Fall die Schubspannung über t, so wird $q = \int \tau(n) dn = 0$ (siehe Abb. 3.1.3 − 1a). Man kann sich den Querschnitt bestehend aus lauter ineinander gesteckten dünnen Röhrchen vorstellen. Diese wurden so zusammengedrückt, daß sie den Querschnitt des offenen Profiles bilden. In der Mittelfläche, in der die umschriebene Fläche $A_0 = 0$ ist (vgl. die Bredt–Batho Gl. $3.2.2 - 5$), wird dann $\tau = 0$ sein und der St. Venantsche Schubfluß von innen nach außen in jedem Röhrchen zunehmen. Auf diese Weise kann dann M_{xT} für offene Profile bestimmt werden durch Summation der Momente aus den einzelnen dünnwandigen geschlossenen Röhrchen. Für jedes gedachte Röhrchen gilt $\tau = const.$ über t. Führt man den Grenzübergang durch, so erhält man die differentielle Beschreibung des Problems (vgl. Kap. 3.2.5).

Analog zu Kap. 3.1.4.1 lassen sich aus den am Schnitt wirkenden Spannungen bzw. Flüssen durch Integration die Schnittkräfte ermitteln. Im einzelnen erhält man für dünnwandige Körper (Integration der Flüsse über die Umlaufkoordinate s) bzw. Vollquerschnitte (Integration der Spannungen über die Querschnittsfläche):

Statische Spannungs - Schnittgrößenbeziehungen (SSS)			
Schnittgröße		dünnwandiger Querschnitt	Vollquerschnitt
Längskraft	N_x	$\int n_x\, ds$	$\int \sigma_x\, dA$
Querkraft	Q_y	$-\int q(s)\sin\alpha\, ds = \int q_y dy$	$\int \tau_{xy}\, dA$
Querkraft	Q_z	$\int q(s)\cos\alpha\, ds = \int q_z dz$	$\int \tau_{xz}\, dA$
Torsionsmoment für $\tau = $ const über t	$M^q_{x(P)}$	$\int q(s)\, r_t(s)\, ds = \int q(s)d\omega$ $\int q_z\, r_{ty}\, dz - \int q_y\, r_{tz}\, dy$	$\int \tau_{res}\, r\, dA = $ $\int r_y\, \tau_{xz}\, dA - $ $\int r_z \tau_{xy}\, dA$
Biegemoment	M_y	$\int n_x\, z\, ds$	$\int \sigma_x\, z\, dA$
Biegemoment	M_z	$-\int n_x\, y\, ds$	$-\int \sigma_x\, y\, dA$

$$(3.1.4 - 10)$$

Anmerkungen zu dünnwandigen Querschnitten:

1) $dA = t(s)ds$; $s = f(y,z)$
   q_y, r_{ty}: Schubfluß-, bzw. r_t-Komponente in y-Richtung

2) Das Moment $M^q_{x(P)}$ ist ein *Moment um die $x-$Richtung* bezüglich des beliebigen Poles P. Es erfaßt den St. Venantschen Schubanteil bei offenen Profilen nicht.

3) Die Indizierung der Schubspannung τ_{ab} bedeutet: τ wirkt senkrecht zur $a-$Achse und zwar in $b-$Richtung.

4) Die Schnittgröße ist gleich dem Integral der Spannungen über den Rand.

5) Der Geltungsbereich sind offene und geschlossene Querschnitte, für die über der Wandstärke die Spannungen konstant sind.

Schnittgrößen dünnwandiger offener Querschnitte (SSS)

Betrachtung des offenen Randes:

Offene Profile, z.B. C-Profile, haben zwei offene Ränder, an denen, siehe Abb. $3.1.4-2$, für $s = s_A$ und $s = s_E$ der Schubfluß $q \equiv 0$ sein muß, da an diesen Rändern keine Kräfte angreifen (am geschlossenen Profil wäre $s_A = s_E$ und damit $q_{s_A} \equiv q_{s_E} \neq 0$ im allgemeinen).

Umformungen:

Mit Hilfe der partiellen Integration $\int u\,dv = uv - \int v\,du$ wird aus:

$$
1.) \quad Q_y = \int\limits_{y_A}^{y_E} q_y\,dy \qquad\qquad 2.) \quad Q_z = \int\limits_{z_A}^{z_E} q_z\,dz
$$

$$
= q_y y \,\big|_{y_A}^{y_E} - \int\limits_{y_A}^{y_E} y\,dq \qquad\qquad = q_z z \,\big|_{z_A}^{z_E} - \int\limits_{z_A}^{z_E} z\,dq \qquad (3.1.4-11)
$$

Nutzt man die in Kap. 3.1.3.2 für Hautelemente abgeleitete Beziehung $(3.1.3-7)$

$$
\boxed{dq = -n_x'\,ds} \qquad\qquad (3.1.4-12)
$$

und die Tatsache, daß an den offenen Rändern (Abb. $3.1.4-2$) für $s_E = s_E(y_E, z_E)$ und $s_A = s_A(y_A, z_A)$ der Schubfluß $q \equiv 0$ ist, so wird:

$$
\boxed{Q_y = \int y n_x'\,ds} \qquad\qquad \boxed{Q_z = \int z n_x'\,ds} \qquad (3.1.4-13)
$$

Die Momenten-Beziehung für $\tau = const$ über t, nämlich Gl. $3.1.4-9$ kann ebenfalls umgeformt werden. Dabei hat es sich, wie später noch gezeigt wird, als nützlich erwiesen, eine Hilfsveränderliche ω *für offene Querschnitte* einzuführen. Diese Hilfsveränderliche kann als eine neue Koordinate mit der Dimension Länge zum Quadrat $[L^2]$ aufgefaßt werden und wird *Wölbkoordinate* (auch Sektorkoordinate oder Wölbfunktion) genannt, da sie ein wichtiges Maß für die Verwölbung (d.h. eine Verschiebung aus der Querschnittebene hinaus) eines — im vorliegenden Fall — *offenen Querschnittes* darstellt.

$$\boxed{d\omega = r_t ds}$$

$$(3.1.4 - 14)$$

Je nach Integrations-Grenze bzw. -Anfangspunkt (Index A) erhält man:

a) die *Grundwölbkoordinate*:   Anfangspunkt der Koordinate "s" ist beliebig

$$\int_{\omega_A = 0}^{\omega} d\omega = \int_{s_A = 0}^{s} r_t(s)ds \qquad (3.1.4 - 15)$$

$$\boxed{\omega = \int_{s_A = 0}^{s} r_t(s)ds}$$

Grundwölbkoordinate,

im Sprachgebrauch auch $(3.1.4 - 16)$

Grundverwölbung genannt

Anmerkungen:

1) Wie in Kap. 3.2.3.1.2 (Gl. 3.2.3 − 35) gezeigt wird, ist die primäre Verwölbung W (auch Längs - Verwölbung genannt) in Querschnitts-längsrichtung
$$W = u(x,s) - u(x,0) = -\varphi'_x \hat{\omega}$$
wobei φ_x der Drillwinkel ist. Da die Verwölbung proportional $-\varphi'_x = -\vartheta$ ist und für eine Einheitsverwindung $\vartheta = 1$ die Beträge $|W|$ und $|\hat{\omega}|$ gleich groß sind, nennt man $\omega(s)$ auch Wölbfunktion oder im Sprach-gebrauch auch direkt Verwölbung.

2) ω gilt in dieser Definition nur für offene Querschnitte. Die Wölbkoor-dinate für geschlossene Profile "ω^*" wird in Kap. 3.2.3.1 abgeleitet.

b) die *Wölbkoordinate*:
Da am willkührlich gewählten Anfangspunkt eines unter Last stehenden Querschnittes die Verwölbung und damit $\omega \neq 0$ sein wird, erhält man bei unbestimmter Integration:

$$\int_{\omega = \omega_A = \omega_0}^{\omega} d\omega = \omega - \omega_0 = \bar{\omega} \qquad (3.1.4 - 17)$$

Dabei ist ω_0 die Integrationskonstante, die aus einer zusätzlichen Vorschrift, der Randbedingung, bestimmt werden muß und den Wert von ω darstellt, der am beliebigen Anfangspunkt bereits vorliegt. Wie in Kap. 3.1.7.3.1 ff noch gezeigt wird, bestimmt man ω_0 so, daß eine Einheitsverwölbung $\bar{\omega}$ entsteht, die der Bedingung $N_x = 0$ genügt.

$$\omega = \omega_0 + \bar{\omega}$$

$$\bar{\omega} = \omega - \omega_0$$

ω: Wölbkoordinate, teilweise in der Lit. auch Wölbfunktion oder Sektorkoordinate genannt

$$(3.1.4 - 18)$$

$\bar{\omega}$: normierte Wölbkoordinate, im Sprachgebrauch auch Einheitsverwölbung genannt

Aus Gl. $(3.1.4 - 9$ und $3.1.4 - 14)$ wird für $\tau = const$ über t zum Beispiel für den *Wölbanteil der Mittelfläche eines offenen Profiles* (siehe auch Kap. 3.4.1)

$$M^q_{x(P)} = (M_{x\omega} =) \int q(s)d\omega$$

$$= \underbrace{q\bar{\omega} \,|^{s_E}_{s_A}}_{Randintegral\,=\,0} - \int\limits_{s_A}^{s_E} \bar{\omega}\,dq \qquad (3.1.4 - 19)$$

und mit $3.1.4 - 12$:

$$M^q_{x(P)} = (M_{x\bar{\omega}} =) \int_{(s)} \bar{\omega} n'_x ds \qquad\qquad (3.1.4 - 20)$$

Da bei der partiellen Integration unbestimmt über ω integriert wird, muß die Integrationskonstante berücksichtigt werden, und man erhält $\bar{\omega}$. Das Randintegral wird bei offenem Profil wiederum zu Null, nicht aber bei geschlossenen Profilen.

Anmerkung: $\tau = $ const. über t ist erfüllt und $M^q_x(p)$ tritt auf bei *dünnwandigen offenen Profilen*, wenn der spezifische Drillwinkel

$$\vartheta = \frac{\partial \varphi_x}{\partial x} = \varphi'_x = \varphi'_x(x) = \vartheta(x)$$

ist. Dies ist z.B. dann der Fall, wenn das Profil einseitig fest eingespannt ist oder ein laufendes Moment m_x wirkt. Der aus der Wölbbehinderung resultierende Anteil (des gesamten Torsionsmomentes M_x) ist $M_{x\omega}$ und wird *Wölbmoment* genannt.

Bei *dünnwandigen geschlossenen Profilen* ist $\tau = const.$ über t erfüllt sowohl bei *St. Venantscher*, also *zwangsfreier Torsion*, als auch bei Wölbbehinderung.

Zusammenfassend können in Gl. 3.1.4 − 21 (nachstehende Tabelle) nun die Zusammenhänge (Schnittgrößen − Spannungen) an stabartigen Tragwerken dargestellt werden. Da die Schnittgröße Q_y ein Moment um die $z-$Achse (M_z) und analog Q_z ein Moment um die $y-$Achse (M_y) hervorrufen, wurden diese zusammengefaßt. Deutlich wird der Zusammenhang zwischen Moment und zugehöriger Querkraft ($n_x \rightarrow n'_x$) beim offenen dünnwandigen Profil. Das Schnittmoment M_{xT} wird in Kap. 3.2ff abgeleitet und das Bimoment B_ω in Kap. 3.4ff.

Zusammenfassung: **Gleichgewichtsbeziehungen (Statische Schnittgrößen – Spannungen (SSS)) an stabförmigen Tragwerken**

Anmerkung: Bei Anwendung nachstehender Tabelle $(3.1.4 - 21)$ muß auf das KOS, in dem gearbeitet werden soll, geachtet werden und entsprechende Superskripte hinzugefügt werden. Siehe dazu auch Kap. 3.1.7ff bzw. 3.1.7.4.

Schnittkraft	dünnwandiges Profil				Vollquerschnitt
	allgemein		offen	geschlossen	
$Q_x = N_x$		$\int_s n_x ds$	$\int_0^s n_x ds$	$\oint n_x ds$	$\int_A \sigma_{xx} dA$
$M_{x(P)} =$ $M_{x\omega} + M_{xT}$			$M_{xT} + \int_0^s q r_t ds$	$\oint q r_t ds$	$\int_A \tau_{res} r\, dA$ $\ldots$ $\int_A \tau_{xx} r_y dA - \int_A \tau_{xy} r_z dA$
$M^q_{x(P)} = M_{x\omega}$ $= B'_\omega$ $\tau = const$ über t $(n_x \neq 0)$		$\int_\omega q(s)\, d\omega$	$-\int_0^s \bar\omega\, dq$ $\ldots$ $\int_0^s n'_x \bar\omega\, ds$	$\oint q\, d\omega^*$ $\ldots$ $\oint n'_x \bar\omega^*\, ds$	$\left[d\omega^* = \left(\hat r_t(s) - \dfrac{\psi}{t(s)} \right) ds \right.$ $\left. \hat\omega^* = \oint \hat r_t\, ds - \oint \psi\, \dfrac{ds}{t(s)} \right]$
B_ω			$\int_A \sigma_{xx} \bar\omega\, dA$ $\ldots$ $\int_0^s n_x \bar\omega\, ds$	$\oint n_x \bar\omega^*\, ds$	
M_{xT} $n_x = 0$			$\eta_1 t^2 b \tau_{max}$ $\ldots$ $(GA_T \vartheta)$ $\tau \neq const$ über t	$q_0 \oint r_t ds$ $\ldots$ $q_0 \cdot 2A_0$ $\ldots$ $\sum_{i=1}^{n} q_{0i} \cdot 2A_{0i}$	Einzeller $\left(\begin{array}{l} \tau = const \text{ über } t \\ q = q_0 = const \end{array} \right)$ n-Zeller
Q_y	$\int_y q_y dy$	$-\int_s q \sin\alpha\, ds$	$-\int_0^s y\, dq$ $\ldots$ $\int_0^s n'_x y\, ds$		$\int_A \tau_{xy} dA$
M_z		$-\int_s n_x y\, ds$	$-\int_0^s n_x y\, ds$	$\oint n_x y\, ds$	$-\int_A \sigma_{xx} y\, dA$
Q_z	$\int_z q_z dz$	$\int_s q \cos\alpha\, ds$	$-\int_0^s z\, dq$ $\ldots$ $\int_0^s n'_x z\, ds$		$\int_A \tau_{xz} dA$
M_y		$\int_s n_x z\, ds$	$\int_0^s n_x z\, ds$	$\oint n_x z\, ds$	$\int_A \sigma_{xx} z\, dA$

$$(3.1.4 - 21)$$

Dabei ist:

$$t\, ds = dA = dx\, dy \qquad d\omega = r_t(s)\, ds \qquad \text{Für } M^q_{x(P)} \text{ ist } \tau = const$$

$$t\, \sigma_x = n_x \qquad\qquad dq = -n'_x\, ds \qquad\qquad \text{über } t$$

$$t\, \tau_{xy} = q \qquad\qquad\quad q = q(s)$$

3.1.5 Gleichgewicht von äußeren Lasten und Schnittlasten an einem stabförmigen Element (SSL)

Im folgenden soll für ein stabförmiges Element der Länge dx der mathematische Zusammenhang zwischen den äußeren Lasten und Schnittlasten hergeleitet werden, der im Kap. 3.1.2 "Lösungsablauf" beim Berechnen von stabförmigen Tragwerken (Abb. 3.1.2 − 1) schematisch bereits dargestellt wurde.
Wie aus den einführenden Mechanikvorlesungen bekannt, erzeugen die an stabförmigen Tragwerken angreifenden *vorgegebenen, äußeren Lasten* bzw. *äußeren Kraftgrößen* $(\overline{p}, \overline{P}, \overline{m}, \overline{M})$ *Schnittgrößen*, auch *innere Kraftgrößen* genannt ($\underline{p}, n_x$, $\underline{q}, \underline{Q}, \underline{m}, \underline{M}$) und bei Berücksichtigung der Wölbbehinderung $\underline{B}_\omega$), für die schließlich die Dimensionierungsrechnung durchgeführt werden muß (Gl. 3.1.5 − 1).

Gl. 3.1.5 − 1 zeigt das Schema des Zusammenhanges der (äußeren und inneren) Kraftgrößen, die am Kraftrand durch die vorgegebenen Kraft - Rand - Beziehungen (KRB) gleich groß sind. Waagerechte Pfeile symbolisieren hier eine Integration, bzw. bei Parallelverschiebungen von Kräften die Multiplikation mit dem Verschiebungsabstand.

Äußere Kraftgrößen (Lasten, Lagerreaktionen)
Druckverteilung über O_p
An der Stelle $x = const.$
Linienkraft
Einzel —
— Kraft
—Moment
•Linien-Moment
⟶   Integration   ⟶
$\left(\underline{\overline{p}}(O) = \begin{bmatrix}\overline{p}_x\\\overline{p}_y\\\overline{p}_z\end{bmatrix} \longrightarrow \right) \underline{\overline{p}}(x) = \begin{bmatrix}\overline{p}_x\\\overline{p}_y\\\overline{p}_z\end{bmatrix} \longrightarrow \underline{P} = \begin{bmatrix}P_x\\P_y\\P_z\end{bmatrix}$
Durch Parallel-verschiebung
von $\underline{\overline{p}}(x) \rightarrow$
$\overline{\underline{m}}(x) = \begin{bmatrix}\overline{m}_x\\\overline{m}_y\\\overline{m}_z\end{bmatrix} \begin{matrix}\longrightarrow\\\longrightarrow\\\longrightarrow\end{matrix} \begin{bmatrix}\overline{M}_x\\\overline{M}_y\\\overline{M}_z\end{bmatrix} = \overline{\underline{M}}$
KRB: $[K/L^2]$ $\overline{p} = p$ $[K/L]$ $\begin{array}{c}\underline{P} = \underline{Q}\\ \hline \overline{\underline{m}} = \underline{m}\end{array}$ $[K]$ $\overline{\underline{M}} = \underline{M}$ $[K\,L]$ $[K\,L^2]$
$\underline{m}(x) = \begin{bmatrix}m_x\\m_y\\m_z\end{bmatrix} \begin{matrix}\longrightarrow\\\longrightarrow\\\longrightarrow\end{matrix} \begin{bmatrix}M_x\\M_y\\M_z\end{bmatrix} = \underline{M}$ B_ω
$\underline{p}(A) = \begin{bmatrix}p_x\\p_y\\p_z\end{bmatrix} \longrightarrow \underline{p}(x) = \begin{bmatrix}n_x\\q_{xy}\\q_{xs}\end{bmatrix} = \begin{bmatrix}n_x\\q_{xy}\\q_{xz}\end{bmatrix} \longrightarrow \underline{Q} = \begin{bmatrix}N_x\\Q_y\\Q_z\end{bmatrix}$
$\begin{matrix}\longrightarrow\\\longrightarrow\\\longrightarrow\end{matrix}$ $\begin{matrix}M_y & M_z\\M_z & M_x\\M_x & M_y\end{matrix}$ $\begin{matrix}B_\omega\\B_\omega\\B_\omega\end{matrix}$
$M_x = M_{xT} + M_{x\omega}$
⟶   ⟶   ⟶
Höhe bzw. Dicke t Breite bzw. Umfang s_u Abstand l vom Bezugspunkt
Querschnitt A
⟶   Integration   ⟶
Schnitt-Spannung   Fluß   Schnitt —
— Kraft   — Moment
Innere Kraftgrößen — Schnittgrößen

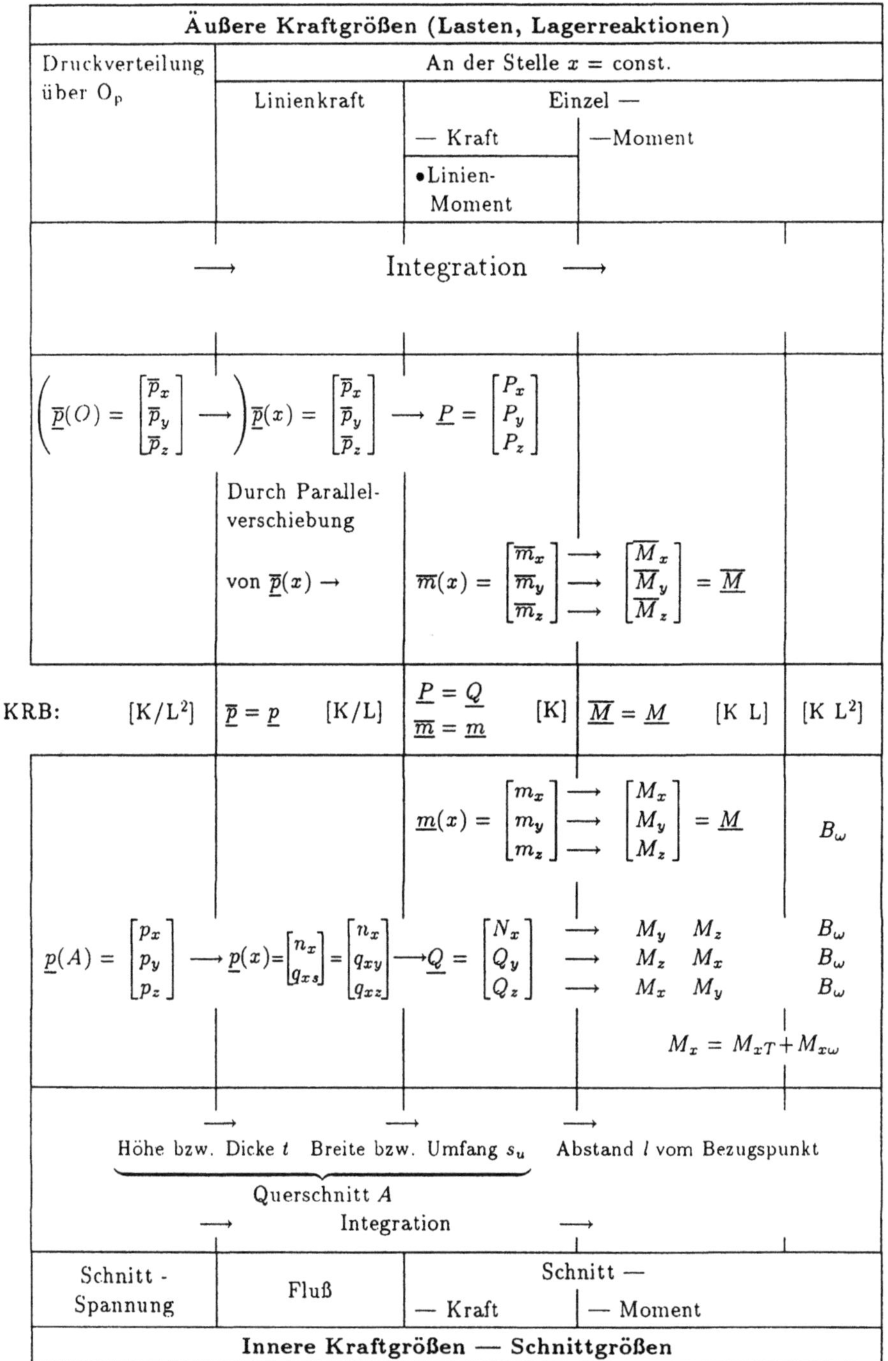

$$(3.1.5 - 1)$$

Die vorgegebene äußere Kraft $\overline{p} = [\overline{p}_x\ \overline{p}_y\ \overline{p}_z]^T$ ist eine *laufende* bzw. *Linienlast* mit der Dimension $[K/L]$, die man wie in Kap. 1 bereits erwähnt, aus einer Flächenlast (z.B. Druckverteilung am Tragflügel) durch Integration über die Tiefe, d.h. quer zur Längsachse des stabförmigen Tragwerkes, ermittelt. Eine Einzellast $\overline{P} = [\overline{P}_x\ \overline{P}_y\ \overline{P}_z]^T$ ist der Sonderfall, bei dem eine Kraft auf eine verschwindend kleine Oberfläche wirkt. Durch Integration von $\overline{p}$ kann man die Größe der äquivalenten Einzellast ermitteln. Ihren Angriffspunkt erhält man aus dem Momentengleichgewicht bezüglich eines gewählten Poles von Einzellast und laufender Last. Analoges gilt für das äußere *laufende Moment* $\overline{m} = [\overline{m}_x\ \overline{m}_y\ \overline{m}_z]^T$ mit der Dimension $[KL/L]$ und das einzelne *äußere Moment* $\overline{M} = [\overline{M}_x\ \overline{M}_y\ \overline{M}_z]^T$. Man unterscheidet bei den Momenten bekanntlich zwischen *freien* und *gebundenen Momenten*.

Die *freien äußeren Momente* $\overline{m}$ und $\overline{M}$ (meist Drill- bzw. Torsionsmomente) sind entsprechend ihrem Index lediglich einer Richtung, um die sie drehen, jedoch keinem festen Bezugspunkt bzw. (Dreh-)Achse (die senkrecht zur Einleitungsebene verläuft) zugeordnet. Sie werden in der Praxis meist durch Kräftepaare erzeugt ($\underline{m}$ z.B. durch eine Parallelverschiebung von $\underline{p}$). Verschiebt man das Bezugssystem parallel, so hat dies keine Auswirkungen auf den Momentenhaushalt des Systems.

Im Gegensatz dazu erzeugen Kräfte $\underline{P}$ bzw. $\overline{p}$ bezüglich eines Bezugspunktes oder Schnittes, bzw. KOS an diese *gebundene Momente*. (Abb. 3.1.5 − 2)

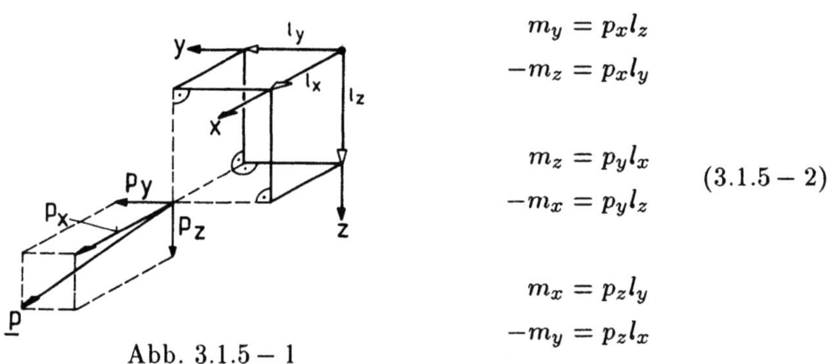

$$m_y = p_x l_z$$
$$-m_z = p_x l_y$$

$$m_z = p_y l_x$$
$$-m_x = p_y l_z$$

$$m_x = p_z l_y$$
$$-m_y = p_z l_x$$

$$(3.1.5 - 2)$$

Abb. 3.1.5 − 1

Verschiebt man die vorgegebene äußere Kraft $\underline{P}$ oder $\overline{p}$ parallel, z.B. in den Ursprung des KOS, so entsteht ein freies Moment $\overline{M} = \underline{P} \times \underline{l}$ bzw. $\overline{m} = \overline{p} \times \underline{l}$. Im Koordinatenursprung wirkt dann die äußere Kraft $\underline{P}$ und zudem das freie Moment $\overline{M}$ bzw. $\overline{p}$ zuzüglich $\overline{m}$, denen die Schnittgrößen $\underline{Q}$ zuzüglich $\underline{M}$ bzw. p zuzüglich $\underline{m}$ das Gleichgewicht halten.

Da die vorgegebenen äußeren Lasten im allgemeinen nicht an ausgezeichneten Punkten einer Konstruktion angreifen, entstehen gekoppelte Beanspruchungen. So erzeugt nur eine im *Schwerpunkt* (SP) bzw. an der Schwerelinie angreifende Längskraft ($\underline{P}_x$ bzw. $\overline{p}_x$) nur Längsspannungen. Bei exzentrischem Angriff entsteht entsprechend Abb. 3.1.5 − 2 und Gl. 3.1.5 − 2 zusätzlich Biegung ($\overline{M}_y, \overline{M}_z$ bzw. $\overline{m}_y, \overline{m}_z$) plus Wölbkrafttorsion (siehe dazu auch Kap. 3.3.1 Abb. 3.3.1−1).

Querkräfte ($P_y, P_z, \overline{p}_y, \overline{p}_z$) erzeugen dann und nur dann reine Biegung, wenn sie im *Schubmittelpunkt* (SM) bzw. an der *elastischen Linie* – der Verbindungslinie der Schubmittelpunkte der einzelnen Querschnitte in x–Richtung – angreifen. Ist dies nicht der Fall, so entsteht ein zusätzliches Torsionsmoment, das Drillung hervorruft. Ein laufendes Drillmoment $\overline{m}_x(x)$ erzeugt zudem immer Längsspannungen, denen als Schnittkraft ein Bimoment $B'_{\hat{\omega}} = M_{x\hat{\omega}}$ zugeordnet ist; das gleiche gilt – von besonderen Querschnitten, sog. Neuberschen Schalen (Kap. 3.2.3.3), abgesehen – beim Wirken eines Torsionsmomentes M_x in der Umgebung des fest eingespannten Endes eines stabförmigen Tragwerkes (Kap. 3.4).

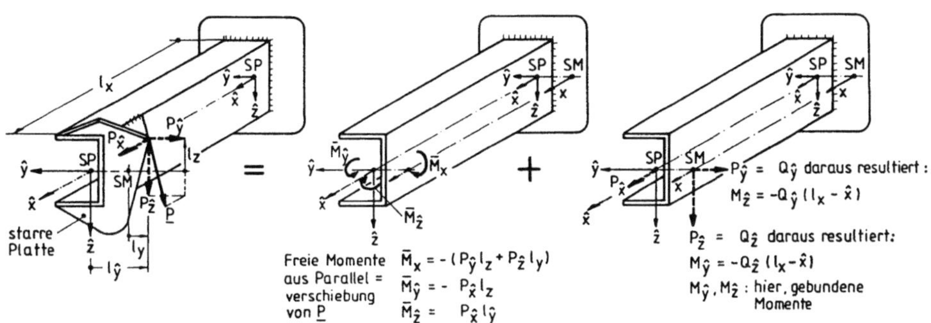

Aus der Parallelverschiebung der Kraftkomponenten resultierende *freie Momente* deren Index die Richtung der Drehachse angibt. Hier sind dies die Richtungen x bzw. $\hat{x}, \hat{y}$ und $\hat{z}$.

Verschobene Kraftkomponenten und aus diesen infolge Querkraftbiegung resultierende, auf festliegende Koordinaten bezogene, d.h. *gebundene Momente*. Hier sind dies die $\hat{y}$– und $\hat{z}$–Achse des SP-KOS, d.h. die *Biege–Haupt–Achsen*.

Abb. 3.1.5 − 2

Aus den vorstehend gemachten Ausführungen folgt, daß die die Phänomene beschreibenden DGL'n gekoppelt sein werden. Eine Entkopplung durch *Orthogonalisieren* ist möglich, wenn man mit den beiden *ausgezeichneten Koordinatensystemen*, nämlich den Hauptachsen-Koordinatensystemen *im Schwerpunkt* (HA-KOS) *für Biegung* und der *Hauptdrillkoordinate im Schubmittelpunkt für Drillung* arbeitet (Vgl. dazu Kap. 3.3.3.1, besser noch 3.4.5). Dies bedeutet aber, daß die Komponenten des Lastvektors $\underline{P}$ bzw. $\overline{p}$ in unterschiedliche Bezugspunkte bzw. -Achsen verschoben werden müssen, z.B. $\overline{p}_x$ in die Schwerelinie und $\overline{p}_y, \overline{p}_z$ in die elastische Achse (Abb. 3.1.5 − 2). Die durch Parallelverschiebung der Kräfte entstehenden freien Momente $\overline{m}_x, \overline{m}_y, \overline{m}_z$ (Abb. 3.1.5 − 1) müssen dann zu den eventuell vorhandenen äußeren freien Momenten hinzugefügt werden.

Die Zusammenhänge zwischen vorgegebenen äußeren Lasten und Schnittlasten unter Beachtung von Vorzeichenregeln sollen, ehe eine allgemeine Herleitung erfolgt, zunächst an zwei Beispielen verdeutlicht werden:

Beispiel 1: (Längskraft)

An einem zylindrischen C-Profil greife eine vorgegebene Flächenlast $\overline{p}_{\overline{x}}$ an, wobei $\overline{p}_{\overline{x}} \neq \overline{p}_{\overline{x}}(y,z)$ ist, aber $\overline{p}_{\overline{x}} = \overline{p}_{\overline{x}}(\overline{x})$ sein kann. Daraus folgt, daß $M_{\hat{y}} = M_{\hat{z}} = B_{\hat{\omega}} = 0$ ist, d.h. es treten an jeder Stelle x nur über dem Querschnitt konstante Spannungen auf.

a) In Abb. 3.1.5 − 3a sind die Schnittkräfte im Schnitt $x = const.$ eingetragen. Diese und die äquivalenten am Rand auftretenden äußeren Kräfte sind:

$$SSS: \quad N_{\overline{x}} = \int_A \sigma_{xx} dA = \int_A p_x(A) dA = \int_s \sigma_{xx} t(s) ds = \int_s n_x(s) ds$$

$$P_{\overline{x}} = \int_A \overline{p}_x(A) dA = \int_s \overline{p}_x t(s) ds = \int_s \overline{p}_x(s) ds$$

$$\text{mit den KRB:} \quad N_{\overline{x}} = P, \, p_x(A) \overset{A}{=} \overline{p}_x(A), \, n_x(s) \overset{s}{=} \overline{p}_x(s) \qquad (3.1.5 − 3)$$

Da der Schnitt senkrecht zur x-Richtung verläuft, (siehe Kap. 3.1.4.1) ist $\sigma_{xx} = p_x$ oder nach Integration über die Wandstärke: $p_x(s) = n_x(s)$.

$p(x)$ kann also eine Flächenlast oder, wenn über sie bereits einmal integriert wurde, eine Linienlast sein. Das gleiche gilt für die äußere Last $\overline{p}_x(A)$ bzw. $\overline{p}_x(s)$. Diese wirkt am Stabende auf dessen Querschnittsfläche (als Flächenlast $\overline{p}_x(A)$) oder auf die Mittelfläche (als Linienlast $\overline{p}_x(s)$) oder im Schwerpunkt (als Einzellast $P_{\overline{x}}$) in $\overline{x}$- gleich x − Richtung ein.

b) In Abb. 3.1.5 − 3b ist $p_x \neq p_x(x)$ und es werden alle Kräfte positiv in positiver Koordinatenrichtung angesetzt. Solange keine Randbedingungen eingeführt sind, sind die Schnittkräfte am Stab:

$$|N_{\overline{x}_1}| = |N_{\overline{x}_2}| = |N_{\overline{x}_3}| = |N_{\overline{x}_4}| = |N_{\overline{x}_5}| = |N_{\overline{x}_6}| = |N_{\overline{x}}| \qquad (3.1.5 − 4)$$

Soll dieses System nicht wegfliegen, so muß Kräftegleichgewicht (KGG) an jedem Element und dem Gesamtstab herrschen. KGG liegt vor, wenn gilt:

	1) Zugstab	2) Druckstab	
$N_{\overline{x}_1} + N_{\overline{x}_2} = 0$	$N_{\overline{x}_1} = -|N_{\overline{x}_2}|$	$N_{\overline{x}_2} = -|N_{\overline{x}_1}|$	
$N_{\overline{x}_3} + N_{\overline{x}_4} = 0$	$N_{\overline{x}_3} = -|N_{\overline{x}_4}|$	$N_{\overline{x}_4} = -|N_{\overline{x}_3}|$	$(3.1.5 − 5)$
$N_{\overline{x}_5} + N_{\overline{x}_6} = 0$	$N_{\overline{x}_5} = -|N_{\overline{x}_6}|$	$N_{\overline{x}_6} = -|N_{\overline{x}_5}|$	
$N_{\overline{x}_1} + N_{\overline{x}_6} = 0$	$N_{\overline{x}_1} = -|N_{\overline{x}_6}|$	$N_{\overline{x}_6} = -|N_{\overline{x}_1}|$	

Aus 1) und 2) geht hervor, daß jeweils eine der Richtungen der am Einzelelement angreifenden Kräfte umgedreht werden muß. Führt man dies durch, so wird im Fall 1) ein auf Zug und im Fall 2) ein auf Druck beanspruchtes Element vorliegen. Im Fall 1) wirken dann die Kräfte am positiven Schnittufer in positiver und am negativen Schnittufer in negativer Koordinaten- (bzw. Normalen-) Richtung und es liegt somit eine Zugbeanspruchung (siehe Abb. 3.1.5 − 3c) vor, die ein positives Vorzeichen hat. Im Fall 2) wirkt am positiven Schnittufer die Kraft in negativer Richtung und damit liegt eine Druckbeanspruchung vor, die ein negatives Vorzeichen hat.

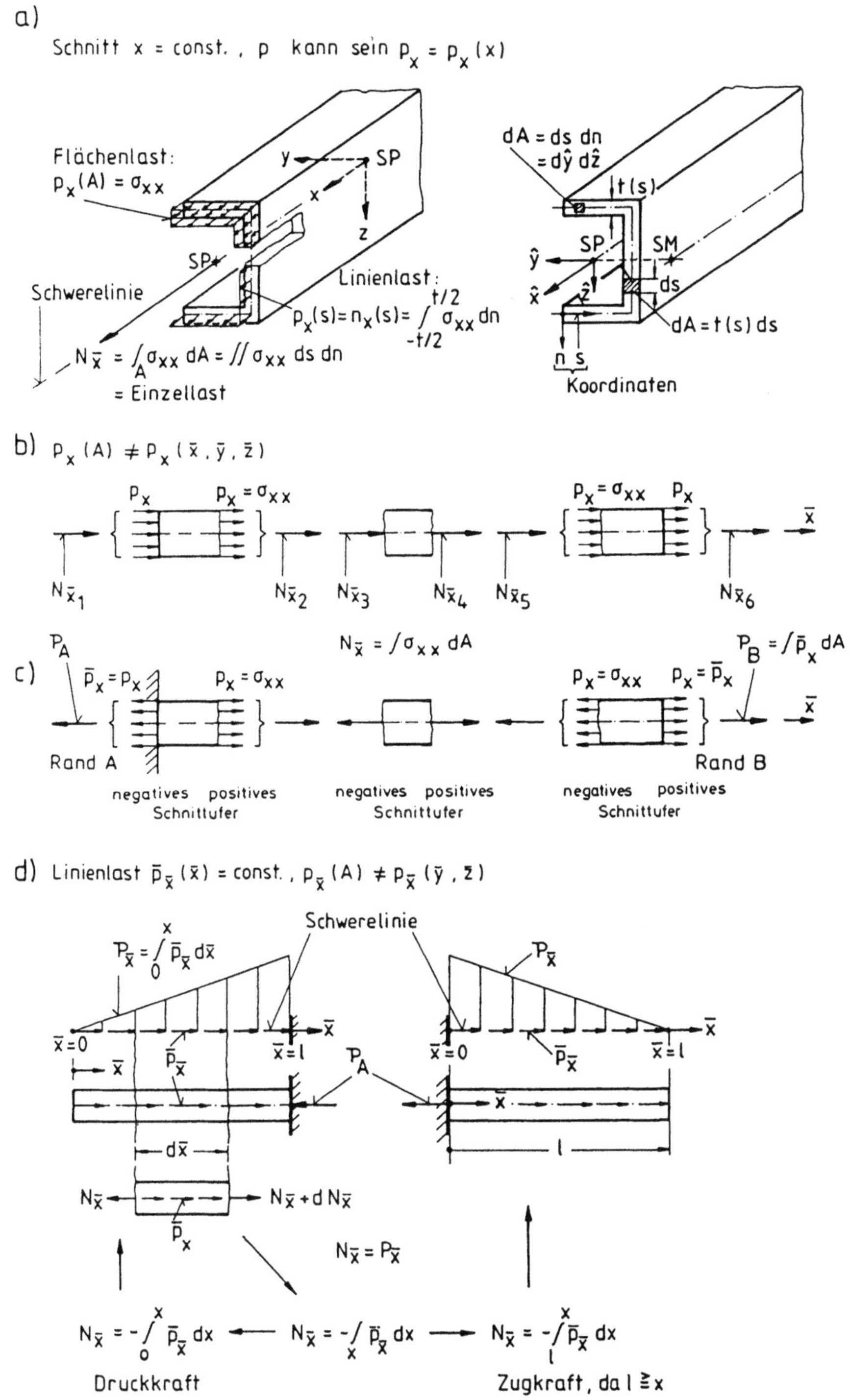

a)
Schnitt x = const. , p kann sein $p_x = p_x(x)$
Flächenlast:
$p_x(A) = \sigma_{xx}$
y
SP
x
z
SP
Schwerelinie
Linienlast:
$p_x(s) = n_x(s) = \int_{-t/2}^{t/2} \sigma_{xx}\, dn$
$N_{\bar{x}} = \int_A \sigma_{xx}\, dA = \iint \sigma_{xx}\, ds\, dn$
= Einzellast
dA = ds dn
= dŷ dẑ
t(s)
SP
SM
ŷ
x̂
ẑ
ds
dA = t(s) ds
n s
Koordinaten
b) $p_x(A) \neq p_x(\bar{x}, \bar{y}, \bar{z})$
p_x
$p_x = \sigma_{xx}$
$p_x = \sigma_{xx}$
p_x
$\bar{x}$
$N_{\bar{x}_1}$
$N_{\bar{x}_2}$
$N_{\bar{x}_3}$
$N_{\bar{x}_4}$
$N_{\bar{x}_5}$
$N_{\bar{x}_6}$
c)
P_A
$\bar{p}_x = p_x$
$p_x = \sigma_{xx}$
$N_{\bar{x}} = \int \sigma_{xx}\, dA$
$P_B = \int \bar{p}_x\, dA$
$p_x = \sigma_{xx}$
$p_x = \bar{p}_x$
$\bar{x}$
Rand A
Rand B
negatives positives
Schnittufer
negatives positives
Schnittufer
negatives positives
Schnittufer
d) Linienlast $\bar{p}_{\bar{x}}(\bar{x})$ = const. , $p_{\bar{x}}(A) \neq p_{\bar{x}}(\bar{y}, \bar{z})$
$P_{\bar{x}} = \int_0^x \bar{p}_{\bar{x}}\, d\bar{x}$
Schwerelinie
$P_{\bar{x}}$
$\bar{x} = 0$
$\bar{p}_{\bar{x}}$
$\bar{x} = l$
P_A
$\bar{x} = 0$
$\bar{p}_{\bar{x}}$
$\bar{x} = l$
$\bar{x}$
$d\bar{x}$
l
$N_{\bar{x}}$
$N_{\bar{x}} + dN_{\bar{x}}$
$\bar{p}_x$
$N_{\bar{x}} = P_{\bar{x}}$
$N_{\bar{x}} = -\int_0^x \bar{p}_{\bar{x}}\, dx$
$N_{\bar{x}} = -\int_x \bar{p}_{\bar{x}}\, dx$
$N_{\bar{x}} = -\int_l^x \bar{p}_{\bar{x}}\, dx$
Druckkraft
Zugkraft, da $l \geqq x$

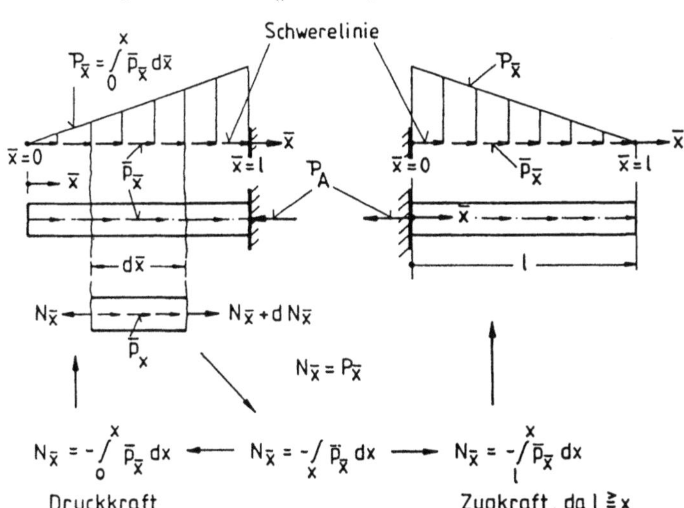

Abb. 3.1.5 – 3

Ob Zug- oder Druckkräfte wirken, wird durch die Randbedingungen entschieden, die bisher noch nicht eingearbeitet wurden. Die *Vorzeichenregel* lautet somit bei Unterscheidung der (Schnitt-)Ufer:
Ein Schnittufer ist positiv, wenn seine Flächennormale in die positive Koordinatenrichtung weist und negativ, wenn sie in die negative Richtung weist. Eine Kraft oder Spannung ist positiv, d.h. als Zuggröße anzusetzen, wenn sie am positiven (Schnitt-)Ufer in die positive Koordinaten-Richtung oder am negativen (Schnitt-)Ufer in die negative Koordinaten-Richtung weist. Diese Darstellung ist anschaulicher und besonders für die Ableitung von mathematischen Zusammenhängen geeignet.

c) Arbeitet man Zugrandbedingungen (d.h. Fall 1) des Abschnittes b) in Abb. 3.1.5 − 3b ein, so erhält man Abb. 3.1.5 − 3c.

$$\text{neg. Schnittufer-Rand:} \quad \int_A p_x dA = Q_x = N_x = P_A = \int_A \bar{p}_x dA$$
$$\text{pos. Schnittufer-Rand:} \quad \int_A p_x dA = Q_x = N_x = P_B = \int_A \bar{p}_x dA \quad (3.1.5-6)$$

Da am Rand Schnittgröße und Randgröße identisch sind und in Stablängsrichtung sich die Schnittgröße nicht ändert, sind hier KRB und (Statische Schnittgrößen - Lasten) - SSL - Beziehung identisch.

d) Leitet man in ein stabförmiges Tragwerk eine in x-Richtung wirkende, konstante laufende (Linien-)Last $\bar{p}_x$ entlang des Stabes (Abb. 3.1.5 − 3d), längs der Schwerelinie ein, so erzeugt diese an jeder Stelle x eine in x-Richtung weisende Kraft.

Die KRB lautet: $\bar{p}_x = p_x$

$$P_x = \int_x \bar{p}_x dx \qquad (3.1.5-7)$$

Vgl. dazu Abb. 3.1.5 − 3a, Abschnitt c) und Gl. 3.1.5 − 6 sowie die dort geltende Definition von $\bar{p}_x$.

Aus der Gleichgewichtsbetrachtung am Element in Abb. 3.1.5 − 3d folgt:

$$dN_x + \bar{p}_x dx = 0 \qquad (3.1.5-8)$$

und damit wird die **SSL-***Beziehung* für die laufende Last:

$$\boxed{\begin{aligned} N_x' &= -\bar{p}_x \\ N_x &= -\int_x \bar{p}_x dx \end{aligned}} \qquad (3.1.5-9)$$

Daraus folgt, die am positiven Schnittufer in positiver Richtung angesetzte Schnittkraft wirkt an dieser Stelle in negativer Richtung und ist somit eine Druckkraft. Analoges gilt nach der Vorzeichenregel für das negative Schnittufer.

Beispiel 2: (Querkraft)

Querkraft $\overline{p}_{\hat{z}} \neq \overline{p}_{\hat{z}}(\hat{x}, \hat{y}, \hat{z})$ d.h. $\overline{p}_{\hat{z}} = const.$ $\overline{p}_z$ sei eine Linienlast, die in $x-$Richtung verläuft, in $z-$Richtung wirkt und im SM, d.h. an der elastischen Linie angreift. Daraus folgt $M_{\hat{y}} \neq 0, M_{\hat{z}} = B_{\hat{\omega}} = 0$.

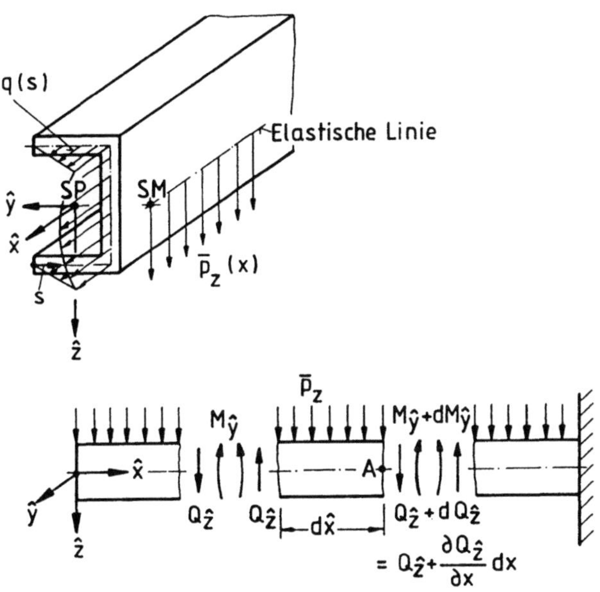

Abb. 3.1.5 − 4

Aus Abb. 3.1.5 − 4 folgt für das freigeschnittene Element:

$$\sum F = 0 \qquad dQ_{\hat{z}} + \overline{p}_{\hat{z}}dx = 0 \qquad \longrightarrow \qquad \overline{p}_{\hat{z}} = -Q'_{\hat{z}}$$

$$\sum M = 0 \quad \text{bezüglich des Punktes A:} \quad dM_{\hat{y}} - Q_{\hat{z}}dx + \overline{p}_{\hat{z}}dx\frac{dx}{2} = 0$$

(3.1.5 − 10)

Da dx^2 klein von zweiter Ordnung, ist:

$$M'_{\hat{y}} = Q_{\hat{z}} \qquad\qquad (3.1.5 - 11)$$

und mit (3.1.5- 10)
$$M''_{\hat{y}} = -\overline{p}_{\hat{z}} \quad \text{mit} \quad \overline{p}_z = p_z \qquad\qquad (3.1.5 - 12)$$

Die SSL-*Beziehung* für diesen Fall lautet somit:

$$\boxed{M'_{\hat{y}} = Q_{\hat{z}}(x) = -\int \overline{p}_z dx} \qquad\qquad (3.1.5 - 13)$$

Sollen also die eingangs beschriebenen Kopplungen der DGL'n vermieden werden, so muß die Lage des KOS dem jeweils vorliegenden Lastfall angepaßt werden. Es ist daher darauf zu achten, daß die folgenden Gleichgewichtsbedingungen an einem Element für ein allgemeines KOS angeschrieben wurden (Abb. 3.1.5 − 5).

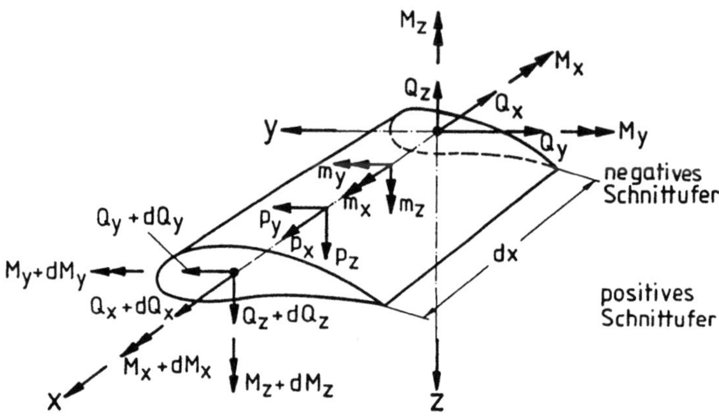

Abb. 3.1.5 − 5

Für das in Abb. 3.1.5 − 5 dargestellte Stabelement mit der Länge dx lautet das Kräftegleichgewicht (KGG):

$$\sum F_x = 0 = Q_x + dQ_x - Q_x + p_x dx$$

$$\sum F_y = 0 = Q_y + dQ_y - Q_y + p_y dx \qquad (3.1.5 - 14)$$

$$\sum F_z = 0 = Q_z + dQ_z - Q_z + p_z dx$$

Entsprechend lautet das Momentengleichgewicht (MGG) bezüglich des positiven Schnittufers:

$$\sum M_x = 0 = M_x + dM_x - M_x + m_x dx$$

$$\sum M_y = 0 = M_y + dM_y - M_y + m_y dx - Q_z dx + p_z dx \frac{dx}{2} \qquad (3.1.5 - 15)$$

$$\sum M_z = 0 = M_z + dM_z - M_z + m_z dx + Q_y dx + p_y dx \frac{dx}{2}$$

Durch Kürzen gleicher Summanden sowie Vernachlässigung von Termen zweiter Ordnung ($dx \cdot dx \rightarrow 0$) und der an stabförmigen Tragwerken des Leichtbaus praktisch äußerst selten auftretenden Momentenverteilungen m_y und m_z erhält man schließlich:

aus MGG: aus KGG:

SSL

$$\frac{dM_x}{dx} = -m_x \qquad\qquad \frac{dQ_x}{dx} = -p_x$$

$$\frac{dM_y}{dx} = \ \ Q_z\,[-m_y] \qquad \frac{dQ_y}{dx} = -p_y \quad \left(= -\frac{d^2 M_z}{dx^2} \right)$$

$$\frac{dM_z}{dx} = -Q_y\,[-m_z] \qquad \frac{dQ_z}{dx} = -p_z \quad \left(= +\frac{d^2 M_y}{dx^2} \right)$$

$$M_x' = -m_x \qquad\qquad N_x' = Q_x' = -p_x$$

$$M_y' = [-m_y] + Q_z \qquad Q_y' = -p_y = -M_z''$$

$$M_z' = [-m_z] - Q_y \qquad Q_z' = -p_z = \ \ M_y''$$

$$(3.1.5 - 16a)$$

Die mit runden Klammer eingeklammerten Ausdrücke entstehen durch Einsetzen bzw. Differenzieren der Querkraftausdrücke der MGG-Terme.

Am Rand, an dem eine vorgegebene äußere Last angreift, sind die *Kraft-Rand-bedingungen* (KRB):

KRB

$$\overline{p}(x) \ \ = \underline{p}(x) \qquad \text{bei Flächen- oder Linienlasten}$$

$$\underline{P} \qquad = \underline{Q} \qquad \text{bei Einzellasten}$$

$$\overline{m}(x) \ = \underline{m}(x) \qquad \text{bei Linienmomenten}$$

$$\overline{M} \qquad = \underline{M} \qquad \text{bei Einzelmomenten}$$

$$(3.1.5 - 16b)$$

Beispiel:

Belastungsdiagramm :

Die vorgegebene äußere Linienlast $\bar{p}_z(x)$ sei z.B. durch Luftkräfte am Tragflügel hervorgerufen und greife im Schubmittelpunkt (SM) an. Gemäß dem gewählten KOS ist $\bar{p}_z(x) < 0$.

Querkraftdiagramm :

Die Integration der Streckenlast ($\bar{p}_z = p_z$) über der Länge führt auf den Querkraftverlauf $Q_z(x)$ (Schnittlast).

Momentendiagramm :

Das Biegemoment $M_y(x)$ (Schnittlast) errechnet sich durch Integration des Querkraftverlaufes über der Länge.

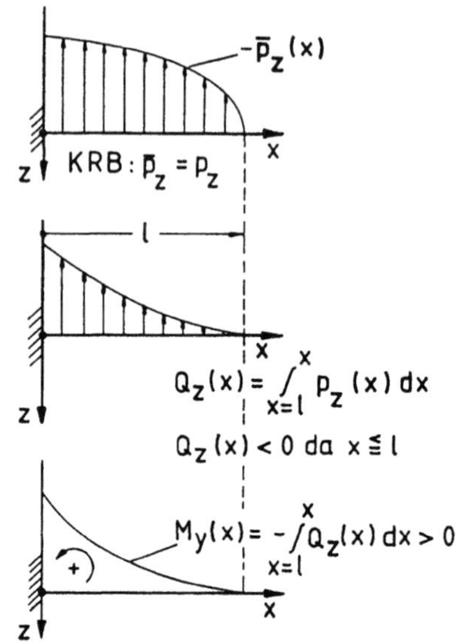

Abb. 3.1.5 − 6

3.1.6 Allgemeine Betrachtung der kinematischen Bedingungen an stabförmigen Tragwerken (KVV)

Im folgenden soll das geometrische Verhalten des Körpers unter Last, d.h. es sollen die grundlegenden kinematischen Beziehungen, allgemein betrachtet werden. Noch nicht behandelt wird hier das kinematische Verhalten bei speziellen Beanspruchungen wie Biegung, Torsion oder Biegetorsion. Darauf wird erst in dem jeweiligen Kapitel eingegangen.

3.1.6.1 Betrachtung des Querschnittes

Den stabförmigen Tragwerken liegen bei linearer Theorie die allgemeinen Voraussetzungen Kap. 3.1.1 und das daraus resultierende Stoffgesetz Gl. 3.1.2 − 5 zugrunde. Die Dehnungen im Stabquerschnitt $\varepsilon_y, \varepsilon_z$ senkrecht zur Stabachse brauchen somit nicht betrachtet zu werden. Um die möglichen auftretenden Dehnungen in $x-$Richtung ε_x in einem Schnitt an der Stelle $x = const$ kennenzulernen, kann ein Potenzreihenansatz in y und z (also in den Koordinaten der Schnittfläche) gemacht werden

$$\varepsilon_x = a + by + cz + dy^2 + eyz + fz^2 + \cdots \tag{3.1.6 − 1}$$

(vgl. hierzu Abb. 2.2.1 − 6 Pascalsches Dreieck).

In Abb. 3.1.6 − 1 sind der konstante sowie die linearen und quadratischen Verzerrungsanteile des ε_x-Ansatzes dargestellt.

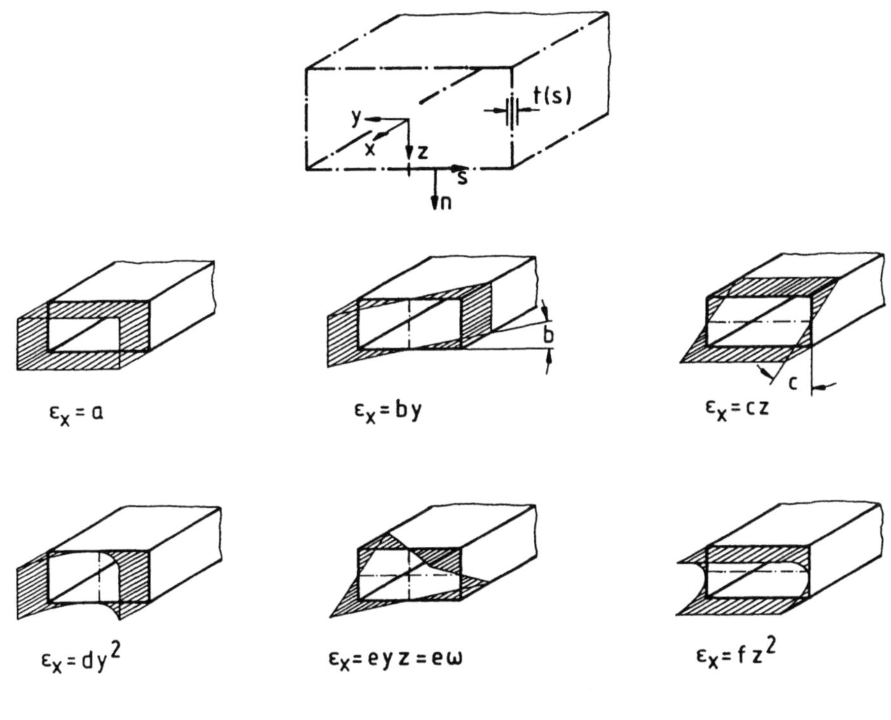

Abb. 3.1.6 − 1

Man erkennt, daß bei konstanten und linearen Anteilen und damit auch bei ihren Überlagerungen ein ebener Querschnitt eben bleibt, eine Forderung, die z.B. der Elementaren Biegetheorie (EBT) zugrunde liegt. Bei dünnwandigen Querschnitten treten oft nicht vernachlässigbare Verwölbungen auf. *Verwölbungen* sind Verschiebungs− bzw. Dehnungsverteilungen, die aus dem ebenen Querschnitt heraustreten. In diesem Fall müssen, wie Abb. 3.1.6−1 zeigt, nichtlineare Glieder der Reihe berücksichtigt werden.

Es wird in Kap. 3.4 bei dünnwandigen Querschnitten das bilineare Glied

$$e\,yz = e\,\omega \tag{3.1.6 − 2}$$

beim Auftreten von Verwölbungen mitgenommen. ω wird bei dünnwandigen Querschnitten als eine neue Koordinate, die *Wölbkoordinate*, aufgefaßt bzw. definiert.

3.1.6.1.1 Wölbkoordinate ω bei offenen, dünnwandigen Querschnitten

Die durch den Anteil $e \cdot y \cdot z$ hervorgerufene Verwölbung soll durch eine neue Koordinate, die ein Maß für die Verwölbung ist, beschrieben werden. Diese neue, sogenannte Wölbkoordinate $\omega = y \cdot z$ hat die Dimension L^2. Bereits in Kap. 3.1.4.2 wurde durch Gl. $3.1.4 - 14$ definiert:

$$d\omega = r_t ds.$$

Im folgenden soll die Übereinstimmung der beiden Ausdrücke (für dünnwandige Querschnitte) gezeigt werden.

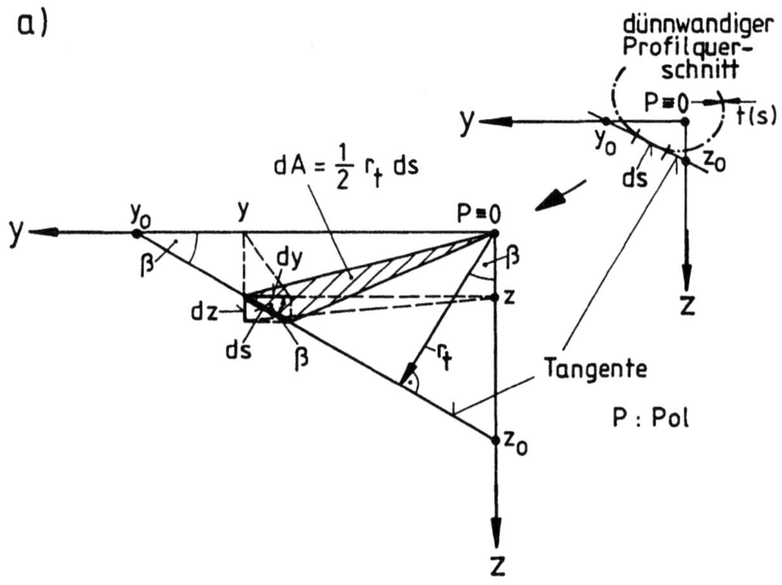

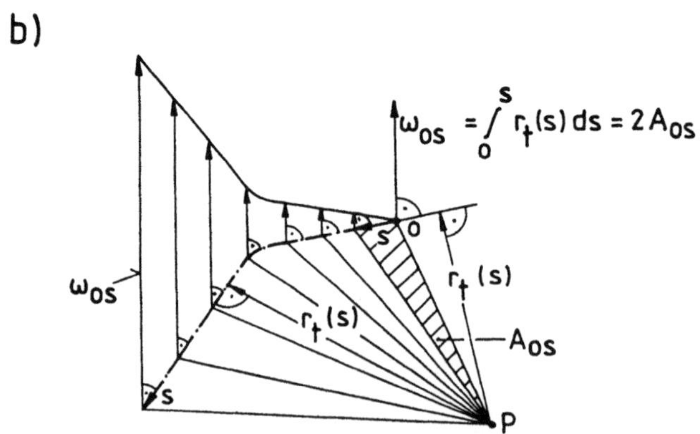

Abb. $3.1.6 - 2$

Ein stabförmiges Tragwerksprofil wird, wie Abb. 3.1.6$-$2a (rechts oben im Bild) zeigt, in der Tafelebene geschnitten und die Vergrößerung der betrachteten Stelle, durch die eine Tangente gelegt wurde, die das willkürlich gewählte und damit allgemeine KOS in y_0 und z_0 schneidet, neu gezeichnet. Der Ursprung "O" ist identisch mit einem frei gewählten Pol P. Der Abstand Pol$-$Tangente ist r_t.

Aus der Geometrie folgen die Winkelbeziehungen:

$$\frac{dy}{ds} = \frac{r_t}{z_0} = \cos\beta$$

$$\frac{dz}{ds} = \frac{r_t}{y_0} = \sin\beta$$

$$(3.1.6-3)$$

Aus dem Ausdruck

$$\omega = y \cdot z$$

folgt durch Differenzieren:

$$d\omega = zdy + ydz \qquad\qquad (3.1.6-4)$$

Durch Erweitern der Summanden mit ds und Einsetzen der Winkelbeziehungen wird:

$$d\omega = r_t ds \left(\frac{z}{z_0} + \frac{y}{y_0} \right) \qquad\qquad (3.1.6-5)$$

Die Geradengleichung zwischen y_0 und z_0 lautet:

$$y = y_0 - \frac{y_0}{z_0}z \quad\rightarrow\quad 1 = \frac{y}{y_0} + \frac{z}{z_0} \qquad\qquad (3.1.6-6)$$

Durch Einsetzen in die Gl. 3.1.6 $-$ 5 erhält man:

$$d\omega = r_t ds \qquad\qquad (3.1.6-7)$$

Aus Abb. 3.1.6 $-$ 2 folgt, daß r_t die Höhe eines Dreieckes über der Grundlinie ds mit der Fläche dA ist. Somit ist:

$$\int_0^s r_t\, ds = 2 \int_0^s dA$$

$$\omega_{0s} = \int_0^s r_t\, ds = 2 A_{0s}$$

$$(3.1.6-8)$$

Wie noch gezeigt wird, ist hier der Ursprung des allgemeinen KOS identisch mit dem willkürlich gewählten (Dreh–) Pol P. Die Auswertung des Integrales zeigt Abb. 3.1.6 – 2b.

Anmerkungen:

1) Durch das Differenzieren von ω geht der Bezug verloren, der bei einer Wiederherstellung des Ausgangszustandes durch Integrieren über die Bestimmung einer Integrationskonstanten aus der Randbedingung erst ermittelt werden muß. Daher darf zu einem späteren Zeitpunkt ω nicht ohne weiteres gleich $y \cdot z$ gesetzt werden. ω ist immer einem Pol zugeordnet; kennt man den zugehörigen Pol nicht, kennt man auch den Ursprung des xy–KOS nicht.

2) Bei dünnwandigen Querschnitten kann man, wie in Abb. 3.1.3 – 3 dargestellt, davon ausgehen, daß die Schubspannung in einer xs–Fläche verläuft und über dem Querschnitt konstant ist.
Bei dickwandigen Querschnitten muß man direkt von der Beziehung

$$\varepsilon_x W = e \cdot y \cdot z \qquad\qquad\qquad (3.1.6 - 9)$$

ausgehend für den Wölbanteil (Index W) der Dehnungen eine Theorie ableiten.

3) Der Zusammenhang $d\omega = r_t ds$ gilt nur für offene, dünnwandige Profile. Der Zusammenhang für geschlossene, dünnwandige Profile $d\omega^*$ wird in Kap. 3.2.3.1 Gl. 3.2.3 – 21 definiert.

3.1.6.2 Betrachtung des kinematischen Verhaltens eines Querschnittes bei Drillung

Drillung, d.h. ein Verdrehen eines Querschnittes, tritt bei Torsionsbeanspruchung, aber z.B. auch bei einer exzentrischen, d.h. außerhalb des Schwerpunktes angreifenden, Zugbeanspruchung eines Stabquerschnittes auf. Da infolge des Drillens meist Verwölbungen entstehen, sollen dazu einige physikalische Betrachtungen dargelegt werden.

3.1.6.2.1 Definition des Schubmittelpunktes (Momentan(dreh)poles)

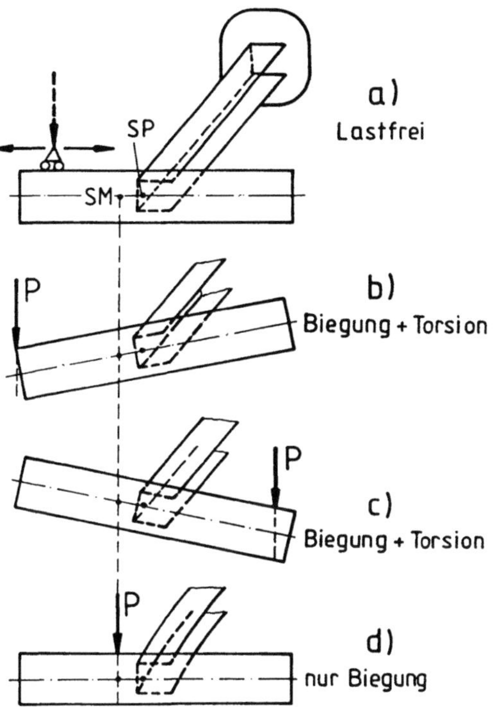

Abb. 3.1.6 − 3

Belastet man entsprechend Abb. 3.1.6 − 3 einen Querschnitt (hier ein C−Profil) weit genug links (Teilabb. b), so werden durch die vorgegebene äußere Last P die Schnittlast Q in Längsrichtung und das daraus resultierende Biegemoment sowie ein im Gegenuhrzeigersinn drehendes Torsionsmoment erzeugt. Das C−Profil wird sich infolge des Biegemomentes durchbiegen und infolge des Torsionsmomentes im Gegenuhrzeigersinn tordieren. Bringt man die gleiche Last P weit genug rechts auf (Teilabb. c), so können die vorstehenden Aussagen ebenfalls gemacht werden, nur hat sich der Drehsinn umgekehrt. Daraus kann aber der Schluß gezogen werden, daß es für P einen Angriffsort geben muß, an dem keine Torsion auftritt, sondern nur Biegung. Diese Stelle nennt man *Schubmittelpunkt* (SM). Greift die Kraft P außerhalb des Schubmittelpunktes an, so wirkt zusätzlich ein Torsionsmoment, und der Querschnitt wird um den Schubmittelpunkt, der die Drehachse bzw. den *Momentanpol* darstellt, gedreht.

Die vorstehend gemachten Aussagen gelten sowohl für offene als auch für geschlossene Querschitte. Der Schubmittelpunkt wird bei geschlossenem Querschnitt mit (SM_g) und im allgemeinen Fall sowie bei aufgeschnittenem bzw. offenem Querschnitt mit (SM) bezeichnet. Die Lage des SM ändert sich, wenn ein Hohlprofil aufgeschnitten wird. Siehe Abb. 3.1.6 − 4, geschlossener und aufgeschnittener Kreisring, vgl. dazu auch den Schwerpunkt (SP). Wählt man den Schubmittelpunkt als Pol, so wird der Abstand Pol–Tangente an das Profil mit $\hat{r}_t$ bezeichnet.

Die Verbindungslinie der Schubmittelpunkte der einzelnen Querschnitte z.B. eines Tragflügels (Abb. 3.1.6 − 4) wird als *Schubmittelpunktsachse* oder *elastische Linie* bezeichnet. Bei der Berechnung des *aeroelastischen Verhaltens* einer Tragfläche spielt die Lage der *Schwerelinie* zur elastischen Linie eine sehr wichtige Rolle.

Anmerkung:

Jeder Punkt eines senkrecht zur *elastischen Achse (Schubmittelpunktsachse)* verlaufenden Querschnittes führt bei Torsionsbeanspruchung eine Drehbewegung um diese (d.h. den jeweiligen Schubmittelpunkt) aus. Der Schubmittelpunkt ist damit der *Momentanpol* bzw. die *Hauptdrehachse* des Querschnittes.

a) Tragflügel eines Flugzeuges

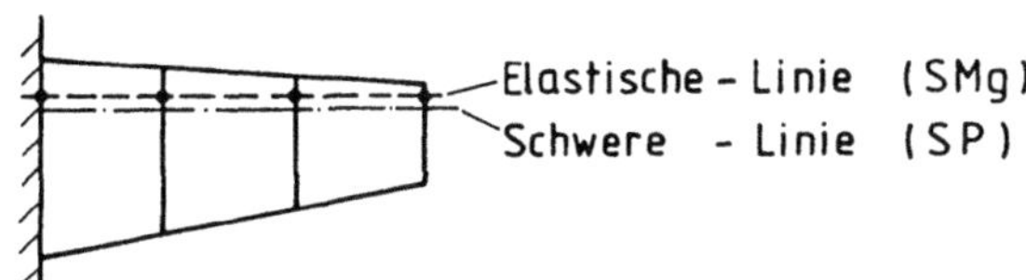

b) Momentanpol

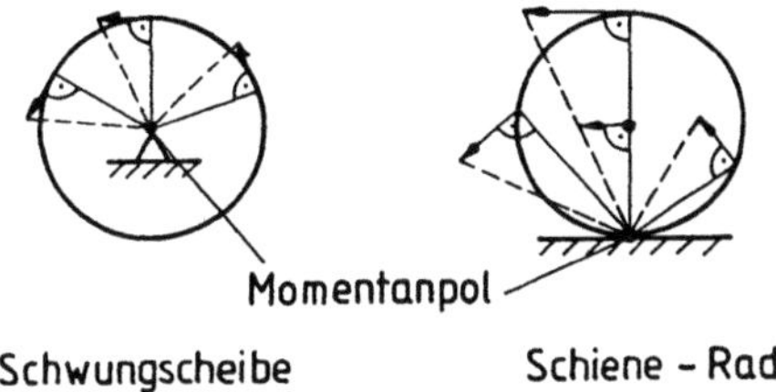

c) Schwerpunkt (SP) und Schubmittelpunkt (SM bzw. SMg) einiger Profile:

Querschnitt: Doppel–symmetrisch $\left.\begin{array}{c} \\ \\ \end{array}\right\}$ $SP = SM$
               Polar   –symmetrisch

(In Sonderfällen auch bei einfach–symmetrischen)

Abb. 3.1.6 − 4

3.1.6.2.2 Betrachtung eines Hautelementes

Die möglichen (linearen) Verformungen an einem Hautelement sind in
Abb. 3.1.6 − 5 dargestellt. Die Verschiebungen in x−Richtung werden mit
u bezeichnet, Verschiebungen in s−Richtung mit v_t, wobei der Index t daran
erinnern soll, daß bei gekrümmten Profilen die Projektion der Verschiebung auf
die Tangente gemeint ist (siehe Abb. 3.1.6 − 6).

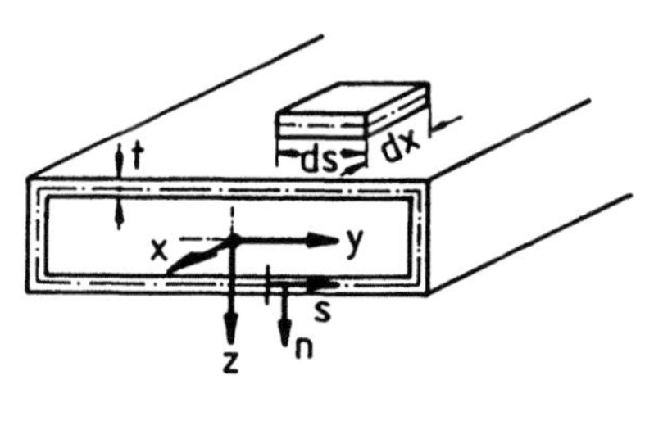

Dehnung:

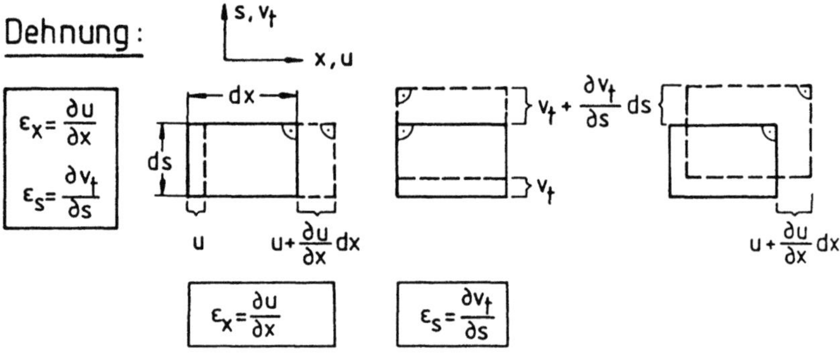

Scherung (Gleitung):

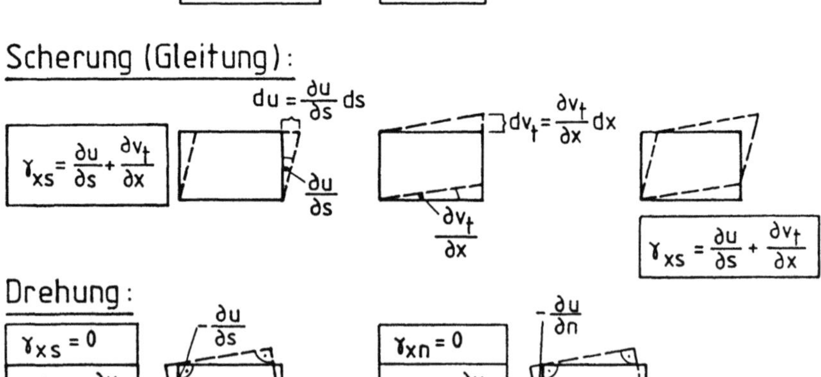

Drehung:

Abb. 3.1.6 − 5

Anmerkungen:

- Es liegt die lineare Elastizitätstheorie zugrunde.
- Bei Dehnungen und Drehungen bleibt der rechte Winkel erhalten.
- $u = u(x, s)$
  $v_t = v_t(x, s)$

Die Definition von dv_t geht aus Abb. 3.1.6 − 6 hervor:

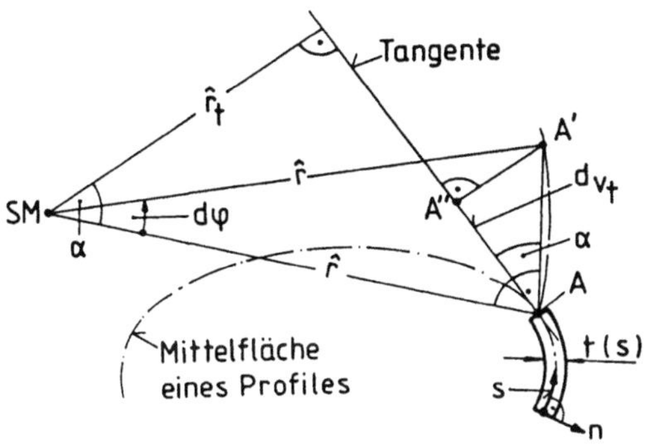

Abb. 3.1.6 − 6

Ändert sich voraussetzungsgemäß die Querschnittsgestalt nicht, so führt der Punkt A eine Drehbewegung (Winkel $d\varphi$) um den Schubmittelpunkt (SM), den *Momentanpol*, aus bis zum Punkt A'. Die Projektion der Strecke $\overline{AA'}$ auf die Tangente in A an die Querschnittsmittelfläche ist $dv_t = \overline{AA''}$. Damit ist dv_t die Verschiebung des Punktes A in Tangentenrichtung.

Aus Abb. 3.1.6 − 6 folgt:

$$dv_t = \hat{r}d\varphi \cos \alpha$$

$$\hat{r}_t = \hat{r} \cos \alpha$$

$$\boxed{dv_t = \hat{r}_t d\varphi} \tag{3.1.6 − 10}$$

Um u und v_t sowie die Gradienten bzw. Winkel $\frac{\partial u}{\partial s}$ und $\frac{\partial v_t}{\partial y}$ zu verdeutlichen, wurden sie in Abb. 3.1.6 − 7 in beanspruchte Bauteile eingezeichnet.

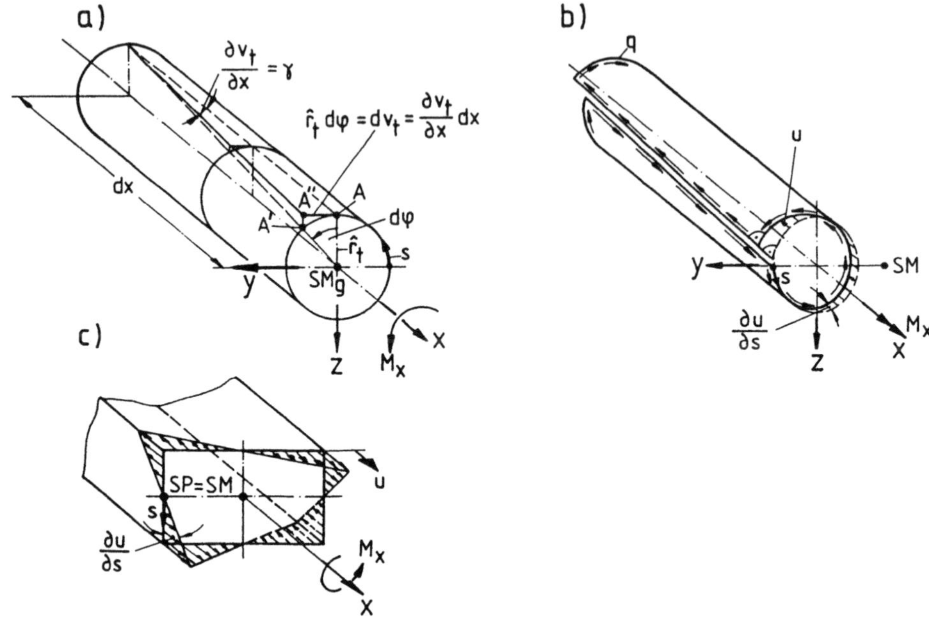

Abb. 3.1.6 − 7. Dargestellt sind jeweils die Mittelflächen.

Abb. 3.1.6 − 7a zeigt die Mittelfläche eines tordierten, geschlossenen Kreisrohres, das um den Schubmittelpunkt SM_g infolge des Torsionsmomentes M_x um $d\varphi$ tordiert wird. Der Punkt A wird sich im Abstand $\hat{r}_t$ vom Schubmittelpunkt auf einer Kreisbahn nach A' verschieben; dv_t ist dann die Projektion der Verschiebung des Punktes A' auf die Tangente an s im Ausgangspunkt A. In diesem Fall handelt es sich, wie später gezeigt wird, um eine Neubersche Schale, bei der $\frac{\partial u}{\partial s} \equiv 0$ ist. Schlitzt man jedoch das Rohr (Abb. 3.1.6 − 7b), so verwölbt es sich − der Schubmittelpunkt SM, d.h. der Momentanpol, der die Drehachse bildet, liegt nun außerhalb des Querschnittes − und es entsteht eine Verschiebung $u = u(s)$. Dies kann man experimentell mit einem Blatt Papier, das man zu einem Kreiszylinder formt und dann tordiert, leicht nachprüfen.

Abb. 3.1.6 − 7c schließlich zeigt die Verschiebung u als Funktion von s an einem tordierten Rechteckquerschnitt.

3.1.6.2.3 Definition von v_t beim Vorliegen eines Allgemeinen Koordinatensystems

Wird v_t nicht, wie in Abb. 3.1.6 − 7a, vom Schubmittelpunkt aus bestimmt (hier entsteht v_t aus der Projektion einer reinen Dreh−Verschiebung AA' auf die Tangente), sondern von einem beliebigen Pol P aus, so entsteht bezüglich dieses Poles und des damit verknüpften allgemeinen KOS eine allgemeine Verschiebung des Punktes A nach A'. Die allgemeinste Bewegung eines Punktes A in einer Ebene besteht aus einer Drehbewegung $r_t \cdot \varphi$ sowie je einer translatorischen Bewegungen in $y-$ und $z-$Richtung (Abb. 3.1.6 − 8a). Die Verschiebung v_t ist dann die Projektion der Verschiebung AA' auf die Tangente in A senkrecht zu OA.

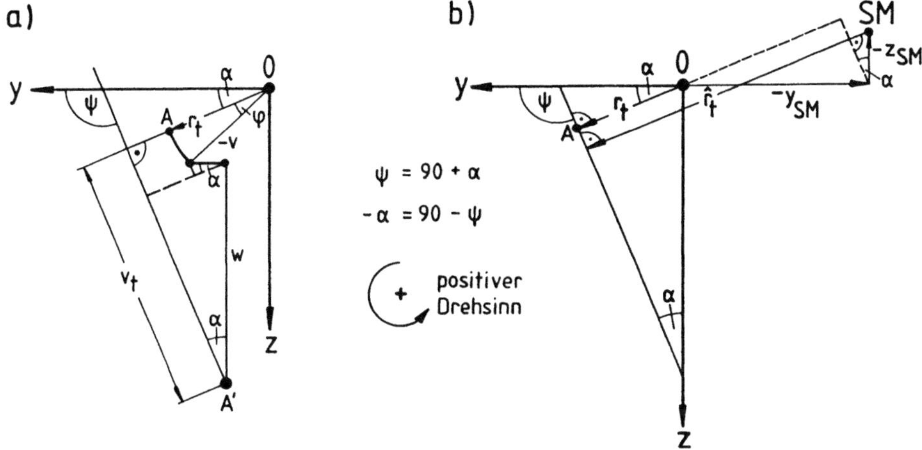

Abb. 3.1.6 − 8

Die Verschiebung v_t ist also:

- die Entfernung AA' projiziert auf die Tangente

- die Verschiebung entlang der Tangente.

Aus Abb. 3.1.6 − 8a kann man sofort ablesen:

$$\boxed{\begin{aligned} v_t &= r_t\varphi - v\sin\alpha + w\cos\alpha \\ &= r_t\varphi + v\cos\psi + w\sin\psi \\[2mm] \frac{\partial v_t}{\partial x} &= r_t\vartheta + \frac{\partial v}{\partial x}\cos\psi + \frac{\partial w}{\partial x}\sin\psi \end{aligned}}$$

$$(3.1.6 - 11)$$

wobei $\qquad \dfrac{\partial\varphi}{\partial x} = \vartheta = \varphi'$ $\hspace{3cm}$ $(3.1.6 - 12)$

Sonderfälle:

1) Es liegt eine reine Drehbewegung vor. Dies ist immer dann der Fall, wenn r_t der Abstand des Punktes A vom Momentanpol (Schubmittelpunkt) ist,

was nachstehend bewiesen wird. Zur Kennzeichnung dieses Falles wird r_t mit einem Dach geschrieben, also $\hat{r}_t$.

v_t ist dann:
(vgl. Abb. 3.1.6 − 7a)

$$\boxed{v_t = \hat{r}_t \varphi}$$

$$(3.1.6 - 13)$$

2) Für $\varphi = 0$ liegt eine reine translatorische Bewegung vor. Aus Abb. 3.1.6−8b kann man entnehmen:

$$\hat{r}_t = r_t - z_{SM}\sin\alpha - y_{SM}\cos\alpha \quad | \cdot \varphi \qquad (3.1.6 - 14)$$

$$v_t = \underbrace{\hat{r}_t\,\varphi} = \underbrace{r_t \cdot \varphi - z_{SM} \cdot \varphi \sin\alpha - y_{SM} \cdot \varphi \cos\alpha} \qquad (3.1.6 - 15)$$

$\downarrow$ beliebiger Pol bzw. allgemeines KOS

Schubmittelpunkt als Pol

φ ist für alle Pole gleich groß.

Aus einem Koeffizientenvergleich von Gl. 3.1.6−15 und Gl. 3.1.6−11 erhält man:

$$w = -y_{SM} \cdot \varphi \quad \longrightarrow \quad \frac{\partial w}{\partial x} = -y_{SM} \cdot \vartheta \qquad (3.1.6 - 16)$$

$$v = \;\; z_{SM} \cdot \varphi \quad \longrightarrow \quad \frac{\partial v}{\partial x} = \;\; z_{SM} \cdot \vartheta \qquad (3.1.6 - 17)$$

3.1.7 Flächenintegrale (Aus der Geometrie der stabförmigen Tragwerke und der Wahl des Koordinatensystems resultierende Zusammenhänge)

Aus der Geometrie und der Wahl des Koordinatensystems resultieren mathematische Zusammenhänge, die recht kompliziert sein können und einen hohen Rechenaufwand erfordern. Dadurch geht dem Bearbeiter oft der Überblick über die wesentlichen Zusammenhänge verloren. Es soll daher in diesem Kapitel die Geometrie im Zusammenhang mit den Koordinatensystemen gesondert abgehandelt werden.

Leitet man die elementaren Ingenieurtheorien für Biegung (EBT), Torsion (ETT) und Wölbkrafttorsion (EWT) her, so stößt man auf eine Reihe von Integralen, die zusammenfassend Flächenintegrale genannt werden.
Ihre physikalische Bedeutung wird erst bei der Abhandlung der entsprechenden Theorien klar. Im folgenden soll daher nur auf ihre Systematik und Eigenschaften in Verbindung mit der Lage des Bezugsystemes eingegangen werden.

Anmerkung: Man unterscheidet zweckmäßigerweise zwei Arten von Koordinaten, nämlich solche, die zur Beschreibung der Biegung relevant sind und zu denen die Flächenintegrale ohne Wölbanteil gehören (Kap. 3.1.7.1ff), und solche, die zur Beschreibung der Verwölbung benötigt werden und zu denen die Fächenintegrale mit Wölbanteil gehören (Kap. 3.1.7.2ff), siehe hierzu auch Kap. 3.1.7.4.

3.1.7.1 Flächenintegrale ohne Wölbanteil

Aus didaktischen Gründen soll zunächst noch einmal auf die Flächenintegrale ohne Wölbanteil, wie sie bei der Elementaren Biegetheorie (EBT) auftreten, eingegangen und geometrisch gedeutet werden, ehe die Flächenintegrale mit Wölbanteil behandelt werden und schließlich die Gesamtsystematik dargestellt wird.

3.1.7.1.1 Allgemeines Koordinatensystem (AG-KOS: (x, y, z))

In Abb. 3.1.7 − 1 ist ein Körper mit seinem Schwerpunkt SP in einem KOS dargestellt, das eine allgemeine Lage hat. Ein Teilelement mit den Kantenlängen dy und dz habe die Fläche dA. Für dünnwandige Körper (linke Skizze) kann dA als Produkt aus der Wandstärke t und dem Teilstück ds der in der Mittellinie verlaufenden *Umlaufkoordinate s* ausgedrückt werden.

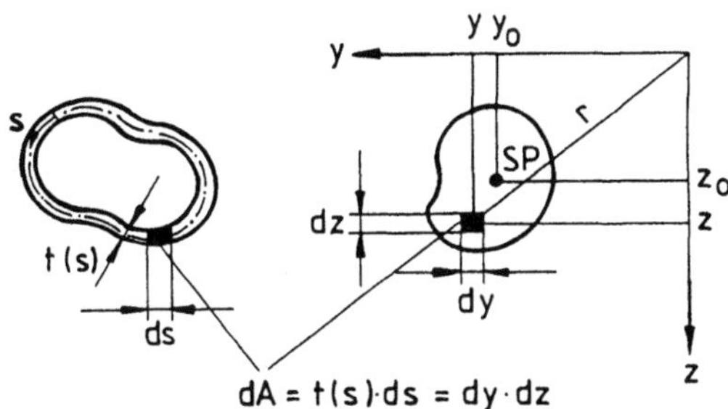

Abb. 3.1.7 − 1

Die Flächenintegrale lassen sich formal einteilen in Integrale:

0. Ordnung: **Fläche** (Dimension: $[L^2]$)

$$A = \int_A dA = \int_A dzdy = \int_s t(s) \cdot ds \qquad (3.1.7 - 1)$$

Die Fläche A kann durch die Koordinaten z und y oder bei dünnwandigen Querschnitten durch die Umlaufkoordinate s und die Wandstärke $t = t(s)$ beschrieben werden.

1. Ordnung: **Statische Momente** (Dimension: $[L^3]$)

$$S_y = A_z = \int z\, dA = z_0 A$$
$$S_z = A_y = \int y\, dA = y_0 A \qquad (3.1.7 - 2)$$

Dabei bedeutet S_y: Statisches Moment um die $y-$Achse, während der Index z bei A_z den Achsabstand z von der $y-$Achse angibt. y_0 und z_0 sind der jeweilige Schwerpunktabstand (siehe Abb. 3.1.7 − 1).
Wie man sieht, ist das statische Moment das auf eine Achse bezogene Produkt aus Fläche mal Schwerpunktsabstand von dieser Achse.

2. Ordnung: **Flächenträgheitsmomente**   (Dimension: $[L^4]$)

$$I_y = A_{zz} = \int z^2\, dA$$
$$I_z = A_{yy} = \int y^2\, dA \qquad (3.1.7 - 3)$$

Deviationsmoment oder *Zentrifugalmoment:* $I_{yz} = A_{yz}$

$$I_{yz} = A_{yz} = \int y\, z\, dA \qquad (3.1.7 - 4)$$

Polares Flächenträgheitsmoment: $A_{rr} = I_p$ (Abb. 3.1.7 − 1)

$$A_{yy} + A_{zz} = A_{rr} = \int r^2\, dA = \int (y^2 + z^2)\, dA = I_z + I_y = I_p \qquad (3.1.7 - 5)$$

Diese Integrale heißen (Flächen−) Trägheitsmomente, da in der Kinetik bei Rotationsbewegungen ebenso aufgebaute (Massen−) Integrale die Trägheit einer Masse repräsentieren.

3.1.7.1.2 Schwerpunkt-Koordinatensystem (SP-KOS: $(\bar{x}, \bar{y}, \bar{z})$)

Verschiebt man das Allgemeine Koordinatensystem (x, y, z) parallel zu den Ausgangskoordinaten in den Flächenschwerpunkt des Querschnittes, so erhält man das Schwerpunktkoordinatensystem $(\bar{x}, \bar{y}, \bar{z})$.
Sein Ursprung läßt sich aus Gl. 3.1.7 − 2 bestimmen. Die Schwerpunktkoordinaten (y_0, z_0) einer Fläche (der Dicke 1) im Allgemeinen Koordinatensystem (AG-KOS) sind dann:

$$y_0 = \frac{A_y}{A} \qquad \text{und} \qquad z_0 = \frac{A_z}{A} \qquad (3.1.7 - 6)$$

Im SP-KOS verschwinden naturgemäß die statischen Momente

$$A_{\bar{z}} = \int \bar{z}\,dA = 0 = S_{\bar{y}}$$
$$A_{\bar{y}} = \int \bar{y}\,dA = 0 = S_{\bar{z}}$$

$$(3.1.7 - 7)$$

da sich die Summe der Teilflächen dA, multipliziert mit ihrem Abstand vom Schwerpunkt, aufheben bzw. die Hebelarme $y_0 = z_0 = 0$ sind. Die Koordinaten $\bar{x}, \bar{y}, \bar{z}$ werden auch als *normierte Koordinaten* bezeichnet. Die Begründung hierfür wird in Kap. 3.1.7.3.2 gegeben.

Für die Flächenträgheitsmomente gilt im SP-KOS:

$$A_{\bar{z}\bar{z}} = \int \bar{z}^2\,dA$$
$$A_{\bar{y}\bar{y}} = \int \bar{y}^2\,dA$$
$$A_{\bar{y}\bar{z}} = \int \bar{z}\,\bar{y}\,dA$$

$$(3.1.7 - 8)$$

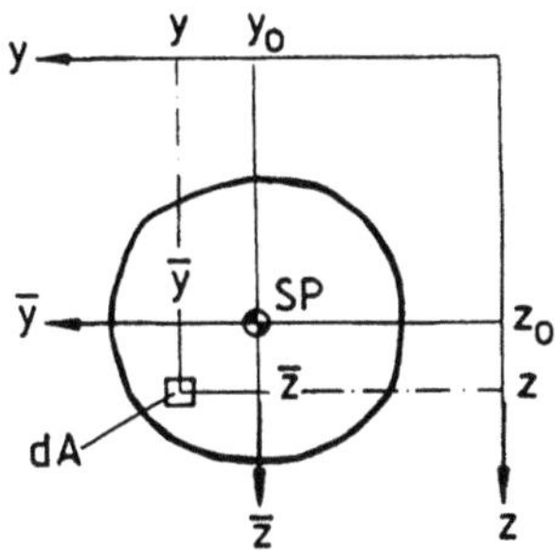

Abb. 3.1.7 − 2

Sind die Flächenträgheitsmomente im SP-KOS ($A_{\bar{y}\bar{y}}, A_{\bar{z}\bar{z}}, A_{\bar{y}\bar{z}}$) bekannt, so lassen sie sich bei bekannten SP-Koordinaten (y_0, z_0) in das Allgemeine KOS umrechnen. Setzt man entsprechend Abb. 3.1.7 − 2 die Koordinatentransformation

$$y = y_0 + \bar{y} \qquad\qquad z = z_0 + \bar{z}$$
$$y^2 = y_0^2 + 2y_0\bar{y} + \bar{y}^2 \qquad z^2 = z_0^2 + 2z_0\bar{z} + \bar{z}^2$$

$$(3.1.7 - 9)$$

in die Definition der Flächenträgheitsmomente ein, führt dies zu:

$$A_{yy} = \int y^2 dA \qquad\qquad A_z = \int z^2 dA$$

$$= y_0^2 \int dA + 2y_0 \int \bar{y} dA + \int \bar{y}^2 dA \qquad = z_0^2 \int dA + 2z_0 \int \bar{z} dA + \int \bar{z}^2 dA$$

$$= y_0^2 A + 2y_0 A_{\bar{y}} + A_{\bar{y}\bar{y}} \qquad\qquad = z_0^2 A + 2z_0 A_{\bar{z}} + A_{\bar{z}\bar{z}} \qquad (3.1.7-10)$$

Unter Berücksichtigung des Verschwindens der statischen Momente im SP-KOS ($A_{\bar{y}} = A_{\bar{z}} = 0$) und unter Beachtung von Gleichung $3.1.7-2$ vereinfacht sich die Umrechnung der Flächenträgheitsmomente zu den nach Steiner benannten Steinerschen Ausdrücken:

$$A_{yy} = A_{\bar{y}\bar{y}} + y_0^2 A \qquad\qquad A_{zz} = A_{\bar{z}\bar{z}} + z_0^2 A$$

$$= A_{\bar{y}\bar{y}} + \frac{A_y A_y}{A} \qquad\qquad = A_{\bar{z}\bar{z}} + \frac{A_z A_z}{A} \qquad (3.1.7-11)$$

Eine analoge Rechnung läßt sich für das Deviationsmoment durchführen:

$$y\,z = (y_0 + \bar{y})(z_0 + \bar{z}) = y_0 z_0 + \bar{z} y_0 + \bar{y} z_0 + \bar{y}\bar{z}$$

$$A_{yz} = \int yz\, dA$$

$$= y_0 z_0 \int dA + y_0 \underbrace{\int \bar{z} dA}_{A_s = 0} + z_0 \underbrace{\int \bar{y} dA}_{A_9 = 0} + \int \bar{y}\bar{z} dA \qquad (3.1.7-12)$$

$$= A_{\bar{y}\bar{z}} + y_0 z_0 A$$

$$= A_{\bar{y}\bar{z}} + \frac{A_y A_z}{A} \qquad (3.1.7-13)$$

Zusammenfassung: Flächenschwerpunkt, Satz von Steiner-Huygens:

$$
\boxed{
\begin{array}{ll}
A_{\bar{y}} = \int \bar{y} dA = 0 & \qquad y_0 = \dfrac{A_z}{A} \\[2ex]
A_{\bar{z}} = \int \bar{z} dA = 0 & \qquad z_0 = \dfrac{A_y}{A} \\[3ex]
\hline \\[-1ex]
A_{\bar{y}\bar{y}} = \int \bar{y}^2 dA = A_{yy} - y_0^2 A = A_{yy} - \dfrac{A_y A_y}{A} \\[2ex]
A_{\bar{z}\bar{z}} = \int \bar{z}^2 dA = A_{zz} - z_0^2 A = A_{zz} - \dfrac{A_z A_z}{A} \\[2ex]
A_{\bar{y}\bar{z}} = \int \bar{y}\bar{z} dA = A_{yz} - y_0 z_0 A = A_{yz} - \dfrac{A_y A_z}{A}
\end{array}
}
\qquad (3.1.7-14)
$$

Anmerkung: (*Steinerscher Satz*)

   Das Flächenträgheitsmoment einer Fläche für eine beliebige Achse (x, y, z) ist gleich dem Trägheitsmoment für die dazu parallele Schwerpunktsachse $(\bar{x}, \bar{y}, \bar{z})$ plus dem Produkt aus der Gesamtfläche und dem Quadrat des Abstandes von der beliebigen Achse. Beim Deviationsmoment ist das Produkt der Abstände zu beiden Achsen (y und z) zu nehmen.

Beispiel:

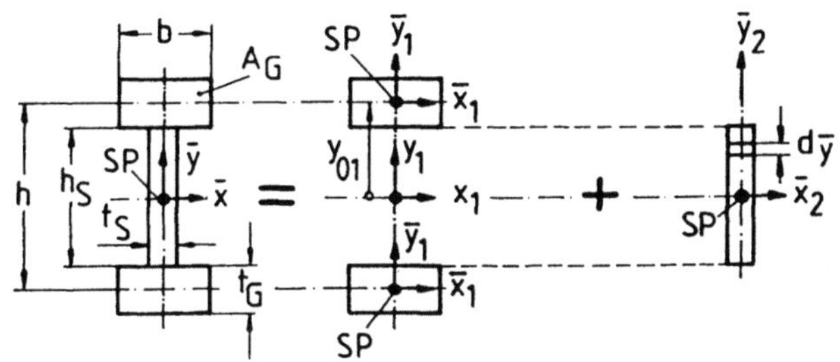

Abb. 3.1.7 − 3

$$A_{\bar{y}\bar{y}} = 2\left[\underbrace{\left(\frac{h}{2}\right)^2 A_G} + \underbrace{2 \cdot \frac{1}{3}\left(\frac{t_G}{2}\right)^3 b}\right] + 2\left[\underbrace{\frac{1}{3}\left(\frac{h_S}{2}\right)^3 t_S}\right]$$

$$2\left(\overbrace{\underbrace{y_{01}^2 A}_{\downarrow} + \underbrace{A_{\bar{y}_1\bar{y}_1}}_{\downarrow}}^{A_{y_1 y_1}}\right) \qquad A_{\bar{y}_2\bar{y}_2} = 2\int\limits_{0}^{h_S/2} \bar{y}_2^2 \underbrace{t_S d\bar{y}}_{dA}$$

Steiner- + Eigen-
Anteil

3.1.7.1.3 Hauptachsen–Koordinatensystem (HA-KOS: $(\hat{x}, \hat{y}, \hat{z})$) bei Biegung ohne Wölbbeanspruchung

Durch Drehen des SP-KOS um die $x-$Achse (Abb. 3.1.7−4) läßt sich ein Winkel φ finden, für den das Deviationsmoment im gedrehten System (Superskript $\sim$) zu Null wird: $A_{\tilde{y}\tilde{z}} = 0$.

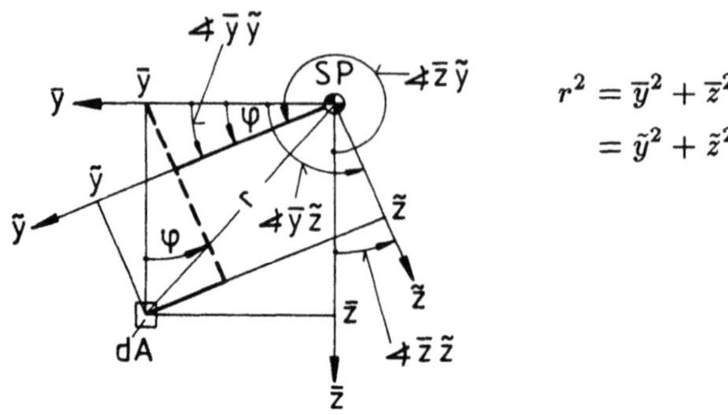

Abb. 3.1.7 − 4

Aus Kap. 2.5.2 Gl. 2.5.2 − 1ff oder aus Abb. 3.1.7 − 4 kann für die Transformation entnommen werden:

$$\tilde{y} = \quad \bar{y}\cos\varphi + \bar{z}\sin\varphi$$
$$\tilde{z} = -\bar{y}\sin\varphi + \bar{z}\cos\varphi$$

$$(3.1.7 - 15)$$

$$\begin{bmatrix} \tilde{y} \\ \tilde{z} \end{bmatrix} = \begin{bmatrix} \cos(\bar{y}\tilde{y}) & \cos(\bar{z}\tilde{y}) \\ \cos(\bar{y}\tilde{z}) & \cos(\bar{z}\tilde{z}) \end{bmatrix} \begin{bmatrix} \bar{y} \\ \bar{z} \end{bmatrix} \quad \rightarrow \quad \begin{bmatrix} \tilde{y} \\ \tilde{z} \end{bmatrix} = \begin{bmatrix} \cos\varphi & \sin\varphi \\ -\sin\varphi & \cos\varphi \end{bmatrix} \begin{bmatrix} \bar{y} \\ \bar{z} \end{bmatrix}$$

Setzt man Gl. 3.1.7 − 15 in die Ausdrücke für die Flächenträgheitsmomente des gedrehten SP-KOS ein

$$A_{\tilde{z}\tilde{z}} = \int \tilde{z}^2 dA = \int (\bar{z}\cos\varphi - \bar{y}\sin\varphi)^2 dA$$

$$A_{\tilde{y}\tilde{y}} = \int \tilde{y}^2 dA = \int (\bar{y}\cos\varphi + \bar{z}\sin\varphi)^2 dA$$

$$(3.1.7 - 16)$$

$$A_{\tilde{y}\tilde{z}} = \int \tilde{y}\tilde{z} dA = \int (\bar{y}\cos\varphi + \bar{z}\sin\varphi)(\bar{z}\cos\varphi - \bar{y}\sin\varphi) dA$$

so führt dies in Matrixschreibweise zu:

$$\begin{bmatrix} A_{\tilde{y}\tilde{y}} \\ A_{\tilde{z}\tilde{z}} \\ A_{\tilde{y}\tilde{z}} \end{bmatrix} = \begin{bmatrix} \cos^2\varphi & \sin^2\varphi & 2\sin\varphi\cos\varphi \\ \sin^2\varphi & \cos^2\varphi & -2\sin\varphi\cos\varphi \\ -\sin\varphi\cos\varphi & \sin\varphi\cos\varphi & (\cos^2\varphi - \sin^2\varphi) \end{bmatrix} \begin{bmatrix} A_{\bar{y}\bar{y}} \\ A_{\bar{z}\bar{z}} \\ A_{\bar{y}\bar{z}} \end{bmatrix} \quad (3.1.7 - 17)$$

$$\boxed{\quad \underline{\tilde{A}} \quad = \quad\quad\quad\quad \underline{\underline{T}}_A \quad\quad\quad\quad \cdot \quad \underline{\bar{A}} \quad}$$

$\underline{\underline{T}}_A$ ist aber die Transformationsmatrix eines Tensors $\underline{\underline{T}}_T$ in der Ebene wie man Gl. 2.5.4 − 14a und Gl. 2.5.3 − 4 entnehmen kann. Unter Anwendung der Beziehungen:

$$\sin^2 \varphi = \frac{1}{2}(1 - \cos 2\varphi)$$
$$\cos^2 \varphi = \frac{1}{2}(1 + \cos 2\varphi) \qquad \sin 2\varphi = \frac{\tan 2\varphi}{\sqrt{1 + \tan^2 2\varphi}}$$
$$\sin \varphi \cos \varphi = \frac{1}{2} \sin 2\varphi \qquad \cos 2\varphi = \frac{1}{\sqrt{1 + \tan^2 2\varphi}}$$
$$\cos^2 \varphi - \sin^2 \varphi = \cos 2\varphi \tag{3.1.7 − 18}$$

erhält man:

$$\begin{bmatrix} A_{\hat{y}\hat{y}} \\ A_{\hat{z}\hat{z}} \\ A_{\hat{y}\hat{z}} \end{bmatrix} = \frac{1}{2} \begin{bmatrix} 1 + \cos 2\varphi & 1 - \cos 2\varphi & 2\sin 2\varphi \\ 1 - \cos 2\varphi & 1 + \cos 2\varphi & -2\sin 2\varphi \\ -\sin 2\varphi & \sin 2\varphi & 2\cos 2\varphi \end{bmatrix} \begin{bmatrix} A_{\bar{y}\bar{y}} \\ A_{\bar{z}\bar{z}} \\ A_{\bar{y}\bar{z}} \end{bmatrix} \tag{3.1.7 − 19}$$

Durch Ausmultiplizieren und Umordnen wird:

$$\begin{bmatrix} A_{\hat{y}\hat{y}} \\ A_{\hat{z}\hat{z}} \\ A_{\hat{y}\hat{z}} \end{bmatrix} = \begin{bmatrix} 1 & \cos 2\varphi & \sin 2\varphi \\ 1 & -\cos 2\varphi & -\sin 2\varphi \\ 0 & -\sin 2\varphi & \cos 2\varphi \end{bmatrix} \begin{bmatrix} \frac{1}{2}(A_{\bar{y}\bar{y}} + A_{\bar{z}\bar{z}}) \\ \frac{1}{2}(A_{\bar{y}\bar{y}} - A_{\bar{z}\bar{z}}) \\ A_{\bar{y}\bar{z}} \end{bmatrix} \tag{3.1.7 − 20}$$

analog wird aus $\overline{A} = \underline{\underline{T}}_A^{-1} \tilde{A}$:

$$\begin{bmatrix} A_{\bar{y}\bar{y}} \\ A_{\bar{z}\bar{z}} \\ A_{\bar{y}\bar{z}} \end{bmatrix} = \begin{bmatrix} 1 & \cos 2\varphi & -\sin 2\varphi \\ 1 & -\cos 2\varphi & \sin 2\varphi \\ 0 & \sin 2\varphi & \cos 2\varphi \end{bmatrix} \begin{bmatrix} \frac{1}{2}(A_{\hat{y}\hat{y}} + A_{\hat{z}\hat{z}}) \\ \frac{1}{2}(A_{\hat{y}\hat{y}} - A_{\hat{z}\hat{z}}) \\ A_{\hat{y}\hat{z}} \end{bmatrix} \tag{3.1.7 − 21}$$

Addiert bzw. subtrahiert die ersten beiden Gleichungen von Gl. 3.1.7 − 20, so erhält man:

$$\begin{bmatrix} \frac{1}{2}(A_{\hat{y}\hat{y}} + A_{\hat{z}\hat{z}}) \\ \frac{1}{2}(A_{\hat{y}\hat{y}} - A_{\hat{z}\hat{z}}) \\ A_{\hat{y}\hat{z}} \end{bmatrix} = \begin{bmatrix} 1 & 0 & 0 \\ 0 & \cos 2\varphi & \sin 2\varphi \\ 0 & -\sin 2\varphi & \cos 2\varphi \end{bmatrix} \begin{bmatrix} \frac{1}{2}(A_{\bar{y}\bar{y}} + A_{\bar{z}\bar{z}}) \\ \frac{1}{2}(A_{\bar{y}\bar{y}} - A_{\bar{z}\bar{z}}) \\ A_{\bar{y}\bar{z}} \end{bmatrix} \tag{3.1.7 − 22}$$

Ein ausgezeichnetes KOS, nämlich das HA-KOS $(\hat{x}, \hat{y}, \hat{z})$, liegt dann vor, wenn das Deviationsmoment $A_{\hat{y}\hat{z}} = 0$ ist, was, wie bereits erwähnt, durch Drehen des beliebigen SP-KOS $(\bar{x}, \bar{y}, \bar{z})$ um die $\bar{x}$−Achse erreicht werden kann.

Aus der 3. Gleichung von Gl. $3.1.7-20$ oder $3.1.7-22$ kann damit der Winkel $\hat{\varphi}$ bestimmt werden, um den das SP-KOS gedreht werden muß, um zum HA-KOS zu werden:

$$A_{\bar{y}\bar{z}} = 0 \quad \rightarrow$$

$$\tan 2\hat{\varphi} = \frac{2A_{\bar{y}\bar{z}}}{A_{\bar{y}\bar{y}} - A_{\bar{z}\bar{z}}} \tag{3.1.7 - 23}$$

Mit Gl. $3.1.7-18$ wird:

$$\cos 2\hat{\varphi} = \frac{A_{\bar{y}\bar{y}} - A_{\bar{z}\bar{z}}}{\sqrt{(A_{\bar{y}\bar{y}} - A_{\bar{z}\bar{z}})^2 + 4A_{\bar{y}\bar{z}}^2}} \tag{3.1.7 - 24}$$

$$\sin 2\hat{\varphi} = \frac{2A_{\bar{y}\bar{z}}}{\sqrt{(A_{\bar{y}\bar{y}} - A_{\bar{z}\bar{z}})^2 + 4A_{\bar{y}\bar{z}}^2}} \tag{3.1.7 - 25}$$

Durch Einsetzen dieser Winkelbeziehungen in die Ausdrücke $3.1.7-20$ erhält man:

$$\left.\begin{array}{l} A_{\hat{y}\hat{y}} \\ \\ A_{\hat{z}\hat{z}} \end{array}\right\} = \frac{1}{2}(A_{\bar{y}\bar{y}} + A_{\bar{z}\bar{z}}) \pm \frac{1}{2}\sqrt{(A_{\bar{y}\bar{y}} - A_{\bar{z}\bar{z}})^2 + 4A_{\bar{y}\bar{z}}^2} \quad \left\{\begin{array}{l} \text{max. Trägheitsmoment} \\ \\ \text{min. Trägheitsmoment} \end{array}\right.$$

$$A_{\hat{y}\hat{z}} \quad = 0$$

$$\tag{3.1.7 - 26}$$

Wie man sieht, gilt das positive Vorzeichen für die maximale bzw. große Haupt-(Trägheits)-Achse (hier $\hat{z}$–Achse) und das negative Vorzeichen für die minimale bzw. kleine (hier $\hat{y}$–Achse).

Ist das HA-KOS und damit $A_{\hat{z}\hat{z}}$ und $A_{\hat{y}\hat{y}}$ bekannt und benötigt man die Flächenintegrale im um den Winkel φ gedrehten SP–KOS, so können aus der invertierten Matrizengleichung $3.1.7-19$ bzw. aus Gl. $3.1.7-21$ mit $A_{\bar{y}\bar{z}} = 0$ die zugehörigen Flächenintegrale bestimmt werden:

$$\left.\begin{array}{l} A_{\bar{y}\bar{y}} \\ \\ A_{\bar{z}\bar{z}} \end{array}\right\} = \frac{1}{2}(A_{\hat{y}\hat{y}} + A_{\hat{z}\hat{z}}) \pm \frac{1}{2}(A_{\hat{y}\hat{y}} - A_{\hat{z}\hat{z}})\cos 2\varphi$$

$$A_{\bar{y}\bar{z}} \quad = \frac{1}{2}(A_{\hat{y}\hat{y}} - A_{\hat{z}\hat{z}})\sin 2\varphi \tag{3.1.7 - 27}$$

Beispiel:

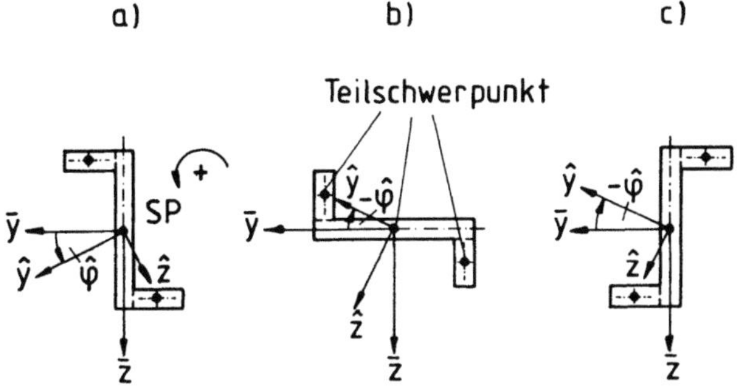

Abb. 3.1.7 − 5

Durch Abschätzen der Lage der Teilschwerpunkte der Flächenträgheitsmomente und mit
Gl. 3.1.7 − 23 ermittelt man für:

a)
$$\left.\begin{array}{l} A_{\bar{y}\bar{z}} < 0 \\ A_{\bar{z}\bar{z}} > A_{\bar{y}\bar{y}} \end{array}\right\} \hat{\varphi} > 0$$

b)
$$\left.\begin{array}{l} A_{\bar{y}\bar{z}} < 0 \\ A_{\bar{y}\bar{y}} > A_{\bar{z}\bar{z}} \end{array}\right\} \hat{\varphi} < 0$$

c)
$$\left.\begin{array}{l} A_{\bar{y}\bar{z}} > 0 \\ A_{\bar{y}\bar{y}} < A_{\bar{z}\bar{z}} \end{array}\right\} \hat{\varphi} < 0$$

Die vorliegenden Profile sind punktsymmetrisch.

Anmerkungen:

1) Die Gl. 3.1.7−26 ermöglicht auf einfache Weise die für ein beliebiges SP-KOS ermittelten Trägheitsmomente in solche des HA-KOS zu transformieren. Gl. 3.1.7 − 27 ermöglicht die Rücktransformation. Diese Transformationen sind bei Anwendung der EBT Kap. 3.3 wichtig, da sie dort zur Entkoppelung der Biegegleichungen benötigt werden.

2) Eine graphische Ermittlung der Flächenträgheitsmomente analog zum Mohrschen Spannungskreis ist mit Hilfe der Gleichungen 3.1.7−27 möglich, da die Transformation von Spannungen den gleichen Gesetzmäßigkeiten unterliegt (vgl. Gl. 3.1.7 − 17). Für $\underline{\sigma}$ in der xy−Ebene ist äquivalent:

$$\left.\begin{array}{lll} A_{yy} \;\hat{=}\; \sigma_{xx} & A_{\bar{y}\bar{y}} \;\hat{=}\; \sigma_{\bar{x}\bar{x}} & A_{\hat{y}\hat{y}} \;\hat{=}\; \sigma_{11} \\ A_{zz} \;\hat{=}\; \sigma_{yy} & A_{\bar{z}\bar{z}} \;\hat{=}\; \sigma_{\bar{y}\bar{y}} & A_{\hat{z}\hat{z}} \;\hat{=}\; \sigma_{22} \\ A_{yz} \;\hat{=}\; \tau_{xy} & A_{\bar{y}\bar{z}} \;\hat{=}\; \tau_{\bar{x}\bar{y}} & A_{\hat{y}\hat{z}} \;\hat{=}\; \tau_{12} = 0 \end{array}\right\} \begin{array}{l}\text{Haupt-} \\ \text{Spannungen}\end{array} \qquad (3.1.7 − 28)$$

3) Die Trägheitsmomente A_{yy} und A_{zz} sind immer positiv. Die Spannungen σ_{xx} und σ_{yy} können auch negativ sein (Druck).

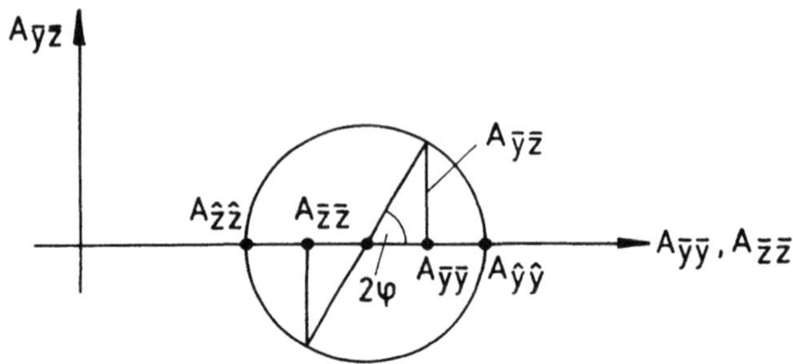

Abb. 3.1.7 − 6

Weitere Betrachtungen

Im folgenden werden die in Kap. 2.5.4.2 gemachten Ausführungen teilweise wiederholt und teilweise ergänzt. Bei Koordinatentransformationen ist es hilfreich zu wissen, ob und welche Größen invariant sind, d.h. sich bei einer Koordinatentransformation nicht ändern, sondern ihren Wert beibehalten (Eine Invariante ist eine konstante, vom KOS unabhängige Größe).

Betrachten wir Gl. 3.1.7 − 22, so folgt aus der 1. Gl.:

$$A_{\tilde y\tilde y} + A_{\tilde z\tilde z} = A_{\bar y\bar y} + A_{\bar z\bar z} = A_{\hat y\hat y} + A_{\hat z\hat z} = \text{const} \qquad (3.1.7-29a)$$

Die Summe der Flächenträgheitsmomente um die $z-$ bzw. $y-$Achse ist eine Konstante, die unabhängig vom Drehwinkel φ des KOS ist.
Dieses Ergebnis folgt auch aus der Betrachtung des vom Drehwinkel unabhängigen polaren Flächenträgheitmomentes Gl. 3.1.7 − 5 und den Abb. 3.1.7 − 4 und 3.1.7 − 6:

$$A_{rr} = A_{\bar y\bar y} + A_{\bar z\bar z} \quad \text{bzw.} \quad I_P = I_{\bar z} + I_{\bar y} \qquad (3.1.7-29b)$$

Aus Gl. 2 und 3 der Gl. 3.1.7 − 22 folgt außerdem, daß man die Größen $A_{\tilde y\tilde y}$ und $A_{\tilde z\tilde z}$ bzw. $A_{\bar y\bar y}$ und $A_{\bar z\bar z}$ berechnen kann, da sie einmal als Summe und einmal als Differenz auftreten.

Mit der Hilfsgröße

$$B_{yz} = \frac{1}{2}(A_{yy} - A_{zz}) \qquad (3.1.7-30)$$

wird Gl. 3.1.7 − 22 zu:

$$\begin{bmatrix} B_{\tilde y\tilde z} \\ A_{\tilde y\tilde z} \end{bmatrix} = \begin{bmatrix} \cos 2\varphi & \sin 2\varphi \\ -\sin 2\varphi & \cos 2\varphi \end{bmatrix} \begin{bmatrix} B_{\bar y\bar z} \\ A_{\bar y\bar z} \end{bmatrix} = \begin{bmatrix} B_{\bar y\bar z} & A_{\bar y\bar z} \\ A_{\bar y\bar z} & -B_{\bar y\bar z} \end{bmatrix} \begin{bmatrix} \cos 2\varphi \\ \sin 2\varphi \end{bmatrix} \qquad (3.1.7-31)$$

Vergleicht man nunmehr diese Gleichung mit Gl. 3.1.7 − 15 für die Koordinaten-transformation, so erkennt man, daß sie der gleichen Transformationsvorschrift gehorcht; lediglich der Betrag des Drehwinkels ist ein anderer.

Behauptung: (Siehe dazu Kap. 2.5.2 ff)
Man kann somit einen Größenkomplex anschreiben, der den *Transformationsregeln eines Tensors* entspricht und damit selbst ein Tensor ist (siehe Gl. 3.1.7−17).

$$\begin{bmatrix} A_{\bar{y}\bar{y}} & A_{\bar{y}\bar{z}} \\ A_{\bar{z}\bar{y}} & A_{\bar{z}\bar{z}} \end{bmatrix} \quad \text{mit} \quad A_{\bar{y}\bar{z}} = A_{\bar{z}\bar{y}}$$

ist äquivalent
$$\begin{bmatrix} \sigma_{xx} & \tau_{xy} \\ \tau_{xy} & \sigma_{yy} \end{bmatrix} \quad \text{mit} \quad \tau_{xy} = \tau_{yx}$$

Ein Tensor in der Fläche hat zwei Invarianten.

Die *erste Invariante* bildet die Summe der Glieder der Hauptdiagonalen (siehe 1. Gl. von 3.1.7 − 22 bzw. 3.1.7 − 29):

$$\boxed{A_{\bar{y}\bar{y}} + A_{\bar{z}\bar{z}} = A_{\tilde{y}\tilde{y}} + A_{\tilde{z}\tilde{z}} = A_{\hat{y}\hat{y}} + A_{\hat{z}\hat{z}} = A_{rr} = const}$$
$$(3.1.7 - 32)$$

Die *zweite Invariante* ist die Determinante des Tensors:

$$\boxed{A_{\bar{y}\bar{y}}A_{\bar{z}\bar{z}} - A_{\bar{y}\bar{z}}^2 = A_{\tilde{y}\tilde{y}}A_{\tilde{z}\tilde{z}} - A_{\tilde{y}\tilde{z}}^2 = A_{\hat{y}\hat{y}}A_{\hat{z}\hat{z}} = const}$$
$$(3.1.7 - 33)$$

Beweis durch Einsetzen:

Gl. 3.1.7 − 32
$$\frac{1}{2}(A_{\tilde{y}\tilde{y}} + A_{\tilde{z}\tilde{z}}) = \frac{1}{2}A_{rr} = const$$

Gl. 3.1.7 − 30
$$\frac{1}{2}(A_{\tilde{y}\tilde{y}} - A_{\tilde{z}\tilde{z}}) = B_{\tilde{y}\tilde{z}} \qquad \text{Hilfsgröße}$$

$$A_{\tilde{y}\tilde{y}} = \frac{1}{2}A_{rr} + B_{\tilde{y}\tilde{z}} \quad ; \quad A_{\tilde{z}\tilde{z}} = \frac{1}{2}A_{rr} - B_{\tilde{y}\tilde{z}}$$

Einsetzen in (3.1.7 − 33):
$$A_{\tilde{y}\tilde{y}}A_{\tilde{z}\tilde{z}} - A_{\tilde{y}\tilde{z}}^2 = \frac{1}{4}A_{rr}^2 - \left(B_{\tilde{y}\tilde{z}}^2 + A_{\tilde{y}\tilde{z}}^2\right)$$

Mit Gleichung 3.1.7 − 31:
$$= \frac{1}{4}A_{rr}^2 - \left(B_{\bar{y}\bar{z}}^2 + A_{\bar{y}\bar{z}}^2\right)$$

und mit den Gl. 3.1.7 − 30
und 3.1.7 − 32 wird:
$$= A_{\bar{y}\bar{y}} \cdot A_{\bar{z}\bar{z}} - A_{\bar{y}\bar{z}}^2$$

Anmerkungen:

1) Jeder Tensor besitzt Hauptachsen (vgl. Spannungstensor $\rightarrow$ Hauptspannungen). Der Winkel, unter dem diese verlaufen, folgt aus Gl. 3.1.7 − 22 Gleichung 3 für $A_{\bar{y}\bar{z}} = 0$.

Siehe Gl. 3.1.7 − 23
$$\tan\hat{\varphi} = \frac{A_{\bar{y}\bar{z}}}{B_{\bar{y}\bar{z}}} = \frac{2A_{\bar{y}\bar{z}}}{A_{\bar{y}\bar{y}} - A_{\bar{z}\bar{z}}}$$

2) Ebenso wie ein Spannungstensor im Zweidimensionalen einer Ellipse zugeordnet werden kann, ist dies für den Flächenträgheitstensor möglich. (Siehe dazu Literatur)

3) Wie in Kap. 3.3.3.1.2 gezeigt wird, ist bei *Schiefer Biegung* der Flächenträgheitstensor zuständig für die Zuordnung der Schnittkräfte (Momente) zu den Verformungsgrößen (Krümmungen).

3.1.7.1.4 Hierarchie der Flächenintegrale der yz−Koordinaten ohne Wölbanteil

Wird zur Bezeichnung der Flächenintegrale die Nomenklatur

$$A_n = \int n\,dA \qquad \text{bzw.} \qquad A_{nm} = \int nm\,dA \qquad\qquad (3.1.7 - 34)$$

eingeführt, so lassen sich diese Integrale hierarchisch anschaulich darstellen (vgl. Pascalsches Dreieck).

Allgemeine Lage des Koordinatensystems:

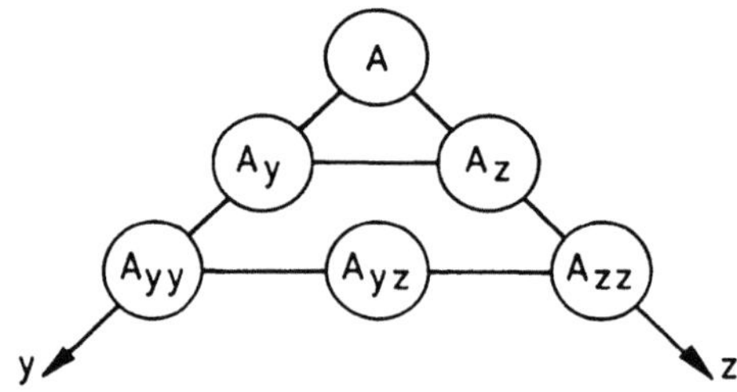

SP-KOS:

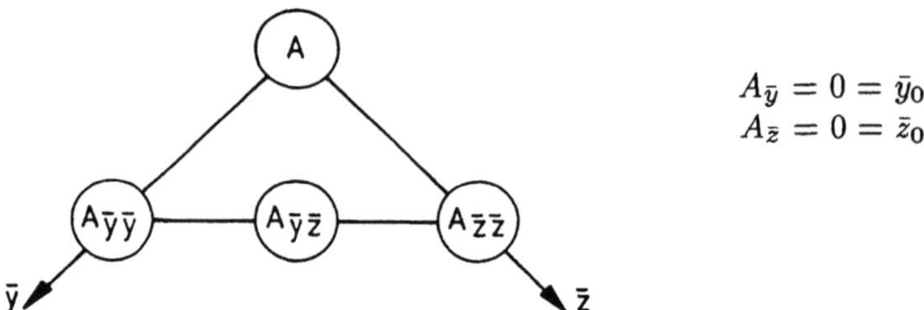

$$A_{\bar{y}} = 0 = \bar{y}_0$$
$$A_{\bar{z}} = 0 = \bar{z}_0$$

HA-KOS:

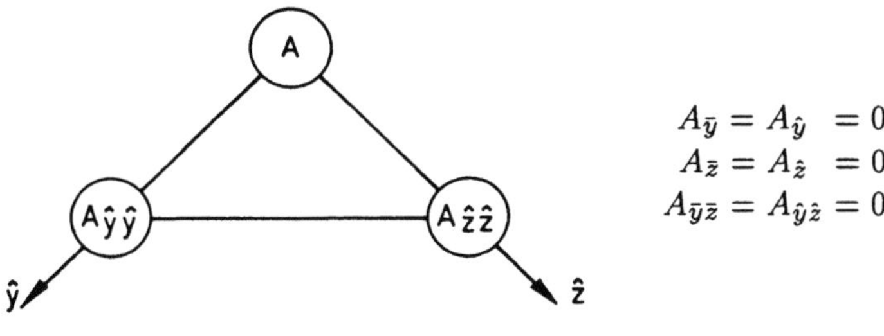

$$A_{\bar{y}} = A_{\hat{y}} = 0$$
$$A_{\bar{z}} = A_{\hat{z}} = 0$$
$$A_{\bar{y}\bar{z}} = A_{\hat{y}\hat{z}} = 0$$

Abb. 3.1.7 − 7

Anmerkung: Wie in Kap. 3.3 gezeigt wird, führt das Arbeiten im HA-KOS zur Entkoppelung der Gleichungen für die Schnittkräfte der schiefen Biegung. Man spricht dann auch von einer *Orthogonalisierung* des Gleichungssystems.

3.1.7.2 Hierarchie und Systematik der Flächenintegrale

Wie bereits mehrfach erwähnt, kann die Größe ω als Koordinate mit der Dimension Länge zum Quadrat aufgefaßt werden.
Die Flächenintegrale der $\omega-$Koordinate sind mit denen der $y-$ und $z-$Koordinate jeweils genauso verknüpft wie die der $y-$ mit denen der $z-$Koordinate. Man erhält somit Abb. 3.1.7 − 8:

Allgemeine Koordinaten:

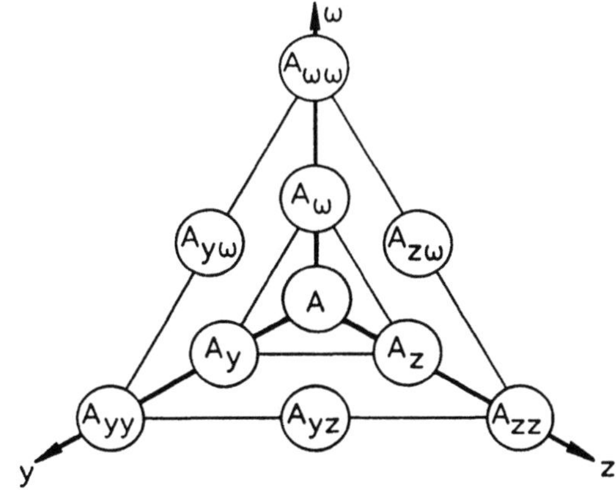

Normierte (Einheits-) Koordinaten:

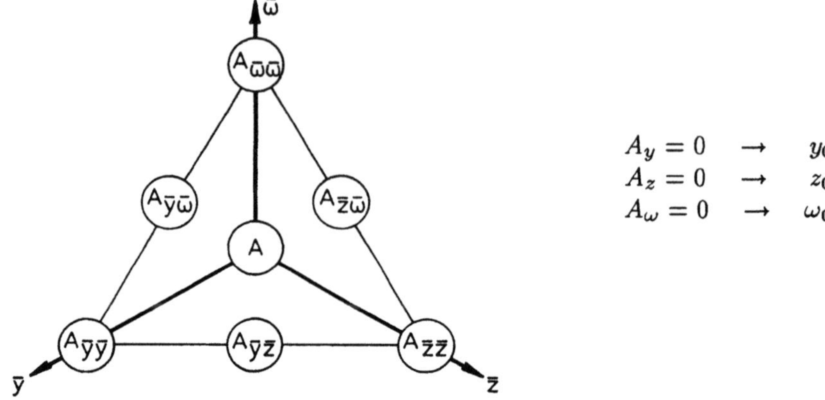

$$A_y = 0 \quad \rightarrow \quad y_0$$
$$A_z = 0 \quad \rightarrow \quad z_0$$
$$A_\omega = 0 \quad \rightarrow \quad \omega_0$$

Hauptkoordinaten:

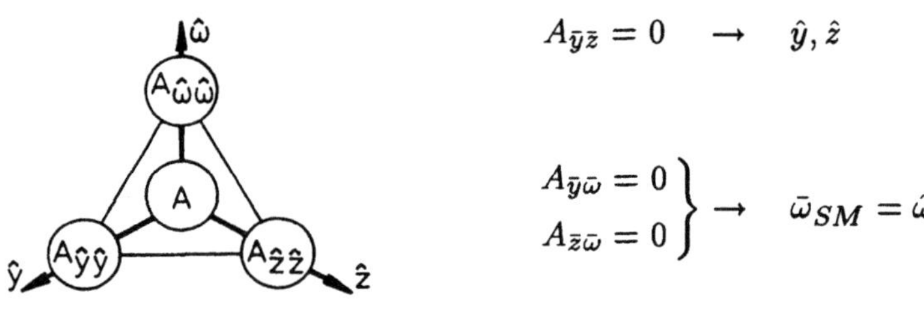

$$A_{\bar{y}\bar{z}} = 0 \quad \rightarrow \quad \hat{y}, \hat{z}$$

$$\left. \begin{array}{l} A_{\bar{y}\bar{\omega}} = 0 \\ A_{\bar{z}\bar{\omega}} = 0 \end{array} \right\} \quad \rightarrow \quad \bar{\omega}_{SM} = \hat{\omega}$$

Abb. 3.1.7 − 8

Anmerkungen:

1) Wie in Kap. 3.3.3 und 3.4.5 gezeigt wird, führt das Arbeiten mit Hauptkoordinaten zur Entkoppelung der Gleichungen für die Schnittkräfte der
   schiefen Biegung und der Wölbkraft-Torsion.

2) Es gibt zwei Hauptachsensysteme: a) das mit dem Ursprung im *Schwer-*
   punkt liegende und in die Hauptrichtungen gedrehte, vorstehend abgehan-
   delte HA–KOS und b) der im *Schubmittelpunkt* und damit in der Drehachse
   liegende (*Haupt−*) *Drehpol.*

Die Flächenintegrale der yz−Ebene können damit eingeteilt werden in Integrale:

0. Ordnung:

$$A = \int_A dA \qquad [L^2] \qquad \text{(Querschnitt−)Fläche}$$

1. Ordnung:

$$S_z = A_y = \int_A y\,dA \qquad [\mathrm{L}^3] \qquad \text{(statisches) Flächenmoment um die } z-\text{Achse}$$

$$S_y = A_z = \int_A z\,dA \qquad [\mathrm{L}^3] \qquad \text{(statisches) Flächenmoment um die } y-\text{Achse}$$

$$S_\omega = A_\omega = \int_A \omega\,dA \qquad [\mathrm{L}^4] \qquad \text{Wölbfläche}$$

2. Ordnung:

$$I = A_B \qquad\qquad \text{(Flächen-) Momente bei Biegung (ebene Querschnitte)}$$

$$I_z = A_{yy} = \int_A y^2\,dA \qquad [\mathrm{L}^4] \qquad \text{(Flächen-) Trägheitsmoment um die } z-\text{Achse}$$

$$I_y = A_{zz} = \int_A z^2\,dA \qquad [\mathrm{L}^4] \qquad \text{(Flächen-) Trägheitsmoment um die } y-\text{Achse}$$

$$I_{yz} = A_{yz} = \int_A yz\,dA \qquad [\mathrm{L}^4] \qquad \text{Zentrifugalmoment}$$

$$R = A_W \qquad\qquad \text{(Flächen)momente bei Verwölbung}$$

$$R_z = A_{y\omega} = \int_A y\omega\,dA \qquad [\mathrm{L}^5] \qquad \text{Wölb(flächen)moment um die } z-\text{Achse}$$

$$R_y = A_{z\omega} = \int_A z\omega\,dA \qquad [\mathrm{L}^5] \qquad \text{Wölb(flächen)moment um die } y-\text{Achse}$$

$$I_\omega = A_{\omega\omega} = \int_A \omega^2\,dA \qquad [\mathrm{L}^6] \qquad \text{Wölbwiderstand}$$

Weiterhin treten bei zwangsfreier (St. Venantscher) Torsion um die $x-$Richtung noch folgende Flächenintegrale *2. Ordnung* — **Torsions-Trägheitsmomente** genannt — auf.

Hohlquerschnitte: (Gl. 3.2.3 − 46)

$$I_T = A_T = \frac{2A_0 \oint r_t\,ds}{\oint \frac{ds}{t(s)}} \quad [\mathrm{L}^4] \qquad \text{St. Venantscher Drillwiderstand (in}$$

$$\qquad\qquad\qquad\qquad\qquad\qquad\qquad \text{der Literatur auch Drillkonstante}$$

$$= \frac{4A_0^2}{\oint \frac{ds}{t(s)}} \quad [\mathrm{L}^4] \qquad \text{oder 2. Bredtsche Formel genannt)}$$

$$A_0: \text{umschriebene Fläche}$$

Vollquerschnitte: (Gl. 2.4.2 − 31 mit 2.4.2 − 7)

$$I_T = A_T = \frac{2}{G\vartheta} \int_A \Phi\,dA\,[\mathrm{L}^4] \qquad \text{mit } \Delta\Phi(x,z) = \frac{\partial^2\Phi}{\partial y^2} + \frac{\partial^2\Phi}{\partial z^2} = -2G\vartheta$$

$$\Phi(y,z): \quad \text{Prandtlsche Spannungsfunktion}$$

dünnwandige Vollquerschnitte: (Gl. 3.2.5 − 29)

$$I_T = A_T = \frac{1}{3}\sum_{i=1}^{n} b_i t_i^3 \qquad [\mathrm{L}^4] \qquad \text{(Kap. 3.2.5)}$$

Sonderfall: *Kreisquerschnitt*: (Gl. 3.2.1 − 7)

$$I_{T_0} = A_{rr} = A_T = \int r^2 dA \qquad [\text{L}^4] \qquad \text{Polares (Flächen-) Trägheitsmoment}$$
$$= A_{yy} + A_{zz}$$

3.1.7.3 Flächenintegrale mit Wölbanteil

Wir haben festgestellt, daß Flächenintegrale

- rein geometrische Beziehungen sind und daß

- sie zu einem genau definierten Bezugssystem gehören.

Weiterhin wurde bereits der Begriff der Wölbkoordinate ω definiert. Die mit dieser Koordinate zusammenhängenden Flächenintegrale und ihre Hierarchie müssen nun allerdings noch genauer betrachtet werden. Ehe damit begonnen wird, soll zunächst jedoch das Verständnis für die Wölbkoordinate vertieft werden.

3.1.7.3.1 Ermittlung der Verwölbung

Beschränkt man sich auf den bilinearen Wölbanteil (Index: W), so resultiert, wie man aus Abb. 3.1.6 − 1 ersehen kann, der zur Verwölbung beitragende Dehnungsanteil ε_{xW} aus

$$\varepsilon_{xW} = eyz$$
$$= e\omega \qquad\qquad (3.1.7 - 35)$$

wobei e eine vom gewählten KOS abhängige Konstante ist, so daß gilt: ε_{xW} proportional ω.

Die Wölbkoordinate ω (siehe dazu auch Kap. 3.1.4.2 Gl. 3.1.4 − 16 und Gl. 3.1.4 − 18) ist abhängig vom gewählten Anfangspunkt und dem gewähltem Pol, wenn man die Grundverwölbung ermittelt:

$$\omega(s) = \int\limits_{s_A = 0}^{s} r_t ds \qquad \text{für} \qquad \begin{array}{l} s_A = 0 \\[1mm] \omega_A = 0 \end{array} \qquad\qquad (3.1.7 - 36)$$

Da beim Durchlaufen der s−Koordinate in positiver Koordinatenrichtung ein Drehsinn bezüglich des gewählten Poles entsteht, muß das Vorzeichen definiert werden. Es wird entsprechend den Momenten eine Drehung im Gegenuhrzeigersinn als positiv angesehen. Damit gilt die folgende Definition:

Def.: $r_t(s)ds \geq 0$, wenn der Fahrstrahl (Verbindungslinie gewählter Pol — gewählter Anfangspunkt A) bei Fortschreiten in s−Richtung positiv, d.h. im Gegenuhrzeigersinn dreht.

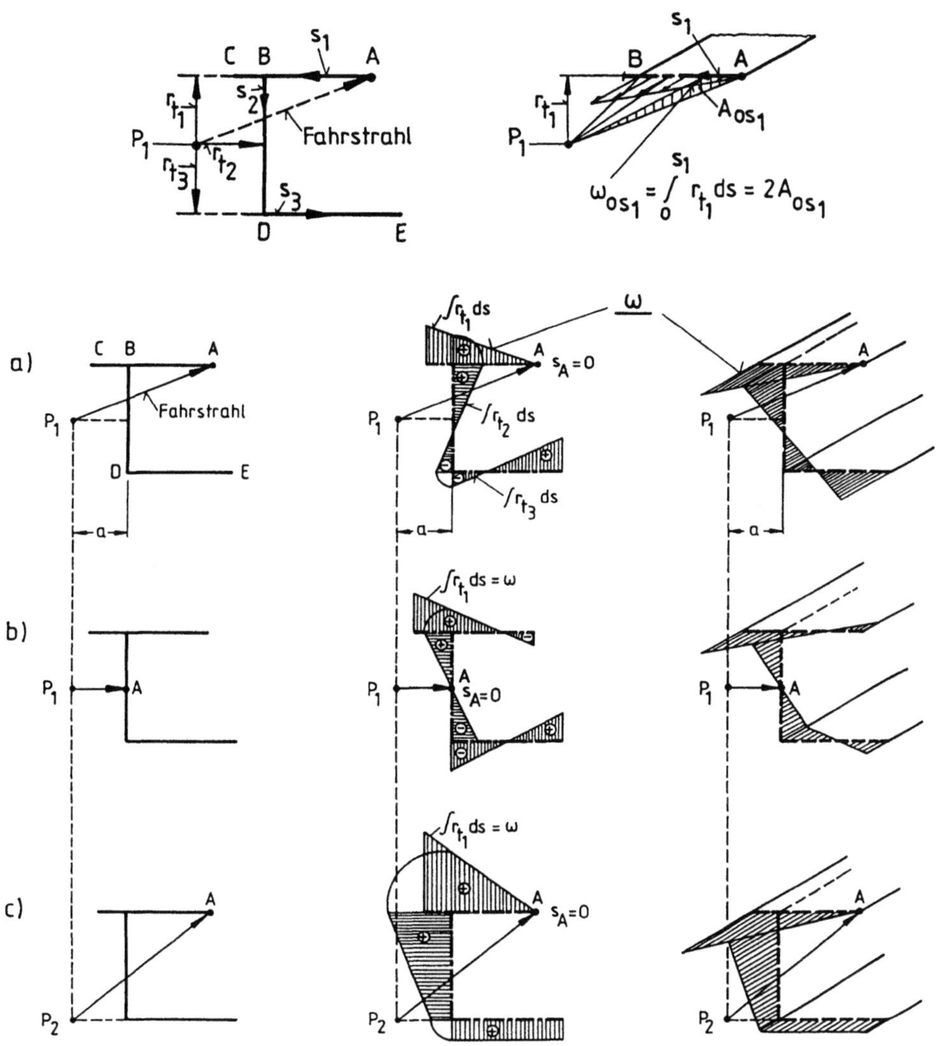

Abb. 3.1.7 − 9: Dargestellt sind jeweils die Mittelflächen

Beispiel a) in Abb. 3.1.7−9 zeigt, daß zwischen den Punkten A und B bis C der Drehsinn positiv ist, zwischen B und D negativ und zwischen D und E wieder positiv.

Man entnimmt Abb. 3.1.7−9 weiterhin, daß $\omega = \int r_t ds = 2A_0$ d.h. zweimal der beim Durchlaufen der Koordinate s vom Fahrstrahl überstrichenen Fläche ist. Trägt man ω über s (hier s_1) auf, so erhält man die Verwölbung in x−Richtung, die zum bis dahin durchlaufenen Sektor mit der Fläche A_{0s} gehört.

Die Integration erfolgt abschnittsweise und nach Möglichkeit so, daß $r_t = const$

für diesen Abschnitt ist. Man sieht sofort, daß für eine gerade Wand $r_t = const$ und damit die Verwölbung auf einer geraden Wand immer linear verläuft.

Man erkennt aber auch, daß drei unterschiedliche Grundverwölbungen in den Beispielen a, b, c ermittelt wurden. Diese entstehen dadurch, daß in den Bildern a und b zwar der Pol konstant gehalten, aber der Anfangspunkt willkürlich geändert und in Beispiel c gegenüber a der Pol geändert wurde. Die Grundverwölbung ω ist also vom Ort des Poles *und* des Integrationsstartpunktes abhängig. Will man den Einfluß des Integrationsstartpunktes bei konstantem Pol bei der Berechnung der Wölbkoordinate eliminieren, so muß man die zum jeweiligen Startpunkt gehörende *Integrationskonstante* ω_0 berücksichtigen. Die Integrationskonstante ω_0 nimmt abhängig vom Integrationsstartpunkt unterschiedliche Werte an, sorgt aber dafür, daß bei festem Pol unabhängig vom Anfangspunkt jeweils dasselbe Ergebnis für den Verlauf von $\bar{\omega}$ erzielt wird. Die Fälle a) und b) in Abb. 3.1.7 − 9 führen bei Berücksichtigung des jeweiligen Wertes von ω_0 auf dieselbe normierte Wölbkoordinate $\bar{\omega}$. Die Vorgehensweise zur Bestimmung von ω_0 wird im folgenden Kapitel erläutert.

Vergleicht man Abb. 3.1.7 − 9a und c, so erkennt man, daß bei gleichem Anfangspunkt, aber unterschiedlichen Orten der Pole ebenfalls unterschiedliche Verwölbungen auftreten. Da aus energetischen Gründen ein Bauteil sich gerade so verformt, daß es einer einwirkenden Kraft den kleinsten möglichen Widerstand gegen Verformung entgegensetzt, muß der dazugehörige *ausgezeichnete Pol* gesucht werden. Wie im folgenden Kapitel gezeigt wird, liegt dieser Ort vor, wenn der Pol im *Schubmittelpunkt* (SM), d.h. im *Momentanpol* liegt, um den bei Torsionsbeanspruchung der Profilquerschnitt eine reine Drehbewegung ausführt. $\bar{\omega}_{SM}$ wird dann zu $\hat{\omega}$.

3.1.7.3.2 Normierte Wölbkoordinate (Einheitsverwölbung), Ermittlung von ω_0

Ehe wir uns nun der *normierten Wölbkoordinate* (auch *Einheitsverwölbung* genannt) zuwenden, soll die Parallelverschiebung des in einer Ebene liegenden Ursprungs der *Allgemeinen Koordinaten* in den Schwerpunkt der betrachteten Fläche noch einmal betrachtet werden.

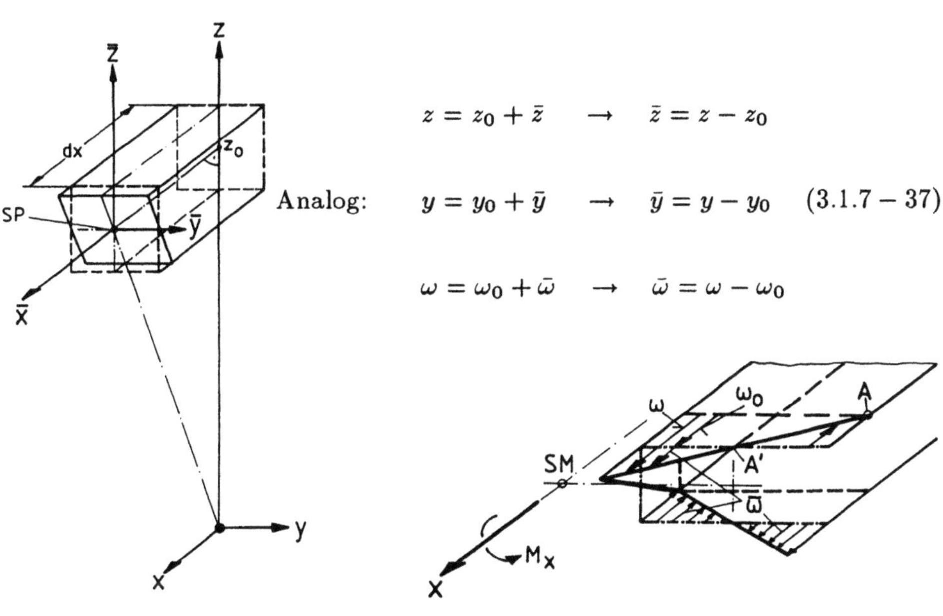

$$z = z_0 + \bar{z} \quad \rightarrow \quad \bar{z} = z - z_0$$

Analog:
$$y = y_0 + \bar{y} \quad \rightarrow \quad \bar{y} = y - y_0 \qquad (3.1.7-37)$$

$$\omega = \omega_0 + \bar{\omega} \quad \rightarrow \quad \bar{\omega} = \omega - \omega_0$$

<table>
<tr><td>Abb. 3.1.7 − 10a</td><td>Abb. 3.1.7 − 10b</td></tr>
</table>

In Abb. 3.1.7 − 10a ist ein stabförmiges Tragwerk dargestellt, das nur durch ein Moment belastet wird.

Die Verzerrung durch Biegung (Index: B) ist im Querschnitt (vgl. auch Kap. 3.1.6.1 und 3.1.7.1.2):

$$\varepsilon_{xB} = cz$$
$$= c(z_0 + \bar{z}) \qquad (3.1.7-38)$$

Soll ein nur aus Biegung resultierendes Gleichgewicht an diesem Balken aus linear elastischem, isotropem Material herrschen, so muß gelten:

$$\sum \text{Kräfte in } x-\text{Richtung} = 0 \quad \rightarrow \quad N_x = 0 \qquad (3.1.7-39a)$$

Mit dem Stoffgesetz $\sigma = E\varepsilon_x$ wird die statische Spannungs–Schnittgrößenbeziehung (SSS):

$$N_x = \int_A \sigma_x dA = E \int_A \varepsilon_{xB} dA = Ec \left(\int_A z_0 dA + \int_A \bar{z} dA \right) = 0 \qquad (3.1.7-39b)$$

Der Klammerausdruck verschwindet, wenn man ein *normiertes KOS*, d.h. im
vorliegenden Fall ein SP-KOS, einführt. Dann ist nämlich:

$$A_{\bar{z}} = \int \bar{z} \, dA = 0 \quad \text{und} \quad z_0 = 0 \qquad\qquad (3.1.7-40)$$

Daraus folgt, daß bei reiner Biegemomentenbeanspruchung die Gleichgewichts-
forderung $N_x = 0$ für den Balken in einem Schnitt nur erfüllt ist unter der
Bedingung, daß das zugrunde liegende KOS ein SP-KOS ist. In anderen Worten
ausgedrückt: Eine sich *natürlich* einstellende und damit von Normalkräften entkoppelte, auch als *zwangsfrei* bezeichnete *Biegeverformung* (Biegelinie, bzw. Biegeradius oder Krümmung) liegt nur vor, wenn der Rechnung mindestens ein SP-
KOS und damit *normierte Koordinaten* zu Grunde liegen. Andernfalls müssen
die Koppelterme berücksichtigt werden (siehe dazu Kap. 3.3.3.1).
Die Konstante, um die das Allgemeine KOS in z−Richtung verschoben werden
muß, um zum SP−KOS zu werden, ergibt sich mit:

$$\bar{z} = z - z_0$$
$$A_{\bar{z}} = \int\limits_A \bar{z} \, dA = \int\limits_A z \, dA - \int\limits_A z_0 \, dA = 0 \qquad\qquad (3.1.7-41a)$$
$$z_0 = \frac{A_z}{A}$$

Die sich unter dem wirkenden Moment einstellende Biegelinie wird also eine
neutrale Faser haben, die identisch mit der Schwerelinie des Balkens ist. (Dies
gilt für anisotrope Werkstoffe nur in Sonderfällen.)

Die gleiche Betrachtung kann man analog für die y−Koordinate durchführen
und erhält:

$$y_0 = \frac{A_y}{A} \qquad\qquad (3.1.7-41b)$$

Betrachtet man Abb. $3.1.7-9$ oder $3.1.7-10b$, so sieht man, daß die
ω−Verteilung vom Anfangspunkt abhängig ist. Man erkennt aber auch, daß $\bar{\omega}$
unabhängig vom Anfangspunkt ist, wenn die anfangspunktabhängige Integrationskonstante ω_0 jeweils so bestimmt wird, daß die Verwölbung integriert über
den gesamten Umfang zu Null wird. Für den Anfangspunkt A (Abb. $3.1.7-10b$)
ist die Integrationskonstante gleich der eingezeichneten Größe ω_0. Für den Anfangspunkt A' ist $\omega_0 = 0$.

Zur Bestimmung von ω_0 kann man analog zu den vorstehend gemachten Ausführungen vorgehen. Es muß lediglich die Koordinate bzw. der Ausdruck cz in
Gl. $3.1.7-38$ mit $e\omega$ vertauscht werden. Also: $\varepsilon_{xW} = e\omega, \sigma = E\varepsilon_{xW}, N_x = 0$
usw.

Aus der Beziehung

$$A_{\bar{\omega}} = \int\limits_A \bar{\omega}\,dA = \int\limits_A \omega\,dA - \int\limits_A \omega_0\,dA = 0$$

erhält man schließlich:

$$\omega_0 = \frac{A_\omega}{A} \qquad\qquad (3.1.7-41c)$$

Zusammenfassend kann festgestellt werden:

- Das AG-KOS ist ein willkürlich festgelegtes KOS. Seine *Grundkoordinaten* allein beschreiben die *Zwangsverschiebung*, bzw. *Zwangsverdrillung* bezüglich der willkürlich bzw. zwangsweise durch die Konstruktion festgelegten *Grundachsen*. Im allgemeinen KOS sind daher auch den Dehnungen aus der *natürlichen Biegung* und *Verwölbung* Dehnungen aus Normalkräften überlagert (siehe Kap. 3.3.3.1.1 und Kap. 3.4.5.1).

- Setzt man die Normalkräfte gleich null, so entkoppelt man das Gleichungssystem und findet, ausgehend vom AG-KOS bzw. dem beliebigen Anfangspunkt A, die normierten oder Einheits-Koordinaten $\bar{y}, \bar{z}, \bar{\omega}$ in einer Ebene durch Berechnen der Verschiebungen (Abb. 3.1.7 − 10):

$$\begin{aligned}
y_0 &= \frac{A_y}{A} \qquad &&\text{in } y-\text{Richtung} \\[1em]
z_0 &= \frac{A_z}{A} \qquad &&\text{in } z-\text{Richtung} \\[1em]
\omega_0 &= \frac{A_\omega}{A} \qquad &&\text{in } x-\text{Richtung (bzw. in } s-\text{Richtung} \\[0.5em]
& && \text{Verschieben des Anfangspunktes)}
\end{aligned} \qquad (3.1.7-41)$$

Mit Gl. 3.1.7 − 37 siehe in Abb. 3.1.7 − 10:

$$\begin{array}{lcl}
\bar{y} = y - y_0 & & \bar{y} = y - \dfrac{A_y}{A} \\[1.5em]
\bar{z} = z - z_0 \quad\text{wird} & & \bar{z} = z - \dfrac{A_z}{A} \\[1.5em]
\bar{\omega} = \omega - \omega_0 & & \bar{\omega} = \omega - \dfrac{A_\omega}{A}
\end{array} \qquad (3.1.7-42)$$

Die *normierten* bzw. *Einheitskoordinaten*, die mit Hilfe der *Normierungsbedingung* $N_x = 0$ gewonnen werden können, beschreiben im Falle von:

$\bar{y}, \bar{z}$ die sich infolge eines freien Momentes bei freier, unbehinderter Biegung natürlich einstellenden Querschnittsverformungen und Verzerrungen (ε_{xB}), die direkt proportional zur Einheitskoordinate sind. Die neutrale Faser wird durch die Schwerelinie gebildet, in die auch das KOS verschoben wird.

Beachte: Die Biegemomente M_y, M_z sind noch nicht entkoppelt.

$\bar{\omega}$ die zwangsfreie, d.h. ohne Behinderung sich natürlich einstellende Verwölbung (ε_{xW}), die direkt proportional zu $\bar{\omega}$ ist, wenn der Querschnitt um einen vorgegebenen Pol gedrillt wird.

Beachte: Der Verlauf von $\bar{\omega}$ ist noch abhängig von der Wahl des Poles.

- Die Verwölbung eines zylinderischen Profiles wird durch zwei "Freiheitsgrade" beeinflußt: die Lage des Anfangspunktes A auf dem Profil für den $s = 0$ und die Verwölbung $\omega = 0$ ist und die Lage des Poles bzw. der Drehachse. Zum Auffinden der zwangsfreien Verwölbung benötigt man somit jeweils eine Bedingung.

  1) Für jeden Pol (bzw. jede Drehachse) kann man ω und $\bar{\omega}$ ermitteln. Während $\bar{\omega}$ die *zwangsfreie*, d.h. *natürliche Verwölbung* bezüglich des vorgegeben Poles darstellt, ist ω eine Zwangsverwölbung, die dadurch entsteht, daß am Anfangspunkt A für $s = 0$ die Verwölbung $\omega = 0$ gesetzt wird. Dies ist aber nur dann der Fall, wenn an der Stelle A (z.B. durch eine Schweißung) das Verwölben verhindert wird.

  2) Die *natürliche* bzw. *zwangsfreie Drehachse* ist die *elastische Linie*, d.h. die Drehachse, die durch den jeweiligen Schubmittelpunkt (SM) d.h. Momentan–(dreh–)Pol geht. Liegt aber der Pol im Schubmittelpunkt und wird für diesen Pol die *zwangsfreie Verwölbung* aus $\bar{\omega}_{SM}$ ermittelt, so ist $\hat{\omega} = \bar{\omega}_{SM}$ die *Hauptwölbkoordinate*. Dieser ausgezeichnete Pol ist, wie in Kap. 3.1.7.3.3 gezeigt wird, der *Momentanpol*. Für ihn nimmt der *Wölbwiderstand* $A_{\omega\omega}$ den kleinsten Wert, nämlich $A_{\hat{\omega}\hat{\omega}}$, an.
  Ein vorgegebener oder willkürlich gewählter Pol ist im allgemeinen nicht der natürliche, zwangsfreie Pol. Bei einem durch die Konstruktion vorgegebenen Momentandrehpol spricht man von einem *erzwungenen Schubmittelpunkt* (SM_c). Siehe dazu Kap. 3.3.6.1, Abb. 3.3.6 − 4 .

- Die normierten Flächenintegrale 1. Ordnung verschwinden, wenn ein normiertes KOS vorliegt.

$$A_{\bar{y}} = 0$$
$$A_{\bar{z}} = 0 \qquad\qquad (3.1.7 - 43)$$
$$A_{\bar{\omega}} = 0$$

- ω kann somit bei dünnwandigen Bauteilen gleichbedeutend mit y und z als Koordinate angesehen werden.
  Beachte: Die Dimension dieser Koordinate ist Länge zum Quadrat.

- $\bar{\omega}$ nennt man in der Literatur *normierte* oder *Einheits-Verwölbung*.

Beispiel: Bestimmung von $\bar{\omega}$ (Einheitsverwölbung)

Beliebiger Pol P:
In den meisten Fällen setzen sich Querschnitte abschnittsweise aus geraden
Wänden mit konstanten Wandstärken zusammen. Damit ist aber sowohl
r_t als auch die Wandstärke t abschnittsweise konstant und die ω-Verteilung
in s-Richtung eine Gerade, so daß nur die Punkte an denen Änderungen
auftreten ermittelt werden müssen.

$$\omega_0 = \frac{A_\omega}{A}$$

$$A_\omega = \int\limits_{s_A=0}^{s} \omega \, dA$$

$$= \int\limits_{(s)} \left(\int\limits_{(s)} r_t(s)ds \right) t(s)ds$$

$$t = const$$

$$A_\omega = t \int\limits_{(s)} \omega \, ds = t r_t \int\limits_{(s)} s\, ds$$

Abb. 3.1.7 − 11

Für Fahrstrahl "$P\,A_1$":

Bereich	$\omega_i = \int_0^{s_i} r_t ds_i + \omega_{i-1}$	End-Wert ω_i	$A_{\omega_i} = \int_0^{s_i} \omega_i t\,ds_i + A_{\omega_{i-1}}$	End-Wert A_{ω_i}
1–2	$r_t \cdot s_1$	$2r_t$	$r_t \cdot t \cdot \frac{s_1^2}{2}$	$2r_t t$
2–3	$-r_t s_2 + 2r_t$	0	$-r_t t \frac{s_2^2}{2} + 2r_t t s_2 + 2r_t t$	$4r_t t$
3–4	$r_t s_3 + 0$	$2r_t$	$r_t t \frac{s_3^2}{2} + 4r_t t$	$6r_t t$

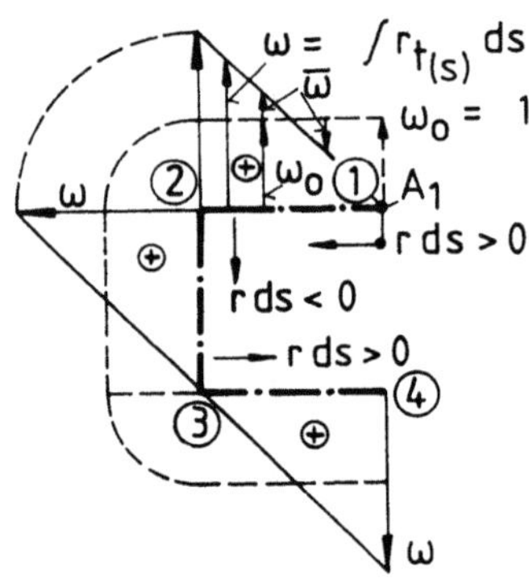

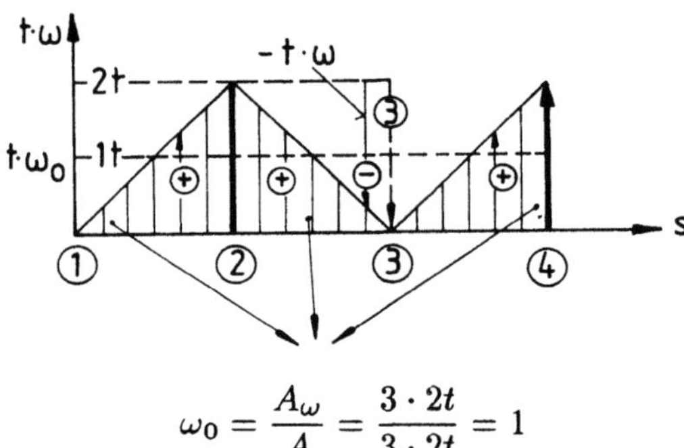

$$\omega_0 = \frac{A_\omega}{A} = \frac{3\cdot 2t}{3\cdot 2t} = 1$$

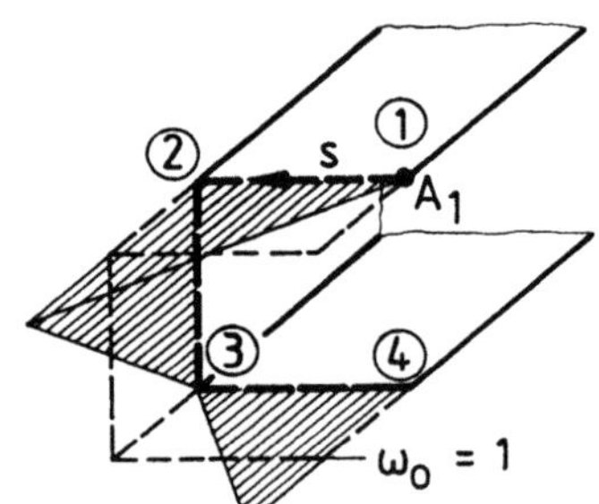

Für Fahrstrahl "$P\,A_2$":

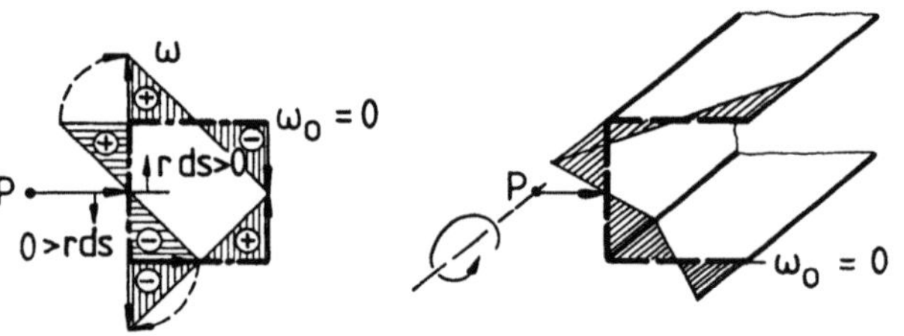

Abb. 3.1.7 − 12

3.1.7.3.3 Transformation der Verwölbung bei Änderung des Poles

Durch geschickte Wahl des Poles kann man sich viel Rechenarbeit ersparen.
Benötigt man aber die normierte Verwölbung für den Pol im Schubmittelpunkt,
die dem geringsten Wölbwiderstand zugeordnet ist, so muß anschließend eine
Transformation vorgenommen werden. Es sollen daher Transformationsgleichun-
gen für die Verwölbung bereitgestellt werden:

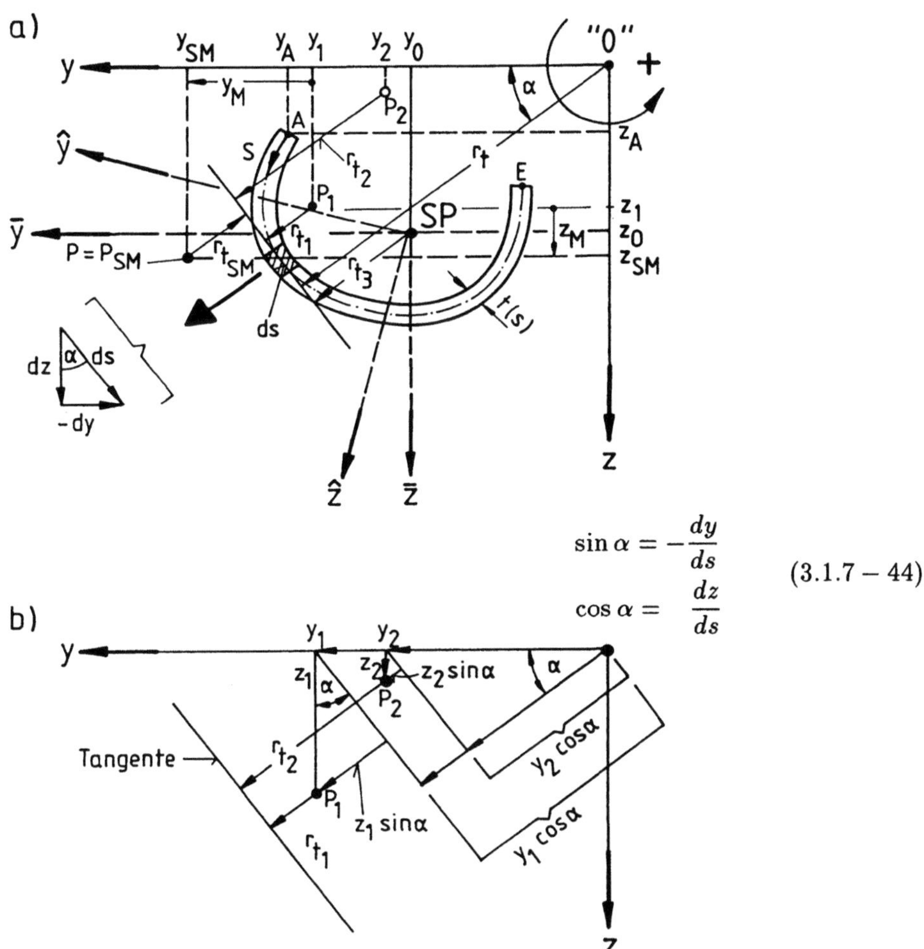

$$\sin \alpha = -\frac{dy}{ds}$$

$$\cos \alpha = \frac{dz}{ds}$$

$$(3.1.7 - 44)$$

Abb. 3.1.7 − 13:   Übergang vom Pol P_1 zum Pol P_2

Abb. 3.1.7 − 13a zeigt ein offenes Profil sowie mehrere Pole im Allgemeinen, einem Schwerpunkt und dem Haupt−Biegeachsen−Koordinatensystem. Der Übersichtlichkeit halber sind die geometrischen Zusammenhänge im unteren Teil der
Abbildung, Teil b), noch einmal dargestellt. Für die Grundkoordinaten des Poles

P_2 kann man aus Teil b) der Abbildung ablesen:

$$r_{t_2} = r_{t_1} + z_1 \sin\alpha + y_1 \cos\alpha - y_2 \cos\alpha - z_2 \sin\alpha \qquad (3.1.7-45)$$

$$= r_{t_1} + (z_1 - z_2)\sin\alpha + (y_1 - y_2)\cos\alpha \qquad \text{mit } (3.1.7-44)$$

$$= r_{t_1} - (z_1 - z_2)\frac{dy}{ds} + (y_1 - y_2)\frac{dz}{ds}$$

$$\omega_2 = \int_0^s r_{t_2}\,ds = \int_0^s r_{t_1}\,ds - (z_1 - z_2)\int_{y=y_A}^y dy + (y_1 - y_2)\int_{z=z_A}^z dz \qquad (3.1.7-46)$$

$$\boxed{\omega_2 \qquad = \omega_1 - (z_1 - z_2)(y - y_A) + (y_1 - y_2)(z - z_A)} \qquad (3.1.7-47)$$

Für die Einheitsverwölbung des Poles P_2 gilt mit $(3.1.7-42)$:

$$\bar{\omega}_2 = \omega_2 - \omega_{02} = \qquad \omega_2 - \frac{A_{\omega_2}}{A}$$

$$\bar{\omega}_2 = \overbrace{\omega_1 - (z_1 - z_2)(y - y_A) + (y_1 - y_2)(z - z_A)} - \frac{A_{\omega_2}}{A} \qquad (3.1.7-48)$$

mit Gl. $(3.1.7-41\text{c})$ und $(3.1.7-43)$:

$$A_{\bar{\omega}} = 0 \quad \longrightarrow \quad \frac{\int \omega\,dA}{\int dA} = \frac{A_\omega}{A} = \omega_0 \quad \text{und ``Multiplikation'' mit:} \quad \frac{\int dA}{A} = 1$$

wird mit Gl. $(3.1.7-41)$:

$$\frac{\overbrace{A_{\omega_2}}^{\omega_{02}}}{A} = \frac{\overbrace{\int \omega_1\,dA}^{\omega_{01}}}{A} - (z_1 - z_2)\left(\frac{\int y\,dA}{A} - y_A\right) + (y_1 - y_2)\left(\frac{\int z\,dA}{A} - z_A\right)$$

$$\frac{A_{\omega_2}}{A} = \omega_{01} - (z_1 - z_2)(y_0 - y_A) + (y_1 - y_2)(z_0 - z_A) \qquad (3.1.7-49)$$

Aus $3.1.7-48$ und $3.1.7-49$ wird:

$$\boxed{\begin{aligned}\bar{\omega}_2 &= \bar{\omega}_1 - (z_1 - z_2)\bar{y} + (y_1 - y_2)\bar{z} \\ &= \bar{\omega}_1 + z_M\bar{y} - y_M\bar{z}\end{aligned}} \qquad \begin{cases}\omega_1 - \omega_{01} = \bar{\omega}_1 \\ y - y_0 = \bar{y} \\ z - z_0 = \bar{z} \\ y_2 - y_1 = y_M \\ z_2 - z_1 = z_M\end{cases} \qquad (3.1.7-50)$$

Anfangswerte sind nur noch in $\bar{\omega}_1$ enthalten.

Es sind:

$y_1 z_1$ Koordinaten des Poles P_1 (Ausgangspol)

$y_2 z_2$ Koordinaten des Poles P_2 (neuer Pol)

$\left.\begin{array}{l} y_2 - y_1 = y_M \\ z_2 - z_1 = z_M \end{array}\right\}$ Transferstrecke von Pol P_1 nach P_2. y_M und z_M sind immer parallel zu den Achsen des von y und z aufgespannten KOS (siehe Abb. 3.1.7 − 13a).

Durch Einsetzen ausgezeichneter Koordinaten erhält man folgende Gleichungen für die Transformation des Poles P_1 nach P_2 entsprechend Gl. 3.1.7 − 47 und 3.1.7 − 50.

Transformation vom Pol im Koordinatenursprung "0" zum Schwerpunkt "SP":

$$P_1 \equiv \text{"0"} \quad \rightarrow \quad (\omega\,\text{"0"}) \qquad P_2 \equiv P_{SP} \quad \rightarrow \quad (\omega_{SP})$$

$$y_1 = 0 \qquad z_1 = 0 \qquad \omega_1 = \omega\,\text{"0"} \qquad \bar{\omega}_1 = \bar{\omega}\,\text{"0"}$$

$$y_2 = y_0 \qquad z_2 = z_0 \qquad \omega_2 = \omega_{SP} \qquad \bar{\omega}_2 = \bar{\omega}_{SP}$$

$$\boxed{\begin{array}{c} \omega_{SP} = \omega\,\text{"0"} + z_0\,(y - y_A) - y_0\,(z - z_A) \\[2mm] \text{Einheitsverwölbung für } P_{SP} \equiv P_2 \\[2mm] \bar{\omega}_{SP} = \bar{\omega}\,\text{"0"} + z_0 \cdot \bar{y} - y_0 \cdot \bar{z} \end{array}}$$

"P_1" fällt mit "0" zusammen,

damit wird: (3.1.7 − 51)

$$y_M = y_0$$
$$z_M = z_0$$

<u>Transformation vom Pol im Koordinatenursprung "0" zum Schubmittelpunkt</u> <u>P_{SM}</u>:

Analog:

$$P_1 \equiv \text{"0"} \quad \rightarrow \quad (\omega\,\text{"0"}) \qquad P_2 \equiv P_{SM} \quad \rightarrow \quad (\omega_{SM})$$

$$y_1 = 0 \qquad z_1 = 0 \qquad \omega_1 = \omega\,\text{"0"} \qquad \bar{\omega}_1 = \omega\,\text{"0"}$$

$$y_2 = y_{SM} \qquad z_2 = z_{SM} \qquad \omega_2 = \omega_{SM} \qquad \bar{\omega}_2 = \bar{\omega}_{SM} = \hat{\omega}$$

$$\boxed{\begin{array}{c} \omega_{SM} = \omega\,\text{"0"} + z_{SM}\,(y - y_A) - y_{SM}\,(z - z_A) \\[2mm] \text{Einheitsverwölbung für } P_{SM} \equiv P_2 \\[2mm] \bar{\omega}_{SM} = \hat{\omega} = \bar{\omega}\,\text{"0"} + z_{SM} \cdot \bar{y} - y_{SM} \cdot \bar{z} \end{array}}$$

"P_1" fällt mit "0" zusammen,

damit wird: (3.1.7 − 52)

$$y_M = y_{SM}$$
$$z_M = z_{SM}$$

Transformation vom beliebigen Pol P_1 zum Schubmittelpunkt P_{SM}:

Da Pol beliebig

$P_1 \equiv P \quad \rightarrow$	$(\omega_1 = \omega)$	$P_2 \equiv P_{SM} \quad \rightarrow$	(ω_{SM})
$y_1 = y_P$	$z_1 = z_P$	$\omega_1 = \omega$	$\overline{\omega}_1 = \overline{\omega}$
$y_2 = y_{SM}$	$z_2 = z_{SM}$	$\omega_2 = \omega_{SM}$	$\overline{\omega}_2 = \overline{\omega}_{SM} = \hat{\omega}$

$$\boxed{\begin{aligned} \omega_{SM} &= \omega + (z_{SM} - z_P)\,\bar{y} - (y_{SM} - y_P)\,\bar{z} \\[2mm] &\text{Einheitsverwölbung für } P_{SM} \equiv P_2 \\[2mm] \bar{\omega}_{SM} &= \hat{\omega} = \bar{\omega} + z_M \cdot \bar{y} - y_M \cdot \bar{z} \end{aligned}}$$

$$\begin{aligned} y_M &= y_{SM} - y_P \\ z_M &= z_{SM} - z_P \end{aligned} \qquad (3.1.7-53)$$

Einheitsverwölbungen $\bar{\omega}_{SM}$ bezogen auf den SM sind dadurch ausgezeichnet, daß für sie jeweils der Wölbwiderstand $A_{\bar{\omega}\bar{\omega}}$ den Kleinstwert annimmt und zu $A_{\hat{\omega}\hat{\omega}}$ wird. Es ist dann $(\bar{\omega}_{SM} = \hat{\omega})$.

Anmerkung: Gl. 3.1.7 − 41, Gl. 3.1.7 − 47, Gl. 3.1.7 − 51 bis Gl. 3.1.7 − 53 gelten auch bei geschlossenen Profilen, wenn man für ω den in Kap. 3.2.3.1 Gl. 3.2.3 − 20 bis 3.2.3 − 26 definierten Wert ω^* einführt bzw. den Wert von $r_t(s)$ um den Wert $(\psi/t(s))$ vermindert. Dabei ist $\psi = q_0/G\vartheta$ (vgl. Kap. 3.2.3.1).

3.1.7.3.4 Normierte Flächenintegrale zweiter Ordnung

Anhand des normierten Flächenintegrales zweiter Ordnung $A_{\bar{y}\bar{z}}$ sei gezeigt, wie man dieses aus den Flächenintegralen des Allgemeinen KOS ermitteln kann.

Es ist:

$$\begin{aligned} A_{\bar{y}\bar{z}} &= \int_A \bar{y}\bar{z}\,dA = \int (y - y_0)\,(z - z_0)\,dA \\[2mm] &= A_{yz} - y_0 A_z - z_0 A_y + y_0 z_0 A \\[2mm] &= A_{yz} - \frac{A_y}{A}A_z - \frac{A_z}{A}A_y + \frac{A_y}{A}\frac{A_z}{A}A \\[2mm] &= A_{yz} - \frac{A_y A_z}{A} \end{aligned} \qquad (3.1.7-54)$$

Analog erhält man:

$$
\begin{aligned}
A_{\bar{y}\bar{y}} &= \int_A \bar{y}^2 \, dA = A_{yy} - \frac{A_y A_y}{A} \qquad [L^4] \\[2mm]
A_{\bar{z}\bar{z}} &= \int_A \bar{z}^2 \, dA = A_{zz} - \frac{A_z A_z}{A} \qquad [L^4] \\[2mm]
A_{\bar{y}\bar{z}} &= \int_A \bar{y}\bar{z} \, dA = A_{yz} - \frac{A_y A_z}{A} \qquad [L^4] \\[2mm]
A_{\bar{y}\bar{\omega}} &= \int_A \bar{y}\bar{\omega} \, dA = A_{y\omega} - \frac{A_y A_\omega}{A} \qquad [L^5] \\[2mm]
A_{\bar{z}\bar{\omega}} &= \int_A \bar{z}\bar{\omega} \, dA = A_{z\omega} - \frac{A_z A_\omega}{A} \qquad [L^5] \\[2mm]
A_{\bar{\omega}\bar{\omega}} &= \int_A \bar{\omega}^2 \, dA = A_{\omega\omega} - \frac{A_\omega A_\omega}{A} \qquad [L^6]
\end{aligned}
$$

$$(3.1.7 - 55)$$

3.1.7.3.5 Hauptkoordinaten

Es gibt für stabförmige Tragwerke beliebig viele gleichwertige Allgemeine Koordinatensysteme und auch beliebig viele normierte oder Einheitssysteme. Es gibt jedoch nur ein HA-KOS für Biegebeanspruchung $(\hat{x}\hat{y}\hat{z})$, dessen Ursprung auf der Schwerelinie liegt, und ein "HA-KOS" für Torsionsbeanspruchung, dessen Drehachse durch den Schubmittelpunkt (Hauptdreh- oder -drillachse) geht. Die normierte Verwölbung $\overline{\omega}_{SM}$ ist dann die Hauptverwölbung $\hat{\omega} = \overline{\omega}_{SM}$. Hauptsysteme sind ermittelbar durch Null-Setzen der gemischten Flächenintegrale 2. Ordnung.

a) $\quad A_{\bar{y}\bar{z}} = 0$

$\qquad A_{\hat{y}\hat{z}} = 0 \quad \rightarrow \quad$ *Haupt-Querschnittsachsen* $\hat{y}, \hat{z}$, die durch den Flächenschwerpunkt gehen.

b) $\left.\begin{aligned} A_{\bar{y}\bar{\omega}_{SM}} &= 0 \\ A_{\hat{y}\hat{\omega}} &= 0 \\ A_{\hat{z}\hat{\omega}} &= 0 \end{aligned}\right\} \quad \rightarrow \quad$ *Haupt-Verwölbung* $\hat{\omega} = \bar{\omega}_{SM}$, da der Pol in der Hauptachse (Schubmittelpunkt) liegt.

Hauptbiegerichtungen (vgl. Kap 3.1.7.1.3)

Für $A_{\bar{y}\bar{z}} = A_{\hat{y}\hat{z}} = 0$ erhält man:

$$
\boxed{\tan 2\varphi = \frac{2A_{\bar{y}\bar{z}}}{A_{\bar{y}\bar{y}} - A_{\bar{z}\bar{z}}}}
$$

$$(3.1.7 - 56)$$

$$\left.\begin{array}{c} A_{\hat{y}\hat{y}} \\ A_{\hat{z}\hat{z}} \end{array}\right\} = \frac{1}{2}\left(A_{\bar{y}\bar{y}} + A_{\bar{z}\bar{z}}\right) \pm \frac{1}{2}\sqrt{\left(A_{\bar{y}\bar{y}} - A_{\bar{z}\bar{z}}\right)^2 + 4A_{\bar{y}\bar{z}}^2}$$

$$(3.1.7-57)$$

Hauptverwölbung $\hat{\omega} = \overline{\omega}_{SM}$ (ermittelt aus $\bar{\omega}$ eines beliebigen Poles P, siehe Gl. 3.1.7 − 53)

$$\hat{\omega} = \bar{\omega}_{SM} = \bar{\omega} + \underbrace{(z_{SM} - z_P)}\,\bar{y} - \underbrace{(y_{SM} - y_P)}\,\bar{z}$$
$$= \bar{\omega} + \quad z_M \cdot \quad \bar{y} - \quad y_M \cdot \quad \bar{z}$$

$$(3.1.7-58)$$

Wird im $\hat{x}\hat{y}\hat{z}$–KOS gearbeitet,

so geht über $\left\{\begin{array}{ccc} \bar{y} & \rightarrow & \hat{y} \\ \bar{z} & \rightarrow & \hat{z} \end{array}\right.$

und die gerichteten Strecken:

$$\left.\begin{array}{l} y_M = y_{SM} - y_{Pol} \\ z_M = z_{SM} - z_{Pol} \end{array}\right\}$$ sind der Abstand: "Ausgangspol"–"SM" in y− bzw. z−Richtung des KOS, in dem gearbeitet wird.

$$(3.1.7-59)$$

3.1.7.3.6 Ermittlung des Schubmittelpunktes für offene Profile (SM)

Ermittlung von y_M, z_M

$$\left.\begin{array}{l} A_{\hat{y}\hat{\omega}} = 0 \\ A_{\hat{z}\hat{\omega}} = 0 \end{array}\right\} \quad \text{bzw.} \quad \left\{\begin{array}{l} A_{\bar{y}\hat{\omega}} = 0 \\ A_{\bar{z}\hat{\omega}} = 0 \end{array}\right. \quad \text{bzw.} \quad \left\{\begin{array}{l} A_{\bar{y}\bar{\omega}_{SM}} = 0 \\ A_{\bar{z}\bar{\omega}_{SM}} = 0 \end{array}\right.$$

$$A_{\bar{y}\hat{\omega}} = \int\limits_A \bar{y}\hat{\omega}\,dA = \int\limits_A \bar{y}\left(\bar{\omega} + z_M\bar{y} - y_M\bar{z}\right)dA = 0$$

$$(3.1.7-60)$$

$$A_{\bar{y}\hat{\omega}} = \qquad = A_{\bar{y}\bar{\omega}} + z_M A_{\bar{y}\bar{y}} - y_M A_{\bar{y}\bar{z}} = 0 \quad | - A_{\bar{y}\bar{z}}$$

analog:

$$A_{\bar{z}\hat{\omega}} = \qquad A_{\bar{z}\omega} + z_M A_{\bar{y}\bar{z}} - y_M A_{\bar{z}\bar{z}} = 0 \quad | \quad A_{\bar{y}\bar{y}} \qquad\qquad (3.1.7-61)$$

Aus den letzten beiden Gleichungen kann man nun den Abstand "gewählter Pol" — "Schubmittelpunkt" (y_M und z_M) für das offene Profil im jeweiligen KOS ermitteln.

$$\boxed{\begin{aligned} y_M &= \frac{A_{\bar{z}\omega} A_{\bar{y}\bar{y}} - A_{\bar{y}\omega} A_{\bar{y}\bar{z}}}{A_{\bar{y}\bar{y}} A_{\bar{z}\bar{z}} - (A_{\bar{y}\bar{z}})^2} = \frac{A_{\hat{z}\omega}}{A_{\hat{z}\hat{z}}} \\[2mm] z_M &= \frac{-A_{\bar{y}\omega} A_{\bar{z}\bar{z}} + A_{\bar{z}\omega} A_{\bar{y}\bar{z}}}{A_{\bar{y}\bar{y}} A_{\bar{z}\bar{z}} - (A_{\bar{y}\bar{z}})^2} = -\frac{A_{\hat{y}\omega}}{A_{\hat{y}\hat{y}}} \end{aligned}}$$

Für das HA–KOS wird:
$$A_{\bar{y}\bar{z}} = A_{\hat{y}\hat{z}} = 0 \qquad (3.1.7-62)$$

$$\underbrace{\hphantom{A_{\bar{z}\omega} A_{\bar{y}\bar{y}} - A_{\bar{y}\omega} A_{\bar{y}\bar{z}}}}_{\text{normiertes KOS}} \quad \underbrace{\hphantom{A_{\hat{z}\omega}}}_{\text{HA–KOS}}$$

Die Werte für y_M und z_M im HA-KOS erhält man aus der Bedingung:

$$A_{\bar{y}\bar{z}} = 0 = A_{\hat{y}\hat{z}}$$

Anmerkung: Die Ermittlung des Schubmittelpunktes für geschlossene Profile (SMg) erfolgt in Kap. 3.3.6.2. Es wird dort gezeigt, daß lediglich die $\bar{\omega}$–Koordinate für offene Profile ausgetauscht und durch die $\bar{\omega}^\star$–Koordinate für geschlossene Profile ersetzt werden muß, um y_{Mg} und z_{Mg} für geschlossene Profile zu bestimmen.

3.1.7.3.7 Ermittlung des kleinsten Wölbwiderstandes

Der Wölbwiderstand wird für den Pol im Schubmittelpunkt (P_{SM}) bestimmt.

$$\begin{aligned} A_{\hat{\omega}\hat{\omega}} &= \int_A \hat{\omega}^2 dA = \int (\bar{\omega} + z_M \bar{y} - y_M \bar{z})^2\, dA \\ &= A_{\bar{\omega}\bar{\omega}} + z_M^2 A_{\bar{y}\bar{y}} + y_M^2 A_{\bar{z}\bar{z}} \\ &\quad + 2 z_M A_{\bar{y}\bar{\omega}} - 2 y_M A_{\bar{z}\bar{\omega}} - 2 y_M z_M A_{\bar{y}\bar{z}} \end{aligned} \qquad (3.1.7-63)$$

Zu diesem Ausdruck addiert man die mit (z_M) multiplizierte Gleichung 3.1.7–60 sowie die mit $(-y_M)$ multiplizierte Gleichung 3.1.7 − 61 und erhält dann:

$$\boxed{A_{\hat{\omega}\hat{\omega}} = A_{\bar{\omega}\bar{\omega}} + z_M A_{\bar{y}\bar{\omega}} - y_M A_{\bar{z}\bar{\omega}}} \quad [L^6] \qquad\qquad (3.1.7 - 64)$$

Der kleinste aller möglichen Wölbwiderstände $A_{\bar{\omega}\bar{\omega}}$ ist der Wölbwiderstand, der für den Pol im Schubmittelpunkt P_{SM} ermittelt wird.

3.1.7.4 Abschließende Bemerkungen

Zusammenfassend kann man feststellen:

1.) Es gibt zwei unabhängige Gruppen von Koordinaten:

   1. Die Koordinaten ohne Wölbanteile (Biegung ohne Verwölbung):

     a) Allgemeines KOS (x, y, z)

     b) SP-KOS (normierte Koordinaten $\bar{x}, \bar{y}, \bar{z}$): Der Ursprung liegt im SP des Profiles, Flächenintegrale erster Ordnung sind null ($A_{\bar{y}} = A_{\bar{z}} = 0$).

     c) HA-KOS (Hauptkoordinaten $\hat{x}, \hat{y}, \hat{z}$): Der Ursprung liegt im SP des Profiles und ist so gedreht, daß das Deviationsmoment $A_{\hat{y}\hat{z}} = 0$ ist.

   2. Die Koordinate für den Wölbanteil, hier dargelegt für offene Querschnitte:

     a) Frei gewählter Pol:
       ω: Grundverwölbung ($s_A = 0$ beliebig)
       $\bar{\omega}$: Die normierte Wölbkoordinate, repräsentiert bezüglich desselben Drehpoles die zwangsfreie, d.h. sich bei Zwangsfreiheit einstellende Verwölbung.

     b) Pol im Schubmittelpunkt:
       ω_{SM} : Grundverwölbung ($s_A = 0$ beliebig)
       $\bar{\omega}_{SM} = \hat{\omega}$: Hauptwölbkoordinate
      Für die Hauptachse (HA−KOS) des Torsionsanteiles muß der Pol im Schubmittelpunkt liegen und für diesen die normierte Wölbkoordinate $\bar{\omega}_{SM} = \hat{\omega}$ ermittelt werden.

     c) Für einen Pol ermittelte Verwölbungen können transformiert werden, z.B. von einem, für die Ermittlung der Flächenintegrale geschickt gewählten, (beliebigen) Pol in den Schubmittelpunkt.

2.) Bei den gemischten Flächenintegralen können Kombinationen von Haupt- und normierten Koordinaten auftreten (z.B. $A_{\hat{z}\bar{\omega}}, A_{\bar{y}\hat{\omega}}$ usw.). Aus der Bedingung $A_{\bar{y}\hat{\omega}} = A_{\bar{z}\hat{\omega}} = 0$ z.B. kann man y_M und z_M (die Abstände: "beliebiger Pol"-"Schubmittelpunkt") im SP-KOS ermitteln und aus $A_{\hat{y}\hat{\omega}} = A_{\hat{z}\hat{\omega}} = 0$ im HA-KOS (vgl. Kap. 3.1.7.3.6).

3.) Bei technischen Aufgaben der Biegelehre muß man, wenn Zwangsfreiheit herrschen soll, mindestens mit normierten Koordinaten arbeiten (Flächenintegrale 1. Ordnung sind Null). Infolge der Kopplung der Biegemomente um die $\bar{y}$– und $\bar{z}$–Achse ($M_{\bar{y}}$ und $M_{\bar{z}}$) durch das Deviationsmoment sind Beanspruchungs– und Verformungsrichtung nicht identisch (vgl. Kap. 3.3.3.1.2). Bei Berücksichtigung von Verwölbungen arbeitet man deshalb zweckmässigerweise mit Hauptkoordinaten (vgl. Kap. 3.4.5.1).

4.) Der Schwerpunkt und der Schubmittelpunkt fallen nur in Sonderfällen zusammen (siehe Abb. 3.1.6 − 4).

5.) Für die Hauptkoordinaten der Biegung und Drillung verschwinden generell die gemischten Flächenintegrale. Es sei noch einmal betont: Aufgaben der Wölbkrafttorsion löst man zweckmäßigerweise mit Hauptkoordinaten, da dann die DGL'n entkoppelt sind und die Richtungen für Beanspruchung und Verschiebung identisch sind.

3.2 Elementare Torsionstheorie (ETT) nach B. de St. Venant für dünnwandige stabförmige Tragwerke

Wie bereits bei der Torsion von Vollquerschnitten in Kap. 2.4.1 dargelegt, benennt man nach *St. Venant* die sogenannte *zwangsfreie Drillung*. Bei dieser erfolgt die Lagerung des zylindrischen Stabes und Einbringung des Momentes so, daß die Verschiebungen u der Querschnittspunkte in Längsrichtung unbehindert erfolgen können. Dabei verwölbt sich ein beliebiger Querschnitt über der Querschnittsfläche infolge des St. Venantschen Drillmomentes M_{xT} (Abb. 3.2 − 1).

Wird die Verwölbung z.B. dadurch, daß das Stabende fest angeschweißt ist, verhindert, so treten auch bei reiner Torsionsbelastung in der Umgebung des fest eingespannten Endes Längsspannungen, die sogenannten Wölbspannungen, auf. Es liegt dann ein Fall der Wölbkrafttorsion vor (vgl. Kap. 3.3.1 Abb. 3.3.1−1 und 3.4). Der durch die Wölbbehinderung aufgenommene Drillmomentenanteil ist $M_{x\omega}$. Das in einem derartigen Fall insgesamt auftretende Drillmoment wird, wie in Kap. 3.1.4.2 (Gl. 3.1.4 − 7) bereits erläutert, aufgeteilt.

$$M_x = M_{xT} + M_{x\omega} \qquad\qquad (3.2 − 1)$$

Die Annahmen, die der ETT nach St. Venant für *dünnwandige Querschnitte* zugrunde liegen, sind neben den in Kap. 3.1.1 angegebenen allgemeinen Voraussetzungen entsprechend Kap. 2.4.1ff:

1) Der dünnwandige Querschnitt behält auch im verformten Zustand seine Gestalt bei und kann sich nach St. Venant in Achsrichtung frei ausbilden. Daraus folgt: $\sigma_x = n_x = 0$.
2) Das zylindrische stabförmige Tragwerk wird einzig und allein durch ein einzelnes *freies Torsions–Moment* M_{xT} belastet.
3) Wie in Kap. 2.4.1 gezeigt, sind dann (bei isotropem Material) die kinematischen Beziehungen:

$$\varepsilon_x = \varepsilon_y = \varepsilon_z = \gamma_{yz} = 0, \quad \text{und damit} \quad \sigma_x = \sigma_y = \sigma_z = \tau_{yz} = 0. \quad (3.2 − 2)$$

Ein Drehmoment M_{xT} wird unter diesen Voraussetzungen nur die Schubspannungen τ_{xy} und τ_{xz} bzw. beim Vorliegen von s–n–Koordinaten (siehe Kap. 2.4.2.2.2, Gl. 2.4.2 − 18 oder Kap. 3.2.3.1 und Abb. 3.2.3 − 2) nur die Schubspannung τ_{xs} erzeugen. Diese ist bei dünnwandigen geschlossenen Querschnitten als konstant über der Dicke anzusehen und bei offenen Querschnitten eine Funktion von n. Die Schubspannung τ_{xn} ist an allen Punkten des Querschnittes null. Bei dünnwandigen Querschnitten kann man somit davon ausgehen, daß die Schubspannung τ_{xs} tangential zur Profilmittellinie s wirkt. Wenn im folgenden von Schubspannung gesprochen wird und diese mit keinem Index gekennzeichnet ist, ist daher immer τ_{xs} gemeint. Entsprechendes gilt für γ.

Führt man Experimente durch, bei denen ein einzelnes Torsionsmoment M_{xT} auf Hohlquerschnitte oder Vollquerschnitte ohne Längskraftbehinderung aufgebracht wird, so erkennt man, daß sich geschlossene Kreisquerschnitte (Abb. 3.2 − 1 a_2 und b_2') nicht verwölben, wohl aber Rechteckquerschnitte (Abb. a_5 und b_5'). Weiterhin wird sichtbar, daß bei einem geschlitzten Kreiszylinder (Abb. a_3) sich die Mittelfläche in Stablängsrichtung verwölbt und daß im Falle vieler Schlitze (Abb. a_4) praktisch einzelne Biegebalken entstehen. D.h. die Schubspannung, die den Zusammenhang gewährleistet, verschwindet in jedem Schnitt, und das reine Torsionsproblem (Abb. a_2 und a_3) geht bei fester Einspannung (Wölbbehinderung (Abb. a_4) in ein Wölbkraftproblem entsprechend Kap. 3.4 über, bei dem offensichtlich auch Normalspannungen aus Biegung auftreten und das mit den in Kap. 3.4 dargelegten Methoden zu analysieren ist.

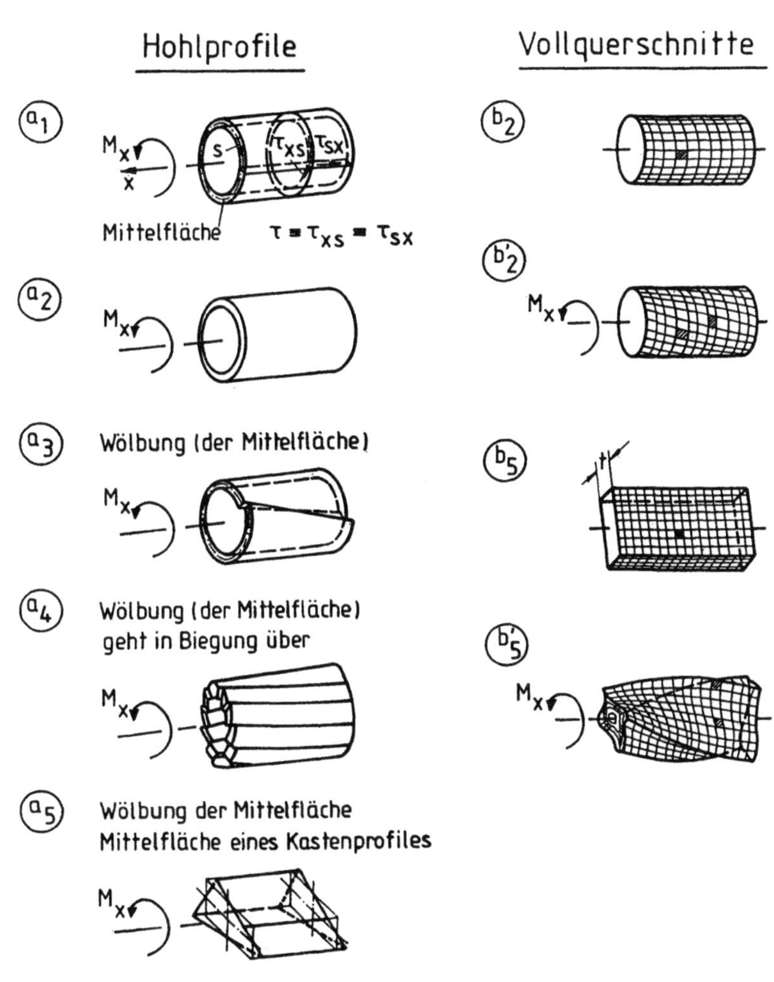

Abb. 3.2 − 1

Wie man sieht, hat der Kreisquerschnitt, der als Hohlquerschnitt und als Vollquerschnitt das gleiche Verhalten (nämlich keine Verwölbung) zeigt und in der Technik für torsionsbeanspruchte Teile meist verwendet wird, besondere Eigenschaften. Hohlwellen sind, wie später in Kap. 3.2.3.3 gezeigt wird, *Neubersche*, d.h. *verwölbungsfreie Schalen*. Es soll daher — zur Einführung in die Problemstellung — am Kreisquerschnitt der Übergang vom Vollquerschnitt zum dünnwandigen Querschnitt dargestellt werden.

3.2.1 Torsion einer Welle mit Kreisquerschnitt

Die Aufgabenstellung lautet, den Zusammenhang zwischen dem vorgegebenen, äußeren Torsionsmoment $\overline{M}_x$ und den Spannungen in der Welle zu finden. Um das Vorgehen mit Hilfe des Lösungsschemas (Abb. 3.1.2 − 1) zu demonstrieren, sollen die einzelnen Schritte anhand dieses Schemas sehr ausführlich dargelegt werden.

1. Schritt: Gleichgewicht (SSL) zwischen äußerer Last und Schnittlast. Bei Torsion liegt ein freies Moment vor, damit ist das äußere Moment gleich dem Schnittmoment. Da St. Venantsche Torsion vorliegt, resultiert aus der äußeren Last $\overline{M}_x$ nur die Schnittgröße M_{xT}, es gibt hier keine SSL-Beziehungen und es ist:

$$\overline{M}_x = M_{xT} \tag{3.2.1 − 1}$$

2. Schritt: Gleichgewicht (SSS) zwischen den Spannungen auf der Schnittoberfläche und der Schnittgröße (hier Schnittmoment). Entsprechend Gleichung 3.1.4 − 4, bezogen auf den Schubmittelpunkt, ist bzw. aus Abb. 3.2.1 − 1a folgt:

$$dM_{xT} = \tau \, dA \cdot \hat{r}$$
$$M_{xT} = \int \tau \, \hat{r} \, dA \tag{3.2.1 − 2}$$

3. Schritt: Da entsprechend den Voraussetzungen im Inneren nur die Schubspannungen τ_{xs} auftreten, gibt es keine Gleichgewichtsbeziehung (SS) zwischen Schub- und Normalspannungen.

Die Verteilung der Schubspannung in der Schnittebene (y, z) bzw. als Funktion von $r = r(y, z)$ ist unbekannt. Deshalb muß eine Aussage a) über das geltende Stoffgesetz und b) über die Verzerrungsverteilung in der Schnittebene, also über den kinematischen Zusammenhang, gemacht werden.

4. Schritt: Das Stoffgesetz für den vorliegenden Fall stabförmiger Tragwerke lautet

$$\tau = \gamma G \qquad \gamma \equiv \gamma_{xs} \tag{3.2.1 − 3}$$

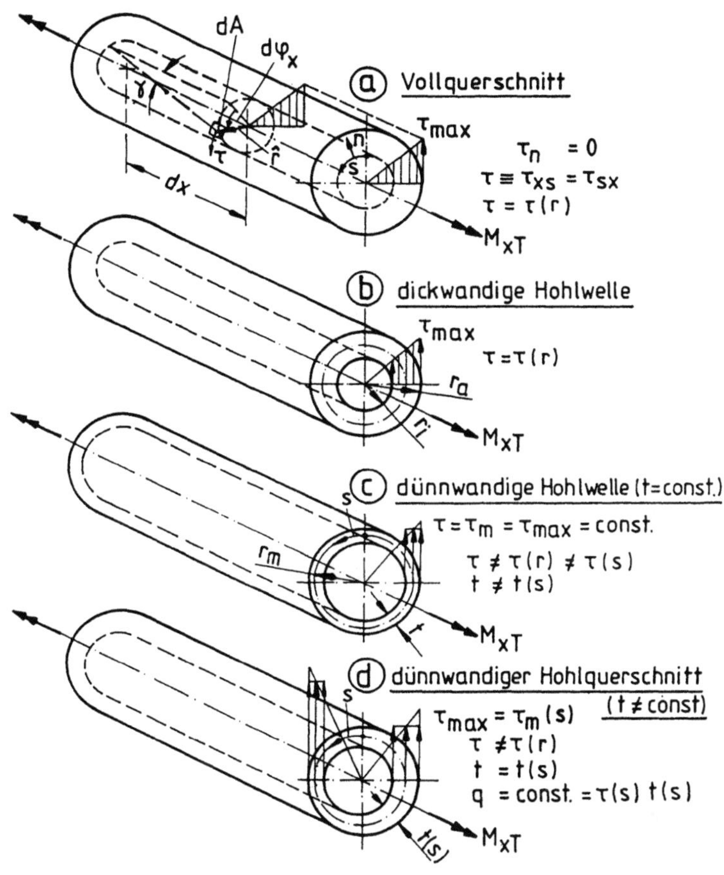

Abb. 3.2.1 − 1

5. Schritt: Die kinematische Bedingung kann aus Abb. 3.2.1−1a oder Abb. 3.2.3−1a abgelesen werden. Es ist:

$$\hat{r} \cdot d\varphi_x = \gamma \cdot dx$$

$$\vartheta = \frac{d\varphi_x}{dx} = \frac{\gamma}{\hat{r}} \qquad (3.2.1 - 4)$$

$(\varphi_x : \textbf{\textit{Drillwinkel}}, \quad \varphi'_x = \dfrac{d\varphi_x}{dx} = \vartheta : \textbf{\textit{spez. Drillwinkel}})$

6. Schritt: Kombiniere die Gleichungen 3.2.1 − 2 bis 3.2.1 − 4.

$$\tau = G\hat{r}\vartheta \qquad (3.2.1 - 5)$$

$$\boxed{M_{xT} = G\vartheta \int_0^{r_a} \hat{r}^2 dA = G\vartheta A_T}$$

$$(3.2.1-6)$$

$$A_T = A_{\hat{r}\hat{r}} = \int \hat{r}^2 dA$$

$GA_T \,\hat{=}\, GI_T$ nennt man Drill- oder Torsionssteifigkeit (vgl. Biegesteifigkeit $EA_B \,\hat{=}\, EI$).

$\quad A_T$ nennt man Drillkonstante oder St. Venantscher Drillwiderstand; bei einzelligen Hohlquerschnitten auch Ergebnis der 2. Bredtschen Formel.

Anmerkungen:

1) Bei homogenen isotropen Werkstoffen ist $G = const$, und für das Einzelmoment $\overline{M}_x$ ist auch $\vartheta = const$ und damit τ eine lineare Funktion von $\hat{r}$.

2) Nur im speziellen Fall des Kreisquerschnittes ist der St. Venantsche Drillwiderstand A_T gleich dem polaren Flächenträgheitsmoment $A_{rr} = I_{T_0}$.

Für das *dickwandige* Rohr ist:

$$A_T = A_{rr} = \int_{r_i}^{r_a} \hat{r}^2 dA = 2\pi \int_{r_i}^{r_a} \hat{r}^3 dr = \frac{\pi}{2}(\hat{r}_a^4 - r_i^4) \qquad (3.2.1-7)$$

Beim *dünnwandigen* Rohr sind die Integrationsgrenzen $r_i = r_m + t/2$ bis $r_a = r_m - t/2$ und damit

$$A_T = A_{rr} = 2\pi t \hat{r}_m^3 [1 + (\frac{t}{2\hat{r}_m})^2] \qquad (3.2.1-8)$$

Für $r \geq 5t$ ist der Fehler $\leq 1\%$, wenn man den 2. Term vernachlässigt.

Bei dünnwandigen Rohren kann man also (vgl. Abb. 3.2.1−1c) eine über die Dicke konstante Schubspannung annehmen. Aus Gl. 3.2.1−5 mit Gl. 3.2.1−6 wird:

$$\boxed{\tau = \frac{M_{xT}}{A_T}\hat{r}}$$

$$(3.2.1-9)$$

und mit Gl. 3.2.1 − 8 bei Vernachlässigung des zweiten Termes für dünnwandige Rohre

$$\tau = const \quad \text{über} \quad t \qquad \qquad \tau_m = \tau = \frac{M_{xT}}{2\pi \hat{r}^2 t} \qquad (3.2.1-10)$$

3.2.2 Lösung des Spannungsproblems für eine einzellige dünnwandige Röhre (SS und SSS)

Soll das Spannungsproblem gelöst werden, so muß entsprechend dem Lösungsschema Abb. 3.1.2 − 1 das Gleichgewicht betrachtet und damit die statischen Zusammenhänge angeschrieben werden. Da das Schnittmoment M_{xT} mit den in der Haut auftretenden Spannungen verknüpft werden muß, müssen die Gleichgewichtsgleichungen SS (Kap. 3.1.3.2) und SSS (Kap. 3.1.4.2) betrachtet und auf das vorliegende Problem angewendet werden.

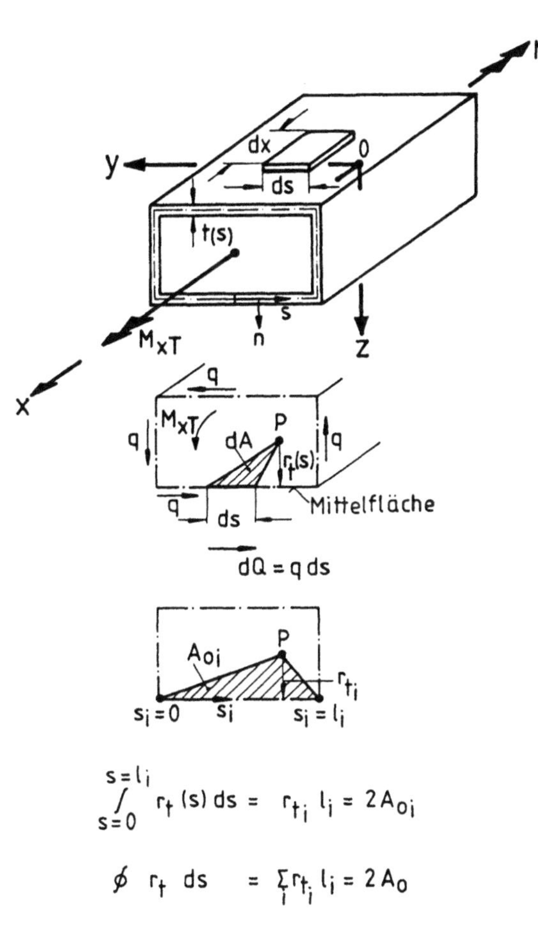

$$\int_{s=0}^{s=l_i} r_t(s)\, ds = r_{t_i}\, l_i = 2A_{oi}$$

$$\oint r_t\, ds = \sum_i r_{t_i}\, l_i = 2A_0$$

Abb. 3.2.2 − 1

Abb. 3.2.2 − 1 zeigt ein zylindrisches, stabförmiges Tragwerk, aus dem ein Hautelement herausgeschnitten wurde, für das die in Kap. 3.1.3.2 Gl. 3.1.3 − 4 abgeleitete *Gleichgewichtsbeziehung (SS)* für die Scheibe bei Vernachlässigung von Volumenkräften gelten muß:

$$\frac{\partial n_x}{\partial x} + \frac{\partial q}{\partial s} = 0$$
$$\frac{\partial n_s}{\partial s} + \frac{\partial q}{\partial x} = 0 \qquad (3.2.2 - 1)$$

Da sich laut Voraussetzung die Querschnittsform in Längsrichtung frei ausbilden kann und damit keine Längsschnittkraft existiert, ist

$n_x = 0$. Da bei einer Scheibe keine Kräfte senkrecht auf das Hautelement wirken, ist auch entsprechend Gl. 3.1.3 − 5

$n_s = 0$. Außerdem ist bei einer Scheibe $\tau = $ const über t (siehe Gl. 2.3.1 − 1) und

$$q(s) = \tau(s) \cdot t(s) .$$

Mit den Vereinfachungen erhält man aus Gl. 3.2.2 − 1:

$$\frac{\partial q}{\partial x} = \frac{\partial q}{\partial s} = 0 \quad \longrightarrow \quad \begin{array}{l} q \neq q(s) \\[4pt] q = \text{const} = q_0 = \tau(s) \cdot t(s) \end{array} \qquad (3.2.2 - 2)$$

Aus Abb. 3.1.3 − 2 entnimmt man, daß der Schubfluß dem hydrodynamischen Analogon (Gl. 3.1.3 − 2) für ($q = $ const $ = q_0$) entspricht.

Für die *statischen Bedingungen SSS* folgt aus Gl. 3.1.4 − 10 bzw. 3.1.4 − 21 für das Schnittmoment eines geschlossenen Querschnittes um die x-Achse bezüglich eines beliebigen Poles P für den St. Venantschen Anteil bei $\tau = $ const über t:

$$M^q_{x(P)} = M_{xT} = q_0 \oint r_t(s)ds \qquad\qquad (3.2.2 - 3a)$$

Da $q = $ const ist, kann es als q_0 vor das Integral gezogen werden. Der Kreis im Integralzeichen besagt, daß über den gesamten Umfang integriert werden soll. Man spricht von einem *Ringintegral*. Soll abschnittsweise integriert werden, so kann man dieses Vorgehen durch das folgende Symbol besonders kennzeichnen $\oint$.

Das gleiche Ergebnis kann man aus Abb. 3.2.2 − 1 ablesen, denn es ist:

$$
\begin{aligned}
dM_{xT} &= r_t(s)dQ \\
&= q_0 r_t(s)ds \\
M_{xT} &= q_0 \oint r_t(s)ds = M^q_{x(P)} \quad \text{siehe Gl. 3.2.2 − 3a}
\end{aligned}
\qquad (3.2.2 - 3b)
$$

Anmerkung: Der Ausdruck $r_t(s)ds = d\omega$ gilt definitionsgemäß nur für offene Querschnitte. Es handelt sich im vorliegenden Fall jedoch um einen geschlossenen Querschnitt!

Aus Abb. 3.2.2 − 1 kann man weiterhin ablesen:

$$dA = \frac{1}{2}r_t(s)ds$$

$$\boxed{2A_0 = \oint r_t(s)ds} \qquad\qquad (3.2.2 - 4)$$

A_0 ist dabei die von der Mittellinie umschlossene Fläche. Damit wird Gl. 3.2.2−3:

$$\boxed{\begin{aligned} M_{xT} &= 2q_0 A_0 \\ q_0 &= \frac{M_{xT}}{2A_0} \\ \tau(s) &= \frac{M_{xT}}{2A_0 t(s)} \end{aligned}}$$

Bredt-Batho-Beziehung (Bredt 1896) $\hspace{3cm}$ (3.2.2 − 5)

Diese Beziehung gilt für *zylindrische Stäbe mit geschlossenem Querschnitt* und ist unabhängig von der Querschnittsgestalt. Es ist $\tau = const$ über t.

Das vorliegende Problem bei dem $q = q_0 = const$ ist benötigt zu seiner Lösung keine Aussage über das kinematische Verhalten. Will man jedoch die Schubflußverteilung in einer mehrzelligen Röhre berechnen, so liegt ein statisch überbestimmtes System vor. Es müssen dazu entsprechend dem Lösungsschema Abb. 3.1.2 − 1 Aussagen über die kinematischen Bedingungen (KVV, d.h. in diesem speziellen Fall über die Verträglichkeit) gemacht werden.

3.2.3 Kinematische Zusammenhänge bei geschlossenen und offenen (Hohl-) Querschnitten (KVV) und ihre Verknüpfung mit der Schnittkraft

Nachdem erste Erkenntnisse aus dem Studium der Torsion von mehrfach berandeten Querschnitten an speziellen Problemstellungen gewonnen wurden, soll im folgenden das kinematische Verhalten *allgemeiner, zylindrischer, dünnwandiger Querschnitte* untersucht werden.

Da voraussetzungsgemäß (siehe Kap. 3.2) nur die Schubspannung τ_{xs} auftritt ($\sigma_x = \sigma_y = \sigma_z = \tau_{xn} = 0$), gilt in einem Hautelement folgende Gesamtverzerrungs-Verschiebungsbeziehung (siehe dazu auch Abb. 3.1.6 − 5):

Fall 1:

$$\gamma_{xs} = \frac{\partial u}{\partial s} + \frac{\partial v_t}{\partial x} \hspace{3cm} (3.2.3 − 1)$$

Die Schubverzerrung γ_{xs} kann sich demnach aus 2 Termen zusammensetzen, aber es kann auch jeweils eine der 3 Größen Null sein (Abb. 3.1.6 − 5).

Fall 2:

$$\frac{\partial u}{\partial s} = 0 \rightarrow \gamma_{xs} = \frac{\partial v_t}{\partial x} \hspace{3cm} (3.2.3 − 2)$$

Dieser Fall kann z.B. bei Torsion eines Kreisquerschnittes (Abb. 3.2 − 1 und Abb. 3.2.3 − 1a) beobachtet werden. Es liegt eine *verwölbungsfreie*, sog. *"Neubersche (Zylinder-) Schale"* vor (siehe Kap. 3.2.3.3).

Fall 3:

$$\frac{\partial v_t}{\partial x} = 0 \rightarrow \gamma_{xs} = \frac{\partial u}{\partial s} \qquad\qquad (3.2.3-3)$$

In diesem Fall muß, wie aus Abb. 3.2.3 − 1a für $dv_t = 0$ zu entnehmen ist, Drillfreiheit vorliegen. Diese Bedingung nutzt man z.B. zur Bestimmung des Schubflusses q_{0B}, der als Schließbedingung aufgebracht werden muß, um einen unter Querkraft stehenden Hohlquerschnitt, der aufgeschnitten ist, zu schließen. Die Querkraft muß dann von SM nach SMg verschoben werden. (Siehe dazu Kap. 3.3.7.1 Bestimmung von q_{0B} mit Hilfe kinematischer Überlegungen)

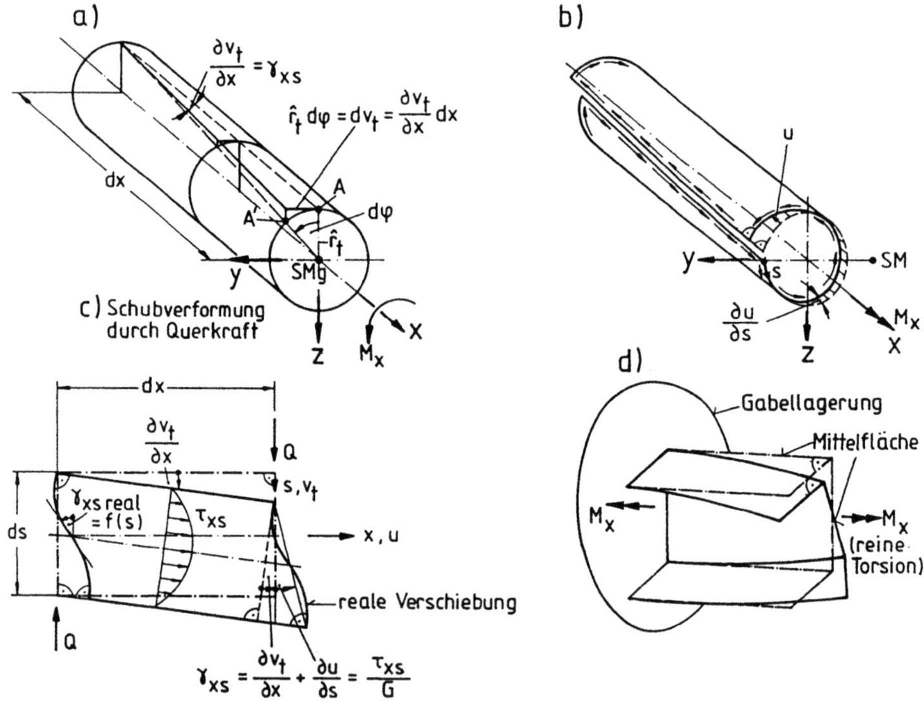

Abb. 3.2.3 − 1: Dargestellt sind jeweils die Mittelflächen.
Die Querschnittsgestalt bleibt erhalten.

Bemerkungen zur Abb. 3.2.3 − 1: Es ist jeweils die Mittelfläche dargestellt. Die Wandstärke t ist klein gegenüber den Abmessungen. Auch die durch Querkraft hervorgerufenen Schubverformungen (Abb. 3.2.3−1c) verwölben den Querschnitt.

Fall 4:

$$\gamma_{xs} = 0 = \frac{\partial u}{\partial s} + \frac{\partial v_t}{\partial x} \qquad \longrightarrow \qquad -\frac{\partial u}{\partial s} = \frac{\partial v_t}{\partial x} \qquad\qquad (3.2.3-4)$$

$$\gamma_{xn} = 0 = \frac{\partial u}{\partial n} + \frac{\partial v_t}{\partial x} \qquad \longrightarrow \qquad -\frac{\partial u}{\partial n} = \frac{\partial v_t}{\partial x} \qquad\qquad (3.2.3-5)$$

Wie Abb. 3.1.6−5 zeigt, hat sich in diesem Fall $(\gamma_{xs} = 0)$ die Mittelfläche des Hautelementes nicht verzerrt. Es liegt eine reine Drehung des Elementes vor, d.h. der rechte Winkel bleibt erhalten. Dies ist z.B. der Fall bei der Torsion von offenen dünnwandigen Profilen (Abb. 3.2.3 − 1b und 3.2.3 − 1d). Bei Behinderung dieser Verwölbung z.B. durch eine feste Einspannung entsteht Wölbkrafttorsion (siehe Kap. 3.4). Die zweite Gleichung (für $\gamma_{xn} = 0$, da $\tau_{xn} = 0$) spielt nur eine untergeordnete Rolle. Aus ihr kann die *sekundäre Wölbfunktion* bestimmt werden.

3.2.3.1 Ermittlung der Wölbfunktionen für geschlossene und offene Querschnitte

Allgemeine Betrachtungen:

Wie vorstehend gezeigt, gilt im allgemeinen Fall:

$$\gamma_{xs} = \frac{\partial u}{\partial s} + \frac{\partial v_t}{\partial x} \qquad\qquad (3.2.3-6)$$

Daraus folgt für einen Schnitt $x = const$ der rein geometrische Zusammenhang

$$u(x,s) - u(x,0) = \int_0^s \left(\gamma_{xs} - \frac{\partial v_t}{\partial x}\right)ds \qquad\qquad (3.2.3-7)$$

Mit dem Stoffgesetz

$$\tau = G\gamma_{xs} = \frac{q(s)}{t(s)}$$
$$\gamma_{xs} = \frac{q(s)}{Gt(s)} \qquad\qquad (3.2.3-8)$$

kann man entsprechend dem Lösungsschema (Abb. 3.1.2 − 1) die Verzerrungen mit den Spannungsbeziehungen (SS) verknüpfen

$$q(s) = G \cdot t(s) \left(\frac{\partial u}{\partial s} + \frac{\partial v_t}{\partial x} \right)$$

$$u(x,s) - u(x,0) = \int_0^s \left(\frac{q(s)}{Gt(s)} - \frac{\partial v_t}{\partial x} \right) ds$$

$$(3.2.3 - 9)$$

Ist der gewählte Pol der SM (vgl. Gl. 3.1.6 − 11), so ist:
$\dfrac{\partial v}{\partial x} = \dfrac{\partial w}{\partial x} = 0$ und aus Abb. 3.2.3 − 1a folgt:

$$dv_t = \hat{r}_t(s)d\varphi$$

$$\boxed{\frac{\partial v_t}{\partial x} = \hat{r}_t\vartheta}$$

$$(3.2.3 - 10)$$

Damit wird:

$$u(x,s) - u(x,0) = \int_s \frac{q(s)}{G} \frac{ds}{t(s)} - \int_s \vartheta r_t(s)ds$$

$$(3.2.3 - 11)$$

Man kann zu einem Ausdruck zusammenfassen:

$$\boxed{\frac{q}{G\vartheta} = \psi}$$

$$(3.2.3 - 12)$$

wobei ψ die Dimension einer Wölbkoordinate hat. Die allgemeine Wölbfunktion
für den Schubmittelpunkt des Querschnittes $x = const$ ist dann:

$$\boxed{W = u(x,s) - u(x,0) = \int_s \vartheta \left(\frac{\psi}{t(s)} - \hat{r}_t(s) \right) ds}$$

$$(3.2.3 - 13)$$

Verwölbung bei Zwangsfreiheit $(u \neq u(x), v_t \neq v_t(s), \vartheta \neq \vartheta(x,s))$

Bei Zwangsfreiheit gilt nach St. Venant:

$$\sigma_x = 0 \rightarrow \epsilon_x = \frac{\partial u}{\partial x} = 0 \rightarrow u \neq u(x)$$
$$\sigma_s = 0 \rightarrow \epsilon_s = \frac{\partial v_t}{\partial s} = 0 \rightarrow v_t \neq v_t(s)$$

$$(3.2.3 - 14)$$

Bei homogenem, isotropen Material ist $G \neq G(x, s)$ und bei Einleitung von *Einzelmomenten* M_x ist

$$\vartheta \neq \vartheta(x, s) = const. \qquad (3.2.3 - 15)$$

Damit wird aus $3.2.3 - 11$

$$\int\limits_u du = \frac{1}{G} \int\limits_s q(s) \frac{ds}{t(s)} - \vartheta \int\limits_s \hat{r}_t(s) ds \qquad (3.2.3 - 16)$$

3.2.3.1.1 Wölbfunktionen für geschlossene Querschnitte Zwangsfreie Drillung um den SMg $(W = u(s) - u_0)$

Für einen geschlossenen, zwangsfrei gedrillten Querschnitt ist außerdem nach Bredt–Bartho:

$$q = q_0 \neq q(s) \qquad (3.2.3 - 17)$$

und damit

$$\boxed{\psi_0 = \frac{q_0}{G\vartheta} = const} \qquad (3.2.3 - 18)$$

Die *Wölbfunktion* lautet dann für den SMg:

$$\int\limits_u du = \frac{q_0}{G} \int\limits_s \frac{ds}{t(s)} - \vartheta \int\limits_s \hat{r}_t(s) ds \qquad (3.2.3 - 19)$$

$$W = u(s) - u_0 = -\vartheta \int\limits_0^s \underbrace{\left(\hat{r}_t(s) - \frac{\psi_0}{t(s)} \right) ds}_{d\hat{\omega}^*} \qquad (3.2.3 - 20)$$

$$d\hat{\omega}^* = \left(\hat{r}_t(s) - \frac{\psi_0}{t(s)} \right) ds \quad [\mathrm{L}^2] \qquad (3.2.3 - 21)$$

$$\boxed{u(s) = -\vartheta\hat{\omega}^* + u_0}$$

$$(3.2.3 - 22)$$

Bei abschnittsweiser Integration über den geschlossenen Querschnittes wird:

$$-\frac{u(s) - u_0}{\vartheta} = \boxed{\hat{\omega}^* = \oint \hat{r}_t(s)ds - \psi_0 \oint \frac{ds}{t(s)}}$$

$$(3.2.3 - 23)$$

Drillung (um den SMg) mit Wölbbehinderung

Liegt Wölbbehinderung und damit keine zwangsfreie Drilllung vor, z.B. durch Behinderung der Längsverschiebung infolge einer festen Einspannung oder wird ein laufendes Moment $\overline{m}_x$ eingeleitet, so ist:

$$\vartheta = \vartheta(x) \qquad \text{damit aber auch} \qquad u = u(x)$$

$$(3.2.3 - 24)$$

und es wird bei analogem Vorgehen unter der Voraussetzung $\vartheta \neq \vartheta(s)$ aus Gl. 3.2.3 − 13

$$\boxed{u(x, s) = -\vartheta(x)\omega^* + u(x, 0)}$$

$$(3.2.3 - 25)$$

Für einen Schnitt $x = const.$ wird dann mit Gl. 3.1.7 − 35: $\varepsilon_{xW} = e\omega$

$$\boxed{\begin{aligned} \frac{\partial u}{\partial x} &= \varepsilon_{xW} = -\vartheta'\hat{\omega}^* = e\,\hat{\omega}^* \\ -\vartheta' &= e \end{aligned}}$$

$$(3.2.3 - 26)$$

Es entstehen somit Längsspannungen $\sigma_{xW} = E\varepsilon_{xW}$

3.2.3.1.2 Wölbfunktionen für offene Querschnitte
Zwangsfreie Drillung um den SM ($W = u(s) - u_0$)

Ehe die Wölbfunktionen W für offene Querschnitte abgeleitet werden, sollen einige physikalische Überlegungen noch einmal dargelegt werden. Das in Abb. 3.2.3 − 2 gezeigte C-Profil denke man sich aus lauter äußerst dünnen ineinander geschobenen Röhrchen, die ein geschlossenes Rohr bildeten und dann in die Form des C-Profiles umgeformt wurden, zusammengesetzt. In jedem der Röhrchen wird bei Torsion ein Schubfluß entsprechend der Bredt-Bathoschen Beziehung entstehen. Der spezifische Drillwinkel muß aus Kompatibilitätsgründen für alle Röhrchen gleich sein. Der von den sich zwangsfrei verwölbenden Röhrchen aufgenommene Anteil des zu übertragenden Momentes ist M_{xT} (siehe dazu auch Kap. 3.2.5).

Anmerkungen:

1) Aus Abb. 3.2.3 − 2 entnimmt man, daß bei Torsion am offenen Rand des C−Profiles der Schubfluß im äußersten Röhrchen nicht null ist. Vgl. dazu den Schubfluß aus Querkraft Abb. 3.1.3 − 1 oder Kap. 3.3.5 . Der letztere ist am Rand null; beachte aber den unterschiedlichen Verlauf der Schubflüsse und damit der Schubspannungen am Rand des Profiles.

2) Die Schubspannung τ_{xs} verläuft am Rand tangential zur Oberfläche, hat dort auch ihren Größtwert und ist in der Mittelfläche null. (Die umschriebene Fläche A_0 des innersten Röhrchens ist null.)

3) Die Schubspannung τ_{xn} ist für alle Punkte des Querschnittes gleich null (siehe dazu auch Kap. 2.4.2.2.2, Gl. 2.4.2 − 18).

Primäre Wölbfunktion W_s

Für die Mittelebene (Index M) des offenen Profiles ist, wie man Abb. 3.2.3 − 2 entnehmen kann:

$$\tau_{xsM} = \tau_M = 0 \tag{3.2.3 − 27}$$

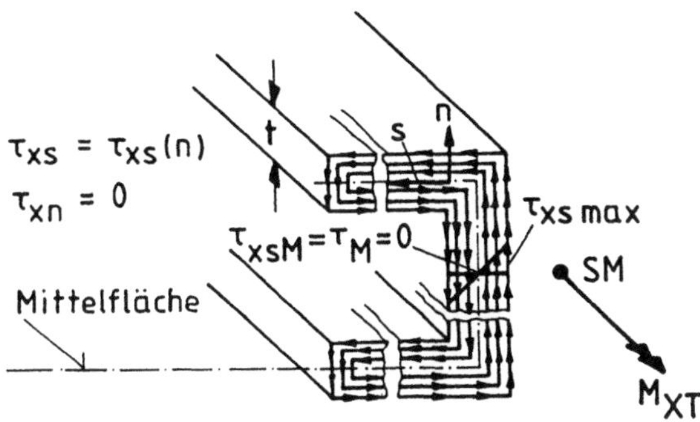

Abb. 3.2.3 − 2 (t ist stark vergrößert gezeichnet)

Da aber $\tau = \gamma G$ und $G \neq 0$, muß

$$\gamma_{xsM} = \gamma_M = 0 \tag{3.2.3 − 28}$$

sein. Damit liegt für die **Mittelebene** Fall 4 der möglichen kinematischen Zusammenhänge und damit eine *reine Drehbewegung* vor. Für die *Mittelebene*, die wie gesagt als zu einem in die Profilform umgeformten Rohr gehörig aufgefaßt werden kann, gelten aber die für zylindrische Hohlkörper abgeleiteten Gleichungen mit der Maßgabe, daß

$$\gamma_M = \tau = q = \psi = 0 \qquad\qquad (3.2.3 - 29)$$

Damit wird aus Gl. 3.2.3 − 7 bzw. 3.2.3 − 4

$$u(x,s) - u(x,0) = - \int\limits_0^s \frac{\partial v_t}{\partial x} ds \qquad\qquad (3.2.3 - 30)$$

Für den SM wird aus Gl. 3.2.3 − 13 die *primäre Wölbfunktion W_s*

$$W_s = u(x,s) - u(x,0) = - \int \vartheta \hat{r}_t ds \qquad\qquad (3.2.3 - 31)$$

und bei homogenem, isotropem Werkstoff, der Einleitung von Einzelmomenten

für $\qquad\qquad \vartheta \neq \vartheta(s,x) = \text{const}$

und $\qquad\qquad d\hat{\omega} = \hat{r}_t ds$ $\qquad\qquad\qquad (3.2.3 - 32)$

wird aus Gl. 3.2.3 − 20 die *primäre Wölbfunktion für den offenen Querschnitt,* bezogen auf den SM:

$$W_s = u(s) - u_0 = -\vartheta \int\limits_0^s \hat{r}_t(s) ds \qquad\qquad (3.2.3 - 33)$$

$$\boxed{u(s) = -\vartheta\hat{\omega} + u_0} \qquad\qquad (3.2.3 - 34)$$

Drillung (um den SM) mit Wölbbehinderung

Entsprechend Gl. 3.2.3 − 24bis −26 erhält man für: $\vartheta = \vartheta(x), u = u(x)$ und $\vartheta \neq \vartheta(s)$

$$\boxed{\begin{aligned} u(x,s) &= -\vartheta(x)\hat{\omega} + u(x,0) \\ \frac{\partial u}{\partial x} &= \varepsilon_{xW} = -\vartheta'\hat{\omega} = e\hat{\omega} \\ -\vartheta' &= e \end{aligned}} \qquad\qquad (3.2.3 - 35)$$

Sekundäre Wölbfunktion für offene Querschnitte ($W_n = u(x,n) - u(x,0)$)

Die Wölbfunktion W_n beschreibt die Verwölbung quer zur Wand. Wie in Kap. 2.4.2.2.2 gezeigt und aus Gl. 2.4.2 − 18 hervorgeht, ist τ_{xn} für alle Punkte des Querschnittes Null.

$$\tau_{xn} = 0 \qquad \rightarrow \qquad \gamma_{xn} = 0 \tag{3.2.3 − 36}$$

Somit wird aus Gl. 3.2.3 − 5, die wiederum die Drehung eines Elementes beschreibt:

$$-\frac{\partial u}{\partial n} = \frac{\partial v_t}{\partial x} = \hat{r}_t(s)\,\vartheta \qquad \begin{aligned} \vartheta &= \vartheta(x) \\ \vartheta &\neq \vartheta(s) \end{aligned} \tag{3.2.3 − 37}$$

Analog zur Herleitung der *primären Wölbfunktion* erhält man die *sekundäre Wölbfunktion* für den Schnitt $x = const$.

$$\boxed{u(n) = -\hat{r}_t(s)\,n\,\vartheta + u_0} \tag{3.2.3 − 38}$$

Dabei ist $\hat{r}_t \neq \hat{r}_t(n)$.
Die sekundäre Wölbfunktion ist sehr viel kleiner als die primäre und wird im allgemeinen bei den im Leichtbau praktisch vorkommenden Wandstärken vernachlässigt.

Anmerkungen:

1) Die Gleichungen der Wölbfunktionen für den *geschlossenen Querschnitt* Gl. 3.2.3 − 22 und den *offenen Querschnitt* Gl. 3.2.3 − 34 haben den gleichen Aufbau. Beachten muß man jedoch, daß die Ausdrücke $\hat{\omega}$ und $\hat{\omega}^*$ unterschiedlich sind; ebenso unterscheiden sich die zu diesen Ausdrücken gehörenden Schubmittelpunkte SMg und SM. (Zu ihrer Ermittlung siehe Kap. 3.1.7.3.6 sowie 3.3.6.1 und 3.3.6.2)

2) Der Ausdruck $\psi = \frac{q}{G\vartheta}$ ist die *Schließbedingung* für einen geschlossenen Querschnitt.
   Schneidet man einen zylindrisches Hohlprofil auf, so wird $\psi = 0$ und der Schubmittelpunkt verändert seine Lage vom SMg zum SM. Im umgekehrten Fall sorgt ψ dafür, daß der Querschnitt geschlossen wird.

3) Wie in Kap. 3.2.3.2 Gl. 3.2.3 − 46 gezeigt, kann ψ_0 in geometrischen Größen ausgedrückt werden. Damit sind aber bei Drillung von dünnwandigen, stabförmigen Tragwerken die Wölbfunktionen die *kinematische Verzerrungs- Verschiebungs-* bzw. *Drillungs-Beziehungen* (KVV). Die Bedeutung von $e\hat{\omega}$ bzw. $e\hat{\omega}^*$ folgt aus Gl. 3.1.6 − 2 und Abb. 3.1.6 − 1.

Es ist für:

$$\begin{aligned}
\vartheta &= 1 \\
u(x,s) &= -\hat{\omega} \\
\text{bzw.} \quad u(x,s) &= -\hat{\omega}^{*}
\end{aligned}$$

$(3.2.3-39)$

D.h. die Verschiebung u jedes Querschnittspunktes ist für eine spezifische Einheitsverdrillung gleich der aus der Geometrie ermittelten negativen **Hauptwölbkoordinate** (normierte Verwölbung bezüglich des Schubmittelpunktes, durch den die Torsionsachse verläuft). Oder physikalisch betrachtet: Bringt man eine positive Verdrillung (entsprechend der Rechten-Hand-Regel) auf, so entsteht vom Integrations-Anfangspunkt ausgehend in s–Richtung eine Verschiebung der Querschnittpunkte in negativer x–Richtung. Dies kann man mit Hilfe eines zum Zylinder geformten Papierblattes für den offenen Querschnitt leicht nachprüfen (siehe auch Abb. 3.2.3 – 1b).

4) Beim offenen Querschnitt wurde Gl. 3.2.3 − 34 für die Mittelfläche ($\gamma_M = 0$) abgeleitet und beschreibt damit auch deren Verwölbung (Abb. 3.2.3 − 1b und d). Es entstehen somit bei zwangsfreier Drillung keine Scherungen γ_{xs} sondern nur Drehungen der einzelnen Elemente. Wird ein Zwang z.B. infolge einer festen Einspannung am Ende des Stabes ausgeübt, so entstehen im Querschnitt, und zwar über die gesamte Wandstärke, Dehnungen ε_x und damit Normalspannungen σ_x (vgl. die Drehung der Elemente bei Biegebeanspruchung Kap. 3.3.2.1, Abb. 3.3.2 − 1).

5) Physikalisch schlußfolgern kann man aus Gl. 3.2.3 − 20 sofort, daß für:

$$\psi = \hat{r}_t(s)t(s) \qquad (3.2.3-40)$$

die Verwölbung Null wird und damit eine wölbfreie, d.h. Neubersche Schale vorliegt (vgl. Fall 2 Kap. 3.2.3 und Kap. 3.2.3.3).

6) Setzt man in Gl. 3.2.3 − 19 die Beziehung nach Bredt-Batho Gl. 3.2.2 − 5 ein, so erhält man für den Fall eines einzelligen Hohlquerschnittes

$$du = \left[\frac{M_{xT}}{2A_0 G \cdot t(s)} - \hat{r}_t(s)\vartheta\right] ds \qquad (3.2.3-41)$$

Aus dieser Gleichung kann man sofort ablesen, daß für $t(s) = const$ die Verwölbung auf einer geraden Wand (für diese ist $r_t(s) = const$) sich linear mit s ändert. Dieser Fall liegt in der Praxis aber sehr häufig vor.

7) Betrachtet man Gl. 3.2.3 − 7 und faßt man wie beim offenen Profil (vgl. Abb. 3.2.3 − 1d) $\frac{\partial v_t}{\partial x}$ als Drehanteil eines Scheibenelementes auf, so entsteht dieser (vgl. Abb. 3.2.3−6) beim geschlossenen Profil durch Drehung um den Punkt B. Der Punkt A″ entsteht durch die Torsion aus dem Punkt A infolge Drehung um $d\varphi$ und Projektion auf die Tangentialfläche. Die Gesamtverzerrung γ_{xs} setzt sich dann aus dem Drehanteil $\frac{\partial v_t}{\partial x}$ plus dem Scherungsanteil

$\frac{\partial u}{\partial s}$, der bezüglich der als unverformbar angenommen Querschnittsgestalt entsteht, zusammen.

3.2.3.2 Ermittlung des spezifischen Drillwinkels ϑ für einzellige geschlossene Querschnitte bei zwangsfreier Drillung

Die im vorstehenden Kapitel abgeleitete Gl. 3.2.3−16 kann man zum einen unbestimmt, d.h. in der Praxis abschnittweise (z.B. bei kastenförmigen Querschnitten von einer Ecke über eine gerade Wand, die meist eine konstante Wandstärke hat, bis zur nächsten Ecke) integrieren und zum anderen das Ringintegral bilden, d.h. über den gesamten Umfang integrieren.

Wertet man die Integrale aus bzw. führt Abkürzungen ein, so erhält man (siehe dazu auch Abb. 3.2.2 − 1):

Bei abschnittsweiser Integration des Einzellers mit $q = q_0$:

$$\int_{u_0}^{u_s} du = u_s - u_0 \qquad \int_0^s \frac{ds}{t(s)} = \delta_{os} \qquad \int_0^s \hat{r}_t(s)ds = 2A_{os} \qquad (3.2.3 - 42)$$

Bei Integration über den gesamten Umfang:

$$\oint du = 0 \qquad \oint \frac{ds}{t(s)} = \delta_0 \qquad \oint \hat{r}_t(s)ds = 2A_0 \qquad (3.2.3 - 43)$$

(Für Einzeller ist nach Bredt-Bartho zudem $2A_0 = \frac{M_x T}{q_0}$).

Integriert man über den gesamten geschlossenen Querschnitt, so muß, nachdem man den Umfang vollständig umlaufen hat und zum Anfangspunkt zurückgekehrt ist, die Verschiebungsdifferenz gleich Null sein. Schneidet man den Querschnitt jedoch in x-Richtung auf, so tritt eine Verschiebungsdifferenz auf, da in der Schnittfläche die Schubspannung zu Null wird und damit der Zusammenhang verloren geht (vgl. Abb. 3.2.3 − 1a und 3.2.3 − 1b).

Bei Integration über den gesamten Umfang wird aus Gl. 3.2.3−16 mit Gl. 3.2.3−43 wenn $G \neq G(s)$:

$$\vartheta = \frac{d\varphi}{dx} = \frac{1}{2A_0 G} \oint q(s)\frac{ds}{t(s)} \qquad (3.2.3 - 44)$$

für $q(s) = q_0 = const$ wird:

$$\vartheta = \frac{q_0}{2A_0 G}\delta_0 \qquad (3.2.3 - 45)$$

und mit Gl. 3.2.3 − 18 ist:

$$\psi_0 = \frac{q_0}{G\vartheta} = \frac{2A_0}{\oint \frac{ds}{t(s)}} = \frac{2A_0}{\delta_0} = \text{const} \qquad (3.2.3 - 46)$$

Gl. 3.2.3 − 16 kann man dann nach Einsetzen von Gl. 3.2.3 − 42 und 3.2.3 − 43 auch schreiben:

$$u_s - u_0 = \frac{q_0}{G}\left[\delta_{0s} - \frac{A_{0s}}{A_0}\delta_0\right] = \frac{q_0}{G}\left[\delta_{0s} - \frac{2A_{0s}}{\psi_0}\right] \qquad (3.2.3 - 47)$$

Anmerkung: Da die Bedingung

$$q_0 = G \cdot \psi_0 \cdot \vartheta \qquad (3.2.3 - 48)$$

als *Zusammenhangs-* bzw. *Schließbedingung* immer erfüllt sein muß und da der Schubmodul G hier als eine Konstante angesehen wird, ist q_0 proportional zu ϑ. Bei Wölbbehinderungen, wie sie z.B. an eingespannten Enden auftreten, ist $\vartheta = \vartheta(x)$ und damit auch $q = q(x) \neq q_0$. Für die zwangsfreie St. Venantsche Torsion ist jedoch beim Wirken eines einzelnen Momentes $\vartheta \neq \vartheta(x)$.

Mit der 1. Bredtschen Formel Gl. 3.2.2 − 5 wird schließlich:

$$\vartheta = \frac{M_{xT}}{4A_0^2 G}\delta_0 = \frac{M_{xT}}{2A_0 G\psi_0} \qquad (3.2.3 - 49)$$

Führt man die in Kap. 3.1.7.2 definierte *St. Venantsche Drillkonstante* (in der Literatur auch als *Drillwiderstand* oder *2. Bredtsche Formel* bezeichnet) für Hohlquerschnitte ein:

$$I_T \mathrel{\hat{=}} A_T = \frac{2A_0 \oint r_t(s)ds}{\oint \frac{ds}{t(s)}} = \frac{4A_0^2}{\delta_0} = 2A_0\psi_0 \qquad (3.2.3 - 50)$$

so wird aus Gl. 3.2.3 − 49:

$$\boxed{M_{xT} = GA_T\vartheta} \qquad (3.2.3 - 51)$$

Man nennt:

$$
\begin{aligned}
GA_T &\mathrel{\hat{=}} GI_T & &\textit{Drillsteifigkeit} \\
EA_{\hat{y}\hat{y}},\ EA_{\hat{z}\hat{z}} \ \text{bzw.}\ EA_B &\mathrel{\hat{=}} EI_B & &\textit{Biegesteifigkeit} \\
EA & & &\textit{Dehnsteifigkeit}
\end{aligned}
\qquad (3.2.3 - 52)
$$

Vgl. auch (Kap. 3.3.4.1 Gl. 3.3.4 − 6 und 3.3.4 − 8):

$$
\begin{aligned}
\text{Längskraft in } \hat{x}\text{−Richtung:} \quad & N &&= EA\ u' &&= EA\varepsilon_{\hat{x}} \\
\text{Biegung um die } \hat{y}\text{−Achse:} \quad & M_{\hat{y}} &&= EA_{\hat{z}\hat{z}}\varphi'_{\hat{y}} &&= -EA_{\hat{z}\hat{z}}w'' \\
\text{Biegung um die } \hat{z}\text{−Achse:} \quad & M_{\hat{z}} &&= EA_{\hat{y}\hat{y}}\varphi'_{\hat{z}} &&= EA_{\hat{y}\hat{y}}v'' \\
\text{St. Venantsche Torsion:} \quad & M_{xT} &&= GA_T\varphi'_x
\end{aligned}
\qquad (3.2.3-53)
$$

Die zwangsfreie Drillung erfolgt um die Längsachse, die durch den Schubmittelpunkt des geschlossenen Profiles (SMg) geht. Das Vorgehen zur Ermittlung des SMg wird in Kap. 3.3.6.2 behandelt.

Beispiel:
Ermittle den Drillwinkel φ für einen Hohlzylinder mit der Länge l bei Einwirkung eines Momentes M_{xT}. Aus Gl. 3.2.3 − 49 folgt:

$$
\int_0^\varphi d\varphi = \frac{M_{xT}}{4A_0^2 G}\oint \frac{ds}{t(s)}\int_0^l dx
\qquad \text{Für } t = \text{ const wird } \oint \frac{ds}{t(s)} = \frac{s_u}{t}
\qquad (3.2.3-54)
$$

$$
\varphi = \frac{M_{xT}}{4A_0^2 G}\frac{s_u}{t}l
\qquad s_u : \text{ Länge der Umfangsmittellinie}
\qquad (3.2.3-55)
$$

Aus dem Ausdruck für A_T

$$
A_T = \frac{4A_0^2}{\oint \frac{ds}{t(s)}}
\qquad (3.2.3-56)
$$

geht hervor, daß die Drillkonstante umso größer ist, je größer die umschriebene Fläche und je kleiner der Umfang ist. Der Kreisquerschnitt hat aber das günstigste Verhältnis A_0/U und weist damit den höchsten Drillwiderstand auf.

In Abb. 3.2.3 − 3 sind für den Kreis-, den quadratischen und den Rechteckquerschnitt die umschriebenen Flächen, die Umfänge und der Drillwiderstand angegeben sowie die dimensionslose Größe $A_T/a^3 t$, die ein Maß für die Drillkonstante bei gleicher umschriebener Fläche und Wandstärke ist. Aus der letzten Zeile kann man dann ablesen, daß der Kreisquerschnitt um 12% besser ist als der quadratische Querschnitt und daß der Rechteckquerschnitt um so schlechtere Werte liefert, je größer das Seitenverhältnis wird.

<table>
<tr><td></td><td>(Kreisquerschnitt)</td><td colspan="6">(Rechteckquerschnitt)</td></tr>
<tr><td>A_0</td><td>$\pi \cdot r^2 = a^2$</td><td colspan="6">$h \cdot l = a^2 \longrightarrow \dfrac{h}{a} = \dfrac{a}{l}$</td></tr>
<tr><td>s_u</td><td>$2\pi r = 2a\sqrt{\pi}$</td><td colspan="6">$2(l+h) = 2\left(\dfrac{a^2}{l} + l\right)$</td></tr>
<tr><td>A_T
$t=$const</td><td>$\dfrac{2}{\sqrt{\pi}}\, a^3 t$</td><td colspan="6">$\dfrac{4a^4 t}{2\left(\dfrac{a^2}{l} + l\right)} = 2\dfrac{a^3 t}{\left(\dfrac{a}{l} + \dfrac{l}{a}\right)}$</td></tr>
<tr><td rowspan="3">$\dfrac{A_T}{a^3 t}$</td><td rowspan="2">$\dfrac{2}{\sqrt{\pi}}$</td><td>$\dfrac{h}{l} = \left(\dfrac{a}{l}\right)^2 =$</td><td>$1^2$</td><td>$2^2$</td><td>$3^2$</td><td>$4^2$</td><td>$5^2$</td></tr>
<tr><td>$\dfrac{A_T}{a^3 t} =$</td><td>1</td><td>$\dfrac{4}{5}$</td><td>$\dfrac{3}{5}$</td><td>$\dfrac{8}{17}$</td><td>$\dfrac{5}{13}$</td></tr>
<tr><td>$1{,}12$</td><td></td><td>1</td><td>$0{,}8$</td><td>$0{,}6$</td><td>$0{,}47$</td><td>$0{,}38$</td></tr>
</table>

Abb. 3.2.3 − 3
Vergleich der Drillkonstanten verschiedener Querschnittsformen mit gleicher
Wandstärke $t = $ const und gleicher umschriebener Fläche $A_0 = a^2$

3.2.3.3 Verwölbungsfreie, sogenannte Neubersche (Zylinder-) Schalen

Bei Betrachtung der Torsion einer Hohlwelle Abb. $3.2-1a_2$ und $3.2.3-1a$ wurde
bereits festgestellt, daß Querschnitte existieren, die sich nicht verwölben; weiterhin wurde in Kap. 3.2.3 bei der Analyse der kinematischen Zusammenhänge
festgestellt, daß Verwölbungsfreiheit
(Gl. $3.2.3-2$) dann vorliegt, wenn

$$\frac{\partial u}{\partial s} = 0 \quad \text{und damit} \quad \gamma_{xs} = \frac{\partial v_t}{\partial x} \tag{3.2.3 − 57}$$

ist.

Aus Gl. $3.2.3-41$ mit Gl. $3.2.3-49$ folgt

$$\frac{du}{ds} = \frac{M_{xT}\delta_0}{2A_0 G}\left(\frac{1}{\delta_0 t(s)} - \frac{\hat{r}_t(s)}{2A_0}\right) \tag{3.2.3 − 58}$$

Dieser Ausdruck wird Null, wenn der Klammerausdruck für jedes Schalenstück
verschwindet, d.h. für jeden beliebigen Umfangsabschnitt muß dann gelten (vgl.
Abb. $3.2.3-4$):

$$\boxed{\hat{r}_t(s)t(s) = \frac{2A_0}{\delta_0} = \psi_0 = \text{const}}$$

(3.2.3 − 59)

Wenn aber der Wölbgradient $\dfrac{\partial u}{\partial s} = 0$ ist, so kann nur eine über dem Umfang konstante Verschiebung u plus eine Drillung vorliegen.

Damit muß aber der nach abschnittsweiser Integration von Gl. 3.2.3 − 58 (entsprechend Gl. 3.2.3 − 42):

$$u(s) - u_0 = \frac{M_x T \delta_0}{2A_0 G} \left(\frac{\delta_{os}}{\delta_0} - \frac{A_{os}}{A_0} \right)$$

(3.2.3 − 60)

entstehende Klammerausdruck die Festkörperverschiebung, bestehend aus einer Translation und Rotation wiedergeben.

In Abbildung 3.2.3 − 4 sind einige Querschnitte, die Neubersche Schalen sind, dargestellt.

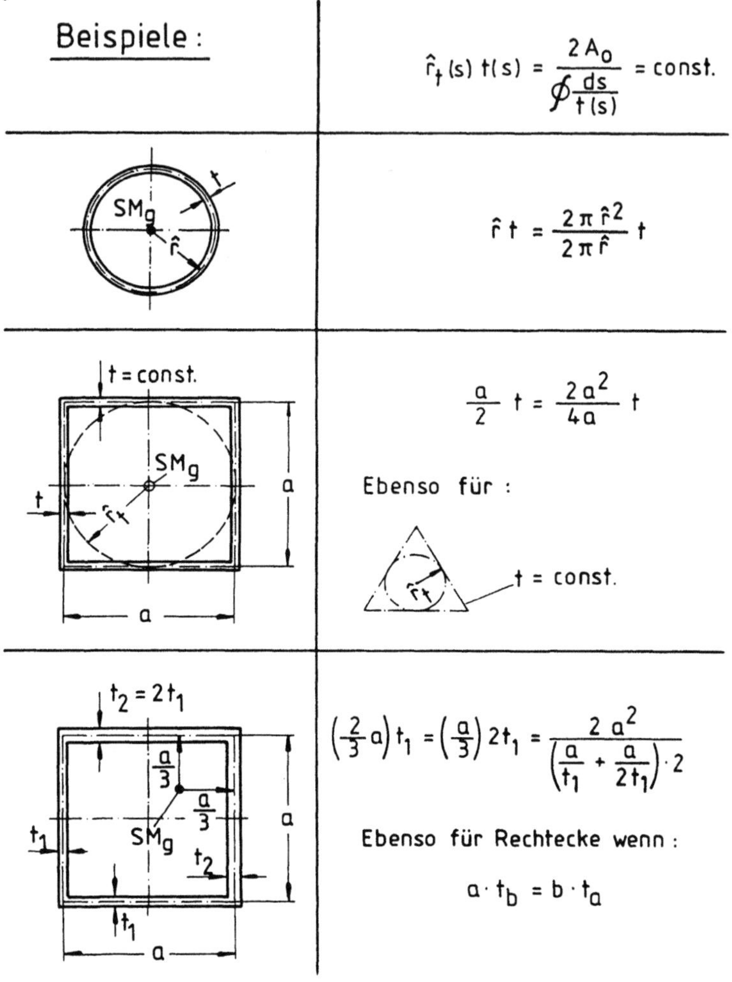

Abb. 3.2.3 − 4

Anmerkungen:

1) Findet man einen Pol für den beim Durchlaufen des Umfanges $r_t(s)t(s) = 2A_0/\oint \frac{ds}{t(s)}$ ist, so ist dieser Pol der SMg und es ist $r_t(s) = \hat{r}_t(s)$. Außerdem liegt eine Neubersche Schale vor, denn $2A_0/\oint \frac{ds}{t(s)}$ ist für jeden beliebigen Pol gleich groß, d.h. const.

2) Neubersche Schalen sind auch alle Profile, bei denen der Ausdruck $r_t(s)\cdot t(s) = 0$ ist wie z.B. bei T− oder L−Profilen, bei denen der SM jeweils im Schnittpunkt der Schenkel liegt (siehe Abb. 3.1.6−4). r_t ist in diesen Fällen gleich Null.

Zusammenfassung: Kinematische Verschiebungs- Verzerrungsbeziehungen (KVV) bei Torsion dünnwandiger zylindrischer Querschnitte

Vollwelle	$\hat{r}\,d\varphi_x \quad = \quad \gamma\,dx \quad \longrightarrow \quad \gamma \quad = \hat{r}\vartheta = \hat{r}\varphi'$	
	dünnwandige, beliebig zylindrische Querschnitte	
allgemein	$\gamma_{xs} \quad = \dfrac{\partial u}{\partial s} + \dfrac{\partial v_t}{\partial x} \qquad \dfrac{\partial v_t}{\partial x} \quad = \hat{r}_t\vartheta$	
Wölbfreiheit (Neubersche Schale)	$\dfrac{\partial u}{\partial s} \quad = \quad 0 \quad \longrightarrow \quad \gamma_{xs} \quad = \dfrac{\partial v_t}{\partial x}$ $\psi_0 \quad = \dfrac{2A_0}{\delta_0} = \hat{r}_t(s)\cdot t(s) = const$	
Drillfreiheit	$\dfrac{\partial v_t}{\partial x} \quad = \quad 0 \quad \longrightarrow \quad \gamma_{xs} \quad = \dfrac{\partial u}{\partial s}$	
Drehung (bei Verwölbung)	$\gamma_{xs} \quad = \quad 0 \quad \longrightarrow \quad -\dfrac{\partial u}{\partial s} \quad = \dfrac{\partial v_t}{\partial x}$ $\gamma_{xn} \quad = \quad 0 \qquad\qquad -\dfrac{\partial u}{\partial n} \quad = \dfrac{\partial v_t}{\partial x}$	
Wölbfunktion bei offenen Querschnitten	primär $\quad \vartheta \neq \vartheta(s)$ sekundär für $x = const.$	$\begin{aligned} u(x,s) &= -\vartheta\hat{\omega} + u(x,0) \\ \varepsilon_{xW} &= -\vartheta'\hat{\omega} \\ u(n) &= -\hat{r}_t(s)\,n\,\vartheta + u_0 \end{aligned}$
Wölbfunktion bei geschlossenen Querschnitten		$\begin{aligned} u(x,s) &= -\vartheta\hat{\omega}^* + u(x,0) \\ \varepsilon_{xW} &= -\vartheta'\hat{\omega}^* \end{aligned}$
weitere Zusammenhänge	$\vartheta \quad = \dfrac{\partial\varphi}{\partial x} = \varphi' \qquad \hat{\omega}^* = \oint \hat{r}_t(s)ds - \oint \psi\dfrac{ds}{t(s)}$ $\delta_0 \quad = \oint \frac{ds}{t(s)} \qquad\qquad \hat{\omega} = \int \hat{r}_t(s)ds = 2A_{0s}$ $A_0 \quad = \dfrac{1}{2}\oint r_t(s)ds \qquad \psi_0 \quad = \dfrac{2A_0}{\oint \frac{ds}{t(s)}} = \dfrac{\gamma_{xs}\,t(s)}{\vartheta}$ Geschlossene Querschnitte: $\oint du \quad = \quad 0 \qquad\qquad \vartheta \quad = \dfrac{1}{2A_0}\oint \dfrac{q(s)}{G}\dfrac{ds}{t(s)}$ und für $\quad q = q_0 \quad \Big\}$ und $\quad G \neq G(s) \quad$ $\qquad \vartheta \quad = \dfrac{q_0}{2A_0 G}\delta_0$	

$$(3.2.3 - 61)$$

3.2.3.4 Abschätzung der Verwölbung eines Rechteckquerschnittes ohne Wölbbehinderung

Im folgenden soll das Vorgehen beim Berechnen der Verwölbung am Beispiel eines Rechteckquerschnittes, dessen Querschnittsgestalt erhalten bleiben soll, dargestellt sowie die Grenzen des Verfahrens aufgezeigt werden.

Der in Abb. 3.2.3 − 5a dargestellte Stab sei durch ein Torsionsmoment M_x belastet. Er sei gabelgelagert und habe in der Horizontalen die Wandstärke $t_a = const$ und in der Vertikalen $t_b = const$. Es wird die Stelle $x = const$ betrachtet.

Da der Querschnitt doppeltsymmetrisch ist, fallen Schwerpunkt SP und Schubmittelpunkt SMg zusammen.

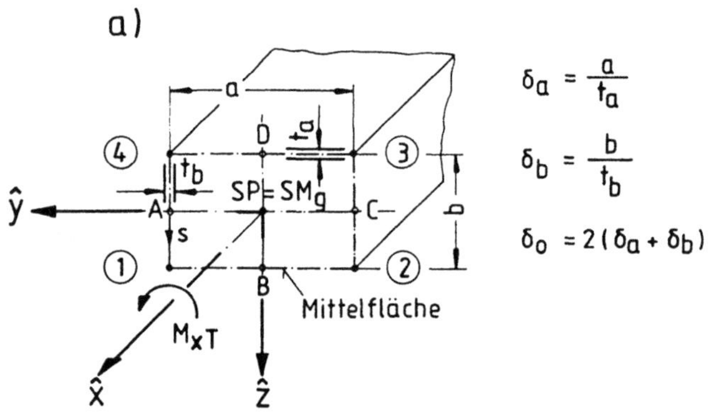

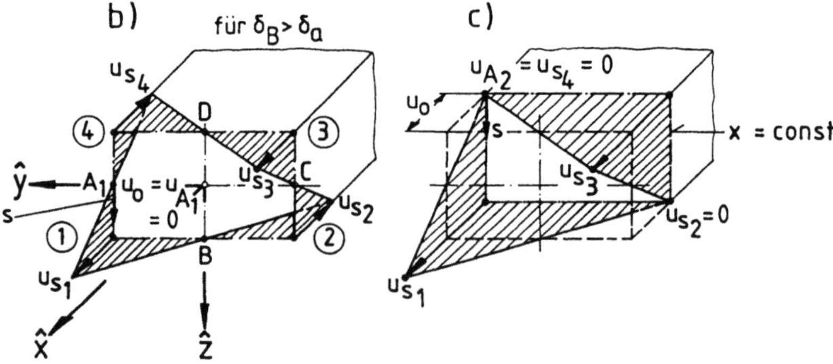

Abb. 3.2.3 − 5

Wie sich später zeigen wird, ist es zweckmäßig, den Anfangspunkt der s-Koordinate auf die Punkte A, B, C oder D zu legen (Die Integrationskonstante u_0 ist in diesen Fällen null). Die s-Koordinate soll im vorliegenden Fall am Schnittpunkt

Wand – positive y-Koordinate, d.h. im Punkt A_1 beginnen und in positiver Drehrichtung umlaufen.

Da sich, wie in Kap. 3.2.3.1 an Hand der Gl. 3.2.3 − 41 festgestellt für $t(s) = const$ auf einer geraden Wand die Verwölbung linear mit s ändert, brauchen die Verschiebungen nur in den Punkten ① bis ④ berechnet und dann durch Geraden verbunden zu werden. Es gilt nun für den Querschnitt an der Stelle $x = const$ Gl. 3.2.3 − 20 auszuwerten

$$u_s - u_0 = -\vartheta \left(\int\limits_0^s \hat{r}_t(s)ds - \psi_0 \int\limits_0^s \frac{ds}{t(s)} \right) \qquad (3.2.3-62)$$

$$= -\vartheta(2A_{os} - \psi_0\delta_{os})$$

$$\delta_{os_1} = \int_0^{①} \frac{ds}{t(s)} = \frac{1}{2}\frac{b}{t_b} = \frac{1}{2}\delta_b$$

$$\delta_{os_2} = \int_0^{②} \frac{ds}{t(s)} = \frac{1}{2}\delta_b + \frac{a}{t_a} = \frac{1}{2}\delta_b + \delta_a$$

$$\delta_{os_3} = \int_0^{③} \frac{ds}{t(s)} = \frac{1}{2}\delta_b + \delta_a + \delta_b = \frac{3}{2}\delta_b + \delta_a$$

$$\delta_{os_4} = \int_0^{④} \frac{ds}{t(s)} = \frac{3}{2}\delta_b + \delta_a + \delta_a = \frac{3}{2}\delta_b + 2\delta_a$$

$$\delta_0 = \oint \frac{ds}{t(s)} = \frac{3}{2}\delta_b + 2\delta_a + \frac{1}{2}\delta_b = 2(\delta_a + \delta_b)$$

$$2A_{os_1} = \int_0^{①} \hat{r}_t(s)ds = \frac{1}{4}ab = \frac{1}{4}ab$$

$$2A_{os_2} = \int_0^{②} \hat{r}_t(s)ds = \frac{1}{4}ab + \frac{b}{2}a = \frac{3}{4}ab$$

$$2A_{os_3} = \int_0^{③} \hat{r}_t(s)ds = \frac{3}{4}ab + \frac{a}{2}b = \frac{5}{4}ab$$

$$2A_{os_4} = \int_0^{④} \hat{r}_t(s)ds = \frac{5}{4}ab + \frac{b}{2}a = \frac{7}{4}ab$$

$$2A_0 = \oint \hat{r}_t(s)ds = \frac{7}{4}ab + \frac{1}{4}ab = 2ab$$

ψ_0 ist:

$$\psi_0 = 2\frac{A_0}{\delta_0} = \frac{ab}{\delta_a + \delta_b} \qquad (3.2.3-63)$$

Man erhält somit für die einzelnen Eckpunkte:

Eck-punkt	$\psi_0 \delta_{0s}$	$2A_{0s}$	$\dfrac{u_s - u_0}{\vartheta} = -\hat{\omega}^*$
①	$\dfrac{1}{2}ab\dfrac{\delta_b}{\delta_a + \delta_b}$	$\dfrac{1}{4}ab$	$\dfrac{1}{4}ab\dfrac{\delta_b - \delta_a}{\delta_a + \delta_b}$
②	$\dfrac{1}{2}ab\dfrac{\delta_b + 2\delta_a}{\delta_a + \delta_b}$	$\dfrac{3}{4}ab$	$-\dfrac{1}{4}ab\dfrac{\delta_b - \delta_a}{\delta_a + \delta_b}$
③	$\dfrac{1}{2}ab\dfrac{3\delta_b + 2\delta_a}{\delta_a + \delta_b}$	$\dfrac{5}{4}ab$	$\dfrac{1}{4}ab\dfrac{\delta_b - \delta_a}{\delta_a + \delta_b}$
④	$\dfrac{1}{2}ab\dfrac{3\delta_b + 4\delta_a}{\delta_a + \delta_b}$	$\dfrac{7}{4}ab$	$-\dfrac{1}{4}ab\dfrac{\delta_b - \delta_a}{\delta_a + \delta_b}$

$$(3.2.3 - 64)$$

Der Bezugspunkt ist $s = 0$, an dem die Verschiebung u_0, von der ausgegangen wird, vorliegt. Abb. $3.2.3 - 5b$ zeigt die errechneten Verschiebungen, wenn man — wie vorausgesetzt — von einer Erhaltung der Querschnittgestalt bei der Integration ausgeht. Die $\hat{y}$- und $\hat{z}$-Achse sind Antimetrieachsen und die Verschiebungen an den Punkten A, B, C, D sind

$$u_A = u_B = u_C = u_D = u_0. \qquad (3.2.3 - 65)$$

Die Summe der Verwölbungen ist bei einem geschlossenen Querschnitt immer gleich Null, denn man kehrt nach dem Umlauf an den Ausgangspunkt zurück. u_0 ist eine konstante Längsverschiebung von der man bei der Integration ausgehen muß, um im normierten KOS zu arbeiten (siehe Kap. 3.1.7.3.2). Geht man bei der Wahl des Anfangspunktes von einer anderen Stelle aus (vgl. Abb. $3.2.3 - 5c$, Punkt A_2), so erhält man zwar andere Werte für $u(s)$, die Kontur des verwölbten Gesamtquerschnittes bleibt jedoch, da der Pol sich nicht verändert hat, die gleiche (vgl. Abb. $3.2.3 - 5b$ mit $3.2.3 - 5c$). Die Integrationskonstante u_0 muß jedoch nun noch so bestimmt werden, daß ein normiertes KOS entsteht.

Da laut Voraussetzung die Schnittkraft $N_x = 0$ sein soll, gilt entsprechend Kap. 3.1.7.3.2 für den Wölbanteil (Der Wölbanteil ist dann mit sich selbst im Gleichgewicht):

$$N_x = \oint n_x ds = \oint \sigma_x \cdot t(s) ds = 0 = E \oint t(s) \varepsilon_W ds = Ee \oint t(s) \hat{\omega}^* ds \qquad (3.2.3 - 66)$$

$N_x = 0$ ist also erfüllt, wenn

$$\oint t(s)\hat{\omega}^* ds = \oint \hat{\omega}^* dA = 0 \qquad (3.2.3-67)$$

Man kann nun entsprechend Kap. 3.1.7.3.2 Gl. 3.1.7 − 41c die Integrationskonstante

$$\omega_0^* = \frac{A_{\hat{\omega}^\bullet}}{A} \qquad (3.2.3-68)$$

ermitteln und schließlich mit

$$u = -\vartheta\hat{\omega}^* \qquad (3.2.3-69)$$

die Integrationskonstante u_0

Die vorstehende Bedingung ist anschaulich erfüllt, wenn man entsprechend Abb. 3.2.3 − 5c, ausgehend vom Querschnitt $x = const$, in x-Richtung u_0 anträgt und von diesem neuen Nullpunkt aus das Integral über die Verschiebungen — beim Durchlaufen der neuen geschlossenen Querschnittskoordinate s — gleich null wird.

Physikalische Deutung

Es wurden unter der Voraussetzung des Erhaltenbleibens der Querschnittsgestalt für die St. Venantsche Torsion nachstehende Zusammenhänge für einen geschlossenen Querschnitt abgeleitet:

$$
\begin{aligned}
q_0 &= \frac{M_{xT}}{2A_0} & &\text{mit} & q_0 &\neq q(x,s) \\
\psi_0 &= \frac{q_0}{G\vartheta} = \frac{2A_0}{\delta_0} & & & \vartheta &\neq \vartheta(x,s) \\
M_{xT} &= GA_T\vartheta & & & \psi_0 &\neq \psi_0(x,s) \\
A_T &= \frac{4A_0^2}{\delta_0} = 2A_0\psi_0 & & & A_T &\neq A_T(x)
\end{aligned}
\qquad (3.2.3-70)
$$

Das vorliegende Verformungs-Problem wurde mathematisch durch die folgenden Gleichungen beschrieben:

$$
\begin{aligned}
\frac{du}{ds} &= \left(\gamma_{xs} - \frac{dv_t}{dx}\right) \\
\frac{du}{ds} &= \vartheta\left(\frac{\psi}{t(s)} - \hat{r}_t(s)\right) \\
u_s - u_0 &= \vartheta(\psi_0\delta_{os} - 2A_{os}) = -\vartheta(2A_{os} - \psi_0\delta_{os})
\end{aligned}
\qquad (3.2.3-71)
$$

Der auftretende Gradient der Verwölbung du/ds setzt sich aus zwei Anteilen zusammen (vgl. Abb. 3.2.3 − 6 und Gl. 3.2.3 − 71 sowie 3.2.3 − 70):

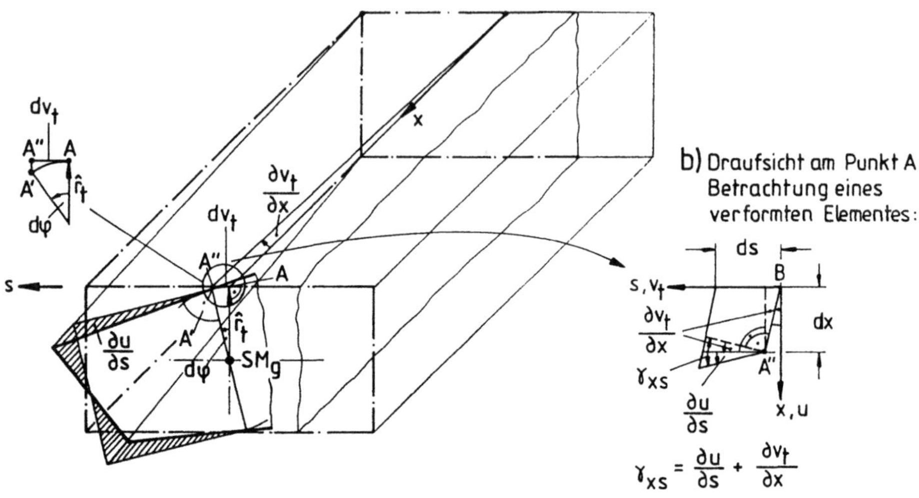

Abb. 3.2.3 − 6

a) Der aus der Drillung resultierende Anteil ist

$$\frac{dv_t}{dx} \sim \hat{r}_t(s) \qquad \text{und für (z.B. eine gerade Wand)}$$

$$\hat{r}_t(s) = \text{const} \rightarrow \frac{dv_t}{dx} = \vartheta \hat{r}_t = \text{const} \tag{3.2.3 − 72}$$

b) Der aus der verbleibenden Scherung resultierende Anteil ist

$$\gamma_{xs} \sim \frac{1}{t(s)} \qquad \text{und für}$$

$$t(s) = \text{const} \rightarrow \gamma_{xs} = \frac{\vartheta \psi_0}{t} = \text{const} \tag{3.2.3 − 73}$$

Aus a) und b) folgt für ein vorgegebenes ϑ:

- γ_{xs} ist um so größer je kleiner die Wandstärke gewählt wird.
- $\dfrac{dv_t}{dx}$ ist nur von $\hat{r}_t$ abhängig und um so größer je größer $\hat{r}_t$ ist.
- Ist die Wandstärke auf dem gesamten Umfang konstant, so ist $\gamma_{xs} = const$, und der unterschiedliche Anstieg der Verwölbung auf den einzelnen Schenkeln resultiert allein aus dem unterschiedlichen $\hat{r}_t(s)$.

- Ist auch $\hat{r}_t(s) = const$, dann muß im vorliegenden Fall z.B. ein quadratischer Querschnitt oder Kreisquerschnitt vorhanden sein, der für $t(s) = const$, wie in Kap. 3.2.3.3 gezeigt, eine Neubersche Schale darstellt.

Der Einfluß der Verwölbungsanteile a) und b) ist in unserem Beispiel

$$\gamma_{xs} = \frac{\vartheta \psi_0}{t(s)} = \vartheta \frac{2A_0}{\delta_0 t(s)} = \vartheta \frac{ab}{\delta_a + \delta_b} \frac{1}{t(s)} \qquad (3.2.3-74)$$

$$\frac{\partial v_t}{\partial x} = \vartheta \hat{r}_t(s) \qquad (3.2.3-75)$$

Für die einzelnen Abschnitte des Querschnittes (Abb. $3.2.3-5$) errechnet man:

Abschnitt / Eckpunkt	$\gamma_{xs} \qquad -\dfrac{dv_t}{dx}$	du/ds	$\dfrac{u_s - u_0}{\vartheta} = -\hat{\omega}^*$
④ − ① ①	$\vartheta \dfrac{a}{2} \dfrac{2\delta_b}{\delta_a + \delta_b} - \vartheta \dfrac{a}{2}$	$-\dfrac{a}{2} \dfrac{\delta_a - \delta_b}{\delta_a + \delta_b} \vartheta$	$\dfrac{1}{4} ab \dfrac{\delta_b - \delta_a}{\delta_a + \delta_b}$
① − ② ②	$\vartheta \dfrac{b}{2} \dfrac{2\delta_a}{\delta_a + \delta_b} - \vartheta \dfrac{b}{2}$	$\dfrac{b}{2} \dfrac{\delta_a - \delta_b}{\delta_a + \delta_b} \vartheta$	$-\dfrac{1}{4} ab \dfrac{\delta_a - \delta_b}{\delta_a + \delta_b}$
② − ③ ③	wie ④− ①		
③ − ④ ④	wie ①− ②		

$$(3.2.3-76)$$

Anmerkungen:

1) Da für jede der Wände $r_t = const$ und $t = const$ ist, stehen in der Spalte du/ds ebenfalls Konstanten. Bei der Integration über s wird wieder im Punkt A_1 der Abb. $3.2.3 - 5b$ begonnen. Man erhält für die Eckpunkte die gleichen Ergebnisse wie in Gl. $3.2.3 - 63$.

2) **Sonderfälle:**

$$\text{Für} \qquad t = const \rightarrow \gamma_{xs} = const = \vartheta ab/(a+b)$$

$$\text{und für} \qquad a = 2b \rightarrow \gamma_{xs} = \frac{2}{3}b\vartheta = const \qquad \text{und}$$

$$\text{Abschnitt} \quad \textcircled{1}-\textcircled{2} \rightarrow \frac{\partial v_t}{\partial x} = \frac{1}{2}b\vartheta$$

$$\textcircled{2}-\textcircled{3} \rightarrow \qquad = b\vartheta$$

$$\text{usw.}$$

3) Das Erhaltenbleiben des Querschnittes ist in Wirklichkeit nicht gegeben und kann in genaueren Theorien, die auf Energiebetrachtungen fußen, relativ einfach berücksichtigt werden.

3.2.3.5 Betrachtungen zur Torsion eines dünnwandigen Querschnittes mit Wölbbehinderung (Feste Einspannung)

Die Wölbkrafttorsion wird in Kap. 3.4 behandelt. Um jedoch das physikalische Verständnis zu förden, sollen an die vorstehenden Darlegungen noch einige physikalische Überlegungen geknüpft werden.

Die durch Torsion entstehende Schubspannungsverteilung nach Bredt-Batho (BB) beschreibt die Wirklichkeit dann genügend genau, wenn der dünnwandige Querschnitt sich frei verwölben kann. Am Ende einer fest eingespannten Röhre Abb. $3.2.3 - 7$ ist an der Stelle $x = 0$ keine Verwölbung möglich. Es liegt hier Wölbbehinderung vor.

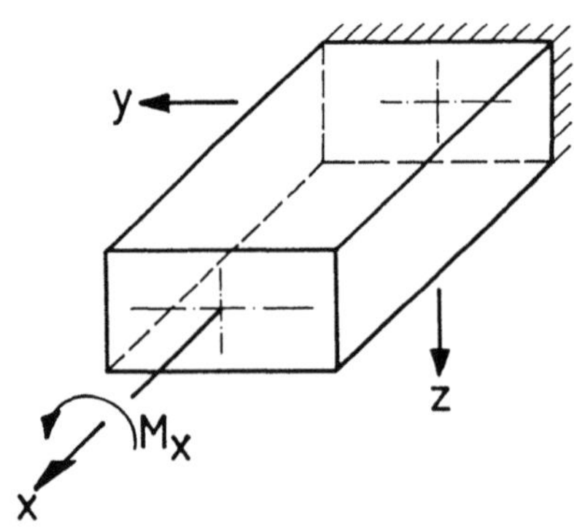

Abb. $3.2.3 - 7$

Daraus folgt, daß sich die tatsächlichen Spannungen (σ, τ) aus Spannungen zusammensetzen müssen, die durch die BB-Verteilung beschrieben werden, plus zusätzlichen Gleichgewichts- Spannungsgruppen (GGSG). Da aber die BB-Verteilung die Gleichgewichtsbeziehung des Schnittmomentes und, bei reiner Torsion infolge eines Einzelmomentes, auch die des äußeren Momentes befriedigt, haben die GGSG keine *resultierenden äußeren Kräfte* (nachfolgend mit einem $*$ gekennzeichnet):

$$P_y^* = P_z^* = \overline{M}_x^* = 0 \qquad\qquad (3.2.3 - 77)$$

Man kann nun noch folgende Argumentationskette aufbauen: Ist das Schnittmoment $M_x = M_x(x)$ eine Funktion von x dadurch, daß ein kontinuierliches Moment $\overline{m}_x$ oder daß an einer Stelle x ein weiteres äußeres Moment $\overline{M}_{x(1)}$ eingeleitet wird oder daß eine Verwölbungsbehinderung z.B. durch eine feste Einspannung erfolgt, so ist:

$$\vartheta = \frac{d\varphi_x}{dx} = \frac{d\varphi_x}{dx}(x) \neq const$$

$$\downarrow \qquad \text{daraus folgt}$$

$$u = u(x)$$

$$\downarrow \qquad\qquad\qquad\qquad (3.2.3 - 78)$$

$$\frac{\partial u}{\partial x} = \varepsilon_x = \varepsilon_{xW} \quad \text{muß vorhanden sein und}$$

$$\downarrow$$

damit auch σ_x, \qquad denn $(\sigma_x = E\varepsilon_x)$.

Ist eine BB-Verteilung τ_{BB} vorhanden, so kann diese nicht die Gesamtverteilung darstellen. Es muß sein:

$$\tau = \tau_{BB} + GGSG \qquad \text{mit } M_x^* = P_y^* = P_z^* = 0$$

$$\sigma = \qquad GGSG \qquad \text{mit } M_y^* = M_z^* = 0 \qquad\qquad (3.2.3 - 79)$$

$$\tau_{BB} = \frac{M_x T}{2A_0 t(s)} \qquad\qquad (3.2.3 - 80)$$

Nach dem bereits in Kap. 3.1.1 dargestellten St. Venantschen Prinzip (1855) klingen einspannungsbedingte Spannungen (auch *Störspannungen* genannt) im allgemeinen rasch ab, vgl. auch Kap. 3.3.1 und Abb. 3.3.4 − 3.

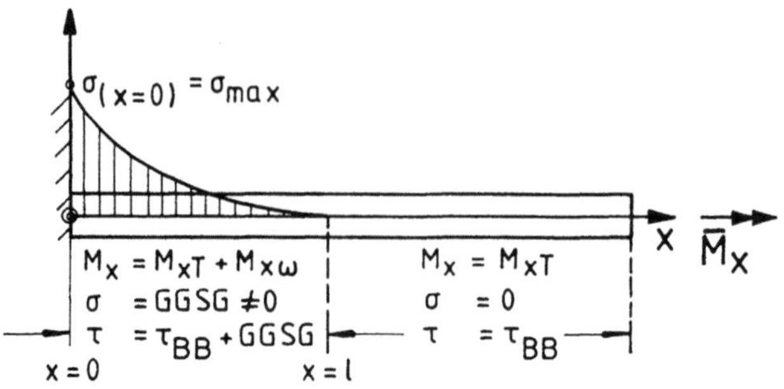

Abb. 3.2.3 − 8

Abb. 3.2.3 − 8 zeigt, daß das vorgegebene äußere Einzelmoment in dem Bereich in dem die Störung durch die feste Einspannung abgeklungen ist gleich dem Schnittmoment M_{xT} (St. Venantsche Torsion) ist, während im Störbereich $x \leq l$ ein weiteres Moment aus der Wölbkrafttorsion $M_{x\omega}$ wirkt (vgl. Kap. 3.4) und das vorgegebene äußere Moment $\overline{M}_x$ von den Schnittmomenten $M_{xT} + M_{x\omega}$ aufgenommen wird.

3.2.4 Torsion einer mehrzelligen Röhre

Bei der mehrzelligen Röhre handelt es sich um ein statisch überbestimmtes System. Es müssen daher für die Verträglichkeit gegenüber dem Einzeller zusätzliche kinematische Annahmen getroffen werden. In erster Näherung soll davon ausgegangen werden, daß die in Abb. 3.2.4 − 1 gezeigten n Zellen durch $(n-1)$ *gestaltfeste Stege* getrennt sind.

Geht man weiterhin davon aus, daß die Voraussetzungen, die für den Einzeller getroffen wurden (Kap. 3.2.2), auch hier gelten, so kann man folgern:
- In jeder Zelle i gibt es einen konstanten Schubfluß $q_{0,i}$
- Der Drillwinkel φ_x bzw. der spezifische Drillwinkel $\vartheta = d\varphi_x/dx$ ist aus Gründen der Verträglichkeit (es dürfen keine Klaffungen oder Faltungen entstehen) konstant.
- es gilt für Stellen, an denen mehrere Schenkel aufeinanderstoßen (Abb. 3.2.4 − 1), das *Kirchhoffsche Verzweigungsgesetz*, das besagt, daß an jeder Stelle die Summe der zu- und abfließenden Schubflüsse gleich null sein muß. Für die Stelle C_i in Abb. 3.2.4 − 1 gilt damit:

$$q_{0,i-1} + q_{0,i-1,i} - q_{0,i} = 0 \qquad\qquad (3.2.4-1)$$

(Beweis siehe Kap. 3.3.5.1, Gl. 3.3.5 − 8).

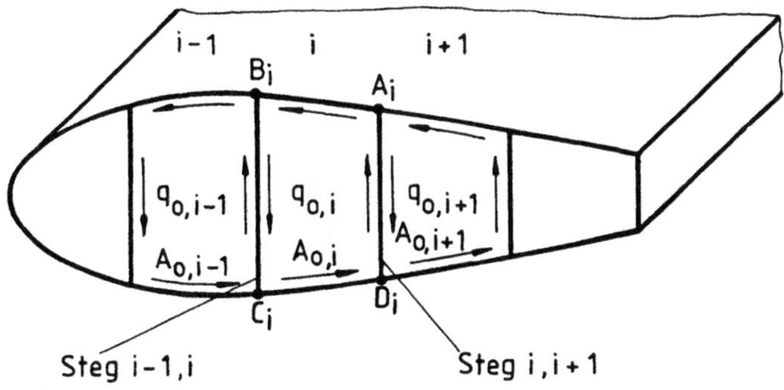

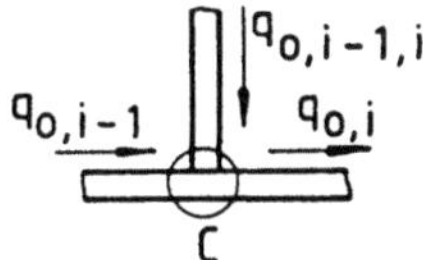

Abb. 3.2.4 – 1: Dargestellt ist die Mittelfläche

Gleichgewicht:

Entsprechend Bredt-Batho muß für jede Zelle bzw. die Summe der Zellen gelten:

$$M_{xT,i} = q_{0,i} 2A_{0,i}$$

$$M_{xT} = 2\sum_{i=1}^{n} q_{0,i} A_{0,i} \qquad (3.2.4-2)$$

Verträglichkeit:

$$\vartheta_1 = \vartheta_2 = \cdots = \vartheta_i = \cdots = \vartheta_n = \vartheta \qquad (3.2.4-3)$$

Das Gleichgewicht liefert somit eine und die Verträglichkeit $(n-1)$ Gleichungen, um die n unbekannten Schubflüsse der n Zellen zu bestimmen.

Für die abschnittsweise konstanten Schubflüsse der Zellen gelten die Gl. 3.2.3−45 und 3.2.3 − 46 und damit für die i-te Zelle in Abb. 3.2.4 − 1:

$$2A_{0,i}G\vartheta = \left(q_0 \oint \frac{ds}{t(s)} \right)_i$$

$$2A_{0,i} = -\frac{q_{0,i-1}}{G\vartheta} \int_{B_i}^{C_i} \frac{ds}{t(s)} + \frac{q_{0,i}}{G\vartheta} \oint \frac{ds}{t(s)} - \frac{q_{0,i+1}}{G\vartheta} \int_{D_i}^{A_i} \frac{ds}{t(s)} \qquad 3.2.4-4)$$

$$= -\psi_{0,i-1} \int_{B_i}^{C_i} \frac{ds}{t(s)} + \psi_{0,i} \oint \frac{ds}{t(s)} - \psi_{0,i+1} \int_{D_i}^{A_i} \frac{ds}{t(s)}$$

Für einen Mehrzeller, der entsprechend Abb. 3.2.4 − 1 aufgebaut ist, kann man dann, beginnend bei Zelle 1 und fortlaufend bis Zelle n, die n Gleichungen in einer Matrix schreiben:

$$
\begin{bmatrix} 2A_{0,1} \\ 2A_{0,2} \\ 2A_{0,3} \\ \vdots \\ 2A_{0,n} \end{bmatrix} =
\begin{bmatrix}
\oint_{n=1} \frac{ds}{t(s)} & -\int \frac{ds}{t(s)} & 0 & & \vdots & & \\
-\int \frac{ds}{t(s)} & \oint_{n=2} \frac{ds}{t(s)} & -\int \frac{ds}{t(s)} & & \vdots & & \\
0 & -\int \frac{ds}{t(s)} & \oint_{n=3} \frac{ds}{t(s)} & -\int \frac{ds}{t(s)} & \vdots & & \\
\vdots & \cdots & \cdots & \cdots & \vdots & \cdots & \cdots \\
0 & 0 & 0 & 0 & \vdots & -\int \frac{ds}{t(s)} & \oint_{n} \frac{ds}{t(s)}
\end{bmatrix}
\begin{bmatrix} \psi_{0,1} \\ \psi_{0,2} \\ \psi_{0,3} \\ \vdots \\ \psi_{0,n} \end{bmatrix}
$$

$$(3.2.4 - 5)$$

Lösungsablauf:

An einem einfachen Beispiel soll der Lösungsablauf demonstriert werden (Abb. 3.2.4 − 2).

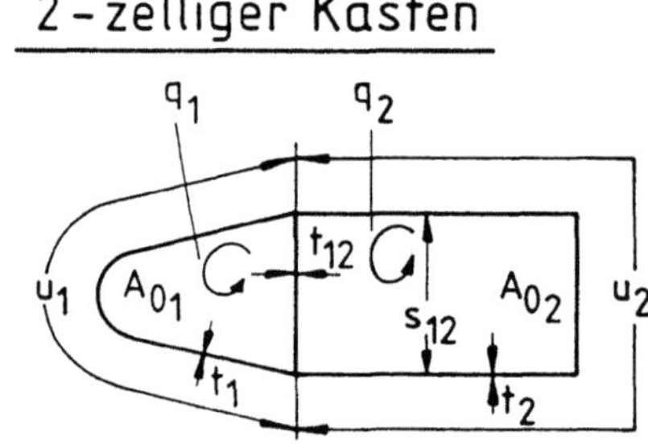

Abb. 3.2.4 − 2

Für Gl. 3.2.4 − 2 mit Gl. 3.2.3 − 48 $q_{0,i} = \psi_{0,i} G\vartheta$ erhält man:

$$
M_{xT} = 2G\vartheta \sum_{i=1}^{n} \psi_{0,i} A_{0,i}
$$

$$(3.2.4 - 6)$$

$$
= 2G\vartheta(\psi_{0,1} A_{0,1} + \psi_{0,2} A_{0,2})
$$

Für Gl. 3.2.4 − 4 bzw. 3.2.4 − 5 wird:

$$2A_{0,1} = \psi_{0,1} \oint_1 \frac{ds}{t(s)} - \psi_{0,2} \int_{s_{12}} \frac{ds}{t(s)}$$

$$= \psi_{0,1}\left(\frac{u_1}{t_1} + \frac{s_{12}}{t_{12}}\right) - \psi_{0,2}\frac{s_{12}}{t_{12}}$$

$$(3.2.4 - 7)$$

$$2A_{0,2} = -\psi_{0,1} \int_{s_{12}} \frac{ds}{t(s)} + \psi_{0,2} \oint_2 \frac{ds}{t(s)}$$

$$= -\psi_{0,1}\frac{s_{12}}{t_{12}} + \psi_{0,2}\left(\frac{u_2}{t_2} + \frac{s_{12}}{t_{12}}\right)$$

$$(3.2.4 - 8)$$

Aus 3.2.4 − 7 und 3.2.4 − 8 werden $\psi_{0,1}$ und $\psi_{0,2}$ bestimmt und anschließend ϑ aus Gl. 3.2.4 − 6. Damit können aber aus der Beziehung

$$\psi_{0,i} = \frac{q_{0,i}}{G\vartheta}$$

für die dann bekannten $\psi_{0,i}$ die Schubflüsse $q_{0,i}$ berechnet werden.

3.2.5 Zwangsfreie Drillung nicht kreisförmiger Vollquerschnitte (Näherung für $b \gg t$)

Da im Leichtbau Vollquerschnitte sehr selten, jedoch dünnwandige, aus Rechtecken (Blechen) zusammengefügte Querschnitte, die durch Torsion beansprucht werden, sehr oft vorkommen, soll im folgenden in Ergänzung zu Kap. 2.4.2.4 vielmehr ein die Physik sehr anschaulich demonstrierendes Näherungsverfahren abgeleitet werden, das auf der Torsion von dünnwandigen Hohlzylindern aufbaut.

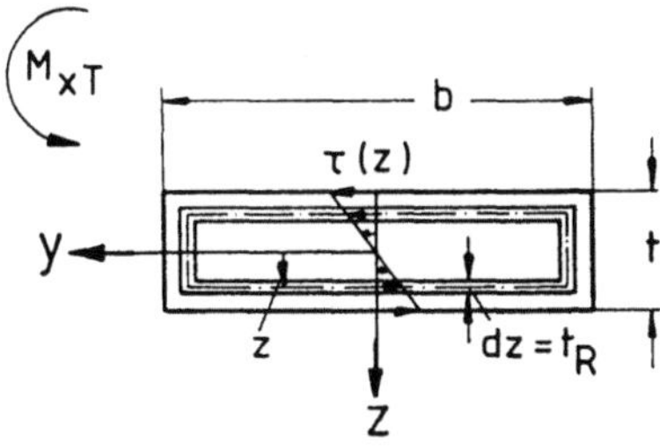

Abb. 3.2.5 − 1

Abb. 3.2.5 − 1 zeigt einen Rechteck-Vollquerschnitt bei dem die Voraussetzung

$$b \gg t \qquad\qquad (3.2.5 - 1)$$

erfüllt sein soll. Man kann sich diesen Querschnitt aus lauter dünnen, ineinander gesteckten, geschlossenen Röhrchen vorstellen, die die Wandstärke

$$t_R = dz \qquad (3.2.5-2)$$

haben. Da $b \gg t$ ist, kann der Umfang der Mittellinie der Röhrchen angenähert werden durch

$$U_R \approx 2b \qquad (3.2.5-3)$$

und die von der Mittellinie umschriebene Fläche mit:

$$A_{0R} \approx 2bz \qquad (3.2.5-4)$$

Als *Verträglichkeitsbedingung* muß für alle Röhrchen gelten:

$$\vartheta = const \qquad (3.2.5-5)$$

Der Schubfluß ist nach Bredt-Batho in jedem Röhrchen *const*, aber er nimmt linear mit dem Radius r bzw. hier dem Abstand z zu (vgl. auch Gl. 3.2.1 − 4 und Abb. 3.2.1 − 1).

Aus den Gl. 3.2.3 − 45 und 3.2.3 − 51 folgt für das einzelne Röhrchen (Index R), in dem der Schubfluß jeweils *const* ist, bzw. für den Gesamtquerschnitt

$$\vartheta = \frac{q_R}{2A_{0R}G} \oint \frac{ds}{t_R(s)} = \frac{M_{xTR}}{GA_{TR}} = \frac{M_{xT}}{GA_T} = const \qquad (3.2.5-6)$$

Wertet man das Integral über den Umfang aus, so gilt für jedes Röhrchen:

$$\vartheta = \frac{\tau_R}{2A_{0R}G} U_R = const \qquad (3.2.5-7)$$

Setzt man in Gl. 3.2.5 − 7 die Gl. 3.2.5 − 3 und 3.2.5 − 4 ein, so wird:

$$\vartheta = \frac{\tau(z)}{2zG} = const \qquad (3.2.5-8)$$

$$\tau = Cz \qquad \text{für } C = 2G\vartheta \qquad (3.2.5-9)$$

Am Rand für $z = t/2$ ist:

$$\tau(z) = \tau_{\max} = \tau_{\text{Rand}} = C \cdot t/2 \qquad (3.2.5-10)$$

und damit

$$\tau(z) = \frac{2\tau_{\text{Rand}}}{t} z \qquad (3.2.5-11)$$

$$\vartheta = \frac{^\tau \text{Rand}}{G \cdot t} \qquad (3.2.5 - 12)$$

Um den Gesamtquerschnitt zu erfassen, müssen (vgl. Gl. 3.2.5−6) zum einen die Drillwiderstände der einzelnen Röhrchen A_{TR} und zum anderen die von ihnen aufgenommenen Momente M_{xTR} für gleiches ϑ aufsummiert werden.

Für ein Röhrchen gilt entsprechend Gl. 3.2.3 − 50

$$A_{TR} = \frac{4A_0^2}{\oint \frac{ds}{t(s)}} = \frac{4A_{0R}^2}{U_R}t_R \qquad (3.2.5 - 13)$$

Für $A_{TR} = dA_T$ und Gl. 3.2.5 − 2 bis 3.2.5 − 4 wird

$$dA_T = 8bz^2 dz \qquad (3.2.5 - 14)$$

$$A_T = 8b \int_0^{t/2} z^2 dz = \frac{1}{3}t^3 b \qquad (3.2.5 - 15)$$

Für das Moment gilt entsprechend mit Gl. 3.2.2 − 5

$$M_{xTR} = 2q_0 A_{0R} = 2A_{0R}\tau_R t_R \qquad (3.2.5 - 16)$$

$$M_{xTR} = dM_{xT} \qquad (3.2.5 - 17)$$

$$dM_{xT} = 4bz\tau\,(z)dz \qquad (3.2.5 - 18)$$

$$M_{xT} = 4b \int_0^{t/2} z\tau\,(z)dz \qquad (3.2.5 - 19)$$

mit (3.2.5 − 9):

$$M_{xT} = \frac{1}{6}t^3 b\,\mathcal{C} \qquad (3.2.5 - 20)$$

mit (3.2.5 − 10):

$$= \frac{1}{3}t^2 b \tau_\text{Rand} = \frac{1}{3}t^2 b \tau_\text{max} \qquad (3.2.5 - 21)$$

mit (3.2.5 − 12):

$$= \frac{A_T}{t}\tau_{\text{Rand}} = GA_T\vartheta \qquad\qquad (3.2.5 - 22)$$

Die hier abgeleitete Lösung gilt genau für den ∞ breiten Streifen. Für endliche Streifen führt man einen **Korrekturfaktor** η ein:

Aus Gl. 3.2.5 − 21, 3.2.5 − 15 und 3.2.5 − 22 wird:

$$M_{xT} = \eta_1 t^2 b \tau_{\text{max}} \qquad\qquad (3.2.5 - 23)$$
$$A_T = \eta_2 t^3 b \qquad\qquad (3.2.5 - 24)$$
$$M_{xT} = G\eta_2 t^3 b\vartheta \qquad\qquad (3.2.5 - 25)$$

und aus 3.2.5 − 23 und 3.2.5 − 25 wird

$$\tau_{\text{max}} = \frac{\eta_2}{\eta_1} Gt\vartheta = \eta_3 Gt\vartheta \qquad\qquad (3.2.5 - 26)$$

dabei ist: $\qquad \dfrac{\eta_2}{\eta_1} = \eta_3$ $\qquad\qquad (3.2.5 - 27)$

b/t	η_1	η_2	$\eta_3 = \frac{\eta_2}{\eta_1}$
∞	1/3	1/3	1,0
10	0,312	0,312	1,0
5	0,291	0,291	0,999
4	0,282	0,281	0,997
3	0,267	0,263	0,985
2,5	0,258	0,249	0,968
2,0	0,246	0,229	0,930
1,5	0,231	0,196	0,848
1,2	0,219	0,166	0,759
1,0	0,208	0,1406	0,675

$$(3.2.5 - 28)$$

Aus der 4. Spalte kann man den Fehler ablesen, der bei der Spannungsberechnung entsteht, falls man den Korrekturfaktor η_3 nicht berücksichtigt. Der Fehler beträgt z.B. bei einem Seitenverhältnis von 3 nur $1,5\%$, steigt dann jedoch rasch für ein Quadrat auf $32,5\%$ an.

Liegt ein offenes, auffaltbares oder verzweigtes Profil vor, so kann man sich entsprechend Abb. 3.2.5−2 den Verlauf der Röhrchen und damit den des Schubflusses vorstellen. Den Drillwiderstand A_T schätzt man dann durch Summenbildung über die i Streifen ab. (Formel nach A. Föppl)

$$A_T = \frac{1}{3}\sum_{i=1}^{n} b_i t_i^3 \qquad\qquad (3.2.5-29)$$

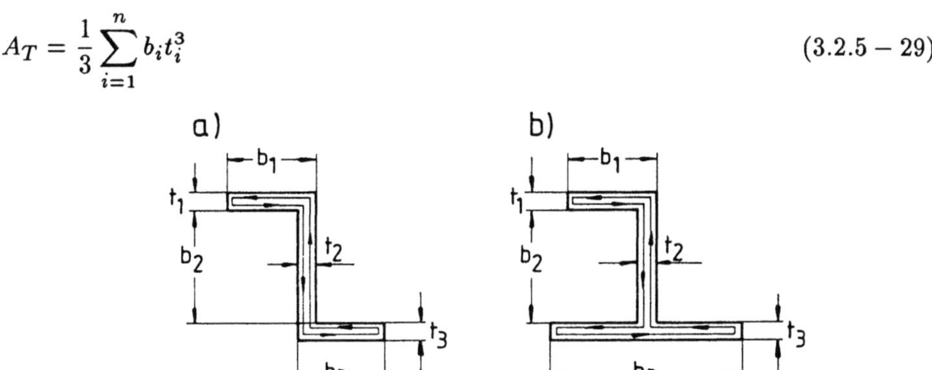

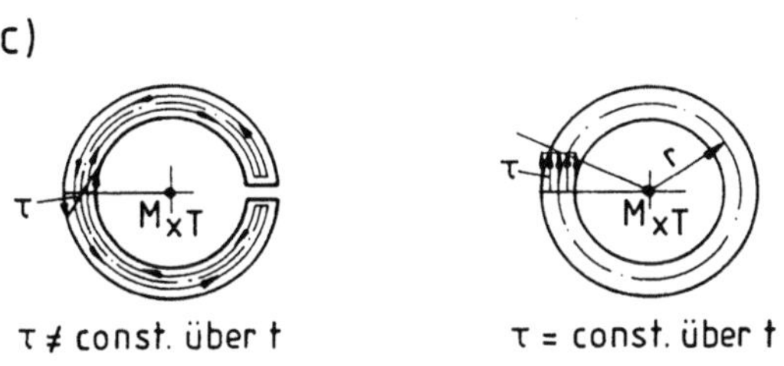

Abb. 3.2.5 − 2

Vergleicht man bei zwangsfreier, d.h. *St. Venantscher Torsion* eine geschlossene Röhre mit einer geschlitzten, so liegen die in Abb. 3.2.5 − 2c skizzierten Schubspannungsverteilungen vor. Die Drillwiderstände sind bei sonst gleichen Abmessungen für die

geschlitzte Röhre:

$$b = 2\pi r$$

$$A_{T_2} = \frac{1}{3} b t^3$$

$$= \frac{2}{3}\pi r t^3$$

geschlossene Röhre:

$$A_{T_1} = \frac{4 A_0^2}{U} t$$

$$= 2\pi r^3 t$$

Das Verhältnis der Drillwiderstände wird

$$\frac{A_{T_1}}{A_{T_2}} = 3\left(\frac{r}{t}\right)^2 \qquad\qquad (3.2.5-30)$$

d.h. für

$$\frac{r}{t} = 10 \quad \longrightarrow \quad \frac{A_{T_1}}{A_{T_2}} = 300$$

$$= 100 \quad \longrightarrow \quad = 30\,000$$

Schlitzt also eine Hohlwelle bei Torsionsbeanspruchung z.B. infolge einer schlech-
ten Längsnahtschweißung auf, so versagt sie schlagartig, da der Drillwiderstand
der geschlitzten Röhre praktisch verschwindend gering ist. In offenen Profilen
haben daher die Wölbspannungen und der Wölbwiderstand einen um so größeren
Einfluß auf das Torsionsverhalten (siehe dazu Kap. 3.3.1 und 3.4).

3.3 Elementare Biegetheorie, "EBT" (Navier-Biegetheorie)

In Weiterführung der Arbeiten von *Jacob Bernoulli* und *Euler* veröffentlichte im Jahre 1826 Louis *Navier* das erste Buch über ein Wissensgebiet, das heute mit *Baustitik* bezeichnet wird und das es möglich machte, Tragwerke auf Grund von Rechnungen zu dimensionieren. Die von Navier in der nach ihm benannten Biegetheorie verwendeten grundlegenden Thesen:

1.) das Ebenbleiben des Querschnittes
2.) die Erhaltung der Querschnittsgestalt und
3.) die Vernachlässigung der aus dem Schub resultierenden Verformung gegenüber der Biegeverformung

waren genügend genau, um die an Ingenieurbauten auftretenden elastostatischen Probleme in den folgenden 100 Jahren zu lösen.

Erst die durch das Flugzeug gestellte Forderung, leichter zu bauen, führte zu einer neuen aufgelösten Bauweise, die durch geschickte Materialaufteilung unter Beachtung der aus dem Normal– und dem Schubfluß resultierenden Anstrengung die Zeit des Leichtbaus begründete. Weitere Ausführungen "zur Geschichte der mechanischen Prinzipien" siehe bei *Szabo*.

Im folgenden wird die *Elementare Biege – Theorie* (EBT), aufbereitet entsprechend der in Kap. 3.1.1 Abb. 3.1.2 − 1 dargestellten Lösungssystematik, dargelegt.

3.3.1 Voraussetzungen, Abgrenzungen, Gültigkeit

Der Ableitung der EBT liegt neben den in Kap. 3.1.1 angegebenen allgemeinen Voraussetzungen, aus denen u.a. das Stoffgesetz entsprechend Gl. 3.1.2 − 5 folgt,

$$\begin{bmatrix} \sigma_x \\ \tau \end{bmatrix} = \begin{bmatrix} E_x & 0 \\ 0 & G \end{bmatrix} = \begin{bmatrix} \varepsilon_x \\ \gamma \end{bmatrix} \qquad (3.3.1 - 1)$$

die **Bernoulli Hypothese** zu Grunde:

- Normale auf der Schwerelinie bleiben erhalten

- Ebene Querschnitte bleiben eben.

Damit genügen die Dehnungen im Querschnitt $x = const$ dem linearen Ansatz: (vgl. Abb. 3.1.6 − 1)

$$\varepsilon_x = a + by + cz \qquad (3.3.1 - 2)$$

Anmerkung: In der EBT werden somit Verwölbungen, bzw. Biegetorsionsmomente, auch *Bimomente* genannt, nicht berücksichtigt. Sie dient bei

schlanken stabförmigen Tragwerken zur Ermittlung der aus Stab- und
schiefer Biegebeanspruchung resultierenden Normal- und Schubspannungen
bzw. -Flüsse. Sie gilt streng genommen nur für zylindrische Querschnitte,
kann aber zur Ermittlung der Normalspannungen und der Biegelinie auch
auf nichtzylindrische Querschnitte mit genügender Genauigkeit angewendet werden. Weitere Ausführungen zum Gültigkeitsbereich werden an den
jeweiligen Stellen der Ableitung der Theorie gemacht.

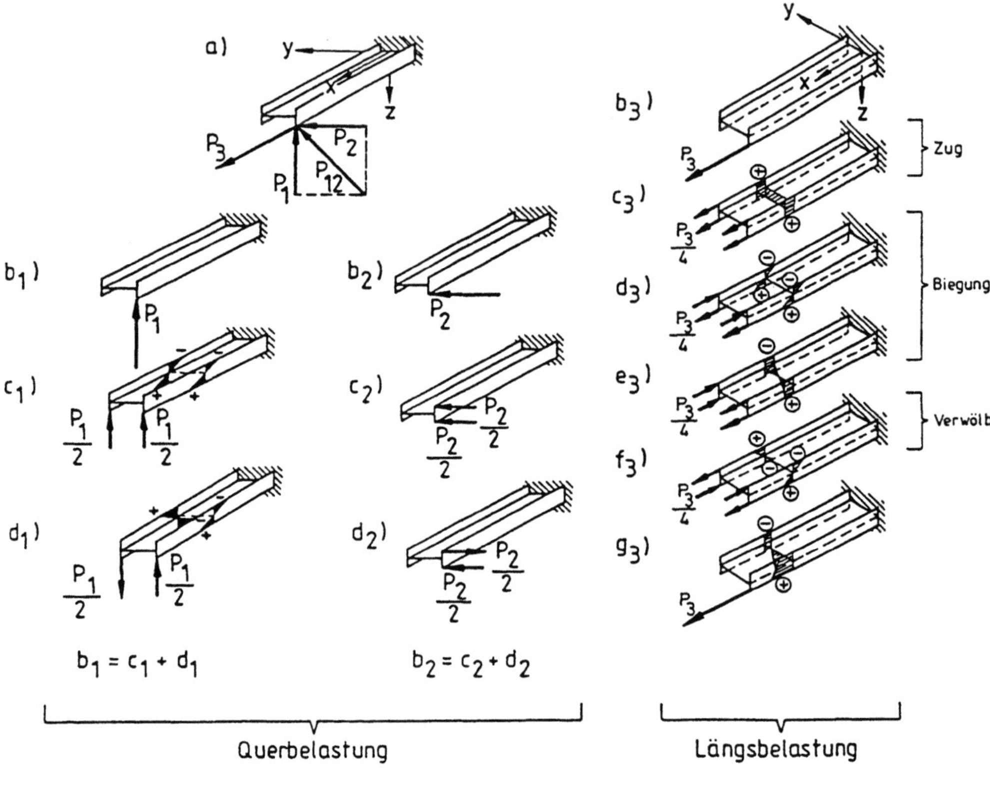

Abb. 3.3.1 − 1a   Abb. 3.3.1 − 1b

Um die getroffenen Vereinfachungen, d.h. Voraussetzungen, in ihren Auswirkungen beurteilen zu können, ist es notwendig, das physikalische Verhalten
stabförmiger Tragwerke zu studieren. Es muß dazu noch der Begriff *Biegetor-
sionsmoment* (*Bimoment*) eingeführt werden. Das *Bimoment* B_ω ist die aus den
Wölbspannungen $\sigma(y, z) = Ee\omega$ resultierende Schnittkraft in einem Schnitt.

Betrachtet man Abb. 3.3.1 − 1a, so erkennt man folgendes:

Die nicht im Schwerpunkt des Querschnittes, also exzentrisch angreifende Last
P kann in Komponenten parallel zum Koordinatensystem zerlegt werden. Da
bei einer linearen Theorie das Superpositionprinzip gilt, kann jede der drei Kom-

ponenten für sich wiederum in Teilkräfte so zerlegt werden, daß gilt:

- die Summe der Beträge der Teilkräfte im jeweiligen Zustand (z.B. c_1, d_1 usw.) ist gleich der Kraft im Ausgangszustand b_1 bzw. b_2 oder b_3.

- die Summe der Teilkräfte (z.B. aus P_1) an einem bestimmten Angriffspunkt (z.B. rechte untere Ecke des Profils) summiert über die verschiedenen Zustände (z.B. c_1, d_1) ist gleich der Kraft an diesem Ort im Ausgangszustand (b_1), und

- die Summe der in einem Zustand angreifenden Teilkräfte ist bei Längsbeanspruchung (hier z.B. c_3) als im Schwerpunkt angreifend anzusetzen und bei Querbeanspruchung (hier c_1, c_2) als im Schubmittelpunkt angreifend.

Weitere Erläuterungen dazu siehe Kap. 3.1.5 und Kap. 3.1.6.2.1. Im vorliegenden Fall, einem doppelt symmetrischen Profil (Abb. 3.3.1 − 1), ist der Schwerpunkt (SP) identisch mit dem Schubmittelpunkt (SM).

Es wird so erkennbar, daß für P_1 der Zustand in c_1 die EBT (ebene Querschnitte) erfüllt, der Zustand d_1 aber mit der EBT nicht erfaßt wird. In d_1 liegt Torsion und damit insgesamt ein Biegetorsionszustand vor. Das bedeutet, bei Anwendung der EBT wird nur der Zustand c_1 aber nicht der Zustand d_1 erfaßt. Weiterhin erkennt man bei Betrachtung des Zustandes d_1, daß infolge von Torsion auch Biegung entsteht, d.h. im Querschnitt entstehen neben den Schubspannungen aus Torsion auch Normalspannungen (Wölbspannungen), so daß der Querschnitt nicht eben bleibt, sondern sich wölbt. Betrachtet man in Abb. 3.3.1 − 1b die Komponente P_3 und ihre Auswirkungen, so erkennt man, daß der Zustand c_3 eine über den Querschnitt konstante Verformung und damit auch Dehnung hervorruft, der Zustand d_3 eine Biegung um die y-Achse und der Zustand e_3 eine Biegung um die z-Achse. In diesen drei Zuständen bleiben die Querschnitte eben; die EBT gilt. Der Zustand f_3 führt zu einer Querschnittsverwölbung und wird mit der EBT nicht erfaßt. Die Überlagerung der Zustände ist in g_3 dargestellt, wobei $g_3 \equiv b_3$ ist. Man erkennt, daß eine exzentrisch angreifende Längskraft unter anderem ein *Bimoment* erzeugt, das eine Verwölbung hervorruft, die wiederum Torsion verursacht.

Es sei hier nochmals angemerkt, daß das von einem Querschnitt aufgenommene gesamte Schnittmoment M_x sich immer dann aus zwei Anteilen zusammensetzt, wenn der spezifische Drillwinkel $\varphi' = \vartheta$, aus welchen Gründen auch immer in $x-$Richtung nicht konstant, d.h. $\vartheta = \vartheta(x)$, ist: Die Anteile sind der St. Venantsche Anteil M_{xT} und der Wölbanteil $M_{x\omega}$, so daß gilt:

$$M_x = M_{xT} + M_{x\omega}$$

(Weitere Ausführungen dazu siehe Kap. 3.4).

Schweißt man am Angriffspunkt der Kraft P_3 eine genügend steife Platte, die das Verwölben verhindert, quer zur Längsrichtung über den Querschnitt, so erzwingt diese praktisch das Ebenbleiben des Querschnittes.

Das Prinzip von St. Venant (1855)

Nachdem die vom Kraftangriffspunkt am Querschnitt herrührenden Grenzen der EBT diskutiert wurden, soll das Abklingen der lokalen, durch die Krafteinleitung selbst entstehenden Störung in Stablängsrichtung betrachtet werden.

Wie bereits in Kap. 3.1.1 erläutert, fand St. Venant 1855, daß Störungen des Spannungsverformungszustandes infolge der Krafteinleitung nur lokal wirksam sind. Es wirken lokale *Gleichgewichts-Spannungsgruppen* (GGSG), die nach außen nicht in Erscheinung treten, da sie im Gleichgewicht miteinander stehen. Die angewandte, nachfolgend abgeleitete, idealisierte Berechnung erfaßt diese Störungen nicht und gilt daher nur im ungestörten Zustand, d.h. nach Abklingen der Störung. Es tritt auf am:

- Vollquerschnitt

- dünnwandig, geschlossenen   rasches Abklingen der Störungen

  Profil bei Beibehaltung

  der Gestalt

- dünnwandig, offenen Profil   langsames Abklingen der Störungen

  (auch Verwölbungen wie z.B. durch

  P_3 (Abb. 3.3.1 − 1b) hervorgerufen)

D.h. dünnwandige, offene Profile müssen im Einspannbereich auf die aus der Wölbkraft resultierende Beanspruchung hin mit einer erweiterten Theorie überprüft werden (siehe Kap. 3.4).

3.3.2 Grundgleichungen der EBT

Im folgenden sollen entsprechend der linearen Elastizitätstheorie und dem Lösungsschema Kap. 3.1.2 Abb. 3.1.2 − 1 die gegenüber der ersteren vereinfachten Grundgleichungen für die Biegetheorie betrachtet und diskutiert werden, ehe in den folgenden Kapiteln die Spannungen als Funktion der Schnittkräfte, die Biegelinie bzw. Elastizitätsgesetze usw. abgeleitet werden.

3.3.2.1 Betrachtungen zur Kinematik der Biegetheorie (KVV)

Aus dem Lösungsschema Kapitel 3.1.2 Abb. 3.1.2−1 folgt, daß die Schnittgrößen über das Stoffgesetz mit den kinematischen Bedingungen verknüpft sind. Da im allgemeinen die äußeren Lasten vorgegeben sind und die Spannungen im Bauteil sowie dessen Deformationen berechnet werden sollen, müssen die Gleichgewichtsbeziehungen, das Stoffgesetz und die kinematischen Beziehungen des (Biege−) Balkens betrachtet und bereitgestellt werden.

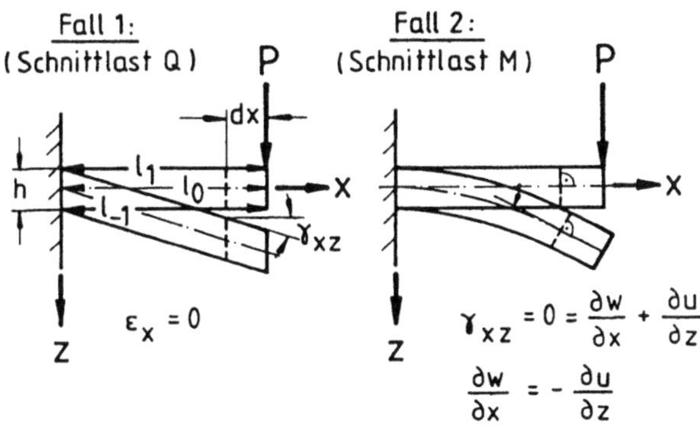

Abb. 3.3.2 − 1

Abb. 3.3.2 − 1 zeigt die durch die äußere Last P hervorgerufene mögliche Wirkung der Schnittlasten Q und M auf die Deformation des Balkens. Es ergeben sich zwei mögliche Verformungen. Im ersten Fall wird, hervorgerufen durch die Querkraft Q, jedes Element dx nur geschert; es ist $\gamma_{xz} \neq 0$ und $\varepsilon_x = 0$, d.h. es ist $l_1 = l_0 = l_{-1}$. Es tritt keine Längung auf, die Querschnitte bleiben eben, die Normale auf der Schwerelinie bleibt nicht erhalten.

Im 2. Fall unter Beachtung der Bernoulli-Hypothese — nämlich des Ebenbleibens der Querschnitte und des Erhaltenbleibens der Normalen auf der Schwerelinie — führt die Schwerelinie nur eine Drehung aus, d.h. sie längt sich nicht, während alle übrigen Fasern sich für $\overline{z} \neq 0$ dehnen, d.h. für diese ist $\varepsilon_{\overline{x}}(\overline{z}) \neq 0$. Es ist unter Last $l_{-1} < l_0 < l_1$. Es tritt keine Scherung auf; es ist $\gamma_{xz} = 0$. Das einzelne Balkenelement führt entsprechend Abb. 3.1.6 − 5 eine Drehbewegung aus.

In Wirklichkeit liegt erstens eine Kombination von Fall 1 und Fall 2 vor und zweitens bleibt wegen des, wie später noch gezeigt wird, nichtlinearen Schubspannungsverlaufes über dem Querschnitt — wie man aus dem Stoffgesetz ($\tau = G \cdot \gamma$) ersieht — dieser nicht eben. Wird eine über dem Querschnitt lineare Deformation infolge einer Schubspannung berücksichtigt, was zwangsläufig zur Aufgabe der Annahme des Erhaltenbleibens der Normalen auf der Schwerelinie führt, behält aber den Grundsatz des Ebenbleibens der Querschnitte bei (bei Kombination von Fall 1 und Fall 2 Abb. 3.3.2 − 1), so spricht man in der Literatur manchmal von einem *"Timoschenko-Balken"*. Wie später im Kap. 3.3.3.2 noch gezeigt wird, spielt aber die Schubdeformation nur bei sehr kurzen, sehr hohen Balken eine nicht vernachlässigbare Rolle.

3.3.2.1.1 Verschiebungs– Verzerrungsbeziehungen (KVV)

Verschiebungs– Dehnungsbeziehungen

Für Balken, bei denen die Schubdeformation vernachlässigt werden darf, errechnet sich die Gesamtdeformation allein aus der Beanspruchung durch das Schnitt-moment. Es treten nur *Verschiebungs- Dehnungsbeziehungen* auf. Es liegt Fall 2 von Abb. 3.3.2 − 1 vor.

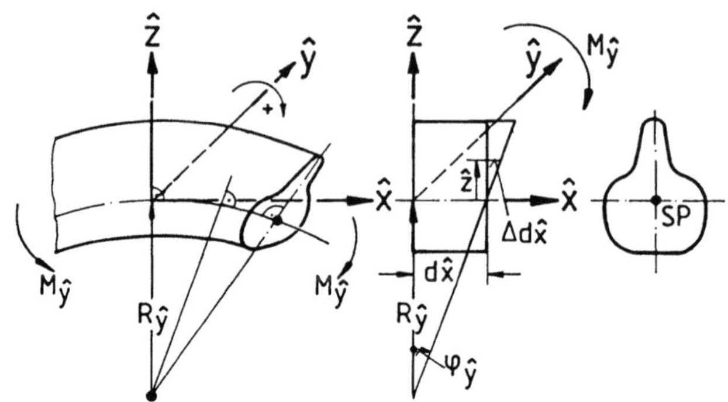

Abb. 3.3.2 − 2

Untersucht man nun unter Beachtung der Bernoulli-Hypothese und unter Zu-hilfenahme des differentialgeometrischen Zusammenhanges für die Krümmung die geometrischen Beziehungen beim Wirken nur eines freien Momentes (keine Querkraft) $M_{\hat{y}}$ im HA-KOS, bzw. nur eines *Ersatzmomentes* $M_{\hat{y}}^E$ im SP-KOS (siehe dazu Kap. 3.3.4.1 Gl. 3.3.4 − 12 und Gl. 3.3.4 − 7), so kann man aus Abb. 3.3.2 − 2 ablesen:

$$\frac{R_{\hat{y}}}{d\hat{x}} = \frac{\hat{z}}{\Delta d\hat{x}}$$

$$\varepsilon_{\hat{x}} = \frac{\Delta d\hat{x}}{d\hat{x}} = \frac{\hat{z}}{R_{\hat{y}}} = \kappa_{\hat{y}}\hat{z}$$

$$(3.3.2 − 1)$$

Die Krümmung κ folgt aus der Differentialgeometrie:

$$\kappa_y = \frac{1}{R_y} = -\frac{\dfrac{d^2w}{dx^2}}{\left[1 + \left(\dfrac{dw}{dx}\right)^2\right]^{\frac{3}{2}}} \approx -w'' \qquad (3.3.2 − 2)$$

Da eine lineare Theorie entwickelt werden soll, kann $(w')^2$ als klein von 2. Ord-nung vernachlässigt werden. Aus Gl. 3.3.2 − 1 und Gl. 3.3.2 − 2 sowie analog um die $\hat{z}$-Achse erhält man:

$$\varepsilon_{\hat{x}} = \kappa_{\hat{y}}\hat{z} = -w''\hat{z}$$

$$\varepsilon_{\hat{x}} = \kappa_{\hat{z}}\hat{y} = -v''\hat{y}$$

$$(3.3.2-3)$$

Weiter folgt aus der Abb. 3.3.2 – 3:

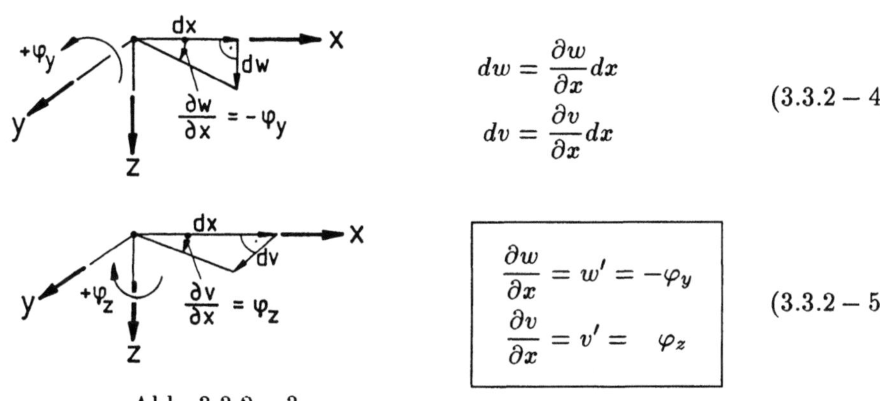

$$dw = \frac{\partial w}{\partial x}dx$$

$$dv = \frac{\partial v}{\partial x}dx$$

$$(3.3.2-4)$$

$$\frac{\partial w}{\partial x} = w' = -\varphi_y$$

$$\frac{\partial v}{\partial x} = v' = \varphi_z$$

$$(3.3.2-5)$$

Abb. 3.3.2 – 3

Nachdem der geometrische Zusammenhang zwischen den Dehnungen und Krümmungen bzw. Durchbiegungen bekannt ist, soll noch einmal der Querschnitt eines Balkens in einer Schnittstelle vor und nach einer allgemeinen Belastung, also ganz allgemein unverformt und verformt betrachtet werden (Abb. 3.3.2 – 4). Die Schwerelinie geht durch Punkt A. Punkt B ist ein beliebiger Punkt, der in der auf der Schwerelinie senkrechten Ebene durch A liegt. Nach dem Belasten möge sich A nach A' und B nach B' verschoben haben.

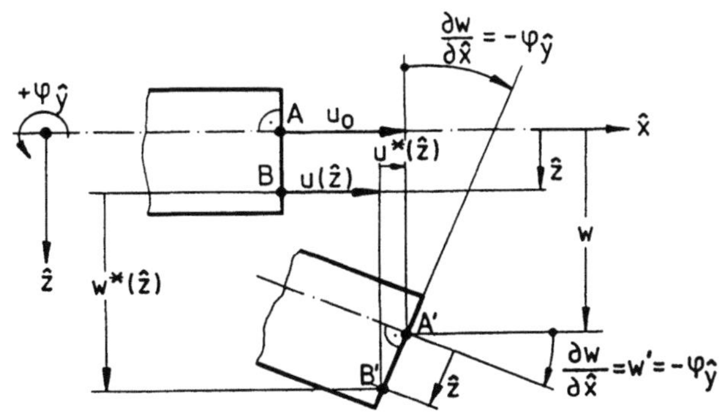

Abb. 3.3.2 – 4

Der Punkt A wandert dabei um u_0 in $\hat{x}$-Richtung und um w in $\hat{z}$-Richtung. Da sich die Schwerelinie infolge Biegung gedreht hat und der rechte Winkel erhalten bleibt, führt der Punkt B die Verschiebung von Punkt A plus einer Drehung aus.

Aus der Geometrie folgt (für kleine Winkel):

$$u^*(\hat{z}) = \quad\ \hat{z}\sin w' \quad \approx \hat{z}w'$$
$$w^*(\hat{z}) = w + \hat{z}\cos w' - \hat{z} \approx w = const$$

$$(3.3.2-6)$$

Analog erhält man für die Biegung um die $\hat{z}$ Achse:

$$u^*(\hat{y}) = \hat{y}\sin v' \approx \hat{y}v'$$
$$v^*(\hat{y}) \qquad\qquad \approx v = const$$

$$(3.3.2-7)$$

Damit wird für den beliebigen Punkt B bei Biegung um beide Achsen:

$$u(\hat{y},\hat{z}) = u_0 - u^*(\hat{y}) - u^*(\hat{z})$$

$$\boxed{\begin{aligned} u(\hat{x},\hat{y},\hat{z}) &= u_0 - v'\hat{y} - w'\hat{z} \\ &= u_0 - \varphi_{\hat{z}}\hat{y} + \varphi_{\hat{y}}\hat{z} \end{aligned}}$$

$$(3.3.2-8)$$

$$w^*(\hat{z}) = w$$
$$v^*(\hat{y}) = v$$

Es sind somit folgende Abhängigkeiten vorhanden:

$$w = w(\hat{x})$$
$$w \neq w(\hat{y})$$
$$w \neq w(\hat{z}) = const \qquad u(\hat{x}) = \quad \varphi_{\hat{y}}\hat{z} \qquad\qquad \varphi_{\hat{y}} = \varphi_{\hat{y}}(\hat{x})$$
$$v = v(\hat{x})$$
$$v \neq v(\hat{z})$$
$$v \neq v(\hat{y}) = const \qquad u(\hat{x}) = -\varphi_{\hat{z}}\hat{y} \qquad\qquad \varphi_{\hat{z}} = \varphi_{\hat{z}}(\hat{x})$$

$$(3.3.2-9)$$

Die Dehnung in $\hat{x}$-Richtung ergibt sich aus Gl. $3.3.2-8$:

$$\begin{aligned} \varepsilon_{\hat{x}} = \frac{\partial u}{\partial x} &= u_0' - v''\hat{y} - w''\hat{z} \\ &= u_0' - \varphi_{\hat{z}}'\hat{y} + \varphi_{\hat{y}}'\hat{z} \end{aligned}$$

$$(3.3.2-10)$$

Vergleicht man das gefundene Ergebnis mit dem Polynomansatz in Kap. 3.1.6.1 Gl. $3.1.6-1$ für $\varepsilon_{\hat{x}}$ unter den vorgegebenen Voraussetzungen, so erkennt man durch Koeffizientenvergleich die physikalische Bedeutung der Freiwerte und erhält die kinematische *Dehnungs-Verschiebungs-Beziehung* für stabförmige Tragwerke bei Beanspruchung durch Normalkräfte und Biegemomente.

$$\begin{aligned}
\varepsilon_{\hat{x}} &= a \;+ b \;\hat{y} + c\hat{z} \\
&= u_0' - \varphi_{\hat{z}}'\hat{y} + \varphi_{\hat{y}}'\hat{z} \\
&= \varepsilon_0 - v''\hat{y} - w''\hat{z} \\
&= \varepsilon_0 + \kappa_{\hat{z}}\hat{y} + \kappa_{\hat{y}}\hat{z}
\end{aligned}$$

$$(3.3.2 - 11)$$

$$\begin{aligned}
a &= && = u_0' = \varepsilon_0 \\
b &= -v'' &&= -\varphi_{\hat{z}}' = \kappa_{\hat{z}} \\
c &= -w'' &&= \;\;\varphi_{\hat{y}}' = \kappa_{\hat{y}}
\end{aligned}$$

$$(3.3.2 - 12)$$

ε_0 entsteht dabei aus der Längung, ist konstant über den gesamten Querschnitt und stellt den "*Membrananteil*" dar, der von der Längsschnittkraft $N_{\hat{x}}$ hervorgerufen wird (vgl. Abb. 3.1.6 − 1).

$\kappa_{\hat{z}}\hat{y}$ bzw. $\kappa_{\hat{y}}\hat{z}$ entsteht aus der Drehung der bei reiner Biegung ungedehnten Schwerpunktsachse (*Neutrale Faser*) um den Winkel $(-\varphi_y)$ bzw. (φ_z) verursacht durch die Schnitt-Momente $(-M_{\hat{y}})$ bzw. $(M_{\hat{z}})$ und ist linear abhängig von der $\hat{y}$- bzw. $\hat{z}$ Koordinate. Dabei sind $\kappa_{\hat{z}}$ und $\kappa_{\hat{y}}$ die Krümmungen der Stabachse um die $\hat{z}$− bzw. $\hat{y}$–Achse.

Anmerkung: Alle in diesem Kapitel abgeleiteten geometrischen Beziehungen gelten auch für das SP-KOS, wenn man mit *Ersatzmomenten* und *Ersatzkräften* arbeitet (siehe dazu Kap. 3.3.4.1). Dann ist das Superskript "ˆ " durch "⁻ " auszutauschen.

Verschiebungs– Scherungsbeziehungen

Betrachtet man an einem Vollquerschnitt nun den Fall 1 Abb. 3.3.2 − 1, so muß die Scherungs-Verschiebungsbeziehung bei Biegung um die $\hat{y}$-Achse bzw. um die $\hat{z}$-Achse entsprechend
Gl. 2.2.2 − 4a lauten:

$$\gamma_{xz} = \frac{\partial w}{\partial x} + \frac{\partial u}{\partial z} \qquad \gamma_{xy} = \frac{\partial u}{\partial y} + \frac{\partial v}{\partial x} \qquad (3.3.2 - 13)$$

Mit Gl. 3.3.2 − 9 folgt:

$$\boxed{\gamma_{\hat{x}\hat{z}} = w' + \varphi_{\hat{y}} \qquad , \qquad \gamma_{\hat{x}\hat{y}} = v' - \varphi_{\hat{z}}} \qquad (3.3.2 - 14)$$

Bei einem *schubstarren Balken* ist $\gamma_{\hat{x}\hat{z}} = 0$ und $\gamma_{\hat{x}\hat{y}} = 0$. Es treten nur Dehnungen aber keine Scherungen auf. Es ist

$$w' = -\varphi_{\hat{y}} \quad \text{und} \quad v' = \varphi_{\hat{z}}$$

bzw. $\quad \dfrac{\partial w}{\partial \hat{x}} = -\dfrac{\partial u}{\partial \hat{z}} \qquad \dfrac{\partial v}{\partial \hat{x}} = -\dfrac{\partial u}{\partial \hat{y}}$ \hfill $(3.3.2 - 15)$

und es liegt Fall 2 aus Abb. $3.3.2 - 1$ vor. Dies ist immer der Fall für $l \gg h$, d.h. bei *schlanken Balken.*

Bei nicht schlanken Balken setzt sich die Durchbiegung somit zusammen aus:

$$
\begin{aligned}
w' &= \quad -\varphi_{\hat{y}} \quad + \quad \underbrace{\gamma_{\hat{x}\hat{z}}} \\
v' &= \quad \underbrace{\varphi_{\hat{z}}} \quad + \quad \underbrace{\gamma_{\hat{x}\hat{y}}} \\
&\quad\ \ \text{Drehungs-} \quad\ \text{Scherungs-} \\
&\quad\text{(Momenten-)} \quad \text{(Querkraft-)} \\
&\qquad\qquad \text{Anteil}
\end{aligned}
$$

$(3.3.2 - 16)$

Weitere Ausführungen dazu siehe Kap. 3.3.3.2.

Zusammenfasung der Geometrischen Beziehungen, insbesondere der KVV

1) Verschiebungs- Dehnungsbeziehungen (KVV)
   Die Zusammenfassung der KVV der Biegung (nach der EBT, Gl. $3.3.2 - 11$ und Torsion (nach der ETT, Gl. $3.2.3 - 25$ und $3.2.3 - 35$) ergibt sich die KVV der *Elementaren Wölbkrafttorsion* (EWT, Kap. 3.4).

$$
\begin{array}{ccccccc}
 & & \multicolumn{5}{c}{\text{EBT}} \\
 & & \overbrace{\text{Membran-}} & \overbrace{} & \text{schiefe Biegung} & & \text{Verwölbung} \\
 & & \text{Dehnung} & & & & \\
\dfrac{\partial u}{\partial \hat{x}} = \varepsilon_{\hat{x}} & = & a & + b\,\hat{y} & + c\,\hat{z} & & + e y \hat{z} \\
 & = & u_0' & - \varphi_{\hat{z}}'\hat{y} & + \varphi_{\hat{y}}'\hat{z} & & - \vartheta'\hat{\omega} \\
 & = & \varepsilon_0 & - v''\hat{y} & - w''\hat{z} & & - \varphi_x''\hat{\omega} \\
 & = & \varepsilon_0 & + \kappa_{\hat{z}}\hat{y} & + \kappa_{\hat{y}}\hat{z} & & - \vartheta'\hat{\omega}
\end{array}
$$

$$\underbrace{\qquad\qquad\qquad\qquad\qquad\qquad}_{\text{EWT (Kap. 3.4)}}$$

$(3.3.2 - 17)$

Der letzte Summand der Dehnungsbeziehung $\varepsilon_{\hat{x}}$ entsteht bei Drillung, wenn der Drillwinkel $\vartheta = \vartheta(x)$ ist; z.B. wenn ein kontinuierliches Drillmoment m_x eingeleitet wird oder wenn die Verwölbung bei Einleitung eines Einzelmomentes M_x durch die Einspannung behindert wird. In Kap. 3.4 wird die für dünnwandige Querschnitte geltende EWT abgeleitet.

2) Verschiebungs—Scherungsbeziehungen (KVV)

$$\frac{\partial w}{\partial \hat{x}} + \frac{\partial u}{\partial \hat{z}} = \gamma_{\hat{x}\hat{z}} = w' + \varphi_{\hat{y}}$$

$$\frac{\partial u}{\partial \hat{y}} + \frac{\partial v}{\partial \hat{x}} = \gamma_{\hat{x}\hat{y}} = v' - \varphi_{\hat{z}}$$

$$(3.3.2 - 18)$$

3) Verschiebungs–Drehungsbeziehungen
Ist die Scherung gleich null, so liegt Drehung vor (vgl. Abb. 3.1.6 − 5). Es folgt aus Gl. 3.3.2 − 18:

$$\gamma_{\hat{x}\hat{z}} = 0 \quad \rightarrow \quad -\frac{\partial u}{\partial z} = \boxed{\begin{array}{ccccc} \dfrac{dw}{dx} & = & w' & = & -\varphi_y \\[2mm] \dfrac{dv}{dx} & = & v' & = & \varphi_z \\[2mm] \dfrac{d\varphi_x}{dx} & = & \varphi'_x & = & \vartheta \end{array}} \quad \begin{array}{c} \rightarrow M_y \\[2mm] \rightarrow M_z \\[2mm] \rightarrow M_x \end{array}$$

$\gamma_{\hat{x}\hat{y}} = 0 \quad \rightarrow \quad -\dfrac{\partial u}{\partial y} =$ Vgl. Torsion

$$(3.3.2 - 19)$$

Die Winkelbeziehungen treten in Zusammenhang mit ihren *konjugierten Größen* $\underline{M}$ auf. Die Biegemomente M_y und M_z verursachen nach der EBT, bei der γ vernachlässigt wird, nur eine Drehung der Schwerelinie, deren Länge konstant bleibt, während alle anderen Fasern proportional zum Abstand von der Schwerelinie, die auch Biegelinie ist, sich dehnen. Denn aus der ersten DGL folgt in Worten ausgedrückt: Nimmt w zu, wenn man in positiver x−Richtung vorwärtsschreitet, dann dreht die Schwerelinie im negativen Drehsinn um φ_y. Liegt aber eine Drehung um $-\varphi_y$ vor, so nimmt die Verschiebung u zu, wenn man in negativer z−Richtung vorwärts schreitet, d.h. die Verschiebung u ist proportional zu z (mit dem Proportionalitätsfaktor φ_y) und damit auch die Verzerrung $\partial u / \partial x = \varepsilon_x$ mit dem Proportionalitätsfaktor $\varphi'_y = \kappa_y$. Für $z = 0$, d.h. die Schwerelinie ist $u = 0$.

4) Biegeradius - Krümmung - Drehung - Beziehung

$$\kappa_y \;=\; \frac{1}{R_y} \;=\; -\frac{\dfrac{d^2 w}{dx^2}}{\left[1 + \left(\dfrac{dw}{dx}\right)^2\right]^{\frac{3}{2}}} \;\approx\; -w'' \;=\; \varphi'_y$$

$$(3.3.2 - 20)$$

$$\kappa_z \;=\; \frac{1}{R_z} \;=\; -\frac{\dfrac{d^2 w}{dx^2}}{\left[1 + \left(\dfrac{dv}{dx}\right)^2\right]^{\frac{3}{2}}} \;\approx\; -v'' \;=\; -\varphi'_z$$

5) Verträglichkeitsbeziehungen für *mehrzellige Querschnitte* (KVV):

   a) Reine Biegung:

$$\vartheta_1 = \vartheta_2 \cdots = \vartheta_i \cdots = \vartheta_n = 0 \qquad (3.3.2-21)$$

   b) Torsion:

$$\vartheta_1 = \vartheta_2 \cdots = \vartheta_i \cdots = \vartheta_n = const \qquad (3.3.2-22)$$

3.3.2.2 Betrachtungen zum Gleichgewicht

Wie das Lösungschema Abb. 3.1.2 − 1 zeigt, beschreiben 3 Gleichungsgruppen nämlich SS, SSS und SSL das Gleichgewicht.

Statische Schnittgrößen–Lastenbeziehungen (SSL)

Die vorgegebenen äußeren Lastgrößen: verursachen über die Randbedingungen:

$$
\begin{array}{llcll}
\overline{p}(x) & \text{laufende Querkraft} & & \underline{\overline{p}} = \underline{p} & \\
\overline{m}(x) & \text{laufendes Moment} & \Longleftrightarrow & \underline{\overline{m}} = \underline{m} & \\
\underline{P} & \text{Einzelkraft} & & \underline{P} = \underline{Q} & \\
\overline{M} & \text{freies Einzelmoment} & & \underline{\overline{M}} = \underline{M} &
\end{array}
\qquad (3.3.2-23)
$$

Schnittgrößen, die in (Stab-) Längsrichtung folgendermaßen entsprechend Gl. 3.1.5 − 16 verknüpft sind:

$$
\begin{array}{llllll}
N_x' & = Q_x' & = -p_x & & & \\
      & Q_y' & = -p_y & = -M_z'' & \Rightarrow \quad Q_y & = -M_z' \\
      & Q_z' & = -p_z & = M_y'' & \Rightarrow \quad Q_z & = M_y'
\end{array}
\qquad (3.3.2-24)
$$

Statische Spannungs– Schnittgrößenbeziehungen (SSS)

Integriert man die Spannungen über dem Schnitt–Rand, so erhält man ebenfalls die Schnittgrößen. Den für stabförmige Tragwerke geltenden Gl. 3.1.4−10 und Gl 3.1.4−21 entnimmt man die für das anliegende Problem relevanten Beziehungen:

a) Normalspannungsanteil im Schnitt $x = const$

$$
\begin{aligned}
N_x &= \int_A \sigma_x dA = \int_s n_x ds & n_x &= \sigma_x \cdot t(s) \\
& & dA &= dx\,dy = t(s)ds \\
-M_z &= \int_A \sigma_x y\,dA = \int_s n_x y\,ds & & \\
& & \sigma_x &= \sigma_x(y,z) \\
M_y &= \int_A \sigma_x z\,dA = \int_s n_x z\,ds & \sigma_x &= \sigma_x(s)
\end{aligned}
\qquad (3.3.2-25a)
$$

b) Schubspannungsanteil im Schnitt $x = const$

$$Q_y = \int\limits_A \tau_{xy}\, dA$$
$$Q_z = \int\limits_A \tau_{xz}\, dA$$
$$Q = \int\limits_s \tau \cdot t\, ds = \int\limits_s q\, ds \qquad\qquad (3.3.2 - 25b)$$

Statische Spannungsbeziehungen (SS)

Innerhalb des Körpers, hier Biegebalkens gelten bei zweidimensionaler Betrachtungsweise die Gleichgewichtsgleichungen einer Scheibe ohne Volumenkräfte entsprechend Gl. 2.3.1 − 2 bzw. Gl. 3.1.3 − 4, die Schub- und Normalspannungen miteinander verknüpfen.

$$\frac{\partial \sigma_{xx}}{\partial x} + \frac{\partial \tau_{xy}}{\partial y} = 0 = \frac{\partial n_x}{\partial x} + \frac{\partial q}{\partial s}$$
$$\frac{\partial \sigma_{yy}}{\partial y} + \frac{\partial \tau_{xy}}{\partial x} = 0 = \frac{\partial n_s}{\partial s} + \frac{\partial q}{\partial x} \qquad\qquad (3.3.2 - 26)$$

Diese Gleichungen vereinfachen sich, wenn man die Annahmen der EBT auf sie angewendet.

1) Nach den allgemeinen Voraussetzungen für die stabförmigen Tragwerke Kap. 3.1.1, den Ausführungen zum Stoffgesetz Kap. 3.1.2, sowie dem Gleichgewicht an einem dünnwandigen Element und $\sigma_{yy} = \sigma_{zz} = 0$ bzw. $n_y = n_z = 0$ entsprechend Gl. 3.1.3 − 7 bzw. aus 3.3.2 − 26 folgt:

$$\boxed{\begin{aligned} q(s) - q_0 &= -\int \frac{\partial n_x(x, s)}{\partial x}\, ds \qquad \text{für } Q \neq 0 \\[2mm] \frac{\partial q}{\partial x} &= 0 \quad \Rightarrow \quad q(x) = const. \end{aligned}} \qquad (3.3.2 - 27)$$

2) Geht man zudem davon aus, daß keine Querkraft wirkt, sondern nur freie Momente und eine im SP angreifende Längskraft N_x, so ist:

$$\gamma_{xy} = 0 \qquad \text{und mit} \qquad \tau = G\gamma$$
$$\tau_{xy} = 0 \qquad\qquad (3.3.2 - 28)$$

Gl. 3.3.2 − 26 degeneriert zu:

$$\frac{\partial \sigma_{xx}}{\partial x} = 0 \iff \sigma_{xx} = const \iff \boxed{\begin{aligned} \sigma_{xx} &\neq \sigma_{xx}(x) \\ \sigma_{xx} &= \sigma_{xx}(y, z) \\ \text{für } Q &= 0 \end{aligned}} \qquad (3.3.2 - 29)$$

$$\text{aber:}$$

3.3.3 Ermittlung der Spannungen in einem Schnitt

Mit Hilfe der Grundgleichungen werden im folgenden die Normal- und Schubspannugen bzw. Schubflüsse als Funktionen der Schnittkräfte ermittelt. Das Vorgehen erfolgt nach dem in Abb. $3.1.2 - 1$ dargestellten Lösungschema. Da die Spannungen für $x = const$ Funktionen von y und z sind, muß eine Aussage über die Kinematik gemacht werden. Spannungen und Verzerrungen sind aber über das Stoffgesetz verknüpft, das auf Grund der für stabförmige Tragwerke gemachten Voraussetzungen entsprechend Gl. $3.1.2 - 5$ lautet:

$$\begin{bmatrix} \sigma \\ \tau \end{bmatrix} = \begin{bmatrix} E & 0 \\ 0 & G \end{bmatrix} = \begin{bmatrix} \varepsilon \\ \gamma \end{bmatrix} \qquad (3.3.3 - 1)$$

3.3.3.1 Ermittlung der Normalspannungen in einem Schnitt

Aus Gl. $3.3.2 - 29$ folgt: Es treten bei Vernachlässigung des Schubes nur konstante Normalspannungen in $x-$Richtung auf. Diese werden aber wiederum nur von freien Momenten (hier: M_y und M_z) und im SP angreifenden Normalkräften (hier: N_x) in einem zylindrischen Körper erzeugt. Damit sind aber die Gl. $3.3.2 - 25a$ mit der dazu passenden KVV–Beziehung Abb. $3.1.6 - 1$, die die Bernoulli Hypothese liefert (Gl. $3.1.6 - 1$, bzw. $3.3.2 - 11$)

$$\varepsilon_x = a + by + cz \qquad (3.3.3 - 2)$$

über das Stoffgesetz (Gl. $3.3.1 - 1$) zur Spannung verknüpfen:

$$\sigma_x = E(a + by + cz) \qquad (3.3.3 - 3)$$

Dabei sind a, b und c geometrische Größen (siehe Gl. $3.3.2 - 11$), die, wie nachstehend noch gezeigt wird, abhängig vom KOS sind, in dem gearbeitet wird.

Die Kompatibilität der Verzerrungen ist, wie man durch Einsetzen der Dehnungen in die Kompatibilitätsbeziehungen Gl. $2.2.2 - 10$ leicht überprüfen kann, gegeben für den Fall schlanker Balken, bei dem die Scherungen vernachlässigt und damit gleich null gesetzt werden dürfen. Vgl. auch Gl. $3.3.2 - 14$ und Gl. $3.3.2 - 15$.

Man erhält somit eine konsistente, d.h. in sich stimmige einfache Theorie ohne Widersprüche, die jedoch nur einen beschränkten Bereich abdeckt.

In ihr nicht enthalten sind gebundene Momente, wie sie durch Einzelkräfte oder eine laufende Last, d.h. Querkräfte entstehen. Man kann sie trotzdem mit genügender Genauigkeit auch bei gebundenen Momenten auf Schnitte $x = const$ anwenden. Auf den Einfluß von Querkräften wird später noch weiter eingegangen werden, denn sie erzeugen zum einen Schub und damit Scherung, und zum anderen verwölben sie den Querschnitt, da die Schubspannung (und somit die ihr proportionale Scherung) an der Oberfläche wegen der Randbedingungen null sein muß und somit über dem Querschnitt nicht konstant sein kann.

3.3.3.1.1 Allgemeines Koordinatensystem (AG–KOS)

Durch Einsetzen der kinematischen Beziehung (Gl. $3.3.3-2$) in das Stoffgesetz und (Gl. $3.3.3-1$) in die Gleichgewichtsbeziehungen (Gl. $3.3.2-25a$) erhält man:

$$N_x = \int_A \sigma_x \, dA = Ea_0 \int_A dA + Eb_0 \int_A y \, dA + Ec_0 \int_A z \, dA$$

$$-M_z = \int_A \sigma_x y dA = Ea_0 \int_A y dA + Eb_0 \int_A y^2 dA + Ec_0 \int_A yz dA \qquad (3.3.3-4)$$

$$M_y = \int_A \sigma_x z dA = Ea_0 \int_A z dA + Eb_0 \int_A yz dA + Ec_0 \int_A z^2 dA$$

oder in Matrixschreibweise:

$$\begin{bmatrix} N_x \\ -M_z \\ M_y \end{bmatrix} = E \begin{bmatrix} \int dA & \int y dA & \int z dA \\ \int y dA & \int y^2 dA & \int yz dA \\ \int z dA & \int yz dA & \int z^2 dA \end{bmatrix} \begin{bmatrix} a_0 \\ b_0 \\ c_0 \end{bmatrix} \qquad (3.3.3-5)$$

Die Integralausdrücke dieses Gleichungssystems sind Flächenintegrale Kap. 3.1.7.2 und lassen sich durch die Kürzel der statischen Momente und Trägheitsmomente ersetzen. Man erhält für eine allgemeine Lage des KOS:

$$\begin{bmatrix} N_x \\ \hline -M_z \\ M_y \end{bmatrix} = E \left[\begin{array}{c|cc} A & A_y & A_z \\ \hline A_y & A_{yy} & A_{yz} \\ A_z & A_{yz} & A_{zz} \end{array} \right] \begin{bmatrix} a_0 \\ \hline b_0 \\ c_0 \end{bmatrix} \qquad (3.3.3-6)$$

Diese Gleichung kann man mit Gl. $3.3.2-12$ für das allgemeine KOS auch schreiben:

$$\begin{bmatrix} N_x \\ \hline -M_z \\ M_y \end{bmatrix} = \left[\begin{array}{c|c} \underline{\underline{D}} & \underline{\underline{K}} \\ \hline \underline{\underline{K}} & \underline{\underline{B}} \end{array} \right] \begin{bmatrix} \varepsilon_0 \\ \hline \kappa_z \\ \kappa_y \end{bmatrix} \qquad (3.3.3-7)$$

$\underline{\underline{D}} = E\,[A]$ charakterisiert die *Dehnsteifigkeitsmatrix*, die im vorliegenden Fall, da nur N_x vorliegt, auf ein Element degeneriert ist.

$\underline{\underline{B}} = E \begin{bmatrix} A_{yy} & A_{yz} \\ A_{yz} & A_{zz} \end{bmatrix}$ ist die *Biegesteifigkeitsmatrix*

$\underline{\underline{K}} = E\,[\,A_y \quad A_z\,]$ ist die *Koppel-(steifigkeits)-matrix*

Man erkennt beim AG–KOS die Koppelung von Normalkraft und Momenten über die **Koppelmatrix** $\underline{K}$. D.h. anschaulich: Ändert man z.B. ein Moment, so ändert sich die Krümmung und infolgedessen über die Koppelmatrix auch die Normalkraft.

Invertiert man Gl. $3.3.3-6$ und setzt die Werte für $a_0 = \varepsilon_0$, $b_0 = \kappa_z$ und $c_0 = \kappa_y$ in

$$\sigma_x = E(a_0 + b_0 y + c_0 z) \qquad (3.3.3-8)$$

ein, so erhält man den durch die Schnittkräfte verursachten Spannungsverlauf für $x = const$ in der yz–Ebene. So wird z.B. mit der *Normierungsbedingung* $N_x = 0$ (siehe Kap. $3.1.7.3.2$ Gl. $3.1.7-39$ff) für:

$$N_x = 0 \rightarrow \varepsilon_0 = \frac{A_y}{A}\kappa_z - \frac{A_z}{A}\kappa_y \quad = z_0\kappa_z - y_0\kappa_y \qquad (3.3.3-9)$$

und mit Gl. $3.1.7-14$

$$\begin{bmatrix} -M_{\bar{z}} \\ M_{\bar{y}} \end{bmatrix} = E \begin{bmatrix} A_{\bar{y}\bar{y}} & A_{\bar{y}\bar{z}} \\ A_{\bar{y}\bar{z}} & A_{\bar{z}\bar{z}} \end{bmatrix} \begin{bmatrix} \kappa_{\bar{z}} \\ \kappa_{\bar{y}} \end{bmatrix} \qquad (3.3.3-10)$$

D.h. Momente und Krümmungen sind noch über die im SP–KOS zu ermittelnde Biegesteifigkeit miteinander verknüpft.

Da durch Entkoppeln von Normalkräften und Biegemomenten, d.h. für $\underline{K} = \underline{0}$, der Überblick über die Abhängigkeiten einfacher ist, der Flächenschwerpunkt leicht ermittelt werden kann und der Gesamtrechenaufwand nicht größer wird, arbeitet man bei der Balkenbiegung zweckmäßigerweise immer mindestens mit einem SP–KOS.

Anmerkungen:

1) Liegt ein nicht isotroper Balken, z.B. aus Faser-Verbund-Werkstoff (FVW) vor, der senkrecht zu den Schichten (in z-Richtung) beansprucht wird und haben die einzelnen Schichten unterschiedliche elastische Eigenschaften (E–, G–Moduln), so tritt Entkoppelung ein, wenn die x–Koordinate im sog. *elastischen (Flächen-) Schwerpunkt* (ESP) liegt. Für dieses KOS ist wiederum $N_x = 0$, wenn nur Momente wirken. Für das ESP-KOS muß in jedem Schnitt $x = const$ gelten:

$$N_x = \int \sigma_x dA = 0 \qquad M_y = \int \sigma_x z dA \qquad (3.3.3-11a)$$

Aus Vorstehendem und der Bedingung des Ebenbleibens der Querschnitte kann der ESP ermittelt werden.

Es ist dann bei Schichtung in z-Richtung:

$$z_0 = \frac{\int E(z)z\,dA}{\int E(z)\,dA} = \frac{\sum_{i=1}^{n} E_i z_i A_i}{\sum_{i=1}^{n} E_i A_i} \qquad (3.3.3-11\text{b})$$

Da entsprechend Abb. 3.3.3 − 1 sich der charakteristische Modul (hier E-Modul) von Schicht zu Schicht ändert, kann er nicht vor das Integral und damit die Matrix gezogen werden. Beachte, daß im vorliegenden Fall Querkontraktionszahlen nicht berücksichtigt werden. Bei FVW können diese aber je Schicht sehr unterschiedlich sein. Wird dies nicht berücksichtigt, können größere Fehler entstehen.

Von der Entkoppelung macht man im Gegensatz zur Balkentheorie bei Flächentragwerken, d.h. zweidimensionalen Theorien oft keinen Gebrauch.

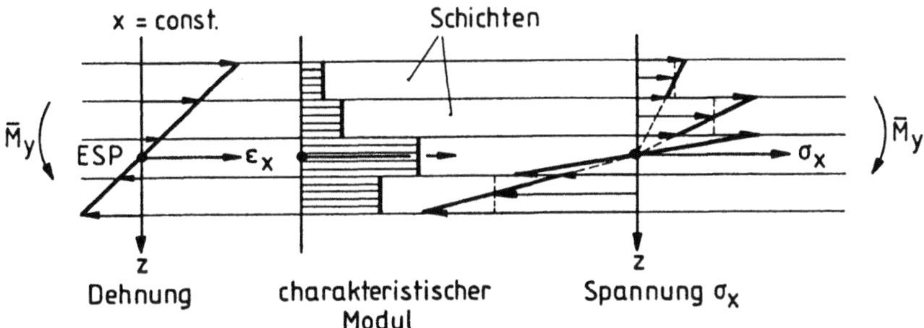

Abb. 3.3.3 − 1

2) Bei einer zweidimensionalen Theorie für die xy−Ebene, die z.B. für die Analyse von Beplankungen mit gerichteten Steifigkeiten durch Stringerverstärkungen oder FVW benötigt wird, bleibt der formale Aufbau von Gl. 3.3.3 − 6 bzw. -7 erhalten. Die Zahl der Schnittgrößen und Verzerrungen wird größer, und es muß ein ebenes Stoffgesetz eingeführt werden.

Für ein AG–KOS gilt dann:

$$
\begin{bmatrix} N_x \\ N_y \\ N_{xy} \\ -- \\ M_x \\ M_y \\ M_{xy} \end{bmatrix}
=
\left[
\begin{array}{c|c}
\underline{\underline{D}} & \underline{\underline{K}} \\
\hline
\underline{\underline{K}} & \underline{\underline{B}}
\end{array}
\right]
\begin{bmatrix} \varepsilon_x \\ \varepsilon_y \\ \gamma_{xy} \\ -- \\ \kappa_x \\ \kappa_y \\ \kappa_{xy} \end{bmatrix}
\qquad (3.3.3-12)
$$

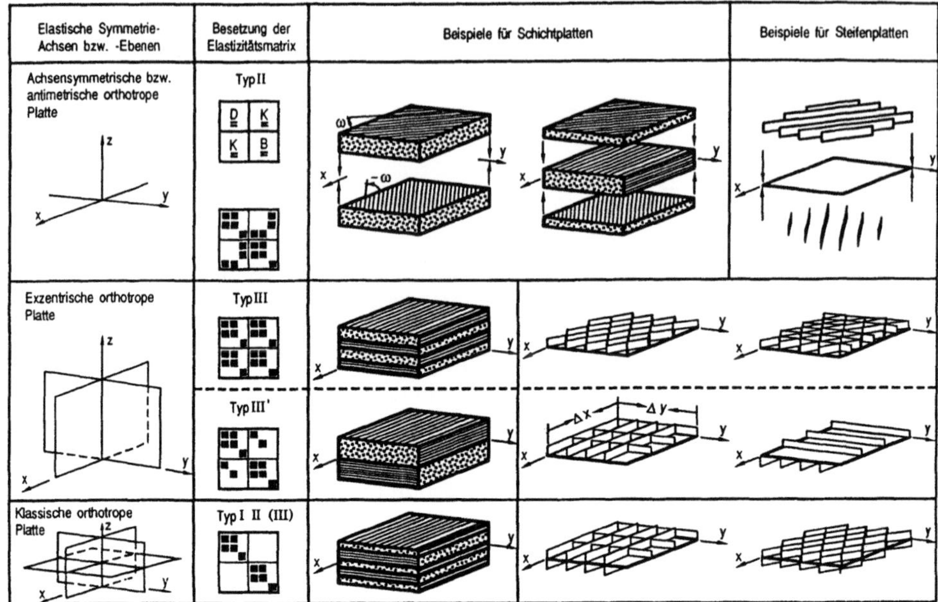

$$\text{Abb. } 3.3.3-2$$

3.3.3.1.2 Schwerpunkt–Koordinatensystem (SP–KOS)

Wird statt des AG-KOS das SP-KOS gewählt, so werden die statischen Momente $A_{\bar{y}}$ und $A_{\bar{z}}$ zu Null; die Normalkraft und die Momente werden entkoppelt, es liegt zwangsfreie Biegung vor. Bei schiefer Biegung sind die Gleichungen für die Momente $M_{\bar{z}}$ und $M_{\bar{y}}$ jedoch noch gekoppelt:

$$\begin{bmatrix} N_{\bar{x}} \\ -M_{\bar{z}} \\ M_{\bar{y}} \end{bmatrix} = E \begin{bmatrix} A & 0 & 0 \\ 0 & A_{\bar{y}\bar{y}} & A_{\bar{y}\bar{z}} \\ 0 & A_{\bar{y}\bar{z}} & A_{\bar{z}\bar{z}} \end{bmatrix} \begin{bmatrix} a_1 \\ b_1 \\ c_1 \end{bmatrix} \qquad (3.3.3-13)$$

Es stehen 3 Gleichungen für die 3 Unbekannten a_1, b_1, c_1 zur Verfügung. Aus der ersten Zeile des Gleichungssystems folgt unmittelbar:

$$a_1 = \frac{N_{\bar{x}}}{EA} = \frac{\sigma_{\bar{x}}}{E} = \varepsilon_0 \qquad (3.3.3-14a)$$

Aus den verbleibenden 2 Gleichungen des Gleichungssystems lassen sich nach einigen Umformungen die Lösungen für b_1 und c_1 angeben:

$$\Rightarrow \quad b_1 = -\frac{M_{\bar{z}} A_{\bar{z}\bar{z}} + M_{\bar{y}} A_{\bar{y}\bar{z}}}{E(A_{\bar{y}\bar{y}} A_{\bar{z}\bar{z}} - A_{\bar{y}\bar{z}}^2)} = -v'' = -\varphi_{\bar{z}}' = \kappa_{\bar{z}} \qquad (3.3.3-14b)$$

$$\Rightarrow \quad c_1 = \frac{M_{\bar{y}}A_{\bar{y}\bar{y}} + M_{\bar{z}}A_{\bar{y}\bar{z}}}{E(A_{\bar{y}\bar{y}}A_{\bar{z}\bar{z}} - A_{\bar{y}\bar{z}}^2)} = -w'' = \varphi'_{\bar{y}} = \kappa_{\bar{y}} \qquad (3.3.3-14c)$$

Somit sind alle 3 Koeffizienten des Verzerrungansatzes für $\varepsilon_{\bar{x}}$ bekannt. Für die Spannung in $\bar{x}$–Richtung folgt somit:

$$\sigma_{\bar{x}} = E\varepsilon_{\bar{x}} = E(a_1 + b_1\bar{y} + c_1\bar{z}) = E(\varepsilon_0 - v''\bar{y} - w''\bar{z}) \qquad (3.3.3-15)$$

$$\boxed{\begin{aligned}
\sigma_{\bar{x}} &= \frac{N_{\bar{x}}}{A} - \frac{M_{\bar{z}}A_{\bar{z}\bar{z}} + M_{\bar{y}}A_{\bar{y}\bar{z}}}{(A_{\bar{y}\bar{y}}A_{\bar{z}\bar{z}} - A_{\bar{y}\bar{z}}^2)}\,\bar{y} + \frac{M_{\bar{y}}A_{\bar{y}\bar{y}} + M_{\bar{z}}A_{\bar{y}\bar{z}}}{(A_{\bar{y}\bar{y}}A_{\bar{z}\bar{z}} - A_{\bar{y}\bar{z}}^2)}\,\bar{z} \\[2mm]
\sigma_{\bar{x}} &= \frac{N_{\bar{x}}}{A} - M_{\bar{z}}\frac{\bar{y}A_{\bar{z}\bar{z}} - \bar{z}A_{\bar{y}\bar{z}}}{(A_{\bar{y}\bar{y}}A_{\bar{z}\bar{z}} - A_{\bar{y}\bar{z}}^2)} + M_{\bar{y}}\frac{\bar{z}A_{\bar{y}\bar{y}} - \bar{y}A_{\bar{y}\bar{z}}}{(A_{\bar{y}\bar{y}}A_{\bar{z}\bar{z}} - A_{\bar{y}\bar{z}}^2)}
\end{aligned}} \qquad (3.3.3-16)$$

Anmerkungen:

1) In Gleichung 3.3.3 – 13 erkennt man den in Kapitel 3.1.7.1.3 dargelegten Tensor der Flächenträgheitsmomente wieder.

2) Setzt man die Gleichungen 3.3.3 – 14a,b,c in Gl. 3.3.3 – 13 ein, so erhält man:

$$\begin{bmatrix} N_{\bar{x}} \\ M_{\bar{z}} \\ M_{\bar{y}} \end{bmatrix} = E \begin{bmatrix} A & 0 & 0 \\ 0 & A_{\bar{y}\bar{y}} & -A_{\bar{y}\bar{z}} \\ 0 & -A_{\bar{y}\bar{z}} & A_{\bar{z}\bar{z}} \end{bmatrix} \begin{bmatrix} \varepsilon_0 \\ \varphi'_{\bar{z}} \\ \varphi'_{\bar{y}} \end{bmatrix} \qquad (3.3.3-17)$$

Ersichtlich ist die Koppelung der Momente und Krümmungen infolge des Deviationsmomentes $A_{\bar{y}\bar{z}}$, das in der Literatur teilweise negativ definiert wird: $A_{\bar{y}\bar{z}} = -\int \bar{y}\bar{z}\,dA$, so daß dann die Matrix nur positive Koeffizienten enthält. Nur wenn die Koppelung über das Deviationsmoment berücksichtigt wird, d.h. mit Ersatzmomenten gearbeitet wird, stimmen im allgemeinen beim SP–KOS die Beanspruchungs- und Verschiebungsrichtung überein. Dies ist erst bei vollständiger Entkoppelung durch Einführung eines HA–KOS der Fall (vgl. Gl. 3.3.3 – 22).

3) Die aus Biege– und Normalbeanspruchungen resultierenden Dehnungen sind durch die Wahl eines beliebigen SP–KOS bereits entkoppelt. (vgl. auch Gl. 3.3.3 – 9 und –10)

Einführung von Ersatzkräften bzw. –momenten

Schreibt man für Gleichung 3.3.3 − 16 die wesentlich übersichtlichere Gleichung:

$$\sigma_{\bar{x}} = \frac{N_{\bar{x}}}{A} - \frac{M_{\bar{z}}^{E}}{A_{\bar{y}\bar{y}}}\,\bar{y} + \frac{M_{\bar{y}}^{E}}{A_{\bar{z}\bar{z}}}\,\bar{z}\,,$$

$$(3.3.3 - 18)$$

so erhält man aus dem Koeffizientenvergleich mit Gl. 3.3.3 − 16 für das SP–KOS die gültigen *Ersatzmomente*:

$$M_{\bar{z}}^{E} = \frac{M_{\bar{z}} + M_{\bar{y}}A_{\bar{y}\bar{z}}/A_{\bar{z}\bar{z}}}{1 - A_{\bar{y}\bar{z}}^{2}/A_{\bar{y}\bar{y}}A_{\bar{z}\bar{z}}} \qquad\qquad M_{\bar{y}}^{E} = \frac{M_{\bar{y}} + M_{\bar{z}}A_{\bar{y}\bar{z}}/A_{\bar{y}\bar{y}}}{1 - A_{\bar{y}\bar{z}}^{2}/A_{\bar{y}\bar{y}}A_{\bar{z}\bar{z}}}$$

$$(3.3.3 - 19)$$

$M_{\bar{z}}^{E}$ und $M_{\bar{y}}^{E}$ nennt man *Ersatzmomente*, da sie so zu rechnen erlauben, als ob das beliebige SP–KOS ein HA–KOS wäre. Dies ermöglicht sehr oft, den Rechenaufwand stark zu reduzieren.

Um z.B. die Biegelinie in einem beliebigen SP–KOS berechnen zu können (vgl. Kap. 3.3.4 und Gl. 3.3.3 − 17), ebenso wie bei anderen Aufgaben, bei denen die Rechnung im SP–KOS Vorteile bringt (Beispiel Abb. 3.3.3 − 4), benötigt man die *Ersatzquerkräfte* Q^{E} und *Ersatzlasten* p^{E}.

Diese sind aus Gl. 3.3.3 − 19 unter Beachtung des Zusammenhanges zwischen Schnittlasten und äußeren Lasten (siehe Lösungsschema und Gl. 3.1.5 − 16a)

$$\frac{dM_y}{dx} = \quad Q_z \qquad\qquad \frac{dQ_z}{dx} = -p_z$$

$$\frac{dM_z}{dx} = -Q_y \qquad\qquad \frac{dQ_y}{dx} = -p_y$$

$$(3.3.3 - 20)$$

herleitbar ($Q_{\bar{z}}^{E}$, $Q_{\bar{y}}^{E}$, $p_{\bar{z}}^{E}$, $p_{\bar{y}}^{E}$, gelten nur für zylindrische Querschnitte):

Für $A_{mn} \neq f(x)$:

$$\frac{dM_{\bar{y}}^{E}}{dx} = Q_{\bar{z}}^{E} = \frac{d}{dx}\left(\frac{M_{\bar{y}} + M_{\bar{z}}\dfrac{A_{\bar{y}\bar{z}}}{A_{\bar{y}\bar{y}}}}{1 - \dfrac{A_{\bar{y}\bar{z}}^{2}}{A_{\bar{y}\bar{y}}A_{\bar{z}\bar{z}}}} \right) \qquad \text{analog erhält man:}$$

$$Q_{\bar{z}}^E = \frac{Q_{\bar{z}} - Q_{\bar{y}}\dfrac{A_{\bar{y}\bar{z}}}{A_{\bar{y}\bar{y}}}}{1 - \dfrac{A_{\bar{y}\bar{z}}^2}{A_{\bar{y}\bar{y}}A_{\bar{z}\bar{z}}}} \qquad Q_{\bar{y}}^E = \frac{Q_{\bar{y}} - Q_{\bar{z}}\dfrac{A_{\bar{y}\bar{z}}}{A_{\bar{z}\bar{z}}}}{1 - \dfrac{A_{\bar{y}\bar{z}}^2}{A_{\bar{y}\bar{y}}A_{\bar{z}\bar{z}}}}$$

$$p_{\bar{z}}^E = \frac{p_{\bar{z}} - p_{\bar{y}}\dfrac{A_{\bar{y}\bar{z}}}{A_{\bar{y}\bar{y}}}}{1 - \dfrac{A_{\bar{y}\bar{z}}^2}{A_{\bar{y}\bar{y}}A_{\bar{z}\bar{z}}}} \qquad p_{\bar{y}}^E = \frac{p_{\bar{y}} - p_{\bar{z}}\dfrac{A_{\bar{y}\bar{z}}}{A_{\bar{z}\bar{z}}}}{1 - \dfrac{A_{\bar{y}\bar{z}}^2}{A_{\bar{y}\bar{y}}A_{\bar{z}\bar{z}}}}$$

$$(3.3.3 - 21)$$

Anmerkung: Beim Differenzieren wurden die Flächenmomente als konstant angesehen. Damit muß aber bei Anwendung der Ersatzschnittkräfte $Q_{\bar{z}}^E$, $p_{\bar{z}}^E$ der Querschnitt in x−Richtung zylindrisch, d.h. konstant sein (vgl. Gl. 3.3.4 − 7 und 3.3.4 − 9 sowie das HA–KOS)

Gleichung 3.3.3 − 18 zeigt in übersichtlicher Form die einzelnen Spannungsanteile, die aus den Schnittkräften der Normalkraft $N_{\bar{x}}$ in Längsrichtung sowie den Biegemomenten um die $\bar{y}$−Achse $M_{\bar{y}}^E$ und um die $\bar{z}$−Achse $M_{\bar{z}}^E$ entstehen. Außerdem erkennt man die lineare Zunahme der Biegespannung mit anwachsendem Koordinatenabstand $\bar{y}$ bzw. $\bar{z}$ von der neutralen Faser.

3.3.3.1.3 Hauptachsen-Koordinatensystem (HA–KOS)

Liegt ein HA–KOS $(\hat{x}, \hat{y}, \hat{z})$ vor, so verschwindet das Deviationsmoment ($A_{\bar{y}\bar{z}} = 0$) des SP-KOS. Aus Gl. 3.3.3 − 13 wird:

$$\begin{bmatrix} N_{\hat{x}} \\ -M_{\hat{z}} \\ M_{\hat{y}} \end{bmatrix} = E \begin{bmatrix} A & 0 & 0 \\ 0 & A_{\hat{y}\hat{y}} & 0 \\ 0 & 0 & A_{\hat{z}\hat{z}} \end{bmatrix} \begin{bmatrix} a_2 \\ b_2 \\ c_2 \end{bmatrix} \qquad (3.3.3 - 22)$$

Die Unbekannten a_2, b_2, c_2 lassen sich unmittelbar angeben und liefern mit Gl. 3.3.2 − 12 oder mit Gl. 3.3.4 − 6 und 3.3.4 − 8 das *Elastizitätsgesetz der Stab- und Biegebeanspruchung*:

$$a_2 = \frac{N_{\hat{x}}}{EA} = \qquad = u_0' = \varepsilon_0$$

$$b_2 = -\frac{M_{\hat{z}}}{EA_{\hat{y}\hat{y}}} = -v'' = -\varphi_{\hat{z}}' = \kappa_{\hat{z}}$$

$$c_2 = \frac{M_{\hat{y}}}{EA_{\hat{z}\hat{z}}} = -w'' = \varphi_{\hat{y}}' = \kappa_{\hat{y}}$$

$$(3.3.3 - 23)$$

Damit wird aber auch die physikalische Bedeutung der Koeffizienten a_2, b_2 und c_2 sichtbar.

Anmerkung: Beachte die physikalische Bedeutung der Koeffizienten a_2, b_2, c_2. Das Gleichungssystem ist nun auch bei schiefer Biegung entkoppelt. Beanspruchungs- und Verformungsrichtung stimmen überein.

Nach Einsetzen der Koeffizienten erhält man:

$$
\begin{bmatrix} N_{\hat{x}} \\ M_{\hat{z}} \\ M_{\hat{y}} \end{bmatrix} = E \begin{bmatrix} A & & \\ & A_{\hat{y}\hat{y}} & \\ & & A_{\hat{z}\hat{z}} \end{bmatrix} \begin{bmatrix} \varepsilon_0 \\ \varphi'_{\hat{z}} \\ \varphi'_{\hat{y}} \end{bmatrix}
\tag{3.3.3 − 24}
$$

Entsprechend dem Vorgehen beim SP–KOS werden die Koeffzienten in den Dehnungsansatz eingesetzt. Damit ergibt sich für die Spannung in Längsrichtung:

$$
\sigma_{\hat{x}} = E\varepsilon_{\hat{x}} = E(a_2 + b_2\hat{y} + c_2\hat{z})
\tag{3.3.3 − 25}
$$

$$
\boxed{
\begin{aligned}
\sigma_{\hat{x}} &= \frac{N_{\hat{x}}}{A} - \frac{M_{\hat{z}}}{A_{\hat{y}\hat{y}}}\hat{y} + \frac{M_{\hat{y}}}{A_{\hat{z}\hat{z}}}\hat{z} \\[2mm]
&= E\left(\varepsilon_0 + \kappa_{\hat{z}}\hat{y} + \kappa_{\hat{y}}\hat{z}\right) \\
&= E\left(u'_0 - v''\hat{y} - w''\hat{z}\right) \\
&= E\left(u'_0 - \varphi'_{\hat{z}}\hat{y} + \varphi'_{\hat{y}}\hat{z}\right)
\end{aligned}
}
\tag{3.3.3 − 26a, b}
$$

Die Bedeutung der einzelnen Summanden ist die gleiche wie in der Gleichung für das SP–KOS, mit dem einzigen Unterschied, daß es sich bei den Biegemomenten nun nicht mehr um *Ersatz-Momente* handelt. Vgl. auch Gl. 3.3.4 − 10 und −11 und deren Herleitung.

Man definiert als Widerstandsmomente:

$$
\begin{aligned}
W_{\hat{z}} &= \frac{A_{\hat{y}\hat{y}}}{\hat{y}} \quad \text{um die} \quad \hat{z}-\text{Achse} \quad \text{und} \\[2mm]
W_{\hat{y}} &= \frac{A_{\hat{z}\hat{z}}}{\hat{z}} \quad \text{um die} \quad \hat{y}-\text{Achse.}
\end{aligned}
\tag{3.3.3 − 27}
$$

Diese nehmen einen Kleinstwert an, wenn die jeweilige Koordinate einen Höchstwert hat. Die Spannungen, die aus der Biegung resultieren, haben dann aber ebenfalls einen Höchstwert.

Gl. 3.3.3 – 26a kann man dann schreiben:

$$\sigma_{\hat{x}} = \frac{N_{\hat{x}}}{A} - \frac{M_{\hat{z}}}{W_{\hat{z}}} + \frac{M_{\hat{y}}}{W_{\hat{y}}}$$

$$(3.3.3 - 28)$$

(vgl. den bekannten Kurzausdruck für die Biegespannung: $\sigma_b = M_b/W_b$).

Anmerkung: Die vorstehend für freie Momente und die Normalkraft $N_{\bar{x}}$ abgeleiteten Gleichungen zur Ermittlung der Normalspannungen gelten streng genommen nur für $\sigma \neq \sigma(x)$. Diese Bedingung ist aber für die Maximalspannung σ_{max} erfüllt, wenn ein sogenannter *Träger gleicher Festigkeit* vorliegt. Bei diesem, (z.B. einem Kragarm mit Rechteckquerschnitt unter der Einwirkung einer einzelnen Querkraft und damit eines variablen Schnittmomentes) kann man den Querschnitt, d.h. die Breite oder Höhe des Trägers in $x-$Richtung so verändern, daß die im Leichtbau wichtige Forderung $\sigma_{x\,max} \neq \sigma_{x\,max}(x)$ erfüllt wird.

Die *Gleichungen zur Ermittlung der Normalspannungen* für das HA–KOS (Gl. 3.3.3 − 26 bis 3.3.3 − 28) sowie für das SP–KOS (Gl. 3.3.3 − 16 bis 3.3.3 − 19) verwendet man bei *schlanken Balken* auch, wenn

- Schnittkräfte und

- Querschnittsgestalt

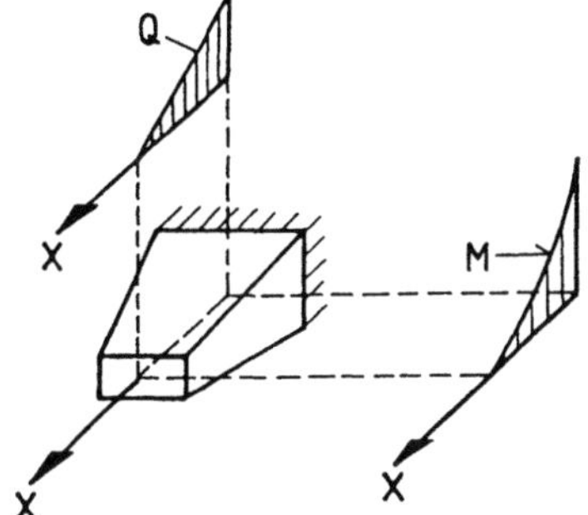

Abb. 3.3.3 − 3

längs der x-Achse variabel sind. Dies gilt auch für die Gl. 3.3.4 − 5 und 3.3.4 − 7 , nicht aber für Gl. 3.3.4 − 6 und 3.3.4 − 8 jeweils Gl. 1 und 2 (siehe Kap. 3.3.3.1).

Die in Kap. 3.3.3.2 abgeleiteten *Gleichungen zur Ermittlung der Schubspannungen* infolge einer Schnittkraft Q gelten nur für zylindrische Querschnitte. (Siehe dazu die dort gemachten Bemerkungen)

Beispiel:

Abschließend ein Beispiel zur Nutzung der Ersatzmomente (Rechnung im SP–KOS):

Um einerseits das Wesentliche zu zeigen und andererseits die Rechenarbeit klein
zu halten und das mühsame Auswerten von Integralen zu vermeiden, soll der
Biegeträger anstelle eines kontinuierlichen Profiles aus Massenanhäufungen bestehen (z.B. Moniereisen in Stahlbeton bei Vernachlässigung der Lastaufnahme
durch den Beton. Die Integrale werden hier zu Summen).

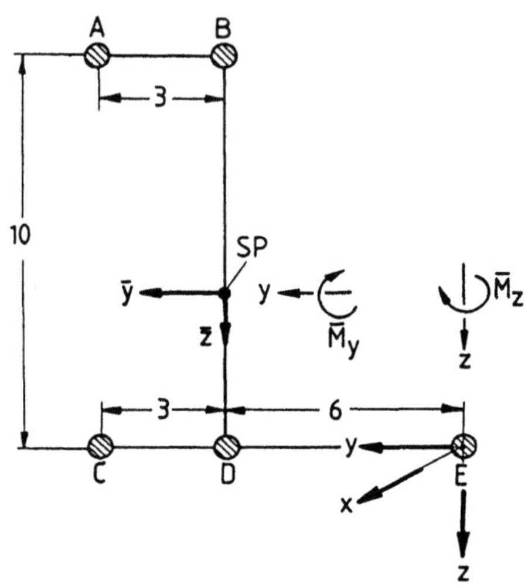

Abb. 3.3.3 − 4

Dargestellt ist in Abb. 3.3.3 − 4 ein unsymmetrischer Träger mit 5 aus-
geprägten Materialanhäufungen in den Punkten A bis E (Querschnitt der
Materialanhäufungen jeweils $A_i = 2cm^2$). Betrachtet wird der Träger in der
Längsrichtung entgegen der x−Achse. Als Lasten wirken um die vorgegebenen
Achsen freie Momente:

$$N_x = 0 \qquad [N\quad]$$

$$\overline{M}_y = 20000 \quad [Ncm]$$

$$\overline{M}_z = 10000 \quad [Ncm]$$

Ausgehend vom willkürlich angenommenen Koordinatenursprung im Punkt E
ist zunächst der Flächenschwerpunkt SP zu suchen. Da keine Verbindungsstege
vorhanden sind, bzw. unter der Annahme, daß die Fläche der Verbindungsstege
zwischen den Materialanhäufungen sehr klein gegenüber den Flächenanhäufun-
gen sind, kann der *Schwerpunktsatz* allein auf diese angewendet werden:

$$z_0 = \frac{A_z}{A} = \frac{\sum z_i A_i}{\sum A_i} = \frac{-10 \cdot 2 - 10 \cdot 2}{5 \cdot 2}\frac{cm^3}{cm^2} = -4cm$$

$$y_0 = \frac{A_y}{A} = \frac{\sum y_i A_i}{\sum A_i} = \frac{2 \cdot (6 \cdot 2 + 9 \cdot 2)}{5 \cdot 2}\frac{cm^3}{cm^2} = +6cm$$

Der Schwerpunkt SP liegt also bzgl. des Allgemeinen KOS in $y = 6cm$ und
$z = -4cm$, vgl. das eingetragene SP–KOS $(\bar{x}, \bar{y}, \bar{z})$. Werden bei der Berechnung

der Flächenträgheitsmomente (im SP–KOS) ebenfalls nur die Materialanhäufungen berücksichtigt, so reduzieren sich die Integralausdrücke ebenfalls zu Summenformeln. Benötigt werden dann nur noch die Koordinaten der Punkte A bis E:

	$\bar{y}/cm$	$\bar{z}/cm$
A	3	-6
B	0	-6
C	3	4
D	0	4
E	-6	4

Damit ergeben sich die Flächenintegrale, wenn nur der Steineranteil berücksichtigt und der Eigenanteil vernächlassigt wird:

$$A_{\bar{z}\bar{z}} = \int \bar{z}^2 dA = \sum_i \bar{z}_i^2 A_i = (6^2 + 6^2 + 4^2 + 4^2 + 4^2) \cdot 2cm^4 = 240cm^4$$

$$A_{\bar{y}\bar{y}} = \int \bar{y}^2 dA = \sum_i \bar{y}_i^2 A_i = (3^2 + 3^2 + 6^2) \cdot 2cm^4 = 108cm^4$$

$$A_{\bar{y}\bar{z}} = \int \bar{y}\bar{z} dA = \sum_i \bar{y}_i \bar{z}_i A_i = (3 \cdot (-6) + 3 \cdot 4 - 6 \cdot 4) \cdot 2cm^4 = -60cm^4$$

Um die Berechnung der Längsspannung nicht im HA–KOS sondern im SP–KOS durchzuführen, werden schließlich noch die Verhältnisse der Ersatzmomente zu den entsprechenden Trägheitsmomenten benötigt:

$$\frac{M_{\bar{z}}^E}{A_{\bar{y}\bar{y}}} = \frac{M_{\bar{z}} + M_{\bar{y}}\frac{A_{yz}}{A_{zz}}}{1 - \frac{A_{yz}^2}{A_{yy}A_{zz}}} \cdot \frac{1}{A_{\bar{y}\bar{y}}} = \frac{\left[10000 + 20000\frac{-60}{240}\right] Ncm}{1 - \frac{60^2}{108 \cdot 240}} \cdot \frac{1}{108cm^4}$$

$$= 53,76 \frac{N}{cm^3}$$

$$\frac{M_{\bar{y}}^E}{A_{\bar{z}\bar{z}}} = \frac{M_{\bar{y}} + M_{\bar{z}}\frac{A_{yz}}{A_{yy}}}{1 - \frac{A_{yz}^2}{A_{yy}A_{zz}}} \cdot \frac{1}{A_{\bar{z}\bar{z}}} = \frac{\left[20000 + 10000\frac{-60}{108}\right] Ncm}{1 - \frac{60^2}{108 \cdot 240}} \cdot \frac{1}{240cm^4}$$

$$= 69,9 \frac{N}{cm^3}$$

Anmerkung: Würde man im HA–KOS rechnen wollen, so müßte man die vorgegebenen Momente M_y und M_z erst in das HA–KOS transformieren und außerdem die Flächenintegrale des HA–KOS durch Transformation ermitteln. Zur Bestimmung des Drehwinkels, sowie der transformierten Flächenintegrale, siehe Kap. 3.1.7.1.3 .

Die Spannung $\sigma_{\bar{x}}$ als Funktion von $\bar{y}$ und $\bar{z}$ ist dann:

$$\sigma_{\bar{x}} = \frac{N_{\bar{x}}}{A} - \frac{M_{\bar{z}}^E}{A_{\bar{y}\bar{y}}}\bar{y} + \frac{M_{\bar{y}}^E}{A_{\bar{z}\bar{z}}}\bar{z} = -53,76 \frac{N}{cm^3}\bar{y} + 69,9 \frac{N}{cm^3}\bar{z}$$

Tabellarisch zusammengestellt erhält man:

	$\dfrac{\bar{y}}{cm}$	$\dfrac{\bar{z}}{cm}$	$-53{,}76\ \bar{y}/\dfrac{N}{cm^2}$	$69{,}9\ \bar{z}/\dfrac{N}{cm^2}$	$\sigma_{\bar{x}}/\dfrac{N}{cm^2}$	$\dfrac{A_i}{cm^2}$	$\dfrac{N_x}{N}$
A	3	−6	−161,28	−419,34	−580,62	2	−1161,24
B	0	−6	0	−419,34	−419,34	2	− 838,68
C	3	4	−161,28	279,56	118,28	2	236,56
D	0	4	0	279,56	279,56	2	559,12
E	−6	4	322,56	279,56	602,12	2	1204,24
							$\sum = 0$

Da keine Normalkraft sondern nur Biegemomente wirken, heben sich die Zug–
und Druckkäfte $N_x = \sigma_x A_i$ gegenseitig auf, so daß die Summe aller Längskräfte
zu Null wird ($N_x = 0$). Unter Beachtung des Drehsinnes erhält man aus der
Summe der Momente (Kraft in den Stäben mal SP - Abstand) die aufgebrachten
Momente $\overline{M}_y = 20000$ [Ncm] und $\overline{M}_z = 10000$ [Ncm].

3.3.3.2 Ermittlung der Schub–Spannungen bzw. des Schubflusses in dünnwandigen zylindrischen Querschnitten

Wirkt eine einzelne Querkraft auf ein stabförmiges zylindrisches Tragwerk, z.B.
einen Kragarm, so entsteht ein gebundenes Moment und daraus Normalspannungen sowie Schubspannungen, die bis zur nächsten Krafteinleitungsstelle konstant
sind, während das Moment sich proportional zum Abstand von der Einleitungsstelle erhöht. Hinzu kommt, daß die Schubspannung an der Oberfläche null sein
muß, d.h. an der Stelle an der die aus dem Moment herrührende Normalspannung ihren Größtwert hat. Die Schubspannung im Querschnitt ist − wie noch
gezeigt werden wird − dort am größten, wo die Normalspannung aus Biegung
Null ist. Diese Gegebenheiten führen dazu, daß bei *schlanken zylindrischen
Vollquerschnitten* die Normalspannung fast ausschließlich die dimensionierende
Größe ist und die Schubspannung meist nur eine untergeordnete Rolle spielt.
Liegt jedoch ein dünnwandiger Querschnitt vor z.B. ein C−Profil, so darf der
Schubspannungsanteil nicht mehr vernachlässigt sondern muß relativ genau er-
mittelt werden.

Da das zu lösende Problem nun Gleichgewichtsbeziehungen zwischen den
Normal- und Schubspannungen im Bauteilinneren (SS) und zwischen den
Schnittkräften und den Spannungen (SSS) erfordert, kann man dem Lösungs-
diagramm (Abb. 3.1.2 − 1) sofort die Gleichungsgruppen entnehmen, die näher
zu betrachten sind. Da es sich außerdem um einen dünnwandigen Träger handelt, muß dessen Haut besondere Beachtung geschenkt werden. Es ist demnach
naheliegend, die Betrachtung des Gleichgewichtes am Hautelement Kap. 3.1.3.2,
sowie Gl. 3.3.2 − 27

$$dq = -\frac{\partial n_x(x,s)}{\partial x}\,ds \quad\rightarrow\quad q(s) - q_0 = -\int \frac{\partial n_x}{\partial x}\,ds = -\int \sigma'_x t\,ds \qquad (3.3.3 - 29)$$

für die weiteren Überlegungen heranzuziehen. Diese Gleichung, die abgeleitet wurde unter der Voraussetzung, daß ein zylindrischer Körper vorliegt und

keine Oberflächenkräfte sowie Volumenkräfte wirken, besagt, daß der aus der bekannten Änderung eines Normal(kraft)flusses resultierende Schubflußverlauf bestimmt werden kann. σ_x und damit n_x wurden aber im vorhergehenden Kapitel ermittelt und sind für das SP–KOS und das HA–KOS bekannt (Gl. 3.3.3−16 und 3.3.3 − 26).

Für das SP–KOS ist dann

$$n_{\bar{x}} = t\sigma_{\bar{x}} = \frac{N_{\bar{x}}}{A}t - M_{\bar{z}}\frac{t\bar{y}A_{\bar{z}\bar{z}} - t\bar{z}A_{\bar{y}\bar{z}}}{A_{\bar{y}\bar{y}}A_{\bar{z}\bar{z}} - A_{\bar{y}\bar{z}}^2} + M_{\bar{y}}\frac{t\bar{z}A_{\bar{y}\bar{y}} - t\bar{y}A_{\bar{y}\bar{z}}}{A_{\bar{y}\bar{y}}A_{\bar{z}\bar{z}} - A_{\bar{y}\bar{z}}^2} \qquad (3.3.3 - 30)$$

Für einen Schnitt führt die Ableitung des Längskraftflusses nach x bei konstantem $N_{\bar{x}}$ — es greifen laut Voraussetzung weder Oberflächen- noch Volumenkräfte am *zylindrischen* Element an — aber $M_{\bar{z}} = M_{\bar{z}}(x)$ und $M_{\bar{y}} = M_{\bar{y}}(x)$ und bei Integration über dieUmlaufkoordinate s, auf die Gleichung:

$$-\int dq = \int\limits_0^s \frac{\partial n_{\bar{x}}}{\partial \bar{x}}ds = \int\limits_0^s \left(-\frac{dM_{\bar{z}}}{dx}\frac{t\bar{y}A_{\bar{z}\bar{z}} - t\bar{z}A_{\bar{y}\bar{z}}}{A_{\bar{y}\bar{y}}A_{\bar{z}\bar{z}} - A_{\bar{y}\bar{z}}^2} + \frac{dM_{\bar{y}}}{dx}\frac{t\bar{z}A_{\bar{y}\bar{y}} - t\bar{y}A_{\bar{y}\bar{z}}}{A_{\bar{y}\bar{y}}A_{\bar{z}\bar{z}} - A_{\bar{y}\bar{z}}^2}\right)ds$$

$$(3.3.3 - 31)$$

Im Kapitel 3.1.5, Gl. 3.1.5 − 16 bzw. Gl. 3.3.2 − 24 wurde gezeigt, daß

$$\frac{dM_z}{dx} = -Q_y \qquad \text{und} \qquad \frac{dM_y}{dx} = Q_z$$

ist. Physikalisch heißt das, die Änderung des Momentes beim Vorwärtsschreiten in $x-$Richtung (hervorgerufen durch eine Querkraft Q) verursacht die Änderung der Normalspannung in $x-$Richtung Gl. 3.3.3 − 31. Außerdem sei an die Definition der statischen Momente erinnert:

$$A_{\bar{z}}(s) = \int\limits_0^s \bar{z}(s)\underbrace{t(s)ds}_{dA} \qquad\qquad A_{\bar{y}}(s) = \int\limits_0^s \bar{y}(s)\underbrace{t(s)ds}_{dA}$$

Hierbei ist zu beachten, daß die statischen Momente für einen Querschnitt im SP–KOS zwar verschwinden ($A_{\bar{y}} = A_{\bar{z}} = 0$), obige Ausdrücke jedoch eine allgemeine Funktion von s ($0 \leq s \leq s_{End}$) sind und $A_{\bar{y}}(s)$ sowie $A_{\bar{z}}(s)$ erst bei vollständigem Durchlaufen der Länge s, also bei Integration bis $s = s_{End}$ zu Null werden.

Für *zylindrische Körper* und damit konstante Trägheitsmomente ($A_{\bar{y}\bar{y}}, A_{\bar{z}\bar{z}}, A_{\bar{y}\bar{z}}$) und im betrachteten Abschnitt für einzelne Querkräfte ($Q_{\bar{y}}, Q_{\bar{z}}$) erhält man schließlich:

$$\int dq = -\int\limits_0^s \frac{\partial n_{\bar{x}}}{\partial x}ds = -\int\limits_A \left(Q_{\bar{y}}\frac{\bar{y}\,dAA_{\bar{z}\bar{z}} - \bar{z}\,dAA_{\bar{y}\bar{z}}}{A_{\bar{y}\bar{y}}A_{\bar{z}\bar{z}} - A_{\bar{y}\bar{z}}^2} + Q_{\bar{z}}\frac{\bar{z}\,dAA_{\bar{y}\bar{y}} - \bar{y}\,dAA_{\bar{y}\bar{z}}}{A_{\bar{y}\bar{y}}A_{\bar{z}\bar{z}} - A_{\bar{y}\bar{z}}^2}\right)$$

$$(3.3.3 - 32)$$

Damit lautet die Gleichung für den
Schubfluß in einem zylindrischen Querschnitt im SP–KOS:

$$q(s) - q_0 = - \left[Q_{\bar{y}} \frac{A_{\bar{y}}(s)A_{\bar{z}\bar{z}} - A_{\bar{z}}(s)A_{\bar{y}\bar{z}}}{A_{\bar{y}\bar{y}}A_{\bar{z}\bar{z}} - A_{\bar{y}\bar{z}}^2} + Q_{\bar{z}} \frac{A_{\bar{z}}(s)A_{\bar{y}\bar{y}} - A_{\bar{y}}(s)A_{\bar{y}\bar{z}}}{A_{\bar{y}\bar{y}}A_{\bar{z}\bar{z}} - A_{\bar{y}\bar{z}}^2} \right]$$

$$(3.3.3 - 33)$$

Beim Übergang vom SP–KOS auf das HA–KOS verschwindet das Deviationsmoment ($A_{\bar{y}\bar{z}} = 0$) und der **Schubfluß im HA–KOS** lautet:

$$q(s) - q_0 = - \left[Q_{\hat{y}} \frac{A_{\hat{y}}(s)}{A_{\hat{y}\hat{y}}} + Q_{\hat{z}} \frac{A_{\hat{z}}(s)}{A_{\hat{z}\hat{z}}} \right]$$

$$= E \left[v''' A_{\hat{y}}(s) + w''' A_{\hat{z}}(s) \right]$$

$$= E \left[\varphi_{\hat{z}}'' A_{\hat{y}}(s) - \varphi_{\hat{y}}'' A_{\hat{z}}(s) \right]$$

$$(3.3.3 - 34a, b)$$

Die beiden letzten Gleichungen erhält man mit Gl. 3.3.3 − 26b

Anmerkungen:

1) Merkhilfe

   Der Aufbau der Gl. 3.3.3 − 34a läßt sich leicht mit einer Merkhilfe ins Gedächtnis rufen: wird für das statische Moment der Buchstabe S verwendet und für das Flächenträgheitsmoment (Moment 2. Ordnung) der Buchstabe I, so ergibt sich für jeden Summanden ein Ausdruck in der Form:

   $$Q \frac{S}{I}$$

   Man spricht dann von der sog. QSI−Formel (sprich: Kusinenformel).

2) Geltungsbereich

   Die Gleichungen für den Schubfluß aus Querkraft (Gl. 3.3.3−33 und 3.3.3− 34) gelten dann und nur dann, wenn die Querkraft durch den Schubmittelpunkt SM bei offenen bzw. SM$_g$ bei geschlossenen Profilen geht. Ist dies nicht der Fall, so muß sie in diesen parallel verschoben werden. Man erhält dann zusätzlich zu den Schubspannungen aus Querkraft Schubspannungen aus dem durch die Parallelverschiebung entstehenden, freien Torsionsmoment. Die Schubspannungen sind zu überlagern.

3) Integrationskonstante q_0 bei offenen Profilen

   Bei einem offenen Profil legt man den Ursprung der Umlaufkoordinate, also $s = 0$, sinnvollerweise auf einen freien Rand. Dort ist der Schubfluß — so dort keine äußeren Schubkräfte angreifen — stets gleich Null, so daß die

Integrationskonstante q_0 ebenfalls zu Null wird:

$$s = 0 \quad \longrightarrow \quad q = 0 \quad \longrightarrow \quad q_0 = 0$$

4) Da der Theorie (Gl. 3.3.3 − 29) ein *zylindrisches* stabförmiges Tragwerk zu Grunde liegt, sind die Querschnittsabmessungen in Längsrichtung (x−Achse) konstant und damit auch die Flächenintegrale keine Funktion von x. In einer ersten Abschätzung ersetzt man konische Körper durch abschnittsweise zylindrische.

5) Den Ermittlungen der Normalspannungen liegt die Bernoulli Hypothese (ebene Querschnitte, Erhaltenbleiben der Normalen) und damit nur Dehnungen ε_x zu Grunde. Unter einer diskreten Querkraft entsteht zum Einen ein in x−Richtung sich änderndes Moment und damit Dehnungen $\varepsilon = \varepsilon_x(x, s)$. Zum Anderen entstehen in x−Richtung konstant bleibende Schubspannungen, die wegen der Gleichgewichtsbedingungen an der Oberfläche, am Rand gleich null sein müssen und über dem Querschnitt variieren. Damit liegt aber infolge $\tau_{xs} = G\gamma_{xs}$ eine variable Scherung $\gamma_{xs} = \gamma_{xs}(s)$ und damit kein ebener Querschnitt mehr vor (siehe dazu Abb. 3.2.3 − 1c). Die Kompatibilität ist nicht mehr gegeben (vgl. Gl. 2.2.2 − 12).
Man ignoriert bei *schlanken Balken* die Schubverzerrung und nimmt die xs − Ebene als *schubstarr* ($G = \infty$) an. Mit $\gamma = 0$ ist τ_{xs} dann aber eine unbestimmte Zahl.

Den Ausdruck in den Verschiebungen Gl. 3.3.3−34b erhält man durch Einsetzen von Gl. 3.3.3 − 26b in 3.3.3 − 29.
Aus dem Koeffizientenvergleich von Gl. 3.3.3 − 34a und 3.3.3 − 34b folgen die *Elastizitätsgesetze*

$$\frac{Q_{\hat{y}}}{EA_{\hat{y}\hat{y}}} = -v''' = -\varphi_{\hat{z}}'' \quad , \qquad \frac{Q_{\hat{z}}}{EA_{\hat{z}\hat{z}}} = -w''' = \varphi_{\hat{y}}'' \qquad (3.3.3 - 35)$$

Das gleiche Ergebnis erzielt man durch Differenzieren der Elastizitätsgesetze für die Momente Gl. 3.3.3 − 23 .

Für $q_0 = 0$ folgt mit $q = \tau \cdot t = G\gamma \cdot t$ aus Gl. 3.3.3 − 34a und mit Gl. 3.3.3 − 34b für die *konstitutive Beziehung*:

$$\boxed{\begin{aligned} \gamma_{xs} &= -\frac{1}{G}\left[\frac{Q_{\hat{y}}}{A_{\hat{y}\hat{y}}}\frac{A_{\hat{y}}(s)}{t(s)} + \frac{Q_{\hat{z}}}{A_{\hat{z}\hat{z}}}\frac{A_{\hat{z}}(s)}{t(s)}\right] \\ \gamma_{xs} &= \frac{E}{G}\left[v'''\frac{A_{\hat{y}}(s)}{t(s)} + w'''\frac{A_{\hat{z}}(s)}{t(s)}\right] \end{aligned}}$$

$$(3.3.3 - 36a, b)$$

Einführung von Ersatzkräften

Erscheint das Umrechnen in das HA–KOS infolge einer komplizierten Querschnittsgeometrie zu mühsam, kann unter Einführung von *Ersatzkräften* im SP–KOS so gerechnet werden, als wären die Achsen des gewählten SP–KOS Hauptträgheitsachsen. Unter Anwendung der Definition der *Ersatzmomente* M^E wurden in Kap. 3.3.3.1.2 die *Ersatzkräfte* Gl. 3.3.3 − 21 bestimmt:

$$Q_{\bar{y}}^E = \frac{Q_{\bar{y}} - Q_{\bar{z}}\dfrac{A_{\bar{y}\bar{z}}}{A_{\bar{z}\bar{z}}}}{1 - \dfrac{A_{\bar{y}\bar{z}}^2}{A_{\bar{y}\bar{y}}A_{\bar{z}\bar{z}}}} \quad ; \quad Q_{\bar{z}}^E = \frac{Q_{\bar{z}} - Q_{\bar{y}}\dfrac{A_{\bar{y}\bar{z}}}{A_{\bar{y}\bar{y}}}}{1 - \dfrac{A_{\bar{y}\bar{z}}^2}{A_{\bar{y}\bar{y}}A_{\bar{z}\bar{z}}}} .$$

Man erhält diese Ausdrücke ebenfalls durch Gleichsetzen der Gl. 3.3.3 − 33 und 3.3.3 − 37. Die **QSI-Formel** mit Ersatzquerkräften lautet:

$$\boxed{\; q(s) - q_0 = - \left[Q_{\bar{y}}^E \frac{A_{\bar{y}}(s)}{A_{\bar{y}\bar{y}}} + Q_{\bar{z}}^E \frac{A_{\bar{z}}(s)}{A_{\bar{z}\bar{z}}} \right] \;}$$
$$(3.3.3 - 37)$$

Physikalische Betrachtungen:

(Betrachte dazu Beispiel 1 in Kap. 3.3.5, sowie Kap. 3.1.3.2)

In diesem Kapitel wurde durch formales Vorgehen, nämlich durch Einsetzen der Gleichung für die Normalspannungen Gl. 3.3.3 − 16 bzw. Gl. 3.3.3 − 26 in die Gleichgewichtsbeziehung am Hautelement Gl. 3.1.3−7 bzw. 3.3.2−27, der Schubfluß und damit die aus einer Querkraft resultierende Schubspannung ermittelt. Dabei wurden, wie in Kap. 3.1.5 gezeigt, die Schnittlasten aus Querkräften und Momenten, die über die Beziehung

$$\frac{dM_{\hat{z}}(\hat{x})}{d\hat{x}} = -Q_{\hat{y}} \quad \text{und} \quad \frac{dM_{\hat{y}}(\hat{x})}{d\hat{x}} = Q_{\hat{z}}$$

verknüpft sind, genutzt (Der Ausdruck für $Q_{\hat{z}}$ kann auch aus Abb. 3.3.3 − 5b durch Bilden des Momentengleichgewichtes bezüglich des Punktes P abgelesen werden). Was beim geschilderten Vorgehen nicht ersichtlich wurde, ist der physikalische Zusammenhang, der erst durchschaubar wird durch das Herausschneiden eines Elementes aus einem Balken der auf Biegung durch die Last P beansprucht wird, (Abb. 3.3.3 − 5a), bzw. an dem die Schnittlasten $M(\hat{x})$ und $Q(\hat{x}) = $ const auftreten. Es ist dann $q(\hat{x}) = \tau \cdot t = $ *const* und da es sich voraussetzungsgemäß um einen zylindrischen Körper handelt, ist für $s = $ *const* auch $\tau(x) = $ *const* .

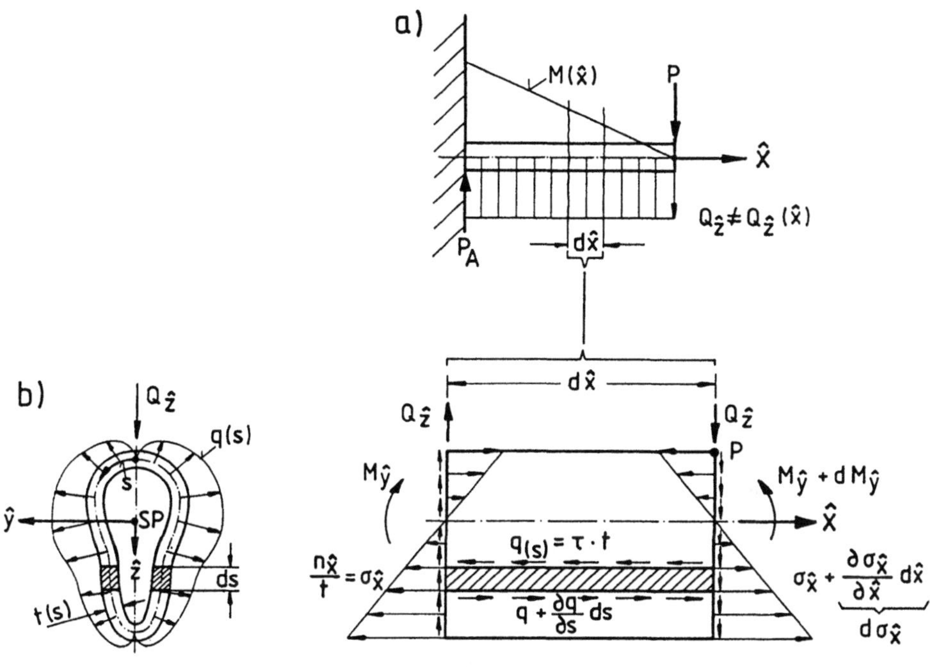

Abb. 3.3.3 − 5

In Abb. 3.3.3 − 5b ist ein Balkenelement der Länge $d\hat{x}$ dargestellt mit den an ihm wirkenden Schnittkräften bzw. in ihm wirkenden Spannungen. Man erkennt, daß das schraffierte Teilstück $d\hat{x} \cdot ds$ nur dann im Gleichgewicht ist, wenn der durch die Momentenzunahme in $\hat{x}$−Richtung $(dM_{\hat{y}})$ entstehende Normalspannungszuwachs

$$d\sigma_{\hat{x}} = \frac{\partial \sigma_{\hat{x}}}{\partial \hat{x}} \cdot d\hat{x}$$

durch eine Änderung der Schubspannung in s−Richtung kompensiert wird. Die Summe der Kräfte am Element $(ds \cdot d\hat{x})$ in $\hat{x}$−Richtung wird Null für:

$$\frac{\partial n_{\hat{x}}}{\partial \hat{x}} d\hat{x} ds + \frac{\partial q}{\partial s} ds d\hat{x} = 0$$

$$\frac{\partial n_{\hat{x}}}{\partial \hat{x}} + \frac{\partial q}{\partial s} = 0 \quad \rightarrow \quad q(s) - q_0 = - \int \frac{\partial n_{\hat{x}}}{\partial x} ds$$

Dies ist aber unsere Ausgangsgl. 3.1.3 − 6a bzw. 3.3.3 − 29

Mit:
$$\sigma_{\hat{x}} = \frac{M_{\hat{y}}(\hat{x})}{A_{\hat{z}\hat{z}}}\,\hat{z} \qquad\qquad \frac{dM_{\hat{y}}(\hat{x})}{d\hat{x}} = Q_{\hat{z}}$$

$$\frac{\partial n_{\hat{x}}}{\partial \hat{x}} = \frac{Q_{\hat{z}}}{A_{\hat{z}\hat{z}}}\,\hat{z}t \qquad\qquad \int\limits_{s} \hat{z}t\,ds = A_{\hat{z}}(s)$$

wird:
$$q - q_0 = -\frac{Q_{\hat{z}}}{A_{\hat{z}\hat{z}}}A_{\hat{z}}(s)$$

Dies ist aber die QSI–Formel für eine Querkraft in $z-$Richtung.

Anmerkungen: (zur Gültigkeit)
1) Die QSI–Gleichungen gelten somit nur für zylindrische Querschnitte und einzelne, d.h. diskrete, Querkräfte, die über Spante in die Haut eingeleitet werden.
2) Man verwendet sie auch bei vollen Rechteckquerschnitten. Die exakte Lösung liefert jedoch die Elastizitätstheorie der Kontinuumsmechanik in Form von unendlichen Reihen. – Um eine schnelle Abschätzung vorzunehmen, können die QSI–Formeln bei nicht zu kurzen Balken auch bei in Querrichtung veränderlicher Querschnittsbreite (z.B. Trapezquerschnitt) angewendet werden.
   Da am Rand bei lastenfreier Oberfläche die Schubspannung null sein muß, muß die Randkontur stets eine Schubspannungslinie darstellen. Infolgedessen ist die Schubspannung nicht elementar berechenbar.

Zusammenfassung:

Normalspannungen im HA–KOS:

$$\sigma_{\hat{x}} = \frac{N_{\hat{x}}}{A} - \frac{M_{\hat{z}}}{A_{\hat{y}\hat{y}}}\hat{y} + \frac{M_{\hat{y}}}{A_{\hat{z}\hat{z}}}\hat{z} \qquad = \frac{N_{\hat{x}}}{A} - \frac{M_{\hat{z}}}{W_{\hat{z}}} + \frac{M_{\hat{y}}}{W_{\hat{y}}}$$

$$= E\left(\varepsilon_0 + \kappa_{\hat{z}}\hat{y} + \kappa_{\hat{y}}\hat{z}\right)$$

$$= E\left(u_0' - v''\hat{y} - w''\hat{z}\right) \qquad\qquad W_{\hat{z}} = \frac{A_{\hat{y}\hat{y}}}{\hat{y}}$$

$$= E\underbrace{\left(u_0' - \varphi_{\hat{z}}'\hat{y} + \varphi_{\hat{y}}'\hat{z}\right)}_{\varepsilon_{\hat{x}}} \qquad\qquad W_{\hat{y}} = \frac{A_{\hat{z}\hat{z}}}{\hat{z}}$$

Normalspannungen im SP–KOS:

$$\sigma_{\bar{x}} = \frac{N_{\bar{x}}}{A} - \frac{M_{\bar{z}}A_{\bar{z}\bar{z}} + M_{\bar{y}}A_{\bar{y}\bar{z}}}{(A_{\bar{y}\bar{y}}A_{\bar{z}\bar{z}} - A_{\bar{y}\bar{z}}^2)}\bar{y} + \frac{M_{\bar{y}}A_{\bar{y}\bar{y}} + M_{\bar{z}}A_{\bar{y}\bar{z}}}{(A_{\bar{y}\bar{y}}A_{\bar{z}\bar{z}} - A_{\bar{y}\bar{z}}^2)}\bar{z}$$

$$\sigma_{\bar{x}} = \frac{N_{\bar{x}}}{A} - M_{\bar{z}}\frac{\bar{y}A_{\bar{z}\bar{z}} - \bar{z}A_{\bar{y}\bar{z}}}{(A_{\bar{y}\bar{y}}A_{\bar{z}\bar{z}} - A_{\bar{y}\bar{z}}^2)} + M_{\bar{y}}\frac{\bar{z}A_{\bar{y}\bar{y}} - \bar{y}A_{\bar{y}\bar{z}}}{(A_{\bar{y}\bar{y}}A_{\bar{z}\bar{z}} - A_{\bar{y}\bar{z}}^2)}$$

$$\sigma_{\bar{x}} = \frac{N_{\bar{x}}}{A} - \frac{M_{\bar{z}}^E}{A_{\bar{y}\bar{y}}}\bar{y} + \frac{M_{\bar{y}}^E}{A_{\bar{z}\bar{z}}}\bar{z}$$

Ersatzmomente und Ersatzkräfte:

$$M_{\bar{z}}^E = \frac{M_{\bar{z}} + M_{\bar{y}}A_{\bar{y}\bar{z}}/A_{\bar{z}\bar{z}}}{1 - A_{\bar{y}\bar{z}}^2/A_{\bar{y}\bar{y}}A_{\bar{z}\bar{z}}} \qquad M_{\bar{y}}^E = \frac{M_{\bar{y}} + M_{\bar{z}}A_{\bar{y}\bar{z}}/A_{\bar{y}\bar{y}}}{1 - A_{\bar{y}\bar{z}}^2/A_{\bar{y}\bar{y}}A_{\bar{z}\bar{z}}}$$

$$Q_{\bar{z}}^E = \frac{Q_{\bar{z}} - Q_{\bar{y}}A_{\bar{y}\bar{z}}/A_{\bar{y}\bar{y}}}{1 - A_{\bar{y}\bar{z}}^2/A_{\bar{y}\bar{y}}A_{\bar{z}\bar{z}}} \qquad Q_{\bar{y}}^E = \frac{Q_{\bar{y}} - Q_{\bar{z}}A_{\bar{y}\bar{z}}/A_{\bar{z}\bar{z}}}{1 - A_{\bar{y}\bar{z}}^2/A_{\bar{y}\bar{y}}A_{\bar{z}\bar{z}}}$$

$$p_{\bar{z}}^E = \frac{p_{\bar{z}} - p_{\bar{y}}A_{\bar{y}\bar{z}}/A_{\bar{y}\bar{y}}}{1 - A_{\bar{y}\bar{z}}^2/A_{\bar{y}\bar{y}}A_{\bar{z}\bar{z}}} \qquad p_{\bar{y}}^E = \frac{p_{\bar{y}} - p_{\bar{z}}A_{\bar{y}\bar{z}}/A_{\bar{z}\bar{z}}}{1 - A_{\bar{y}\bar{z}}^2/A_{\bar{y}\bar{y}}A_{\bar{z}\bar{z}}}$$

Schubflüsse im HA–KOS:

$$q(s) - q_0 = -\left[Q_{\hat{y}}\frac{A_{\hat{y}}(s)}{A_{\hat{y}\hat{y}}} + Q_{\hat{z}}\frac{A_{\hat{z}}(s)}{A_{\hat{z}\hat{z}}}\right]$$

$$= E\left[v'''A_{\hat{y}}(s) + w'''A_{\hat{z}}(s)\right]$$

$$= E\left[\varphi_{\hat{z}}''A_{\hat{y}}(s) - \varphi_{\hat{y}}''A_{\hat{z}}(s)\right]$$

$$q(s) \quad = \tau \cdot t(s) = \gamma\,G\,t(s)$$

Schubflüsse im SP–KOS:

$$q(s) - q_0 = -\left[Q_{\bar{y}}\frac{A_{\bar{y}}(s)A_{\bar{z}\bar{z}} - A_{\bar{z}}(s)A_{\bar{y}\bar{z}}}{A_{\bar{y}\bar{y}}A_{\bar{z}\bar{z}} - A_{\bar{y}\bar{z}}^2} + Q_{\bar{z}}\frac{A_{\bar{z}}(s)A_{\bar{y}\bar{y}} - A_{\bar{y}}(s)A_{\bar{y}\bar{z}}}{A_{\bar{y}\bar{y}}A_{\bar{z}\bar{z}} - A_{\bar{y}\bar{z}}^2}\right]$$

$$q(s) - q_0 = -\left[Q_{\bar{y}}^E\frac{A_{\bar{y}}(s)}{A_{\bar{y}\bar{y}}} + Q_{\bar{z}}^E\frac{A_{\bar{z}}(s)}{A_{\bar{z}\bar{z}}}\right]$$

Bei offenen Querschnitten ist für $s = 0$ auf dem Rand $q_0 = 0$.

Elastizitätsgesetz und kinematische Beziehungen:

$$\frac{Q_{\hat{y}}}{EA_{\hat{y}\hat{y}}} = -v''' = -\varphi''_{\hat{z}} \quad , \quad \frac{Q_{\hat{z}}}{EA_{\hat{z}\hat{z}}} = -w''' = \varphi''_{\hat{y}}$$

$$\gamma_{xs} = -\frac{1}{G}\left[\frac{Q_{\hat{y}}}{A_{\hat{y}\hat{y}}}\frac{A_{\hat{y}}(s)}{t(s)} + \frac{Q_{\hat{z}}}{A_{\hat{z}\hat{z}}}\frac{A_{\hat{z}}(s)}{t(s)}\right]$$

$$\gamma_{xs} = \frac{E}{G}\left[v'''\frac{A_{\hat{y}}(s)}{t(s)} + w'''\frac{A_{\hat{z}}(s)}{t(s)}\right]$$

3.3.4 Ermittlung der Biegelinie (Elastizitätsgesetze der EBT)

Entsprechend Kap. 3.3.2.1 resultiert die Verformung eines Biegebalkens aus der Dehnung und der Schubverformung. Die Verformung infolge Dehnung liefert bei *schlanken stabförmigen Tragwerken* den wesentlichen Anteil. Der Anteil der Schubverformung ist gering und soll daher abgeschätzt werden.

3.3.4.1 Die durch Dehnung entstehende Biegelinie

Um den Zusammenhang zwischen Schnittkraft und Verschiebung — das *Elastizitätsgesetz* — zu erhalten, muß man entsprechend dem Lösungsschema Abb. 3.1.2 − 1 mindestens 3 Gleichungen (Gleichgewicht, Stoffgesetz, Kinematik) anschreiben.

Da die Schubspannungen aus der Querkraft $\underline{Q}$ und die Verwölbungen nicht berücksichtigt werden sollen, können nur die Schnittkräfte M und N_x auftreten. Wir betrachten die Biegung um die y−Achse nur infolge eines freien Momentes. Das Schnittmoment ist dann:

$$M_y = \int \sigma_x z\, dA \qquad\qquad (3.3.4-1)$$

Für das Stoffgesetz gilt

$$\sigma_x = E\varepsilon_x \qquad\qquad (3.3.4-2)$$

und für die kinematische Beziehung:

$$\varepsilon_x = \kappa_y z = -w'' z \qquad\qquad (3.3.4-3)$$

Aus dem freien Moment kann keine Kraft in x−Richtung resultieren, d.h. die Schnittkraft N_x muß Null sein.

$$N_x = \int \sigma_x dA \overset{!}{=} 0$$

$$= E\kappa_y \underbrace{\int_A z dA}_{A_z} = 0 \qquad\qquad (3.3.4 - 4)$$

N_x bzw. das Flächenintegral ist aber nur dann Null, wenn es sich bei homogenem isotropen Material um ein SP–KOS handelt. D.h. bei zwangsfreier Biegung ist die neutrale Faser mit der Schwerelinie identisch, und man muß mindestens mit einem SP–KOS arbeiten, dazu müssen dann aber auch die zum SP–KOS gehörenden *Ersatzmomente* (M^E) verwendet werden (siehe dazu Kap. 3.3.3.1).

Die folgende Herleitung erfolgt für das HA–KOS. Setzt man in die Gleichung für das Momentengleichgewicht um die $\hat{y}$–Achse (Gl. 3.3.4 − 1) das Stoffgesetz (Gl. 3.3.4 − 2) und die kinematische Beziehung (Gl. 3.3.4 − 3) ein, so erhält man das *Elastizitätsgesetz* für die Biegung (oft auch als *konstitutive Beziehung* bezeichnet; $EA_{\hat{z}\hat{z}}$ ist dann der Elastizitätskoeffizient, bzw. die *Biegesteifigkeit*):

$$M_{\hat{y}} = -E w'' \underbrace{\int_A \hat{z}^2 dA}_{A_{\hat{z}\hat{z}}}$$

$$(3.3.4 - 5)$$

$$M_{\hat{y}} = -EA_{\hat{z}\hat{z}} w'' \qquad (= -EI_{\hat{y}} w'')$$

$$= -EA_{\hat{z}\hat{z}} \kappa_{\hat{y}}$$

$$= \;\; EA_{\hat{z}\hat{z}} \varphi_{\hat{y}}$$

Entsprechend dem Lösungsschema (Kap. 3.1.2, Abb. 3.1.2 − 1) und den Gleichungen für das Gleichgewicht von äußeren Lasten und Schnittlasten (SSL, Gl. 3.3.2 − 24)

$$\frac{dM_y}{dx} = Q_z$$

$$\frac{d^2 M_y}{dx^2} = \frac{dQ_z}{dx} = -p_z$$

muß die Gl. 3.3.4 − 5 für $M_{\hat{y}}$ lediglich zweimal differenziert werden, und man erhält für die $x - z$−Ebene die *Elastizitätsgesetze der EBT*.

x-z-Ebene:

$\underline{\text{HA} - \text{KOS}:}$ $\underline{\text{SP} - \text{KOS}:}$

Gl. $(3.3.4 - 6)$ Gl. $(3.3.4 - 7)$

$$E\,[A_{\hat{z}\hat{z}}(\hat{x})\,w'']'' = p_{\hat{z}}(\hat{x})$$
$$E\,[A_{\hat{z}\hat{z}}(\hat{x})\,w'']' = -Q_{\hat{z}}(\hat{x})$$
$$E\,A_{\hat{z}\hat{z}}(\hat{x})\,w'' = -M_{\hat{y}}(\hat{x})$$
$$w' = -\varphi_{\hat{y}}(\hat{x})$$
$$w'' = -\kappa_{\hat{y}}(\hat{x})$$

$$\left.\begin{array}{rcl} E\,A_{\bar{z}\bar{z}}\,w'''' &=& p_{\bar{z}}^{E}(\bar{x}) \\ E\,A_{\bar{z}\bar{z}}\,w''' &=& -Q_{\bar{z}}^{E}(\bar{x}) \end{array}\right\} A_{\bar{z}\bar{z}} \neq f(\hat{x})$$
$$E\,A_{\bar{z}\bar{z}}(\bar{x})\,w'' = -M_{\bar{y}}^{E}(\bar{x})$$
$$w' = -\varphi_{\bar{y}}(\bar{x})$$
$$w'' = -\kappa_{\bar{y}}(\bar{x})$$

Dabei ist w die Durchbiegung in $z-$Richtung, w' die Neigung (Tangente) und $-w''$ die Krümmung der Biegelinie. Die mit dem hochgesetzten Index "E" gekennzeichneten Kräfte und Momente sind Ersatzkräfte und -Momente, die für das Arbeiten im SP–KOS gelten (Gl. $3.3.3 - 19$ und Gl. $3.3.3 - 21$).

Je nachdem welche Kraftgröße (p, Q, M) wirkt, läßt sich also im HA–KOS die Biegelinie in der $\hat{x} - \hat{z}-$Ebene durch Integration aus einer der Differentialgleichungen ermitteln. Die Bestimmung der Integrationskonstanten erfolgt über statische Kraft und/oder geometrische Verschiebungsrandbedingungen. Die Flächenträgheitsmomente können Funktionen von $\hat{x}$, d.h., der Querschnitt kann variabel sein. Kraftrichtung und Deformationsrichtung sind im HA–KOS identisch.

Für die $x - y-$Ebene gelten analoge *Elastizitätsgesetze* (Vorzeichen beachten):

x-y-Ebene:

$\underline{\text{HA} - \text{KOS}:}$ $\underline{\text{SP} - \text{KOS}:}$

Gl. $(3.3.4 - 8)$ Gl. $(3.3.4 - 9)$

$$E\,[A_{\hat{y}\hat{y}}(\hat{x})\,v'']'' = p_{\hat{y}}(\hat{x})$$
$$E\,[A_{\hat{y}\hat{y}}(\hat{x})\,v'']' = -Q_{\hat{y}}(\hat{x})$$
$$E\,A_{\hat{y}\hat{y}}(\hat{x})\,v'' = M_{\hat{z}}(\hat{x})$$
$$v' = \varphi_{\hat{z}}(\hat{x})$$
$$v'' = -\kappa_{\hat{z}}(\hat{x})$$

$$\left.\begin{array}{rcl} E\,A_{\bar{y}\bar{y}}\,v'''' &=& p_{\bar{y}}^{E}(\bar{x}) \\ E\,A_{\bar{y}\bar{y}}\,v''' &=& -Q_{\bar{y}}^{E}(\bar{x}) \end{array}\right\} A_{\bar{y}\bar{y}} \neq f$$
$$E\,A_{\bar{y}\bar{y}}(\bar{x})\,v'' = M_{\bar{z}}^{E}(\bar{x})$$
$$v' = \varphi_{\bar{z}}(\bar{x})$$
$$v'' = -\kappa_{\bar{z}}(\bar{x})$$

Anmerkungen: (zur Gültigkeit)

1) Die kinematische Beziehung gilt, wie in Kap. 3.3.3ff diskutiert, nur für ein freies, d.h. konstantes Moment $M \neq M(x)$. Damit wäre ein aus einer Querkraft Q resultierendes Moment $M = M(x)$ streng genommen nicht zulässig. Es hat sich jedoch gezeigt, daß der entstehende Fehler klein genug und somit die rechte Seite der Gl. $3.3.4 - 6$ als Funktion von x zulässig ist.

2) Ist der Querschnitt zylindrisch und will man im SP–KOS arbeiten, so müssen Ersatzkräfte angewendet werden, die es erlauben so zu handeln als ob das SP–KOS ein HA–KOS wäre. Kraft- und Deformationsrichtung sind beim Arbeiten im SP–KOS nicht identisch. Weitere Erläuterungen hierzu wurden in Kap. 3.3.3.1.2 und Kap. 3.3.3.1.3 gegeben.

3) Bei Anwendung der Gleichungen für das SP–KOS darf nur die Momentengleichung (3. Gleichung) ein in $\bar{x}$–Richtung variables Trägheitsmoment haben. Für die ersten zwei Gleichungen wurden die Ersatzkräfte in Kap. 3.3.3.1.2 für $A_{mn} \neq f(x)$ hergeleitet, so daß die angegebenen Beziehungen (Gl. $3.3.3 - 21$) für die Ersatz-Querkräfte und laufenden Lasten damit nur für konstante Flächenmomente gelten.

4) Man kann die in Kap. 3.3.3.1.3 ermittelten Normalspannungen $\sigma_{\hat{x}}$ zur Probe auch aus dieser Ableitung gewinnen.
Mit der kinematischen Beziehung

$$\varepsilon_{\hat{x}} = \varepsilon_0 - v''\hat{y} - w''\hat{z}$$

dem Stoffgesetz

$$\sigma_{\hat{x}} = E\varepsilon_{\hat{x}}$$

und den konstitutiven Beziehungen

$$\varepsilon_0 = \frac{N_{\hat{x}}}{EA} \qquad v'' = \frac{M_{\hat{z}}}{EA_{\hat{y}\hat{y}}} = -\kappa_{\hat{z}} \qquad w'' = -\frac{M_{\hat{y}}}{EA_{\hat{z}\hat{z}}} = -\kappa_{\hat{y}}$$

erhält man für das HA–KOS

$$\sigma_{\hat{x}} = \frac{N_{\hat{x}}}{A} - \frac{M_{\hat{z}}}{A_{\hat{y}\hat{y}}}\,\hat{y} + \frac{M_{\hat{y}}}{A_{\hat{z}\hat{z}}}\,\hat{z} \qquad\qquad (3.3.4 - 10)$$

bzw. SP–KOS

$$\sigma_{\bar{x}} = \frac{N_{\bar{x}}}{A} - \frac{M_{\bar{z}}^{E}}{A_{\bar{y}\bar{y}}}\,\bar{y} + \frac{M_{\bar{y}}^{E}}{A_{\bar{z}\bar{z}}}\,\bar{z} \qquad\qquad (3.3.4 - 11)$$

Wie in Kap. 3.3.3.1.2 gezeigt wurde, sind im SP–KOS zwar die Normalkraft und die Momente entkoppelt. Die Momente selbst – also $M_{\bar{y}}$ und $M_{\bar{z}}$ – sind jedoch noch gekoppelt. Diese Koppelung ist in den *__Ersatzmomenten__* $M_{\hat{z}}^{E}$ und $M_{\hat{y}}^{E}$ berücksichtigt (siehe Gl. 3.3.3 − 19 und 3.3.3 − 21).

Beispiel:

Ein Beispiel möge die Anwendung und Genauigkeit der Gl. 3.3.4 − 6 verdeutlichen: An einem zylindrischen Balken der Länge l wirke über der ganzen Länge ein konstantes Moment $-M_{\hat{y}0}$. Der Balken sei bei $x = 0$ fest eingespannt und habe über seiner ganzen Länge das Trägheitsmoment $A_{\hat{z}\hat{z}}$ und den E-Modul E.

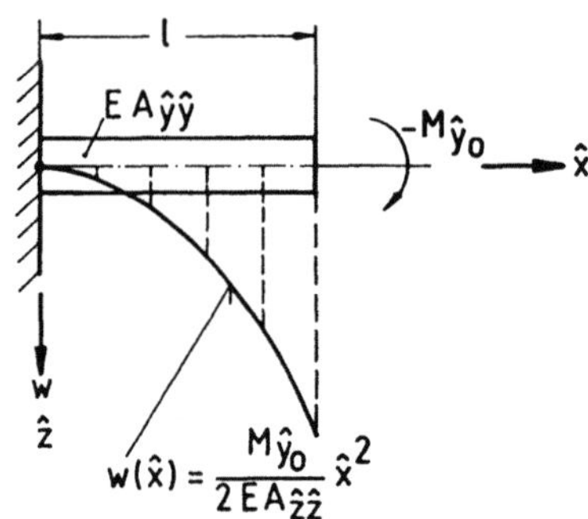

Abb. 3.3.4 − 1

Wegen $Q_{\hat{z}} = 0$ und $M_{\hat{y}}(\hat{x}) = -M_{\hat{y}0} = const$ wird die dritte Differentialgleichung der $x - z-$Ebenenbeziehungen Gl. 3.3.4 − 6 als Ausgangsgleichung benutzt. Die Integration führt dann zu :

$$EA_{\hat{z}\hat{z}}w'' = M_{\hat{y}0} = const$$
$$EA_{\hat{z}\hat{z}}w' = M_{\hat{y}0}\hat{x} + C_1$$
$$EA_{\hat{z}\hat{z}}w = \frac{1}{2}M_{\hat{y}0}\hat{x}^2 + C_1\hat{x} + C_2$$

$$(3.3.4 − 12)$$

Zur Bestimmung der Integrationskonstanten C_1 und C_2 werden zwei Randbedingungen (RB) benötigt. Aus der Geometrie ist ersichtlich, daß am Ort der Einspannung, also für $\hat{x} = 0$ keine Durchbiegung und eine horizontale Tangente existieren:

$$\text{RB 1:} \quad w(\hat{x} = 0) = 0$$
$$\text{RB 2:} \quad w'(\hat{x} = 0) = 0$$

$$(3.3.4 − 13)$$

Aus der zweiten RB folgt, daß $C_1 = 0$ ist. Zusammen mit der ersten RB wird $C_2 = 0$. Somit ist die Biegelinie

$$w(\hat{x}) = \frac{M_{\hat{y}0}}{2EA_{\hat{z}\hat{z}}}\hat{x}^2$$

$$(3.3.4 − 14)$$

eine quadratische Funktion, nämlich eine Parabel, deren Krümmung $\kappa \neq const$ ist. Ermittelt man die Krümmung jedoch mit Hilfe der angewandten Näherung

$$\kappa = \frac{1}{R} \approx -w''$$

so erhält man durch Differenzieren für

$$w''(\hat{x}) = const \qquad (3.3.4 - 15)$$

Somit liegt ein Widerspruch vor, der durch die Vereinfachung $\kappa = -w''$ entsteht.

Anmerkung: In den DGL'n der Balkenbiegung Gl. 3.3.4 − 6 bis 3.3.4 − 9 bzw. Gl. 3.3.4 − 12 sind zwei Vereinfachungen enthalten.

1) Die quadratischen Terme im Krümmungsausdruck werden vernachlässigt.

2) Die Querkraftdeformation wird als vernachlässigbar klein gegenüber der aus dem Moment resultierenden Deformation angenommen, was nur für schlanke Biegeträger zulässig ist.

   Eine Fehlerabschätzung für die beiden Fälle wird im folgenden vorgenommen.

Um den Fehler, der durch die Vernachlässigung der quadratischen Terme im Krümmungsausdruck entsteht, zu ermitteln, entwickelt man Gl. 3.3.2 − 2 in eine Reihe. Bei Vernachlässigung von w'^2 ist dann der Fehler für $-w' = tg\varphi_y$ in erster Näherung

$$\kappa = \left|w''\right|\left(1 + w'^2\right)^{-\frac{3}{2}} \approx \left|w''\right|\underbrace{\left(1 - \frac{3}{2}w'^2 + \frac{15}{8}w'^4 + \ldots\right)}_{\text{Fehler}} \qquad (3.3.4 - 16)$$

φ_y [°]	0	2	4	6	8	10	12	14
Fehler [%]	0	0,2	0,7	1,7	3,0	4,7	6,8	9,3

$(3.3.4 - 17)$

3.3.4.2 Abschätzung des Einflusses der Schubdeformation

In diesem Kapitel soll der Einfluß der Schubdeformation diskutiert werden. Ist der Balken nicht schubstarr, so beschreibt Gl. 3.3.2 − 14 die aus der Querkraft resultierende Scherung. Mit dem Stoffgesetz wird

$$\tau_{\hat{x}\hat{z}} = G\left(w' + \varphi_{\hat{y}}\right) \qquad (3.3.4 - 18)$$

und mit der Schnittkraft $\quad Q_{\hat{z}} = \int \tau_{\hat{x}\hat{z}} \cdot dA \quad$ erhält man das *Elastizitätsgesetz des nicht schubstarren Balkens* bei *ebenen Querschnitten* in folge einer Querkraft, die in der *schubübertragenden Fläche A_Q* wirkt.

$$Q_{\hat{z}} = G A_Q \left(w' + \varphi_{\hat{y}} \right) \qquad\qquad (3.3.4-19)$$

Mit Hilfe eines Faktors η_A berücksicht man die über den Querschnitt nicht konstante Schubspannung und damit die ebenfalls nicht konstante Scherung $\gamma_{\hat{x}\hat{z}}$, so daß eine *wirksame Querschnittsfläche*:

$$A_Q = \eta_A \cdot A \qquad\qquad (3.3.4-20)$$

als *schubübertragende Fläche* definiert werden kann. Es wird:

$$Q_{\hat{z}} = G \eta_A A \left(w' + \varphi_{\hat{y}} \right) \qquad\qquad (3.3.4-21)$$

Nach Umformen der Gleichung erkennt man den aus Biegung (Drehung) und den aus Scherung resultierenden Anteil:

$$\boxed{\; w' = \underbrace{-\varphi_{\hat{y}}}_{\text{Dehnungs-}} + \underbrace{\frac{Q_{\hat{z}}}{G \eta_A A}}_{\text{Scherungs-}} \;} \qquad\qquad (3.3.4-22)$$

Dehnungs-   Scherungs-
Anteil

Für *schlanke Balken* ist der aus der Querkraft (Scherung) resultierende Anteil viel kleiner als der aus dem Moment (Drehung) resultierende.

Differenziert man Gl. $3.3.4-22$ nach x und multipliziert sie mit $EA_{\hat{z}\hat{z}}$, so wird mit dem Elastizitätsgesetz für das Biegemoment $M_{\hat{y}} = EA_{\hat{z}\hat{z}}\varphi'_{\hat{y}}$

$$EA_{\hat{z}\hat{z}} w'' = -M_{\hat{y}} + \frac{E}{G}\frac{Q'_{\hat{z}}}{\eta_A A} A_{\hat{z}\hat{z}} \qquad\qquad (3.3.4-23)$$

In dem vorstehenden Elastizitätsgesetz ist eine beliebig verteilte Querbelastung durch den zweiten Summanden auf der rechten Seite der Gleichung berücksichtigt. Dabei ist eine mittlere Schubspannung τ_m bzw. bei dünnwandigen Querschnitten ein mittlerer Schubfluß

$$q_m = \tau_m t = \frac{Q_{\hat{z}}}{A_Q} t = G \gamma_m t \qquad\qquad (3.3.4-24)$$

so einzuführen, daß

1.) das Gleichgewicht in jedem Schnitt erhalten bleibt und
2.) die Energiebilanz der Formänderungsenergie aus dem mittleren Schub und dem Schub in z-Richtung (bzw. bei dünnwandigen Querschnitten entlang der s-Koordinate) gleich ist.

Die Formänderungsenergie im linear elastischen Bereich ist (siehe Kap. 4.4.1, Gl. 4.4.1–5 und Kap. 3.3.3.2, Gl. 3.3.3 − 34 und −36)

$$U_\varepsilon = \frac{1}{2} \int\limits_V \underline{\sigma}^T \underline{\varepsilon} \, dV \qquad\qquad (3.3.4 - 25)$$

$$= \frac{1}{2} \tau_m \gamma_m \left(\eta_A A\right) \int\limits_x dx \qquad = \frac{1}{2} \int\limits_s \frac{q(s)}{t(s)} \gamma_{xs} \, t(s) \, ds \int\limits_x dx \qquad (3.3.4 - 26)$$

$$= \frac{1}{2} \left(\frac{Q_{\hat{z}}}{\eta_A A}\right)^2 \frac{1}{G} \left(\eta_A A\right) \int\limits_x dx \; = \frac{1}{2G} \left(\frac{Q_{\hat{z}}}{A_{\hat{z}\hat{z}}}\right)^2 \int\limits_s \frac{A_{\hat{z}}^2}{t(s)} ds \int\limits_x dx \qquad (3.3.4 - 27)$$

Aus dieser Gleichung erhält man die *Schubverteilungszahl*:

$$\boxed{\; \frac{1}{\eta_A} = \frac{A}{A_{\hat{z}\hat{z}}^2} \int\limits_s \frac{A_{\hat{z}}^2(s)}{t(s)} \, ds \;} \qquad\qquad (3.3.4 - 28)$$

Die *schubübertragende Fläche*

$$\boxed{\; A_{Q_{\hat{z}}} = \eta_A A = \frac{A_{\hat{z}\hat{z}}^2}{\displaystyle\int\limits_s \frac{A_{\hat{z}}^2(s)}{t(s)} \, ds} \;} \qquad\qquad (3.3.4 - 29)$$

ist nur eine Funktion der Gestalt des Querschnittes.
Für den Rechteckquerschnitt wird:

$$\frac{1}{\eta_A} = 1.2 \qquad\text{bzw.}\qquad \gamma_{\hat{x}\hat{z}} = 1.2 \frac{Q_{\hat{z}}}{GA} \rightarrow \tau_m = 1.2 \frac{Q_z}{G} \qquad\qquad (3.3.4 - 30)$$

(Vgl. in Längsrichtung ist: $\varepsilon_x = \dfrac{N_x}{EA}$)

Für den Schubfeldträger (siehe Kap. 3.3.8) ist: $\dfrac{1}{\eta_A} = 1$ $\qquad (3.3.4 - 31)$

Der Schub wird nur vom Steg aufgenommen und ist konstant.

Analog erhält man bei Biegung um die $\hat{z}$−Achse:

$$Q_{\hat{y}} = G \left(\eta_A A\right) \left(v' - \varphi_{\hat{z}}\right) \qquad\qquad (3.3.4 - 32)$$

$$\boxed{v' = \varphi_{\hat{z}} + \frac{Q_{\hat{y}}}{G\eta_A A}}$$

$$(3.3.4-33)$$

$$EA_{\hat{y}\hat{y}}v'' = M_{\hat{z}} + \frac{E}{G}\frac{Q'_{\hat{y}}}{\eta_A A}$$

$$(3.3.4-34)$$

$$\boxed{A_{Q_{\hat{y}}} = \eta_A A = \frac{A_{\hat{y}\hat{y}}^2}{\displaystyle\int_s \frac{A_{\hat{y}}^2(s)}{t(s)}\,ds}}$$

$$(3.3.4-35)$$

Beispiel:

Wir betrachten einen einseitig fest eingespannten Träger der Länge l, Höhe h und Dicke t. Am freien Ende greife eine Last P in $z-$Richtung an.

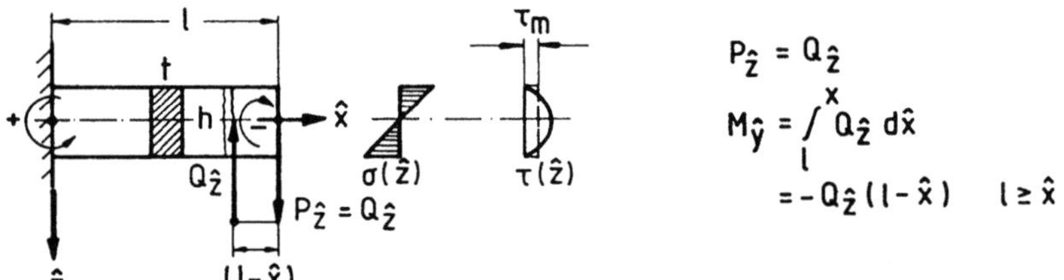

Abb. 3.3.4 − 2

In einem beliebigem Schnitt $\hat{x}$ stellt sich dann wie skizziert eine lineare Normalspannungsverteilung $\sigma_x(\hat{z})$ und eine parabelförmige Schubspannungsverteilung $\tau(\hat{z})$ ein. Die Durchbiegung w des Trägers an der Lastangriffstelle ermittelt man mit Gl. 3.3.4 − 6 zu:

$$w_M = \frac{Q_{\hat{z}}l^3}{3EA_{\hat{z}\hat{z}}}$$

$$(3.3.4-36)$$

Der Index M steht hier für die Durchbiegung infolge eines Biegemomentes. Wird der Ausdruck für das Trägheitsmoment rechteckiger Querschnitte

$$A_{\hat{z}\hat{z}} = \frac{th^3}{12}$$

$$(3.3.4-37)$$

in die Gleichung für die Durchbiegung eingesetzt, so lautet diese:

$$w_M = \frac{4Q_{\hat{z}}}{Et} \left(\frac{l}{h}\right)^3 \qquad (3.3.4 - 38)$$

Wird, wie in Kap. 3.3.5 gezeigt, der parabelförmige Schubspannungsverlauf $\tau(\hat{z})$ durch eine konstante Verteilung $\tau(\hat{z}) = const = \tau_m$ ersetzt (vgl. Abb. 3.3.2 − 1 und 3.3.4−2) und führt man die für einen Rechtquerschnitt ermittelte schubübertragende Fläche $A_Q = A/1.2$ ein, so ist

$$\tau_m = \frac{1.2\, Q_{\hat{z}}}{ht} = \gamma G \qquad (3.3.4 - 39)$$

wobei γ die Schubverzerrung in der $\hat{x} - \hat{z}$−Ebene darstellt. Die Absenkung der Balkenspitze lautet dann

$$w_Q = \gamma l \qquad \text{(Index Q: infolge Schub aus Querkraft)} \qquad (3.3.4 - 40)$$

und verknüpft mit vorstehender Beziehung:

$$w_Q = \frac{1.2\, Q_{\hat{z}} l}{Ght} \qquad (3.3.4 - 41)$$

Die Gesamtverformung resultiert dann aus der Schub- und Normalverzerrung:

$$\begin{aligned} w_{ges} &= w_M + w_Q \\ &= \frac{4Q_{\hat{z}}}{Et} \left(\frac{l}{h}\right)^3 \left[1 + \frac{1.2}{4}\frac{E}{G}\left(\frac{h}{l}\right)^2\right] \end{aligned} \qquad (3.3.4 - 42)$$

Für den Werkstoff Stahl mit einer Querkontraktionszahl $\nu = 0.3$ ist

$$\frac{E}{G} = 2(1 + \nu) = 2,6 \qquad (Stahl) \qquad (3.3.4 - 43)$$

und die Gesamtverformung lautet:

$$w_{ges} = \frac{4Q_{\hat{z}}}{Et} \left(\frac{l}{h}\right)^3 \left[1 + \underbrace{0.78 \left(\frac{h}{l}\right)^2}_{\text{Schubeinfluß}}\right] \qquad (3.3.4 - 44)$$

Zum gleichen Ergebnis kommt man, wenn man von der DGL Gl. 3.3.4 − 22 ausgeht und das Elastizitätsgesetz für das Moment $M_{\hat{y}} = -Q_{\hat{z}}(l-x)$ (Gl. 3.3.4− 6) nämlich:

$$\varphi'_{\hat{y}} = -\frac{Q_{\hat{z}}(l - \hat{x})}{EA_{\hat{z}\hat{z}}}$$

$$-\varphi_{\hat{y}} = \frac{Q_z}{EA_{\hat{z}\hat{z}}}\left(l\hat{x} - \frac{\hat{x}^2}{2}\right) + C_1$$

einführt. Für $x = 0$ ist $\varphi_{\hat{y}} = 0$ und damit $C_1 = 0$
Somit wird aus Gl. 3.3.4 − 22

$$EA_{\hat{z}\hat{z}}w' = Q_{\hat{z}}\left(l\hat{x} - \frac{\hat{x}^2}{2}\right) + 2.6\,\frac{1.2}{ht}Q_{\hat{z}}\frac{th^3}{12} \qquad (3.3.4-45)$$

und schließlich: $EA_{\hat{z}\hat{z}}w = Q_{\hat{z}}\left(\frac{l}{2}\hat{x}^2 - \frac{\hat{x}^3}{6}\right) + 0.26\,h^2 Q_{\hat{z}}\hat{x} + C_2 \qquad (3.3.4-46)$

Mit der Randbedingung:

$$x = 0 \quad \longrightarrow \quad w = 0 \quad \longrightarrow \quad C_2 = 0 \qquad (3.3.4-47)$$

wird für $\hat{x} = l$:

$$w_{ges} = \frac{1}{EA_{\hat{z}\hat{z}}}\frac{Q_{\hat{z}}l^3}{3}\left[1 + 0.78\left(\frac{h}{l}\right)^2\right] \qquad (3.3.4-48)$$

Der erste Summand resultiert aus der Biegenormalspannung, der zweite repräsentiert den Einfluß des Schubes. Es interessiert nun die Frage, wann der Schubeinfluß vernachlässigt werden kann. Wird er nicht berücksichtigt, so ist er gleich dem gemachten Fehler, der offensichtlich nur vom Verhältnis h/l abhängig ist. In folgender Tabelle seien einige Werte für den Rechteck–Querschnitt angegeben:

l/h [−]	1	2	3	4	5	6	
Fehler [%]	78	20	9	5	3	2	$(3.3.4-49)$

Man erkennt, daß ab einem Verhältnis von $l/h \approx 4$ der Fehler $\leq 5\%$ und damit die Schubverformungen gegenüber den Dehnungsverformumgen vernachlässigbar sind. Da bei den im Leichtbau auftretenden Elementen (wie C–, L–, U–Profilen usw., ebenso wie bei den Gesamtabmessungen von Eisenbahnwagen, Flugzeug- oder Schiffsrümpfen, Tragflächen usw.) das Verhältnis l/h im allgemeinen sehr groß ist, kann der Schubanteil an der Deformation fast immer vernachlässigt werden.

Weitere Vernachlässigungen

In diesem Zusammenhang sei auf eine weitere Vernachlässigung aufmerksam gemacht. Da die Schubspannungsverteilung über dem Querschnitt nicht konstant ist, kann infolge $\tau = G \cdot \gamma$ der Scherwinkel γ über dem Querschnitt nicht konstant sein. Daraus folgt eine Verwölbung des Querschnittes in Folge des Schubes. Anders verhält es sich am Ort einer festen Einspannung (z.B. durch Schweißen – Abb. 3.3.4 − 3) an dem das Ebenbleiben des Querschnittes erzwungen wird. Damit müssen aber lokale Gleichgewichts-Spannungs-Gruppen (GGSG) existieren, die die Verwölbung verhindern.
Die wahren Spannungen bestehen daher aus Spannungen, die mit Hilfe der EBT

ermittelt werden (Normal– plus Schubspannungen), plus Spannungen aus nicht erfaßten GGSG

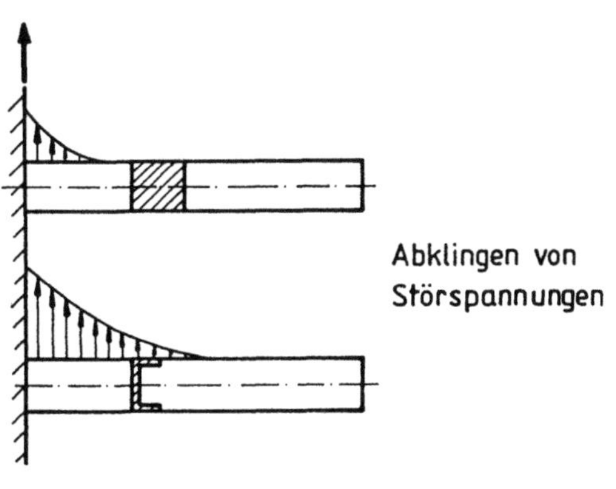

Abb. 3.3.4 − 3

Diese vor allem an Krafteinleitungsstellen oder an Steifigkeitssprüngen entstehenden inneren, durch die EBT nicht erfaßten Zusatzspannungen, klingen bei Vollquerschnitten nach dem St. Venantschen Prinzip (vgl. Kap. 3.1.1) rasch ab, bei dünnwandigen Querschnitten, wie sie im Leichtbau verwendet werden, sind die sog. Störspannungen weit höher und das Abklingen geht weit langsamer vonstatten (Abb. 3.3.4 − 3).

Zusammenfassung: (Kap. 3.3.3)

DGL der Biegelinie bzw. Elastizitätsgesetze der EBT

x − z − Ebene :

__HA − KOS :__

$$E\,[A_{\hat{z}\hat{z}}(\hat{x})\,w'']'' = p_{\hat{z}}(\hat{x})$$
$$E\,[A_{\hat{z}\hat{z}}(\hat{x})\,w'']' = -Q_{\hat{z}}(\hat{x})$$
$$E\,A_{\hat{z}\hat{z}}(\hat{x})\,w'' = -M_{\hat{y}}(\hat{x})$$
$$w' = -\varphi_{\hat{y}}(\hat{x})$$
$$w'' = -\kappa_{\bar{y}}(\bar{x})$$

__SP − KOS :__

$$\left.\begin{aligned} E\,A_{\bar{z}\bar{z}}\,w'''' &= p_{\bar{z}}^{E}(\bar{x})\\ E\,A_{\bar{z}\bar{z}}\,w''' &= -Q_{\bar{z}}^{E}(\bar{x}) \end{aligned}\right\} \quad A_{\bar{z}\bar{z}} \neq f(\bar{x})$$

$$E\,A_{\bar{z}\bar{z}}(\bar{x})\,w'' = -M_{\bar{y}}^{E}(\bar{x})$$
$$w' = -\varphi_{\bar{y}}(\bar{x})$$
$$w'' = -\kappa_{\bar{y}}(\bar{x})$$

$$\mathbf{x - y - Ebene}:$$

HA – KOS :

$$
\begin{aligned}
E\,[A_{\hat{y}\hat{y}}(\hat{x})\,v'']'' &= p_{\hat{y}}(\hat{x}) \\
E\,[A_{\hat{y}\hat{y}}(\hat{x})\,v'']' &= -Q_{\hat{y}}(\hat{x}) \\
E\,A_{\hat{y}\hat{y}}(\hat{x})\,v'' &= M_{\hat{z}}(\hat{x}) \\
v' &= \varphi_{\hat{z}}(\hat{x}) \\
v'' &= -\kappa_{\bar{z}}(\bar{x})
\end{aligned}
$$

SP – KOS :

$$
\left.
\begin{aligned}
E\,A_{\bar{y}\bar{y}}\,v'''' &= p_{\bar{y}}^{E}(\bar{x}) \\
E\,A_{\bar{y}\bar{y}}\,v''' &= -Q_{\bar{y}}^{E}(\bar{x})
\end{aligned}
\right\} A_{\bar{y}\bar{y}} \neq
$$

$$
\begin{aligned}
E\,A_{\bar{y}\bar{y}}(\bar{x})\,v'' &= M_{\bar{z}}^{E}(\bar{x}) \\
v' &= \varphi_{\bar{z}}(\bar{x}) \\
v'' &= -\kappa_{\bar{z}}(\bar{x})
\end{aligned}
$$

Ersatzmomente und *Ersatzkräfte* für das SP–KOS (entnommen aus Kap. 3.3.4):

$$
M_{\bar{z}}^{E} = \frac{M_{\bar{z}} + M_{\bar{y}}A_{\bar{y}\bar{z}}/A_{\bar{z}\bar{z}}}{1 - A_{\bar{y}\bar{z}}^{2}/A_{\bar{y}\bar{y}}A_{\bar{z}\bar{z}}}
\qquad
M_{\bar{y}}^{E} = \frac{M_{\bar{y}} + M_{\bar{z}}A_{\bar{y}\bar{z}}/A_{\bar{y}\bar{y}}}{1 - A_{\bar{y}\bar{z}}^{2}/A_{\bar{y}\bar{y}}A_{\bar{z}\bar{z}}}
$$

$$
Q_{\bar{z}}^{E} = \frac{Q_{\bar{z}} - Q_{\bar{y}}A_{\bar{y}\bar{z}}/A_{\bar{y}\bar{y}}}{1 - A_{\bar{y}\bar{z}}^{2}/A_{\bar{y}\bar{y}}A_{\bar{z}\bar{z}}}
\qquad
Q_{\bar{y}}^{E} = \frac{Q_{\bar{y}} - Q_{\bar{z}}A_{\bar{y}\bar{z}}/A_{\bar{z}\bar{z}}}{1 - A_{\bar{y}\bar{z}}^{2}/A_{\bar{y}\bar{y}}A_{\bar{z}\bar{z}}}
$$

$$
p_{\bar{z}}^{E} = \frac{p_{\bar{z}} - p_{\bar{y}}A_{\bar{y}\bar{z}}/A_{\bar{y}\bar{y}}}{1 - A_{\bar{y}\bar{z}}^{2}/A_{\bar{y}\bar{y}}A_{\bar{z}\bar{z}}}
\qquad
p_{\bar{y}}^{E} = \frac{p_{\bar{y}} - p_{\bar{z}}A_{\bar{y}\bar{z}}/A_{\bar{z}\bar{z}}}{1 - A_{\bar{y}\bar{z}}^{2}/A_{\bar{y}\bar{y}}A_{\bar{z}\bar{z}}}
$$

Gleichungen bei Berücksichtigung des Schubeinflusses

$$
\begin{aligned}
\gamma_{\hat{x}\hat{z}} &= w' + \varphi_{\hat{y}} \\[2mm]
w' &= -\varphi_{\hat{y}} + \frac{Q_{\hat{z}}}{G\eta_{A}A} \\[2mm]
EA_{\hat{z}\hat{z}}w'' &= -M_{\hat{y}} + \frac{E}{G}\frac{Q_{\hat{z}}'}{\eta_{A}A}A_{\hat{z}\hat{z}} \\[2mm]
A_{Q_{\hat{z}}} &= \eta_{A}A = \frac{A_{\hat{z}\hat{z}}^{2}}{\displaystyle\int_{s}\frac{A_{\hat{z}}^{2}(s)}{t(s)}\,ds}
\end{aligned}
\qquad\qquad
\begin{aligned}
\gamma_{\hat{x}\hat{y}} &= v' - \varphi_{\hat{z}} \\[2mm]
v' &= \varphi_{\hat{z}} + \frac{Q_{\hat{y}}}{G\eta_{A}A} \\[2mm]
EA_{\hat{y}\hat{y}}v'' &= M_{\hat{z}} + \frac{E}{G}\frac{Q_{\hat{y}}'}{\eta_{A}A} \\[2mm]
A_{Q_{\hat{y}}} &= \eta_{A}A = \frac{A_{\hat{y}\hat{y}}^{2}}{\displaystyle\int_{s}\frac{A_{\hat{y}}^{2}(s)}{t(s)}\,ds}
\end{aligned}
$$

3.3.5 Schubflußverteilung in offenen Querschnitten

Das Vorgehen bei der Ermittlung der Schubflußverteilung in offenen Profilen und die Deutung der Ergebnisse soll anhand von drei charakteristischen Beispielen erfolgen.

Beispiel 1:   C-Profil

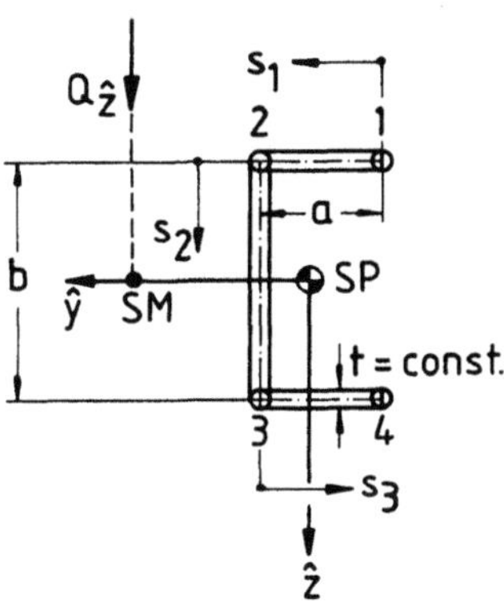

Im skizzierten C-Profil mit konstanter Wandstärke t sind die Eck- und Endpunkte von 1 bis 4 durchnummeriert. Das C-Profil wird mit einer Querkraft in z—Richtung belastet. Die Querkraft geht durch den Schubmittelpunkt, somit wird kein Torsionsmoment erzeugt. Dies ist meistens erforderlich, da offene Profile, wie in Kap. 3.2.5 gezeigt, infolge ihres geringen Drillwiderstandes keine (nennenswerte) Torsion aufnehmen können.

Abb. 3.3.5 — 1a

Zunächst ist das KOS festzulegen. Der Schwerpunkt liegt aus Symmetriegründen in z-Richtung in der Querschnittsmitte. Die y—Lage des Schwerpunktes entspricht der eingetragenen Position. Eine genaue Bestimmung der y—Lage ist, wenn nur der Schubfluss bei reiner $Q_{\hat{z}}$—Belastung ermittelt werden soll, nicht erforderlich. Da das Profil symmetrisch ist, ist die Symmetrieachse (hier y—Achse) Achse des HA–KOS.

Legen wir den Anfang der Umlaufkoordinate s auf einen freien Rand, beispielsweise in den Punkt 1, so wird die Integrationskonstante q_0 der QSI-Formel zu Null. Da weiterhin $Q_{\hat{y}} = 0$ ist, verkürzt sich die QSI-Formel für das HA–KOS (Gl. 3.3.3 — 34) zu:

$$q(s) = -Q_{\hat{z}}\frac{A_{\hat{z}}(s)}{A_{\hat{z}\hat{z}}}$$

Da die Querkraft $Q_{\hat{z}}$ und das Trägheitsmoment $A_{\hat{z}\hat{z}}$ konstant, also nicht von der Umlaufkoordinate s abhängen, ist:

$$q(s) = -C_q A_{\hat{z}}(s) \qquad (\text{mit: } \quad C_q = \frac{Q_{\hat{z}}}{A_{\hat{z}\hat{z}}})$$

Die Berechnung des Schubflußverlaufes $q(s)$ beschränkt sich also praktisch auf die Berechnung des statischen Momentes $A_{\hat{z}}(s)$. Hierzu teilt man den Bereich von s in drei Teilbereiche mit Konstanten $\hat{y}-$ bzw. $\hat{z}-$Werten auf:

Bereich i	von Knoten	nach Knoten	s_i-Bereich
1	1	2	$0 \leq s_1 \leq a$
2	2	3	$0 \leq s_2 \leq b$
3	3	4	$0 \leq s_3 \leq a$

Die Größe des statischen Momentes $A_{\hat{z}}(s)$ setzt sich dann zusammen aus der Integration von $A_{\hat{z}}$ im aktuellen s_i-Bereich, plus dem $A_{\hat{z}}-$Endwert des vorhergehenden Bereiches s_{i-1}:

Bereich	statisches Moment	Endwert
$s = s_1$	$A_{\hat{z}}(s) = A_{\hat{z}}(s_1)$	$A_{\hat{z}}(s_1 = a) = A_{\hat{z}}(2)$
$s = s_2$	$A_{\hat{z}}(s) = A_{\hat{z}}(2) + A_{\hat{z}}(s_2)$	$A_{\hat{z}}(s_2 = b) = A_{\hat{z}}(3)$
$s = s_3$	$A_{\hat{z}}(s) = A_{\hat{z}}(3) + A_{\hat{z}}(s_3)$	$A_{\hat{z}}(s_3 = a) = 0$

Mit der Definition des statischen Momentes

$$A_{\hat{z}}(s) = \int_0^s \hat{z}(s)\, t\, ds \qquad (\text{hier}: t = const)$$

lassen sich nun die $A_{\hat{z}}-$Verläufe der drei Teilbereiche angeben.

- **Bereich s_1:**
  Die $\hat{z}-$Koordinate ist im gesamten s_1-Bereich konstant:

$$\hat{z}(s_1) = -\frac{b}{2}$$

Eingesetzt in das Integral des statischen Momentes ergibt:

$$A_{\hat{z}}(s_1) = \int_0^{s_1} -\frac{b}{2} t\, ds_1 = -\frac{1}{2} b t s_1$$

Man erhält also für das statische Moment (und damit auch für den Schubfluß) einen linearen Verlauf über s. Speziell für die Punkte 1 und 2 erhält man (Abb. 3.3.5 − 1b):

$$A_{\hat{z}}(s_1 = 0) = 0$$

$$A_{\hat{z}}(s_1 = a) = -\frac{1}{2} b t a = A_{\hat{z}}(2)$$

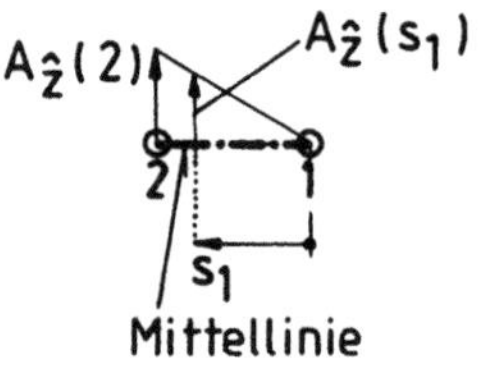

Abb. 3.3.5 − 1b

- *Bereich s_2:*
  Im zweiten Bereich ist die $\hat{z}$-Koordinate linear von s_2 abhängig:

$$\hat{z}(s_2) = s_2 - \frac{b}{2}$$

Bei der Integration zur Bestimmung des statischen Momentes ist — da die Integration nicht über s, sondern über s_2 erfolgt — der $A_{\hat{z}}$-Endwert des ersten Bereiches (also $A_{\hat{z}}$ im Punkt 2) mit zu berücksichtigen:

$$A_{\hat{z}}(s_2) = A_{\hat{z}}(2) + \int_0^{s_2} \left(s_2 - \frac{b}{2}\right) t\,ds_2$$

$$= -\frac{1}{2}bta + \frac{t}{2}\left(s_2^2 - bs_2\right)$$

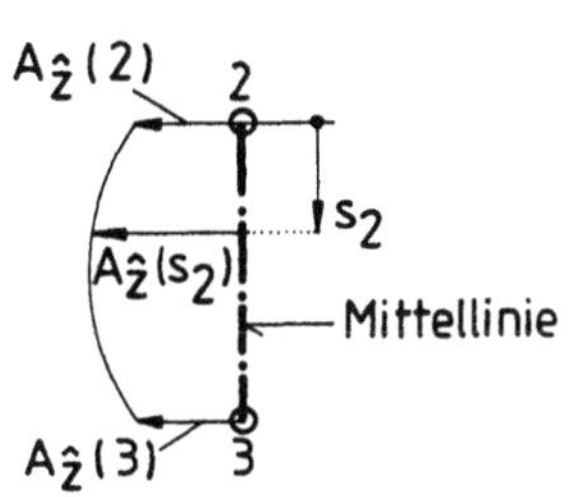

Der $A_{\hat{z}}$-Verlauf ist parabelförmig mit einem Maximum bei $s_2 = \frac{b}{2}$ also bei $\hat{z} = 0$ (Abb. 3.3.5– 1c). Für diesen Punkt, sowie für die Punkte 2 und 3, nimmt $A_{\hat{z}}$ folgende Werte an:

$$A_{\hat{z}}(s_2 = 0) = A_{\hat{z}}(s_1 = a) = A_{\hat{z}}(2) = -\frac{1}{2}bta$$

$$A_{\hat{z}}\left(s_2 = \frac{b}{2}\right) = -\frac{1}{2}bta - \frac{1}{8}b^2t$$

$$A_{\hat{y}}(s_2 = b) = -\frac{1}{2}bta = A_{\hat{z}}(3)$$

Abb. 3.3.5 – 1c

- *Bereich s_3:*
  Der dritte Bereich entspricht dem ersten Bereich, allerdings mit positiver $\hat{z}$-Koordinate:

$$\hat{z}(s_3) = +\frac{b}{2}$$

Bei der Integration über s_3 ist als Anfangswert der Endwert des vorhergehenden Bereiches zu berücksichtigen:

$$A_{\hat{z}}(s_3) = A_{\hat{z}}(3) + \int_0^{s_3} \frac{b}{2}t\,ds_3$$

$$= -\frac{1}{2}bta + \frac{1}{2}bts_3 = \frac{1}{2}bt(s_3 - a)$$

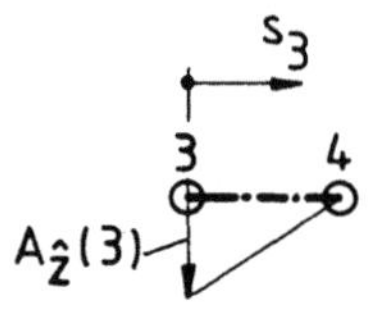

Es ergibt sich also ein linearer Verlauf (Abb. 3.3.5 − 1d) mit einem Endwert von Null:

$$A_{\hat{z}}(s_3 = 0) = A_{\hat{z}}(s_2 = b) = A_{\hat{z}}(3) = -\frac{1}{2}bta$$

$$A_{\hat{z}}(s_3 = a) = 0$$

Abb. 3.3.5 − 1d

Man sieht, daß das statische Moment am Ende des gesamten Integrationsbereiches, d.h. aber auch am Rand des Profiles wieder zu Null wird. Dieses Ergebnis war zu erwarten, da das statische Moment im SP−KOS (und natürlich auch im HA−KOS), wie in Kap. 3.1.7.1.2 gezeigt, null ist.

Da der Schubflußverlauf wegen

$$q(s) = -C_q A_{\hat{z}}(s) \qquad (\text{mit} \quad C_q K = \frac{Q_{\hat{z}}}{A_{\hat{z}\hat{z}}})$$

proportional zum Verlauf des statischen Momentes ist, kann die $q(s)$−Verteilung direkt aus den vorstehenden Abbildungen abgeleitet werden:

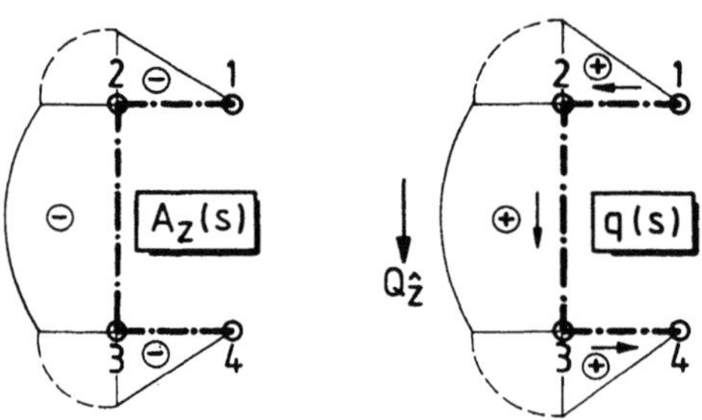

Abb. 3.3.5 − 1e

Augenfälliger Unterschied zum $A_{\hat{z}}$−Verlauf ist das Vorzeichen, zu dem im nächsten Kapitel 3.3.5.1 weitere Ausführungen gemacht werden.

Man bemerkt, daß gewisse Symmetrieeigenschaften des Profils vorteilhaft zur Reduzierung des Rechenaufwandes genutzt werden können. Da das Profil symmetrisch zur $\hat{y}$−Achse ist, sind die z−Koordinaten symmetrischer Punkte gleich und man erhält einen zur $\hat{y}$−Achse symmetrischen *Schubflußverlauf*. Die Betonung liegt hier auf Verlauf, das Vorzeichen des Schubflusses ändert sich beim Durchgang durch $\hat{z} = 0$ nicht.

Beispiel 2:   Z-Profil

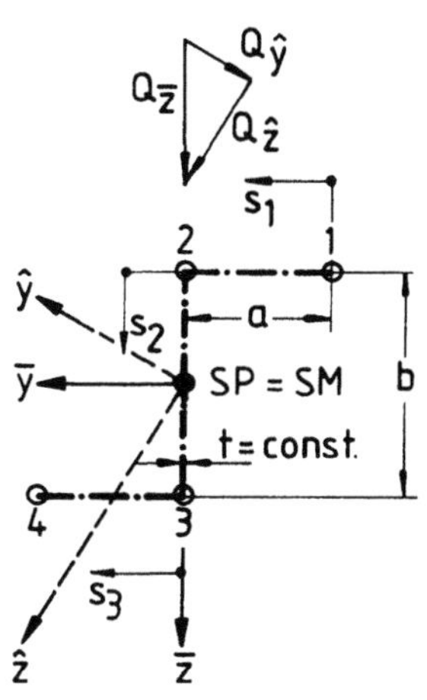

Abb. 3.3.5 — 2a

Abb. 3.3.5 — 2a zeigt ein Z–Profil, das dieselben Abmessungen wie das C-Profil im Beispiel 1 hat, aber punktsymmetrisch zum Schwerpunkt ist. Die äußere Belastung bestehe, wie in Beispiel 1 aus einer reinen Querkraft in $\bar{z}$–Richtung. Der Schubflußverlauf kann zwar auch hier im HA–KOS berechnet werden, vorteilhafter erscheint aber in diesem Fall die bereits vorgestellte *Ersatzquerkraftmethode* anzuwenden. Nach Bestimmung der Flächenmomente $A_{\bar{y}\bar{y}}, A_{\bar{z}\bar{z}}, A_{\bar{y}\bar{z}}$ für das eingezeichnete SP-KOS können die Ersatzquerkräfte $Q_{\bar{y}}^{E}$ und $Q_{\bar{z}}^{E}$ mit Gl. 3.3.3 — 21 für $Q_{\bar{z}}$ und $Q_{\bar{y}} = 0$ berechnet werden. Man erhält:

$$Q_{\bar{y}}^{E} = -\frac{6}{7}Q_{\bar{z}} \quad ; \quad Q_{\bar{z}}^{E} = \frac{16}{7}Q_{\bar{z}}$$

Da nun zwei fiktive Querkräfte in $\bar{y}$– **und** $\bar{z}$–Richtung vorliegen, müssen die Verteilungen sowohl von $A_{\bar{y}}(s)$, als auch $A_{\bar{z}}(s)$ ermittelt werden. Hierzu wird das Profil, wie in Beispiel 1 in einzelne Bereiche unterteilt. Die Integration über konstante $\bar{y}$– bzw. $\bar{z}$–Koordinaten ergeben lineare $A_{\bar{y}}$– bzw. $A_{\bar{z}}$–Verteilungen und aus linearen Koordinatenverläufen resultieren quadratische Verteilungen. Demnach erhält man die Verläufe der statischen Momente, die qualitativ in Abb. 3.3.5 — 2b aufgetragen sind:

$$Q_{\bar{z}}^{E} \rightarrow A_{\bar{z}}(s) \qquad\qquad\qquad Q_{\bar{y}}^{E} \rightarrow A_{\bar{y}}(s)$$

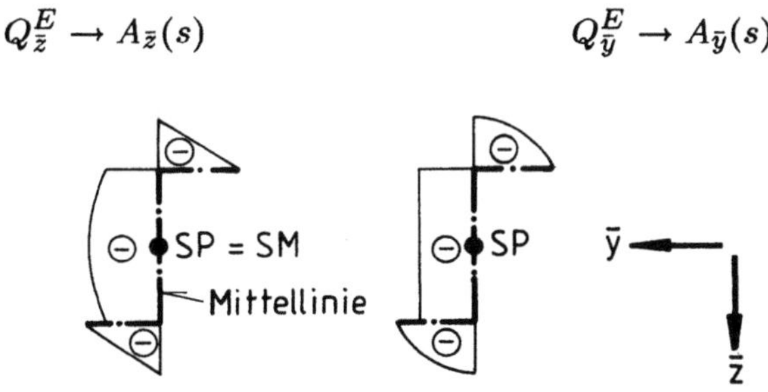

Abb. 3.3.5 — 2b

Mit den vorliegenden Verteilungen der statischen Momente läßt sich die Schubflußverteilung berechnen aus Gl. 3.3.3 — 37:

$$q(s) = -\left[Q_{\bar{y}}^{E}\frac{A_{\bar{y}}(s)}{A_{\bar{y}\bar{y}}} + Q_{\bar{z}}^{E}\frac{A_{\bar{z}}(s)}{A_{\bar{z}\bar{z}}} \right]$$

D.h. der Schubflußverlauf wird aus den bekannten Verteilungen $A_{\bar{y}}(s)$ und $A_{\bar{z}}(s)$ durch algebraische Superposition ermittelt:

$$q(s) \quad \text{infolge} \quad Q_{\bar{z}}^{E} \quad + \quad q(s) \quad \text{infolge} \quad Q_{\bar{y}}^{E} \quad = \quad q(s) \quad \text{infolge} \quad Q_{\bar{z}}$$

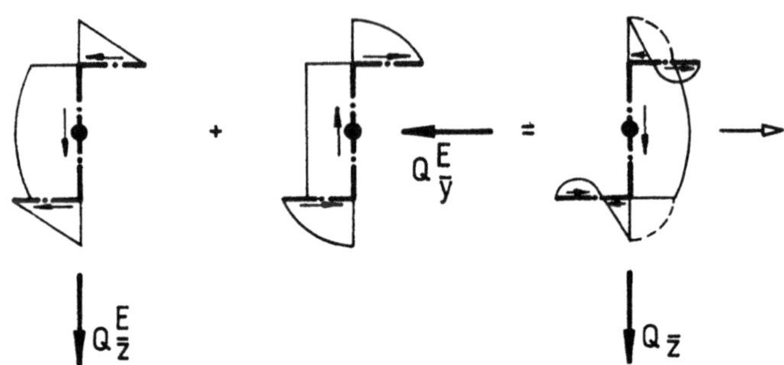

Abb. 3.3.5 − 2c

Da in $\bar{y}$−Richtung keine Querkraft wirksam ist (siehe Abb. 3.3.5 − 2a), muß die Resultierende aus der Summe der Schubflüsse mal der Schenkellänge in der sie wirken in $\bar{y}$−Richtung Null sein, d.h. es muß gelten: $Q_{\bar{y}} = 0 = 2 \int_{0}^{a} q(s)ds$.

Beispiel 3:

Vergleicht man den Schubfluß im Z−Profil mit dem im C−Profil, so sieht man, daß trotz gleicher Querkraftbelastung und gleicher Abmessungen der einzelnen Abschnitte sich die Schubflüsse unterscheiden. Aus Abb. 3.3.5 − 2a folgt sofort, daß das Z−Profil infolge der Kraftkomponente $Q_{\hat{y}}$ sich nicht nur in z−Richtung verschieben wird. Es interessiert daher die Frage: Durch welche Maßnahmen kann man erreichen, daß bei gleicher Schnittlast Q in z−Richtung auch in beiden Profilen nur Biegung in z−Richtung auftritt? Bei reiner $Q_{\bar{z}}$−Belastung ($Q_{\bar{y}} = 0$) haben, wie in Beispiel 1 und 2 gezeigt, beide Profilformen identische $A_{\bar{z}}(s)$−Verteilungen. Auch die Trägheitsmomente $A_{\bar{z}\bar{z}}$ stimmen überein; die Schubflüsse unterscheiden sich jedoch.

Für die beiden Profile muß nun gelten:

$$Q_{\hat{z}} \overset{!}{=} Q_{\bar{z}}^{E} \quad \text{und} \quad Q_{\hat{y}} \overset{!}{=} Q_{\bar{y}}^{E} \overset{!}{=} 0$$

Mit Gl. 3.3.3 − 21 wird

$$Q_{\bar{y}}^{E} = 0 = \frac{Q_{\bar{y}} - Q_{\bar{z}}\frac{A_{yz}}{A_{zz}}}{1 - \frac{A_{yz}^{2}}{A_{yy}A_{zz}}} \quad \Rightarrow \quad Q_{\bar{y}} = Q_{\bar{z}}\frac{A_{\bar{y}\bar{z}}}{A_{\bar{z}\bar{z}}}$$

Wird nun dieses Ergebnis für $Q_{\bar{y}}$ in die Gleichung für $Q_{\bar{z}}^{E}$ eingesetzt, so erhält man :

$$Q_{\bar{z}}^{E} = \frac{Q_{\bar{z}} - Q_{\bar{y}}\frac{A_{\varrho s}}{A_{\varrho\varrho}}}{1 - \frac{A_{\varrho s}^{2}}{A_{\varrho\varrho}A_{ss}}} = Q_{\bar{z}}$$

Abb. 3.3.5 − 2d

D.h. der Schubflußverlauf eines C−Profils unter $Q_{\hat{z}}$−Belastung ist dann äquivalent der Schubflußverteilung eines Z−Profils unter gleicher $Q_{\bar{z}}$−Belastung, wenn zusätzlich die vorstehend ermittelten $Q_{\bar{y}}$−Belastung hinzugefügt wird (Abb. 3.3.5 − 2d). Nur dann liegt eine reine Biegung um die $\bar{y}$−Achse vor. Darauf wird in Kap. 3.3.6.1 Abb. 3.3.6 − 4 noch weiter eingegangen werden.

3.3.5.1 Hydrodynamische Analoga

Quellen und Senken

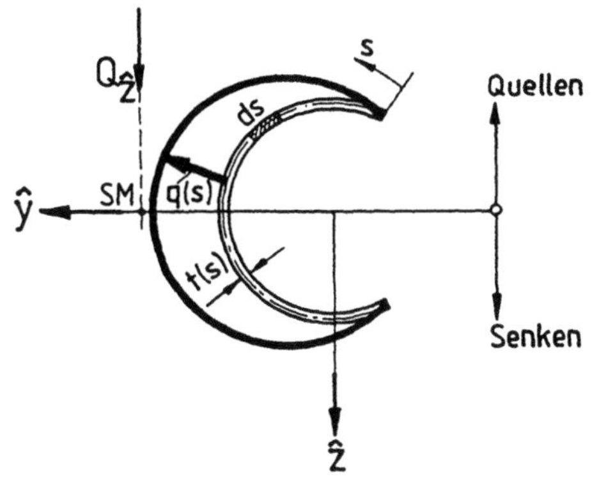

Abb. 3.3.5 − 3

Das in Abb. 3.3.5 − 3 dargestellte C-Profil sei nur durch die Schnittkraft $Q_{\hat{z}}$ belastet $(Q_{\hat{y}} = 0)$. Das C-Profil sei in seinem Querschnitt oberhalb der $\hat{y}$−Achse also für $\hat{z} < 0$ mit Quellen und unterhalb der $\hat{y}$− Achse also für $\hat{z} > 0$ mit Senken belegt, so daß $t \cdot ds = dA$ einer bestimmten Menge Quellen entspricht.

Die von s abhängige Intensität der Quellen sei

$$+i(s) \qquad [m/s]$$

und die der Senken

$$-i(s) \qquad [m/s].$$

Längs der Koordinate s ergibt sich damit eine Zunahme der Zahl der Quellen bzw. Senken (Flächenzuwachs) und eine Veränderung ihrer Intensität und damit in summa ein Flüssigkeitszuwachs (bzw. -abnahme) von:

$$dq = i(s)t(s)ds \qquad [m^3/sec]$$

$$q = \int\limits_0^s i(s) \cdot t(s)\, ds \qquad\qquad (3.3.5-1)$$

Für das nur durch die Schnittkraft $Q_{\hat{z}}$ belastete C-Profil $(Q_{\hat{y}} = 0)$ gilt nach der QSI-Formel:

$$q = -\int\limits_0^s \frac{Q_{\hat{z}}}{A_{\hat{z}\hat{z}}}\,\hat{z}(s)t(s)ds \qquad\qquad (3.3.5-2)$$

Der Koeffizientenvergleich von Gl. $3.3.5-1$ mit $3.3.5-2$ liefert:

$$i(s) = -\frac{Q_{\hat{z}}}{A_{\hat{z}\hat{z}}}\,\hat{z}(s) = -C_q\hat{z}(s) \qquad\qquad (3.3.5-3)$$

Da aber $Q_{\hat{z}}$ und $A_{\hat{z}\hat{z}}$ konstant sind ist:

$$\boxed{i(s) \sim -\hat{z}(s)} \qquad\qquad (3.3.5-4)$$

D.h. für $\hat{z}<0$ ist der Querschnitt mit Quellen belegt, in denen Schubfluß entsteht, und für $\hat{z}>0$ verringert sich der Schubfluß infolge von Senken. Die Intensität der Quellen und Senken nimmt mit $|\hat{z}|$ linear zu.

Anmerkung: Aus vorstehender Betrachtung ergibt sich damit auch die *Richtung des Schubflusses*. Geht man wie in unserem Beispiel davon aus, daß am positiven Schnittufer die Querkraft in positive Koordinatenrichtung zeigt, so verläuft auch der Schubfluß positiv in diese Richtung. Es ist zweckmäßig den Anfangspunkt für s entsprechend zu wählen (siehe Abb. $3.3.5-4$).

Die Tangente zum schnellen Abschätzen des Anstieges ergibt sich aus Gl. $3.3.5-1$ bzw. $3.3.5-2$ zu

$$\frac{\partial q}{\partial s} = i(s)t(s) \qquad\qquad (3.3.5-5)$$

$$\boxed{\frac{\partial q}{\partial s} = -\frac{Q_{\hat{z}}}{A_{\hat{z}\hat{z}}}\,\hat{z}(s)t(s)} \qquad\qquad (3.3.5-6)$$

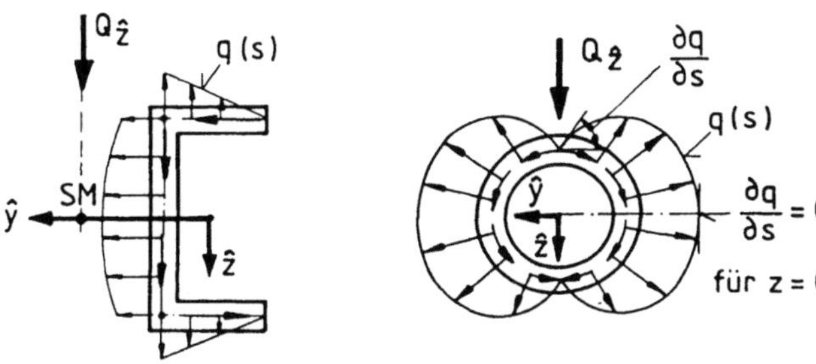

Abb. 3.3.5 − 4

Eine analoge Betrachtung läßt sich für den Fall einer reinen $Q_{\hat{y}}$−Belastung ($Q_{\hat{z}} = 0$) durchführen. Für den Fall einer Kombination von $Q_{\hat{z}}$ und $Q_{\hat{y}}$, können beide Fälle unabhängig voneinander behandelt und anschließend algebraisch superponiert werden (vgl. QSI-Formel).

Qualitative Schubflußverläufe (Beispiele)

Schubflußverläufe können damit qualitativ ohne Rechnung bestimmt und skizziert werden. Dies sei an nachfolgenden Beispielen demonstriert, wobei die Querkraft jeweils in positiver $\hat{z}$−Richtung wirkt. Als Startpunkt sei wie geschildert zweckmäßigerweise jeweils das freie (offene) Ende oben rechts gewählt.

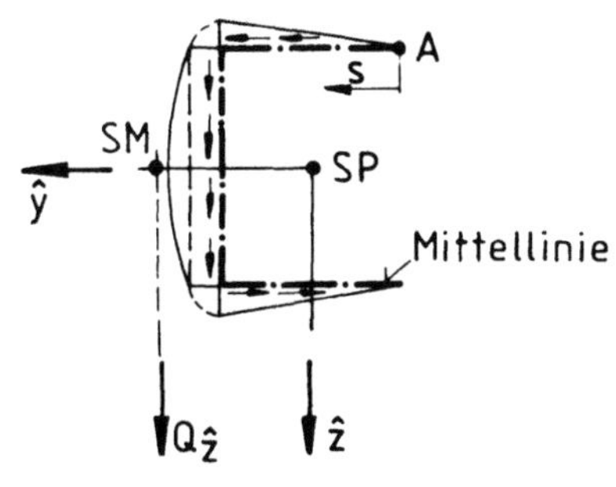

Folgt man, beginnend bei A, der s−Koordinate, so erkennt man, daß im oberen Schenkel für ein negatives $\hat{z}$ eine Quellverteilung vorliegen muß. Die Intensität ist wegen $\hat{z} = const$ konstant und da $t = const$ ist, nimmt der Schubfluß linear mit s zu. Im senkrecht verlaufenden Schenkel nimmt z und damit die Intensität der Quellen ab, um für $\hat{z} = 0$ zu versiegen und für positive Werte von $\hat{z}$ in eine Senkenverteilung umzuschlagen.

Abb. 3.3.5 − 5a

Damit muß aber die Zunahme im oberen Bereich unterproportional sein und für $\hat{z} = 0$ der Schubfluß den Höchstwert erreicht haben, d.h. der Anstieg (die Tangente an q) $\partial q/\partial s = 0$ sein. Es liegt eine zu s parallele Tangente vor. Aus Symmetriegründen entspricht der Verlauf für $\hat{z} \geq 0$ im Bereich der Senken dem im Bereich der Quellen.

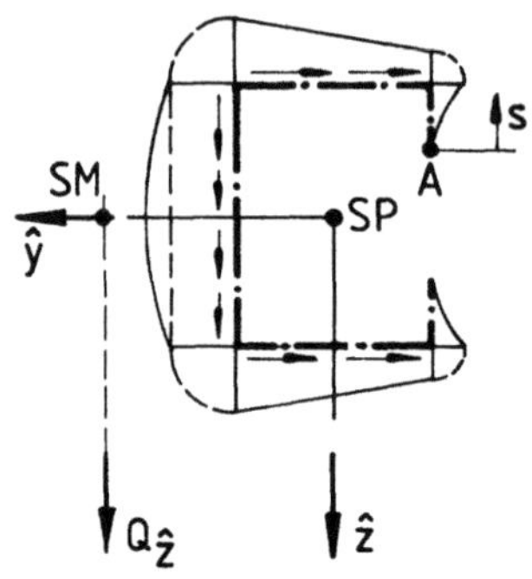

Das Beispiel b unterscheidet sich nur unbedeutend vom Beispiel a. Da die Intensität mit $\hat{z}$ und die Zahl der Quellen mit s gleichzeitig zunehmen, ist die Schubflußzunahme von A ausgehend im senkrechten Schenkel zunächst überproportional. Der weitere Verlauf ist wie in Beispiel a.

Abb. 3.3.5 – 5b

Die Schubflußverläufe der weiteren Beispiele können analog entwickelt werden.

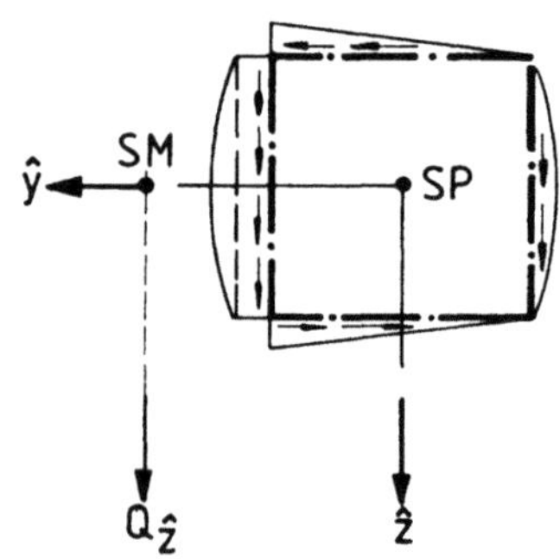

Abb. 3.3.5 – 5c

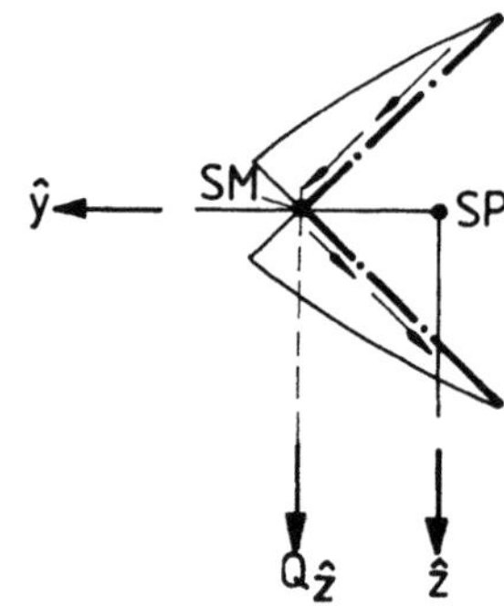

Abb. 3.3.5 – 5d

Anmerkungen:

1) An freien Rändern muß der Schubfluß null sein, wenn an ihnen kein Schub von außen eingeleitet wird.
2) Die Richtung des Schubflusses (vgl. Pfeile) entspricht der Querkraftrichtung; bei unklaren Fällen empfiehlt es sich, das statische Moment zu betrachten. Der Schubfluß verläuft von der Quelle zur Senke.

Kontinuitätsgesetz für Schubflüsse (Verzweigungsgesetz)

Bisher wurden nur unverzweigte Profile mit eindeutig zu durchlaufender Koordinate s behandelt. Wie verhält sich jedoch der Schubfluß an Verzweigungspunkten (Knoten)? In Abb. 3.3.5 – 6 ist der Schnitt eines T–Profiles, sowie der Freischnitt am Ort des Verbindungsknotens der einzelnen Stege dargestellt.

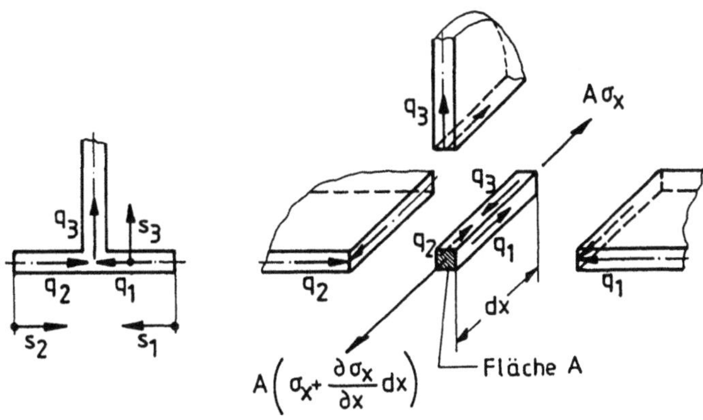

Abb. 3.3.5 − 6

Die Schubflußrechnung wird wie üblich in einzelnen Teilbereichen − z.B. in den Bereichen s_1, s_2, s_3 − durchgeführt. Die ermittelten Schubflüssse sind dann q_1, q_2, q_3. Die Berechnung von q_1 und q_2 erfolgt nach den bekannten Methoden. Um q_3 zu bestimmen, betrachten wir den freigeschnittenen Knotenpunkt mit der Querschnittsfläche A.

An dem zu dieser Fläche gehörenden stabförmigen Element greifen die Normalkräfte

$$A\sigma_x \quad \text{und} \quad A\left(\sigma_x + \frac{\partial \sigma_x}{\partial x}dx\right)$$

an. Trägt man nun die Schubflüsse q_1 und q_2, sowie den zunächst unbekannten Schubfluß q_3 am stabartigen Knotenelement an (beachte: q−Richtungen zweier benachbarter Körper müssen im Freischnitt aus Gleichgewichtsgründen entgegengesetzt eingetragen werden), so lautet das Kräftegleichgewicht in x−Richtung:

$$\sum F_x = 0 \quad \Rightarrow \quad A\left(\sigma_x + \frac{\partial \sigma_x}{\partial x}dx\right) - A\sigma_x + (q_3 - q_2 - q_1)dx = 0 \quad (3.3.5-7)$$

Geht die Fläche A gegen Null, so erhält man analog zur Stromstärke in einem Knotenpunkt (vgl. *Kirchhoffsches Verzweigungsgesetz*) bzw. *Kontinuitätsgleichung* in der Strömungslehre:

$$\lim_{A\to 0} \sum F_x \quad \Rightarrow \quad q_3 - q_2 - q_1 = 0$$

Satz: Für Schubflüsse gilt das *Kontinuitätsgesetz*. In jedem Punkt eines Profiles ist die Summe aus den abfließenden und zufließenden Schubflüssen gleich Null.

$$\boxed{\sum_{i=1}^{n} q_i = 0} \qquad\qquad\qquad (3.3.5-8)$$

Da der Schubfluß proportional zum statischen Moment ist, gilt dann auch:

$$\boxed{\begin{aligned} \sum_{i=1}^{n} A_{\hat{y}i} &= 0 \\ \sum_{i=1}^{n} A_{\hat{z}i} &= 0 \end{aligned}} \qquad\qquad (3.3.5-9)$$

Zusammenfassung:

Hydrodynamisches Analogon:

$$i(s) = -\frac{Q_{\hat{z}}}{A_{\hat{z}\hat{z}}}\,\hat{z}(s) \qquad , \qquad i(s) \sim -\hat{z}(s)$$

Tangente an den Schubfluß:

$$\frac{\partial q}{\partial s} = -\frac{Q_{\hat{z}}}{A_{\hat{z}\hat{z}}}\,\hat{z}(s)t(s)$$
$$= i(s)t(s)$$

Kontinuitätsgesetz oder –Verzweigungsgesetz:

$$\sum_{i=1}^{n} q_i = 0 \qquad \rightarrow \qquad \sum_{i=1}^{n} A_{\hat{y}i} = 0$$
$$\sum_{i=1}^{n} A_{\hat{z}i} = 0$$

3.3.6 Momentenäquivalenz und ihre Anwendung zur Bestimmung von Schubmittelpunkten

Der Begriff **Momentenäquivalenz** besagt, daß das in einem Querschnitt von den Schnittkräften Q bezüglich eines beliebigen Poles P erzeugte Moment gleich dem aus den Schubspannungen im Querschnitt resultierenden Schnittmoment bezüglich des selben Poles ist. Diesen Zusammenhang kann man zur Lösung von Aufgaben oft sehr geschickt anwenden, was nachstehend an der Ermittlung des Schubmittelpunktes für offene Querschnitte (SM) und für geschlossene Querschnitte (SMg) demonstriert werden soll.

3.3.6.1 Ermittlung des Schubmittelpunktes offener Querschnitte (SM)

Der Schubmittelpunkt eines offenen Querschnittes (SM) ist, wie bereits in Kap. 3.1.7.3.6 gezeigt wurde, eine rein geometrische Größe, und kann entsprechend Gl. 3.1.7 − 62 bestimmt werden. Da offene Profile keine nennenswerten Torsionsmomente aufnehmen können, ist es wichtig, daß die Krafteinleitung im SM erfolgt und dieser dazu bestimmt wird.

Anmerkung: Nur Querkräfte, deren Wirkungslinie durch den SM geht, erzeugen reine Biegung, kein Torsionsmoment und damit auch keine Drillung.

Betrachtet man nun das skizzierte offene Profil mit der Umlaufkoordinate $s\,(s_A \leq s \leq s_E)$ in Abb. 3.3.6 − 1, so erkennt man, daß es durch die durch den SM gehende Querkraft Q belastet wird, wodurch im Profil der Schubfluß $q(s)$ entsteht, für den an den Rändern gilt $q(s_A) = q(s_E) = 0$. Damit ist aber auch die Integrationskonstante der QSI-Formel $q_0 = 0$, wenn $s_A = s = 0$.

Es wird wie in Kap. 3.1.7.3.2 bzw. 3.3.3.1 gezeigt zwecks Entkoppelung von normierten Koordinaten ausgegangen.

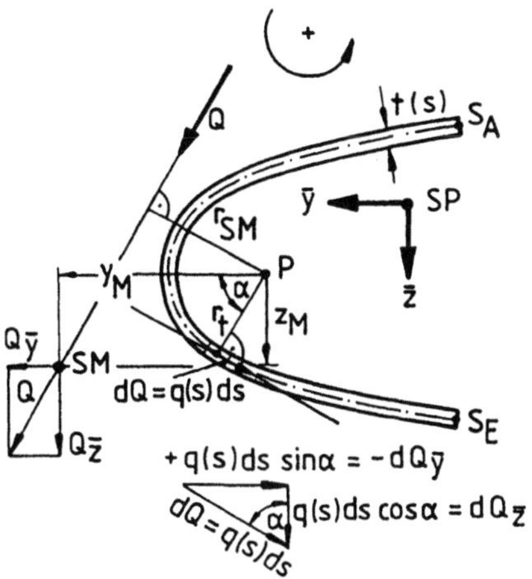

Abb. 3.3.6 − 1

Aus Abb. 3.3.6 − 1 folgt weiterhin, daß Q (angreifend im Schubmittelpunkt SM) bezüglich des beliebigen Poles P das nachstehende Moment verursacht:

$$M_{x(P)} = Q \cdot r_{SM}$$
$$= Q_{\bar{z}} \cdot y_M - Q_{\bar{y}} \cdot z_M \qquad (3.3.6 - 1a)$$

Das Schnittmoment bezüglich des gleichen Poles P ist entsprechend Gl. 3.1.4−10 für den betrachteten Lastfall bei $\tau = const$ über t aber $q = q(s)$

und nach partieller Integration, siehe dazu Gl. $3.1.4 - 19$ und $3.1.4 - 20$:

$$M_{x(P)}^{q} = -\int \bar{\omega} dq = \int \bar{\omega} n_x' ds \qquad (3.3.6 - 2)$$

Dabei ist q(s) je nach KOS durch die QSI-Formeln (Gl. $3.3.3 - 33$ bzw. $3.3.3 - 34$) gegeben.

Aus der Momentenäquivalenz folgt:

$$Q_{\bar{z}} \cdot y_M - Q_{\bar{y}} \cdot z_M = -\int \bar{\omega} dq \qquad (3.3.6 - 3)$$

Aus Gl. $3.3.3 - 32$ wird mit $A_{\bar{y}}(s) = \int \bar{y} t ds = \int \bar{y} dA$:

$$dq = - \left[Q_{\bar{y}} \frac{\bar{y} \cdot dA \cdot A_{\bar{z}\bar{z}} - \bar{z} \cdot dA \cdot A_{\bar{y}\bar{z}}}{A_{\bar{y}\bar{y}} A_{\bar{z}\bar{z}} - A_{\bar{y}\bar{z}}^2} + Q_{\bar{z}} \frac{\bar{z} \cdot dA \cdot A_{\bar{y}\bar{y}} - \bar{y} \cdot dA \cdot A_{\bar{y}\bar{z}}}{A_{\bar{y}\bar{y}} A_{\bar{z}\bar{z}} - A_{\bar{y}\bar{z}}^2} \right]$$

$$(3.3.6 - 4)$$

Für das Integral wird:

$$-\int \bar{\omega} dq = Q_{\bar{y}} \frac{A_{\bar{y}\bar{\omega}} A_{\bar{z}\bar{z}} - A_{\bar{z}\bar{\omega}} A_{\bar{y}\bar{z}}}{A_{\bar{y}\bar{y}} A_{\bar{z}\bar{z}} - A_{\bar{y}\bar{z}}^2} + Q_{\bar{z}} \frac{A_{\bar{z}\bar{\omega}} A_{\bar{y}\bar{y}} - A_{\bar{y}\bar{\omega}} A_{\bar{y}\bar{z}}}{A_{\bar{y}\bar{y}} A_{\bar{z}\bar{z}} - A_{\bar{y}\bar{z}}^2} \qquad (3.3.6 - 5)$$

Für $Q_{\bar{y}} = 0$ bzw. für $Q_{\bar{z}} = 0$ wird nach Einsetzen in Gl. $3.3.6 - 3$:

$$\boxed{\begin{aligned} y_M &= \frac{A_{\bar{z}\bar{\omega}} A_{\bar{y}\bar{y}} - A_{\bar{y}\bar{\omega}} A_{\bar{y}\bar{z}}}{A_{\bar{y}\bar{y}} A_{\bar{z}\bar{z}} - (A_{\bar{y}\bar{z}})^2} = \frac{A_{\hat{z}\bar{\omega}}}{A_{\hat{z}\hat{z}}} \\ z_M &= \frac{-A_{\bar{y}\bar{\omega}} A_{\bar{z}\bar{z}} + A_{\bar{z}\bar{\omega}} A_{\bar{y}\bar{z}}}{A_{\bar{y}\bar{y}} A_{\bar{z}\bar{z}} - (A_{\bar{y}\bar{z}})^2} = -\frac{A_{\hat{y}\bar{\omega}}}{A_{\hat{y}\hat{y}}} \end{aligned}}$$

Für das HA–KOS gilt:

$$A_{\bar{y}\bar{z}} = A_{\hat{y}\hat{z}} = 0 \qquad (3.3.6 - 6)$$

$$\underbrace{\hspace{4cm}}_{\text{normiertes KOS}} \quad \underbrace{\hspace{1.5cm}}_{\text{HA--KOS}}$$

Für das HA–KOS verschwindet das gemischte Flächenintegral 2.Ordnung $A_{\bar{y}\bar{z}} = A_{\hat{y}\hat{z}} = 0$. Das Ergebnis deckt sich mit Gl. $3.1.7 - 62$.

Anmerkungen:

1) Der SM ist unabhängig von der Querkraft.

2) Der SM ist nur von der Geometrie des stabförmigen Tragwerkes abhängig. Durch ihn geht die Torsionshauptachse.

3) Gehen die Querkräfte durch den SM, so liegt keine Torsion vor.
$(\vartheta = \dfrac{d\varphi}{dx} = \dfrac{\partial v_t}{\partial x} = 0)$

4) Liegt der angenommene Pol P im SM, so ist entsprechend Gl. 3.3.6 − 3

$$y_M = z_M = \int \bar{\omega}\,dq = 0,$$

d.h. die Querkraft geht durch den SM. Sie erzeugt dann einen Schubfluß $q(s)$ im Querschnitt nur infolge Biegung. Denn das aus der Querkraft resultierende äquivalente innere Moment $M_{x(SM)}$ ist gleich Null.

$$M_{x(P)} = M_{x(SM)} = 0 \qquad \text{für } Q \text{ durch SM.}$$

5) Aus Gl. 3.3.6 − 6 (HA–KOS) folgt, daß für $z_M = 0$ bzw. $y_M = 0$ das Flächenintegral $A_{\hat{y}\bar{\omega}} = 0$ bzw. $A_{\hat{z}\bar{\omega}} = 0$ sein muß, da der Pol im Schubmittelpunkt liegt und das gemischte Integral $A_{\hat{z}\bar{\omega}}$ dann gleich $A_{\hat{z}\hat{\omega}} = 0$ ist. Damit läßt sich aber, wie in Kap. 3.1.7.3.6 gezeigt, aus dieser Bedingung auch der SM ermitteln.
Das heißt aber auch, daß für $M_{x(SM)} = 0$ die Verwölbungen gleich Null sein müssen und damit die Voraussetzungen der EBT (ebene Querschnitte) erfüllt sind.

6) Da die QSI-Formel nur den Schub aus Biegung q_Q (also ohne Torsion q_T) erfaßt, darf mit ihr nur gerechnet werden, wenn die Querkräfte durch den Schubmittelpunkt gehen. Ist dies nicht der Fall, muß die Querkraft in den SM (um h in Abb. 3.3.6 − 2) parallel verschoben und die Auswirkungen des (aus dem durch die Parallelverschiebung entstehenden Kräftepaares hervorgehenden) freien Torsionsmomentes M_x überlagert werden.

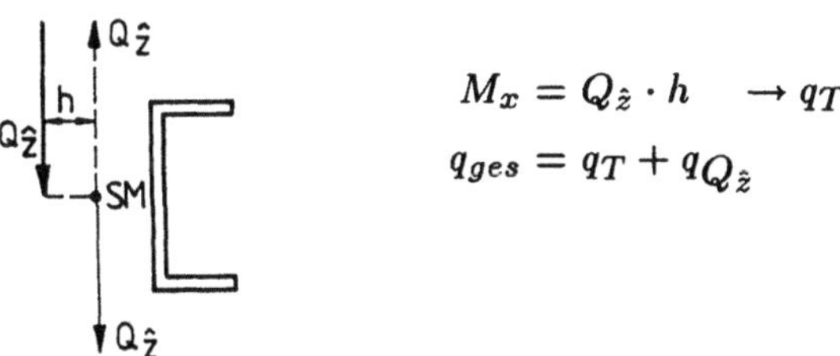

Abb. 3.3.6 − 2

Beispiel: U-Profil

Als Beispiel soll der SM des $U-$Profiles, dessen Schubflußberechnung bereits vorgeführt wurde, bestimmt werden, Abb. 3.3.6 − 3.

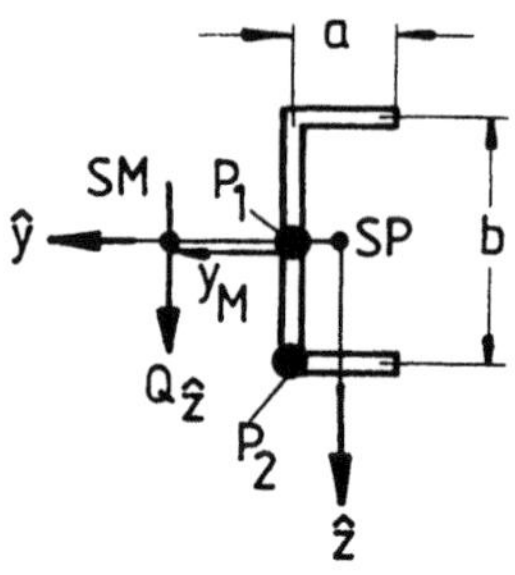

Abb. 3.3.6 − 3

Aus Symmetriegründen beschränkt sich die Rechnung auf die y_M-Komponente, da die z_M-Komponente bei $\hat{z} = 0$ liegen muß. Es bietet sich an, den Pol P_1 (Momentenbezugspunkt) bei $\hat{z}_M = 0$ auf den vertikalen Profilsteg zu legen, so daß der vertikale Schubfluß nicht berücksichtigt werden muß. Da $r_t(s)$ bezogen auf diesen Pol für zunehmendes s, sowohl für den oberen als auch für den unteren Steg positiv um die $\hat{x}-$Achse (also entgegen dem Uhrzeigersinn) dreht, gilt für beide Stege:

$$r_t(s)ds > 0$$

Da weiterhin die Schubflüsse im oberen und unteren Steg gleich sind, genügt es den oberen Bereich zu betrachten und den unteren Bereich durch den Faktor 2 zu berücksichtigen. Wählt man den Pol P_2, so ist für zwei Schenkel $r_t(s) = 0$. Für den verbleibenden Schenkel ist dann aber $r_t(P_1) = 2 \cdot r_t(P_2)$, und man erhält numerisch das gleiche Ergebnis.

Es gilt nun den Wert des Integrals $A_{\hat{z}\bar{\omega}}$ zu ermitteln. Dies muß wiederum in Abhängigkeit von s und damit für dieses Profil *abschnittsweise* erfolgen. Je nach dem, welche Vorarbeiten schon geleistet wurden, d.h. je nach Ausgangssituation kann man unterschiedlich vorgehen.

$$A_{\hat{z}\bar{\omega}} = \int_0^s \hat{z}(\omega - \omega_0)dA \qquad \text{mit } dA = t(s)ds$$

und dies ist formal

$$(3.3.6 - 7)$$

$$= A_{\hat{z}\omega}(s) - \omega_0 A_{\hat{z}}(s) \qquad \text{mit } \omega_0 = \frac{A_\omega}{A}$$

$$= A_{\hat{z}\omega}(s) - \frac{A_\omega}{A} A_{\hat{z}}(s)$$

Handwerklich geht man meist so vor, daß man für einen geschickt gewählten, d.h. mit möglichst wenig Rechenarbeit verbundenen Pol zunächst $\omega = \int r_t ds$ abschnittsweise und ω_0 (wie in den Beispielen in Kap. 3.1.7.3.2 und 3.3.5 gezeigt) bestimmt, um dann das Integral

$$A_{\hat{z}\bar{\omega}} = \int\limits_0^s \hat{z} \overbrace{\left[\int r_t ds - \omega_0\right]}^{\bar{\omega}} t(s)ds \qquad (3.3.6-8)$$

wiederum abschnittsweise auszuwerten und schließlich y_M aus Gl. 3.3.6 − 6

$$y_M = \frac{A_{\hat{z}\bar{\omega}}}{A_{\hat{z}\hat{z}}}$$

zu berechnen.

Anmerkung: Bestimmt man für eine Reihe *aufgeschnittener Profile* den SM, so stellt man fest: Der SM eines aufgeschnittenen Profiles liegt stets außerhalb des Profiles und zwar abgewandt vom Schnitt.

Beispiel:　Blechhaut mit Z-Profilen

Zur Verstärkung, bzw. um Beulen zu verhindern, werden Blechhäute oft mit Stringern, im vorliegenden Fall Z-Profilen, versehen (Abb. 3.3.6 − 4a).

Setzt man die Querkraft $Q_{\bar{z}}$, wie in Abb. 3.3.6 − 4b gezeigt, auf dem Profil, bzw. in dessen SM ab und soll es nur auf Biegung um die $\bar{y}$−Achse beansprucht werden, bzw. sich nur um diese verformen, so müßte im SM des Profiles, wie in Kap. 3.3.5 Beispiel 3 Abb. 3.3.5 − 2d gezeigt, eine zusätzliche Stützkraft

$$Q_{\bar{y}} = Q_{\bar{z}}\frac{A_{\bar{y}\bar{z}}}{A_{\bar{z}\bar{z}}} \qquad (3.3.6-9)$$

angreifen.

Verbindet man nun das Z-Profil mit dem Hautblech im Punkt P (Abb. 3.3.6 − 4b), ohne eine Stützung vorzusehen, so wird bei Beanspruchung durch $Q_{\bar{z}}$ das Pofil gehindert sich in $\bar{y}$−Richtung zu verschieben, und das Profil wird bezüglich des Verbindungspunktes P durch das Moment $Q_{\bar{y}} \cdot b/2$ beansprucht. Durch Verschieben der Last $Q_{\bar{z}}$ kann man dieses Moment ausgleichen. Es muß dann entsprechend Abb. 3.3.6 − 4b und 3.3.6 − 4c bezüglich P sein:

$$Q_{\bar{z}} \cdot y_M + \frac{b}{2}Q_{\bar{z}}\frac{A_{\bar{y}\bar{z}}}{A_{\bar{z}\bar{z}}} = 0$$

$$y_M = -\frac{b}{2}\frac{A_{\bar{y}\bar{z}}}{A_{\bar{z}\bar{z}}} \qquad (3.3.6-10)$$

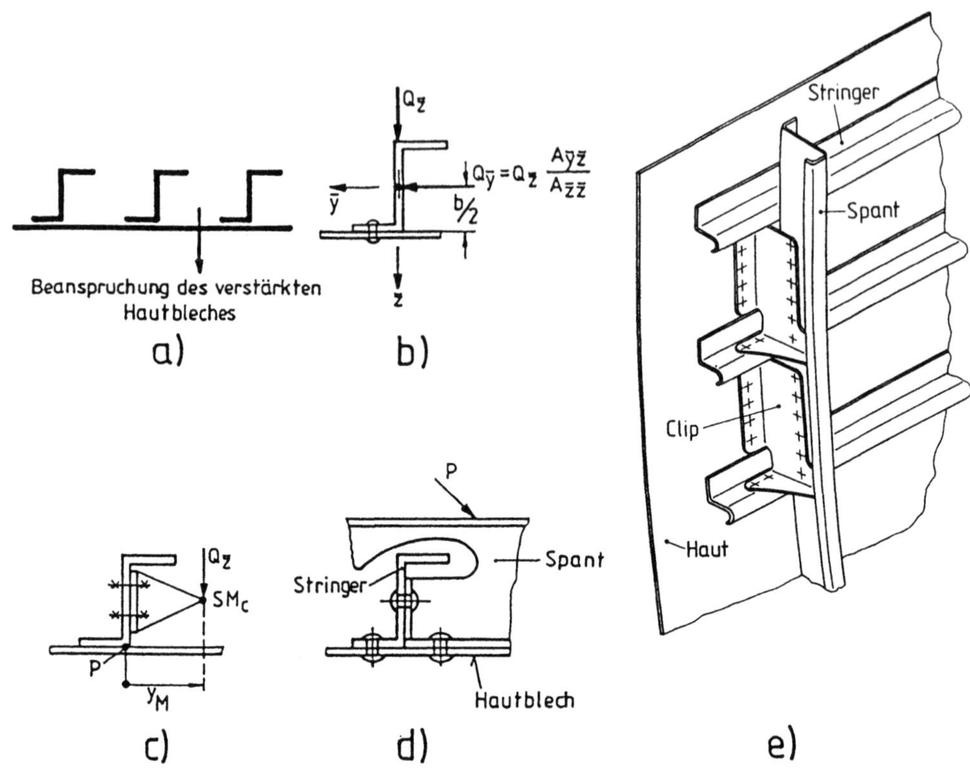

Abb. 3.3.6 − 4

Die Einleitung von $Q_{\bar{z}}$ erfolgt dann entsprechend Abb. 3.3.6 − 4c. SMc nennt man den *erzwungenen Schubmittelpunkt (constrained shear centre)*.

Die im allgemeinen angewandte konstruktive Ausführung der Einleitung von Kräften erfolgt über einen Spant (Abb. 3.3.6−4d), der das z−Profil abstützt bzw. $Q_{\bar{y}}$ aufnimmt, oder bei neueren Flugzeugen über sogenannte Clips (Abb. 3.3.6− 4e). Diese erlauben die Einwirkung der Kräfte aus beliebiger Richtung und gewährleisten gegenüber dem älteren Kontruktionsprinzip (Abb. 3.3.6 − 4d) eine *schadenstolerante* (die Ausbreitung von Rissen und die daraus resultierenden Auswirkungen auf das gesamte Bauteil werden begrenzt) und nietautomatengerechte Konstruktion.

3.3.6.2 Ermittlung des Schubmittelpunktes geschlossener Querschnitte (SMg)

a) Anwendung der Momentenäquivalenz

Im Falle reiner Biegung (Index B) greift die Querkraft im Schubmittelpunkt des geschlossenen Profiles (SMg, Index g für geschlossen) an, und es tritt keine

Drillung auf, d.h. der *spezifische Drillwinkel* ϑ ist gleich Null.

Aus Gl. 3.2.3 $-$ 44 mit $q = q(s)$ wird:

$$\vartheta = \frac{1}{2A_0 G} \oint \frac{q(s)}{t(s)} ds = 0 \qquad (3.3.6 - 11)$$

$q(s)$ ist durch die QSI-Formel gegeben (Gl. 3.3.3 $-$ 33 bzw. Gl. 3.3.3 $-$ 34).

Für das **HA-KOS** ist:

$$q(s) = -\left[Q_{\hat{y}} \frac{A_{\hat{y}}(s)}{A_{\hat{y}\hat{y}}} + Q_{\hat{z}} \frac{A_{\hat{z}}(s)}{A_{\hat{z}\hat{z}}} \right] + q_{0B} \qquad (3.3.6 - 12)$$

q_{0B} ist eine Integrationskonstante, die $-$ wie mit Hilfe der Momentenäquivalenz in Kap. 3.3.7.1, Gl. 3.3.7 $-$ 14ff gezeigt $-$ für $Q_{\hat{y}} = 0$ lautet:

$$q_{0B\hat{z}} = \frac{Q_{\hat{z}}}{2A_0} \left(y_{Mg} - y_M \right) \qquad (3.3.6 - 13)$$

Diese Gleichung gilt für das SP–KOS und das HA–KOS. Es müssen nur die Superskripte ausgetauscht werden. Für $\vartheta = 0$ und $Q_{\hat{y}} = 0$ wird durch einsetzen von Gl. 3.3.6 $-$ 12 in Gl. 3.3.6 $-$ 11:

$$\oint \left[\underbrace{Q_{\hat{z}} \frac{A_{\hat{z}}(s)}{A_{\hat{z}\hat{z}}}}_{\text{offen}} - q_{0B\hat{z}} \right] \frac{ds}{t(s)} = 0 \qquad (3.3.6 - 14)$$

Dazu muß, wie ebenfalls in Kap. 3.3.7 gezeigt wird, der Querschnitt zunächst aufgeschnitten werden, so daß der erste Summand des Ringintegrals das aufgeschnittene Profil (offen) repräsentiert.

Dabei sind:

y_M	Abstand Pol-SM des offenen Profiles
y_{SM}	Abstand Koordinatenursprung - SM
y_{Mg}	Abstand Pol-SMg des geschlossenen Profiles
y_{SMg}	Abstand Koordinatenursprung - SMg
y_{Q_z}	Abstand Pol - Q_z (s. Abb. 3.3.7 $-$ 3 und -4)

$$y_{Mg} - y_M = y_{SMg} - y_{SM}$$

Durch Einsetzen von Gl. 3.3.6 $-$ 13 wird:

$$\oint \frac{A_{\hat{z}}(s)}{A_{\hat{z}\hat{z}}} \frac{ds}{t(s)} - \frac{1}{2A_0} \left(y_{Mg} - y_M \right) \oint \frac{ds}{t(s)} = 0 \qquad (3.3.6 - 15)$$

Aufgelöst nach y_{Mg}

$$y_{Mg} = \frac{2A_0}{A_{\hat{z}\hat{z}}} \frac{\oint \left(\int \hat{z}\, t(s)\, ds \right) \frac{ds}{t(s)}}{\oint \frac{ds}{t(s)}} + y_M$$

analog:

$$z_{Mg} = -\frac{2A_0}{A_{\hat{y}\hat{y}}} \frac{\oint \left(\int \hat{y}\, t(s)\, ds \right) \frac{ds}{t(s)}}{\oint \frac{ds}{t(s)}} + z_M$$

$$(3.3.6 - 16)$$

und mit Gl. $3.3.6 - 6$ für y_M:

$$y_{Mg} = \frac{2A_0}{A_{\hat{z}\hat{z}}} \frac{\oint A_{\hat{z}}(s)\frac{ds}{t(s)}}{\oint \frac{ds}{t(s)}} + \underbrace{\frac{A_{\hat{z}\bar{\omega}}}{A_{\hat{z}\hat{z}}}}_{y_M}$$

analog:

$$z_{Mg} = -\frac{2A_0}{A_{\hat{y}\hat{y}}} \frac{\oint A_{\hat{y}}(s)\frac{ds}{t(s)}}{\oint \frac{ds}{t(s)}} - \underbrace{\frac{A_{\hat{y}\bar{\omega}}}{A_{\hat{y}\hat{y}}}}_{z_M}$$

$$(3.3.6 - 17)$$

Analog kann man für das **SP-KOS** ermitteln:

$$y_{Mg} = \frac{2A_0}{A_{\bar{y}\bar{y}}A_{\bar{z}\bar{z}} - A_{\bar{y}\bar{z}}^2} \left(\frac{A_{\bar{y}\bar{y}}\oint A_{\bar{z}}(s)\frac{ds}{t(s)} - A_{\bar{y}\bar{z}}\oint A_{\bar{y}}(s)\frac{ds}{t(s)}}{\oint \frac{ds}{t(s)}} \right)$$

$$+ \underbrace{\frac{A_{\bar{z}\bar{\omega}}A_{\bar{y}\bar{y}} - A_{\bar{y}\bar{\omega}}A_{\bar{y}\bar{z}}}{A_{\bar{y}\bar{y}}A_{\bar{z}\bar{z}} - A_{\bar{y}\bar{z}}^2}}_{y_M}$$

$$z_{Mg} = -\frac{2A_0}{A_{\bar{y}\bar{y}}A_{\bar{z}\bar{z}} - A_{\bar{y}\bar{z}}^2} \left(\frac{A_{\bar{z}\bar{z}}\oint A_{\bar{y}}(s)\frac{ds}{t(s)} - A_{\bar{y}\bar{z}}\oint A_{\bar{z}}(s)\frac{ds}{t(s)}}{\oint \frac{ds}{t(s)}} \right)$$

$$+ \underbrace{\frac{-A_{\bar{y}\bar{\omega}}A_{\bar{z}\bar{z}} + A_{\bar{z}\bar{\omega}}A_{\bar{y}\bar{z}}}{A_{\bar{y}\bar{y}}A_{\bar{z}\bar{z}} - A_{\bar{y}\bar{z}}^2}}_{z_M}$$

$$(3.3.6 - 18)$$

b) Ersetzen der $\bar{\omega}$ – Koordinate des offenen Profiles durch die $\bar{\omega}^*$ – Koordinate des geschlossenen Profiles.

Zum gleichen Ergebnis kommt man, wenn man die Wölbkoordinate $\bar{\omega}^*$ für ein geschlossenes Profil nach Gl. 3.2.3 − 23 einführt und den Abstand Pol − SMg des geschlossenen Profiles formal genauso ermittelt wie beim offenen Profil. Man muß in der Beziehung 3.3.6 − 6 (für den Schubmittelpunkt des offenen Profiles) in allen Flächenintegralen lediglich $\bar{\omega}$ durch $\bar{\omega}^*$ ersetzen und erhält für das HA-KOS:

$$\boxed{\begin{aligned} y_{Mg} &= +\frac{A_{\hat{z}\bar{\omega}^*}}{A_{\hat{z}\hat{z}}} \\[2mm] z_{Mg} &= -\frac{A_{\hat{y}\bar{\omega}^*}}{A_{\hat{y}\hat{y}}} \end{aligned}}$$

$$(3.3.6 - 19)$$

Beweis: (Gl. 3.3.6 − 17 identisch Gl. 3.3.6 − 19)

Mit $\psi = \dfrac{2A_0}{\oint \frac{ds}{t(s)}}$ folgt aus Gl. 3.3.6 − 17

$$y_{Mg} = \frac{1}{A_{\hat{z}\hat{z}}} \left[\psi \oint A_{\hat{z}}(s) \cdot \frac{ds}{t(s)} + A_{\hat{z}\bar{\omega}} \right]$$

$$= \frac{1}{A_{\hat{z}\hat{z}}} \left[\psi \oint \underbrace{\left(\int\limits_0^s \hat{z}\, t(s)\, ds \right)}_{\mu} \cdot \underbrace{\frac{1}{t(s)}\, ds}_{\nu'} + \oint \hat{z} \underbrace{\left(\int\limits_0^s r_t\, ds \right) t(s)\, ds}_{\bar{\omega}} \right]$$

$$(3.3.6 - 20)$$

Die partielle Integration des ersten Summanden führt zu:

$$y_{Mg} = \frac{1}{A_{\hat{z}\hat{z}}} \left[\psi \left\{ \underbrace{\overset{=0}{\hat{A}_{\hat{z}}}}_{\mu} \underbrace{\oint \frac{ds}{t(s)}}_{\nu} - \oint \underbrace{\hat{z}\, t(s)}_{\mu'} \cdot \underbrace{\left(\oint\limits_s \frac{ds}{t(s)} \right)}_{\nu} \cdot ds \right\} + \oint \hat{z}\bar{\omega}\, t(s)\, ds \right]$$

$$= \frac{1}{A_{\hat{z}\hat{z}}} \oint \hat{z} \underbrace{\left(\bar{\omega} - \psi \oint \frac{ds}{t(s)} \right)}_{\bar{\omega}^*} t(s)\, ds = \frac{A_{\hat{z}\bar{\omega}^*}}{A_{\hat{z}\hat{z}}} \qquad \text{q.e.d.}$$

$$(3.3.6 - 21)$$

Entsprechend läßt sich zeigen, daß $z_{Mg} = -\dfrac{A_{\hat{y}\bar{\omega}^*}}{A_{\hat{z}\hat{z}}}$ ist.

Zusammenfassung

Bestimmung des Schubmittelpunktes

Offene Profile: Abstand gewählter Pol–SM

$$y_M = \frac{A_{\bar{z}\bar{\omega}}A_{\bar{y}\bar{y}} - A_{\bar{y}\bar{\omega}}A_{\bar{y}\bar{z}}}{A_{\bar{y}\bar{y}}A_{\bar{z}\bar{z}} - A_{\bar{y}\bar{z}}^2} = \frac{A_{\bar{z}\bar{\omega}}}{A_{\hat{z}\hat{z}}}$$

$$z_M = \underbrace{\frac{-A_{\bar{y}\bar{\omega}}A_{\bar{z}\bar{z}} + A_{\bar{z}\bar{\omega}}A_{\bar{y}\bar{z}}}{A_{\bar{y}\bar{y}}A_{\bar{z}\bar{z}} - A_{\bar{y}\bar{z}}^2}}_{\text{SP–KOS}} = \underbrace{-\frac{A_{\hat{y}\bar{\omega}}}{A_{\hat{y}\hat{y}}}}_{\text{HA–KOS}}$$

Geschlossene einzellige Profile: Abstand gewählter Pol–SMg
HA–KOS:

$$y_{Mg} = \frac{2A_0}{A_{\hat{z}\hat{z}}} \frac{\oint \left(\int \hat{z}t(s)ds\right) \frac{ds}{t(s)}}{\oint \frac{ds}{t(s)}} + y_M$$

$$z_{Mg} = -\frac{2A_0}{A_{\hat{y}\hat{y}}} \frac{\oint \left(\int \hat{y}t(s)ds\right) \frac{ds}{t(s)}}{\oint \frac{ds}{t(s)}} + z_M$$

SP–KOS:

$$y_{Mg} = \frac{2A_0}{A_{\bar{y}\bar{y}}A_{\bar{z}\bar{z}} - A_{\bar{y}\bar{z}}^2} \left(\frac{A_{\bar{y}\bar{y}}\oint A_{\bar{z}}(s)\frac{ds}{t(s)} - A_{\bar{y}\bar{z}}\oint A_{\bar{y}}(s)\frac{ds}{t(s)}}{\oint \frac{ds}{t(s)}} \right)$$

$$+ \underbrace{\frac{A_{\bar{z}\bar{\omega}}A_{\bar{y}\bar{y}} - A_{\bar{y}\bar{\omega}}A_{\bar{y}\bar{z}}}{A_{\bar{y}\bar{y}}A_{\bar{z}\bar{z}} - A_{\bar{y}\bar{z}}^2}}_{y_M}$$

$$z_{Mg} = -\frac{2A_0}{A_{\bar{y}\bar{y}}A_{\bar{z}\bar{z}} - A_{\bar{y}\bar{z}}^2} \left(\frac{A_{\bar{z}\bar{z}}\oint A_{\bar{y}}(s)\frac{ds}{t(s)} - A_{\bar{y}\bar{z}}\oint A_{\bar{z}}(s)\frac{ds}{t(s)}}{\oint \frac{ds}{t(s)}} \right)$$

$$+ \underbrace{\frac{-A_{\bar{y}\bar{\omega}}A_{\bar{z}\bar{z}} + A_{\bar{z}\bar{\omega}}A_{\bar{y}\bar{z}}}{A_{\bar{y}\bar{y}}A_{\bar{z}\bar{z}} - A_{\bar{y}\bar{z}}^2}}_{z_M}$$

Mehrzellige geschlossene Profile: siehe dazu Zusammenfassung Kap. 3.3.7

3.3.7 Schubflußverteilung in geschlossenen Hohlquerschnitten

Offene dünnwandige Querschnitte, bzw. stabförmige Tragwerke können im allgemeinen nur sehr wenig Torsion aufnehmen. Ihre Belastung sollte daher so erfolgen, daß die Querkraft durch den Schubmittelpunkt (SM) geht. Ist dies nicht der Fall, so liegt Biege- und Torsionsbeanspruchung vor. Bei der Berechnung des Schubflusses aus Biegung mit der QSI-Formel, die für eine Belastung im SM bzw. SMg gilt, ist bei offenen Querschnitten wegen der schubfreien Ränder die Integrationskonstante

$$q_0 = 0 \qquad \text{für } s_A = s_{\text{Rand}} = 0 \tag{3.3.7 - 1}$$

Geschlossene dünnwandige Querschnitte, die Querkraft plus Torsion aufnehmen können, haben keinen freien Rand, und der Ort an dem bei Torsionsfreiheit also reiner Biegung der Schubfluß gleich Null ist, ist zunächst ebensowenig bekannt wie der Schubmittelpunkt des geschlossenen Profiles SMg (g steht für geschlossenen), es sei denn, man ermittelt ihn nach einiger Erfahrung aus Symmetriebetrachtungen u.a.m.

Um die physikalischen Zusammenhänge zu erfassen, sollen an Hand von Abb. 3.3.7 − 1 einige Gedankenexperimente durchgeführt werden. Die in den Teilbildern a) bis e) eingetragenen Querkräfte $Q_{1\hat{z}}$ bis $Q_{5\hat{z}}$ sind gleich groß, also $Q_{1\hat{z}} = Q_{2\hat{z}} = Q_{3\hat{z}} = Q_{4\hat{z}} = Q_{5\hat{z}}$

An dem hier der Einfachheit halber gewählten Kreisquerschnitt wirke die Querkraft $Q_{3\hat{z}}$, die durch den SMg geht. Es entsteht der in Abb. 3.3.7 − 1c gezeigte Schubfluß. Schneidet man den Querschnitt (Abb. 3.3.7 − 1a) an einer beliebigen Stelle auf, so wird sich nicht nur direkt an der Schnittstelle für $s = 0$ der Schubfluß um den Betrag q_{0B} auf $q_{(s=0)} = 0$ verringert haben, sondern an jeder Stelle s um q_{0B} abnehmen (Abb. 3.3.7 − 1b). Gleichzeitig mit dem Aufschneiden springt die im Schubmittelpunkt angreifende Querkraft von SMg nach SM und erzeugt durch die Parallelverschiebung der Querkraft ein Kräftepaar $Q_{2\hat{z}}$, das wie ein Torsionsmoment wirkt und nach Bredt-Batho $q_{0B\hat{z}}$ erzeugt.

Dreht man die Betrachtung um, d.h. liegt ein offenes Profil vor in dessen SM (siehe Abb. 3.3.7 − 1a) $Q_{1\hat{z}}$ angreift und überlagert dem mit der QSI-Formel berechneten Schubfluß $q_{\text{offen}}(s)$ einen konstanten Schubfluß q_{0B}, der sich aus dem Kräftepaar $Q_{2\hat{z}}$ mit dem Abstand $(y_{Mg} - y_M)$ errechnet, so wird die Querkraft vom SM zum SMg verschoben, und der Querschnitt ist geschlossen. Die anliegende Schubflußverteilung aus Querkraft im SMg zeigt Abb. 3.3.7 − 1c.

Überlagert man nun dem Schubfluß aus der Querkraft $Q_{3\hat{z}}$ noch Torsion Abb. 3.3.7 − 1d vermittels eines Kräftepaares $Q_{4\hat{z}}$ mit dem Abstand $(y_{Q\hat{z}} - y_{Mg})$, so wird ebenfalls nach Bredt-Batho ein konstanter Schubfluß $q_{0T\hat{z}}$ zusätzlich erzeugt, der schließlich nach Überlagerung zu der in Abb. 3.3.7−1e dargestellten, von $Q_{5\hat{z}}$ verursachten Schubflußverteilung führt.

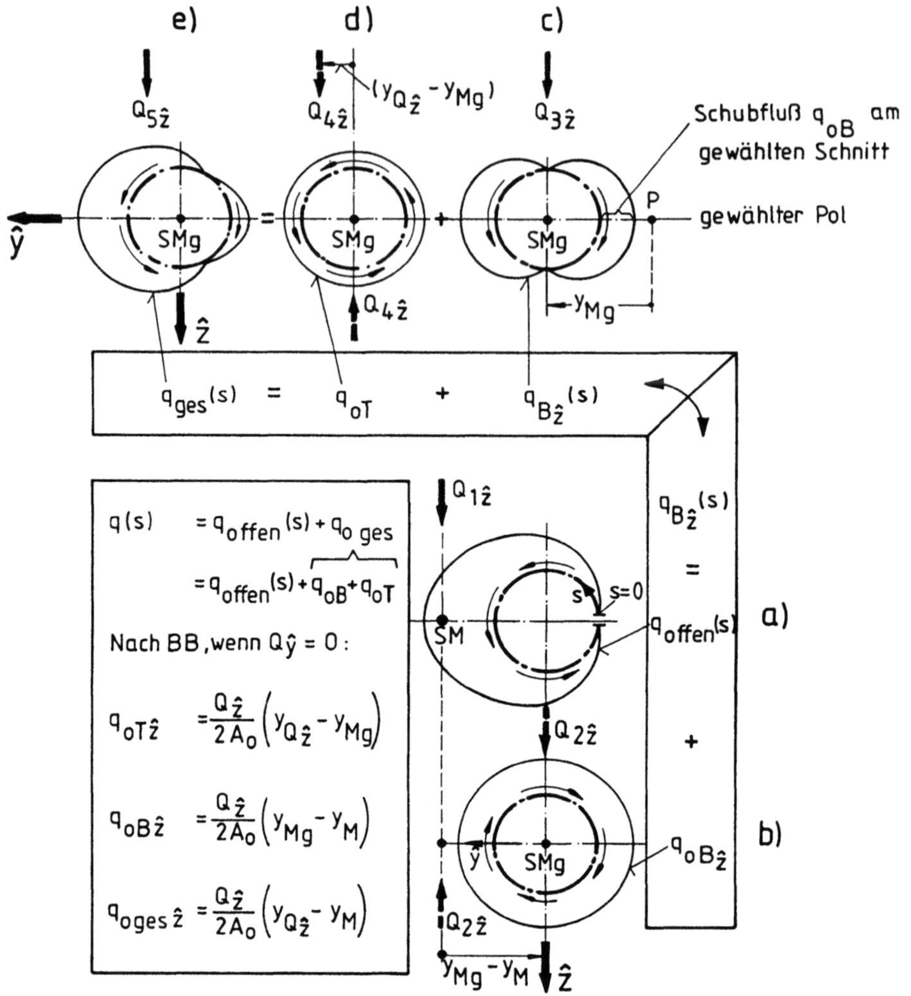

Abb. 3.3.7 − 1

Man kann feststellen, daß q_{0B} (d.h. q_B an der Schnittstelle $s = 0$) und q_{0T} (infolge der Ablage der Querkraft vom SMg) über dem gesamten Umfang konstante Schubflüsse sind.

Anstelle der vorstehend nacheinander durchgeführten Einzelbetrachtungen kann man nun folgendes konstatieren:

Das geschlossene Profil, an dem an einer beliebigen Stelle eine Kraft angreift, wird an einer beliebigen Stelle ($s = 0$) aufgeschnitten (Abb. 3.3.7 − 2). An dieser Stelle, an der die Umlaufkoordinate s beginnen soll, ist vor dem Aufschneiden (Abb. 3.3.7 − 2c):

$$q_{ges} = q_{oges} \qquad \text{für} \qquad s = 0 \tag{3.3.7 − 2}$$

Anmerkung: Wie die Abb. 3.1.3 – 1c und d zeigen, wird bei dünnwandigen, geschlossenen Querschnitten die Schubspannung aus Torsion und aus Biegung als konstant über der Wandstärke angenommen: τ = const über t (vgl. dazu auch Abb. 3.1.3 – 1).

Durch das Aufschneiden wird die Schubflußverteilung eines geschlossenen Querschnittes auf der gesamten Kontur (des Profiles) an jeder Stelle um den (konstanten) Anteil q_{0ges} abgesenkt, der vor dem Aufschneiden an der Schnittstelle vorlag. Für das geschnittene Profil gilt an der Schnittstelle selbst (Abb. 3.3.7−2a):

$$\text{für} \quad s = 0 \quad \text{ist} \quad q_{ges} = 0 \qquad\qquad (3.3.7 - 3)$$

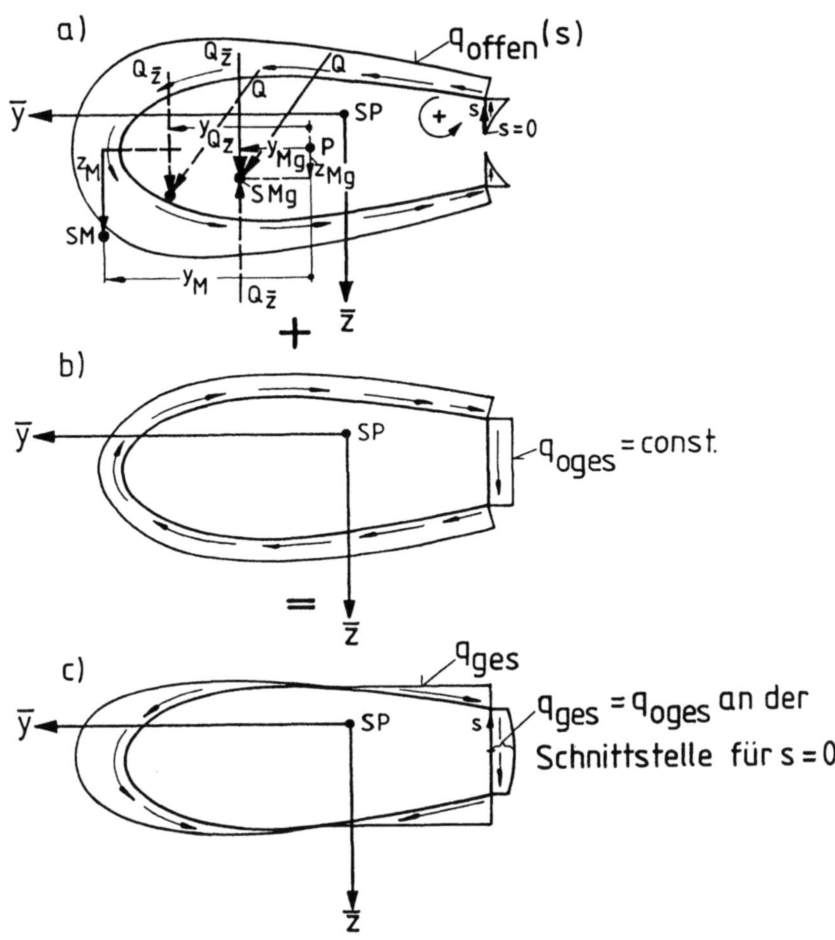

Abb. 3.3.7 − 2

Der durch das Aufschneiden abgesenkte konstante Schubfluß q_{0ges} setzt sich aus zwei (jeweils konstanten) Anteilen zusammen, nämlich aus einem Anteil der aus dem Fall reiner Biegung resultiert (q_{0B} dessen Größe jedoch eine Funktion der Schnittstelle ist) und einem Anteil der aus der Torsion resultiert (q_{0T}) und an jeder Stelle s gleich groß ist.

$$q_{0ges} = q_{0B} + q_{0T} \qquad\qquad (3.3.7-4)$$

$q_{0B} = q_{0B}(Schnittstelle)$ Schubfluß aus dem Biegeanteil an der Schnittstelle des geschlossenen Profiles bei Belastung im SMg (z.B. durch $Q_{3\hat{z}}$ Abb. $3.3.7-1$c) vor dem Aufschneiden des Profiles, bzw. Schubfluß infolge des Momentes, das durch das Aufschneiden und die damit verbundene Parallelverschiebung der Querkraft (Kräftepaar $Q_{2\hat{z}}$) von SMg nach SM entsteht. Es gilt $2\,A_0\,q_{0B\hat{z}} = Q_{\hat{z}}(y_{Mg} - y_M)$). $q_{0B\hat{z}}$ ist const. aber eine Funktion der Schnittstelle!

$q_{0T} = const \neq q_{0T}(s)$ Schubfluß aus dem Torsionsanteil aus St. Venantscher Torsion (Bredt-Batho-Gl. $3.2.2-5$). Parallelverschiebung der Querkraft (Kräftepaar $Q_{4\hat{z}}$ in Abb. $3.3.7-$ 1d) vom SMg zum wirklichen Kraftangriffspunkt. Es entsteht aus Torsion eines geschlossenen Querschnittes.

$$M_{xT} = 2\,A_0\,q_{0T\hat{z}} = Q_{\hat{z}}(y_{Q\hat{z}} - y_{Mg}) \qquad\qquad (3.3.7-5)$$

Da es sich um einen *dünnwandigen, geschlossenen Querschnitt* handelt, (der im Gedankenexperiment unter reiner Querkraft zur Bestimmung von q_{0B} aufgeschnitten wurde und wieder zusammengefügt wird, ehe ihm Torsion überlagert wird), ist $\tau = const$ über t sowohl für den Querkraft- wie für den Torsionsanteil.

Für den Sonderfall, daß die Querkraft durch den SMg geht, entsteht keine Torsion, folglich ist:

$$q_{0T} = \frac{M_{xT}}{2A_0} = 0 \quad \text{und damit} \quad q_{0ges} = q_{0B} \qquad\qquad (3.3.7-6)$$

Nur q_{0B} muß dann dem Schubfluß aus reiner Biegung des offenen Profiles entsprechend der QSI-Formel Gl. $3.3.3-33$ bzw. $3.3.3-34$ überlagert werden. Es ist somit verkürzt geschrieben:

Schubfluß reine Biegung :$\qquad\quad q_B(s) = q_{\text{offen}}(s) + q_{0B}$

Schubfluß Biegung plus Torsion :$\quad q_{ges}(s) = q_{\text{offen}}(s) + q_{0ges}$

$$\text{mit :} \qquad q_{0ges} = q_{0B} + q_{0T} \qquad\qquad (3.3.7-7)$$

$$q_{0B} = f(\text{Schnittstelle})$$

$$q_{0T} \neq f(\text{Schnittstelle})$$

Das Vorgehen im einzelnen ist dann:

1.Schritt

Bestimme den Schwerpunkt und um Rechenzeit zu sparen ein möglichst geschickt gewähltes SP-KOS, möglichst HA-KOS. Beachte aber die Kraftrichtung und die u.U. notwendig werdende Zerlegung in Kraftkomponenten.

2. Schritt:

Schneide das Profil an einer beliebigen, aber um Rechnenarbeit zu sparen möglichst geschickt gewählten Stelle auf (an der Schnittstelle $s = 0$ ist $q_{\text{offen}}(s) = 0$).

3. Schritt:

Berechne die Schubflußverteilung des offenen Profiles $q_{\text{offen}}(s)$ mit der QSI-Formel für offene Profile ($q_{0B} = 0$) (Abb. 3.3.7 − 2a) und bestimme den zugehörigen SM.

Beachte: Die QSI-Formel gilt nur für Biegung, d.h. nur, wenn die Querkraft durch den Schubmittelpunkt (hier SM) geht.

4. Schritt:

Bestimme mit Hilfe der Momentenäquivalenz die Konstante q_{oges} (Abb. 3.3.7 − 2b) und überlagere sie der Schubflußverteilung des offenen Profiles $q_{\text{offen}}(s)$. Man erhält q_{ges} (Abb. 3.3.7 − 2c).

Anmerkung: Durch die Überlagerung von q_{offen} mit q_{oges} wird das offene Profil mit dem Schubmittelpunkt SM zu einem geschlossenen Profil mit dem Schubmittelpunkt SMg. Das Moment aus der Parallelverschiebung der jeweils im Schubmittelpunkt angreifenden Querkraft muß also entsprechend Bredt-Batho dem Schubfluß $2A_0 q_{\text{oges}}$ entsprechen. Es sei noch einmal darauf hingewiesen, daß $\tau = const$ über t auch für den nur gedachten aufgeschnittenen Zustand im Falle von Querkraft- plus Torsionsschub gilt, da man sich vorstellen kann, in zwei Schritten vorgegangen zu sein. Zunächst wird $q_{0B}(s)$ ermittelt und damit das aufgeschnittene Profil geschlossen (Es ist $\tau = const$ über t). Anschließend wird q_{0T} dem geschlossenen Profil überlagert. Es bleibt für dünnwandige Bauteile $\tau = const$ über t, vgl. auch Abb. 3.3.7 − 1.

3.3.7.1 Einzellige geschlossene Querschnitte

In Abb. 3.3.7 − 2 ist eine einzellige Röhre dargestellt. Ein SP-KOS, der beliebige Pol P und die Abstände von diesem zum Schubmittelpunkt des offenen Profiles (y_M und z_M) sowie zum geschlossenen Profil (y_{Mg} und z_{Mg}) sind eingezeichnet. Die Querkraft Q gehe durch den Schubmittelpunkt des geschlossenen Profils SMg. Verschiebt man die Querkraft parallel (gestrichelt eingetragen), so wirkt durch das entstehende Kräftepaar zusätzlich ein Torsionsmoment, dessen konstanter Schubfluß nach Bredt-Batho berechnet werden kann und dem Schubfluß aus Biegung überlagert werden muß.

Bestimmung der Integrationskonstanten q_{0ges}

Fall a: $q_{0T} = 0$

Die Schnittkraft Q geht durch den Schubmittelpunkt des geschlossenen Querschnittes SMg.

Analog zu Kap. 3.3.6 Gl. 3.3.6−1 erhält man für das Moment aus der Schnittkraft Q bezüglich P:

$$M_{x(P)} = Q \cdot r_{SMg}$$
$$M_{x(P)} = Q_{\bar{z}} y_{Mg} - Q_{\bar{y}} z_{Mg} \tag{3.3.7 − 8}$$

Das Schnitt-Moment bezüglich desselben Poles P ist dann:

$$M_{x(P)}^q = \oint q_{ges}(s) r_t(s) ds \tag{3.3.7 − 9}$$

Daraus wird mit Gl. 3.3.7 − 6 und Gl. 3.3.7 − 7

$$M_{x(P)}^q = \oint q_{offen}(s) r_t(s) ds + q_{0B} \oint r_t ds \tag{3.3.7 − 10}$$

und mit Gl. 3.1.4−19 (für $\tau = const$ über t) sowie Gl. 3.2.2−3b und Gl. 3.2.2−4 erhält man:

$$M_{x(P)} = - \oint \bar{\omega} dq + q_{0B} 2 A_0 \tag{3.3.7 − 11}$$

Aus der Momentenäquivalenz und Gl. 3.3.6 − 5 folgt dann:

$$Q_{\bar{z}} y_{Mg} - Q_{\bar{y}} z_{Mg} = Q_{\bar{y}} \overbrace{\frac{A_{\bar{y}\bar{\omega}} A_{\bar{z}\bar{z}} - A_{\bar{z}\bar{\omega}} A_{\bar{y}\bar{z}}}{A_{\bar{y}\bar{y}} A_{\bar{z}\bar{z}} - A_{\bar{y}\bar{z}}^2}}^{-z_M} + Q_{\bar{z}} \overbrace{\frac{A_{\bar{z}\bar{\omega}} A_{\bar{y}\bar{y}} - A_{\bar{y}\bar{\omega}} A_{\bar{y}\bar{z}}}{A_{\bar{y}\bar{y}} A_{\bar{z}\bar{z}} - A_{\bar{y}\bar{z}}^2}}^{y_M} + 2 A_0 q_{0B}$$

$$\tag{3.3.7 − 12}$$

und für das HA-KOS: $(A_{\bar{y}\bar{z}} = 0)$

$$Q_{\hat{z}} y_{Mg} - Q_{\hat{y}} z_{Mg} = Q_{\hat{y}} \underbrace{\frac{A_{\hat{y}\bar{\omega}}}{A_{\hat{y}\hat{y}}}}_{-z_M} + Q_{\hat{z}} \underbrace{\frac{A_{\hat{z}\bar{\omega}}}{A_{\hat{z}\hat{z}}}}_{y_M} + 2 A_0 q_{0B} \tag{3.3.7 − 13}$$

Aus Gl. 3.3.7 − 12 wird:

$$\frac{Q_{\bar{z}}}{2A_0}(y_{Mg} - y_M) - \frac{Q_{\bar{y}}}{2A_0}(z_{Mg} - z_M) = q_{0B} \tag{3.3.7 − 14}$$

Für die einzelnen Komponenten ist dann:

$$Q_{\bar{y}} = 0 \qquad \longrightarrow$$

$$Q_{\bar{z}} = 0 \qquad \longrightarrow$$

$$\boxed{\begin{aligned} q_{0B\bar{z}} &= \frac{Q_{\bar{z}}}{2A_0}(y_{Mg} - y_M) = \text{const} \\[2mm] q_{0B\bar{y}} &= -\frac{Q_{\bar{y}}}{2A_0}(z_{Mg} - z_M) = \text{const} \\[2mm] q_{0B} &= q_{0B\bar{z}} + q_{0B\bar{y}} \end{aligned}}$$

$$(3.3.7 - 15)$$

Diese Gleichungen gelten analog für das HA-KOS (vertausche "$-$"gegen "$\wedge$").

Deutung des Ergebnisses:

Fall a: $q_{0T} = 0$

Da die Querkraft durch den SMg geht, darf keine Torsion auftreten. Damit wird für die $\hat{z}$-Komponente, d.h. $Q_{\bar{y}} = 0$ aus Gl. 3.3.7 $- 14$:

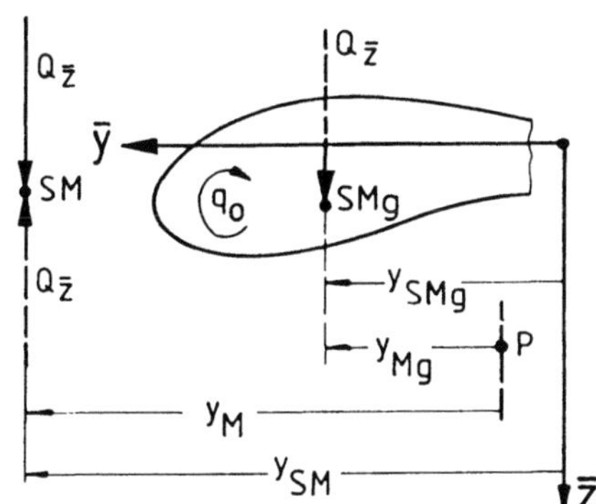

$$M_{x(P)} = 0 = Q_{\hat{z}}(y_M - y_{Mg}) + q_{0B}2A_0$$

d.h. durch das Aufschneiden des Profiles wird das Moment $q_{0B} \cdot 2A_0$ frei, da der Schubmittelpunkt von SMg nach SM also um die Strecke $(y_M - y_{Mg}) = (y_{SM} - y_{SMg})$ springt.

Abb. 3.3.7 $- 3$

Oder anders ausgedrückt: Voraussetzung bei der Ableitung der QSI-Formel war, daß die Querkraft im Schubmittelpunkt angriff, also in SM beim offenen und im SMg beim geschlossenen Profil. Verschiebt man die Querkraft von SM nach SMg parallel, so entsteht das Moment $(y_M - y_{Mg})Q_{\hat{z}}$, dem ein konstantes inneres Moment

$$\oint q_{0B} \cdot r_t ds = q_{0B} \cdot 2A_0$$

äquivalent sein muß. Da es sich um reine Biegung handelt, ist

$$M_{x(P)} = 0 \longrightarrow q_{0T} = 0 \longrightarrow q_{0\text{ges}} = q_{0B}$$

Fall b: $q_{0T} \neq 0$

Die Querkraft Q geht nicht durch SMg (Sie verläuft an beliebiger Stelle Abb. 3.3.7 − 4).

Wie man aus Gl. 3.3.7 − 9 mit 3.3.7 − 7 und 3.3.7 − 4 entnehmen kann, kommt additiv zu q_{0B} lediglich der Torsionsanteil hinzu, so daß aus Gl. 3.3.7 − 11 wird:

$$M_{x(P)} = - \oint \bar{\omega} dq + (q_{0B} + q_{0T})2A_0 \qquad (3.3.7 - 16)$$

Aus Abb. 3.3.7−2 bzw. 3.3.7−4 kann man entnehmen, daß der Abstand von $Q_{\bar{z}}$ vom Pol P gleich y_{Q_z} und entsprechend der von $Q_{\bar{y}}$ gleich z_{Q_z} ist. Damit wird das durch die Parallel-Verschiebung von Q entstehende freie Moment

$$M_x = Q_{\bar{z}}(y_{Q_{\bar{z}}} - y_{Mg}) - Q_{\bar{y}}(z_{Q_{\bar{z}}} - z_{Mg}) = \oint q_{0T} \cdot r_t ds = q_{0T} \cdot 2A_0 \qquad (3.3.7 - 17)$$

$$
\begin{aligned}
Q_{\bar{y}} = 0 \quad &\longrightarrow \quad \boxed{\begin{aligned} q_{0T\bar{z}} &= \frac{Q_{\bar{z}}}{2A_0}(y_{Q_{\bar{z}}} - y_{Mg}) \\ q_{0T\bar{y}} &= -\frac{Q_{\bar{y}}}{2A_0}(z_{Q_{\bar{y}}} - z_{Mg}) \\ q_{0T} &= q_{0T\bar{z}} + q_{0T\bar{y}} \end{aligned}} \\
Q_{\bar{z}} = 0 \quad &\longrightarrow
\end{aligned}
\qquad (3.3.7 - 18)
$$

Abb. 3.3.7−4 zeigt die Plausibilität der Gl. 3.3.7−18 (vgl. auch Abb. 3.3.7−1).

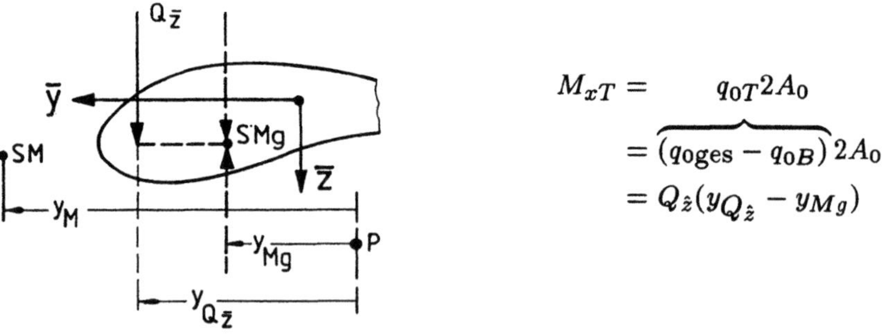

$$M_{xT} = q_{0T}2A_0$$
$$= \overbrace{(q_{0ges} - q_{0B})}2A_0$$
$$= Q_{\hat{z}}(y_{Q_{\hat{z}}} - y_{Mg})$$

Abb. 3.3.7 − 4

Man kann nun die Gleichungen Gl. 3.3.7 − 15 und 3.3.7 − 18 in (Gl. 3.3.7 − 4)

$$q_{0ges} = q_{0B} + q_{0T}$$

einsetzen und erhält:

$$Q_{\bar{y}} = 0 \quad \longrightarrow$$
$$Q_{\bar{z}} = 0 \quad \longrightarrow$$

$$\boxed{\begin{aligned} q_{0\text{ges}\bar{z}} &= \frac{Q_{\bar{z}}}{2A_0}(y_{Q_{\bar{z}}} - y_M) = \text{const} \\[2mm] q_{0\text{ges}\bar{y}} &= -\frac{Q_{\bar{y}}}{2A_0}(z_{Q_{\bar{y}}} - z_M) = \text{const} \\[2mm] q_{0\text{ges}} &= q_{0\text{ges}\bar{z}} + q_{0\text{ges}\bar{y}} \end{aligned}}$$

$$(3.3.7 - 19)$$

Auch diese Gleichungen gelten analog für das HA-KOS ("−" gegen "∧" austauschen).

Die Abbildung 3.3.7−5 zeigt am Beispiel des Kreisquerschnittes bei unterschiedlicher Wahl des Poles den Abstand zum SM bzw. SMg.

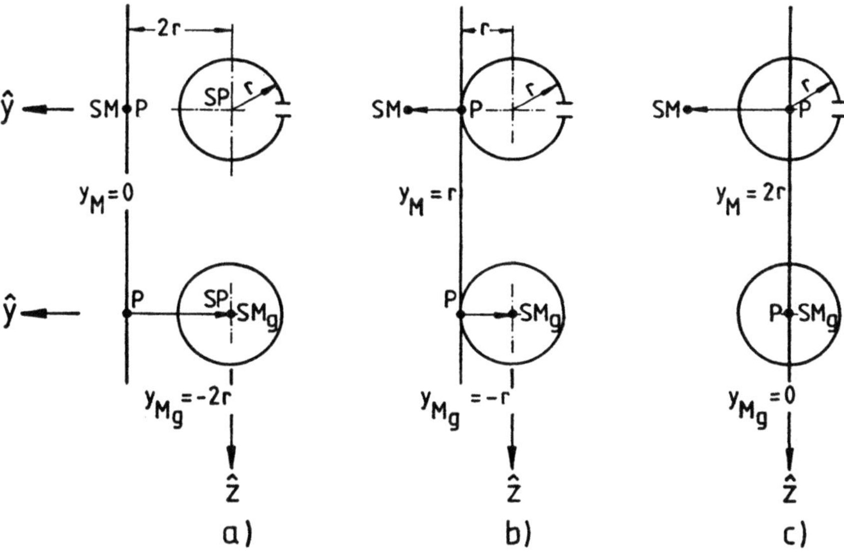

Abb. 3.3.7 − 5

Endgültige Ermittlung von q_{0B}:

Zur endgültigen Ermittlung von q_{0B} setzt man für das **HA-KOS** Gl. 3.3.6 − 16 bzw. 3.3.6 − 17 in 3.3.7 − 15 ein.

$$q_{0B\hat{z}} = \frac{Q_{\hat{z}}}{A_{\hat{z}\hat{z}}} \frac{\oint A_{\hat{z}}(s)\frac{ds}{t(s)}}{\oint \frac{ds}{t(s)}} \quad \text{für} \quad Q_{\hat{y}} = 0$$

Analog:

$$q_{0B\hat{y}} = \frac{Q_{\hat{y}}}{A_{\hat{y}\hat{y}}} \frac{\oint A_{\hat{y}}(s)\frac{ds}{t(s)}}{\oint \frac{ds}{t(s)}} \quad \text{für} \quad Q_{\hat{z}} = 0$$

$$q_{0B} = q_{0B\hat{z}} + q_{0B\hat{y}}$$

$$(3.3.7 - 20)$$

Für das **SP–KOS** wird mit Gl. 3.3.6 − 18:

für $Q_{\bar{y}} = 0$

$$q_{0B\bar{z}} = \frac{Q_{\bar{z}}}{A_{\bar{y}\bar{y}}A_{\bar{z}\bar{z}} - A_{\bar{y}\bar{z}}^2} \left(\frac{A_{\bar{y}\bar{y}} \oint A_{\bar{z}}(s)\frac{ds}{t(s)} - A_{\bar{y}\bar{z}} \oint A_{\bar{y}}(s)\frac{ds}{t(s)}}{\oint \frac{ds}{t(s)}} \right)$$

Analog:

für $Q_{\bar{z}} = 0$

$$q_{0B\bar{y}} = \frac{Q_{\bar{y}}}{A_{\bar{y}\bar{y}}A_{\bar{z}\bar{z}} - A_{\bar{y}\bar{z}}^2} \left(\frac{A_{\bar{z}\bar{z}} \oint A_{\bar{y}}(s)\frac{ds}{t(s)} - A_{\bar{y}\bar{z}} \oint A_{\bar{z}}(s)\frac{ds}{t(s)}}{\oint \frac{ds}{t(s)}} \right)$$

$$q_{0B} = q_{0B\bar{z}} + q_{0B\bar{y}}$$

$$(3.3.7 - 21)$$

Bestimmung von q_{0B} mit Hilfe kinematischer Überlegungen

Der Schubfluß q_{0B} ist konstant und äquivalent einem Torsionsmoment. Es müssen daher die Beziehungen für die St. Venantsche Torsion und damit Gl. 3.2.3−6 und 3.2.3 − 8 gelten:

$$\gamma = \frac{\partial u}{\partial s} + \frac{\partial v_t}{\partial x} = \frac{q(s)}{G \cdot t(s)}$$

Wie in Kap. 3.2.3 Fall 3 Abb. 3.2.3 − 1a gezeigt, liegt Drillfreiheit vor für

$$\frac{\partial v_t}{\partial x} = 0$$

Damit wird beim geschlossenen Querschnitt mit Gl. 3.2.3 − 43:

$$\oint du = \oint \frac{q(s)}{G \cdot t(s)} ds = 0$$

$$(3.3.7 - 22)$$

Mit der QSI-Formel Gl. 3.3.3 − 34 für das HA–KOS wird:

$$q_{0B} = \frac{Q_{\hat{z}}}{A_{\hat{z}\hat{z}}} \frac{\oint A_{\hat{z}}(s)\frac{ds}{t(s)}}{\oint \frac{ds}{t(s)}} + \frac{Q_{\hat{y}}}{A_{\hat{y}\hat{y}}} \frac{\oint A_{\hat{y}}(s)\frac{ds}{t(s)}}{\oint \frac{ds}{t(s)}} \tag{3.3.7 − 23}$$

Das ist aber gleich Gl. 3.3.7 − 20.

Der Schubfluß im geschlossenen Profil bei reiner Biegung

Für das HA–KOS wird mit Gl. 3.3.7 − 23 in 3.3.3 − 34a eingesetzt:

$$q(s) = \frac{Q_{\hat{z}}}{A_{\hat{z}\hat{z}}} \left(\frac{\oint A_{\hat{z}}(s)\frac{ds}{t(s)}}{\oint \frac{ds}{t(s)}} - A_{\hat{z}}(s) \right) + \frac{Q_{\hat{y}}}{A_{\hat{y}\hat{y}}} \left(\frac{\oint A_{\hat{y}}(s)\frac{ds}{t(s)}}{\oint \frac{ds}{t(s)}} - A_{\hat{y}}(s) \right)$$

$$\tag{3.3.7 − 24}$$

Diese Gleichung kann nun noch mit Hilfe der Elastizitätsgesetze (siehe Gl. 3.3.3− 34b) umgeformt werden.

Für das SP-KOS geht man unter Anwendung der Gl. 3.3.3 − 33 und 3.3.7 − 21 analog vor. Man erhält:

$$\begin{aligned}
q(s) = \quad & \frac{Q_{\bar{z}}}{A_{\bar{y}\bar{y}}A_{\bar{z}\bar{z}} - A_{\bar{y}\bar{z}}^2} \left[A_{\bar{y}\bar{y}} \left(\frac{\oint A_{\bar{z}}(s)\frac{ds}{t(s)}}{\oint \frac{ds}{t(s)}} - A_{\bar{z}}(s) \right) \right. \\
& \left. - A_{\bar{y}\bar{z}} \left(\frac{\oint A_{\bar{y}}(s)\frac{ds}{t(s)}}{\oint \frac{ds}{t(s)}} - A_{\bar{y}}(s) \right) \right] \\
& + \frac{Q_{\bar{y}}}{A_{\bar{y}\bar{y}}A_{\bar{z}\bar{z}} - A_{\bar{y}\bar{z}}^2} \left[A_{\bar{z}\bar{z}} \left(\frac{\oint A_{\bar{y}}(s)\frac{ds}{t(s)}}{\oint \frac{ds}{t(s)}} - A_{\bar{y}}(s) \right) \right. \\
& \left. - A_{\bar{y}\bar{z}} \left(\frac{\oint A_{\bar{z}}(s)\frac{ds}{t(s)}}{\oint \frac{ds}{t(s)}} - A_{\bar{z}}(s) \right) \right]
\end{aligned}$$

$$\tag{3.3.7 − 25}$$

Anmerkung: Vorstehende Formeln gelten ohne Einschränkung für sogenannte *stetige Profile*, d.h. Profile ohne Ecken mit stetiger Änderung der Krümmung. Sind Ecken vorhanden, d.h. liegen *unstetige Profile* vor, die nur abschnittsweise stetig sind, so wendet man obige Gleichung abschnittsweise an. Man erhält dann zwar an den Ecken einen stetigen Verlauf des Schubflusses, die sich daraus ergebenden Schubspannungen sind jedoch nicht gleichförmig verteilt. Es treten somit Störungen auf, die auf die Umgebung der Ecken beschränkt sind und im allgemeinen vernachlässigt werden.

3.3.7.2 Mehrzellige geschlossene Querschnitte

Schubflußverteilung (Biegung und Torsion)

Das Vorgehen zur Lösung der Aufgabe ist analog dem Einzeller. Auch bei geschlossenen mehrzelligen Profilen beginnt die Schubflußermittlung mit der Berechnung von $q_{\text{offen}}(s)$. Hierzu ist jede Zelle einmal zu schneiden (Abb. 3.3.7−6).

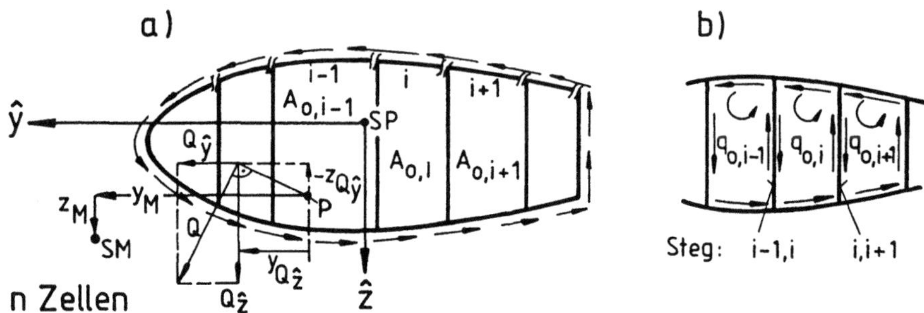

Abb. 3.3.7 − 6

Nach Berechnung des Schubflußverlaufes des offenen Profils wird wiederum zur Bestimmung von q_0 die Momentenäquivalenz (MÄ) herangezogen Allerdings existieren nun n Zellen, deshalb sind die im allgemeinen für jede Zelle i unterschiedlichen konstanten Schubflüsse $q_{0,i}$ multipliziert mit zwei mal dem umschriebenen Zellenquerschnitt $2A_{0,i}$ aufzusummieren.

$$\text{Einzeller} \quad \longrightarrow \quad \text{Mehrzeller}$$

$$2A_0 q_0 \quad \longrightarrow \quad \sum_{i=1}^{n} 2A_{0,i} q_{0,i}$$

Die MÄ ist erfüllt für:

$$\underbrace{Q_{\hat{z}} \cdot y_{Q\hat{z}} - Q_{\hat{y}} \cdot z_{Q\hat{y}}}_{q_{\text{ges}}(s)} = \underbrace{\oint q(s) r_t(s) ds}_{q_{\text{offen}}} + \underbrace{\sum_{i=1}^{n} 2A_{0,i} q_{0,i}}_{q_{\text{0ges}}} \tag{3.3.7 − 26}$$

Analog zu Kap. 3.3.7.1 Gl. 3.3.7 − 11 und Gl. 3.3.7 − 13 ist:

$$Q_{\hat{z}} y_{Q_z} - Q_{\hat{y}} z_{Q_y} = -\oint \bar{\omega} dq + 2 \sum_{i=1}^{n} A_{0,i} q_{0,i}$$

$$= Q_{\hat{y}} \underbrace{\frac{A_{\hat{y}\bar{\omega}}}{A_{\hat{y}\hat{y}}}}_{-z_M} + Q_{\hat{z}} \underbrace{\frac{A_{\hat{z}\bar{\omega}}}{A_{\hat{z}\hat{z}}}}_{y_M} + 2 \sum_{n} A_{0,i} q_{0,i}$$

$$Q_{\hat{y}} = 0 \quad \longrightarrow \quad \boxed{\; y_{Q\hat{z}} - y_M = \frac{2}{Q_{\hat{z}}} \sum_n A_{0,i} q_{0\hat{z},i} \;}$$

$$Q_{\hat{z}} = 0 \quad \longrightarrow \quad \boxed{\; z_{Q\hat{y}} - z_M = -\frac{2}{Q_{\hat{y}}} \sum_n A_{0,i} q_{0\hat{y},i} \;}$$

$$(3.3.7 - 27)$$

vgl. dazu Gl. 3.3.7 − 19.

Kinematische Bedingungen

Da es sich beim Mehrzeller um ein statisch überbestimmtes System handelt und die Momentenäquivalenz (MÄ) nur eine Gleichung für n Zellen und damit für n unbekannte $q_{0,i}$ liefert, müssen die zur Lösung notwendigen restlichen $(n-1)$ Gleichungen aus kinematischen Zusammenhängen gewonnen werden.

Tordiert man das geschlossene Gesamtprofil unter der Annahme, daß die Gestalt der Rippen erhalten bleibt, so wird sich jede Einzelzelle um den gleichen spezifischen Drillwinkel ϑ verdrehen wie die Gesamtzelle. Wäre dies nicht der Fall, dann würden Klaffungen oder Stauchungen zwischen den Zellen auftreten und damit die Verträglichkeitsbedingung verletzt werden.

Aus der Kompatibilitätsbeziehung folgt:

$$\vartheta_1 = \vartheta_2 = \cdots = \vartheta_i = \cdots = \vartheta_n = \vartheta = \text{const} \qquad (3.3.7 - 28)$$

Somit stehen $(n-1)$ Gleichungen und damit insgesamt n Gleichungen für n unbekannte $q_{0,i}$ zur Verfügung.

ϑ ist entsprechend Gl. 3.2.3 − 40 für $q = q(s)$:

$$\vartheta = \frac{1}{2A_0 G} \oint \frac{q(s)}{t(s)} ds \qquad (3.3.7 - 29)$$

wobei $q(s)$ der Gesamtschubfluß einschließlich q_0 und unterschiedlich von Zelle zu Zelle ist, so daß er nicht wie in Gl. 3.2.3 − 45 vor das Integral gezogen werden kann.

In Abb. 3.3.7−6b ist der positive Drehsinn der Schubflüsse in jeder Zelle eingetragen. Das führt dazu, daß, wie beispielhaft der Steg $i-1, i$ zeigt, die Schubflüsse $q_{0,i-1}$ und $q_{0,i}$ sich in ihm überlagern und nur deren Differenz in diesem Steg wirkt:

$$q_{0,(i-1,1)} = q_{0,i} - q_{0,i-1}.$$

Gleiches gilt für die übrigen Stege.

Der spezifische Drillwinkel für die i-te Zelle lautet dann mit Gl. 3.3.3 − 34a

$$\vartheta_i = \frac{1}{2A_{0,i}G}\left[-\underbrace{\oint\left(Q_{\hat{y}}\frac{A_{\hat{y}}(s)}{A_{\hat{y}\hat{y}}}+Q_{\hat{z}}\frac{A_{\hat{z}}(s)}{A_{\hat{z}\hat{z}}}\right)\frac{ds}{t(s)}}_{(q_{\text{offen}}(s))_i}\right.$$

$$\left.+\underbrace{q_{0,i}\oint_i\frac{ds}{t(s)}-q_{0,i-1}\int\limits_{i-1,i}\frac{ds}{t(s)}-q_{0,i+1}\int\limits_{i,i+1}\frac{ds}{t(s)}}_{\left(\oint q_0\frac{ds}{t(s)}\right)_i}\right] \qquad (3.3.7-30)$$

---

für $Q_{\hat{y}} = 0$

$$\vartheta_{i\hat{z}} = \frac{1}{2A_{0,i}G}\left[-\frac{Q_{\hat{z}}}{A_{\hat{z}\hat{z}}}\oint A_{\hat{z}}(s)\frac{ds}{t(s)}+q_{0,i}\oint_i\frac{ds}{t(s)}-q_{0,i-1}\int\limits_{i-1,i}\frac{ds}{t(s)}-q_{0,i+1}\int\limits_{i,i+1}\frac{ds}{t(s)}\right]$$

für $Q_{\hat{z}} = 0$

$$\vartheta_{i\hat{y}} = \frac{1}{2A_{0,i}G}\left[-\frac{Q_{\hat{y}}}{A_{\hat{y}\hat{y}}}\oint A_{\hat{y}}(s)\frac{ds}{t(s)}+q_{0,i}\oint_i\frac{ds}{t(s)}-q_{0,i-1}\int\limits_{i-1,i}\frac{ds}{t(s)}-q_{0,i+1}\int\limits_{i,i+1}\frac{ds}{t(s)}\right]$$

$$\vartheta_{i\text{ges}} = \vartheta_{i\hat{z}} + \vartheta_{i\hat{y}}$$

$$(3.3.7-31)$$

Hierbei bedeuten

$\oint_i$ Ringintegral über die i-te Zelle

$\int_{i,i+1}$ Integral über den Steg zwischen Zelle i und Zelle $i+1$

Anmerkung: Man berechnet den Schubfluß abschnittsweise

1. für das aufgeschnittene Profil
2. für das geschlossene Profil und überlagert beide Anteile Abschnitt für Abschnitt.

q_0 ist abschnittsweise konstant.

Beispiel

Der Schubflußverlauf im Steg 2,3 in Abb. 3.3.7 − 7 ist:

$$q_{Steg2,3} = \underbrace{\int\limits_{i,\,i+1} [q_{32}(s) + q_{0,3} - q_{0,2}]\frac{ds}{t(s)}}_{2,3} \quad ,$$

wobei der Schubflußverlauf q_{32} resultierend aus dem aufgeschnittenen Profil im Abschnitt 2 der Zelle 3 zu berechnen ist aus:

$$q_{32}(s) = -\frac{Q_{\hat{z}}}{A_{\hat{z}\hat{z}}}\int\limits_{2,3} \hat{z}t(s)ds + q_{31A}$$

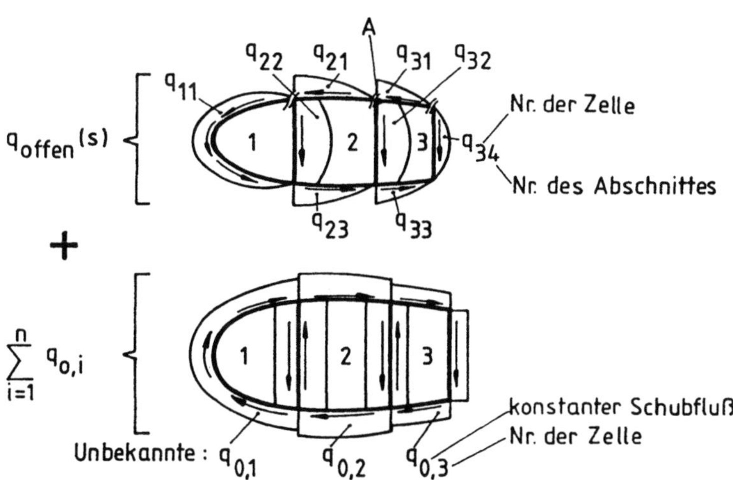

Abb. 3.3.7 − 7

q_{31A}: Ist der Schubfluß der 3. Zelle im 1. Abschnitt an der Stelle A (siehe Abb. 3.3.7 − 7 und vgl. Beispiel 1 in Kap. 3.3.5).

Weiteres Vorgehen: (vgl. auch Torsion eines Mehrzellers Kap. 3.2.4)
  1) Bestimme $q_{0,i}$ für $i = 1$ bis n als $q_{0,i} = q_{0,i}(\vartheta)$
  2) Bestimme y_M, bzw. z_M
  3) Errechne ϑ mit Hilfe der aus der Momentenäquivalenz gewonnenen Gleichung
  4) Bestimme $q_{0,i}$

Eine weitere Möglichkeit für das weitere Vorgehen ist:
  1) Berechne y_{Mg} und z_{Mg}
  2) Berechne q_{0B} für Q im SMg angreifend (vgl. Kap. 3.3.7 bzw. 3.3.7.1)

3) Überlagere dem Ergebnis aus 2) den Torsionsanteil, der durch die Verschiebung von Q aus SMg in die wirkliche Lage resultiert (siehe dazu Kap. 3.2.4).

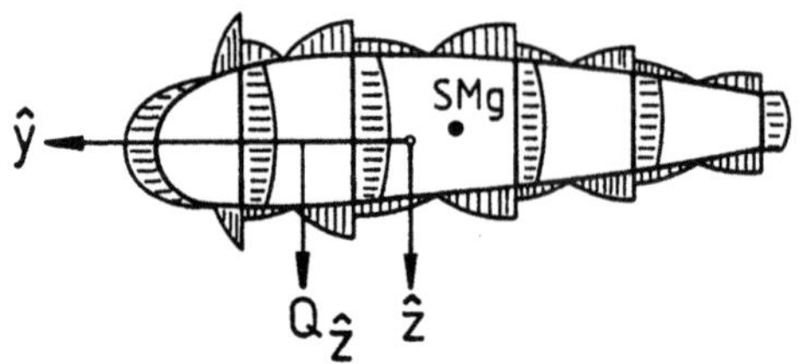

Sich einstellender prinzipieller Schubflußverlauf

Abb. 3.3.7 − 8

Schubmittelpunkt (reine Biegung)

Da bei reiner Biegung keine Torsion vorhanden ist, werden alle spezifischen Drillwinkel zu Null: $\vartheta_1 = \cdots = \vartheta_i = \cdots = \vartheta_n = 0$

Somit stehen n Gleichungen zur Bestimmung der n Werte für $q_{0,i}$ zur Verfügung. Da bei reiner Biegung die Querkräfte durch den SMg gehen, sind die Abstände Pol-SMg:

$$y_{Q_{\hat{z}}} = y_{Mg} \quad \text{und} \quad z_{Q_{\hat{y}}} = z_{Mg} \qquad (3.3.7 - 32)$$

Bei reiner Biegung und bekanntem $q_{ges,i}$ folgt dann aus der MÄ (Gl. 3.3.7 − 26):

$$
\begin{aligned}
Q_{\hat{y}} = 0 \quad &\longrightarrow \quad \boxed{\; y_{Mg} = \frac{1}{Q_{\hat{z}}} \sum_n \left(\oint q_{ges} \cdot r_t\, ds \right)_i \;} \\[2ex]
Q_{\hat{z}} = 0 \quad &\longrightarrow \quad \boxed{\; z_{Mg} = -\frac{1}{Q_{\hat{y}}} \sum_n \left(\oint q_{ges} \cdot r_t\, ds \right)_i \;}
\end{aligned}
\qquad (3.3.7 - 33)
$$

Aus Gl. 3.3.7 − 27 folgt bei bekanntem y_{Mg} und z_{Mg}:

$$
\begin{aligned}
Q_{\hat{y}} = 0 \quad &\longrightarrow \quad \boxed{\; y_{Mg} = y_M + \frac{2}{Q_{\hat{z}}} \sum_n A_{0,i} q_{0B,i} \;} \\[2ex]
Q_{\hat{z}} = 0 \quad &\longrightarrow \quad \boxed{\; z_{Mg} = z_M - \frac{2}{Q_{\hat{y}}} \sum_n A_{0,i} q_{0B,i} \;}
\end{aligned}
\qquad (3.3.7 - 34)
$$

und aus den Gl. 3.3.7 − 31 für $\vartheta = 0$ erhält man n Gleichungen für n Zellen zur Bestimmung der $q_{0B,i}$.

$$\text{Für } Q_{\hat{y}} = 0$$

$$\frac{Q_{\hat{z}}}{A_{\hat{z}\hat{z}}} \oint A_{\hat{z}}(s)\frac{ds}{t(s)} = q_{0B,i} \oint \frac{ds}{t(s)} - q_{0B,i-1} \int\limits_{i-1,i} \frac{ds}{t(s)} - q_{0B,i+1} \int\limits_{i,i+1} \frac{ds}{t(s)}$$

$$\text{Für } Q_{\hat{z}} = 0$$

$$\frac{Q_{\hat{y}}}{A_{\hat{y}\hat{y}}} \oint A_{\hat{y}}(s)\frac{ds}{t(s)} = q_{0B,i} \oint \frac{ds}{t(s)} - q_{0B,i-1} \int\limits_{i-1,i} \frac{ds}{t(s)} - q_{0B,i+1} \int\limits_{i,i+1} \frac{ds}{t(s)}$$

$$(3.3.7 - 35)$$

Zusammenfassung

1) Einzellige geschlossene Querschnitte

Schubflußverteilung in geschlossenen Profilen

Schubfluß reine Biegung : $q_B(s) = q_{\text{offen}}(s) + q_{0B}$

Schubfluß Biegung plus Torsion : $q_{ges}(s) = q_{\text{offen}}(s) + q_{0ges}$

mit : $q_{0ges} = q_{0B} + q_{0T}$

$$q_{0B} = f(\text{Schnittstelle})$$

$$q_{0T} \neq f(\text{Schnittstelle})$$

Nachstehende Ausdrücke gelten für das **HA–KOS** und das **SP–KOS**, die Superskripte "−"und "∧"können ausgetauscht werden.

q_{0B}, Integrationskonstante an der Schnittstelle bei Biegung

$$Q_{\bar{y}} = 0 \quad \longrightarrow \quad q_{0B\bar{z}} = \frac{Q_{\bar{z}}}{2A_0}(y_{Mg} - y_M) = \text{const}$$

$$Q_{\bar{z}} = 0 \quad \longrightarrow \quad q_{0B\bar{y}} = -\frac{Q_{\bar{y}}}{2A_0}(z_{Mg} - z_M) = \text{const}$$

$$q_{0B} = q_{0B\bar{z}} + q_{0B\bar{y}}$$

q_{0T}, Schubfluß aus Torsion $(q_{0T} \neq q_{0T}(s) = \text{const})$

$$Q_{\bar{y}} = 0 \quad \longrightarrow \quad q_{0T\bar{z}} = \frac{Q_{\bar{z}}}{2A_0}(y_{Q_{\bar{z}}} - y_{Mg})$$

$$Q_{\bar{z}} = 0 \quad \longrightarrow \quad q_{0T\bar{y}} = -\frac{Q_{\bar{y}}}{2A_0}(z_{Q_{\bar{z}}} - z_{Mg})$$

$$q_{0T} = q_{0T\bar{z}} + q_{0T\bar{y}}$$

q_{0ges}, Integrationskonstante an der Schnittstelle bei Biegung und Torsion

$$Q_{\bar{y}} = 0 \quad \longrightarrow \quad q_{0ges\bar{z}} = \frac{Q_{\bar{z}}}{2A_0}(y_{Q_{\bar{z}}} - y_M) = \text{const}$$

$$Q_{\bar{z}} = 0 \quad \longrightarrow \quad q_{0ges\bar{y}} = -\frac{Q_{\bar{y}}}{2A_0}(z_{Q_{\bar{y}}} - z_M) = \text{const}$$

$$q_{0ges} = q_{0ges\bar{z}} + q_{0ges\bar{y}}$$

q_{0B}, Schubfluß im **HA–KOS**

$$Q_{\hat{y}} = 0 \quad \longrightarrow \quad q_{0B\hat{z}} = \frac{Q_{\hat{z}}}{A_{\hat{z}\hat{z}}} \frac{\oint A_{\hat{z}}(s)\frac{ds}{t(s)}}{\oint \frac{ds}{t(s)}}$$

$$Q_{\hat{z}} = 0 \quad \longrightarrow \quad q_{0B\hat{y}} = \frac{Q_{\hat{y}}}{A_{\hat{y}\hat{y}}} \frac{\oint A_{\hat{y}}(s)\frac{ds}{t(s)}}{\oint \frac{ds}{t(s)}}$$

$$q_{0B} = q_{0B\hat{z}} + q_{0B\hat{y}}$$

q_{0B}, Schubfluß im **SP–KOS**

für $Q_{\bar{y}} = 0$

$$q_{0B\bar{z}} = \frac{Q_{\bar{z}}}{A_{\bar{y}\bar{y}}A_{\bar{z}\bar{z}} - A_{\bar{y}\bar{z}}^2} \left(\frac{A_{\bar{y}\bar{y}} \oint A_{\bar{z}}(s)\frac{ds}{t(s)} - A_{\bar{y}\bar{z}} \oint A_{\bar{y}}(s)\frac{ds}{t(s)}}{\oint \frac{ds}{t(s)}} \right)$$

für $Q_{\bar{z}} = 0$

$$q_{0B\bar{y}} = \frac{Q_{\bar{y}}}{A_{\bar{y}\bar{y}}A_{\bar{z}\bar{z}} - A_{\bar{y}\bar{z}}^2} \left(\frac{A_{\bar{z}\bar{z}} \oint A_{\bar{y}}(s)\frac{ds}{t(s)} - A_{\bar{y}\bar{z}} \oint A_{\bar{z}}(s)\frac{ds}{t(s)}}{\oint \frac{ds}{t(s)}} \right)$$

$$q_{0B} = q_{0B\bar{z}} + q_{0B\bar{y}}$$

$q(s)$, Schubfluß in geschlossenen Profilen bei reiner Biegung
Im **HA–KOS**:

$$q(s) = \frac{Q_{\hat{z}}}{A_{\hat{z}\hat{z}}} \left(\frac{\oint A_{\hat{z}}(s)\frac{ds}{t(s)}}{\oint \frac{ds}{t(s)}} - A_{\hat{z}}(s) \right) + \frac{Q_{\hat{y}}}{A_{\hat{y}\hat{y}}} \left(\frac{\oint A_{\hat{y}}(s)\frac{ds}{t(s)}}{\oint \frac{ds}{t(s)}} - A_{\hat{y}}(s) \right)$$

Im **SP–KOS**:

$$q(s) = \frac{Q_{\bar{z}}}{A_{\bar{y}\bar{y}}A_{\bar{z}\bar{z}} - A_{\bar{y}\bar{z}}^2} \left[A_{\bar{y}\bar{y}} \left(\frac{\oint A_{\bar{z}}(s)\frac{ds}{t(s)}}{\oint \frac{ds}{t(s)}} - A_{\bar{z}}(s) \right) - A_{\bar{y}\bar{z}} \left(\frac{\oint A_{\bar{y}}(s)\frac{ds}{t(s)}}{\oint \frac{ds}{t(s)}} - A_{\bar{y}}(s) \right) \right.$$

$$\left. + \frac{Q_{\bar{y}}}{A_{\bar{y}\bar{y}}A_{\bar{z}\bar{z}} - A_{\bar{y}\bar{z}}^2} \left[A_{\bar{z}\bar{z}} \left(\frac{\oint A_{\bar{y}}(s)\frac{ds}{t(s)}}{\oint \frac{ds}{t(s)}} - A_{\bar{y}}(s) \right) - A_{\bar{y}\bar{z}} \left(\frac{\oint A_{\bar{z}}(s)\frac{ds}{t(s)}}{\oint \frac{ds}{t(s)}} - A_{\bar{z}}(s) \right) \right.$$

2) Mehrzellige geschlossene Querschnitte

n Zellen mit n unbekannten q_{0i}
Aus Momentenäquivalenz:

$$Q_{\hat{y}} = 0 \quad \longrightarrow \quad y_{Q\hat{z}} - y_M = \frac{2}{Q_{\hat{z}}} \sum_n A_{0,i} q_{0,i}$$

$$Q_{\hat{z}} = 0 \quad \longrightarrow \quad z_{Q\hat{y}} - z_M = -\frac{2}{Q_{\hat{y}}} \sum_n A_{0,i} q_{0,i}$$

Aus Verträglichkeit: $\vartheta_1 = \vartheta_2 = \cdots = \vartheta_i = \cdots = \vartheta_n = \vartheta = \text{const}$

für $Q_{\hat{y}} = 0$

$$\vartheta_i = \frac{1}{2A_{0,i}G} \left[-\frac{Q_{\hat{z}}}{A_{\hat{z}\hat{z}}} \oint A_{\hat{z}}(s)\frac{ds}{t(s)} + q_{0,i} \oint_i \frac{ds}{t(s)} - q_{0,i-1} \int\limits_{i-1,i} \frac{ds}{t(s)} - q_{0,i+1} \int\limits_{i,i+1} \frac{ds}{t(s)} \right]$$

für $Q_{\hat{z}} = 0$

$$\vartheta_i = \frac{1}{2A_{0,i}G} \left[-\frac{Q_{\hat{y}}}{A_{\hat{y}\hat{y}}} \oint A_{\hat{y}}(s)\frac{ds}{t(s)} + q_{0,i} \oint_i \frac{ds}{t(s)} - q_{0,i-1} \int\limits_{i-1,i} \frac{ds}{t(s)} - q_{0,i+1} \int\limits_{i,i+1} \frac{ds}{t(s)} \right]$$

Schubmittelpunkt eines Mehrzellers:

$$Q_{\hat{y}} = 0 \quad \longrightarrow \quad y_{Mg} = y_M + \frac{2}{Q_{\hat{z}}} \sum_n A_{0,i} q_{0,i}$$

$$Q_{\hat{z}} = 0 \quad \longrightarrow \quad z_{Mg} = z_M - \frac{2}{Q_{\hat{y}}} \sum_n A_{0,i} q_{0,i}$$

Für $Q_{\hat{y}} = 0$

$$\frac{Q_{\hat{z}}}{A_{\hat{z}\hat{z}}} \oint A_{\hat{z}}(s)\frac{ds}{t(s)} = q_{0B,i} \oint \frac{ds}{t(s)} - q_{0B,i-1} \int\limits_{i-1,i} \frac{ds}{t(s)} - q_{0B,i+1} \int\limits_{i,i+1} \frac{ds}{t(s)}$$

Für $Q_{\hat{z}} = 0$

$$\frac{Q_{\hat{y}}}{A_{\hat{y}\hat{y}}} \oint A_{\hat{y}}(s)\frac{ds}{t(s)} = q_{0B,i} \oint \frac{ds}{t(s)} - q_{0B,i-1} \int\limits_{i-1,i} \frac{ds}{t(s)} - q_{0B,i+1} \int\limits_{i,i+1} \frac{ds}{t(s)}$$

3.3.8 Schubfeldträger

Im Leichtbau versucht man bei Biegeträgern, um ein möglichst großes Trägheitsmoment zu erreichen, den *Steiner-Anteil* so groß wie möglich zu machen. Dies
führt dazu, daß z.B. die Gurte eines I–(bzw. Doppel-T)-Trägers, die bei Biegung vor allem die Normalspannungen aufnehmen, sehr dick und der Steg, der
vor allem die Schubspannungen aufnehmen muß, sehr dünn ausgeführt werden
kann (siehe Abb. 3.3.8 − 1).

a) Holm eines Kleinflugzeuges

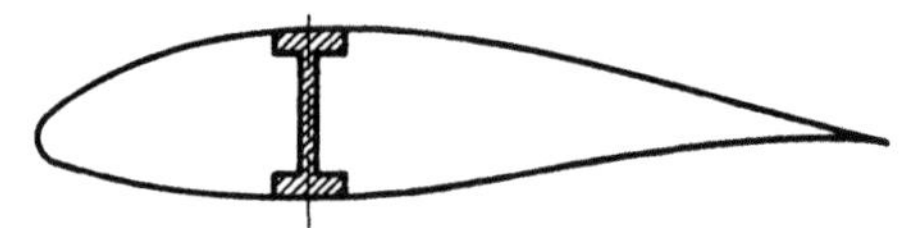

b) I-Träger

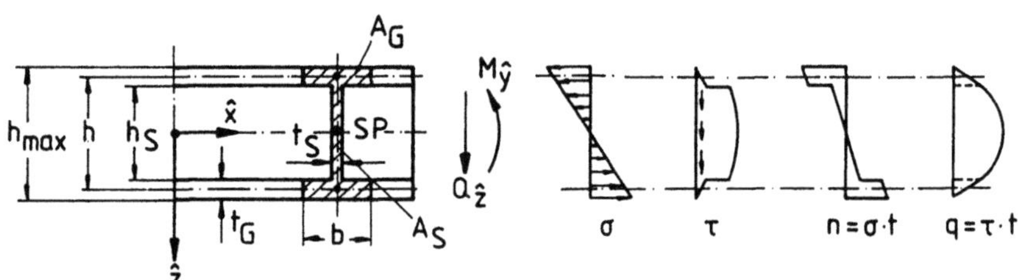

c) Schubfeldträger Idealisierung

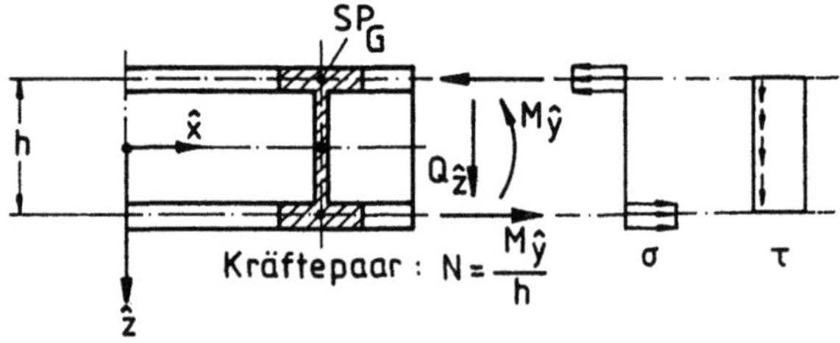

Abb. 3.3.8 − 1

Der Normalfluß und der Schubfluß zeigen, daß ein derartiger Träger, der durch
die Schnittkräfte $M_{\hat{y}}$ und $Q_{\hat{z}}$ beansprucht wird, wie in Abb. 3.3.8 − 1c gezeigt,
idealisiert werden kann. Man postuliert, daß die Normalspannung nur von den
Gurten (Index G) aufgenommen wird und über t_G konstant ist. Der Schubfluß
q_S, der im Schubfeldträger nur im Steg wirken soll, entspringt im Gurtschwerpunkt SP_G des oberen Gurtes, ist im Steg (Index S) konstant und verschwindet
in der Senke SP_G des unteren Gurtes.

Nach der EBT ist:

$$\sigma_{max} = \frac{M_{\hat{y}}}{A_{\hat{z}\hat{z}}} \frac{h_{max}}{2} \qquad (3.3.8-1)$$

$$q_{max} = Q_{\hat{z}} \frac{A_{\hat{z}\,max}}{A_{\hat{z}\hat{z}}} \qquad (3.3.8-2)$$

Modellbildung

Für den idealisierten Träger folgt aus Abb. 3.3.8 − 1:

$$\boxed{q_S = \frac{Q_{\hat{z}}}{h} \qquad\qquad N = \frac{M_{\hat{y}}}{h}} \qquad (3.3.8-3)$$

$$(3.3.8-6) \qquad \tau \cdot t_S = \frac{Q_z}{h} \qquad\qquad \pm\sigma = \frac{M_{\hat{y}}}{A_{\hat{z}\hat{z}G}} \frac{h}{2} = \frac{N}{A_G} \qquad (3.3.8-4)$$

$$(3.3.8-7) \qquad \boxed{\tau = \frac{q_S}{t_S} = \frac{Q_{\hat{z}}}{h t_S}} \qquad \boxed{\sigma = \pm\frac{M_{\hat{y}}}{h A_G}} \qquad (3.3.8-5)$$

Die eingerahmten einfachen Formeln beschreiben die im idealisierten Schubfeldträger auftretenden Schnittkräfte bzw. Spannungen. Nun muß jedoch für die angegebenen Näherungen der Geltungsbereich noch abgeklärt werden.

Geltungsbereich der Idealisierung

Ist der Schubfeldträger genügend hoch, so wird aus:

$$h_{max} - t_G = h = h_S + t_G \qquad (3.3.8-8)$$

$$\underbrace{\frac{h_{max}}{h} = \frac{t_G}{h} + 1}_{\approx 1} \qquad \text{für } \frac{t_G}{h} \ll 1 \qquad \underbrace{\frac{h_S}{h} = 1 - \frac{t_G}{h}}_{\approx 1} \qquad (3.3.8-9)$$

$$h \approx h_{max} \approx h_S \qquad (3.3.8-10)$$

Setzt man nun die Spannungsgleichung (Gl. 3.3.8 − 5) für den idealisierten mit
dem noch nicht idealisierten Schubfeldträger (Gl. 3.3.8 − 1) gleich und berücksichtigt Gl. 3.3.8 − 10, so gilt:

$$\frac{M_{\hat{y}}}{A_{\hat{z}\hat{z}}}\frac{h}{2} = \frac{M_{\hat{y}}}{hA_G} \qquad \text{und} \qquad \begin{array}{c} b \cdot t_G = A_G \\ ht_S = A_S \end{array} \tag{3.3.8 − 11}$$

$$A_{\hat{z}\hat{z}} \stackrel{!}{=} \frac{h^2}{2} A_G \tag{3.3.8 − 12}$$

Das Flächenträgheitsmoment $A_{\hat{z}\hat{z}}$ des I−Trägers ist:

$$\begin{aligned}
A_{\hat{z}\hat{z}} &= 2\left[\left(\frac{h}{2}\right)^2 A_G + \frac{2}{3}\left(\frac{t_G}{2}\right)^3 b\right] + \frac{2}{3}\left(\frac{h}{2}\right)^3 t_S \\
&= \frac{h^2}{2} A_G \left\{ 1 + \frac{1}{6}\left[\underbrace{\left(\frac{t_G}{h}\right)^2}_{\ll 1} + \underbrace{\frac{A_S}{A_G}}_{\ll 1}\right]\right\}
\end{aligned} \tag{3.3.8 − 13}$$

Gl. 3.3.8 − 12 ist erfüllt, wenn:

$$\frac{1}{6}\left(\frac{t_G}{h}\right)^2 \ll 1 \qquad \text{und} \qquad \frac{1}{6}\frac{A_S}{A_G} \ll 1 \tag{3.3.8 − 14}$$

Ebenso geht man bei den Schubflußgleichungen 3.3.8 − 2 und Gl. 3.3.8 − 7 vor,
wobei $A_{\hat{z}}(s)$ seinen Größtwert für $\hat{z} = 0$ hat.

$$Q_{\hat{z}}\frac{A_{\hat{z}max}}{A_{\hat{z}\hat{z}}} = \frac{Q_{\hat{z}}}{h} \tag{3.3.8 − 15}$$

$$A_{\hat{z}max} \stackrel{!}{=} \frac{1}{h} A_{\hat{z}\hat{z}} \tag{3.3.8 − 16}$$

$$\begin{aligned}
\frac{h}{2} A_G + t_S \frac{1}{2}\left(\frac{h}{2}\right)^2 &= \frac{1}{h} A_{\hat{z}\hat{z}} \\
\frac{h}{2} A_G \left[1 + \underbrace{\frac{1}{4}\frac{A_S}{A_G}}_{\ll 1}\right] &= \frac{h}{2} A_G \left\{ 1 + \frac{1}{6}\left[\underbrace{\left(\frac{t_G}{h}\right)^2}_{\ll 1} + \underbrace{\frac{A_S}{A_G}}_{\ll 1}\right]\right\}
\end{aligned} \tag{3.3.8 − 17}$$

Damit ist der Geltungsbereich der Gl. $3.3.8-5$ und $3.3.8-7$ bestimmt. Es muß gelten:

$$\left(\frac{t_G}{h}\right)^2 \ll 6 \qquad \text{und} \qquad \frac{A_S}{A_G} \ll 4 \qquad\qquad (3.3.8-18)$$

Physikalische Folgerungen:

Sind die Eigenmomente des Gurtes klein gegenüber dem Steiner-Anteil und der Querschnitt des Gurtes groß gegenüber dem Querschnitt des Steges, so darf ein konstanter Schubfluß im Steg angenommen werden, dessen Quelle und Senke der jeweilige Gurtschwerpunkt ist.

Die *Gurte* oder quer zu ihnen verlaufende *Pfosten* oder *Rippen* bilden *Steifen*, die man sich gelenkig miteinander verbunden denkt, als *dehnelastisch* aber *biegestarr* angesehen werden und die das sogenannte Schubfeld einschließen. Die Steifen nehmen nur Normalkräfte auf, während im Schubfeld nur Schubkräfte wirken. Man kann das System mit einem Fachwerk vergleichen, dessen Diagonalstäbe durch das Schubfeld ersetzt wurden und Krafteinleitungen nur an den Knoten zuläßt.

In der Praxis muß bei der Krafteinleitung in *Schubfeldträger*, deren Stegquerschnitt viel kleiner als der Gurtquerschnitt ist, beachtet werden, daß an den Krafteinleitungsstellen Versteifungsprofile (*Pfosten* bzw. *Steifen* genannt) über die gesamte Höhe des Steges vorhanden sind und damit ein Knittern oder Einreißen desselben verhindern.

Bei Anwendung der Faserverbund-(FVW)-Bauweise werden die Stege meist als Sandwich mit einem Kern aus Schaumstoff ausgeführt, um das Beulen der tragenden FVW - Deckschichten zu verhindern.

3.3.8.1 Rechteckfeld

In Abb. $3.3.8-2$ ist ein statisch bestimmter Schubfeldträger mit einem Rechteckfeld, dessen vier Gurte gelenkig miteinander verbunden sind, dargestellt. Durch die äußere Last $P = P_3$ entstehen die Lagerreaktionen P_1, P_2, P_4.

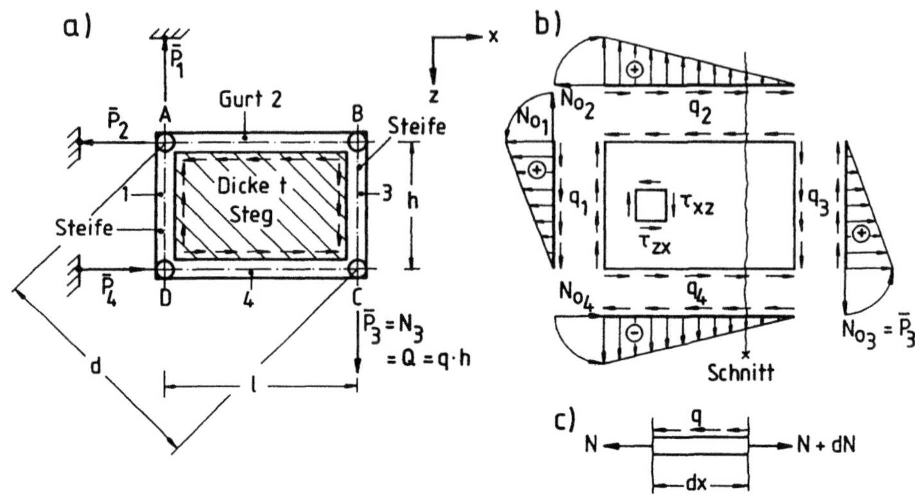

Abb. 3.3.8 − 2

Schubfeld:

Aus dem *äußeren Gleichgewicht* (Kräfte und Momente) folgt für die Randbedingungen $P_i = N_{0i}$

$$N_{02} = N_{04} = N_{01}\,\frac{l}{h} = N_{03}\,\frac{l}{h} \qquad\qquad (3.3.8 - 19)$$

und für das *freigeschnittene Schubblech*:

$$\sum F_x \;=\; 0 \rightarrow \quad lq_2 \;=\; lq_4$$

$$\sum F_z \;=\; 0 \rightarrow \quad hq_1 \;=\; hq_3 \quad mit \quad q_3 \;=\; \frac{Q_3}{h} \qquad (3.3.8 - 20)$$

$$\sum M_C \;=\; 0 \rightarrow \quad l(hq_1) \;=\; (q_2 l)h \quad für \quad P_3 \;=\; Q_3$$

Damit ist:

$$q_1 = q_2 = q_3 = q_4 = q = \frac{Q_3}{h} \qquad \rightarrow \quad q \neq q(x) \qquad (3.3.8 - 21)$$

Anmerkung: In der Praxis schneidet man das Schubfeld nicht extra frei, man trägt dann zweckmäßigerweise den Schubfluß mit dem Vorzeichen ein, mit dem er auf den Stab wirkt (Siehe Abb. 3.3.8 − 2a). Die Richtung, die man oft noch nicht kennt, legt man willkürlich fest, jedoch für alle Felder gleich.

Gurte:

Die Schubflüsse bewirken in den Steifen *Längsschnittkräfte* $N(x)$. Aus dem Gleichgewicht am Stabelement Abb. 3.3.8 − 2c folgt für $q \neq q(x)$:

$$N + qdx = N + dN$$

$$\frac{dN}{dx} = q$$

$$N = qx + N_0 \qquad (3.3.8 - 22)$$

mit $Q(x) = qx \qquad N(x) = Q(x) + N_0$

wobei N_0 die aus den Randbedingungen zu ermittelnde Integrationskonstante ist. Die Schnittkraft $N(x)$ des Stabes verläuft linear längs des Schubfeldes und ist gleich der Schnittkraft $Q(x)$ des Schubfeldes an derselben Stelle x.

Das Schnittmoment $\qquad M_y = qh(l - x)$

$$\qquad (3.3.8 - 23)$$

$$= N(x)h \qquad \text{vgl. Gl. } 3.3.8 - 4$$

und die Gurtspannung: $\quad \sigma_x = \dfrac{N}{A_G} = \dfrac{M_y}{hA_G} \qquad (3.3.8 - 24)$

Anmerkung: Ersetzt man das Schubfeld (Abb. 3.3.8 − 2a) durch ein Fachwerk, so muß man an Stelle des Schubfeldes als Aussteifung einen Diagonalstab einziehen. Beim Stabwerk sind jedoch die Längsschnittkräfte $N \neq N(x)$ sondern konstant. Die äquivalente Stabkraft S in der Diagonalen d ist dann $S_d = q\,d$ und mit $q = Q/h$ ist: $S_d = Q\sqrt{1 + (l/h)^2}$

3.3.8.2 Parallelogrammfeld

Schneidet man in Abb. 3.3.8 − 3 den schraffierten Abschnitt dx aus dem Parallelogrammfeld, dessen Lagerung gleich der des Rechteckfeldes sei, so folgt aus der Gleichgewichtsbetrachtung in z - Richtung:

$$-qh + (q + dq)h = 0$$

$$(3.3.8 - 25)$$

$$dq = 0 \rightarrow q = const$$

Damit ist aber auch

$$q_1 = q_2 = q_3 = q_4 = q = const \qquad (3.3.8 - 26)$$

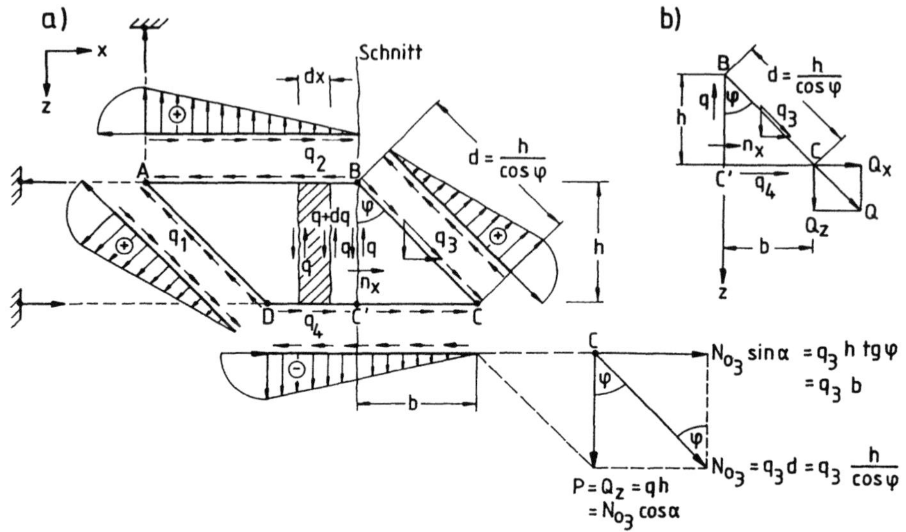

$$\text{Abb. 3.3.8} - 3$$

Anmerkungen:

1) Betrachtet man nun in Abb. 3.3.8 − 3a das freigeschnittene Dreieck BCC'
   des Schubfeldes und die Abb. 3.3.8 − 3b, so kann man ablesen:

$$Q \;=\; q\frac{h}{\cos\varphi} \;=\; qd \;=\; N_{03}$$

$$Q_x \;=\; \left(q\frac{h}{\cos\varphi}\right)\sin\varphi \;=\; qh \;=\; N_{03}\sin\varphi \qquad (3.3.8-27)$$

$$Q_z \;=\; \left(q\frac{h}{\cos\varphi}\right)\cos\varphi \;=\; qb \;=\; N_{03}\cos\varphi = \overline{P}$$

Bei konstantem Schubfluß q ist also die Schnittkraft im Steg Q_S in beliebiger Richtung s gleich dem Produkt aus q und der Länge der Projektion
der Ausgangslänge (hier d) auf diese Richtung, d.h.

$$Q_S = qs \qquad (3.3.8-28)$$

2) in Wirklichkeit ist $q = q(s)$, d.h. q ist nicht konstant. Man kann jedoch in
   erster Näherung mit einem konstanten mittleren Schubfluß q_m

$$q_m = \frac{1}{l}\int_0^l q(s)\,ds \qquad (3.3.8-29)$$

die Schnittkräfte abschätzen.

In allen folgenden Betrachtungen wie Trapezträger u.s.w. wird von dieser Vereinfachung Gebrauch gemacht; damit ist im folgenden $q = q_m$.

Da kein Rechteckfeld mehr vorliegt ist bei Belastung ein ebener Spannungszustand vorhanden. Vgl. dazu Kap. 2.5.3, Abb. 2.5.3 − 1c und Gl. 2.5.3 − 2. Setzt man dort die hier nicht auftretenden Spannungen $\sigma_{\tilde{x}\tilde{x}} = \sigma_{nn} = 0$ und $\sigma_{yy} = 0$ so erhält man:

$$\sigma_{xx} \cos^2 \varphi = -2\tau_{xy} \sin \varphi \cos \varphi$$

$$\boxed{n_x = -2q \tan \varphi}$$

$$(3.3.8 - 30)$$

Physikalische Betrachtungen: Im Punkt C (Abb. 3.3.8−3b), der die Gurte 3 und 4 miteinander verknüpft, greift die äußere Last $P = Q_z$ an, die im Schubfeld (Schnitt BC') über $qh = Q_z$ abgesetzt wird. Die aus P resultierende Komponente in x - Richtung muß über das Schubfeld als Normalkraft abgesetzt werden, d.h. aber im Schubfeld müssen neben den Schubspannungen auch Normalspannungen in x - Richtung auftreten. Aus der Gleichgewichtsbetrachtung in x - Richtung des freigeschnittenen Schubdreieckes BCC' unter Ansatz eines Normalflußes n_x erhält man:

$$n_x h + bq_4 + dq_3 \sin \varphi = 0 \qquad\qquad (3.3.8 - 31)$$

mit $q_3 = q_4$ wird: $n_x = -2q \tan \varphi$

Zum gleichen Ergebnis kommt man durch die Momentenbetrachtung um den Punkt B.

$$(n_x h)\frac{h}{2} + (bq)h = 0 \qquad\qquad (3.3.8 - 32)$$

3.3.8.3 Trapezfeld

Schubfeld:
Geht man wie bei den bisher behandelten Schubfeldern davon aus, daß die Schubflüsse konstant über der Länge, im vorliegenden Fall jedoch unterschiedlich in ihrer Größe sind, so kann man mit Hilfe des Momentengleichgewichtes ihre Größe bestimmen, wenn man sie auf einen von ihnen (zweckmäßigerweise den an der Krafteinleitungsstelle), hier $q_3 = q_0$, bezieht: Aus Abb. 3.3.8 − 4 folgen die geometrischen Zusammenhänge (unter Anwendung des Strahlensatzes von P und A aus).

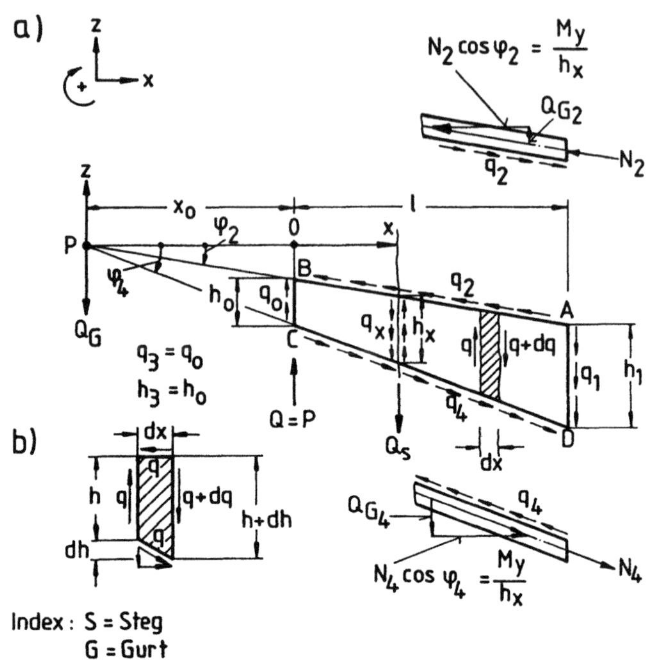

Abb. 3.3.8 − 4

$$\frac{h_0}{h_x} = \frac{x_0}{x_0 + x}$$

$$\frac{h_x - h_0}{h_x} = \frac{x}{x_0 + x} \tag{3.3.8 − 33}$$

$$\tan\varphi_4 - \tan\varphi_2 = \frac{h_x - h_0}{x}$$

und für die Momentenbezugspunkte:

P: $\qquad q_0 h_0 x_0 - q_1 h_1 (x_0 + l) = 0$

$$q_1 = q_0 \left(\frac{h_0}{h_1}\right)^2 \tag{3.3.8 − 34}$$

sowie für das Schubfeld an der Stelle x:

$$q_{1x} = q_0 \left(\frac{h_0}{h_x}\right)^2 \tag{3.3.8 − 35}$$

A: $\qquad -q_0 h_0 l + \left(q_4 \dfrac{l}{\cos \varphi_4}\right) h_1 \cos \varphi_4 = 0$

$$q_4 = q_0 \frac{h_0}{h_1} \qquad\qquad\qquad\qquad (3.3.8 - 36)$$

D: $\qquad -q_0 h_0 l + \left(q_2 \dfrac{l}{\cos \varphi_2}\right) h_1 \cos \varphi_2 = 0$

$$q_2 = q_0 \frac{h_0}{h_1} \qquad\qquad\qquad\qquad (3.3.8 - 37)$$

B: $\qquad -q_1 h_1 l + \left(q_4 \dfrac{l}{\cos \varphi_4}\right) h_0 \cos \varphi_4 = 0$

$$q_1 = q_4 \frac{h_0}{h_1} \qquad\qquad\qquad\qquad (3.3.8 - 38)$$

Aus Gl. 3.3.8 − 36 und − 37 folgt:

$$q_2 = q_4 \qquad\qquad\qquad\qquad (3.3.8 - 39)$$

sowie mit den Beziehungen 3.3.8 − 38 und − 34:

$$\boxed{q_2 = q_4 = q_1 \frac{h_1}{h_0} = q_0 \frac{h_0}{h_1}} \qquad\qquad (3.3.8 - 40)$$

Aus Gl. 3.3.8 − 36 und − 38 folgt:

$$\sqrt{q_0 q_1} = q_4 \qquad\qquad\qquad\qquad (3.3.8 - 41)$$

Damit kann man aber einen *mittleren konstanten Schubfluß* $q_m = q$ definieren:

$$\boxed{q_m = q_2 = q_4 = \sqrt{q_0 q_1} = q} \qquad\qquad (3.3.8 - 42)$$

Physikalische Betrachtungen: Um die Physikalischen Zusammenhänge besser zu verstehen soll noch einmal eine Gleichgewichtsbetrachtung durchgeführt werden. Ein Streifen dx des Schubfeldes (Abb. 3.3.8 − 4a und 4b) ist im Gleichgewicht für die z - Richtung unter Beachtung von Gl. 3.3.8 − 27 bzw. 3.3.8 − 28

$$-qh + qdh + (q + dq)(h + dh) = 0 \qquad\qquad (3.3.8 - 43)$$

Unter Vernachlässigung der quadratischen Terme der differentiellen Glieder wird:

$$\frac{dq}{q} = -2\frac{dh}{h}$$

$$\ln q = -2\ln h + C = \ln\frac{C_1}{h^2}$$

$$q = \frac{C_1}{h^2} \tag{3.3.8-44}$$

Führt man als Bezugsgröße, d.h. hier als Randbedingung $q = q_0$ für $h = h_0$ ein, so wird für die Stelle x:

$$q_{1x} = q_0\left(\frac{h_0}{h_x}\right)^2 \tag{3.3.8-45}$$

und an der Stelle $x = l$ ist $h_x = h_1$

$$q_1 = q_0\left(\frac{h_0}{h_1}\right)^2 \tag{3.3.8-46}$$

Daraus folgt: Vernachlässigt man die Terme höherer Ordnung, so ist der Schub in einem in z - Richtung verlaufendem Schnitt zwar konstant, seine Größe ist jedoch eine Funktion von h(x).

Der Verlauf der Schubspannungen in Längsrichtung ist, was nicht im einzelnen dargelegt werden soll, parabolisch. Vernachlässigt man dies so folgt aus dem Gleichgewicht in x - Richtung:

$$(q_4 - q_2)\cdot l = 0$$
$$q_4 = q_2 \tag{3.3.8-47}$$

Gurte: Die Querkraft im Steg Q_S ist nach Gl. 3.3.8 − 35 an der Stelle x:

$$Q_S = q_{1x}h_x = q_0\frac{h_0^2}{h_x} = Q\frac{h_0}{h_x} \tag{3.3.8-48}$$

für $P = Q = q_0 h_0$

Aus dem Kräftegleichgewicht (KGG) folgt für

$$q_2 = q_4 = q = \frac{Q}{h_x} \tag{3.3.8-49}$$

$$
N_2 = q\frac{x}{\cos\varphi_2} \quad \rightarrow \quad \boxed{\;N_2\cos\varphi_2 = Q\frac{x}{h_x} = \frac{M_y}{h_x}\;}
$$
$$
N_4 = q\frac{x}{\cos\varphi_4} \quad \rightarrow \quad \boxed{\;N_4\cos\varphi_4 = Q\frac{x}{h_x} = \frac{M_y}{h_x}\;}
$$
$$\tag{3.3.8-50}$$

Momente: Die in den *konisch verlaufenden Gurten* 2 und 4 in der Schnittstelle x wirkenden Kräfte $N_2(x)$ und $N_4(x)$ können in ihre Komponenten (siehe Abb. 3.3.8 − 4) zerlegt werden. Die gleichgroßen in x - Richtung verlaufenden Kräfte $N_2 \cos \varphi_2 = N_4 \cos \varphi_4$ (Gl. 3.3.8 − 50) bilden mit h_x ein Kräftepaar, dessen resultierendes Moment dem aus der äußeren Last $P = Q$ entstehenden Schnittmoment $M_y = Q \cdot x$ das Gleichgewicht hält.

Querkräfte: Die vertikalen Komponenten der Gurtkräfte sind Querkräfte (Q_G), die, wie noch ausführlicher gezeigt wird, allein aus dem Biegemoment resultieren. Die gesamte Querkraft Q ist dann

$$Q = Q_S + Q_G \tag{3.3.8 − 51}$$

Mit Abb. 3.3.8 − 4, Gl. 3.3.8 − 48 und Gl. 3.3.8 − 33 wird:

$$\boxed{Q_S = Q \frac{h_0}{h_x}} \tag{3.3.8 − 52}$$

$$-Q_G = Q_{G_2} - Q_{G_4}$$

$$= \frac{M_y}{h_x}(\tan \varphi_2 - \tan \varphi_4) \tag{3.3.8 − 53}$$

$$\boxed{Q_G = \frac{Q}{h_x}(h_x - h_0) = Q \left(1 - \frac{h_0}{h_x}\right)} \tag{3.3.8 − 54}$$

Physikalische Deutung:
1) Die von den Gurten aufgenommene Querkraft hängt somit bei gegebener Geometrie nur vom Moment M_y ab. Liegt ein Rechteck- oder ein Parallelogrammfeld vor, so ist $\varphi_2 = \varphi_4$ und $Q_G = 0$.
2) Stellt man sich die Längsgurte verlängert bis zu ihrem Schnittpunkt P vor, so ist an dieser Stelle kein Steg vorhanden und es wirkt infolgedessen dort nur die von den Gurten aufgenommene Querkraft Q_G. An der Stelle x_0 wird die Querkraft Q über einen Quergurt (Pfosten) in den Steg eingeleitet und an der Stelle x wirkt im Steg die Querkraft Q_S. Aus dem Momentengleichgewicht bezüglich der Stelle x erhält man mit der Gl. 3.3.8 − 33

$$-Q_G(x_0 + x) + Q \cdot x = 0$$

$$Q_G = Q \frac{x}{x_0 + x} = Q \left(1 - \frac{h_0}{h_x}\right) \tag{3.3.8 − 55}$$

und bezüglich der Stelle P wird:

$$Q_S(x + x_0) - Q x_0 = 0$$

$$Q_S = Q\frac{x_0}{x_0 + x} = Q\frac{h_0}{h_x} \qquad (3.3.8 - 56)$$

D.h., wird nur ein *freies Moment* aufgebracht, so entstehen Normalkräfte in den Gurten, die über den Randschubfluß Schubspannungen im Steg erzeugen. Obwohl keine äußere Querkraft wirkt muß damit vom Stegblech eine Querkraft aufgenommen werden, die der Gurtkomponente Q_G in z - Richtung das Gleichgewicht hält, während die Gurtkomponenten in x - Richtung als Kräftepaar (Gl. 3.3.8—50) mit dem freien Moment im Gleichgewicht sind. Es muß sein:

$$Q = Q_S + Q_G = 0$$

$$Q_S = -Q_G = \frac{M_y}{h_x}(\tan\varphi_4 - \tan\varphi_2) \qquad (3.3.8 - 57)$$

entsprechend Gl. $3.3.8 - 53$

3.3.8.4 Allgemeines Viereckfeld

Bei der Abschätzung der Schubflüsse an einem allgemeinen Viereckfeld geht man von der Idee des Trapezfeldes, hier aber mit zwei Polen P und Q, aus und definiert wiederum einen mittleren Schubfluß $q_m = q$

$$q = \sqrt{q_1 q_3} = \sqrt{q_2 q_4} \qquad (3.3.8 - 58)$$

der aus der Momentenbetrachtung um die Punkte B und D (Abb. $3.3.8 - 5$) resultiert.

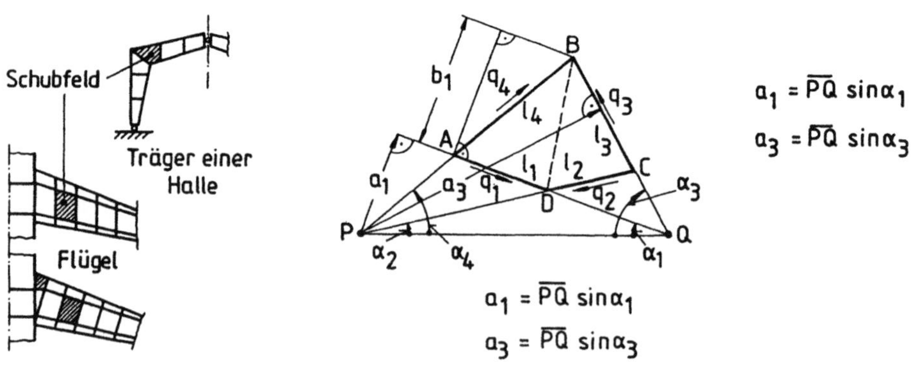

Abb. $3.3.8 - 5$

Mit der Beziehung

$$\frac{1}{2}l_1 b_1 = F_\Delta(ABD)$$
$$\frac{1}{2}l_2 b_2 = F_\Delta(BCD)$$

$$(3.3.8-59)$$

liefert das MGG um B:

$$q_1 l_1 b_1 = q_2 l_2 b_2$$
$$q_1 F_\Delta(ABD) = q_2 F_\Delta(BCD)$$

$$(3.3.8-60)$$

und analog um D:

$$q_4 F_\Delta(ABD) = q_3 F_\Delta(BCD)$$

$$(3.3.8-61)$$

Damit ist:

$$\boxed{\frac{q_1}{q_4} = \frac{q_2}{q_3} \quad \rightarrow \quad q_1 q_3 = q_2 q_4 = q^2}$$

$$(3.3.8-62)$$

Mit diesem mittleren Schubfluß schätzt man z.B. die Dimensionen eines derartigen Feldes in einer größeren Konstruktion ab.
Aus der Momentenbetrachtung (Abb. 3.3.8 − 5) um P erhält man mit den geometrischen Beziehungen

$$a_1 = \overline{PQ}\sin\alpha_1$$
$$a_3 = \overline{PQ}\sin\alpha_3$$

$$(3.3.8-63)$$

die Gleichungen

$$\overline{PQ}\sin\alpha_1 \cdot q_1 l_1 = \overline{PQ}\sin\alpha_3 \cdot q_3 l_3$$
$$\frac{q_1}{q_3} = \frac{l_3 \sin\alpha_3}{l_1 \sin\alpha_1}$$

$$(3.3.8-64)$$

Setzt man nun in Gl. 3.3.8 − 58 bzw. −62 ein, so erhält man:

$$q_1 = q\sqrt{\frac{l_3 \sin\alpha_3}{l_1 \sin\alpha_1}} \qquad q_3 = q\sqrt{\frac{l_1 \sin\alpha_1}{l_3 \sin\alpha_3}}$$
$$q_2 = q\sqrt{\frac{l_4 \sin\alpha_4}{l_2 \sin\alpha_2}} \qquad q_4 = q\sqrt{\frac{l_2 \sin\alpha_2}{l_4 \sin\alpha_4}}$$

$$(3.3.8-65)$$

Die letzten beiden Gleichungen erhält man analog durch Bilden des Momentengleichgewichtes um Q.

Anmerkungen: Der Abschätzung liegen eine ganze Reihe von Annahmen zugrunde, auf die noch einmal hingewiesen sei:

1) Es tritt kein Beulen des Hautbleches auf.
2) In den Randprofilen (Gurten, Pfosten, Steifen) wirken nur Längskräfte. Sie werden daher als dehnelastisch aber biegesteif idealisiert.
3) Im Schubblech wirken nur Schubspannungen; dies ist in Wirklichkeit jedoch nur im Rechteckfeld der Fall.
4) Der Schub wird als konstant über dem Rand angesehen. Dies, ebenso wie die daraus resultierende lineare Normalkraftzunahme in den Gurten, ist nur eine Näherung.

Die vorstehenden Betrachtungen sind damit nicht geeignet, örtliche Spannungen bzw. Spannungsspitzen zu ermitteln. Dies muß mit genaueren Verfahren erfolgen, z.B. nach Garvey.

3.3.8.5 Offene Schubfeldträger

Offener Schubfeldträger mit einem Steg

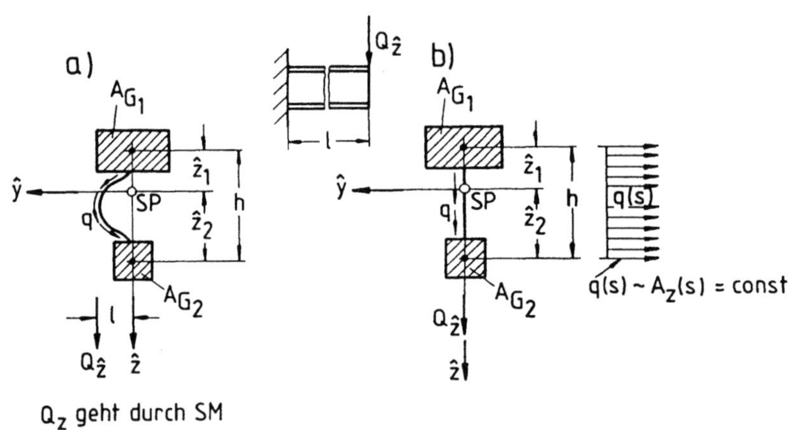

Abb. 3.3.8 − 6a und − 6b

In Abb. 3.3.8−6a und − 6b ist ein offener Schubfeldträger mit einem geraden und einem gewölbten Steg im HA-KOS abgebildet. Für die Schubflußermittlung gilt bei Berücksichtigung der getroffenen Vereinfachungen für beide gleichermaßen, daß entsprechend dem hydrodynamischen Analogon Kap. 3.3.5.1 der Schubfluß in einer einzigen Quelle, hier im Schwerpunkt des oberen Gurtes, entspringt und konstant im Steg verläuft, um im Schwerpunkt des unteren Gurtes wieder zu versiegen.

Schubflußbestimmung:
Nach der QSI-Formel für die Schnittlast $Q_{\hat{z}}$, die durch den SM geht gilt entsprechend Gl. 3.3.3 − 34a:

$$q(s) = -\frac{Q_{\hat{z}}}{A_{\hat{z}\hat{z}}} A_{\hat{z}}(s) \qquad (3.3.8 - 66)$$

Im vorliegenden Fall ist $q \neq q(s)$ und bei Berücksichtigung nur des Steineranteiles wird:

$$A_{\hat{z}\hat{z}} = A_{G_1}\hat{z}_1^2 + A_{G_2}z_2^2 \qquad (3.3.8 - 67)$$

$$A_{\hat{z}}(s) = -\hat{z}_1 A_{G_1} = const \qquad (3.3.8 - 68)$$

Bezüglich des SP ist:

$$A_{G_1}\hat{z}_1 = A_{G_2}\hat{z}_2 \qquad | \cdot \hat{z}_2 \qquad (3.3.8 - 69)$$

Durch Einsetzen der letzten drei Gleichungen in 3.3.8 − 66 erhält man:

$$\boxed{q = \frac{Q_z}{h}} \qquad (3.3.8 - 70)$$

Vgl. dazu Gl. 3.3.8 − 3 und 3.3.8 − 21
Die Querkraft erzeugt ein Moment, dessen Drehachse senkrecht zur Querkraftrichtung verläuft und durch den SP geht.

$$N_1 = N_2 = N = \frac{M_{\hat{y}}}{h} = \frac{M}{h}$$

Vgl. Gl. 3.3.8 − 3
Das von den parallelen Längsgurten eines Kragarmes Abb. 3.3.8 − 6 aufgenommene Schnittmoment folgt aus $M'_{\hat{y}} = Q_{\hat{z}}$:

$$\boxed{M_{\hat{y}} = -Q_{\hat{z}}(l - \hat{x}) = Nh}$$

und die Gurtspannung errechnet sich aus:

$$\boxed{\sigma_x = \frac{M_{\hat{y}}}{hA_G} = \frac{N}{A_G}}$$

Schubmittelpunktbestimmung:

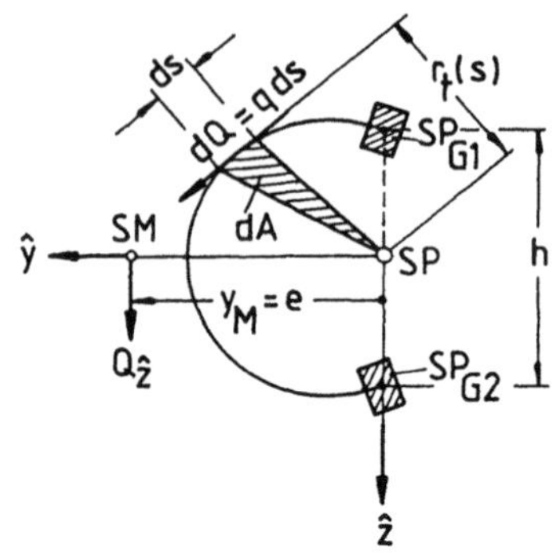

Abb. 3.3.8 − 6c

Aus der Momentenäquivalenz Kap. 3.3.6 für einen beliebigen Pol, der hier aber
zweckmäßigerweise auf der Verbindungslinie der Gurtschwerpunkte gewählt
wird, so daß entsprechend Abb. 3.3.8 − 6c $y_M = y_{SM} = e$ ist, gilt:

$$Q_{\hat{z}} y_M = \int q(s)\, r_t(s) ds \qquad\qquad (3.3.8-71)$$

$$\int r_t(s) ds = 2A_0 \qquad\qquad (3.3.8-72)$$

$$q(s) = q_0 = \frac{Q_{\hat{z}}}{h} \qquad\qquad (3.3.8-73)$$

$$= 2A_0 q_0 \widehat{=} M_T$$

$$\qquad\qquad (3.3.8-74)$$

$$= 2\frac{Q_{\hat{z}}}{h} A_0$$

$$\boxed{y_M \;=\; \frac{2A_0}{h} = e} \qquad\qquad (3.3.8-75)$$

Dabei ist A_0 die Fläche zwischen Steg und Gurtmittenverbindung (umschriebene
Fläche) und $2A_0 q_0$ entspricht einem Torsionsmoment nach Bredt-Batho.

Geltungsbereich: Schubwände mit gerader oder gewölbter Stegform, bei
denen die Wirkungslinie von Q durch den SM geht und parallel zur Gurtmittenverbindung (SP zu SP) verläuft. Der Träger kann keine Torsion aufnehmen.

Offener Schubfeldträger mit 2 Stegen

Analog zum Vorgehen beim gewölbten Schubfeldträger mit einem Steg bestimmt man entsprechend Abb. 3.3.8 − 7 mit Gl. 3.3.8 − 75 für das Schubfeld der Gurte G_1 und G_2 den Abstand e_1 und für G_2 und G_3 schließlich e_2. Der Schnittpunkt der Wirklinien für die Querkräfte Q_1 und Q_2 ist der SM. Die Größe von Q_1 und Q_2 ergibt sich aus dem *Krafteck*. Die durch die Querkraftkomponenten erzeugten Momente stehen senkrecht auf diesen und werden in den Gurten abgesetzt. Auch sie bilden ein *geschlossenes Momenteneck*.

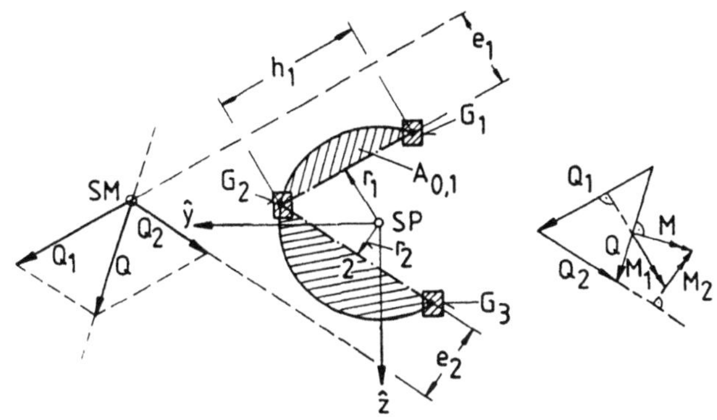

Abb. 3.3.8 − 7

$$e_1 = \frac{2A_{0,1}}{h_1} \qquad\qquad e_2 = \frac{2A_{0,2}}{h_2} \qquad\qquad\qquad (3.3.8-76)$$

$$q_1 = \frac{Q_1}{h_1} \qquad\qquad q_2 = \frac{Q_2}{h_2} \qquad\qquad\qquad (3.3.8-77)$$

$$N_1 = \frac{M_1}{h_1} \qquad\qquad N_2 = -\frac{M_1}{h_1} + \frac{M_2}{h_2} \qquad\qquad N_3 = -\frac{M_2}{h_2}$$

Geltungsbereich: Die Querkraft kann eine beliebige Richtung haben, aber sie muß durch den SM gehen, da ein Dreigurtträger keine Torsion aufnehmen kann. Der Querschnitt bleibt eben, da durch drei Punkte (hier Gurte) eine Ebene bestimmt ist.

Offener Schubfeldträger mit 3 Stegen

Auf die gleiche Weise wie beim Schubfeldträger mit 2 Schubfeldern kann man im vorliegenden Fall vorgehen und die Größen von e_i sowie die von den Stegen aufzunehmenden Querkräfte Q_i mit Hilfe der *Culmannschen Geraden* eindeutig bestimmen (Siehe Abb. 3.3.8 − 8). Die Querkräfte Q_i erzeugen Momente M_i, deren Vektoren senkrecht zu denen der erzeugenden Kräfte Q_i verlaufen. Man kann somit beim Vorliegen des Krafteckes auch das Momenteneck ermitteln.

EBT
- schiefe Biegung
- ebene Querschnitte
- Q greift im SM an

Torsion
- Querschnitt ist einseitig fest eingespannt
- Drehung um SM
- Torsionsmoment M_x

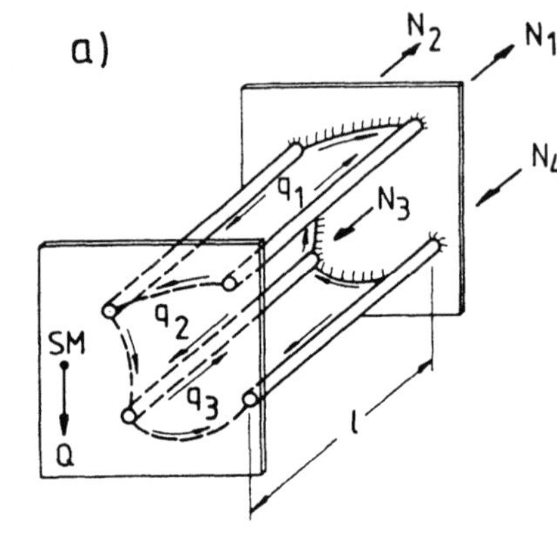
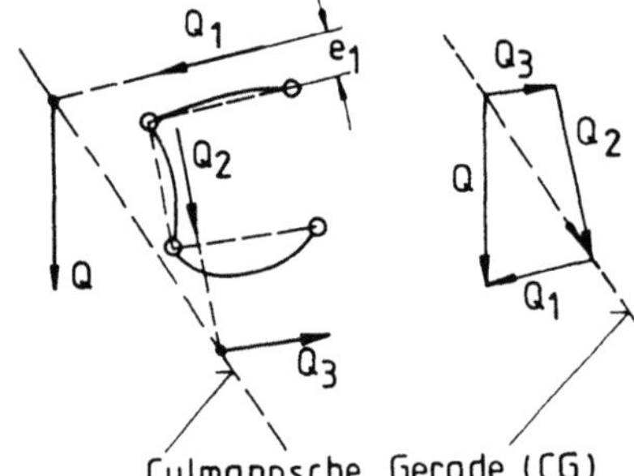

Culmannsche Gerade (CG)

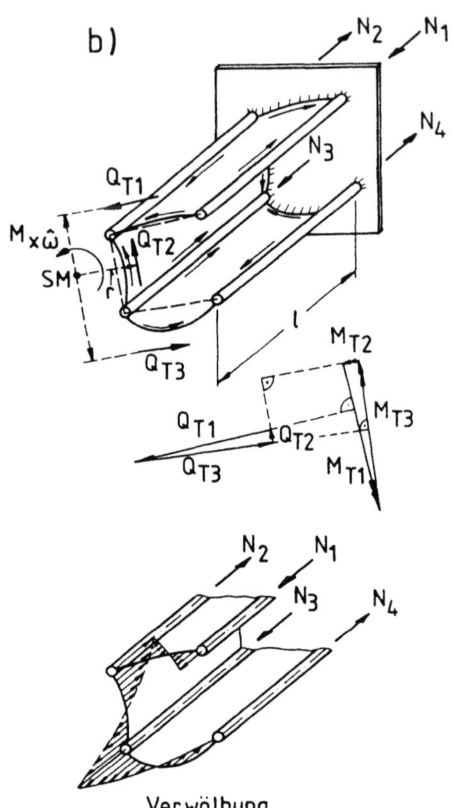

Verwölbung

Abb. 3.3.8 − 8

Man unterscheidet zwei Fälle

Die Kraft Q greift im SM an

Mit Hilfe eines biegesteifen Spantes wird die Kraft eingeleitet, die Querschnitte bleiben eben. Es liegt im allgemeinen Fall eine *schiefe Biegung* vor. Abb. 3.3.8 − 8a

Man erhält:

$$q_i = \frac{Q_i}{h_i} \qquad Q_i = \frac{M_i}{l} \qquad e_i = \frac{2A_0 i}{h_i} \qquad\qquad (3.3.8 - 78)$$

und für die Gurtkräfte:

$$N_1 = \frac{M_1}{h_1} \qquad N_2 = \frac{M_2}{h_2} - \frac{M_1}{h_1}$$

$$N_4 = -\frac{M_3}{h_3} \qquad N_3 = \frac{M_3}{h_3} - \frac{M_2}{h_2}$$

$$(3.3.8 - 79)$$

Ein negatives Vorzeichen in Gl. $3.3.8 - 79$ zeigt an, daß es sich in dem Gurt um eine Druckkraft (-komponente) handelt.

Die Kraft Q greift nicht im SM an

Durch Parallelverschiebung der Kraft Q in den SM entsteht ein Torsionsmoment M_x, das Schub in den Stegen und damit auch Querkräfte in den einzelnen Abschnitten erzeugt, die denen aus reiner Biegung überlagert werden müssen. In den Gurten entstehen dadurch zusätzliche Längskräfte, die man in erster Näherung abschätzen kann, wenn man die einzelnen Felder als Biegeträger mit der Länge l betrachtet und davon ausgeht, daß das Torsionsmoment M_x nur durch Wölbkrafttorsion $M_{x\hat{\omega}}$ aufgenommen wird:

$$M_x = M_{x\hat{\omega}} = \sum M_{xi}$$

$$M_{xi} = Q_{Ti}\, r_i$$

$$(3.3.8 - 80)$$

Für die Biegung ist:

$$M_i = Q_{Ti}\, l$$

Aus Abb. $3.3.8 - 8b$ folgt weiterhin:

$$N_{T_1} = +\frac{M_1}{h_1} \qquad N_{T_2} = -\frac{M_1}{h_1} - \frac{M_2}{h_2}$$

$$N_{T_4} = -\frac{M_4}{h_4} \qquad N_{T_3} = +\frac{M_2}{h_1} + \frac{M_3}{h_3}$$

$$(3.3.8 - 81)$$

Anmerkung: Offene Querschnitte der vorliegenden Art eignen sich "eigentlich" nicht für die Aufnahme von Torsion. Meist entstehen derartige Querschnitte durch Ausschnitte an einem Hohlkörper z.B. Rumpf eines Kleinflugzeuges (siehe Abb. $3.3.8 - 9$).

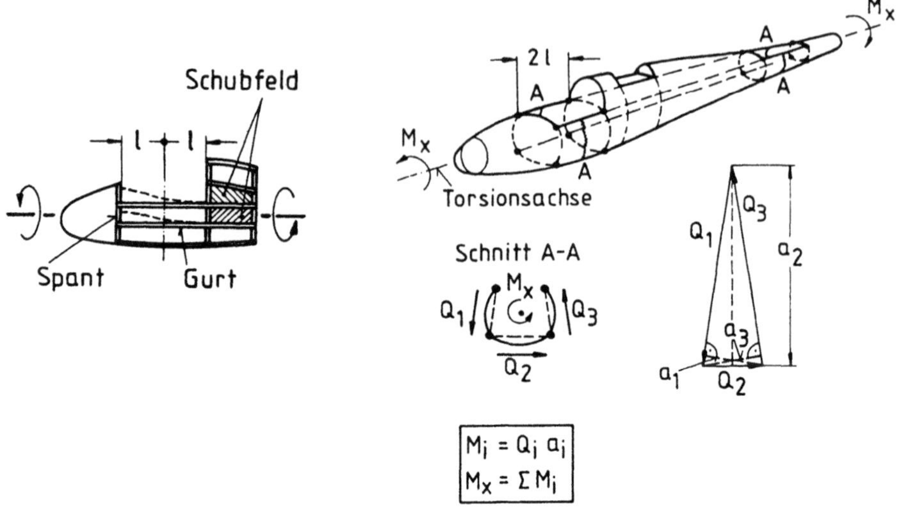

Abb. 3.3.8 − 9

Offener Schubfeldträger mit mehr als 3 Stegen

Die Querkraftverteilung in Schubfeldträgern mit mehr als 3 Stegen ist statisch
überbestimmt, d.h. kann nicht mehr aus Gleichgewichtsbedingungen allein abgeleitet werden und ist daher auf schnellem Weg nicht ermittelbar.

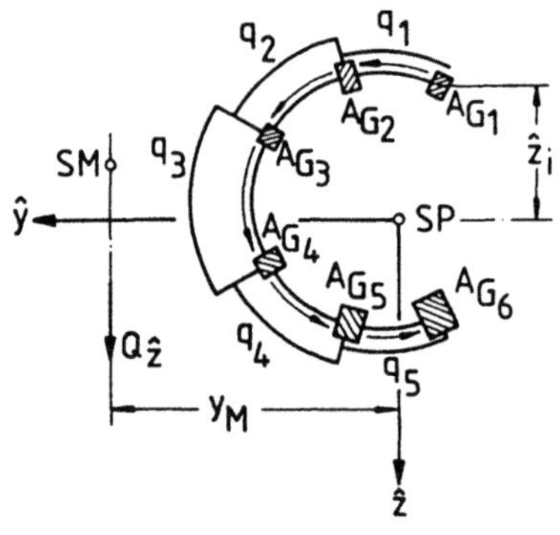

Abb. 3.3.8 − 10

Man löst derartige Aufgaben meist durch Betrachtung der energetischen Zustände. Mit Hilfe der Energiesätze (Kap. 4) lassen sich relativ einfach genaue Ergebnisse auch für komplizierte Tragwerke ermitteln. Im folgenden soll noch eine
auf der EBT und der Theorie des Schubfeldträgers sowie den dazugehörigen Voraussetzungen beruhende *"schnelle Abschätzung"* angegeben werden. Man muß
sich bei ihrer Anwendung jedoch vergegenwärtigen, daß ihr Voraussetzungen

zu Grunde liegen, wie Erhaltenbleiben der Querschnittgestalt, (d.h. genügend viele Aussteifungen des Querschnittes durch Rippen ohne Berücksichtigung ihres Einflusses), Ebenbleiben der Querschnitte usw., die nur sehr bedingt eingehalten werden.

Geht man davon aus, daß die Gurte nur Normalkräfte und die Stege nur die daraus resultierenden, bei Biegung entstehenden Schubkräfte aufnehmen, so kann man die ersteren mit Hilfe der EBT und die letzteren mit der QSI – Formel abschätzen bei gleichzeitiger Beibehaltung der für die Bestimmung der Flächenmomente erster und zweiter Ordnung eingeführten Vereinfachungen.

Es ist:

$$
\begin{aligned}
A_{\hat{z}n} &= \sum_{i=1}^{n} A_{Gi}\hat{z}_i & A_{\hat{y}n} &= \sum_{i=1}^{n} A_{Gi}\hat{y}_i \\
A_{\hat{z}\hat{z}} &= \sum_{i=1}^{n} A_{Gi}\hat{z}_i^2 & A_{\hat{y}\hat{y}} &= \sum_{i=1}^{n} A_{Gi}\hat{y}_i^2
\end{aligned}
\tag{3.3.8 - 82}
$$

$$
q_0 = 0 \quad \text{(offener Querschnitt)}
$$

$$
q = -\left(\frac{Q_{\hat{z}}}{A_{\hat{z}\hat{z}}} A_{\hat{z}} + \frac{Q_{\hat{y}}}{A_{\hat{y}\hat{y}}} A_{\hat{y}} \right)
\tag{3.3.8 - 83}
$$

$$
\rightarrow \quad \boxed{ q_n = -\left(\frac{Q_{\hat{z}}}{A_{\hat{z}\hat{z}}} \sum_{i=1}^{n} A_{Gi}\hat{z}_i + \frac{Q_{\hat{y}}}{A_{\hat{y}\hat{y}}} \sum_{i=1}^{n} A_{Gi}\hat{y}_i \right) }
$$

Für Abb. 3.3.8 – 9 wird z.B. für $Q_{\hat{z}}$ und $Q_{\hat{y}} = 0$:

$$
q_{1\hat{z}} = \frac{Q_{\hat{z}}}{A_{\hat{z}\hat{z}}} A_{G1}\hat{z}_1
$$

$$
\vdots
$$

$$
q_{3\hat{z}} = \frac{Q_{\hat{z}}}{A_{\hat{z}\hat{z}}} (A_{G1}\hat{z}_1 + A_{G2}\hat{z}_2 + A_{G3}\hat{z}_3)
\tag{3.3.8 - 84}
$$

$$
\vdots
$$

$$
q_{5\hat{z}} = \frac{Q_{\hat{z}}}{A_{\hat{z}\hat{z}}} (A_{G1}\hat{z}_1 + A_{G2}\hat{z}_2 + A_{G3}\hat{z}_3 - A_{G4}\hat{z}_4 - A_{G5}\hat{z}_5)
$$

Liegt schiefe Biegung vor, so muß der aus $Q_{\hat{y}}$ resultierende Schubfluß analog bestimmt und überlagert werden. Die Gurtkräfte werden entsprechend dem in Kap. 3.3.3.1.3 Abb. 3.3.3 – 4 dargelegten Beispiel bestimmt.

Abschätzung des Schubmittelpunktes (SM)

Man legt den frei wählbaren Pol zweckmäßigerweise in den Schwerpunkt (Abb. 3.3.8 – 11).

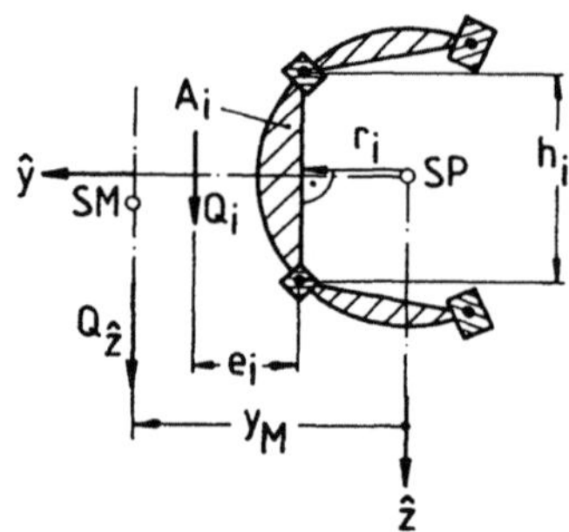

Abb. 3.3.8 − 11

Es ist für Q_z und $Q_{\hat{y}} = 0$:

$$Q_i = q_i h_i$$

$$e_i = \frac{2A_{0i}}{h_i}$$

$$q_n = -\sum_{i=1}^{n} \frac{Q_{\hat{z}}}{A_{\hat{z}\hat{z}}} A_{\hat{z}i} = -\sum_{i=1}^{n} \frac{Q_{\hat{z}}}{A_{\hat{z}\hat{z}}} \hat{z}_i A_{Gi}$$

$$(3.3.8-85)$$

Aus Abb. 3.3.8−10 folgt bei Anwendung der Momentenäquivalenz bezüglich des SP:

$$Q_{\hat{z}} y_M + \sum_{i=1}^{n} Q_i(r_i + e_i) = 0$$

$$Q_{\hat{z}} y_M = \frac{Q_{\hat{z}}}{A_{\hat{z}\hat{z}}} \sum_{i=1}^{n} A_{\hat{z}i} h_i \left(r_i + \frac{2A_{0i}}{h_i} \right)$$

$$(3.3.8-86)$$

$$
\text{analog}
\qquad
\boxed{
\begin{aligned}
y_M &= \frac{1}{A_{\hat{z}\hat{z}}} \sum_{i=1}^{n} A_{\hat{z}i} h_i \left(r_i + \frac{2A_{0i}}{h_i} \right) \\[2ex]
z_M &= -\frac{1}{A_{\hat{y}\hat{y}}} \sum_{i=1}^{n} A_{\hat{y}i} h_i \left(r_i + \frac{2A_{0i}}{h_i} \right)
\end{aligned}
}
\qquad
\begin{aligned}
&\,\hat{=}\, \frac{A_{\hat{z}\overline{\omega}}}{A_{\hat{z}\hat{z}}} \\[2ex]
&\,\hat{=}\, -\frac{A_{\hat{y}\overline{\omega}}}{A_{\hat{y}\hat{y}}}
\end{aligned}
\qquad (3.3.8-87)
$$

3.3.8.6 Geschlossene Schubfeldträger

Geschlossener Schubfeldträger mit zwei Stegen

Die Schubflüsse in dem in Abb. 3.3.8 − 12 dargestellten Schubfeldträger mit zwei Gurten und zwei Stegen, der z.B. die sogenannte Torsionsnase an älteren Sport-

oder heutigen Ultra-Leicht-Flugzeugen bildet, kann auf zwei Wegen ermittelt werden.

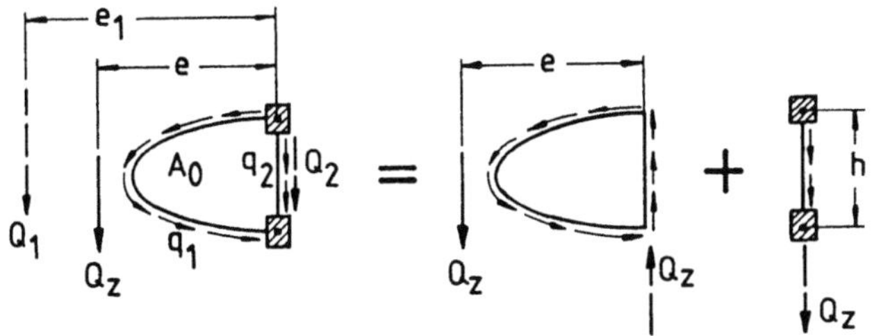

Abb. 3.3.8 − 12

Im ersten Fall geht man davon aus, daß die Querkraft Q_z sich in eine vom Nasensteg aufgenommene Q_1 und eine im Holmsteg wirkende Q_2 aufteilt. Es muß gelten:

KGG: $\qquad\qquad Q_z = Q_1 + Q_2$ $\qquad\qquad\qquad\qquad$ (3.3.8 − 88)

MGG: $\qquad \dfrac{e_1 - e}{e} Q_1 = Q_2$ $\qquad\qquad\qquad\qquad$ (3.3.8 − 89)

Nach Elimination von Q_2 erhält man:

$$Q_1 = \frac{e}{e_1} Q_z \qquad \rightarrow \qquad q_1 = \frac{e}{e_1}\frac{Q_z}{h} \qquad = \left(\frac{eh}{2A_0}\right)\frac{Q_z}{h} \qquad (3.3.8\text{-}90)$$

$$Q_2 = \left(1 - \frac{e}{e_1}\right) Q_z \quad \rightarrow \quad q_2 = \left(1 - \frac{e}{e_1}\right)\frac{Q_z}{h} \quad = \left(1 - \frac{eh}{2A_0}\right)\frac{Q_z}{h} \quad (3.3.8\text{-}91)$$

Im zweiten Fall überlagert man den Schubfluß aus Torsion infolge des Kräftepaares $M_x = eQ_z$ in der Torsionsröhre mit dem Schubfluß aus dem Querkraftschub Q_z im Steg des Biegeträgers.
Aus der Torsionsbetrachtung folgt (siehe Bredtsche Formel)

$$M_x = eQ_z = \oint q r_t ds = q_T 2A_0 \qquad\qquad\qquad (3.3.8 - 92)$$

$$q_T = \frac{e}{2A_0} Q_z = \frac{eh}{2A_0}\frac{Q_z}{h} = q_1 \qquad\qquad\qquad (3.3.8 - 93)$$

Aus der Querkraftbetrachtung folgt:

$$q_{Q_z} = \frac{Q_z}{h} \qquad\qquad\qquad\qquad\qquad (3.3.8 - 94)$$

Die Summe der Schubflüsse im Querkraftsteg ist

$$q_2 = q_{Qz} - q_T = \left(1 - \frac{eh}{eA_0}\right)\frac{Q_z}{h} \qquad\qquad (3.3.8 - 95)$$

Geltungsbereich: Der Träger kann Torsion aufnehmen (Bredt-Batho). Die Kraftrichtung soll die der Gurtmittenverbindungen sein, ihr Angriffspunkt ist beliebig.

Geschlossener Schubfeldträger mit 3 Stegen

Man bestimmt beim Schubfeldträger mit 3 Stegen und 3 Gurten (Abb. 3.3.8−13) die Wirkungslinien der Querkräfte Q_i und mit Hilfe der *Culmannschen Geraden* deren Beträge und ermittelt die Schubflüsse analog zum offenen Schubfeldträger mit 3 Stegen und 4 Gurten. (Kap. 3.3.8.5, Abb. 3.3.8 − 8)

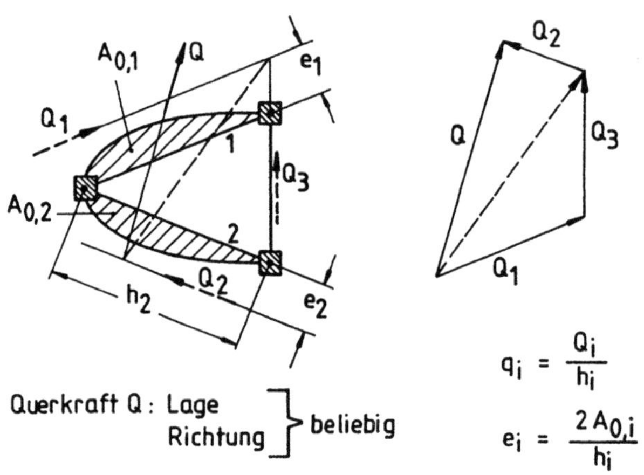

Abb. 3.3.8 − 13

Geltungsbereich: Lage und Richtung der Querkraft sind beliebig. Dieser Schubfeldträger kann Biegung und Torsion aufnehmen.

Geschlossener Schubfeldträger mit mehr als 3 Stegen

Der folgenden Betrachtung liegt die Annahme der EBT über das Ebenbleiben der Querschnitte, bzw. der linearen Verteilung der Längsspannungen über dem Querschnitt zugrunde. Die QSI-Formel sei anwendbar. Man kann unter diesen Voraussetzungen bei Anwendung der in Kap. 3.3.8 eingeführten Vereinfachungen analog zu Kap. 3.3.7 vorgehen.
Analog zu Abb. 3.3.7 − 2 und den dort angegebenen Schritten schneidet man (nach Bestimmung des Schwerpunktes (SP) und des HA-KOS hier für die Gurte sowie der Wirkungslinien der Querkräfte Q_i aus rein geometrischen Größen) einen möglichst geschickt gewählten Steg auf und bestimmt den SM und seinen Abstand (y_M, z_M) zum hier zweckmäßigerweise im SP gewählten Pol.

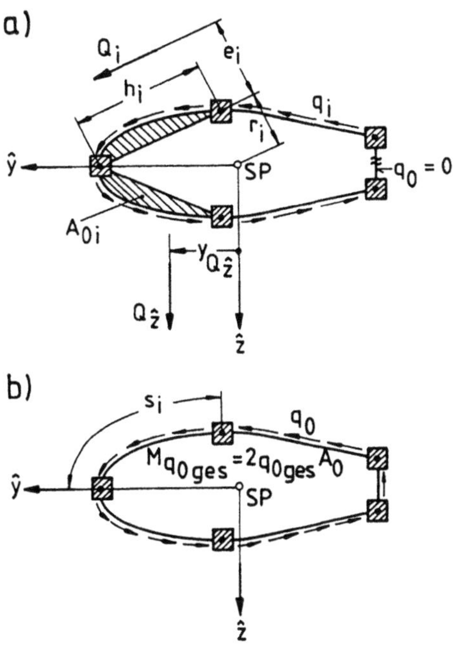

Abb. 3.3.8 − 14

Es sind für den offenen Schubfeldträger verfügbar die Gleichungen 3.3.8 − 82 bis 3.3.8 − 87.

$$e_i = \frac{2A_0}{h_i} \qquad Q_i = q_i h_i \qquad A_{\hat{z}\hat{z}} = \sum_{i=1}^{n} A_{Gi}\hat{z}_i^2 \qquad A_{\hat{z}n} = \sum_{i=1}^{n} A_{Gi}\hat{z}_i$$

$$q_n = -\left(\frac{Q_{\hat{z}}}{A_{\hat{z}\hat{z}}} \sum_{i=1}^{n} A_{Gi}\hat{z}_i + \frac{Q_{\hat{y}}}{A_{\hat{y}\hat{y}}} \sum_{i=1}^{n} A_{Gi}\hat{y}_i \right)$$

$$y_M = \frac{1}{A_{\hat{z}\hat{z}}} \sum_{i=1}^{n} A_{\hat{z}i}h_i \left(r_i + \frac{2A_{0i}}{h_i} \right)$$

$$z_M = -\frac{1}{A_{\hat{y}\hat{y}}} \sum_{i=1}^{n} A_{\hat{y}i}h_i \left(r_i + \frac{2A_{0i}}{h_i} \right)$$

$$(3.3.8 - 96)$$

Zum Schließen des Querschnittes wird

$$q_{0ges} = q_{0ges\hat{z}} + q_{0ges\hat{y}} \qquad\qquad (3.3.8 - 97)$$

benötigt.

Die Komponenten sind entsprechend Abb. $3.3.7-1$ bzw. Gl. $3.3.7-19$:

$$q_{0ges\hat{z}} = \frac{Q_{\hat{z}}}{2A_0}(y_{Q_{\hat{z}}} - y_M)$$

$$q_{0ges\hat{y}} = -\frac{Q_{\hat{y}}}{2A_0}(z_{Q_{\hat{y}}} - z_M)$$

$$(3.3.8-98)$$

Der Schubfluß in den einzelnen Stegen ist dann

$$q_{nges} = q_n + q_{0ges} \qquad (3.3.8-99)$$

Abschätzung des Schubmittelpunktes SMg

Man geht analog zu Kap. 3.3.6.2 vor unter Berücksichtigung der vereinbarten Vereinfachungen.
Aus Gl. $3.3.6-11$ wird:

$$\vartheta = \frac{1}{2A_0 G} \sum_{i=1}^{n} q_{nges}\frac{s_i}{t_i} = 0 \qquad (3.3.8-100)$$

Da keine Drillung vorliegen soll, d.h. nur Biegung vorhanden ist, geht die Querkraft durch SMg und es ist

$$\vartheta = 0 \quad \text{und} \quad y_{Mg} = y_{Q_{\hat{z}}} \qquad (3.3.8-101)$$

für den Fall $Q_{\hat{z}}, Q_{\hat{y}} = 0$.
Durch Einsetzen von q_{nges} erhält man für $Q_{\hat{z}}$:

$$\sum_{i=1}^{n}\left[\overbrace{-Q_{\hat{z}}\frac{A_{\hat{z}i}}{A_{\hat{z}\hat{z}}}}^{q_{i\hat{z}}} + \overbrace{\frac{Q_{\hat{z}}}{2A_0}(y_{Mg} - y_M)}^{q_{0ges\hat{z}}}\right]\frac{s_i}{t_i} = 0 \qquad (3.3.8-102)$$

und für $s_i = h_i$ wird:

$$y_{Mg} = \underbrace{\frac{1}{A_{\hat{z}\hat{z}}}\overbrace{\sum_{i=1}^{n+1}[A_{\hat{z}i}h_i(r_i + e_i)]}^{A_{\hat{z}\bar{\omega}}}}_{y_M} + \frac{2A_0}{A_{\hat{z}\hat{z}}}\frac{\sum_{i=1}^{n}A_{\hat{z}i}\frac{h_i}{t_i}}{\sum_{i=1}^{n}\frac{h_i}{t_i}}$$

$$z_{Mg} = \underbrace{\frac{1}{A_{\hat{y}\hat{y}}}\overbrace{\sum_{i=1}^{n-1}[-A_{\hat{y}i}h_i(r_i + e_i)]}^{A_{\hat{y}\bar{\omega}}}}_{z_M} - \frac{2A_0}{A_{\hat{y}\hat{y}}}\frac{\sum_{i=1}^{n}A_{\hat{y}i}\frac{h_i}{t_i}}{\sum_{i=1}^{n}\frac{h_i}{t_i}}$$

$$(3.3.8-103)$$

Vgl. dazu Gl. $3.3.6-17$

3.3.8.7 Bemerkungen zur Zugfeldtheorie

Im Leichtbau versucht man, die Normalflüsse unter Ausnutzung des *Steinerschen Satzes*, d.h. durch eine Materialverteilung, die ein möglichst großes Flächenträgheits- bzw. Widerstandsmoment hervorruft, so zu führen, daß die lasttragenden Bauteile möglichst leicht sind. Die Schubflüsse, die im allgemeinen gegenüber den Normalflüssen relativ geringe Wandstärken erfordern, dafür aber in großen Feldern fließen und entweder in der die Kontruktion abschließenden Außenhaut auftreten (z.B. Flugzeugrumpf) oder zur Abstandshaltung bzw. Aussteifung dienen (z.B. Schubfeldträger), führen oft relativ früh zu einem Ausbeulen, d.h. Stabilitätsversagen des Schubfeldes. Das ursprünglich glatte Blech geht bei $\tau \geq \tau_{cr}$ in einen "verbeulten", d.h. mit Verbiegung des Bleches verbundenen Zustand über. Ist $\tau \gg \tau_{cr}$ so bilden sich Falten, und damit entsteht eine Spannungsumlagerung.

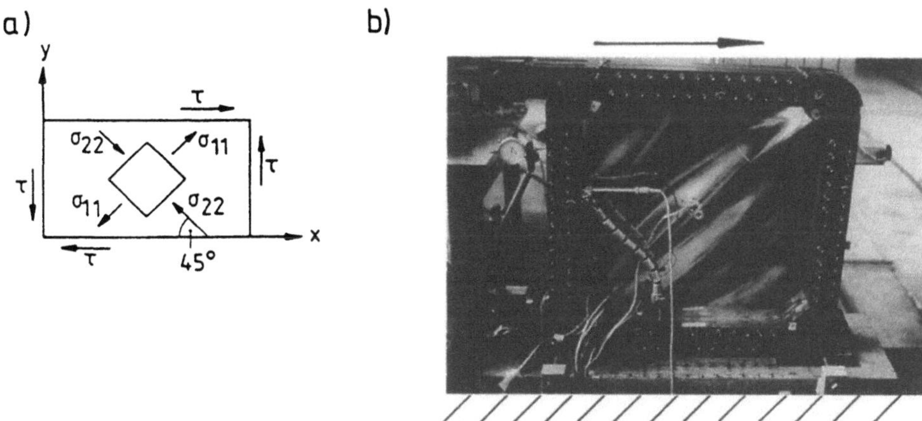

Abb. 3.3.8 − 15

Vor dem Auftreten der Falten, d.h. im unterkritischen Zustand, liegen die Hauptspannungen σ_1 und σ_2 vor, die beim Überschreiten der beulkritischen Spannungen, d.h. dem Bilden der Wellenform, Betrag und Richtung ändern. Beim Vorliegen geringer Blechdicken kann im *überkritischen*, d.h. "verbeulten Zustand" die Druckspannung σ_2 sehr geringe Werte annehmen ($\sigma_2 \to 0$). Es bildet sich ein dem Fachwerk ähnlicher Zustand aus. Ein Schubfeldträger kann daher trotz der Zugfalten, die Festigkeit betreffend, so lange weiter belastet werden bis die Fließgrenze an einer Stelle des Zugfeldes erreicht wird. Solange dies nicht der Fall ist, geht bei Entlastung die Konstruktion in ihren Ausgangszustand zurück. Zu berücksichtigen ist jedoch, daß die in den Stegen entstehenden Zugkräfte von den Gurten bzw. Pfosten aufgenommen werden und infolgedessen diese entsprechend dimensioniert sein müssen. Die Berechnung der beulkritischen Schubspannung τ_{cr} erfordert die Mitnahme nichtlinearer Terme in den Gleichungen der Kinematik.

Wagner hat eine die oben geschilderten Zusammenhänge beschreibende Theorie, die sogenannte *Zugfeldtheorie* aufgestellt. Für das *ideale Zugfeld* geht man von einer rechteckigen Scheibe aus, auf deren Rändern im unterkritischen Bereich $\tau < \tau_{cr}$ nur Schubspannungen $\tau_{yz} = \tau$ wirken. Aus der Beziehung für die Hauptspannungen (siehe dazu Gl. 3.1.7 − 26 mit Gl. 3.1.7 − 28) folgt:

$$\begin{aligned} \sigma_{11} \\ \sigma_{22} \end{aligned} = \frac{\sigma_x + \sigma_y}{2} \pm \frac{1}{2}\sqrt{(\sigma_x - \sigma_y)^2 + 4\tau_{xy}} \qquad (3.3.8 - 104)$$

Für das Schubfeld ist nach Abb. 3.3.8 − 15a:

$$\sigma_x = \sigma_y = 0 \quad \text{und} \quad \tau_{xy} = \tau \qquad (3.3.8 - 105)$$

Es wird:

$$\begin{aligned} \sigma_{11} &= +\tau \\ \sigma_{22} &= -\tau \end{aligned} \qquad (3.3.8 - 106)$$

und mit Gl. 3.1.7 − 23 und 3.1.7 − 28 findet man die Richtung der Hauptspannungen $\varphi = 45°$ zu den Achsen.

Entstehen durch Überschreiten der kritischen Last $\tau > \tau_{cr}$ Beulen, dann gilt, wie vorstehend geschildert, für das ideale Zugfeld:

$$\sigma_2 = 0$$

und mit Gl. 3.1.7 − 27 und Gl. 3.1.7 − 28 wird

$$\sigma_{11} = \frac{2\tau}{\sin 2\varphi}$$

Diese Spannung muß nun von den als Stäbe zu betrachtenden (biegestarren aber dehnelastischen) Gurten und Pfosten aufgenommen werden. Der sich einstellende Faltenwinkel φ kann mit Hilfe der Betrachtung der Formänderungsenergie ermittelt werden.

Die wirkiche Lösung, die mit der *Theorie des unvollständigen Zugfeldes* (siehe Wagner und Schapitz) abgeschätzt werden kann, liegt zwischen der Lösung für das *ideale Zugfeld* ($\tau \gg \tau_{cr}$) und der für das *beulsteife Schubfeld* ($\tau < \tau_{cr}$). Auswertungen der Theorie findet man in Form von Kurven bei Kuhn et al.

3.4 Dünnwandige Querschnitte unter Berücksichtigung der Wölbkrafttorsion (EWT)

In Kap. 3.3.1, in dem die Voraussetzungen, Abgrenzungen und der Gültigkeitsbereich der EBT dargelegt wurden, wurde bereits auf die physikalischen Zusammenhänge beim Auftreten von Wölbkrafttorsion eingegangen. Es wurde gezeigt, daß eine nicht im Schwerpunkt angreifende Längskraft Verwölbungen und daraus resultierende Torsion hervorruft. Weiterhin wurde bereits in Kap. 3.2.3.5 dargelegt, daß bei reiner Torsion, infolge von Wölbbehinderung z.B. bei fester Einspannung, Längs–Normalspannungen als Gleichgewichtsspannungsgruppen (GGSG) entstehen, die den Zusammenhang gewährleisten. Das gleiche gilt, wenn der Drillwinkel $\varphi = \varphi(x)$ ist, z.B. infolge eines kontinuierlich eingeleiteten Momentes m_x.
Im folgenden wird der offene Querschnitt abgehandelt; im Kap. 3.4.7 erfolgt dann eine Erweiterung auf den geschlossenen Einzeller.

3.4.1 Voraussetzungen, physikalisches Verhalten

Zur Ableitung der Grundgleichungen der Wölbkrafttorsion sollen zunächst die Voraussetzungen für diese Theorie aufgeführt werden, wobei eine *Theorie erster Ordnung*, d.h. ohne Berücksichtigung des Einflusses der Verformungen auf die Schnittlasten, entwickelt wird.
Es gelten für die nachstehend zum Vergleich aufgeführten Theorien gemeinsam die Voraussetzungen für die lineare Elastizitätstheorie, die allgemeinen in Kap. 3.3.1 aufgeführten Voraussetzungen sowie jeweilige Besonderheiten.

Für die EBT:
- Der Querschnittsverlauf in Längsrichtung des stabförmigen Tragwerkes ist für die Normalspannungsermittlung beliebig und für die Schubspannungsermittlung zylindrisch.
- Die Querschnittsgestalt bleibt erhalten.
- Ebene Querschnitte bleiben eben $\longrightarrow$ keine Verwölbung.
- Die Normale auf die Schwerelinie bleibt erhalten.
- $\sigma_y = \sigma_z = \tau_{yz} = 0$
- Es treten auf $\sigma_x, \tau_{xy}, \tau_{xz}$ bzw. $\sigma_x, q(s) \rightarrow \tau_{Q_y}(s), \tau_{Q_z}(s)$.

Für die ETT:
- Das stabförmige Tragwerk ist zylindrisch.
- Die Querschnittsgestalt bleibt erhalten.
- Die Verwölbung des Querschnittes ist zwangsfrei ($\sigma_x = n_x = 0$).
  Beim Wirken des Schnittmomentes M_{xT} ist für dünnwandige geschlossene Querschnitte τ=const. über t, aber für offene Querschnitte $\tau \neq$ const. über t (Siehe dazu Abb. 3.4.1 − 2a und 3.4.1 − 2c).
- $\sigma_x = \sigma_y = \sigma_z = \tau_{yz} = 0$
- Es tritt auf $q(s) \rightarrow \tau_{xs}$.

Für die EWT:

- Das stabförmige Tragwerk ist zylindrisch und dünnwandig.
- Die Querschnittsgestalt bleibt erhalten.
- Die Verwölbung des Querschnittes ist nicht zwangsfrei (σ_x bzw. $n_x \neq 0$).
  Es entsteht die über der Wanddicke $t(s)$ konstante **Wölbnormalspannung**
  σ_{xW} .
  Für das aus dem Zwang resultierende Schnittmoment $M_{x\omega} = M_{x(P)}^q$ ist
  $\tau = $ const. über t für offene und geschlossene Querschnitte.
- $\sigma_y = \sigma_z = \tau_{yz} = 0$
- Es tritt auf $\sigma_x, q(s) \rightarrow \tau_{Q_y}(s), \tau_{Q_z}(s), \tau_\omega(s)$

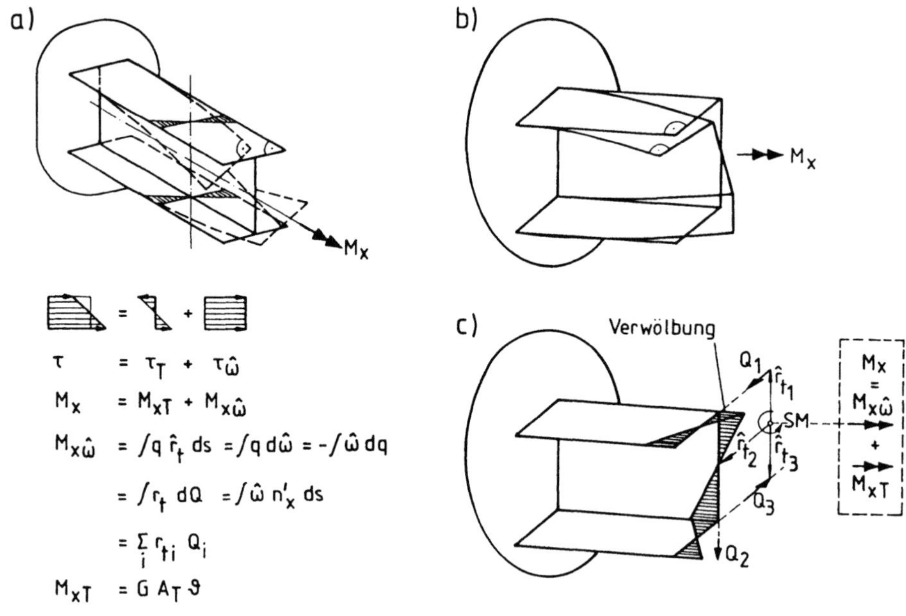

Abb. 3.4.1 − 1

Das **physikalische Verhalten** ist in Abb. 3.4.1 − 1 für einen Doppel-T-Träger
und ein C-Profil noch einmal dargestellt. Die Abb. 3.4.1 − 2a und 3.4.1 − 2b
zeigen am dünnwandigen, offenen Profil den Schub, der aus Torsion bzw. einer
Querkraft resultiert. Deutlich wird dabei, daß die Schubspannung aus Torsion
in Abb. 3.4.1 − 2a in der Mittelfläche null ist, eine wichtige Erkenntnis für die
Festlegung der kinematischen Bedingung für die Mittelfläche (siehe dazu auch
Kap. 3.2.3). Wird die Verwölbung behindert (Abb. 3.4.1 − 1), so baut sich eine
über der Wandstärke t konstante Normalspannung auf, die aus der Biegung
der einzelnen Segmente resultiert (rechte Winkel bleiben erhalten), und somit
entsteht auch eine Schubspannung, die konstant über t ist und der St. Venantschen Drill–Schubspannung überlagert werden muß. Der Schubspannungsanteil
aus Biegung ist eine Funktion von s, aber, wie bereits erwähnt, über der Dicke
konstant (Abb. 3.4.1 − 2b). Der Schubspannungsanteil aus zwangsfreier Torsion

(Abb. 3.4.1 − 2a) hat an der Oberfläche den Maximalwert und ist im vorliegenden Fall ($t = const$) unabhängig von s. M_{xT} ist ein freies Moment, $M_{x\hat{\omega}}$ ein gebundenes.

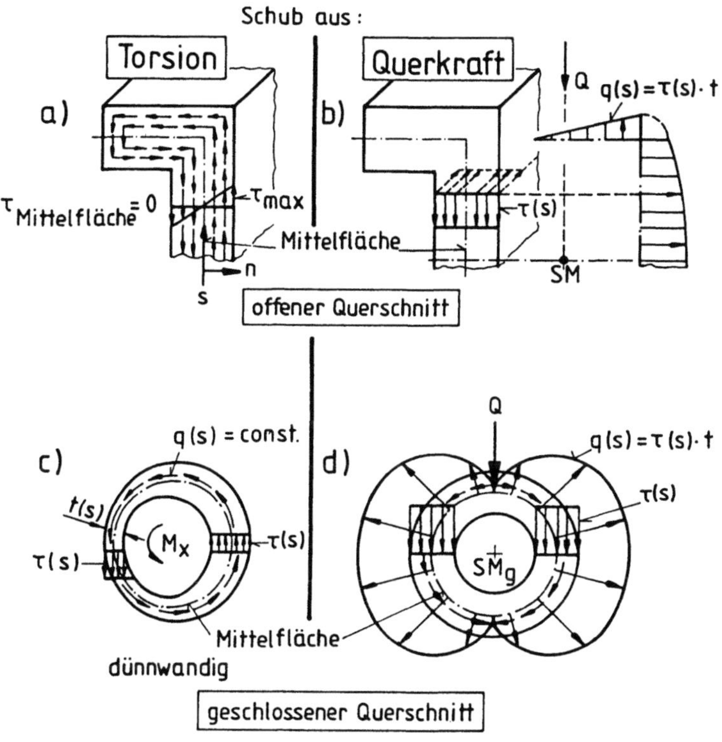

Abb. 3.4.1 − 2

Die Schubspannung am dünnwandig geschlossenen Profil bei Torsion zeigt Abb. 3.4.1−2c und unter Querkraft Abb. 3.4.1−2d. Die Schubspannung am dickwandigen geschlossenen Profil bei Torsion zeigt Abb. 3.2.1−1. Weitere Ausführungen über geschlossene Querschnitte sind in Kap. 3.2 und 3.4.7 nachzulesen.
Um den Zusammenhang zwischen den Spannungen in einem Schnitt und den Schnittgrößen zu ermitteln, geht man analog zu Kap. 3.3.3 vor. Dem Lösungsschema folgend (Kap. 3.1.2, Abb. 3.1.2−1) muß man aus den 3 Gleichungsgruppen Kinematik, Gleichgewicht und Stoffgesetz die entsprechenden Beziehungen anschreiben.

3.4.2 Kinematische Beziehungen (KVV)

Da die Dehnungen ε_y und ε_z senkrecht zur Stabachse, entsprechend den allgemeinen Voraussetzungen für stabförmige Tragwerke (Kap. 3.1.1) und den kinematischen Betrachtungen in Kap. 3.1.6.1, nicht berücksichtigt werden brauchen, muß nur der Dehnungsansatz in x–Richtung angeschrieben (siehe Kap. 3.1.6.1 sowie Abb. 3.1.6 – 1) und gegenüber dem Ansatz für die EBT um nichtlineare Glieder erweitert werden. Da aber mit jedem zusätzlichen Dehnungsglied aus energetischen Gründen auch eine zusätzliche Schnittkraft, die physikalisch interpretierbar sein sollte, zu den bereits definierten Schnittkräften hinzukommt, soll lediglich ein weiteres Glied, zu dem das Wölbmoment B_ω die konjugierte Größe bildet, mitgenommen werden. Wie bei der Torsion bereits festgestellt wurde, ist die Verwölbung auf einer geraden Wand für $t(s) = const$ eine lineare Funktion (Kap. 3.2.3.1 Gl. 3.2.3–19 und 3.2.3–41), und da eine lineare Theorie entwickelt werden soll, muß nur das bilineare Glied, d.h. das in y– und z–Richtung jeweils lineare Glied $(e\,y\,z)$, mitgenommen werden.

Da weiterhin davon ausgegangen werden soll, daß die Wandstärke klein gegenüber den übrigen Abmessungen ist, kann man schreiben:

$$\varepsilon_x = \frac{\partial u}{\partial x} = \underbrace{\underbrace{a}_{\text{Normalkraft--}} + \underbrace{b\,y + c\,z}_{\text{Biegungs--}} + \underbrace{e\,\underbrace{y\,z}_{\omega}}_{\text{Verwölbungs--Anteil}}}_{\substack{\text{bilinearer Ansatz} \\ \text{ebene Querschnitte}} } \qquad (3.4.2-1)$$

Für Gl. 3.4.2 – 1 wird mit dem in Kap. 3.2.3.1, Gl. 3.2.3 – 35 abgeleiteten Zusammenhang für die Dehnung aus Verwölbung (siehe auch Gl. 3.4.6 – 10) durch Koeffizientenvergleich $\varepsilon_{\hat{x}W} = -\vartheta'\hat{\omega} = e\hat{\omega}$ sowie den in Kap. 3.3.3.1.3, Gl. 3.3.3 – 23 für das HA–KOS abgeleiteten Zusammenhängen:

$$\begin{aligned}
a &= &&= & u_0' &= \varepsilon_0 \\
b &= &-v'' &= & -\varphi_{\hat{z}}' &= \kappa_{\hat{z}} \\
c &= &-w'' &= & \varphi_{\hat{y}}' &= \kappa_{\hat{y}} \\
e &= &-\varphi_x'' &= & -\vartheta'
\end{aligned} \qquad (3.4.2-2)$$

3.4.3 Gleichgewichtsbedingungen

Gleichgewichtsbedingungen am Hautelement (SS)

Es gelten die in Kap. 3.1.3.2 hergeleiteten Gleichungen, insbesondere Gl. 3.1.3–6 und 3.1.3 – 7, sowohl für den Biege- als auch für den Wölbanteil.

Schnittgrößen (SSS)

Um die zum Dehnungsansatz konjugierten Größen zu bestimmen, muß die Energiebilanz an einer Schnittstelle betrachtet werden. Dies führt man allgemeingültig durch unter Anwendung des *Prinzips der Virtuellen Verrückungen*

bzw. *Virtuellen Arbeit* PVV (Siehe Kap. 4, in dem das PVV abgeleitet wird).
Das PVV besagt, daß die *virtuell geleistete äußere Arbeit* δW (geleistet durch die
äußere Kraft F infolge einer virtuellen, d.h. nur gedachten, differentiell kleinen,
willkürlichen, aber die kinematischen Beziehungen einhaltenden Verschiebung
δu) gleich der vom Bauteil gespeicherten *virtuellen Formänderungsenergie* δU_ε
sein muß:

$$\delta W = \delta U_\varepsilon$$

$$\delta W = \underline{F}^T \, \delta \underline{u} = \int_x \int_A \underline{\sigma}^T \, \delta \underline{\varepsilon} \, dA \, dx = \delta U_\varepsilon \qquad (3.4.3-1)$$

Die virtuelle kinematische Beziehung, bzw. der virtuelle Verzerrungs-Verschie-
bungs-Zusammenhang lautet mit Gl. 3.4.2 − 1 für die Hauptachsen:

$$\begin{aligned}
\delta\varepsilon_{\hat{x}} &= \delta\left[a + b\,\hat{y} + c\,\hat{z} + e\,\hat{\omega}\right] \\
&= \delta\left[u_0' - \varphi_{\hat{z}}'\,\hat{y} + \varphi_{\hat{y}}'\,\hat{z} - \vartheta\,\hat{\omega}\right] \qquad (3.4.3-2) \\
&= \delta u_0' - \delta v''\,\hat{y} - \delta w''\,\hat{z} - \delta\vartheta'\,\hat{\omega}
\end{aligned}$$

Mit Gl. 3.4.3 − 1 wird:

$$\delta W = \delta \int_0^x \left[a \underbrace{\int_A \sigma_{\hat{x}} dA}_{N_{\hat{x}}} + b \underbrace{\int_A \sigma_{\hat{x}}\,\hat{y}\,dA}_{-M_{\hat{z}}} + c \underbrace{\int_A \sigma_{\hat{x}}\,\hat{z}\,dA}_{M_{\hat{y}}} + e \underbrace{\int_A \sigma_{\hat{x}}\,\hat{\omega}\,dA}_{B_{\hat{\omega}}}\right] dx \qquad (3.4.3-3)$$

$$= \delta \int_0^x \left[u_0' N_{\hat{x}} + v'' M_{\hat{z}} - w'' M_{\hat{y}} - \varphi_x'' B_{\hat{\omega}}\right] dx$$

$$= \delta \int_0^x \left[u_0' N_{\hat{x}} + \varphi_{\hat{z}}' M_{\hat{z}} + \varphi_{\hat{y}}' M_{\hat{y}} - \vartheta' B_{\hat{\omega}}\right] dx \qquad (3.4.3-4)$$

Man erkennt, daß in Gl. 3.4.3 − 3 die aus der Biegung bekannten Schnittkräfte,
erweitert um eine *neue Schnittkraft*, das *Längs-Bimoment*:

$$\boxed{B_{\hat{\omega}} = \int_A \sigma_{\hat{x}}\hat{\omega}\,dA} \qquad (3.4.3-5)$$

multipliziert jeweils mit den differenzierten konjugierten Verschiebungsgrößen
$u_0', \varphi_{\hat{z}}', \varphi_{\hat{y}}'$ und ϑ', vorliegen (Gl. 3.4.3 − 4). Es ist nun leicht einzusehen, daß die
Mitnahme jedes weiteren Gliedes im Dehnungsansatz aus energetischen Gründen
eine weitere Schnittgröße erfordert, die physikalisch zu deuten allerdings sehr
schwer sein dürfte.

Anmerkung:

Aus Gl. 3.1.4 − 20, nämlich

$$M^q_{x(P)} = M_{x\overline{\omega}} = \int\limits_{(s)} \overline{\omega}\, n'_x \, ds \tag{3.4.3 − 6}$$

kann man für den Schubmittelpunkt und $dA = t\, ds$ folgern:

$$M_{x\hat{\omega}} = \underbrace{\int\limits_{A} \hat{\omega}\,\sigma'_{\hat{x}}\, dA}$$

$$M_{x\hat{\omega}} = B'_{\hat{\omega}} \tag{3.4.3 − 7}$$

3.4.4 Stoffgesetz

Unter den getroffenen Voraussetzungen $\sigma_z = \sigma_y = 0$ lautet das Stoffgesetz entsprechend Gl. 3.1.2 − 5:

$$\begin{bmatrix} \sigma_x \\ \tau \end{bmatrix} = \begin{bmatrix} E_x & 0 \\ 0 & G \end{bmatrix} \cdot \begin{bmatrix} \varepsilon_x \\ \gamma \end{bmatrix} \tag{3.4.4 − 1}$$

3.4.5 Ermittlung der Spannung in einem Schnitt

Man geht nun analog zu Kap. 3.3.4 vor und verknüpft die um jeweils ein Glied erweiterten statischen mit den kinematischen Bedingungen mit Hilfe des Stoffgesetzes (vgl. auch das Lösungsschema Abb. 3.1.2 − 1).

3.4.5.1 Normalspannungen

Allgemeines Koordinatensystem

$$\begin{bmatrix} N_x \\ -M_z \\ M_y \\ B_\omega \end{bmatrix} = \begin{bmatrix} \int \sigma_x dA \\ \int \sigma_x y\, dA \\ \int \sigma_x z\, dA \\ \int \sigma_x \omega\, dA \end{bmatrix} = E \begin{bmatrix} A & A_y & A_z & A_\omega \\ A_y & A_{yy} & A_{yz} & A_{y\omega} \\ A_z & A_{zy} & A_{zz} & A_{z\omega} \\ A_\omega & A_{\omega y} & A_{\omega z} & A_{\omega\omega} \end{bmatrix} \begin{bmatrix} a_0 \\ b_0 \\ c_0 \\ e_0 \end{bmatrix} \tag{3.4.5 − 1}$$

$$\underline{S} \qquad\qquad = E \qquad\qquad \underline{\underline{A}} \qquad\qquad \underline{a_0}$$

In der Matrix $\underline{\underline{A}}$ stehen die Flächenintegrale der Form $A_{nm} = \int nm\, dA$ mit $dA = t\, ds$ entsprechend Gl. 3.1.7 − 34 und Kap. 3.1.7.2.

Hauptachsenkoordinatensystem

Aus Kap. 3.3.4 ist bekannt, daß man das vorstehende Gleichungssystem durch die Wahl des Koordinatensystems entkoppeln kann.

Wählt man bezüglich der Biege- und Normalbeanspruchung das HA-KOS, bezüglich der Verwölbung jedoch einen beliebigen Pol, so erhält man für die Matrix $\underline{\underline{A}}$:

$$\begin{bmatrix} A & 0 & 0 & A_\omega \\ 0 & A_{\hat{y}\hat{y}} & 0 & A_{\hat{y}\omega} \\ 0 & 0 & A_{\hat{z}\hat{z}} & A_{\hat{z}\omega} \\ A_\omega & A_{\omega\hat{y}} & A_{\omega\hat{z}} & A_{\omega\omega} \end{bmatrix} \tag{3.4.5 $-$ 2}$$

Man erkennt, daß eine Entkopplung nur für den Biegeanteil stattgefunden hat. Erst wenn man zusätzlich den Schubmittelpunkt als Bezugspunkt für die Wölbkoordinate wählt und ω normiert, so daß ω zu $\bar{\omega}_{SM} = \hat{\omega}$ wird, verschwindet das Integral 1. Ordnung $A_{\hat{\omega}}$ und die gemischten Integrale (vgl. Kap. 3.1.7.2 Abb. 3.1.7 $-$ 8) werden ebenfalls null.

$$A_{\hat{\omega}} = A_{\hat{\omega}\hat{y}} = A_{\hat{\omega}\hat{z}} = 0 \tag{3.4.5 $-$ 3}$$

Damit wird:

$$\begin{bmatrix} N_{\hat{x}} \\ -M_{\hat{z}} \\ M_{\hat{y}} \\ B_{\hat{\omega}} \end{bmatrix} = E \begin{bmatrix} A & & & \\ & A_{\hat{y}\hat{y}} & & \\ & & A_{\hat{z}\hat{z}} & \\ & & & A_{\hat{\omega}\hat{\omega}} \end{bmatrix} \begin{bmatrix} a_2 \\ b_2 \\ c_2 \\ e_2 \end{bmatrix} \tag{3.4.5 $-$ 4}$$

Bezogen auf den Schubmittelpunkt SM bedeuten:

$$B_{\hat{\omega}} = \int_s \hat{\omega}\, \sigma_{\hat{x}}\, t\, ds \quad [K \cdot L^2] \qquad \text{Längs-Bimoment} \tag{3.4.5 $-$ 5}$$

$$A_{\hat{\omega}\hat{\omega}} = \int_s \hat{\omega}^2\, t\, ds \quad [L^6] \qquad \text{Wölbwiderstand} \tag{3.4.5 $-$ 6}$$

Aus Gl. 3.4.5 $-$ 4 errechnen sich die Freiwerte, und mit Gl. 3.4.2 $-$ 2 erhält man die (differenzierten) Verschiebungen, bzw. die Elastizitätsgesetze der Längskraft der Biegemomente und des Bimomentes:

$$a_2 = \frac{N_{\hat{x}}}{E\,A} \qquad \left[-\right] = u_0' = \varepsilon_0 \tag{3.4.5 $-$ 7}$$

$$b_2 = -\frac{M_{\hat{z}}}{E\,A_{\hat{y}\hat{y}}} \qquad \left[\frac{1}{L}\right] = -v'' = -\varphi_{\hat{z}}' = \kappa_{\hat{z}} \tag{3.4.5 $-$ 8}$$

$$c_2 = \frac{M_{\hat{y}}}{E\,A_{\hat{z}\hat{z}}} \qquad \left[\frac{1}{L}\right] = -w'' = \varphi'_{\hat{y}} = \kappa_{\hat{y}} \tag{3.4.5 - 9}$$

$$e_2 = \frac{B_{\hat{\omega}}}{E\,A_{\hat{\omega}\hat{\omega}}} \qquad \left[\frac{1}{L^2}\right] = -\varphi''_x = -\vartheta' \tag{3.4.5 - 10}$$

Durch Einsetzen der Gl. $3.4.5 - 7$ bis $3.4.5 - 10$ in den Dehnungsansatz Gl. $3.4.2 - 1$ erhält man für die Dehnung:

$$\varepsilon_{\hat{x}} = \frac{N_{\hat{x}}}{E\,A} - \frac{M_{\hat{z}}}{E\,A_{\hat{y}\hat{y}}}\hat{y} + \frac{M_{\hat{y}}}{E\,A_{\hat{z}\hat{z}}}\hat{z} + \frac{B_{\hat{\omega}}}{E\,A_{\hat{\omega}\hat{\omega}}}\hat{\omega} \tag{3.4.5 - 11}$$

$$\begin{aligned}
&= \varepsilon_0 - v''\hat{y} - w''\hat{z} - \varphi''_x\hat{\omega} \\
&= u'_0 - \varphi'_{\hat{z}}\hat{y} + \varphi'_{\hat{y}}\hat{z} - \vartheta'\hat{\omega} \\
&= \varepsilon_0 + \kappa_{\hat{z}}\hat{y} + \kappa_{\hat{y}}\hat{z} - \vartheta'\hat{\omega}
\end{aligned} \tag{3.4.5 - 12}$$

Die **Normalspannungen** werden dann mit dem Stoffgesetz $\sigma_x = E\varepsilon_x$:

$$\sigma_{\hat{x}}(s) = \frac{N_{\hat{x}}}{A} - \frac{M_{\hat{z}}}{A_{\hat{y}\hat{y}}}\hat{y}(s) + \frac{M_{\hat{y}}}{A_{\hat{z}\hat{z}}}\hat{z}(s) + \frac{B_{\hat{\omega}}}{A_{\hat{\omega}\hat{\omega}}}\hat{\omega}(s)$$

$$\begin{aligned}
&= E\left[\varepsilon_0 - v''\hat{y}(s) - w''\hat{z}(s) - \varphi''_x\hat{\omega}(s)\right] \\
&= E\left[u'_0 - \varphi'_{\hat{z}}\hat{y}(s) + \varphi'_{\hat{y}}\hat{z}(s) - \vartheta'\hat{\omega}(s)\right] \\
&= E\left[\varepsilon_0 + \kappa_{\hat{z}}\hat{y}(s) + \kappa_{\hat{y}}\hat{z}(s) - \vartheta'\hat{\omega}(s)\right]
\end{aligned} \tag{3.4.5 - 13}$$

3.4.5.2 Schubspannungen

Die Schubspannungen aus Querkraftbiegung und Wölbkrafttorsion erhält man analog zu Kap. 3.3.3.2 und mit Gl. $3.1.3 - 7$:

$$q(s) - q_0 = -\int_{(s)} n'_{\hat{x}}\,ds = -\int_{(s)} \sigma'_{\hat{x}}t\,ds \qquad \text{und mit Gl. } 3.4.5 - 13 \text{ und } 3.1.2 - 2$$

$$= -\int_{(s)} t \overbrace{\left(\frac{Q_{\hat{y}}}{A_{\hat{y}\hat{y}}}\hat{y} + \frac{Q_{\hat{z}}}{A_{\hat{z}\hat{z}}}\hat{z} + \frac{B'_{\hat{\omega}}}{A_{\hat{\omega}\hat{\omega}}}\hat{\omega}\right)}^{n'_{\hat{x}}}\,ds \tag{3.4.5 - 14}$$

$$
\begin{aligned}
q(s) - q_0 &= -\left[\frac{Q_{\hat{y}}}{A_{\hat{y}\hat{y}}}A_{\hat{y}}(s) + \frac{Q_{\hat{z}}}{A_{\hat{z}\hat{z}}}A_{\hat{z}}(s) + \frac{M_{x\hat{\omega}}}{A_{\hat{\omega}\hat{\omega}}}A_{\hat{\omega}}(s)\right] \\
&= \left[\tau_{Q\hat{y}}(s) \quad + \tau_{Q\hat{z}}(s) \quad + \tau_{\hat{\omega}}(s)\right]t(s)
\end{aligned}
$$

(3.4.5 − 15)

$$
\begin{aligned}
&= E\left[v'''A_{\hat{y}}(s) + w'''A_{\hat{z}}(s) + \varphi'''A_{\hat{\omega}}(s)\right] \\
&= E\left[\varphi''_{\hat{z}}A_{\hat{y}}(s) - \varphi''_{\hat{y}}A_{\hat{z}}(s) + \vartheta''A_{\hat{\omega}}(s)\right]
\end{aligned}
$$

(3.4.5 − 16)

Bei offenen Querschnitten ist am Rand $q = 0$ und damit ist $q_0 = 0$ für $s_{\mathrm{Rand}} = 0$.

3.4.6 Grundgleichungen der Wölbkrafttorsion

Ein Drehmoment M_x kann, wie bereits mehrfach (siehe Kap. 3.1.3.2, Kap. 3.2 und Kap. 3.3.1) dargelegt, auf zwei Arten übertragen werden:
1.) über die St. Venantsche Torsion Gl. 3.2.3 − 47:

$$
M_{xT} = GA_T\varphi'_x \qquad \text{für } n'_{\hat{x}} = 0
$$

(3.4.6 − 1)

und
2.) über den Wölbschubfluß ($n'_{\hat{x}} \neq 0$) Gl. 3.1.4 − 20 bzw. Gl. 3.4.3 − 7:

$$
M_{x\bar{\omega}} = \int_s n'_{\hat{x}}\bar{\omega}ds = -\int_s \bar{\omega}dq
$$

(3.4.6 − 2)

Wird der Biegeanteil auf das HA−KOS und der Torsionsanteil auf den Schubmittelpunkt bezogen, so daß auch der Momentanpol Bezugs- und damit Drill-Hauptachse ist, so gilt:

$$
M_x = M_{xT} + M_{x\hat{\omega}}
$$

(3.4.6 − 3)

$$
M_{x\hat{\omega}} = \int_s n'_{\hat{x}}\hat{\omega}\,ds = -\int_s \hat{\omega}dq
$$

(3.4.6 − 4)

Mit Gl. 3.4.5 − 16 für $n'_{\hat{x}}$:

$$M_{x\hat{\omega}} = \left[\frac{Q_{\hat{y}}}{A_{\hat{y}\hat{y}}} \underbrace{\int_s \hat{y}\,\hat{\omega}\,t\,ds}_{A_{\hat{y}\hat{\omega}} = 0} + \frac{Q_{\hat{z}}}{A_{\hat{z}\hat{z}}} \underbrace{\int_s \hat{z}\,\hat{\omega}\,t\,ds}_{A_{\hat{z}\hat{\omega}} = 0} + \frac{B'_{\hat{\omega}}}{A_{\hat{\omega}\hat{\omega}}} \underbrace{\int_s \hat{\omega}^2\,t\,ds}_{A_{\hat{\omega}\hat{\omega}} \neq 0} \right] \qquad (3.4.6 - 5)$$

Da die gemischten Integrale im vorliegenden Fall (vgl. Abb. 3.1.6 − 6) zu Null werden, ist

$$\boxed{M_{x\hat{\omega}} = B'_{\hat{\omega}}} \qquad\qquad (3.4.6 - 6)$$

Der über Wölbspannungen übertragene Momentenanteil ist somit gleich der Zunahme des Bimomentes, wenn man in positiver x−Richtung vorwärts geht, d.h. gleich der Ortsableitung des Bimomentes.

Physikalische Deutung

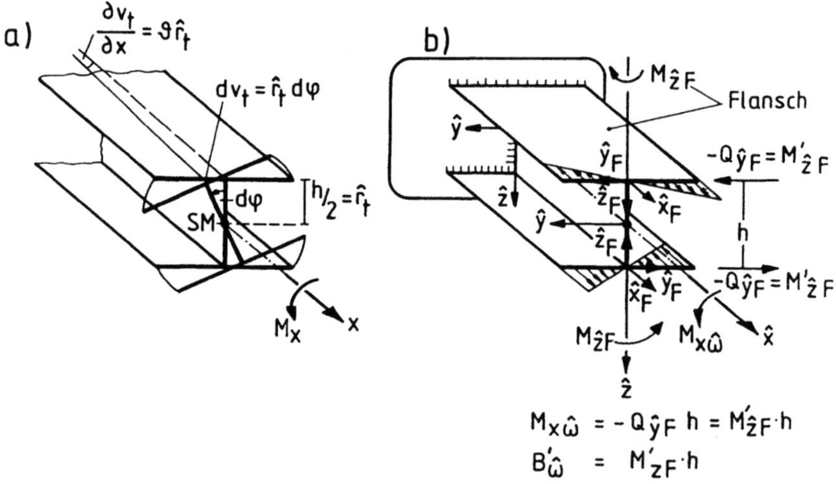

Abb. 3.4.6 − 1

Abb. 3.4.6 − 1a und 3.4.6 − 1b zeigen an einem Doppel-T-Träger beim Wirken eines Momentes M_x die Kinematik der Verwölbung und die Verteilung der Kräfte (vgl. auch Abb. 3.3.1 − 1a Teilbild d1). Durch Wölbbehinderung nimmt der Querschnitt das Schnitt-Moment $M_{x\hat{\omega}}$ auf (Abb. 3.4.6 − 1b), das man sich durch ein Kräftepaar P mit dem Abstand h erzeugt vorstellen kann. Die resultierenden, in den Flanschen wirkenden Schnittgrößen $Q_{\hat{y}F}$ und $M_{\hat{z}F}$ sind wiederum über die Beziehung $Q_{\hat{y}F} = -M'_{\hat{z}F}$ (vgl. Gl. 3.1.4 − 3) miteinander verknüpft.

Mit Gl. 3.4.6 − 6 erhält man dann das Ergebnis für den vorliegenden Fall:

$$B_{\hat{\omega}} = M_{\hat{z}F} \cdot h \qquad\qquad (3.4.6-7)$$

Man erkennt, daß das Bimoment hier aus zwei Biegemomenten, die im Abstand h gegensinnig wirken, gedeutet werden kann.

Anmerkung: Da hier ein innerlich statisch überbestimmtes Problem vorliegt, ist die Aufteilung des Momentes M_x auf die beiden Anteile M_{xT} und $M_{x\hat{\omega}}$ so nicht ohne weiteres möglich. Es müssen noch die kinematischen Bedingungen berücksichtigt werden.

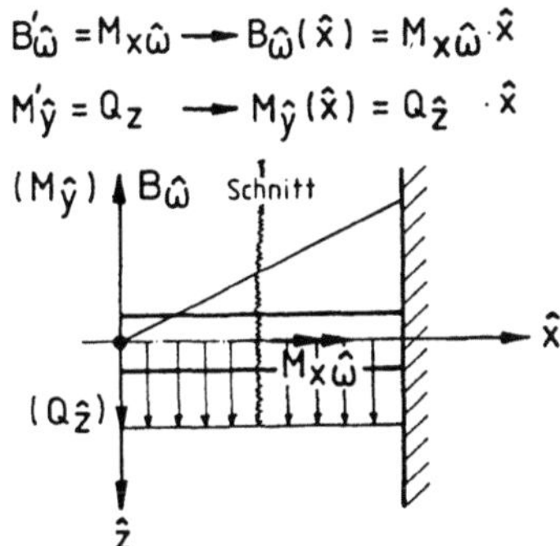

Zur Verdeutlichung zeigt Abb. 3.4.6 − 2 noch einmal die Analogie zwischen Bimoment ($B_{\hat{\omega}}$) mit Wölbmoment ($M_{x\hat{\omega}}$) und Biegemoment ($M_{\hat{y}}$) mit Querkraft ($Q_{\hat{z}}$) für $M_{x\hat{\omega}}$ und $Q_{\hat{z}}$ gleich konstant. Siehe auch weitere Analogien in Kap. 3.4.8.

Abb. 3.4.6 − 2

3.4.6.1 Bestimmung von $M_{x\hat{\omega}}$ und $\sigma_{\hat{x}}$ aus Torsionsbeanspruchung

Liegt nur Torsionbeanspruchung vor, so ist

$$N_{\hat{x}} = M_{\hat{y}} = M_{\hat{z}} = 0 \qquad\qquad (3.4.6-8)$$

Für offene Profile ist entsprechend Gl. 3.2.3 − 31:

$$u(x,s) = -\vartheta\hat{\omega} = -\varphi'_x\hat{\omega} \qquad\qquad (3.4.6-9)$$

Diese Verschiebung ist wegen Gl. 3.4.6 − 8 der einzige Verschiebungsanteil. Die daraus resultierende Verzerrung ist

$$\varepsilon_{\hat{x}} = \frac{\partial u}{\partial x} = -\vartheta'\hat{\omega} = -\varphi''_x\hat{\omega} \qquad\qquad (3.4.6-10)$$

und die daraus resultierende Längsspannung:

$$\sigma_{\hat{x}W} = -E\varphi_x''\hat{\omega} \qquad\qquad (3.4.6-11)$$

Aus Gl. 3.4.5 − 13 mit Gl. 3.4.6 − 8 wird:

$$\sigma_{\hat{x}W} = \frac{B_{\hat{\omega}}}{A_{\hat{\omega}\hat{\omega}}}\hat{\omega} \qquad\qquad (3.4.6-12)$$

Aus den letzten beiden Gleichungen erhält man die konstitutive Beziehung:

$$B_{\hat{\omega}} = -EA_{\hat{\omega}\hat{\omega}}\varphi_x'' \qquad\qquad (3.4.6-13)$$

und mit $M_{x\hat{\omega}} = B_{\hat{\omega}}'$ (Gl. 3.4.6 − 6) wird:

$$\boxed{M_{x\hat{\omega}} = -EA_{\hat{\omega}\hat{\omega}}\varphi_x'''} \qquad\qquad (3.4.6-14)$$

Die **Hauptgleichung der Wölbkrafttorsion für offene Querschnitte** lautet dann mit Gl. 3.4.6 − 3, 3.4.6 − 1 und 3.4.6 − 14:

$$M_x = M_{x\hat{\omega}} + M_{xT}$$

$$\boxed{M_x = -EA_{\hat{\omega}\hat{\omega}}\varphi_x''' + GA_T\varphi_x'} \qquad\qquad (3.4.6-15)$$

Mit $\dfrac{dM_x}{dx} = -m_x$ (Gl. 3.1.4 − 3) wird:

$$\boxed{-M_x' = m_x = EA_{\hat{\omega}\hat{\omega}}\varphi_x'''' - GA_T\varphi_x''} \qquad \text{vgl. Biegebalken} \qquad (3.4.6-16)$$

Anmerkungen:

1) Diese Form der DGL findet man auch bei der Analyse des Knickens wieder

$$p_{\hat{z}} = EA_{\hat{z}\hat{z}}w'''' + Pw'' \qquad\qquad (3.4.6-17)$$

   siehe dazu Kollbrunner und Hajdin oder Schnell und Czerwenka
2) Physikalisch resultiert der Anteil M_{xT} aus dem in Kap. 3.2.4 dargestellten zwangsfreien Verhalten eines Querschnittes. Der Anteil $M_{x\hat{\omega}}$ resultiert aus der behinderten Verwölbung seiner Mittelfläche (siehe Kap. 3.2.3). Das Mischungsverhältnis von Drillung aus *St. Venantscher Trosion* (φ_x') und Wölbkrafttorsion (φ_x''') − auch verkürzt *Wölbtorsion* genannt − ist unbestimmt und ändert sich in Stablängsrichtung.

Das Verhältnis der Steifigkeiten (Wölbsteifigkeit zu St. Venantscher Drillsteifigkeit) bzw. die *Wölblänge l_W*

$$l_W = \sqrt{EA_{\hat{\omega}\hat{\omega}}/GA_T} = \frac{1}{k} \qquad\qquad (3.4.6-18)$$

bzw. der *Abklingfaktor kl*

$$kl = \frac{l}{l_W} = l\sqrt{GA_T/EA_{\hat{\omega}\hat{\omega}}} \qquad\qquad (3.4.6-19)$$

charakterisieren den Einfluß der Wölbtorsion.

Ist z.B. der Abklingfaktor groß, so überwiegt der St. Venantsche Anteil bei der
Aufteilung des Torsionsmomentes, und die Wölblänge ist klein. D.h. in genügen-
der Entfernugn von der *Störstelle* wird der St. Venantsche Anteil überwiegen.
Genau umgekehrt verhält es sich bei einem kleinen Abklingfaktor. Die DGL der
Wölbkrafttorsion hat mit

$$\begin{aligned} C_{\hat{\omega}} &= EA_{\hat{\omega}\hat{\omega}} \\ C_T &= GA_T \end{aligned} \qquad \text{und} \qquad k = \sqrt{\frac{C_T}{C_{\hat{\omega}}}} \qquad\qquad (3.4.6-20)$$

die Form

$$\boxed{m_x = C_{\hat{\omega}}\varphi_x'''' - C_T\varphi_x''} \quad \text{bzw.} \quad \boxed{\varphi_x''''(x) - k^2\varphi_x''(x) = f(x) = \frac{1}{C_{\hat{\omega}}}m(x)}$$

$$(3.4.6-21)$$

Deren Lösung lautet:

$$\varphi(x) = \varphi_p(x) + \varphi_0(x) \qquad\qquad (3.4.6-22)$$

wobei φ_p die partikuläre und
φ_0 die homogene Lösung der DGL mit $m_x(x) \equiv 0$ ist.

Die allgemeine Lösung setzt sich zusammen aus:

$$\varphi_0 = C_1 + C_2 kx + C_3\sinh kx + C_4\cosh kx \qquad\qquad (3.4.6-23)$$

und

$$\varphi_p = \int\limits_0^x \frac{1}{k^3}\left[\sinh k(x-\lambda) - k(x-\lambda)\right]f(\lambda)\cdot d\lambda \qquad\qquad (3.4.6-24)$$

wobei die homogene Lösung noch die aus den Randbedingungen zu ermittelnden
Integrationskonstanten C_1 bis C_4 enthält.

Anmerkung: Man kann sich durch Einsetzen in die DGL der Wölbkrafttorsion von der Richtigkeit der angegebenen Lösung $\varphi_x(x)$ überzeugen. Man beachte, daß die Ableitung eines Parameterintegrales

$$F(x) = \int_0^{\psi(x)} g(x,\lambda)d\lambda \qquad \text{nach } x \text{ ist:}$$

$$F'(x) = \int_0^{\psi(x)} \frac{\partial}{\partial x} g(x,\lambda)d\lambda + g(x,\psi(x)) \cdot \psi'(x)$$

Treten Unstetigkeiten des Momentes auf, z.B. durch Einleitung eines Einzelmomentes M_x oder ist $m_x(x)$ unstetig, so müssen zur Wahrung der geometrischen Stetigkeit die Übergangsbedingungen erfüllt werden für:

Verdrillung: $\varphi_i = \varphi_{i+1}$

Verwölbung: $\varphi_i' = \varphi_{i+1}'$ $u = -\hat{\omega}\varphi' = -\hat{\omega}\vartheta$ $(3.4.6-25)$

Spannung: $\varphi_i'' = \varphi_{i+1}''$ $\sigma_{xW} = -\hat{\omega}\varphi'' E$

Außerdem muß Gleichgewicht an der "Stoßstelle" der Abschnitte i und $i+1$ herrschen, d.h. es muß bei Einleitung eines Einzelmomentes an dieser Stelle gelten:

$$-M_i = \left(C_T\varphi_x' - C_{\hat{\omega}}\varphi_x'''\right)_{i+1} - \left(C_T\varphi_x' - C_{\hat{\omega}}\varphi_x'''\right)_i \qquad (3.4.6-26)$$

Gl. $3.4.6-16$ ist von 4. Ordnung; zu ihrer Lösung werden vier Randbedingungen benötigt.

Allgemeine Randbedingungen	keine Drehung	keine Verwölbung	kein Torsionsmoment	keine Wölbspannung	Einzelmoment
Wölbbehinderter momentenbelasteter Rand ($M_x = M_{xo}$)		$\varphi'_x = 0$			$\varphi'''_x = -\dfrac{M_x}{C_\omega}$
feste Einspannung	$\varphi_x = 0$	$\varphi'_x = 0$			
freier, aber wölbbehinderter Rand		$\varphi'_x = 0$	$\varphi'''_x = 0$		
freier Rand			$\varphi'''_x = k^2 \varphi'_x$	$\varphi''_x = 0$	
freier, aber momentenbelasteter Rand ($M_x = M_{xo}$, Membrane (Rippe))				$\varphi''_x = 0$	$\varphi'''_x - k^2 \varphi'_x = -\dfrac{M_x}{C_\omega}$
Gabellagerung (Membrane (Rippe))	$\varphi_x = 0$			$\varphi''_x = 0$	

$$(3.4.6 - 27)$$

Technisch wichtige Randbedingungen   **Balkenanalogie:**
der DGL:

$\diamond$ Gabellagerung: $\diamond$ Balken auf zwei Stützen:

$\bullet$ keine Drehung $\varphi_x = 0$ $w = 0$

$\bullet$ keine Wölbspannung $\varphi_x'' = 0,$ $w'' = 0 \rightarrow M_{\hat{y}} = 0$

                     d.h. $B_{\hat{\omega}}$ bzw. $\sigma_{\hat{x}W} = 0$

$$(3.4.6 - 28)$$

$\diamond$ wölbstarre Einspannung: $\diamond$ feste Einspannung:

$\bullet$ keine Drehung $\varphi_x = 0$ $w = 0$

$\bullet$ keine Verwindung $\varphi_x' = 0$ $w' = 0$

$\diamond$ freier Rand: $\diamond$ freier Rand:

$\bullet$ keine Wölbspannung $\varphi_x'' = 0$ $w'' = 0 \rightarrow M_{\hat{y}} = 0$

$\bullet$ kein Torsionsmoment $-EA_{\hat{\omega}\hat{\omega}}\varphi_x''' + GA_T\varphi_x' = 0$ $w''' = 0 \rightarrow Q_{\hat{z}} = 0$

Ist für einen offenen Querschnitt GA_T bzw. für das vorgegebene Material A_T
klein, so ist auch der Abklingfaktor klein ($kl \rightarrow 0$), und es kann je nach La-
gerungsart ab einer gewissen Größe von kl der St. Venantsche Torsionsanteil
vernachlässigt werden. Für $A_T \rightarrow 0$ spricht man von *reiner Wölbkrafttorsion*.
Ist der Abklingfaktor kl sehr groß ($kl \rightarrow \infty$), d.h. ist $EA_{\hat{\omega}\hat{\omega}}$, bzw. für vorgegeb-
nes Material $A_{\hat{\omega}\hat{\omega}}$ sehr klein, so kann der aus der Wölbkrafttorsion resultierende
Anteil vernachlässigt werden, und es genügt, nur die *St. Venantsche Torsion*
zu berücksichtigen. Wie bereits erwähnt, ist dies meist für dünnwandige Querschnitte der Fall. Die örtlich entstehenden Störungen werden in der Praxis dann
mit Korrekturfaktoren berücksichtigt. Vgl. dazu den in Kap. 3.2.5 Abb. 3.2.5−2
und Gl. 3.2.5 − 30 dargelegten Vergleich von einem geschlossenen und einem aufgeschnittenen Kreisquerschnitt.

Anmerkungen

1) Neubersche Schalen sind bei Einleitung eines Einzelmomentes und fester
   Einspannung wölbfrei, so daß die St. Venantsche Betrachtung genügt und
   keine Längsnormalspannungen entstehen.

2) Will man unter den gleichen Voraussetzungen, die für den offenen Querschnitt angenommen werden, die Wölbspannungen auch bei geschlossenen
   Querschnitten berechnen, so muß anstelle von ω die Größe ω^* entsprechend
   Kap. 3.2.3.1 Gl. 3.2.3 − 21 bzw. Gl. 3.2.3 − 23 in die Theorie eingeführt
   werden. Vgl. dazu auch Kap. 3.2.3.4, sowie die folgenden Ausführungen, in
   denen auf die Grenzen hingewiesen wird.

3.4.7 Abschätzung der Spannungen in einem Schnitt für
geschlossene, dünnwandige, einzellige Querschnitte

In diesem Kapitel sollen die vorstehend dargestellten Überlegungen auf den geschlossenen Querschnitt erweitert werden. Dabei müssen bei der Ermittlung der
Normalspannungen die Ausführungen, die in Kap. 3.2.1 gemacht wurden, beachtet werden und bei der Ermittlung der Schubspannungen die Bestimmung der

Integrationskonstante q_0 entsprechend Kap. 3.3.7 berücksichtigt werden. Generell könnte die nachstehend auf den geschlossenen Querschnitt erweiterte Theorie auf den Mehrzeller oder kombinierte offene und geschlossene Profile erweitert werden, entsprechend Kap. 3.2.3 bzw. 3.3.7 .

Da jedoch die dieser Theorie zugrunde liegende Annahme des Erhaltenbleibens der Querschnittsgestalt bei geschlossenen Querschnitten mit der Wirklichkeit meist nicht übereinstimmt und man mit Hilfe von Energiebetrachtungen die Wirklichkeit genauer erfassen und damit richtigere Ergebnisse erzielen kann, soll im folgenden das Vorgehen nur "angedacht" und die Analogie aufgezeigt werden. Genauere Verfahren siehe unter Wlasow, Czerwenka u. Schnell u.a.m.

Abschätzung der Normalspannungen (HA-KOS)

Da im vorliegenden Fall der Gradient der Verschiebung in x-Richtung die Spannung verursacht, ist entsprechend Gl. $3.2.3 - 35$ an der Stelle $x = $ const.

$$u(\hat{x}, s) = -\vartheta \hat{\omega}^{\star}(s) + u(\hat{x}, o)$$

und $\qquad \hat{\omega}^{\star} = \oint \hat{r}_t(s)ds - \oint \psi \frac{ds}{t(s)}$

zu verwenden, und Gl. $3.4.5 - 14$ wird dann:

$$\sigma_{\hat{x}}(s) = \frac{N_{\hat{x}}}{A} - \frac{M_{\hat{z}}}{A_{\hat{y}\hat{y}}}\hat{y}(s) + \frac{M_{\hat{y}}}{A_{\hat{z}\hat{z}}}\hat{z}(s) + \frac{B_{\hat{\omega}^{\bullet}}}{A_{\hat{\omega}^{\bullet}\hat{\omega}^{\bullet}}}\hat{\omega}^{\star}(s) \qquad (3.4.7 - 1)$$

$$= E\left[\varepsilon_0 - v''\hat{y}(s) - w''\hat{z}(s) - \varphi_x''\hat{\omega}^{\star}(s)\right]$$

$$= E\left[u_0' - \varphi_{\hat{z}}'\hat{y}(s) + \varphi_{\hat{y}}'\hat{z}(s) - \vartheta'\hat{\omega}^{\star}(s)\right]$$

$$= E\left[\varepsilon_0 + \kappa_{\hat{z}}\hat{y}(s) + \kappa_{\hat{y}}\hat{z}(s) - \vartheta'\hat{\omega}^{\star}(s)\right]$$

Abschätzung der Schubspannungen

Beim geschlossenen Querschnitt muß für Gl. $3.4.5 - 15$ noch die Integrationskonstante q_0 ermittelt werden. Für reine Biegung ohne Berücksichtigung des Drilleinflusses wurde dies bereits in Kap. 3.3.7.1, Gl. $3.3.7 - 20$, $3.3.7 - 21$ und $3.3.7 - 24$ durchgeführt. Setzt man in Gl. $3.3.7 - 22$ für $q(s)$ nun Gl. $3.4.5 - 15$ ein, so erhält man unter Beachtung des geschlossenen Querschnittes:

$$q_0 = \frac{Q_{\hat{z}}}{A_{\hat{z}\hat{z}}}\frac{\oint A_{\hat{z}}(s)\frac{ds}{t(s)}}{\oint \frac{ds}{t(s)}} + \frac{Q_{\hat{y}}}{A_{\hat{y}\hat{y}}}\frac{\oint A_{\hat{y}}(s)\frac{ds}{t(s)}}{\oint \frac{ds}{t(s)}} + \frac{B_{\hat{\omega}^{\star}}'}{A_{\hat{\omega}^{\star}\hat{\omega}^{\star}}}\frac{\oint A_{\hat{\omega}^{\star}}(s)\frac{ds}{t(s)}}{\oint \frac{ds}{t(s)}} \qquad (3.4.7 - 2)$$

wobei $B_{\omega^{\star}} = B_{\omega^{\star}}(x)$

$$
\boxed{
\begin{aligned}
q(s) = {}& \frac{Q_{\hat{z}}}{A_{\hat{z}\hat{z}}}\left(\frac{\oint A_{\hat{z}}(s)\frac{ds}{t(s)}}{\oint \frac{ds}{t(s)}} - A_{\hat{z}}(s)\right) + \frac{Q_{\hat{y}}}{A_{\hat{y}\hat{y}}}\left(\frac{\oint A_{\hat{y}}(s)\frac{ds}{t(s)}}{\oint \frac{ds}{t(s)}} - A_{\hat{y}}(s)\right) \\
& + \frac{B'_{\hat{\omega}^\star}}{A_{\hat{\omega}^\star\hat{\omega}^\star}}\left(\frac{\oint A_{\hat{\omega}^\star}(s)\frac{ds}{t(s)}}{\oint \frac{ds}{t(s)}} - A_{\hat{\omega}^\star}(s)\right)
\end{aligned}
}
$$

$$(3.4.7-3)$$

Diese Gleichung kann nun noch mit Hilfe der konstitutiven Beziehungen (siehe Gl. 3.4.5 − 7 bis 3.4.5 − 10) umgeformt werden.

Bestimmung von $M_{x\hat{\omega}}$ und $\sigma_{\hat{x}}$ aus Torsionsbeanspruchung

Hier geht man analog zu Kap. 3.4.6.1 vor und erhält für geschlossene Querschnitte

$$M_{x\hat{\omega}^\star} = -EA_{\hat{\omega}^\star\hat{\omega}^\star}\varphi_x''' \qquad = B'_{\omega^\star} \tag{3.4.7-4}$$

$$-M_x' = m_x = \quad EA_{\hat{\omega}^\star\hat{\omega}^\star}\varphi_x'''' - GA_T\varphi_x'' \tag{3.4.7-5}$$

$$\sigma_{\hat{x}W} = -E\varphi_x''\hat{\omega}^* \tag{3.4.7-6}$$

Wird ein zylindrischer, dünnwandiger, geschlossener Querschnitt durch ein Einzelmoment ohne Wölbbehinderung tordiert, so entsteht Schubfluß aus St. Venantscher Torsion

$$q_{0T} = \frac{M_{xT}}{2A_0} \tag{3.4.7-7}$$

wobei $\quad q_{0T} \neq q_{0T}(x)$

Wird die Verwölbung behindert, so entsteht der aus dem Bimoment resultierende Schubflußanteil. Siehe dazu Gl. 3.4.7 − 3.

Der dritte Term dieser Gleichung resultiert aus der Beziehung (3.1.3 − 7) für ein Hautelement.

$$q_W(x,s) - q_{0W} = -\int_0^s \frac{\partial n_x(x,s)}{\partial x}ds$$

und setzt sich unter Beachtung der Schließbedingung zusammen aus:

$$q_W(x,s) = -\frac{B'_{\hat{\omega}^\star}}{A_{\hat{\omega}^\star\omega^\star}}A_{\hat{\omega}^\star}(s) = EA_{\hat{\omega}^\star}\varphi_x''' \tag{3.4.7-8}$$

und

$$q_{0W} = -\frac{B'_{\hat{\omega}^\star}}{A_{\hat{\omega}^\star\omega^\star}}\frac{\oint A_{\hat{\omega}}(s)\frac{ds}{t(s)}}{\oint \frac{ds}{t(s)}} \tag{3.4.7-9}$$

$$q_W(x,s) - q_{0W} = \frac{B'_{\omega^\star}}{A_{\hat{\omega}^\star \omega^\star}} \left(\frac{\oint A_{\hat{\omega}^\star}(s)\frac{ds}{t(s)}}{\oint \frac{ds}{t(s)}} - A_{\hat{\omega}^\star}(s) \right) \qquad (3.4.7-10)$$

Mit 3.4.7 $-$ 4

$$= -E \left(\frac{\oint A_{\hat{\omega}^\star}(s)\frac{ds}{t(s)}}{\oint \frac{ds}{t(s)}} - A_{\hat{\omega}^\star}(s) \right) \varphi_x''' \qquad (3.4.7-11)$$

Den Gesamtschubfluß im Querschnitt eines wölbbehinderten, einfach geschlossenen Profiles erhält man dann aus der Überlagerung der Einzelschubflüsse

$$q_W(x,s) - q_{0W} + q_{0T} = \left(\frac{\oint A_{\omega^\star}(s)\frac{ds}{t(s)}}{\oint \frac{ds}{t(s)}} - A_{\omega^\star}(s) \right) \frac{B'_{\omega^\star}}{A_{\hat{\omega}^\star \omega^\star}} + \frac{M_{xT}}{2A_0} \qquad (3.4.7-12)$$

$$= E \left(A_{\omega^\star}(s) - \frac{\oint A_{\omega^\star}(s)\frac{ds}{t(s)}}{\oint \frac{ds}{t(s)}} \right) \varphi_x''' + G\frac{2A_0}{\oint \frac{ds}{t(s)}} \varphi_x'$$

$$(3.4.7-13)$$

3.4.8 Anhang

Biegung					Wölbkraft — Torsion		
Biegeachse	Geometrie	$\hat{z}$	-	$\hat{y}$	x	-	Drillachse
Faserabstands-koordinate		$\hat{y}$	L	$\hat{z}$	$\hat{\omega}$	L^2	Wölbkoordinate
Deformation		v	L	w	φ_x	-	Drillwinkel
Neigung (Steigung der Verschiebung)		$\varphi_{\hat{z}} = v'$	-	$\varphi_{\hat{y}} = -w'$	$\vartheta = \varphi'_x$	$\dfrac{1}{L}$	Neigung (Steigung des Drillwinkels)
Statisches Flächenmoment		$A_{\hat{y}} = \int \hat{y}\,t\,ds$	L^3	$A_{\hat{z}} = \int \hat{z}\,t\,ds$	$A_{\hat{\omega}} = \int \hat{\omega}\,t\,ds$	L^4	Wölbfläche
Trägheitsmoment		$A_{\hat{y}\hat{y}} = \int \hat{y}^2\,t\,ds$	L^4	$A_{\hat{z}\hat{z}} = \int \hat{z}^2\,t\,ds$	$A_{\hat{\omega}\hat{\omega}} = \int \hat{\omega}^2\,t\,ds$	L^6	Wölbwiderstand
Normalspannung	Normalsp.	$\sigma_{\hat{x}} = -\dfrac{M_{\hat{z}}}{A_{\hat{y}\hat{y}}}\hat{y} = -E\hat{y}\,\varphi'_{\hat{z}} = -E\hat{y}\,v''$	$\dfrac{K}{L^2}$	$\sigma_{\hat{x}} = \dfrac{M_{\hat{y}}}{A_{\hat{z}\hat{z}}}\hat{z} = E\hat{z}\,\varphi'_{\hat{y}} = -E\hat{z}\,w''$	$\sigma_{\hat{x}} = \dfrac{B_{\hat{\omega}}}{A_{\hat{\omega}\hat{\omega}}}\hat{\omega} = -E\hat{\omega}\,\vartheta' = -E\hat{\omega}\,\varphi''_x$	$\dfrac{K}{L^2}$	Normalspannung
Schubfluß	Schubfluß	$q = -\dfrac{Q_{\hat{y}}}{A_{\hat{y}\hat{y}}}A_{\hat{y}}(s) = EA_{\hat{y}}(s)\,\varphi''_{\hat{z}} = EA_{\hat{y}}(s)\,v'''$	$\dfrac{K}{L}$	$q = -\dfrac{Q_{\hat{z}}}{A_{\hat{z}\hat{z}}}A_{\hat{z}}(s) = -EA_{\hat{z}}(s)\,\varphi''_{\hat{y}} = EA_{\hat{z}}(s)\,w'''$	$q = -\dfrac{B'_{\hat{\omega}}}{A_{\hat{\omega}\hat{\omega}}}A_{\hat{\omega}}(s) = EA_{\hat{\omega}}(s)\,\vartheta'' = EA_{\hat{\omega}}(s)\,\varphi'''_x$	$\dfrac{K}{L}$	Schubfluß

Biegemoment	äußere Lasten — Schnittlasten	$M_{\hat z} = -\int \sigma_{\hat x}\,\hat y\,t\,ds$ $= EA_{\hat y\hat y}\,\varphi'_{\hat z}$ $= EA_{\hat y\hat y}\,v''$	KL	$M_{\hat y} = \int \sigma_{\hat x}\,\hat z\,t\,ds$ $= EA_{\hat z\hat z}\,\varphi'_{\hat y}$ $= -EA_{\hat z\hat z}\,w''$	$B_{\hat\omega} = \int \sigma_{\hat x}\,\hat\omega\,t\,ds$ $= -EA_{\hat\omega\hat\omega}\,\vartheta'$ $= -EA_{\hat\omega\hat\omega}\,\varphi''_x$	KL^2	Bimoment
Querkraft		$Q_{\hat y} = -M'_{\hat z}$ $= -(EA_{\hat y\hat y}\,\varphi'_{\hat z})'$ $= -(EA_{\hat y\hat y}\,v'')'$	K	$Q_{\hat z} = M'_{\hat y}$ $= (EA_{\hat z\hat z}\,\varphi'_{\hat y})'$ $= -(EA_{\hat z\hat z}\,w'')'$	$M_{x\hat\omega} = B'_{\hat\omega}$ $= -(EA_{\hat\omega\hat\omega}\,\vartheta')'$ $= -(EA_{\hat\omega\hat\omega}\,\varphi''_x)'$	KL	Wölbmoment
laufende Last		$p_{\hat y} = -Q'_{\hat y}$ $= M''_{\hat z}$ $= (EA_{\hat y\hat y}\,\varphi'_{\hat z})''$ $= (EA_{\hat y\hat y}\,v'')''$	$\dfrac{K}{L}$	$p_{\hat z} = -Q'_{\hat z}$ $= -M''_{\hat y}$ $= -(EA_{\hat z\hat z}\,\varphi'_{\hat y})''$ $= (EA_{\hat z\hat z}\,w'')''$	$m_x = -M'_{x\hat\omega} - M'_{xT}$ $= -B''_{\hat\omega} - M'_{xT}$ $= (EA_{\hat\omega\hat\omega}\,\vartheta')'' - M'_{xT}$ $= (EA_{\hat\omega\hat\omega}\,\varphi''_x)'' - M'_{xT}$	K	laufendes Moment
					$M_{xT} = GA_T\,\varphi'_x$ $M'_{xT} = GA_T\,\vartheta'$ $= GA_T\,\varphi''_x$	KL	St. Venantsches Drillmoment

DGL Wölbkrafttorsion: $\quad m_x = EA_{\hat\omega\hat\omega}\,\varphi''''_x - GA_T\varphi''_x$

DGL Stabknicken: $\quad p_{\hat z} = EA_{\hat y\hat y}\,w'''' + Pw''$

4 Energietheoreme der Elastomechanik

Im folgenden Kapitel werden die grundlegenden Energietheoreme der Elasto-Mechanik sowie ihre wichtigsten Varianten abgeleitet. Diese Theoreme, die z.B. zur Bestimmung des Steifigkeits- bzw. Nachgiebigkeitsverhaltens usw. herangezogen werden, bilden die Grundlage vieler Berechnungsverfahren der modernen Statik. Ihr entscheidender Vorteil gegenüber Differentialgleichungen sind die vielfältigen Lösungsverfahren der Variantionsrechnung, die zu ihrer Behandlung angewendet werden können, z.B. Finite Element Methode (FEM), Galerkin – Verfahren usw. Sie gestatten zudem "Rechnungen von Hand" an relativ komplizierten stabförmigen Tragwerken, ausgehend von einer Grundlösung, durchzuführen.

Da sich gezeigt hat, daß alle Energietheoreme aus dem *Prinzip der Virtuellen Verrückungen* (PVV) und dem *Prinzip der Virtuellen Kräfte* (PVK) sehr einfach abgeleitet werden können, sollen die letzteren als Basis eingehend behandelt werden.

Es werden sodann das *Einheitsverschiebungstheorem* (EVT) und das *Einheitslasttheorem* (ELT), die *Sätze I und II von Castigliano*, die *Theoreme vom stationären Wert der potentiellen Gesamtenergie*, sowie vom *Minimum des Gesamtpotentials*, ebenso wie die *Theoreme vom Minimum der Formänderungsenergie der Gesamtverformung* behandelt. Schließlich wird noch kurz auf *hybride und gemischte Funktionale* eingegangen.

4.1 Voraussetzungen

Bei einer strengen energetischen Betrachtung müssen die Hauptsätze der Thermodynamik und die Grundgleichungen der Kontinuumsmechanik gelten und damit das Wechselspiel zwischen Wärmeflüssen, zeitlich veränderlichen Temperaturen und Deformationen betrachtet werden. Für die folgenden Betrachtungen sollen jedoch, wie im allgemeinen bei elastostatischen Ingenieurkonstruktionen üblich, folgende Verabredungen gelten:

- Belastungen erfolgen quasistatisch, d.h. die kinetische Energie bleibt unberücksichtigt.
- Wechselwirkungen zwischen Temperaturen und Verformungen treten nicht auf, d.h. es liegt ein *isothermer Zustand* vor.
- Es wird keine Energie dissipiert, d.h. es entsteht bei Be- und Entlastung eines Körpers keine Hysterese (z.B. durch viskose Dämpfung, innere Reibung, Plastizität), so daß eine Beschränkung auf die *klassische Elastizitätstheorie* erfolgt.
- Die Masse bleibt erhalten, und die Volumenkräfte ($\underline{X}$) bzw. (k_i) sind im verformten und unverformten Zustand gleich groß.

4.2 Begriff der Arbeit und der virtuellen Arbeit

Wie aus den Grundvorlesungen der Mechanik bzw. Physik bekannt ist, definiert man die Arbeit (eine skalare Größe) als ein inneres Vektorprodukt aus Kraft mal Weg.

Es ist dann:

Arbeit = Kraftkomponente in Richtung des Weges mal Weg

oder

       = Wegkomponente in Richtung der Kraft mal Kraft

In differentieller Form:

$$\delta W = \underline{F} \cdot \delta \underline{s} \tag{4.2—1}$$

Die differentielle Arbeit δW entsteht, wenn die aufgebrachte, konstante Kraft F einen differentiell kleinen Weg (Verschiebung) δs in Richtung der Kraft zurücklegt.

Der Operator $"\delta"$ kann dabei drei Bedeutungen haben:
- Differential, zur Unterscheidung vom Koordinatendifferential
- Virtuelle Größe (z.B. δu: virtuelle, d.h. gedachte, nicht wirklich existierende Verschiebung, die von einem sich im Gleichgewicht befindenden Zustand ausgeht.)
- 1. Variation (z.B. δW: erste Variation von W)

Man kann zeigen, daß die, entsprechend der *Variationsrechnung* mathematisch definierte, *erste Variation* δu der in der Mechanik gebräuchlichen *virtuellen Verrückung* δu entspricht. Zur Veranschaulichung des Begriffes der virtuellen Größe soll folgendes Beispiel dienen, bei dem der Gleichgewichtswinkel α des nachstehend abgebildeten, als starren Körper betrachteten Waagebalkens gesucht ist.

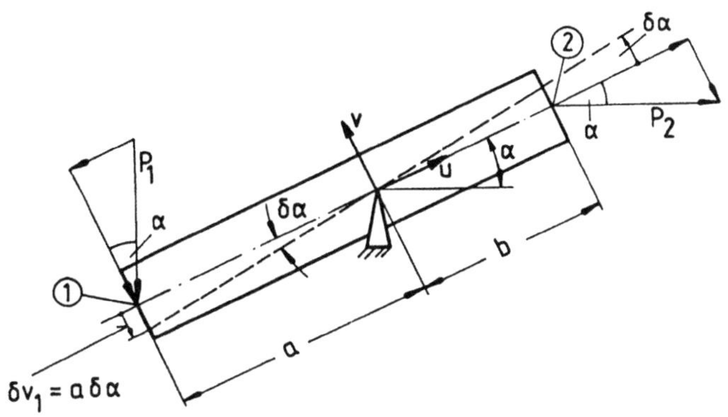

Abb. 4.2—1

Dreht man den, beim Anliegen des Winkels α sich im Gleichgewicht befindenden, Waagebalken um einen differentiell kleinen Zusatzwinkel $\delta\alpha$, so entstehen in den Punkten ① und ② Verschiebungen senkrecht zu $\overline{①②}$. Die Kraftvektoren $\underline{P}_1$ und $\underline{P}_2$ verrichten damit eine Arbeit. Die differentiellen Wege (Verschiebungen) multipliziert mit den Kräften in Richtung der Wege müssen in der Summe gleich Null sein, d.h. im vorliegenden Fall (starrer Körper) wird bei differentiell kleinen Veränderungen eines Gleichgewichtszustandes keine Arbeit geleistet. (Weitere Ausführungen zur Beurteilung von Gleichgewichtszuständen siehe Kap. 4.7.3.4)

$$\overbrace{a\,\delta\alpha \cdot P_1 \cos\alpha}^{\delta W\ im\ Punkt\ 1} - \overbrace{b\,\delta\alpha\,P_2 \sin\alpha}^{\delta W\ im\ Punkt\ 2} = 0 \tag{4.2—2}$$

$$\underbrace{}_{\delta v_1}\quad \underbrace{}_{\delta v_2}$$

Dabei ist $\delta\alpha$ eine willkürlich gewählte, differentiell kleine Größe, die die Kompatibilitätsbeziehungen nicht verletzt. Sie ist beliebig und infolgedessen nicht immer Null.

Damit ist aber die Gleichgewichtslage:

$$tg\alpha = \frac{aP_1}{bP_2} \tag{4.2—3}$$

Das gleiche Ergebnis liefert im vorliegenden Fall das Momentengleichgewicht.

$\delta\alpha$ ist somit:

- keine reale Auslenkung, sondern eine nur gedachte, d.h. *virtuelle Größe*, die von einem sich im Gleichgewicht befindenden Zustand ausgeht.
- *differentiell klein* und
- erfüllt die *Kompatibilitätsbeziehungen*.

$\delta v_1 = a\delta\alpha$ und $\delta v_2 = b\delta\alpha$ sind im vorliegenden Fall die kompatiblen *virtuellen Verrückungen*.

Anmerkungen:

1) Im vorliegenden Fall ist der Waagebalken ein starrer Körper. Am Balken-auflager, das nur einen Drehfreiheitsgrad aber keine Verschiebungsfreiheits-grade aufweist, wurde keine virtuelle Arbeit infolge Verschiebung geleistet ($\delta v = 0$). Daraus ergibt sich eine weitere wichtige Eigenschaft der virtu-ellen Verrückungen. Sie müssen die kinematischen Randbedingungen (d.h. im vorliegenden Fall die des Auflagers) erfüllen.

2) Faßt man den δ-Operator als Zeichen für die *erste Variation* im Sinne der *Variationsrechnung* auf, so bedeutet dies, daß die erste Variation an einem derartigen Rand gleich Null sein muß.

3) Eine weitere Eigenschaft des Variatonsoperators δ ist, daß die Reihenfolge von Variationsoperator mit dem Differential- oder Integral-Operator ver-tauscht werden darf.

$$\delta\frac{\partial}{\partial x}\,F(x,y,y',z\ldots) = \frac{\partial}{\partial x}\,\delta\,F(x,y,y',z\ldots)$$

kommutatives
Gesetz　　　　　　(4.2—4)

$$\delta\int F(x,y,y',z\ldots) = \int \delta F(x,y,y',z\ldots)$$

4) Die Anwendung des Variationsoperators auf eine Funktion $F(x,y,y',z,\ldots)$ bedeutet, daß das *totale Differential* zu bilden ist an der Stelle $x = const$

$$\delta F(x,y,y',z\cdots) = \frac{\partial F}{\partial y}\,\delta y + \frac{\partial F}{\partial y'}\,\delta y' + \frac{\partial F}{\partial z}\,\delta z + \cdots \frac{\partial F}{\partial x}\,\overset{=0}{\cancel{\delta x}} \qquad (4.2—5)$$

Da $x = const$ ist, ist $\delta x = 0$.

5) Beim Suchen nach stationären Werten (horizontalen Tangenten an eine Funktion) bildet man z.B. für $\pi(U)$ wie bei der Differentialrechnung:

$$\delta\pi(U) = \frac{\partial\pi}{\partial U}\,\delta U = 0 \qquad (4.2—6)$$

Da δU als willkürliche Größe nicht immer Null ist, muß gelten:

$$\frac{\partial \pi}{\partial U} = 0 \quad \rightarrow \quad \text{stat. Wert} \tag{4.2—7}$$

Vgl. Kap. 3.2.3 Abb. 3.2.3 — 1a : $\qquad dv_t = \dfrac{\partial v_t}{\partial x}\, dx$

$$\text{Für} \qquad dv_t = 0 \rightarrow \frac{\partial v_t}{\partial x} = 0 \quad \rightarrow \quad \text{keine Drillung}$$

4.3 Arbeit und Ergänzungsarbeit (komplementäre oder konjugierte Arbeit)

Im folgenden Abschnitt sollen die Zusammenhänge zwischen der *Arbeit W*, der *Ergänzungsarbeit W** und ihren virtuellen Größen bei nichtlinearem Kraft–Verschiebungsverlauf diskutiert werden.

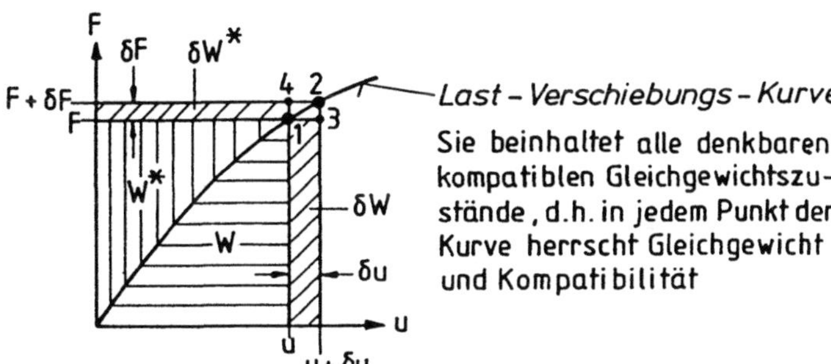

Abb. 4.3—1

4.3.1 Arbeit W und virtuelle Arbeit δW

Wirkt eine äußere Kraftgröße $\underline{F}$ (Kraft, Moment) auf einen Körper, so stellt sich entsprechend der Last–Verschiebungskurve ein Verformungszustand $\underline{u}$ (Verschiebung, Drehung) ein. Beim Durchlaufen dieser Kurve wird die ("darunter liegende") Arbeit W geleistet. Mit dem *Wegdifferential δu* wird:

$$W = \int_0^u \underline{F}^T \delta\underline{u} \tag{4.3.1—1}$$

Und bei *linearem Kraft-Weg-Zusammenhang* ist:

$$W = \frac{1}{2} \underline{F}^T \underline{u} = W^* \qquad (4.3.1\text{---}2)$$

Vergrößert man, ausgehend von einem kompatiblen Gleichgewichtszustand (Abb. 4.3—1 Punkt 1), die Verschiebung um die *virtuelle Größe δu*, so beträgt der Arbeitszuwachs

$$\Delta W = \quad \underline{F}^T \delta \underline{u} \quad + \frac{1}{2} \delta \underline{F}^T \delta \underline{u} \quad + \cdots$$

$$= \quad \underbrace{\delta W}_{1\,.\,Variation} + \quad \underbrace{\frac{1}{2} \delta^2 W}_{2\,.\,Variation} + \cdots \qquad (4.3.1\text{---}3)$$

Zuwachs: 1. Ordnung   2. Ordnung

Zur Ermittlung des *stationären Gleichgewichtes* genügt es, wie in Kap. 4.7.3.4 gezeigt, nur die erste Variation von W zu betrachten. Aus ihr läßt sich unmittelbar die Bedingung für den stationären Wert (hier: $\delta W = 0$) ableiten.

Auch bei *nichtlinearem Kraft-Weg-Zusammenhang* bis zum Gleichgewichtszustand (Punkt 1) gilt:

$$\boxed{\delta W = \underline{F}^T \delta \underline{u}} \qquad (4.3.1\text{---}4)$$

Dieser Arbeitszuwachs führt vom Ausgangszustand (Punkt 1, Abb. 4.3—1) zu Punkt 3. Dieser hat folgende Eigenschaften:

- er ist kompatibel, aber
- er ist nicht im Gleichgewicht, es fehlt zum Gleichgewichtszustand der Betrag δF

Die Kenntnis dieses Sachverhaltes spielt für Konvergenzbetrachtungen und bei Näherungsverfahren eine Rolle.

Anmerkung: Nimmt man bei einem linearem Kraft–Weg-Zusammenhang das Glied 2. Ordnung mit, so wird Punkt 2 und damit Gleichgewicht und Kompatibilität erreicht.

4.3.1.1 Verallgemeinerung

An einer vorgegebenen dreidimensionale Struktur wirken äußere Lasten aus:

- Körperkräften, bzw. Volumenkräften $\underline{X}$ (Kraft pro Volumeneinheit)
- Oberflächenkräften $\underline{p}$ (Kraft pro Flächeneinheit). Dabei werden, wie bereits erwähnt, Oberflächenkräfte durch Integration zu *Linien-* bzw. Einzelkräften P_i. Die letzteren sind somit Oberflächenkräfte, die auf eine infinitesimal kleine Oberfläche wirken.

Infolge der Kräfte $\underline{p}$ und $\underline{P}$ bzw. $\underline{X}$ und verallgemeinert auch $\underline{m}$ und $\underline{M}$ usw. entstehen *allgemeine Verschiebungen* bzw. *Verformungs- oder Verschiebungsgrößen* (Verschiebungen und Verdrehungen) $\underline{u}$, $\underline{\varphi}$ und $\underline{U}$, $\underline{\phi}$ usw.

Dabei werden geschrieben mit

- Kleinbuchstaben (z.B. $\underline{u}, \underline{\varphi}, \underline{p}, \underline{m}$ usw.), sofern es sich um eine Feldvariable handelt
  und mit
- Großbuchstaben, wenn es sich um diskrete, d.h. an einer festgelegten Stelle vorliegende Größen handelt (z.B. $\underline{U}, \underline{\phi}, \underline{P}, \underline{M}$ usw.)

Vorgegebene Lasten und *Verschiebungen*, die als Randbedingungen vorliegen, werden, wenn nötig, zur Unterscheidung von freien Größen mit einem Superskript (Querstrich) versehen (z.B. $\overline{u}, \overline{p}$ usw.).
Die im folgenden berücksichtigten Last- und Verformungsvektoren, die jederzeit um weitere von äußeren Lasten ausgehende *konjugierte Paare* (z.B. M und ϕ usw.) erweitert werden können, lauten:

$$\underline{X}^T = [\, X_x\, X_y\, X_z\,]$$

$$\underline{p}^T = [\, p_x\, p_y\, p_z\,]$$

$$\underline{P}^T = [\, P_1\, P_2\, P_3 \ldots\ P_n\,] = P_i$$

$$\underline{u}^T = [\, u_x\ u_y\ u_z\,]$$

$$\underline{U}^T = [\, U_1\ U_2\ U_3\ \ldots\ U_n\,] = U_j$$

Aus Gl. 4.3.1—4 wird im allgemeinen Fall:
Für den *Zuwachs der äußeren Arbeit*

$$\boxed{\ \delta W = \int_O \underline{p}^T \delta \underline{u}\ dO + \int_V \underline{X}^T \delta \underline{u}\ dV\ }$$

$$(4.3.1\text{—}5)$$

Wirken nur konzentrierte äußere Kräfte, d.h. Einzellasten, dann ist $\underline{X}^T = 0$ und
Gl. 4.3.1—5 wird zu:

$$
\begin{aligned}
\delta W &= \underline{P}^T \, \delta \underline{U} \\
&= \sum_{i=1}^{n} P_i \delta U_i
\end{aligned}
\tag{4.3.1—6}
$$

Anmerkung: Gl. 4.3.1 —6 ist im 1. Term der Gl. 4.3.1 —5 enthalten. Äußere
Einzelkräfte $\underline{P}_i$ greifen an einem Punkt (bei der FE–Methode an einem
Knoten) an, der die Verschiebung U_i erfährt. Für angreifende äußere
Einzelmomente wird analog

$$
\delta W = \sum M_i \delta \phi_i
\tag{4.3.1—7}
$$

4.3.2 Ergänzungsarbeit W^* (nach Engesser) und virtuelle Ergänzungsarbeit δW^*

Die *Ergänzungsarbeit* W^* nach Engesser (siehe Abb. 4.3 —1) hat physikalisch
keine Bedeutung, sie erlaubt in vielen Fällen jedoch ein einfacheres Rechnen und
wird in der Finite Elemente Methode (FEM) z.B. zur Entwicklung *gemischter
Elemente* herangezogen.

Besteht ein linearer Zusammenhang zwischen Last und Verschiebung, sind Arbeit und Ergänzungsarbeit gleich groß.

Analog zu Kap. 4.3.1 kann durch Vertauschen der Virtualität der komplementären Größen

$\underline{F}$ geht über in $\delta \underline{F}$
$\delta \underline{u}$ geht über in $\underline{u}$
usw.

entsprechend Abb. 4.3-1 angeschrieben werden

$$
W^* = \int_{o}^{F} \underline{u}^T \, \delta \underline{F}
\tag{4.3.2—1}
$$

Bei *linearem Kraft-Weg-Zusammenhang* wird:

$$
W^* = \frac{1}{2} \underline{F}^T \underline{u} = W
\tag{4.3.2—2}
$$

Erhöht man, ausgehend von einem kompatiblen Gleichgewichtszustand (Abb. 4.3 —1, Punkt 1), die Last um die virtuelle Größe δF, so beträgt der Arbeitszuwachs:

$$\Delta W^* = \underbrace{\underline{u}^T \, \delta \underline{F}}_{1 \,.\,Variation} + \underbrace{\frac{1}{2} \delta \underline{u}^T \, \delta \underline{F}}_{2 \,.\,Variation} + \cdots$$
$$= \underbrace{\delta W^*}_{} + \underbrace{\frac{1}{2} \delta^2 W^*}_{} + \cdots \qquad (4.3.2\text{—}3)$$

Zuwachs: 1. Ordnung   2. Ordnung

Für eine lineare Theorie (bei durchaus nichtlinearem Kraft-Weg-Zusammenhang bis zum Gleichgewichtszustand (Punkt 1)) gilt analog Kap. 4.3.1

$$\boxed{\delta W^* = \underline{u}^T \, \delta \underline{F}}$$
$$\qquad (4.3.2\text{—}4)$$

Der Arbeitszuwachs führt vom Ausgangszustand (Punkt 1, Abb. 4.3 —1) zu Punkt 4.

Dieser Punkt hat folgende Eigenschaften:

- er ist im Gleichgewicht
- er ist nicht kompatibel, es fehlt der Betrag δu

Anmerkung: Es gilt die Anmerkung von Kap. 4.3.1.

4.3.2.1 Verallgemeinerung

Analog zu Kap. 4.3.1.1 wird aus Gl. 4.3.2–4 im allgemeinen Fall für den *Zuwachs der äußeren komplementären Arbeit*:

$$\boxed{\delta W^* = \int\limits_O \underline{u}^T \, \delta \underline{p} \; dO + \int\limits_V \underline{u}^T \, \delta \underline{X} \; dV}$$
$$\qquad (4.3.2\text{—}5)$$

Wirken nur äußere konzentrierte Kräfte, d.h. Einzellasten, dann ist $\underline{X}^T = 0$ und Gl. 4.3.2 —5 wird zu:

$$\boxed{\begin{aligned} \delta W^* &= \underline{U}^T \, \delta \underline{P} \\ &= \sum_{i=1}^{n} U_i \, \delta P_i \end{aligned}}$$
$$\qquad (4.3.2\text{—}6)$$

Und für äußere Einzelmomente:

$$\delta W^* = \sum \phi_i \delta \overline{M}_i \tag{4.3.2—7}$$

4.3.3 Satz von Betti

Für einen *linearen Kraft-Verschiebungszusammenhang* gelten die in Abb. 4.3.3-1 dargestellten Zusammenhänge, wobei mit den Indizes I und II auch unterschiedliche Lastgruppen, bzw. die aus diesen resultierenden Verschiebungen gemeint sein können.

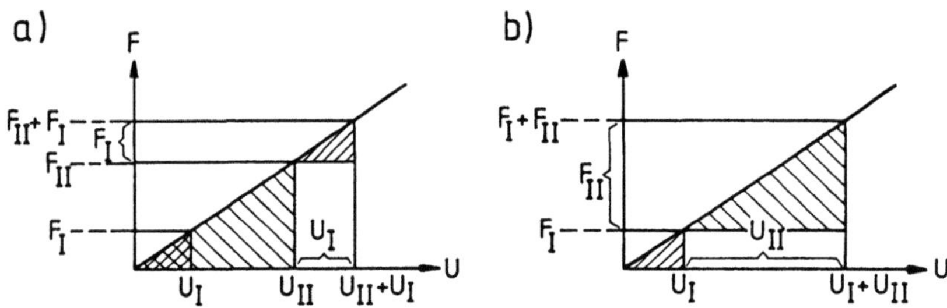

$$\text{Abb.}\quad 4.3.3—1$$

Die geleistete Arbeit infolge der Last $\underline{F}_I$ ist:

$$W_I = \frac{1}{2} \cdot \underline{F_I}^T \cdot \underline{U}_I(F_I) \tag{4.3.3—1}$$

und infolge einer Last $\underline{F}_{II}$

$$W_{II} = \frac{1}{2} \cdot \underline{F}_{II}^T \cdot \underline{U}_{II}(F_{II}) \tag{4.3.3—2}$$

Bringt man, wie in Abb. 4.3.3 —1a dargestellt, zunächst die Last $\underline{F}_{II}$ und dann zusätzlich die Last $\underline{F}_I$ auf, so muß die geleistete Arbeit genau so groß sein wie in Abb. 4.3.3 —1b, in dem zunächst die Last $\underline{F}_I$ aufgebracht wurde und dann zusätzlich $\underline{F}_{II}$.

Die Arbeiten sind:

$$W_{II+I} = \frac{1}{2} \underline{F}_{II}^T \underline{U}_{II} + \frac{1}{2} \underline{F}_I^T \underline{U}_I + \underline{F}_{II}^T \underline{U}_I$$

$$W_{I+II} = \frac{1}{2} \underline{F}_I^T \underline{U}_I + \frac{1}{2} \underline{F}_{II}^T \underline{U}_{II} + \underline{F}_I^T \underline{U}_{II} \tag{4.3.3—3}$$

Es handelt sich um eine *potentielle Energie*, die unabhängig von der Belastungsgeschichte ist und damit nicht vom Integrationsweg sondern nur vom Anfangs- und Endpunkt, d.h. den Integrationsgrenzen, abhängt. Damit gilt:

$$W_{I+II} = W_{II+I} \tag{4.3.3—4}$$

Daraus folgt der *Bettische Reziprozitätssatz*:

$$\underline{F}_I^T \cdot \underline{U}_{II} = \underline{F}_{II}^T \cdot \underline{U}_I$$

$$\frac{\underline{F}_I^T}{\underline{U}_I} = \frac{F_{II}^T}{\underline{U}_{II}} = const.$$

$$(4.3.3\text{---}5)$$

Verallgemeinert lautet damit der *Bettische Satz:*

Die Arbeit, die von einem System von Lasten $\underline{F}_I$ beim Durchlaufen der Verschiebungen $\underline{U}_{II}$ erzeugt wird, ist gleich der Arbeit des Systems von Lasten $\underline{F}_{II}$ beim Durchlaufen der Verschiebungen $\underline{U}_I$, wobei die Verschiebungen $\underline{U}_I$ infolge $\underline{F}_I$, d.h. $\underline{U}_I(\underline{F}_I)$ und $\underline{U}_{II}$ in Folge $\underline{F}_{II}$, d.h. $\underline{U}_{II}(\underline{F}_{II})$ entstehen.

$$\boxed{\underline{F}_I^T \, \underline{U}_{II} = \underline{F}_{II}^T \, \underline{U}_I}$$

$$(4.3.3\text{---}6)$$

Dabei sind:

$$\left.\begin{array}{l} \underline{F}_I \\ \underline{F}_{II} \end{array}\right\} \text{zwei Systeme von äußeren Kräften} \qquad \left.\begin{array}{l} \underline{U}_I(F_I) \\ \underline{U}_{II}(F_{II}) \end{array}\right\} \text{die zugehörigen Verschiebungen}$$

4.3.4 Satz von Maxwell (Betti–Maxwellsches Reziprozitäts-Theorem)

Aufbauend auf dem *Bettischen Satz*, bzw. folgernd aus diesem, erhält man das *Reziprozitäts-Theorem*, das Maxwell formulierte. Zum besseren Verständnis sollen zuvor noch einige Ausführungen zum Last-Verformungszusammenhang gemacht werden.

Linearer Last-Verformungs-Zusammenhang

Bei einer *linearen Theorie* muß zwischen den *Kraftgrößen* (Kräfte und Momente) und den *Verschiebungsgrößen* (Verschiebungen und Drehwinkel) ein *Linearzusammenhang* bestehen.

Bei Betrachtung nur einer Last und einer Verformung ist z.B.:

$$U_i = f_{ij} P_j \quad \text{oder} \quad \varphi_i = f_{ij} M_j \quad \text{oder} \quad U_i = f_{ij} M_j \quad \text{usw.} \qquad (4.3.4\text{---}1)$$

D.h. bei einer Verdopplung der Last (Kraft oder/und Moment) wird sich auch die Verformung (Verschiebung oder/und Verdrehung) verdoppeln.

Den Koeffizienten f_{ij} nennt man *Verschiebungseinflußzahl* oder *Nachgiebigkeitskoeffizient.*

Bei Betrachtung mehrerer Lasten und mehrerer Verformungen, bei denen im *Kraftvektor $\underline{F}$* Kräfte und/oder Momente und im *allgemeinen Verschiebungsvektor $\underline{U}$* Verschiebungen und/oder (Dreh-)Winkel stehen können, gilt allgemein:

$$U_1 = f_{11}P_1 + f_{12}P_2 + \cdots$$
$$U_2 = f_{21}P_1 + f_{22}P_2 + \cdots$$
$$\vdots$$

In Matrixschreibweise: (4.3.4—2)

$$
\begin{bmatrix} U_1 \\ U_2 \\ \vdots \\ U_i \\ \vdots \\ U_n \end{bmatrix}
=
\begin{bmatrix}
f_{11} & f_{12} & \cdots & f_{1j} & \cdots & f_{1n} \\
f_{21} & f_{22} & \cdots & f_{2j} & \cdots & f_{2n} \\
\vdots & \vdots & \vdots & \vdots & \vdots & \vdots \\
f_{i1} & f_{i2} & \cdots & f_{ij} & \cdots & f_{in} \\
\vdots & \vdots & \vdots & \vdots & \vdots & \vdots \\
f_{n1} & f_{n2} & \cdots & f_{nj} & \cdots & f_{nn}
\end{bmatrix}
\begin{bmatrix} P_1 \\ P_2 \\ \vdots \\ P_j \\ \vdots \\ P_n \end{bmatrix}
$$

$$\boxed{\quad \underline{U} \quad = \qquad \underline{\underline{f}} \qquad\qquad \underline{F} \quad}$$

Bei einem System von Kräften und/oder Momenten muß somit gelten:

bzw.
$$\boxed{\begin{aligned} \underline{U} &= \underline{\underline{f}}\ \underline{F} \\ \underline{F} &= \underline{\underline{k}}\ \underline{U} \\ \underline{\underline{k}}\ \underline{\underline{f}} &= \underline{\underline{I}} \end{aligned}}$$ (4.3.4—3)

Die Matrix $\underline{\underline{k}}$ nennt man *Steifigkeitsmatrix* und die Matrix $\underline{\underline{f}}$ *Nachgiebigkeitsmatrix*. Ihr Produkt ergibt eine Einheitsmatrix.

Der *Proportionalitätsfaktor f_{ij}* gibt die Steigung der Geraden an, bzw. ist der *Gradient*, so daß in der Grenze aus Gl. 4.3.4 —1 wird:

$$\frac{\partial U_i}{\partial P_j} = f_{ij} \quad \text{bzw.} \quad \frac{\partial \varphi_i}{\partial M_j} = f_{ij} \quad \text{bzw.} \quad \frac{\partial U_i}{\partial M_j} = f_{ij} \quad \text{usw.} \qquad (4.3.4—4)$$

und allgemein aus Gl. 4.3.4 —3:

$$\frac{\partial \underline{U}}{\partial \underline{F}} = \underline{\underline{f}} \qquad \frac{\partial \underline{F}}{\partial \underline{U}} = \underline{\underline{k}}$$

$$\frac{\partial U_i}{\partial F_j} = f_{ij} \qquad \frac{\partial F_i}{\partial U_j} = k_{ij}$$

(4.3.4—5)

Anmerkung: Der Ausdruck *Einflußzahl* wird hier deutlich: Die Größe von f_{ij} beeinflußt die Auswirkung einer Kraftsteigerung (z.B. von der Größe 1) auf die Verformung und der Kehrwert k_{ij} die der Verformung auf die Kraftgröße.

Satz von Maxwell

Der *Maxwellsche Satz* angewandt auf Abb. 4.3.4 —1 lautet:

Die Verschiebung	$\underline{U}_1$ in Richtung 1 im Punkt ①infolge
einer Last	$\underline{P}_2$ in Richtung 2 im Punkt ② d.h. $U_I(P_2)$
	ist gleich
der Verschiebung	$\underline{U}_2$ in Richtung 2 im Punkt ② wenn
die gleiche Last	$(P_2 =)P_1$ in Richtung 1 im Punkt ①wirkt,
	d.h. $U_{II}(P_1)$ mit $P_2 = P_1$

(4.3.4—6)

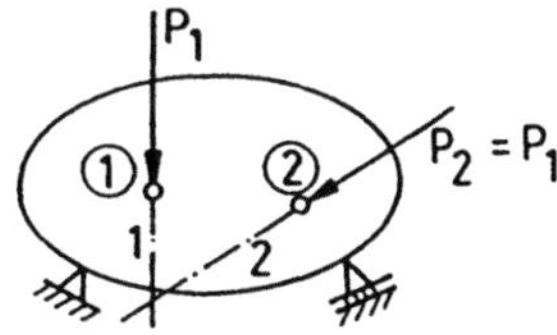

Abb. 4.3.4—1

Beweis:

Liegt z.B. ein System von 2 Kräften und 2 Verschiebungen vor:

$$\begin{bmatrix} U_1 \\ U_2 \end{bmatrix} = \begin{bmatrix} f_{11} & f_{12} \\ f_{21} & f_{22} \end{bmatrix} \begin{bmatrix} P_1 \\ P_2 \end{bmatrix}$$
$$\underline{U} \quad = \qquad \underline{\underline{f}} \qquad \underline{F}$$

(4.3.4—7)

so ist:

$$\underline{F}_I = \begin{bmatrix} P_1 \\ 0 \end{bmatrix} \qquad\qquad \underline{F}_{II} = \begin{bmatrix} 0 \\ P_2 \end{bmatrix}$$

$$\underline{U}_I(\underline{F}_I) = \begin{bmatrix} f_{11}P_1 \\ f_{21}P_1 \end{bmatrix} \qquad \underline{U}_{II}(\underline{F}_{II}) = \begin{bmatrix} f_{12}P_2 \\ f_{22}P_2 \end{bmatrix} \qquad\qquad (4.3.4\text{---}8)$$

Mit dem *Bettischen Satz* wird:

$$\underline{F}_{II}^T \underline{U}_I(\underline{F}_I) = \underline{F}_I^T \underline{U}_{II}(\underline{F}_{II}) \qquad \text{Betti} \qquad\qquad (4.3.4\text{---}9)$$

$$[0 \quad P_2]\begin{bmatrix} f_{11}P_1 \\ f_{21}P_1 \end{bmatrix} = [P_1 \quad 0]\begin{bmatrix} f_{12}P_2 \\ f_{22}P_2 \end{bmatrix}$$

$$f_{21} = f_{12} \qquad\qquad\qquad (4.3.4\text{---}10)$$

Für den *Maxwellschen Satz* (Gl. 4.3.4—6) gilt dann:

$$U_I(F_{II}) = \begin{bmatrix} U_1 \\ 0 \end{bmatrix} = \begin{bmatrix} f_{11} & f_{12} \\ f_{21} & f_{22} \end{bmatrix}\begin{bmatrix} 0 \\ P_2 \end{bmatrix}$$

$$U_{II}(F_I) = \begin{bmatrix} 0 \\ U_2 \end{bmatrix} = \begin{bmatrix} f_{11} & f_{12} \\ f_{21} & f_{22} \end{bmatrix}\begin{bmatrix} P_1 \\ 0 \end{bmatrix} \qquad\qquad (4.3.4\text{---}11)$$

für $\qquad\qquad P_1 = P_2$

wird $\qquad\qquad U_1 = U_2 \qquad$ q.e.d.

Allgemein gilt somit:

$$\boxed{\begin{aligned} f_{ij} &= f_{ji} \\ k_{ij} &= k_{ji} \end{aligned}} \qquad\qquad (4.3.4\text{---}12)$$

Die Indizes der Elemente einer Steifigkeits– bzw. Nachgiebigkeitsmatrix dürfen
vertauscht werden. Somit folgt aus den Sätzen von Betti–Maxwell für Stoffgesetze, Steifigkeits-, bzw. Nachgiebigkeitsmatrizen usw., daß diese symmetrisch
zur Hauptdiagonalen aufgebaut sein müssen.

Beispiel:

Gesucht sind die Durchbiegungen U_1, U_2, U_3 eines Balkens infolge der Lasten
P_1 und P_3 (Abb. 4.3.4-2a)

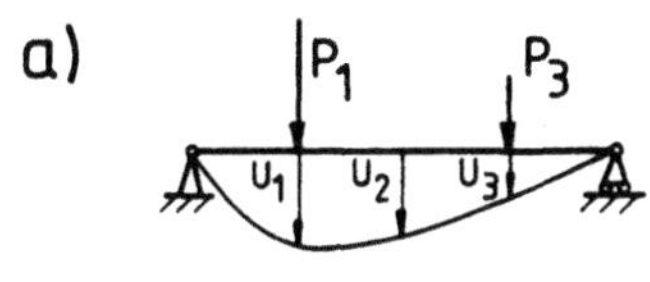

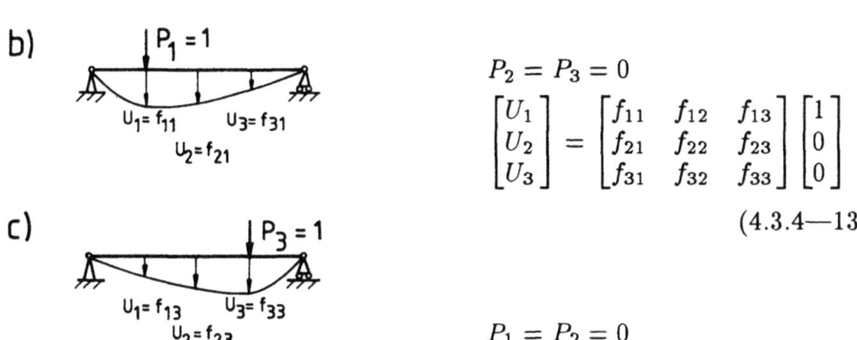

$$P_2 = P_3 = 0$$

$$\begin{bmatrix} U_1 \\ U_2 \\ U_3 \end{bmatrix} = \begin{bmatrix} f_{11} & f_{12} & f_{13} \\ f_{21} & f_{22} & f_{23} \\ f_{31} & f_{32} & f_{33} \end{bmatrix} \begin{bmatrix} 1 \\ 0 \\ 0 \end{bmatrix}$$

$$(4.3.4\text{—}13)$$

$$P_1 = P_2 = 0$$

Abb. 4.3.4—2

1. Schritt: Ermittle die Koeffizienten f_{ij} der Nachgiebigkeitsmatrix durch Aufbringen von jeweils nur einer *Einheitslast* $P_j = 1$ (Abb. 4.3.4 —2b und -2c) und berechne (z.B. mit dem Einheitslasttheorem Kap. 4.7.1 ff oder der DGL der Balkenbiegung) die zugehörigen Durchbiegungen U_1, U_2, U_3 und damit die zur jeweiligen Last $P_j = 1$ gehörigen f_{ij}.

2. Schritt: Superponiere die 2 Lastfälle in der Nachgiebigkeitsmatrix:

$$\begin{bmatrix} U_1 \\ U_2 \\ U_3 \end{bmatrix} = \begin{bmatrix} f_{11} & f_{12} & f_{13} \\ f_{21} & f_{22} & f_{23} \\ f_{31} & f_{32} & f_{33} \end{bmatrix} \begin{bmatrix} P_1 \\ P_2 = 0 \\ P_3 \end{bmatrix}$$

$$(4.3.4\text{—}14)$$

und ermittle die wirklichen Durchbiegungen durch Aufbringen der vorgegebenen Lasten P_1 und P_3, sowie $P_2 = 0$.

$$U_1 = f_{11}\, P_1 + f_{13}\, P_3$$
$$U_2 = f_{21}\, P_1 + f_{23}\, P_3$$
$$(4.3.4\text{—}15)$$
$$U_3 = f_{31}\, P_1 + f_{33}\, P_3$$

Anmerkungen:

1) Die Koeffizienten f_{ij} sind unabhängig von der Höhe der Last, aber abhängig vom Ort der Lastaufbringung und dem Ort, für den die Verschiebung (infolge der Last) ermittelt werden soll.

2) Arbeitet man mit der Steifigkeitsmatrix, so müssen zur Bestimmung der
    Koeffizienten k_{ij} Einheitsverschiebungen ($U_j = 1$) vorgegeben werden, und
    man erhält analog im 2. Schritt die aus den vorgegebenen Verschiebungen
    resultierenden Kräfte bzw. Momente.

4.4 Formänderungsenergie und Ergänzungs–Formänderungsenergie (komplementäre Formänderungsenergie)

Im folgenden Abschnitt sollen analog zum Kap. 4.3 ff die Zusammenhänge
zwischen der Formänderungsenergie U_ε, der Ergänzungs-Formänderungsenergie
U_ε^* und ihren virtuellen Größen bei nichtlinearem Spannungs-Dehnungsverlauf
diskutiert werden.

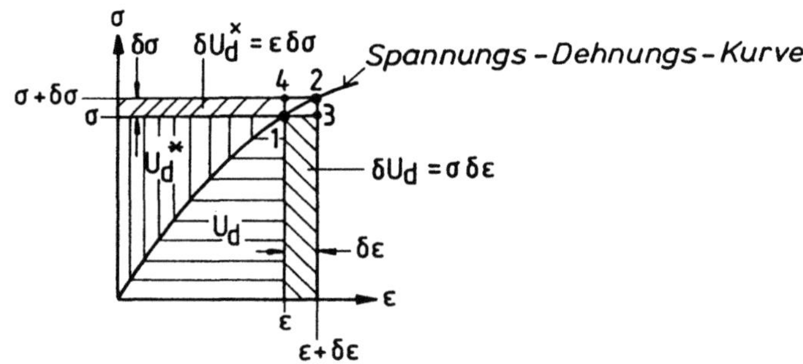

Abb. 4.4—1

Die *Spannungs-Dehnungs-Kurve* beinhaltet alle denkbaren kompatiblen Gleichgewichtszustände, d.h. in jedem Punkt der Kurve herrscht Gleichgewicht und
Verträglichkeit.

4.4.1 Formänderungsenergie U_ε und virtuelle Formänderungsenergie δU_ε

Wirkt in einem Körper eine Spannung σ (Normalspannung, Schubspannung),
so stellt sich entsprechend dem Stoffgesetz ein Verzerrungszustand (Dehnungen,
Scherungen) ein. Beim Durchlaufen z.B. des Spannungs-Dehnungsdiagrammes
in Abb. 4.4 —1 entsteht die unter der Kurve liegende *Energiedichte* U_d im
Körper. Diese ist die auf das Speichervolumen bezogene Energie und wird auch
spezifische Formänderungsenergie genannt.
Zur Veranschaulichung soll das folgende einfache Beispiel dienen (Abb. 4.4.1
—2). Zwei Stäbe gleicher Länge l aus gleichem Material und damit mit dem

gleichen Stoffgesetz aber mit unterschiedlichem Querschnitt A_1 und A_2 werden um die gleiche Länge Δl zusammengedrückt. Dazu sind die unterschiedlichen Kräfte F_1 und F_2 nötig. Die Energiedichte ist für beide Stäbe bei gleichem Spannungs-Dehnungsdiagramm für $\varepsilon = \frac{\Delta l}{l} = const$ gleich groß. Die Spannungen in den Stäben müssen aus Gleichgewichtsbedingungen ebenfalls gleich groß sein. Die gespeicherte Energie jedoch ist in dem Stab mit dem größeren Querschnitt und der größeren von außen wirkenden Kraft entsprechend dem größeren Volumen größer.

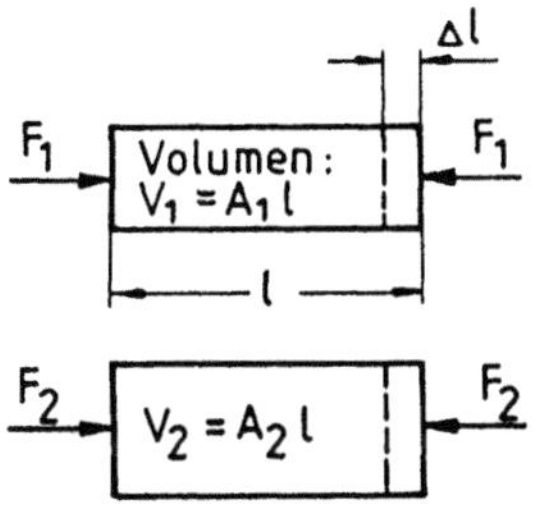

$$\sigma = \frac{F}{A} = E\,\varepsilon$$

$$F = A\,E\,\frac{\Delta l}{l}$$

$$W = \frac{1}{2}\,F\,\Delta l = \frac{1}{2}\,V\,E\,\varepsilon^2$$

$$= \frac{1}{2}\,V\,U_d = U_\epsilon$$

Abb. 4.4.1—2

Die gespeicherte Energie ist somit:

$$U_\varepsilon = \int_V U_d\,dV \tag{4.4.1—1}$$

und die Energiedichte wobei δ hier als Differential aufgefaßt wird:

$$U_d = \int_\varepsilon \underline{\sigma}^T\,\delta\underline{\varepsilon} \tag{4.4.1—2}$$

Bei *linear-elastischem Zusammenhang* wird:

$$U_d = \frac{1}{2}\,\underline{\sigma}^T\,\underline{\varepsilon} \tag{4.4.1—3}$$

Aus Gl. 4.4.1-1 und -2 erhält man:

$$U_\varepsilon = \int_V \int_\varepsilon \underline{\sigma}^T\,\delta\underline{\varepsilon}\,dV \tag{4.4.1—4}$$

Bei *linear-elastischem Zusammenhang* folgt aus 4.4.1–1 mit –3:

$$U_\varepsilon = \frac{1}{2} \int_V \underline{\sigma}^T \underline{\varepsilon}\, dV = U_\varepsilon^* \qquad (4.4.1\text{—}5)$$

Analog zu Kap. 4.3.1 kann man nun, ausgehend von dem sich im kompatiblen Gleichgewicht befindenden Punkt 1 (Abb. 4.4–1), feststellen:

Vergrößert man, jeweils vom kompatiblen und sich im Gleichgewicht befindendem Punkt 1 in den Abbildungen ausgehend, die Verschiebungen von u auf $u+\delta u$ (Abb. 4.3–1), so vergrößert man die Dehnungen von ϵ auf $\varepsilon + \delta\varepsilon$ (Abb. 4.4–1). Die Energiedichte ändert sich dann um

$$\Delta U_d = \quad \underline{\sigma}^T \delta\underline{\varepsilon} \quad + \quad \frac{1}{2}\delta\underline{\sigma}\,\delta\underline{\varepsilon} \quad + \cdots$$

$$= \quad \underbrace{\delta U_d}_{1.\ Variation} \quad + \quad \underbrace{\frac{1}{2}\delta^2\,U_d}_{2.\ Variation} \quad + \cdots \qquad (4.4.1\text{—}6)$$

Zuwachs: 1. Ordnung   2. Ordnung

Berücksichtigt man von einem Gleichgewichtspunkt 1 (Abb. 4.4–1), der auf einem nichtlinear-elastischem Spannungs-Dehnungs-Pfad liegen kann, ausgehend nur die Zuwachsglieder 1. Ordnung, d.h. die 1. Variation, so wird:

$$\delta U_d = \underline{\sigma}^T \delta\underline{\varepsilon} \qquad (4.4.1\text{—}7)$$

Aus Gleichung 4.4.1—1 (angeschrieben für die virtuellen Größen) erhält man die *virtuelle Formänderungsenergie*:

$$\delta U_\varepsilon = \int_V \delta U_d\, dV \qquad (4.4.1\text{—}8)$$

mit Gl. 4.4.1-7 (siehe dazu auch Abb. 4.4–1) wird:

$$\delta U_\varepsilon = \int_V \underline{\sigma}^T \delta\underline{\varepsilon}\, dV \qquad (4.4.1\text{—}9)$$

Dabei bedeuten:

$$\underline{\sigma}^T = [\, \sigma_x \ \sigma_y \ \sigma_z \ \tau_{xy} \ \tau_{yz} \ \tau_{zx} \,]$$

$$\delta\underline{\varepsilon}^T = [\, \delta\varepsilon_x \ \delta\varepsilon_y \ \delta\varepsilon_z \ \delta\gamma_{xy} \ \delta\gamma_{yz} \ \delta\gamma_{zx} \,]$$

Für den zweidimensionalen Fall wird z.B.:

$$\delta U_\varepsilon = \int_V (\, \sigma_x\, \delta\varepsilon_x + \sigma_y\delta\varepsilon_y + \tau_{xy}\, \delta\gamma_{xy} \,)\, dV \tag{4.4.1—10}$$

Im übrigen gelten analog die gleichen Aussagen für Verträglichkeit und Gleichgewicht im Punkt 3 (Abb. 4.4–1) wie in Kap. 4.3.1 zu Abb. 4.3–1.

4.4.2 Komplementäre Formänderungsenergie U_ε^* und virtuelle komplementäre Formänderungsenergie δU_ε^*

Es gilt analog zu Kap. 4.4.1

$$U_\varepsilon^* = \int_V U_d^*\, dV \tag{4.4.2—1}$$

$$U_d^* = \int_\sigma \underline{\varepsilon}^T\, \delta\underline{\sigma} \tag{4.4.2—2}$$

Bei *linear-elastischem Zusammenhang*:

$$U_d^* = \frac{1}{2}\, \underline{\varepsilon}^T\, \underline{\sigma} = U_d \tag{4.4.2—3}$$

Die gespeicherte komplementäre Formänderungsenergie ist:

$$U_\varepsilon^* = \int_V \int_\sigma \underline{\varepsilon}^T\, \delta\underline{\sigma}\, dV \tag{4.4.2—4}$$

Bei *linear-elastischem Zusammenhang*:

$$U_\varepsilon^* = \frac{1}{2} \int_V \underline{\varepsilon}^T\, \underline{\sigma}\, dV = U_\varepsilon \tag{4.4.2—5}$$

Ausgehend von Punkt 1 Abb. 4.4–1 verursacht eine Spannungserhöhung von $\underline{\sigma}$ auf $\underline{\sigma} + \delta\underline{\sigma}$:

$$\Delta U_d^* = \underline{\varepsilon}^T\, \delta\underline{\sigma} + \frac{1}{2}\, \delta\underline{\varepsilon}\, \delta\underline{\sigma} + \cdots$$
$$= \delta U_d^* + \frac{1}{2}\, \delta^2 U_d^* + \cdots \tag{4.4.2—6}$$

Der Zuwachs erster Ordnung ist:

$$\boxed{\delta U_d^* = \underline{\varepsilon}^T \, \delta \underline{\sigma}}$$

(4.4.2—7)

Mit

$$\delta U_\varepsilon^* = \int\limits_V \delta U_d^* \, dV$$

(4.4.2—8)

und Gl. 4.4.2–6 wird die virtuelle komplementäre Formänderungsenergie:

$$\boxed{\delta U_\varepsilon^* = \int\limits_V \underline{\varepsilon}^T \, \delta\underline{\sigma} \, dV}$$

(4.4.2—9)

Für den zweidimensionalen Fall ist:

$$\boxed{\delta U_\varepsilon^* = \int\limits_V \left(\varepsilon_x \, \delta\sigma_x + \varepsilon_y \, \delta\sigma_y + \gamma_{xy} \, \delta\tau_{xy} \right) dV}$$

(4.4.2—10)

Im übrigen gelten analog die gleichen Aussagen zu Verträglichkeit und Gleichgewicht im Punkt 4 wie in Kap. 4.3.2 zu Abb. 4.3–1.

4.5   Folgerungen

In den folgenden zwei Kapiteln sollen Folgerungen aus den bisher durchgeführten Betrachtungen gezogen werden.

4.5.1 Folgerungen aus den Ableitungen über Arbeit und Formänderungsenergie

Ausgangsbasis der Betrachtung waren zwei benachbarte Gleichgewichtszustände Punkt 1 und Punkt 2 der Abb. 4.3–1 und 4.4–1. Durch eine Variation des Zustandes in Punkt 1 gelangt man zum Punkt 2. Es gehören dabei zum Verschiebungsinkrement δu entsprechende Inkremente der Verzerrung ($\delta\underline{\varepsilon}$), Kraft ($\delta\underline{F}$) und Spannung ($\delta\underline{\sigma}$), so daß alle Inkremente der Arbeit und Formänderungsenergiedichte und damit auch der Formänderungsenergie ebenfalls von zwei benachbarten Gleichgewichtszuständen abgeleitet sind. In diesen befriedigen die Verzerrungen $\delta\underline{\varepsilon}$, die aus den Verschiebungen $\delta\underline{u}$ abgeleitet werden, sowohl die Gleichungen des Gleichgewichtes als auch die der Kompatibilität.

Andererseits sind jedoch die *Größen 1. Ordnung* δW und δU_d bzw. δU_ε unabhängig von $\delta\underline{F}$ und $\delta\underline{\sigma}$ (siehe Gl. 4.3.1–3 und 4.4.1–6). Dies bedeutet, daß man für die Ermittlung von δW und δU_ε sowohl $\underline{F}$ als auch $\underline{\sigma}$ konstant setzen kann, während man die Verschiebung $\underline{u}$ auf $\underline{u} + \delta\underline{u}$ und damit die Verzerrung $\underline{\varepsilon}$ auf $\underline{\varepsilon} + \delta\underline{\varepsilon}$ vergrößert. Daraus folgt aber, daß für diesen Fall zwar die Verträglichkeitsgleichungen gelten, aber nicht notwendigerweise die Gleichgewichtsgleichungen ausgedrückt in Dehnungskomponenten.

Damit kann man wiederum folgern, daß die differentiell kleinen Verschiebungen $\delta\underline{u}$ irgendwelche, also beliebige Verschiebungen sein können, so lange sie

– geometrisch möglich sind,

– die für die Kompatibilität notwendige Stetigkeit innerhalb der Strukturgrenzen haben und

– die kinematischen Randbedingungen erfüllen, die durch die vorgegebenen Verschiebungen $\underline{\overline{u}}$ aufgeprägt werden (z.B. Nullverschiebungen, Nullneigungswinkel, usw.): $\overline{u} = u$. Damit ist am Rand $\delta u = 0$

Da diese differentiellen Verschiebungen bzw. Verzerrungen nur gedachte – in Wirklichkeit nicht auftretende – Größen zu sein brauchen, nennt man sie *virtuelle Verschiebungen*, bzw. *virtuelle Verzerrungen* entsprechend dem in der Festkörpermechanik üblichen Begriff (Kap. 4.2).

Daraus abgeleitete Begriffe sind dann:

δW *virtuelle Arbeit*

δU_ε *virtuelle Formänderungsenergie*

4.5.2 Folgerungen aus den Ableitungen über komplementäre Arbeit und komplementäre Formänderungsenergie

Die Aussagen sind analog zu Kap. 4.5.1 und sollen daher nur kurz zusammengefaßt werden:

● Zur Ermittlung von δW^* und δU_ε^* brauchen die Verschiebungen und Verzerrungen nicht berücksichtigt werden, da $\underline{u}$ und $\underline{\varepsilon}$ als konstant angesehen werden, d.h. δW^* und δU_d^* bzw. δU_ε^* sind unabhängig von $\delta\underline{u}$ und $\delta\underline{\varepsilon}$ (siehe Gl. 4.3.2–3 und 4.4.2–6).

● Die aus den *virtuellen Spannungen* $\delta\underline{\sigma}$ Resultierenden und die *virtuellen Volumenkräfte* $\delta\underline{X}$ (siehe Gl. 2.2.1–5) müssen das innere Gleichgewicht erfüllen und die *virtuellen Oberflächenkräfte* $\delta\underline{p}$ (siehe Gl. 2.2.1–8 und –9) mit $\delta\underline{\sigma}$ das Gleichgewicht in einem Schnitt, bzw. auf dem vorgegebenen Kraftrand O_p, wobei $\overline{p} = p$ und $\delta p = 0$ ist.

- Die Verzerrungen, die aus virtuellen Spannungen ermittelt werden, befriedigen nicht notwendigerweise die Verträglichkeitsbeziehungen.
- $\delta\underline{\sigma}$, $\delta\underline{X}$ und $\delta\underline{p}$ können somit irgendwelche differentiell kleine Spannungen, bzw. Kräfte sein, wenn sie

  - statisch möglich sind und
  - alle Gleichgewichtsbeziehungen innerhalb der gesamten Struktur (Kräftesystem von virtuellen Kräften) sowie die Randbedingungen erfüllen.

Da die differentiellen Kräfte, bzw. Spannungen nur gedachte, in Wirklichkeit nicht auftretende Größen zu sein brauchen, nennt man sie *virtuelle Kräfte*, bzw. *virtuelle Spannungen* und die daraus abgeleiteten Größen

δW^* *komplementäre virtuelle Arbeit* und

δU_ε^* *komplementäre virtuelle Formänderungsenergie*

4.6 Prinzipe der Virtuellen Verrückungen (PVV) und der Virtuellen Kräfte (PVK)

Ausgehend von den vorstehend dargelegten Begriffsbestimmungen und Erläuterungen zur Arbeit und Formänderungsenergie werden im folgenden das *Prinzip der virtuellen Verrückungen* und das *Prinzip der virtuellen Kräfte* abgeleitet und der Begriff "Virtuell" in seiner Bedeutung an zwei einfachen Beispielen noch einmal dargelegt. Mit Hilfe der beiden umfassenden Prinzipe werden sodann die zur Lösung strukturmechanischer Probleme meist angewandten *Energietheoreme* abgeleitet.

4.6.1 Prinzip der Virtuellen Verrückungen (PVV) bzw. Prinzip der Virtuellen Arbeit

Mit Hilfe des Gauß–Greenschen Integralsatzes

$$\int\limits_V \Psi\, \frac{\partial \Phi}{\partial x_i}\, dV + \int\limits_V \Phi\, \frac{\partial \Psi}{\partial x_i}\, dV = \int\limits_O \Psi\Phi\ \cos(\underline{n},\, x_i)\, dO \quad , \qquad (4.6.1\text{—}1)$$

(wobei $n_i = \cos(\underline{n}_i,\, x_i)$ oder in der gebräuchlichen Form $n_1{=}l$, $n_2{=}m$, $n_3{=}n$ ist), kann ein Volumenintegral in ein Oberflächenintegral überführt werden. Die physikalische Bedeutung dieses Satzes beruht darin, daß in einem gegebenen Gebiet eine gegebene Größe (z.B. Quelle in einem Brunnen – Volumengröße) sich vermittels ihres Flusses über den Rand (Oberfläche) im Gleichgewicht hält.

Im vorliegenden Fall halten sich die aus den Spannungen im Inneren eines Körpers resultierenden Kräfte bzw. die Volumenkräfte im Gleichgewicht mit auf den Rand – die Körperoberfläche – wirkenden Kräften.

Ausgehend von Gl. 4.4.1—9:

$$\delta U_\varepsilon = \int\limits_V \underline{\sigma}^T \, \delta\underline{\varepsilon} \, dV = \int\limits_V \delta\underline{\varepsilon}^T \sigma dV$$

wird mit Gl. 2.2.2-4:

$$= \int\limits_V \left[\sigma_{xx} \, \delta \, \frac{\partial u}{\partial x} + \sigma_{yy} \, \delta \, \frac{\partial v}{\partial y} + \sigma_{zz} \, \delta \, \frac{\partial w}{\partial z} \right.$$

$$+ \tau_{xy} \, \delta \left(\frac{\partial u}{\partial y} + \frac{\partial v}{\partial x} \right) + \tau_{yz} \, \delta \left(\frac{\partial v}{\partial z} + \frac{\partial w}{\partial y} \right)$$

$$\left. + \tau_{zx} \, \delta \left(\frac{\partial w}{\partial x} + \frac{\partial u}{\partial z} \right) \right] dV \qquad \widehat{=} \int\limits_V \Psi \frac{\partial \Phi}{\partial x_i} dV \quad (4.6.1\text{—}2)$$

Mit Gl. 4.6.1—1 wird:

$$\delta U_\varepsilon = -\int\limits_V \left[\frac{\partial \sigma_{xx}}{\partial x} \, \delta u + \frac{\partial \sigma_{yy}}{\partial y} \, \delta v + \frac{\partial \sigma_{zz}}{\partial z} \, \delta w \right.$$

$$+ \frac{\partial \tau_{xy}}{\partial y} \, \delta u + \frac{\partial \tau_{xy}}{\partial x} \, \delta v + \frac{\partial \tau_{yz}}{\partial z} \, \delta v \qquad \widehat{=} -\int\limits_V \Phi \frac{\partial \Psi}{\partial x_i} dV$$

$$\left. + \frac{\partial \tau_{yz}}{\partial y} \, \delta w + \frac{\partial \tau_{zx}}{\partial x} \, \delta w + \frac{\partial \tau_{zx}}{\partial z} \, \delta u \right] dV$$

$$\qquad\qquad\qquad\qquad\qquad\qquad\qquad\qquad\qquad\qquad\qquad (4.6.1\text{—}3)$$

$$+ \int\limits_O \left[\sigma_{xx} \, \delta u \, l + \sigma_{yy} \, \delta v \, m + \sigma_{zz} \delta w \, n \right.$$

$$+ \tau_{xy} \, \delta u \, m + \tau_{xy} \, \delta v \, l + \tau_{yz} \delta v \, n \qquad \widehat{=} -\int\limits_O \Psi\Phi \cos{(\underline{n}, x_i)} dO$$

$$\left. + \tau_{yz} \delta w \, m + \tau_{zx} \delta w \, l + \tau_{zx} \delta u \, n \right] dO$$

$$\delta U_\varepsilon = - \int_V \left[\left(\frac{\partial \sigma_{xx}}{\partial x} + \frac{\partial \tau_{xy}}{\partial y} + \frac{\partial \tau_{xz}}{\partial z} \right) \delta u \right.$$

$$+ \left(\frac{\partial \tau_{yx}}{\partial x} + \frac{\partial \sigma_{yy}}{\partial y} + \frac{\partial \tau_{yz}}{\partial y} \right) \delta v$$

$$\left. + \left(\frac{\partial \tau_{zx}}{\partial x} + \frac{\partial \tau_{zy}}{\partial y} + \frac{\partial \sigma_{zz}}{\partial z} \right) \delta w \right] dV \tag{4.6.1—4}$$

$$+ \int_O \left[(\sigma_{xx}\, l + \tau_{xy}\, m + \tau_{xz}\, n)\, \delta u \right.$$

$$+ (\tau_{yx}\, l + \sigma_{yy}\, m + \tau_{yz}\, n)\, \delta v$$

$$\left. + (\tau_{zx}\, l + \tau_{zy}\, m + \sigma_{zz}\, n)\, \delta w \right] dO$$

Damit ist mit Gl. 2.2.1–9a gültig für einen Schnitt, bzw. einen allgemeinen Rand:

$$\boxed{\; \delta U_\varepsilon = \int_V \delta \underline{\varepsilon}^T \underline{\sigma}\, dV = - \int_V \delta \underline{u}^T (\underline{\underline{D}}^T \underline{\sigma})\, dV + \int_O \delta \underline{u}^T \underline{p}\, dO \;} \tag{4.6.1—5}$$

Aus Gl. 4.6.1–4 bzw. –5 mit Gl. 2.2.1–5c und Gl. 2.2.1–9a unter Anwendung auf äußere Kräfte z.B. d'Alembertsche Trägheitskräfte und (vorgegebene) Kräfte auf dem Kraftrand mit der Randbedingung $p = \overline{p}$ wird dann:

$$\delta U_\varepsilon = \int_V \left[\mathrm{X}_x \delta u + \mathrm{X}_y \delta v + \mathrm{X}_z \delta w \right] dV$$

$$+ \int_{O_p} \left[\overline{p}_x\, \delta u + \overline{p}_y \delta v + \overline{p}_z \delta w \right] dO \tag{4.6.1—6}$$

PVV
$$\boxed{\begin{array}{c} \delta U_\varepsilon = \underbrace{\int_V \underline{\sigma}^T \delta \underline{\varepsilon}\, dV}_{\delta U_\varepsilon} = \underbrace{\int_V \underline{\mathrm{X}}^T \delta \underline{u}\, dV + \int_{O_p} \overline{\underline{p}}^T \delta \underline{u}\, dO}_{\delta W} = \delta W \\[4pt] \delta U_\varepsilon \;\;=\;\; \delta W \\[4pt] \delta U_\varepsilon - \delta W = 0 \to stat.\, Wert \end{array}} \tag{4.6.1—7}$$

Dabei bedeutet der Pfeil, daß hier ein Gleichgewichtszustand vorliegt, der bei den weiteren potentialtheoretischen Betrachtungen immer zumindest einen stationären Wert darstellt.

$$\delta U_\varepsilon = \int\limits_V \delta\underline{\varepsilon}^T\,\underline{\sigma}\,dV = \overbrace{\int\limits_V \delta\underline{u}^T\underline{X}dV + \int\limits_{O_p} \delta\underline{u}^T\underline{\overline{p}}dO}^{\delta W} = \delta W \qquad (4.6.1\text{---}8)$$

Die virtuellen Verschiebungen $\delta\underline{u}$ müssen auch die *kinematischen Bedingungen* erfüllen:

$$\delta\underline{\varepsilon} = \underline{D}\delta\underline{u} \qquad \in V$$
$$\delta u = 0 \qquad \in O_\mathrm{u}$$

Im Ausdruck:	sind enthalten:
$\int\limits_O \underline{\overline{p}}^T\,\delta\underline{u}\,dO:$	alle vorgegebenen Oberflächenkräfte (Flächenlasten, Linienlasten, Einzelkräfte)

zum Beispiel:

$\int\limits_x \underline{\overline{p}}^T\,\delta\underline{u}\,dx:$	Linienlast (Vgl. Abb. 3.1.5–5)

$$\underline{\overline{p}}^T = \left[\,\overline{p}_x\,\overline{p}_y\,\overline{p}_z\,\right]$$
$$\underline{u}^T = \left[\,u\ v\ w\,\right] \qquad (4.6.1\text{---}9)$$

$\sum \underline{P}^T\cdot\delta\underline{U}:$　　　　Einzellasten

$$\underline{P}^T = \left[\,P_1\ P_2\ \cdots\ P_n\,\right]$$
$$\underline{U}^T = \left[\,U_1\ U_2\ \cdots\ U_n\,\right]$$

Subtrahiert man Gl. 4.6.1–7 bzw. –8 von –5, so erhält man:

$$\delta U_\varepsilon - \delta W = 0$$
$$= -\int\limits_V \delta\underline{u}^T\,\underbrace{\left(\underline{D}^T\,\underline{\sigma} + \underline{X}\right)}_{=\,0}\,dV + \int\limits_{O_p}\delta\underline{u}^T\,\underbrace{\left(p - \overline{p}\right)}_{=\,0}\,dO$$

Gleichgewichts-bedingung	statische RB KRB
$\in V$	$\in O_p$
(Vgl. Gl. 2.2.1-5c)	(Vgl. Gl. 2.2.1-10)

$$(4.6.1\text{---}10)$$

Anmerkungen:

1)   Setzt man weiterhin den ersten Term der Gl. 4.6.1–10 gleich Null:

$$- \int\limits_{V} \delta \underline{u}^{T} \left(\underline{\underline{D}}^{T} \, \underline{\sigma} + \underline{X} \right) dV = 0 \qquad\qquad (4.6.1\!-\!11)$$

und substituiert sodann den ersten Term dieser Gleichung mit Hilfe von
Gl. 4.6.1–5 (Gauß–Greenscher Integralsatz), so erhält man (für vorgegebene
Volumen- und Randkräfte) Gl. 4.6.1–7. Damit repräsentiert Gl. 4.6.1–11
aber ebenfalls die PVV.

2)   Das *Prinzip der Virtuellen Verrückungen (PVV)*, bzw. das *Prinzip der Vir-*
tuellen Arbeit ist somit die energetische Formulierung der Gleichgewichtsbedingungen. Es sagt aus in Form der Gl. 4.6.1–7:
Eine elastische Struktur unter vorgegebenen Lasten befindet sich im Gleichgewicht, falls – von einem kompatiblen Deformationszustand u ausgehend
(Punkt 1 in Abb. 4.3–1 und 4.4–1) – für eine beliebige virtuelle Verrückung
δu die virtuelle Arbeit δW gleich der virtuellen Formänderungsenergie δU_{ε}
ist.

Gültigkeitsbereich, Anwendung:

- Das hier abgeleitete Prinzip Gl. 4.6.1–7 kann auch beim Auftreten großer
  Verschiebungen unter Beachtung folgender Bedingungen angewendet werden. Die Formänderungsenergie ist bei großen Verformungen mit Hilfe
  nichtlinearer Verzerrungs-Verschiebungs-Beziehungen zu ermitteln, und die
  Gleichgewichtsbedingungen der verformten Struktur sind zu verwenden.

- Das PVV wurde für beliebige Stoffgesetze hergeleitet und gilt somit allgemein. [Siehe dazu J. Argyris]

- Ermittlung von Steifigkeitskoeffizienten (z.B. für Finite Elemente)

- Näherungsmethoden bei Stabilitätsuntersuchungen (z.B. Galerkin – Verfahren)

- usw.

Beispiel: Anhand eines einfachen Beispieles soll das Verständnis des vorstehend Dargelegten vertieft werden.

An einer Stabkette bestehend aus $n = 3$ Stabsegmenten wirken Einzelkräfte P_i, die Knotenverschiebungen U_i und Schnittkräfte N_i hervorrufen. Siehe Abb. 4.6.1-1.

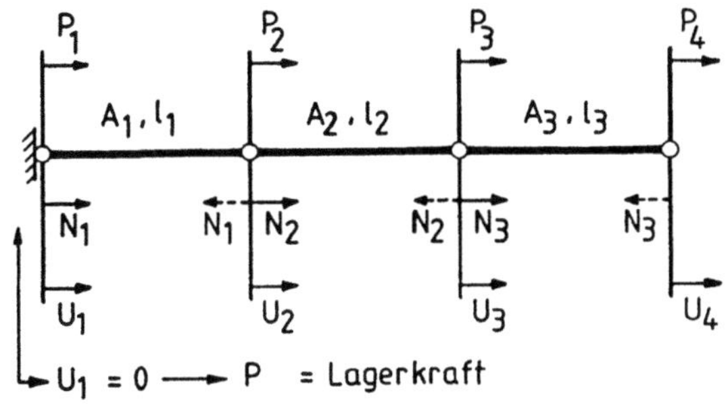

Abb. 4.6.1—1

In jedem der Schnitte (hier Knoten) muß Gleichgewicht herrschen. Damit gilt:

$$
\begin{array}{ll}
P_1 + N_1 \qquad = 0 & \mid \delta U_1 \\
P_2 + N_2 - N_1 = 0 & \mid \delta U_2 \\
P_3 + N_3 - N_2 = 0 & \mid \delta U_3 \\
P_4 \qquad - N_3 = 0 & \mid \delta U_4
\end{array}
$$

zunächst willkürliche Faktoren (Verschiebungen)   (4.6.1—12)

Multipliziert man jede der Gleichungen mit einer gedachten (virtuellen) willkürlichen Verschiebung δU_i und faßt die vier Gleichungen zusammen, so erhält man

$$
\begin{aligned}
& P_1 \cdot \delta U_1 - N_1(\delta U_2 - \delta U_1) \\
&+ P_2 \cdot \delta U_2 - N_2(\delta U_3 - \delta U_2) \\
&+ P_3 \cdot \delta U_3 - N_3(\delta U_4 - \delta U_3) \\
&+ P_4 \cdot \delta U_4 \qquad\qquad = 0
\end{aligned}
$$

$$(4.6.1—13)$$

Sollen die zunächst willkürlichen differentiell kleinen Verschiebungen zu virtuellen Verschiebungen im Sinne der PVV werden, dann müssen sie kompatibel sein, d.h. die folgenden Zusammenhangsbedingungen erfüllen (Gl. 4.6.1-14).

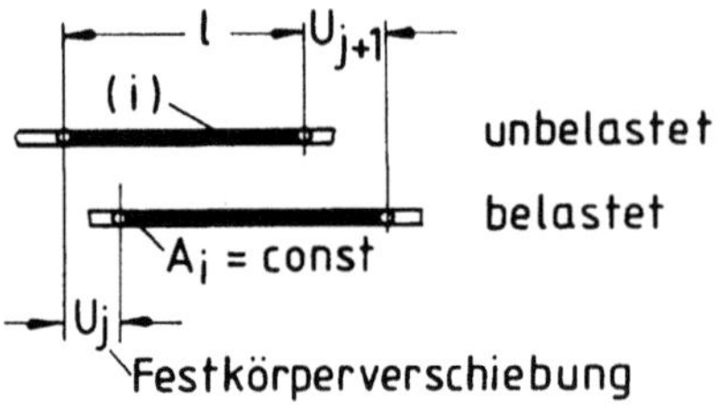

$$U_{j+1} - U_j = \Delta l_i \qquad (4.6.1\text{—}14)$$
$$\delta U_{j+1} - \delta U_j = \delta\,\Delta l_i$$

Abb. 4.6.1—2
(Vgl. auch Abb. 2.2.2-2)   mit $\delta\underline{\varepsilon} = \underline{\underline{D}}\delta\underline{u}$ $\delta\varepsilon_i = \dfrac{\delta\Delta l_i}{l_i}$

und der Randbedingung $U_1 = \overline{U}_1$ $\delta U_1 = 0$

Für die Stäbe gilt:

$$l_i\,\delta\varepsilon_i\,\frac{N_i}{A_i} = \sigma_i\,l_i\,\delta\varepsilon_i$$

$$l_i\,\frac{\delta\,\Delta l_i}{l_i}\,N_i = \sigma_i\,\delta\varepsilon_i\,V_i \qquad\qquad (4.6.1\text{—}15)$$

$$N_i\delta\Delta l_i = \sigma_i\,\delta\varepsilon_i\,V_i$$

Setzt man nun die Zusammenhangsbedingung Gl. 4.6.1-14 und 4.6.1-15 in Gl.
4.6.1-13 ein, so erhält man mit der Randbedingung $\delta U_1 = 0$

$$\sum_{j=2}^{4} P_j\,\delta U_j = \sum_{i=1}^{3} \sigma_i\,\delta\varepsilon_i\,V_i \qquad\qquad (4.6.1\text{—}16)$$

$$\delta W = \delta U_\varepsilon$$

4.6.2 Prinzip der Virtuellen Kräfte (PVK) bzw. Prinzip der Virtuellen Komplementären Arbeit

Analog zu Kap. 4.6.1 erhält man ausgehend von Gl. 4.4.2—9 :

$$\boxed{\;\delta U_\varepsilon^* = \int\limits_V \delta\underline{\sigma}^T\underline{\varepsilon}\,dV = \int\limits_V \underline{\varepsilon}^T\,\delta\underline{\sigma}\,dV\;} \qquad (4.6.2\text{—}1)$$

mit Hilfe des Gauß–Greenschen Integralsatzes und den *Statischen Bedingungen*,
die auch von den virtuellen Größen erfüllt sein müssen

$$\delta\left(\underline{\underline{D}}^{T}\,\underline{\sigma}\right) + \delta\underline{X} = 0 \qquad \in \mathrm{V}$$

$$\delta\underline{p} = 0 \qquad \in \mathrm{O}_p$$

die Gleichung:

PVK
$$\delta U_{\varepsilon}^{*} = \underbrace{\int\limits_{V} \underline{\varepsilon}^{T}\,\delta\underline{\sigma}\,dV}_{\delta U_{\varepsilon}^{*}} = \underbrace{\int\limits_{V} \underline{u}^{T}\,\delta\underline{X}\,dV + \int\limits_{O_u} \underline{u}^{T}\,\delta\underline{p}\,dO}_{\delta W^{*}} = \delta W^{*}$$

$$\delta U_{\varepsilon}^{*} = \delta W^{*}$$

$$\delta U_{\varepsilon}^{*} - \delta W^{*} = 0 \rightarrow stat.\,Wert \tag{4.6.2—2}$$

Analog zu Kap. 4.6.1 erhält man weiterhin:

$$\delta U_{\varepsilon}^{*} - \delta W^{*} = 0$$

$$= -\int\limits_{V} \delta\underline{\sigma}^{T}\underbrace{\left(\underline{D}\,\underline{u} - \underline{\varepsilon}\right)}_{= 0}dV + \int\limits_{O_u} \delta\underline{p}^{T}\underbrace{\left(\underline{u} - \overline{\underline{u}}\right)}_{= 0}dO \tag{4.6.2—3}$$

$$\text{kinem. Bed.} \qquad \text{GRB}$$

$$\in V \qquad \in O_u$$

Anmerkungen:

1) Analog zur PVV kann man zeigen, daß folgende Gleichung

$$-\int\limits_{V} \delta\underline{\sigma}^{T}\left(\underline{\underline{D}}\,\underline{u} - \underline{\varepsilon}\right)dV = 0 \tag{4.6.2—4}$$

ebenfalls die **PVK** repräsentiert.

2) Das *Prinzip der virtuellen Kräfte (PVK)*, bzw. das *Prinzip der virtuellen komplementären Arbeit* ist somit die energetische Formulierung der Kompatibilitätsbedingungen. Es sagt aus:
Eine elastische Struktur unter vorgegebenen Lasten befindet sich in einem kompatiblen Verformungszustand, falls – für beliebige virtuelle Spannungen und Kräfte $\delta\underline{\sigma}$, $\delta\underline{p}$, $(\delta\underline{F})$, $\delta\underline{X}$, die vom Gleichgewichtszustand der Spannungen abweichen – die virtuelle komplementäre Arbeit gleich der virtuellen komplementären Formänderungsenergie der gesamten Verformung ist.

Gültigkeitsbereich, Anwendung:

- In der vorliegenden Form kann die PVK nur für kleine Verformungen (lineare Theorie) angewendet werden, da bei der Herleitung nur lineare Verzerrungs- Verschiebungsgleichungen verwendet wurden.
- Deformationsermittlung elastischer Systeme
- Ermittlung der Nachgiebigkeitskoeffizienten (z.B. für Finite Elemente)
- usw.

Beispiel:

Auch hier soll anhand eines zu Kap. 4.6.1 analogen Beispieles das Verständnis des vorstehend Dargelegten vertieft werden.

Für die Stabkette entsprechend Abb. 4.6.1–1 gelten die Kompatibilitätsbedingungen:

$$
\left.
\begin{array}{l}
U_2 - U_1 - \Delta l_1 = 0 \quad | \cdot \delta N_1 \\[4pt]
U_3 - U_2 - \Delta l_2 = 0 \quad | \cdot \delta N_2 \\[4pt]
U_4 - U_3 - \Delta l_3 = 0 \quad | \cdot \delta N_3
\end{array}
\right\}
\begin{array}{c}
\text{zunächst willkürliche Faktoren} \\
\text{(Kräfte)}
\end{array}
\qquad (4.6.2\text{—}5)
$$

Multipliziert man die Kompatibilitätsgleichungen mit zunächst willkürlichen Faktoren (Kräften), so erhält man:

$$
\begin{aligned}
&U_2\,\delta N_1 - U_1\,\delta N_1 - \Delta l_1\,\delta N_1 = 0 \\[4pt]
&U_3\,\delta N_2 - U_2\,\delta N_2 - \Delta l_2\,\delta N_2 = 0 \qquad\qquad (4.6.2\text{—}6)\\[4pt]
&U_4\,\delta N_3 - U_3\,\delta N_3 - \Delta l_3\,\delta N_3 = 0
\end{aligned}
$$

Faßt man die Gleichungen zusammen, so wird:

$$
\begin{aligned}
-U_1\,\delta N_1 - \Delta l_1\,\delta N_1 & \\
+U_2\,(\delta N_1 - \delta N_2) - \Delta l_2\,\delta N_2 & \\
+U_3\,(\delta N_2 - \delta N_3) - \Delta l_3\,\delta N_3 & \\
+U_4\,\delta N_3 \qquad\qquad\quad &= 0
\end{aligned}
\qquad (4.6.2\text{---}7)
$$

Sollen die zunächst willkürlichen, differentiell kleinen Kräfte zu virtuellen im Sinne der PVK werden, dann müssen sie die Gleichgewichtsbeziehungen erfüllen. Diese sind entsprechend Gl. 4.6.1–12:

$$
\begin{aligned}
-\delta N_1 &= \delta P_1 \\
\delta N_1 - \delta N_2 &= \delta P_2 \\
\delta N_2 - \delta N_3 &= \delta P_3 \\
\delta N_3 &= \delta P_4
\end{aligned}
\qquad (4.6.2\text{---}8)
$$

Für die Stäbe gilt:

$$
\begin{aligned}
A_i\,\delta\sigma_i\,\frac{\Delta l_i}{l_i} &= \varepsilon_i\,\delta\sigma_i\,A_i \\
\delta N_i\,\Delta l_i &= \varepsilon_i\,\delta\sigma_i\,V_i
\end{aligned}
\qquad (4.6.2\text{---}9)
$$

Setzt man Gl. 4.6.2–8 und 4.6.2–9 in Gl. 4.6.2–7 ein, so erhält man:

$$
\begin{aligned}
U_1\,\delta P_1 - \varepsilon_1\,\delta\sigma_1\,V_1 & \\
+U_2\,\delta P_2 - \varepsilon_2\,\delta\sigma_2\,V_2 & \\
+U_3\,\delta P_3 - \varepsilon_3\,\delta\sigma_3\,V_3 & \\
+U_4\,\delta P_4 &= 0
\end{aligned}
\qquad (4.6.2\text{---}10)
$$

Es ist dann mit der Randbedingung $\delta P_1 = 0$:

$$
\begin{aligned}
\sum_{j=2}^{4} U_j\,\delta P_j &= \sum_{i=1}^{3} \varepsilon_i\,\delta\sigma_i\,V_i \\
\delta W^* &= \delta U_\varepsilon^*
\end{aligned}
\qquad (4.6.2\text{---}11)
$$

4.7 Ableitung weiterer Energie – Theoreme aus dem PVV und PVK

4.7.1 Theoreme der Einheitsverschiebung (EVT) und der Einheitslast (ELT)

Einheitsverschiebungstheorem (EVT)

Es sind:

$\underline{\sigma}$: bekannte, wahre Spannungen in der Struktur

$\underline{P}_j$: gesuchte (Gleichgewichts-) Kraft

$\underline{M}_j$: gesuchtes Moment

$\delta\underline{U}_j$: wird in Punkt j in Richtung von P_j aufgebracht, dadurch entstehen

$\delta\underline{\varepsilon}_j$: virtuelle Verzerrungen in der Struktur

Einheitslasttheorem (ELT)

Es sind:

$\underline{\varepsilon}$: bekannte, wahre (Gesamt-) Verzerrungen in der Struktur

$\underline{U}_j$: gesuchte Verschiebung

$\underline{\phi}_j$: gesuchter Winkel

$\delta\underline{P}_j$: wird in Punkt j in Richtung von U_j aufgebracht, dadurch entstehen

$\delta\underline{\sigma}_j$: virtuelle Spannungen in der Struktur

Es gilt: $\delta W = \delta U_\varepsilon$

Bei Einzellasten ist:

$$\underline{P}_j^T \, \delta\underline{U}_j = \int_V \underline{\sigma}^T \, \delta\underline{\varepsilon}_j \, dV \qquad (4.7.1\text{—}1a)$$

Für eine linear–elastische Struktur ist die Verzerrung proportional der Verschiebung und damit:

$$\delta\underline{\varepsilon}_j = \underline{\underline{\varepsilon}}_j \, \delta\underline{U}_j \qquad (4.7.1\text{—}2a)$$

Es gilt: $\delta W^* = \delta U_\varepsilon^*$

Bei Einzellasten ist:

$$\underline{U}_j^T \, \delta\underline{P}_j = \int_V \underline{\varepsilon}^T \, \delta\underline{\sigma}_j \, dV \qquad (4.7.1\text{—}1b)$$

Für eine linear–elastische Struktur ist die Spannung proportional der Last:

$$\delta\underline{\sigma}_j = \underline{\underline{\sigma}}_j \, \delta\underline{P}_j \qquad (4.7.1\text{—}2b)$$

$\underline{\underline{\varepsilon}}_j$: Proportionalitätsfaktor (bzw. -Matrix), der eine kompatible Verzerrungsverteilung infolge einer **Einheitsverschiebung**

$$\boxed{\delta \underline{U}_j = 1}$$

in Richtung von P_j darstellt. Seine Verzerrungen müssen mit sich selbst und der aufgebrachten Einheitsverschiebung kompatibel sein. Gl. 4.7.1-2a in 4.7.1-1a eingesetzt, ergibt:

$$\boxed{\underline{P}_j = \int_V \underline{\underline{\varepsilon}}_j^T \, \underline{\sigma} \, dV}$$

$$(4.7.1\text{—}3a)$$

$\underline{\underline{\sigma}}_j$: Proportionalitätsfaktor (bzw. -Matrix), der eine statisch äquivalente Spannungsverteilung infolge einer **Einheitslast**

$$\boxed{\delta \underline{P}_j = 1}$$

in Richtung von U_j darstellt. Seine Spannungen müssen mit sich selbst und der aufgebrachten Einheitslast im Gleichgewicht sein. Gl. 4.7.2-2b in 4.7.2-1b eingesetzt, ergibt:

$$\boxed{\underline{U}_j = \int_V \underline{\underline{\sigma}}_j^T \, \underline{\varepsilon} \, dV}$$

$$(4.7.1\text{—}3b)$$

Aussage:
Die Kraft P_j, die in einem Punkt j einer Struktur notwendig ist, um Gleichgewicht unter einer vorgegebenen Spannungsverteilung (die wiederum aus einer vorgegebenen Verschiebungsverteilung abgeleitet werden kann) zu erreichen,
                ist gleich
dem Integral über das Volumen der Struktur, die wahren Spannungen $\underline{\sigma}^T$ multipliziert mit den Verzerrungen $\underline{\underline{\varepsilon}}_j$, die kompatibel mit einer Einheitsverschiebung (im Punkt j in Richtung P_j) sind.

Aussage:
Die Verschiebung U_j in einer Struktur, die unter einem System von Lasten steht,
                ist gleich
dem Integral über das Volumen der Struktur, die wahren Verzerrungen $\underline{\varepsilon}^T$ multipliziert mit den Spannungen $\underline{\underline{\sigma}}_j$, die äquivalent einer Einheitslast (im Punkt j in Richtung U_j) sind.

Anmerkung: Die Proportionalitätsfaktoren $\underline{\underline{\sigma}}_j$ und $\underline{\underline{\varepsilon}}_j$ sind im allgemeinen Funktionen des Ortes und damit von x, y, z .

Da das Produkt eines *konjugierten Paares* $(P_j \cdot U_j, M_j \cdot \phi_j$ usw.) also *Kraftgröße* (Kraft, Moment) mal *Weggröße* (Verschiebung, Drehwinkel usw.) immer eine Arbeit ist, gilt analog

$$\delta W = \underline{M}_j^T \, \delta\underline{\phi}_j \qquad\qquad\qquad \delta W^* = \underline{\phi}_j^T \, \delta\underline{M}_j$$

$$\delta\underline{\varepsilon}_j = \underline{\bar{\varepsilon}}_j \, \delta\underline{\phi}_j \qquad\qquad\qquad \delta\underline{\sigma}_j = \underline{\bar{\sigma}}_j \, \delta\underline{\phi}_j$$

$$\delta\underline{\phi}_j = 1 \qquad\qquad\qquad\qquad \delta\underline{M}_j = 1$$

$$\boxed{\underline{M}_j = \int_V \underline{\bar{\varepsilon}}_j^T \, \underline{\sigma} \, dV} \qquad (4.7.1\text{—}3\text{c}) \qquad \boxed{\underline{\phi}_j = \int_V \underline{\bar{\sigma}}_j^T \, \underline{\varepsilon} \, dV} \qquad (4.7.1\text{—}3\text{d})$$

Faßt man schließlich die Kraft $\underline{P}_j$ und -Momente $\underline{M}_j$ in dem Begriff Kraftgröße $\underline{F}_j$ zusammen, so gilt allgemein: | Faßt man schließlich die Verschiebung $\underline{U}_j$ und den Drehwinkel $\underline{\phi}_j$ in dem Begriff Verschiebungsgröße $\underline{U}_j$ zusammen, so gilt allgemein:

$$\boxed{\underline{F}_j = \int_V \underline{\bar{\varepsilon}}_j^T \, \underline{\sigma} \, dV} \qquad (4.7.1\text{—}3\text{e}) \qquad \boxed{\underline{U}_j = \int_V \underline{\bar{\sigma}}_j^T \, \underline{\varepsilon} \, dV} \qquad (4.7.1\text{—}3\text{f})$$

Bei *linear elastischem* Zusammenhang ist:

$$\boxed{\begin{aligned} U_\varepsilon &= U_\varepsilon^* \\ W &= W^* \end{aligned}} \qquad\qquad (4.7.1\text{—}4)$$

Gültigkeitsbereich, Anwendung: Linear elastische Strukturen

Ermittlung von: Ermittlung von:

- Steifigkeitseigenschaften von Strukturen
- Steifigkeitsmatrizen usw.

- Durchbiegungen von Strukturen
- Nachgiebigkeitsmatrizen usw.

4.7.1.1 Anwendungsbeispiele für das Einheitslasttheorem (ELT)

Da das elastische Verhalten von kompliziert aufgebauten Strukturen oft nur sehr schwer oder gar nicht mit Differentialgleichungen zu beschreiben ist, verwendet man bei Anwendung der linearen Theorie zur Ermittlung von Gleichgewichtslasten und Verschiebungen sehr oft das EVT bzw. ELT. Das ELT ist z.B. hervorragend geeignet zur einfachen und schnellen Bestimmung von Durchbiegungen bei komplizierten Konstruktionen. Es soll daher das Vorgehen an einigen Beispielen demonstriert und das physikalische Verständnis vertieft werden.

4.7.1.1.1 Statisch bestimmte Systeme

Biegeträger

An der Stelle j der Abb. 4.7.1-1a soll bei Einwirkung der Last P_0 am Ort i die Durchbiegung U_j bestimmt werden. Es ist $EA_{\hat{z}\hat{z}}$ die Biegesteifigkeit, l die Länge des Balkens und die Schubdeformation $\ll$ Biegedeformation, so daß die erstere vernachlässigt werden darf.

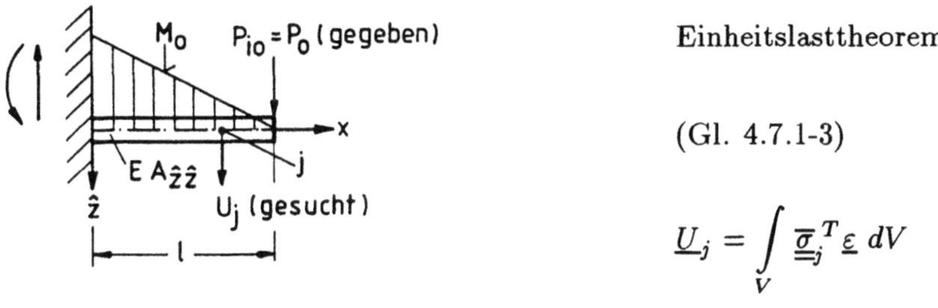

$$\underline{U}_j = \int\limits_V \underline{\underline{\overline{\sigma}}}_j^{\,T}\,\underline{\varepsilon}\;dV$$

Abb. 4.7.1—1a

1. Schritt: Ermittle die im Ausgangs- (Gleichgewichts-) Zustand vorhandene Verzerrung

$$\underline{\varepsilon} = \varepsilon_0 \tag{4.7.1—5}$$

Bestimme dazu erstens die aus der äußeren Last P_0 resultierende, den Verzerrungszustand verursachende Schnittkraft M_0, und zweitens mit Hilfe des Stoffgesetzes

$$\sigma_0 = E\,\varepsilon_0 \tag{4.7.1—6}$$

und der Gleichung für den Biegebalken

$$\sigma_0 = \frac{M_0}{A_{\hat{z}\hat{z}}}\,\hat{z} \tag{4.7.1—7}$$

den Verzerrungszustand im Ausgangspunkt ε_0 (siehe dazu Abb. 4.4–1 Punkt 1)

$$\varepsilon_0(z) = \frac{M_0}{EA_{\hat{z}\hat{z}}}\,\hat{z} \qquad\qquad (4.7.1\text{---}8)$$

2. Schritt: Ermittle den Proportionalitätsfaktor, hier $\overline{\sigma}_j$ infolge $\delta\underline{P}_j = 1$, d.h. einer gedachten Einheitslast, die im Punkt j angreift und in Richtung der zu ermittelnden Verschiebung wirkt. (Abb. 4.7.1-1b)

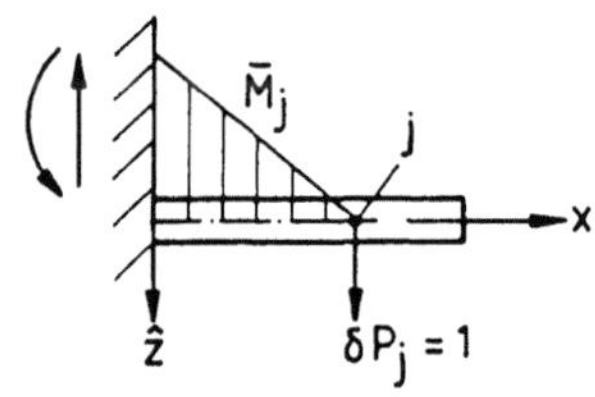

Abb. 4.7.1—1b

Die Einheitslast $\delta\underline{P}_j = 1$ erzeugt das Schnittmoment $\overline{M}_j$ und dieses wiederum die Spannung:

$$\overline{\sigma}_j = \frac{\overline{M}_j}{A_{\hat{z}\hat{z}}}\,\hat{z} \qquad (4.7.1\text{---}9\text{a})$$

Analog wird beim Aufbringen eines Einheitsmomentes $\delta\underline{M}_j = 1$

$$\overline{\sigma}_j = \frac{\overline{M}_j}{A_{\hat{z}\hat{z}}}\,\hat{z} \qquad\qquad (4.7.1\text{---}9\text{b})$$

mit $\quad \overline{M}_j = 1$

3. Schritt: In Gl. 4.7.1-3 werden Gl. 4.7.1-5, –8 und –9 eingesetzt. Man erhält:

$$U_j = \int_0^l \int_A \frac{M_0}{EA_{\hat{z}\hat{z}}}\,\hat{z}\,\frac{\overline{M}_j}{A_{\hat{z}\hat{z}}}\,\hat{z}\;dA\;dx$$

$$\int_A \hat{z}^2\;dA = A_{\hat{z}\hat{z}}$$

$$(4.7.1\text{---}10)$$

$$\boxed{\;U_j = \int_{x=0}^l \overline{M}_j\,\frac{M_0}{EA_{\hat{z}\hat{z}}}\;dx \qquad \text{analog} \qquad \phi_j = \int_{x=0}^l \overline{M}_j\frac{M_0}{EA_{\hat{z}\hat{z}}}dx \qquad \text{mit}\quad \overline{M}_j = 1\;}$$

Dieses Integral kann aber mit Hilfe der am Ende dieses Kapitels wiedergegebenen Integraltabelle (Abb. 4.7.1-5) schnell ausgewertet werden.

Anmerkung: Der physikalische Sachverhalt soll noch einmal an Hand dieses Beispieles betrachtet werden.

Die virtuelle, konstante Einheitslast $\delta P_j = 1$ am Punkt j leistet (vom Gleichgewichtspunkt 1 in Abb. 4.3–1 ausgehend) längs der tatsächlichen Verschiebung U_j die virtuelle komplementäre Arbeit

$$\delta W^* = U_j \, \delta P_j \tag{4.7.1—11}$$

Die ebenfalls vom Gleichgewichtspunkt 1 in Abb. 4.4–1 ausgehende virtuelle Spannung $\delta\sigma_j$ (hervorgerufen durch δP_j) erzeugt in Zusammenwirken mit der Ausgangsdehnung ε_0 die komplementäre Formänderungsenergie

$$\delta U_\varepsilon^* = \int\limits_V \varepsilon_0 \, \delta\sigma_j \, dV \tag{4.7.1—12}$$

Da bei einer linearen Theorie die Spannungen proportional zur Last sind, muß auch für die virtuellen Größen an der Stelle j mit dem Proportionalitätsfaktor $\overline{\sigma}_j$ gelten:

$$\delta\sigma_j = \overline{\sigma}_j \, \delta P_j \tag{4.7.1—13}$$

Damit wird:

$$\delta U_\varepsilon^* = \int\limits_V \varepsilon_0 \, \overline{\sigma}_j \, \delta P_j \, dV \tag{4.7.1—14}$$

aus der PVK : $\qquad \delta W^* = \delta U_\varepsilon^*$

folgt nach Einsetzen von Gl. 4.7.1–11 und 4.7.1–14

$$U_j = \int\limits_V \varepsilon_0 \, \overline{\sigma}_j \, dV \tag{4.7.1—15}$$

Praktisches Vorgehen

Am Beispiel des mit einer Einzellast belasteten Kragarmes (mit konstantem Querschnitt) sollen für das Hauptachsensystem die Biegelinie und ihre Neigungswinkel bestimmt werden.

1)   Bestimmung der Biegelinie

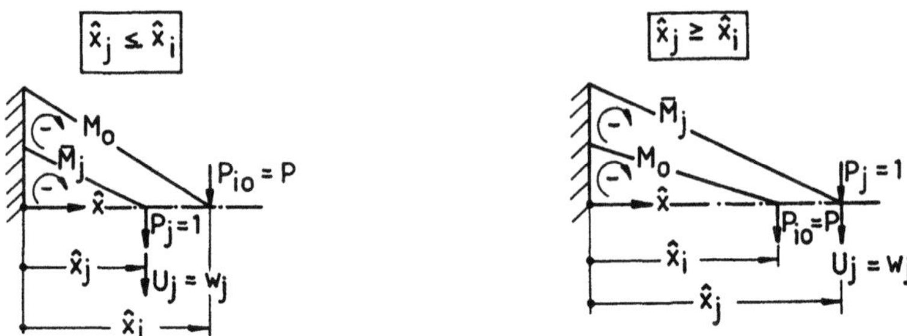

Abb.   4.7.1—1c

$$M_0 = P \int\limits_{\hat{x}_i}^{\hat{x}} dx$$

$$= P(\hat{x} - \hat{x}_i) \qquad\qquad 0 \leq \hat{x} \leq \hat{x}_i \qquad\qquad M_0 = P(\hat{x} - \hat{x}_i)$$

$$\overline{M}_j = 0 \qquad\qquad\qquad \hat{x}_i \leq \hat{x} \leq \hat{x}_j \qquad\qquad M_0 = 0$$

$$\overline{M}_j = 1 \cdot (\hat{x} - \hat{x}_j) \qquad\quad 0 \leq \hat{x} \leq \hat{x}_j \qquad\qquad \overline{M}_j = 1 \cdot (\hat{x} - \hat{x}_j)$$

$$(4.7.1\text{—}16a) \qquad\qquad\qquad\qquad\qquad\qquad\qquad\qquad (4.7.1\text{—}16b)$$

$$w_j = \frac{P}{EA_{\hat{z}\hat{z}}} \int\limits_0^{\hat{x}_j} 1 \cdot (\hat{x} - \hat{x}_j)(\hat{x} - \hat{x}_i)d\hat{x} \qquad w_j = \frac{P}{EA_{\hat{z}\hat{z}}} \int\limits_0^{\hat{x}_i} 1 \cdot (\hat{x} - \hat{x}_j)(\hat{x} - \hat{x}_i)d\hat{x}$$

$$+ \int\limits_{\hat{x}_j}^{\hat{x}_i} 0 \cdot \frac{M_0}{EA_{\hat{z}\hat{z}}} d\hat{x} \qquad\qquad\qquad + \int\limits_{\hat{x}_i}^{\hat{x}_j} 0 \cdot \frac{\overline{M}_j}{EA_{\hat{z}\hat{z}}} d\hat{x}$$

$$w_j = \frac{P}{EA_{\hat{z}\hat{z}}} \left(\frac{\hat{x}_i}{2}\hat{x}_j^2 - \frac{1}{6}\hat{x}_j^3 \right) \qquad\quad w_j = \frac{P}{EA_{\hat{z}\hat{z}}} \left(\frac{\hat{x}_i^2}{2}\hat{x}_j - \frac{1}{6}\hat{x}_i^3 \right)$$

$$(4.7.1\text{—}17a) \qquad\qquad\qquad\qquad\qquad\qquad\qquad\qquad (4.7.1\text{—}17b)$$

Innerhalb der Bereichsgrenzen ist x_j variabel. Die Gleichung beschreibt somit die Biegelinie w_j infolge der Last P am Ort x_i. Variiert man x_i (z.B. ein fahrendes Auto auf einer Brücke) und zeichnet die zum jeweiligen Lastort x_i gehörende Biegelinie, so erhält man durch Überlagern derselben die Einhüllende (*Envelope*) der Biegelinien.

2)   Bestimmung des Neigungswinkels

     a)   Die Biegelinie ist bekannt
          Durch Differenzieren der Durchbiegung nach $d\hat{x}_j$ erhält man den an der Stelle der Durchbiegung $\hat{x}_j$ auftretenden Neigungswinkel

$$\phi_j = \frac{dw_j}{d\hat{x}_j} = w_j' \qquad\qquad (4.7.1\text{—}18a)$$

im vorliegenden Fall:

$$\phi_j = \frac{P}{EA_{\hat{z}\hat{z}}}\left(\hat{x}_i\hat{x}_j - \tfrac{1}{2}\hat{x}_j^2\right) \qquad\qquad \phi_j = \frac{P}{EA_{\hat{z}\hat{z}}}\,\tfrac{1}{2}\hat{x}_i^2$$

$$(4.7.1\text{—}18c)$$

$$(4.7.1\text{—}18b)$$

b)　Die Biegelinie ist unbekannt
Aus Gl. 4.7.1-10 folgt unter Einführung eines Einheitsmomentes $\overline{M}_j = 1$ in Biegerichtung drehend, woraus sich das Vorzeichen ergibt.

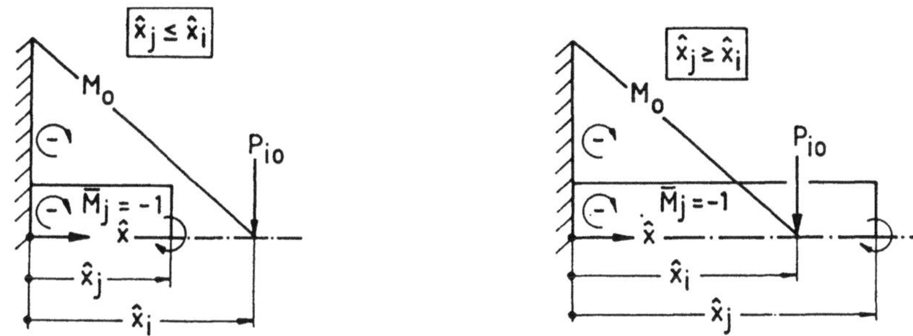

Abb. 4.7.1—1d

Man geht analog wie bei der Bestimmung der Biegelinie vor und erhält:

$$\phi_i = \frac{1}{EA_{\hat{z}\hat{z}}} \int\limits_0^{\hat{x}_j} (-1)\cdot P(\hat{x} - \hat{x}_j)d\hat{x} \qquad\qquad \phi_i = \frac{1}{EA_{\hat{z}\hat{z}}} \int\limits_0^{\hat{x}_i} (-1)\cdot P(\hat{x} - \hat{x}_i)d\hat{x}$$

$$= \frac{P}{EA_{\hat{z}\hat{z}}}\left(\hat{x}_i\hat{x}_j - \frac{1}{2}\hat{x}_j^2\right) \qquad\qquad = \frac{P}{EA_{\hat{z}\hat{z}}}\,\frac{1}{2}\hat{x}_i^2$$

$$(4.7.1\text{—}19a) \qquad\qquad\qquad\qquad (4.7.1\text{—}19b)$$

Anmerkung: Da man nach einiger Übung die in Stäben und Balken auftretenden Schnittkraftverläufe über der zugehörigen Länge l direkt antragen kann und da die letzteren einen immer wiederkehrenden typischen Verlauf haben, sind in Abb. 4.7.1—5 in der ersten Zeile bzw. Spalte die Funktionsverläufe in Abhängigkeit ihres Randwertes dargestellt. Das zugehörige Matrixelement liefert für die Stab- bzw. Balkenlänge l den Wert des Integrales bei

bei konstanter Steifigkeit (EA, EA_B, GA_T). Man kann dadurch für einzelne Orte die Verschiebungen sehr schnell bestimmen, da nur die zugehörigen, meist einfach bestimmbaren Randwerte ermittelt werden müssen.

Stabwerk

Abb. 4.7.1-2 gibt die Aufgabenstellung wieder.

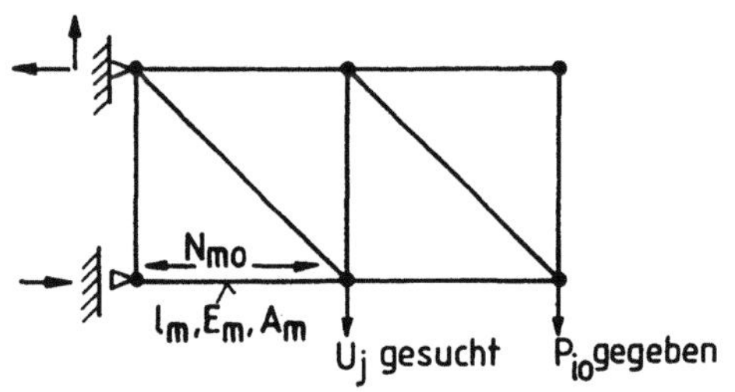

l : Länge des Stabes

A : Querschnitt

E : E-Modul

m : Stab-Nr.

i : Ort der Last

j : Ort der Verschiebung

Abb. 4.7.1—2

1. Schritt: Ermittle die im Ausgangsgleichgewichtszustand auftretenden Stabkräfte N_{i0} z.B. mit Hilfe eines Cremonaplanes und die daraus in den einzelnen Stäben resultierenden Dehnungen

$$\varepsilon_{m0} = \frac{\sigma_{m0}}{E_m} = \frac{N_{m0}}{E_m A_m} \qquad (4.7.1{-}20)$$

2. Schritt: Ermittle die Proportionalitätsfaktoren $\overline{\sigma}_{ij}$ der Stäbe infolge der Einheitslast $\delta P_j = 1$. Man bringt am Ort j in Richtung der gesuchten Verschiebung U_j die Einheitslast auf und ermittelt die resultierenden Stabkräfte N_{mj}. (Diese stellen praktisch ein "Übersetzungsverhältnis" dar.) Man berechnet dann

$$\overline{\sigma}_{mj} = \frac{\overline{N}_{mj}}{A_m} \qquad (4.7.1{-}21)$$

3. Schritt: In die Gleichung für das ELT

$$U_j = \sum_m \int_{V_m} \varepsilon_{m0}\, \overline{\sigma}_{mj}\, dV \qquad (4.7.1{-}22)$$

sind nun die Gl. 4.7.1-20 und 4.7.1-21 einzusetzen.

Mit $\int_{V_m} dV_m = A_m l_m$ wird dann:

$$U_j = \sum_m \overline{N}_{mj}\, \frac{l_m}{E_m A_m}\, N_{m0} \qquad (4.7.1{-}23)$$

Der Ausdruck $\dfrac{l_m}{E_m A_m}$ ist der Nachgiebigkeitskoeffizient des Stabes m.

Schubwandträger

Die Aufgabenstellung für einen Schubwandträger (Abb. 4.7.1–3) ist analog zum vorausgegangenen Beispiel.

gegeben:

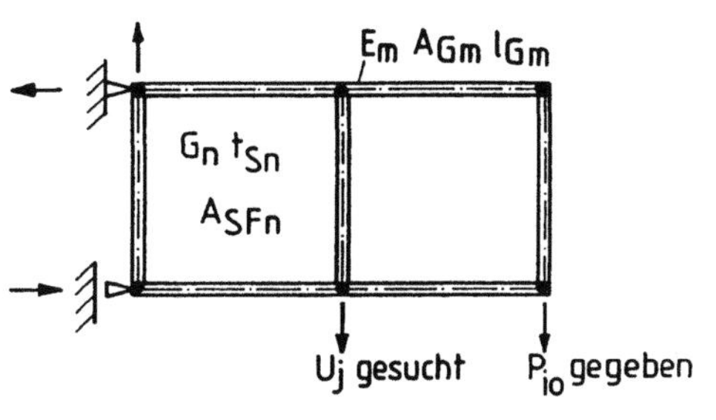

Abb. 4.7.1—3a

Index:

G : Gurt

S : Steg

SF Schubfeld

m : lfd. Nr. der Gurte

n : lfd. Nr. der Schubfelder

i : Ort der Last

j : Ort der Verschiebung

Idealisierung:

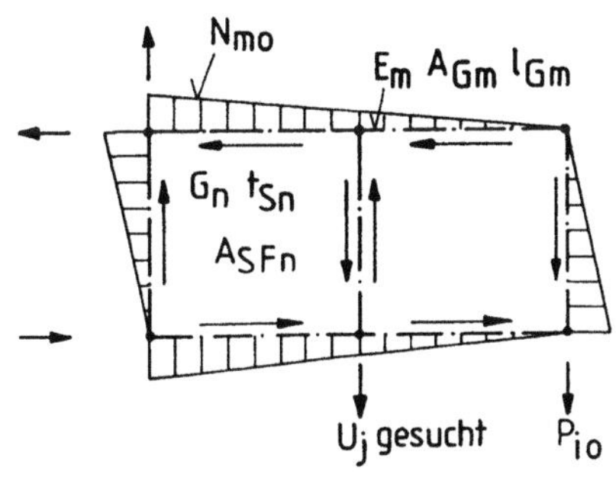

Abb. 4.7.1—3b

$$dV_{Gm} = A_{Gm}\,dx_m$$
$$V_{Sn} = A_{SFn}\,t_{Sn}$$

$$(4.7.1—24)$$

1. Schritt: Mit Hilfe der Schubfeldtheorie werden die Ausgangsverzerrungen im Gleichgewichtspunkt ermittelt. Man erhält für:

a) die Gurte   : $\varepsilon_{m0} = \dfrac{\sigma_{m0}}{E_m} = \dfrac{N_{m0}}{E_m A_{Gm}}$

$$(4.7.1—25)$$

b) die Schubfelder   : $\gamma_{n0} = \dfrac{\tau_{n0}}{G_n}$

2. Schritt: Der, bzw. die Proportionalitätsfaktoren für die Einheitslast $\delta P_j = 1$ sind entsprechend Abb. 4.7.1–3c

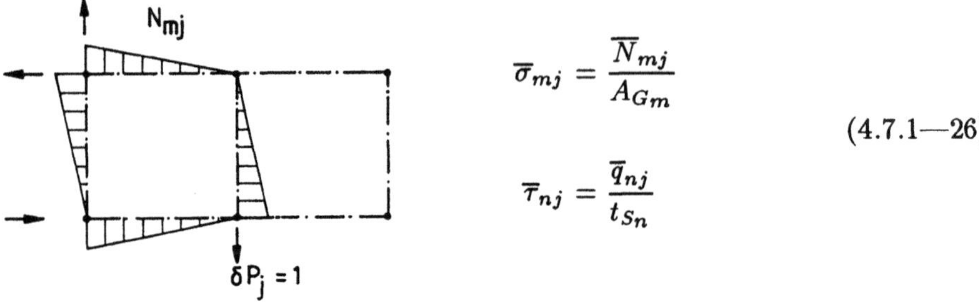

$$\overline{\sigma}_{mj} = \frac{\overline{N}_{mj}}{A_{G_m}}$$

$$\overline{\tau}_{nj} = \frac{\overline{q}_{nj}}{t_{S_n}}$$

$$(4.7.1-26)$$

Abb. 4.7.1—3c

3. Schritt: Die Gleichung für das ELT beinhaltet im vorliegenden Fall die Formänderungsenergien aus den Gurten ($\frac{1}{2}\varepsilon_{m0}\overline{\sigma}_{mj}V$) und aus den Schubfeldern ($\frac{1}{2}\gamma_{n0}\overline{\tau}_{nj}V$), wobei über ihre jeweilige Zahl zu summieren ist

$$U_j = \sum \int_V \left(\varepsilon_{m0}\,\overline{\sigma}_{mj} + \gamma_{n0}\,\overline{\tau}_{nj} \right) dV \qquad (4.7.1-27)$$

Durch Einsetzen von Gl. 4.7.1–24, sowie –25 und –26 in Gl. 4.7.1–27 erhält man:

$$U_j = \sum_m \int_0^{l_{G_m}} \overline{N}_{mj}\,\frac{N_{m0}}{E_m A_{G_m}}\,dx_m + \sum_n \overline{q}_{nj}\,\frac{q_{n0}}{G_n t_{S_n}}\,A_{S F_n} \qquad (4.7.1-28)$$

4.7.1.1.2 Statisch überbestimmte Systeme

Biegeträger

Gegeben sei der einfach statisch überbestimmte Biegeträger in Abb. 4.7.1–4a. Gesucht sei der Momentenverlauf infolge der Last P_{i0}. Man geht, wie bei derartigen Systemen in der Mechanik üblich, vor:

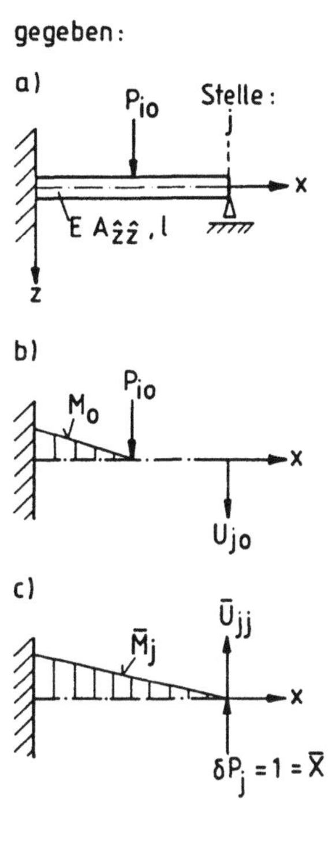

gegeben:

Abb. 4.7.1—4

1. Schritt: Das System statisch bestimmt machen, d.h. z.B. Entfernen des Lagers an der Stelle j

2. Schritt: Ermittlung von U_{j0} für das statisch bestimmte System mit dem ELT entsprechend dem 1. Beispiel (Kap. 4.7.1.1.1) und Abb. 4.7.1–4b.
Man erhält:

$$U_{j0} = \int_0^l \overline{M}_j \frac{M_0}{EA_{\hat{z}\hat{z}}} \, dx \qquad (4.7.1\text{—}29)$$

3. Schritt: Erneute Anwendung des ELT. Ansetzen einer Einheitslast $\overline{X} = 1$ jetzt an der Stelle j entsprechend Abb. 4.7.1–4c (i und j fallen zusammen) und Bestimmung von:

$$\overline{U}_{jj} = \int_0^l \overline{M}_j \frac{\overline{M}_j}{EA_{\hat{z}\hat{z}}} \, dx \qquad (4.7.1\text{—}30)$$

der Durchbiegung, die durch eine Lagerlast $\overline{X}$ vom Betrag 1 entsteht.

Da diese Lagerlast aber X mal größer sein wird, muß auch die Durchbiegung X mal größer sein. $U_{jj} = X\overline{U}_{jj}$

Da das Lager an der Stelle j keine Verschiebung in $\hat{z}$-Richtung zuläßt, muß somit sein:

$$U_{j0} + X\,\overline{U}_{jj} = 0$$

$$X = -\frac{U_{j0}}{\overline{U}_{jj}} \qquad (4.7.1\text{—}31)$$

Die Schnittgrößen können nun durch Superposition bestimmt werden. Es ist:

$$M_{ges} = M_0 + X\,\overline{M}_j \qquad (4.7.1\text{—}32)$$

$\displaystyle\int M_j\,M_k\,dx$ M_k M_j	linear		
	1	2	4
1	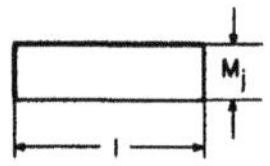 $M_j\,M_k\,l$	$M_j\,M_k\,\frac{l}{2}$	$M_j\left(M_{k_1}+M_{k_2}\right)\frac{l}{2}$
2	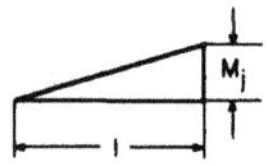 $M_j\,M_k\,\frac{l}{2}$	$M_j\,M_k\,\frac{l}{3}$	$M_j\left(M_{k_1}+2M_{k_2}\right)\frac{l}{6}$
3	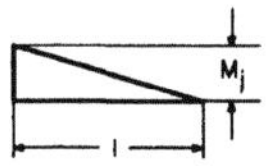 $M_j\,M_k\,\frac{l}{2}$	$M_j\,M_k\,\frac{l}{6}$	$M_j\left(2M_{k_1}+M_{k_2}\right)\frac{l}{6}$
4	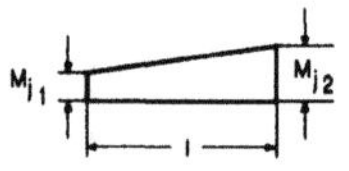 $\left(M_{j_1}+M_{j_2}\right)M_k\,\frac{l}{2}$	$\left(M_{j_1}+2M_{j_2}\right)M_k\,\frac{l}{6}$	$[M_{j_1}\left(2M_{k_1}+M_{k_2}\right)+M_{j_2}\left(M_{k_1}+2M_{k_2}\right)]\,\frac{l}{6}$
5	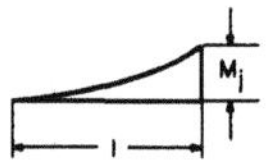 $M_j\,M_k\,\frac{l}{3}$	$M_j\,M_k\,\frac{l}{4}$	$M_j\left(M_{k_1}+3M_{k_2}\right)\frac{l}{12}$
6	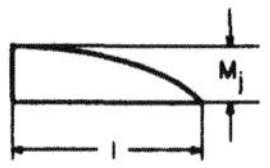 $M_j\,M_k\,\frac{2}{3}l$	$M_j\,M_k\,\frac{l}{4}$	$M_j\left(5M_{k_1}+3M_{k_2}\right)\frac{l}{12}$
7	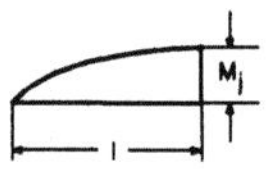 $M_j\,M_k\,\frac{2}{3}l$	$M_j\,M_k\,\frac{5}{12}l$	$M_j\left(3M_{k_1}+5M_{k_2}\right)\frac{l}{12}$
8	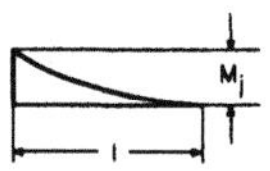 $M_j\,M_k\,\frac{l}{3}$	$M_j\,M_k\,\frac{l}{12}$	$M_j\left(3M_{k_1}+M_{k_2}\right)\frac{l}{12}$
9	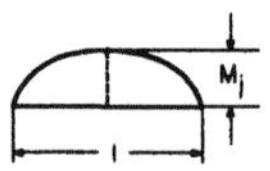 $M_j\,M_k\,\frac{2}{3}l$	$M_j\,M_k\,\frac{l}{3}$	$M_j\left(M_{k_1}+M_{k_2}\right)\frac{l}{3}$
10	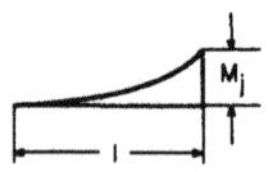 $M_j\,M_k\,\frac{l}{4}$	$M_j\,M_k\,\frac{l}{5}$	$M_j\left(M_{k_1}+4M_{k_2}\right)\frac{l}{20}$
11	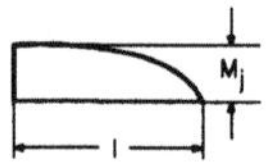 $M_j\,M_k\,\frac{3}{4}l$	$M_j\,M_k\,\frac{3}{10}l$	$M_j\left(4M_{k_1}+M_{k_2}\right)\frac{l}{20}$

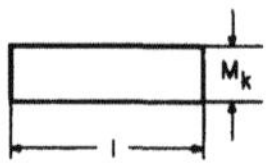

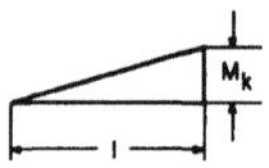

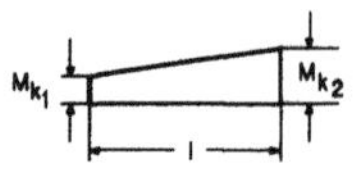

Rows 1–4: linear; rows 5–9: quadratisch; rows 10–11: kubisch.

Abb. 4.7.1—5

$\int M_j\, M_k\, dx$		M_k	quadratisch		
			5	7	9
M_j			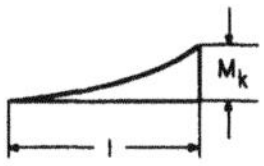	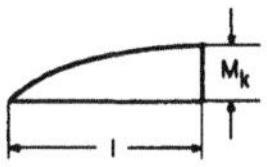	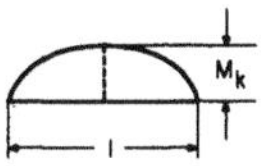
linear	1	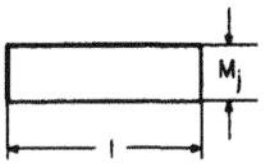	$M_j\, M_k\, \frac{l}{3}$	$M_j\, M_k\, \frac{2}{3} l$	$M_j\, M_k\, \frac{2}{3} l$
	2	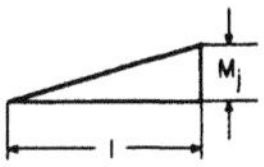	$M_j\, M_k\, \frac{l}{4}$	$M_j\, M_k\, \frac{5}{12} l$	$M_j\, M_k\, \frac{l}{3}$
	3	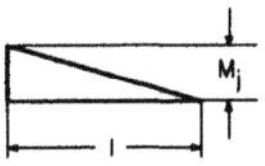	$M_j\, M_k\, \frac{l}{12}$	$M_j\, M_k\, \frac{l}{4}$	$M_j\, M_k\, \frac{l}{3}$
	4	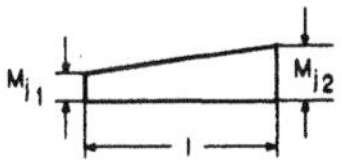	$(M_{j_1}+3M_{j_2})\, M_k \frac{l}{12}$	$(3M_{j_1}+5M_{j_2})\, M_k \frac{l}{12}$	$(M_{j_1}+M_{j_2})\, M_k \frac{l}{3}$
quadratisch	5	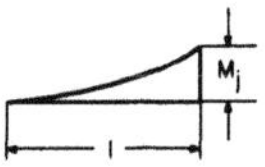	$M_j\, M_k\, \frac{l}{5}$	$M_j\, M_k\, \frac{3}{10} l$	$M_j\, M_k\, \frac{l}{5}$
	6	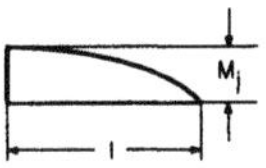	$M_j\, M_k\, \frac{2}{15} l$	$M_j\, M_k\, \frac{11}{30} l$	$M_j\, M_k\, \frac{7}{15} l$
	7	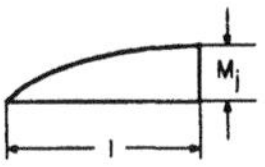	$M_j\, M_k\, \frac{3}{10} l$	$M_j\, M_k\, \frac{8}{15} l$	$M_j\, M_k\, \frac{7}{15} l$
	8	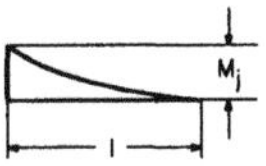	$M_j\, M_k\, \frac{l}{30}$	$M_j\, M_k\, \frac{2}{15} l$	$M_j\, M_k\, \frac{l}{5}$
	9	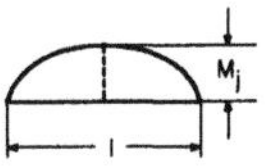	$M_j\, M_k\, \frac{l}{5}$	$M_j\, M_k\, \frac{7}{15} l$	$M_j\, M_k\, \frac{8}{15} l$
kubisch	10	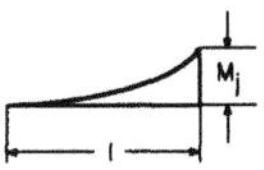	$M_j\, M_k\, \frac{l}{6}$	$M_j\, M_k\, \frac{7}{30} l$	$M_j\, M_k\, \frac{2}{15} l$
	11	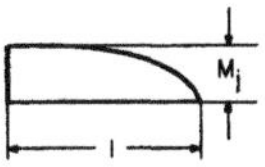	$M_j\, M_k\, \frac{l}{6}$	$M_j\, M_k\, \frac{13}{30} l$	$M_j\, M_k\, \frac{8}{15} l$

Abb. 4.7.1—5

$\int M_j M_k \, dx$		M_k	kubisch 10	kubisch 11
M_j			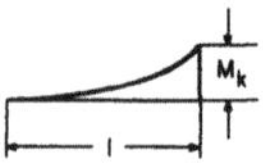	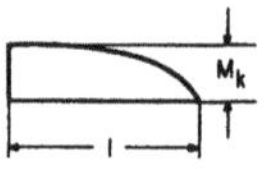
linear	1	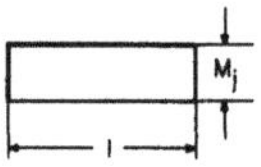	$M_j M_k \frac{l}{4}$	$M_j M_k \frac{3}{4} l$
linear	2	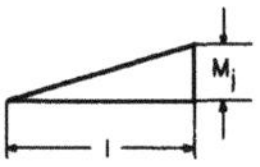	$M_j M_k \frac{l}{5}$	$M_j M_k \frac{3}{10} l$
linear	3	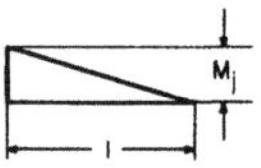	$M_j M_k \frac{l}{20}$	$M_j M_k \frac{9}{20} l$
linear	4	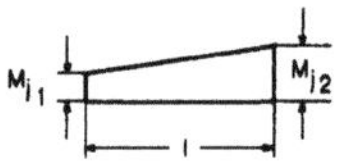	$(M_{j_1} + 4M_{j_2}) M_k \frac{l}{20}$	$(4M_{j_1} + M_{j_2}) M_k \frac{l}{20}$
quadratisch	5	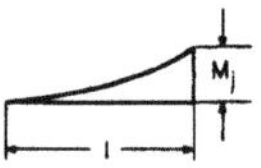	$M_j M_k \frac{l}{6}$	$M_j M_k \frac{l}{6}$
quadratisch	6	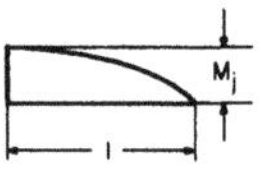	$M_j M_k \frac{l}{12}$	$M_j M_k \frac{7}{12} l$
quadratisch	7	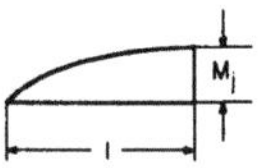	$M_j M_k \frac{7}{30} l$	$M_j M_k \frac{13}{30} l$
quadratisch	8	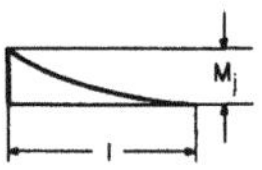	$M_j M_k \frac{l}{60}$	$M_j M_k \frac{19}{60} l$
quadratisch	9	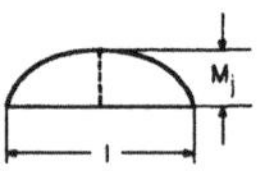	$M_j M_k \frac{2}{15} l$	$M_j M_k \frac{8}{15} l$
kubisch	10	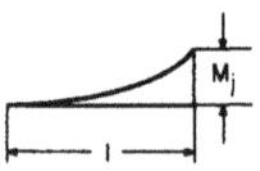	$M_j M_k \frac{l}{7}$	$M_j M_k \frac{3}{28} l$
kubisch	11	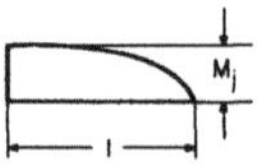	$M_j M_k \frac{3}{28} l$	$M_j M_k \frac{9}{14} l$

Abb. 4.7.1—5

4.7.2 Theoreme bzw. Sätze von Castigliano (Engesser)

Die nachfolgend abgeleiteten Prinzipe, bzw. Sätze werden meist nach Castigliano (1847 – 1884) benannt, der sie allerdings nur für *linear elastische Körper*, d.h. für $U_\varepsilon = U_\varepsilon^*$ aufstellte. Engesser verallgemeinerte die Herleitung 1899 und zeigte, daß die Sätze auch bei nichtlinearen Kraft – Verschiebungsverläufen gelten.

Theorem I von Castigliano   **Theorem II von Castigliano**

Es wirken auf eine Konstruktion äußere Kraftgrößen $F_1, F_2, \ldots, F_i, \ldots, F_n$, wobei man unter F_i sowohl Kräfte P_i als auch Momente M_i versteht und unter U_i sowohl Verschiebungen als auch Drehungen versteht..

Bringt man nacheinander nur jeweils eine virtuelle Verschiebung δU_i in Richtung von F_i (der konjugierten Größe zu U_i) auf, so ist die *virtuelle Arbeit:*	Bringt man nacheinander nur jeweils eine virtuelle Kraft δF_i in Richtung von U_i (der konjugierten Größe zu F_i) auf, so ist die *komplementäre virtuelle Arbeit:*

$$\delta W = F_i\, \delta U_i \qquad (4.7.2\text{—}1a) \qquad \delta W^* = U_i\, \delta F_i \qquad (4.7.2\text{—}1b)$$

mit der PVV   mit der PVK

$$\delta U_\varepsilon = \delta W \qquad\qquad\qquad \delta U_\varepsilon^* = \delta W^*$$

wird   wird

$$\delta U_\varepsilon(U_i) = \frac{\partial U_\varepsilon}{\partial U_i}\delta U_i = F_i\,\delta U_i \qquad\qquad \delta U_\varepsilon^*(F_i) = \frac{\partial U_\varepsilon^*}{\partial F_i}\delta F_i = U_i\delta F_i$$

$$(4.7.2\text{—}2a) \qquad\qquad\qquad\qquad\qquad (4.7.2\text{—}2b)$$

Damit folgt aus 4.7.2–2a: Damit folgt aus 4.7.2–2b:

$$\boxed{\frac{\partial U_\varepsilon}{\partial U_i} = F_i} \qquad (4.7.2\text{—}3a) \qquad\qquad \boxed{\frac{\partial U_\varepsilon^*}{\partial F_i} = U_i} \qquad (4.7.2\text{—}3b)$$

bzw.   bzw.

$$\frac{\partial U_\varepsilon}{\partial \phi_i} = M_i \qquad\qquad \frac{\partial U_\varepsilon}{\partial U_i} = P_i \qquad\qquad \frac{\partial U_\varepsilon^*}{\partial M_i} = \phi_i \qquad\qquad \frac{\partial U_\varepsilon^*}{\partial P_i} = U_i$$

Für die Auflagerlast P_A ist im allgemeinen $U_A = 0$ und damit:

[Nach Menabrea (1858)]
Vgl. auch Kap. 4.7.4 - 2

$$\frac{\partial U_\varepsilon^*}{\partial P_A} = 0$$

$$(4.7.2\text{—}4)$$

Bei fester Einspannung gilt analog:

$$\frac{\partial U_\varepsilon^*}{\partial M_A} = 0$$

An einer Schnittstelle gelten für die Schnittgrößen die gleichen Zusammenhänge, da die Relativverschiebungen der beiden Schnittufer Null sein müssen.

Bei *linear elastischem Zusammenhang* ist:

$(4.7.2 - 5\text{a})$

$$\boxed{U_\varepsilon = U_\varepsilon^*}$$

$(4.7.2 - 5\text{b})$

Satz I

Die partielle Ableitung der Formänderungsenergie U_ε nach einer beliebigen Verschiebung U_i ergibt die Kraft F_i im Punkt i in Richtung von U_i.

Satz II

Wird bei einem belasteten, elastischen Körper die Starrkörperverschiebung verhindert, dann liefert die partielle Ableitung der komplementären Formänderungsenergie U_ε^* nach einer beliebigen Kraft F_i im Punkt i die Verschiebung U_i im Punkt i in Richtung von F_i. Ist die betrachtete Einzellast eine Auflagerlast F_A, ist die partielle Ableitung null. (Eine Variation ist am vorgegebenen Rand gleich null)

Anwendung

Bestimmung von Steifigkeitsmatrizen, bzw. Steifigkeitseigenschaften von Strukturen.

Anwendung

Bestimmung von Nachgiebigkeitsmatrizen, bzw. Nachgiebigkeitseigenschaften von Strukturen.

Differenziert man Gl. 4.7.4-3a nach der Verschiebung U_j und setzt Gl. 4.3.4-7 ein, so wird:

Differenziert man Gl. 4.7.4-3b nach der Schnittlast F_j und setzt Gl. 4.3.4-7 ein, so wird:

$$\boxed{\frac{\partial^2 U_\varepsilon}{\partial U_i \partial U_j} = k_{ij}} \qquad (4.7.2\text{—}5a)$$

$$\boxed{\frac{\partial^2 U_\varepsilon^*}{\partial F_i \partial F_j} = f_{ij}} \qquad (4.7.2\text{—}5b)$$

Anmerkungen:

1) Die Formänderungsenergie eines Tragwerkes muß entweder in den Verschiebungen oder den Schnittkräften als Funktion des Ortes ausgedrückt werden. Bei der Durchführung nutzt man dazu die konstitutiven Beziehungen, bzw. Elastizitätsgesetze der verschiedenen Tragwerke.

2) Liegen potentielle Energien vor, so wird wie in Kap. 4.7.3 gezeigt

$$\begin{aligned} \delta U_\varepsilon &= \delta \pi_i & \delta U_\varepsilon^* &= \delta \pi_i^* \\ \delta W &= -\delta \pi_a & \delta W^* &= -\delta \pi_a^* \end{aligned} \qquad (4.7.2\text{—}6)$$

3) Die Sätze von Castigliano lassen sich dann aus den Sätzen vom *Minimum des elastischen Gesamtpotentials* Kap. 4.7.3.3 und vom *Minimum des komplementären, elastischen Gesamtpotentials* Kap. 4.7.3.4 herleiten.

4) Der *Satz von Menabrea* ist auch aus dem *Theorem vom Minimum der komplementären Formänderungsenergie der Gesamtverformung* herleitbar. Siehe Kap. 4.7.4.2

Der **Geltungsbereich** der Sätze von Castigliano ist der gleiche wie der der PVV (Kap 4.6.1) bzw. PVK (Kap. 4.6.2).

4.7.3 Theoreme vom Stationären Wert der Potentiellen Gesamtenergie

Entsprechend den eingangs gemachten Voraussetzungen ist unter Beachtung des Energie-Erhaltungssatzes und unter Ausschluß von Reibungs-, bzw. Dämpfungseinflüssen die an einem elastischen Körper geleistete Arbeit vollständig als Formänderungsenergie gespeichert. Der Vorgang ist reversibel, d.h. die gespeicherte Formänderungsenergie kann vollständig wieder abgegeben werden und leistet dabei eine Arbeit. Ist diese unabhängig von der Belastungsgeschichte und damit keine Funktion des zurückgelegten Verschiebungsweges, sondern nur von den Grenzen des Integrales zu ihrer Ermittlung abhängig, so spricht man von einem *konservativen Kraftfeld* bzw. *konservativen System* (vgl. Satz von Betti). Dies liegt z.B. vor, wenn die Kräfte während der Verformung ihre Größe und Richtung beibehalten. Ein *konservatives Kraftfeld* kann auf ein *Skalarfeld*, d.h. das sogenannte Kräftepotential zurückgeführt werden. In Erweiterung spricht man dann von *potentieller Energie*.

Es gilt somit für die *potentielle Gesamtenergie:*

$$\boxed{\pi = \pi_i + \pi_a = const.}$$

$$(4.7.3\text{—}1)$$

Es ist π das *Gesamtpotential*, π_i das *innere Potential*, d.h. das *Potential der Formänderungsenergie* und π_a das *äußere Potential*, d.h. das *Potential der äußeren Arbeit.*

Dabei muß man bei der Ermittlung des Gesamtpotentials einer Konstruktion davon ausgehen, daß im spannungsfreien, d.h. im unbelasteten Zustand der Konstruktion, die potentielle Energie der äußeren Kräfte gleich Null ist.

Da, wie bereits erwähnt, die Summe aus äußerer und innerer potentieller Energie konstant bleibt, darf sich bei einer Änderung (*Variation*) des Zustandes das Gesamtpotential nicht ändern, oder anders ausgedrückt, die Änderung der gesamten potentiellen Energie muß null sein. Daher muß gelten:

$$\boxed{\begin{aligned}
\delta\pi = \delta\left(\pi_i + \pi_a\right) &= 0 \\
= \delta\pi_i + \delta\pi_a &= 0 \\
\delta\pi_i &= -\delta\pi_a
\end{aligned}}$$

$$(4.7.3\text{—}2)$$

Der Betrag einer Arbeit muß immer positiv sein, z.B. die beim Zusammendrücken oder Auseinanderziehen eines Stabes geleistete äußere Arbeit (Kraft und Verschiebungsrichtung sind gleich).

Somit muß auch die geleistete *virtuelle Arbeit* δW, die in der PVV definiert ist

$$\delta W = \delta U_\varepsilon \qquad \longrightarrow \qquad \delta W - \delta U_\varepsilon = 0 \qquad\qquad (4.7.3\text{—}3)$$

gleich sein einer Zunahme an Formänderungsenergie, die wiederum eine potentielle Energie sein kann, so daß dann gilt:

$$\delta U_\varepsilon = \delta\pi_i \qquad\qquad (4.7.3\text{—}4)$$

Aus Gl. 4.7.3-2, -3 und -4 folgt für den Fall, daß die äußere Arbeit ein Potential hat:

$$\delta W = -\delta\pi_a \qquad\qquad (4.7.3\text{—}5)$$

Damit kann man das von Gl. 4.7.3–2 mit Gl. 4.7.3–5 beschriebene *Prinzip vom stationären Wert der gesamten potentiellen Energie* formulieren: (Siehe auch die folgenden Kap. 4.7.3.1 und 4.7.3.2)

> Die Änderung (Zunahme, erste Variation) der inneren potentiellen Energie eines Systems ist gleich dem durch die äußeren Kräfte hervorgerufenen Arbeitszuwachs.

Anmerkungen:

1) U_ε und W bzw. δU_ε und δW sind die allgemeineren, die umfassenderen Begriffe; sie gelten auch, wenn kein Potential vorhanden ist. Liegt ein Potential vor, so ist:

$$\delta U_\varepsilon = \delta \pi_i$$
$$\delta W = -\delta \pi_a \tag{4.7.3--6}$$

2) In der Literatur werden oft die Begriffe *äußere Arbeit* A_a und *innere Arbeit* A_i verwendet.

$$A = A_i + A_a \qquad \longrightarrow \qquad \delta A = \delta A_i + \delta A_a = 0 \tag{4.7.3--7}$$

Für sie gilt für die Umrechnung von Vorzeichen:

$$A_a = W = -\pi_a \tag{4.7.3--8}$$

und

$$A_i = -U_\varepsilon = -\pi_i \tag{4.7.3--9}$$

Bei dieser Definition geht man davon aus, daß bei Entlastung eines mit potentieller Energie versehenen Systems, d.h. einer Verminderung der potentiellen inneren Energie, ein gespeicherter innerer (positiver) Arbeitsbetrag frei, d.h. abgegeben wird, so daß gilt:

$$A_i = -\pi_i$$

und da die innere Kraft (z.B.: $\sigma_{xx} \cdot dy \cdot dz$) der relativen Verschiebung (z.B.: $\varepsilon dx = du$) entgegenwirkt, ist z.B. bei *linear elastischen*, sogenannten *Hookeschen Körpern*:

$$A_i = -\frac{1}{2} \int\limits_V \sigma \varepsilon \, dV = -U_\varepsilon \tag{4.7.3--10}$$

4.7.3.1 Prinzip vom Stationären Wert der Gesamten Potentiellen Energie (Satz vom Minimum des Elastischen Gesamtpotentiales)

Variiert man vom Gesamtpotential π nur die Verschiebungen und Verzerrungen $(\delta^{u,\varepsilon})$, d.h. wirken während des Aufbringens der virtuellen Verrückungen nur richtungstreue, konstante Kräfte, so drückt Gl. 4.7.3-11a:

$$\delta^{u,\varepsilon}\pi = \delta\pi_i + \delta\pi_a$$
$$= 0 \rightarrow \quad \text{stat. Wert}$$

$$(4.7.3\text{—}11a)$$

(Vgl. PVV:

$$\delta U_\varepsilon - \delta W = 0 \quad \rightarrow \quad \text{stat. Wert})$$

das *Prinzip des stationären Wertes der gesamten potentiellen Energie* aus. Im Gleichgewichtsfall muß die Energie einen stationären Wert annehmen, d.h. die erste Variation der gesamten potentiellen Energie des Systems muß zu Null werden (siehe dazu ausführliche Erläuterungen in Kap. 4.7.3.4: Beweis).
Da nur Verschiebungen und Verzerrungen variiert werden, gilt:
Von allen kompatiblen virtuellen Verschiebungen bzw. Verzerrungen, die die vorliegenden Randbedingungen erfüllen, sorgen diejenigen, die die Gleichgewichtsbedingungen erfüllen, dafür, daß die gesamte potentielle

4.7.3.2 Prinzip vom Stationären Wert der Gesamten Komplementären Potentiellen Energie (Satz vom Minimum des Komplementären Elastischen Gesamtpotentiales)

Variiert man vom Komplementären Gesamtpotential nur die Kräfte und Spannungen $(\delta^{F,\sigma})$, so drückt Gl. 4.7.3-11b:

$$\delta^{F,\sigma}\pi^* = \delta\pi_i^* + \delta\pi_a^*$$
$$= 0 \rightarrow \quad \text{stat. Wert}$$

$$(4.7.3\text{—}11b)$$

(Vgl. PVV:

$$\delta U_\varepsilon^* - \delta W^* = 0 \quad \rightarrow \quad \text{stat. Wert})$$

das *Prinzip des stationären Wertes der gesamten komplementären potentiellen Energie* aus. Dabei ist

$$\delta\pi_a^* = -\delta W^* \qquad (4.7.3\text{—}12)$$

Die gesamte potentielle komplementäre Energie des Systems ist:

$$\pi^* = \pi_i^* + \pi_a^* \qquad (4.7.3\text{—}13)$$

π_i^* ist die potentielle komplementäre Formänderungsenergie der gesamten Verformungen. Bei der Ermittlung des komplementären Potentials der äußeren Kräfte π_a^* muß beachtet wer-

Energie π einen stationären Wert annimmt. Ein stationärer Wert ist immer dann vorhanden, wenn eine horizontale Tangente vorliegt. Deshalb repräsentiert eine Struktur, die durch ein System von äußeren Lasten (und eventuell einer Temperaturverteilung) beansprucht wird, ein stationäres System.

den, daß alle Kräfte als Variablen behandelt werden, unabhängig von der Lage der vorgegebenen korrespondierenden Verschiebungen.

Das vorliegende Prinzip besagt:

Von allen die Gleichgewichtsbedingungen erfüllenden Spannungen, die die Kraftrandbedingungen befriedigen, sorgen diejenigen, die die Kompatibilitätsbedingungen erfüllen, dafür, daß die gesamte komplementäre potentielle Energie π^* einen stationären Wert annimmt.

Anmerkung: π und π^* sind *potentielle Energien*, der Werkstoff ist elastisch, jedoch nicht notwendigerweise linear elastisch.

4.7.3.3 Satz vom Minimum des (Linear–) Elastischen Gesamtpotentiales

4.7.3.4 Satz vom Minimum des Komplementären (Linear–) Elastischen Gesamtpotentiales

Beschränkt man sich auf den Sonderfall *linear elastischer* Werkstoffe (*Hookesche Körper*), dann ist die 2. Variation der Formänderungsenergie ein positiver Wert und es liegt somit ein Minimum und damit ein stabiles Gleichgewicht vor. Der Gleichgewichtszustand des stationären Wertes kann als stabil, labil oder indifferent durch Bilden der 2. Variation beurteilt werden.

Biezeno-Grammel haben gezeigt, daß für den Sonderfall linear-elastischen Werkstoffverhaltens

und wenn nur kompatible Verschiebungen und Verzerrungen variiert werden, ein Minimum vorliegt:

und wenn nur Spannungen und Kräfte variiert werden, ein Minimum vorliegt:

$$\boxed{\begin{aligned} \delta^{u,\varepsilon}\pi &= \delta\pi_i + \delta\pi_a \\ &= 0 \;\rightarrow\; \text{Minimum} \end{aligned}}$$

$$\boxed{\begin{aligned} \delta^{F,\sigma}\pi^* &= \delta\pi_i^* + \delta\pi_a^* \\ &= 0 \;\rightarrow\; \text{Minimum} \end{aligned}}$$

$$(4.7.3\text{---}14a)$$

$$(4.7.3\text{---}14b)$$

Dieses Prinzip wird in der italienischen Literatur nach Menabrea (1809-1896) benannt, in der übrigen Literatur aber meist nach Castigliano (1847-1884). Vgl. auch Kap. 4.7.2 und 4.7.4.2

Beweis:
Der Beweis für das Vorliegen eines Minimums soll nachfolgend nur für $\pi^*(F)$ geführt werden. Analog kann man für $\pi(U)$, d.h. für die Verschiebungen als primäre Unbekannte vorgehen.

$$\pi^* = \frac{1}{2}\int_V \underline{\sigma}^T \underline{\varepsilon}\,dV - \underline{F}^T\underline{U} \quad \rightarrow \quad \text{Min} \tag{4.7.3—15}$$

Mit $\quad \underline{\varepsilon} = \underline{\underline{E}}^{-1}\underline{\sigma}$ $\hfill$ (4.7.3—16)

und $\quad \underline{\sigma} = \underline{\underline{\sigma}}\,F$ $\hfill$ (4.7.3—17)

wobei $\underline{\underline{\sigma}}$ die Proportionalitätsmatrix bei linear elastischen Werkstoffen ist, erhält man:

$$\pi^*(\underline{F}) = \frac{1}{2}\int_V \underline{F}^T\underline{\underline{\sigma}}^T\underline{\underline{E}}^{-1}\underline{\underline{\sigma}}\,\underline{F}\,dV - \underline{F}^T\underline{U} \tag{4.7.3—18}$$

$$= \frac{1}{2}\underline{F}^T\underline{\underline{f}}\,\underline{F} - \underline{F}^T\underline{U} \quad \rightarrow \quad \text{Min} \tag{4.7.3—19}$$

Dabei resultiert der erste Term aus der komplementären Formänderungsenergie und der zweite aus dem äußeren Potential. $\underline{\underline{f}}$ ist die Nachgiebigkeitsmatrix (Siehe dazu Tabelle Kap. 4.7.6; so ist z.B. für einen Stab $\pi_i = \frac{1}{2}N_x \frac{l}{EA} N_x$)
Wenn aber im *Gleichgewichtszustand* für $\underline{F}$ das komplementäre Gesamtpotential π^* zum Minimum wird, muß jedwede Abweichung von diesem *Grundzustand* und damit jede Variation $\delta\underline{F}$ zu einem größeren Wert des Potentiales führen.

$$\pi^*(\underline{F} + \delta\underline{F}) > \pi^*(F) \tag{4.7.3—20}$$

Durch Einsetzen in Gl. 4.7.3–19 erhält man:

$$\pi^*(\underline{F} + \delta\underline{F}) = \frac{1}{2}(\underline{F} + \delta\underline{F})^T \underline{\underline{f}}(\underline{F} + \delta\underline{F}) - (\underline{F} + \delta\underline{F})^T U$$

$$= \underbrace{\left(\frac{1}{2}\underline{F}^T\underline{\underline{f}}\,\underline{F} - \underline{F}^T\underline{U}\right)}_{\text{Grundzustand: }\pi^*(\text{F})} + \underbrace{\delta\underline{F}^T\left(\underline{\underline{f}}\,\underline{F} - \underline{U}\right)}_{\text{1.\,Variation: }\delta\pi^*} + \underbrace{\frac{1}{2}\delta\underline{F}^T\underline{\underline{f}}\delta\underline{F}}_{\text{2.\,Variation }\delta^2\pi^*} \tag{4.7.3—21}$$

Man sieht, daß im *variierten Zustand* (auch *Nachbarzustand* genannt) der *Ausgangszustand* (auch *Grundzustand* genannt) enthalten ist.

Entwickelt man die *Energie im Nachbarzustand* in eine Taylorreihe:

$$\pi^*(\underline{F} + \delta\underline{F}) = \pi^*(\underline{F}) + \underbrace{\frac{\partial\pi^*}{\partial\underline{F}}\delta\underline{F}} + \underbrace{\frac{1}{2!}\frac{\partial^2\pi^*}{\partial\underline{F}^2}(\delta\underline{F})^2} + \cdots \qquad (4.7.3{-}22)$$

$$\pi^*(\underline{F} + \delta\underline{F}) = \pi^*(\underline{F}) = \quad \delta\pi^* \quad + \quad \delta^2\pi^* \qquad + \cdots$$

$$\qquad (4.7.3{-}23)$$

$$1.\,Variation: \qquad \delta\pi^* = \frac{\partial\pi^*}{\partial\underline{F}}\delta\mathrm{F} \qquad\qquad (4.7.3{-}24)$$

$$2.\,Variation: \qquad \delta^2\pi^* = \frac{1}{2}\,\delta\underline{F}^{\mathrm{T}}\,\frac{\partial^2\pi^*}{\partial\underline{F}^2}\,\delta\underline{F} \qquad\qquad (4.7.3{-}25)$$

so erkennt man, daß Gl. 4.7.3—21 und 4.7.3—22 bzw. —23 identisch sind. Damit ist aber im vorliegenden Fall:

$$\delta\pi^* = \frac{\partial\pi^*}{\partial\underline{F}}\delta\underline{F} = \left(\underline{f}\underline{F} - \underline{U}\right)^T \delta\underline{F} \qquad\qquad (4.7.3{-}26)$$

$$\delta^2\pi^* = \frac{1}{2}\,\delta\underline{F}^T\,\frac{\partial^2\pi^*}{\partial\underline{F}^2}\,\delta\underline{F} = \frac{1}{2}\,\delta\underline{F}^T\,\underline{f}\,\delta\underline{F} \qquad\qquad (4.7.3{-}27)$$

Soll nun eine horizontale Tangente, d.h. ein *stationärer Wert* für die Funktion $\pi^*(F)$ vorliegen, so muß gelten:

$$\frac{\partial\pi^*}{\partial\underline{F}} = 0 \quad \text{und aus Gl. } 4.7.3-26 \text{ folgt}: \quad \delta\pi^* = 0 \qquad (4.7.3{-}28)$$

D.h. setzt man die erste Variation des komplementären Gesamtpotentials einer Konstruktion gleich Null $\delta\pi^* = 0$, so erhält man ein den Gleichgewichtszustand beschreibendes Gleichungssystem.

Die erste Variation δF in Gl. 4.7.3–26 kann als virtuelle Größe aufgefaßt werden und ist somit ein beliebiger Wert.

Für $\frac{\partial\pi^*}{\partial\underline{F}} = 0$ folgt aus Gl. 4.7.3–26 für den vorliegenden Fall der Kraft-Verformungszusammenhang (Vgl. Gl. 4.3.4–3)

$$\underline{U} = \underline{\underline{f}}\,\underline{F} \qquad\qquad (4.7.3{-}29)$$

Aus der zweiten Variation $\delta^2\pi^*$ kann man den Charakter bzw. Status der Gleichgewichtslage ermitteln. ($\frac{\partial^2\pi^*}{\partial\underline{F}^2}$ gibt die Krümmung des Funktionsverlaufes an).

$$\delta^2\pi^* < 0 \quad \rightarrow \quad \text{Maximum (labil)}$$

$$\delta^2\pi^* = 0 \quad \rightarrow \quad \text{horizontaler Wendepunkt (indifferent)} \qquad (4.7.3{-}30)$$

$$\delta^2\pi^* > 0 \quad \rightarrow \quad \text{Minimum (stabil)}$$

Das hier untersuchte Prinzip wird zum *Minimalprinzip*, wenn für Gl. 4.7.3-27 $\delta^2\pi^* > 0$, d.h.

$$\frac{1}{2}\delta\underline{F}^T\underline{\underline{f}}\,\delta F > 0 \qquad\qquad (4.7.3\text{---}31)$$

ist.

Aus dem Aufbau der Gleichung geht hervor, daß die Kraftgrößen quadratisch auftreten und damit diese immer einen positiven Wert ergeben.

Beispiele für einfache Strukturen:

$$\frac{1}{2}\int\limits_s \frac{N\,N}{EA}ds\;, \qquad \frac{1}{2}\int\limits_s \frac{M_B M_B}{EA_B}ds\;, \qquad \frac{1}{2}\int\limits_s \frac{qq}{Gt(s)}\,l\,ds\;, \qquad (4.7.3\text{---}32)$$

(siehe Tabelle Kap. 4.7.6)

Somit liegt ein Minimum vor, wenn $\underline{\underline{f}}$ eine positiv definite Koeffizientenmatrix ist. Dies ist aber der Fall, wenn die Nachgiebigkeitsmatrix (Federungsmatrix) des Stoffgesetzes positiv definit ist.

Folgerungen:

1) $\delta\pi^* = 0$ und $\delta^2\pi^* > 0$
    Bei *linear elastischen* Werkstoffen verformt sich eine Konstruktion immer so, daß unter vorgegebenen Lasten ein Minimum an Energie gespeichert wird. Dieser Gleichgewichtszustand ist stabil.

2) Da die gespeicherte potentielle Formänderungsenergie im Nachbarzustand im vorstehenden Fall immer größer ist als im Grundzustand, gilt dies auch für eine *Näherungslösung* (z.B. mit einer Ansatzfunktion). Damit ist dann aber auch beurteilbar, von welcher Seite sich die angenäherte Lösung der exakten Lösung nähert.

3) $\delta\pi^* = 0$ und $\delta^2\pi^* = 0$
    Für Gleichgewicht ($\delta\pi^* = 0$) im indifferenten Zustand ($\delta^2\pi^* = 0$), d.h. für indifferentes Gleichgewicht, wird aus Gl. 4.7.3-21

$$\pi^*(F + \delta F) = \pi^*(F) \qquad\qquad (4.7.3\text{---}33)$$

Daraus folgt für Stabilitätsuntersuchungen, daß für den Fall indifferenten Gleichgewichtes im Grundzustand und im Nachbarzustand die gleiche Energie vorhanden ist.

4.7.4 Theoreme vom Minimum der Formänderungsenergie und der komplementären Formänderungsenergie der Gesamtverformung

4.7.4.1 Theorem vom Minimum der Formänderungsenergie der Gesamtverformung

4.7.4.2 Theorem vom Minimum der komplementären Formänderungsenergie der Gesamtverformung

Betrachtet man an einer durch Kräfte verzerrten Struktur den Sonderfall, daß die Verschiebungen auf der gesamten Oberfläche vorgeschrieben sind und keine Volumenkräfte wirken, d.h. läßt man keine virtuellen Verschiebungen an den aufgebrachten Kräften zu, so ist:

$$\delta W = 0 \qquad (4.7.4\text{—}1a)$$

Leitet man in eine verzerrte Struktur virtuelle Spannungen nur im Innern ein, (diese sind dann an den Rändern null) und keine virtuellen Kräfte, so ist die komplementäre virtuelle Arbeit

$$\delta W^* = 0 \qquad (4.7.4\text{—}1b)$$

Mit der PVV wird, falls nur Verschiebungen und Verzerrungen variiert werden:

Aus der PVK folgt, falls nur Spannungen im Inneren variiert werden (δ^σ), für die virtuelle Formänderungsenergie der Gesamtverschiebung:

$$\delta^{u,\varepsilon} U_\varepsilon = 0$$

$$\delta^\sigma U_\varepsilon^* = 0$$

und für $\qquad U_\varepsilon = \pi_i$

und für $\qquad U_\varepsilon^* = \pi_i^*$

$$\boxed{\delta^{u,\varepsilon} \pi_i = 0 \quad \longrightarrow \quad \text{Minimum}}$$

$$\boxed{\delta^\sigma U_\varepsilon^* = \delta \pi_i^* \quad \longrightarrow \quad \text{Minimum}}$$

$$(4.7.4\text{—}2a)$$

$$(4.7.4\text{—}2b)$$

Aus dem Vorzeichen der 2. Variation kann man aber ersehen, daß Gl. 4.7.4-2a die Bedingung für die minimale Formänderungsenergie ist.
Unter allen statisch möglichen Gleichgewichtszuständen stellt sich

Da die Spannungen auf dem Rand nicht variiert werden (keine virtuellen Spannungen, die Kräfte sind auf der ganzen Oberfläche vorgeschrieben) und die Volumenkräfte null sind, kann dieses Theorem nur auf redundante

in der Realität nur derjenige ein, der die Formänderungsenergie zu einem Minimum macht. Nur dieser ist unter den vorgegeben Bedingungen auch geometrisch möglich.

Man kann dieses Prinzip z.B. nutzen, um für diskrete Punkte die Verschiebungen zu bestimmen, denn es ist

$$\delta U_\varepsilon(U_i) = \frac{\partial U_\varepsilon(U_i)}{\partial U_i}\, \delta U_i = 0$$

$$(4.7.4\text{---}3a)$$

und da die virtuelle Größe δU_i nicht immer gleich Null ist, erhält man aus der Bedingung $\frac{\partial U_\varepsilon}{\partial U_i} = 0$ einen Satz von i Gleichungen zur Bestimmung der unbekannten Verschiebungen U_i (Vgl. auch Gl. 4.2–6 und 4.2–7).

Strukturen, bei denen die Spannungen im Innern variiert werden, angewendet werden.

Aus dem Vorzeichen der 2. Variation kann man ersehen, daß Gl. 4.7.4-2b die Bedingung für die minimale komplementäre Formänderungsenergie der Gesamtverformung ist. Von allen statisch zulässigen Spannungszuständen wird sich derjenige einstellen, der kinematisch verträglich ist und bei dem die komplementäre Formänderungsenergie einen minimalen Wert annimmt. Für Tragwerke kann man vermittels ihres Elastizitätsgesetzes überführen

$$U_\varepsilon^*(\sigma) \to U_\varepsilon^*(F)$$

Es wird dann:

$$\delta U_\varepsilon^*(F_i) = \frac{\partial U_\varepsilon^*(F_i)}{\partial F_i}\, \delta F_i = 0$$

$$(4.7.4\text{---}3b)$$

Da die virtuelle Größe δF_i nicht immer null ist, gilt:

$$\frac{\partial U_\varepsilon^*}{\partial F_i} = 0 \quad (\text{Satz von Menabrea})$$

$$(4.7.4\text{---}4)$$

Siehe auch Kap. 4.7.2 und 4.7.3.4

4.7.5 Abschließende Bemerkungen

Wie in den vorstehenden Kapiteln gezeigt, müssen bei der Variation die vom einzelnen Prinzip individuell geforderten Nebenbedingungen für die zu variierenden Größen eingehalten werden. Diese können sein:

a) geometrisch zulässige Verschiebungen
$$\underline{\varepsilon} - \underline{\underline{D}}\,\underline{u} = 0 \in V$$

b) statisch zulässige Spannungen
$$\underline{\underline{D}}^T\,\underline{\sigma} + \underline{X} = 0 \in V$$

c) geometrische Randbedingungen
$$\underline{u} - \underline{\overline{u}} = 0 \in O_u \qquad (4.7.5{-}1)$$

d) statische Randbedingungen
$$\underline{p} - \underline{\overline{p}} = 0 \in O_p$$

In der Praxis macht dies bei der Festlegung der zur Variation zugelassenen Funktion Schwierigkeiten. Wie die Variationsrechnung lehrt, kann man sich von diesen Nebenbedingungen befreien, indem man sie mit sogenannten *Lagrangeschen Multiplikatoren* λ multipliziert, über das Volumen integriert und dem Funktional hinzufügt. Das entstehende Produkt muß z.B bei einer Energiegleichung ebenfalls wieder eine Energie ergeben. Damit ist der Multiplikator physikalisch deutbar.

So werden mit den oben genannten Nebenbedingungen:

a)
$$\int\limits_V (\underline{\varepsilon} - \underline{\underline{D}}\,\underline{u})^T\,\underline{\sigma}\,dV \qquad \in V$$

b)
$$\int\limits_V (\underline{\underline{D}}^T\,\underline{\sigma} + \underline{X})^T\,\underline{u}\,dV \qquad \in V$$

$$(4.7.5{-}2)$$

c)
$$\int\limits_O (\underline{u} - \underline{\overline{u}})^T\,\underline{p}\,dO \qquad \in O_u$$

d)
$$\int\limits_O (\underline{p} - \underline{\overline{p}})^T\,\underline{u}\,dO \qquad \in O_p$$

Durch Hinzufügen dieser Terme zum Ausgangsfunktional kann man eine ganze Reihe von Varianten der Energiesätze erzeugen, z.B. *Hybride Funktionale* π_H bzw. π_H^*, bei denen eine Variation der Kraftgröße auf dem Rand und der Verschiebungsgröße im Inneren oder der Verschiebungsgröße auf dem Rand und der Spannung im Inneren unabhängig voneinander möglich ist.

$$
\pi_H(u,p) = \frac{1}{2} \int_V \underline{\varepsilon}^T \, \underline{\underline{E}} \, \underline{\varepsilon} \, dV - \int_V \underline{u}^T \, \underline{X} \, dV
$$
$$
- \int_{O_p} \underline{u}^T \underline{\overline{p}} \, dO - \int_{O_u} (\underline{u} - \underline{\overline{u}})^T \underline{p} \, dO
$$

$$
\delta \pi_H(u,p) = 0 \quad \rightarrow \quad stat. \, Wert
$$

(4.7.5—3)

$$
\pi_H^*(\sigma,u) = \frac{1}{2} \int_V \underline{\sigma}^T \, \underline{\underline{E}}^{-1} \underline{\sigma} \, dV - \int_{O_u} \underline{p}^T \underline{\overline{u}} \, dO - \int_{O_p} (\underline{p} - \underline{\overline{p}}^T) \underline{u} \, dO
$$

$$
\delta \pi_H^*(\sigma,u) = 0 \rightarrow stat. \, Wert
$$

(4.7.5—4)

Da man zudem ein Funktional und sein komplementäres addieren kann, wird die Vielfalt noch größer, z.B. *Gemischte Funktionale*, bei denen die Spannungen und Verzerrungen als Feldgrößen im Inneren unabhängig voneinander variiert werden.

Das bekannteste Funktional dieser Art wurde von *Hellinger und Reissner* vorgeschlagen:

$$\pi_R(u,\sigma) = -\int\limits_V U_d^* \, dV + \int\limits_V \underline{\sigma}^T \underline{\underline{D}}\,\underline{u}\, dV$$

$$-\int\limits_V \underline{X}^T \underline{u} \, dV - \int\limits_{O_p} \underline{\bar{p}}^T \underline{u}\, dO - \int\limits_{O_u} \underline{p}^T(\underline{u} - \underline{\bar{u}})dO \qquad (4.7.5\text{—}5)$$

$$\delta\pi_R = 0 \quad \rightarrow \quad \text{stat. Wert}$$

Aus Abb. 4.3—1 folgt:

$$\int\limits_V \underline{\sigma}^T \underline{\varepsilon}\, dV = \int\limits_V U_d dV + \int\limits_V U_d^* dV = U_\varepsilon + U_\varepsilon^* \qquad (4.7.5\text{—}6)$$

In Gl. 4.7.5–5 eingesetzt:

$$\pi_R(u,\sigma) = \int\limits_V U_d dV - \int\limits_V \underline{X}^T \underline{u}\, dV - \int\limits_{O_p} \underline{p}^T \underline{u}\, dO$$

$$+ \left\{ \int\limits_V \underline{\sigma}^T(\underline{\underline{D}}\,\underline{u} - \underline{\varepsilon})dV - \int\limits_{O_u} \underline{p}^T(\underline{u} - \underline{\bar{u}})dO \right\} \qquad (4.7.5\text{—}7)$$

$$\delta\pi_R = 0 \rightarrow \quad \text{stat. Wert}$$

(Vgl. dazu das PVV Gl. 4.6.1—7)

Anmerkung: Man muß beachten, daß bei diesem Vorgehen die erweiterten Fassungen der Extremalprinzipe (des elastischen und des konjugiert elastischen Gesamtpotentials) nur noch einen stationären Wert liefern. Es kann nur noch die Aussage $\delta\pi = 0$ gemacht werden, nicht aber $\delta^2\pi \gtrless 0$. Werden diese erweiterten Funktionale als Ausgangsbasis für Näherungsverfahren (z.B. FEM, usw.) verwendet, so kann dies zu Nachteilen z.B. bei der Klärung des Konvergenzverhaltens usw. führen.

4.7.6 Anhang

Linear-elastische stabförmige Tragwerke

Schnittlast (SSS)	Spannung (SSS)	Kinematik (KVV)	Elastizitätsgesetz —
$N_{\hat{x}} = \int \sigma_{\hat{x}}\, dA$	$\sigma_{\hat{x}} = \dfrac{N_{\hat{x}}}{A}$	$\varepsilon_{\hat{x}} = u' = \varepsilon_{0\hat{x}}$	$N_{\hat{x}} = EA\,\varepsilon_{0x}$ $\qquad = EA\,u'$
$Q_{\hat{y}} = \int \tau\, dA$	$\tau = -\dfrac{Q_{\hat{y}}}{A_{\hat{y}\hat{y}}}\dfrac{A_{\hat{y}}(s)}{t(s)}$	$\left(\gamma = \dfrac{E}{G}\dfrac{A_{\hat{y}}(s)}{t(s)}v'''\right)$	$Q_{\hat{y}} = EA_{\hat{y}\hat{y}}\,\varphi''_{\hat{x}}$
(Schubfeldträger)	$\tau = \dfrac{Q_{\hat{y}}}{A_S}$	$\gamma_{xs} = const.$	$Q_{\hat{y}} = GA_S \cdot \gamma$
$Q_{\hat{z}} = \int \tau\, dA$	$\tau = -\dfrac{Q_{\hat{z}}}{A_{\hat{z}\hat{z}}}\dfrac{A_{\hat{z}}(s)}{t(s)}$	$\left(\gamma = \dfrac{E}{G}\dfrac{A_{\hat{y}}(s)}{t(s)}w'''\right)$	$Q_{\hat{z}} = -EA_{\hat{z}\hat{z}}\,\varphi''_{\hat{y}}$
Vollwelle $M_{xT} = \int \tau_{res}\,\hat{r}\, dA$	$\tau = \dfrac{M_{xT}}{A_{\hat{r}\hat{r}}}\hat{r}$	$\gamma = \hat{r}\,\varphi'_{\hat{x}}$	$M_{xT} = GA_{\hat{r}\hat{r}}\varphi'_x$
Rechteck-Querschnitt $M_{xT} = \int \tau_{res}\,\hat{r}\, dA$	$\tau_{max} = \dfrac{M_{xT}}{\eta_1 t^2 b}$	$\gamma_{max} = \eta_3 t\,\varphi'_{\hat{x}}$	$M_{xT} = G\,\underbrace{\eta_2 t^3 b}_{A_T}\,\varphi'_x$
Dünnwandige Röhre $\tau = const.$ über t $M_{xT} = 2q_0 A_0$	$\tau(s) = \dfrac{M_{xT}}{2A_0 t(s)}$	$\left(\gamma = \dfrac{2A_0}{t(s)\oint\dfrac{ds}{t(s)}}\varphi'_x\right)$	$M_{xT} = G\,\overbrace{\dfrac{4A_0^2}{\oint\dfrac{ds}{t(s)}}}^{A_T}\,\varphi'_x$
$M_{x\hat{\omega}} = -B'_{\hat{\omega}} = \int n'_{\hat{x}}\,\hat{\omega}\, ds$ $\qquad = \int \sigma_{\hat{x}}\,\hat{\omega}\, dA$	$\tau = -\dfrac{B'_{\hat{\omega}}}{A_{\hat{\omega}\hat{\omega}}}\dfrac{A_{\hat{\omega}}(s)}{t(s)}$ $\sigma_{\hat{x}} = \dfrac{B_{\hat{\omega}}}{A_{\hat{\omega}\hat{\omega}}}\hat{\omega}(s)$	$\left(\gamma = \dfrac{E}{G}\dfrac{A_{\hat{\omega}}(s)}{t(s)}\varphi'''_x\right)$ $\begin{cases} u_{\hat{x}\hat{w}} = -\varphi'_x\hat{\omega} \\ \varepsilon_{\hat{x}\hat{w}} = -\varphi''_x\hat{\omega} \end{cases}$ $\qquad = -\vartheta'\hat{\omega}$	$B'_{\hat{\omega}} = -EA_{\hat{\omega}\hat{\omega}}\,\varphi'''_{\hat{x}}$ $B_{\hat{\omega}} = -EA_{\hat{\omega}\hat{\omega}}\,\varphi''_{\hat{x}}$
$M_{\hat{y}} = \int \sigma_{\hat{x}}\,\hat{z}\, dA$	$\sigma_{\hat{x}} = \dfrac{M_{\hat{y}}}{A_{\hat{z}\hat{z}}}\hat{z}$	$\varepsilon_{\hat{x}} = -w''\hat{z}$ $\qquad = \varphi'_{\hat{y}}\hat{z}$ $\qquad = \kappa_{\hat{z}}\hat{z}$	$M_{\hat{y}} = EA_{\hat{z}\hat{z}}\,\varphi'_{\hat{y}}$
$M_{\hat{z}} = \int \sigma_{\hat{x}}\,\hat{y}\, dA$	$\sigma_{\hat{x}} = -\dfrac{M_{\hat{z}}}{A_{\hat{y}\hat{y}}}\hat{y}$	$\varepsilon_{\hat{x}} = -v''\hat{y}$ $\qquad = -\varphi'_{\hat{z}}\hat{y}$ $\qquad = \kappa_{\hat{y}}\hat{y}$	$M_{\hat{z}} = EA_{\hat{y}\hat{y}}\,\varphi'_{\hat{z}}$
$n_{\hat{x}}(s) = \int_t \sigma_{\hat{x}}\, dt$	$n_{\hat{x}}(s) = \sigma_{\hat{x}}\,t(s)$	$\varepsilon_{\hat{x}} = u' = \varepsilon_{0\hat{x}}$	$n_{\hat{x}} = E\,t(s)\,\varepsilon_{0x}$
$q(s) = \int_t \tau_{xs}\, dt$	$q(s) = \tau\,t(s)$	$\gamma = \dfrac{\partial u}{\partial s} + \dfrac{\partial v}{\partial x}$	$q(s) = G\,t(s)\,\gamma$

– konstitutive Beziehung	$\pi_i = \dfrac{1}{2}\displaystyle\int_V \underline{\sigma}^T \underline{\varepsilon}\, dV = \dfrac{E}{2}\displaystyle\int_V \underline{\varepsilon}^T \underline{\varepsilon}\, dV = \dfrac{1}{2E}\displaystyle\int_V \underline{\sigma}^T \underline{\sigma}\, dV$	
$\varepsilon_{0\hat{x}} = \dfrac{N_{\hat{x}}}{EA}$	$\dfrac{1}{2}EA\displaystyle\int u'^2\,dx$	$\dfrac{1}{2}\dfrac{N_x^2}{EA}l = \dfrac{1}{2}N_x\dfrac{l}{EA}N_x$
$\gamma = -\dfrac{1}{G}\dfrac{Q_{\hat{y}}}{A_{\hat{y}\hat{y}}}\dfrac{A_{\hat{y}}(s)}{t(s)}$	siehe unter $q(s) = \tau(s)\,t(s)$ oder	
	$\dfrac{1}{2}GA\eta_A\displaystyle\int \gamma^2\,dx$	$\dfrac{1}{2}\dfrac{Q_{\hat{y}}^2}{GA\eta_A}l$
$\gamma = \dfrac{Q_{\hat{y}}}{GA_S}$	$\dfrac{1}{2}GA_S\displaystyle\int \gamma^2\,dx$	$\dfrac{1}{2}\dfrac{Q_{\hat{y}}^2}{GA_S}l$
$\gamma = -\dfrac{1}{G}\dfrac{Q_{\hat{z}}}{A_{\hat{z}\hat{z}}}\dfrac{A_{\hat{z}}(s)}{t(s)}$	siehe unter $q(s)$ $\tau(s)\cdot t(s) = q(s)$	
$\gamma = \dfrac{M_{xT}}{GA_{\hat{r}\hat{r}}}\hat{r}$	$\dfrac{1}{2}GA_{rr}\displaystyle\int \varphi_x'^2\,dx$	$\dfrac{1}{2}\dfrac{M_{xT}^2}{GA_{rr}}l$
$\gamma_{max} = \dfrac{M_{xT}}{G\eta_1 t^2 b}$	$\dfrac{1}{2}GA_T\displaystyle\int \varphi_x'^2\,dx$	$\dfrac{1}{2}\dfrac{M_{xT}^2}{GA_T}l$
$\gamma = \dfrac{M_{xT}}{2GA_0 t(s)}$	$\dfrac{1}{2}G\,\dfrac{4A_0^2}{\displaystyle\oint \frac{ds}{t(s)}}\,\varphi_x'^2\,dx$	$\dfrac{1}{2}\dfrac{M_{xT}^2}{G\,4A_0^2}\displaystyle\oint \dfrac{ds}{t(s)}\,l$
$\gamma_{\hat{x}s} = -\dfrac{1}{G}\dfrac{B_{\hat{\omega}}'}{A_{\hat{\omega}\hat{\omega}}}\dfrac{A_{\hat{\omega}}(s)}{t(s)}$ $\varepsilon_{\hat{x}\hat{w}} = \dfrac{1}{E}\dfrac{B_{\hat{\omega}}}{A_{\hat{\omega}\hat{\omega}}}\hat{\omega}(s)$	siehe unter $q(s)$	
	$\dfrac{1}{2}EA_{\hat{\omega}\hat{\omega}}\displaystyle\int \varphi_x''^2\,dx$	$\dfrac{1}{2}\dfrac{B_{\hat{\omega}}^2}{EA_{\hat{\omega}\hat{\omega}}}l$
$\varepsilon_{\hat{x}} = \dfrac{M_{\hat{y}}}{EA_{\hat{z}\hat{z}}}\hat{z}$	$\dfrac{1}{2}EA_{\hat{z}\hat{z}}\displaystyle\int w''^2\,dx$	$\dfrac{1}{2}\dfrac{M_{\hat{y}}^2}{EA_{\hat{z}\hat{z}}}l$
$\varepsilon_{\hat{x}} = -\dfrac{M_{\hat{z}}}{EA_{\hat{y}\hat{y}}}\hat{y}$	$\dfrac{1}{2}EA_{\hat{y}\hat{y}}\displaystyle\int v''^2\,dx$	$\dfrac{1}{2}\dfrac{M_{\hat{z}}^2}{EA_{\hat{y}\hat{y}}}l$
$\varepsilon_{0\hat{x}} = \dfrac{n_{\hat{x}}(s)}{Et(s)}$	$\dfrac{1}{2}E\displaystyle\int_x\int_s u'^2\,t(s)\,ds\,dx$	$\dfrac{1}{2}\dfrac{l}{E}\displaystyle\int \dfrac{n_x^2}{t(s)}\,ds$
$\gamma_{xs} = \dfrac{q(s)}{G\,t(s)}$	$\dfrac{1}{2}G\displaystyle\int_x\int_s \gamma_{xs}^2\,t(s)\,ds\,dx$	$\dfrac{1}{2}\dfrac{l}{G}\displaystyle\int \dfrac{q^2(s)}{t(s)}\,ds$

Linear-elastische, stabförmige Tragwerke und Scheiben

Beanspruchungsart	π_a Potential der äußeren Arbeit
Zug- Druck (stabartig)	$-\int\limits_{x} \overline{p}_x(x)\,u(x)\,dx - \sum\limits_{i=1}^{m} P_i U_i$
Biegung	$-\int\limits_{x} \overline{p}_z(x)\,w(x)\,dx - \sum\limits_{i=1}^{m} P_i W_i - \sum\limits_{j=1}^{n} \overline{M}_{yj} W_j'$ $-\int\limits_{x} \overline{p}_y(x)\,v(x)\,dx - \sum\limits_{i=1}^{m} P_i V_i - \sum\limits_{j=1}^{n} \overline{M}_{zj} V_j'$
Torsion	$-\int\limits_{x} \overline{m}_x(x)\,\varphi_x(x)\,dx - \sum\limits_{j=1}^{n} \overline{M}_{xj} \varphi_{xj}$
Scheiben-	$-t\left[\int\limits_{A} \underline{\overline{X}}^T \underline{u}\,dx\,dy - \int\limits_{O} \underline{\overline{p}}^T u\,dO\right] - \sum\limits_{i=1}^{m} P_i U_i$

Beispiele zur Theorie
und
Anwendungen

1 Einführung

1–1 Vorgehen bei der Idealisierung

Am Beispiel eines zivilen Verkehrsflugzeugs soll die Auslegung von Leichtbaustrukturen erläutert werden. Die für Flugzeuge geltenden gesetzlichen Anforderungen sind dabei in allgemeinen Bauvorschriften festgelegt, deren Erfüllung rechnerisch und/oder experimentell durch Versuche nachzuweisen ist. Die dafür notwendige Vorgehensweise, die in Abb. 1–1–1 dargestellt ist, läßt sich grob in fünf Schritte unterteilen:

1) Im ersten Schritt sind die möglichen bzw. zugelassenen äußeren Einwirkungen auf das Bauteil, die zum großen Teil in Bauvorschriften festgelegt sind, in Lastfälle umzusetzen, für die die Struktur des Flugzeuges zu dimensionieren ist. Die sich daraus ergebenden folgenden Schritte sind prinzipiell für jeden Lastfall zu wiederholen.

2) Im zweiten Schritt wird für jeden Lastfall zunächst ein globales Belastungsmodell erstellt. Das Ziel ist, die an einem Bauteil angreifenden äußeren Kräfte der Aerodynamik, der Antriebsanlage (und der Fahrwerkskräfte bei Start und Landung) in das Gleichgewicht mit den Volumenkräften, d.h. hier den Trägheitskräften zu bringen. Dafür sind die komplexen Verteilungen der angreifenden äußeren Kräfte und der Massenverteilung soweit zu vereinfachen, daß die sich daraus ergebenden Idealisierungen bei hinreichender Genauigkeit den Berechnungsaufwand deutlich reduzieren oder eine Berechnung erst ermöglichen.

3) Das Gesamtsystem "Flugzeug" kann in eine Reihe von Hauptbaugruppen, die stabförmige Tragwerke darstellen, zerlegt und ihre Schnittstellen sinnvoll festgelegt werden. Je nach Idealisierung (vgl. Abb. 1–11 und 1–12) ist das Belastungsmodell für das einzelne stabförmige Tragwerk bei gleichen globalen (integrierten) Lasten mehr oder weniger genau.

4) Das Vorgehen im vierten Schritt, die Analyse des Tragwerkes, ist am Beispiel des Flügels dargestellt und entspricht dem allgemeinen Vorgehen für die Auslegung von Leichtbaustrukturen. Der Berechnungsaufwand hängt ebenfalls stark von der verwendeten strukturmechanischen Idealisierung ab (Abb. 1–14). So erfordert eine genaue Finite-Element-Analyse des Flügels erheblich größeren Aufwand bei der Bereitstellung aller erforderlichen Eingangsdaten als eine Idealisierung des Flügels als Biegebalken. Die wesentlichen Ergebnisse des vierten Schrittes sind die Beanspruchungen und Verformungen des Bauteils, die sich für den betrachteten Lastfall ergeben.

5) Im abschließenden fünften Schritt erfolgt der Vergleich der errechneten Beanspruchungen und Verformungen mit zulässigen Werten (max. zulässige Betriebsfestigkeit des Werkstoffs, statische aeroelastische Verformungen, usw.). Werden die gestellten Anforderungen erfüllt, so kann der nächste Lastfall untersucht werden. Anderenfalls ist eine Konstruktionsänderung erforderlich (Änderung der Hautdicke, des Materials, des Stringerabstandes, usw.), die zu einer Veränderung von Steifigkeit, Masse und Schwerpunkt

des Flugzeuges führen. Deshalb sind die Schritte 2–5 so lange iterativ zu durchlaufen, bis der Nachweis der Erfüllung der Funktionstüchtigkeit bzw. der Bauvorschrift erbracht ist.

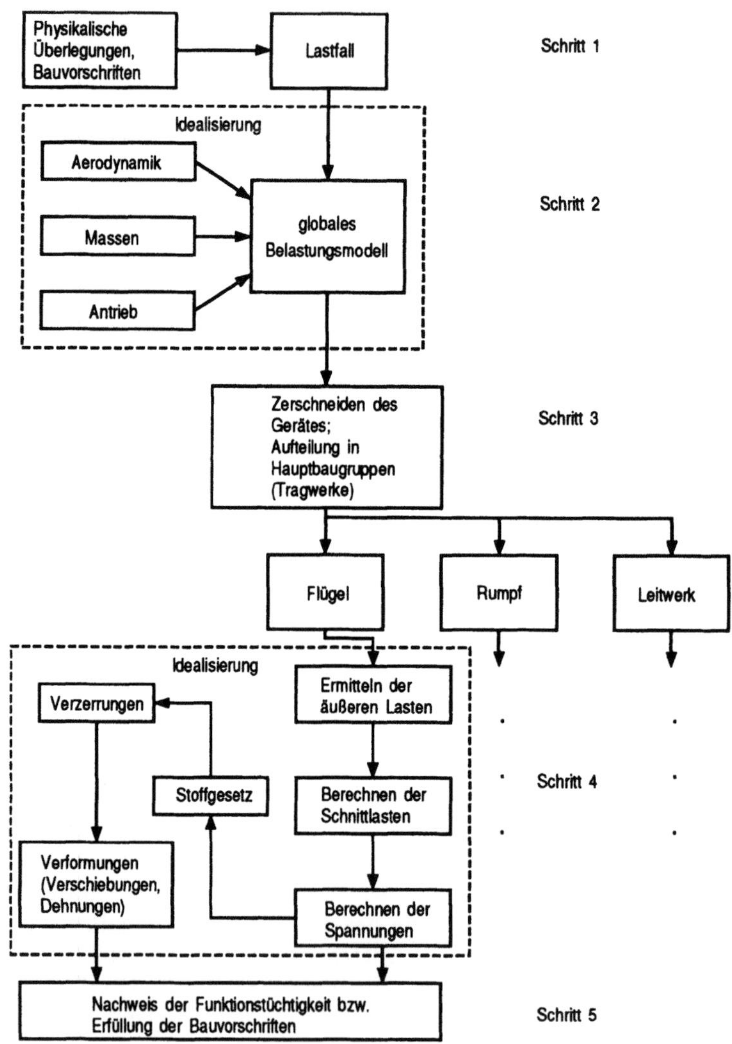

Abb. 1–1–1 Vorgehen bei der Auslegung von Leichtbaustrukturen

1–2 Anwendungsbeispiele

1–2.1 Ermittlung von Luftkräften

Integration von Druckverteilungen. Ermittlung des Angriffspunktes des Auftriebs AC (Aerodynamic Center)

Als Beispiel für die Idealisierung in Schritt 2 des Ablaufdiagramms (Abb. 1–1–1) soll die Auftriebsverteilung eines Tragflügels mit elliptischem Grundriß (Abb.1–2.1–1) im Unterschall dienen. Das symmetriesche Profil soll dabei als angestellte ebene Platte idealisiert werden. Der Flügel mit der Halbspannweite b und der Flügeltiefe $t(y)$ wird bei einem Anstellwinkel α mit dem Staudruck $q = \frac{\rho}{2}v_\infty^2$ angeströmt.

Gegeben:

$t,\ b,\ \alpha,\ v_\infty$

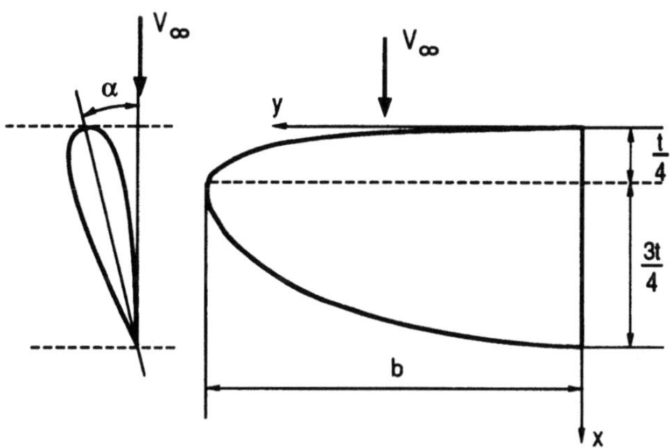

Abb. 1–2.1–1 Tragflügel mit elliptischem Grundriß

Gesucht:

a) Idealisierung der flächigen Auftriebskraft als Linienlast entlang der $\frac{t}{4}$–Linie.
b) Idealisierung des Linienlastverlaufes als Einzelkraft und Einzelmoment auf der $\frac{t}{4}$–Linie.

Lösung:

Teilaufgabe a)

Für die (Differenz-)Druckverteilung $p(x)$ für einen Streifen mit der Breite 1 zwischen Ober- und Unterseite des Tragflügels gilt in diesem Fall (1. Birnbaum-Normalverteilung) in Flügeltiefenrichtung:

$$\overline{p}(x) = 4\,q\,\alpha\,\sqrt{\frac{t-x}{x}}$$

Für weitere Berechnungen erfolgt die Substitution:

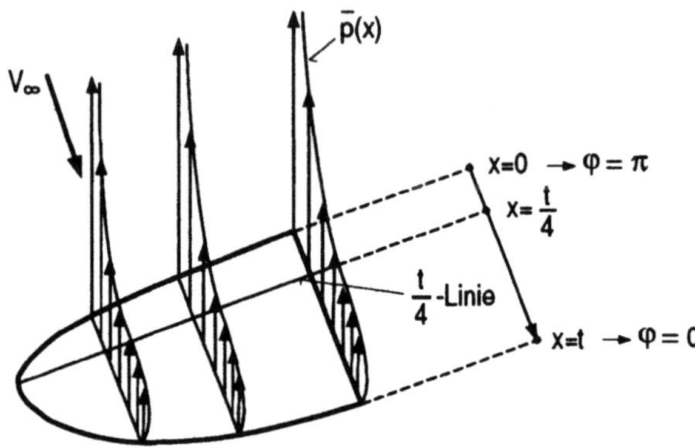

Abb. 1–2.1–2 Idealisierung des Flügel-Auftriebs

$$x = \frac{t}{2}(1 + \cos\varphi) \qquad x = 0 \to \varphi = \pi$$
$$x = t \to \varphi = 0$$

$$\rightsquigarrow \overline{p}(\varphi) = q\,\alpha\,\tan\frac{\varphi}{2}$$

Berechnung des Auftriebes als Linienlast A_l und der Momente M_y^{VK} (Bezugspunkt: Vorderkante) lokal an einem Tragflügelstück mit der örtlichen Tiefe $t(y)$ und der Breite "1".

$$A_l = 4q\alpha \int\limits_0^t \sqrt{\frac{t-x}{x}}\,dx; \quad \tan\frac{\varphi}{2} = \frac{1 - \cos\varphi}{\sin\varphi}$$

bzw.

$$A_l = 2q\alpha t \int\limits_0^\pi \tan\frac{\varphi}{2}\,\sin\varphi\,d\varphi \quad \rightsquigarrow \quad A_l = 2\pi q t \alpha$$

$$M_y^{VK} = \int\limits_0^1 \int\limits_0^t \overline{p}(x)\,x\;dA = 4q\alpha \int\limits_0^t \sqrt{\frac{t-x}{x}}\;x\,dx$$

bzw.

$$M_y^{VK} = q\alpha t^2 \int_0^\pi \tan\frac{\varphi}{2}(1 + \cos\varphi)\sin\varphi\, d\varphi \rightsquigarrow \quad M_y^{VK} = \frac{\pi}{2}qt^2\alpha$$

Der Angriffspunkt x_a des Auftriebes folgt aus dem Momentengleichgewicht:

$$x_a = \frac{M_y^{VK}}{A_l} = \frac{t}{4}$$

Für den Flügel mit elliptischen Grundriß ist aus der Aerodynamik bekannt, daß der örtliche Auftriebsbeiwert $c_a = \frac{A_l}{qt} = 2\pi\alpha$ entlang der Spannweite konstant ist. Daraus folgt, daß der lokale Auftrieb direkt proportional zur örtlichen Flügeltiefe $t(y)$ ist und somit in Spannweitenrichtung einen elliptischen Verlauf aufweist:

$$A_l = 2\pi q\alpha\frac{t}{b}\sqrt{b^2 - y^2}$$

Die örtlichen Angriffspunkte liegen wie gezeigt auf der $\frac{t}{4}$-Linie.

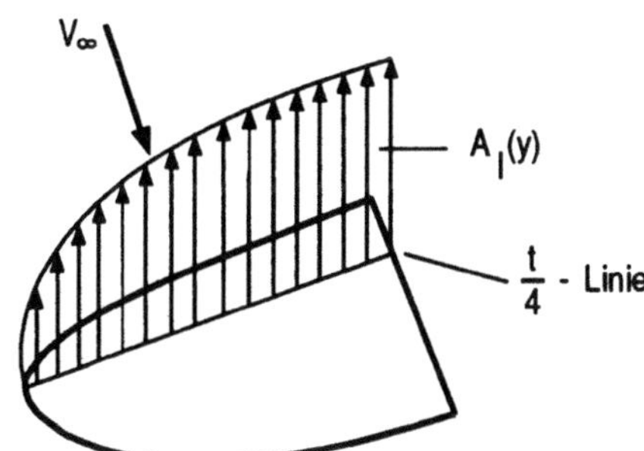

Abb. 1–2.1–3 Idealisierung des Flügel-Auftriebs

Teilaufgabe b)

Der Gesamtauftrieb A errechnet sich aus:

$$A_l = \int_0^b A_l(y)dy = 2\pi q\alpha\frac{t}{b}\int_0^b \sqrt{b^2 - y^2}\,dy$$

$$A_l = \frac{\pi^2}{2}q\alpha tb$$

Das Gesamtmoment M_x um die x–Achse ergibt sich zu

$$M_x = \int\limits_0^b A_l(y)\, y\, dy = 2\pi q\alpha\frac{t}{b} \int\limits_0^b y\sqrt{b^2 - y^2}\, dy$$

$$M_x = \frac{2}{3}\pi q\alpha t b^2$$

Der resultierende Angriffspunkt in Spannweitenrichtung folgt aus dem Momentengleichgewicht um die x–Achse

$$y_a = \frac{M^x}{A} = \frac{4}{3}\frac{b}{\pi} \approx 0,42b$$

Der Gesamtauftrieb der Tragflügelhälfte läßt sich durch eine Einzelkraft A

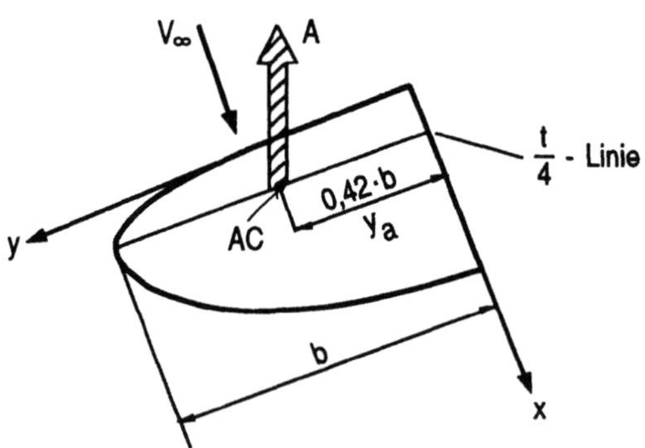

Abb. 1–2.1–4 Idealisierung des Flügel-Auftriebs

ersetzen, die im Punkt AC (Aerodynamic Center) bei $x_a = 0,25t$ und $y_a \approx 0,42b$ angreift.

1–2.2 Ermittlung äußerer Lasten

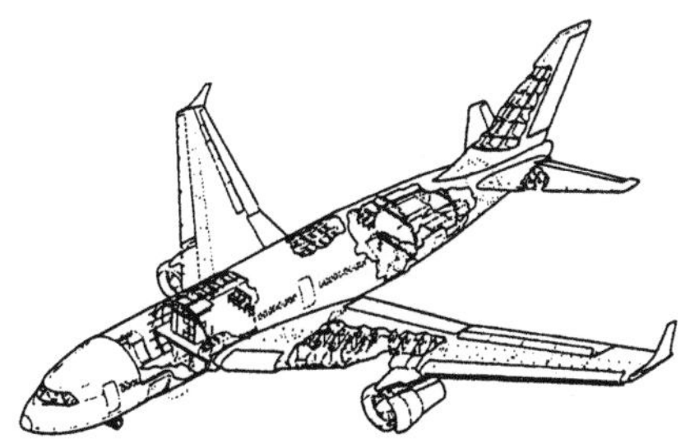

Für das in Abb. 1–2.2–1 dargestellte Flugzeug soll nach der Ermittlung von Luftkräften die Ermittlung von Massenkräften und ihren Angriffspunkten dargelegt werden. Der maßgebliche Lastfall ist ein Abfangmanöver mit einem Lastvielfachen von $n = 2,5$ in Reiseflughöhe und gleichzeitigem Triebwerksausfall (kein Schub). Der Rumpf soll als Balken idealisiert werden.

Abb. 1–2.2–1 Zweistrahliges
Passagierflugzeug

Gegeben:

Angriffspunkt der Luftkraft am Flügel: $x_{A_{Fl}} = 22,00\,m$
Angriffspunkt der Luftkraft am Höhenleitwerk: $x_{A_{HLW}} = 42,00\,m$
x-Position des vorderen Holmes: $x_{H_1} = 19,00\,m$
x-Position des hinteren Holmes: $x_{H_2} = 24,00\,m$

Lastvielfaches: $n = 2,5$

	Komponente	Masse [kg]	Schwerpunktlage in x-Richtung [m]
	Flügelstruktur	20000	
	Kraftstoff	20000	
Flügel	Triebwerke	10000	20,00
	Hauptfahrwerk	7000	
	Rumpfstruktur	31000	
Rumpf	Ausrüstung	5000	
	Nutzlast	33000	

Leitwerk	Höhenleitwerk	5000	42, 00
	Seitenleitwerk	2000	42, 00

Tabelle 1–2.2–1 Flugzeugdaten

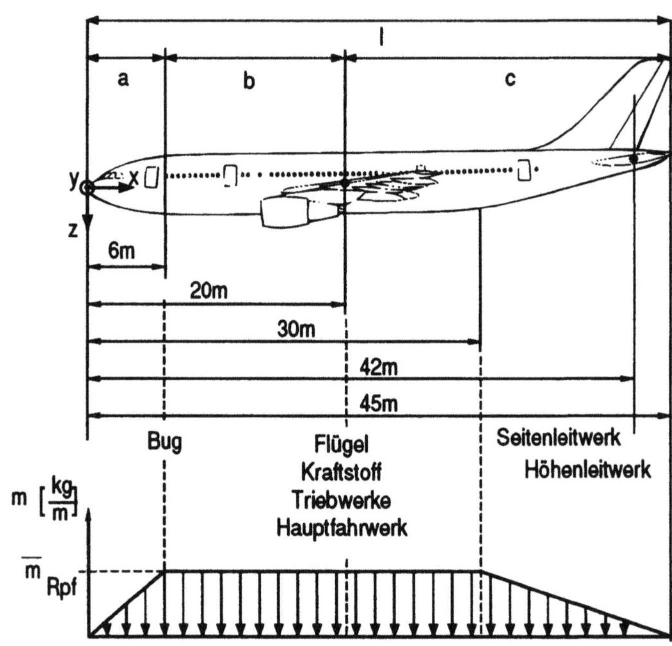

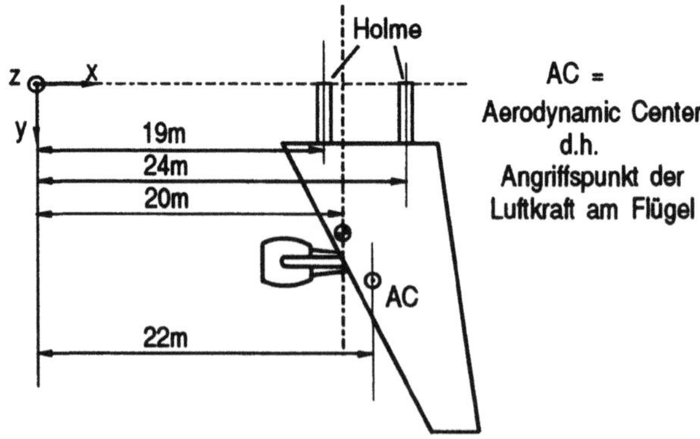

Abb. 1–2.2–2 Flugzeugabmessungen

Gesucht:

a) Aus den gegebenen Einzelmassen und deren Schwerpunkten (Tabelle 1) ist
    der Gesamtschwerpunkt des Fluggerätes zu berechnen. Dabei sind folgende
    Vereinfachungen bereits getroffen worden:

- Die angegebene Flügelmasse und deren Schwerpunkt berücksichtigt bereits die Triebwerke, den Kraftstoff und die Hauptfahrwerke im Flügel
- Für die Verteilung der Masse des Rumpfes, der Ausrüstung und der
  Nutzlast kann von folgender Verteilung ausgegangen werden (Abb.
  1–2.2–2). Die Strukturmasse erhält man als laufende Last
  $$\overline{p}_m = XA = \varrho A g \quad \text{(siehe Kap. 1; Abb. 1–9)}$$

  - linearer Verlauf, bei 0 beginnend, von der Bugspitze bis zum Ende
    des Bugsegmentes bei $x{=}6$m
  - konstanter Verlauf im zylindrischen Rumpfsegment von $x{=}6$m bis
    $x{=}30$m
  - linear auf 0 abnehmender Verlauf im Heckkonus von $x{=}30$m bis
    $x{=}45$m.

b) Für den angegebenen Lastfall sind die Kräfte an den Flügeln und am
    Höhenleitwerk zu berechnen. Am Flugzeug herrscht dabei Kräfte- und
    Momentengleichgewicht (getrimmter Flugzustand). Dabei sind aus aero-
    dynamischen Untersuchungen die Angiffspunkte der Luftkräfte am Flügel
    und am Höhenleitwerk bekannt (siehe Tabelle 1). Der Rumpf leistet keinen
    Beitrag zum Auftrieb.

c) Die Kräfte des Flügels werden, wie in Abb. 1–2.2.-2 dargestellt, über zwei
    Holme als Kräftepaar in den Rumpf eingeleitet. Für das Aufschneiden
    der Flügel-Rumpf-Verbindung kann angenommen werden, daß der Rumpf
    statisch bestimmt auf dem Flügel gelagert wird.

Lösung:

Teilaufgabe a)

Die gesamte Rumpfmasse ergibt sich als Summe der Einzelmassen von Rumpf,
Nutzlast und Ausrüstung nach Tabelle 1–2.2–1 zu:

$$M_{Rpf} = 69.000 \, kg$$

Die Ermittlung der auf die Länge bezogene Rumpfmasse $\overline{m}_{Rpf}$ mit der Einheit
$\left[\frac{kg}{m}\right]$ folgt aus der Integration aus der Rumpflänge l:

$$M_{Rpf} = \int_0^l \overline{m}_{Rpf}(x)\,dx$$

$$= \int_0^a \frac{\overline{m}_{Rpf}}{a} \cdot x\,dx + \int_{6\,m}^b \overline{m}_{Rpf}\,dx + \int_{30\,m}^c \frac{\overline{m}_{Rpf}}{c} \cdot (c - x)\,dx$$

Die Integration über die drei Bereiche gemäß Abb. 1–2.2–2 und die anschließende Summation führen zu:

$$\overline{m}_{Rpf} = 2000\,\frac{kg}{m}$$

Der Schwerpunkt des Rumpfes in x-Richtung kann aus

$$x_{SP_{Rpf}} = \frac{\int_0^l m(x) \cdot x \cdot dx}{M_{Rpf}}$$

errechnet werden und führt zu der Schwerpunktlage in x –Richtung:

$$x_{SP_{Rpf}} = 20,478\,m$$

Der Gesamtschwerpunkt des Flugzeuges wird durch die Massen und Schwerpunkte von Flügel, Rumpf, Höhenleitwerk und Seitenleitwerk festgelegt. In die Flügelmasse gehen dabei die Einzelmassen der Flügelstruktur, des Kraftstoffes, der Triebwerke und des Hauptfahrwerkes nach Tabelle 1 ein und ergeben zusammen $M_{Rpf} = 57.000\,kg$.
Der Gesamtschwerpunkt und die Gesamtmasse bestimmen sich aus:

$$x_{SP_{ges}} = \frac{M_{Fl} \cdot x_{SP_{Fl}} + M_{Rpf} \cdot x_{SP_{Rpf}} + M_{HLW} \cdot x_{SP_{HLW}} + M_{SLW} \cdot x_{SP_{SLW}}}{M_{FL} + M_{Rpf} + M_{HLW} + M_{SLW}}$$

$$x_{SP_{ges}} = 21,406\,m$$

$$M_{ges} = M_{Fl} + M_{Rpf} + M_{HLW} + M_{SLW} = 133.000\,kg$$

Teilaufgabe b)

Zur Ermittlung der Auftriebskräfte A von Flügel und Höhenleitwerk wird das Kräfte- und Momentengleichgewicht in der x-z Ebene, dargestellt in Abb. 1–2.2–3, betrachtet.

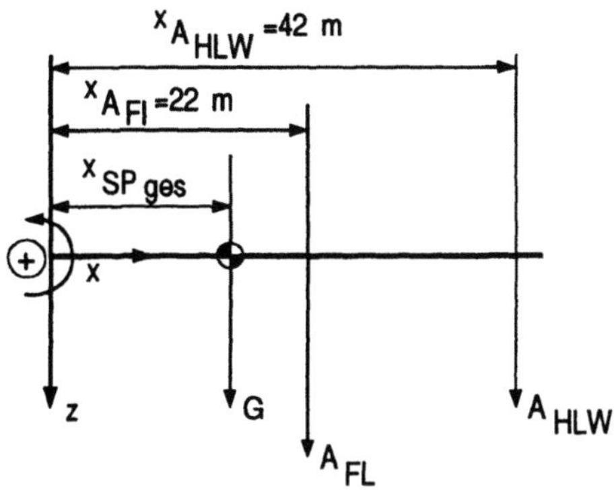

Abb. 1–2.2–3

Der Ausgangspunkt für die Hebelarme ist die Bugspitze: Die Gewichtskraft G des Flugzeuges wird durch das Lastvielfache n und die Erdbeschleunigung festgelegt. Das Lastvielfache n hängt von dem betrachteten Lastfall ab und ist mit $n=2,5$ gegeben. Daraus folgt für die Gewichtskraft G:

$$G = M_{ges} \cdot n \cdot g = 3.261.825 \, N$$

Zur Berechnung der Auftriebskräfte A_{Fl} und A_{HLW} wird die Kräftebilanz in z-Richtung sowie die Momentenbilanz um den Gesamtschwerpunkt verwendet:

$$\sum F_z \stackrel{!}{=} 0 \Rightarrow G + A_{Fl} + A_{HLW} = 0$$

$$\sum M^{SP} \stackrel{!}{=} 0 \Rightarrow -\left(x_{A_{Fl}} - x_{SP_{ges}}\right) \cdot A_{Fl} - \left(x_{A_{HLW}} - x_{SP_{ges}}\right) \cdot A_{HLW} = 0$$

Aus diesen beiden Gleichungen ergeben sich die zwei Unbekannten zu:

$$A_{Fl} = -3.358.699 \, N$$

(wirkt der Gewichtskraft entgegen)

$$A_{HLW} = 96.874 \, N$$

(Abtrieb am Höhenleitwerk)

Teilaufgabe c)

Nachdem in Aufgabenteil b) die Kräfte- und Momentenbilanz für das Gesamtflugzeug erfüllt werden, soll der Flügel jetzt vom Rumpf entfernt werden. Die Holmkräfte können aufgrund der großen Steifigkeiten in diesem Rumpfabschnitt durch die Auflagerkräfte F_{H1} und F_{H2} ersetzt werden, die sich aus der Kräftebilanz in z-Richtung und der Momentenbilanz um das Auflager am ersten Holm F_{H1} in der x-z Ebene ergeben(Abb. 1-2.2-4):

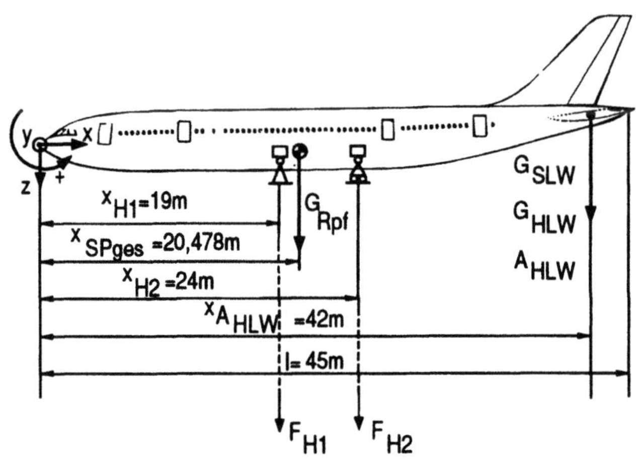

Abb. 1-2.2-4

$$\sum F \stackrel{!}{=} 0 \Rightarrow F_{H1} + F_{H2} + G_{Rpf} + G_{Slw} + G_{Hlw} + A_{Hlw} \stackrel{!}{=} 0$$

$$mit: \qquad G_{Rpf} = M_{Rpf}\, n\, g$$

$$G_{Slw} = M_{Slw}\, n\, g$$

$$G_{Hlw} = M_{Hlw}\, n\, g$$

$$\sum M \stackrel{!}{=} 0 \qquad -G_{Rpf}(x_{SPges} - x_{H1}) - F_{H2}(x_{H2} - x_{H1})$$

$$- (G_{Slw} + G_{Hlw} + A_{Hlw})(x_{A_{HLW}} - x_{H1}) \stackrel{!}{=} 0$$

$$F_{H2} = -1.735.634\, N$$

$$F_{H1} = -225.140\, N$$

Die beiden "Auflagerkräfte" F_{H1} und F_{H2} der Holme wirken den Gewichtskräften und der aerodynamischen Kraft am Höhenleitwerk entgegen.

Flügel und Rumpf sind somit durch zerschneiden voneinander getrennt worden, die stoffliche Bindung wird durch Auflagerkräfte ersetzt. Die weitere Auslegung des Rumpfes im 4. Schritt (Abb. 1-1-1) soll wie in Aufgabe 3.3-6.1 fortgeführt werden.

2.3 Anwendung der linearen Elastizitätstheorie auf die Scheibe

2.3–1 Zusammenfassung der theoretischen Grundlagen

Als Scheiben bezeichnet man ebene Flächentragwerke, deren Dicke t gegenüber den anderen Abmessungen klein ist, Abb. 2.3-1-1. Lasten wirken nur in der Scheibenebene. In Dickenrichtung verteilte Lasten werden aufintegriert und als in der Mittelfläche wirkender Normal- bzw. Schubfluß zusammengefaßt. Die Randspannungen ergeben sich aus Normal- und Schubflüssen durch Bezug auf die Dicke.

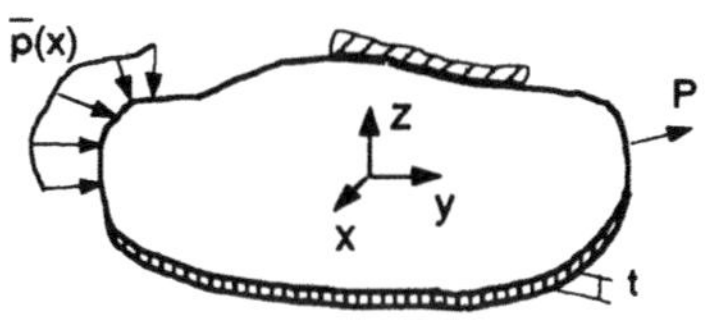

Abb. 2.3-1-1

Bei dünnen ebenen Flächentragwerken wie der Scheibe, kann die Normalspannung in Dickenrichtung näherungsweise vernachlässigt und zu Null angenommen werden. Man spricht dann von einem ebenen Spannungszustand (ESZ). Die zur Berechnung des Spannungs- und Verschiebungsfeldes notwendigen Grundgleichungen werden im folgenden Abschnitt zusammengestellt. Für die weitere Behandlung der Scheibe wird vereinfachend angenommen, daß keine Volumenlasten wirken und keine Temperaturbeanspruchung vorliegt. Damit können die Voraussetzungen und Annahmen für die Scheibe folgendermaßen zusammengefaßt werden:

- Ebenes Flächentragwerk
- Dicke $t <<$ Flächenabmessungen
- Lasten wirken ausschließlich in der Scheibenmittelebene ($x - y$ Ebene)
- ebener Spannungszustand: $\sigma_z = 0$, $\gamma_{xz} = \gamma_{yz} = 0$

Weitere mögliche, hier genutzte Vereinfachungen:
- Dicke t konstant
- keine Volumenlast
- keine Temperaturbeanspruchung

Grundgleichungen

In nachfolgender Tabelle sind die wesentlichen Grundgleichungen für die Scheibe geordnet nach Kinematik, Stoffgesetz und statischen Bedingungen zusammengestellt.

Kinematik	Stoffgesetz	Statische Bedingungen
Verzerrungen: $\varepsilon_x = \dfrac{\partial u}{\partial x}$ $\varepsilon_y = \dfrac{\partial v}{\partial y}$ $\gamma_{xy} = \dfrac{\partial u}{\partial y} + \dfrac{\partial v}{\partial x}$	Ebener Spannungszustand Dünnwandige Bauteile mit $\sigma_z = 0$, $\quad \gamma_{xz} = \gamma_{yz} = 0$ $\begin{bmatrix} \varepsilon_x \\ \varepsilon_y \\ \gamma_{xy} \end{bmatrix} = \dfrac{1}{E} \begin{bmatrix} 1 & -\nu & 0 \\ -\nu & 1 & 0 \\ 0 & 0 & 2(1+\nu) \end{bmatrix} \begin{bmatrix} \sigma_x \\ \sigma_y \\ \tau_{xy} \end{bmatrix}$	Gleichgewicht der Schnittkräfte 3 Spannungen $\sigma_x, \sigma_y, \tau_{xy} = \tau_{yx}$ $\dfrac{\partial \sigma_x}{\partial x} + \dfrac{\partial \tau_{xy}}{\partial y} = 0$ $\dfrac{\partial \sigma_y}{\partial y} + \dfrac{\partial \tau_{xy}}{\partial x} = 0$
Verträglichkeit - Kompatibilität: $\dfrac{\partial^2 \gamma_{xy}}{\partial x \partial y} = \dfrac{\partial^2 \varepsilon_x}{\partial y^2} + \dfrac{\partial^2 \varepsilon_y}{\partial x^2}$	Drückt man die Verzerrungen in der Kompatibilitätsbedingung mit Hilfe des Stoffgesetzes durch die Spannungen aus und eliminiert die Schubspannungen durch Differenzieren und Einsetzen der Gleichgewichtsbedingungen, erhält man als dritte Bestimmungsgleichung für die Spannungen die Scheibengleichung	Scheibengleichung $\left(\dfrac{\partial^2}{\partial x^2} + \dfrac{\partial^2}{\partial y^2} \right)(\sigma_x + \sigma_y) = \Delta(\sigma_x + \sigma_y) = 0$

Airysche-Spannungsfunktion $\Phi(x,y)$

Definiert man eine skalare Ortsfunktion $\Phi(x,y)$ mit den Ableitungen

$$\sigma_x = \frac{\partial^2 \Phi}{\partial y^2} \quad , \quad \sigma_y = \frac{\partial^2 \Phi}{\partial x^2} \quad , \quad \tau_{xy} = -\frac{\partial^2 \Phi}{\partial x \partial y} \quad ,$$

so werden die Differentialgleichungen des Gleichgewichts automatisch erfüllt und aus der Scheibengleichung folgt eine **Bipotentialgleichung** für die Airysche Spannungsfunktion $\Phi(x,y)$:

$$\frac{\partial^4 \Phi}{\partial x^4} + 2 \frac{\partial^4 \Phi}{\partial x^2 \partial y^2} + \frac{\partial^4 \Phi}{\partial y^4} = \Delta^2 \Phi = 0 \quad .$$

Zur Lösung des beschreibenden Differentialgleichungssystems wird die sogenannte *Airy*sche Spannungsfunktion $\Phi(x,y)$ eingeführt. Diese erfüllt die Differentialgleichungen des Gleichgewichts per Definition. Da die beiden aufstellbaren Gleichgewichtsbeziehungen nicht ausreichen, um die drei unbekannten Spannungen σ_x , σ_y , τ_{xy} eindeutig bestimmen zu können, wird die Verschiebungskompatibilitätsbeziehung in Spannungen angeschrieben und als dritte Gleichung zur Bestimmung der Spannungen herangezogen. Drückt man die Spannungen durch die Airysche Spannungsfunktion aus, führt diese dritte Gleichung auf die sogenannte Scheibengleichung, eine partielle Differentialgleichung vom Typ einer *Bipotentialgleichung*, die sowohl die Kompatibilitäts- als auch die Gleichgewichtsbedingung erfüllt.

Lösung der Scheibengleichung

Das Auffinden passender Lösungen für die Bipotentialgleichung der Scheibe

$$\Delta^2\Phi = \frac{\partial^4\Phi}{\partial x^4} + 2\frac{\partial^4\Phi}{\partial x^2\partial y^2} + \frac{\partial^4\Phi}{\partial y^4} = 0$$

ist ein mathematisches Problem. Als Ansätze für die Airysche Spannungsfunktion eignen sich je nach Problemstellung

- Potenzreihen der Ortskoordinaten
- analytische Funktionen (komplexe Funktionen)
- Fourier-Reihen

Hier werden nur Potenzreihen-Ansätze der Form

$$\Phi(x,y) = \sum_i \sum_k c_{ik}\, x^i y^k \qquad , \qquad (i,k \in \mathrm{N}_0)\,, \quad c_{ik} \in \mathrm{R}$$

betrachtet. Glieder mit $i + k < 2$ liefern keinen Beitrag zu den Spannungen. Ansätze mit $i+k < 4$ erfüllen die Bipotentialgleichung automatisch für beliebige Koeffizienten c_{ik} (Nachweis durch Einsetzen).

Die folgende Tabelle listet Spannungsfunktionen wichtiger Lastfälle für die Rechteckscheibe auf:

Lastfall	$\Phi(x,y)$	$\sigma_x = \dfrac{\partial^2\Phi}{\partial y^2}$	$\sigma_y = \dfrac{\partial^2\Phi}{\partial x^2}$	$\tau_{xy} = -\dfrac{\partial^2\Phi}{\partial x\partial y}$
konstante Zuglast in x-Richtung	$a y^2$	$2\,a$	0	0
konstante Zuglast in y-Richtung	$a x^2$	0	$2\,a$	0

Tabelle 2.3-1-1   . . .

Biegemoment durch Kräftepaar in x-Richtung	$a\,xy$	0	0	$-a$
Biegemoment durch Kräftepaar in y-Richtung	$a\,y^3$	$6\,ay$	0	0
Kragarm mit Einzellast	$a\,xy + b\,xy^3$	$6\,b\,xy$	0	$2\,b\,xy^2 + a$
Kragarm mit konstanter Streckenlast	$a\,x^2 + b\,x^2y + {}$ $+c\,x^2y^3 + d\,y^3$	$6c\,x^2y$ $+6d\,y$	$2a + 2by$ $+2c\,y^3$	$2b\,x$ $+6c\,xy^2$

Tabelle 2.3–1–1

In vielen Fällen läßt sich die Bipotentialgleichung nur näherungsweise erfüllen. Der Potenzreihenansatz ist von genügend hoher Ordnung zu wählen (schlimmstenfalls probieren).

Idealisierung von Lasten und Randbedingungen

Lastfall	Spannungsrandbedingungen
	$\sigma_x(x=b,y) \;=\; \dfrac{P}{th}$ $\sigma_y(x,y=\pm h/2) = 0$ $\tau_{xy}(x,y=\pm h/2) = \tau_{xy}(x=b,y) = 0$
	$\sigma_y(x,y=h/2) \;=\; \dfrac{P}{tb}$ $\sigma_x(x=\pm b/2,y) = 0$ $\tau_{xy}(x=\pm b/2,y) = \tau_{xy}(x,y=h/2) = 0$

Tabelle 2.3–1–2   . . .

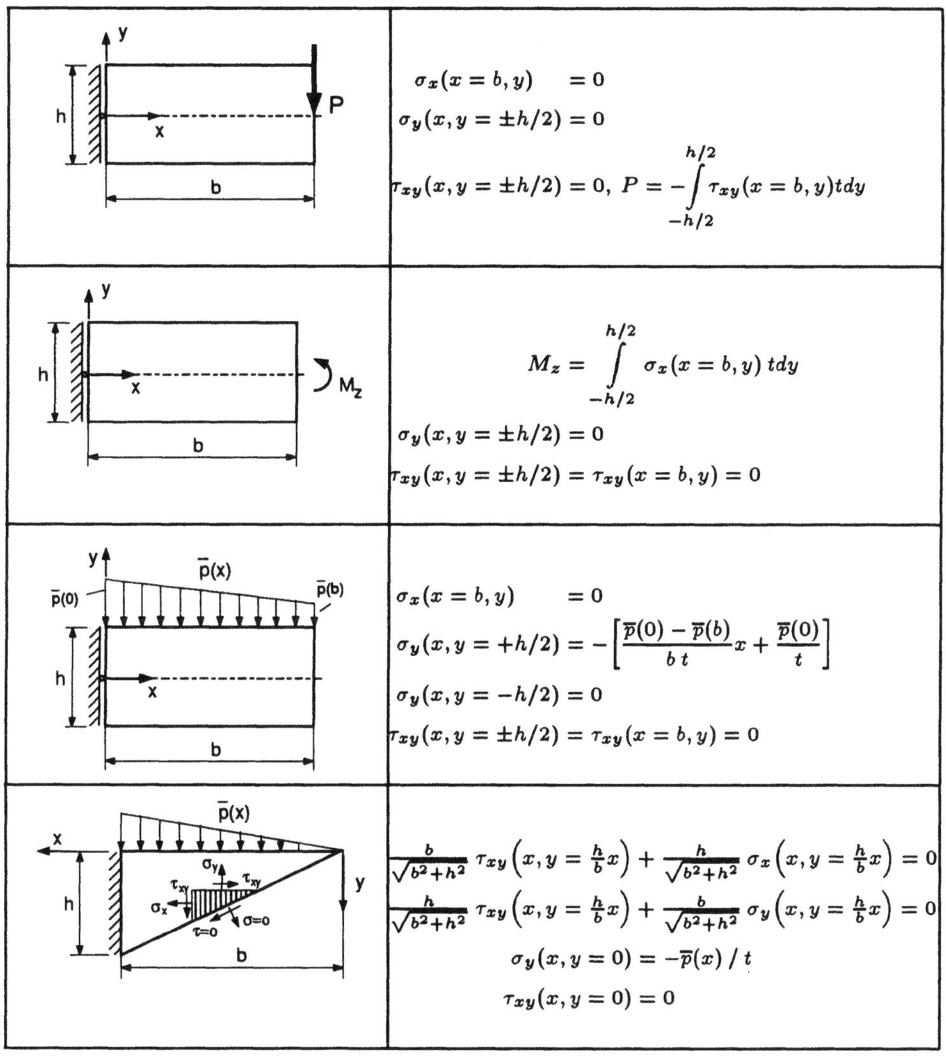

$$\sigma_x(x = b, y) = 0$$
$$\sigma_y(x, y = \pm h/2) = 0$$
$$\tau_{xy}(x, y = \pm h/2) = 0, \quad P = -\int_{-h/2}^{h/2} \tau_{xy}(x = b, y)\,t\,dy$$

$$M_z = \int_{-h/2}^{h/2} \sigma_x(x = b, y)\,t\,dy$$
$$\sigma_y(x, y = \pm h/2) = 0$$
$$\tau_{xy}(x, y = \pm h/2) = \tau_{xy}(x = b, y) = 0$$

$$\sigma_x(x = b, y) = 0$$
$$\sigma_y(x, y = +h/2) = -\left[\frac{\overline{p}(0) - \overline{p}(b)}{b\,t}x + \frac{\overline{p}(0)}{t}\right]$$
$$\sigma_y(x, y = -h/2) = 0$$
$$\tau_{xy}(x, y = \pm h/2) = \tau_{xy}(x = b, y) = 0$$

$$\frac{b}{\sqrt{b^2+h^2}}\,\tau_{xy}\left(x, y = \frac{h}{b}x\right) + \frac{h}{\sqrt{b^2+h^2}}\,\sigma_x\left(x, y = \frac{h}{b}x\right) = 0$$
$$\frac{h}{\sqrt{b^2+h^2}}\,\tau_{xy}\left(x, y = \frac{h}{b}x\right) + \frac{b}{\sqrt{b^2+h^2}}\,\sigma_y\left(x, y = \frac{h}{b}x\right) = 0$$
$$\sigma_y(x, y = 0) = -\overline{p}(x)\,/\,t$$
$$\tau_{xy}(x, y = 0) = 0$$

Tabelle 2.3–1–2

Ebene Spannungszustände $(\sigma_z = \gamma_{yz} = \gamma_{zx} = 0)$

☐ homogenes, isotropes Material

$$\begin{bmatrix} \varepsilon_x \\ \varepsilon_y \\ \gamma_{xy} \end{bmatrix} = \frac{1}{E} \cdot \begin{bmatrix} 1 & -\nu & 0 \\ -\nu & 1 & 0 \\ 0 & 0 & 2(1+\nu) \end{bmatrix} \begin{bmatrix} \sigma_x \\ \sigma_y \\ \tau_{xy} \end{bmatrix}$$

Bei isotropen Stoffen existieren zwei unabhängige Werkstoffkonstanten, nämlich der Elastizitätsmodul E und die Querkontraktionszahl ν (Poisson'sche Zahl). Für den Schubmodul gilt: G=f(E, ν).

☐   orthotropes Material

Die linear-elastischen Materialeigenschaften dieser Stoffe sind orthogonal gerichtet. Für den zweidimensionalen Fall ist eine Symmetrie zu zwei orthogonalen Achsen des KOS vorhanden. Ein orthtropes Material ist z.B. ein gewalztes Blech oder eine unidirektionale (UD-)Schicht aus Faser-Verbund-Werkstoff (FVW). Hierfür lautet die Elastizitätsmatrix wie folgt:

$$\underline{\underline{E}} = \frac{1}{1 - \nu_{xy}\nu_{yx}} \cdot \begin{bmatrix} E_x & \nu_{yx}E_y & 0 \\ \nu_{xy}E_x & E_y & 0 \\ 0 & 0 & (1 - \nu_{xy}\nu_{yx})G_{xy} \end{bmatrix}$$

Die Nullen in der Matrix besagen, daß die Schub- und Normalspannungen bzw. Verzerrungen nicht gekoppelt sind, wenn die Beanspruchung in Richtung des Orthotropieachsensystems erfolgt. Ist dies nicht der Fall, so muß die Elastizitätsmatrix in die Beanspruchungsrichtung transformiert werden, was ein Verschwinden der Nullen bzw. eine Kopplung zur Folge hat. Aus energetischen Gründen muß nach dem Betti-Maxwell'schen Reziprozitätssatz Symmetrie vorliegen. Daher gilt:

$$\nu_{xy}E_x = \nu_{yx}E_y$$

wobei die Reihenfolge der Indizierung wie folgt gewählt ist:

1. Index: Richtung der Kontraktion
2. Index: Richtung der einachsigen Belastung

Statische Beziehungen an einem Schnitt bzw. Rand (Transformation der Spannungen)

Spannungen sind einerseits gerichtete Größen, somit Vektoren , andererseits eine auf eine bestimmte Fläche bezogene Kräfte. Die Transformation einer Spannung geht also mit der Transformation der Bezugs-Fläche einher.
Die Gleichgewichtsbeziehungen in x- und y-Richtung an einem Schnitt bzw. am Rand für $\cos(\underline{n}x) = \cos(360^\circ - \varphi) = \cos\varphi$ und $\cos(\underline{n}y) = \cos(90^\circ - \varphi) = \sin\varphi$ lauten (siehe Gl. 2.5.3–5 und 2.5.3–6 bzw. Abb. 2.2.1–1)

$$\begin{bmatrix} \sigma_{nx} \\ \sigma_{ny} \end{bmatrix} = \begin{bmatrix} \sigma_{xx} & \tau_{yx} \\ \tau_{xy} & \sigma_{yy} \end{bmatrix} \cdot \begin{bmatrix} \cos\varphi \\ \sin\varphi \end{bmatrix}$$

2.3–2 Aufgaben

2.3–2.1 Spannungsproblem

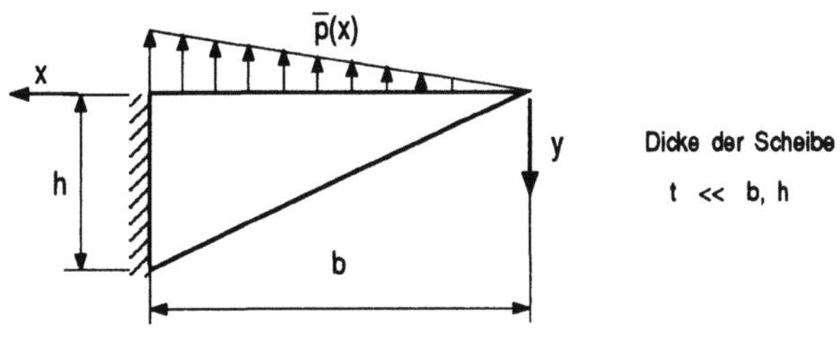

Abb. 2.3–2.1–1 Schiefe Scheibe

Spannungsproblem: Ein einseitig eingespannter Kragarm in Form einer Dreiecksscheibe wird durch eine lineare Streckenlast senkrecht zur oberen, horizontalen Kante belastet. Die Scheibe hat eine konstante Dicke t, die klein gegenüber den übrigen Abmessungen h und b ist.

Gegeben:

Spannungsfunktion

$$\Phi(x, y) = a_1 x^3 + a_2 x^2 + a_3 x^2 y + a_4 xy + a_5 xy^2 + a_6 y^2 + a_7 y^3 \tag{1}$$

Gesucht:

a)   Erfüllt die Spannungsfunktion die Scheibengleichung?
b)   Wie lauten die Spannungsrandbedingungen am oberen und unteren Rand der Scheibe?
c)   Man berechne die Spannungsverteilungen

Lösung:

a)   Erfüllt die Spannungsfunktion die Scheibengleichung?
Die Scheibengleichung (nach Tabelle 2.3–1–1)

$$\frac{\partial^4 \Phi}{\partial x^4} + 2\frac{\partial^4 \Phi}{\partial x^2 \partial y^2} + \frac{\partial^4 \Phi}{\partial y^4} = 0$$

ist erfüllt, wenn die gegebene Spannungsfunktion $\Phi(x, y)$ keine Terme in x und y von höherer als der 3. Potenz und keine gemischten Terme in x und y enthält, die sowohl in x als auch in y von höherer als der 1. Potenz sind. Es gilt also:

$$\frac{\partial^4 \Phi}{\partial x^4} = 0\,, \quad \frac{\partial^4 \Phi}{\partial y^4} = 0\,, \quad \frac{\partial^4 \Phi}{\partial x^2 \partial y^2} = 0 \quad .$$

b) Wie lauten die Spannungsrandbedingungen am oberen und unteren Rand
der Scheibe?

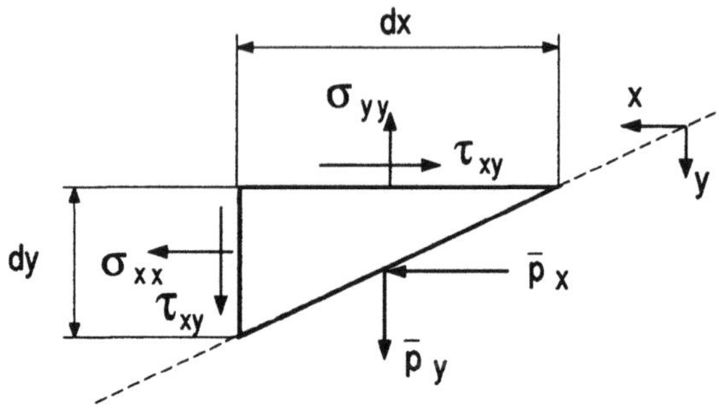

Abb. 2.3–2.1–2

Gemäß Strahlensatz ist die Ortskoordinate y des schrägen Scheibenrandes
$y = \frac{h}{b}x$. Der Spannungstensor ist symmetrisch und darum $\tau_{xy} = \tau_{yx}$.
Am oberen freien Rand (x, y=0) gilt:

$$\sigma_{yy}(x, y = 0) = \frac{n_s(x)}{t} = \frac{\bar{p}\,x}{t\,b} \ ,\qquad\qquad\text{RB1}$$

$$\tau_{xy}(x, y = 0) = 0 \ .\qquad\qquad\text{RB2}$$

Gleichgewicht am unteren freien Rand (x, y=$\frac{h}{b}$x) ergibt:

$$\sum F_x \overset{!}{=} 0 \qquad \sigma_{xx}t \cdot dy - \tau_{xy}t \cdot dx + \bar{p}_x = 0 \ ,$$

$$\sum F_y \overset{!}{=} 0 \qquad -\sigma_{yy}t \cdot dx + \tau_{xy}t \cdot dy + \bar{p}_y = 0 \ .$$

Mit $\bar{p}_x = 0$, $\bar{p}_y = 0$ und $dy/dx = h/b$ ergibt sich:

$$\sigma_{xx}t \cdot h - \tau_{xy}t \cdot b = 0 \ ,\qquad\qquad\text{RB3}$$

$$-\sigma_{yy}t \cdot b + \tau_{xy}t \cdot h = 0 \ .\qquad\qquad\text{RB4}$$

c) Ermittlung der Spannungsverteilungen:
Bestimmung der Koeffizienten der Spannungsfunktion

$$\sigma_{xx}(x, y) = \frac{\partial^2 \Phi}{\partial y^2} = 2\,a_5\,x + 2\,a_6 + 6\,a_7\,y \qquad\qquad (1)$$

$$\sigma_{yy}(x, y) = \frac{\partial^2 \Phi}{\partial x^2} = 6\,a_1\,x + 2\,a_2 + 2\,a_3\,y \qquad\qquad (2)$$

$$\tau_{xy}(x, y) = -\frac{\partial^2 \Phi}{\partial x \partial y} = -2\,a_3\,x - a_4 - 2\,a_5\,y \qquad\qquad (3)$$

RB1 eingesetzt in Gl. (2) ergibt:

$$\frac{\overline{p}\,x}{t\,b} = 6\,a_1\,x + 2\,a_2 \quad \Rightarrow \quad \left(\frac{\overline{p}}{t\,b} - 6\,a_1\right) x = 2\,a_2 \tag{4}$$

Gl. (4) muß für alle x gelten. Ein Koeffizientenvergleich liefert:

$$\frac{\overline{p}}{t\,b} - 6\,a_1 = 0 \quad \Rightarrow \quad a_1 = \frac{\overline{p}}{6\,t\,b} \;,$$
$$2\,a_2 = 0 \quad \Rightarrow \quad a_2 = 0 \;.$$

Einsetzen von RB2 in Gl. (3) führt auf:

$$0 = -2a_3x - a_4 \tag{5}$$

Auch Gl. (5) muß für alle x gelten. Ein Koeffizientenvergleich liefert:

$$-2a_3 = 0 \quad \Rightarrow \quad a_3 = 0 \;,$$
$$-a_4 = 0 \quad \Rightarrow \quad a_4 = 0 \;.$$

Als Zwischenergebnis erhält man:

$$\sigma_{xx}(x,y) = 2a_5x + 2a_6 + 6a_7y \;, \tag{6}$$

$$\sigma_{yy}(x,y) = \frac{\overline{p}x}{tb} \;, \tag{7}$$

$$\tau_{xy}(x,y) = -2a_5y \;. \tag{8}$$

Einsetzen der Ergebnisse für σ_{yy} und τ_{xy} in RB4 ergibt:

$$-\frac{\overline{p}x}{tb}tb - 2a_5\frac{h}{b}xth = 0 \quad \Rightarrow \quad \left(\frac{\overline{p}}{tb} + 2a_5\frac{h^2}{b^2}\right)x = 0 \tag{9}$$

Da Gl. (9) für alle x gelten muß, folgt:

$$\frac{\overline{p}}{tb} + 2a_5\frac{h^2}{b^2} = 0 \quad \Rightarrow \quad a_5 = -\frac{1}{2}\frac{b^2}{h^2}\frac{\overline{p}}{tb}$$

Einsetzen von Gl. (6) und Gl. (8) in RB3 führt auf

$$\left[2\left(-\frac{1}{2}\frac{b^2}{h^2}\frac{\overline{p}}{tb}\right)x + 2a_6 + 6a_7\frac{h}{b}x\right]th + 2\left(-\frac{1}{2}\frac{b^2}{h^2}\frac{\overline{p}}{tb}\right)\frac{h}{b}xtb = 0$$

$$\Rightarrow \quad \left(-2\frac{b^2}{h^2}\frac{\overline{p}}{tb}h + 6a_7\frac{h^2}{b}\right)x + 2a_6h = 0 \tag{10}$$

Gl. (10) muß für alle x gelten. Ein Koeffizientenvergleich liefert

$$2a_6 h = 0 \qquad \Rightarrow \qquad a_6 = 0$$

$$6a_7 \frac{h^2}{b} = 2\frac{b^2}{h^2}\frac{\overline{p}}{tb}h \qquad \Rightarrow \qquad a_7 = \frac{1}{3}\frac{b^2}{h^2}\frac{\overline{p}}{th}$$

Die Verteilungsfunktionen der Spannungen lauten also

$$\sigma_{xx}(x,y) = -\frac{b^2}{h^2}\frac{\overline{p}}{tb}x + 2\frac{b^2}{h^2}\frac{\overline{p}}{th}y$$

$$\sigma_{yy}(x,y) = \frac{\overline{p}}{tb}x$$

$$\tau_{xy}(x,y) = \frac{b^2}{h^2}\frac{\overline{p}}{tb}y$$

2.3–2.2 Verschiebungs-Verzerrungsproblem

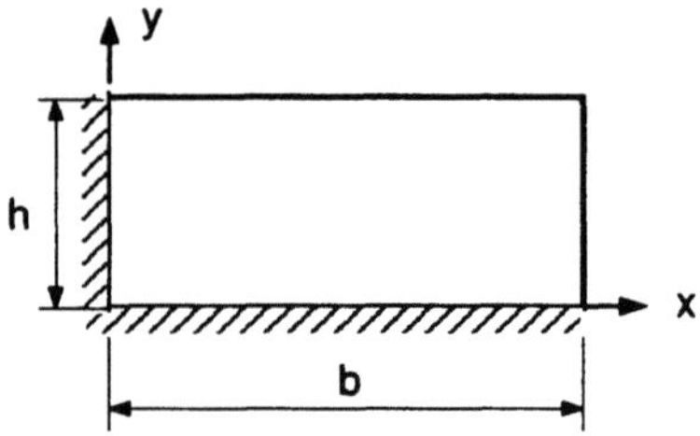

Abb. 2.3–2.2–1 Verzerrungsproblem

Verschiebungs-Verzerrungsproblem: Von der längs der Ränder $x = 0, y = 0$ fest eingespannten Scheibe sind die Dehnungen während des Aufbringens einer äußeren Last aus Dehnungsmessungen ermittelt worden.

Gegeben:

$$\varepsilon_x = kx^2 y + k_1 y^2$$
$$\varepsilon_y = kxy^2$$

Gesucht:

a)   Man berechne die Verschiebungen u und v sowie die Gleitung γ_{xy}.
b)   Handelt es sich um einen kompatiblen Verzerrungszustand ?

Lösung:

a) Es gelten die Verzerrungs-Verschiebungs-Beziehungen:

$$\varepsilon_x = \frac{\partial u}{\partial x} \quad , \quad \varepsilon_y = \frac{\partial v}{\partial y} \quad \text{und} \quad \gamma_{xy} = \frac{\partial u}{\partial y} + \frac{\partial v}{\partial x} \quad .$$

Durch Integration der in der Aufgabenstellung gegebenen Dehnungen nach x bzw. y erhält man entsprechend der Verzerrungs-Verschiebungs-Beziehungen die Verschiebungsverteilungen

b)

$$u(x,y) = \int \varepsilon_x \, dx + f(y) = k\frac{x^3}{3}y + k_1 xy^2 + f(y) \, ,$$

$$v(x,y) = \int \varepsilon_y \, dy + g(x) = kx\frac{y^3}{3} + g(x) \quad .$$

Bei der Integration nach x bzw. y ist zu beachten, daß die Integrationskonstanten (hier: $f(y)$ bzw. $g(x)$) noch Funktionen von y bzw. x sein können. Diese allgemeine Lösung für die Verschiebungsverteilung muß die Randbedingung erfüllen. Gemäß Skizze ist die Scheibe am linken und am unteren Rand fest eingespannt. Damit lauten die Randbedingungen:

linker Rand: $u(x=0,y) = 0 \quad , \quad v(x=0,y) = 0$

unterer Rand: $u(x,y=0) = 0 \quad , \quad v(x,y=0) = 0 \quad .$

Soll die Verschiebungsrandbedingung für $u(x,y)$ am linken Rand für alle y erfüllt sein, muß $f(y) = 0$ gelten. Aus der Verschiebungsrandbedingung für den unteren Rand folgt entsprechend $g(x) = 0$. Damit ergibt sich die Verschiebungsverteilung

$$u(x,y) = k\frac{x^3}{3}y + k_1 xy^2 \, ,$$

$$v(x,y) = kx\frac{y^3}{3} \quad .$$

Durch Differenzieren der Verschiebungen gemäß der Verschiebungs-Verzerrungs-Beziehungen erhält man schließlich die gesuchte Gleitung

$$\gamma_{xy}(x,y) = k\left(\frac{x^3}{3} + \frac{y^3}{3}\right) + 2k_1 xy \quad .$$

c) Die Kompatibilität ist genau dann gewährleistet, wenn die Kompatibilitätsbedingung

$$\frac{\partial^2 \varepsilon_x}{\partial y^2} + \frac{\partial^2 \varepsilon_y}{\partial x^2} - \frac{\partial^2 \gamma_{xy}}{\partial x \partial y} \stackrel{!}{=} 0$$

erfüllt ist. Das ist hier der Fall, wie sich für die gegebenen und errechneten Verzerrungen leicht nachrechnen läßt. Das Erfüllen der Verschiebungskompatibilität bedeutet physikalisch, daß in der Scheibe nach der Verformung keine Klaffungen und Überlappungen auftreten. Mathematisch gesehen bedeutet Kompatibilität die stetige Differenzierbarkeit der Verschiebungen.

2.3–2.3 Spannungs-Verzerrungsproblem

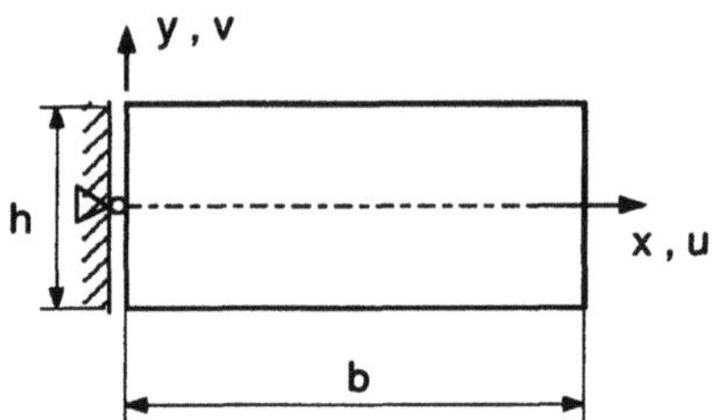

Abb. 2.3–2.3–1 Spannungs-Verzerrung

Spannungs-Verzerrungsproblem: Für die skizzierte homogene isotrope Scheibe der Dicke t liegt in guter Näherung ein ebener Spannungszustand vor.

Gegeben:

$\sigma_{xx}, \sigma_{yy}, \tau_{xy}$ mit

$\sigma_x = c_1 y + c_2$, $\sigma_y = 0$, $\tau_{xy} = c_3$, $c_1, c_2, c_3 = const.$.

(entsprechend dem schlanken Balken der Biegetheorie)

Die Scheibe sei bei $x = 0$ fest eingespannt. Die Verschiebungsrandbedingungen lauten:

$(x = 0, y = 0):$ unverschieblich

$(x = 0, \quad y \quad):$ $u(x = 0, y) = 0.$

Gesucht:

Verschiebungen
$u(x, y)$ und $v(x, y)$

Lösung:

Die zu den vorgegebenen Spannungen gehörenden Verzerrungen erhält man durch Einsetzen der Spannungen in das Stoffgesetz des homogenen, isotropen Körpers für den ebenen Spannungszustand. Es gilt:

$$\begin{bmatrix} \varepsilon_x \\ \varepsilon_y \\ \gamma_{xy} \end{bmatrix} = \frac{1}{E} \begin{bmatrix} 1 & -\nu & 0 \\ -\nu & 1 & 0 \\ 0 & 0 & 2(1+\nu) \end{bmatrix} \begin{bmatrix} \sigma_x \\ \sigma_y \\ \tau_{xy} \end{bmatrix} .$$

Daraus folgt mit den vorgegebenen Spannungen für die Verzerrungen:

$$\varepsilon_x = \frac{1}{E}(c_1 y + c_2) \quad ,$$

$$\varepsilon_y = -\frac{\nu}{E}(c_1 y + c_2) ,$$

$$\gamma_{xy} = \frac{2(1+\nu)}{E} c_3 \quad .$$

Die Verzerrungen sind mit den Verschiebungen durch die Verzerrungs-Verschiebungs-Beziehungen

$$\varepsilon_x = \frac{\partial u}{\partial x} \quad , \quad \varepsilon_y = \frac{\partial v}{\partial y} \quad \text{und} \quad \gamma_{xy} = \frac{\partial u}{\partial y} + \frac{\partial v}{\partial x} \quad .$$

verknüpft. Durch Integration der Dehnungen nach x bzw. y erhält man die Verschiebungen:

$$u(x,y) = u_0 + \int \varepsilon_x dx = \frac{1}{E}(c_1 y + c_2)x + f(y) \; ,$$

$$v(x,y) = v_0 + \int \varepsilon_y dy = -\frac{\nu}{E}\left(\frac{c_1}{2}y^2 + c_2 y\right) + g(x) \quad .$$

Darin sind die Funktionen $f(y)$ und $g(x)$ noch unbekannt. Eine Bestimmungsgleichung für diese Funktionen folgt aus der dritten Verzerrungs-Verschiebungsbedingung. Einsetzen der gefundenen Verschiebungsverteilung ergibt:

$$\gamma_{xy} = \frac{2(1+\nu)}{E}c_3 \stackrel{!}{=} \frac{c_1}{E}x + \frac{df(y)}{dy} + \frac{dg(x)}{dx} = \frac{\partial u}{\partial y} + \frac{\partial v}{\partial x}$$

Sortieren nach Gliedern in x und y liefert

$$-\frac{dg(x)}{dx} - \frac{c_1}{E}x + \frac{2(1+\nu)}{E}c_3 \stackrel{!}{=} \frac{df(y)}{dy} \quad .$$

Diese Gleichung ist für beliebige x bzw. y nur dann zu erfüllen, wenn beide Seiten der Gleichung eine Konstante bilden, d.h., wir müssen fordern:

$$-\left(\frac{dg(x)}{dx} + \frac{c_1}{E}x - \frac{2(1+\nu)}{E}c_3\right) \stackrel{!}{=} A \quad ,$$

$$\frac{df(y)}{dy} \stackrel{!}{=} A \quad .$$

Aus diesen beiden Differentialgleichungen erster Ordnung folgen durch Integration unmittelbar die Funktionen

$$g(x) = -\frac{c_1}{2E}x^2 + \frac{2(1+\nu)}{E}c_3 x - Ax + B \quad ,$$

$$f(y) = Ay + C \quad .$$

mit den Integrationskonstanten A, B und C. Diese lassen sich mit den vorgegebenen Verschiebungsrandbedingungen berechnen. Aus der Verschiebungsrandbedingung für $u(x,y)$ folgt

$$f(y) = 0 \quad \Rightarrow A = 0, \; C = 0.$$

Es bleibt nur noch die Integrationskonstante B zu bestimmen. Wegen der Randbedingung $v(x=0, y=0) = 0$ muß $g(0) = 0$ und damit $B = 0$ sein.

Mit den nun festgelegten Funktionen $g(x)$ und $f(y)$ lautet die gesuchte Verschiebungsverteilung:

$$u(x,y) = \frac{1}{E}(c_1 y + c_2)x \qquad ,$$

$$v(x,y) = -\frac{\nu}{E}\left(\frac{c_1}{2}y^2 + c_2 y\right) + \frac{2(1+\nu)}{E}c_3 x - \frac{c_1}{2E}x^2 \quad .$$

2.3–2.4 Vergleich: Scheibe – Kragbalken

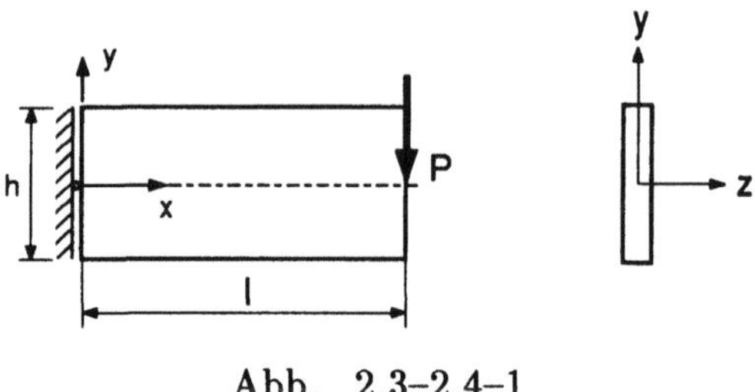

Abb. 2.3–2.4-1

Die dargestellte einseitig fest eingespannte homogene, isotrope Kragscheibe wird durch eine Einzelkraft P am freien Ende $x = l$ belastet. Die Einzellast werde entsprechend dem parabolischen Schubspannungsgesetz in die Scheibe eingeleitet.

Gegeben:

Spannungsfunktion:

$$\Phi(x,y) = \frac{a}{6} \cdot y^3 - \frac{c}{6}xy^3 + bxy$$

Gesucht:

a)   Welcher Spannungszustand stellt sich in der Scheibe ein. Vergleichen Sie ihn mit den Ergebnissen nach der elementaren Biegetheorie (EBT).
b)   Berechnen Sie den Verschiebungszustand in der Scheibe und vergleichen Sie ihn mit der EBT.

Lösung:

a)   Die vorgegebene Spannungsfunktion erfüllt die Scheibengleichung. Durch Differenzieren erhält man die Spannungen:

$$\sigma_{xx} = \frac{\partial^2 \Phi}{\partial y^2} = (a - cx)y \tag{1}$$

$$\sigma_{yy} = \frac{\partial^2 \Phi}{\partial x^2} = 0 \tag{2}$$

$$\tau_{xy} = -\frac{\partial^2 \Phi}{\partial x \partial y} = \frac{1}{2}cy^2 - b \tag{3}$$

Die unbekannten Koeffizienten in den Spannungsbeziehungen können aus den Spannungsrandbedingungen bestimmt werden. Der Scheibenrand $x = l$

ist in x-Richtung unbelastet. Die Normalspannung muß dort verschwinden: $\sigma_x = 0$. Aus dieser Bedingung folgt für die unbekannten Spannungskoeffizienten

$$\Rightarrow \quad (a - cl)y = 0 \quad \overset{y}{\Rightarrow} \quad a = cl \tag{4}$$

und damit

$$\Rightarrow \quad \sigma_{xx} = c(l - x)y \ .$$

Die Scheibenränder $y = \pm\frac{h}{2}$ sind spannungsfrei. Anwendung dieser Bedingung auf die Randschubspannungen ergibt:

$$\tau_{xy}\left(x, y = \pm\frac{h}{2}\right) = 0 \quad \Rightarrow \quad \frac{1}{8}ch^2 - b = 0 \quad \Rightarrow \quad c = \frac{8b}{h^2} \ . \tag{5}$$

Die Resultierende der Schubspannungen am belasteten Rand muß betragsmäßig der äußeren Last entsprechen. Im gegebenen Koordinatensystem sind die positiv definierten Schubspannungen am belasteten Rand der äußeren Last entgegengerichtet. Daraus erklärt sich das Vorzeichen in der Randbedingung:

$$P = -\int\limits_{-\frac{h}{2}}^{\frac{h}{2}} \tau_{xy}(x = l, y)t\,dy = -\int \left(\frac{4b}{h^2}y^2 - b\right)t\,dy = \frac{2}{3}bht \ .$$

Hieraus folgt der Spannungskoeffizient

$$b = \frac{3}{2}\frac{P}{ht} \ . \tag{6}$$

Mit dem Flächenintegral für einen Rechteckquerschnitt $A_{\hat{y}\hat{y}} = A_{yy} = (h^3 t)/12$ und den aus den Randbedingungen bestimmten Spannungskoeffizienten a, b, c nach Gleichung (4), (5), (6) erhält man aus (1), (2), (3) die Spannungen:

$$\sigma_{xx} = \frac{12P}{h^3 t}(l - x)y = \frac{P(l - x)}{A_{yy}}y \ , \ \sigma_{yy} = 0 \ , \ \tau_{xy} = \frac{P}{2A_{yy}}\left[y^2 - \left(\frac{h}{2}\right)^2\right] .\tag{7}$$

Diese Lösung für den Spannungszustand soll nun mit den Spannungen nach der EBT verglichen werden. Dazu fassen wir die Kragscheibe als Biegebalken der Länge l, der Höhe l und der Dicke t auf. Das gegebene Koordinatensystem entspricht dem Hauptachsensystem des Balkens. Wir verzichten im weiteren auf die explizite Kennzeichnung durch das —Symbol. Die Normalspannungen im Balken errechnen sich mit dem Schnittmoment $M_z = -P(l - x)$ aus:

$$\sigma_{xx} = -\frac{M_z}{A_{yy}}y = \frac{P(l - x)}{A_{yy}}y \ . \tag{8}$$

Die Querspannungen sind bei der betrachteten geraden Biegung Null:

$$\sigma_{yy} = 0 \ . \tag{9}$$

Zur Berechnung der Schubspannungen nehmen wir an, daß die Wandstärke t sehr viel kleiner als die Höhe h des Balkens ist. Im Balken wirkt eine konstante Querkraft $Q_y = -P$. Aus der sogenannten QSInen-Formel

$$q(x,s) = -\frac{Q_{\hat{y}}(x)}{A_{\hat{y}\hat{y}}} A_{\hat{y}}(s) = \frac{P}{A_{yy}} A_y(s) \quad , \quad hier: \ \hat{y} = y$$

folgt mit

$$q(x,s) = q(x,y) = \tau_{xy}(x,y) \cdot t$$

die Schubspannungsverteilung

$$\tau_{xy}(x,y) = \frac{P}{A_{yy}} \frac{A_y(s)}{t} \ .$$

In dieser Beziehung ist noch das statische Moment unbekannt. Gemäß nachfolgender Tabelle gilt

$\hat{y}(s)$	$\displaystyle\int_0^s \hat{y}(s)t\,ds$	Endwert $s = h$
$-\dfrac{h}{2} + s$	$\left(\dfrac{s^2}{2} - \dfrac{h}{2}s\right)t$	0

$$A_y(y) = \frac{1}{2}\left[y^2 - \left(\frac{h}{2}\right)^2\right] t$$

und damit für die Schubspannungsverteilung

$$\tau_{xy}(x,y) = \frac{P}{2A_{yy}}\left[y^2 - \left(\frac{h}{2}\right)^2\right] \ . \tag{3.2.4—21}$$

Die nach der elementaren Biegetheorie berechneten Spannungen (8), (9), (10) stimmen exakt mit den entsprechenden Spannungen der Scheibentheorie überein. Dies gilt aber nur unter der Voraussetzung, daß die Einzellast P entsprechend dem parabolischen Schubspannungsgesetz eingeleitet wird. Andernfalls weichen die Spannungsverteilungen im Bereich der Lasteinleitungsstelle voneinander ab.

b) Die Verzerrungen und daraus die Verschiebungen ergeben sich über das Stoffgesetz aus den Spannungen unter Berücksichtigung der Verschiebungsrandbedingungen. Die Verzerrungen sind

$$\varepsilon_{xx} = \frac{\partial u}{\partial x} = \frac{\sigma_{xx}}{E} = \frac{P}{EA_{yy}}(l-x)y \,, \tag{11}$$

$$\varepsilon_{yy} = \frac{\partial v}{\partial y} = -\nu\frac{\sigma_{xx}}{E} = -\nu\frac{P}{EA_{yy}}(l-x)y \,, \tag{12}$$

$$\gamma_{xy} = \frac{\partial v}{\partial x} + \frac{\partial u}{\partial y} = \frac{\tau_{xy}}{G} = \frac{P}{2GA_{yy}}\left[y^2 - \left(\frac{h}{2}\right)^2\right] \,. \tag{13}$$

Integration der Gleichungen (11) und (12) nach x bzw. y führt auf:

$$u(x,y) = \frac{P}{EA_{\hat{y}\hat{y}}}\left(lx - \frac{x^2}{2}\right)y + f(y) \,, \tag{14}$$

$$v(x,y) = -\nu\frac{P}{EA_{\hat{y}\hat{y}}}(l-x)\frac{y^2}{2} + g(x) \,. \tag{15}$$

Darin sind $g(x)$ und $f(y)$ noch zu bestimmende unbekannte Funktionen in x bzw. y. Setzt man die Beziehungen für u und v in die Gleichung (15) für die Schubverzerrung ein, folgt:

$$\frac{\nu P}{EA_{yy}}\frac{y^2}{2} + \frac{dg(x)}{dx} + \frac{P}{EA_{yy}}\left(lx - \frac{x^2}{2}\right) + \frac{df(y)}{dy} = \frac{P}{2GA_{yy}}\left[y^2 - \left(\frac{h}{2}\right)^2\right] \,.$$

Diese Gleichung wird mit Hilfe zweier Konstanten C_1 und C_2 in zwei jeweils allein von x bzw. y abhängige Anteile aufgespalten. Mit

$$C_1 + C_2 = -\frac{P}{2GA_{\hat{y}\hat{y}}} \cdot \frac{h^2}{4} \quad \Rightarrow \quad C_2 = -\frac{P}{8GA_{\hat{y}\hat{y}}}h^2 - C_1 \tag{16}$$

erhält man

$$\frac{df(y)}{dy} = -\frac{P}{2GA_{yy}}y^2 + \nu\frac{P}{EA_{yy}}\frac{y^2}{2} + C_1 \,, \tag{17}$$

$$\frac{dg(x)}{dx} = \frac{P}{EA_{yy}}\left(lx - \frac{x^2}{2}\right) + C_2 \,. \tag{18}$$

Die Integration beider Differentialgleichungen ergibt:

$$f(y) = -\frac{P}{6GA_{yy}}y^3 + \nu\frac{P}{6EA_{yy}}y^3 + C_1 \cdot y + D_1 \,,$$

$$g(x) = \frac{P}{EA_{yy}}\left(\frac{lx^2}{2} - \frac{x^3}{6}\right) + C_2 x + D_2 \,.$$

Einsetzen dieser Funktionen in die Gleichungen (14) und (15) für den
Verschiebungszustand führt auf die Verschiebungsfunktionen

$$u(x,y) = \frac{P}{EA_{yy}}\left(lx - \frac{x^2}{2}\right)y + \frac{P}{6A_{yy}}\left(\frac{\nu}{E} - \frac{1}{G}\right)y^3 + C_1 y + D_1 \ ,$$

$$v(x,y) = \frac{P}{EA_{yy}}\left(l\frac{x^2}{2} - \frac{x^3}{6}\right) + \frac{\nu P}{EA_{yy}}(l - x)\frac{y^2}{2} + C_1 x - \frac{P}{8GA_{yy}}h^2 x + D_2 \ . \tag{19}$$

Die noch unbekannten Integrationskonstanten C_1, D_1, D_2 ergeben sich aus
den Verschiebungsrandbedingungen. An der festen Einspannung sollten eigentlich alle Längsverschiebungen gleich Null sein. Diese Bedingung führt
aber für die gegebene Spannungsfunktion zu einem Widerspruch: Die Integrationskonstante muß plötzlich in y variabel sein. Man überzeuge sich
davon durch eigene Rechnung. Wir wählen deshalb in Anlehnung an die Elementare Biegetheorie für die feste Einspannung an der Stelle ($x = 0, y = 0$)
die Randbedingungen:

$$u(x = 0, y = 0) \ = 0 \ ,$$

$$v(x = 0, y = 0) \ = 0 \ ,$$

$$\frac{\partial v}{\partial x}(x = 0, y = 0) = 0 \ .$$

Aus den ersten beiden Randbedingungen folgt mit (19):

$$D_1 = 0 \quad , \quad D_2 = 0 \ .$$

Die dritte Randbedingung für die Neigung der Schwerpunktslinie an der
festen Einspannung ergibt:

$$\frac{\partial v}{\partial x}(x = 0, y = 0) \stackrel{!}{=} -C_1 - \frac{P}{8GA_{yy}}h^2 \quad \Rightarrow \quad C_1 = -\frac{P}{8GA_{yy}}h^2 \ .$$

Damit sind die gesuchten Integrationskonstanten bestimmt und der Verschiebungszustand in der Scheibe bekannt:

$$v(x,y) = \left[\left(\frac{lx^2}{2} - \frac{x^3}{6}\right)\frac{P}{EA_{yy}} + \frac{\nu P}{EA_{yy}}(l - x)\frac{y^2}{2}\right] \ ,$$

$$u(x,y) = \frac{P}{EA_{yy}}\left(lx - \frac{x^2}{2}\right)y + \frac{P}{6A_{yy}}\left(\frac{\nu}{E} - \frac{1}{G}\right)y^3 - \frac{Ph^2}{8GA_{yy}}y \ . \tag{20}$$

Dieser Verschiebungszustand soll nun der Rechnung nach der Elementaren
Biegetheorie gegenübergestellt werden. Durch Integration der Biegedifferentialgleichung

$$v''(x) = \frac{M_z}{EA_{yy}} \qquad mit \qquad M_z(x) = -P(l - x) \quad und \quad y = \hat{y}$$

für die für die Balkenachse angegebenen Verschiebungsrandbedingungen erhält man die Durchbiegung:

$$v(x,y) = \frac{P}{EA_{yy}}\left(\frac{lx^2}{2} - \frac{x^3}{6}\right) .$$

Durchbiegung und Längsverschiebung für die Schwerelinie $(x, y = 0)$ stimmen für die Scheibenlösung mit EBT überein. Nicht jedoch die Längsverschiebung für $y \neq 0$, denn die EBT setzt voraus, daß ebene Querschnitte des Balkens auch nach einer Verformung eben bleiben und senkrecht auf der Schwereachse stehen. Die gemäß Scheibentheorie berechneten Längsverschiebungen führen aber zu einer Verwölbung des Querschnitts, insbesondere an der Einspannstelle.

2.3–2.5 Vergleich: Scheibe – beidseitig gelenkig gelagerter Biegebalken

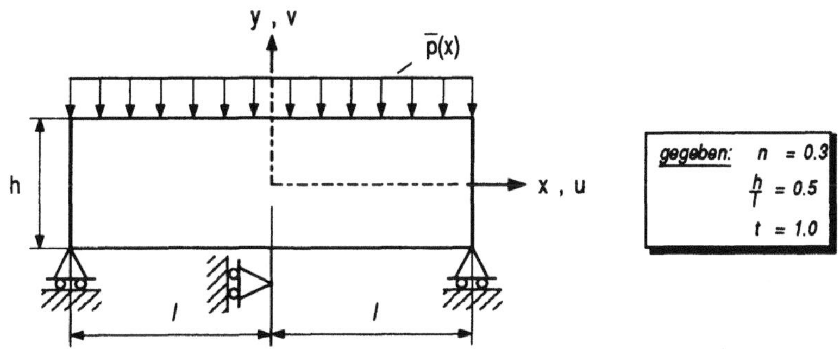

Abb. 2.3–2.4–1 Scheibe-Biegebalken

Gegenüberstellung Scheibe – Biegebalken: Die dargestellte Scheibe sei homogen isotrop. Die Auflagerkräfte können durch "geeignete" konstruktive Maßnahmen auf die Scheibe übertragen werden.

Gegeben:

Spannungsfunktion:

$$\Phi(x,y) = \frac{\bar{p}}{h^3 t}\left[x^2 y^3 - \frac{h^3}{4}x^2 - \frac{y^5}{5} + y^3\left(\frac{h^2}{10} - l^2\right) - \frac{3}{4}h^2 x^2 y\right]$$

Gesucht:

a) Wie lautet der Spannungszustand in der Scheibe ? Gehorcht dieser Spannungszustand den Spannungsrandbedingungen ?

b) Berechnen Sie den Deformationszustand in der Scheibe.

c) Vergleichen Sie die Ergebnisse mit denen der elementaren Biegetheorie.

Lösung:

a)　Zunächst ist zu prüfen, ob die angegebene Spannungsfunktion überhaupt sinnvoll ist. Sie muß eine Lösung der Scheibengleichung

$$\Delta^2 \Phi(x,y) = 0$$

darstellen . Sorgfältiges Differenzieren der vorgegebenen Spannungsfunktion zeigt, daß die Scheibengleichung erfüllt ist. Das bedeutet, daß $\Phi(x,y)$ sowohl die Differentialgleichungen des Gleichgewichts als auch die Kompatibilitätsbedingung erfüllt.

Durch Differenzieren erhält man den Spannungszustand

$$\sigma_{xx} = \quad \frac{\partial^2 \Phi}{\partial y^2} = \quad \frac{\overline{p}}{h^3 t}\left[-4y^3 + 6yx^2 + 6y\left(\frac{h^2}{10} - l^2\right)\right] \quad , \tag{1}$$

$$\sigma_{yy} = \quad \frac{\partial^2 \Phi}{\partial x^2} = \quad \frac{\overline{p}}{h^3 t}\left[2y^3 - \frac{3}{2}h^2 y - \frac{h^3}{2}\right] \quad , \tag{2}$$

$$\tau_{xy} = -\frac{\partial^2 \Phi}{\partial x \partial y} = -\frac{\overline{p}}{h^3 t}\left[6y^2 x - \frac{3}{2}h^2 x\right] \quad . \tag{3}$$

Im weiteren ist zu überprüfen, ob der berechnete Spannungszustand den Spannungsrandbedingungen gehorcht. Die Randbedingungen lauten

oberer/unterer Rand:　　$\tau_{xy}\left(x, y = \pm\frac{h}{2}\right) = 0$　　,　　$\sigma_y\left(x, y = -\frac{h}{2}\right) = 0$.

linker/rechter Rand:　　$Q_y(x = \mp l, y) = \mp\overline{p}\cdot l \;\; = \;\; \int\limits_{-h/2}^{h/2} \tau_{xy}(x = \mp l, y)\, t\, dy$,

$$\sigma_x(x = \mp l, y) \;=\; 0 \;.$$

Der Spannungszustand erfüllt am oberen und unteren Rand die Forderung nach Schub- und Normalspannungsfreiheit, wovon man sich durch Nachrechnen überzeuge. Die Randbedingung für die Querkraft bzw. die Schubspannung am linken und rechten Rand folgt aus einfachen statischen Überlegungen (Auflagerberechnung). Auch dieser Bedingung gehorcht der berechnete Spannungszustand. Die Randbedingung für die Normalspannung σ_x wird offenbar nicht erfüllt:

$$\sigma_x(x = \mp l, y) = \frac{\overline{p}}{h^3 t}\left[-4y^3 + \frac{3}{5}h^2 y\right] \neq 0$$

Die Randbedingungen werden jedoch integral erfüllt. Aus der Normalspannungen am linken und rechten Rand resultiert weder Normalkraft noch Moment:

$$N_x = \int\limits_{-h/2}^{h/2} \sigma_x(x = \mp l, y)\cdot t\, dy = 0 \quad ,$$

$$M_z = -\int\limits_{-h/2}^{h/2} \sigma_x(x = \mp l, y)\cdot y\cdot t\, dy = 0 \quad .$$

Die Randspannungen stellen einen "Eigenspannungszustand" dar. Die gegebene Spannungsfunktion ist nur dann brauchbar, wenn die Spannungen σ_x gegenüber den anderen Spannungen vernachlässigbar klein sind.

b)　Aus den Spannungen erhält man über das Stoffgesetz die Verzerrungen und daraus durch Integration die Verschiebungen:

$$u(x,y) = \int \varepsilon_x dx + f(y) = \int \frac{1}{E}(\sigma_x - \nu\sigma_y)dx + f(y) \; ,$$

$$v(x,y) = \int \varepsilon_y dy + g(x) = \int \frac{1}{E}(\sigma_y - \nu\sigma_x)dy + g(x) \quad .$$

Einsetzen der berechneten Spannungen liefert die Verschiebungen:

$$u(x,y) = \frac{p}{Eh^3 t}\left[-4y^3 x + 2yx^3 + 6xy\left(\frac{h^2}{10} - l^2\right) - \nu\left(2xy^3 - \frac{3}{2}h^2 xy - \frac{h^3}{2}x\right)\right] + f(y) \quad ,$$

$$v(x,y) = \frac{p}{Eh^3 t}\left[\frac{1}{2}y^4 - \frac{3}{4}h^2 y^2 - \frac{h^3}{2}y - \nu\left\{-y^4 + 3y^2 x^2 + 3y^2\left(\frac{h^2}{10} - l^2\right)\right\}\right] + g(x) \quad .$$

Eine Bestimmungsgleichung für die unbekannten Funktionen $g(x)$und$f(y)$ folgt aus der Verzerrungs-Verschiebungs-Beziehung und dem Stoffgesetz

$$\gamma_{xy} = \frac{\partial u}{\partial y} + \frac{\partial v}{\partial x} = \frac{2(1+\nu)}{E}\,\tau_{xy} \quad .$$

Mit den ermittelten Verschiebungsfunktionen und der Beziehung Gl. (3) für die Schubspannung ergibt sich daraus:

$$\frac{\partial f(y)}{\partial y} + \frac{\partial g(x)}{\partial x} = \frac{p}{Eh^3 t}\left[\frac{3}{2}h^2(2+\nu)\cdot x - 2x^3 - 6x\left(\frac{h^2}{10} - l^2\right)\right].$$

Die rechte Seite dieser Gleichung enthält keine Terme in y und keinen konstanten Anteil. Da $g(x)$und$f(y)$ reine Funktionen in x bzw. y sind, muß gelten:

$$\frac{\partial f(y)}{\partial y} = \frac{d\,f(y)}{dy} = A \quad ,$$

$$\frac{\partial g(x)}{\partial x} = \frac{d\,g(x)}{dx} = -A + \frac{\overline{p}}{Eh^3 t}\left[\frac{3}{2}h^2(2+\nu)\cdot x - 2x^3 - 6x\left(\frac{h^2}{10} - l^2\right)\right].$$

Integration beider Differentialgleichungen liefert:

$$f(y) = \; Ay + B \quad ,$$

$$g(x) = -Ax + C + \frac{\overline{p}}{Eh^3 t}\left[\frac{3}{4}h^2(2+\nu)\cdot x^2 - \frac{1}{2}x^4 - 3x^2\left(\frac{h^2}{10} - l^2\right)\right].$$

Damit ist die Verschiebungsverteilung bis auf die Integrationskonstanten A, B und C festgelegt. Man findet sie durch Anpassen der Verschiebungsverteilung an die kinematischen Randbedingungen. Die Belastung der betrachteten Scheibe erfolgt symmetrisch zur y-Achse. Für die Mittelebene ($x = 0$, alle y) gelten folgende Symmetriebedingungen:

$$u(x = 0, y) = 0 \qquad \text{und} \qquad \frac{\partial v(x = 0, y)}{\partial x} = 0$$

Das bedeutet, die Symmetrieebene verschiebt sich nicht in x-Richtung und die Verschiebungsverteilung für die Durchsenkung der Scheibe besitzt in der Scheibenmitte eine horizontale Tangente. Darüberhinaus darf sich die Scheibe an den Auflagerpunkten nicht durchsenken. Dort ist

$$v\left(x = \mp l, y = -\tfrac{h}{2}\right) = 0 \qquad .$$

Die Symmetrierandbedingung für die Längsverschiebung bedeutet für die Funktion $f(y)$ bzw. die Integrationskonstanten A *und* B:

$$f(y) = Ay + B = 0 \quad \Rightarrow A = 0 \quad , \quad B = 0.$$

Die zweite Symmetriebedingung liefert keine neue Bedingung für die Integrationskonstanten, sondern wieder $A = 0$.

Aus den Verschiebungsbedingungen an denAuflagern, folgt nach Einsetzen von $g(x)$ in die Verschiebungsfunktion $v(x, y)$ für ($x = \mp l, y = -h/2$) die verbleibende Integrationskonstante:

$$C = -\frac{\overline{p}l^4}{Eh^3 t}\left[\frac{5}{2} + \frac{24 + 15\nu}{20}\left(\frac{h}{l}\right)^2 + \frac{15 - 2\nu}{160}\left(\frac{h}{l}\right)^4\right] \quad .$$

Mit den Integrationskonstanten ergeben sich schließlich die Verschiebungen:

$$u(x, y) = \frac{\overline{p}}{Eh^3 t}\left[-4y^3 x + 2yx^3 + 6xy\left(\frac{h^2}{10} - l^2\right) - \nu\left(2xy^3 - \frac{3}{2}h^2 xy - \frac{h^3}{2}x\right)\right] \quad ,$$

$$v(x, y) = \frac{\overline{p}}{Eh^3 t}\left[\frac{1}{2}y^4 - \frac{3}{4}h^2 y^2 - \frac{h^3}{2}y - \nu\left\{-y^4 + 3y^2 x^2 + 3y^2\left(\frac{h^2}{10} - l^2\right)\right\}\right] \; +$$

$$+ \frac{\overline{p}}{Eh^3 t}\left[\frac{3}{4}h^2(2 + \nu)\cdot x^2 - \frac{1}{2}x^4 - 3x^2\left(\frac{h^2}{10} - l^2\right)\right] +$$

$$- \frac{\overline{p}l^4}{Eh^3 t}\left[\frac{5}{2} + \frac{24 + 15\nu}{20}\left(\frac{h}{l}\right)^2 + \frac{15 - 2\nu}{160}\left(\frac{h}{l}\right)^4\right] \quad .$$

c)   Zum Vergleich der Scheibenlösung mit der Biegelinie nach der elementaren Biegetheorie werden die Verschiebungen der Scheibe für die horizontale Mittellinie ($x, y = 0$) betrachtet:

$$u(x, y = 0) = \frac{1}{2}\frac{\nu\,\overline{p}}{Et}\cdot x \quad ,$$

$$v(x, y = 0) = +\frac{\overline{p}l^4}{Eh^3 t}\left[\frac{3}{4}\left(\frac{h}{l}\right)^2(2 + \nu)\cdot\left(\frac{x}{l}\right)^2 - \frac{1}{2}\left(\frac{x}{l}\right)^4 - 3\left(\frac{x}{l}\right)^2\left(\frac{1}{10}\left(\frac{h}{l}\right)^2 - 1\right)\right] -$$

$$- \frac{\overline{p}l^4}{Eh^3 t}\left[\frac{5}{2} + \frac{24 + 15\nu}{20}\left(\frac{h}{l}\right)^2 + \frac{15 - 2\nu}{160}\left(\frac{h}{l}\right)^4\right] \quad .$$

Führt man das Flächenträgheitsmoment

$$A_{\hat{y}\hat{y}} = \frac{h^3 t}{12}$$

ein und erweitert die Verschiebungen der Mittellinie mit diesem Ausdruck erhält man:

$$u(x, y = 0) = \overbrace{0}^{\text{elementare Biegetheorie}} + \frac{1}{12}\frac{\overline{p}l^4}{EA_{\hat{y}\hat{y}}} \cdot \frac{1}{2}\nu\left(\frac{h}{l}\right)^3\left(\frac{x}{l}\right) \ ,$$

$$v(x, y = 0) = \overbrace{\frac{1}{12}\frac{\overline{p}l^4}{EA_{\hat{y}\hat{y}}}\left[-\frac{1}{2}\left(\frac{x}{l}\right)^4 + 3\left(\frac{x}{l}\right)^2 - \frac{5}{2}\right]}^{\text{elementare Biegetheorie}} - $$
$$- \frac{1}{12}\frac{\overline{p}l^4}{EA_{\hat{y}\hat{y}}}\left[\left\{\frac{3}{10} - \frac{3}{4}(2+\nu)\right\} \cdot \left(\frac{h}{l}\right)^2\left(\frac{x}{l}\right)^2 + \frac{24+15\nu}{20}\left(\frac{h}{l}\right)^2 + \frac{15-2\nu}{160}\left(\frac{h}{l}\right)^4\right].$$

Die elementare Biegetheorie (EBT) liefert für das Problem eines beidseitig gelenkig gelagerten rechteckigen Balkens unter konstanter Streckenlast gegenüber der Scheibentheorie lediglich die gekennzeichneten Terme. Die Scheibentheorie liefert zusätzliche Korrekturterme für Schubverformung und Querkontraktion. Wertet man die Verschiebungsgleichung für verschiedene Längenverhältnisse h/l aus, kann man zusammenfassend folgendes feststellen:

- Die Scheibentheorie liefert eine genauere Lösung als die EBT.

- Für kleine Längenverhältnisse $h/l < 0.1$ stimmen die mit der EBT errechneten Ergebnisse für die Biegelinie sehr gut mit denen der Scheibentheorie überein.

- Für kurze Träger müssen Scheibeneinflüsse berücksichtigt werden.

3.1 Definitionen und Grundlagen der geometrischen Beschreibung von Querschnitten

3.1–1 Zusammenfassung der theoretischen Grundlagen

Unabdingbare Voraussetzung für die Ermittlung von Spannungen und Verformungen ist die geometrische Beschreibung der zu untersuchenden Querschnitte. Die Rechnungen lassen sich prinzipiell in jedem beliebigen Koordinatensystem (KOS) durführen. In der Regel verwendet man dabei ein rechtwinkliges Koordinatensystem mit den Koordinaten x, y und z . Der Rechenaufwand läßt sich dadurch reduzieren, daß man ausgezeichnete Koordinatensysteme (Schwerpunkt- und Hauptachsen-Koordinatensystem) benutzt. Zur Beschreibung eines Querschnitts teilt man ihn sinnvoll in Abschnitte i ein und legt lokale Laufvariable (s_i, n_i) fest, in deren Abhängigkeit man die anderen Abschnitte beschreibt. Wichtige Punkte des Querschnitts sind der Flächenschwerpunkt SP und der Schubmittelpunkt SM (offener Querschnitt) bzw. SM_g (geschlossener Querschnitt). Eine weitere, für die Beschreibung sich verwölbender Querschnitte wichtige Koordinate, ist die Wölbkoordinate ω . Sie ist stets auf einen Pol P bezogen.

Man unterscheidet folgende Koordinatensysteme:

- beliebiges, d.h. allgemeines Koordinatensystem (AG-KOS; (x, y, z))
- Schwerpunktkoordinatensystem (SP-KOS; $(\overline{x}, \overline{y}, \overline{z})$) mit Ursprung im Flächenschwerpunkt des Querschnittes
- Hauptachsen-Koordinatensystem (HA-KOS; $(\hat{x}, \hat{y}, \hat{z})$) mit Ursprung im Flächenschwerpunkt und den Achsen in Hauptträgheitsrichtung
- Hauptdrehachse (Schubmittelpunkt bzw. elastische Linie)

Das SP-KOS und das HA-KOS sind für Längs- und Quer- (bzw. Biege-) Beanspruchungen wichtig. Für Dreh- (bzw. Torsions-) Beanspruchungen ist der gewählte Drehpol maßgebend. Die Hauptdrehachse geht durch den Schubmittelpunkt. Querkräfte, die in diesem angreifen, erzeugen keine Drehung (Torsion) sondern am Balken nur Biegung.

Um von einem Koordinatensystem in ein anderes zu gelangen, sind Verschiebungen und Drehungen notwendig (Kap. 3.1.7).

Verschiebung:

$$\overline{y} = y - y_0$$
$$\overline{z} = z - z_0$$

$$(3.1.7\text{--}9)$$

Drehung:

$$\begin{bmatrix} \hat{y} \\ \hat{z} \end{bmatrix} = \begin{bmatrix} \cos\varphi & \sin\varphi \\ -\sin\varphi & \cos\varphi \end{bmatrix} \begin{bmatrix} \overline{y} \\ \overline{z} \end{bmatrix}$$

$$(3.1.7\text{--}15)$$

Die Wölbkoordinate ω ist folgendermaßen definiert:

$$d\omega(s) = r_t(s)ds \ .$$

$$(3.1.4\text{--}14)$$

Dabei ist r_t der lotrechte Abstand des Profil-Abschnittes ds von einem frei gewählten Pol P (s. Abb. 3.1-1-2). Die Richtung der s-Koordinate wählt man zweckmäßigerweise entsprechend der "Rechte-Hand-Regel" für das Drehmoment. Das Vorzeichen für ω ist positiv, wenn der Fahrstrahl beim Durchlaufen der s-Koordinate in mathematisch positivem Sinn, d.h. im Gegenuhrzeigersinn, um den gewählten Pol dreht (siehe dazu Kap. 3.1.7.3.1, Abb. 3.1.7-9). Der Wert der Wölbkoordinate ist abhängig vom gewählten Pol und vom gewählten Integrationsstartpunkt. Die Einheitswölbkoordinate $\overline{\omega}$ ist der vom Startpunkt der Integration entkoppelte Wert, der aber noch abhängig vom gewählten Pol ist. Sie läßt sich aus der Grundverwölbung über die Gleichung

$$\overline{\omega}(s) = \omega(s) - \omega_0 \qquad mit \qquad \omega_0 = \frac{A_\omega}{A} = \frac{\int\limits_A \omega\,dA}{\int\limits_A dA} \qquad (3.1.7\text{–}41)$$

berechnen. Sie kann auch direkt mit der Definitionsgleichung der Wölbkoordinate ω berechnet werden, wenn man den Startwert günstig wählt, d.h. so, daß $\omega_0 = 0$ wird. Dies ist z.B. der Fall, wenn eine Symmetrielinie als Integrationsstartpunkt gewählt wird. Die Hauptwölbkoordinate $\hat{\omega}$ ist die spezielle Einheitswölbkoordinate, die man erhält, wenn man den Schubmittelpunkt als Pol wählt:

$$\hat{\omega} = \overline{\omega}_{SM} \qquad .$$

Man kann sie aus jeder beliebigen Einheitsverwölbung über die Gleichung

$$\hat{\omega}(s) = \overline{\omega}(s) + \underbrace{(z_{SM} - z_P)}_{z_M}\ \overline{y}(s) - \underbrace{(y_{SM} - y_P)}_{y_M}\ \overline{z}(s) \qquad (3.1.7\text{–}53)$$

ermitteln.

Berechnungsschema für Wölbkoordinaten offener Querschnitte

1) Wahl eines für die Rechnung günstigen Poles mit den Koordinaten y_P, z_P (z.B. $r_t = 0$ für möglichst viele Abschnitte).

2) Berechnung der Grundverwölbung $\omega = \int\limits_A r_t\,ds$.

- Der lotrechte Abstand r_t ist positiv, wenn der Pol bei fortschreitendem s in mathematisch positiver Richtung umlaufen wird.
- Übergangsbedingungen an der Schnittstelle der einzelnen Abschnitte.
- Generell gilt, daß beim Zusammentreffen mehrerer Profilabschnitte in einem Punkt, die Verwölbung dieses Punktes für alle Abschnitte gleich sein muß.

3)   Ermittlung von ω_0 .

4)   Berechnung der Abstände zwischen Pol und Schubmittelpunkt:

$$y_M = y_{SM} - y_P$$

$$z_M = z_{SM} - z_P \quad .$$

5)   Umrechnung der Grundverwölbung in die Hauptverwölbung für einen Querschnitt bestehend aus n Teilstücken durch Anwendung der Gl. (3.1.7–41) und Gl. (3.1.7–53) für jedes Teilstück.

Anmerkung für geschlossene Querschnitte

Bei geschlossenen Querschnitten ist zu beachten, daß die der Theorie zugrunde liegende Voraussetzung des Erhaltenbleibens des Querschnittes im allgemeinen nicht gegeben ist und die Verwölbungen im Vergleich zu offenen Querschnitten relativ klein sind (ω : offener Querschnitt, ω^* : geschlossener Querschnitt). Näheres siehe Kap. 3.2.3.1, Kap. 3.4.7 und Aufgabe 3.1–2.11.

Flächenintegrale

(siehe Kap. 2.4.2, 3.1.7, 3.2.3.2)

Fläche (0.Ordnung):

$$A = \int\limits_A dA \qquad \text{(Querschnitt-)Fläche}$$

statische Momente (1.Ordnung):

$$S_z = A_y = \int\limits_A y\,dA \qquad \text{(statisches) Flächenmoment um die } z\text{-Achse}$$

$$S_y = A_z = \int\limits_A z\,dA \qquad \text{(statisches) Flächenmoment um die } y\text{-Achse}$$

$$S_\omega = A_\omega = \int\limits_A \omega\,dA \qquad \text{Wölbfläche}$$

Flächenträgheitsmomente (2.Ordnung):

$$I = A_B \qquad \text{(Flächen-)Momente bei Biegung (ebene Querschnitte)}$$

$$I_z = A_{yy} = \int\limits_A y^2\,dA \qquad \text{(Flächen-)Trägheitsmoment um die } z\text{-Achse}$$

$$I_y = A_{zz} = \int\limits_A z^2\,dA \qquad \text{Flächen-)Trägheitsmoment um die } y\text{-Achse}$$

$$I_{yz} = A_{yz} = \int\limits_A yz\,dA \qquad \text{Zentrifugalmoment}$$

$$R = A_W \qquad\qquad \text{Flächen-)Momente bei Verwölbung}$$

$$R_z = A_{y\omega} = \int_A y\omega\, dA \qquad\qquad \text{Wölb(flächen)moment um die } z\text{-Achse}$$

$$R_y = A_{z\omega} = \int_A z\omega\, dA \qquad\qquad \text{Wölb(flächen)moment um die } y\text{-Achse}$$

$$I_\omega = A_{\omega\omega} = \int_A \omega^2\, dA \qquad\qquad \text{Wölbwiderstand}$$

$$I_T = A_T = 4A_0^2 \Big/ \oint \frac{ds}{t(s)} \qquad\qquad \text{Torsion, geschlossener dünnwandiger Hohlquerschnitt}$$

$$I_T = A_T = \tfrac{1}{3}\sum_{i=1}^{n} b_i t_i^3 \qquad\qquad \text{Torsion, offener dünnwandiger Querschnitt}$$

$$I_T = A_{rr} = A_T = \int r^2\, dA \qquad\qquad \text{Torsion, geschlossener kreisförmiger Hohlquerschnitt}$$

$$= A_{yy} + A_{zz}$$

Transformation des AG-KOS in das SP-KOS (s. Kap. 3.1.7.3.4)

$$A_{\bar y} = \int \bar y\, dA = 0 \qquad\qquad y_0 = \frac{A_y}{A}$$

$$A_{\bar z} = \int \bar z\, dA = 0 \qquad\qquad z_0 = \frac{A_z}{A}$$

$$A_{\bar\omega} = \int \bar\omega\, dA = 0 \qquad\qquad \omega_0 = \frac{A_\omega}{A}$$

$$A_{\bar y\bar y} = \int_A \bar y^2\, dA = A_{yy} - \frac{A_y A_y}{A}$$

$$A_{\bar z\bar z} = \int_A \bar z^2\, dA = A_{zz} - \frac{A_z A_z}{A}$$

$$A_{\bar y\bar z} = \int_A \bar y\bar z\, dA = A_{yz} - \frac{A_y A_z}{A}$$

$$A_{\bar y\bar\omega} = \int_A \bar y\bar\omega\, dA = A_{y\omega} - \frac{A_y A_\omega}{A}$$

$$A_{\bar z\bar\omega} = \int_A \bar z\bar\omega\, dA = A_{z\omega} - \frac{A_z A_\omega}{A}$$

$$A_{\bar\omega\bar\omega} = \int_A \bar\omega^2\, dA = A_{\omega\omega} - \frac{A_\omega A_\omega}{A}$$

Transformation des SP-KOS in das HA-KOS (Kap. 3.1.7.1.3)

$$\left.\begin{array}{l}\text{max. Trägheitsmoment } A_{11} \\[4pt] \text{min. Trägheitsmoment } A_{22}\end{array}\right\} = \frac{1}{2}\left(A_{\overline{y}\,\overline{y}} + A_{\overline{z}\,\overline{z}}\right) \pm \frac{1}{2}\sqrt{\left(A_{\overline{y}\,\overline{y}} - A_{\overline{z}\,\overline{z}}\right)^2 + 4A_{\overline{y}\,\overline{z}}^2}$$

$$A_{\hat{y}\hat{z}} = 0$$

$$A_{\hat{\omega}\hat{\omega}} = A_{\overline{\omega}\,\overline{\omega}} + z_M A_{\overline{y}\,\overline{\omega}} - y_M A_{\overline{z}\,\overline{\omega}}$$

Die Zuordnung von A_{11} und A_{22} zu $A_{\hat{y}\hat{y}}$ und $A_{\hat{z}\hat{z}}$ erhält man aus der Anschauung. In Zweifelsfällen setzt man Gl. (3.1.7–23) in die Transformationsbeziehung 3.1.7–20 ein.

Für den Winkel zwischen SP und HA-KOS gilt:

$$\tan 2\hat{\varphi} = \frac{2A_{\overline{y}\,\overline{z}}}{A_{\overline{y}\,\overline{y}} - A_{\overline{z}\,\overline{z}}} \ . \tag{3.1.7–23}$$

Schubmittelpunkt – Abstand vom Pol

Generell gilt: Der Schubmittelpunkt liegt auf den Symmetrieachsen eines Querschnittes (sofern vorhanden).

a)   offene Querschnitte (siehe Kap. 3.1.7.3.6 und 3.3.6.1):

$$y_M = \frac{A_{\overline{z}\,\overline{\omega}} A_{\overline{y}\,\overline{y}} - A_{\overline{y}\,\overline{\omega}} A_{\overline{y}\,\overline{z}}}{A_{\overline{y}\,\overline{y}} A_{\overline{z}\,\overline{z}} - \left(A_{\overline{y}\,\overline{z}}\right)^2} = \frac{A_{\hat{z}\hat{\omega}}}{A_{\hat{z}\hat{z}}}$$

$$z_M = \underbrace{\frac{-A_{\overline{y}\,\overline{\omega}} A_{\overline{z}\,\overline{z}} + A_{\overline{z}\,\overline{\omega}} A_{\overline{y}\,\overline{z}}}{A_{\overline{y}\,\overline{y}} A_{\overline{z}\,\overline{z}} - \left(A_{\overline{y}\,\overline{z}}\right)^2}}_{\textit{normiertes KOS}} = \underbrace{-\frac{A_{\hat{y}\hat{\omega}}}{A_{\hat{y}\hat{y}}}}_{HA-KOS} \tag{3.1.7–62}$$

b)   geschlossene einzellige Querschnitte (siehe Kap. 3.3.6.2):

$$y_{Mg} = \frac{2A_0}{A_{\overline{y}\,\overline{y}} A_{\overline{z}\,\overline{z}} - A_{\overline{y}\,\overline{z}}^2}\left(\frac{A_{\overline{y}\,\overline{y}} \oint A_{\overline{z}}(s)\frac{ds}{t(s)} - A_{\overline{y}\,\overline{z}} \oint A_{\overline{y}}(s)\frac{ds}{t(s)}}{\oint \frac{ds}{t(s)}}\right)$$

$$+ \underbrace{\frac{A_{\overline{z}\,\overline{\omega}} A_{\overline{y}\,\overline{y}} - A_{\overline{y}\,\overline{\omega}} A_{\overline{y}\,\overline{z}}}{A_{\overline{y}\,\overline{y}} A_{\overline{z}\,\overline{z}} - A_{\overline{y}\,\overline{z}}^2}}_{y_M}$$

$$z_{Mg} = \frac{-2A_0}{A_{\overline{y}\,\overline{y}} A_{\overline{z}\,\overline{z}} - A_{\overline{y}\,\overline{z}}^2}\left(\frac{A_{\overline{z}\,\overline{z}} \oint A_{\overline{y}}(s)\frac{ds}{t(s)} - A_{\overline{y}\,\overline{z}} \oint A_{\overline{z}}(s)\frac{ds}{t(s)}}{\oint \frac{ds}{t(s)}}\right) \tag{3.3.6–18}$$

$$+ \underbrace{\frac{-A_{\overline{y}\,\overline{\omega}} A_{\overline{z}\,\overline{z}} + A_{\overline{z}\,\overline{\omega}} A_{\overline{y}\,\overline{z}}}{A_{\overline{y}\,\overline{y}} A_{\overline{z}\,\overline{z}} - A_{\overline{y}\,\overline{z}}^2}}_{z_M}$$

c)   geschlossene mehrzellige Querschnitte siehe Gl. (3.3.7–34 und 3.3.7–35).

3.1–2 Aufgaben

3.1–2.1 Aufgabe

Für die elastomechanische Untersuchung eines Balkens mit Z-förmigem Profil wird die mathematische Beschreibung des Querschnittes benötigt.

Gegeben:

- Koordinatensysteme: AG-KOS (y, z), SP-KOS $(\overline{y}, \overline{z})$, HA-KOS $(\hat{y}, \hat{z})$
- Winkel $\hat{\varphi} = -13,48^o$ zwischen dem SP-KOS und dem HA-KOS
- Bereichseinteilung

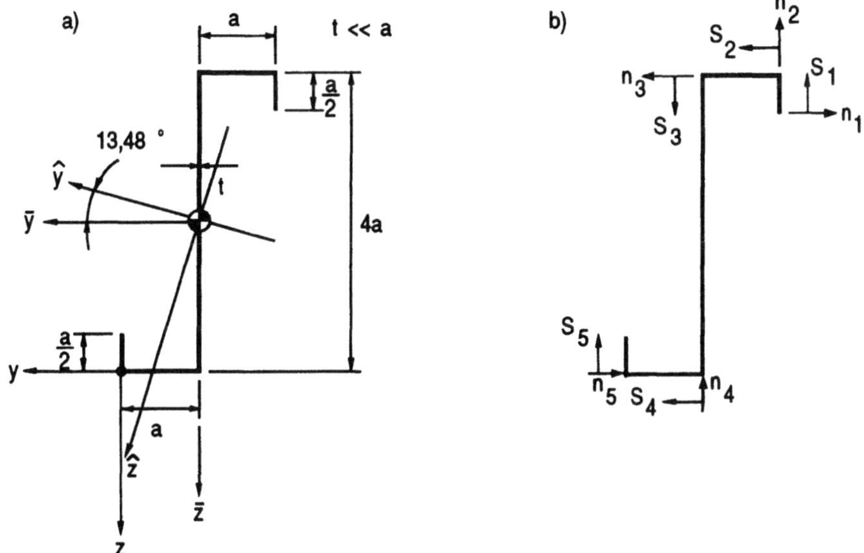

Abb. 3.1–2.1–1

Gesucht:

a) Beschreibung der Querschnittsabschnitte im gegebenen AG–KOS incl. der Bereichsanfangs- und Bereichsendwerte.

b) Beschreibung der Querschnittsabschnitte im SP-KOS aus der Beschreibung von Teil a) unter Verwendung der Verschiebungsbeziehung.

c) Beschreibung der Querschnittsabschnitte im HA-KOS aus der Beschreibung von Teil b) unter Verwendung der Drehbeziehung.

Lösung:

Teilaufgabe a)

Zunächst teilt man den Querschnitt in Bereiche mit Bereichskoordinaten ein wie in Abb. 3.1–2.1–1b geschehen. Wenn die n–Koordinate nicht benötigt wird, da z.B. die sekundäre Wölbfunktion nicht ermittelt werden muß, entfällt diese. Eine größere Übersichtlichkeit erreicht man durch tabellarisches Auflisten der Koordinaten.

Man achte auf Übergangsbedingungen, d.h. die Werte am Bereichsanfang und am vorausgehenden Bereichsende (Gleichheit an den Nahtstellen) und auf die Orientierung der Bereichskoordinaten in Relation zu den Koordinatenachsen (Vorzeichen).

Bereich	y	y_{Anfang}	y_{Ende}	z	z_{Anfang}	z_{Ende}
1	$-2a$	$-2a$	$-2a$	$-\frac{7}{2}a - s_1$	$-\frac{7}{2}a$	$-4a$
2	$-2a + s_2$	$-2a$	$-a$	$-4a$	$-4a$	$-4a$
3	$-a$	$-a$	$-a$	$-4a + s_3$	$-4a$	0
4	$-a + s_4$	$-a$	0	0	0	0
5	0	0	0	$-s_5$	0	$-\frac{a}{2}$

Teilaufgabe b)

Die Koordinaten des Schwerpunktes im alten Koordinatensystem lauten:

$$y_0 = -a \quad , \quad z_0 = -2a \quad .$$

Man erhält:

Bereich	$\overline{y} = y - y_0$	$\overline{z} = z - z_0$
1	$-a$	$-\frac{3}{2}a - s_1$
2	$-a + s_2$	$-2a$
3	0	$-2a + s_3$

| 4 | $+s_4$ | $+2a$ |
| 5 | $+a$ | $+2a - s_5$ |

Teilaufgabe c)

Mit $\hat{\varphi} = -13,48°$ erhält man:

Bereich	$\hat{y} = \bar{y}\cos\hat{\varphi} + \bar{z}\sin\hat{\varphi}$	$\hat{z} = -\bar{y}\sin\hat{\varphi} + \bar{z}\cos\hat{\varphi}$
1	$a\left(-\cos\hat{\varphi} - \dfrac{3}{2}\sin\hat{\varphi}\right) - s_1\sin\hat{\varphi}$	$a\left(\sin\hat{\varphi} - \dfrac{3}{2}\cos\hat{\varphi}\right) - s_1\cos\hat{\varphi}$
2	$a(-\cos\hat{\varphi} - 2\sin\hat{\varphi}) + s_2\cos\hat{\varphi}$	$a(\sin\hat{\varphi} - 2\cos\hat{\varphi}) - s_2\sin\hat{\varphi}$
3	$a(-2\sin\hat{\varphi}) + s_3\sin\hat{\varphi}$	$a(-2\cos\hat{\varphi}) + s_3\cos\hat{\varphi}$
4	$a(2\sin\hat{\varphi}) + s_4\cos\hat{\varphi}$	$a(2\cos\hat{\varphi}) - s_4\sin\hat{\varphi}$
5	$a(\cos\hat{\varphi} + 2\sin\hat{\varphi}) - s_5\sin\hat{\varphi}$	$a(-\sin\hat{\varphi} + 2\cos\hat{\varphi}) - s_5\cos\hat{\varphi}$

3.1–2.2 Aufgabe

Zur Dimensionierung eines Balkens mit U-förmigem Querschnitt wird dessen mathematische Beschreibung gesucht.

Gegeben:

AG-KOS, Schwerpunktlage, Bereichseinteilung mit Laufvariablen.

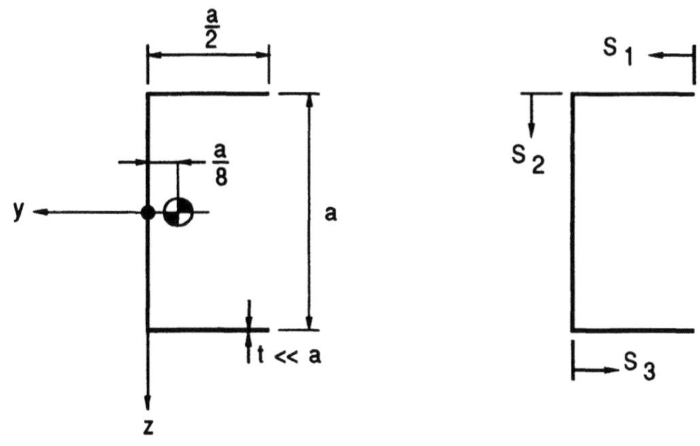

Abb. 3.1–2.2–1

Gesucht:

a) Beschreibung der Lage des Abschnittes im allgemeinen Koordinatensystem in Abhängigkeit von den Laufkoordinaten s_i. Die Bereichendwerte sind ebenfalls anzugeben.

b) Beschreibung der Lage der Abschnitte im gegenüber dem allgemeinen Koordinatensystem verschobenen SP-KOS.

Lösung:

Teilaufgabe a)

Bereich	y	y_{Anfang}	y_{Ende}	z	z_{Anfang}	z_{Ende}
1	$-\frac{a}{2}+s_1$	$-\frac{a}{2}$	0	$-\frac{a}{2}$	$-\frac{a}{2}$	$-\frac{a}{2}$
2	0	0	0	$-\frac{a}{2}+s_2$	$-\frac{a}{2}$	$+\frac{a}{2}$
3	$-s_3$	0	$-\frac{a}{2}$	$+\frac{a}{2}$	$+\frac{a}{2}$	$+\frac{a}{2}$

Teilaufgabe b)

$$y_0 = -\frac{a}{8} \quad , \qquad z_0 = 0$$

Bereich	$\overline{y} = y - y_0$	$\overline{z} = z - z_0$
1	$-\frac{3}{8}a + s_1$	$-\frac{1}{2}a$
2	$+\frac{1}{8}a$	$-\frac{1}{2}a + s_2$
3	$+\frac{1}{8}a - s_3$	$+\frac{1}{2}a$

3.1–2.3 Aufgabe

Die mathematische Beschreibung eines Z-Profiles wird benötigt.

Gegeben:

AG-KOS, a, Bereichseinteilung.

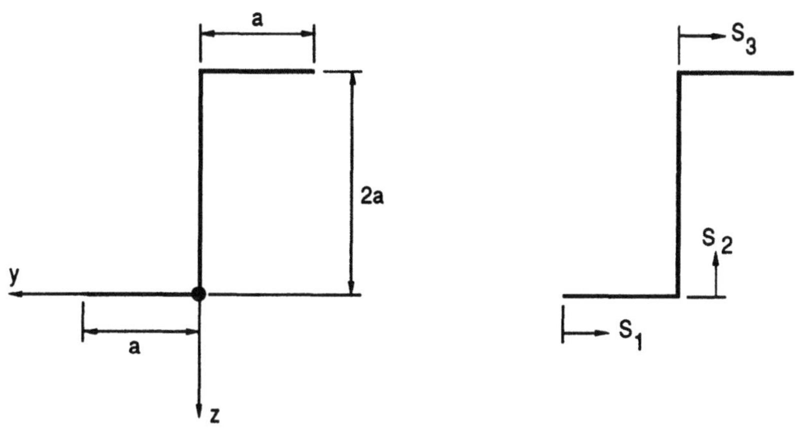

Abb. 3.1–2.3–1

Gesucht:

a) Beschreibung des Profiles in dem eingezeichneten AG–KOS.

b) Geben Sie die Koordinaten des Schwerpunktes (y_{SP}, z_{SP}) an.

c) Wie lautet die Beschreibung des Profiles in dem um den Winkel φ zum eingezeichneten allgemeinen Koordinatensystem geneigten Schwerpunkt-Koordinatensystem?

Lösung:

Teilaufgabe a)

Bereich	y	z
1	$a - s_1$	0
2	0	$-s_2$
3	$-s_3$	$-2a$

Teilaufgabe b)

Wegen der Punktsymmetrie gilt: $y_{SP} = 0$, $z_{SP} = -a$.

Teilaufgabe c)

Zunächst Verschiebung in den Schwerpunkt mit $y_0 = 0$, $z_0 = -a$:

$$\overline{y} = y - y_0$$
$$\overline{z} = z - z_0 \quad .$$

Anschließend Drehung um den Winkel φ:

Bereich	$\hat{y} = \overline{y} \cdot \cos\varphi + \overline{z} \cdot \sin\varphi$	$\hat{z} = -\overline{y} \cdot \sin\varphi + \overline{z} \cdot \cos\varphi$
1	$(a - s_1) \cdot \cos\varphi + a \cdot \sin\varphi$	$(s_1 - a) \cdot \sin\varphi + a \cdot \cos\varphi$
2	$(a - s_2) \cdot \sin\varphi$	$(a - s_2) \cdot \cos\varphi$
3	$-s_3 \cdot \cos\varphi - a \cdot \sin\varphi$	$s_3 \cdot \sin\varphi - a \cdot \cos\varphi$

3.1–2.4 Aufgabe

Um das Versagen einer Schweißnaht beurteilen zu können, soll das elastomechanische Verhalten eines geschlitzten Rohres untersucht werden. Dazu wird dessen geometrische Beschreibung gesucht.

Gegeben:

AG-KOS, Radius r, Dicke t, Bereichskoordinaten s_1 und φ_1.

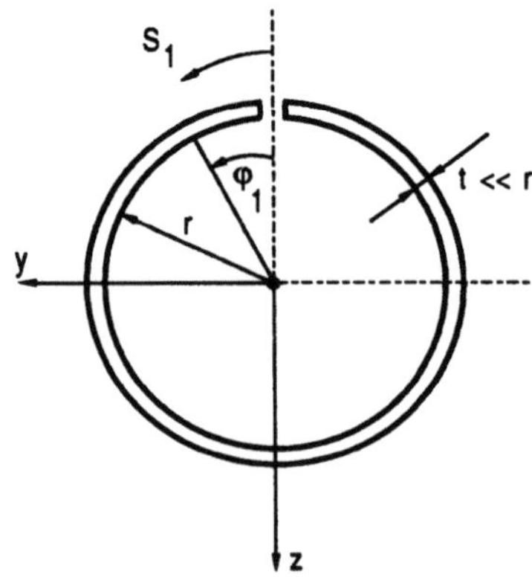

Abb. 3.1–2.4–1

Gesucht:

a) Wie lautet die Beschreibung des Querschnittes unter Verwendung des eingezeichneten Koordinatensystemes und des Winkels φ_1?

b) Wie lautet die Beschreibung des Querschnittes im Hauptträgheitsachsen-Koordinatensystem?

Lösung:

Teilaufgabe a)

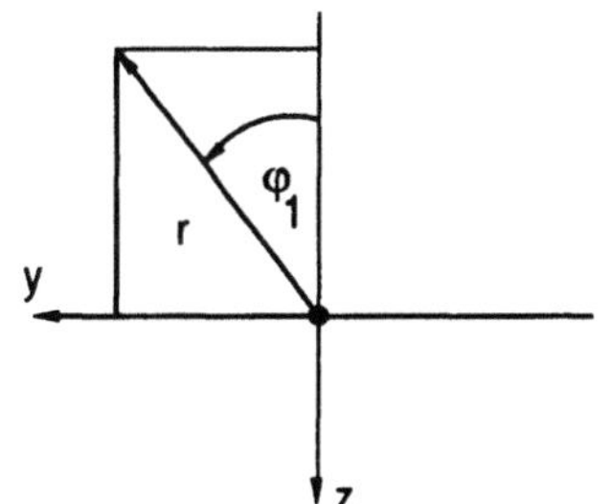

$$y = r \cdot \sin\varphi_1 \quad , \quad z = -r \cdot \cos\varphi_1 \quad , \quad s_1 = r \cdot \varphi_1$$

Abb. 3.1–2.4–2

Teilaufgabe b)

Das Hauptträgheitsachsen-Koordinatensystem und das eingezeichnete Schwerpunkt-Koordinatensystem sind aufgrund der Symmetrie identisch:

$$\hat{y} = \bar{y} = y \qquad , \qquad \hat{z} = \bar{z} = z \quad .$$

3.1–2.5 Aufgabe

Für die Dimesionierung eines U-Profiles wird die Wölbkoordinate benötigt.

Gegeben:

AG-KOS, konstante Wandstärke $t \ll a$, Schubmittelpunkt SM, Pol P, Bereichseinteilung und Bereichskoordinaten.

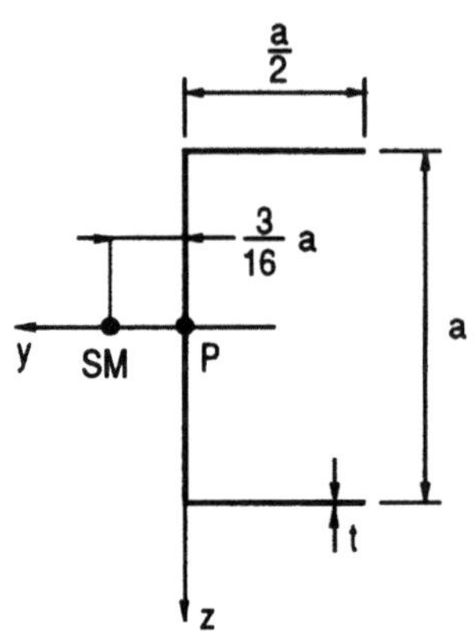
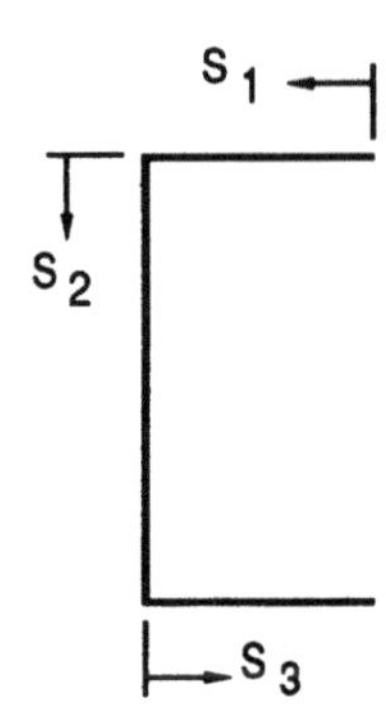

Abb. 3.1–2.5–1

Gesucht:

Für den gegebenen Querschnitt, den gewählten Pol und die gegebene Bereichseinteilung sind die Werte der Wölbkoordinaten ω, $\overline{\omega}$ und $\hat{\omega}$ zu ermitteln.

Lösung:

1) Der Pol ist gegeben.
2) Grundverwölbung:

Bereich	r_t	$\omega(s_i) = \int\limits_{s_i} r_t ds_i$	Endwerte
1	$\frac{a}{2}$	$\frac{a}{2}s_1$	$\frac{a^2}{4}$
2	0	$0+\frac{a^2}{4}$	$\frac{a^2}{4}$
3	$\frac{a}{2}$	$\frac{a}{2}\cdot s_3+\frac{a^2}{4}$	$\frac{a^2}{2}$

3) Integrationskonstante ω_0:

$$\omega_0 = \frac{\int\limits_A \omega dA}{\int\limits_A dA} = \frac{\frac{1}{2}a^3 t}{2at} = \frac{a^2}{4} \quad .$$

4) Lage des SM:

$$y_{SM} = \frac{3}{16}a \quad \Rightarrow \quad y_M = \frac{3}{16}a - 0 = \frac{3}{16}a \quad ,$$

$$z_{SM} = 0 \quad \Rightarrow \quad z_M = 0 - 0 \quad = 0 \quad .$$

5)   Einheitswölbkoordinate und Hauptwölbkoordinate:

Bereich	$\overline{\omega}$	$\overline{z}$	$y_M\overline{z}$	$z_M\overline{y}$	$\hat{\omega}$	$\hat{\omega}(s_{i,max})$
1	$\frac{a}{2}s_1 - \frac{a^2}{4}$	$-\frac{a}{2}$	$-\frac{3}{32}a^2$	0	$\frac{a}{2}s_1 - \frac{5}{32}a^2$	$\frac{3}{32}a^2$
2	0	$s_2 - \frac{a}{2}$	$\frac{3}{16}as_2 - \frac{3}{32}a^2$	0	$-\frac{3}{16}as_2 + \frac{3}{32}a^2$	$-\frac{3}{32}a^2$
3	$\frac{a}{2}s_3$	$\frac{a}{2}$	$\frac{3}{32}a^2$	0	$\frac{a}{2}s_3 - \frac{3}{32}a^2$	$\frac{5}{32}a^2$

6)   Skizze der Verteilungen ω, $\overline{\omega}$ und $\hat{\omega}$:

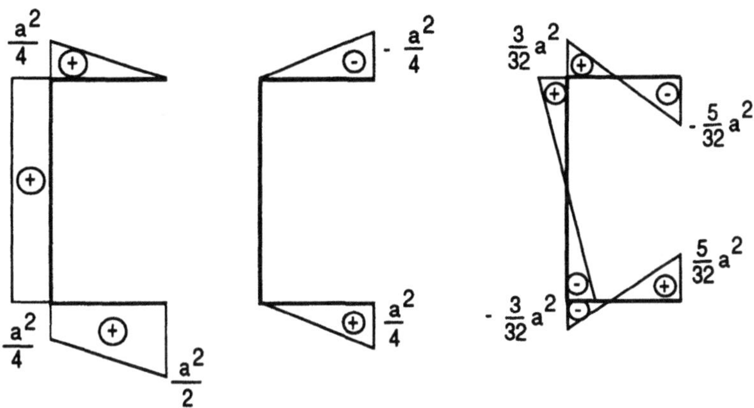

Abb. 3.1–2.5–2

3.1–2.6 Aufgabe

Die Verwölbung eines T-Profiles ist zu untersuchen.

Gegeben:

SP–Koordinatensystem, konstante Wandstärke $t \ll a$.

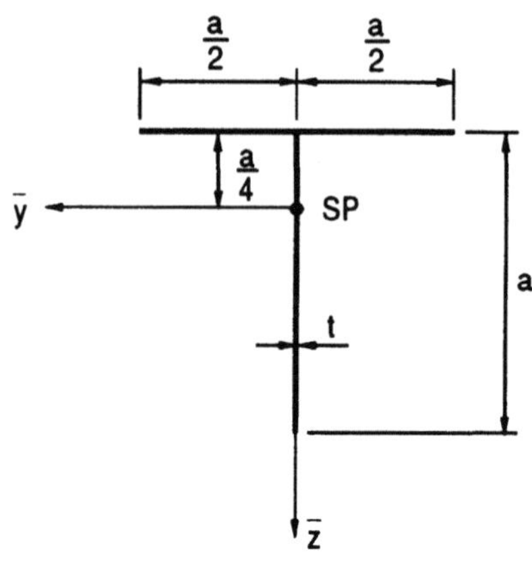

Abb. 3.1–2.6–1

Gesucht:

a) Die Wölbkoordinaten ω, $\overline{\omega}$ und $\hat{\omega}$. Wählen Sie einen möglichst geschickten Pol.

b) Interpretieren Sie das Ergebnis aus Teil a).

Lösung:

Teilaufgabe a)

1) Pol: Der Pol wird im Kreuzungspunkt $(\overline{y}_{Pol} = 0,\, \overline{z}_{Pol} = -\frac{a}{4})$ gewählt, da dort $r_t = 0$ für alle Abschnitte ist.

2) Grundverwölbung:
$\omega(s_i) = 0$ für alle Bereiche, da jeweils $r_t = 0$.

3) Integrationskonstante: $\omega = 0 \quad \Rightarrow \quad A_\omega = 0 \quad \Rightarrow \quad \omega_0 = 0$.

4) Lage des SM: Der Schubmittelpunkt und der Pol sind identisch, deshalb gilt: $y_M = z_M = 0$.

5) Einheits- und Hauptverwölbung: $\omega = \overline{\omega} = \hat{\omega} = 0$.

6) Skizze: entfällt.

Teilaufgabe b)

T-Profile sind wegen $r_t \cdot t(s) \equiv 0$ stets verwölbungsfrei, es handelt sich also immer um eine sogenannte Neuber'sche Schale.

3.1–2.7 Aufgabe

Für die Dimensionierung des unten skizzierten Querschnittes wird die Hauptwölbkoordinate benötigt.

Gegeben:

AG-KOS, konstante Wandstärke $t \ll a$, Bereichseinteilung.

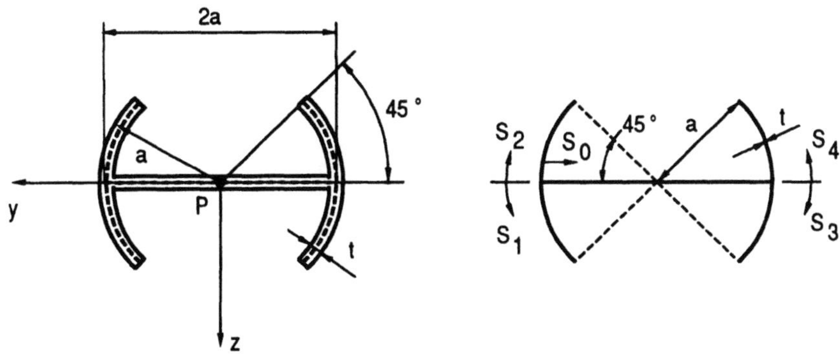

Abb. 3.1–2.7–1

Gesucht:

Hauptwölbkoordinate $\hat{\omega}$ durch direkte Berechnung. Wählen Sie den dazu notwendigen Pol sowie eine Bereichseinteilung für die Berechnung der Verwölbung.

Lösung:

1) Pol: Pol im Schubmittelpunkt, d.h. im Ursprung (folgt aus Punktsymmetrie).

2) Bereichseinteilung ist gegeben.

3-5) Der Pol P ist Schubmittelpunkt und bedingt durch die Wahl der Umlaufkoordinaten s_i ist $\omega_0 = 0$. Daher ist $\omega = \overline{\omega} = \hat{\omega}$.
Grundverwölbung: mit $ds_{1,2,3,4} = a\,d\varphi_{1,2,3,4}$

Bereich	$\hat{r}_t$	$\omega = \overline{\omega} = \hat{\omega}$	$\omega(s_{i,max})$
0	0	0	0
1	$+a$	$+as_1$	$+\frac{\pi}{4}a^2$
2	$-a$	$-as_2$	$-\frac{\pi}{4}a^2$
3	analog zu 2		
4	analog zu 1		

6)   Skizze der $\hat{\omega}$–Verteilung:

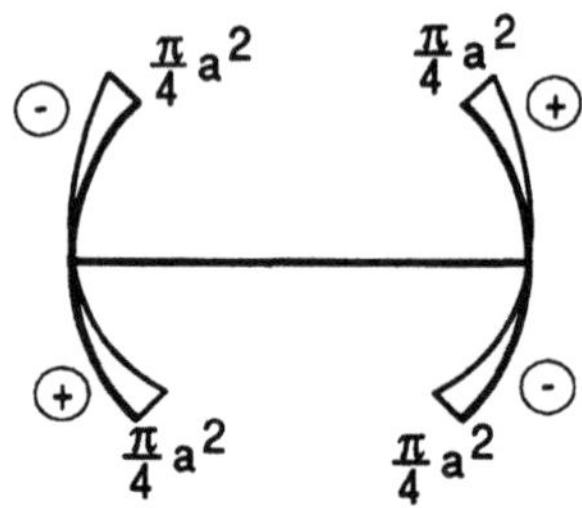

Abb. 3.1–2.7–3

3.1–2.8 Aufgabe

Zur Dimensionierung eines Balkens mit Z-ähnlichem Querschnitt, sind die Flächenintegrale zu ermitteln.

Gegeben:

AG–KOS und SP-KOS, konstante Wandstärke $t \ll a$, Länge a, Bereichseinteilung.

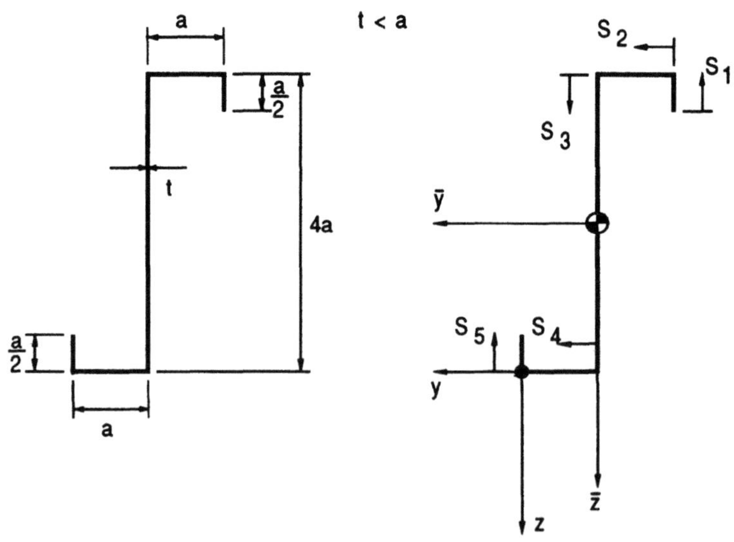

Abb. 3.1–2.8–1

Gesucht:

Berechnen Sie für den skizzierten Querschnitt

a)   die Flächenintegrale ohne Wölbanteil (A_y, A_z, A_{yy}, A_{zz}, A_{yz}) für das eingezeichnete allgemeine Koordinatensystem,

b)   die Flächenintegrale ohne Wölbanteil des parallel verschobenen Schwerpunkt-Koordinatensystems aus den unter a) berechneten Integralen

c)   den Winkel, um den das Hauptachsen-Koordinatensystem gegenüber dem Schwerpunkt-Koordinatensystem geneigt ist,

d)   die Hauptträgheitsmomente des Querschnittes.

Lösung:

Teilaufgabe a)

Bereich	A_i	$y(s_i)$	A_{y_i}	$z(s_i)$	A_{z_i}
1	$\frac{1}{2}at$	$-2a$	$-a^2t$	$-\frac{7}{2}a - s_1$	$-\frac{15}{8}a^2t$
2	at	$-2a + s_2$	$-\frac{3}{2}a^2t$	$-4a$	$-4a^2t$
3	$4at$	$-a$	$-4a^2t$	$-4a + s_3$	$-8a^2t$
4	at	$-a + s_4$	$-\frac{1}{2}a^2t$	0	0
5	$\frac{1}{2}at$	0	0	$-s_5$	$-\frac{1}{8}a^2t$
$\sum$	$7at$		$-7a^2t$		$-14a^2t$

Bereich	y_i^2	A_{yy_i}	z_i^2	A_{zz_i}	$y_i z_i$	A_{yz_i}
1	$4a^2$	$2a^3t$	$\frac{49}{4}a^2 + 7as_1 + s_1^2$	$\frac{169}{24}a^3t$	$7a^2 + 2as_1$	$\frac{15}{4}a^3t$
2	$4a^2 - 4as_2 + s_2^2$	$\frac{7}{3}a^3t$	$16a^2$	$16a^3t$	$8a^2 - 4as_2$	$6a^3t$

3	a^2	$4a^3t$	$16a^2 - 8as_3 + s_3^2$	$\frac{64}{3}a^3t$	$4a^2 - as_3$	$8a^3t$
4	$a^2 - 2as_4 + s_4^2$	$\frac{1}{3}a^3t$	0	0	0	0
5	0	0	s_5^2	$\frac{1}{24}a^3t$	0	0
$\sum$		$\frac{26}{3}a^3t$		$\frac{533}{12}a^3t$		$\frac{71}{4}a^3t$

Teilaufgabe b)

$$A_{\overline{y}\,\overline{y}} = A_{yy} - \frac{A_y A_y}{A} = \frac{5}{3}b^3t \qquad , \qquad A_{\overline{y}} = 0 \ , \ \text{da SP} - \text{KOS}$$

$$A_{\overline{z}\,\overline{z}} = A_{zz} - \frac{A_z A_z}{A} = \frac{197}{12}b^3t \qquad , \qquad A_{\overline{z}} = 0 \ , \ \text{da SP} - \text{KOS}$$

$$A_{\overline{y}\,\overline{z}} = A_{yz} - \frac{A_y A_y}{A} = \frac{15}{4}b^3t$$

Teilaufgabe c)

$$\tan 2\hat{\varphi} = \frac{2A_{\overline{y}\,\overline{z}}}{A_{\overline{y}\,\overline{y}} - A_{\overline{z}\,\overline{z}}} = -\frac{30}{59} \qquad \Rightarrow \qquad \hat{\varphi} = -13,476°$$

Teilaufgabe d)

$$A_{11} = \frac{1}{2}(A_{\overline{y}\,\overline{y}} + A_{\overline{z}\,\overline{z}}) + \frac{1}{2}\sqrt{\left(A_{\overline{y}\,\overline{y}} - A_{\overline{z}\,\overline{z}}\right)^2 + 4A_{\overline{y}\,\overline{z}}^2} = 17,3153\,b^3t$$

$$A_{22} = \frac{1}{2}(A_{\overline{y}\,\overline{y}} + A_{\overline{z}\,\overline{z}}) - \frac{1}{2}\sqrt{\left(A_{\overline{y}\,\overline{y}} - A_{\overline{z}\,\overline{z}}\right)^2 + 4A_{\overline{y}\,\overline{z}}^2} = 0,768\,b^3t$$

$$A_{\hat{y}} = 0 \ , \quad A_{\hat{z}} = 0 \ , \quad A_{\hat{y}\hat{z}} = 0 \ , \ \text{da HA} - \text{KOS}$$

Aus der Anschauung ($\int_A \hat{y}^2 dA \ < \ \int_A \hat{z}^2 dA$, siehe Skizze 3.1–2.1–1) erhält man $A_{\hat{y}\hat{y}} \ < \ A_{\hat{z}\hat{z}}$. Daraus folgt

$$\Rightarrow \qquad A_{\hat{y}\hat{y}} = 0,768b^3t$$
$$A_{\hat{z}\hat{z}} = 17,3153b^3t \ .$$

3.1–2.9 Aufgabe

Für die elastomechanische Betrachtung des unten skizzierten Modells benötigt man die Flächenträgheitsmomente.

Gegeben:

SP–KOS, konstante Wandstärke $t \ll a$, Länge a, Bereichseinteilung.

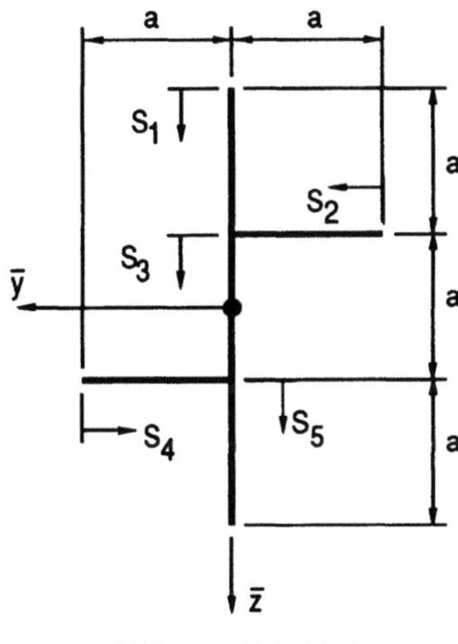

Abb. 3.1–2.9–1

Gesucht:

a) Die Flächenträgheitsmomente $A_{\bar{y}}, A_{\bar{z}}, A_{\bar{y}\bar{y}}, A_{\bar{z}\bar{z}}, A_{\bar{y}\bar{z}}$.
b) Die Flächenträgheitmomente $A_{\hat{y}}, A_{\hat{z}}, A_{\hat{y}\hat{y}}, A_{\hat{z}\hat{z}}, A_{\hat{y}\hat{z}}$.

Lösung:

Teilaufgabe a)

Alternativ zum Vorgehen in Aufgabe 3.1–2.8 kann man auch die Flächenträgheitsmomente im HA–KOS des jeweiligen Abschnittes ermitteln (Eigenanteil A_{yy_i}) und den Steineranteil für die Verschiebungen in den Gesamtschwerpunkt berücksichtigen.

Abschnitte 1,3 und 5 zusammen:

$$A_{\bar{y}\bar{y}135} = (A_{\hat{y}\hat{y}})_{135} + y_0^2 A_{135} \quad = \underbrace{\frac{1}{12}3at^3}_{\approx 0} \quad + 0 \quad \approx 0$$

$$t^3 \ll a^3$$

$$A_{\bar{z}\bar{z}135} = (A_{\hat{z}\hat{z}})_{135} + z_0^2 A_{135} \quad = \frac{1}{12}(3a)^3 t + 0 \quad = \frac{27}{12}a^3 t$$

$$A_{\bar{y}\bar{z}135} = (A_{\hat{y}\hat{z}})_{135} + y_0 z_0 A_{135} = \quad 0 \quad + 0 \quad = 0$$

Abschnitt 2:

Abschnitt 4:
analog zu Abschnitt 2

$$A_{\overline{y}\,\overline{y}_2} = \frac{1}{12}a^3t + \left(\frac{a}{2}\right)^2 at = \frac{4}{12}a^3t$$

$$A_{\overline{z}\,\overline{z}_2} = \frac{1}{12}at^3 + \left(\frac{a}{2}\right)^2 at \approx \frac{3}{12}a^3t$$

$$A_{\overline{y}\,\overline{z}_2} = \quad 0 \quad + \left(\frac{a}{2}\right)^2 at = \frac{3}{12}a^3t$$

$$A_{\overline{y}\,\overline{y}_4} = \frac{4}{12}a^3t$$

$$A_{\overline{z}\,\overline{z}_4} \approx \frac{3}{12}a^3t$$

$$A_{\overline{y}\,\overline{z}_4} = \frac{3}{12}a^3t$$

Die Gesamt-Flächenträgheitsmomente
ergeben sich zu:

$$A_{\overline{y}\,\overline{y}_{ges}} = \frac{8}{12}a^3t$$

$$A_{\overline{z}\,\overline{z}_{ges}} = \frac{33}{12}a^3t$$

$$A_{\overline{y}\,\overline{z}_{ges}} = \frac{6}{12}a^3t$$

Für die statischen Momente gilt
definitionsgemäß
$A_{\overline{y}} = 0$ und $A_{\overline{z}} = 0$.

Teilaufgabe b)

Lage der Hauptträgheitsachsen:

$$\tan 2\hat{\varphi} = \frac{2A_{\overline{y}\,\overline{z}}}{A_{\overline{y}\,\overline{y}} - A_{\overline{z}\,\overline{z}}} = -\frac{12}{25} \quad \Rightarrow \quad \hat{\varphi} = -12,8205^\circ$$

Flächenträgheitsmomente im HA-KOS:

$$\begin{bmatrix} A_{\hat{y}\hat{y}} \\ A_{\hat{z}\hat{z}} \\ A_{\hat{y}\hat{z}} \end{bmatrix}_{135} = \begin{bmatrix} \cos^2\hat{\varphi} & \sin^2\hat{\varphi} & 2\sin\hat{\varphi}\cos\hat{\varphi} \\ \sin^2\hat{\varphi} & \cos^2\hat{\varphi} & -2\sin\hat{\varphi}\cos\hat{\varphi} \\ -\sin\hat{\varphi}\cos\hat{\varphi} & \sin\hat{\varphi}\cos\hat{\varphi} & \cos^2\hat{\varphi} - \sin^2\hat{\varphi} \end{bmatrix} \cdot \begin{bmatrix} 0 \\ \frac{27}{12}a^3t \\ 0 \end{bmatrix}$$

$$= \begin{bmatrix} 0,1108 \\ 2,1392 \\ -0,4868 \end{bmatrix} a^3t$$

analog:

$$\begin{bmatrix} A_{\hat{y}\hat{y}} \\ A_{\hat{z}\hat{z}} \\ A_{\hat{y}\hat{z}} \end{bmatrix}_2 = \begin{bmatrix} 0,2210 \\ 0,3623 \\ 0,2434 \end{bmatrix} a^3t \qquad \begin{bmatrix} A_{\hat{y}\hat{y}} \\ A_{\hat{z}\hat{z}} \\ A_{\hat{y}\hat{z}} \end{bmatrix}_4 = \begin{bmatrix} 0,2210 \\ 0,3623 \\ 0,2434 \end{bmatrix} a^3t$$

Das Gesamtergebnis errechnet sich zu:

$$\begin{bmatrix} A_{\hat{y}\hat{y}} \\ A_{\hat{z}\hat{z}} \\ A_{\hat{y}\hat{z}} \end{bmatrix} = \begin{bmatrix} 0,5528 \\ 2,8638 \\ 0 \end{bmatrix} a^3t$$

3.1–2.10 Aufgabe

Für die Dimensionierung eines U-Profiles werden mehrere geometrische Größen benötigt.

Gegeben:

AG-KOS, konstante Wandstärke $t \ll a$, Bereichseinteilung, Lage von SP, SM und Pol P, Wölbkoordinaten $\omega(s_i)$.

$$\omega(s_1) = \frac{1}{2}as_1 \quad , \quad \omega(s_2) = \frac{1}{4}a^2 \quad , \quad \omega(s_3) = \frac{1}{4}a^2 + \frac{1}{2}as_3$$

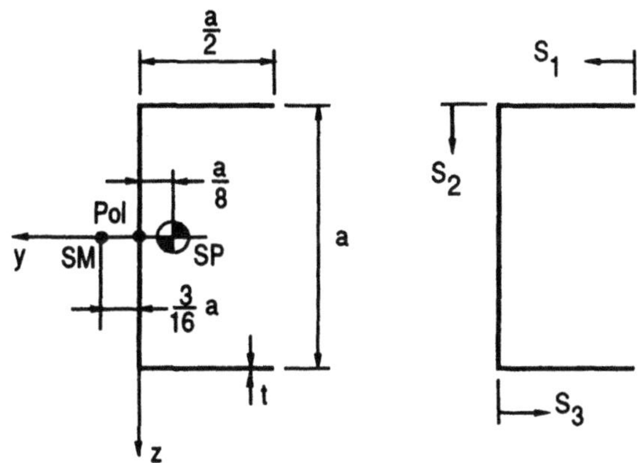

Abb.3.1–2.10–1

Gesucht:

a) für das Schwerpunkt-Koordinatensystem die Verteilung der statischen Momente (Skizze).
b) die Flächenträgheitsmomente im SP-KOS.
c) die Wölbflächen und Wölbwiderstände $A_\omega, A_{\omega\omega}, A_{\overline{\omega}}, A_{\overline{\omega}\,\overline{\omega}}, A_{\hat{\omega}\hat{\omega}}$. Verwenden Sie den eingezeichneten Pol $(= SM)$ und die gegebene Bereichseinteilung.

Lösung:

Teilaufgabe a)

Statische Momente (Integrale 1.Ordnung):

Bereich	$\overline{y}(s_i)$	$\frac{1}{t}A_{\overline{y}}(s_i)$	Endwerte
1	$-\frac{3}{8}a + s_1$	$-\frac{3}{8}s_1a + \frac{1}{2}s_1^2$	$-\frac{1}{16}a^2$

| 2 | $\frac{1}{8}a$ | $\frac{a}{8}s_2 - \frac{1}{16}a^2$ | $+\frac{1}{16}a^2$ |
| 3 | $\frac{1}{8}a - s_3$ | $\frac{1}{8}as_3 - \frac{1}{2}s_3^2 + \frac{1}{16}a^2$ | $A_{\overline{y}_{ges}} = 0$ |

Bereich	$\overline{z}(s_i)$	$\frac{1}{t}A_{\overline{z}}(s_i)$	Endwerte
1	$-\frac{1}{2}a$	$-\frac{1}{2}as_1$	$-\frac{1}{4}a^2$
2	$-\frac{1}{2}a + s_2$	$-\frac{1}{2}as_2 + \frac{1}{2}s_2^2 - \frac{1}{4}a^2$	$-\frac{1}{4}a^2$
3	$\frac{1}{2}a$	$\frac{1}{2}as_3 - \frac{1}{4}a^2$	$A_{\overline{z}_{ges}} = 0$

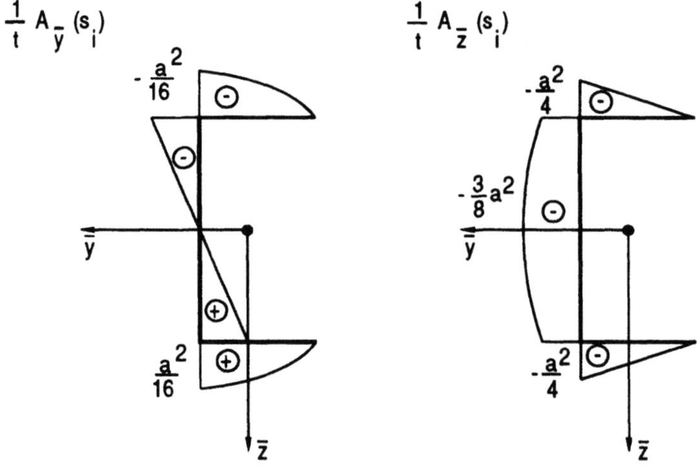

Abb. 3.1–2.10–2

Teilaufgabe b)

Flächenträgheitsmomente (Integrale 2.Ordnung):

$$A_{\overline{z}\,\overline{z}} = \sum_i \left(\underbrace{(A_{\hat{z}\hat{z}})_i}_{\text{Eigenanteil}} + \underbrace{\overline{z}_{0i}^2 A_i}_{\text{Steiner-Anteil}} \right) \quad \text{mit} \quad (A_{\hat{z}\hat{z}})_i = \frac{b_i h_i^3}{12}$$

Bereich	$\overline{z}_{0i}$	A_i	$\overline{z}_{0i}^2 A_i$	$(A_{\hat{z}\hat{z}})_i$	$A_{\overline{z}\,\overline{z}}$
1	$-\frac{1}{2}a$	$\frac{1}{2}at$	$\frac{1}{8}a^3t$	$\frac{1}{24}at^3 \approx 0$	
2	0	at	0	$\frac{1}{12}a^3t$	
3	$\frac{1}{2}a$	$\frac{1}{2}at$	$\frac{1}{8}a^3t$	$\frac{1}{24}at^3 \approx 0$	
$\sum$			$\frac{1}{4}a^3t$	$\frac{1}{12}a^3t$	$\frac{1}{3}a^3t$

$$A_{\overline{y}\,\overline{y}} = \sum_i \left(\underbrace{(A_{\hat{y}\hat{y}})_i}_{\text{Eigenanteil}} + \underbrace{\overline{y}_{0i}^2 A_i}_{\text{Steiner-Anteil}} \right) \quad \text{mit} \quad (A_{\hat{y}\hat{y}})_i = \frac{b_i^3 h_i}{12}$$

Bereich	$\overline{y}_{0i}$	A_i	$\overline{y}_{0i}^2 A_i$	$(A_{\hat{y}\hat{y}})_i$	$A_{\overline{y}\,\overline{y}}$
1	$-\frac{1}{8}a$	$\frac{1}{2}at$	$\frac{1}{128}a^3t$	$\frac{1}{96}a^3t$	
2	$\frac{1}{8}a$	at	$\frac{1}{64}a^3t$	$\frac{1}{12}at^3 \approx 0$	
3	$-\frac{1}{8}a$	$\frac{1}{2}at$	$\frac{1}{128}a^3t$	$\frac{1}{96}a^3t$	
$\sum$		$2at$	$\frac{1}{32}a^3t$	$\frac{1}{48}a^3t$	$\frac{5}{96}a^3t$

Deviationsmoment:

$$A_{\overline{y}\,\overline{z}} = \sum_i \left((A_{\hat{y}\hat{z}})_i + \overline{y}_{0i}\overline{z}_{0i} A_i \right) \quad ; \quad (A_{\hat{y}\hat{z}})_i = 0 \text{ , da HA} - \text{KOS des Abschnittes}$$

$$\Rightarrow \quad A_{\overline{y}\,\overline{z}} = \underbrace{\frac{1}{32}a^3t + 0 - \frac{1}{32}a^3t}_{Steiner-Anteile} = 0$$

Daraus folgt: Das Schwerpunkt-Koordinatensystem entspricht dem Hauptachsen-Koordinatensystem (folgt auch aus der Symmetrie)!

Teilaufgabe c)

Allgemeines Koordinatensystem (siehe Aufgabe 3.1–2.5):

Bereich	r_t	$\omega(s_i)$	$A_{\omega_i} = \int\limits_{s_i} \omega(s_i)t\,ds_i$	$\omega_i^2(s_i)$	$A_{\omega\omega_i} = \int\limits_{s_i} \omega^2(s_i)t\,ds_i$
1	$\dfrac{1}{2}a$	$\dfrac{1}{2}as_1$	$\dfrac{1}{16}a^3t$	$\dfrac{1}{4}a^2s_1^2$	$\dfrac{1}{96}a^5t$
2	0	$\dfrac{1}{4}a^2 + 0$	$\dfrac{4}{16}a^3t$	$\dfrac{1}{16}a^4$	$\dfrac{1}{16}a^4$
3	$\dfrac{1}{2}a$	$\dfrac{1}{4}a^2 + \dfrac{1}{2}as_3$	$\dfrac{3}{16}a^3t$	$\dfrac{1}{16}a^4 + \dfrac{1}{4}a^3s_3 + \dfrac{1}{4}a^2s_3^2$	$\dfrac{7}{96}a^5t$

$$A_\omega = \sum_{i=1}^{3} A_{\omega_i} = \frac{1}{2}a^3t \qquad A_{\omega\omega} = \sum_{i=1}^{3} A_{\omega\omega_i} = \frac{7}{48}a^5t$$

Mit einem normierten Koordinatensystem erhält man:

$$A_{\overline{\omega}} = 0 \quad , \qquad A_{\overline{\omega}\,\overline{\omega}} = A_{\omega\omega} - \frac{A_\omega^2}{A} = \frac{7}{48}a^5t - \frac{a^6t}{4\cdot 2at} = \frac{1}{48}a^5t$$

Wölbwiderstand $A_{\hat{\omega}\hat{\omega}}$:

$$A_{\hat{\omega}\hat{\omega}} = A_{\overline{\omega}\,\overline{\omega}} + z_M A_{\overline{y}\,\overline{\omega}} - y_M A_{\overline{z}\,\overline{\omega}} \quad mit \quad y_M = \frac{3}{16}a \quad und \quad z_M = 0$$

$$\Rightarrow \quad A_{\overline{z}\,\overline{\omega}} \text{ muß berechnet werden:}$$

$$A_{\overline{z}\,\overline{\omega}} = A_{z\omega} - \frac{A_z A_\omega}{A} \;\; ; \text{ mit } A_z = 0, \text{ da } z = \overline{z} \;(\text{Symmetrie} \Rightarrow \text{Schwerpunkt})$$

Daraus folgt:

$$A_{\overline{z}\,\overline{\omega}} = A_{z\omega} = \int\limits_{A} z\omega\,dA = \sum_i \int\limits_{0}^{s_i} z_i\omega_i t_i\,ds_i$$

Bereich	z_i	ω_i	$A_{z\omega_i} = \int\limits_{0}^{s_{max}} z_i\omega_i t_i\,ds_i$
1	$-\frac{1}{2}a$	$\frac{1}{2}as_1$	$-\frac{1}{32}a^4t$
2	$s_2 - \frac{1}{2}a$	$\frac{1}{4}a^2$	0

3	$\frac{1}{2}a$	$\frac{1}{4}a^2 + \frac{1}{2}as_3$	$\frac{3}{32}a^4t$
$\sum$			$\frac{1}{16}a^4t$

$$\Rightarrow \quad A_{\overline{z}\,\overline{w}} = A_{z\omega} = \frac{1}{16}a^4t$$

$$\Rightarrow \quad A_{\hat{\omega}\hat{\omega}} = \frac{1}{48}a^5t - \frac{3}{16}a \cdot \frac{1}{16}a^4t = \frac{7}{768}a^5t$$

3.1–2.11 Aufgabe

Für einen sechseckigen Querschnitt mit nicht konstanter Wandstärke soll der Wölbwiderstand $A_{\hat{\omega}^*\hat{\omega}^*}$ bestimmt werden.

Gegeben:

AG-KOS, Länge a, Wandstärke t_1, Bereichseinteilung.

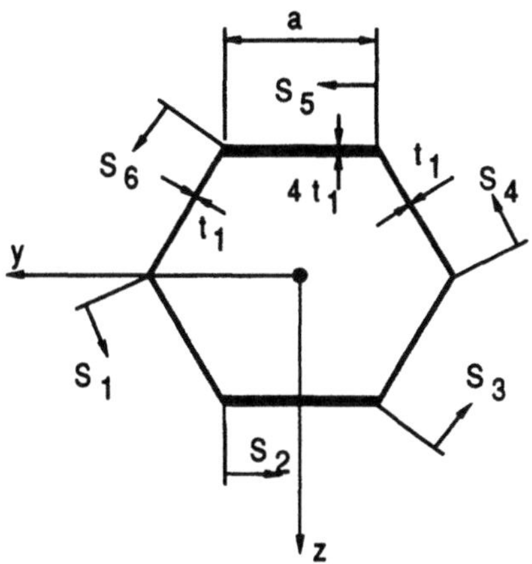

Abb. 3.1–2.11–1

Gesucht:

a) Hauptverwölbung $\hat{\omega}^*$
b) Wölbwiderstand $A_{\hat{\omega}^*\hat{\omega}^*}$

Lösung:

Teilaufgabe a)

Berechnung der Funktion ψ_0 nach Gl. (3.2.3–46):

$$\psi_0 = \frac{2A_0}{\oint \frac{ds}{t(s)}} = \frac{2\sqrt{3}}{3}at_1 \; .$$

Berechnung der Hauptverwölbung: Pol = SMg, der Startpunkt liegt auf einer Symmetrieachse $\Rightarrow \quad \omega^* = \hat{\omega}^* = \oint \hat{r}_t(s)ds - \psi_0 \oint \frac{ds}{t(s)} \; .$

Bereich	$\hat{r}_{t_i}$	$\int\limits_{s_i} \hat{r}_{t_i}ds_i$	$-\psi_0 \int\limits_{s_i} \frac{1}{t(s_i)}ds_i$	$\hat{\omega}^*(s_i)$	Endwert
1	$\frac{\sqrt{3}}{2}a$	$\frac{\sqrt{3}}{2}as_1$	$-\frac{2\sqrt{3}}{3}as_1$	$-\frac{\sqrt{3}}{6}as_1$	$-\frac{\sqrt{3}}{6}a^2$
2	$\frac{\sqrt{3}}{2}a$	$\frac{\sqrt{3}}{2}as_2$	$-\frac{\sqrt{3}}{6}as_2$	$\frac{\sqrt{3}}{3}as_2-\frac{\sqrt{3}}{6}a^2$	$+\frac{\sqrt{3}}{6}a^2$
3	$\frac{\sqrt{3}}{2}a$	$\frac{\sqrt{3}}{2}as_3$	$-\frac{2\sqrt{3}}{3}as_3$	$-\frac{\sqrt{3}}{6}as_3+\frac{\sqrt{3}}{6}a^2$	0

Bereiche 4, 5 und 6 wie Bereiche 1, 2 und 3.

Teilaufgabe b)

Bereich	$\hat{\omega}^{*2}$	$A_{\hat{\omega}^*\hat{\omega}_i^*} = \int\limits_0^{s_i} \hat{\omega}^*\hat{\omega}^* dA_i$	Endw.
1	$\frac{1}{12}a^2s_1^2$	$\frac{1}{12}a^2\frac{1}{3}s_1^3t_1$	$\frac{1}{36}a^5t_1$
2	$\frac{1}{12}a^2\left[4s_2^2 - 4as_2 + a^2\right]$	$\frac{1}{12}a^2\left[\frac{4}{3}s_2^3 - 4a\frac{1}{2}s_2^2 + a^2s_2\right]4t_1$	$\frac{4}{36}a^5t_1$
3	$\frac{1}{12}a^2\left[s_3^2 - 2as_3 + a^2\right]$	$\frac{1}{12}a^2\left[\frac{1}{3}s_3^3 - as_3^2 + a^2s_3\right]t_1$	$\frac{1}{36}a^5t_1$

Bereiche 4, 5 und 6 wie Bereiche 1, 2 und 3.

$$\Rightarrow \quad A_{\hat{\omega}^*\hat{\omega}^*} = \sum_{i=1}^{6}(A_{\hat{\omega}^*\hat{\omega}^*})_i = \frac{1}{3}a^5t_1$$

3.1–2.12 Aufgabe

Für die Untersuchung eines U-Profiles ist dessen Schubmittelpunkt zu bestimmen.

Gegeben:

Konstante Wandstärke $t \ll a$, Länge a, Bereichseinteilung, Pol P, Flächenintegrale im SP-KOS (aus Aufgabe 3.1–2.10),

$$A_{\overline{y}\,\overline{y}} \;=\; \tfrac{5}{96}a^3 t \;,\quad A_{\overline{z}\,\overline{z}} = \tfrac{1}{3}a^3 t \;,\quad A_{\overline{y}\,\overline{z}} = 0 \;,\quad A_{\overline{z}\,\overline{\omega}} = \tfrac{1}{16}a^4 t \;,\quad A_\omega = \tfrac{1}{2}a^3 t \;,\quad A_{z\omega} = \tfrac{1}{16}a^4 t$$

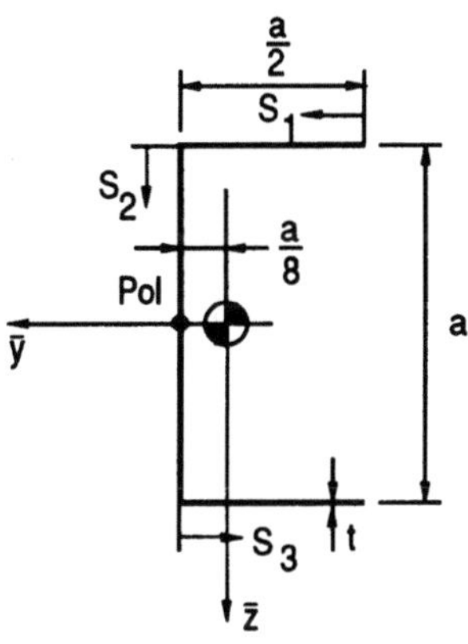

Abb. 3.1–2.12–1

Gesucht:

Koordinaten des Schubmittelpunktes

Lösung:

Aufgrund der Symmetrie zur $\overline{y}$–Achse ist das eingezeichnete SP-KOS gleichzeitig HA-KOS. Nach Gl. (3.1.7–62) gilt daher:

$$y_M = \frac{A_{\overline{z}\,\overline{\omega}}}{A_{\overline{z}\,\overline{z}}} \qquad , \qquad z_M = -\frac{A_{\overline{y}\,\overline{\omega}}}{A_{\overline{y}\,\overline{y}}}$$

Berechnung von $A_{\overline{y}\,\overline{\omega}}$ ($A_{\overline{z}\,\overline{\omega}}$ ist gegeben):

$$A_{\overline{y}\,\overline{\omega}} = A_{y\omega} - \frac{A_y A_\omega}{A} \qquad \text{mit} \qquad A = 2at$$

$A_y = \int\limits_A y\,dA$ muß jetzt für den gegebenen Pol berechnet werden (bisherige Angaben bezogen sich auf den Schwerpunkt):

Bereich	y	$\frac{1}{t}A_y(s_i)$	Endwerte
1	$-\frac{1}{2}a + s_1$	$-\frac{1}{2}as_1 + \frac{1}{2}s_1^2$	$-\frac{1}{8}a^2$
2	0	$-\frac{1}{8}a^2$	$-\frac{1}{8}a^2$
3	$-s_3$	$-\frac{1}{2}s_3^2 - \frac{1}{8}a^2$	$-\frac{1}{4}a^2$

$$A_y = -\frac{1}{4}a^2 t$$

Das Wölbmoment um die z-Achse:

$$A_{y\omega} = \int\limits_A y\omega\,dA = \sum_i \int\limits_0^{s_{E_i}} y_i\omega_i t_i\,ds_i$$

Bereich	y_i	ω_i	$A_{y\omega_i}$
1	$-\frac{1}{2}a + s_1$	$\frac{1}{2}as_1$	$-\frac{1}{96}a^4 t$
2	0	$\frac{1}{4}a^2$	0
3	$-s_3$	$\frac{1}{4}a^2 + \frac{1}{2}as_3$	$-\frac{5}{96}a^4 t$

$$A_{y\omega} = -\frac{1}{16}a^4 t \quad ; \quad A_{\overline{y}\,\overline{\omega}} = -\frac{1}{16}a^4 t - \frac{-\frac{1}{4}a^2 t \cdot \frac{1}{2}a^3 t}{2at} = 0$$

Für y_M und z_M erhält man nun:

$$z_M = -\frac{A_{\overline{y}\,\overline{\omega}}}{A_{\overline{y}\,\overline{y}}} = 0 \qquad\qquad \text{(wegen der Symmetrie des Querschnittes)}$$

$$y_M = -\frac{A_{\overline{z}\,\overline{\omega}}}{A_{\overline{z}\,\overline{z}}} = \frac{3}{16}a$$

Der Schubmittelpunkt liegt bei dem offenen Querschnitt auf der der Öffnung gegenüberliegenden Seite.

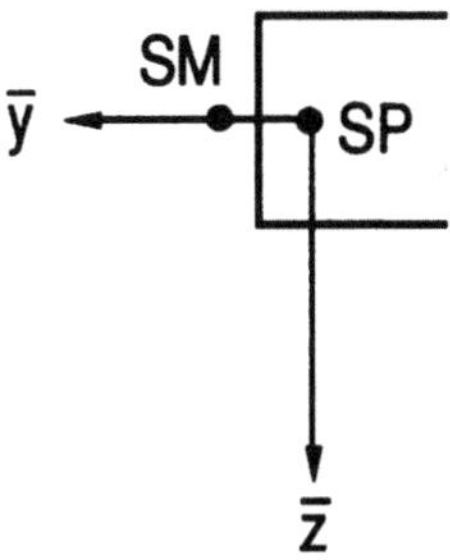

Abb. 3.1–2.12–2

3.1–2.13 Aufgabe

Ein geschlitztes Rohr ist zu untersuchen, um den Einfluß einer gerissenen Schweißnaht und das Verhalten einer Stahlrohrkonstruktion zu beurteilen.

Gegeben:

HA-KOS, Pol P, Bereichskoordinaten s bzw. φ, Radius r.

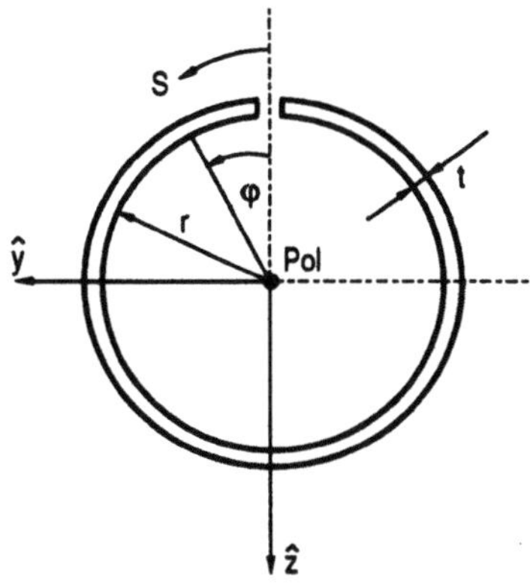

Abb.3.1–2.13–1

Gesucht: Koordinaten des Schubmittelpunktes.

Lösung: Gegeben ist ein offenes Profil im Hauptachsensystem:

$$A_{\hat{y}\hat{z}} = 0 \ , \quad y_M = \frac{A_{\hat{z}\hat{\omega}}}{A_{\hat{z}\hat{z}}} \stackrel{!}{=} 0 \quad wegen\ Symmetrie, \quad z_M = -\frac{A_{\hat{y}\bar{\omega}}}{A_{\hat{y}\hat{y}}}$$

$$\hat{y} = r\sin\varphi \ ; \quad ds = rd\varphi \ ; \quad dA = trd\varphi$$

Der Pol liegt im Ursprung: $r_t = r = const.$

$$\omega(\eta) = \int r_t ds = r^2 \int_\varphi d\varphi = r^2\varphi \quad , \quad \omega_0 = \frac{\int_A \omega dA}{\int_A dA} = \frac{tr^3 \int_0^{2\pi} \varphi d\varphi}{tr \int_0^{2\pi} d\varphi} = \pi r^2$$

$$\overline{\omega} = \omega - \omega_0 = r^2(\varphi - \pi)$$

$$A_{\hat{y}\hat{y}} = tr^3\pi \quad , \quad A_{\hat{y}\overline{\omega}} = -2\pi tr^4$$

Daraus folgt:

$$z_M = -\frac{-2\pi tr^4}{\pi tr^3} = 2r$$

3.1–3 Fragen zum Verständnis

3.1–3.1 Aufgabe

Frage:
Wieviele unteschiedliche allgemeine, Schwerpunkt- und Hauptträgheitsachsen-Koordinatensysteme gibt es für einen gegebenen Querschnitt? Begründen Sie Ihre Antwort.

Antwort:
- allgemeine KOS: unendlich viele, da man die Achsenrichtungen und den Ursprung frei wählen kann.
- Schwerpunkt-KOS: unendlich viele, da man die Achsenrichtungen frei wählen kann.
- Hauptachsen-KOS: eines, da Ursprung und Achsenrichtung festliegen.

3.1–3.2 Aufgabe

Frage:
Ermitteln Sie qualitativ aus den Symmetrieeigenschaften die Schwerpunkte der folgenden skizzierten Querschnitte:

Antwort:

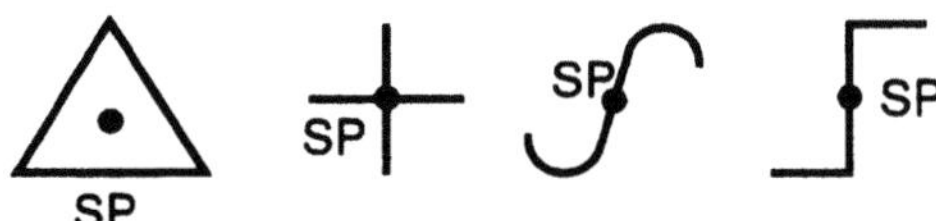

3.1–3.3 Aufgabe

Frage:

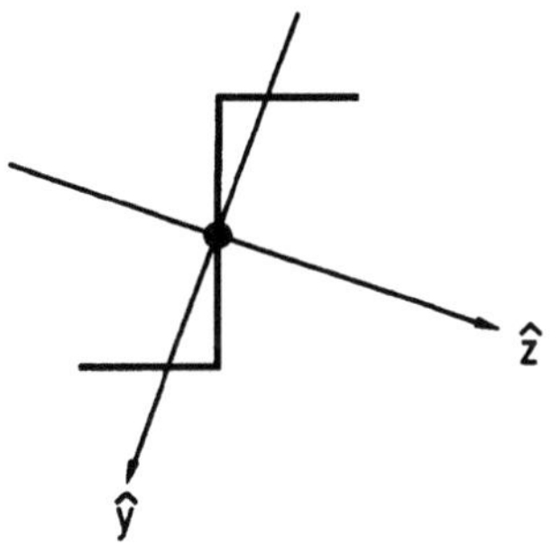

Die nebenstehende Skizze zeigt ein punktsymmetrisches Z-Profil und das zugehörige Hauptträgheitsachsen-Koordinatensystem: Welches Koordinatensystem würden Sie zur geometrischen Beschreibung des Querschnittes verwenden und warum?

Antwort:
Man benutzt am besten das Schwerpunkt-Koordinatensystem mit der z-Achse in Richtung des senkrechten Abschnittes. Dieses Koordinatensystem bietet die einfachste Möglichkeit der Beschreibung des Profiles (Punktsymmetrie): Es ist ein Schwerpunkt-Koordinatensystem und kann ohne Verschiebung in das Hauptträgheitsachsen-Koordinatensystem überführt werden.

3.1–3.4 Aufgabe

Frage:

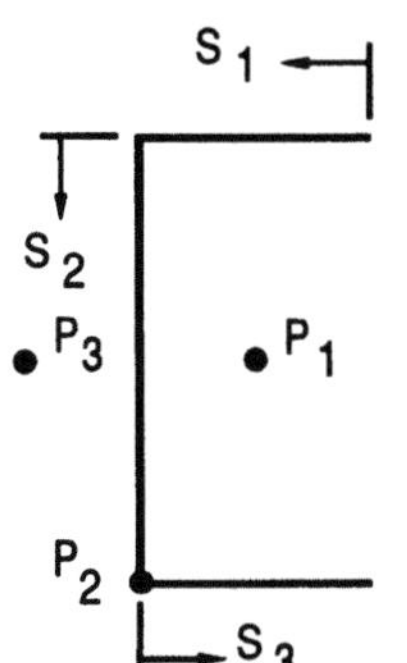

Gegeben sei das skizzierte U-Profil, die Pole P_1, P_2 und P_3 sowie die lokalen Abschnittskoordinaten s_1, s_2 und s_3. Wie lautet die Formel zur Berechnung der Grundverwölbung ω und welche Vorzeichen hat der Hebelarm r_t für die drei Pole und den dritten Abschnitt?

Antwort:

$$\omega(s) = \int\limits_s r_t(s)\,ds$$

Pol	Abschnitt 1	Abschnitt 2	Abschnit 3
P_1	$r_t > 0$	$r_t > 0$	$r_t > 0$
P_2	$r_t > 0$	$r_t = 0$	$r_t = 0$
P_3	$r_t > 0$	$r_t < 0$	$r_t > 0$

3.1–3.5 Aufgabe

Frage
Skizzieren Sie die Einheitsverwölbungen der angegebenen Querschnitte mit den
angegebenen Polen qualitativ.

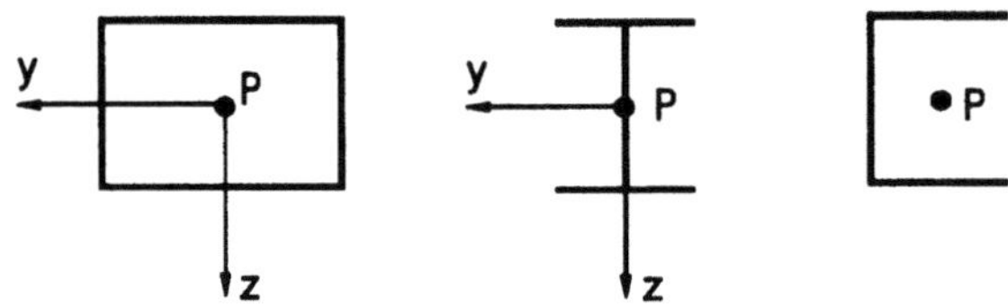

Antwort:

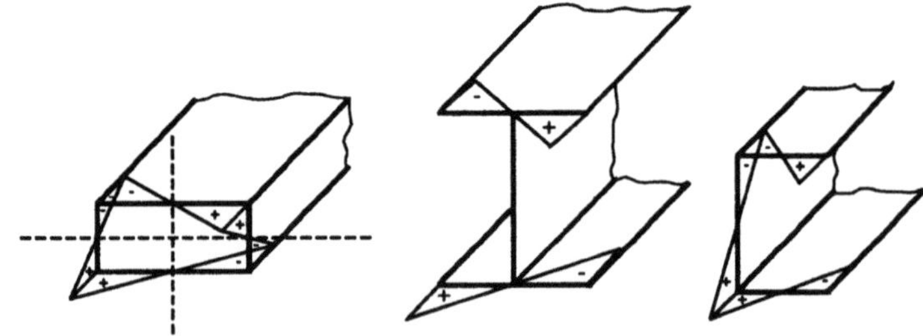

3.1–3.6 Aufgabe

Frage:
Wie sieht die Hauptverwölbung $\hat{\omega}^*$ für einen Kreisring-Querschnitt aus? Skizzieren Sie.
Antwort:
Da r_t konstant ist, hat $\hat{\omega}^*$ einen linearen Verlauf.
Gleichzeitig muß aber für beliebig gewählte Startpunkte die Verwölbung rechts und links des Startpunktes gleich sein (Schließbedingung). Daher kommt nur $\hat{\omega}^* = const. = 0$ in Frage. Tatsächlich ist der Kreisringquerschnitt eine Neubersche Schale, d.h. er ist verwölbungsfrei. Eine Skizze ist daher überflüssig.

3.1–3.7 Aufgabe

Frage:
Wie lauten die drei Flächenträgheitsmomente 2. Ordnung für einen Rechteck-Vollquerschnitt in seinem Hauptachsen-Koordinatensystem?
Antwort:

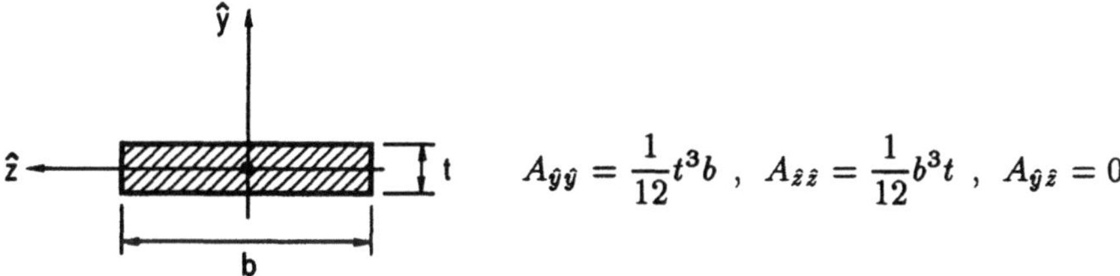

$$A_{\hat{y}\hat{y}} = \frac{1}{12}t^3 b \;,\quad A_{\hat{z}\hat{z}} = \frac{1}{12}b^3 t \;,\quad A_{\hat{y}\hat{z}} = 0$$

3.1–3.8 Aufgabe

Frage:
Wann läßt sich ein Flächenträgheitsmoment 2. Ordnung eines Abschnittes bezogen auf sein lokales Hauptachsen-Koordinatensystem vernachlässigen?
Antwort:
Es läßt sich vernachlässigen, wenn es sehr klein gegenüber den Anteilen aus der Ablage von dem Gesamt-Hauptachsen-Koordinatensystem ist (Steineranteil).

3.1–3.9 Aufgabe

Frage:
Wie ändern sich die Wölbfläche A_ω und der Wölbwiderstand $A_{\omega\omega}$ bei einem Wechsel des y, z–Koordinatensystems?
Antwort:
Gar nicht, da ω, $\overline{\omega}$ und $\hat{\omega}$ nicht von dem Koordinatensystem, sondern gegebenenfalls von dem Integrationsstartpunkt und dem gewählten Pol abhängen.

3.1–3.10 Aufgabe

Frage:
Welche Aussagen können Sie über Flächenmomente ohne Wölbanteil für ein HA-KOS machen?
Antwort:
$A_{\hat{y}\hat{y}}$ und $A_{\hat{z}\hat{z}} \neq 0$, $A_{\hat{y}\hat{z}} = 0$, $A_{\hat{y}} = A_{\hat{z}} = 0$

3.1–3.11 Aufgabe

Frage:
Bezeichnen Sie die Schwerpunkte und Schubmittelpunkte der folgenden Profile:

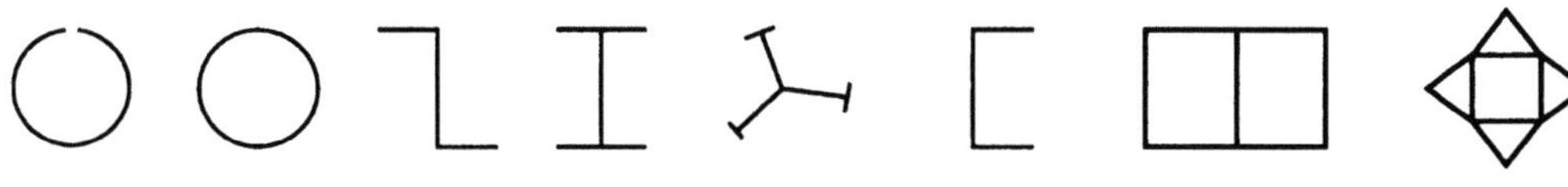

Antwort:

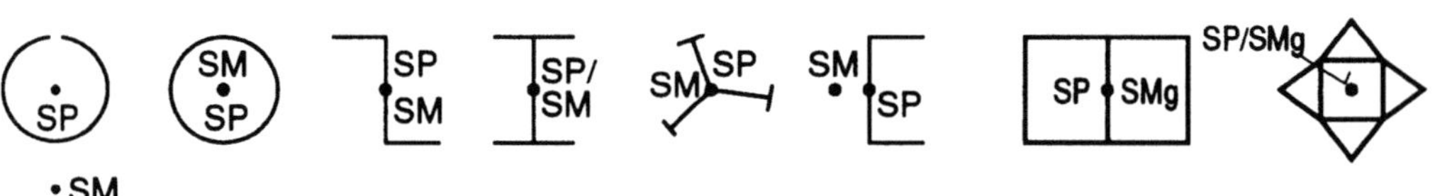

3.1–3.12 Aufgabe

Frage:

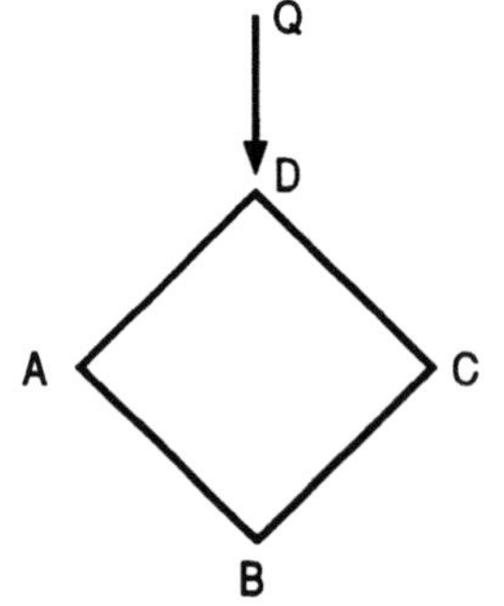

Gegeben sei der nebenstehende symmetrische geschlossene Querschnitt mit einer angreifenden Querkraft Q.:
An welchen Stellen kann der Querschnitt geschnitten werden, ohne daß er sich tordiert?

Antwort:
Die Punkte B oder D kommen in Frage, da in diesen Fällen die Querkraft weiterhin durch den Schubmittelpunkt geht.

3.2 Elementare Torsionstheorie (ETT) nach B. de St. Venant für dünnwandige, stabförmige Tragwerke

3.2–1 Dünnwandige geschlossene Querschnitte

3.2–1.1 Zusammenfassung der theoretischen Grundlagen

Einzelliger Querschnitt

Wir treffen folgende **Annahmen**:

- Die Querschnittsform kann sich in Achsrichtung frei ausbilden ($n_x = 0$) $\implies$ freie Verwölbung.
- Die Querschnittsgestalt bleibt erhalten.
- Das Torsionsmoment ist konstant.
- Im Querschnitt wirken nur Schubspannungen hervorgerufen durch reine Torsion
  (St. Venant).
- Der Schubfluß q_{0i} in jeder Zelle i des Querschnitts ist konstant.
- Für die Berechnung der Schubspannungen betrachten wir nur die Profilmittellinien.

Kinematik		Stoff-gesetz	Gleichgewicht	
Spezifischer Verdrehwinkel	$\vartheta = \dfrac{\partial \varphi}{\partial x}$			
Schubverzerrung eines Hautelementes	$\gamma_{xs} = \dfrac{\partial u}{\partial s} + \dfrac{\partial v_t}{\partial x} , \ \dfrac{\partial v_t}{\partial x} = \hat{r}_t \vartheta$	$\tau_{xs} = G \, \gamma_{xs}$	$\tau_{xs}(s) = \dfrac{q(s)}{t(s)}$	Schubfluß
Umstellen nach u und Integration über s ergibt	$u(x,s) - u(x,0) = \displaystyle\int_0^s \left(\gamma_{xs} - \dfrac{\partial v_t}{\partial x} \right) ds$ $= -\vartheta \displaystyle\int_0^s \underbrace{\left(\hat{r}_t - \dfrac{\gamma_{xs}}{\vartheta} \right) ds}_{d\hat{\omega}^*}$		$\left. \begin{array}{l} \dfrac{\partial q(s)}{\partial x} = 0 \\[2mm] \dfrac{\partial q(s)}{\partial s} = 0 \end{array} \right\} \Rightarrow q(s) = const$	Differential-gleichungen
Schließungsbedingung	$\lim\limits_{s \to ⑤} u(x,s) - u(x,0) \overset{!}{=} 0$ $= -\vartheta \displaystyle\oint \underbrace{\left(\hat{r}_t - \dfrac{\gamma_{xs}}{\vartheta} \right) ds}_{d\hat{\omega}^*} = -\vartheta \, \hat{\omega}^*$ $\displaystyle\oint \hat{r}_t ds = 2A_0$ $\Rightarrow \ 0 \overset{!}{=} 2A_0 \vartheta \left(\displaystyle\oint \dfrac{\gamma_{xs}}{2A_0 \, \vartheta} ds - 1 \right)$		$M_{xT}(s) = \displaystyle\oint \tau_{xs}(s) \, \hat{r}_t(s) \, t(s) ds$ $= \displaystyle\oint q(s) \, \hat{r}_t(s) \, ds$ $= \underbrace{q}_{= \, const} \displaystyle\oint \hat{r}_t(s) \, ds = q \, 2A_0$	St.Venant-sches Torsions-moment

Für das einzellige Profil gilt: $\vartheta = \dfrac{q}{2A_0 G} \displaystyle\oint \dfrac{ds}{t(s)}$

Mehrzellige Querschnitte

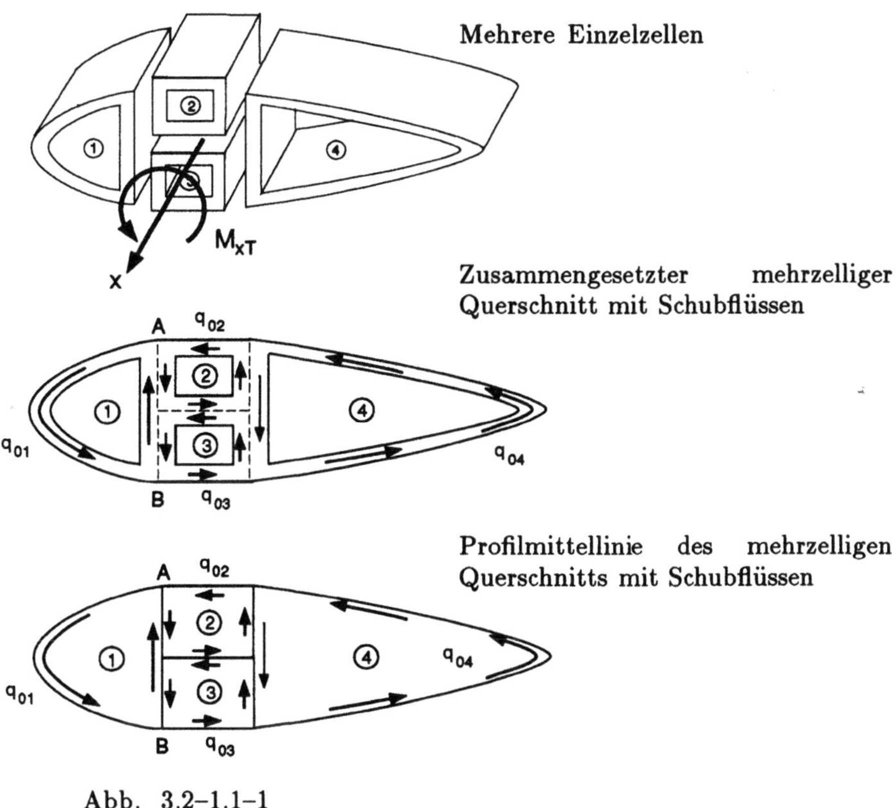

Abb. 3.2-1.1-1

Eine mehrzellige Torsionsröhre können wir uns aus mehreren Röhren mit einzelligem Querschnitt zusammengesetzt denken.

Wollen wir die durch reine Torsion in einer mehrzelligen Röhre hervorgerufenen Schubspannungen berechnen, müssen wir die für die einzellige Röhre abgeleiteten Gleichgewichts- und Kompatibilitätsbedingungen erweitern.

Mit diesen Annahmen ergeben sich folgende Zusatzbedingungen für den Übergang von der einzelligen zur mehrzelligen Röhre:

1) Zusammenhangs-/Kompatibilitätsbedingung:
Der Zusammenhalt der Einzelzellen ist nur gewährleistet, wenn alle i Zellen die gleiche spezifische Verdrehung ϑ_i erfahren. Es muß deshalb die folgende Kompatibilitätsbedingung gelten.

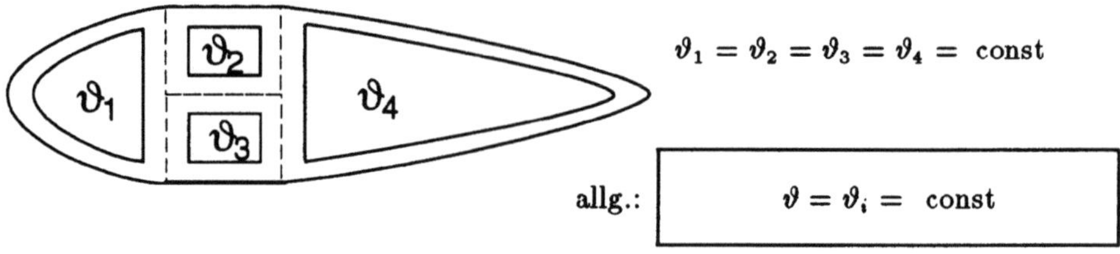

$$\vartheta_1 = \vartheta_2 = \vartheta_3 = \vartheta_4 = \text{const}$$

allg.:

$$\boxed{\vartheta = \vartheta_i = \text{const}}$$

2) Koppelungsbedingung:

Die Summe der Schubflüsse an Verzweigungen des Profiles ist null (Kirchhoffsches Gesetz)
(Vorzeichen: hinein +, hinaus −, siehe hydrodynamisches Analogon)

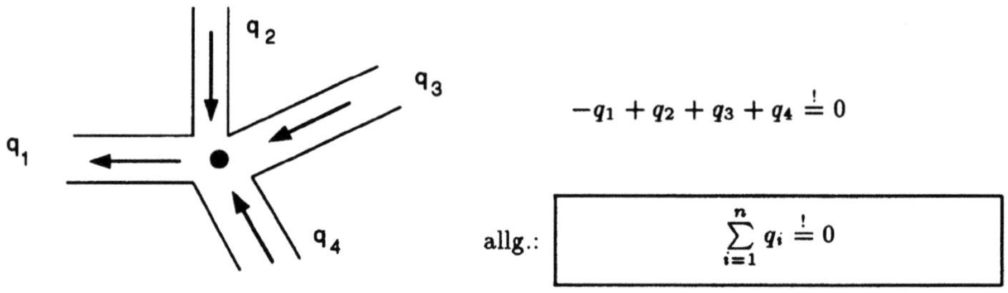

$$-q_1 + q_2 + q_3 + q_4 \overset{!}{=} 0$$

allg.:

$$\boxed{\sum_{i=1}^{n} q_i \overset{!}{=} 0}$$

3) Gleichgewichtsbedingung:

Das Gesamt–Torsionsmoment entspricht der Summe der von den Zellen aufgenommenen Momente M_{xTi}, die nach Bredt–Batho in Beziehung zu den konstanten Zellenschubflüssen stehen.

$$\boxed{M_{xT} = \sum_{i=1}^{n} M_{xTi} = \sum_{i=1}^{n} 2 \cdot q_{0i} \cdot A_{0i}}$$

Bredt − Batho − Gl.

$$M_{xTi} = 2 \cdot q_{0i} \cdot A_{0i}$$

4) Überlagerung (Superposition):

Der Schubfluß in jedem Profilabschnitt ergibt sich durch Überlagerung (Superposition) der Schubflüsse benachbarter Profilzellen. Damit gilt für den spezifischen Verdrehwinkel jeder Teilröhre:

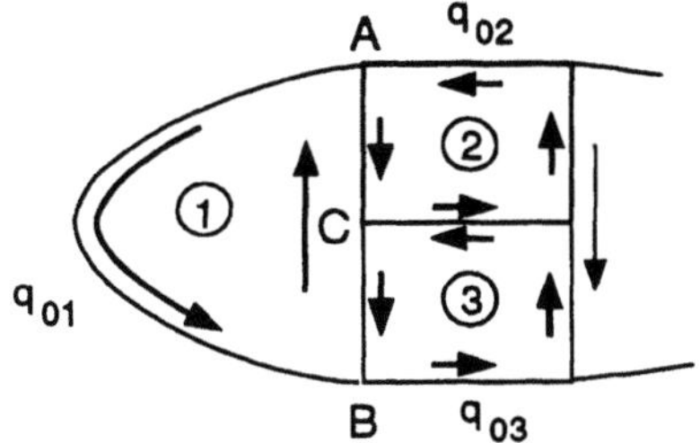

- Drehsinn festlegen (Vorzeichenkonvention: positiv gegen den Uhrzeigersinn)

$$\vartheta = \vartheta_i = \frac{1}{2A_{0i}} \oint_{Zelle_i} \frac{q_i(s)}{G(s)t_i(s)} ds_i$$

- Auflösen des Ringintegrals in Integration über Teilstrecken:

$$\text{Zelle 1:} \quad \vartheta_1 = \frac{q_{01}}{2A_{01}} \int_A^B \frac{1}{G_{AB}t_{AB}} ds_{AB} + \frac{1}{2A_{01}} \int_B^C \frac{q_{01}-q_{03}}{G_{BC}t_{BC}} ds_{BC}$$

$$+ \frac{1}{2A_{01}} \int_C^A \frac{q_{01}-q_{02}}{G_{CA}t_{CA}} ds_{CA}$$

Lösungsschema:

**St. Venantsche Torsion mehrzelliger Röhren bei vorgegebenem Torsionsmoment
Berechnung der im Querschnitt wirkenden Schubflüsse**

1) Umlaufkoordinate s und positiven Drehsinn für Schubflüsse festlegen.
2) Schubflüsse q_{0i} in den Röhrenquerschnitt eintragen (i Gleichungen).
3) Gleichgewicht anschreiben (Gl. 1):

$$M_{xT} = \sum_{i=1}^n 2q_{0i}A_{0i}$$

4) Kompatibilitätsbedingung $\vartheta_i = \vartheta$ für jede Teilröhre anschreiben ($i-1$ Gleichungen):

$$\vartheta_i = \frac{1}{2A_{0i}} \oint_{Zelle\ i} q_i(s) \frac{ds}{t(s)G_i(s)}$$

5) Gleichungssytem für q_{0i} lösen.
6) Spezifischen Verdrehwinkel ϑ mit q_{0i} bestimmen.

3.2–1.2 Aufgaben

3.2–1.2.1 Aufgabe

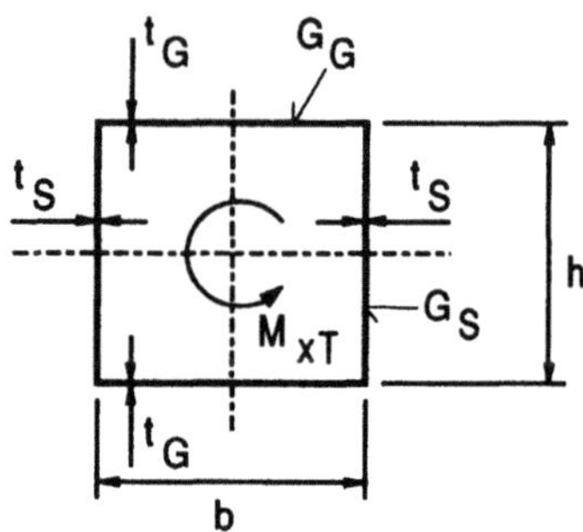

Abb. 3.2–1.2.1–1 Flügelholm

Der Flügelholm eines Kleinflugzeuges wird auf Torsion belastet. Die Querschnittsform bleibt erhalten. In Richtung der Längsachse kann sich das Profil frei verformen.

Gegeben:

Geometrie: t_G, t_S, h, b
Werkstoffe: G_G, G_S
äußere Last: M_{xT}

Gesucht:

a)   Wie groß ist die Schubspannung τ im Gurt (Index G) bzw. Steg (Index S) des Holmes?

b)   Welcher spezifische Drehwinkel ϑ stellt sich ein?

Lösung:

Aus den Verformungsrandbedingungen folgt, daß die St. Venantsche Torsionstheorie zugrundegelegt werden kann.

a)   Gesucht ist die innere Belastung im Profil, d.h. die im allgemeinen vom Ort abhängige Schubspannung $\tau(s)$, die aus der äußeren Belastung, dem Torsionsmoment M_{xT}, resultiert. Innere und äußere Lasten werden durch die Gleichgewichtsbedingungen in Beziehung zueinander gesetzt. Diese lautet für das St. Venantsche Torsionsmoment:

$$\overline{M}_x = M_{xT}$$

$$M_{xT} = \tau(s) \cdot t(s) \cdot 2 \cdot A_0 = q_0 \cdot 2A_0$$

A_0 ist dabei die von der Wandmittellinie des Profiles umschlossene Fläche

$$A_0 = \left(h - 2 \cdot \frac{1}{2}t_G\right) \cdot \left(b - 2 \cdot \frac{1}{2}t_S\right) = (h - t_G) \cdot (b - t_S)$$

Für $t_G \ll h$ und $t_S \ll b$ ist $A_0 \approx hb$.

Der Schubfluß q ist gemäß dem hydrodynamischen Analogon im Profilquerschnitt konstant.

Wenn die Wandstärke wie angegeben unterschiedlich ist, dann ist die Schubspannung ebenfalls vom Ort abhängig! Sie berechnet sich aus der Beziehung

$$\tau(s) = \frac{M_{xT}}{2A_0 t(s)}$$

Das gegebene Profil kann in Bereiche mit konstantem Schubfluß und konstanter Wandstärke eingeteilt werden. Daraus folgt für die Schubspannungen im Gurt und im Steg:

$$Gurt: \quad \tau_G = \frac{M_{xT}}{2A_0 t_G} \qquad Steg: \quad \tau_S = \frac{M_{xT}}{2A_0 t_S}$$

In diesen Gleichungen sind keine Werkstoffkenngrößen enthalten. Es wird lediglich die äußere Belastung und die Geometrie berücksichtigt!

b) Der spezifische Verdrehwinkel ϑ ist eine kinematische Größe, d.h. sie beschreibt die Profilverformung.

Der Zusammenhang zwischen kinematischen Größen und äußeren Belastungen wird über das Gleichgewicht der äußeren und inneren Belastungen und über das Stoffgesetz hergestellt. Das Stoffgesetz koppelt die inneren Belastungen (Spannungen) mit den Deformationen (Verzerrungen) mit Hilfe von Werkstoffkenngrößen (z.B. Schubmodul).

Für ϑ ergibt sich folgende Gleichung:

$$\vartheta = \frac{q_0}{2A_0} \oint \frac{ds}{G(s)t(s)}$$

Die Integration erfolgt längs der Mittellinie der Profilwand.

Der Schubfluß q_0 ergibt sich aus der äußeren Last nach St. Venant zu

$$q_0 = \frac{M_{xT}}{2A_0} \; (= \tau(s) \cdot t(s))$$

Zur Berechnung des Ringintegrales wird das Profil in Abschnitte eingeteilt:

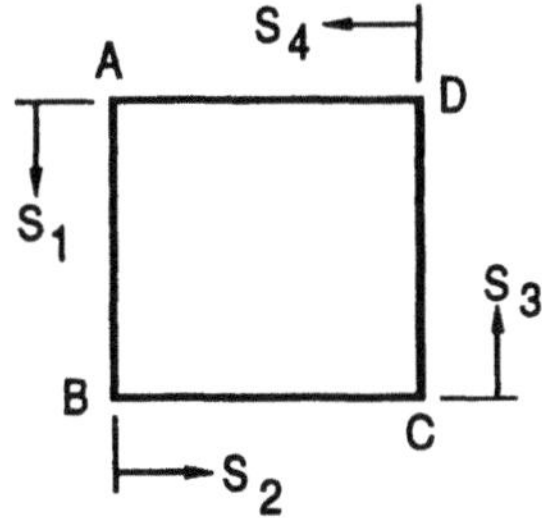

Abb. 3.2–1.2.1–2 Abschnittseinteilung

$$\vartheta = \frac{q}{2A_0}\left[\int\limits_{s_1}\frac{ds_1}{G_1 t_1} + \int\limits_{s_2}\frac{ds_2}{G_2 t_2} + \int\limits_{s_3}\frac{ds_3}{G_3 t_3} + \int\limits_{s_4}\frac{ds_4}{G_4 t_4}\right]$$

Bereich 1 und 3 entsprechen den Stegen, Bereich 2 und 4 den Gurten, in denen Gt konstant ist.

$$\vartheta = \frac{q}{2A_0}\left[\frac{1}{G_S t_S}\left(\int\limits_{s_1} ds_1 + \int\limits_{s_3} ds_3\right) + \frac{1}{G_G t_G}\left(\int\limits_{s_2} ds_2 + \int\limits_{s_4} ds_4\right)\right]$$

Daraus folgt:

$$\vartheta = \frac{q}{2A_0}\left[\frac{1}{G_S t_S}2h + \frac{1}{G_G t_G}2b\right] = \frac{M_{xT}}{4A_0^2}\left[\frac{1}{G_S t_S}2h + \frac{1}{G_G t_G}2b\right]$$

3.2–1.2.2 Aufgabe

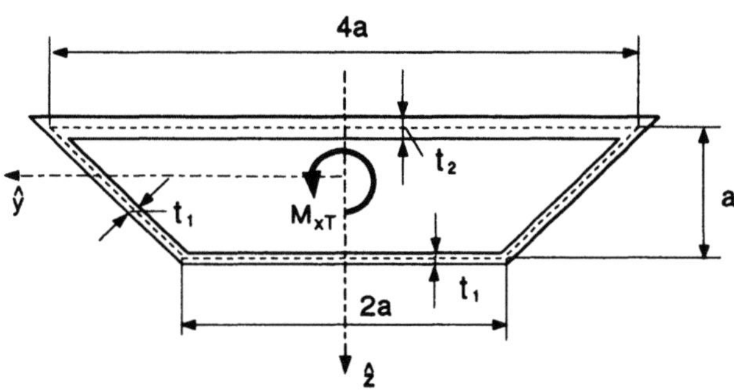

Abb. 3.2–1.2.2–1

Auf das im Querschnitt abgebildete trapezförmige Profil veränderlicher Dicke mit der Länge l wirke ein freies Torsionsschnittmoment $\overline{M}_x$.
Der Querschnitt kann sich frei verwölben.

Gegeben:

Geometrie: a, l, t_1, t_2
Werkstoffe: G, τ_{zul}
äußere Last: $\overline{M}_x$

Gesucht:

a) Der zulässige Verdrehwinkel pro Balkenlänge l sei φ_{max}. Wie müssen die Wandstärken t_1 und t_2 für $t_2 = 2\,t_1$ gewählt werden, damit dieser zulässige Verdrehwinkel nicht überschritten wird?

b) Dimensionieren Sie die Wandstärken t_1 und t_2 so, daß das Material im Hinblick auf die zulässige Schubspannung optimal ausgenutzt wird. Die Annahme $t_2 = 2\,t_1$ wird fallengelassen.

c) Welche Forderung ist an den Schubmodul des Profilwerkstoffes zu stellen, wenn bei optimalen Wandstärken gemäß Teil b) der zulässige Verdrehwinkel pro Balkenlänge l nicht überschritten werden darf?

Lösung:

a)

Das abgebildete Profil stellt eine einzellige Röhre dar, die sich frei verwölben kann und durch ein reines Torsionsmoment belastet wird. Damit gelten die im Übersichtsdiagramm angegebenen Beziehungen.

Bedingung für den spezifischen Verdrehwinkel

$$\vartheta \overset{!}{\leq} \varphi_{max}/l$$

Der spezifische Verdrehwinkel ϑ berechnet sich aus der Vorschrift:

$$\vartheta = \frac{\partial\varphi}{\partial x} = \frac{1}{2A_0} \cdot \oint \frac{q(s)}{G(s)t(s)}ds\;, \quad G = konst.: \quad \vartheta = \frac{1}{2A_0 G} \cdot \oint \frac{q(s)}{t(s)}ds$$

Dazu müssen wir die von der Mittellinie umschlossene Fläche A_0 bestimmen und den Schubfluß $q(s)$ in Beziehung zum Torsionsmoment M_{xT} setzen. Die Kraftrandbedingung lautet unter den gegebenen Voraussetzungen:

$$\overline{M}_x = M_{xT}$$

Die Querschnittsmittellinie des Profils umschließt die Trapezfläche:

$$A_0 = \frac{1}{2} \cdot (4 + 2) \cdot a \cdot a = 3a^2 \qquad .$$

Nach Bredt–Batho ist der Schubfluß konstant:
$$q(s) = q_0 = \frac{M_{xT}}{2A_0} = \frac{M_{xT}}{6a^2}\;, \text{ so daß}$$

$$\vartheta = \frac{q_0}{2A_0 G} \oint \frac{ds}{t(s)} \;=\; \frac{M_{xT}}{36a^4 G} \oint \frac{ds}{t(s)} = \frac{M_{xT}}{36a^4 G}\left[\int\limits_{0}^{2+2\sqrt{2}a} \frac{ds}{t_1} + \int\limits_{0}^{4a} \frac{ds}{t_2}\right]$$

Mit $t_2 = 2\,t_1$ und der Bedingung für die Sicherheit folgt:

$$\vartheta = \frac{M_{xT}}{Ga^3 t_1} \cdot \frac{2 + \sqrt{2}}{18} \leq \frac{\varphi_{max}}{l} \quad .$$

Daraus ergibt sich für die Mindestdicke des Profiles:

$$\boxed{\; t_1 \geq \frac{M_{xT} \cdot l}{Ga^3 \varphi_{max}} \cdot \frac{2 + \sqrt{2}}{18} \;}$$

b)

Optimale Materialausnutzung bedeutet hier, daß die Wandstärken des Profiles so gewählt werden sollen, daß die Schubspannung in jedem Punkt des Querschnittes gleich der maximal zulässigen Schubspannung τ_{zul} ist.

$$\tau_{xs}(s) = const = \tau_{zul}$$

Die Schubspannung läßt sich aus dem Schubfluß und der Wandstärke bestimmen:

$$\tau_{xs}(s) = \frac{q(s)}{t(s)} \quad .$$

Wegen $q(s) = const$ für die einzellige Torsionsröhre gilt:

$$\tau_{xs}(s) = \frac{q_0}{t(s)} = \tau_{zul} \quad \Rightarrow \quad t(s) = const \; = t_1 = t_2 = t_{min}$$

Die Wandstärke t_{min} erhalten wir:

$$\boxed{\; t_{min} = \frac{q}{\tau_{zul}} = \frac{M_{xT}}{6a^2 \cdot \tau_{zul}} \;}$$

c)

Um einen geeigneten Schubmodul wählen zu können, müssen wir den Zusammenhang zwischen Schubmodul G und spezifischem Verdrehwinkel ϑ herstellen. Mit $t_1 = t_2 = t_{min} = const$ folgt:

$$\vartheta = \frac{q}{2A_0 G} \oint \frac{ds}{t(s)} = \frac{M_{xT}}{2A_0 \cdot 2A_0 G} \cdot \frac{1}{t_{min}} \cdot \oint ds$$

$$= \frac{M_{xT}}{4A_0^2 G\, t_{min}} \cdot \left(6 + 2\sqrt{2}\right) a = \frac{\left(3 + \sqrt{2}\right) a M_{xT}}{2 \cdot 9a^4 \cdot G\, t_{min}}$$

$$\vartheta = \frac{3 + \sqrt{2}}{18} \cdot \frac{M_{xT}}{G \cdot a^3 \cdot t_{min}}$$

Die Bedingung für ϑ führt mit t_{min} nach b) auf einen maximalen Verdrehwinkel am Balkenende:

$$\vartheta \leq \frac{\varphi_{max}}{l} \Rightarrow \varphi_{max} \geq \vartheta \cdot l = \frac{3 + \sqrt{2}}{18} \cdot \frac{M_{xT} \cdot l \cdot 6a^2 \tau_{zul}}{G \cdot a^3 \cdot M_{xT}}$$

$$= \frac{3 + \sqrt{2}}{3} \cdot \frac{l}{a} \cdot \frac{\tau_{zul}}{G}$$

Durch Umformen erhalten wir daraus eine untere Grenze für den Schubmodul:

$$\boxed{\; G \geq \frac{3 + \sqrt{2}}{3\varphi_{max}} \cdot \frac{l}{a} \cdot \tau_{zul} \;}$$

3.2–1.2.3 Aufgabe

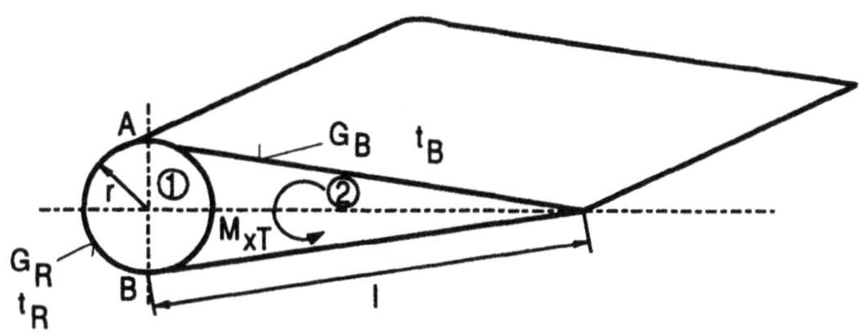

Abb. 3.2–1.2.3–1 Querruder

Das Querruder eines Kleinflugzeuges, bestehend aus einem Rohrholm und selbsttragender Blechhaut (keinen zusätzlichen Verstärkungen) aus Aluminium, wird durch ein Torsionsmoment belastet. Es liegt keine Wölbbehinderung vor.

Gegeben:

Geometrie: t_B, t_R, l
Werkstoffe: G_B, G_R
äußere Last: $\overline{M}_x$

Gesucht:

1)   Wie groß sind die Schubflüsse q_{01} in der Rohrwand und q_{02} in der Blechhaut?
2)   Wie groß ist der spezifische Verdreh- bzw. Drillwinkel ϑ?

Lösung:

Die Gleichung für das St. Venantsche Torsionsmoment liefert einen Zusammenhang zwischen dem Torsionsmoment (Schnittgröße) und dem Schubfluß. Die
Kraftrandbedingung liefert unter den gegebenen Voraussetzungen:

$$\overline{M}_x = M_{xT} \quad .$$

Für die mehrzellige Röhre gilt:

$$\sum_{i=1}^{n} M_{xT_i} = \sum_{i=1}^{n} 2q_{0_i} A_{0_i}$$

A_{0i} ist die Fläche innerhalb der Profilmittellinie der Zelle i
Hier:

$$M_{xT} = 2q_{0_1} A_{0_1} + 2q_{0_2} A_{0_2}$$

Damit erhalten wir zur Bestimmung der zwei unbekannten Schubflüsse
q_{0_1}, q_{0_2} eine Gleichung. Es muß noch eine weitere Gleichung gefunden werden. Da aus Kraftgrößen keine weitere Aussage zu erlangen ist, betrachten wir
die Geometrie und machen eine Kompatibilitätsaussage.
Alle Zellen i erfahren die gleiche spezifische Verdrehung ϑ, d.h.

$$\vartheta = \vartheta_i = const.$$

Die Kinematik, das Stoffgesetz und das Gleichgewicht liefern:

$$\vartheta_i = \frac{1}{2A_{0_i}} \oint \frac{q_i(s_i)}{G_i(s)t_i(s_i)} ds_i$$

Die zweite Gleichung ergibt sich also aus der Kompatibilität $\vartheta_1 = \vartheta_2$ zu:

$$\frac{1}{2A_{0_1}} \oint \frac{q_1(s_1)}{G_1(s)t_1(s_1)} ds_1 = \frac{1}{2A_{0_2}} \oint \frac{q_2(s_2)}{G_2(s)t_2(s_2)} ds_2$$

q_{0i} für jede Zelle i konstant.

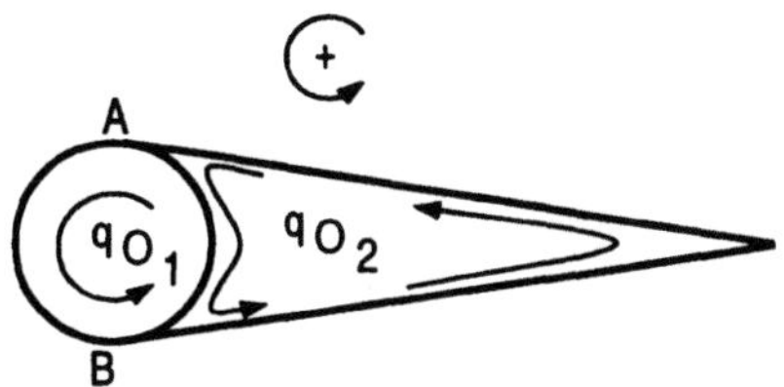

Abb. 3.2–1.2.3–2 Eintragen der Schubflüsse

Flächen:

$$A_{0_1} = \pi r^2 \quad , \quad A_{0_2} = r\sqrt{l^2 - r^2} - \frac{\pi r^2}{2}$$

Integral für Zelle 1:

$$\oint \frac{q_1(s_1)}{G_R t_1(s_1)} ds_1 = \frac{1}{G_R}\left[\int_A^B \frac{q_{0_1}}{t_R} ds_{AB} + \int_B^A \frac{q_{0_1} - q_{0_2}}{t_R} ds_{BA}\right]$$

$$= \frac{1}{G_R}\left[\frac{q_{0_1}}{t_R}\int_A^B ds_{AB} + \frac{q_{0_1} - q_{0_2}}{t_R}\int_B^A ds_{BA}\right]$$

$$= \frac{1}{G_R}\left[\frac{q_{0_1}}{t_R}\cdot\overbrace{\frac{2\pi r}{2}}^{U_1} + \frac{q_{0_1} - q_{0_2}}{t_R}\cdot\overbrace{\frac{2\pi r}{2}}^{U_2}\right]$$

Daraus folgt:

$$\vartheta_1 = \frac{1}{2A_{0_1}} \cdot \frac{\pi r}{G_R t_R}\left[2q_{0_1} - q_{0_2}\right]$$

Integral für Zelle 2:

$$\oint \frac{q_2(s_2)}{G_2 t_2(s_2)} ds_2 = \int_A^B \frac{q_{0_2} - q_{0_1}}{G_R t_R} ds_{AB} + \int_B^A \frac{q_{0_2}}{G_B t_B} ds_{BA}$$

$$= \frac{q_{0_2} - q_{0_1}}{G_R t_R}\int_A^B ds_{AB} + \frac{q_{0_2}}{G_B t_B}\int_B^A ds_{BA}$$

$$= \frac{q_{0_2} - q_{0_1}}{G_R t_R}\cdot\frac{2\pi r}{2} + \frac{q_{0_2}}{G_B t_B}\cdot 2l$$

Daraus folgt:

$$\vartheta_2 = \frac{1}{2A_{0_2}}\left[q_{0_2}\left(\frac{\pi r}{G_R t_R} + \frac{2l}{G_B t_B}\right) - q_{0_1}\frac{\pi r}{G_R t_R}\right]$$

$\vartheta_1 = \vartheta_2$ (Kompatibilität) liefert:

$$\frac{1}{2A_{0_1}} \cdot \frac{\pi r}{G_R t_R}\left[2q_{0_1} - q_{0_2}\right] = \frac{1}{2A_{0_2}}\left[q_{0_2}\left(\frac{\pi r}{G_R t_R} + \frac{2l}{G_B t_B}\right) - q_{0_1}\frac{\pi r}{G_R t_R}\right]$$

Aus der Kompatibilitätsbedingung und dem St. Venantschen Torsionsmoment bildet man für die beiden unbekannten Schubflüsse q_{0_1} und q_{0_2} ein Gleichungssystem.

Der spezifische Verdrehwinkel $\vartheta = \vartheta_1 = \vartheta_2$ kann mit der Kenntnis der Schubflüsse q_{0_1} und q_{0_2} aus einer der beiden Gleichungen für ϑ_i berechnet werden.

3.2–1.2.4 Aufgabe

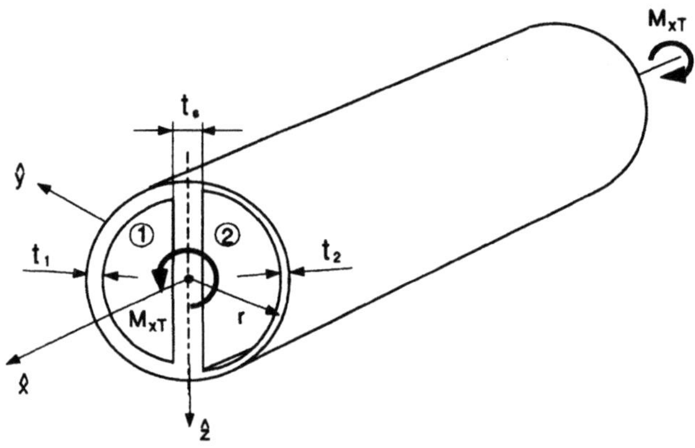

Abb. 3.2–1.2.4–1

Eine nicht wölbbehinderte Röhre mit kreisförmigem Querschnitt sei durch ein konstantes Torsionsmoment $\overline{M}_x = M_{xT}$ belastet.

Gegeben:

Geometrie: $r, t_1 = 2t, t_S = 3t$

Werkstoffe: G

äußere Last: M_{xT}

Gesucht:

a) Wie dick muß unter Zugrundelegung der Elementaren Torsionstheorie die
    Wandstärke t_2 gewählt werden, damit im Zwischensteg ein resultierender
    Schubfluß $q_S = 0.5q_1$ vorhanden ist?
    Es gilt: q_1 — Schubfluß in Zelle 1
    $\qquad\quad q_2$ — Schubfluß in Zelle 2
b) Wie groß ist der spezifische Verdrehwinkel ϑ der Röhre ($q_s = 0,5q_1$) ?
c) Wie groß ist das Torsionsmoment, wenn bei gleichem spezifischen Verdreh-
    winkel wie unter b) die Zelle 2 weggelassen wird?

Lösung:

a)

Wir gehen nach dem Lösungsschema vor und idealisieren den Querschnitt auf
seine Mittellinie. Der Versatz der Mittellinien von t_1 und t_2 wird vernachlässigt.
Wir definieren eine Umlaufkoordinate s und legen den positiven Umlaufsinn fest.
Die gewählten Abkürzungen sind nachfolgender Skizze zu entnehmen.

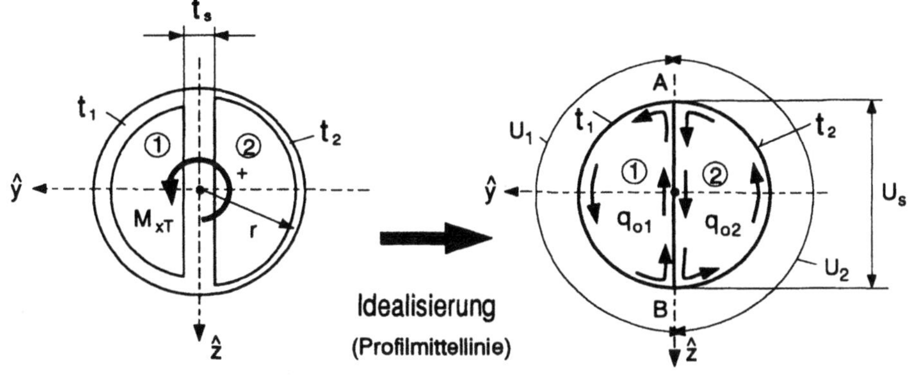

Abb. 3.2–1.2.4–2

Spezifischer Verdrehwinkel für jede Zelle (G=konst. kann vor das Integral
gezogen werden):

$$\vartheta_i = \frac{1}{2A_{0i}G} \cdot \oint_{Zelle\ i} \frac{q_i(s)}{t(s)} ds \equiv \vartheta$$

Zelle 1:

$$2A_{01}G\vartheta_1 = \int_A^B \frac{q_{01}}{t_1} ds + \int_B^A \frac{q_{01} - q_{02}}{t_S} ds$$

Zelle 2:

$$2A_{02}G\vartheta_2 = \int\limits_A^B \frac{q_{02} - q_{01}}{t_S}\,ds + \int\limits_B^A \frac{q_{02}}{t_2}\,ds$$

Integration über s, ergibt:

$$2A_{01}G\vartheta = q_{01}\left[\frac{U_1}{t_1} + \frac{U_S}{t_S}\right] - q_{02}\left[\frac{U_S}{t_S}\right]$$

$$2A_{02}G\vartheta = q_{02}\left[\frac{U_S}{t_S} + \frac{U_2}{t_2}\right] - q_{01}\left[\frac{U_S}{t_S}\right]$$

Auflösen der Gleichungen und Einsetzen der geometrischen Abmessungen ergibt:

$$\frac{q_{01}}{G\vartheta} = rt \cdot \frac{\pi\frac{t}{t_2} + \frac{4}{3}}{\frac{t}{t_2}\left[\frac{\pi}{2} + \frac{2}{3}\right] + \frac{1}{3}} \quad , \quad \frac{q_{02}}{G\vartheta} = rt \cdot \frac{\frac{\pi}{2} + \frac{4}{3}}{\frac{t}{t_2}\left[\frac{\pi}{2} + \frac{2}{3}\right] + \frac{1}{3}}$$

Berechnung der Dicke t_2 , wobei $q_s = 0,5q_1$:

$$q_{02} = q_{01} - q_s = q_{01} - \frac{1}{2}q_{01} = \frac{1}{2}q_{01}$$

$$\frac{t}{t_2} = \frac{1}{\pi}\left[\pi + \frac{4}{3}\right] = 1,424 \quad \Rightarrow \quad t_2 = 0,702t$$

b)

Berechnung des spezifischen Verdrehwinkels

$$\vartheta = \frac{1}{2A_{0i}} \oint\limits_{Zelle\ i} \frac{q_i(s)}{G_i(s)t(s)}\,ds$$

$$A_{01} = A_{02} = \frac{1}{2}\pi r^2$$

ϑ ist konst. für alle Zellen ; gewählt: Zelle 1, weil t_1 gegeben.

$$\vartheta = \vartheta_1 = \frac{1}{2A_{01}}\left(\int\limits_A^B \frac{q_{01}}{G_{AB}t_1}\,ds + \int\limits_B^A \frac{q_S}{G_S t_S}\,ds\right) = \frac{1}{G\pi r^2}\left[q_{01}\left(\frac{\pi r}{2t}\right) + q_S\left(\frac{2r}{3t}\right)\right]$$

$$M_{xT} = 2[q_{01}A_{01} + q_{02}A_{02}]$$

$$\frac{M_{xT}}{\pi r^2} = q_{01} + q_{02} = \frac{3}{2}q_{01}$$

$$q_{01} = \frac{2}{3}\frac{M_{xT}}{\pi r^2} \quad , \quad q_{02} = \frac{1}{3}\frac{M_{xT}}{\pi r^2} = q_S$$

$$\vartheta = \frac{1}{3\pi^2}\left[\pi + \frac{2}{3}\right]\frac{M_{xT}}{Gr^3 t} = 0,1286\frac{M_{xT}}{Gr^3 t}$$

c)

Übertragbares Torsionsmoment M_{xT1} bei einzelliger Röhre (Zelle 1) und spez. Verdrehwinkel wie unter b):

Das übertragbare Torsionsmoment ist kleiner, der Schubwinkel bleibt gleich gegenüber der zweizelligen Röhre.

$$M_{xT1} = 2q_{01}A_{01} \quad \Rightarrow \quad q_{01} = \frac{M_{xT1}}{2A_{01}}$$

$$\vartheta_1 = \frac{1}{2A_{01}G} \cdot q_{01}\frac{r}{t}\left(\frac{\pi}{2} + \frac{2}{3}\right) \overset{!}{=} \vartheta \quad \Rightarrow \quad M_{xT1} = \frac{2}{3} \cdot \frac{\left(\pi + \frac{2}{3}\right)}{\left(\pi + \frac{4}{3}\right)}M_{xT}$$

3.2–1.2.5 Aufgabe

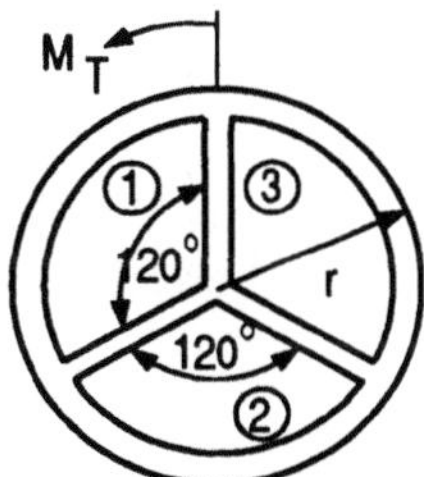

Abb. 3.2–1.2.5–1 Dreizelliges Kreisprofil

Gegeben:

M_{xT}, τ_{zul}, r

Gesucht:

Welche Wandstärke t muß ein dreizelliges Kreisprofil aufweisen, damit bei St. Venantscher Torsion infolge der Schnittlast M_{xT} die zulässige Schubspannung τ_{zul} an keiner Stelle überschritten wird?

Lösung:

$$\sum_{i=1}^{n} M_{xT} = \sum_{i=1}^{n} 2q_{0_i}A_{0_i}$$

$$M_{xT} = 2 \cdot \left(q_{0_1}A_{0_1} + q_{0_2}A_{0_2} + q_{0_3}A_{0_3}\right)$$

Symmetrie: $q_{0_1} = q_{0_2} = q_{0_3} = q_0$

$$\Rightarrow M_{xT} = 2q_0\left(\sum_{i=1}^{3} A_{0_i}\right) = 2q_0\pi r^2 \quad \Rightarrow \quad q_0 = \frac{M_{xT}}{2\pi r^2}$$

In den Speichen ist $q = 0$, weil $q_{0_i} - q_{0_{(i+1)}} = 0$ ist!

$$t = \frac{q_0}{\tau_{zul}} = \frac{M_{xT}}{\tau_{zul} \cdot 2\pi r^2}$$

3.2–1.2.6 Aufgabe

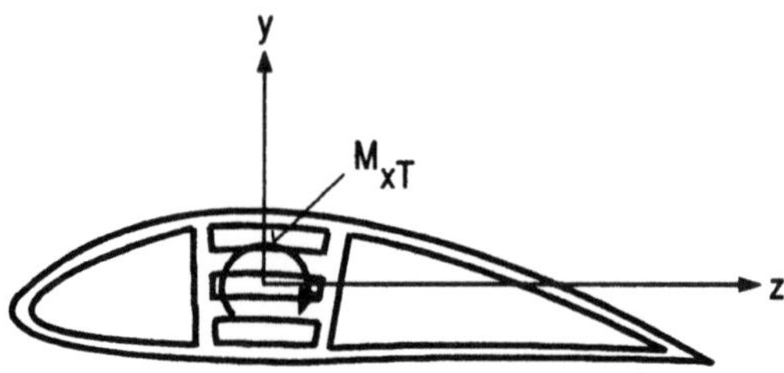

Abb. 3.2–1.2.6–1 Mehrzelliges Profil

Ein mehrzelliges, nicht wölbbehindertes Profil in Gemischtbauweise wird durch
ein Torsionsmoment $\overline{M}_x = M_{xT}$ um die Profillängsachse belastet.
Wanddicken und Schubmoduln sind bereichsweise konstant.

Gegeben:

Geometrieabmessungen, Materialkenngrößen, äußere Lasten

Gesucht:

a) Wie groß sind die Schubflüsse in den Wandabschnitten des Profiles? Die
    Lösung soll in Form eines möglichst allgemeinen Gleichungssystems ange-
    geben werden.

b) Welche Auswirkungen haben Symmetrie-Eigenschaften der Profilgeometrie
    auf die Struktur des Gleichungssystemes?

c) Warum ist die Anwendung der Funktion

$$\psi = \frac{q}{G\vartheta}$$

wie in Kap. 3.2.4 in diesem Fall zur Lösung von Teilaufgabe a) nicht
geeignet?

Lösung:

a)

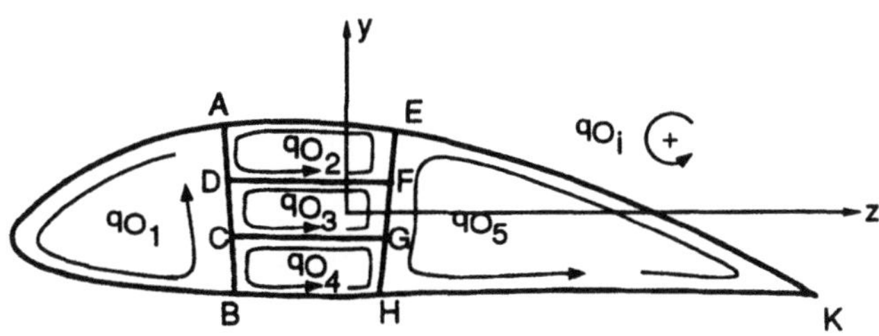

Abb. 3.2-1.2.6-2 Einteilung in Zellen und Schubflüsse:

1) Gleichgewicht zwischen äußeren Lasten und inneren Spannungen
Für i-Zellen gilt:

$$\sum_{i=1}^{n} M_{xT_i} = \sum_{i=1}^{n} 2q_{0_i} A_{0_i}$$

Hier ergibt sich:

$$M_{xT} = 2\left(q_{0_1} A_{0_1} + q_{0_2} A_{0_2} + q_{0_3} A_{0_3} + q_{0_4} A_{0_4} + q_{05} A_{05}\right)$$

Für die Bestimmung der fünf Unbekannten Schubflüsse q_{0_i} sind fünf Gleichungen zu finden. Zusätzlich zu der Gleichung des Gleichgewichtes müssen für die fehlenden vier Bestimmungsgleichungen entsprechende Rand- bzw. Übergangsbedingungen gefunden werden.Diese ergeben sich aus der
2) Kompatibilitätsbedingung
Alle Zellen erfahren die gleiche spezifische Verdrehung $\vartheta = \vartheta_i = konst.$
d.h.:

$$\vartheta_1 = \vartheta_2 \quad , \quad \vartheta_2 = \vartheta_3 \quad , \quad \vartheta_3 = \vartheta_4 \quad , \quad \vartheta_4 = \vartheta_5$$

Die Gleichung für den spezifischen Verdrehwinkel ϑ_i der Zelle i ergibt sich aus den Grundgleichungen der St. Venantschen Torsionstheorie des einzelligen Profiles:
3) Kinematik, Stoffgesetz, Gleichgewicht

$$\vartheta_i = \frac{1}{2A_{0_i}} \oint \frac{q(s_i)}{G(s_i)t(s_i)} ds_i$$

Zelle 1:
Von der Profilmitte umschlossene Fläche: A_{0_1}

$$\vartheta_1 = \frac{1}{2A_{0_1}}\left(\int_A^B \frac{q_{0_1}}{G_{AB}t_{AB}}ds_{AB} + \int_B^C \frac{q_{0_1}-q_{04}}{G_{BC}t_{BC}}ds_{BC} + \int_C^D \frac{q_{0_1}-q_{03}}{G_{CD}t_{CD}}ds_{CD} + \int_D^A \frac{q_{0_1}-q_{02}}{G_{AD}t_{AD}}ds_{AD}\right)$$

Die Schubflüssse q_{0_i} sind konstant (hydrodynamisches Analogon). Als bereichsweise ebenfalls konstant sollen hier die Schubmodulen G_{mn} und die Wandstärken t_{mn} betrachtet werden. Konstante Größen können vor das Integral geschrieben werden.

Nach Auflösung der Integrale erhält man:

$$\vartheta_1 = \frac{1}{2A_{0_1}}\left(\frac{q_{0_1}}{G_{AB}t_{AB}}s_{AB} + \frac{q_{0_1}-q_{04}}{G_{BC}t_{BC}}s_{BC} + \frac{q_{0_1}-q_{03}}{G_{CD}t_{CD}}s_{CD} + \frac{q_{0_1}-q_{02}}{G_{AD}t_{AD}}s_{AD}\right)$$

Analog zur Vorgehensweise für Zelle 1 werden $\vartheta_{2,3,4,5}$ bestimmt:

$$\vartheta_2 = \frac{1}{2A_{0_2}}\left(\frac{q_{02}-q_{01}}{G_{AD}t_{AD}}s_{AD} + \frac{q_{02}-q_{03}}{G_{DF}t_{DF}}s_{DF} + \frac{q_{02}-q_{05}}{G_{EF}t_{EF}}s_{EF} + \frac{q_{02}}{G_{AE}t_{AE}}s_{AE}\right)$$

$$\vartheta_3 = \frac{1}{2A_{0_3}}\left(\frac{q_{03}-q_{01}}{G_{CD}t_{CD}}s_{CD} + \frac{q_{03}-q_{04}}{G_{CG}t_{CG}}s_{CG} + \frac{q_{03}-q_{05}}{G_{FG}t_{FG}}s_{FG} + \frac{q_{03}-q_{02}}{G_{DF}t_{DF}}s_{DF}\right)$$

$$\vartheta_4 = \frac{1}{2A_{0_4}}\left(\frac{q_{04}-q_{01}}{G_{BC}t_{BC}}s_{BC} + \frac{q_{04}}{G_{BH}t_{BH}}s_{BH} + \frac{q_{04}-q_{05}}{G_{GH}t_{GH}}s_{GH} + \frac{q_{04}-q_{03}}{G_{CG}t_{CG}}s_{CG}\right)$$

$$\vartheta_5 = \frac{1}{2A_{0_5}}\left(\frac{q_{05}-q_{02}}{G_{EF}t_{EF}}s_{EF} + \frac{q_{05}-q_{03}}{G_{FG}t_{FG}}s_{FG} + \frac{q_{05}-q_{04}}{G_{GH}t_{GH}}s_{GH} + \frac{q_{05}}{G_{EH}t_{EH}}s_{EH}\right)$$

Mit der Gleichgewichtsbedingung und den Kompatibilitätsbedingungen kann jetzt ein Gleichungssystem zur Bestimmung der Schubflüsse q_{0_i} in den Zellen i aufgestellt werden:

$$R_i = K_{i1}q_{01} + K_{i2}q_{02} + K_{i3}q_{03} + K_{i4}q_{04} + K_{i5}q_{05} \quad , \quad i = 1,\ldots,5$$

$bzw \quad \underline{R} = \underline{\underline{K}} \cdot \underline{q}$

mit	$\underline{R}$	Vektor der rechten Seite (Lasten,hier:M_{xT})
	$\underline{\underline{K}}$	Systemmatrix (Kopplungsmatrix)
	$\underline{q}$	Vektor der Schubflüsse

$$\vartheta_1 = \vartheta_2 \quad \Rightarrow \quad 0 = \vartheta_1 - \vartheta_2$$

$$0 = \frac{A_{0_2}}{A_{0_1}}\Big[q_{0_1}\Big(\frac{s_{AB}}{G_{AB}t_{AB}} + \frac{s_{BC}}{G_{BC}t_{BC}} + \frac{s_{CD}}{G_{CD}t_{CD}} + \frac{s_{AD}}{G_{AD}t_{AD}} + \frac{s_{AD}}{G_{AD}t_{AD}} \Big)$$

$$+ q_{0_2}\Big(-\frac{s_{AD}}{G_{AD}t_{AD}} - \frac{s_{AD}}{G_{AD}t_{AD}} - \frac{s_{DF}}{G_{DF}t_{DF}} - \frac{s_{EF}}{G_{EF}t_{EF}} - \frac{s_{AE}}{G_{AE}t_{AE}} \Big)$$

$$+ q_{0_3}\Big(-\frac{s_{CD}}{G_{CD}t_{CD}} + \frac{s_{DF}}{G_{DF}t_{DF}} \Big)$$

$$+ q_{0_4}\Big(-\frac{s_{BC}}{G_{BC}t_{BC}} \Big)$$

$$+ q_{0_5}\Big(-\frac{s_{EF}}{G_{EF}t_{EF}} \Big)\Big]$$

$$\vartheta_2 = \vartheta_3 \quad \Rightarrow \quad 0 = \vartheta_2 - \vartheta_3$$

$$0 = \frac{A_{0_3}}{A_{0_2}}\Big[q_{0_1}\Big(-\frac{s_{AD}}{G_{AD}t_{AD}} + \frac{s_{CD}}{G_{CD}t_{CD}} \Big) \cdots \Big]$$

$$\vartheta_3 = \vartheta_4 \quad \Rightarrow \quad 0 = \vartheta_3 - \vartheta_4$$

$$0 = \frac{A_{0_4}}{A_{0_3}}\Big[q_{0_1}\Big(-\frac{s_{CD}}{G_{CD}t_{CD}} \Big) \cdots \Big]$$

$$\vartheta_4 = \vartheta_5 \quad \Rightarrow \quad 0 = \vartheta_4 - \vartheta_5$$

$$0 = \frac{A_{0_5}}{A_{0_4}}\Big[q_{0_1}\Big(-\frac{s_{BC}}{G_{BC}t_{BC}} \Big) \cdots \Big]$$

Es ist zweckmäßig, das Gleichungssystem in Matrixform zu schreiben:

$$\begin{bmatrix} K_{11} & K_{12} & K_{13} & K_{14} & K_{15} \\ K_{21} & K_{22} & K_{23} & \cdot & \cdot \\ K_{31} & K_{32} & K_{33} & & \\ K_{41} & \cdot & & \cdot & \\ K_{51} & \cdot & & & \cdot \end{bmatrix} \cdot \begin{bmatrix} q_{0_1} \\ q_{0_2} \\ q_{0_3} \\ q_{0_4} \\ q_{0_5} \end{bmatrix} = \begin{bmatrix} M_{xT} \\ 0 \\ 0 \\ 0 \\ 0 \end{bmatrix}$$

Die Lösung kann mit dem Gauß-Algorithmus gefunden werden. Die Koeffizientenmatrix ist im allgemeinen nicht symmetrisch.

b)

Das Profil ist symmetrisch zur z-Achse:
Dann sind die von den Zellen 2 und 4 aufgenommenen Lasten gleich groß und damit auch die Schubflüsse q_{0_2} und q_{0_4}.

$$\begin{bmatrix} K_{11} & (K_{12} + K_{14}) & K_{13} & K_{15} \\ K_{21} & (K_{22} + K_{24}) & K_{23} & K_{25} \\ K_{31} & (K_{32} + K_{34}) & K_{33} & K_{35} \\ K_{51} & (K_{52} + K_{54}) & K_{53} & K_{55} \end{bmatrix} \cdot \begin{bmatrix} q_{0_1} \\ q_{0_2} \\ q_{0_3} \\ q_{0_5} \end{bmatrix} = \begin{bmatrix} M_{xT} \\ 0 \\ 0 \\ 0 \end{bmatrix}$$

Addieren der Spalten der gleichen Schubflüsse q_{0_i}, q_{0_j} und streichen einer der beiden Zeilen i oder j.

Das Profil ist symmetrisch zur z-Achse und y-Achse:
Dann gilt $q_{0_1} = q_{0_5}$ und $q_{0_2} = q_{0_4}$, so daß das Gleichungssystem nur noch drei unbekannte Schubflüsse enthält:

$$\begin{bmatrix} (K_{11} + K_{15}) & (K_{12} + K_{14}) & K_{13} \\ (K_{21} + K_{25}) & (K_{22} + K_{24}) & K_{23} \\ (K_{31} + K_{35}) & (K_{32} + K_{34}) & K_{33} \end{bmatrix} \cdot \begin{bmatrix} q_{0_1} \\ q_{0_2} \\ q_{0_3} \end{bmatrix} = \begin{bmatrix} M_{xT} \\ 0 \\ 0 \end{bmatrix}$$

c)

Die Voraussetzung für die Verwendung der Funktion $\psi_i = \frac{q_i}{G \cdot \vartheta}$ für jede Zelle i ist ein konstanter Schubmodul G für alle Wandabschnitte des Profiles. Wenn sich der Schubmodul bereichsweise entlang einer Zellenberandung verändert, kann die Funktion ψ_i nach dieser Definition nicht verwendet werden. In diesem Fall, der wesentlich mehr konstruktive Variationsmöglichkeiten zuläßt, werden die eigentlich grundlegenden Schubflüsse q_i , die zellenweise konstant sind, direkt berechnet. In Kap. 3.2.4 des Theorieteils wird der Sonderfall des für das ganze Profil konstanten Schubmoduls G, wie er bei isotropen Materialien vorliegt, betrachtet.

3.2–2 Dünnwandige offene Querschnitte

3.2–2.1 Zusammenfassung der theoretischen Grundlagen

Das Torsionsverhalten eines offenen dünnwandigen Profiles kann durch die folgende Vorstellung angenähert beschrieben werden:
Das Profil kann durch das Ineinanderstecken von sehr dünnwandigen Röhren zusammengesetzt werden. *Sehr dünnwandig* bedeutet , daß die Wandstärke t_R der Teilröhre sehr klein gegenüber dem Röhrenumfang ist. Da wiederum das zugrundeliegende Profil selbst dünnwandig ist, entspricht der Röhrenumfang dem doppelten der Profilwandlänge b. In jeder Teilröhre ist der Schubfluß konstant (hydrodynamisches Analogon). Die maximale Schubspannung tritt am Rand des Profiles , also in der äußersten der ineinandergesetzten Röhren auf. Als Übergangsbedingung muß der spezifische Verdrehwinkel ϑ von Röhre zu Röhre konstant sein.
Die gleichen Betrachtungen, die für das geschlossene ein- und mehrzellige Hohlprofil angestellt wurden, führen dann zu folgenden Gleichungen:

$$M_{xT} = \eta_1 t^2 b \tau_{max} \quad und \quad A_T = \eta_2 t^3 b$$

daraus ergibt sich:

$$M_{xT} = \frac{\eta_1}{\eta_2} \cdot \frac{A_T}{t} \tau_{max}$$

außerdem gilt:

$$M_{xT} = G A_T \vartheta \quad und \quad \tau_{max} = \frac{\eta_2}{\eta_1} \cdot G t \vartheta = \eta_3 G t \vartheta$$

η_1, η_2 und $\eta_3 = \frac{\eta_2}{\eta_1}$ sind tabellierte Korrekturfaktoren (Skript Tabelle 3.2.5-28) die das Verhältnis $\frac{b}{t}$ der Wandlänge b zur Wanddicke t des Profiles berücksichtigen. Für eine sehr kleine Wanddicke geht das Verhältnis gegen ∞, η_1 und η_2 nehmen den Wert $\frac{1}{3}$, $\eta_3 = \frac{\eta_2}{\eta_1}$ dann den Wert 1 an.

A_T heißt "Drillwiderstand" des Profiles und ist nur von der Profilgeometrie abhängig .

Für verzweigte offene Profile ergibt sich der Drillwiderstand aus der Summe der Bereichs-Drillwiderstände:

$$A_T = \sum_{i=1}^{n} \eta_{2i} b_i t_i^3$$

3.2–2.2 Aufgaben

3.2–2.2.1 Aufgabe

Gegeben:

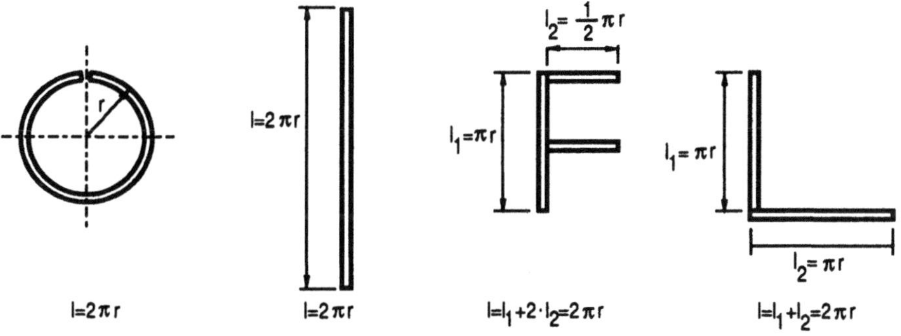

Die Wandstärke der Profile ist t

Gesucht:

Welchen Drillwiderstand A_T besitzen die folgenden Profile, wobei $\frac{b}{t}$ gegen ∞ geht, d.h. $\eta_1 = \eta_2 = \frac{1}{3}$ und $\eta_3 = 1$?

Lösung:

Für alle Profile gilt:

$$A_T = \frac{1}{3} 2\pi r t^3$$

Erkenntnis: Unter reiner Torsionsbelastung sind für offene Profile bei gleichem Schubmodul, gleicher Wandstärke und Gesamtlänge der spezifische Verdrehwinkel ϑ und die maximale Schubspannung τ_{max} unabhängig von der Gestalt des Profilquerschnittes.

3.3 Elementare Biegetheorie (EBT)

3.3–1 Biegelinie und Normalspannungen

3.3–1.1 Zusammenfassung der theoretischen Grundlagen

Dieser Übungsteil behandelt die Berechnung der Biegelinie und der Normal- und Schubflußverteilung in Stäben bei Momenten- und Querkraftbelastung nach der EBT. Die theoretischen Grundlagen behandelt Kapitel 3.3.1 des Theorieteils ausführlich.

Für die EBT gelten folgende Voraussetzungen:

1) Es liegt ein homogener , isotroper Werkstoff vor.
2) Es gelten die Voraussetzungen der linearen Elastizitätstheorie.
3) Die Querschnittsgestalt bleibt auch unter Last erhalten.
4) Die Querschnittsgestalt ist beliebig und in Längsrichtung streng genommen zylindrisch (siehe zum letzteren jedoch die Anmerkung in Kapitel 3.3.3)

Zusätzlich soll die Bernoulli-Hypothese gelten

1) Die Normalen auf die Schwerelinie bleiben erhalten
2) Ebene Querschnitte bleiben eben.

Je nach Verformungsverhalten und Belastung unterscheidet man:
- reine Biegung $\leftrightarrow$ Biegung infolge eines freien Momentes
- Querkraftbiegung $\leftrightarrow$ Biegung infolge Querkraft
- schiefe Biegung $\leftrightarrow$ Biegung um beide Querschnittshauptachsen

Bei Biegung geht man davon aus, daß alle äußeren Querkräfte im Schubmittelpunkt angreifen, da nur dann keine Torsion und die daraus resultierenden Spannungen auftreten. Längskräfte müssen, damit sie keine Biegung erzeugen, in der Schwerelinie angreifen.

In nachfolgender Tabelle sind die wichtigsten Grundgleichungen der EBT getrennt nach Kinematik, statischen Bedingungen und Stoffgesetz zusammengestellt (siehe auch Kap. 3.3.2.1, 3.3.2.2, 3.3.3 des Theorieteils).

Kinematik

- **Aus der Bedingung ebener Querschnitte und dem Erhaltenbleiben der Normalen auf der Schwerelinie folgt für die Längsverschiebung:**

$$u(\hat{x}, \hat{y}, \hat{z}) = u_0(\hat{x}) - \varphi_{\hat{z}}\hat{y} + \varphi_{\hat{y}}\hat{z}$$
$$= u_0(\hat{x}) - v'(\hat{x})\hat{y} - w'(\hat{x})\hat{z}$$

u, v, w sind die Verschiebungen in $\hat{x}, \hat{y}, \hat{z}$-Richtung
und für schlanke bzw. schubstarre Balken ($\gamma = 0$) gilt:

$$w' = -\varphi_{\hat{y}} \quad , \quad v' = \varphi_{\hat{z}}$$

(KVV)

- Verschiebungs-Verzerrungsbeziehung
$$\varepsilon_{\hat{x}} = \frac{\partial u}{\partial \hat{x}}$$
$$= u_0'(\hat{x}) - v''(\hat{x})\hat{y} - w''(\hat{x})\hat{z}$$

$$\kappa_z = -\varphi_z' = -v'' \qquad \kappa_y = \varphi_y' = -w''$$

$$\gamma_{\hat{x}\hat{z}} = w' + \varphi_{\hat{y}} \quad , \quad \gamma_{\hat{x}\hat{y}} = v' - \varphi_{\hat{z}}$$

Für schlanke Balken: $\gamma \to 0$

$$w' = -\varphi_{\hat{y}} \quad , \quad v' = \varphi_{\hat{z}}$$

Stoffgesetz

$$\begin{bmatrix} \sigma \\ \tau \end{bmatrix} = \begin{bmatrix} E & 0 \\ 0 & G \end{bmatrix} \begin{bmatrix} \varepsilon \\ \gamma \end{bmatrix}$$

<table>
<tr><td colspan="2" align="center">Statische Bedingungen</td></tr>
<tr><td></td><td>

(SS)   Gleichgewicht der Kräfte an einem Hautelement :

1)
$$\frac{\partial n_{\hat{x}}}{\partial \hat{x}} + \frac{\partial q}{\partial \hat{s}} = 0$$

$$\frac{\partial q}{\partial \hat{x}} = 0 \;\Rightarrow\; q \neq q(x)$$

2) Es wirken keine Querkräfte, nur Längskräfte und freie Momente

$$\sigma_{xx} \neq \sigma_{xx}(x)$$
$$\sigma_{xx} = \sigma_{xx}(y,z)$$

</td></tr>
<tr><td>

(SSS)

</td><td>

Statische Schnittlasten - Spannungen   (SSS)

$$\begin{aligned}
N_{\hat{x}} &= \int \sigma_{\hat{x}}\, dA \\
M_{\hat{y}} &= \int \sigma_{\hat{x}}\hat{z}\, dA \\
M_{\hat{z}} &= -\int \sigma_{\hat{x}}\hat{y}\, dA \\
Q_{\hat{y}} &= \int \tau_{\hat{x}\hat{y}}\, dA \\
Q_{\hat{z}} &= \int \tau_{\hat{x}\hat{z}}\, dA
\end{aligned}$$

</td></tr>
<tr><td>

(SSL)

</td><td>

$$\begin{aligned}
N'_{\hat{x}} &= -p_{\hat{x}} \\
Q'_{\hat{y}} &= -p_{\hat{y}} = \; - M''_{\hat{z}} \\
Q'_{\hat{z}} &= -p_{\hat{z}} = \; M''_{\hat{y}}
\end{aligned}$$

</td></tr>
<tr><td>

(KRB)

</td><td>

$$P_x = N_x \;,\; P_y = Q_y \;,\; P_z = Q_z$$
$$\overline{M}_y = M_y \;,\; \overline{M}_z = M_z$$
$$\overline{p} = p$$

</td></tr>
</table>

Für die Normalspannung wird aus (SSS), (SS), dem Stoffgesetz und (KVV):

	HA-KOS	SP-KOS
Normalspannungen	$$\sigma_{\hat{x}} = \frac{N_{\hat{x}}}{A} + \frac{M_{\hat{y}}}{A_{\hat{z}\hat{z}}}\,\hat{z} - \frac{M_{\hat{z}}}{A_{\hat{y}\hat{y}}}\,\hat{y}$$ (3.3.3-26a)	$$\sigma_{\bar{x}} = \frac{N_{\bar{x}}}{A} - \frac{M_{\bar{z}}^{E}}{A_{\overline{yy}}}\,\bar{y} + \frac{M_{\bar{y}}^{E}}{A_{\overline{zz}}}\,\bar{z}$$ (3.3.3-18)
Elastizitätsgesetze	$\hat{x} - \hat{z}$–Ebene $$\begin{aligned} E[A_{\hat{z}\hat{z}}(\hat{x})\,w'']'' &= p_{\hat{z}}(\hat{x}) \\ E[A_{\hat{z}\hat{z}}(\hat{x})\,w'']' &= -Q_{\hat{z}}(\hat{x}) \\ EA_{\hat{z}\hat{z}}(\hat{x})\,w'' &= -M_{\hat{y}}(\hat{x}) \\ w' &= -\varphi_{\hat{y}}(\hat{x}) \end{aligned}$$ (3.3.4-6)	$\bar{x} - \bar{z}$–Ebene $$\begin{aligned} E\,A_{\bar{z}\bar{z}}\,w'''' &= p_{\bar{z}}^{E}(\bar{x}) \\ E\,A_{\bar{z}\bar{z}}\,w''' &= -Q_{\bar{z}}^{E}(\bar{x}) \\ E\,A_{\bar{z}\bar{z}}(\bar{x})\,w'' &= -M_{\bar{y}}^{E}(\bar{x}) \\ w' &= -\varphi_{\bar{y}}(\bar{x}) \end{aligned}$$ (3.3.4-7)
	$\hat{x} - \hat{y}$–Ebene $$\begin{aligned} E[A_{\hat{y}\hat{y}}(\hat{x})\,v'']'' &= p_{\hat{y}}(\hat{x}) \\ E[A_{\hat{y}\hat{y}}(\hat{x})\,v'']' &= -Q_{\hat{y}}(\hat{x}) \\ EA_{\hat{y}\hat{y}}(\hat{x})\,v'' &= M_{\hat{z}}(\hat{x}) \\ v' &= \varphi_{\hat{z}}(\hat{x}) \end{aligned}$$ (3.3.4-8)	$\bar{x} - \bar{y}$–Ebene $$\begin{aligned} E\,A_{\bar{y}\bar{y}}\,v'''' &= \bar{p}_{\bar{y}}^{E}(\bar{x}) \\ E\,A_{\bar{y}\bar{y}}\,v''' &= -Q_{\bar{y}}^{E}(\bar{x}) \\ E\,A_{\bar{y}\bar{y}}(\bar{x})\,v'' &= M_{\bar{z}}^{E}(\bar{x}) \\ v' &= \varphi_{\bar{z}}(\bar{x}) \end{aligned}$$ (3.3.4-9)
Ersatzgrößen	$$M_{\bar{z}}^{E} = \frac{M_{z} + M_{y}A_{yz}/A_{zz}}{1 - A_{yz}^{2}/(A_{yy}A_{zz})}$$	$$M_{\bar{y}}^{E} = \frac{M_{y} + M_{z}A_{yz}/A_{yy}}{1 - A_{yz}^{2}/(A_{yy}A_{zz})}$$
	(3.3.3-19)	
	$$Q_{\bar{z}}^{E} = \frac{Q_{\bar{z}} - Q_{\bar{y}}A_{\bar{y}\bar{z}}/A_{\bar{y}\bar{y}}}{1 - A_{\bar{y}\bar{z}}^{2}/(A_{\bar{y}\bar{y}}A_{\bar{z}\bar{z}})}$$	$$Q_{\bar{y}}^{E} = \frac{Q_{\bar{y}} - Q_{\bar{z}}A_{\bar{y}\bar{z}}/A_{\bar{z}\bar{z}}}{1 - A_{\bar{y}\bar{z}}^{2}/(A_{\bar{y}\bar{y}}A_{\bar{z}\bar{z}})}$$
	$$p_{\bar{z}}^{E} = \frac{p_{\bar{z}} - p_{\bar{y}}A_{\bar{y}\bar{z}}/A_{\bar{y}\bar{y}}}{1 - A_{\bar{y}\bar{z}}^{2}/(A_{\bar{y}\bar{y}}A_{\bar{z}\bar{z}})}$$	$$p_{\bar{y}}^{E} = \frac{p_{\bar{y}} - p_{\bar{z}}A_{\bar{y}\bar{z}}/A_{\bar{z}\bar{z}}}{1 - A_{\bar{y}\bar{z}}^{2}/(A_{\bar{y}\bar{y}}A_{\bar{z}\bar{z}})}$$
	(3.3.3-21)	

3.3–1.2 Aufgaben

3.3–1.2.1 Aufgabe

Das Modell eines Tragflügelholms besteht aus einem einseitig fest eingespannten Balken der Länge l. Es wird durch eine konstante Streckenlast $\bar{p}_{\hat{z}}$, die aus den Luftkräften und dem Eigengewicht resultiert, belastet. Der Balken hat eine rechteckige Querschnittsfläche $A = b * t$. Die Balkendicke $t = t(\hat{x})$ ist eine Funktion der Längskoordinate $\hat{x}$. Der Elastizitätsmodul des isotropen Materials ist E.

Gegeben:

$E, \ b, \ l, \ \sigma_{zul}, \ \bar{p}_{\hat{z}}$

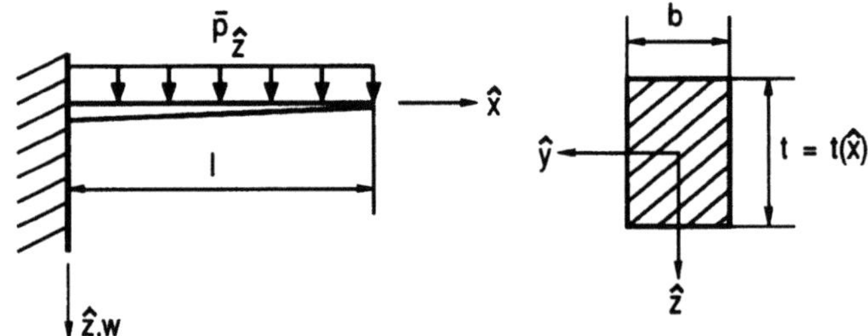

Abb. 3.3–1.2.1–1 Modell des Tragflügelholms

Gesucht:

a) Verlauf der Balkendicke $t(\hat{x})$, so daß der maximale Betrag der Längsspannung $|\sigma_{\hat{x}}|_{max}$ über die gesamte Länge des Balkens konstant und gleich der zulässigen Spannung σ_{zul} ist.

b) Biegelinie $w(\hat{x})$ unter Beachtung von a)

Lösung:

Teilaufgabe a)

Für die Längsspannung gilt gemäß Gl. (3.3.3–26a) im vorliegenden Beanspruchungsfall:

$$\sigma_{\hat{x}}(\hat{x}) = \frac{M_{\hat{y}}(\hat{x})}{A_{\hat{z}\hat{z}}(x)} \, \hat{z}$$

Sie ist an der Balkenoberseite und Balkenunterseite betragsmäßig maximal und soll σ_{zul} entsprechen:

$$|\sigma_{\hat{x}}(\hat{x})|_{max} = \left| \frac{M_{\hat{y}}(\hat{x})}{A_{\hat{z}\hat{z}}(\hat{x})} \, \frac{t(\hat{x})}{2} \right| = \sigma_{zul}. \tag{1}$$

Zur Bestimmung der Balkendicke $t(\hat{x})$ muß also der Momentenverlauf und das Flächenträgheitsmoment bekannt sein.

1. Schritt: Berechnung des Biegemomentenverlaufs

$$M_{\hat{y}}''(\hat{x}) = -\bar{p}_{\hat{z}}(\hat{x}) \overset{Integration}{\Rightarrow} M_{\hat{y}}(\hat{x}) = -\frac{1}{2}\bar{p}_{\hat{z}}\hat{x}^2 + C_1\hat{x} + C_2$$

Die Integrationskonstanten C_1 und C_2 folgen aus den statischen Randbedingungen:

$$M_{\hat{y}}'(\hat{x} = l) = 0 \Rightarrow C_1 = \bar{p}_{\hat{z}}l$$

$$M_{\hat{y}}(\hat{x} = l) = 0 \Rightarrow C_2 = -\frac{1}{2}\bar{p}_{\hat{z}}l^2$$

$$M_{\hat{y}}(\hat{x}) = -\frac{1}{2}\bar{p}_{\hat{z}}(l - \hat{x})^2 \tag{2}$$

2. Schritt: Bestimmung der Balkendicke durch Einsetzen des Biegemomentenverlaufs Gl. (2) und des Flächenträgheitsmomentes

$$A_{\hat{z}\hat{z}}(\hat{x}) = \frac{b \cdot t(\hat{x})^3}{12} \tag{3}$$

in die Spannungsnebenbedingung Gl. (1) und umordnen nach $t(\hat{x})$:

$$t(\hat{x}) = \sqrt{3\frac{\bar{p}_{\hat{z}}}{b \cdot \sigma_{zul}}} \cdot (l - \hat{x}). \tag{4}$$

Teilaufgabe b)

Berechnung der Durchbiegung $w(\hat{x})$ durch Integration der Biegedifferentialgleichung (3.3.4–6):

$$-M_{\hat{y}}(\hat{x}) = E \cdot A_{\hat{z}\hat{z}}(\hat{x}) \cdot w''(\hat{x}).$$

Durch Einsetzen des ermittelten Biegemomentenverlaufs Gl. (2) und des Flächenträgheitsmomentes Gl. (3) folgt:

$$w''(\hat{x}) = \frac{k}{l} \cdot \frac{1}{1 - \frac{\hat{x}}{l}} \quad mit \quad k = \frac{2}{E}\sqrt{\frac{b\sigma_{zul}^3}{3\bar{p}_{\hat{z}}}} \tag{5}$$

Zweimaliges Integrieren von Gl. (5) ergibt:

$$w(\hat{x}) = kl\left[\left(1 - \frac{\hat{x}}{l}\right)\left(\ln\left(1 - \frac{\hat{x}}{l}\right) - 1\right)\right] + C_3\hat{x} + C_4.$$

Die konstanten C_3 und C_4 folgen aus den kinematischen Randbedingungen:

$$w'(\hat{x} = 0) = 0 \Rightarrow C_3 = 0$$
$$w(\hat{x} = 0) = 0 \Rightarrow C_4 = kl.$$

Damit lautet die Biegelinie:

$$w(\hat{x}) = kl\left\{\left(1 - \frac{\hat{x}}{l}\right)\left[\ln\left(1 - \frac{\hat{x}}{l}\right) - 1\right] + 1\right\} \tag{6}$$

An der Balkenspitze $\hat{x} = l$ beträgt die Durchbiegung $w(\hat{x} = l) = kl$.

Anmerkungen:

1) Die verwendete Biegedifferentialgleichung setzt strenggenommen voraus, daß das Flächenträgheitsmoment abschnittsweise konstant ist. Für kleine Änderungen von $A_{\hat{z}\hat{z}}$ mit $\hat{x}$ ist das hier gezeigte Vorgehen jedoch zulässig.

2) Der Verlauf $t(\hat{x})$ ergibt, daß die Balkendicke an der Stelle $\hat{x} = l$ verschwindet. Dadurch ist die Biegelinie an der Stelle $\hat{x} = l$ nicht definiert. Der Grenzwert $\lim\limits_{\hat{x}\to l} w(\hat{x}) = k \cdot l$ existiert hingegen und liefert eine endliche Durchbiegung.
    Die Bedingung $t(\hat{x} = l) = 0$ ist demnach physikalisch nicht sinnvoll. Deshalb müßte man für $t(\hat{x})$ einen Minimalwert festlegen und mit diesem die Lösung noch einmal durchführen.

3.3–1.2.2 Aufgabe

Ein aus zwei Abschnitten bestehender Balken ist einseitig fest eingespannt. Der erste Bereich besitzt die Biegesteifigkeit $E\,A_{\hat{z}\hat{z}_1}$ und die Länge l, der zweite Bereich hat ebenfalls die Länge l und die Biegesteifigkeit $E\,A_{\hat{z}\hat{z}_2}$. Belastet wird der Balken im zweiten Bereich durch eine konstante Streckenlast $\bar{p}_{\hat{z}}$ und durch eine Einzellast $P_{\hat{z}} = \bar{p}_{\hat{z}} \cdot l$ am Übergang vom ersten zum zweiten Bereich.

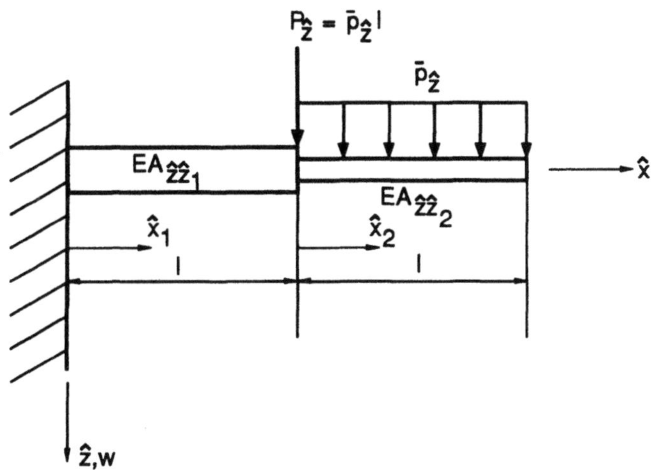

Abb. 3.3–1.2.2–1 Balken-Modell

Gegeben:

$E,\ l,\ E\,A_{\hat{z}\hat{z}},\ E\,A_{\hat{z}\hat{z}_1} = 2\,E\,A_{\hat{z}\hat{z}},\ E\,A_{\hat{z}\hat{z}_2} = E\,A_{\hat{z}\hat{z}},\ \bar{p}_{\hat{z}}$

Gesucht:

Biegelinie $w(\hat{x})$ und der Verdrehwinkel $\varphi_{\hat{y}}(\hat{x})$. Skizzieren Sie außerdem den Biegemomentenverlauf $M_{\hat{y}}(\hat{x})$ und den Querkraftverlauf $Q_{\hat{z}}(\hat{x})$.

Lösung:

Aufgrund der Geometrie und der Belastung wird der Balken in zwei Bereiche aufgeteilt. Für jeden Teilbereich wird die Biegedifferentialgleichung integriert. Die auftretenden Integrationskonstanten werden mit Hilfe der Rand- und Übergangsbedingungen ermittelt.

Teilbereich 1 , $0 \le \hat{x}_1 \le l$:

Nach Gleichung (3.3.4–6) lautet die Biegelinie bei konstanter Biegesteifigkeit:

$$E \cdot A_{\hat{z}\hat{z}} \cdot w''''(\hat{x}) = \bar{p}_{\hat{z}}(\hat{x})$$

Angewendet auf das oben beschriebene Problem ergibt sich:

$$w_1''''(\hat{x}_1) = \frac{\bar{p}_{\hat{z}_1}(\hat{x}_1)}{E \cdot A_{\hat{z}\hat{z}_1}} = 0 \tag{1}$$

Vierfaches integrieren von Gl. (1) ergibt:

$$w_1(\hat{x}_1) = \frac{1}{6} \cdot A_1 \cdot \hat{x}_1^3 + \frac{1}{2} \cdot A_2 \cdot \hat{x}_1^2 + A_3 \cdot \hat{x}_1 + A_4 \tag{2}$$

Teilbereich 2 , $0 \le \hat{x}_2 \le l$:

Der Teilbereich 2 wird analog zum Teilbereich 1 behandelt:

$$w_2''''(\hat{x}_2) = \frac{\bar{p}_{\hat{z}2}(\hat{x}_2)}{E \cdot A_{\hat{z}\hat{z}_2}} = \frac{\bar{p}_{\hat{z}}}{E \cdot A_{\hat{z}\hat{z}}} = B_1 \tag{3}$$

Vierfaches integrieren von Gl. (3) ergibt:

$$w_2(\hat{x}_2) = \frac{1}{24} \cdot B_1 \cdot \hat{x}_2^4 + \frac{1}{6} \cdot B_2 \cdot \hat{x}_2^3 + \frac{1}{2} \cdot B_3 \cdot \hat{x}_2^2 + B_4 \cdot \hat{x}_2 + B_5 \tag{4}$$

In Gl. (2) und Gl. (4) tauchen 8 unbekannte Integrationskonstanten auf, die
über 8 Randbedingungen ermittelt werden.

$$w_1(\hat{x}_1 = 0) = 0 \qquad\qquad A_1 = -\frac{\bar{p}_{\hat{z}}\, l}{E\, A_{\hat{z}\hat{z}}}$$

$$w_1'(\hat{x}_1 = 0) = 0 \qquad\qquad A_2 = \frac{5}{4}\frac{\bar{p}_{\hat{z}}\, l^2}{E\, A_{\hat{z}\hat{z}}}$$

$$w_2''(\hat{x}_2 = l) = 0 \qquad\qquad A_3 = 0$$

$$w_2'''(\hat{x}_2 = l) = 0 \qquad\qquad A_4 = 0$$

$$w_1(\hat{x}_1 = l) = w_2(\hat{x}_2 = 0) \qquad B_2 = -\frac{\bar{p}_{\hat{z}}\, l}{E\, A_{\hat{z}\hat{z}}}$$

$$w_1'(\hat{x}_1 = l) = w_2'(\hat{x}_2 = 0) \qquad B_3 = \frac{1}{2}\frac{\bar{p}_{\hat{z}}\, l^2}{E\, A_{\hat{z}\hat{z}}}$$

$$w_1''(\hat{x}_1 = l) = w_2''(\hat{x}_2 = 0) \qquad B_4 = \frac{3}{4}\frac{\bar{p}_{\hat{z}}\, l^3}{E\, A_{\hat{z}\hat{z}}}$$

$$w_1'''(\hat{x}_1 = l) = w_2'''(\hat{x}_2 = 0) + P_{\hat{z}} \qquad B_5 = \frac{11}{24}\frac{\bar{p}_{\hat{z}}\, l^4}{E\, A_{\hat{z}\hat{z}}}$$

Einsetzen der A_i und B_i in Gl. (2) bzw. Gl. (4) führt auf die Biegelinie.

$$w_1(\hat{x}_1) = \frac{\bar{p}_{\hat{z}} \cdot l^4}{E \cdot A_{\hat{z}\hat{z}}} \cdot \left[-\frac{1}{6} \cdot \left(\frac{\hat{x}_1}{l}\right)^3 + \frac{5}{8} \cdot \left(\frac{\hat{x}_1}{l}\right)^2 \right]$$

$$w_2(\hat{x}_2) = \frac{\bar{p}_{\hat{z}}\, l^4}{E A_{\hat{z}\hat{z}}} \cdot \left[\frac{1}{24}\left(\frac{\hat{x}_2}{l}\right)^4 - \frac{1}{6}\left(\frac{\hat{x}_2}{l}\right)^3 + \frac{1}{4}\left(\frac{\hat{x}_2}{l}\right)^2 + \frac{3}{4}\left(\frac{\hat{x}_2}{l}\right) + \frac{11}{24} \right] \tag{5}$$

Der Verdrehwinkel $\varphi_{\hat{y}}(\hat{x})$ ergibt sich nach Gl. (3.3.4–6) aus der 1. Ableitung
der Biegelinie:

$$\varphi_{\hat{y}1}(\hat{x}_1) = \frac{\bar{p}_{\hat{z}} \cdot l^3}{E \cdot A_{\hat{z}\hat{z}}} \cdot \left[\frac{1}{2} \cdot \left(\frac{\hat{x}_1}{l}\right)^2 - \frac{5}{4} \cdot \left(\frac{\hat{x}_1}{l}\right) \right]$$

$$\varphi_{\hat{y}2}(\hat{x}_2) = \frac{\bar{p}_{\hat{z}} \cdot l^3}{E \cdot A_{\hat{z}\hat{z}}} \cdot \left[-\frac{1}{6} \cdot \left(\frac{\hat{x}_2}{l}\right)^3 + \frac{1}{2} \cdot \left(\frac{\hat{x}_2}{l}\right)^2 - \frac{1}{2} \cdot \left(\frac{\hat{x}_2}{l}\right) - \frac{3}{4} \right] \tag{6}$$

Die weiteren Ableitungen der Biegelinie ergeben gemäß Gl. (3.3.4–6) den Biege-
momenten- und Querkraftverlauf.

$$M_{\hat{y}_1}(\hat{x}_1) = 2\,\bar{p}_{\hat{z}}\,l^2\left[\left(\frac{\hat{x}_1}{l}\right) - \frac{5}{4}\right]$$

$$M_{\hat{y}_2}(\hat{x}_2) = \bar{p}_{\hat{z}}\,l^2\left[-\frac{1}{2}\left(\frac{\hat{x}_2}{l}\right)^2 + \left(\frac{\hat{x}_2}{l}\right) - \frac{1}{2}\right]$$

$$(7)$$

$$Q_{\hat{z}_1}(\hat{x}_1) = 2\,\bar{p}_{\hat{z}}\,l$$

$$Q_{\hat{z}_2}(\hat{x}_2) = \bar{p}_{\hat{z}}\,l\left[-\left(\frac{\hat{x}_2}{l}\right) + 1\right]$$

$$(8)$$

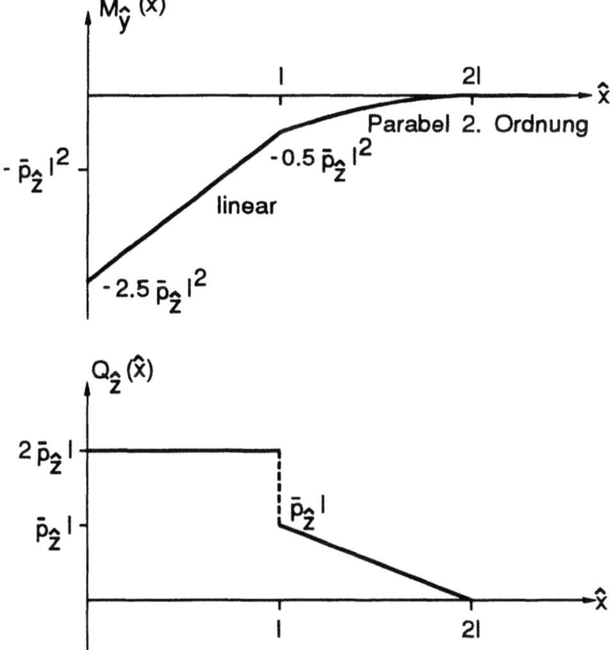

Abb. 3.3–1.2.2–2 Biegemomente- und Querkraftverlauf

Für die Standardfälle ist die demonstrierte Vorgehensweise der Integration der
Biegedifferentialgleichung in der Vergangenheit durchgeführt worden. Die wich-
tigsten Standardfälle sind in Tabelle 3.3–1.2–1 aufgeführt; bei den kommenden
Aufgaben wird, falls möglich, auf diese Tabelle zurückgegriffen.

	Biegelinie	max. Durchbiegung	Drehung
	$w(\hat{x}) = \dfrac{1}{6}\dfrac{P_{\hat{z}}}{EA_{\hat{z}\hat{z}}}\left(3l\hat{x}^2 - \hat{x}^3\right)$	$w(l) = \dfrac{1}{3}\dfrac{P_{\hat{z}}l^3}{EA_{\hat{z}\hat{z}}}$	$\varphi(l) = \dfrac{1}{2}\dfrac{P_{\hat{z}}l^2}{EA_{\hat{z}\hat{z}}}$
	$w(\hat{x}) = \dfrac{1}{2}\dfrac{\overline{M}_{\hat{y}}\hat{x}^2}{EA_{\hat{z}\hat{z}}}$	$w(l) = \dfrac{1}{2}\dfrac{\overline{M}_{\hat{y}}l^2}{EA_{\hat{z}\hat{z}}}$	$\varphi(l) = \dfrac{\overline{M}_{\hat{y}}l}{EA_{\hat{z}\hat{z}}}$
	$w(\hat{x}) = \dfrac{1}{24}\dfrac{\overline{p}_{\hat{z}}}{EA_{\hat{z}\hat{z}}}\left(6l^2\hat{x}^2 - 4l\hat{x}^3 + \hat{x}^4\right)$	$w(l) = \dfrac{1}{8}\dfrac{\overline{p}_{\hat{z}}l^4}{EA_{\hat{z}\hat{z}}}$	$\varphi(l) = \dfrac{1}{6}\dfrac{\overline{p}_{\hat{z}}l^3}{EA_{\hat{z}\hat{z}}}$
	$w(\hat{x}) = \dfrac{1}{120}\dfrac{\overline{p}_{\hat{z},0}}{EA_{\hat{z}\hat{z}}l}\left(20l^3\hat{x}^2 - 10l^2\hat{x}^3 + \hat{x}^5\right)$	$w(l) = \dfrac{11}{120}\dfrac{\overline{p}_{\hat{z},0}l^4}{EA_{\hat{z}\hat{z}}}$	$\varphi(l) = \dfrac{1}{8}\dfrac{\overline{p}_{\hat{z},0}l^3}{EA_{\hat{z}\hat{z}}}$
	$w(\hat{x}) = \dfrac{1}{120}\dfrac{\overline{p}_{\hat{z},0}}{EA_{\hat{z}\hat{z}}l}$ $\left(10l^3\hat{x}^2 - 10l^2\hat{x}^3 + 5l\hat{x}^4 - \hat{x}^5\right)$	$w(l) = \dfrac{1}{30}\dfrac{\overline{p}_{\hat{z},0}l^4}{EA_{\hat{z}\hat{z}}}$	$\varphi(l) = \dfrac{1}{24}\dfrac{\overline{p}_{\hat{z},0}l^3}{EA_{\hat{z}\hat{z}}}$
	$w(\hat{x}) = \dfrac{1}{6}\dfrac{P_{\hat{z}}}{EA_{\hat{z}\hat{z}}}\left(3a\hat{x}^2 - \hat{x}^3\right),\ 0 < \hat{x} < a$ $w(\hat{x}) = \dfrac{1}{6}\dfrac{P_{\hat{z}}}{EA_{\hat{z}\hat{z}}}\left(3a^2\hat{x} - a^3\right),\ 0 < \hat{x} < l$	$w(a) = \dfrac{1}{3}\dfrac{P_{\hat{z}}a^3}{EA_{\hat{z}\hat{z}}}$ $w(l) = \dfrac{1}{6}\dfrac{P_{\hat{z}}}{EA_{\hat{z}\hat{z}}}\left(3la^2 - a^3\right)$	$\varphi(a) = \dfrac{1}{2}\dfrac{P_{\hat{z}}a^2}{EA_{\hat{z}\hat{z}}}$ $\varphi(l) = \dfrac{1}{2}\dfrac{P_{\hat{z}}a^2}{EA_{\hat{z}\hat{z}}}$

	$w(\hat{x}) = \dfrac{1}{24}\dfrac{\overline{p}_{\hat{z}}}{EA_{\hat{z}\hat{z}}}\left(l^3\hat{x} - 2l\hat{x}^3 + \hat{x}^4\right)$	$w\left(\dfrac{1}{2}\right) = \dfrac{5}{384}\dfrac{\overline{p}_{\hat{z}}l^4}{EA_{\hat{z}\hat{z}}} = w_{max}$	$\varphi(0) = \varphi(l) = \dfrac{1}{24}\dfrac{\overline{p}_{\hat{z}}l^3}{EA_{\hat{z}\hat{z}}}$
	$w(\hat{x}) = \dfrac{1}{360}\dfrac{\overline{p}_{\hat{z},0}}{EA_{\hat{z}\hat{z}}l}\left(7l^4\hat{x} - 10l^2\hat{x}^3 + 3\hat{x}^5\right)$	$w_{max} = 0,00652\dfrac{\overline{p}_{\hat{z},0}\,l^4}{EA_{\hat{z}\hat{z}}}$ $bei\ \hat{x}_{max} = 0,5193l$ $w\left(\dfrac{1}{2}\right) = 0,00651\dfrac{\overline{p}_{\hat{z},0}\,l^4}{EA_{\hat{z}\hat{z}}}$	$\varphi(0) = \dfrac{7}{360}\dfrac{\overline{p}_{\hat{z},0}\,l^3}{EA_{\hat{z}\hat{z}}}$ $\varphi(l) = \dfrac{1}{45}\dfrac{\overline{p}_{\hat{z},0}\,l^3}{EA_{\hat{z}\hat{z}}}$
	$w(\hat{x}) = \dfrac{1}{6}\dfrac{\overline{M}_{\hat{y}}}{EA_{\hat{z}\hat{z}}l}\left(l^2\hat{x} - \hat{x}^3\right)$	$w_{max} = \dfrac{1}{9\sqrt{3}}\dfrac{\overline{M}_{\hat{y}}l^2}{EA_{\hat{z}\hat{z}}}$ $bei\ x_{max} = \dfrac{1}{\sqrt{3}}$ $w\left(\dfrac{1}{2}\right) = \dfrac{1}{16}\dfrac{\overline{M}_{\hat{y}}l^2}{EA_{\hat{z}\hat{z}}}$	$\varphi(0) = \dfrac{1}{6}\dfrac{\overline{M}_{\hat{y}}l}{EA_{\hat{z}\hat{z}}}$ $\varphi(l) = \dfrac{1}{3}\dfrac{\overline{M}_{\hat{y}}l}{EA_{\hat{z}\hat{z}}}$
	$w(\hat{x}) = \dfrac{1}{6}\dfrac{P_{\hat{z}}b}{EA_{\hat{z}\hat{z}}l}\left(l^2\hat{x} - b^2\hat{x} - \hat{x}^3\right),\ 0 < \hat{x} < a$ $w(\hat{x}) = \dfrac{1}{6}\dfrac{P_{\hat{z}}b}{EA_{\hat{z}\hat{z}}l}\left[\dfrac{1}{b}(\hat{x} - a)^3 + (l^2 - b^2)\hat{x} - \hat{x}^3\right],$ $a < \hat{x} < l$	$Fall\ a > b:$ $w_{max} = \dfrac{1}{9\sqrt{3}}\dfrac{P_{\hat{z}}b(l^2 - b^2)^{1,5}}{EA_{\hat{z}\hat{z}}l}$ $bei\ \hat{x} = \sqrt{\dfrac{l^2 - b^2}{3}}$ $w\left(\dfrac{1}{2}\right) = \dfrac{1}{48}\dfrac{P_{\hat{z}}b(3l^2 - 4b^2)}{EA_{\hat{z}\hat{z}}}$	$\varphi(0) = \dfrac{1}{6}\dfrac{P_{\hat{z}}ab(l + b)}{EA_{\hat{z}\hat{z}}l}$ $\varphi(l) = \dfrac{1}{6}\dfrac{P_{\hat{z}}ab(l + a)}{EA_{\hat{z}\hat{z}}l}$

$\xrightarrow{\hat{x}}\ \overline{M}_{\hat{y}}$	$w(\hat{x}) = \dfrac{1}{6}\dfrac{\overline{M}_{\hat{y}}}{EA_{\hat{z}\hat{z}}l}\left(6al\hat{x} - 3a^2\hat{x} - 2l^2\hat{x} - \hat{x}^3\right),$ $0 < \hat{x} < a$ $w(\hat{x}) = \dfrac{1}{6}\dfrac{\overline{M}_{\hat{y}}}{EA_{\hat{z}\hat{z}}l}\left(3a^2l - 3a^2\hat{x} - 2l^2\hat{x}\right.$ $\left. + 3l\hat{x}^2 - \hat{x}^3\right),$ $a < \hat{x} < l$	$w(a) = \dfrac{1}{3}\dfrac{\overline{M}_{\hat{y}}}{EA_{\hat{z}\hat{z}}l}\left(3a^2l - 2a^3 - l^2a\right)$	$\varphi(0) = \dfrac{1}{6}\dfrac{\overline{M}_{\hat{y}}}{EA_{\hat{z}\hat{z}}l}\left(6al - 3a^2 - 2l^2\right)$ $\varphi(l) = \dfrac{1}{6}\dfrac{\overline{M}_{\hat{y}}}{EA_{\hat{z}\hat{z}}l}\left(3a^2 - l^2\right)$
$\xrightarrow{\hat{x}}\ \overline{p}_{\hat{z}}$	$w(\hat{x}) = \dfrac{1}{24}\dfrac{\overline{p}_{\hat{z}}}{EA_{\hat{z}\hat{z}}l}\left(a^4\hat{x} - 4a^3l\hat{x} + 4a^2l^2 + 2a^2\hat{x}^3 - 4al\hat{x}^3 + l\hat{x}^4\right),\ 0 < \hat{x} < a$ $w(\hat{x}) = \dfrac{1}{24}\dfrac{\overline{p}_{\hat{z}}}{EA_{\hat{z}\hat{z}}l}\left(-a^4l + 4a^2l^2\hat{x} + a^4\hat{x} - 6a^2l\hat{x}^2 + 2a^2\hat{x}^3\right),\ a < \hat{x} < l$		$\varphi(0) = \dfrac{1}{24}\dfrac{\overline{p}_{\hat{z}}a^2}{EA_{\hat{z}\hat{z}}l}\left(a^2 - 4al + 4l^2\right)$ $\varphi(l) = \dfrac{1}{24}\dfrac{\overline{p}_{\hat{z}}a^2}{EA_{\hat{z}\hat{z}}l}\left(2l^2 - a^2\right)$

Tabelle 3.3–1.2–1 Standardbiegeprobleme

3.3–1.2.3 Aufgabe

Ein einseitig eingespannter Balken der Länge l besitzt folgenden Querschnitt:

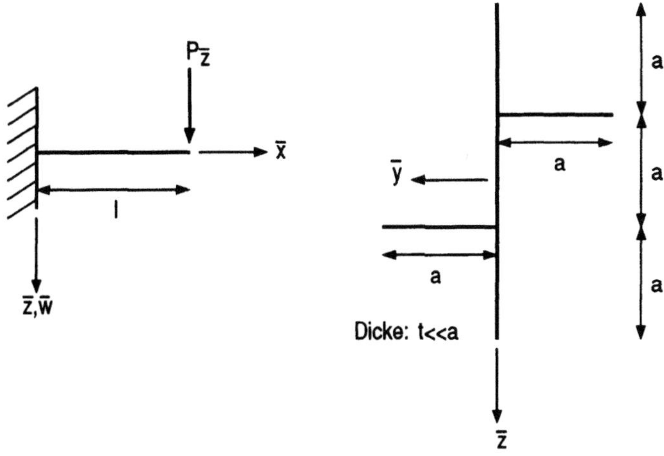

Abb. 3.3–1.2.3–1 Profil und Balken

Der Balken wird durch eine bei $\bar{x} = l$ im Querschnittsschwerpunkt angreifende Einzelkraft $P_{\bar{z}}$ belastet.

Gegeben:	**Gesucht:**
$P_{\bar{z}}$, a, $t \ll a$, E, $l = 10a$	Verschiebung des Kraftangriffspunktes im angegebenen SP-KOS

Lösung:

1) Entsprechend Aufgabe 3.1–2.9 werden das HA-KOS und alle relevanten Flächenträgheitsmomente ermittelt.

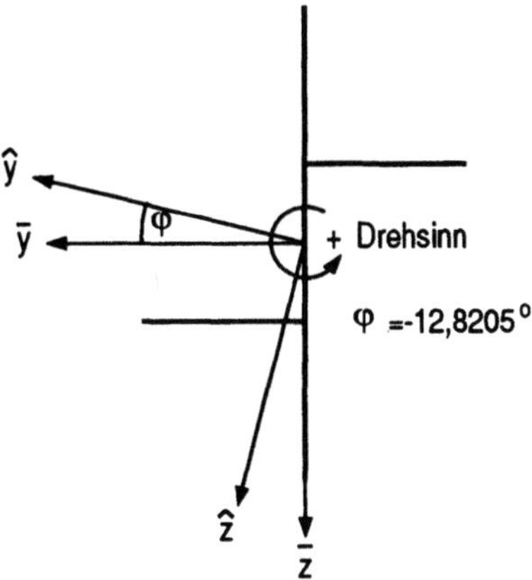

Abb. 3.3–1.2.3–2 SP-KOS und HA-KOS

Die Kraft $P_{\bar{z}}$ wird entsprechend der Hauptachsen aufgeteilt:

$$
\begin{aligned}
P_{\hat{z}} &= P_{\bar{z}} \cdot \cos\varphi = 0,975 P_{\bar{z}} \\
P_{\hat{y}} &= P_{\bar{z}} \cdot \sin\varphi = -0,222 P_{\bar{z}}
\end{aligned}
\tag{1}
$$

Die Verschiebungen $\hat{v}$ und $\hat{w}$ im HA-KOS werden nach Tabelle 3.3–1.2–1 berechnet:

$$
\begin{aligned}
\hat{v} &= \frac{1}{3} \cdot \frac{P_{\hat{y}} l^3}{E A_{\hat{y}\hat{y}}} = \frac{1}{3} \cdot \frac{-0,222 P_{\bar{z}} \cdot 10^3 a^3}{E \cdot 0,5528 a^3 t} = -133,9 \frac{P_{\bar{z}}}{E \cdot t} \\
\hat{w} &= \frac{1}{3} \cdot \frac{P_{\hat{z}} l^3}{E A_{\hat{z}\hat{z}}} = \frac{1}{3} \cdot \frac{0,975 P_{\bar{z}} \cdot 10^3 a^3}{E \cdot 2,8638 a^3 t} = 113,5 \frac{P_{\bar{z}}}{E \cdot t}
\end{aligned}
\tag{2}
$$

Diese Verschiebungen müssen ins SP-KOS transformiert werden:

$$
\begin{pmatrix} \bar{v} \\ \bar{w} \end{pmatrix} = \begin{pmatrix} \cos\alpha & \sin\alpha \\ -\sin\alpha & \cos\alpha \end{pmatrix} \begin{pmatrix} \hat{v} \\ \hat{w} \end{pmatrix} = \begin{pmatrix} -105,4 \\ 140,4 \end{pmatrix} \frac{P_{\bar{z}}}{E \cdot t} \ , \quad \alpha = -\varphi
\tag{3}
$$

2) Die Verschiebung des Lastangriffspunktes kann auch mit Hilfe der Ersatzkräfte berechnet werden. Mit $P_{\bar{y}} = 0$ ergeben sich nach Gl. (3.3.3–21):

$$
P_{\bar{y}}^E = -0,211 P_{\bar{z}} \ , \quad P_{\bar{z}}^E = 1,158 P_{\bar{z}}
$$

Die Verformungen $\bar{v}$ und $\bar{w}$ im SP-KOS werden wiederum nach Tabelle 3.3–1.2–1 ermittelt:

$$
\begin{aligned}
\bar{v} &= \frac{1}{3} \cdot \frac{P_{\bar{y}}^E l^3}{E A_{\bar{y}\bar{y}}} = \frac{1}{3} \cdot \frac{-0,211 P_{\bar{z}} \cdot 10^3 a^3}{E \cdot 0,666 a^3 t} = -105,4 \frac{P_{\bar{z}}}{E \cdot t} \\
\bar{w} &= \frac{1}{3} \cdot \frac{P_{\bar{z}}^E l^3}{E A_{\bar{z}\bar{z}}} = \frac{1}{3} \cdot \frac{1,158 P_{\bar{z}} \cdot 10^3 a^3}{E \cdot 2,750 a^3 t} = 140,4 \frac{P_{\bar{z}}}{E \cdot t}
\end{aligned}
$$

Der Weg über die Ersatzkräfte führt also mit deutlich weniger Aufwand zum Ziel.

3.3–1.2.4 Aufgabe

Ein Biegebalken der Biegesteifigkeit $E \cdot A_{\hat{z}\hat{z}}$ ist links fest eingespannt (Punkt A) und rechts mit zwei Federn der Federsteifigkeiten c_1 und c_2 gelagert (Punkt C).

Im Punkt B ist ein zweiter Balken der Biegesteifigkeit $E \cdot A_{\hat{z}\hat{z}}$ angeschweißt, der im Punkt D durch die Einzelkraft $P_{\hat{z}}$ belastet ist.

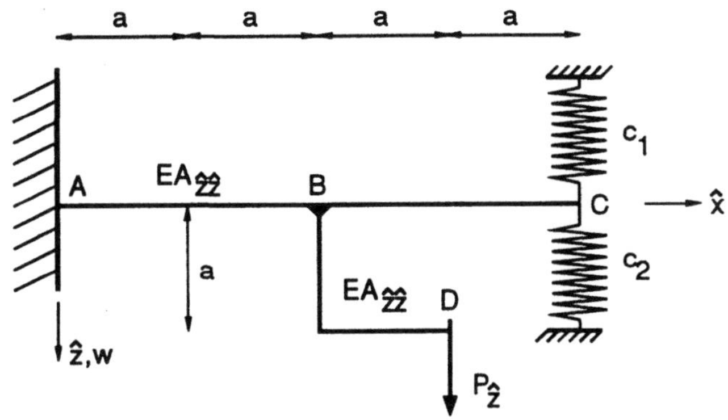

Abb. 3.3–1.2.4–1 Modell des Balken-Feder-Systems

Gegeben:

a, $E\,A_{\hat{z}\hat{z}}$, $\bar{p}_{\hat{z}}$, $c_1 = \dfrac{EA_{\hat{z}\hat{z}}}{12\,a^3}$, $c_2 = 2\,c_1$, $P_{\hat{z}}$

Gesucht:

Die Absenkung des Punktes C

Lösung:

Da es sich um ein statisch überbestimmtes System handelt, wird folgendes Ersatzsystem eingeführt:

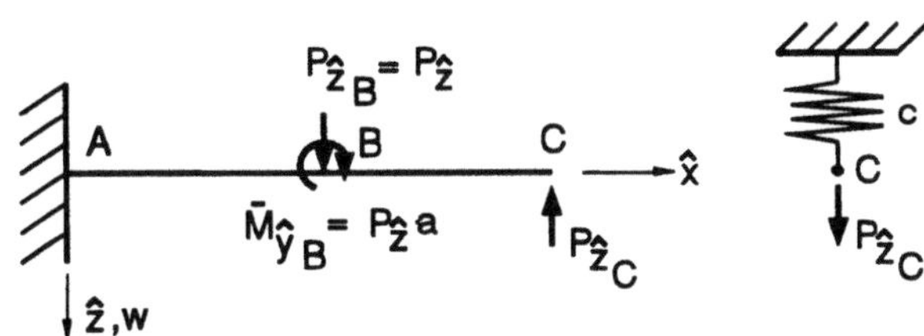

Abb. 3.3–1.2.4–2 Ersatzsystem

Der Balken wird durch die Einzelkraft $P_{\hat{z}_B} = P_{\hat{z}}$, das freie Moment $\overline{M}_{\hat{y}_B} = P_{\hat{z}} \cdot a$ und die noch unbekannte Einzelkraft $P_{\hat{z}_C}$ belastet. Jede dieser Lasten führt zu einer eigenen Biegelinie, welche zur Gesamtdurchbiegung überlagert werden.

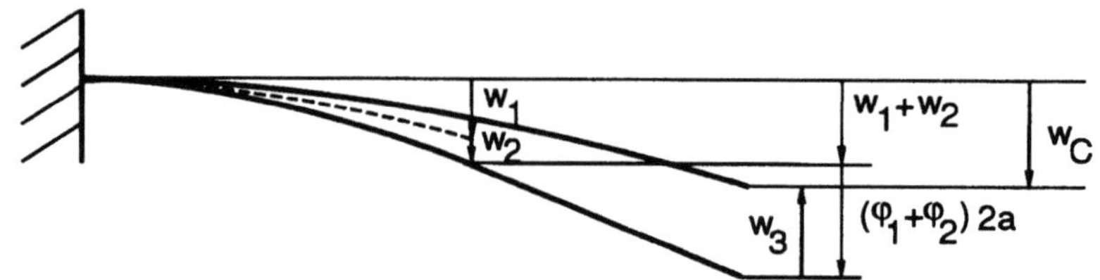

Abb. 3.3–1.2.4–3 Superposition der Einzelbiegelinien

Die Absenkung w_c ergibt sich somit zu:

$$w_C = w_1 + w_2 + (\varphi_1 + \varphi_2) \cdot 2 \cdot a - w_3 \tag{1}$$

Aus der Tabelle lassen sich die einzelnen Anteile bestimmen. Durch Einsetzen in Gl. (1) folgt:

$$w_C = \frac{38}{3} \cdot \frac{P_{\hat{z}} \cdot a^3}{E \cdot A_{\hat{z}\hat{z}}} - \frac{64}{3} \cdot \frac{P_{\hat{z}_C} \cdot a^3}{E \cdot A_{\hat{z}\hat{z}}} \tag{2}$$

Aus dem Federgesetz folgt für die Absenkung von C im rechten Teilersatzsystem:

$$w_C = \frac{P_{\hat{z}_C}}{c} = \frac{P_{\hat{z}_C}}{3 \cdot c_1} \tag{3}$$

Die Federkraft $P_{\hat{z}_C}$ läßt sich durch Gleichsetzen von Gl. (2) und Gl. (3) bestimmen:

$$P_{\hat{z}_C} = \frac{38 P_{\hat{z}} a^3 C_1}{64 a^3 C_1 + E A_{\hat{z}\hat{z}}} = \frac{1}{2} P_{\hat{z}} \quad .$$

Durch Einsetzen von $P_{\hat{z}_C}$ in Gl. (2) oder Gl. (3) erhält man das Endergebnis:

$$w_C = w(\hat{x} = 4 \cdot a) = 2 \cdot \frac{P_{\hat{z}} \cdot a^3}{E \cdot A_{\hat{z}\hat{z}}}$$

3.3–1.2.5 Aufgabe

An einem Biegebalken der Länge $2 \cdot l$ und der Biegesteifigkeit $E \cdot A_{\hat{z}\hat{z}}$ ist am rechten Ende ein Ausleger der Länge l und der Biegesteifigkeit $E \cdot A_{\hat{z}\hat{z}}$ drehstarr angeschweißt. Belastet wird der Balken durch eine veränderliche Streckenlast $\bar{p}_{\hat{z}}(\hat{x})$. Durch Endschalter an der Auslegerspitze und am Balken bei $\hat{x}_{Endschalter}$ der Stelle größter Durchbiegung, soll das System vor Überlastung geschützt werden. Bei den Endschaltern steht der gleiche Verschiebeweg, senkrecht zum Balken bzw. zum Ausleger, zur Verfügung.

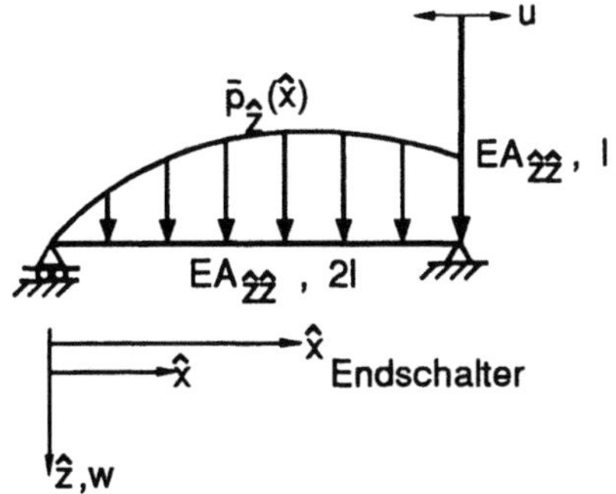

Abb. 3.3–1.2.5–1 Biegebalken mit Ausleger

Gegeben:

$E \cdot A_{\hat{z}\hat{z}},\ l,\ \bar{p}_{\hat{z}}(\hat{x}) = \frac{4}{3}\frac{\bar{p}_0}{l}\left(\hat{x} - \frac{\hat{x}^2}{3l}\right)$

Gesucht:

Welcher Endschalter ist überflüssig?

Lösung:

Durch Einsetzen der Streckenlast in die Biegedifferentialgleichung (3.3.4–6), viermaliges Integrieren und Ermitteln der Integrationskonstanten aus den statischen und kinematischen Randbedingungen erhält man die Biegelinie des Balkens:

$$w(\hat{x}) = \frac{4}{3}\frac{\bar{p}_0\, l^4}{EA_{\hat{z}\hat{z}}}\left[-\frac{1}{1080}\left(\frac{\hat{x}}{l}\right)^6 + \frac{1}{120}\left(\frac{\hat{x}}{l}\right)^5 - \frac{2}{27}\left(\frac{\hat{x}}{l}\right)^3 + \frac{26}{135}\left(\frac{\hat{x}}{l}\right)\right] \qquad (1)$$

Die Lage der Stelle $\hat{x}_{Endschalter}$ wird als Extremwertaufgabe mit Hilfe der 1. Ableitung der Biegelinie ermittelt:

$\hat{x}_{Endschalter} = 1,02117 \cdot l$

Einsetzen in Gl. (1) ergibt:

$$w(\hat{x}_{Endschalter}) = 0,126 \cdot \frac{4}{3} \cdot \frac{\bar{p}_0 \cdot l^4}{E \cdot A_{\hat{z}\hat{z}}} \qquad (2)$$

Die Verschiebung der Auslegerspitze hängt vom Verdrehwinkel des Balkens am rechten Lager und der Auslegerlänge ab:

$$\begin{aligned} u_{Auslegerspitze} &= \varphi_{\hat{y}}(\hat{x} = 2 \cdot l) \cdot l \\ &= -0,207 \cdot \frac{4}{3} \cdot \frac{\bar{p}_0 \cdot l^4}{E \cdot A_{\hat{z}\hat{z}}} \end{aligned}$$

Der Endschalter am Balken ist also überflüssig.

3.3–1.2.6 Aufgabe

Ein einseitig eingespannter Biegebalken der Biegesteifigkeit $E \cdot A_{\hat{z}\hat{z}}$ und der Länge l ist durch eine Streckenlast $\bar{p}_{\hat{z}}(\hat{x})$ belastet und an der Stelle $\hat{x} = l$ elastisch gelagert. Aus konstruktiven Gründen soll die Durchbiegung bei $\hat{x} = l$
$w(\hat{x} = l) = \frac{\bar{p}_0 \cdot l^4}{E \cdot A_{\hat{z}\hat{z}}}$ betragen.

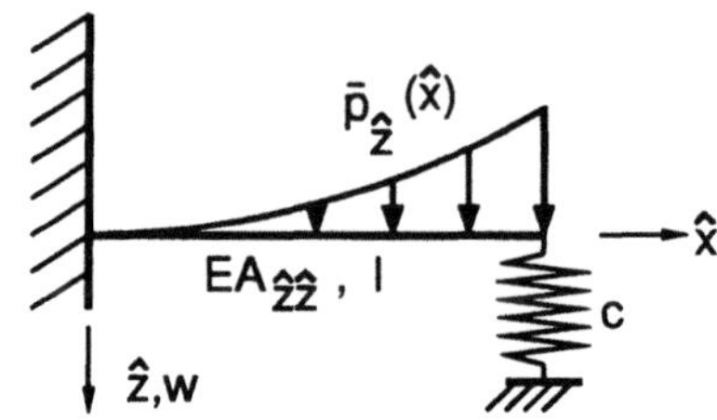

Abb. 3.3–1.2.6–1 Biegebalken-Feder-System

Gegeben:

$E \cdot A_{\hat{z}\hat{z}}$, l, $\bar{p}_{\hat{z}}(\hat{x}) = \bar{p}_0 \left(\frac{\hat{x}}{l}\right)^2$

Gesucht:

Wie groß muß die Federkonstante c gewählt werden?

Lösung:

Das System wird in zwei Subsysteme zerlegt:

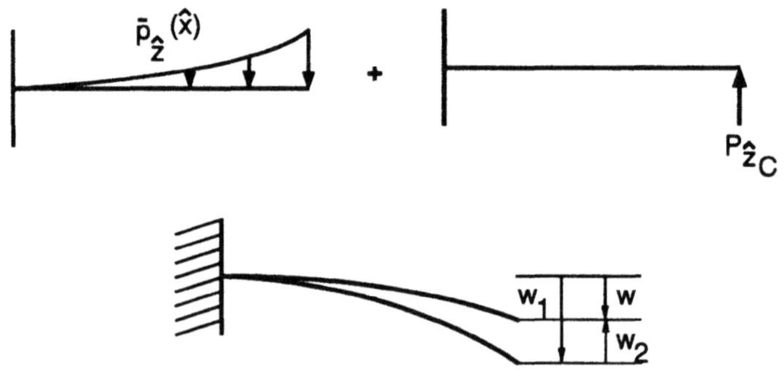

Abb. 3.3–1.2.6–2 Ersatzmodelle und Durchbiegungen

Die Absenkung $w(\hat{x} = l)$ ergibt sich zu:
$$w(\hat{x} = l) = w_1(\hat{x} = l) - w_2(\hat{x} = l)$$
$$w(\hat{x} = l) = \frac{\bar{p}_0 \, l^4}{360 \, EA_{\hat{z}\hat{z}}} \left[\left(\frac{\hat{x}}{l}\right)^6 - 20\left(\frac{\hat{x}}{l}\right)^3 + 45\left(\frac{\hat{x}}{l}\right)^2 \right]$$
$$- \frac{\bar{p}_{\hat{z}C} \, l^3}{6 \, EA_{\hat{z}\hat{z}}} \left[-\left(\frac{\hat{x}}{l}\right)^3 + 3\left(\frac{\hat{x}}{l}\right)^2 \right] \tag{1}$$

Dabei wurde w_1 durch Integration der Gleichung (3.3.4–6) unter Beachtung der Randbedingungen und w_2 mit Hilfe von Tabelle 3.3–1.2–1 ermittelt. Gleichsetzen von Gl. (1) mit der Vorgabe für $w(\hat{x} = l)$ führt auf die Federkraft $P_{\hat{z}_C}$ und über die Federgerade somit zur Federkonstante c:

$$P_{\hat{z}_C} = \frac{1}{60} \cdot \bar{p}_o \cdot l$$

$$c = \frac{1}{4} \cdot \frac{E \cdot A_{\hat{z}\hat{z}}}{l^3}$$

3.3–1.2.7 Aufgabe

Ein Biegebalken der Länge $2l$ und der Biegesteifigkeit $E \cdot A_{\hat{z}\hat{z}}$ ist bei $\hat{x} = 0$ und $\hat{x} = l$ gelagert. Belastet wird der Balken durch eine konstante Streckenlast $\bar{p}_{\hat{z}}$.

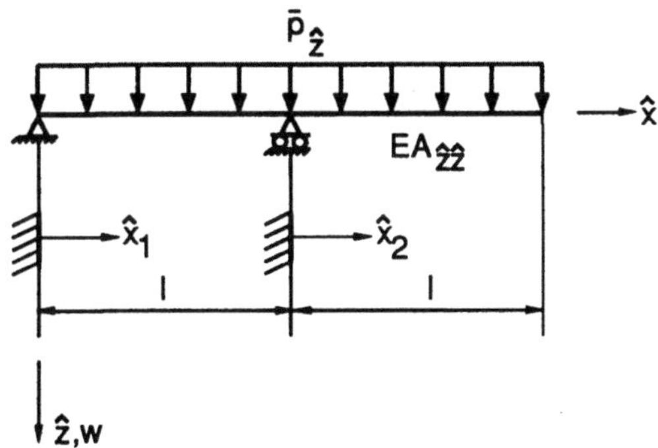

Abb. 3.3–1.2.7–1 Biegebalken

Gegeben:

$E \cdot A_{\hat{z}\hat{z}}, l, \bar{p}_{\hat{z}}$

Gesucht:

Biegelinie $w(\hat{x})$; Stellen, an denen der Verdrehwinkel $\varphi_{\hat{y}}$ gleich Null ist.

Lösung:

$$w_1(\hat{x}_1) = \frac{1}{24} \cdot \frac{\bar{p}_{\hat{z}} \cdot l^4}{E \cdot A_{\hat{z}\hat{z}}} \cdot \left[\left(\frac{\hat{x}_1}{l} \right)^4 - \left(\frac{\hat{x}_1}{l} \right) \right]$$

$$w_2(\hat{x}_2) = \frac{1}{24} \cdot \frac{\bar{p}_{\hat{z}} \cdot l^4}{E \cdot A_{\hat{z}\hat{z}}} \cdot \left[\left(\frac{\hat{x}_2}{l} \right)^4 - \left(\frac{\hat{x}_2}{l} \right) - 8 \cdot \left(\frac{\hat{x}_2}{l} - 1 \right)^3 \right]$$

$$\varphi_{\hat{y}} = 0 \qquad \Rightarrow \qquad \hat{x}_1 = 0,63\, l$$

3.3–1.2.8 Aufgabe

Ein Biegeträger der Länge l besitzt einen rechteckigen Querschnitt und wird durch eine konstante Streckenlast $\bar{p}_{\hat{z}}$ belastet. Bei konstanter Breite b ist die Balkendicke $t = t(\hat{x})$ eine Funktion der Längskoordinate $\hat{x}$. Der Elastizitätsmodul des isotropen Werkstoffs ist E.

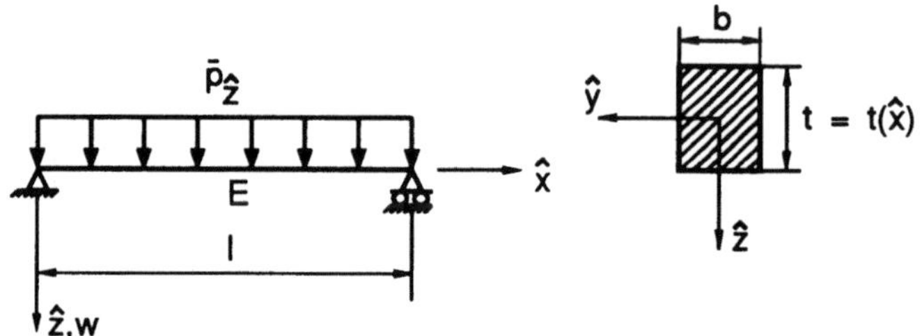

Abb. 3.3–1.2.8–1 Biegeträger

Gegeben:

E, b, l, $\bar{p}_{\hat{z}}$, σ_{zul}

Gesucht:

a) Verlauf der Balkendicke $t(\hat{x})$, so daß der maximale Betrag der Längsspannung $|\sigma_{\hat{x}}|_{max}$ über die gesamte Länge des Balkens konstant ist und genau σ_{zul} entspricht.

b) Biegelinie unter Beachtung von a)

Lösung:

Teilaufgabe a)

$$t(\hat{x}) = \sqrt{\frac{3}{b} \cdot \frac{\bar{p}_{\hat{z}}}{\sigma_{zul}} \cdot (l \cdot \hat{x} - \hat{x}^2)}$$

Teilaufgabe b)

$$w(\hat{x}) = -\frac{2}{E} \cdot \sqrt{\frac{b}{3} \cdot \frac{\sigma_{zul}^3}{\bar{p}_{\hat{z}}}} \cdot \left[\frac{2 \cdot \hat{x} - l}{2} \cdot \arcsin \frac{2 \cdot \hat{x} - l}{l} + \sqrt{l \cdot \hat{x} - \hat{x}^2} - \frac{\pi}{4} \cdot l \right]$$

(siehe Anmerkungen zu Aufgabe 3.3–1.2.1)

3.3–1.2.9 Aufgabe

Ein statisch überbestimmt gelagerter Biegebalken der Biegesteifigkeit $E \cdot A_{\hat{z}\hat{z}}$ und der Länge l wird durch eine konstante Streckenlast $\bar{p}_{\hat{z}}$ belastet.

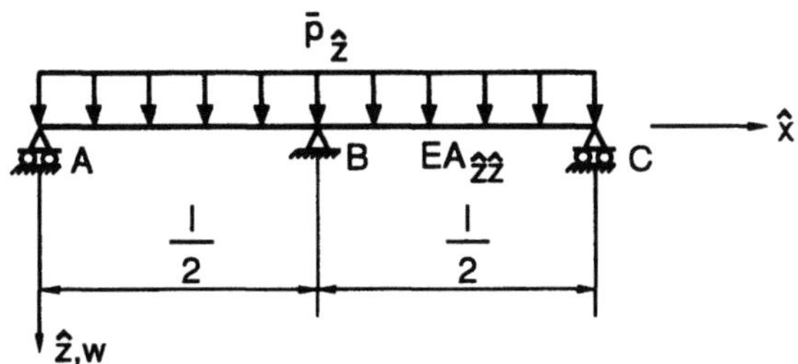

Abb. 3.3–1.2.9–1 Statisch überbestimmt gelagerter Balken

Gegeben: **Gesucht:**

$E \cdot A_{\hat{z}\hat{z}}$, l, $\bar{p}_{\hat{z}}$ Die Auflagerreaktionen

Lösung:

$$P_{\hat{z}_A} = P_{\hat{z}_C} = \frac{3}{16} \cdot \bar{p}_{\hat{z}} \cdot l \quad , \quad P_{\hat{z}_B} = \frac{5}{8} \cdot \bar{p}_{\hat{z}} \cdot l$$

3.3–1.2.10 Aufgabe

Zwei identische Biegebalken der Biegesteifigkeiten $E \cdot A_{\hat{z}\hat{z}}$ und der Länge l sind im Punkt C verdrehstarr miteinander verschweißt. Der obere Balken ist im Punkt A fest eingespannt, der untere wird im Punkt B durch die Einzelkraft $P_{\hat{z}}$ belastet.

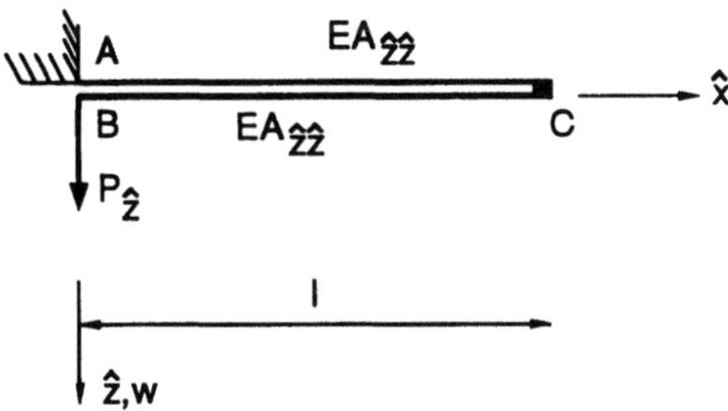

Abb. 3.3–1.2.10–1 Biegebalken-System

Gegeben: **Gesucht:**

$E \cdot A_{\hat{z}\hat{z}}$, l, $P_{\hat{z}}$ Verschiebung w_B und w_C der Punkte B und C

Lösung:

$$w_C = -\frac{1}{6} \cdot \frac{P_{\hat{z}} \cdot l^3}{E \cdot A_{\hat{z}\hat{z}}} \quad , \quad w_B = \frac{2}{3} \cdot \frac{P_{\hat{z}} \cdot l^3}{E \cdot A_{\hat{z}\hat{z}}}$$

3.3–2 Schubflußberechnung für offene Querschnitte

3.3–2.1 Zusammenfassung der theoretischen Grundlagen

Unter der Voraussetzung, daß

- ein zylindrisches Tragwerk (Flächenträgheitsmoment=const) vorliegt,
- Kräfte nur im Schubmittelpunkt angreifen und
- keine Oberflächenkräfte oder Volumenkräfte im betrachteten Abschnitt Δx wirken,

kann aus der Betrachtung eines Hautelementes (Kap. 3.3.3.2) bzw. Balkenelementes (Abb. 3.3.3–5) die QSI-Formel abgeleitet werden, und der aus der Änderung der Normalspannungen resultierende Schubfluß bestimmt werden (Gl 3.3.3–30 ff).

<table>
<tr><td colspan="3" align="center">Statische Bedingungen</td></tr>
<tr>
<td align="center">(SS)</td>
<td colspan="2">

$$\frac{\partial n_x}{\partial x} + \frac{\partial q}{\partial s} = 0 \quad \Rightarrow \quad q_Q(s) - q_{0Q} = -\int \frac{\partial n_x(x,s)}{\partial x}\,ds$$

$$\frac{\partial q}{\partial x} = 0 \quad \Rightarrow \quad q \neq q(x) \tag{3.1.3-6}$$

mit: $q_Q(s) = \tau_{xs}(s)\cdot t(s)$, $n_x(s) = \sigma_x(s)t(s)$

</td>
</tr>
<tr>
<td rowspan="2" align="center">Schubfluß</td>
<td>

HA-KOS

$$q(s) = -\left[\frac{Q_z A_z(s)}{A_{zz}} + \frac{Q_y A_y(s)}{A_{yy}}\right] + q_0$$

(3.3.3-34)
</td>
<td>

SP-KOS

$$q(s) = -\left[\frac{Q_{\bar{z}}^{E} A_{\bar{z}}(s)}{A_{\bar{z}\,\bar{z}}} + \frac{Q_{\bar{y}}^{E} A_{\bar{y}}(s)}{A_{\bar{y}\,\bar{y}}}\right] + q_0$$

(3.3.3-37)

$$Q_{\bar{z}}^{E} = \frac{Q_{\bar{z}} - Q_{\bar{y}}A_{\bar{y}\bar{z}}/A_{\bar{y}\,\bar{y}}}{1 - A_{\bar{y}\bar{z}}^{2}/(A_{\bar{y}\,\bar{y}}A_{\bar{z}\,\bar{z}})}$$

$$Q_{\bar{y}}^{E} = \frac{Q_{\bar{y}} - Q_{\bar{z}}A_{\bar{y}\bar{z}}/A_{\bar{z}\,\bar{z}}}{1 - A_{\bar{y}\bar{z}}^{2}/(A_{\bar{y}\,\bar{y}}A_{\bar{z}\,\bar{z}})}$$

(3.3.3-21)
</td>
</tr>
<tr>
<td colspan="2" align="center">Für offene Querschnitte ist $q_0 = 0$</td>
</tr>
<tr>
<td align="center">(SSS)</td>
<td colspan="2">

$$Q_y = \int \tau_{xy}\,dA$$

$$Q_z = \int \tau_{xz}\,dA \tag{3.1.4-10}$$
</td>
</tr>
</table>

Tabelle 3.3–2.1-1   . . .

(SSL)	$-p_y = Q'_y = -M''_z$ $-p_z = Q'_z = M''_y$	(3.1.5-16a)
(KRB)	$\overline{p}_y = p_y \qquad \overline{p}_z = p_z$ $P_y = Q_y \qquad P_z = Q_z$	(3.1.5-16b)

Tabelle 3.3–2.1–1

Ein mögliches schrittweises Vorgehen zur Lösung typischer Aufgaben ist im folgenden angegeben:

1	Transformation in das Schwerpunkt-Koordinatensystem		
2	a) wenn Profil- und Querkraftrichtung einfach genug zur Bestimmung der statischen Momente sind (Symmetrien): keine weitere Transformation	b) besonders wenn die Querkraft nicht in Richtung der Hauptachsen verläuft: Bestimmung der Ersatzquerkräfte nach Gl. (3.3.3-21)	c) wenn die Bestimmung der statischen Momente ohnehin kompliziert ist und/oder die Bestimmung der Hauptachsen gefordert ist: Transformation in das HA-KOS
3	Skizze der Schubflußverteilung		
4	Auswertung der Gl. (3.3.3-33)	Auswertung der Gl. (3.3.3-37)	Auswertung der Gl. (3.3.3-34a)
5	Endergebnis: Skizze der Gesamtschubflußverteilung mit Eintragung der Ergebnisse für die Eckwerte des Schubflusses.		

Tabelle 3.3–2.1–2

3.3–2.2 Aufgaben

3.3–2.2.1 Aufgabe

Für die nachfolgend dargestellten Profilschnitte ist die aus einer im SM angreifenden Querkraft resultierenden Schubflußverteilung zu bestimmen.

Gegeben:

Geometrie, Q im SM, alle Wandstärken, alle Winkel: 90° bzw. 120°, alle Abschnittslängen: a

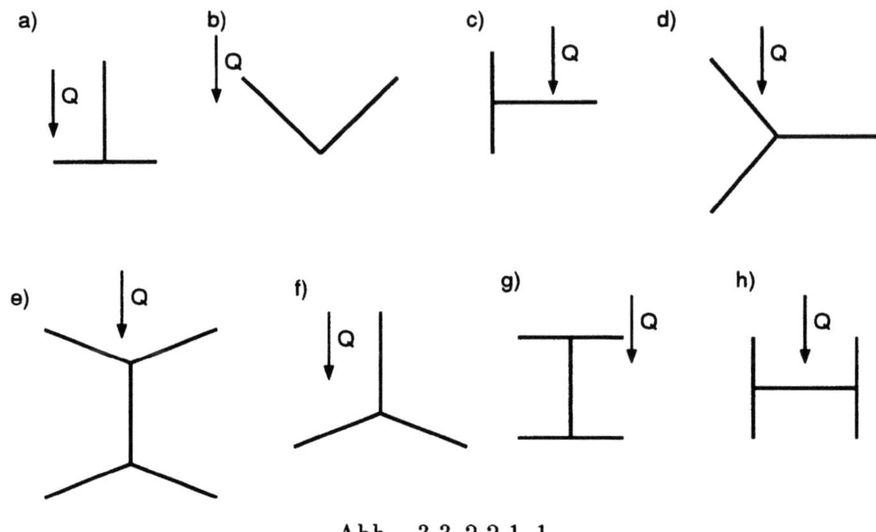

Abb. 3.3–2.2.1–1

Gesucht:

Schubflußverteilungen als prinzipielle Skizze

Lösung:

Die Anwendung des hydromechanischen Analogons (Kap. 3.3.5.2) ergibt:

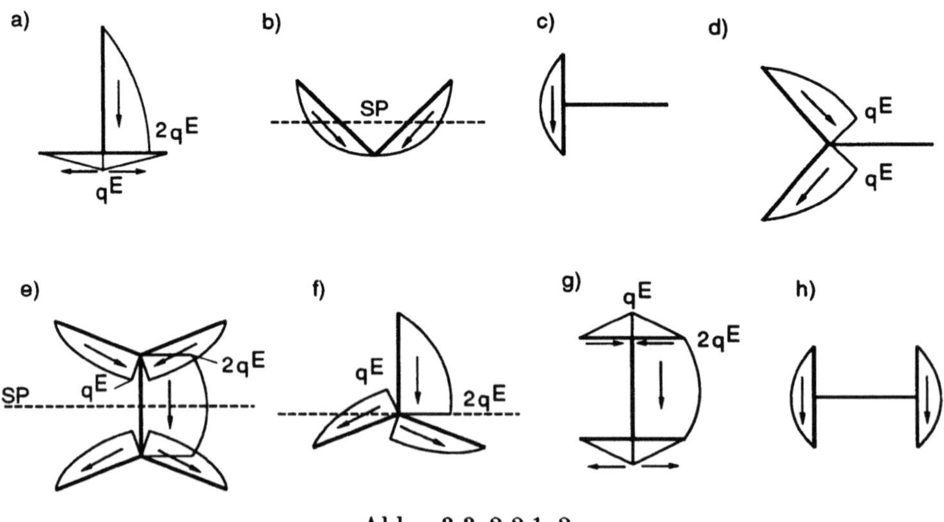

Abb. 3.3–2.2.1–2

3.3–2.2.2 Aufgabe

Ein Biegeträger mit dem skizzierten doppeltsymmetrischen Querschnitt sei durch eine Querkraft $Q_{\overline{z}} = P_{\overline{z}}$ im Schubmittelpunkt belastet.

Gegeben:

$P_{\bar{z}}$ im SM, t, a, SP-KOS, $A_{\hat{z}\hat{z}} = \frac{13}{4}a^3 t$

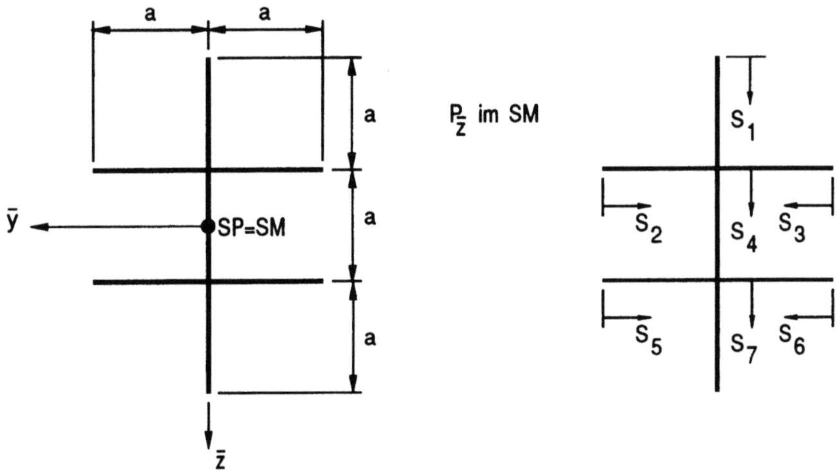

Abb. 3.3–2.2.2–1 Profilgeometrie, Belastung und Bereichseinteilung

Gesucht:

Berechnung und Skizze der Schubflußverteilung $q_{Q_{\bar{z}}}(s)$ infolge $Q_{\bar{z}}$.

Lösung:

Das gegebene SP-KOS ist aufgrund der Sysmmetrie des Profiles gleichzeitig das HA-KOS ($Q_{\bar{z}} = Q_{\hat{z}}$). Es kann Gl. (3.3.3–34a) mit $Q_{\hat{y}} = 0$ angewendet werden:

$$q_{Q_{\hat{z}}}(s) = -\frac{Q_{\hat{z}}}{A_{\hat{z}\hat{z}}} \cdot A_{\hat{z}}(s) \quad (q_o = 0,\ \text{da offenes Profil}).$$

Abschnittsweise Auswertung obiger Gleichung:

B.	$\hat{z}(s_i)$	$A_{\hat{z}} = \int\limits_0^{s_i} \hat{z}(s_i)t\,ds_i$	$q_{Q_{\hat{z}}}(s_i) = -Q_{\hat{z}}\dfrac{A_{\hat{z}}(s_i)}{A_{\hat{z}\hat{z}}}$	$q_{Q_{\hat{z}}}(s_i = a)$
s_1	$s_1 - \frac{3}{2}a$	$t\left[\frac{s_1^2}{2} - \frac{3}{2}as_1\right]$	$-\frac{2}{13}\frac{Q_\ell}{a}\left[\left(\frac{s_1}{a}\right)^2 - 3\left(\frac{s_1}{a}\right)\right]$	$\frac{4}{13}\frac{Q_\ell}{a}$
s_2	$-\frac{a}{2}$	$-t\frac{as_2}{2}$	$\frac{2}{13}\frac{Q_\ell}{a}\left(\frac{s_2}{a}\right)$	$\frac{2}{13}\frac{Q_\ell}{a}$
s_3	sym	wie s_2	wie s_2	$\frac{2}{13}\frac{Q_\ell}{a}$
s_4	$s_4 - \frac{a}{2}$	$\frac{1}{2}t\left[s_4^2 - as_4\right]$	$\frac{8}{13}\frac{Q_\ell}{a} - \frac{2}{13}\frac{Q_\ell}{a}\left[\left(\frac{s_4}{a}\right)^2 - \frac{s_4}{a}\right]$	$\frac{8}{13}\frac{Q_\ell}{a}$
s_5	sym	wie s_2, jedoch negativ	wie s_2, jedoch negativ	$-\frac{2}{13}\frac{Q_\ell}{a}$
s_6	sym	wie s_2, jedoch negativ	wie s_2, jedoch negativ	$-\frac{2}{13}\frac{Q_\ell}{a}$
s_7	sym	sym	sym	0

Tabelle 3.3–2.2.2–1

Die Anwendung des hydrodynamischen Analogons zur Ermittlung des prinzipiellen Verlaufs der Schubflußverteilung hilft bei der Ausnützung der Symmetrien bei der obigen Tabelle. Die Startwerte des Schubflusses in den Bereichen s_4 und s_7 werden aus dem Verzweigungsgesetz bestimmt. (Anmerkung zur Bereichseinteilung: Die laufende Koordinate der einzelnen Bereiche sollte möglichst so gewählt werden, daß sie an einem freien Rand beginnen, damit $q(s_i = 0) = 0$ gilt.)

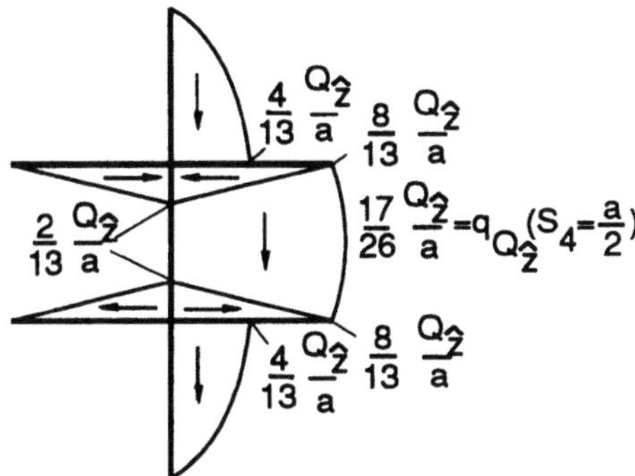

Abb. 3.3–2.2.2–3 Skizze des Ergebnisses mit
eingetragenen Eckwerten und Schubflußrichtungen

3.3–2.2.3 Aufgabe

Der skizzierte offene Profilquerschnitt ist durch eine Querkraft $Q_{\bar{z}} = P_{\bar{z}}$ im Schubmittelpunkt belastet.

Gegeben:

$P_{\bar{z}}$, t, a, SP-KOS, $A_{\bar{z}\bar{z}} = \frac{352}{3}a^3 t$

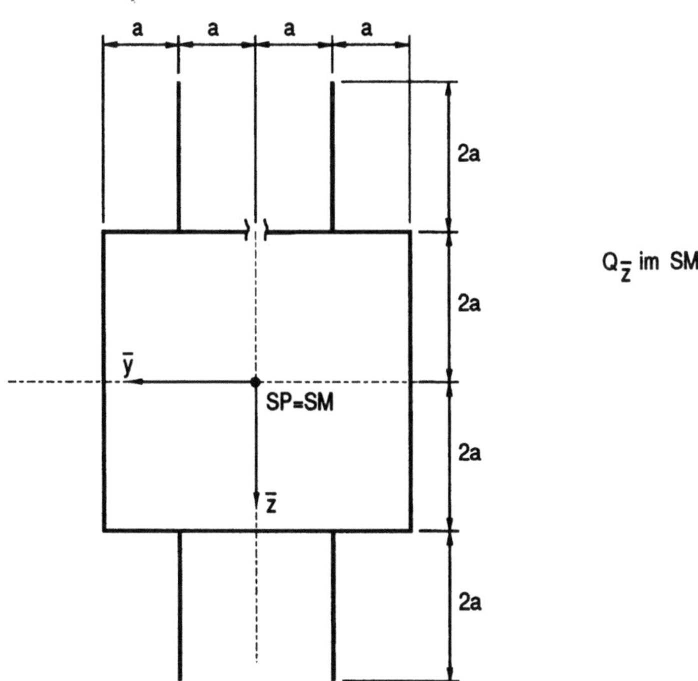

Abb. 3.3–2.2.3–1 Profilgeometrie und Belastung

Gesucht:

Berechnung und Skizze der Schubflußverteilung $q_{Q_{\bar{z}}}(s)$ infolge $Q_{\bar{z}}$

Lösung:

Vorgehen analog zu Aufgabe 3.3–2.2.2; es können Symmetrien genutzt werden, um Gl. (3.3.3–34a) vereinfacht auszuwerten.

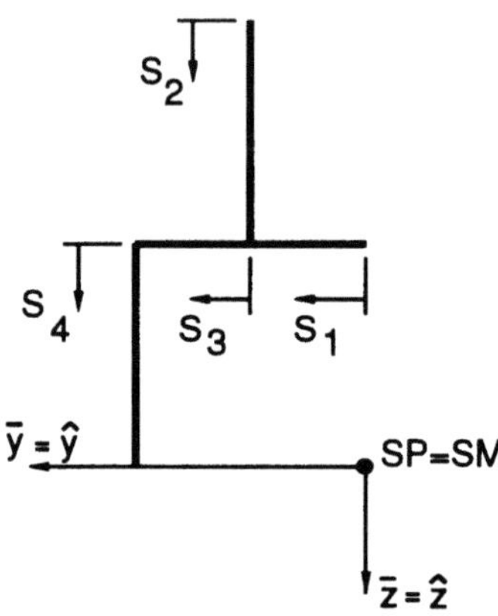

Abb. 3.3–2.2.3–2 Bereichseinteilung des explizit zu berechnenden Teils

B.	$\hat{z}$	$A_{\hat{z}} = \int\limits_{0}^{s_i} \hat{z}(s_i)t\,ds_i$	$q_{Q_{\hat{z}}}(s_i)$	Endwert $q_{Q_{\hat{z}}}(s_i)$
S_1	$-2a$	$-2ats_1$	$\dfrac{6}{352}\dfrac{Q_{\hat{z}}}{a}\dfrac{s_1}{a}$	$\dfrac{6}{352}\dfrac{Q_{\hat{z}}}{a}$
S_2	$s_2 - 4a$	$t\left[\dfrac{s_2^2}{2} - 4as_2\right]$	$\dfrac{3}{704}\dfrac{Q_{\hat{z}}}{a}\left[8\dfrac{s_2}{a} - \left(\dfrac{s_2}{a}\right)^2\right]$	$\dfrac{18}{352}\dfrac{Q_{\hat{z}}}{a}$
S_3	$-2a$	$a^2t\left[-8 - 2\dfrac{s_3}{a}\right]$	$\dfrac{6}{352}\dfrac{Q_{\hat{z}}}{a}\left[4 + \dfrac{s_3}{a}\right]$	$\dfrac{30}{352}\dfrac{Q_{\hat{z}}}{a}$
S_4	$s_4 - 2a$	$a^2t\left[-10 + \left(\dfrac{s_4}{a}\right)^2\dfrac{1}{2} - 2\dfrac{s_4}{a}\right]$	$\dfrac{3}{704}\dfrac{Q_{\hat{z}}}{a}\left[20 + 4\dfrac{s_4}{a} - \left(\dfrac{s_4}{a}\right)^2\right]$	$\dfrac{36}{352}\dfrac{Q_{\hat{z}}}{a}$

Tabelle 3.3–2.2.3–1

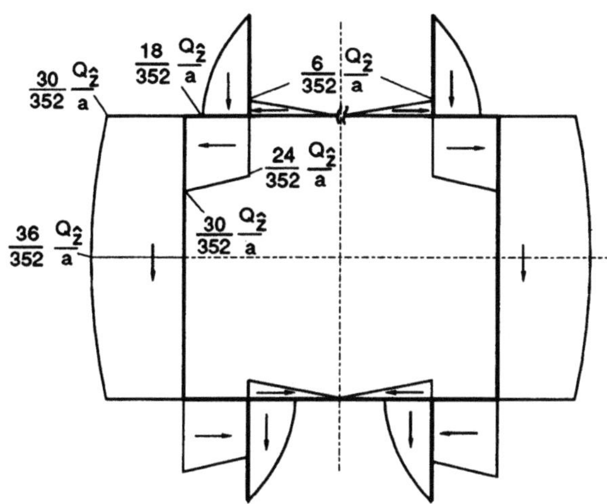

Abb. 3.3–2.2.3–3 Vollständige Skizze der
Schubflußverteilung $q_{Q_{\bar{z}}}(s)$ mit Eckwerten und Richtungen

3.3–2.2.4 Aufgabe

Der skizzierte offene Profilquerschnitt ist durch die Querkraft $Q_{\bar{z}} = P_{\bar{z}}$ im
Schubmittelpunkt belastet.

Gegeben:

$P_{\bar{z}}$, t, a, SP-KOS, $A_{\bar{z}\bar{z}} = \frac{33}{12}a^3 t$, $A_{\bar{y}\bar{y}} = \frac{8}{12}a^3 t$, $A_{\bar{y}\bar{z}} = \frac{6}{12}a^3 t$

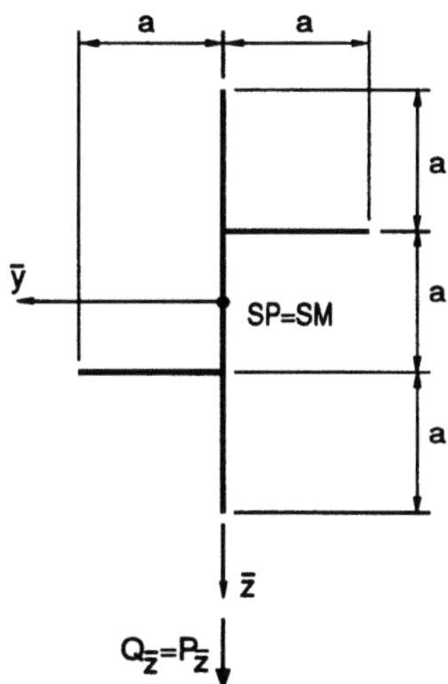

Abb. 3.3–2.2.4–1 Geometrie und Belastung des Profils

Gesucht:

Berechnung und Skizze der Schubflußverteilung $q_{Q_{\bar{z}}}(s)$ infolge $Q_{\bar{z}}$

Lösung:

Das gegebene Koordinatensystem ist das SP-KOS. Der Ursprung dieses Koordinatensystemes fällt infolge Punktsymmetrie mit dem Schubmittelpunkt zusammen. Man erkennt, daß das eingezeichnete SP-KOS nicht mit dem HA-KOS zusammenfällt. Bei der Belastung durch $Q_{\bar{z}}$ wird sich demnach eine reine aber schiefe Biegung einstellen. Eine Transformation in das HA–KOS ist hier nicht erwünscht, zumal die Drehung die Bestimmung der statischen Momente erschweren würde. Die Schubflußverteilung soll demnach für das vorliegende SP-KOS ermittelt werden, wobei die "Ersatzkräfte—Methode" zur Anwendung kommen soll. Diese erlaubt im SP-KOS so zu arbeiten, als ob ein HA-KOS vorliegen würde. Mit $Q_{\bar{y}} = 0$ ergeben sich die Ersatzquerkräfte nach Gl. (3.3.3–21) zu $Q_{\bar{z}}^{E} = \frac{22}{19}Q_{\bar{z}}$ und $Q_{\bar{y}}^{E} = -\frac{4}{19}Q_{\bar{z}}$.

Mit diesen Ersatzquerkräften muß die zugehörige QSI-Formel Gl. (3.3.3–37) ausgewertet werden. Obwohl die ursprüngliche Querkraft $Q_{\bar{z}}$ parallel zur $\bar{z}$-Achse ist, erhält man hier nun Anteile $q_{Q_{\bar{z}}^{E}}$ und $q_{Q_{\bar{y}}^{E}}$ aufgrund der Ersatzquerkräfte in $\bar{z}$- und $\bar{y}$-Richtung. Diese Anteile müssen später zu der Gesamt-Verteilung algebraisch superponiert werden. Will man entsprechend dem Ablaufschema zunächst eine qualitative Skizze anfertigen, so kann man dies zunächst nur für die getrennten Anteile tun, da eine aussagekräftige Skizze der Überlagerung konkrete Zahlenwerte erfordern würde.

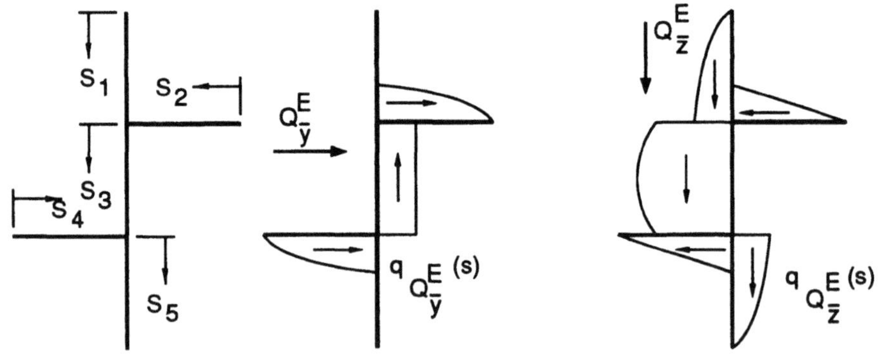

Abb. 3.3–2.2.4–2 Bereichseinteilung und
qualitative Schubflußverteilung infolge $Q_{\bar{z}}^{E}$ und $Q_{\bar{y}}^{E}$

Die zahlenmäßige Auswertung erfolgt in tabellarischer Form, zunächst für $q_{Q_{\bar{z}}^{E}}(s)$.

B.	$\bar{z}(s_i)$	$A_{\bar{z}}(s_i) = \int_0^{s_i} \bar{z}(s_i)t\,ds_i$	$q_{Q_{\bar{z}}^E}(s_i) = -Q_{\bar{z}}^E \cdot \dfrac{A_z(s_i)}{A_{zz}}$	$q_{Q_{\bar{z}}^E}(s_i = a)$
s_1	$-\frac{3}{2}a + s_1$	$\frac{a}{2}t\left(-3s_1 + \frac{s_1^2}{a}\right)$	$-\frac{4}{19}\frac{Q_{\bar{z}}}{a}\left[\left(\frac{s_1}{a}\right)^2 - 3\frac{s_1}{a}\right]$	$\frac{8}{19}\frac{Q_{\bar{z}}}{a}$
s_2	$-\frac{a}{2}$	$\frac{a}{2}t(-s_2)$	$\frac{4}{19}\frac{Q_{\bar{z}}}{a}\frac{s_2}{a}$	$\frac{4}{19}\frac{Q_{\bar{z}}}{a}$
s_3	$-\frac{a}{2} + s_3$	$\frac{a}{2}t\left(-s_3 + \frac{s_3^2}{a}\right)$	$\frac{12}{19}\frac{Q_{\bar{z}}}{a} - \frac{4}{19}\frac{Q_{\bar{z}}}{a}\left[\left(\frac{s_3}{a}\right)^2 - \frac{s_3}{a}\right]$	$\frac{12}{19}\frac{Q_{\bar{z}}}{a}$
s_4	sym	wie s_2, jedoch negativ	wie s_2, jedoch negativ	$-\frac{4}{19}\frac{Q_{\bar{z}}}{a}$
s_5	sym	$\frac{a}{2}t\left(s_5 + \frac{s_5^2}{a}\right)$	$\frac{8}{19}\frac{Q_{\bar{z}}}{a} - \frac{4}{19}\frac{Q_{\bar{z}}}{a}\left[\left(\frac{s_5}{a}\right)^2 + \frac{s_5}{a}\right]$	0

Tabelle 3.3–2.2.4–1

Ganz analog wird nun die Verteilung $q_{Q_{\bar{y}}^E}(s)$ bestimmt:

B.	$\bar{y}(s_i)$	$A_{\bar{y}}(s_i) = \int_0^{s_i} \bar{y}(s_i)t\,ds_i$	$q_{Q_{\bar{y}}^E}(s_i) = -Q_{\bar{y}}^E \dfrac{A_y(s_i)}{A_{\bar{y}\bar{y}}}$	$q_{Q_{\bar{y}}^E}(s_i = a)$
s_1	0	0	0	0
s_2	$-a + s_2$	$\frac{a^2}{2}t\left[\left(\frac{s_2}{a}\right)^2 - 2\frac{s_2}{a}\right]$	$\frac{3}{19}\frac{Q_{\bar{z}}}{a}\left[\left(\frac{s_2}{a}\right)^2 - 2\frac{s_2}{a}\right]$	$-\frac{3}{19}\frac{Q_{\bar{z}}}{a}$
s_3	0	0	$-\frac{3}{19}\frac{Q_{\bar{z}}}{a}$	$-\frac{3}{19}\frac{Q_{\bar{z}}}{a}$
s_4	sym	wie s_2, jedoch negativ	wie s_2, jedoch negativ	$+\frac{3}{19}\frac{Q_{\bar{z}}}{a}$
s_5	0	0	0	0

Tabelle 3.3–2.2.4–2

Entsprechend der QSI-Formel müssen nun die beiden Anteile der Schubflußverteilung addiert werden.

$$q_{1ges} = -\frac{4}{19}\frac{Q_{\bar z}}{a}\left[\left(\frac{s_1}{a}\right)^2 - 3\frac{s_1}{a}\right] \qquad \Rightarrow \quad q_{1ges}(s_1 = a) = \frac{8}{19}\frac{Q_{\bar z}}{a}$$

$$q_{2ges} = \frac{Q_{\bar z}}{a}\left[\frac{3}{19}\left(\frac{s_2}{a}\right)^2 - \frac{2}{19}\frac{s_2}{a}\right] \qquad \Rightarrow \quad q_{2ges}(s_2 = a) = \frac{1}{19}\frac{Q_{\bar z}}{a}$$

$$q_{3ges} = \frac{Q_{\bar z}}{a}\left[\frac{9}{19} - \frac{4}{19}\left(\frac{s_3}{a}\right)^2 + \frac{4}{19}\frac{s_3}{a}\right] \quad \Rightarrow \quad q_{3ges}(s_3 = a) = \frac{9}{19}\frac{Q_{\bar z}}{a}$$

$$q_{4ges} = \frac{Q_{\bar z}}{a}\left[-\frac{3}{19}\left(\frac{s_4}{a}\right)^2 + \frac{2}{19}\frac{s_4}{a}\right] \qquad \Rightarrow \quad q_{4ges}(s_4 = a) = -\frac{1}{19}\frac{Q_{\bar z}}{a}$$

$$q_{5ges} = \frac{Q_{\bar z}}{a}\left[\frac{8}{19} - \frac{4}{19}\left(\frac{s_5}{a}\right)^2 - \frac{4}{19}\frac{s_5}{a}\right] \quad \Rightarrow \quad q_{5ges}(s_5 = a) = 0$$

Abb. 3.3–2.2.4–3 Skizze der Gesamt-Schubflußverteilung $q_{Q_{\bar z}}(s)$ mit Eckwerten und Richtungen

3.3–2.2.5 Aufgabe

Die beiden offenen Profilquerschnitte a) und b) sind jeweils durch eine Querkraft $Q_{\hat z} = P_{\hat z}$ im Schubmittelpunkt belastet

Gegeben:

$P_{\hat z}$, t, r, HA-KOS, $A_{\hat z \hat z} = A_{\hat y \hat y} = \pi r^3 t$

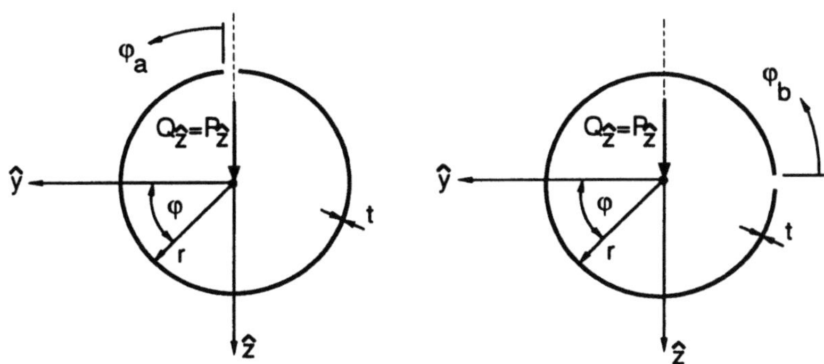

Abb. 3.3–2.2.5–1 Geometrie und Belastung der Profile a) und b)

Gesucht:

Berechnung und Skizze der jeweiligen Schubflußverteilung $q_{Q_{\hat{z}}}$ infolge $Q_{\hat{z}}$

Lösung:

Es kann mit Gl. (3.3.3–34a) gearbeitet werden. Die Bestimmung der statischen Momente erfolgt in Polarkoordinaten.

Benutzt man die im obigen Bild eingetragenen Bereichsstartpunkte, so erhält man:

Fall a): $A_{\hat{z}}(\varphi_a) = \int\limits_0^{\varphi_a} \hat{z}(\varphi_a)t\,ds = -r^2 t \int\limits_0^{\varphi_a} \cos\varphi_a d\varphi_a \;\; \Rightarrow \;\; q_a(\varphi_a) = \frac{Q_{\hat{z}}}{\pi r}\sin\varphi_a$

Fall b): $A_{\hat{z}}(\varphi_b) = \int\limits_0^{\varphi_b} \hat{z}(\varphi_b)t\,ds = -r^2 t \int\limits_0^{\varphi_b} \sin\varphi_b d\varphi_b \;\; \Rightarrow \;\; q_b(\varphi_b) = \frac{Q_{\hat{z}}}{\pi r}(1 - \cos\varphi_b).$

Setzt man Zahlenwerte ein, können die Schubflußverteilungen skizziert werden:

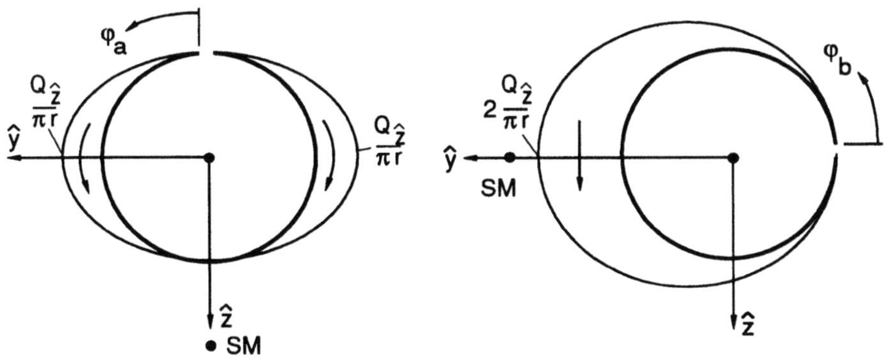

Abb. 3.3–2.2.5–2

3.3–2.2.6 Aufgabe

Ein punktsymmetrisches Profil wird durch eine Querkraft $Q_{\overline{z}} = P_{\overline{z}}$ im Schubmittelpunkt belastet.

Gegeben:

$P_{\bar{z}}$, r, SP-KOS

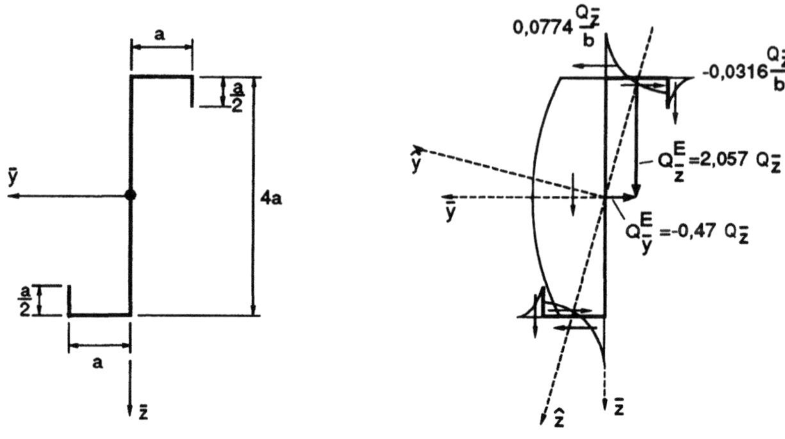

Abb. 3.3–2.2.6–1

Gesucht:

Ersatzquerschnitte, Skizze der Schubflußverteilung mit Eckpunkten und Richtungen, Hauptachsen (graphisch)

Lösung:

Analog zu Aufgabe 3.3–2.2.4; Hier ohne Zwischenschritte

$$A_{\bar{y}\bar{y}} = \frac{5}{3}a^3 t \;\; ; \;\; A_{\bar{z}\bar{z}} = \frac{197}{12}a^3 t \;\; ; \;\; A_{\bar{y}\bar{z}} = \frac{15}{4}a^3 t$$

$$Q_{\bar{z}}^{E} = 2,057\,Q_{\bar{z}}$$

$$Q_{\bar{y}}^{E} = -0,47\,Q_{\bar{z}}$$

3.3–2.2.7 Aufgabe

Ein Profil mit bereichsweise veränderlichen Wandstärken ist durch eine im Schubmittelpunkt angreifende Querkraft $Q_{\hat{z}} = P_{\hat{z}}$ belastet.

Gegeben:

$P_{\hat{z}}$, $t = \frac{a}{10}$, a, HA-KOS, $A_{\hat{z}\hat{z}} = \frac{1417}{7500}a^4$ (alle Anteile berücksichtigt); Bereiche s_1, s_2, s_4, s_5 haben linear veränderliche Wandstärken

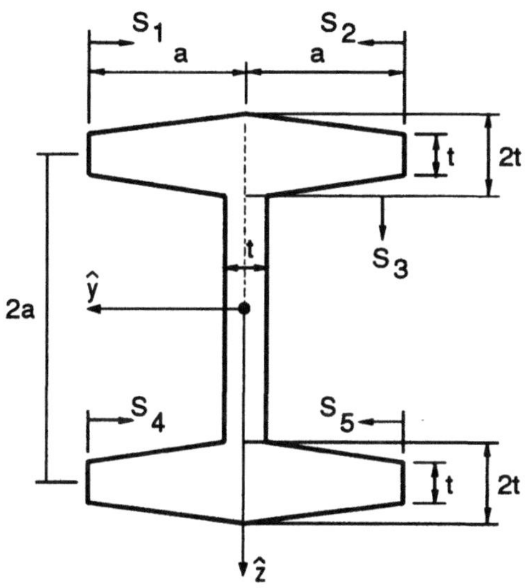

Abb. 3.3–2.2.7–1 Geometrie des Profilschnittes

Gesucht:

Skizze der Schubflußverteilung mit Eckpunkten und Richtungen

Lösung:

Für die Bereiche s_1 und s_2 erhält man erhält man aus Gl. (3.3.3–34a) den Schubflußverlauf:

$$q_{Q_{\hat{z}}}(s_{1,2}) = \frac{750}{1417}\left(\frac{s_{1,2}}{a} + \frac{1}{2}\left(\frac{s_{1,2}}{a}\right)^2\right)\frac{Q_{\hat{z}}}{a} \quad .$$

Die Bereiche s_4 und s_5 sind bis auf das Vorzeichen des Schubflusses identisch. Im Bereich s_3 ergibt sich der Schubflußverlauf zu

$$q_{Q_{\hat{z}}}(s_3) = \left\{-\frac{2250}{1417} - \frac{750}{1417}\cdot\left(\frac{1}{2}\left(\frac{s_3}{a}\right)^2 - \frac{s_3}{a}\right)\right\}\frac{Q_{\hat{z}}}{a}$$

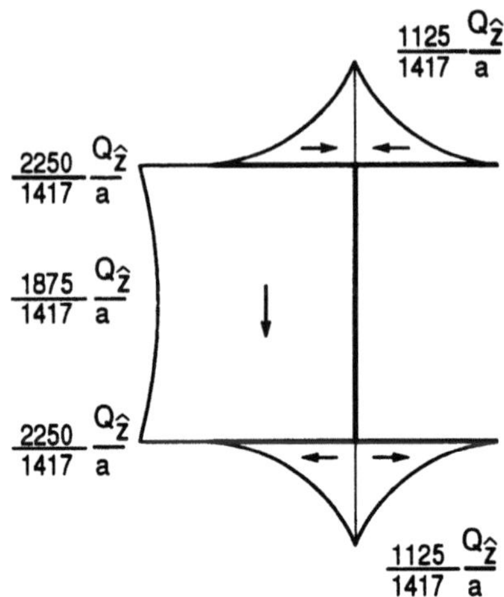

Abb. 3.3–2.2.7–2 Skizze des Schubflußverlaufes mit einigen Eckwerten

3.3–2.2.8 Aufgabe

Ein C-Profil ist durch die im SM angreifende Querkraft Q^* belastet

Gegeben:

Q^*, t, a, HA-KOS

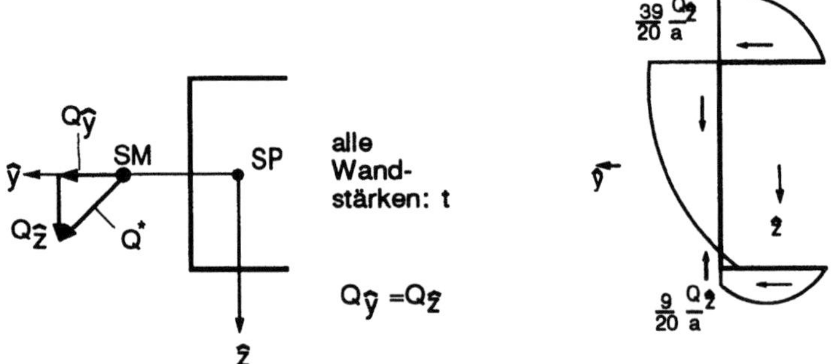

Abb. 3.3–2.2.8–1 Geometrie und Belastung

Gesucht:

Schubflußverteilung $q_{Q^*}(s)$ mit Skizze, Eckpunkten und Richtungen

Lösung:

Die Auswertung der Gl.(3.3.3–34a) mit $Q\hat{z} \neq 0$ und $Q\hat{y} \neq 0$ ohne Angabe der Zwischenschritte zeigt Abb. 3.3–2.2.8–1

3.3–3 Schubflußberechnung für geschlossene einzellige Querschnitte

3.3–3.1 Zusammenfassung der theoretischen Grundlagen

Die Schubflußverteilung für einen *geschlossenen Querschnitt* kann auf verschiedene Weise berechnet werden. Schneidet man ein belastetes geschlossenes Profil auf, so wird auf dem gesamten Umfang der an der Schnittstelle vor dem Aufschneiden vorliegende Schubfluß q_0 verschwinden und an der Schnittstelle selbst $q(s) = 0$ sein. Je nach Angriffspunkt der Last setzt sich q_0(Schnittstelle) aus einem Biege- und einem Torsionsanteil zusammen:

$$q_{0_{ges}} = q_{0B} + q_{0T} \; .$$

(3.3.7–7)

Greift die Kraft im SMg an, so ist $q_0 = q_{0B}$ und beim Aufschneiden springt der SMg nach SM, d.h. die Kraft $Q_{\hat{z}}$ muß um die Länge $(y_{Mg} - y_M)$ parallel verschoben werden. Für das aus dem Kräftepaar resultierende Moment folgt (Abb. 3.3.7–1, Gl. 3.3.7–14 und 15):

$$q_{0B\hat{z}} = \frac{Q_{\hat{z}}}{2A_0}(y_{Mg} - y_M) \; .$$

(3.3.7–15)

Geht die Querkraft nicht durch den SMg, so muß q_{0B} noch der aus der Torsion (Bredt-Bathosche Formel) resultierende Schubfluß

$$q_{0T\hat{z}} = \frac{Q_{\hat{z}}}{2A_0}(y_{Q_s} - y_{Mg}) \; .$$

(3.3.7–18)

überlagert werden.

Überlagert man dem Schubflußverlauf des aufgeschnittenen Querschnittes $q_{\text{offen}}(s)$ den konstanten Wert q_{0ges}, so schließt man den Querschnitt und erhält den gesuchten Schubflußverlauf .Siehe dazu Kap. 3.3.7, an dessen Ende die verfügbaren, zahlreichen Gleichungen zusammengefaßt sind.

Im Folgenden soll allerdings noch kurz auf die Bedeutung einiger Größen und deren Bezeichnung in den Arbeitsgleichungen hingewiesen werden. Mit y_{Q_s} wird die y-Koordinate (AG-KOS) des Angriffspunktes der Querkraft Q_z bezeichnet (Analoges gilt für $Q_{\hat{z}}$ und $Q_{\overline{z}}$). y_{SM} und y_{SMg} stellen die y-Koordinaten des Schubmittelpunktes eines offenen bzw. geschlossenen Profiles dar. Alle diese Größen ändern ihren Wert beim Übergang in ein anderes Koordinatensystem; z.B. gilt in der Regel $y_{SM} \neq \overline{y}_{SM} \neq \hat{y}_{SM}$. Die Strecken $y_M = y_{SM} - y_{\text{Pol}}$ bzw. $y_{Mg} = y_{SMg} - y_{\text{Pol}}$ stellen den (vorzeichenbehafteten!) Abstand zwischen einem Pol mit der Koordinate y_{Pol} und dem Schubmittelpunkt (offen oder geschlossen) in y-Richtung dar. Diese Abstände sind aufgrund der Differenzbildung unabhängig vom Koordinatenursprung. Bezeichnungen wie z.B. $\overline{y}_M$ oder $\hat{y}_M$ sind demnach nicht nötig; sie gelten für das KOS, in dem man gerade arbeitet. Für den oft benötigten Ausdruck $y_{Mg} - y_M$ findet man leicht: $y_{Mg} - y_M = y_{SMg} - y_{SM}$. Alle obigen Ausführungen gelten sinngemäß auch für die z-Koordinate (Siehe auch Abb. 3.3.7–3 und –4).

Ein prinzipieller Ablaufplan des Vorgehens ist im folgenden gegeben:

1	• Bei einfachen Profilen: SMg aus Anschauung (Symmetrie u.a.m.) bestimmen und Ort des Schnittes so festlegen, daß SM und SMg auf der Wirklinie der Querkraft liegen $\Rightarrow$ $q_{0B} = 0$ • Bei komplizierten Profilen: Schnitt so wählen, daß die Bestimmung von $q_{\text{offen}}(s)$ einfach ist		
2	In Bereiche einteilen und Bestimmung von $q_{\text{offen}}(s)$ siehe 3.3-2		
	a) SM und SMg bekannt: gesucht: Bestimmung von SM und SMg	b) SMg bekannt, bzw. Q geht durch den SMg $q(s)$ aus Gl. (3.3.3-24) bzw. (3.3.7-25)	c) SM bekannt $q_{\text{offen}}(s)$ aus QSI-Formel
3	Anwendung von Gl. (3.3.7-19) zur Bestimmung von $q_{0\text{ges}}$	Q geht nicht durch den SMg q_{0T} aus Gl. (3.3.7-18)	$q_{0\text{ges}}$ aus Gl. (3.3.7-19)
4	$q_{ges}(s) = q_{\text{offen}}(s) + q_{0\text{ges}}$ bzw. $q_{ges}(s) = q(s) + q_{0T}$ im Fall b) Verteilung skizzieren, Eckwerte berechnen		

3.3–3.2 Aufgaben

3.3–3.2.1 Aufgabe

Ein geschlossenes Dreiecksprofil ist durch eine Querkraft belastet.

Gegeben:

Q_z, angreifend in Punkt B, t, a, $A_{\hat{z}\hat{z}} = \frac{85}{3}a^3 t$

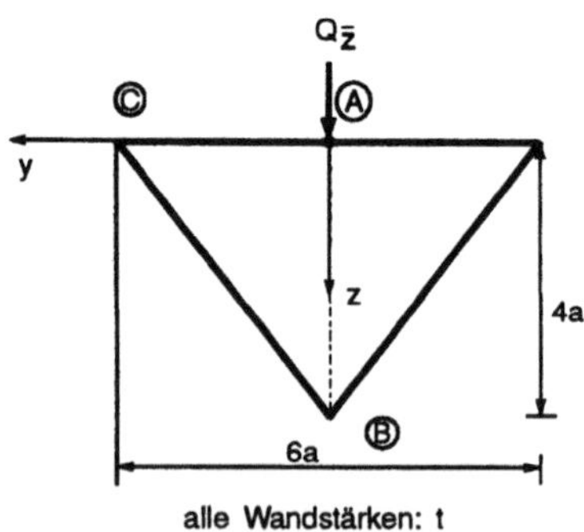

Abb. 3.3–3.2.1–1 Geometrie und Belastung des Profiles

Gesucht:

Schubflußverteilung des geschlossenen Profiles mit Skizze, Eckwerten und Richtungen

Lösung:

Der SMg liegt im SM, da für diesen $r_t \cdot t = \text{const.}$ (siehe Abb. 3.2.3–4). Da $Q_{\bar{z}}$ durch den SMg geht, ist $q_{0T} = 0$ und damit $q_{0\text{ges}} = q_{0B}$.
Bestimmung der Schubflußverteilung des offenen Profiles:
Als Schwerpunkt-Koordinaten für das gegebene Koordinatensystem erhält man: $z_{SP} = \frac{5}{4}a$ und $y_{SP} = 0$. Man schneidet zweckmäßiger Weise das Profil im Ursprung des AG-KOS. Da aufgrund der Symmetrie in y-Richtung die Belastung Q_z entlang einer Hauptachse angreift, kann mit der QSI-Formel Gl. (3.3.3–34a) $q_{\text{offen}}(s) = -Q_{\hat{z}} \cdot \frac{A_{\hat{z}}(s)}{A_{\hat{z}\hat{z}}}$ gearbeitet werden. Mit Hilfe der angegebenen Bereichseinteilung erhält man für die Schubflußverteilung des offenen Profiles:

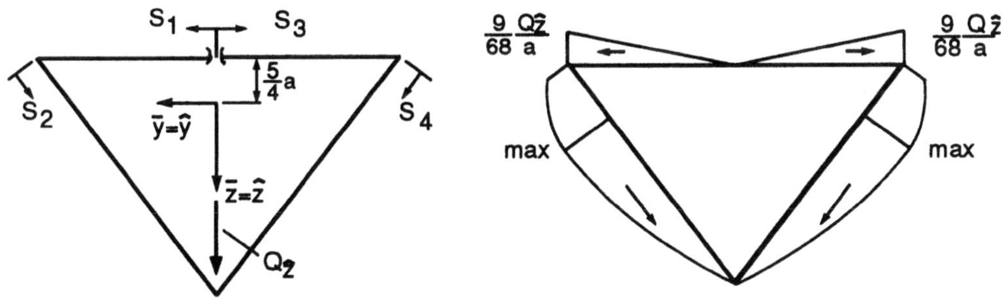

Abb. 3.3–3.2.1–2 Schubflüsse des offenen Profiles

B.	$\hat{z}(s_i)$	$A_{\hat{z}}(s_i) = \int\limits_0^{s_i} \hat{z}(s_i)t\,ds_i$	$q_{Q_{\hat{z}}}(s_i) = -Q_{\hat{z}}\dfrac{A_{\hat{z}}(s_i)}{A_{\hat{z}\hat{z}}}$	Endwert $q_{Q_{\hat{z}}}(s_i)$
s_1	$-\frac{5}{4}a$	$-\frac{5}{4}ats_1$	$\frac{3}{68}Q_{\hat{z}}\frac{s_1}{a^2}$	$\frac{9}{68}\frac{Q_{\hat{z}}}{a}$
s_2	$-\frac{5}{4}a + \frac{4}{5}s_2$	$t\left[\frac{2}{5}s_2^2 - \frac{5}{4}as_2\right]$	$\frac{Q_{\hat{z}}}{a}\left[\frac{9}{68} + \frac{3}{68}\frac{s_2}{a} - \frac{6}{425}\frac{s_2^2}{a^2}\right]$	0
s_3	sym	wie s_1	wie s_1	$\frac{9}{68}\frac{Q_{\hat{z}}}{a}$
s_4	sym	wie s_2	wie s_2	0

Tabelle 3.3–3.2.1–1

Bestimmung der Schubflußverteilung des geschlossenen Profiles:
Die Gleichung für die Momentenäquivalenz zur Bestimmung von q_{0_B} lautet hier
mit $Q_{\hat{y}} \equiv 0$ nach Gl.(3.3.7-15)

$$q_{0_{B_{\hat{z}}}} = \frac{1}{2 \cdot A_0} \left[-Q_{\hat{z}} (\hat{y}_M - \hat{y}_{M_g}) \right] \quad .$$

Entsprechend der obigen Gleichung wären jetzt die Lagen des Schubmittelpunktes des geschlossenen und des offenen Profiles zu bestimmen. Mit den Koordinaten der Schubmittelpunkte wäre dann der jeweilige Abstand zu einem beliebigen
Pol für die offene und die geschlossene Version zu bilden und in die Momentenäquivalenz einzusetzen (hier nur die y-Komponenten; y_M und y_{M_g}). Die
explizite Bestimmung der Schubmittelpunkte (siehe Kap. 3.1) soll hier nicht
durchgeführt werden, denn man kann sich in diesem Beispiel anschaulich klar-
machen, daß aus Symmetriegründen durch die geschickte Wahl des Schnittes die
y-Koordinate der Schubmittelpunkte des offenen und des geschlossenen Drei-
eckprofiles identisch sind. Für die z-Koordinate ist das nicht der Fall, dies ist
aber für die Lösung der Aufgabe unerheblich, da nur $Q_{\hat{z}}$ angreift. Damit ist
$q_{0_{B_{\hat{z}}}} \equiv 0$ und die Schubflußverteilung q_{ges} identisch mit der schon skizzierten
Verteilung $q_{\text{offen}}(s)$.
Analoges gilt für einen Schnitt in Punkt B, da auch in diesem Fall die y-
Koordinaten von SM und SM_g zusammenfallen. Ein Schnitt im Punkt C
erfordert die Berechnung von $q_{0_{B_{\hat{z}}}}$.

3.3–3.2.2 Aufgabe

Ein Biegeträger mit geschlossenem Profil soll mit einer Querkraft Q_z im Schubmittelpunkt SM_g, dessen Koordinaten noch nicht bekannt sind, belastet werden.

Gegeben:

$t, \; r$

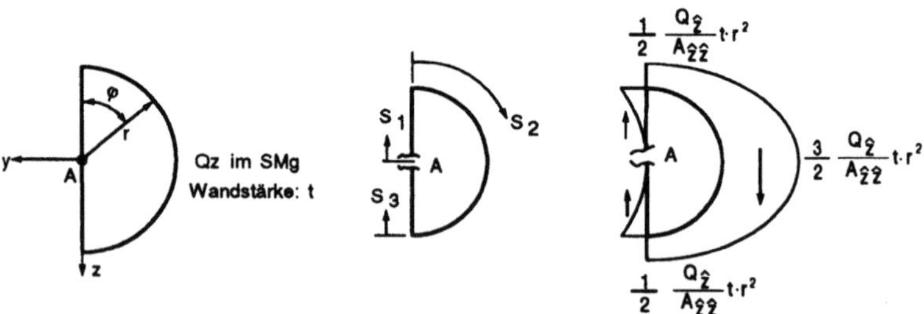

Abb. 3.3–3.2.2–1 Geometrie, Belastung des
Profils, Bereichseinteilung, Verteilung $q_{\text{offen}}^{(A)}(s)$

Gesucht:

Schubflußverteilung des geschlossenen Profiles mit Skizze; Koordinaten der
Schubmittelpunkte SM und SM_g

Lösung:

Da Q_z durch SMg geht ist $q_{0T} = 0$ und damit $q_{0ges} = q_{0B}$.

— Bestimmung des Schubflusses des offenen Profiles

Es ist zunächst ein geeigneter Punkt zu finden, in dem das geschlossene Profil aufgeschnitten werden soll. In diesem Fall existiert aber kein Ort für diesen Schnitt, welcher die Schubmittelpunkte (y-Koordinaten würden ausreichen, da Belastung in z-Richtung) des geschlossenen und des geschnittenen Profiles zusammenfallen ließe, um die Berechnung von q_{0_B} überflüssig zu machen. Um aber zumindest Rechenarbeit zu sparen, wird zweckmäßiger Weise in der Symmetrieebene im Punkt A geschnitten, so daß SM auf der Hauptachse $\hat{y}$, die in y–Richtung weist, zu liegen kommt.
Die Berechnung von $q_{\text{offen}}^{(A)}$ ergibt:

Bereich	$q_{\text{offen}_{Q_z}}(s_i) = -Q_z \dfrac{A_{\hat{z}}(s_i)}{A_{\hat{z}\hat{z}}}$	Endwerte $q_{\text{offen}_{Q_z}}$
s_1	$\dfrac{Q_z}{A_{\hat{z}\hat{z}}} \dfrac{t}{2} s_1^2$	$\dfrac{Q_z}{A_{\hat{z}\hat{z}}} \dfrac{t}{2} r^2$
s_2	$\dfrac{Q_z}{A_{\hat{z}\hat{z}}} \dfrac{t}{2} r^2 (1 + 2\sin\varphi)$	wie s_1
s_3	sym	0

Tabelle 3.3–3.2.2–1

Die Berechnung der Schubflußverteilung des geschlossenen Profiles soll hier mit Hilfe der Momentenäquivalenz erfolgen (Gl. 3.3.7–15). Hierzu werden die Koordinaten der Schubmittelpunkte des offenen und des geschlossenen Profiles benötigt. Für das offene Profil erhält man $y_{SM} = -\dfrac{tr^4}{A_{\hat{z}\hat{z}}} \cdot \dfrac{\pi+4}{2}$ und $z_{SM} = 0$.
Entsprechend dem schon in Kap. 3.1 erläuterten Vorgehen erhält man für die Koordinaten des Schubmittelpunktes des geschlossenen Profiles:
$y_{Mg} = -\dfrac{tr^4}{A_{\hat{z}\hat{z}}} \cdot \dfrac{2}{3} \cdot \dfrac{\pi+6}{\pi+2}$ und $z_{Mg} = 0$.
Mit diesen Werten kann Gl. (3.3.7–15) direkt ausgewertet werden, wenn der Bezugspol der Schubmittelpunktlagen in $y = z = 0$ gewählt wird. Man erhält mit $A_0 = \dfrac{\pi r^2}{2}$:

$$q_{0_{B_z}} = \frac{1}{\pi r^2}\left[-Q_{\hat{z}}\left\{ -\frac{tr^4}{A_{\hat{z}\hat{z}}} \cdot \frac{\pi+4}{2} + \frac{tr^4}{A_{\hat{z}\hat{z}}} \cdot \frac{2}{3} \cdot \frac{\pi+6}{\pi+2} \right\} \right] = \frac{Q_{\hat{z}}}{A_{\hat{z}\hat{z}}} r^2 t \cdot \frac{3\pi+14}{6\pi+12}$$

Nach $q_{ges}(s) = q_{offen}(s) + q_{0_{B_z}}$ kann nun der Gesamt-Schubflußverlauf skizziert werden.

Bereich	$q(s)_{\text{ges}}$	Endwerte
s_1	$\dfrac{Q_{\hat{z}}}{A_{\hat{z}\hat{z}}}t\left\{\dfrac{s_1^2}{2} - r^2\dfrac{3\pi+14}{6\pi+12}\right\}$	$\dfrac{Q_{\hat{z}}}{A_{\hat{z}\hat{z}}}r^2t\left\{\dfrac{1}{2} - \dfrac{3\pi+14}{6\pi+12}\right\} \approx -0,2593\,\dfrac{Q_{\hat{z}}}{A_{\hat{z}\hat{z}}}tr^2$
s_2	$\dfrac{Q_{\hat{z}}}{A_{\hat{z}\hat{z}}}r^2t\left\{\dfrac{1+2\sin\varphi}{2} - \dfrac{3\pi+14}{6\pi+12}\right\}$	$\dfrac{Q_{\hat{z}}}{A_{\hat{z}\hat{z}}}r^2t\left\{\dfrac{1}{2} - \dfrac{3\pi+14}{6\pi+12}\right\}$

Tabelle 3.3–3.2.2–2

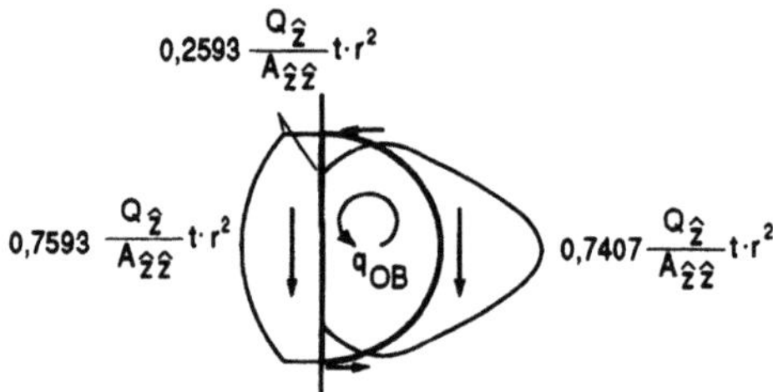

Abb. 3.3–3.2.2–3 Schubflußverteilung des geschlossenen Profiles

Wäre die Berechnung der Lagen der Schubmittelpunkte nicht gefordert gewesen, so hätte die Bestimmung von q_{0_B} einfacher mit Hilfe der Gl. (3.3.7–20) erfolgen können. Die Lösung der Ringintegrale aus Gl. (3.3.7–20) sollte der Übersichtlichkeit halber tabellarisch erfolgen.

B.	$A_{\hat{z}}(s_i)$	Intervall	$\dfrac{Q_{\hat{z}}}{A_{\hat{z}\hat{z}}}\int A_{\hat{z}}(s_i)\dfrac{ds_i}{t(s_i)}$	$\int \dfrac{ds_i}{t(s_i)}$
s_1	$-\dfrac{t}{2}s_1^2$	$0 - r$	$\dfrac{Q_{\hat{z}}}{A_{\hat{z}\hat{z}}}\dfrac{r^3}{6}$	$\dfrac{r}{t}$
s_2	$-\dfrac{t}{2}r^2(1+2\sin\varphi)$	$0 - \pi$	$\dfrac{Q_{\hat{z}}}{A_{\hat{z}\hat{z}}}r^3\dfrac{\pi+4}{2}$	$\dfrac{r}{t}\pi$
s_3	wie s_1	$0 - r$	wie s_1	wie s_1
$\sum$			$\dfrac{Q_{\hat{z}}}{A_{\hat{z}\hat{z}}}r^3\dfrac{3\pi+14}{6}$	$\dfrac{2r+\pi r}{t}$

Tabelle 3.3–3.2.2–3

Setzt man die Summe ein, erhält man den schon bekannten Wert

$$q_{0_{B_t}} = \frac{Q_{\hat{z}}}{A_{\hat{z}\hat{z}}} r^2 t \frac{3\pi + 14}{6\pi + 12}.$$

3.3–3.2.3 Aufgabe

Gegeben:

Profil und Belastung aus Aufgabe 3.3–2.2.5, Schubflußverteilungen der offenen Profile a) und b)

Gesucht:

Für die in Aufgabe 3.3–2.2.5 behandelte Geometrie soll auf der Basis der schon bekannten Schubflüsse der offenen Profile a) und b) eine Lösung für die Schubflußverteilung des geschlossenen Kreisringprofiles gefunden werden.

Lösung:

☐ Die Querkräfte gehen durch den SMg, somit ist $q_{0T} = 0$.
☐ Schnittvariante 3.3–2.2.5 a)
Hier kann die Bestimmung von $q_{0_{B\,a)}}$ ohne Rechnung erfolgen. Aufgrund der Symmetrie liegt der SM_g bei $\hat{y}_{SMg} = \hat{z}_{SMg} = 0$. Im Falle des nach a) geschnittenen Profiles liegt der SM (offenes Profil) auf der $\hat{z}$–Achse. Bei Belastung in $\hat{z}$–Richtung im SM_g ergibt sich damit zwangsläufig $q_{0_B} = 0$. Die Schubflußvertreilung $q_{\text{offen,a)}}(s)$ ist damit identisch mit der gesuchten Verteilung $q_{\text{ges,a)}}(s)$.

☐ Schnittvariante 3.3–2.2.5 b)
Will man Gl. (3.3.7–15) zur Bestimmung von q_{0_B} anwenden, so muß hier zunächst der SM des offenen Profiles bestimmt werden.
Durch die Anwendung der Momentenäquivalenz auf die schon bekannte Schubflußverteilung des offenen Profiles kann das formale Vorgehen Gl. (3.3.6–6) zur Schubmittelpunktbestimmung etwas abgekürzt werden. Infolge Symmetrie um die $z = \hat{z}$–Achse ist $\hat{z}_{SM} = 0$. Wählt man den Pol mit $\hat{z}_{\text{Pol}} = 0$ so wird $z_M = \hat{z}_{SM} - \hat{z}_{\text{Pol}} = 0$. Mit der Wahl $\hat{y}_{\text{Pol}} = 0$ ergibt sich weiterhin $y_M = \hat{y}_{SM}$ und aus Gl. (3.3.6–1a mit 1b) wird für Schnitt b:

$$Q_{\hat{z}} y_M = \oint q_{\text{offen}_{b)}}(s)\, r_t ds$$

Mit der Verteilung $q_{\text{offen}\,b)}(s)$ dieser Schnittvariante erhält man

$$Q_{\hat{z}} y_{M\,b)} = \int\limits_0^{2\pi} \frac{Q_{\hat{z}}}{\pi r} (1 - \cos\varphi_{\,b)}) r^2 d\varphi_{\,b)}$$

$$= \frac{Q_{\hat{z}} r}{\pi} [2\pi - 0] \quad \Rightarrow \quad y_{M\,b)} = 2r = \hat{y}_{SM\,b)}$$

(Anmerkung: Man achte bei der Auswertung von Momentenäquivalenzen
generell auf Drehsinn der von der Last und von der Schubflußverteilung
erzeugten Momente $\Rightarrow$ Richtung der lokalen Koordinate: hier φ_b)
Jetzt kann die Momentenäquivalenz Gl. (3.3.7–15) zur Bestimmung von
$q_{0B_b)}$ angewendet werden:

$$q_{0B_{\hat{z}}} = \frac{Q_{\hat{z}}}{2A_0}(y_{Mg} - y_M) = \frac{Q_{\hat{z}}}{2A_0}[0 - 2r] = -\frac{Q_{\hat{z}}}{r\pi}$$

Die Überlagerung von $q_{0B_{\hat{z}}}$ mit q_{offen} führt dann zu dem schon bekannten
Ergebnis.

3.3–3.2.4 Aufgabe

Ein geschlossenes Profil mit einem freiem Abschnitt soll durch eine Querkraft
$Q_{\bar{y}}$ im Schubmittelpunkt belastet werden.

Gegeben:

$Q_{\bar{y}}$, t, a, SP-KOS, $A_{\hat{y}\hat{y}} = \frac{2}{3}a^3 t$

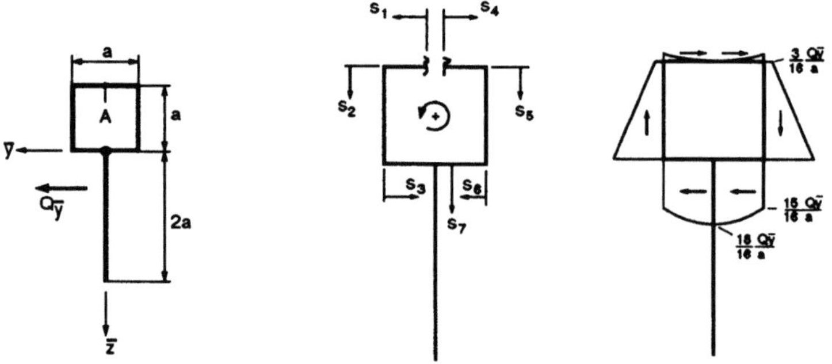

Abb. 3.3–3.2.4–2 Geometrie und Belastung;
Bereichseinteilung und Schubflußverteilung $q_{\text{offen}}(s)$

Gesucht:

Schubflußverteilung $q(s)$ des geschlossenen Profiles mit der Skizze

Lösung:

Bestimmung von $q_{\text{offen}}(s)$:
Da $\bar{z}$ Symmetrieachse ist, ist das SP-KOS ein HA-KOS und somit die $\bar{y}$-Achse
eine Hauptachse. Im gegebenen Koordinatensystem kann somit mit der QSI-
Formel und $Q_{\hat{z}} = 0$ sofort die Schubflußverteilung des offenen Profiles berechnet
werden. Um diesen Schritt durch Symmetrieausnutzung zu vereinfachen, wird
dazu in Punkt A geschnitten.

Bestimmung von $q_{ges}(s)$ bzw. $q_{0B\overline{y}}$:

Bereich	$q_{Q_{y\,offen}}(s_i)$	Endwert $q_{Q_{y\,offen}}^{End}$
s_1	$-\dfrac{3}{4}\left(\dfrac{s_1}{a}\right)^2\dfrac{Q_{\overline{y}}}{a}$	$-\dfrac{3}{16}\dfrac{Q_{\overline{y}}}{a}$
s_2	$-\left[\dfrac{3}{16}+\dfrac{3}{4}\left(\dfrac{s_2}{a}\right)\right]\dfrac{Q_{\overline{y}}}{a}$	$-\dfrac{15}{16}\dfrac{Q_{\overline{y}}}{a}$
s_3	$\left[-\dfrac{15}{16}-\dfrac{3}{4}\dfrac{s_3}{a}+\dfrac{3}{4}\left(\dfrac{s_3}{a}\right)^2\right]\dfrac{Q_{\overline{y}}}{a}$	$-\dfrac{18}{16}\dfrac{Q_{\overline{y}}}{a}$
s_7	0	0

Tabelle 3.3–3.2.4–1 Schubflußverteilung $q_{\text{offen}}(s)$

Es soll Gl. (3.3.7–20 bzw. 3.3.7–24) zur Bestimmung des konstanten $q_{0B\overline{y}}$ verwendet werden, damit die Berechnung der Schubmittelpunkte entfällt. Es können die aus den Bereichen s_1–s_3 resultierende Anteile des Ringintegrales $\frac{Q_{\overline{y}}}{A_{\overline{y}\,\overline{y}}}\oint A_{\overline{y}}(s)\frac{ds}{ts}$ ohne Modifikationen bestimmt werden:

Bereich $\quad s_1\ :\qquad \dfrac{Q_{\overline{y}}}{A_{\overline{y}\,\overline{y}}}\displaystyle\int_0^{a/2} A_{\overline{y}}(s_1)\frac{ds}{t}=\frac{1}{32}\frac{Q_{\overline{y}}}{t}=B_1$

Bereich $\quad s_2\ :\qquad \dfrac{Q_{\overline{y}}}{A_{\overline{y}\,\overline{y}}}\displaystyle\int_0^{a} A_{\overline{y}}(s_2)\frac{ds}{t}=\frac{9}{16}\frac{Q_{\overline{y}}}{t}=B_2$

Bereich $\quad s_3\ :\qquad \dfrac{Q_{\overline{y}}}{A_{\overline{y}\,\overline{y}}}\displaystyle\int_0^{a/2} A_{\overline{y}}(s_3)\frac{ds}{t}=\frac{17}{32}\frac{Q_{\overline{y}}}{t}=B_3$

Der Bereich s_7 liefert zum Ringintegral keinen Beitrag. Dies würde auch in dem Fall gelten, wenn $q_{offen}(s_7)\neq 0$ wäre. Die Anteile der Bereiche s_4, s_5 und s_6 am Ringintegral müssen aufgrund der entgegen dem vereinbarten Drehsinn laufenden Bereichskoordinaten prinzipiell mit umgekehrtem Vorzeichen versehen werden. Da aber aufgrund der Symmetrie $A_{\overline{y}}(s_1)=-A_{\overline{y}}(s_4)$, $A_{\overline{y}}(s_2)=-A_{\overline{y}}(s_5)$ und $A_{\overline{y}}(s_3)=-A_{\overline{y}}(s_6)$ gilt, kann das Ringintegral folgendermaßen gebildet werden.

$$\frac{Q_{\overline{y}}}{A_{\overline{y}\,\overline{y}}}\oint q_{\text{offen}}(s)\frac{ds}{t}=2\,(B_1+B_2+B_3)=\frac{36}{16}\frac{Q_{\overline{y}}}{t}$$

Aus Gl. (3.3.7–20) findet man schließlich mit: $\oint\frac{ds}{t(s)}=\frac{4a}{t}$

$$q_{0B\overline{y}}=\frac{9}{16}\frac{Q_{\overline{y}}}{a}$$

Addiert man diesen Wert zu der Schubflußverteilung $q_{\text{offen}}(s)$ erhält man die Verteilung des geschlossenen Profiles.

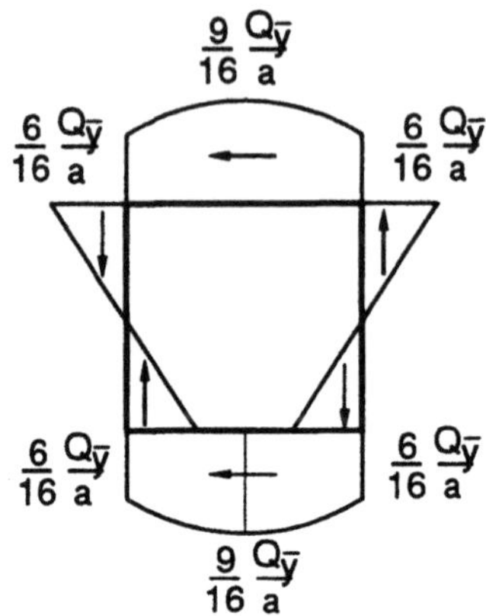

Abb. 3.3–3.2.4–4 Endergebnis: Skizze von $q_{\text{ges}}(s)$

3.3–3.2.5 Aufgabe

Zwei einzellige Profile sind durch die Querkraft Q_z im SMg belastet.

Gegeben:

Wandstärke $t = const.$, a, $Q_{\bar{z}}$

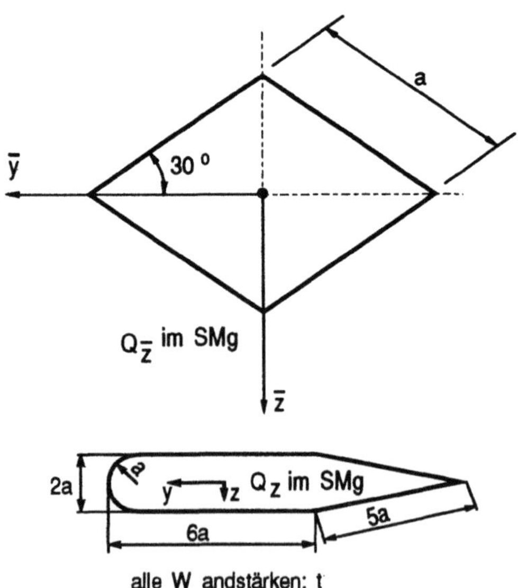

Abb. 3.3–3.2.5–1 Geometrie und Belastung der Profilschnitte

Gesucht:

Schubflußverteilung mit Skizze, Eckpunkten und Richtungen

Lösung:

Hier ohne Zwischenschritte

a)

b)

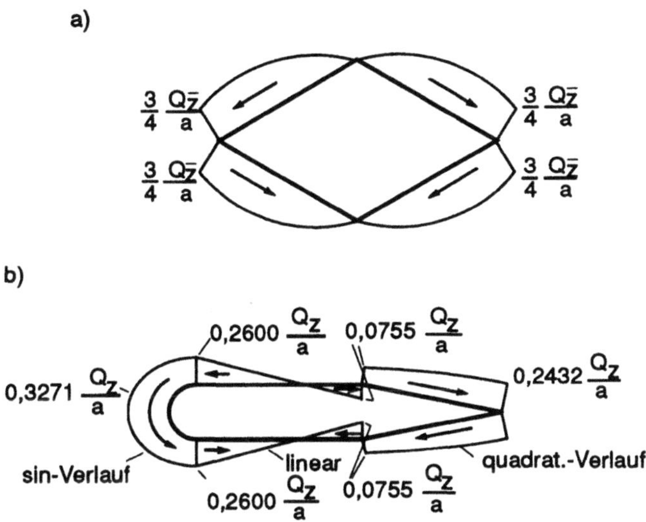

Abb. 3.3–3.2.5–2 Skizze der Ergebnisse für $q_{\text{ges}}(s)$

3.3–3.2.6 Aufgabe

Gegeben:

Das skizzierte geschlossene, einzelige Profil soll durch eine Querkraft Q_z, welche im unbekannten SMg wirkt, belastet werden. Zusätzlich zu dem AG-KOS ist das HA-KOS gegeben. Mit der Abmessung a und der konstanten Wandstärke t ergeben sich die Flächenträgheitsmomente

$$A_{\hat{z}\hat{z}} = \frac{64}{12}a^3t \qquad \text{und} \qquad A_{\hat{y}\hat{y}} = \frac{43}{12}a^3t \ .$$

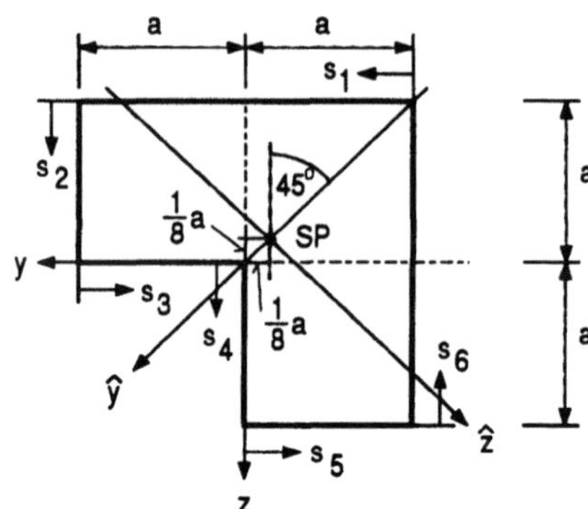

Abb. 3.3–3.2.6–1 Geometrie und Koordinatensysteme

Gesucht:

Schubflußverteilung aufgrund Q_z mit Skizze und Eckwerten

Lösung:

Die Schubflußverteilung soll hier formal nach Gl. (3.3.7–24) ermittelt werden, da reine Biegung vorliegt. Das q_{0B} wird hier explizit nicht berechnet und somit entfällt der sonst übliche erste Schritt der Bestimmung von q_{offen} an dem geschnittenen Profil. Da die Flächenträgheitsmomente im HA-KOS gegeben sind, werden zur Auswertung von Gl. (3.3.7–24) einzig die statischen Momente $A_{\hat{y}}(s_i)$ und $A_{\hat{z}}(s_i)$ benötigt. Dabei kann man zunächst $A_{\overline{y}}(s_i)$ und $A_{\overline{z}}(s_i)$ bestimmen und mit Hilfe der Transformation Gl. (3.1.7–15)

$$A_{\hat{y}}(s_i) = A_{\overline{y}}(s_i)\cos\varphi + A_{\overline{z}}(s_i)\sin\varphi$$
$$A_{\hat{z}}(s_i) = -A_{\overline{y}}(s_i)\sin\varphi + A_{\overline{z}}(s_i)\cos\varphi$$

die gesuchten statischen Momente im HA-KOS ermitteln. Natürlich können $A_{\hat{y}}(s_i)$ und $A_{\hat{z}}(s_i)$ auch direkt im HA-KOS berechnet werden. Die Ergebnisse für $A_{\hat{y}}(s_i)$ und $A_{\hat{z}}(s_i)$ sind unter Berücksichtigung der Endwerte in Tabelle 3.3–3.2.6–1 und 3.3–3.2.6–2 angegeben (Bereichseinteilung siehe Abb. 3.3–3.2.6–1). Damit ergeben sich die erforderlichen Ringintegrale der Gl. (3.3.7–24) zu:

$$\oint A_{\hat{z}}(s)\frac{ds}{t(s)} = \frac{\sqrt{2}}{2}(-16a^3) \quad \text{und} \quad \oint A_{\hat{y}}(s)\frac{ds}{t(s)} = \frac{\sqrt{2}}{2}\left(-\frac{17}{24}a^3\right).$$

$$\text{Mit} \quad \oint \frac{ds}{t(s)} = 8\frac{a}{t} \quad \text{und} \quad Q_{\hat{z}} = Q_{\hat{y}} = \frac{\sqrt{2}}{2}Q_z$$

kann dann die Schubflußverteilung des geschlossenen Profiles bestimmt werden. Die Ergebnisse sind in Tabelle 3.3–3.2.6–1 und 3.3–3.2.6–2 angegeben und in Abb. 3.3–3.2.6–2 skizziert.

Bereich	$A_{\hat{z}}(s_i)/\left(\dfrac{\sqrt{2}}{2}t\right)$	$A_{\hat{y}}(s_i)/\left(\dfrac{\sqrt{2}}{2}t\right)$
1	$-\dfrac{1}{2}s_i^2$	$-\dfrac{14}{8}as_1 + \dfrac{1}{2}s_1^2$
2	$-2a^2 - 2as_2 + \dfrac{1}{2}s_2^2$	$-\dfrac{3}{2}a^2 + \dfrac{1}{4}as_2 + \dfrac{1}{2}s_2^2$
3	$-\dfrac{7}{2}a^2 - as_3 + \dfrac{1}{2}s_3^2$	$-\dfrac{3}{4}a^2 + \dfrac{5}{4}as_3 + \dfrac{1}{2}s_3^2$
4	$\dfrac{1}{2}s_4^2 - 4a^2$	$\dfrac{1}{4}as_4 + \dfrac{1}{2}s_4^2$
5	$-\dfrac{7}{2}a^2 + as_5 + \dfrac{1}{2}s_5^2$	$\dfrac{3}{4}a^2 + \dfrac{5}{4}as_5 + \dfrac{1}{2}s_5^2$
6	$-2a^2 + 2as_6 - \dfrac{1}{2}s_6^2$	$\dfrac{3}{2}a^2 + \dfrac{1}{4}as_6 + \dfrac{1}{2}s_6^2$

Tabelle 3.3–3.2.6–1

Bereich	$q(s_i)/\left(\dfrac{Q_z}{2752a}\right)$	$q(s = s_E)/\left(\dfrac{Q_z}{2752a}\right)$
1	$-550 + 672\left(\dfrac{s_1}{a}\right) - 63\left(\dfrac{s_1}{a}\right)^2$	542
2	$542 + 420\left(\dfrac{s_2}{a}\right) - 321\left(\dfrac{s_2}{a}\right)^2$	641
3	$641 - 222\left(\dfrac{s_3}{a}\right) + 63\left(\dfrac{s_3}{a}\right)^2$	482
4	$482 - 96\left(\dfrac{s_4}{a}\right) - 321\left(\dfrac{s_4}{a}\right)^2$	65
5	$65 - 738\left(\dfrac{s_5}{a}\right) + 63\left(\dfrac{s_5}{a}\right)^2$	-610
6	$-610 - 612\left(\dfrac{s_6}{a}\right) + 321\left(\dfrac{s_6}{a}\right)^2$	-550

Tabelle 3.3–3.2.6–2

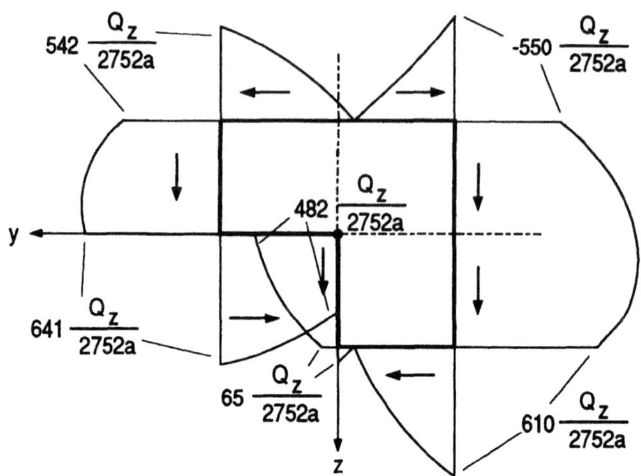

Abb. 3.3–3.2.6–2 resultierende Schubflußverteilung

3.3–4 Schubflußberechnung für geschlossene mehrzellige Querschnitte

3.3–4.1 Zusammenfassung der theoretischen Grundlagen

Aus Kap. 3.3.7.2 folgt für den Mehrzeller aus der Momenten-Äquivalenz:

$$\overbrace{\underbrace{Q_{\hat{z}} \cdot y_{Q\hat{z}} - Q_{\hat{y}} \cdot z_{Q\hat{y}}}} = \overbrace{\oint q(s) r_t(s) ds}^{q_{offen}} + \overbrace{\sum_{i=1}^{n} 2 A_{0,i} q_{0,i}}^{q_{0ges}} \qquad (3.3.7-26)$$

$$q_{ges}(s) = q_{offen} + q_{0ges}$$

$$Q_{\hat{y}} = 0 \quad \longrightarrow \quad y_{Q\hat{z}} - y_M = \frac{2}{Q_{\hat{z}}} \sum_n A_{0,i} q_{0,i}$$

$$Q_{\hat{z}} = 0 \quad \longrightarrow \quad z_{Q\hat{y}} - z_M = -\frac{2}{Q_{\hat{y}}} \sum_n A_{0,i} q_{0,i} \qquad (3.3.7-27)$$

Aus der Verträglichkeitsbedingung für die Zellen folgt:

$$\vartheta_1 = \vartheta_2 = \cdots = \vartheta_i = \cdots = \vartheta_n = \vartheta = \text{const} \qquad (3.3.7-28)$$

für $Q_{\hat{y}} = 0$

$$\vartheta_{i\hat{z}} = \frac{1}{2 A_{0,i} G} \left[-\frac{Q_{\hat{z}}}{A_{\hat{z}\hat{z}}} \oint A_{\hat{z}}(s) \frac{ds}{t(s)} + q_{0,i} \oint_i \frac{ds}{t(s)} \right.$$
$$\left. - q_{0,i-1} \int_{i-1,i} \frac{ds}{t(s)} - q_{0,i+1} \int_{i,i+1} \frac{ds}{t(s)} \right]$$

$$(3.3.7-31)$$

für $Q_{\hat{z}} = 0$

$$\vartheta_{i\hat{y}} = \frac{1}{2 A_{0,i} G} \left[-\frac{Q_{\hat{y}}}{A_{\hat{y}\hat{y}}} \oint A_{\hat{y}}(s) \frac{ds}{t(s)} + q_{0,i} \oint_i \frac{ds}{t(s)} \right.$$
$$\left. - q_{0,i-1} \int_{i-1,i} \frac{ds}{t(s)} - q_{0,i+1} \int_{i,i+1} \frac{ds}{t(s)} \right]$$

$$\vartheta_{i\text{ges}} = \vartheta_{i\hat{z}} + \vartheta_{i\hat{y}}$$

Bestimmung des SMg:

$$Q_{\hat{y}} = 0 \quad \longrightarrow \quad y_{Mg} = \frac{1}{Q_{\hat{z}}} \sum_n \left(\oint q_{ges} \cdot r_t \, ds \right)_i$$

$$Q_{\hat{z}} = 0 \quad \longrightarrow \quad z_{Mg} = -\frac{1}{Q_{\hat{y}}} \sum_n \left(\oint q_{ges} \cdot r_t \, ds \right)_i \qquad (3.3.7-33)$$

Anmerkung:

1) Gl. (3.3.7–31) gilt nur für einfach nebeneinander liegende Zellen, siehe Kap. 3.3.7.2, und muß für andere Fälle abgewandelt werden.

2) Es ist sorgfältig auf den Drehsinn bei der Auswertung der Integrale zu
    achten!

Je nach Querschnitt (Symmetrien) und weiteren bekannten Details (SM, SMg,
q_{ges} usw.) wird man unterschiedliche Lösungswege wählen. Generell kann man
folgende Strategie anwenden, wenn der SMg und SM nicht bekannt ist und die
Lage von $\underline{Q}$ vorgegeben ist:

1) Ermittlung von $q_{ges} = q_{offen}(s) + q_{0B}$ für $\underline{Q}$ im SMg wirkend, wobei der
    SMg nicht bekannt sein muß.

2) Bestimmung des SMg mit Hilfe der MÄ aus Gl. (3.3.7–33). Feststellen, ob
    die vorgegebene Querkraft durch den SMg geht. Ist dies nicht der Fall:

3) Parallelverschiebung von $\underline{Q}$ aus dem SMg zum vorgegebenen Ort und Er-
    mittlung von q_{0T} mit Hilfe der ETT aus dem durch die Parallelverschiebung
    entstandenen Moment M_{xT} (Kap. 3.2.4).

4) Überlagerung der Schubflüsse aus Biegung und Torsion.

Generell kann gesagt werden, daß zur Ermittlung des Schubflußverlaufes der SM
und der SMg nicht notwendigerweise bestimmt werden müssen.

3.3–4.2 Aufgaben

3.3–4.2.1 Aufgabe

Ein zweizelliger Kastenträger soll durch eine Querkraft $Q_{\hat{z}}$ im Schubmittelpunkt
des geschlossenen Profiles SMg belastet werden. Der SMg selbst ist noch
unbekannt.

Gegeben:

Wandstärke $t_1 = 2t$, $t_2 = t$, a, AG-KOS, $Q_{\hat{z}}$ im SMg

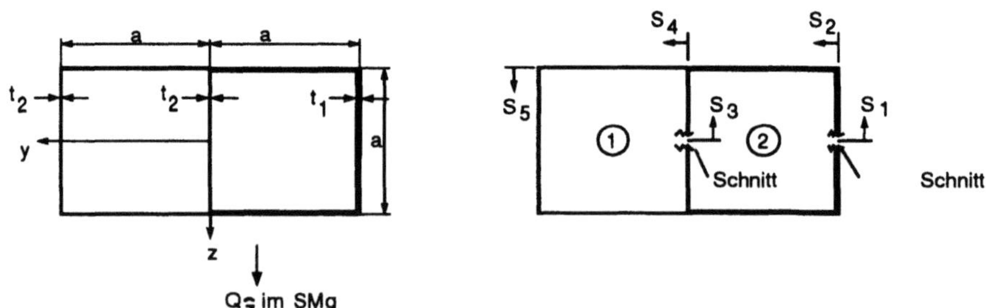

Abb. 3.3–4.2.1–1 Geometrie und Belastung des
Kastenprofils; Bereichseinteilung, Lage der Schnitte

Gesucht:

Schubflußverteilung $q_{ges}(s)$, Skizze mit Richtungen und Eckwerten, Lage des
Schubmittelpunktes SMg

Lösung:

Es müssen 2 Schnitte angebracht werden um q_{offen} zu bestimmen.

Schneidet man wie angegeben, kann zur Bestimmung von $q_{\text{offen}}(s)$ die Symmetrie zur y–Achse genutzt werden. Der Schwerpunkt liegt bei:

$$y_0 = -\frac{1}{5}a \qquad , \qquad z_0 = 0 \quad .$$

Aus Kap. 3.3–2, Gl. (3.3.3–34a) findet man für $q_{\text{offen}}(s)$:

Bereich	$qQ_{\hat{z}}(s)_{\text{offen}}$
1	$\dfrac{1}{44}\dfrac{Q_{\hat{z}}}{a} \cdot 24\left(\dfrac{s_1}{a}\right)^2$
2	$\dfrac{1}{44}\dfrac{Q_{\hat{z}}}{a} \cdot \left(6 + 24\dfrac{s_2}{a}\right)$
3	$\dfrac{1}{44}\dfrac{Q_{\hat{z}}}{a} \cdot 12\left(\dfrac{s_3}{a}\right)^2$
4	$\dfrac{1}{44}\dfrac{Q_{\hat{z}}}{a}\left(33 + 12\dfrac{s_4}{a}\right)$
5	$\dfrac{1}{44}\dfrac{Q_{\hat{z}}}{a}\left[45 + n\dfrac{s_5}{a} - 12\left(\dfrac{s_5}{a}\right)^2\right]$

Tabelle 3.3–4.2.1–1

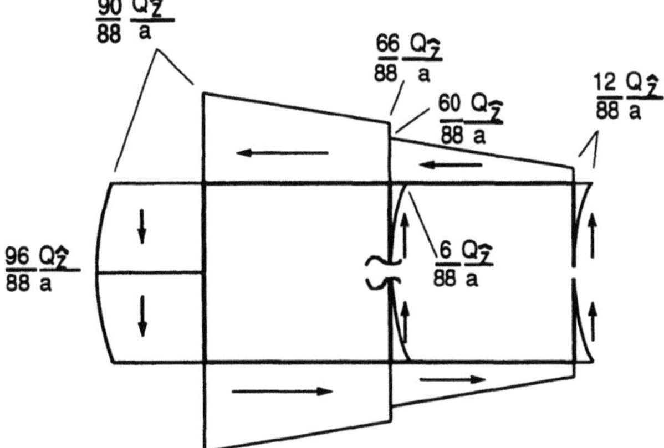

Abb. 3.3–4.2.1–2 Schubflußverteilung des geschnittenen Profils

Da die Querkraft Q_z im SMg angreifen soll, ist $q_{0T_i} = 0$ und auch $\vartheta_1 = \vartheta_2 = 0$. Mit den angegebenen Bezeichnungen kann mit Hilfe der Kinematik-Gl. (3.3.7–31) ein Gleichungssystem für die beiden Unbekannten $q_{0B,1}$ und $q_{0B,2}$ aufgestellt werden:

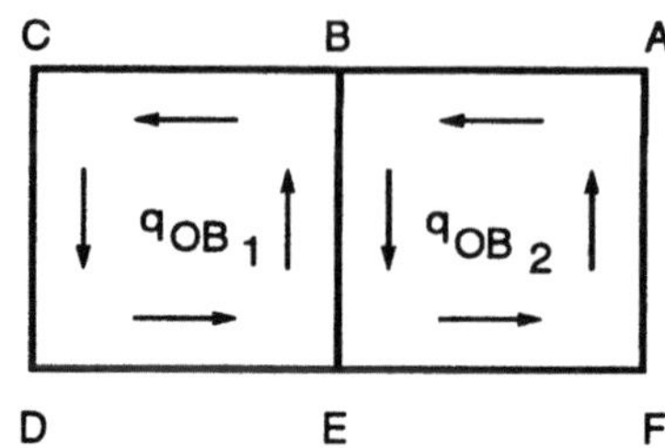

Abb. 3.3–4.2.1–3 Definitionen zur Anwendung von Gl. (3.3.7–31)

$$1) \quad 0 = \oint_{(1)} q_{Q_{z\,offen}}^{(1)}(s)\frac{ds}{t(s)} + q_{0B,1} \oint_{(1)} \frac{ds}{t(s)} - q_{0B,2} \int_{E}^{B} \frac{ds}{t(s)}$$

$$2) \quad 0 = \oint_{(2)} q_{Q_{z\,offen}}^{(2)}(s)\frac{ds}{t(s)} + q_{0B,2} \oint_{(2)} \frac{ds}{t(s)} - q_{0B,1} \int_{B}^{E} \frac{ds}{t(s)}$$

Hier wurde von der QSI-Formel Gebrauch gemacht und Ausdrücke wie $-\frac{Q_z}{A_{zz}} \oint A_{\hat{z}}(s)\frac{ds}{t(s)}$ durch $\oint q_{Q_{z\,offen}}(s)$ ersetzt.

Die Auswertung der Integrale erfolgt tabellarisch:

Bereich	$\displaystyle\int q_i \frac{1}{t_i} ds_i$	$\displaystyle\int \frac{ds_i}{t(s_i)}$
1	$\dfrac{1}{88}\dfrac{Q_{\hat{z}}}{t}$	$\dfrac{a}{4t}$
2	$\dfrac{18}{88}\dfrac{Q_{\hat{z}}}{t}$	$\dfrac{a}{2t}$
3	$\dfrac{1}{88}\dfrac{Q_{\hat{z}}}{t}$	$\dfrac{a}{2t}$
4	$\dfrac{78}{88}\dfrac{Q_{\hat{z}}}{t}$	$\dfrac{a}{t}$
5	$\dfrac{47}{88}\dfrac{Q_{\hat{z}}}{t}$	$\dfrac{a}{2t}$

Tabelle 3.3–4.2.1–2 Bereichsweise Auswertung der Integrale

Unter Berücksichtigung der Symmetrie und des Drehsinns ($\Rightarrow$ Bereich 3: s_3 läuft entgegen dem Drehsinn!) erhält man das Gleichungssystem:

1a) $\quad 0 = \dfrac{1}{88}\dfrac{Q_{\hat{z}}}{t}[2\cdot 1 + 2\cdot 78 + 2\cdot 47] + q_{0B,1}\dfrac{4a}{t} - q_{0B,2}\dfrac{a}{t}$

2a) $\quad 0 = \dfrac{1}{88}\dfrac{Q_{\hat{z}}}{t}[2\cdot 1 + 2\cdot 18 - 2\cdot 1] + q_{0B,2}\dfrac{5a}{2t} - q_{0B,1}\dfrac{a}{t}$

Daraus ergibt sich: $q_{0B,1} = -\dfrac{74}{88}\dfrac{Q_{\hat{z}}}{a}$ und $q_{0B,2} = -\dfrac{44}{88}\dfrac{Q_{\hat{z}}}{a}$

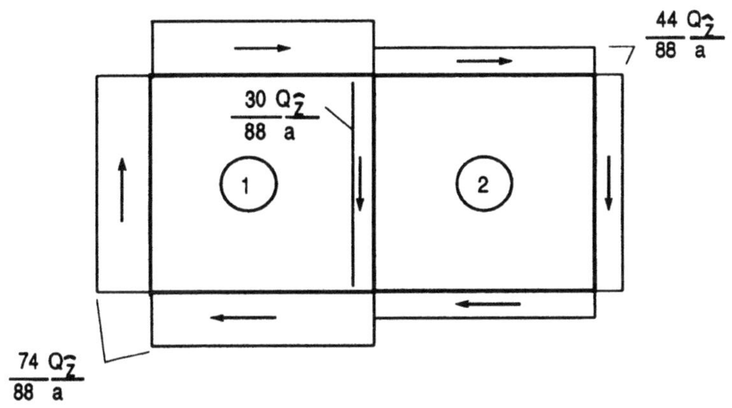

Abb. 3.3–4.2.1–4 Verteilung der $q_{0B,i}$ mit Richtungen

Die Überlagerung mit $q_{\text{offen}}(s)$ ergibt:

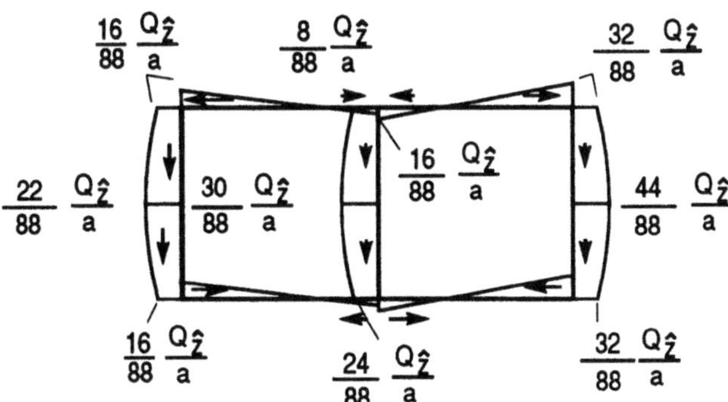

Abb. 3.3–4.2.1–5 Schubflußverteilung des geschlossenen Profiles

Der anschaulichste und im vorliegenden Fall auch einfachste Weg zur Ermittlung des Schubmittelpunktes SMg bei mehrzelligen, geschlossenen Querschnitten ist die Momentenäquivalenz um einen beliebig zu wählenden Bezugspunkt anzuwenden. Dabei macht man sich zunutze, daß die aus der äußeren Kraft einerseits und den Schubflüssen andererseits resultierenden Momente um den

Bezugspunkt gleich sein müssen. Zweckmäßig ist eine Wahl des Bezugspunktes, für den möglichst viele Hebelarme Null sind.

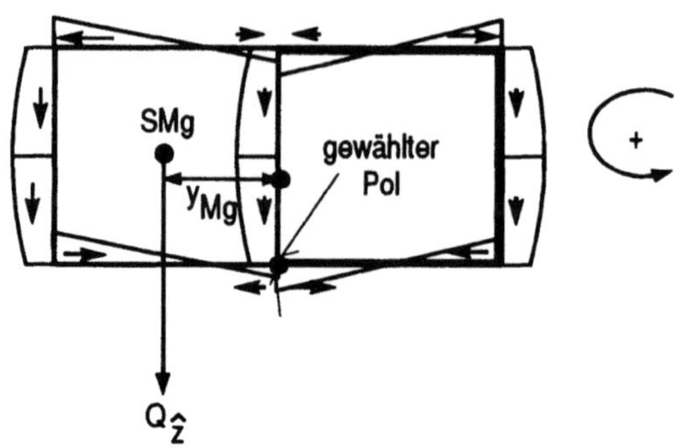

Abb.   3.3–4.2.1–6

$$Q_{\hat{z}} \cdot r_{SMg} = Q_{\hat{z}} y_{Mg} \overset{!}{=} \sum \left(\oint q_{\text{ges}}(s) \cdot r_t(s)\, ds \right)_i \tag{3.3.7–33}$$

Bereich	r_t	$\displaystyle\int q_{\text{ges}} r_t\, ds$
1	a	$-\dfrac{10}{44} Q_z \cdot a$
2	a	$-\dfrac{4}{44} Q_z \cdot a$
3		0
4	a	$+\dfrac{8}{44} Q_z \cdot a$
5	a	$+\dfrac{5}{44} Q_z \cdot a$

$$\Rightarrow \qquad Q_{\hat{z}} \cdot y_M = \frac{1}{44} Q_z \cdot a \cdot [-2 \cdot 10 - 4 + 0 + 8 + 2 \cdot 5]$$

$$\Rightarrow \qquad\qquad y_M = -\frac{6}{44} a$$

3.3–4.2.2 Aufgabe

Ein 5–zelliges Profil ist durch eine Querkraft Q_z im Schubmittelpunkt belastet.

Gegeben:

Wandstärke t, a, Q_z im SMg

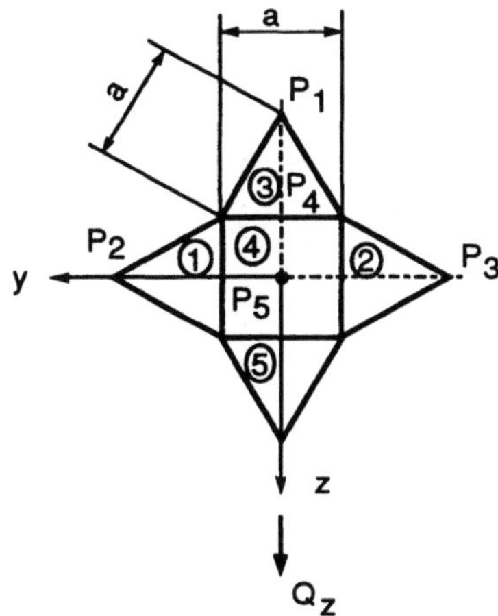

Abb. 3.3–4.2.2–1 Geometrie und Belastung des Profiles

Gesucht:

Schubflußverteilung als Skizze der Verläufe mit Richtungen. Ort des maximalen
Schubflusses

Lösung:

Schneidet man das Profil entsprechend der Symmetrie in den Punkten P_1, P_2,
P_4, P_5 auf, so braucht für die Bestimmung des Schubflusses $q_{\text{offen}}(s)$ aufgrund
der Doppelsymmetrie nur das gezeichnete Viertel betrachtet werden. Aus dem
selben Grund ist das eingezeichnete Koordinatensystem mit dem HA-KOS iden-
tisch und man findet mit $A_{\hat{z}\hat{z}} = \left(3 + \sqrt{3}\right)a^3 t$ entsprechend der Bereichseinteilung
die nachfolgenden Schubflußverläufe $q_{\text{offen}}(s)$:

Bereich	$q_{\text{offen}}(s)$	Endwert
1	$\dfrac{Q_{\hat{z}}}{(3+\sqrt{3})a}\left[\dfrac{1}{2}\left(1+\sqrt{3}\right)\dfrac{s_1}{a} - \dfrac{\sqrt{3}}{4}\left(\dfrac{s_1}{a}\right)^2\right]$	$0,1972\dfrac{Q_{\hat{z}}}{a}$
2	$\dfrac{Q_{\hat{z}}}{(3+\sqrt{3})a}\left[\dfrac{1}{2}\dfrac{s_2}{a}\right]$	$0,0528\dfrac{Q_{\hat{z}}}{a}$

Tabelle 3.3–4.2.2–2   . . .

3	$\dfrac{Q_{\hat{z}}}{(3+\sqrt{3})a}\dfrac{1}{4}\left(\dfrac{s_3}{a}\right)^2$	$0,0528\dfrac{Q_{\hat{z}}}{a}$
4	$\dfrac{Q_{\hat{z}}}{(3+\sqrt{3})a}\left[1+\sqrt{3}+\dfrac{1}{2}\dfrac{s_4}{a}-\dfrac{1}{2}\left(\dfrac{s_4}{a}\right)^2\right]$	$0,3293\dfrac{Q_{\hat{z}}}{a}$

Tabelle 3.3–4.2.2–2

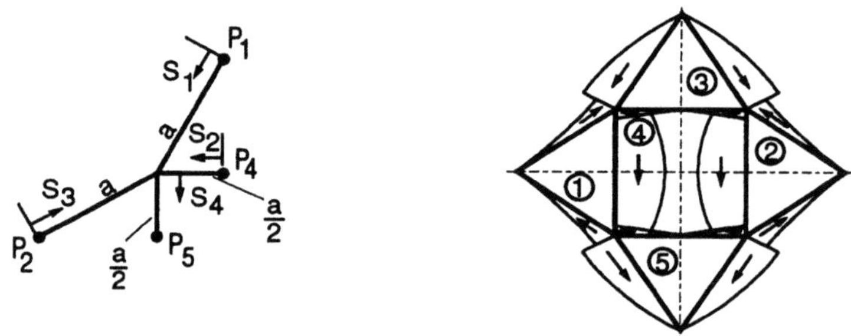

Abb. 3.3–4.2.2–2 Bereichseinteilung des betrachteten
Profil-Viertels und Skizze der Verläufe von $q_{\text{offen}}(s)$

$Q_{\hat{z}}$ soll im SMg wirken, so daß $\vartheta_i = 0$ ist und demnach noch die $q_{0B,i}$ zu
bestimmen sind.Da in diesem Fall so geschnitten wurde, daß die y-Koordinaten
von SM und SMg gleich sind, können durch Symmetriebetrachtungen erhebliche Vereinfachungen bei der Bestimmung der $q_{0B,i}$ der einzelnen Zellen gefunden werden. Da die Schubflußverteilungen des geschlossenen Profiles doppel-
symmetrisch sein müssen, aber auch die Verteilung des offenen Profiles dop-
pelsymmetrisch ist, folgt für die in Kraftrichtung liegenden Zellen (vgl. Aufgabe 3.3–2.2.5a)$q_{0B,3} = q_{0B,4} = q_{0B,5} = 0$ .Weiterhin muß in Querrichtung
$q_{0B,1} = -q_{0B,2}$ sein, und deshalb muß nur noch $q_{0B,1}$ explizit berechnet werden.
Die Kinematik-Bedingung Gl. (3.3.7–31) ist für Zelle (1):

$$\oint_{(1)} q^{(1)}_{Q_{\hat{z}\text{offen}}}(s)\frac{ds}{t} + q_{0B,1}\oint\frac{ds}{t} \overset{!}{=} 0 \quad \text{mit} \quad -\frac{Q_{\hat{z}}}{A_{\hat{z}\hat{z}}}\oint A_{\hat{z}}(s)\frac{ds}{t(s)} = \oint q_{Q_{\text{offen}}}(s)\frac{ds}{t(s)}$$

In der einzigen Nachbarzelle (4) ist $q_{0B,4} = 0$ und liefert deshalb keinen Beitrag.
Setzt man den Gegenuhrzeigersinn als positiven Drehsinn für die Auswertung

des Ringintegrales an, so erhält man daraus:

$$0 = -2 \int_0^{s_4=a/2} q_{Q\hat{z}_{\text{offen}}}(s_4)\frac{ds_4}{t} - 2 \int_0^{s_3=a} q_{Q\hat{z}_{\text{offen}}}(s_3)\frac{ds_3}{t} + q_{0B,1}\frac{3a}{t}$$

$$\curvearrowright \quad q_{01} = \frac{2}{3a}\left[\int_0^{a/2} q_{Q\hat{z}_{\text{offen}}}(s_4)\,ds_4 + \int_0^{a} q_{Q\hat{z}_{\text{offen}}}(s_3)\,ds_3\right]$$

$$q_{01} = 0,1186\frac{Q_{\hat{z}}}{a}$$

mit $q_{\text{ges},1}(s) = q_{\text{offen},i}(s) + q_{0B,1}$ kann nun die Schubflußverteilung des geschlossenen Profiles skizziert und q_{ges} bestimmt werden:

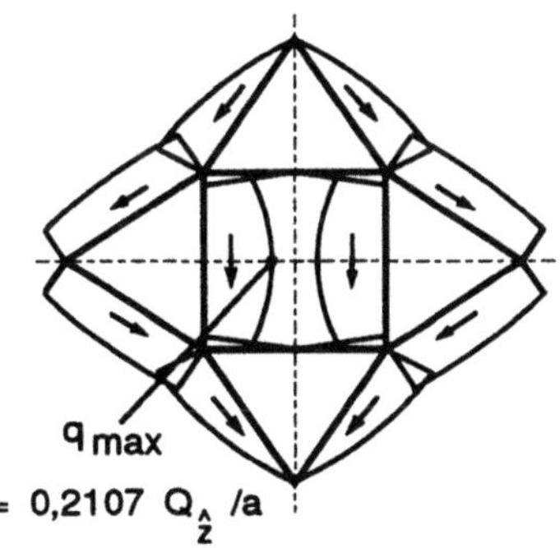

Abb. 3.3–4.2.2–4

3.3–4.2.3 Aufgabe

Ein zweizelliges Kreisringprofil mit Mittelsteg ist durch eine Querkraft Q_z im SMg belastet.

Gegeben:

Wandstärke t, r, Q_z, $A_{\hat{z}\hat{z}} = \pi r^3 t$

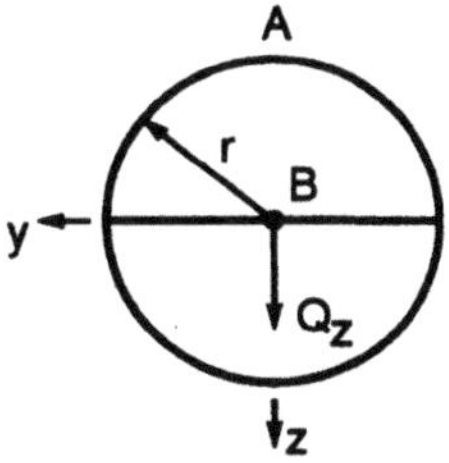

Abb. 3.3–4.2.3–1 Geometrie und Belastung

Gesucht:

Schubflußverteilung

Lösung:

Das eingezeichnete Koordinatensystem entspricht dem HA-KOS. Der SMg des geschlossenen Profiles liegt in seinem Ursprung. Um Symmetrien ausnutzen zu können, schneidet man sinnvollerweise in den Punkten A und B, weil dann die y–Koordinate des SM gleich derjenigen des SMg, d.h. im vorliegenden Fall $y = 0$ ist. Man erhält mit Gl. (3.3.3–34a) die folgende Schubflußverteilung $q_{\text{offen}}(s)$:

<table>
<tr><td>Bereich</td><td>$q_{Q_z,\text{offen}}(s_i)$</td></tr>
<tr><td>1</td><td>$\dfrac{Q_z}{\pi r}\sin\varphi$</td></tr>
<tr><td>2</td><td>0</td></tr>
<tr><td>3</td><td>wie 1</td></tr>
<tr><td>4</td><td>wie 2</td></tr>
</table>

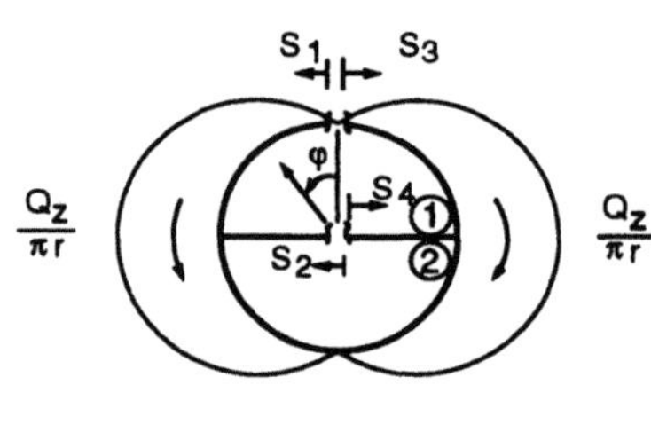

Abb. 3.3–4.2.3–2 Ergebnisse, Bereichseinteilung und Skizze für $q_{offen}(s)$

Da SM und SMg auf der z–Achse liegen, in der auch die Querkraft wirkt, und die Schubflußverteilung $q_{\text{offen}}(s)$ symmetrisch zur Lastrichtung ist, sind die $q_{0B,i}$ der beiden Zellen Null und $q_{\text{offen}}(s) = q_{\text{ges}}(s)$.

Beweis durch explizite Rechnung:

Die Momentenäquivalenz des Profiles bezügl. des Poles im Ursprung muß nach Gl. (3.3.7–26) lauten:

$$0 = \oint q_{\text{offen}}(s)\, r_t\, ds + 2\big(A_{01}\, q_{0B,1} + A_{02}\, q_{0B,2}\big) \ .$$

Daraus folgt, daß $q_{0B,1} = q_{0B,2}$ sein muß, da das Ringintegral (aufgrund der Symmetrie) zu Null wird. Eine zweite Bestimmungsgleichung ist die Bedingung $\vartheta_i = 0$ Gl. (3.3.7–31). Sie lautet für die Zelle 1 unter Beachtung der entgegengesetzten Laufrichtungen von s_2 und s_4:

$$0 = \underbrace{\oint_{(1)} q_{Q_z,\text{offen}}(s)}_{(A)} + q_{0B,1}\underbrace{\oint_{(1)} \frac{ds}{t(s)}}_{(B)} - q_{0B,2}\underbrace{\int_{s_2} \frac{ds_2}{t}}_{(C)} + q_{0B,2}\underbrace{\int_{s_4} \frac{ds_4}{t}}_{(D)}$$

Die Terme (C) und (D) dieser Gleichung heben sich gegenseitig auf, Term (A) wird zu Null, und deshalb ergibt sich $q_{0B,1} = 0$.

3.3–4.2.4 Aufgabe

Zwei geschlossene mehrzellige Profile sind jeweils durch eine Querkraft Q_z im SMg belastet.

Gegeben:

alle Wandstärken t, a, Q_z

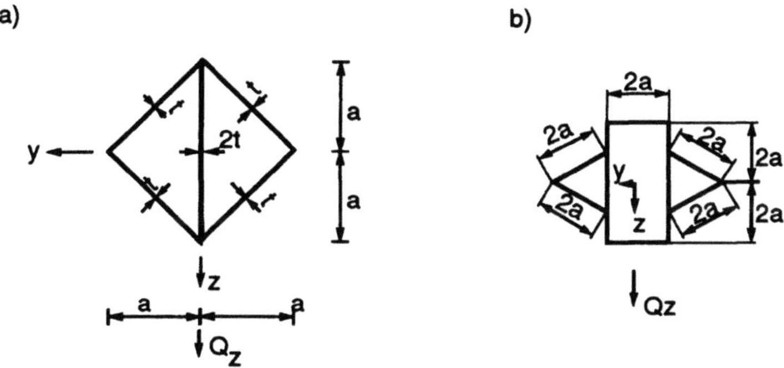

Abb. 3.3–4.2.4–1 Geometrie und Belastung der Profile

Gesucht:

Schubflußverteilung mit Skizze der Verläufe, Eckwerten und Richtungen

Lösung:

Hier ohne Zwischenschritte

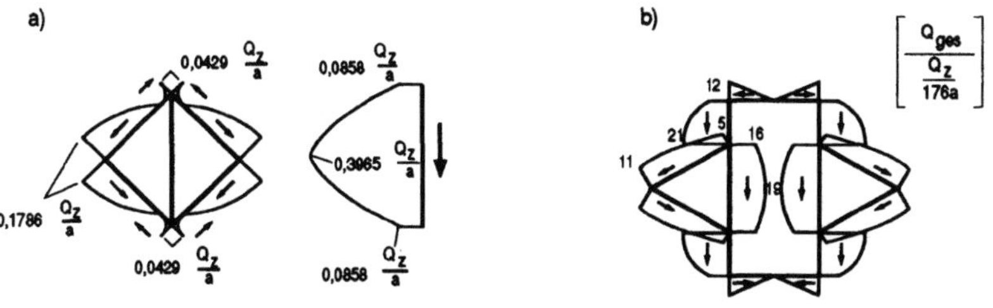

Abb. 3.3–4.2.4–2 Resultierende Schubflußverteilung

3.3–4.2.5 Aufgabe

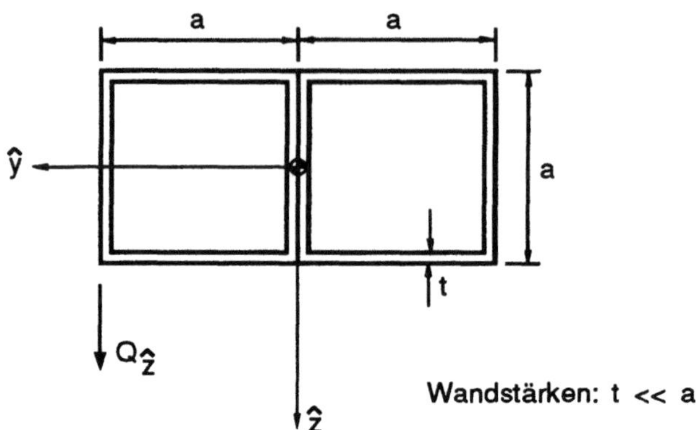

Abb. 3.3–4.2.5–1 Zweizelliger Biegeträger

Ein zweizelliger Biegeträger wird durch eine Querkraft $Q_{\hat{z}}$ belastet, welche nicht im Schubmittelpunkt SMg angreift.

Gegeben:

Geometrie und Kraftangriffspunkt können der Skizze entnommen werden

Gesucht:

Schubflußverteilung $q_{Q_{\hat{z}}}(s)$

Lösung:

Grundlage der Berechnungen sind die in der EBT und ETT getroffenen Annahmen! Die hier vorausgesetzte lineare Theorie ermöglicht das Zusammensetzen von Teillösungen zur Gesamtlösung (Superpositionsprinzip).

Die Schubflußverteilung in der Querschnittswand eines Biegeträgers mit geschlossenem Profil kann zusammengesetzt werden aus

1) der Schubflußverteilung des offenen, d.h. an geeigneten Stellen (entlang Symmetrieebenen) geschnittenen, Profils nach der QSI-Formel

2) der Schubflußverteilung aus der Schließung der Schnitte. Dieser Schubfluß ist für jede Zelle des Profils konstant und ergibt sich aus dem Momentengleichgewicht deräußeren Lasten und der Schubflüsse.

    Diese Schubflußverteilung kann aufgespalten werden in

    a. einen Anteil aus reiner Biegung, wobei die Last im Schubmittelpunkt (SMg) angreifen muß, und

    b. einen Anteil aus dem durch die Lastverschiebung in den SMg resultierenden Torsionsmoment.

1) Berechnung der Schubflußverteilung des offenen Profils
Für diesen Fall gilt (Querkraft in z–Richtung) nach Gl. (3.3.3–34a)

$$q_{Q_{\hat{z}}}(s) = -\frac{Q_{\hat{z}}}{A_{\hat{z}\hat{z}}} A_{\hat{z}}(s)$$

- Flächenträgheitsmoment (um $\hat{y}$–Achse)

$$A_{\hat{z}\hat{z}} = 3\frac{a^3 t}{12} + 2\,(2at)\left(\frac{a}{2}\right)^2 = \frac{5}{4}ta^3$$

- Statische Momente und Schubflüsse
  Schneiden des Profils in der Symmetrielinie $\hat{z} = 0$, so daß nur eine Profilhälfte berechnet zu werden braucht

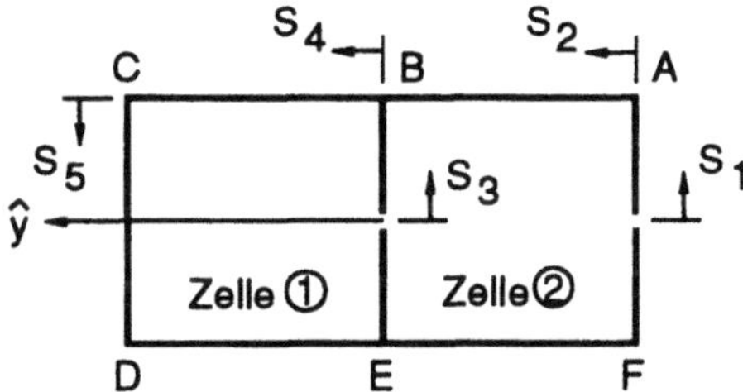

Abb. 3.3–4.2.5–2 Bereichseinteilung

Bereich	$\hat{z}(s)$	$A_{\hat{z}}(s) = \int \hat{z}t\,ds + C$	Bereichs-Endwert	$q_{Q_{\hat{z}}}(s) = -\dfrac{Q_{\hat{z}}}{A_{\hat{z}\hat{z}}}A_{\hat{z}}(s)$
1	$-s_1$	$-\dfrac{ts_1^2}{2}$	$-\dfrac{ta^2}{8}$	$\dfrac{2}{5}\dfrac{Q_{\hat{z}}}{a}\left(\dfrac{s_1}{a}\right)^2$
2	$-\dfrac{a}{2}$	$-\dfrac{ta^2}{8} - \dfrac{ta}{2}s_2$	$-\dfrac{5}{8}ta^2$	$\dfrac{2}{5}\dfrac{Q_{\hat{z}}}{a}\left(\dfrac{1}{4} + \dfrac{s_2}{a}\right)$
3	$-s_3$	$-\dfrac{ts_3^2}{2}$	$-\dfrac{ta^2}{8}$	$\dfrac{2}{5}\dfrac{Q_{\hat{z}}}{a}\left(\dfrac{s_3}{a}\right)^2$
4	$-\dfrac{a}{2}$	$-\dfrac{5}{8}ta^2 - \dfrac{ta^2}{8} - \dfrac{ta}{2}s_4$	$-\dfrac{5}{4}ta^2$	$\dfrac{2}{5}\dfrac{Q_{\hat{z}}}{a}\left(\dfrac{3}{2} + \dfrac{s_4}{a}\right)$
5	$s_5 - \dfrac{a}{2}$	$-\dfrac{5}{4}ta^2 + \dfrac{ts_5^2}{2} - \dfrac{ta}{2}s_5$		$\dfrac{2}{5}\dfrac{Q_{\hat{z}}}{a}\left[\dfrac{5}{2} + \dfrac{s_5}{a} - \left(\dfrac{s_5}{a}\right)^2\right]$

Tabelle 3.3–4.2.5–1

2) a. Schubflußanteile aus der Schließung des Profils ohne Torsion,
        d.h. $Q_{\hat{z}}$ greift im SMg an
        allg. gilt für geschlossene Profile

$$\oint \frac{q(s)}{G(s)t(s)}\,ds = 2A_0\vartheta$$

Für mehrzellige Profile gilt die Kompatibilitätsbedingung, d.h. daß die
spez. Verdrehwinkel ϑ_i der Zellen gleich sein müssen (Kompatibilität).

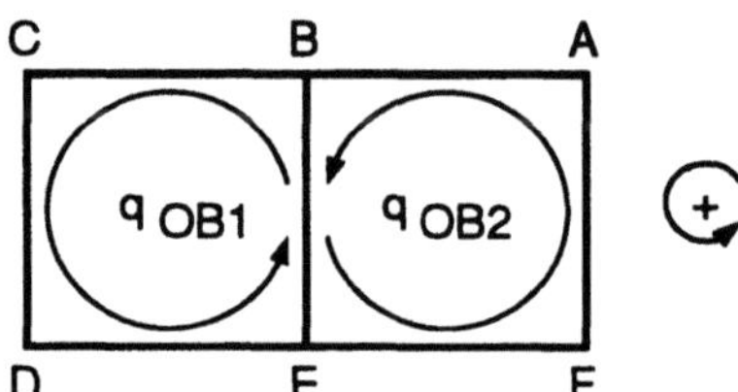

Abb. 3.3–4.2.5–3 Zellen mit Schubflußrichtung

- keine Torsion $\hookrightarrow$ $\vartheta_i = 0$
- Aufspaltung des Schubflusses in q_{offen} und konst. geschlossenen
  Schubflußq_{0B} ergibt für zwei Zellen (Schubmodul$G$ konst) Gl.
  (3.3.7–31)

$$1.\textit{Zelle}\quad 2A_{01}G\vartheta_1 = 0 = \underbrace{\oint_{BCDE} \frac{qQ_{\hat{z}}}{t(s)}\,ds}_{} + q_{0B1}\int_{BCDE}\frac{ds}{t(s)} - q_{0B2}\int_{EB}\frac{ds}{t(s)}$$

$$2.\textit{Zelle}\quad 2A_{02}G\vartheta_2 = 0 = \underbrace{\oint_{ABEF} \frac{qQ_{\hat{z}}}{t(s)}\,ds}_{offen} + \underbrace{q_{0B2}\int_{ABEF}\frac{ds}{t(s)} - q_{0B1}\int_{BE}\frac{ds}{t(s)}}_{konst.\ Schliessungsanteile}$$

Bereich	$qQ_{\hat{z}}(s_i)$	t_i	$\int \frac{q_i}{t_i}\,ds_i$
1	$\dfrac{2}{5}\dfrac{Q_{\hat{z}}}{a}\left(\dfrac{s_1}{a}\right)^2$	t	$\dfrac{1}{60}\dfrac{Q_{\hat{z}}}{t}$
2	$\dfrac{2}{5}\dfrac{Q_{\hat{z}}}{a}\left(\dfrac{1}{4}+\dfrac{s_2}{a}\right)$	t	$\dfrac{3}{10}\dfrac{Q_{\hat{z}}}{t}$
3	$\dfrac{2}{5}\dfrac{Q_{\hat{z}}}{a}\left(\dfrac{s_3}{a}\right)^2$	t	$\dfrac{1}{60}\dfrac{Q_{\hat{z}}}{t}$

Tabelle 3.3–4.2.5–2 Schubflußintegrale . . .

4	$\dfrac{2}{5}\dfrac{Q_{\hat{z}}}{a}\left(\dfrac{3}{2}+\dfrac{s_4}{a}\right)$	t	$\dfrac{4}{5}\dfrac{Q_{\hat{z}}}{t}$
5	$\dfrac{2}{5}\dfrac{Q_{\hat{z}}}{a}\left[\dfrac{5}{2}+\dfrac{s_5}{a}-\left(\dfrac{s_5}{a}\right)^2\right]$	t	$\dfrac{8}{15}\dfrac{Q_{\hat{z}}}{t}$ ($\to$ nur über $\frac{a}{2}$ integriert)

Tabelle 3.3–4.2.5–2 Schubflußintegrale

Damit lauten die Kompatibilitätsbedingungen

$$1.\,Zelle \quad 0 = \frac{Q_{\hat{z}}}{t}\left(2\frac{1}{60}+\frac{4}{5}+2\frac{8}{15}+\frac{4}{5}\right) + q_{0B_1}\frac{4a}{t} - q_{0B_2}\frac{a}{t}$$

$$\Rightarrow 0 = \frac{162}{60}Q_{\hat{z}} + 4a\,q_{0B_1} - a\,q_{0B_2}$$

$$2.\,Zelle \quad 0 = \frac{Q_{\hat{z}}}{t}\left(2\frac{1}{60}+\frac{3}{10}-2\frac{1}{60}+\frac{3}{10}\right) + q_{0B_2}\frac{4a}{t} - q_{0B_1}\frac{a}{t}$$

$$\Rightarrow 0 = \frac{36}{60}Q_{\hat{z}} + 4a\,q_{0B_2} - a\,q_{0B_1}$$

Das sind 2 Gleichungen für die 2 unbekannten konstanten Schubflüsse q_{0B_1} und q_{0B_2} aus der Schließung des Profils bei reiner Biegung.
Die Auflösung ergibt:

$$q_{0B_1} = -\frac{114}{150}\frac{Q_{\hat{z}}}{a} \qquad q_{0B_2} = -\frac{51}{150}\frac{Q_{\hat{z}}}{a}$$

b. Berechnung der Schubflüsse aus der Torsionsbelastung
Zur Berechnung des Anteils des Torsionsmomentes zum Schubfluß muß die Momentenbilanz von äußeren Lasten und Schubflüssen aufgestellt werden, wobei die Wahl des Momentenbezugspunktes beliebig ist. Für ein Profil mit n Zellen gilt:

$$\sum M_P = \oint q_{Q_{\hat{z}}}(s)\,r_t(s)ds + \sum_{i=1}^{n} 2A_{0_i}(q_{0B_i} + q_{0T_i})$$

Das ist die erste von n benötigten Gleichungen zur Berechnung der n Schubflüsse in den Zellen. Außerdem können noch $n-1$ Gleichungen aus der Kompatibiltätsbedingung gleicher spezifischer Verdrehwinkel $\vartheta = \vartheta_i = konst.$ abgeleitet werden mit

$$\vartheta_i = \frac{1}{2A_{0_i}}\oint \frac{q(s_i)}{G(s_i)t(s_i)}ds_i$$

Bemerkung:

Die Kompatibilitätsgleichungen sind bereits bei der Berechnung der Biegeschubflußanteile q_{0B_i} verwendet worden, wobei die spez. Verdrehwinkel aufgrund der vorausgesetzten reinen Biegung $\vartheta = \vartheta_i = 0$
Bei Torsion ist ϑ unbekannt. Die fehlende Gleichung zur Bestimmung der Torsions-Schubflußanteile q_{0T_i} wird durch die Momentenbilanz gestellt.

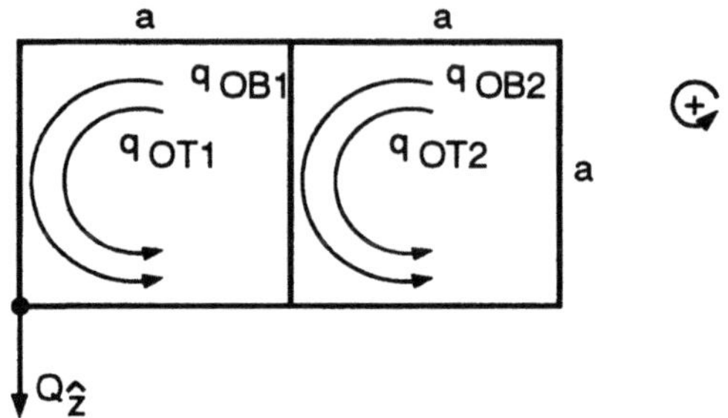

Abb. 3.3–4.2.5–4 Biege- und Torsions-Schubflußanteile

Wählt man als Momentenbezugspunkt den Punkt D, d.h. den Angriffspunkt der Querlast $Q_{\hat{z}}$, so ergibt sich das äußere Moment zu Null:

$$\sum M_P = Q_{\hat{z}} y_{Q_{\hat{z}}} = 0 = \oint q_{Q_{\hat{z}}}(s)\, r_t(s)ds + 2A_{01}(q_{0B_1} + q_{0T_1}) + 2A_{02}(q_{0B_2} + q_{0T_2})$$

$$A_{01} = A_{02} = a^2$$

Bestimmung der Schubflußmomente bezügl. Punkt D :

Bereich	$q_{Q_{\hat{z}}}(s_i)$	r_{ti}	$\int q_{Q_{\hat{z}i}} r_{ti} ds_i$
1	$\dfrac{2}{5}\dfrac{Q_{\hat{z}}}{a}\left(\dfrac{s_1}{a}\right)^2$	$2a$	$\dfrac{1}{30}Q_{\hat{z}}a$
2	$\dfrac{2}{5}\dfrac{Q_{\hat{z}}}{a}\left(\dfrac{1}{4}+\dfrac{s_2}{a}\right)$	a	$\dfrac{3}{10}Q_{\hat{z}}a$
3	$\dfrac{2}{5}\dfrac{Q_{\hat{z}}}{a}\left(\dfrac{s_3}{a}\right)^2$	a	$\dfrac{1}{60}Q_{\hat{z}}a$
4	$\dfrac{2}{5}\dfrac{Q_{\hat{z}}}{a}\left(\dfrac{3}{2}+\dfrac{s_4}{a}\right)$	a	$\dfrac{4}{5}Q_{\hat{z}}a$
5	$\dfrac{2}{5}\dfrac{Q_{\hat{z}}}{a}\left[\dfrac{5}{2}+\dfrac{s_5}{a}-\left(\dfrac{s_5}{a}\right)^2\right]$	0	0

Tabelle 3.3–4.2.5–3 Schubflußmomente

Damit lautet die Momentenbilanz

$$0 = \left(2\frac{1}{30} + \frac{3}{10} + 2\frac{1}{60} + \frac{4}{5}\right)Q_{\hat{z}}\,a + 2a^2\left[\left(-\frac{114}{150} - \frac{51}{150}\right)\frac{Q_{\hat{z}}}{a} + q_{0T_1} + q_{0T_2}\right]$$

$$0 = \frac{36}{30}Q_{\hat{z}}\,a - \frac{66}{30}Q_{\hat{z}}\,a + 2a^2(q_{0T_1} + q_{0T_2})$$

$$0 = -Q_{\hat{z}}\,a + 2a^2(q_{0T_1} + q_{0T_2})$$

Unter Verwendung der Kompatibilitäts-Bedingung gilt:

$$\vartheta_1 = \vartheta_2$$

$$\frac{1}{2A_{01}G}\left[\overbrace{\frac{162}{60}Q_{\hat{z}} + 4a\,q_{0B_1} - aq_{0B_2}}^{\overset{!}{=}0} + 4a\,q_{0T_1} - a\,q_{0T_2}\right] =$$

$$\frac{1}{2A_{02}G}\left[\underbrace{\frac{36}{60}Q_{\hat{z}} + 4a\,q_{0B_2} - aq_{0B_1}}_{\overset{!}{=}0} + 4a\,q_{0T_2} - a\,q_{0T_1}\right]$$

q_{0B_1} und q_{0B_2} sind so bestimmt worden, daß sich die ersten Terme der speziellen Schubwinkel zu Null ergeben($\vartheta_{i_{Biegung}} = 0$)!
Es bleiben nur die Torsionsanteile der Schubflüsse übrig ($\vartheta_{1T} = \vartheta_{2T}$):

$$\frac{1}{A_{01}G}[4a\,q_{0T_1} - a\,q_{0T_2}] = \frac{1}{A_{02}G}[4a\,q_{0T_2} - a\,q_{0T_1}]$$

hier: $A_{01}G = A_{02}G$, so daß folgt

$$q_{0T_1} = q_{0T_2}$$

MGG + Kompatibilitäts-Bed. liefern

$$q_{0T_1} = \frac{1}{4}\frac{Q_{\hat{z}}}{a} = q_{0T_2}$$

Überlagerung der konstanten Schubflüsse aus Biegung und Torsion

$$q_{01} = q_{0B_1} + q_{0T_1} = \left(-\frac{114}{150} + \frac{1}{4}\right)\frac{Q_{\hat{z}}}{a} = -\frac{51}{100}\frac{Q_{\hat{z}}}{a}$$

$$q_{02} = q_{0B_2} + q_{0T_2} = \left(-\frac{51}{150} + \frac{1}{4}\right)\frac{Q_{\hat{z}}}{a} = -\frac{9}{100}\frac{Q_{\hat{z}}}{a}$$

Die überlagerten Schubflüsse q_{01}, q_{02} können auch direkt ermittelt werden, d.h.
ohne die Schubflußanteile aus Biegung und Torsion getrennt zu ermitteln:
Momentenbilanz: (Alles wie zuvor!)

$$\sum M_P = Q_{\hat{z}} y_{Q_{\hat{z}}} = 0 = \oint q_{Q_{\hat{z}}}(s)\, r_t(s) ds + 2A_{01}q_{01} + 2A_{02}q_{02}$$

$$\Rightarrow \quad 0 = \frac{36}{30}Q_{\hat{z}}a + 2a^2(q_{01} + q_{02})$$

Kompatibilitätsbedingung: (Alles wie zuvor!)

$$2A_{01}G\vartheta_1 = \oint_{BCDE} \frac{q_{Q_{\hat{z}}}}{t(s)} ds + q_{01} \int_{BCDE} \frac{ds}{t(s)} - q_{02} \int_{EB} \frac{ds}{t(s)}$$

$$2A_{02}G\vartheta_2 = \oint_{ABEF} \frac{q_{Q_{\hat{z}}}}{t(s)} ds + q_{02} \int_{ABEF} \frac{ds}{t(s)} - q_{01} \int_{BE} \frac{ds}{t(s)}$$

Aufgrund der Zusammenhangsbedingung zwischen den Zellen (Kompatibilität)
gilt:
$\vartheta_1 = \vartheta_2$ (i.a. ($n-1$) Gleichungen)
(die zusätzliche Gleichung ist das MGG! $\rightarrow$ n-te Gleichung)

$$\hookrightarrow \frac{162}{60}Q_{\hat{z}} + 4a\, q_{01} - aq_{02} = \frac{36}{60}Q_{\hat{z}} + 4a\, q_{02} - aq_{01}$$

$$\Rightarrow \quad 0 = \frac{21}{10}Q_{\hat{z}} + 5a\, q_{01} - 5a\, q_{02}$$

MGG + Komp. $\Rightarrow$

$$q_{01} = -\frac{51}{100}\frac{Q_{\hat{z}}}{a}$$

$$q_{02} = -\frac{9}{100}\frac{Q_{\hat{z}}}{a}$$

Erkenntnis:

Für die Schubflußberechnung ist die Kenntnis der Schubmittelpunktlage nicht
erforderlich!

3.3–5 Allgemeiner Vierecks-Schubfeldträger (SFT)

3.3–5.1 Zusammenfassung der theoretischen Grundlagen

In diesem Übungsteil wird der allgemeine Schubfeldträger behandelt, wie er im Theorieteil in Kapitel 3.3.8.4 dargestellt wird.

Für die nachfolgenden Betrachtungen gelten neben den allgemeinen Voraussetzungen der linearen Elastizitätstheorie weitere Annahmen:

1)   Es tritt kein Beulen des Hautfeldes auf.
2)   In den Randprofilen wirken nur Längskräfte. Sie werden daher als dehnelastisch aber biegestarr idealisiert.
3)   Im Schubblech wirken nur Schubspannungen.
4)   Der Schub wird als konstant über den Rand angenommen.

Im Theorieteil wurden folgende Zusammenhänge abgeleitet:

1)   mittlerer Schubfluß

$$q_m = q = \sqrt{q_1 \cdot q_3} = \sqrt{q_2 \cdot q_4} \qquad (3.3.8\text{--}62)$$

2)   Nach Abb. 3.3–5.1–1 ergibt sich für die vier Schubflüsse q_1, q_2, q_3, q_4 :

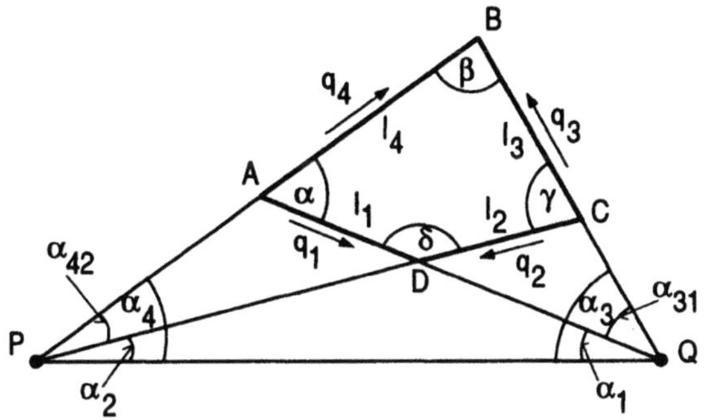

Abb.   3.3–5.1–1

$$q_1 = q \cdot \sqrt{\dfrac{l_3 \sin \alpha_3}{l_1 \sin \alpha_1}} \qquad\qquad q_3 = q \cdot \sqrt{\dfrac{l_1 \sin \alpha_1}{l_3 \sin \alpha_3}}$$

$$q_2 = q \cdot \sqrt{\dfrac{l_4 \sin \alpha_4}{l_2 \sin \alpha_2}} \qquad\qquad q_4 = q \cdot \sqrt{\dfrac{l_2 \sin \alpha_2}{l_4 \sin \alpha_4}} \qquad (3.3.8\text{--}65)$$

Mit Hilfe des Sinussatzes, des Kosinussatzes sowie des Satzes von der konstanten Winkelsumme im Dreieck lassen sich die benötigten Winkel $\alpha_1, \alpha_2, \alpha_3, \alpha_4$

ermitteln:

$$\alpha_{42} = 180^\circ - \beta - \gamma \qquad \alpha_{31} = 180^\circ - \alpha - \beta$$

$$\overline{PB} = l_3 \cdot \frac{\sin \gamma}{\sin \alpha_{42}} \qquad \overline{QB} = l_4 \cdot \frac{\sin \alpha}{\sin \alpha_{31}}$$

$$\overline{PQ} = \sqrt{\overline{PB}^2 + \overline{QB}^2 - 2 \cdot \overline{PB} \cdot \overline{QB} \cdot \cos \beta} \qquad\qquad (3.3\text{–}5.1\text{–}1)$$

$$\sin \alpha_4 = \frac{\overline{QB}}{\overline{PQ}} \cdot \sin \beta \qquad \sin \alpha_3 = \frac{\overline{PB}}{\overline{PQ}} \cdot \sin \beta$$

$$\sin \alpha_2 = \sin (\alpha_4 - \alpha_{42}) \qquad \sin \alpha_1 = \sin (\alpha_3 - \alpha_{31})$$

3.3–5.2 Aufgabe

Der Ausleger eines historischen Kranes wurde als Schubfeldträger ausgeführt.
Die geometrischen Größen, die Lagerung und die Belastung sind Abb. 3.3–5.2–1
zu entnehmen.

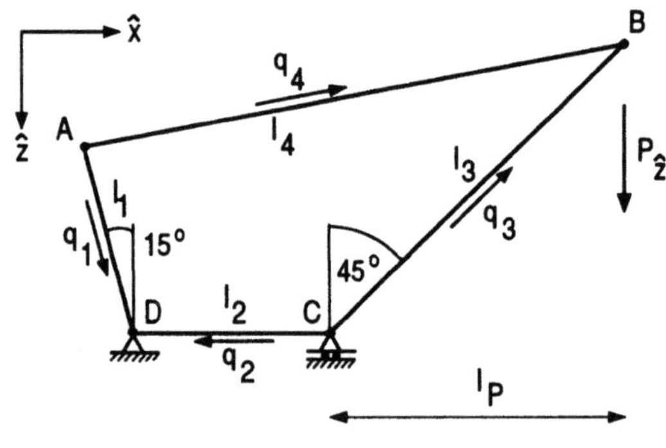

Abb. 3.3–5.2–1

Gegeben: **Gesucht:**

$P_{\hat{z}} = 100 kN$, $l_1 = l_2 = 4m$, $l_P = 6m$ **Schubflüsse** q_1, q_2, q_3, q_4

Lösung:

Mittels Momenten- und Kräftegleichgewicht werden die Auflagerreaktionen berechnet:

$$P_{\hat{z}_C} = -250kN \ , \ P_{\hat{z}_D} = 150kN$$

Über eine Kräftebilanz am Knoten C und am Knoten D wird die Belastung des Gurtes $\overline{CD}$
ermittelt:

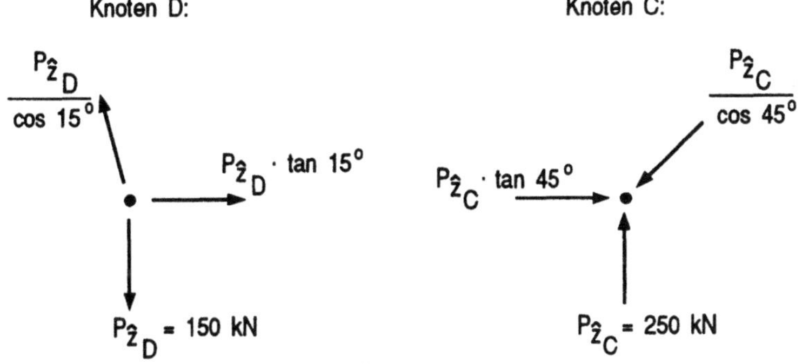

Abb. 3.3–5.2–2

Der am Gurt $\overline{CD}$ wirkende Schubfluß q_2 wird durch die Differenz der Kräfte $p_{\hat{z}_C} \cdot \tan 45^o$ und $p_{\hat{z}_D} \cdot \tan 15^o$ verursacht.

Abb. 3.3–5.2–3

Kräftebilanz:

$$P_{\hat{z}_C} \cdot \tan 45^o + P_{\hat{z}_D} \cdot \tan 15^o + q_2 \cdot l_2 = 0$$

$$\Rightarrow q_2 = -\frac{P_{\hat{z}_C} \cdot \tan 45^o + P_{\hat{z}_D} \cdot \tan 15^o}{l_2} = -72,55\frac{kN}{m} = -72,55\frac{N}{mm}$$

Zur Berechnung des mittleren Schubflusses q so wie der Schubflüsse q_1 bis q_4 müssen zunächst die fehlenden Längen l_3 und l_4 sowie die Winkel α_1 bis α_4 bestimmt werden.

Durch trigonometrische Betrachtungen ergeben sich

$$l_3 = 8,485m \ , \ l_4 = 11,240m$$

sowie die Winkel $\alpha, \beta, \gamma, \delta$ (gerundet) des Vierecks (siehe Abb. 3.3–5.1–1):

$$\alpha = 86^o \ , \quad \beta = 34^o \ , \quad \gamma = 135^o \ , \quad \delta = 105^o$$

Durch Anwendung der Formeln Gl. (3.3–5.1–1) lassen sich die Winkel $\alpha_1, \alpha_2, \alpha_3, \alpha_4$ berechnen:

$$\alpha_1 = \ 66,7^o \ , \quad \alpha_2 = \ 8,3^o \ , \quad \alpha_3 = 126,7^o \ , \quad \alpha_4 = \ 19,3^o$$

Aus Gl. (3.3.8–65) folgt der mittlere Schubfluß q :

$$q = q_2 \cdot \sqrt{\frac{l_2 \cdot \sin \alpha_2}{l_4 \cdot \sin \alpha_4}} = -28,62 \frac{N}{mm}$$

Mit Gl. (3.3.8–62) läßt sich nun q_4 ermitteln:

$$q_4 = \frac{q^2}{q_2} = -11,29 \frac{N}{mm}$$

Gl. (3.3.8–65) ermöglicht ebenfalls die Berechnung der restlichen Schubflüsse:

$$q_1 = q \cdot \sqrt{\frac{l_3 \cdot \sin \alpha_3}{l_1 \cdot \sin \alpha_1}} = -38,94 \frac{N}{mm}$$

$$q_3 = q \cdot \sqrt{\frac{l_1 \cdot \sin \alpha_1}{l_3 \cdot \sin \alpha_3}} = -21,04 \frac{N}{mm}$$

Alternativer Lösungsweg:

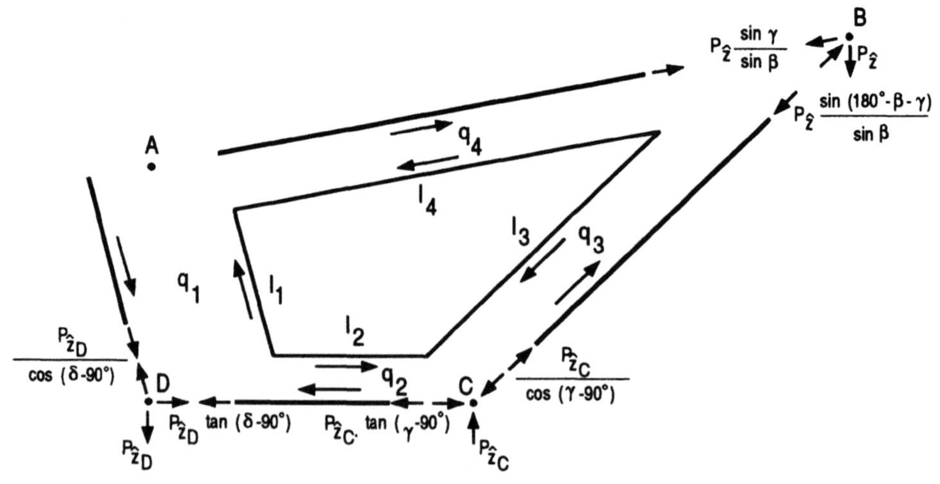

Abb. 3.3–5.2–4

Durch vollständiges Freischneiden der Knoten, der Stege und des Schubfeldes lassen sich die Schubflüsse q_1 bis q_4 ebenfalls ermitteln. Dazu müssen die Kräftebilanzen an den Knoten und an den Stegen betrachtet werden:

$$q_1 = -38,82\frac{N}{mm} \ , \ q_2 = -72,55\frac{N}{mm} \ , \ q_3 = -20,98\frac{N}{mm} \ , \ q_4 = -11,25\frac{N}{mm} \ .$$

Im Rahmen der Rundungsgenauigkeit ergeben sich also mit beiden Verfahren identische Ergebnisse.

3.3–6 Anwendungsbeispiele

Am folgenden Beispiel soll gezeigt werden, wie man die EBT, ETT und "Scheibentheorie" in der Praxis zu ersten Abschätzungen für stabförmige Bauteile wie z.B. den Rumpf eines Verkehrsflugzeuges anwenden kann.

3.3–6.1 Abschätzung der Beanspruchung des Querschnittes eines Flugzeugrumpfes

Für ein Flugzeug soll überschlägig der Festigkeitsnachweis für einen kritischen Querschnitt des Rumpfes geführt werden. Dies entspricht dem vierten Schritt der Vorgehensweise zur Analyse von Leichtbaustrukturen (Abb. 1–1.1–1). Da Flugzeugdaten und Lastfall aus Aufgabe 1–2.2 übernommen werden sollen, liegen die Ergebnisse der Schritte 1–3 (Lastfall, globales Kräftegleichgewicht, Zerschneiden in Hauptbaugruppen) bereits vor.

Gegeben:

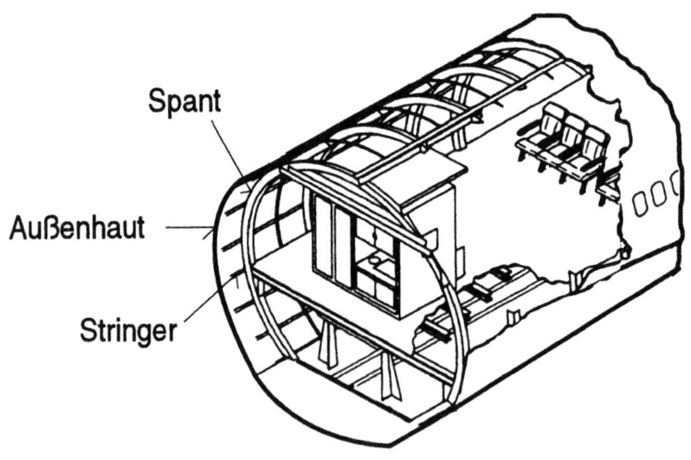

Abb. 3.3–6.1–1

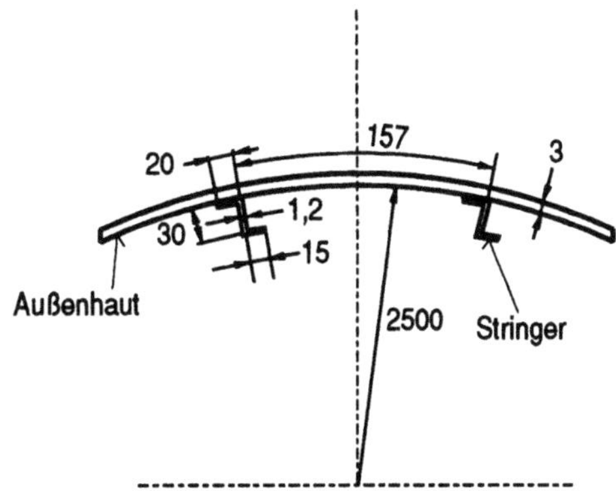

Abb. 3.3–6.1–2 Daten der zylindrischen Rumpfröhre

Überdruck in der Kabine: $\Delta p = 0,5\,bar$
zulässige Werkstoffbeanspruchung: $\sigma_{zul} = 240\,MPa$
Sicherheitsfaktor: $j = 1,5$
v. Mises Vergleichspannung: $\sigma_v = \sqrt{\sigma_x^2 + \sigma_y^2 - \sigma_x\sigma_y + 3\tau_{xy}^2}$

Modellbildung, Idealisierung

Für eine erste Abschätzung werden folgende idealisierende Annahmen getroffen:

- Die Beanspruchungen aus dem Schubfluß und aus dem Normalfluß in Umfangsrichtung, der aus dem Innendruck resultiert, werden allein von der Außenhaut getragen (Die Spante dienen zur Krafteinleitung und gewährleisten den Erhalt der Querschnittgestalt, tragen aber zur Festigkeit nicht bei).

- Die Beanspruchungen aus dem Normalfluß in Längsrichtung werden von der Außenhaut und den Stringern aufgenommen.

- Der Einfluß der Stringer wird über ihre verschmierte Dicke erfaßt.

Gesucht:

a) Aus den am Rumpf angreifenden Gewichts- und Auftriebskräften ist der Schnittkraftverlauf (Querkraft und Biegemoment) für die Rumpfstruktur zu berechnen.

b) Für den kritischen Querschnitt mit dem höchsten Biegemoment sind die Normal- und Schubflüsse zu berechnen.

c) Den Belastungen aus dem Abfangmanöver sind die Belastungen aus dem Innendruck zu überlagern. Es sollen die Normalflüsse in Umfangs- und Längsrichtung berechnet werden.

d) Für den kritischen Querschnitt ist der Festigkeitsnachweis gegen Fließen der Außenhaut mit Hilfe der Vergleichsspannung nach v. Mises zu führen, wobei der zulässige Sicherheitsfaktor nicht unterschritten werden darf.

e) Um eine Abschätzung des Einflusses der Fenster auf die Spannungsvertei-
    lung zu bekommen, sollen diese vereinfacht als kreisförmige Löcher mit ei-
    nem Durchmesser von $d = 0,3m$ in einer ebenen Scheibe betrachtet wer-
    den. Die Lage der Fenster-Mittelpunkte liegt $0,78m$ oberhalb der brei-
    testen Stelle des Rumpfes. Die Spannungen an diesem Punkt sollen als
    konstant entlang der Ränder des betrachteten Ausschnittes angenommen
    werden (Abb. 3.3–6.1–7).

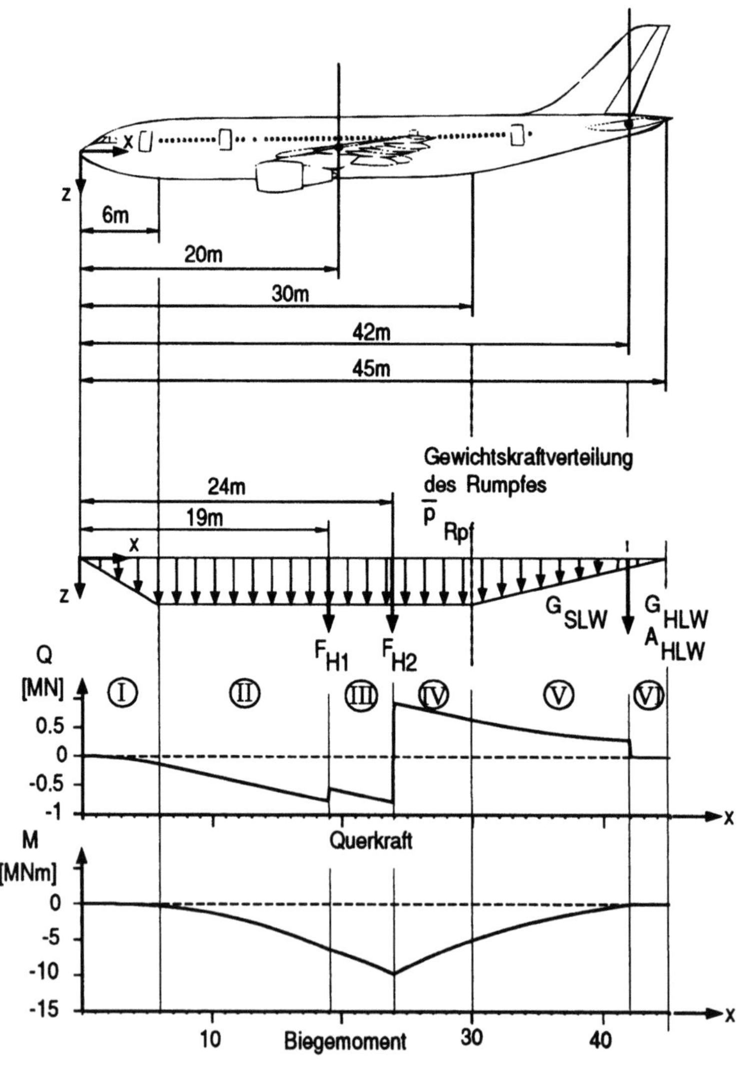

Abb. 3.3–6.1–3 Beanspruchungen des Flugzeugrumpfes

Lösung:

Teilaufgabe a)

Bevor mit der Berechnung der Schnittkraftverläufe begonnen werden kann, ist die Linienlast des Rumpfes aus der auf die Länge bezogenen Rumpfmasse zu ermitteln:

$$\overline{p}_{Rpf} = \overline{m}_{RPF} \cdot n \cdot g$$
$$= 2000 \, \frac{kg}{m} \cdot 2,5 \cdot 9,81 \, \frac{m}{s^2} = 49050 \, \frac{N}{m}$$

$\overline{p}_{Rpf}$ wirkt in positive z-Richtung (nach unten). Alle weiteren Kräfte können von Aufgabe 1–2.2 übernommen werden. In Abb. 3.3–6.1–3 sind alle am Rumpf angreifenden Kräfte eingetragen. Die Gewichts- und Auftriebskräfte von Höhenleitwerk und Seitenleitwerk greifen dabei alle am gleichen Ort in x-Richtung an.

Der nächste Schritt umfaßt die Festlegung des Koordinatensystems sowie die Bereichseinteilung zur Berechnung der Schnittlasten. Der Ursprung des Koordinatensystems liegt in der Bugspitze, die x-Achse weist in Längsrichtung des Rumpfes, die z-Achse zeigt nach unten.

Die Bereichseinteilung richtet sich nach den Änderungen im Kraftverlauf. Nach Abb. 3.3–6.1–3 muß der Rumpf zur Berechnung des Querkraft- und Biegemomentenverlaufes in sechs Bereiche unterteilt werden:

Bereich I	$0 \leq x < 6\,m$:	linearer Anstieg der Gewichtskraft des Rumpfes
Bereich II	$6 \leq x < 19\,m$:	konstanter Gewichtskraftverlauf des Rumpfes
Bereich III	$19 \leq x < 24\,m$:	Lasteinleitung der vorderen Holmkraft F_{H_1} am Beginn des Bereiches
Bereich IV	$24 \leq x < 30\,m$:	Lasteinleitung der hinteren Holmkraft F_{H_2} am Beginn des Bereiches
Bereich V	$30 \leq x < 42\,m$:	lineare Abnahme der Gewichtskraft des Rumpfes
Bereich VI	$42 \leq x < 45\,m$:	Lasteinleitung der Gewichts- und Auftriebskräfte von Höhen- und Seitenleitwerk

Für die einzelnen Bereiche können nun die Querkraft- und Biegemomentenverläufe berechnet werden.

Im einzelnen ergeben sich für die 6 Bereiche folgende Verläufe:

Bereich I: Bereich II:

$$Q_I(x) = -4087,5\frac{N}{m^2}\,x^2 \qquad Q_{II}(x) = -147150N - 49050\frac{N}{m}\,x$$

$$Q_I(6m) = -147150N \qquad Q_{II}(19m) = -784800N$$

$$M_I(x) = -1362,5\frac{N}{m^2}\,x^3 \qquad M_{II}(x) = -294300Nm + 147150N\,x - 24525\frac{N}{m}\,x^2$$

$$M_I(6m) = -294300Nm \qquad M_{II}(19m) = -6.351975Nm$$

Bereich III:

$$Q_{III}(x) = 372.289,53N - 49050\frac{N}{m}\,x$$

$$Q_{III}(24m) = -804.910,47N$$

$$M_{III}(x) = -4.571.951,07Nm + 372.289,53N\,x - 24525\frac{N}{m}\,x^2$$

$$M_{III}(24m) = -9.763.402,35Nm$$

Bereich IV:

$$Q_{IV}(x) = 2.107.923,82N - 49050\frac{N}{m}\,x$$

$$Q_{IV}(30m) = 636.423,82N$$

$$M_{IV}(x) = -46.227.174,03Nm + 2.107.923,82N\,x - 24525\frac{N}{m}\,x^2$$

$$M_{IV}(30m) = -5.061.959,43Nm$$

Bereich V:

$$Q_V(x) = 3.579.423,82N - 147.150\frac{N}{m}\,x + 1635\frac{N}{m}\,x^2$$

$$Q_V(42m) = 283.263,82N$$

$$M_V(x) = -60.942.174,02Nm + 3.579.423,82N\,x - 73.575\frac{N}{m}\,x^2 + 545\frac{N}{m^2}\,x^3$$

$$M_V(42m) = -14713,58Nm$$

Bereich VI:

$$Q_{VI}(x) = 3.310.875N - 147.150\frac{N}{m}\,x + 1635\frac{N}{m}\,x^2$$

$$Q_{VI}(45m) = 0N$$

$$M_{VI}(x) = -49.663.123,54Nm + 3.310.875N\,x - 73.575\frac{N}{m}\,x^2 + 545\frac{N}{m^2}\,x^3$$

$$M_{VI}(45m) = 1,46Nm$$

Am Ende des Rumpfes sind Querkraft und Biegemoment nicht mehr vorhanden. Dies ist eine gute Kontrolle der Schnittkraftverläufe, da an einem freien Ende ohne Auflager natürlich keine Querkräfte und Biegemomente aus- bzw. eingeleitet werden können. Der Endwert für das Biegemoment resultiert aus den Rundungsfehlern.

In Abb. 3.3–6.1–3 sind die Schnittkraftverläufe als Funktion von x dargestellt. An den Einleitungsstellen der Einzelkräfte gibt es Querkraftsprünge und Knicke im Momentenverlauf. Der für die weiteren Rechnungen wichtige kritische Querschnitt mit dem maximalen Biegemoment liegt bei $x = 24m$ am Ende von Bereich III. Die Querkraft "springt" am Bereichsübergang von -804.910,47N auf +930.723,8N. Am "wirklichen" Flugzeug erfolgt die Krafteinleitung über den endlichen Bereich der Holmbreite, was hier aus rechentechnischen Gründen als konzentrierte Einzellast idealisiert wurde.

Teilaufgabe b)

Die Beanspruchungen im kritischen Querschnitt am Anfang von Bereich IV bei $x = 24m$ führen zu Normal- und Schubflüssen.
Als Belastungen wirken:
das Moment $M_{\hat{y}\hat{y}} = -9.763.402,35\ Nm$
und die Querkraft $Q_{\hat{z}} = 930.723,8\ N$
Sie greifen am Rumpfquerschnitt an, der als Kreisringquerschnitt gegeben ist.
Der Einfluß des Fußbodens im Passagierraum soll vernachlässigt werden

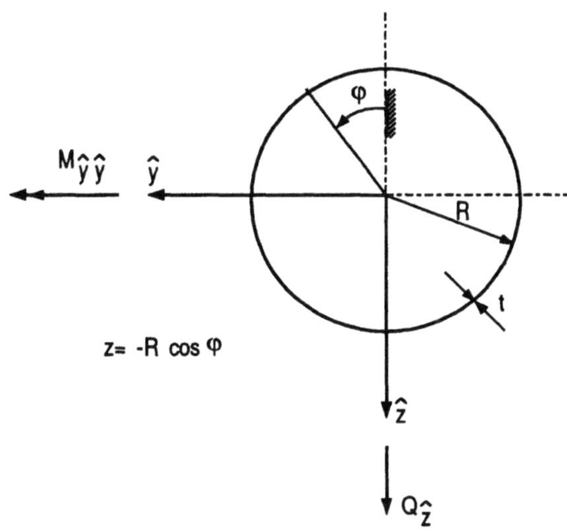

Abb.   3.3–6.1–4

Zunächst soll der Normalfluß infolge des Biegemomentes betrachtet werden.
Der Normalfluß n_{xx} ergibt sich zu

$$n_{xx}(z) = \sigma_{xx}(z) \cdot t = \frac{M_{\hat{y}\hat{y}}}{A_{\hat{z}\hat{z}}} \cdot z \cdot t \quad , \quad n_{xx}(\varphi) = -\frac{M_{\hat{y}\hat{y}}}{A_{\hat{z}\hat{z}}} t R \cos\varphi$$

wobei $A_{\hat{z}\hat{z}}$ das Flächenträgheitsmoment des dünnen Kreisringquerschnittes um die $\hat{y}$-Achse darstellt:

$$A_{\hat{z}\hat{z}} = \pi R^3 t \quad , \quad n_{xx}(z) = \frac{M_{\hat{y}\hat{y}}}{\pi R^3 t} \cdot z \cdot t \quad , \quad n_{xx}(\varphi) = -\frac{M_{\hat{y}\hat{y}}}{\pi R^3 t} R t \cos\varphi$$

Die maximalen Normalflüsse ergeben sich für $z = \pm R$ bzw. $\varphi = 0°/180°$ zu:

$$n_{xx_{max/min}} = \pm\frac{M_{\hat{y}\hat{y}}}{\pi R^2}$$

Mit $R = 2,5m$ folgt daraus: $n_{xx}(\varphi) = 497.246\frac{N}{m} \cos\varphi$

Der Schubfluß $n_{x\varphi} = \sigma_{x\varphi} \cdot t$ ergibt sich für den geschlossenen Kreisringquerschnitt zu:

$$n_{x\varphi}(\varphi) = \frac{Q_{\hat{z}}}{\pi R} \cdot \sin\varphi$$

Die maximalen Schubflüsse ergeben sich für $\varphi = 90°$: $n_{x\varphi max} = \frac{Q_{\hat{z}}}{\pi R}$

Mit $R = 2,5m$ folgt daraus: $n_{x\varphi}(\varphi) = 118.503,4\frac{N}{m} \sin\varphi$

Teilaufgabe c)

Neben der Belastung der Außenhaut durch das Flugmanöver treten zusätzliche Belastungen während des Reisefluges durch den Innendruck auf. Für kreisförmige Querschnitte kann hier mit ausreichender Genauigkeit mit der "Kesselformel" gerechnet werden. In Längsrichtung ergibt sich somit ein konstanter Normalfluß n_{xx_P} von:

$$n_{xx_P} = \Delta p \cdot \frac{A}{U} \qquad mit \qquad \text{Kreisfläche: } A = \pi R^2$$

$$n_{xx_P} = \Delta p \cdot \frac{R}{2} \qquad\qquad\qquad \text{Umfang: } U = 2\pi R$$

Außerdem erzeugt der Innendruck auch in Umfangsrichtung einen Normalfluß $n_{\varphi\varphi_P} = \Delta p \cdot R$. Mit $\Delta p = 0,5\,bar$ und $R = 2,5m$ folgt daraus

$$n_{xx_P} = 62.500\frac{N}{m} \qquad\qquad n_{\varphi\varphi_P} = 125.000\frac{N}{m}$$

Teilaufgabe d)

Für den Festigkeitsnachweis werden die Normalspannungen und Schubspannungen im kritischem Querschnitt benötigt. Hierbei ist zu berücksichtigen, daß der Normalfluß in Umfangsrichtung und der Schubfluß nur von der Außenhaut aufgenommen werden. Der Einfluß der Stringer ist dagegen für die Berechnung der Normalspannung in Längsrichtung zu berücksichtigen.

Zunächst soll deshalb die verschmierte Hautdicke t^* berechnet werden, wobei die Fläche der Stringer als zusätzliche Hautdicke über dem Umfang des Rumpfes verteilt wird (Daten aus Abb. 3.3–6.1–2):

$$t^* = t + \frac{A_{Str}}{s_{Str}} \quad mit \quad A_{Str} = 1,2mm\,(20 + 30 + 15)mm = 78mm^2$$

$$s_{Str} = 157mm$$

$$t^* = 3mm + \frac{78}{157}mm \approx 3,5mm$$

Für die Spannungen folgt daraus:

$$\sigma_{xx}(\varphi) = \frac{n_{xx_P} + n_{xx}}{t^*} = 17,9\,MPa + 142,1\,MPa\,\cos\varphi$$

$$\sigma_{\varphi\varphi} = \frac{n_{\varphi\varphi_P}}{t} = 41,7\,MPa$$

$$\tau_{x\varphi}(\varphi) = \frac{n_{x\varphi}}{t} = 39,5\,MPa\,\sin\varphi$$

Der Verlauf der Vergleichsspannung nach v. Mises ergibt sich zu:

$$\sigma_v(\varphi) = \sqrt{\sigma_{xx}^2(\varphi) + \sigma_{yy}^2 - \sigma_{xx}(\varphi)\sigma_{yy} + 3\tau_{xy}(\varphi)}$$

In Abb. 3.3–6.1–5 sind die Verläufe von Normal-, Schub-, und Vergleichsspannung in der Außenhaut als Abwicklung des Umfangs dargestellt.

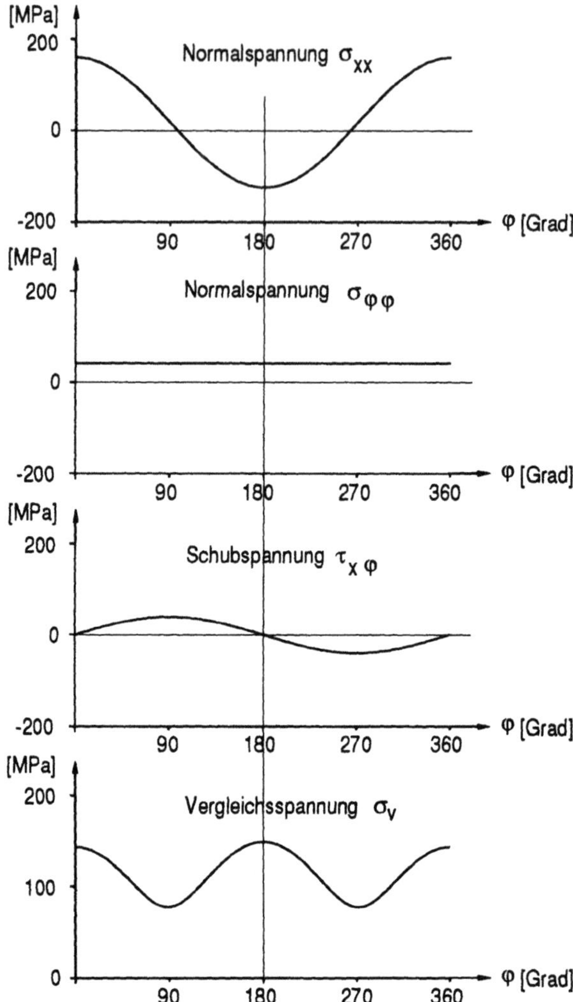

Abb. 3.3–6.1–5 Beanspruchungsverläufe im kritischem Querschnitt

Die maximale Vergleichsspannung wird für $\varphi = 180°$ mit $\sigma_{v_{max}} = 149,5\,MPa$ erreicht. Für den Festigkeitsnachweis gilt:

$$j\,\sigma_{v_{max}} \leq \sigma_{zul} \quad , \quad 1,5 \cdot 149,5\,MPa \leq 240\,MPa$$

Daraus folgt, daß der Rumpf eine ausreichende Festigkeit aufweist. Bei dieser vereinfachten Betrachtung bleiben die folgenden Aspekte noch unberücksichtigt:

- Die Dimensionierung aus der Fließbedingung heraus gilt nur für auf Zug beanspruchte Bereiche. Die Auslegung gegen Stabilitätsversagen (Beulen) beeinflußt maßgeblich die besonders auf Druck und/oder Schub beanspruchten Bereiche des Rumpfquerschnittes.

- Aus Gewichtsgründen wird die Rumpfhaut keine konstante Dicke aufweisen. Der Rumpf wird aus Schalensegmenten zusammengefügt, die eine angepaßte Blechdicke haben.
- Die einfache Abschätzung betrachtet einen idealen Rumpfquerschnitt. Spannungsüberhöhungen durch Ausschnitte (z.B. Fenster, Türen, usw.) oder infolge der über den Fußboden eingeleiteten Kräfte bleiben dabei unberücksichtigt.

Teilaufgabe e)

In der Umgebung eines Ausschnittes entstehen erhöhte Spannungen, die in genügender Entfernung abklingen. Man kann somit in genügend großer Entfernung von dem Ausschnitt (z.B. Fenster) ein wegen der geringen Krümmung des Rumpfes als Scheibe zu idealisierendes Teilstück, das den Ausschnitt enthält, herausschneiden und am Schnittrand die dort herrschenden und zuvor ermittelten Spannungen anbringen. Die Spannungsüberhöhungen am Fensterrand sind dann berechenbar. Aus Betriebsfestigkeitsgründen werden diese Ausschnitte durch angenietete Schmiedeteile verstärkt.

Um jedoch eine erste Abschätzung der Spannungsüberhöhungen im Bereich der Fenster vorzunehmen, soll hier eine vereinfachte Betrachtung erfolgen, wobei das Fenster als kreisrundes Loch in einer unendlich großen, ebenen Scheibe idealisiert wird.

Als erstes sind die Spannungen am Ort des Mittelpunktes des kreisförmigen Fensters zu bestimmen, wobei auf die in Teilaufgabe d) als Funktion von φ berechneten Spannungsverläufe zurückgerechnet werden kann. Den benötigten Winkel φ_F bekommt man aus Abb. 3.3–6.1–6 mit:

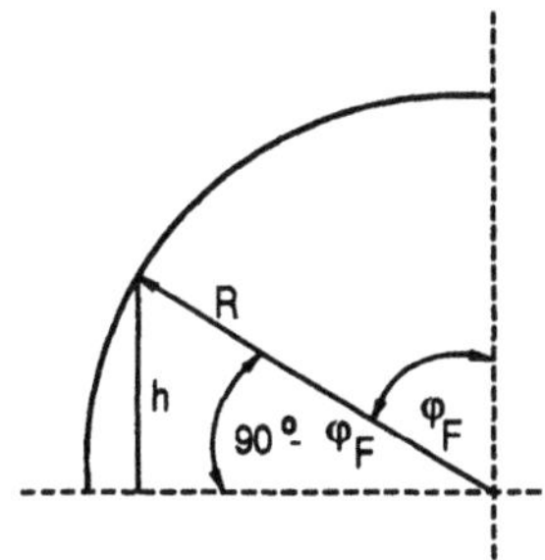

$$h = 0,78\,m$$

$$R = 2,5\,m$$

$$\sin\left(90^\circ - \varphi_F\right) = \frac{h}{R}$$

$$\varphi_F \approx 72^\circ$$

Abb. 3.3–6.1–6

Die Spannungen für $\varphi_F = 72^\circ$ sind:

$$\sigma_{xx} = 61,8\,MPa \qquad \tau_{x\varphi} = 37,6\,MPa$$

$$\sigma_{\varphi\varphi} = 41,7\,MPa \qquad \sigma_v = 84,9\,MPa$$

Aufgrund der kleinen Krümmungen (großer Rumpfdurchmesser) und der geringen Hautdicke ($t \ll R$) soll vom ebenen Spannungszustand ausgegangen werden, so daß sich folgende Abb. 3.3–6.1–7 ergibt:

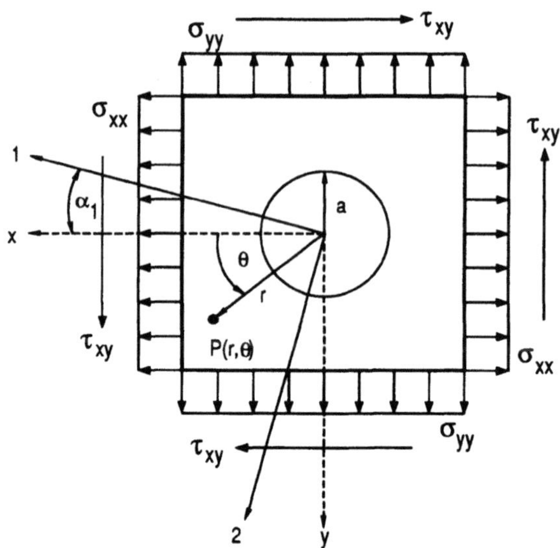

Abb. 3.3–6.1–7 Spannungszustand und Geometrie am Fensterausschnitt

Für diesen Fall können mit Hilfe des Mohrschen-Spannungskreises die beiden Hauptspannungen σ_1, σ_2 und die Ausrichtung α_1 der Hauptspannungsachsen gefunden werden:

$$\begin{matrix} \sigma_1 \\ \sigma_2 \end{matrix} = \frac{\sigma_{xx} + \sigma_{\varphi\varphi}}{2} \pm \sqrt{\left(\frac{\sigma_{xx} - \sigma_{\varphi\varphi}}{2}\right)^2 + \tau_{x\varphi}^2} \quad , \quad \begin{matrix} \sigma_1 = 90,67\,MPa \\ \sigma_2 = 12,83\,MPa \end{matrix}$$

$$\alpha_1 = \frac{1}{2}\arctan\left(\frac{\sigma_{\varphi\varphi} - \sigma_{xx}}{2\tau_{x\varphi}}\right)$$

$$\alpha_1 = -7,48°$$

Die Hauptachsen sind in Abb. 3.3–6.1–7 eingezeichnet.

Für eine einachsige zugbelastete isotrope Scheibe mit einem Kreisausschnitt vom Radius a (Abb. 3.3–6.1–8) ist für jeden Punkt der Scheibe der Spannungszustand in Polarkoordinaten gegeben.

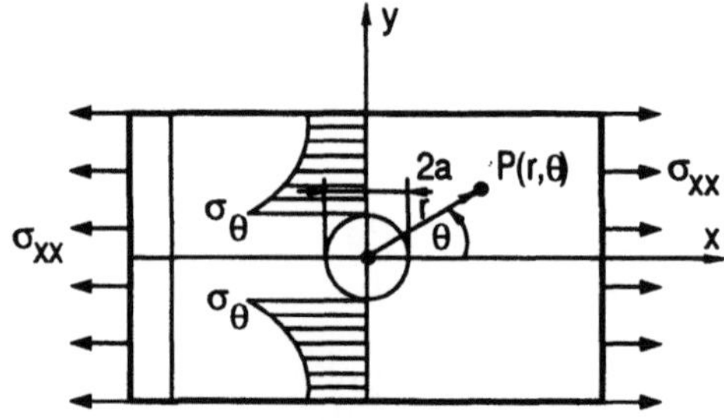

Abb. 3.3–6.1–8 Einachsig zugbelastete isotrope Lochscheibe

Isotropes Werkstoffverhalten vorausgesetzt, gilt:

$$\sigma_r = \frac{\sigma_{xx}}{2}\left(1 - \frac{a^2}{r^2}\right) + \frac{\sigma_{xx}}{2}\left(1 + \frac{3a^4}{r^4} - \frac{4a^2}{r^2}\right)\cos\left(2\Theta\right)$$

$$\sigma_\Theta = \frac{\sigma_{xx}}{2}\left(1 + \frac{a^2}{r^2}\right) - \frac{\sigma_{xx}}{2}\left(1 + \frac{3a^4}{r^4}\right)\cos\left(2\Theta\right)$$

$$\tau_{r\Theta} = -\frac{\sigma_{xx}}{2}\left(1 - \frac{3a^4}{r^4} + \frac{2a^2}{r^2}\right)\sin\left(2\Theta\right)$$

Dabei beträgt die maximale Spannungsüberhöhung $\frac{\sigma_\theta}{\sigma_{xx}} = 2$ für $\Theta = \pm 90°$.
Im vorliegenden Fall mit zwei senkrecht aufeinander stehenden Hauptspannungen kann durch Superponieren die resultierende Lösung gefunden werden. Die Spannungen σ_r, σ_Θ und $\tau_{r\Theta}$ ergeben sich unter Berücksichtigung des Winkels α_1 am Lochrand, wo nach Abb. 3.3–6.1–8 die größten Spannungen zu erwarten sind, zu:

$$\sigma_r = 0 \quad , \quad \tau_{r\Theta} = 0$$

$$\sigma_\Theta = (\sigma_1 + \sigma_2) - 2\sigma_1\cos\left(2(\Theta - \alpha_1)\right) - 2\sigma_2\cos\left(2(\Theta - \alpha_1 - 90°)\right)$$

Das Verschwinden von σ_r und $\tau_{r\Theta}$ am Lochrand zeigt, daß die gewählten Spannungsfunktionen die Randbedingungen am unbelasteten, freien Lochrand erfüllen. Da die beiden anderen Spannungen σ_r und $\tau_{r\Theta}$ am Lochrand fehlen, entspricht der Betrag von σ_Θ der Bemessungsspannung σ_v nach v. Mises. Der Verlauf von σ_v als Funktion des Winkels Θ (siehe Abb. 3.3–6.1–7) ist in Abb. 3.3–6.1–9 dargestellt:

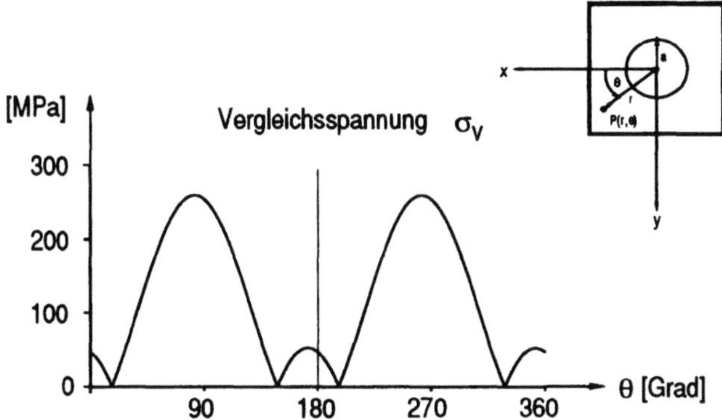

Abb. 3.3–6.1–9 Vergleichsspannungsverlauf am Lochrand

Die maximale Spannung wird bei einem Winkel von etwa $82,5°$ erreicht. Dieser Ort liegt am Schnittpunkt der Hauptachse "2" und dem Lochrand (siehe Abb. 3.3–6.1–7). Die in Richtung der Hauptachse "1" wirkende Vergleichsspannung beträgt $259,2\,MPa$ und liegt damit etwa um den Faktor 3 über der Vergleichsspannung für den Grundzustand ohne den Einfluß des kreisförmigen Loches. Um die zulässige Werkstoffspannung und den geforderten Sicherheitsfaktor einhalten zu können, sind , wie bereits erwähnt, erhebliche lokale Verstärkungen im Bereich der Kabinenfenster notwendig. In diesen einfachen Betrachtungen blieben folgende Aspekte unberücksichtigt:

- Der endliche Abstand zwischen zwei Fenstern führt zu einer gegenseitigen Beeinflussung der Spannungsverteilungen
- Die Rumpfverstärkungen bleiben teilweise (z.B. Stringer) oder ganz (z.B. Spante) unberücksichtigt
- Die Fenster übertragen einen Teil der Normal- und Schubspannungen und reduzieren somit die Beanspruchungen am Lochrand

Insgesamt gesehen, reichen die vorgestellten einfachen Verfahren für Zwecke der ersten Abschätzung aus. Bei der Bemessung der tragenden Struktur spielen daneben noch Stabilität (Beulen) und Ermüdung (Risse) eine wesentliche Rolle, die unbedingt zu berücksichtigen sind, so daß neben aufwendigen Rechenverfahren (FEM) auch Versuche und Erfahrungen mit in die Auslegung eingehen müssen.

3.3-6.2 Schnittkräfte am Rumpf eines Flugzeuges infolge der Lasten aus gepfeilten Tragflächen

Ein häufig auftretendes Problem stellt die Berechnung von Lasten in abgewinkelten Biegeträgern dar. Als Beispiel hierfür soll der Flügel-Rumpf-Übergang eines Flugzeuges mit gepfeilten Tragflügeln dienen, das Abb. 3.3-6.2-1 zeigt. Im folgenden sollen die vom Flügel in den Rumpf eingeleiteten Lasten ermittelt werden.

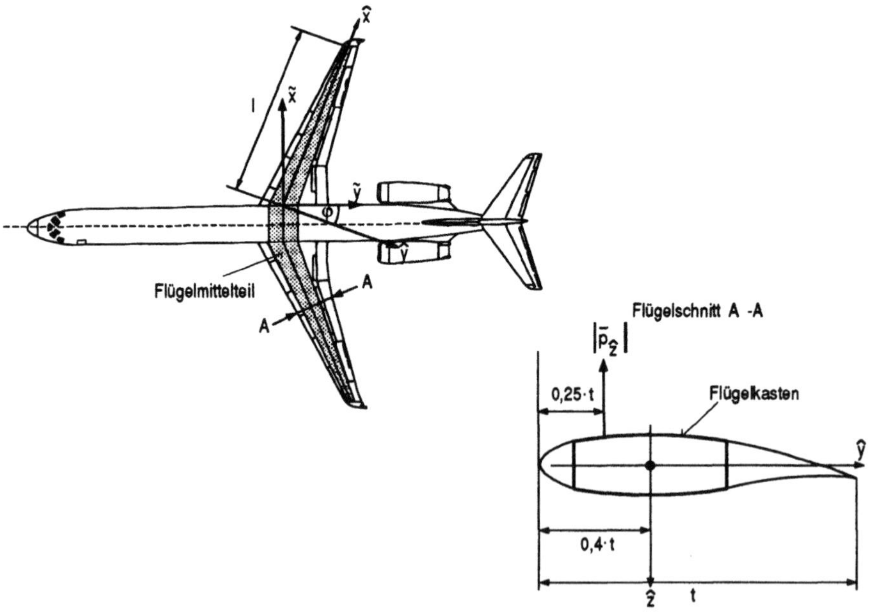

Abb. 3.3–6.2–1

Gegeben:

- Länge des äußeren Flügelteils: $l = 18\,m$
- Außenflügeltiefe: $t_a = 1,5\,m$
- Innenflügeltiefe: $t_i = 4,0\,m$
- Mittlere Druckdifferenz zwischen Flügelober- und Unterseite (Auftrieb, wirkt als Flächenlast in negativer $\hat{z}$ -Richtung; die Richtung wird durch die Vektoren in Abb. 3.3–6.2–1 und 3.3–6.2–2 gegeben): $\overline{p} = 10\,kPa$
  Die konstante Druckdifferenz $\overline{p}$ zwischen Flügeloberseite und Flügelunterseite stellt eine Vereinfachung gegenüber den in Aufgabe 1–2.1 verwendeten Druckverteilungen in Flügeltiefenrichtung dar, um den mathematischen Aufwand klein zu halten.
- Druckpunktlage (Angriffspunkt der Luftkraft an einem Flügelschnitt, vgl. Abb. 3.3–6.2–1): $\hat{y}_p = 0,25t$
- Winkel zwischen der $\hat{y}$–Achse des Flügels und der $\tilde{y}$–Achse des Flügelmittelteils: $\varphi = 20^o$
- Profil des Flügels (s. Abb. 3.3–6.2–1).
- Die mechanischen Lasten sollen nur vom gekennzeichneten, hier als doppelt symmetrisch angenommenen Flügelkasten aufgenommen werden.
- Die Masse des Flügels soll im vorliegenden Fall vernachlässigt werden. Sie kann bei Berücksichtigung analog zur Auftriebskraft behandelt werden.

Gesucht:

1) Verlauf der äußeren Kräfte als Linienlasten in $\hat{x}$–Richtung in Bezug auf die Verbindungslinie der Schubmittelpunkte.
2) Verlauf der Schnittlasten

$$Q_{\hat{z}}(\hat{x}),\, M_{\hat{y}}(\hat{x}),\, M_{\hat{x}}(\hat{x})$$

im Flügel bezüglich der Verbindungslinie der Schubmittelpunkte.
3) Schnittlasten $Q_{\hat{z}}, M_{\hat{y}}, M_{\hat{x}}$ an der Flügelwurzel bei $\hat{x} = 0$ bezüglich des Flügel–Hauptachsen–Koordinatensystems $\hat{x}, \hat{y}, \hat{z}$
4) Die am Flügelmittelteil angreifenden Schnittlasten $Q_{\tilde{z}}, M_{\tilde{y}}, M_{\tilde{x}}$ im gedrehten Koordinatensystem.

Lösung:

1) Der Flügelkasten als tragender Querschnitt weist in dieser Aufgabe ein doppelt symmetrisches Profil auf. Der Schubmittelpunkt liegt daher im Schwerpunkt bei $\hat{y} = 0$, $\hat{z} = 0$. Die $\hat{x}$–Achse des Flügels bildet die Verbindungslinie der Schubmittelpunkte. Die Ermittlung der Linienlasten erfolgt analog zu Abb. 1–8, wobei zu beachten ist, daß die Lage des Angriffspunktes der Luftkraft in Tiefenrichtung nicht mit der Lage des Schubmittelpunktes übereinstimmt.
   Die Integration der Auftriebsverteilung, d.h. der mittleren Druckdifferenz $\overline{p}$ in Tiefenrichtung ergibt eine Linienlast $\overline{p}_{\hat{z}}(\hat{x})$, die gemäß Abb 3.3–6.2–2

in negativer $\hat{z}$–Richtung wirkt (Pfeilrichtung):

$$\overline{p}_{\hat{z}}(\hat{x}) = - \int\limits_{\hat{y}=0}^{t(\hat{x})} \overline{p}(\hat{x},\hat{y})d\hat{y} = \overline{p} \cdot t(\hat{x}) = -\overline{p} \cdot \left[t_i + (t_a - t_i)\frac{\hat{x}}{l} \right]$$

Da $\overline{p}_{\hat{z}}(\hat{x})$ laut Aufgabenstellung entlang der $\frac{t}{4}$–Linie, also vor dem Schubmittelpunkt, der bei $0,4 \cdot t$ liegt, angreift und für die Berechnung von Biegebeanspruchungen in den SM_g parallel verschoben werden muß, entsteht ein positives, laufendes Moment $\overline{m}_{\hat{x}}$ um die elastische Linie, hier die $\hat{x}$–Achse (Der Drehsinn ist nach der Rechte-Hand-Regel am positiven Schnittufer positiv und wird daher am negativen Schnittufer negativ angetragen; siehe Abb. 3.3–6.2–2):

$$\overline{m}_{\hat{x}} = 0,15 \cdot t(\hat{x}) \cdot \overline{p}_{\hat{z}}(\hat{x}) = 0,15 \cdot \overline{p} \cdot \left[t_i + (t_a - t_i)\frac{\hat{x}}{l} \right]^2$$

2)   Die Bestimmung der Schnittkräfte erfolgt nach Abb. 3.3–6.2–2, wobei für

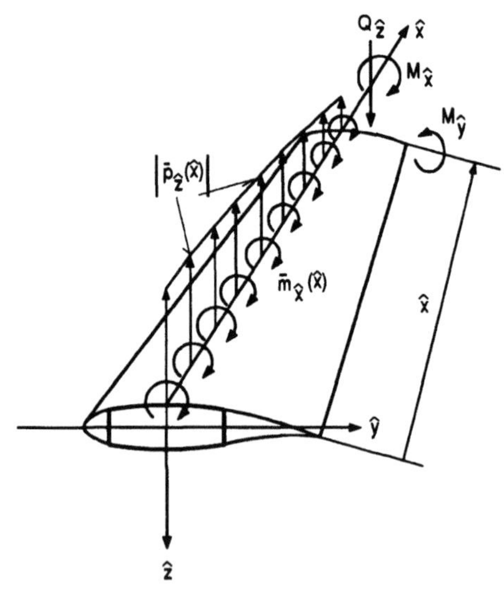

Abb. 3.3–6.2–2

$Q_{\hat{z}}(x)$ und $M_{\hat{y}}(x)$ nach Gl. (3.1.5–16a) gilt:

$$\frac{dQ_{\hat{z}}}{d\hat{x}} = -\overline{p}_{\hat{z}}(\hat{x}) \quad , \quad \frac{dM_{\hat{y}}}{d\hat{x}} = Q_{\hat{z}}(\hat{x}) \quad , \quad \frac{dM_{\hat{x}}}{d\hat{x}} = -m_{\hat{x}}(\hat{x})$$

$$Q_{\hat{z}}(\hat{x}) = - \int\limits_{\hat{x}} \overline{p}_{\hat{z}}(\hat{x})d\hat{x} = \overline{p} \cdot \int\limits_{\hat{x}} \left[t_i + (t_a - t_i)\frac{\hat{x}}{l} \right] d\hat{x}$$

$$= \overline{p}\left[t_i \cdot \hat{x} + (t_a - t_i)\frac{\hat{x}^2}{2l} + C_1 \right]$$

$$M_{\hat{y}}(\hat{x}) = \int\limits_{\hat{x}} Q_{\hat{z}}(\hat{x})d\hat{x} = \overline{p}\left[\frac{1}{2}t_i\hat{x}^2 + (t_a - t_i)\frac{\hat{x}^3}{6l} + C_1\hat{x} + C_2 \right]$$

$$M_{\hat{x}}(\hat{x}) = - \int\limits_{\hat{x}} \overline{m}_{\hat{x}}d\hat{x} = -0,15\overline{p} \int\limits_{\hat{x}} \left[t_i + (t_a - t_i)\frac{\hat{x}}{l} \right]^2 d\hat{x}$$

$$= -0,15\overline{p}\left[(t_a - t_i)^2\frac{\hat{x}^3}{3l^2} + (t_a t_i - t_i^2)\frac{\hat{x}^2}{l} + t_i^2\hat{x} + C_3 \right]$$

Die Bestimmung der Konstanten C_1, C_2 und C_3 erfolgt über die Randbedingungen am freien Rand bei $\hat{x} = l$:

$$Q_{\hat{z}}(\hat{x} = l) = 0 \quad \Rightarrow \quad C_1 = -\frac{l}{2}(t_i + t_a)$$

$$M_{\hat{y}}(\hat{x} = l) = 0 \quad \Rightarrow \quad C_2 = \frac{l^2}{6}(t_i + 2t_a)$$

$$M_{\hat{x}}(\hat{x} = l) = 0 \quad \Rightarrow \quad C_3 = -\frac{l}{3}\left(t_i^2 + t_i t_a + t_a 2\right)$$

3)   Die Schnittlasten an der Flügelwurzel ergeben sich für aus den unter 2) gefundenen Verläufen der Schnittgrößen:

$$Q_{\hat{z}}(\hat{x} = 0) = -\overline{p} \cdot \frac{l}{2} \cdot (t_i + t_a) \qquad = -495.000\,N$$

$$M_{\hat{y}}(\hat{x} = 0) = \overline{p} \cdot \frac{l^2}{6} \cdot (t_i + 2t_a) \qquad = 3.780.000\,Nm$$

$$M_{\hat{x}}(\hat{x} = 0) = \overline{p} \cdot \frac{l}{20} \cdot (t_i^2 + t_i t_a + t_a^2) = 218.250\,Nm$$

4)   Um die am Rumpf angreifenden Schnittkräfte zu erhalten, ist eine Transformation vom $\hat{x} - \hat{y}$–Koordinatensystem des Flügels (in dem die Schnittkräfte im Flügel berechnet wurden) in das $\tilde{x} - \tilde{y}$ –Koordinatensystem des Rumpfes erforderlich (Abb. 3.3–6.2–3).

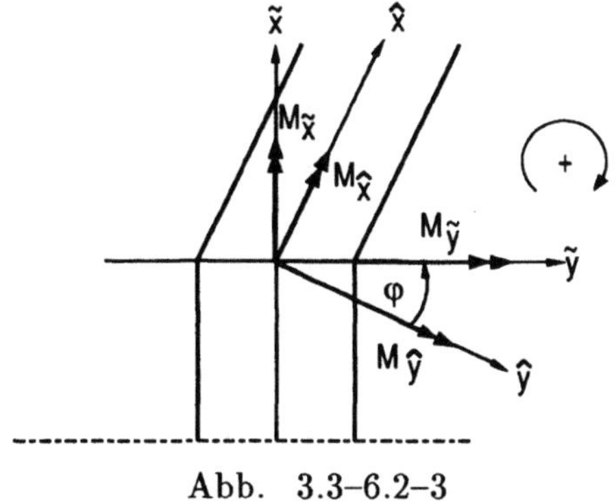

Abb. 3.3–6.2–3

Da sich die Richtung der $\hat{z}$–Achse nicht verändert, gilt:

$$Q_{\tilde{z}} = Q_{\hat{z}} = -495.000\,N$$

Für die Transformation der Momente vom $\hat{x} - \hat{y}$ –System in das $\tilde{x} - \tilde{y}$ –System kann Gl. 2.5.2–1 angewendet werden:

$$\underline{\tilde{M}} = \underline{\underline{\lambda}} \cdot \underline{M} \qquad \text{mit} \qquad \underline{\underline{\lambda}} = \begin{bmatrix} \cos\varphi & +\sin\varphi \\ -\sin\varphi & \cos\varphi \end{bmatrix}$$

Der Winkel zwischen Flügel und Rumpf beträgt 20°. Aus Abb. 2.5.2–1 ergibt sich, bei verabredeter "Rechte-Hand-Regel", ein negativer Drehsinn für eine Transformation vom $\hat{x}-\hat{y}$ –System in das $\tilde{x}-\tilde{y}$ –Koordinatensystem (φ ist hier also durch $-\varphi$ zu ersetzen), was in den folgenden Gleichungen bereits berücksichtigt ist:

$$\begin{bmatrix} M_{\tilde{x}} \\ M_{\tilde{y}} \end{bmatrix} = \begin{bmatrix} M_{\hat{x}} \cdot \cos\varphi - M_{\hat{y}} \cdot \sin\varphi \\ M_{\hat{x}} \cdot \sin\varphi + M_{\hat{y}} \cdot \cos\varphi \end{bmatrix} = \begin{bmatrix} -1.087.748 \\ +3.626.684 \end{bmatrix} Nm$$

Das Biegemoment in der Flügelwurzel $M_{\hat{y}}$ teilt sich nach Abb. 3.3–6.2–4 in einen Torsionsanteil:

$$M_{\tilde{x}\hat{y}} = -M_{\hat{y}}\sin\varphi = -1.292.836\,Nm$$

und einen Biegeanteil:

$$M_{\tilde{y}\hat{y}} = M_{\hat{y}}\cos\varphi = 3.552.038\,Nm$$

auf, die als Schnittlasten am Flügelkasten angreifen.

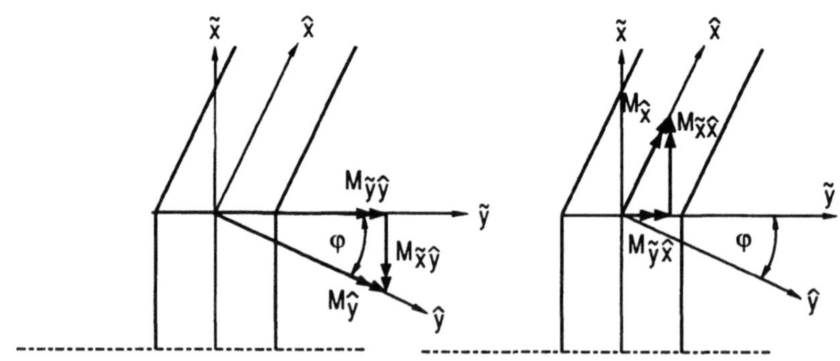

Abb. 3.3–6.2–4

Das Torsionsmoment im Flügel entsteht, weil die aerodynamische Kraft vor der $\hat{x}$–Achse des Flügels angreift. Im Flügelkasten fällt das Torsionsmoment stark ab und wechselt auf ein negatives Vorzeichen. Dieser Effekt entsteht durch die Rückpfeilung des Flügels, da hierbei der Angriffspunkt der resultierenden Luftkraft des Flügels in negativer $\tilde{y}$ – Richtung verschoben wird. Bei der Transformation der Momente wird dieser Effekt durch $M_{\tilde{y}\hat{x}}$ berücksichtigt. Analog läßt sich das Torsionsmoment $M_{\hat{x}}$ in der Flügelwurzel nach Abb. 3.3–6.2–4 aufteilen in einen Biegeanteil:

$$M_{\tilde{y}\hat{x}} = M_{\hat{x}} \cdot \sin\varphi = 74.646 Nm$$

und einen Torsionsanteil:

$$M_{\tilde{x}\hat{x}} = M_{\hat{x}} \cdot \cos\varphi = 205.088 Nm \quad .$$

Im vorliegenden Fall erhöht der Anteil $M_{\tilde{y}\hat{x}}$ des Torsionsmomentes $M_{\hat{x}}$ die Biegebelastung im Flügelmittelkasten.

3.4 Wölbkrafttorsion

Dieses Übungskapitel behandelt die Torsion dünnwandiger, stabförmiger offener und geschlossener Profile unter Berücksichtigung von Wölbbehinderungen. Im Gegensatz zur reinen St.-Venantschen Torsion, bei der vorausgesetzt wurde, daß sich der Profilquerschnitt frei verwölben kann, sollen jetzt lokale Wölbbehinderungen, z.B. in der Einspannung, zugelassen werden. Zunächst werden die wesentlichen Voraussetzungen der Wölbkrafttorsion zusammengefaßt und die grundlegenden Gleichungen angeschrieben. Anschließend wird an ausgesuchten Übungsbeispielen gezeigt werden, wie sich diese Grundgleichungen der Wölbkrafttorsion anwenden und lösen lassen.

3.4–1 Zusammenfassung der theoretischen Grundlagen

3.4–1.1 Annahmen und Voraussetzungen

- Das betrachtete stabförmige Tragwerk ist zylindrisch und dünnwandig.
- Die Querschnittsgestalt bleibt bei Torsion erhalten.
- Der Querschnitt darf sich verwölben. Diese Verwölbung ist im allgemeinen aber nicht zwangsfrei möglich.
- Normal zur Querschnittsebene wirken die Wölbnormalspannungen $\sigma_{xW}(x, s)$. Sie sind über die Wanddicke $t(s)$ konstant.
- Die Schubspannungen τ_{xs} wirken tangential zur Profilmittellinie s. Beim offenen Profil sind diese Schubspannungen im Gegensatz zum geschlossenen linear über die Wanddicke $t(s)$ verteilt. Sie können stets als vektorielle Summe der Schubspannungen aus St.-Venantschen Schubspannungen $\tau_{St.}$ (auch primäre Schubspannungen) und den Wölbschubspannungen τ_W (auch sekundäre Schubspannungen) dargestellt werden.

<table>
<tr><td colspan="3" align="center">Kinematik</td></tr>
<tr><td></td><td align="center">offener Querschnitt</td><td align="center">geschlossener Querschnitt</td></tr>
<tr><td>Verdrillung</td><td colspan="2" align="center">$\vartheta(x) = \varphi_x'$, $(\ )' := \dfrac{\partial (\ )}{\partial x}$</td></tr>
<tr><td>Verwölbung</td><td>

$u(x,s) - u(x,0) =$
$= -\vartheta(x) \cdot \hat{\omega}(s)$
$= -\vartheta(x) \displaystyle\int_0^s \underbrace{\hat{r}_t(s)\,ds}_{d\hat{\omega}}$

</td><td>

$u(x,s) - u(x,0) =$
$= -\vartheta(x) \cdot \hat{\omega}^*(s)$
$= -\vartheta(x) \displaystyle\int_0^s \underbrace{\hat{r}_t(s) - \frac{\psi}{t(s)}\,ds}_{d\hat{\omega}^*}$

</td></tr>
<tr><td rowspan="3">KVV</td><td colspan="2" align="center">$\varepsilon_{xW} = \dfrac{\partial u}{\partial x}$</td></tr>
<tr><td colspan="2" align="center">$\gamma_{xs}(x,s) = \dfrac{\partial u}{\partial s} + \hat{r}_t(s) \cdot \vartheta(x)$</td></tr>
<tr><td>$\gamma_{xs}(x,s) = 0$</td><td>$\gamma_{xs}(x,s) = \dfrac{q_{0T}}{G\,t(s)} = \vartheta(x) \cdot \dfrac{\psi}{t(s)}$</td></tr>
<tr><td>Dehnung</td><td>$\varepsilon_{xW} = -\varphi_x'' \cdot \hat{\omega}(s)$</td><td>$\varepsilon_{xW} = -\varphi_x'' \cdot \hat{\omega}^*(s)$</td></tr>
<tr><td>Scherung</td><td>$\gamma_{xs}(x,s) = 0$</td><td>$\gamma_{xs}(x,s) = \dfrac{2A_0}{t(s) \oint \frac{ds}{t(s)}} \cdot \varphi_x'$</td></tr>
</table>

<table>
<tr><td align="center">Stoffgesetz</td></tr>
<tr><td align="center">

$\begin{bmatrix} \sigma_{xW} \\ \tau_{xs} \end{bmatrix} = \begin{bmatrix} E & 0 \\ 0 & G \end{bmatrix} \cdot \begin{bmatrix} \varepsilon_{xW} \\ \gamma_{xs} \end{bmatrix}$

</td></tr>
</table>

<table>
<tr><td colspan="3" align="center">Statische Bedingungen</td></tr>
<tr><td></td><td align="center">offener Querschnitt</td><td align="center">geschlossener Querschnitt</td></tr>
<tr><td>Gleichgewicht</td><td colspan="2">

$$\frac{\partial \sigma_{xW}}{\partial x} + \frac{\partial \tau_{xs}}{\partial s} = 0 \quad \Rightarrow \quad q_W(x,s) - q_{0W} = -\int_0^s \frac{\partial n_x(x,s)}{\partial x}\, ds$$

$$mit \quad n_x = \sigma_{xW} \cdot t(s) \quad und \quad q_W = \tau_{xs} \cdot t(s)$$

</td></tr>
<tr><td>Wölbspannung</td><td>$\sigma_{xW} = -E \cdot \varphi_x'' \cdot \hat{\omega}(s)$</td><td>$\sigma_{xW} = -E \cdot \varphi_x'' \cdot \hat{\omega}^*(s)$</td></tr>
<tr><td>Schubfluß</td><td colspan="2" align="center">$q(x,s) = q_W(x,s) - q_{0W} + q_{0T}$</td></tr>
<tr><td>Wölbschubfluß</td><td colspan="2" align="center">

$$q_W(x,s) - q_{0W} = E \cdot A_{\hat{\omega}}(s) \cdot \varphi_x'''(x)$$

mit:

</td></tr>
<tr><td></td><td>$q_{0W} = 0$</td><td>

$$q_{0W} = E \cdot \frac{\oint A_{\hat{\omega}^*}(s)\frac{ds}{t(s)}}{\frac{ds}{t(s)}} \cdot \varphi_x'''(x)$$

</td></tr>
<tr><td>St. Venantscher
Schubfluß</td><td>$q_{0T} = 0$</td><td>$q_{0T} = \dfrac{M_x}{2 A_0}$</td></tr>
<tr><td>Bimoment</td><td>

$$B_{\hat{\omega}} = \int_0^s \sigma_{xW}\, \hat{\omega}\, t\, ds$$

$$= -E \cdot A_{\hat{\omega}\hat{\omega}} \cdot \varphi_x''$$

</td><td>

$$B_{\hat{\omega}^*} = \int_0^s \sigma_{xW}\, \hat{\omega}^*\, t\, ds$$

$$= -E \cdot A_{\hat{\omega}^*\hat{\omega}^*} \cdot \varphi_x''$$

</td></tr>
<tr><td>Torsionsmoment</td><td colspan="2" align="center">

$$M_x = \oint q(x,s) \cdot \hat{r}_t(s) \cdot ds$$

</td></tr>
<tr><td></td><td>$M_x = M_{x\hat{\omega}} + M_{xT}$</td><td>$M_x = M_{x\hat{\omega}^*} + M_{xT}$</td></tr>
<tr><td>Wölbmoment</td><td>$M_{x\hat{\omega}} = -E \cdot A_{\hat{\omega}\hat{\omega}} \cdot \varphi_x''' = B_{\hat{\omega}}'$</td><td>$M_{x\hat{\omega}^*} = -E \cdot A_{\hat{\omega}^*\hat{\omega}^*} \cdot \varphi_x''' = B_{\hat{\omega}^*}'$</td></tr>
<tr><td>St. Venantsches
Moment</td><td colspan="2" align="center">$M_{xT} = G \cdot A_T \cdot \varphi_x'$</td></tr>
</table>

Anmerkungen:

1) *Wölbschubverzerrungen:* Ein offenes Profil verwölbt sich durch Drehung der
    Hautelemente so, daß keine Schubverzerrungen auftreten. Vergleiche hierzu
    die Verhältnisse bei reiner Biegung: Wirken ausschließlich Biegemomente,

führt die Schwerpunktlinie (neutrale Faser) ebenfalls eine Dehnung aus. Auch hier ist daher $\gamma_{xs}(x,s) = 0$.

2) *Wölbschubspannungen:* Diese sind wegen $\gamma_{xs} = 0$ nicht aus dem Stoffgesetz ermittelbar, sondern werden analog zur Biegung (vgl. Kap. 3.4.5.2 und 3.3.3.2) aus Gleichgewichtsbeziehungen errechnet. Wölbschubspannungen und Schubspannungen aus St. Venantscher Torsion (τ_{xsT}) überlagern sich bei Wölbbehinderung. Die letzteren sind bei *offenen Profilquerschnitten* linear über der Wanddicke t und symmetrisch zur Mittellinie verteilt. Sie liefern keinen Beitrag zur Schubflußverteilung, d.h. für den offenen Querschnitt ist $q_{0T} = 0$.

3.4–1.2 Differentialgleichung der Wölbkrafttorsion

Das Schnitttorsionsmoment M_x an jeder Stelle x des Balkens setzt sich aus dem St-Venantschen Torsionsmoment M_{xT} und dem Wölbmoment $M_{x\hat\omega}$ zusammen (Gl. 3.4.6–15):

$$M_x(x) = M_{xT} + M_{x\hat\omega}$$

$$M_x(x) = GA_T\,\varphi_x'(x) - EA_{\hat\omega\hat\omega}\varphi_x'''(x) \qquad\qquad (3.4.6\text{–}15)$$

Bei Stäben mit einfach geschlossenem Querschnitt sind in der Differentialgleichung lediglich die Flächenintegrale durch diejenigen des geschlossenen Querschnitts zu ersetzen ($A_{\hat\omega\hat\omega} \longmapsto A_{\hat\omega^*\hat\omega^*}$).

Differenziert man die Momentenbeziehung einmal nach x, ergibt sich

$$M_x'(x) = -m_x(x) = GA_T\,\varphi_x''(x) - EA_{\hat\omega\hat\omega}\varphi_x''''(x) \qquad\qquad (3.4.6\text{–}16)$$

mit m_x als Momentenstreckenlast.

Führt man als Maß für den Einfluß der Wölbbehinderung das Verhältnis der St.-Venantschen Drillsteifigkeit zur Wölbsteifigkeit

$$k = \sqrt{\frac{C_T}{C_{\hat\omega}}} \qquad mit \qquad \begin{aligned} C_{\hat\omega} &= EA_{\hat\omega\hat\omega}\\ C_T &= GA_T \end{aligned} \qquad\qquad (3.4.6\text{–}20)$$

ein, läßt sich die Differentialgleichung der Wölbkrafttorsion in die Form

$$\varphi_x''''(x) - k^2\varphi_x''(x) = f(x) \qquad mit \qquad f(x) = m_x(x)/C_{\hat\omega} \qquad (3.4.6\text{–}21)$$

bringen. Die allgemeine Lösung dieser Differentialgleichung setzt sich aus der homogenen Lösung $\varphi_h(x)$ und der Partikulärlösung $\varphi_p(x)$ additiv zusammen und lautet:

$$\varphi_x(x) = \varphi_h(x) + \varphi_p(x) \qquad\qquad (3.4.6\text{–}22)$$

mit

$$\varphi_h(x) = C_1 + C_2 x + C_3 \sinh kx + C_4 \cosh kx \qquad (3.4.6\text{–}23a)$$

$$\varphi_p(x) = \int\limits_0^x \frac{1}{k^3} [\sinh k(x - \lambda) \;-\; k(x - \lambda)] \, f(\lambda) \cdot d\lambda \qquad (3.4.6\text{–}23b)$$

und $\qquad f(\lambda) = m_x(\lambda)/C_{\hat{\omega}}$

Die vier Integrationskonstanten C_1 bis C_4 müssen aus den Randbedingungen bestimmt werden.

Randbedingungen

Die technisch wichtigsten Randbedingungen sind in der Tabelle 3.4.6–28 des Theorieteils zusammengefaßt.

Es ist ratsam, vor dem Lösen der Differentialgleichung der Wölbkrafttorsion zu überprüfen, ob sich der betrachtete Stab überhaupt verwölbt. Liegt eine Neubersche Schale vor ($\hat{\omega} = 0$), muß man nur die einfache Differentialgleichung der St. Venantschen Torsion

$$M_x = M_{xT} = GA_T\varphi_x'$$

lösen.

Übergangsbedingungen

Die Differentialgleichung der Wölbkrafttorsion muß abschnittsweise gelöst werden, wenn

- ein Stab durch eine Anzahl von Einzeltorsionsmomenten M_{xi} belastet wird,
- die Momentenstreckenlast $m_x(x)$ unstetig ist,
- ein Stab seine Querschnittsgestalt in Längsrichtung plötzlich ändert,
- sich die elastischen Eigenschaften des Stabes in Längsrichtung plötzlich verändern.

In diesen Fällen müssen an den Unstetigkeitsstellen zusätzlich zu den genannten Randbedingungen Übergangsbedingungen beachtet werden, die die Kontinuität der Verdrehung, der Verwölbung und der Spannungen aufeinanderfolgender Stababschnitte i und $i + 1$ gewährleisten:

$$\text{Verdrehung:} \quad \varphi_{xi} = \varphi_{xi+1}$$
$$\text{Verwölbung:} \quad \varphi_{xi}' = \varphi_{xi+1}'$$
$$\text{Spannung:} \quad \varphi_{xi}'' = \varphi_{xi+1}''$$

Wird ein Einzelmoment M_{xi} eingeleitet, muß an der Einleitungsstelle zwischen den sich anschließenden Stababschnitten Gleichgewicht herrschen:

$$-M_{xi} = \left(C_T\varphi_x' - C_{\hat{\omega}}\varphi_x''' \right)_{i+1} - \left(C_T\varphi_x' - C_{\hat{\omega}}\varphi_x''' \right)_i \qquad (3.4.6\text{–}26)$$

Lösung der DGL für Einzeltorsionsmomente

Die angeschriebene allgemeine Lösung der Differentialgleichung der Wölbkrafttorsion ist auch dann gültig, wenn der Stab durch ein Einzelmoment M_{xi} an der Stelle $x = x_i$ und nicht durch eine Momentenstreckenlast $m_x(x)$ belastet wird. Dazu muß man in der Partikulärlösung

$$m_x(x) \qquad durch \qquad M_{xi} \cdot \delta(x - x_i) \tag{3.4-1.2-1}$$

ersetzen, wobei

$$\delta(x - x_i) = \begin{cases} 0 & , \quad x \neq x_i \\ 1 & , \quad x = x_i \end{cases} \tag{3.4-1.2-2}$$

die Diracfunktion ist. Definiert man als Sprungfunktion

$$H(x - x_i) = \begin{cases} 0 & , \quad x \leqslant x_i \\ 1 & , \quad x > x_i \end{cases}, \tag{3.4-1.2-3}$$

erhält man unter Beachtung der Beziehung

$$\int\limits_0^x g(x - \lambda) \cdot M_{xi} \cdot \delta(x - x_i)\, d\lambda = M_{xi} \cdot g(x - x_i) \cdot H(x - x_i) \tag{3.4-1.2-4}$$

folgende allgemeine Lösung für den Verdrehwinkel φ_x eines Stabes, der an der Stelle $x = x_i$ durch ein Einzeltorsionsmoment M_{xi} belastet wird:

$$\boxed{\begin{aligned} \varphi_x(x) =\ & C_1 + C_2 x + C_3 \sinh kx + C_4 \cosh kx + \\ & + \frac{M_{xi}}{C_{\hat{\omega}} k^3}\left[\sinh k(x - x_i)\ -\ k(x - x_i)\right] \cdot H(x - x_i) \end{aligned}} \tag{3.4-1.2-5}$$

Diese allgemeine Lösung muß noch an die Randbedingungen angepaßt werden.

3.4–2 Aufgaben

3.4–2.1 Aufgabe

Gegeben:

Ein an der Stelle $x = 0$ einseitig fest eingespannter Stab mit offenem Querschnitt sei an seinem anderen frei verwölbbaren Ende $x = l$ durch ein Einzeltorsionsmoment M_x belastet.

Gesucht:

Zu berechnen ist der Verlauf des Verdrehwinkels $\varphi_x(x)$.

Lösung:

Die allgemeine Lösung lautet gemäß Gl. (3.4–1.2–5) wegen $H(x - l) = 0$ für $x \leq l$:

$$\varphi_x(x) = C_1 + C_2 x + C_3 \sinh kx + C_4 \cosh kx \tag{1}$$

Die Koeffizienten C_i folgen aus den Randbedingungen. Mit der Randbedingungstabelle kann man die Randbedingungen für $\varphi_x(x)$ sofort anschreiben. Es gilt:

Rand	Bedingung	Gleichung
$x = 0$	$\varphi_x(0) = 0$	$C_1 + C_4 = 0$
	$\varphi_x'(0) = 0$	$C_2 + kC_3 = 0$
$x = l$	$\varphi_x''(l) = 0$	$C_3 \sinh kl + C_4 \cosh kl = 0$
	$\varphi_x'''(l) - k^2\varphi_x'(l) = -M_x/C_{\hat{\omega}}$	
	oder	
	$\varphi_x'''(0) - k^2\varphi_x'(0) = M_x/C_{\hat{\omega}}$	$C_3 \cdot k^3 = M_x/C_{\hat{\omega}}$

Man erhält vier Gleichungen für die vier Unbekannten C_i $(i = 1, 2, 3, 4)$ mit der Lösung:

$$\begin{aligned}
C_1 &= -\frac{M_x}{k^3 C_{\hat{\omega}}} \tanh(kl) = -C_4 \quad, \\
C_2 &= \frac{M_x}{k^3 C_{\hat{\omega}}} = -C_3 \quad.
\end{aligned} \tag{2}$$

Einsetzen dieser Koeffizienten in die allgemeine Lösung für $\varphi_x(x)$ ergibt die gesuchte Verdrehung:

$$\varphi_x(x) = \frac{M_x}{k^3 C_{\hat{\omega}}}\{\tanh(kl)[\cosh kx - 1] - \sinh kx + kx\} \tag{3}$$

Durch Umordnen der Terme unter Berücksichtigung der Definition und des Additionstheorems

$$\cosh(kx) - 1 = \sinh(kx) \cdot \tanh\left(\frac{kx}{2}\right)$$

gewinnt man aus Gl. (3):

$$\varphi_x(x) = \underbrace{\frac{M_x}{C_T}x}_{=} - \underbrace{\frac{M_x}{k^3 C_{\hat{\omega}}}\overbrace{\left\{1 - \tanh\left(\frac{kl}{2}\right) \cdot \tanh(kl)\right\}}^{\geq 0}\sinh kx}_{=}$$

$$= \varphi_T(x) - \varphi_W(x)$$

Dabei ist $\varphi_T(x)$ der Torsionswinkel, der sich bei unbehinderter Verwölbung (St.-Venantscher Torsion) einstellen würde. Durch die Wölbbehinderung in der festen Einspannung vermindert sich dieser Torsionswinkel um den Winkel $\varphi_W(x)$.

Ist der Verdrehwinkel bekannt, lassen sich die Wölblängsspannungen und die Wölbschubspannungen mit den Formeln

$$\sigma_{x\omega} = -E\varphi_x''\hat{\omega}(s) \quad ,$$
$$q_\omega(x,s) = E A_{\hat{\omega}}(s)\varphi_x'''(s)$$

einfach berechnen.

Der Anteil des Wölbmomentes $M_{x\hat{\omega}}$ am Gesamtmoment beträgt wegen $M_{x\hat{\omega}} = -C_{\hat{\omega}} \cdot \varphi'''(x)$:

$$\frac{M_{x\hat{\omega}}}{M_x} = \cosh(kx) - \tanh(kl) \cdot \sinh(kx)$$

Am frei verwölbbaren Stabende $x = l$ ist der Wölbmomentenanteil auf

$$\frac{M_{x\hat{\omega}}}{M_x} = \frac{1}{\cosh(kl)} \tag{4}$$

abgeklungen. Für $kl \gg 1$ ist der Wölbmomentenanteil annähernd null. Das Produkt kl bezeichnet man auch als *Abklingfaktor*. Das Ergebnis Gl. (4) besagt, daß der Einfluß der Wölbbehinderung an der festen Einspannung desto schneller abklingt, je größer das Verhältnis k der St.-Venantschen Drillsteifigkeit C_T zur Wölbsteifigkeit $C_{\hat{\omega}}$ ist.

3.4–2.2 Aufgabe

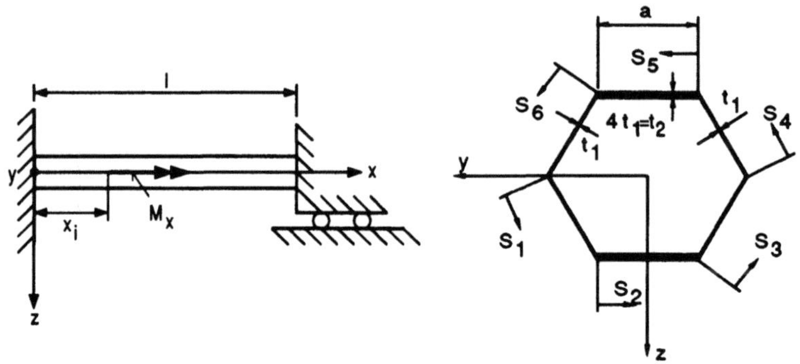

Abb. 3.4–2.2–1

Gegeben:

Beidseitig eingespannter Träger unter Torsionsmoment M_x an beliebiger Stelle $x_i \in [0, l]$. Der Querschnitt des Trägers ist ein regelmäßiges Sechseck mit der Seitenlänge a und den Wandstärken t_1 und $t_2 = 4t_1$.

Es gilt:	Länge	$l = 800\,mm$
	Kantenlänge	$a = 10\,mm$
	Elastizitätsmodul	$E = 73000\,MPa$
	Schubmodul	$G = 28000\,MPa$

Gesucht:

1)   Verdrehwinkel $\varphi(x)$

   a)   für beliebigen *Momentenangriffspunkt* x_i
   b)   für $x_i = \frac{l}{2}$

2)   Normalspannungen $\sigma_x(x, s)$

   a)   An welchen Stellen des Querschnittes ist der Betrag der Normalspannungen minimal, an welchen maximal? Begründen Sie Ihr Ergebnis.
   b)   Geben Sie für den Fall $x_i = \frac{l}{2}$ den Ort x an, für den die Normalspannungen im gesamten Querschnitt verschwinden.

3)   Wandstärke t_1 für einen zulässigen Verdrehwinkel $\varphi_x = 1^\circ$ und eine Momentenlast $M_x = 10\,Nm$ in der Trägermitte $x_i = \frac{l}{2}$.

Lösung:

1)   a.   Für den o.g. Fall eines Einzelmomentes M_x an der Stelle x_i wurde die allgemeine Lösung für den Verdrehwinkel bereits angeschrieben (Gl. 3.4.6–23). Der Verdrehwinkel ist abschnittsweise definiert:

$$x \leq x_i : \qquad \varphi_{x_1}(x) = C_1 + C_2 x + C_3 \sinh kx + C_4 \cosh kx \quad ,$$

$$x > x_i : \qquad \varphi_{x_2}(x) = C_1 + C_2 x + C_3 \sinh kx + C_4 \cosh kx \tag{1}$$
$$+ \frac{M_{x_i}}{c_{\hat{\omega}} k^3}[\sinh k(x - x_i) - k(x - x_i)] \quad .$$

Die Verdrehwinkelfunktion ist an der Momenteneinleitungsstelle stetig differenzierbar. Die Koeffizienten der allgemeinen Lösung sind durch die Randbedingungen festgelegt. Bei beidseitig fester Einspannung gelten die Randbedingungen:

$$x = 0 : \qquad \varphi'(0) = 0 \quad \Rightarrow \quad C_2 + kC_3 = 0 \quad ,$$
$$\varphi(0) = 0 \quad \Rightarrow \quad C_1 + C_4 = 0 \quad .$$

$$x = l : \qquad \varphi'(l) = 0 \quad \Rightarrow \quad C_2 + kC_3 \cdot \cosh kl + C_4 k \sinh kl$$
$$+ \frac{M_{x_i}}{C_{\hat{\omega}} k^2}[\cosh k(l - x_i) - 1] = 0 \quad , \tag{2}$$
$$\varphi(l) = 0 \quad \Rightarrow \quad C_1 + C_2 l + C_3 \sinh kl + C_4 \cosh kl$$
$$+ \frac{M_{x_i}}{C_{\hat{\omega}} k^3}[\sinh k(l - x_i) - k(l - x_i)] = 0 \quad .$$

Die Lösung dieses Gleichungssystems für die Koeffizienten C_1, C_2, C_3, C_4 lautet:

$$C_1 = -C_4 = \frac{2M_x}{C_{\hat{\omega}} k^3} \cdot \frac{b_1}{b_2} \quad ,$$

$$C_2 = -kC_3 = \frac{M_x}{2C_{\hat{\omega}} k^3} \cdot b_3$$

mit

$$b_1 = (kl - \sinh kl)\left(\sinh \frac{k(l - x_i)}{2}\right)^2 + \left(\sinh \frac{kl}{2}\right)^2 (-kl + kx_i + \sinh k(l - x_i)) \quad ,$$

$$b_2 = 2 - 2\cosh kl + kl \sinh kl \quad ,$$

$$b_3 = 2\left(csch\frac{kl}{2}\right)^2 \left(\sinh \frac{k(l - x_i)}{2}\right)^2 + \coth \frac{kl}{2} csch\frac{kl}{2} \cdot$$

$$\left\{ \frac{(1 - \cosh kl)kx_i + kl(1 - \cosh k(l - x_i))}{(kl \cosh \frac{kl}{2} - 2 \sinh \frac{kl}{2})} \right.$$

$$\left. \frac{- \sinh kl + \sinh kx_i + \sinh k(l - x_i)]}{} \right\} \quad , \quad csch\, x = \frac{\coth x}{\cosh x} \quad .$$

Einsetzen dieser Koeffizienten in Gl. (1) liefert den gesuchten Verdrehwinkel $\varphi_x(x)$.

b.   Greift das Moment M_x in der Trägermitte $x_i = \frac{l}{2}$ an, vereinfacht sich die Lösung erheblich. Die Koeffizienten C_i sind nun:

$$C_1 = -C_4 = -\frac{M_x}{2C_{\hat\omega}k^3} \cdot \tanh\frac{kl}{4} \quad ,$$

$$C_2 = -kC_3 = \frac{M_x}{2C_{\hat\omega}k^2} \quad .$$

Damit ergibt sich als Verdrehwinkel:

$$x \leq x_i : \quad \varphi_x(x) = \frac{M_x}{2C_{\hat\omega}k^3} \cdot \left[\tanh\frac{kl}{4}(\cosh kx - 1) - \sinh kx - kx\right] \tag{3a}$$

$$x > x_i : \quad \varphi_x(x) = \frac{M_x}{2C_{\hat\omega}k^3} \cdot \left[\tanh\frac{kl}{4}(\cosh kx - 1) - \sinh kx - kx\right]$$

$$\tag{3b}$$

$$+ \frac{M_x}{C_{\hat\omega}k^3} \cdot \left[k\left(\frac{l}{2} - x\right) + \sinh k\left(x - \frac{l}{2}\right)\right] \quad .$$

2)   Der Normalspannungsverlauf folgt aus der Beziehung:

$$\sigma_x = -E \cdot \hat\omega^*(s) \cdot \varphi_x''(x) \quad .$$

Der Verlauf der Hauptwölbkoordinate wurde in der Aufgabe 3.1–2.11 berechnet. Die zweite Ableitung des Verdrehwinkels lautet nach der Koordinate x für $x_i = \frac{l}{2}$:

$$x \leq \frac{l}{2} : \quad \varphi_x''(x) = \frac{M}{2C_{\hat\omega}k} \cdot sech\frac{kl}{4} \cdot \sinh\frac{k(l - 4x)}{4} \quad , \tag{4a}$$

$$x > \frac{l}{2} : \quad \varphi_x''(x) = \frac{M}{2C_{\hat\omega}k} \cdot sech\frac{kl}{4} \cdot \sinh\frac{k(l - 4x)}{4}$$

$$\tag{4b}$$

$$+ \frac{M}{C_{\hat\omega}k} \cdot \sinh k\left(x - \frac{l}{2}\right)$$

mit $sech\,x = \frac{\tanh x}{\sinh x}$.

a.   An der Stelle $x = x_i$ stimmen beide Ableitungen überein. Für einen Schnitt $x = const$ sind E und φ_x'' konstant. Die Normalspannung ist der Hauptwölbkoordinate proportional. Die Normalspannung ist für die Querschnittskoordinaten s maximal, an denen die Hauptverwölbungskoordinate maximal ist. Orte minimalen Normalspannungsbetrages sind die Schnittpunkte des Querschnittes mit der $\hat{y}$ und $\hat{z}$ Achse:

$$s_1 = 0 \ , \quad s_4 = 0 \ , \quad s_2 = \frac{a}{2} \ , \quad s_5 = \frac{a}{2} \ .$$

Dort ist $\hat{\omega}(S) = 0$. Orte maximalen Normalspannungsbetrages sind die anderen Querschnittsecken:

$$s_2 = 0 \ , \quad s_3 = 0 \ , \quad s_5 = 0 \ , \quad s_6 = 0 \ .$$

b.   Gesucht ist der Querschnitt $x = const$ für $0 < x_i < l$, in dem die Normalspannungen verschwinden. Diese Stelle x folgt aus der Bedingung:

$$\sigma_x(x,s) = 0 \ \Rightarrow \ \varphi_x''(x) \overset{!}{=} 0$$

Für den Momentenangriffspunkt $x_i = \frac{l}{2}$ fällt die Lasteinleitungsstelle mit der Symmetrieebene des beidseitig fest eingespannten Trägers zusammen. Auch die Funktion des Verdrehwinkels muß symmetrisch sein. Deshalb reicht es aus

$$\varphi_x''(x) \overset{!}{=} 0 \tag{5}$$

im Bereich $0 \leq x \leq \frac{l}{2}$ zu fordern. Aus Gl. (4a) folgt mit Gl. (5) unmittelbar:

$$\sinh \frac{k(l - 4x)}{4} \overset{!}{=} 0 \qquad \Rightarrow \qquad x = \frac{l}{4} \ .$$

Das bedeutet, daß die Normalspannungen in den Schnitten $x = \frac{l}{4}$ und $x = \frac{3}{4}l$ bei den gewählten Lagerungs- und Belastungsbedingungen unabhängig davon, wie die Querschnittsgeometrie des Trägers beschaffen ist, zu Null werden.

3)   Für die Dimensionierung der Wandstärke t_1 des Trägers ist ein zulässiger Verdrehwinkel $\varphi_x = 1°$ angegeben. Der Verdrehwinkel φ_x ist für eine Momentenbelastung in der Trägermitte an der Momenteneinleitungsstelle $x_i = \frac{l}{2}$ maximal. Für die Zahlenwerte:

$$A_{\hat{\omega}\hat{\omega}} = \frac{a^5}{3}t_1 \ , \qquad E = 73000 \, MPa \ , \qquad k = 0,185797\sqrt{2}\frac{1}{mm}$$

$$A_T = 6a^3 t_1 \ , \qquad G = 28000 \, MPa \ , \qquad kl = 148,638\sqrt{2}$$

ergibt sich als Verdrehwinkel:

$$\varphi_x\left(\frac{l}{2}\right) = \frac{M_x}{2C_{\hat{\omega}}k^3} \cdot \left[\frac{kl}{2} - \tanh \frac{kl}{4}\right] = \frac{0,0116782}{t_1} \ .$$

Soll der zulässige Verdrehwinkel nicht überschritten werden, muß wegen

$$\varphi_x\left(\frac{l}{2}\right) = \frac{0,0116782\,mm}{t_1} \leq 1^o = \frac{\pi \cdot 1^o}{180^o}$$

die Wandstärke

$$t_1 \geq \frac{180 \cdot 0,0116782}{\pi}\,mm = \frac{2,10208}{\pi} = 0,669\,mm$$

sein.

Lösungsalternative

Die Lösung für den Verdrehwinkel läßt sich auch auf andere Weise ermitteln. Ausgangspunkt ist dabei die Differentialgleichung der Wölbkrafttorsion 3. und nicht 4.Ordnung in x:

$$\begin{aligned}
M_x(x) &= C_{\hat{\omega}}k^2\,\varphi_x'(x) - C_{\hat{\omega}}\,\varphi_x'''(x)\\
&= M_{xT}(x) \quad\quad + \quad M_{x\hat{\omega}} \quad .
\end{aligned} \tag{6}$$

Für den symmetrischen Fall eines in der Mitte des Trägers angreifenden Einzelmomentes M_x, kann man den Träger in zwei festeingespannte Balken gleicher Länge einteilen, die beide durch ein Einzelmoment der Größe $M_x/2$ belastet werden. Für die Bereiche wird entsprechend nachfolgender Abbildung jeweils eine eigene Koordinate x_1 bzw. x_2 eingeführt.

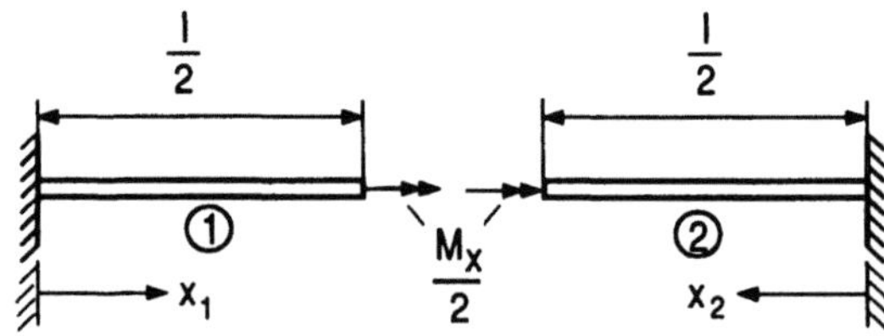

Die allgemeine Lösung der Differentialgleichung (6) lautet für ein Einzelmonent M_x, wie man sich durch Einsetzen überzeugen kann:

$$\begin{aligned}
\varphi_{x_1} &= A_1 + A_2\sinh kx_1 + A_3\cosh kx_1 + \frac{M_x}{2C_{\hat{\omega}}k^2}x_1\\
\varphi_{x_2} &= B_1 + B_2\sinh kx_2 + B_3\cosh kx_2 - \frac{M_x}{2C_{\hat{\omega}}k^2}x_2
\end{aligned} \tag{7}$$

Zur Bestimmung der sechs Koeffizienten A_i und B_i müssen sowohl Randbedingungen

$$x_1 = 0: \qquad \varphi_{x_1}(0) = 0 \qquad \Rightarrow A_1 = A_3$$

$$\varphi'_{x_1}(0) = 0 \qquad \Rightarrow A_2 = -\frac{M}{2C_{\hat{\omega}}k^3}$$

$$x_2 = 0: \qquad \varphi_{x_2}(0) = 0 \qquad \Rightarrow B_1 = B_3$$

$$\varphi'_{x_2}(0) = 0 \qquad \Rightarrow B_2 = -\frac{M}{2C_{\hat{\omega}}k^3}$$

als auch Übergangsbedingungen berücksichtigt werden. Die Funktion des Verdrehwinkels muß im Übergangsbereich stetig differenzierbar sein:

$$x_1 = x_2 = \frac{l}{2}: \qquad \varphi_{x_1}\left(\frac{l}{2}\right) = -\varphi_{x_2}\left(\frac{l}{2}\right)$$

$$\varphi'_{x_1}\left(\frac{l}{2}\right) = -\varphi'_{x_2}\left(\frac{l}{2}\right)$$

$$\varphi''_{x_1}\left(\frac{l}{2}\right) = -\varphi''_{x_2}\left(\frac{l}{2}\right)$$

Im betrachteten Sonderfall kann man aus Symmetriegründen fordern, daß die 1. Ableitung des Verdrehwinkels nach x_1 bzw. x_2 in der Trägermitte verschwindet:

$$x_1 = x_2 = \frac{l}{2}:$$

$$\varphi'_{x_1}\left(\frac{l}{2}\right) = 0 \qquad \Rightarrow \qquad \frac{M_x}{2C_{\hat{\omega}}k^2} + A_2 k \cosh\frac{kl}{2} + A_3 k \sinh\frac{kl}{2} = 0 \;,$$

$$\varphi'_{x_2}\left(\frac{l}{2}\right) = 0 \qquad \Rightarrow \qquad -\frac{M_x}{2C_{\hat{\omega}}k^2} + B_2 k \cosh\frac{kl}{2} + B_3 k \sinh\frac{kl}{2} = 0 \;.$$

Mit dieser Übergangsbedingung sind genug Gleichungen vorhanden, um die Lösungskoeffizienten A_i und B_i zu berechnen. Man erhält:

$$A_1 = -B_1 = -\frac{M_x}{2C_{\hat{\omega}}k^3}\cdot\tanh\frac{kl}{4} \;,$$

$$A_2 = -B_2 = -\frac{M_x}{2C_{\hat{\omega}}k^3} \;,$$

$$A_3 = -B_3 = \frac{M_x}{2C_{\hat{\omega}}k^3}\cdot\tanh\frac{kl}{4} \;.$$

Mit diesen Koeffizienten ergibt sich wieder die schon aus dem ersten Lösungsverfahren bekannte Gesamtlösung

$$\varphi_{x_1}(x_1) = -\varphi_{x_2}(x_2 = x_1) = \frac{M_x}{2C_{\hat{\omega}}k^3}\left[\tanh\frac{kl}{4}\cdot(\cosh kx_1 - 1) - \sinh kx_1 + kx_1\right] \;.$$

3.4–2.3 Aufgabe

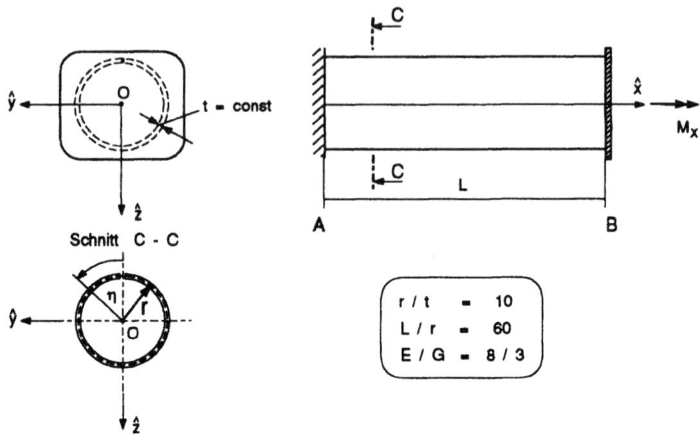

Abb. 3.4–2.3–1

Gegeben:

Die Achse eines PKW-Anhängers werde durch die skizzierte Torsionsfeder mit kreisringförmigem Querschnitt gefedert. Sie sei an ihrem Ende (A) fest eingespannt. Am anderen Ende (B) sei eine starre den Querschnitt abdeckende Platte angeschweißt, über die ein Torsionsmoment M_x eingeleitet wird. Sie nimmt keine Querkraft auf. Im Fahrbetrieb ist die Längsschweißnaht der Torsionsfeder gerissen, so daß das angebrachte Torsionsmoment jetzt von der entstandenen längsgeschlitzten Röhre aufgenommen werden muß.

Das Torsionsverhalten der intakten (Rohr) und gerissenen Torsionsfeder (längsgeschlitztes Rohr) soll unter Berücksichtigung der Wölbbehinderung vergleichend untersucht werden.

Gesucht:

a) Bestimmen Sie den Schubmittelpunkt des offenen bzw. des geschlossenen kreisringförmigen Profiles.

b) Berechnen Sie die Wölbkoordinate des längsgeschlitzten Rohres $\omega(\eta)$ für den Koordinatenursprung 0 als Ausgangspol und normieren Sie $\omega(\eta)$. Bestimmen Sie danach die Hauptverwölbung $\hat{\omega}(\eta)$ und die Flächenintegrale $A_{\hat{\omega}}(\eta)$ und $A_{\hat{\omega}\hat{\omega}}$.

c) Wie groß ist die Hauptverwölbung $\hat{\omega}^*(\eta)$ des geschlossenen Rohres?

d) Wieviel stärker verdreht sich die geschlitzte Torsionsfeder gegenüber der intakten? Berechnen Sie hierfür den Quotienten

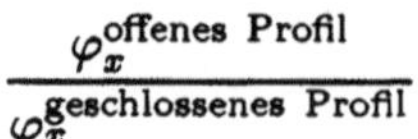

$$\frac{\varphi_x^{\text{offenes Profil}}}{\varphi_x^{\text{geschlossenes Profil}}}$$

an der Stelle $x = l$.

e)   Zur Dimensionierung der Torsionsfeder soll die Vergleichsspannung

$$\sigma_v = \sqrt{\sigma_x^2 + 3\tau^2}$$

im Einspannquerschnitt (A) herangezogen werden.

1. Berechnen Sie die Wölblängsspannung σ_{xW} für das intakte und das geschlitzte Rohr im Einspannquerschnitt (Endformel).

2. Ermitteln Sie die Schubspannung infolge M_x für die intakte Torsionsfeder (Endformel).

3. Wie groß ist die Schubspannung infolge M_{xT} bei der geschlitzten Torsionsfeder im Einspannquerschnitt (A)?

4. Wie groß ist die Wölbschubspannung infolge $M_{x\hat{\omega}}$ im Einspannquerschnitt (Endformel)?

5. Bilden Sie den Quotienten der Vergleichsspannungen σ_v des offenen und geschlossenen Profils für den Einspannquerschnitt in den Punkten $\lambda = 0$ und $\lambda = \pi$.
   Geben Sie das Ergebnis zahlenmäßig an.

Lösung:

a)   Wegen der Doppelsymmetrie des geschlossenen Profils liegt der Schubmittelpunkt im Koordinatenursprung 0 (siehe Kap. 3.1-1).

$$\hat{y}_{SMg} = 0 \quad , \quad \hat{z}_{SMg} = 0$$

Die Koordinaten des Schubmittelpunktes des offenen Profils sind

$$\hat{y}_{SM} = 0 \quad , \quad \hat{z}_{SM} = 2r$$

b)   Mit $r_t = r$ und $ds = r \cdot d\eta$ und dem Bezugspol 0 gilt für die Wölbkoordinate:

$$\omega(\eta) = r^2 \cdot \eta \ . \tag{1}$$

Die normierte Wölbkoordinate folgt mit

$$\omega_0 = \frac{A_\omega}{A} = \frac{\displaystyle\int_0^{2\pi} \omega(\eta) r t\, d\eta}{2\pi r t} = \pi r^2$$

und Gl. (1)

$$\overline{\omega}(\eta) = \omega(\eta) - \omega_0 = r^2(\eta - \pi)$$

Die Hauptwölbkoordinate ist auf den Schubmittelpunkt SM des offenen Profils bezogen. Gemäß der Transformationsbeziehung

$$\hat{\omega}(\eta) = \overline{\omega}_{SM}(\eta) = \overline{\omega}(\eta) + \underbrace{(z_{SM} - z_{pol})}_{2r} \cdot \underbrace{\hat{y}(s)}_{r \cdot \sin\eta} - \underbrace{(y_{SM} - y_{pol})}_{0} \cdot \hat{z}(s)$$

ergibt sich

$$\hat{\omega}(\eta) = r^2(\eta - \pi) + 2r^2 \cdot \sin\eta$$

Mit der Hauptwölbkoordinate erhält man durch Integration die gesuchten Flächenintegrale:

$$A_{\hat{\omega}}(\eta) \;=\; \int\limits_0^\eta \hat{\omega}(\eta)t \cdot rd\eta = r^3 t \cdot \left[\frac{\eta^2}{2} - \pi\eta - 2\cos\eta + 2\right]$$

$$A_{\hat{\omega}\hat{\omega}}(\eta) = \int\limits_0^{2\pi} \hat{\omega}^2(\eta)trd\eta = r^5 t \cdot \left[\frac{2}{3}\pi^2 + 4\pi\right]$$

c)   Das geschlossene Rohr ist wegen $\hat{r}_t \cdot t(s) = const = r \cdot t$ eine Neubersche Schale mit:

$$\hat{\omega}^*(\eta) = 0 \ .$$

Das geschlossene Rohr verwölbt sich nicht!

d)   Lösung der Differentialgleichung der Wölbkrafttorsion für die geschlitzte Torsionsfeder.
Die allgemeine Lösung für die mit einem Moment M_x am Ende belastete Röhre lautet:

$$\varphi_{x_{offen}}(x) = C_1 + C_2 x + C_3 \sinh kx + C_4 \cosh kx \ . \tag{3.4–1.2–5}$$

Die Koeffizienten C_i folgen aus den Randbedingungen. Für die feste Einspannung an der Stelle $(x = 0)$ gilt:

$$\varphi_x(0) = 0 \qquad \Rightarrow \qquad C_1 + C_4 = 0 \ , \tag{12a}$$

$$\varphi_x'(0) = 0 \qquad \Rightarrow \qquad C_2 + kC_3 = 0 \ . \tag{12b}$$

Die angeschweißte Platte am Rand $x = l$ läßt keine Verwölbung zu. Am Rand $x = l$ ist deshalb:

$$\varphi_x'(l) = 0 \qquad \Rightarrow \qquad C_2 + C_3 k \cosh kl + C_4 k \sinh kl = 0 \tag{13}$$

Am eingespannten Ende $x = 0$ wirkt das Schnittmoment M_x. Dort gilt die DGL

$$\frac{M_x}{C_{\hat{\omega}}} = \varphi_x'''(0) - k^2 \varphi_x'(0) \qquad \text{mit} \qquad \varphi_x'''(0) = C_3 k^3 \ . \tag{14}$$

Auswertung von (14) ergibt mit (12b):

$$C_2 = -kC_3 = \frac{M_x}{C_{\hat{\omega}*} k^2} \ . \tag{15}$$

Aus Gl. (13) folgt mit Gl. (3.4–1.2–5), Gl. (14) und Gl. (15):

$$C_1 = -C_4 = C_3 \frac{(1 - \cosh kl)}{\sinh kl} = \frac{M_x}{C_{\hat{\omega}*} k^3}\left(\frac{1 - \cosh kl}{\sinh kl}\right) \quad .$$

Mit den Koeffizienten C_i , $(i = 1, ..., 4)$ lautet die Lösung für den Verdrehwinkel:

$$\varphi_x^{offen}(x) = \frac{M_x}{C_{\hat{\omega}*} k^3}\left[\frac{\cosh kl - 1}{\sinh kl}(\cosh kx - 1) - \sinh kl + kx\right] \quad .$$

Der Verdrehwinkel der geschlitzten Torsionsfeder beträgt

$$\varphi_x^{offen}(l) = \frac{M_x}{C_{\hat{\omega}*} k^2} \cdot \delta = \frac{M_x \cdot l}{GA_T} \cdot \delta \qquad mit : \quad \delta = \left[2\frac{1 - \cosh kl}{kl \sinh kl} + 1\right] \quad .$$

Da sich das geschlossene Rohr im Gegensatz zum geschlitzten Rohr nicht verwölbt, gilt die Differentialgleichung der St. Venantschen Torsion. Es ist:

$$M_x = GA_T \cdot \varphi_x' = k^2 C_{\hat{\omega}*} \varphi_x' \quad .$$

Der Verdrehwinkel am Ende der geschlossenen Torsionsfeder ist deshalb:

$$\varphi_x^g(l) = \frac{M_x . l}{k^2 C_{\hat{\omega}*}} = \frac{M_x}{GA_{T_{geschlossen}}} \quad .$$

Nun läßt sich der Quotient des Verdrehwinkels von offener und geschlossener Torsionsfeder anschreiben:

$$\frac{\varphi_x^{offen}}{\varphi_x^{geschlossen}}(x = l) = \frac{A_T^{geschlossen}}{A_T^{offen}} \cdot \delta = 3\left(\frac{r}{t}\right)^2 \delta$$

$$mit \quad \delta = 0,065$$

Der dimensionlose Faktor δ berücksichtigt den Einfluß der Wölbbehinderung. Bei dem vorgegebenen Radien-Dicken-Verhältnis $\frac{r}{t} = 10$ reduziert die Wölbbehinderung die Verdrehung des offenen Profils auf 6,5% des Wertes bei freier Verwölbung. Trotzdem verdreht sich das offene Profil noch

$$\frac{\varphi^{offen}}{\varphi^{geschlossen}} = 300.0,065 = 19,6$$

mal stärker als das geschlossene.

e) 1. Zur Dimensionierung der Torsionsfelder muß die Vergleichsspannung $\sigma_v = \sqrt{\sigma_x^2 + 3\tau^2}$ im Einspannquerschnitt berechnet werden. Die Normalspannungen im Einspannquerschnitt sind beim

-geschlossenen Rohr $\qquad \sigma_x^{geschl} = 0 \qquad wegen \qquad \hat{\omega} = 0$

$$\sigma_x^{offen} = -E\hat{\omega}(\eta) \cdot \varphi_x''(\eta = 0)$$

-offenen Rohr

$$= -\frac{M_x}{k \cdot A_{\hat{\omega}\hat{\omega}}}\left(\frac{\cosh kl - 1}{\sinh kl}\right)\hat{\omega}(\eta)$$

Die Normalspannung beim offenen Rohr ist maximal für $\hat{\omega}(\eta) \to max$.
Die Wölbbehinderung ist am Schlitz ($\eta = 0$) am größten. Deshalb ist
σ_x^{offen} für $\eta = 0$ maximal:

$$\sigma_x^{offen}\Big|_{max} = \frac{M_x}{k A_{\hat{\omega}\hat{\omega}}} \cdot \frac{\cosh kl - 1}{\sinh kl} \pi r^2$$

2. Die Schubspannung des geschlossenen Rohres am Einspannquerschnitt
    berechnet sich aus der Bredt-Bathoschen Formel (St. Venantsche Tor-
    sion)

$$q = \frac{M_{xT}}{2A_0} \qquad mit \qquad q = \tau \cdot t \qquad \Rightarrow \qquad \tau = \frac{M_x}{2\pi r^2 t}$$

3. An der festen Einspannung ist $\varphi' = 0$ und damit nach Gl. (3.4.6–15)
    $M_{xT} = 0$. Wegen

$$\tau_{max} = \frac{M_{xT}}{\eta_1 b t^2}$$

folgt $\tau = 0$.

4. Die Wölbschubspannungen betragen wegen

$$q_W\big|_{x=0} = +E A_{\hat{\omega}}(\eta)\varphi_x'''(0)$$

$$mit : \qquad \tau_W = \frac{q_W}{t}$$

$$\tau_W(x = 0, \eta) = -\frac{M_x}{A_{\hat{\omega}\hat{\omega}}} r^3 \left[\frac{\eta^2}{2} - \pi\eta - 2\cos\eta + 2\right] \ .$$

Die Wölbschubspannung verschwindet für:

$$\eta = 0 : \qquad \tau_W = 0$$

und erreicht ihr Maximum für:

$$\eta = \pi : \qquad \tau_W = \frac{-M_x}{A_{\hat{\omega}\hat{\omega}}} r^3 \left[4 - \frac{\pi^2}{2}\right] \ .$$

An dieser Stelle verschwindet allerdings die Normalspannung:

$$\eta = \pi : \qquad \sigma_x^{offen} = 0 \ .$$

5. Für die Vergleichsspannung des geschlossenen Profils ergibt sich:
    $$\sigma_v^{geschlossen} = \sqrt{3}\tau^{geschl} \ .$$

Die Vergleichsspannung nimmt beim geschlitzten Rohr die Werte:

$$\eta = 0 : \qquad \sigma_v^{offen} = \sigma_x \qquad ,$$

$$\eta = \pi : \qquad \sigma_v^{offen} = \sqrt{3}\tau_w^{offen}$$

an. Als Quotienten der Vergleichsspannungen folgen damit:

$$\eta = 0 : \qquad \frac{\sigma_v^{offen}}{\sigma_v^{geschl}} = \frac{\sigma_x^{offen}}{\sqrt{3}\tau^{geschl}} = 7,047$$

$$\eta = 1 : \qquad \frac{\sigma_v^{offen}}{\sigma_v^{geschl}} = \frac{\tau_w^{offen}}{\tau^{geschl}} = 0,1767$$

Das Vergleichsspannungsverhältnis ändert sich mit der Koordinate η
deutlich.

3.4–2.4 Aufgabe

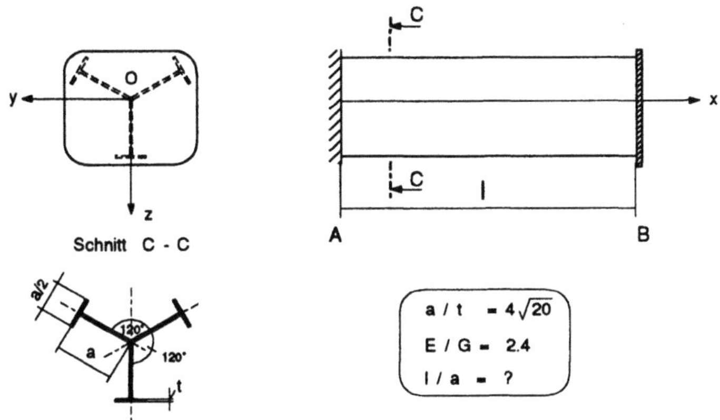

Abb. 3.4–2.4–1

Gegeben:

Der skizzierte Träger mit y-förmigem Querschnitt sei an einem Ende (A) in einer Gabel gelagert. Am anderen Ende (B) sei eine starre den Querschnitt abdeckende Platte angeschweißt. Der Träger werde durch ein in Längsrichtung veränderliches Torsionsmoment

$$M_x = M \cdot \sin\left(\pi\frac{x}{l}\right)$$

belastet. Es soll untersucht werden, wie der Träger unter Berücksichtigung der Wölbbehinderung tordiert.

Gesucht:

1) a. Partikuläre Lösung für den Verdrehwinkel bei der vorgegebenen sinoidalen Momentenbelastung. Bestimmen Sie den Verdrehwinkel $\varphi_x(x)$ und skizzieren Sie den Verlauf.

   b. wie muß das Längenverhältnis l/a gewählt werden, damit der Anteil des St. Venantschen Torsionsmomentes M_{xT} am äußeren Moment M_x im gesamten Träger Null ist?

2) Berechnen Sie den Verdrehwinkel $\varphi_x(x)$ für die Lagerungsbedingungen

   a. beidseitig feste Einspannung,

   b. Gabellagerung bei $x = 0$ und feste Einspannung bei $x = l$.

Lösung:

1a) Zu dem vorgegebenen Moment gehört eine Momentenstreckenlast

$$m_x = M_x' = M \cdot \frac{\pi}{l} \cos \frac{\pi}{l} x \quad .$$

Die allgemeine, homogene Lösung der Differentialgleichung der Wölbkrafttorsion mit noch unbekannten Koeffizienten C_i , $(i = 1,..,4)$ lautet:

$$\varphi_h(x) = C_1 + C_2 x + C_3 \sinh kx + C_4 \cosh kx \quad .$$

Die partikuläre Lösung hat die Form:

$$\varphi_p(x) = \int\limits_0^x \frac{1}{k^3} [\sinh k(x-\lambda) - k(x-\lambda)] \underbrace{\left(\frac{Ml}{\pi C_{\hat\omega}} \cos \frac{\pi}{l} \lambda \right)}_{f(x)} d\lambda \quad ,$$

$$f(x) = \frac{m_x}{C_{\hat\omega}} = \frac{Ml}{\pi C_{\hat\omega}} \cos \frac{\pi}{l} x \quad .$$

Ausrechnen des Integrales ergibt:

$$\varphi_p(x) = \frac{Ml}{\pi k^3 C_{\hat\omega}} \cdot \left\{ \frac{kl^2}{\pi^2} + \left[\frac{kl^2}{\pi^2} - \frac{kl^2}{k^2 l^2 + \pi^2} \right] \cos\left(\frac{\pi}{l} x \right) \right.$$
$$\left. + \frac{kl^2}{k^2 l^2 + \pi^2} \cosh kx \right\} \quad .$$

Man könnte den konstanten Anteil und den $\cosh kx$– Term den entsprechenden Termen der homogenen Lösung zuschlagen; darauf wird hier jedoch verzichtet.

Rand	Bedingung
Gabel $x = 0$	$\varphi_x(0) = 0$ $\varphi_x''(0) = 0$
festgeschweißte Platte $x = l$	$\varphi_x'(l) = 0$ $\varphi_x'''(l) - k^2 \varphi_x'(l) = \dfrac{M_x(l)}{C_{\hat\omega}} = 0$ $\varphi_x'''(0) - k^2 \varphi_x'(0) = \dfrac{M_x(0)}{C_{\hat\omega}} = 0$

Tabelle 3.4–2.4–1

Aus den Randbedingungen nach Tabelle 3.4–2.4–1 folgen Bestimmungsgleichungen für die Koeffizienten C_i mit dem Ergebnis:

$$C_1 = \frac{M\left(k^2 l^2 - 2k^4 l^4 + \pi^2 - k^2 l^2 \pi^2\right)}{k^6 l \pi^3} \quad ,$$

$$C_2 = \frac{\left(1 - k^2 l^2\right) M \sinh kl}{C_{\hat{\omega}} k^5 l \pi} \quad ,$$

$$C_3 = 0 \quad ,$$

$$C_4 = -\left[\frac{M}{k^6 l \pi^3 C_{\hat{\omega}}} \left(k l^2 + \pi^2 - k^2 l^2 \pi^2\right)\right] \quad .$$

Damit lautet die allgemeine Lösung für den Verdrehwinkel:

$$\varphi(x) = \frac{1 - k^2 l^2}{k^6 l \pi^3} \cdot \frac{M}{C_{\hat{\omega}}} \cdot \left(k^2 l^2 + \pi^2 - k^2 l^2 \cos\left(\frac{\pi}{l}x\right) - \pi^2 \cosh kx + k \pi^2 \sinh kl \cdot x\right)$$

mit den Randwerten :

$$\varphi(0) = 0 \quad ,$$

$$\varphi(l) = \frac{M}{C_{\hat{\omega}}} \cdot \frac{1 - k^2 l^2}{k^6 l \pi} \left(2k^2 l^2 + \pi^2 - \pi^2 \cosh kl + k l \pi^2 \sinh kl\right) \quad .$$

1b) Das St. Venantsche Torsionsmoment errechnet sich gemäß der Beziehung:

$$M_{xT}(x) = C_{\hat{\omega}} k^2 \varphi'_x(x) \ .$$

Der Anteil des St. Venantschen Torsionsmoments am Gesamtmoment beträgt

$$\frac{M_{xT}}{M_x} = \frac{1 - k^2 l^2}{k^4 l \pi^3} \cdot \left(k^2 l \pi \sin\left(\frac{\pi}{l}x\right) - \pi^2 k(\sinh kx - \sinh kl)\right) \ .$$

Damit M_{xT} für alle x verschwindet, muß der Term

$$1 - k^2 l^2 = 0 \tag{1}$$

sein. Zur Berechnung des Wölbbehinderungsfaktors

$$k = \sqrt{\frac{C_T}{C_{\hat{\omega}}}} \qquad mit \qquad \begin{matrix} C_{\hat{\omega}} = E A_{\hat{\omega}\hat{\omega}} \\ C_T = G A_T \end{matrix}$$

werden die Flächenintegrale $A_{\hat{\omega}\hat{\omega}}$ und A_T benötigt. Mit $A_{\hat{\omega}\hat{\omega}} = \frac{1}{32} a^5 t$ und $A_T = \frac{3}{2} a t^3$ erhält man als Wölbbehinderungsfaktor unter Berücksichtigung der in der Aufgabenstellung gegebenen Längen- und Werkstoffmodulverhältnisse

$$k = \frac{1}{2a} \ .$$

Die Bedingung (1) für das Verschwinden des St. Venantschen Torsionsmomentes ist demnach für ein Längenverhältnis

$$\frac{l}{a} = 2$$

erfüllt.

2a) Bei beidseitig fester Einspannung ergeben sich als Koeffizienten der allgemeinen Lösung:

$$C_1 = Bl^2 \left[\left(1 - 2k^2 l^2\right) \cosh \frac{kl}{2} + 2kl \cdot \sinh \frac{kl}{2} \right] ,$$

$$C_2 = B \cdot 2l \left(k^2 l^2 - 1\right) \cosh \frac{kl}{2} ,$$

$$C_3 = B \cdot \frac{2l}{k} \left(1 - k^2 l^2\right) \cosh \frac{kl}{2} ,$$

$$C_4 = -Bl^2 \left(\cosh \frac{kl}{2} - 2kl \cdot \sinh \frac{kl}{2} \right)$$

mit

$$B = \frac{M}{k^3 \pi^3} \cdot \frac{1}{kl \cosh \frac{kl}{2} - 2 \sinh \frac{kl}{2}} .$$

Die Verdrehwinkelfunktion lautet also bei beidseitig fester Einspannung:

$$\varphi_x(x) = \frac{l\left(1 - k^2 l^2\right) \cdot B}{k} \left\{ kl \cosh \frac{kl}{2} - 2k \cosh \frac{kl}{2} \cdot x + \right.$$

$$\left. \left(2 \sinh \frac{kl}{2} - kl \cosh \frac{kl}{2} \right) \cdot \cos \frac{\pi}{l} x - 2 \sinh \frac{k(l - 2x)}{2} \right\} .$$

2b) Wird nur die rechte Seite des Trägers fest eingespannt und die linke Seite in einer Gabel gelagert erhält man als Lösungskoeffizienten:

$$C_1 = \frac{M}{k^6 l \pi^3} \left(k^2 l^2 - 2k^4 l^4 + \pi^2 - k^2 l^2 \pi^2\right) ,$$

$$C_2 = \frac{M\left(-1 + k^2 l^2\right)}{k^5 l \pi^3 (kl \cosh kl - \sinh kl)} \cdot \left(-\pi^2 + 2k^2 l^2 \cosh kl + \pi^2 \cosh kl\right) ,$$

$$C_3 = \frac{M\left(-1 + k^2 l^2\right)}{k^5 l \pi^3 (kl \cosh kl - \sinh kl)} \cdot \left[2k^2 l^2 + \pi^2 (1 - \cosh kl + kl \sinh kl)\right] ,$$

$$C_4 = -\frac{M}{k^6 l \pi^3} \left(kl^2 + \pi^2 - k^2 l^2 \pi^2\right) .$$

Dazu gehört ein Verdrehwinkel

$$\varphi_x(x) = \frac{A}{k} \left\{ \left(k\pi^2 - kl\pi^2 \cosh kl + k^3 l^2 \cosh kl\right)x + \right.$$

$$\left(k^3 l^3 \cosh kl + kl\pi^2 \cosh kl - \pi^2 \sinh kl - k^2 l^2 \sinh kl\right) +$$

$$\left(k^3 l^3 \cosh kl + k^2 l^2 \sinh kl\right) \cos \frac{\pi}{l} x - kl\pi^2 \cosh k(l - x) +$$

$$\left. \pi^2 \sinh k(l - x) + \left(2k^2 l^2 + \pi^2\right) \sinh kx \right\}$$

3.4–2.5 Aufgabe

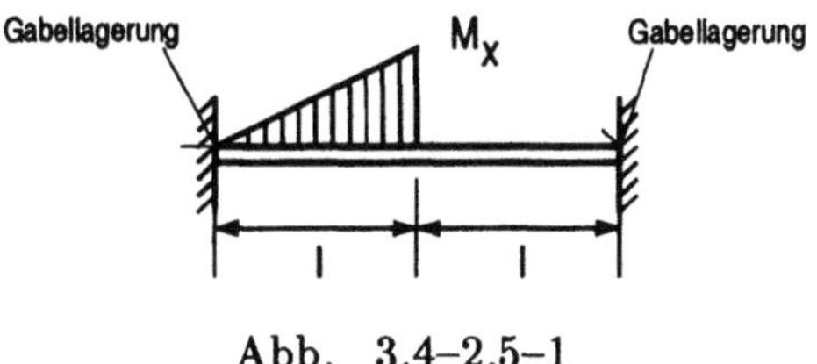

Abb. 3.4–2.5–1

Gegeben:

Der skizzierte beidseitig gabelgelagerte Träger der Länge $2l$ wird im Bereich $0 \leq x \leq l$ durch ein linear veränderliches Torsionsmoment

$$M_x = m \cdot x \quad , \quad m = const$$

belastet.

Gesucht:

1) a. Partikuläre Lösung für den Verdrehwinkel bei der vorgegebenen Momentenbelastung. Bestimmen Sie den Verdrehwinkel $\varphi_x(x)$.
   b. Verdrehwinkel in der Trägermitte $x = l$.

2) Verdrehwinkel $\varphi_x(x)$ für den Fall, daß der rechte Rand frei ist.

Lösung:

1a) Die partikuläre Lösung für den Verdrehwinkel erhält man durch abschnittsweise Integration der allgemeinen Lösung:

$$x \leq l : \quad \varphi_p(x) = \int\limits_0^x \frac{1}{k^3}[\sinh k(x - \lambda) - k(x - \lambda)]\frac{m}{C_{\hat{\omega}}} \cdot d\lambda$$

$$x > l : \quad \varphi_p(x) = \int\limits_0^l \frac{1}{k^3}[\sinh k(x - \lambda) - k(x - \lambda)]\frac{m}{C_{\hat{\omega}}} \cdot d\lambda + 0 \ .$$

Die Auswertung der Integrale ergibt:

$$x \leq l : \quad \varphi_p(x) = -\frac{m}{k^4 C_{\hat{\omega}}} + \frac{m}{k^4 C_{\hat{\omega}}} \cosh kx - \frac{m}{2k^2 C_{\hat{\omega}}}x^2$$

$$x > l : \quad \varphi_p(x) = \frac{m}{k^4 C_{\hat{\omega}}}[\cosh kx - \cosh k(x - l)] + \frac{m\,l}{k^2 C_{\hat{\omega}}}\left(\frac{l}{2} - x\right) \ .$$

Mit dieser partikulären Lösung folgen als Koeffizienten der allgemeinen Lösung für den beidseitig fest eingespannten Träger:

$$C_1 = 0 \quad,$$

$$C_2 = 0 \quad,$$

$$C_3 = -\frac{m}{k^4 C_{\hat{\omega}}}[\cosh(2kl) - \cosh kl]csch(2kl) \quad,$$

$$C_4 = 0 \quad.$$

Einsetzen in die allgemeine Lösung führt auf:

$$x \le l: \quad \varphi_x(x) = \frac{m}{k^2 C_{\hat{\omega}}}\left\{\frac{3}{4}lx - \frac{1}{k^2}\left(1 + \frac{x^2}{2} - \frac{\cosh(kx)}{k^2}\right) + \right.$$
$$\left. \frac{1}{k^2}[\cosh 2kl + \cosh kl] \cdot csch(2kl)\sinh kx\right\}$$

$$x > l: \quad \varphi_x(x) = \frac{3lm}{4k^2 C_{\hat{\omega}}}x - \frac{m}{2k^4 C_{\hat{\omega}}}(k^2 x^2 - 2\cosh(kx)) +$$
$$\frac{m}{2k^4 C_{\hat{\omega}}}[k^2 l^2 - 2k^2 lx + k^2 x^2 - 2\cosh(k(x-l))] +$$
$$\frac{m}{k^4 C_{\hat{\omega}}}[(\cosh 2kl + \cosh kl) \cdot csch2kl \sinh kx]$$

1b) Der Verdrehwinkel in der Trägermitte beträgt

$$\varphi_x(l) = \frac{m}{4C_{\hat{\omega}}k^4} \cdot sechkl(2 - 2\cosh kl + k^2 l^2 \cosh kl) \quad.$$

2) Ist der rechte Trägerrand frei und unbelastet, gelten die Randbedingungen:

$$\varphi_x''(2l) = 0 \quad,$$

$$\varphi_x'''(2l) - k^2 \varphi_x'(2l) = 0 \quad.$$

Diese Bedingungen bilden zusammen mit den Randbedingungen der festen Einspannung am linken Rand ein Gleichungssystem zur Bestimmung der vier unbekannten Lösungskoeffizienten C_i mit dem Ergebnis:

$$C_1 = 0 \quad,$$

$$C_2 = \frac{lm}{C_{\hat{\omega}}k^2} \quad,$$

$$C_3 = \frac{m}{C_{\hat{\omega}}k^4}(\cosh 2kl - \cosh kl)csch\,2kl \quad,$$

$$C_4 = 0 \quad.$$

Einsetzen in die allgemeine Lösung für den Verdrehwinkel ergibt:

$$\varphi_{x_1}(x) = -\frac{m}{C_{\hat{\omega}}k^4} + \frac{lmx}{C_{\hat{\omega}}k^2} - \frac{m(k^2 x^2 - 2\cosh kx)}{2C_{\hat{\omega}}k^4}$$
$$-\frac{m}{C_{\hat{\omega}}k^4}(\cosh 2kl - \cosh kl)csch2kl \sinh kx \quad,$$

$$\varphi_{x_2}(x) = \varphi_{x_1}(x) + \frac{m}{C_{\hat{\omega}}k^4} \cdot (2 + k^2 l^2 - 2k^2 lx + k^2 x^2 - 2\cosh[k(x-l)]) \quad.$$

4 Energietheoreme

4–1 Zusammenfassung der theoretischen Grundlagen

Energietheoreme wie z.B. das PVV oder das PVK beschreiben die Randwertprobleme der Elastostatik in gleicher Weise, wie dies z.B. mit Hilfe der Differentialgleichungen möglich ist.

Um die Äquivalenz der Energietheoreme und der Formulierung anhand der Differentialgleichungen aufzuzeigen sind in den Tabellen 4–1–1 und 4–1–2 die Gleichungen des PVV's und des PVK's in die Gruppen der Grundgleichungen eingeordnet.

Kinematik	Stoffgesetz	Statische Bedingungen
$\delta\underline{\varepsilon} = \underline{\underline{D}}\,\delta\underline{u} \in V$ $\delta\underline{u} = 0 \in O_u$	$\underline{\sigma} = \underline{\underline{E}}\,\underline{\varepsilon}$	$\displaystyle \delta U_\varepsilon = \int_V \underline{\sigma}^T\,\delta\underline{\varepsilon}\,dV$ $\displaystyle = \int_V \underline{X}^T\,\delta\underline{u}\,dV + \int_{O_p} \underline{\bar{p}}^T\,\delta\underline{u}\,dO = \delta W$ $(4.6.1\text{-}7)$ $\delta U_\varepsilon - \delta W = 0$ $\displaystyle = -\int_V \delta\underline{u}^T\left(\underline{\underline{D}}^T\underline{\sigma} + \underline{X}\right)dV + \int_{O_p}\delta\underline{u}^T\left(\underline{p} - \underline{\bar{p}}\right)dO$ $(4.6.1\text{-}10)$

Tabelle 4–1–1 Prinzip der Virtuellen Verschiebungen (PVV)

Kinematik	Stoffgesetz	Statische Bedingungen
$$\delta U_\varepsilon^* = \int_V \underline{\varepsilon}^T\,\delta\underline{\sigma}\,dV$$ $$= \int_V \underline{u}^T\,\delta\underline{X}\,dV + \int_{O_p} \underline{u}\delta\underline{p}\,dO = \delta W$$ $$(4.6.2\text{-}2)$$ $$\delta U_\varepsilon^* - \delta W^* = 0$$ $$= -\int_V \delta\underline{\sigma}^T(\underline{\underline{D}}\,\underline{u} - \underline{\varepsilon})dV + \int_{O_u} \delta\underline{p}^T(\underline{u} - \underline{\overline{u}})dO$$ $$(4.6.2\text{-}3)$$	$\underline{\varepsilon} = \underline{\underline{F}}\,\underline{\sigma}$	$\underline{\underline{D}}^T\,\delta\underline{\sigma} + \delta\underline{X} = 0 \quad \in V$ $\delta\underline{p} = 0 \quad \in O_p$

Tabelle 4–1–2 Prinzip der Virtuellen Kräfte (PVK)

Beim PVV sind die einzigen unabhängigen Variablen die Verschiebungen u. Ihre Variationen müssen daher die kinematischen Bedingungen auf dem Rand O_u und im Volumen V erfüllen, sind sonst aber beliebig. Die Spannungen als abhängige Variablen stehen über ein beliebiges Stoffgesetz mit den Verzerrungen in Verbindung. Die statischen Gleichgewichtsbedingungen werden automatisch von der Lösung, die sich aus der Arbeitsgleichung $\delta U_\varepsilon = \delta W$ ergibt, erfüllt, wie sich leicht aus der umgeformten Schreibweise ablesen läßt. Beim PVK verhält es sich umgekehrt: hier sind die Spannungen die unabhängigen Variablen, deren Variationen die Differentialgleichung des Gleichgewichts im Volumen und auf der Oberfläche erfüllen müssen. Die von den Spannungen abhängigen Verzerrungen ergeben sich aus dem Stoffgesetz und die Lösung der Arbeitsgleichung $\delta U_\varepsilon^* = \delta W^*$ erfüllt automatisch die kinematischen Bedingungen.

4–1.1 Einheitsverschiebungstheorem und Einheitslasttheorem

Die Variation des Gleichgewichtszustandes gezielt durchzuführen, ist für die Theoreme der Einheitsverschiebungen und der Einheitslasten von entscheidender Bedeutung. Betrachtet man Einzellasten $\underline{F}_j$ so sind die virtuellen Arbeiten $\underline{F}_j\delta\underline{U}_j$ (PVV) bzw. $\underline{U}_j\delta\underline{F}_j$ (PVK). Die Variationen können so gewählt werden, daß sich die komplementäre Größe als gesuchte Unbekannte bestimmen läßt. Beim PVK werden die virtuellen Formänderungsarbeiten aus dem Verzerrungzustand des Gleichgewichts und dem virtuellen Spannungszustand bestimmt. Das virtuelle Spannungsfeld ergibt sich aus den statischen Gleichungen. Für die linear-elastische Theorie besteht ein linearer Zusammenhang

$\delta\underline{\varepsilon}_j = \underline{\underline{\xi}}_j\,\delta\underline{U}_j$ (bzw. $\delta\underline{\sigma}_j = \underline{\underline{\overline{\sigma}}}_j\,\delta\underline{F}_j$),der die Verzerrungen im Volumen als lineare Funktion der diskreten Verschiebungen darstellt. Analoges gilt für das PVK. Die virtuelle Größe am betrachteten Punkt (Ausnahme Auflager) ist beliebig und darf "1" gesetzt werden. Das EVT und das ELT lauten daher unter Berücksichtigung der Nebenbedingungen von PVV bzw. PVK (vgl. Gl. (4.7.1–3)):

$$\underline{F}_j = \int\limits_V \underline{\underline{\overline{\varepsilon}}}^{\,T}\,\underline{\sigma}\,dV \qquad \text{bzw.} \qquad \underline{U}_j = \int\limits_V \underline{\underline{\overline{\sigma}}}^{\,T}\,\underline{\varepsilon}\,dV \ .$$

In erster Linie findet das ELT in der Praxis Anwendung. Es lassen sich damit Verschiebungen der Struktur und bei statisch unbestimmten Systemen die Auflagerkräfte elegant bestimmen. Die Rechenschritte für das ELT sind:

1) Bestimmung des Verzerrungszustandes ε_0 des Gleichgewichtszustandes
2) Bestimmung der virtuellen Spannungsverteilung $\delta\underline{\sigma}_j$ bzw. des Proportionalitätsfaktors $\underline{\underline{\overline{\sigma}}}_j$
3) Integration der virtuellen Formänderungsenergie über das Strukturvolumen unter Abspaltung der virtuellen Kraftgröße $\delta\underline{F}_j$ liefert das Ergebnis $\underline{U}_j$.

Für einfache Geometrien (Stab, Balken, Schubfeld, usw.) lassen sich die benötigten Verzerrungs- und Spannungsverteilungen leicht in Abhängigkeit der Schnittgrößen bestimmen, so daß die Schritte 1 und 2 in die Bestimmung der entsprechenden Schnittgrößen übergehen (siehe auch Tabellen in Kap. 4.7.6). Für Stäbe gilt:

$$\varepsilon = \frac{N}{EA}, \quad \overline{\sigma}_j = \frac{\overline{N}_j}{A} \qquad \rightarrow \int\limits_V \varepsilon\overline{\sigma}_j\,dV = \int\limits_x \frac{N\overline{N}_j}{EA}\,dx$$

Für Balken gilt (Momentenanteil, hier um die $\hat{y}$–Achse):

$$\varepsilon_{\hat{x}} = \frac{M_{\hat{y}}}{EA_{\hat{z}\hat{z}}}\hat{z}, \quad \overline{\sigma}_j = \frac{\overline{M}_{\hat{y}j}}{A_{\hat{z}\hat{z}}}\hat{z} \qquad \rightarrow \int\limits_V \varepsilon\overline{\sigma}_j\,dV = \int\limits_x \frac{M_{\hat{y}}\overline{M}_{\hat{y}j}}{EA_{\hat{z}\hat{z}}}\,dx$$

Für Balken gilt (Querkraftanteil):

$$\gamma = \frac{Q}{GA\eta_A}, \quad \overline{\tau}_j = \frac{\overline{Q}_j}{A\eta_A} \qquad \rightarrow \int\limits_V \gamma\overline{\tau}_j\,dV = \int\limits_x \frac{Q\overline{Q}_j}{GA\eta_A}\,dx$$

Für dünnwandige stabförmige Tragwerke ($q = q(s)$) gilt:

$$\gamma = \frac{q}{Gt_S}, \quad \overline{\tau}_j = \frac{\overline{q}_j}{t_S} \qquad \rightarrow \int\limits_V \gamma\overline{\tau}_j\,dV = \int\limits_x \int\limits_s \frac{q\overline{q}_j}{Gt_S}\,ds\,dx$$

und für Schubfelder $q = const$ wird:
mit der Schubfeldfläche A_{SF}

$$\rightarrow \quad \int\limits_{v} \gamma \overline{\tau}_j dV = \frac{q\overline{q}_j}{Gt_s} \cdot A_{SF}$$

mit der Querschnittsfläche des Schubfeldes $A_S = t_S \cdot h_S$

$$\gamma = \frac{Q}{GA_S} \, , \; \overline{\tau}_j = \frac{Q}{A_S} \quad \rightarrow \quad \int \gamma \tau_j dV = \int\limits_{x} \frac{Q\overline{Q}_j}{GA_S} dx = \frac{Q\overline{Q}_j}{GA_S} \cdot l$$

Für St.–Venantsche Torsionsstäbe gilt:

$$\gamma = \frac{M_T}{GA_T}\hat{r}, \quad \overline{\tau}_j = \frac{\overline{M}_{T_j}}{A_T}\hat{r} \qquad \rightarrow \int\limits_{V} \gamma \overline{\tau}_j \, dV = \int\limits_{x} \frac{M_T \overline{M}_{T_j}}{GA_T} dx$$

Die Rechenschritte sind dann:
1) Bestimmung der Schnittgrößenverläufe für den Gleichgewichtszustand wobei Auflagerkräfte in Abhängigkeit der äußeren Lasten auszudrücken sind.
2) Bestimmung der Schnittgrößenverläufe für die Belastung nur durch die äußere Last $\delta P_j = "1"$, die mit der gesuchten Verschiebung U_j korrespondiert.
3) Integration der virtuellen Formänderungsenergie über das Strukturvolumen unter Abspaltung der virtuellen Kraft $\delta \underline{F}_j$ liefert das Ergebnis $\underline{U}_j$.

Vorgehen bei statisch unbestimmten Systemen:
Im ersten Schritt wird das statisch unbestimmte System auf ein bestimmtes zurückgeführt, indem überschüssige Bindungen (z.B. Auflager, innere Freiheitsgrade) aus dem System entfernt werden. Das so reduzierte System kann in üblicher Weise berechnet werden. Um das reduzierte System zum vollständigen zu ergänzen, muß ein Zustand überlagert werden, bei dem nur die entfernten Bindungskräfte wirken. Hierzu werden im zweiten Schritt Kräfte an den Stellen angesetzt, an denen zuvor die zugehörigen Bindungen entfernt wurden. Die Verschiebungen, die sich aus der Überlagerung der Zustände der beiden Schritte ergeben, müssen den Kompatibilitätsbedingungen des vollständigen Systems genügen, z.B. bei eliminierten Auflagern müssen die zugehörigen Verschiebungen Null sein. Aus den Kompatibilitätsbedingungen lassen sich die Kraftgruppen bestimmen, die dem statisch bestimmten System überlaget werden müssen, um das statisch überbestimmte zu beschreiben.

4-1.2 Theoreme von Castigliano I und II

Bei den Theoremen von Castigliano werden die Formänderungsarbeit in Abhängigkeit diskreter äußerer Verschiebungen ($U_\epsilon = U_\epsilon(\underline{U}_j)$) und die komplementäre Formänderungsarbeit in Abhängigkeit diskreter äußerer Lasten

$(U_\varepsilon^* = U_\varepsilon^*(\underline{F}_j))$ ausgedrückt. Die Dehnungen und Verzerrungen werden dazu, wie oben bereits gezeigt, über die statischen Bedingungen in den diskreten äußeren Größen für $\underline{U}_j$ bzw. $\underline{F}_j$ ausgedrückt. Unter die diskreten Größen fallen nicht nur die vorgegebenen äußeren Größen sondern auch Hilfsgrößen, deren jeweilige komplementäre Größe gesucht ist (z.B. eine Hilfskraft, wenn die zugehörige Verschiebung gesucht ist). Diese Hilfsgrößen sind für den Gleichgewichtszustand natürlich Null. Durch die Variation von U_ε bzw. U_ε^* im Sinne des PVV bzw. des PVK entstehen durch die Willkürlichkeit der Variationen $\delta \underline{U}_j$ bzw. $\delta \underline{F}_j$ die Theoreme I und II nach Castigliano (vgl. Gl. 4.7.2-3):

$$\frac{\partial U_\varepsilon}{\partial U_j} = F_j, \qquad \frac{\partial U_\varepsilon^*}{\partial F_j} = U_j$$

Beim Auswerten der Ausdrücke ist zu beachten, daß die im Gleichgewichtszustand nicht vorhandenen Hilfsgrößen nach dem Differenzieren Null zu setzen sind. Wie beim Einheitslasttheorem gilt auch hier, daß Auflagerkräfte und Schnittgrößen benachbarter Schnittufer keinen Arbeitsweg besitzen und daher für diese (vgl. Gl. 4.7.2-4)

$$\frac{\partial U_\varepsilon^*}{\partial F_j} = 0$$

gelten muß. Für innerlich statisch überbestimmte Systeme kann durch passendes Schneiden ein statisch bestimmtes System konstruiert werden. Die Unstetigkeit am Schnitt kann dann durch das Anbringen der statisch überbestimmten Schnittgrößen wieder beseitigt werden.

Das Theorem II von Castigliano läßt sich analog zum Vorgehen beim ELT wie folgt für einfache Strukturen auf die Betrachtung der Schnittgrößen reduzieren (Siehe auch Tabellen im Kap. 4.7.6).

Für Stäbe gilt:

$$\varepsilon = \frac{N}{EA}, \quad \sigma = \frac{N}{A} \qquad \rightarrow \frac{\partial U_\varepsilon^*}{\partial F_j} = \frac{\partial}{\partial F_j}\left(\frac{1}{2}\int_x \frac{NN}{EA}dx\right) = \int_x \frac{N}{EA}\frac{\partial N}{\partial F_j}dx$$

Für Balken gilt (Momentenanteil, hier um die $\hat{y}$–Achse):

$$\varepsilon_{\hat{z}} = \frac{M_{\hat{y}}}{EA_{\hat{z}\hat{z}}}\hat{z}, \quad \sigma_{\hat{z}} = \frac{M_{\hat{y}}}{A_{\hat{z}\hat{z}}}\hat{z} \qquad \rightarrow \frac{\partial U_\varepsilon^*}{\partial F_j} = \frac{\partial}{\partial F_j}\left(\frac{1}{2}\int_x \frac{M_{\hat{y}}M_{\hat{y}}}{EA_{\hat{z}\hat{z}}}dx\right) = \int_x \frac{M_{\hat{y}}}{EA_{\hat{z}\hat{z}}}\frac{\partial M_{\hat{y}}}{\partial F_j}dx$$

Für Balken gilt (Querkraftanteil):

$$\overline{\gamma} = \frac{Q}{GA\eta_A}, \quad \overline{\tau} = \frac{Q}{A\eta_A} \qquad \rightarrow \frac{\partial U_\varepsilon^*}{\partial F_j} = \frac{\partial}{\partial F_j}\left(\frac{1}{2}\int_x \frac{QQ}{GA\eta_A}dx\right) = \int_x \frac{Q}{GA\eta_A}\frac{\partial Q}{\partial F_j}dx$$

Für dünnwandige stabförmige Tragwerke ($q = q(s)$) gilt:

$$\gamma = \frac{q}{Gt_S}, \quad \tau = \frac{q}{t_S} \qquad \rightarrow \frac{\partial U_e^*}{\partial F_j} = \frac{\partial}{\partial F_j}\left(\frac{1}{2}\int\limits_x \int\limits_s \frac{qq}{Gt_S}\,ds\,dx\right) = \int\limits_x \int\limits_s \frac{q}{Gt_S}\frac{\partial q}{\partial F_j}\,ds\,dx$$

Für Schubfeldträger mit der Querschnittsfläche $A_S = t_S \cdot h$ $(q = const.)$ gilt:

$$\gamma = \frac{Q}{GA_S}, \quad \tau = \frac{Q}{A_S} \qquad \rightarrow \frac{\partial U_e^*}{\partial F_j} = \frac{\partial}{\partial F_j}\left(\frac{1}{2}\int\limits_x \int\limits_s \frac{QQ}{GA_S}\,dx\right) = \int\limits_x \frac{Q}{GA_S}\frac{\partial Q}{\partial F_j}\,dx$$

Für St.–Venantsche Torsion gilt:

$$\gamma = \frac{M_T}{GA_T}\hat{r}, \quad \tau = \frac{M_T}{A_T}\hat{r} \qquad \rightarrow \frac{\partial U_e^*}{\partial F_j} = \frac{\partial}{\partial F_j}\left(\frac{1}{2}\int\limits_x \frac{M_T M_T}{GA_T}\,dx\right) = \int\limits_x \frac{M_T}{GA_T}\frac{\partial M_T}{\partial F_j}\,dx$$

Das rechentechnische Vorgehen bei Anwendung des Theorem II von Castigliano auf Strukturen mit einfachen Elementen ist:

1) Anbringen aller erforderliche Hilfskräfte, deren zugehörige Verformungen gesucht oder die unbekannt sind (Auflager, innere Bindungen).

2) Bestimmung der Schnittgrößen unter Einbeziehung aller vorgegebenen Lasten und aller Hilfskräfte.

3) Bildung der partiellen Ableitungen der Schnittgrößen nach den Kräften. deren korrespondierende Verformungen bestimmt werden sollen.

4) Aufstellen des Energieausdruckes $\frac{\partial U_e^*}{\partial F_j}$, wobei die enthaltenen Hilfskräfte Null zu setzen sind, liefert die Bedingung für die Verschiebung U_j.

4–1.3 Anwendung der Integraltabelle

Bei der Auswertung der Arbeitsausdrücke, die bei Anwendung der Energietheoreme entstehen, sind oftmals Produkte zweier einfacher Funktionen zu integrieren. Diese stellen Schnittgrößenverläufe über eine Strecke, in der Regel die Stab- oder Balkenlänge, dar. Dies kann einfach und schematisiert mit den Integraltabellen 4.7.1–5 durchgeführt werden. In ihnen sind die Funktionsverläufe der beiden Faktoren M_j und M_k in den Zeilen und Spalten in Abhängigkeit der Randwerte dargestellt, das zugehörige Matrixelement liefert den Wert des Integrals über die Integrationlänge l. Im weiteren wird von dieser einfachen Art der Integration gebrauch gemacht und dabei folgende Schreibweise verwendet:

$$\int\limits_l M_j(s)\,M_k(s)\,ds = \int\limits_l \frac{(M_{j2})}{(M_{j1})}[j,k]\frac{(M_{k2})}{(M_{k1})}\,ds \ .$$

Das Integral des Produktes der beiden Funktionen $M_j(s)$ und $M_k(s)$ über die Länge l wird durch den Integraltyp $[j,k]$ beschrieben, wobei M_{j1} und M_{j2} die beiden Randwerte von $M_j(s)$ und M_{k1} und M_{k2} die Randwerte von $M_k(s)$ sind.

Falls der zweite Randwert M_{j2} bzw. M_{k2} zur Beschreibung der Funktionen nicht notwendig d.h. Null ist, wird er nicht angegeben.

Die Anwendung der Integraltabelle sei am Beispiel des Abschnittes 4.7.1.1.1 (Bestimmung der Biegelinie) demonstriert. Es ist im folgenden darauf zu achten, daß die Indizes j und k der Integralschreibweise von oben nicht im Zusammenhang mit den Koordinatenindizes i und j der Lastangriffspunkte des Beispiels stehen. Im Falle $\hat{x}_j < \hat{x}_i$ ist die Biegebalkenlänge in die Bereiche I: $0 \leq \hat{x} \leq \hat{x}_j$ und II: $\hat{x}_i \leq \hat{x} \leq \hat{x}_j$ einzuteilen. Im Bereich II gilt es, das Wegintegral $\int\limits_{\hat{x}_k}^{\hat{x}_j} 0\, M_0\, dx$ auszuwerten, was trivial ist. Für die Integration im Bereich I gemäß Gleichung 4.7.1-17 über die Integrationsstrecke $l = \hat{x}_j$ werden die Randwerte der Momente benötigt (M_0 nimmt den Platz von $M_j(s)$ ein, $\overline{M}_j$ den von $M_k(s)$):

$$M_{j1} := M_0(\hat{x} = 0) = -P\hat{x}_i \quad \text{und} \quad M_{j2} := M_0(\hat{x} = \hat{x}_j) = -P(\hat{x}_i - \hat{x}_j),$$

sowie

$$M_{k1} := \overline{M}_j(\hat{x} = 0) = -1\,\hat{x}_j \quad \text{und} \quad M_{k2} := \overline{M}_j(\hat{x} = \hat{x}_j) = 0$$

Zur Integration eines Produktes von einem trapezförmigen Momentenverlauf $M_j = M_0$ und einem dreiecksförmigen Momentenverlauf $M_k = \overline{M}_j$ kann der Integraltyp [4, 3] gewählt werden. Das Einsetzen der Randwerte liefert die Lösung für das Integral:

$$\int\limits_{\hat{x}_k} \genfrac{}{}{0pt}{}{(-P(\hat{x}_i - \hat{x}_j))}{(-P\hat{x}_i)}\, [4,3]_{(-1\hat{x}_j)}\, ds = M_{k1}(2M_{j1} + M_{j2})\frac{\hat{x}_j}{6} = \hat{x}_j(2P\hat{x}_i + P(\hat{x}_i - \hat{x}_j))\frac{\hat{x}_j}{6}$$

$$= P\left(\frac{\hat{x}_i}{2}\hat{x}_j^2 - \frac{1}{6}\hat{x}_j^3\right),$$

die sich nur im Vorfaktor von dem Ergebnis der analytischen Integration in 4.7.1.1.1 unterscheidet.

4–2 Statisch bestimmte Systeme

4–2.1 Aufgabe

Verformungen eines Biegeträgersystems.

Ein fest eingespannter Biegeträger (Abb. 4–2.1–1) wird durch eine Punktlast beansprucht.

Gegeben:

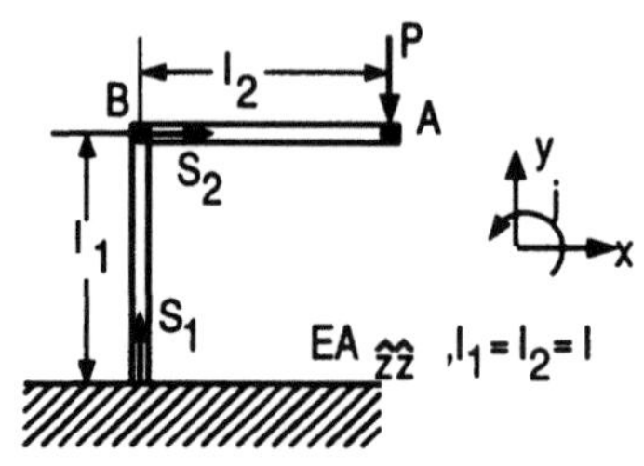

Abb. 4-2.1-1

Gesucht:

a)   Berechnen Sie die Durchbiegung und die Verdrehung des Lastangriffspunktes, wenn nur Biegeverformung berücksichtigt wird.

b)   Wie groß sind die Verschiebungen im Punkt A ?

c)   Wie verändern sich die berechneten Verformungen des Lastangriffspunkt, wenn die Nachgiebigkeit in Balkenlängsachse berücksichtigt werden ?

4-2.1.1 Lösung mit Hilfe des ELT

Teilaufgabe a)

Die Durchbiegung und die Verdrehung des Lastangriffspunktes.

1)   Für den Gleichgewichtszustand wird der Biegemomentenverlauf in den Bereichen 1 und 2 bestimmt (s. Abb. 4-2.1.1-1).
Für $P = Q$ ist:

$$1 : \quad M_0(s_1) = -Pl_2$$

$$2 : \quad M_0(s_2) = -Pl_2 + Ps_2 = -P(l_2 - s_2)$$

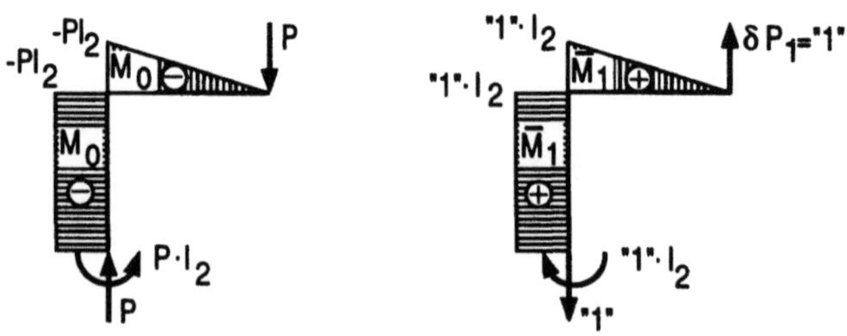

Abb. 4-2.1.1-1

2.1) Um die vertikale Verschiebung U_1 im Punkt A zu bestimmen wird dort die virtuelle Einheitskraft $\delta P_1 = {''}1{''}$ in positiver y–Richtung aufgebracht und der resultierende Momentenverlauf bestimmt (Abb. 4–2.1.1–1).

$$1: \quad \overline{M}_1(s_1) = {''}1{''}l_2$$

$$2: \quad \overline{M}_1(s_2) = {''}1{''}(l_2 - s_2)$$

2.2) Zur Bestimmung der Verdrehung φ_{2A} im Punkt A wird das korrespondierende Einheitsmoment $\delta M_2 = {''}1{''}$ aufgebracht, das ein konstantes Schnittmoment (Abb. 4–2.1.1–2) liefert:

$$I: \quad \overline{M}_2(s_1) = {''}1{''}$$

$$II: \quad \overline{M}_2(s_2) = {''}1{''}$$

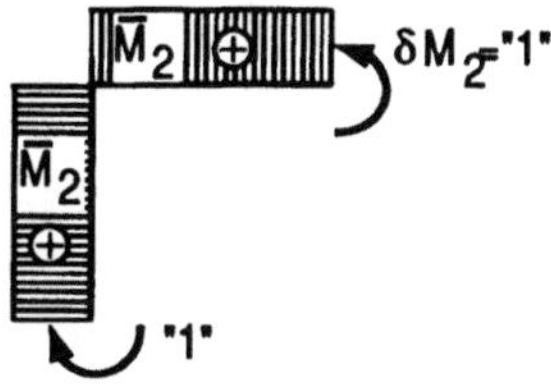

Abb. 4–2.1.1–2

3.1) Bestimmung der Verschiebung U_1
Es ist das Arbeitsintegral in Abhängigkeit der eben bestimmten Schnittmomente aufzustellen und zu berechnen:

$$U_1 = \int\limits_V \varepsilon\overline{\sigma}_1 dV = \int\limits_0^{l_1} \frac{M_0\overline{M}_1(s_1)}{EA_{\hat{z}\hat{z}}} ds_1 + \int\limits_0^{l_2} \frac{M_0\overline{M}_1(s_2)}{EA_{\hat{z}\hat{z}}} ds_2$$

und für $l_1 = l_2 = l$ ist:

$$U_1 = -\frac{Pl^2}{EA_{\hat{z}\hat{z}}}\left(\int\limits_0^l ds_1 + \int\limits_0^l \left(1 - \frac{s_2}{l}\right)^2 ds_2\right) = -\frac{4}{3}\frac{Pl^2}{EA_{\hat{z}\hat{z}}} \quad .$$

Die Integration kann für einfache Momentenverläufe auch sehr schnell mit Hilfe der Integraltabelle durchgeführt werden. Für den Bereich 1 ist der Integraltyp [1,1] und für den Bereich II der Typ [2,2] anzuwenden:

$$U_1 = -\frac{1}{EA_{\hat{z}\hat{z}}}\left(\int\limits_0^l (-Pl)[1,1]_{({''}1{''}l)} ds_1 + \int\limits_0^l (-Pl)[2,2]_{({''}1{''}l)} ds_2\right)$$

$$= -\frac{1}{EA_{\hat{z}\hat{z}}}\left((-Pl)({''}1{''}l)l + (-Pl)({''}1{''}l)\frac{l}{3}\right) = -\frac{4}{3}\frac{Pl^3}{EA_{\hat{z}\hat{z}}}$$

3.2) Bestimmung der Verdrehung φ_2
Entsprechend folgt für φ_2 mit Hilfe der Integraltypen [1,1] und [2,1]

$$\varphi_2 = \int\limits_V \varepsilon\overline{\sigma}_1 dV = \int\limits_0^{l_1} \frac{M_0\overline{M}_2(s_1)}{EA_{\hat{z}\hat{z}}}ds_1 + \int\limits_0^{l_2} \frac{M_0\overline{M}_2(s_2)}{EA_{\hat{z}\hat{z}}}ds_2$$

$$= -\frac{1}{EA_{\hat{z}\hat{z}}}\left(\int\limits_0^{l_1} {}_{(-Pl)}[1,1]_{(''1'')}ds_1 + \int\limits_0^{l_1} {}_{(-Pl)}[2,1]_{(''1'')}ds_2\right)$$

$$= -\frac{1}{EA_{\hat{z}\hat{z}}}\left((-Pl)(''1'')l_1 + (-Pl)(''1'')\frac{l_2}{2}\right) = -\frac{3}{2}\frac{Pl^2}{EA_{\hat{z}\hat{z}}}$$

Teilaufgabe b)

Die Verschiebung im Punkt B

1) Der Biegemomentenverlauf für den Gleichgewichtszustand ist aus der Lösung von Teilaufgabe a) bekannt.

2) Für die Bestimmung der Verschiebungen im Punkt B (U_3 in positiver x-Richtung und U_4 in positiver y–Richtung) sind die virtuellen Kräfte $\delta P_j =''\,1'';\, j = 3,4$ in Richtung der gesuchten Verschiebung anzubringen.

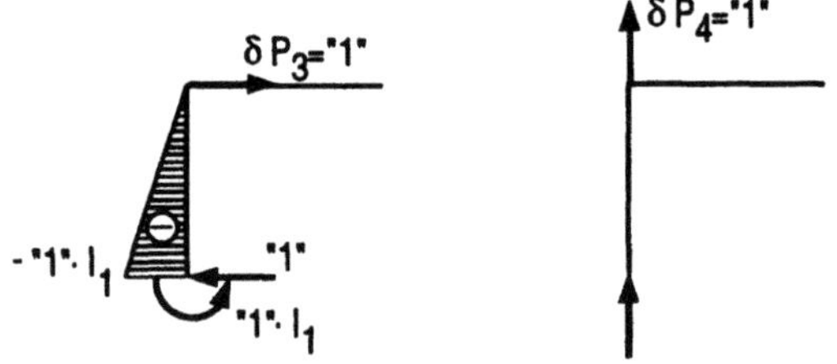

Abb. 4–2.1.1–3

1 : $\overline{M}_3(s_1) = -''1''l_1 + ''1''s_1$ und   1 : $\overline{M}_4(s_1) = 0$

2 : $\overline{M}_3(s_2) = 0$ 2 : $\overline{M}_4(s_2) = 0$

3) Die Auswertung der Arbeitsintegrale mit dem Integraltyp [3,1] liefert:

$$U_3 = \int\limits_V \varepsilon\overline{\sigma}_3 dV = -\frac{1}{EA_{\hat{z}\hat{z}}}\left((-Pl_2)(''1''l_1)\frac{l_1}{2} + (-Pl_2)(0)l_2\right) = \frac{1}{2}\frac{Pl^3}{EA_{\hat{z}\hat{z}}}$$

und U_4:

$$U_4 = \int\limits_V \varepsilon\overline{\sigma}_3 dV = -\frac{1}{EA_{\hat{z}\hat{z}}}\left((-Pl)(0)\frac{l_1}{2} + (-Pl)(0)l_2\right) = 0$$

Teilaufgabe c)

Berücksichtigung der Längsnachgiebigkeit

Zur virtuellen Formänderungsenergie ist der Anteil, der infolge der Längsdehungen und –spannungen ensteht, hinzuzufügen, d.h. der Stabanteil.

1) Für den Gleichgewichtszustand erhält man die Normalkräfte:

$$1: \quad N_0(s_1) = -P$$
$$2: \quad N_0(s_2) = 0$$

2) Die virtuellen Einheitslasten δP_1 und δM_2 sind wie im Aufgabenteil a) anzubringen.

$$1: \quad \overline{N}_1(s_1) = ''1'' \qquad \qquad 1: \quad \overline{N}_2(s_1) = 0$$
$$\text{und}$$
$$2: \quad \overline{N}_1(s_2) = 0 \qquad \qquad 2: \quad \overline{N}_2(s_2) = 0$$

Somit beeinflußt die Längsnachgiebigkeit nicht die Verdrehung φ_2 des Lastenangriffspunktes und die Durchbiegung U_1 vergrößert sich auf:

$$U_1 = \int_s \frac{M_0 \overline{M}_1}{EA_{\hat{z}\hat{z}}} ds + \int_s \frac{N_0 \overline{N}_1}{EA} ds$$

$$= -\frac{4}{3} \frac{Pl^2}{EA_{\hat{z}\hat{z}}} + \frac{1}{EA}(-P)(''1'')l = -\frac{4}{3} \frac{Pl^2}{EA_{\hat{z}\hat{z}}} - \frac{Pl}{EA}$$

um den Anteil, der für den längsgedrückten Stab zu erwarten ist.

4–2.1.2 Lösung mit Hilfe von Castigliano II

Der durch eine Punktlast beanspruchte fest eingespannte Biegeträger der Aufgabe 1 soll mit Hilfe des Theorems II von Castigliano berechnet werden.

Gesucht:

Es soll die Durchbiegung und die Verdrehung des Lastangriffspunktes, sowie die Verschiebungen des Punktes A, wenn Biege- und Längsdehungen berücksichtigt werden, berechnet werden, und gezeigt werden, daß die Lösung den Minimaleigenschaften des komplementären Gesamtpotentials genügt.

Lösung:

1) Im ersten Schritt werden alle für die Bearbeitung der Aufgabenteile erforderlichen Hilfskräfte aufgebracht (Abb. 4–2.1.2–1). Dies sind das Hilfsmoment M_2 für die gesuchte Verdrehung im Punkt A, die Hilfskräfte P_3 und P_4 für die Horizontal- und Vertikalverschiebungen des Punktes B. Eine Hilfskraft in Rich-

tung der Durchbiegung ist nicht notwendig, da die äußere Last P bereits in die entsprechende, wenn auch vorzeichenverkehrte Richtung orientiert ist.

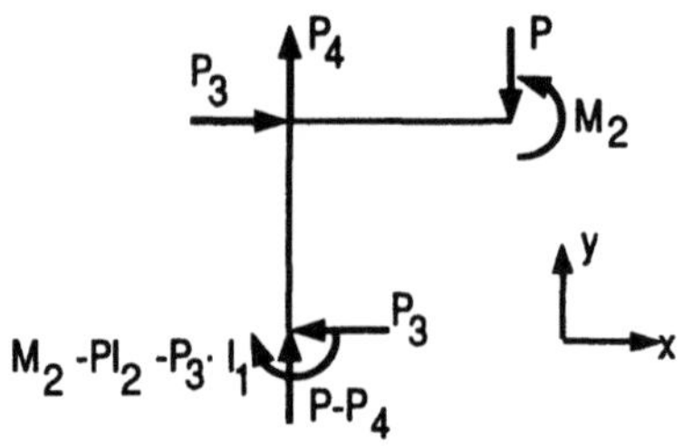

Abb. 4-2.1.2-1

2)   Die Schnittgrößen in der Struktur werden durch Gleichgewichtsbetrachtungen für die beiden Bereiche gewonnen.

$$1: \quad N(s_1) = P_4 - P \qquad\qquad 2: \quad N(s_2) = 0$$

$$M(s_1) = M_2 - P_3(l_1 - s_1) - Pl_2 \qquad M(s_2) = M_2 - P(l_2 - s_2)$$

3)   Das Differenzieren der Schnittgrößen nach der Last liefert:

Bereich	$N(s)$	$\dfrac{\partial N}{\partial P}$	$\dfrac{\partial N}{\partial M_2}$	$\dfrac{\partial N}{\partial P_3}$	$\dfrac{\partial N}{\partial P_4}$
1	$P_4 - P$	-1	0	0	0
2	0	0	0	0	0

Bereich	$M(s)$	$\dfrac{\partial M}{\partial P}$	$\dfrac{\partial M}{\partial M_2}$	$\dfrac{\partial M}{\partial P_3}$	$\dfrac{\partial M}{\partial P_4}$
1	$M_2 - P_3(l_1 - s_1) - Pl_2$	$-l_2$	1	$s_1 - l_1$	0
2	$M_2 - P(l_2 - s_2)$	$s_2 - l_2$	1	0	0

4) Um die Verformungsgrößen zu berechnen, werden die Energieausdrücke $\frac{\partial U_\varepsilon^*}{\partial P_i}$ aufgestellt und ausgewertet. Die Hilfsgrößen – das sind M_2, P_3, P_4 – sind dabei zu Null zu setzen. Mit $l_1 = l_2 = l$

$$U_P = \frac{\partial U_\varepsilon^*}{\partial P} = \int_s \frac{N}{EA} \frac{\partial N}{\partial P} ds + \int_s \frac{M}{EA_{\hat{z}\hat{z}}} \frac{\partial M}{\partial P} ds$$

$$= \int_0^l -\frac{P}{EA}(-1)ds_1 + \int_0^l -\frac{Pl}{EA_{\hat{z}\hat{z}}}(-l)ds_1 + \int_0^l -\frac{P(l-s_2)}{EA_{\hat{z}\hat{z}}}(s_2-l)ds_2$$

$$= \frac{Pl}{EA} + \frac{Pl^3}{EA_{\hat{z}\hat{z}}} + \frac{1}{3}\frac{Pl^3}{EA_{\hat{z}\hat{z}}} = \frac{Pl}{EA} + \frac{4}{3}\frac{Pl^3}{EA_{\hat{z}\hat{z}}}$$

Das Vorzeichen unterscheidet sich von der Lösung der Aufgabe 4–2.1.1, da die virtuelle Kraft dort entgegengesetzt in positive y–Richtung angesetzt wurde. Für die weiteren Verformungen erhält man die folgenden Ausdrücke:

$$\varphi_2 = \frac{\partial U_\varepsilon^*}{\partial M_2} = \int_0^l -\frac{P}{EA_{\hat{z}\hat{z}}}(1)ds_1 + \int_0^l -\frac{P(l-s_2)}{EA_{\hat{z}\hat{z}}}(1)ds_2 = -\frac{3}{2}\frac{Pl^2}{EA_{\hat{z}\hat{z}}}$$

$$U_3 = \frac{\partial U_\varepsilon^*}{\partial P_3} = \int_0^l -\frac{Pl}{EA_{\hat{z}\hat{z}}}(s_1-l)ds_1 = \frac{1}{2}\frac{Pl^3}{EA_{\hat{z}\hat{z}}}$$

$$U_4 = \frac{\partial U_\varepsilon^*}{\partial P_4} = \int_0^l -\frac{P}{EA}(1)ds_1 = -\frac{Pl}{EA}$$

Vergleicht man abschließend die Lösungstechniken nach dem ELT mit dem des Theorems II von Castigliano sieht man, daß rechentechnisch der Aufwand gleich ist. Das ELT hat den Vorteil der Anschaulichkeit der einzelnen virtuellen Kräfte und der resultierenden Schnittgrößenverläufe, die oft ohne Zwischenrechnung mit Hilfe der Randwerte und der Integraltabelle direkt integriert werden können. Das Vorgehen beim Theorem von Castigliano ist, nachdem zunächst die Schnittgrößen unter Berücksichtigung aller notwendigen Hilfskräfte bestimmt wurden, schematisch. Alle Schnittgrößenverläufe, die beim Vorgehen des ELT einzeln betrachtet werden, sind im Gesamtverlauf der Schnittgrößen nach dem Theorem von Castigliano enthalten.

Wenn die Lösung den Minimaleigenschaften des komplementären Gesamtpotential genügen soll, ist nachzuweisen, daß die Nachgiebigkeitsmatrix $\underline{f}$ positiv definit ist. Die resultierende Nachgiebigkeitsmatrix $\underline{f}$ ist positiv definit, wenn eine bestimmte Matrix-Zerlegung existiert. Die Nachgiebigkeitsmatrix $\underline{f}$ im Term

$\frac{1}{2}\delta\,\underline{F}^T\underline{\underline{f}}\,\delta\underline{F}$ wird hierzu in einen Ausdruck zerlegt

$$\frac{1}{2}\delta\underline{F}^T\;\underline{\underline{f}}\delta\underline{F} = \frac{1}{2}\delta\underline{F}^T\;\underline{\underline{C}}_f^T\;\underline{\underline{C}}_f\delta\underline{F} = \frac{1}{2}\underline{Y}^T\,\underline{Y} \quad mit \quad \underline{Y}^T = \delta\underline{F}^T\underline{\underline{C}}_f^T \quad ,$$

der immer positive Werte für beliebige $\delta\underline{F}$ liefert. Die Nachgiebigkeitsmatrix erhält man aus der Darstellung der komplementären Formänderungsenergie U_ε^* als Funktion der einzelnen Lasten P_i , zusammengefaßt im Vektor $\underline{F}$:

$$2U_\varepsilon^* = \int\limits_l \frac{N(\underline{F})^2}{EA}ds + \int\limits_l \frac{M(\underline{F})^2}{EA_{\hat{z}\hat{z}}}ds$$

unter Abspaltung der Lasten P_i. In diesem Fall hat man

$$2U_\varepsilon^* = \frac{1}{EA}\int\limits_0^l (P_4 - P)^2 ds_1 + \frac{1}{EA_{\hat{z}\hat{z}}}\int\limits_0^l (M_2 - P_3(l - s_1) - Pl)^2 ds_1$$

$$+ \frac{1}{EA_{\hat{z}\hat{z}}}\int\limits_0^l (M_2 - P(l - s_2))^2 ds_2$$

$$= \begin{pmatrix} P \\ M_2 \\ P_3 \\ P_4 \end{pmatrix}^T \left[\frac{1}{EA}\int\limits_0^l \begin{pmatrix} 1 & 0 & 0 & -1 \\ 0 & 0 & 0 & 0 \\ 0 & 0 & 0 & 0 \\ -1 & 0 & 0 & 1 \end{pmatrix} ds_1 \right.$$

$$+ \frac{1}{EA_{\hat{z}\hat{z}}}\int\limits_0^l \begin{pmatrix} l^2 & -l & l(l - s_1) & 0 \\ -l & 1 & -(l - s_1) & 0 \\ l(l - s_1) & -(l - s_1) & (l - s_1) & 0 \\ 0 & 0 & 0 & 0 \end{pmatrix} ds_1$$

$$+ \frac{1}{EA_{\hat{z}\hat{z}}}\int\limits_0^l \begin{pmatrix} (l - s_2)^2 & -(l - s_2) & 0 & 0 \\ -(l - s_2) & 1 & 0 & 0 \\ 0 & 0 & 0 & 0 \\ 0 & 0 & 0 & 0 \end{pmatrix} ds_2 \left. \right] \begin{pmatrix} P \\ M_2 \\ P_3 \\ P_4 \end{pmatrix}$$

$$= \begin{pmatrix} P \\ M_2 \\ P_3 \\ P_4 \end{pmatrix}^T \left[\frac{l}{EA}\begin{pmatrix} 1 & 0 & 0 & -1 \\ 0 & 0 & 0 & 0 \\ 0 & 0 & 0 & 0 \\ -1 & 0 & 0 & 1 \end{pmatrix} + \frac{l}{EA_{\hat{z}\hat{z}}}\begin{pmatrix} \frac{4}{3}l^2 & -\frac{3}{2}l & \frac{1}{2}l^2 & 0 \\ -\frac{3}{2}l & 2 & -\frac{1}{2}l & 0 \\ \frac{1}{2}l^2 & -\frac{1}{2}l & \frac{1}{3}l^2 & 0 \\ 0 & 0 & 0 & 0 \end{pmatrix} \right] \begin{pmatrix} P \\ M_2 \\ P_3 \\ P_4 \end{pmatrix} \quad ,$$

so daß sich die Nachgiebigkeitsmatrix aus dem Anteil der Längsnachgiebigkeit und einem Anteil der Biegenachgiebigkeit zusammensetzt. Die Nachgiebigkeitsmatrix kann ebenfalls zu der Berechnung der Verformungen infolge der Lasten $P, M_2 = 0, P_3 = 0$ und $P_4 = 0$ verwendet werden. Sie ergeben sich gemäß der Extremwertbedingung

$$\frac{\partial \pi^*}{\partial \underline{F}} = \underline{\underline{f}}\,\underline{F} - \underline{U} = 0$$

direkt aus der Multiplikation mit dem Vektor der Lasten:

$$\begin{pmatrix} U_P \\ \varphi_2 \\ U_3 \\ U_4 \end{pmatrix} = \ [\frac{l}{EA}\begin{pmatrix} 1 & 0 & 0 & -1 \\ 0 & 0 & 0 & 0 \\ 0 & 0 & 0 & 0 \\ -1 & 0 & 0 & 1 \end{pmatrix} + \frac{l}{EA_{zz}}\begin{pmatrix} \frac{4}{3}l^2 & -\frac{3}{2}l & \frac{1}{2}l^2 & 0 \\ -\frac{3}{2}l & 2 & -\frac{1}{2}l & 0 \\ \frac{1}{2}l^2 & -\frac{1}{2}l & \frac{1}{3}l^2 & 0 \\ 0 & 0 & 0 & 0 \end{pmatrix}]\begin{pmatrix} P \\ M_2 = 0 \\ P_3 = 0 \\ P_4 = 0 \end{pmatrix}$$

$$= \frac{Pl}{EA}\begin{pmatrix} 1 \\ 0 \\ 0 \\ -1 \end{pmatrix} + \frac{Pl^2}{EA_{zz}}\begin{pmatrix} \frac{4}{3}l \\ -\frac{3}{2} \\ \frac{1}{2}l \\ 0 \end{pmatrix}$$

Liegen andere Lasten vor, kann der Lastvektor entsprechend verändert werden, und man erhält die zugehörigen Verformungen, ohne erneut Schnittmomentenverläufe o.ä. bestimmen zu müssen. Die beiden Koeffizientenmatrizen selbst sind positiv definit, da man sie jeweils multiplikativ in zwei Matrizen $\underline{\underline{C}}_f$ zerlegen kann, die transponiert zueinander sind, z.B.:

$$\frac{l}{EA}\begin{pmatrix} 1 & 0 & 0 & -1 \\ 0 & 0 & 0 & 0 \\ 0 & 0 & 0 & 0 \\ -1 & 0 & 0 & 1 \end{pmatrix} = \frac{l}{EA}\begin{pmatrix} 1 & 0 & 0 & 0 \\ 0 & 0 & 0 & 0 \\ 0 & 0 & 0 & 0 \\ -1 & 0 & 0 & 0 \end{pmatrix}\begin{pmatrix} 1 & 0 & 0 & -1 \\ 0 & 0 & 0 & 0 \\ 0 & 0 & 0 & 0 \\ 0 & 0 & 0 & 0 \end{pmatrix}$$

$$\frac{l}{EA_{zz}}\begin{pmatrix} \frac{4}{3}l^2 & -\frac{3}{2}l & \frac{1}{2}l^2 & 0 \\ -\frac{3}{2}l & 2 & -\frac{1}{2}l & 0 \\ \frac{1}{2}l^2 & -\frac{1}{2}l & \frac{1}{3}l^2 & 0 \\ 0 & 0 & 0 & 0 \end{pmatrix} = \frac{l}{EA_{zz}}\begin{pmatrix} \frac{2l}{\sqrt{3}} & 0 & 0 & 0 \\ \frac{-\sqrt{27}}{4} & \frac{\sqrt{5}}{4} & 0 & 0 \\ \frac{\sqrt{3}l}{4} & \frac{l}{4\sqrt{5}} & \frac{\sqrt{2}l}{\sqrt{15}} & 0 \\ 0 & 0 & 0 & 0 \end{pmatrix}\begin{pmatrix} \frac{2l}{\sqrt{3}} & \frac{-\sqrt{27}}{4} & \frac{\sqrt{3}l}{4} & 0 \\ 0 & \frac{\sqrt{5}}{4} & \frac{l}{4\sqrt{5}} & 0 \\ 0 & 0 & \frac{\sqrt{2}l}{\sqrt{15}} & 0 \\ 0 & 0 & 0 & 0 \end{pmatrix}$$

Mit Hilfe dieser Aufspaltung der Matrizen ist nachgewiesen, daß die Nachgiebigkeitsmatrix positiv definit ist. Angemerkt sei, daß die bekannteste Zerlegung in Dreiecksmatrizen die Cholesky-Zerlegung ist.

4–3 Äußerlich statisch überbestimmte Systeme

4–3.1 Aufgabe

Auflagerkräfte und Verformungen eines Kreisbogens infolge einer Einzellast

Gegeben:

Für den Kreisbogen unter einer Punktlast (Abb. 4–3.1–1) sind mit Hilfe des Einheitslasttheorems und mit Hilfe des Theorems II von Castigliano die folgenden Größen zu berechnen.

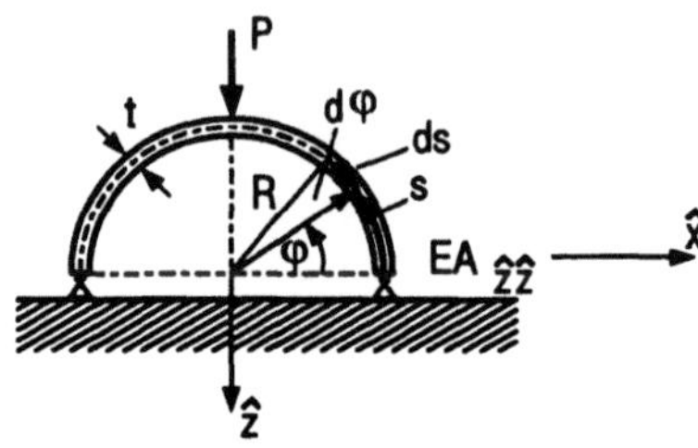

Abb. 4–3.1–1 Kreisbogen unter Punktlast

Gesucht:

a)   Die Auflagerkräfte

b)   Die Durchsenkung des Kreisbogens im Lastangriffspunkt

4–3.1.1 Anwendung des ELT

Teilaufgabe a)

Für lineare Problemstellungen kann das Überlagerungsprinzip zur Lösung der Aufgabe herangezogen werden. Hierzu wird das unbestimmte System zunächst in ein bestimmtes ("0"-System) überführt, indem ausreichend viele Bindungen entfernt werden. Im ersten Schritt werden die zu den entfernten Bindungen gehörenden Verformungsgrößen bestimmt. Im zweiten Schritt wird ein neuer Belastungsfall konstruiert, indem nur an den Stellen der entfernten Bindungen (Ersatz-) Kraftgrößen auf das statisch bestimmte System aufgebracht werden ("1"-System). Erneut sind die zu den entfernten Bindungen gehörenden Verformungsgrößen zu bestimmen. Die Überlagerung der beiden Verformungszustände ist für lineare Probleme zulässig. Aus der Bedingungen, daß die resultierenden Verformungsgrößen der entfernten Bindungen verschwinden müssen, können die bisher unbekannten Auflagerkräfte bestimmt werden.

Der Kreisbogen ist einfach statisch unbestimmt. Durch Entfernen einer Lagerbindung (hier die horizontale Verschiebung im Punkt B) wird das System zu einem statisch bestimmten System gemacht (Abb. 4–3.1.1–1). Aus Symmetriegründen braucht nur über eine Hälfte der Struktur integriert zu werden.

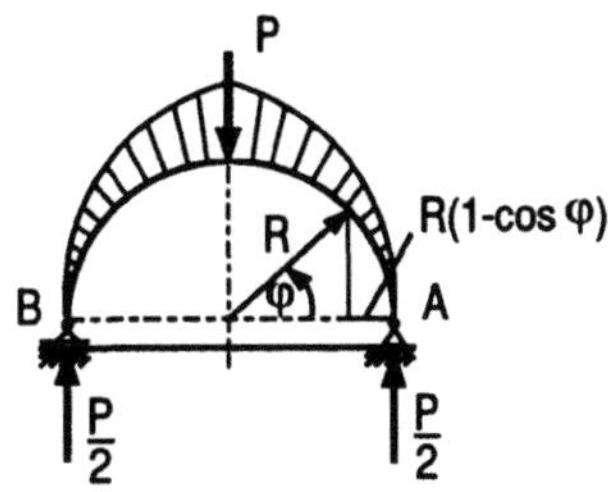

Abb. 4–3.1.1–1 Statisch bestimmter Kreisbogen mit seinen Auflagerlasten und dem Schnittmomentenverlauf

Erster Schritt ("0"-System):

1) Für die statisch bestimmte Struktur ergibt sich das Schnittmoment (Abb. 4–3.1.1–1):

$$M_0(\varphi) = \tfrac{P}{2} R(1 - \cos\varphi) \qquad \text{für} \qquad \varphi \in \left[0, \tfrac{\pi}{2}\right]$$

2) Für die Berechnung der horizontalen Verschiebung im Punkt B, die zur entfernten Bindung gehört, wird nach dem ELT dort die horizontale virtuelle Einheitslast $\delta P_1 = "1"$ aufgebracht. Das Schnittmoment ist (Abb. 4–3.1.1–2):

$$\overline{M}_1(\varphi) = "1" R \sin\varphi \qquad \text{für} \qquad \varphi \in \left[0, \tfrac{\pi}{2}\right]$$

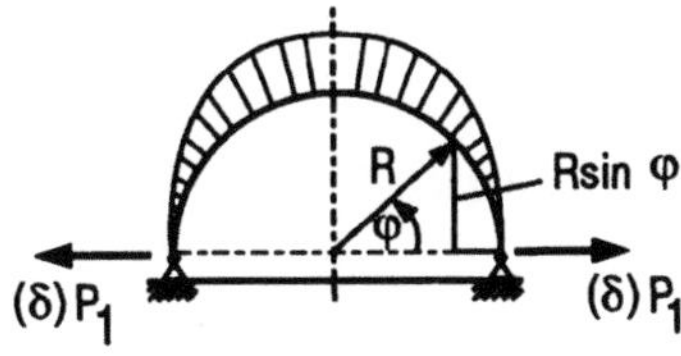

Abb. 4–3.1.1–2 Statisch bestimmter Kreisbogen unter Auflagerersatzlast und resultierendem Schnittmomentenverlauf

3) Das Arbeitsintegral liefert die zugehörige horizontale Verschiebung im Auflager B. Man beachte, daß $ds = Rd\varphi$ ist und bei der Integration, die nur über

eine Bogenhälfte erfolgt, der Faktor 2 zu berücksichtigen ist:

$$U_{01} = \int\limits_{V} \varepsilon_0 \overline{\sigma}_1 dV = 2 \int\limits_{0}^{\frac{\pi}{2}} \frac{M_0(\varphi)\overline{M}_1(\varphi)}{EA_{\hat{z}\hat{z}}} R d\varphi$$

$$= 2 \int\limits_{0}^{\frac{\pi}{2}} \frac{PR^2}{2EA_{\hat{z}\hat{z}}} (1 - \cos\varphi)\sin\varphi\, R d\varphi = \frac{PR^3}{EA_{\hat{z}\hat{z}}} \left[-\cos\varphi - \frac{1}{2}\sin^2\varphi \right]_0^{\frac{\pi}{2}}$$

$$= \frac{1}{2} \frac{PR^3}{EA_{\hat{z}\hat{z}}}$$

Zweiter Schritt ("1"-System):

Für diesen Schritt ist die Belastung des Kreisbogens nur durch die Kraft der entfernten Bindung, also die horizontale Kraft P_1, zu betrachten. Die horizontale Verschiebung im Auflager B kann man auf zwei Wegen errechnen.

1) Für die statisch bestimmte Struktur ergibt sich erstens unter der Einheitslast $\overline{X} = "1"$ und zweitens der unbekannten Last P_1 folgender Schnittmomentenverlauf, der – durch das Vorgehen bedingt – im ersten Fall dem Verlauf $\overline{M}_1(\varphi)$ entspricht und im zweiten Fall dies qualitativ tut.

$$\overline{M}_1(\varphi) = "1"\,R\sin\varphi \quad bzw. \quad M_1(\varphi) = P_1 R\sin\varphi$$

2) Da die horizontale Verschiebung im Punkt B bestimmt werden soll, wird an der Stelle an der die Kraft $\overline{X} = "1"$ bzw. P_1 angebracht wurde die horizontale virtuelle Einheitslast $\delta P_1 = "1"$ aufgebracht. Der zugehörige Schnittmomentenverlauf ist daher aus dem ersten Schritt bekannt:

$$\overline{M}_1(\varphi) = "1"\,R\sin\varphi$$

3) Aus dem Arbeitsintegral ergibt sich die horizontale Verschiebung des Auflagers B:

$$\overline{U}_{11} = 2\int\limits_0^{\frac{\pi}{2}} \frac{\overline{M}_1(\varphi)\overline{M}_1(\varphi)}{EA_{\hat{z}\hat{z}}} R d\varphi \quad bzw. \quad U_{11} = 2\int\limits_0^{\frac{\pi}{2}} \frac{M_1\overline{M}_1}{EA_{\hat{z}\hat{z}}} R d\varphi$$

Die Auswertung der Integrale ergibt:

$$U_{11} = 2\int\limits_0^{\frac{\pi}{2}} \frac{P_1 R^2}{EA_{\hat{z}\hat{z}}} \sin^2\varphi\, R d\varphi = 2\frac{P_1 R^3}{EA_{\hat{z}\hat{z}}} \left[\frac{\varphi}{2} - \frac{1}{4}\sin(2\varphi) \right]_0^{\frac{\pi}{2}} = \frac{\pi}{2} \frac{P_1 R^3}{EA_{\hat{z}\hat{z}}}$$

$$\overline{U}_{11} = \frac{\pi}{2} \frac{"1" R_1^3}{EA_{\hat{z}\hat{z}}}$$

Dritter Schritt

Die kinematische Bedingung, daß die horizontale Verschiebung im Auflager B bei der Überlagerung der Zustände der Schritte eins und zwei (″0″-System und ″1″-System) verschwinden muß, liefert die gesuchte Auflagerkraft.

Im ersten Fall wurde mit einer Einheitslast $\overline{X} =$″1″ gearbeitet. Die willkürliche Last muß X_1 mal größer sein und damit wegen des Linearzusammenhanges eine X_1 mal größere Verschiebung $X_1\overline{U}_{11} = U_{11}$ verursachen. Damit ist

$$U_1 = U_{01} + X_1\overline{U}_{11} = 0 \qquad X_1 = -\frac{U_{01}}{\overline{U}_{11}} = -\frac{P}{\pi}$$

Im zweiten Fall wurde die Last $X_1 = P_1$ sofort eingesetzt und man erhält für

$$U_1 = U_{01} + U_{11} = 0 = \frac{1}{2}\frac{PR^3}{EA_{\hat{z}\hat{z}}} + \frac{\pi}{2}\frac{P_1R^3}{EA_{\hat{z}\hat{z}}} \quad \rightarrow \quad P_1 = -\frac{P}{\pi}$$

Das Arbeiten mit der Einheitslast $\overline{X} = 1$ macht es möglich, mit nur 2 Momentenverläufen nämlich $\overline{M}_0$ und $\overline{M}_1$ zu arbeiten.

Teilaufgabe b)

Durch die Bestimmung der Auflagerkräfte können nunmehr die Schnittgrößen des Gleichgewichtszustandes in Abhängigkeit der Belastung dargestellt werden.

1) Für das statisch unbestimmte System setzt sich der Schnittmomentenverlauf des Gleichgewichtszustandes aus den beiden Anteilen des ersten und des zweiten Schrittes zusammen.

$$M(\varphi) = \tfrac{P}{2}R(1 - \cos\varphi) - \tfrac{P}{\pi}R\sin\varphi \text{ für } \varphi \in \left[0, \tfrac{\pi}{2}\right]$$

2) Zur Berechung der Durchsenkung wird die virtuelle Kraft $\delta P_2 =$″ 1″ im Lastangriffspunkt in Richtung der Last P aufgeprägt. Der resultierende Schnittmomentenverlauf für das betrachtete statisch unbestimmte System ist qualitativ derselbe wie der infolge der Last P. Man setzt anstelle von

$$P: \ \delta P_2 =″ 1″$$

$$\overline{M}(\varphi) = \tfrac{1}{2}R(1 - \cos\varphi) - \tfrac{1}{\pi}R\sin\varphi \text{ für } \varphi \in \left[0, \tfrac{\pi}{2}\right]$$

3) Die "etwas mühselige" Auswertung des Arbeitsintegrals liefert die gesuchte Durchsenkung im Lastangriffspunkt:

$$U_p = \int_V \varepsilon\overline{\sigma}dV = 2\int_0^{\frac{\pi}{2}} \frac{M(\varphi)\overline{M}(\varphi)}{EA_{\hat{z}\hat{z}}}Rd\varphi = 2\int_0^{\frac{\pi}{2}} \frac{PR^2}{EA_{\hat{z}\hat{z}}}\left(\frac{1}{2}(1 - \cos\varphi) + \frac{1}{\pi}\sin\varphi\right)^2 R\,d\varphi$$

$$= \frac{PR^3}{EA_{\hat{z}\hat{z}}}\left(\frac{3\pi}{8} + \frac{3}{2\pi} - 1\right)$$

Die Berechnung der Verschiebung U_P läßt sich ebenso durchführen, wenn man vom statisch bestimmten Ersatzsystem ausgeht, das durch P und P_1 belastet wird. Für die virtuelle Kraft δP_2 ergibt sich der einfachere Schnittmomentenverlauf

$$\overline{M}(\varphi) = \frac{1}{2}R(1 - \cos\varphi)$$

und führt zum selben Resultat für die Durchsenkung. Man bedenke dabei, daß sich die Terme zum Auswerten der kinematischen Bedingung $U_1 = 0$ in den obigen Termen für U_P wiederfinden lassen. Da diese zu Null verschwinden müssen, bleiben nur noch die Terme, die den einfacheren Momentenverlauf des statisch bestimmten Ersatzmodells beinhalten, übrig. Daher können generell alle Überlegungen am statisch bestimmten Ersatzmodell durchgeführt werden.

4–3.1.2 Anwendung der Sätze von Castigliano II und Menabrea

Teilaufgabe a)

Beim Vorgehen nach *Castigliano* werden die unbekannten Auflagerkräfte als Unbekannte in den Schnittgrößenverläufen "stehen" gelassen, während die direkt aus den Gleichgewichtsbeziehungen bestimmbaren Auflagerkräfte eliminiert werden. Bei der Anwendung des *Theorems II von Castigliano* ist bei Auflagern zu bedenken, daß hier die entsprechenden Verformungsgrößen Null sind, d.h. hier $\frac{\partial U^*}{\partial P_1} = 0$ ist (Satz von *Menabrea*). Aus dieser Bedingung sind die unbekannten Auflagerkräfte zu bestimmen.

1) Für die Bestimmung der Auflagerkraft müssen keine zusätzlichen Hilfskräfte angebracht werden (Abb. 4–3.1.2–1), da hierfür nach dem Satz von *Menabrea* nur der Ausdruck $\frac{\partial U^*}{\partial P_1} = 0$ auszuwerten ist. Hierin ist P_1 die unbekannte horizontale Auflagerkraft, die nicht Null sein muß.

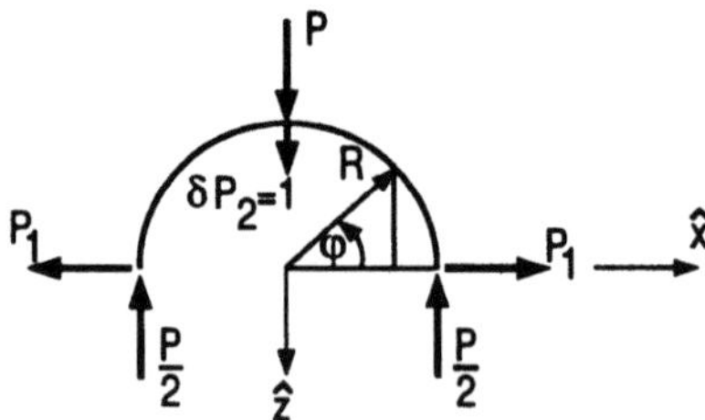

Abb. 4–3.1.2–1 Freigeschnittener statisch überbestimmter Kreisbogen mit Auflagerlasten, die aus dem bestimmten und unbestimmten Fall resultieren

2) Die unbekannte horizontale Auflagerkraft P_1 bleibt im Schnittmomentenverlauf erhalten:

$$M(\varphi) = \frac{P}{2}R(1 - \cos\varphi) + P_1 R\sin\varphi \text{ für } \varphi \in \left[0, \frac{\pi}{2}\right]$$

3) Für die Bestimmung von U_1 ist die partielle Ableitung nötig:

$$\frac{\partial M(\varphi)}{\partial P_1} = R\sin\varphi \ \text{für} \ \varphi \in \left[0, \tfrac{\pi}{2}\right]$$

4) Nach dem Satz von *Menabrea* erhält man damit:

$$\frac{\partial U_\varepsilon^*}{\partial P_1} = 0 = \int\limits_s \frac{M}{EA_{\hat{z}\hat{z}}}\frac{\partial M}{\partial P_1}ds = \frac{2M}{EA_{\hat{z}\hat{z}}} \int\limits_s \left(\frac{P}{2}R(1-\cos\varphi) + P_1 R\sin\varphi\right) R\sin\varphi R\,d\varphi$$

$$= \frac{2R^3}{EA_{\hat{z}\hat{z}}}\left(\frac{1}{4}P + \frac{\pi}{4}P_1\right) \ \ \rightarrow \ \ P_1 = -\frac{P}{\pi}$$

Es sei nochmals darauf hingewiesen, daß hier die Auflagerkraft keine Hilfskraft ist, die Null zu setzen ist. Sie ist im statisch unbestimmten System vorhanden und, wie man am Resultat sieht, keineswegs Null.

Teilaufgabe b)

Der in Teilaufgabe a) verwendete Schnittmomentenverlauf, der für das unbestimmte System gilt, enthält die Last P nach der in diesem Aufgabenteil abgeleitet werden muß, um die komplementäre Verschiebung zu berechnen.

1) Im Schnittmomentenverlauf wird wieder $P_1 = -\frac{P}{\pi}$ gesetzt und man erhält:

$$M(\varphi) = \frac{P}{2}R(1-\cos\varphi) - \frac{P}{\pi}R\sin\varphi$$

2) Die partielle Ableitung hiervon nach der Last P:

$$\frac{\partial M(\varphi)}{\partial P} = \frac{1}{2}R(1-\cos\varphi) - \frac{1}{\pi}R\sin\varphi$$

3) wird in das Theorem II nach Castigliano eingesetzt, um die Durchsenkung zu errechnen:

$$U_p = \int\limits_s \frac{M}{EA_{\hat{z}\hat{z}}}\frac{\partial M}{\partial P}ds = 2\int\limits_0^{\frac{\pi}{2}} \frac{PR^2}{EA_{\hat{z}\hat{z}}}\left(\frac{1}{2}(1-\cos\varphi) + \frac{1}{2}\sin\varphi\right)^2 R\,d\varphi$$

$$= \frac{PR^3}{EA_{\hat{z}\hat{z}}}\left(\frac{3\pi}{8} + \frac{3}{2\pi} - 1\right)$$

Die Integrale vereinfachen sich, wenn man wie beim Einheitslasttheorem die kinematischen Bedingungen berücksichtigt, die die Bedingung $\frac{\partial U_\varepsilon^*}{\partial P_1} = 0$ lieferten. Berücksichtigt man dies bereits bei der Differentiation von U_ε^*

nach P, wobei U_ε^* noch als Funktion von P und P_1 geschrieben wird, erhält man für $P_1 = f(P)$ den Ausdruck

$$\frac{\partial U_\varepsilon^*}{\partial P} = \frac{\partial U_\varepsilon^*}{\partial P} + \frac{\partial U_\varepsilon^*}{\partial P_1}\frac{\partial P_1}{\partial P}$$

in dem der zweite Summand aufgrund der kinematischen Bedingungen gestrichen werden kann. Zum Differenzieren der Schnittgrößenverläufe müssen die statisch unbestimmten Größen nicht als Funktion der äußeren Last geschrieben werden. Dies entspricht dem Vorgehen, wenn alle Betrachtungen am statisch bestimmten System durchführt werden.

4–4 Innerlich statisch überbestimmte Systeme

4–4.1 Aufgabe

Rahmen unter laufender Last

Gegeben:

Der statisch bestimmt gelagerte Rechteckrahmen (Abb. 4–4.1–1) wird durch die konstante Linienlast p an der linken Seite belastet. Es sind die Aufgabenteile a) und b) jeweils mit dem Einheitslasttheorem und dem Theorem II nach Castigliano zu bearbeiten, wobei nur Biegedehnungen berücksichtigt werden sollen.

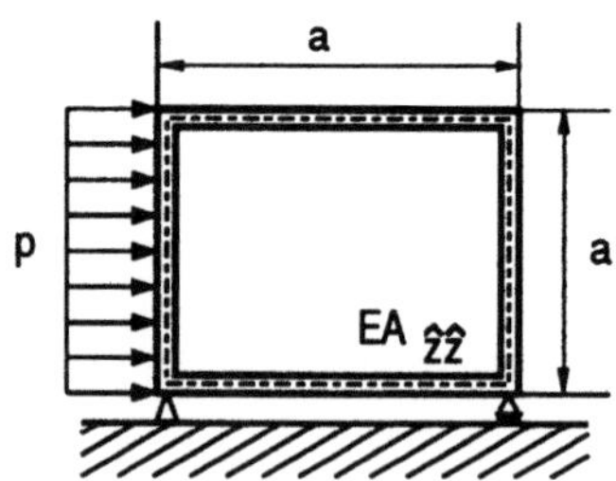

Abb. 4–4.1–1 Rechteckrahmen unter konstanter Linienlast p

Gesucht:

a)   Wie verläuft das Schnittmoment M innerhalb des innerlich statisch unbestimmten Rahmens ?

b)   Wie verformt sich das Rahmenoberteil unter der Belastung in vertikaler Richtung ?

4–4.1.1 Anwendung des ELT

Teilaufgabe a)

Zur Bestimmung des Schnittmomentenverlaufs ist der Rahmen zunächst auf ein innerlich statisch bestimmtes System zu reduzieren, z.B. durch einen Schnitt im Punkt C (Abb. 4–4.1.1–1). Um dieses reduzierte System zum unbestimmten zu ergänzen, sind die Lasten, die zu den gelösten Bindungen gehören, aufzubringen. Hier sind dies die Schnittgrößen Q_c, N_c und M_c an der Stelle C. Die statisch unbestimmten Lasten der gelösten Bindungen lassen sich dann aus den Kompatibilitätsbedingungen an der Stelle C bestimmen. Die Kompatibilitätsbedingungen fordern das Verschwinden der Verformungsdifferenzen zwischen den Schnittufern (oben: Index o, unten: Index u):

$$U_{cx}^{o} - U_{cx}^{u} = 0, \quad U_{cy}^{o} - U_{cy}^{u} = 0, \quad \varphi_{c}^{o} - \varphi_{c}^{u} = 0$$

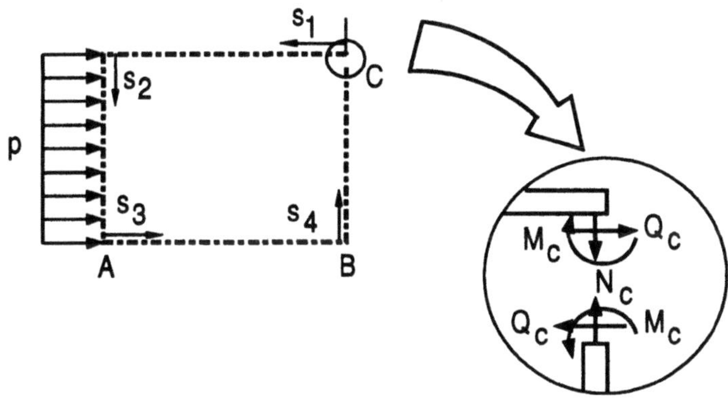

Abb. 4–4.1.1–1 Statisch bestimmter
Ersatzrahmen mit Auflager- und Schnittlasten

1) Der Schnittmomentenverlauf wird unter Berücksichtigung der eingeführten Kraftgruppen Q_c, N_c und M_c bestimmt. Für die vier Bereiche ergibt sich dann der Schnittmomentenverlauf (Abb. 4–4.1.1–1):

$$
\begin{array}{llllll}
1: & M(s_1) = & & N_c s_1 & & + \quad M_c \\
2: & M(s_2) = & \tfrac{1}{2}p\,s_2^2 & + \quad N_c a & + \quad Q_c s_2 & + \quad M_c \\
3: & M(s_3) = & \tfrac{1}{2}p(a^2 - as_3) & + \quad N_c(a - s_3) & + \quad Q_c a & + \quad M_c \\
4: & M(s_4) = & & & Q_c(a - s_4) & + \quad M_c
\end{array}
$$

2) Die Verformungen, die zur Ausnutzung der Kompatibilitätsbedingungen benötigt werden, sind $U_{cx}^{o}, U_{cy}^{o}, \varphi_{c}^{o}$ und $U_{cx}^{u}, U_{cy}^{u}, \varphi_{c}^{u}$. Dementsprechend

sind virtuelle Einheitslasten an die Struktur anzulegen und die zugehörigen Schnittmomentenverläufe zu bestimmen.

Bereich	$M(\delta P_{cx}^o)$	$M(\delta P_{cx}^u)$	$M(\delta P_{cy}^o)$	$M(\delta P_{cx}^u)$	$M(\delta M_c^o)$	$M(\delta M_c^u)$
1	0	0	$-''1''s_1$	0	$-''1''$	0
2	$''1''s_2$	0	$-''1''a$	0	$-''1''$	0
3	$''1''(a-s_3)$	$-''1''s_3$	$-''1''(a-s_3)$	0	$-''1''\left(1-\dfrac{s_3}{a}\right)$	$''1''\dfrac{s_3}{a}$
4	0	$-''1''(a-s_4)$	0	0	0	$-''1''$

Tabelle 4–4.1.1–1

3)   Zur Auswertung der Kompatibilitätsbedingungen werden nun die sechs Verformungsgrößen aus den virtuellen Formänderungsenergien berechnet und in die Bedingungen eingesetzt. Die Integrale der einzelnen Rahmenbereiche sind exemplarisch für die horizontalen Verschiebungen angegeben:

$$U_{cx}^o - U_{cx}^u = 0$$

$$= \frac{1}{EA_{zz}} \cdot \left(\int_0^a (N_c s_1 + M_c)\,0\,ds_1 + \int_0^a \left(\frac{1}{2}ps_2^2 + N_c a + Q_c s_2 + M_c\right) ''1''s_2\,ds_2 \right.$$

$$+ \int_0^a \left(\frac{1}{2}p(a^2 - as_3) + N_c(a - s_3) + Q_c a + M_c\right)''1''(a - s_3)ds_3$$

$$+ \int_0^a (Q_c(a - s_4) + M_c)\,0\,ds_4$$

$$- \int_0^a (N_c s_1 + M_c)\,0\,ds_1 - \int_0^a \left(\frac{1}{2}ps_2^2 + N_c a + Q_c s_2 + M_c\right) 0\,ds_2$$

$$- \int_0^a \left(\frac{1}{2}p(a^2 - as_3) + N_c(a - s_3) + Q_c a + M_c\right)(-''1'')s_3 ds_3$$

$$\left. - \int_0^a (Q_c(a - s_4) + M_c)(-''1'')(a - s_4)\,ds_4 \right)$$

Beim Betrachten der Terme erkennt man, daß jeweils zwei Integrale für die einzelnen Bereiche auftreten, die zusammengefaßt werden können, da der erste geklammerte Faktor, der das Schnittmoment im Gleichgewichtszustand beschreibt, gleich ist. Die Schnittmomentanteile der virtuellen Lasten überlagern sich dann unter Beachtung der Vorzeichen zu einem Verlauf der qualitativ gleich dem ist, der durch Q_c verursacht wird :

$$U_{cx}^o - U_{cx}^u = 0$$

$$= \frac{1}{EA_{\hat{z}\hat{z}}} \left(\int_0^a (N_c s_1 + M_c)\, 0\, ds_1 + \int_0^a \left(\frac{1}{2} p s_2^2 + N_c a + Q_c s_2 + M_c \right) {''}1{''} s_2\, ds_2 \right.$$

$$+ \int_0^a \left(\frac{1}{2} p(a^2 - a s_3) + N_c(a - s_3) + Q_c a + M_c \right) {''}1{''} a\, ds_3$$

$$\left. + \int_0^a (Q_c(a - s_4) + M_c) {''}1{''}(a - s_4)\, ds_4 \right)$$

Die Integration der Polynome ist ohne Schwierigkeiten durchzuführen und liefert:

$$U_{cx}^o - U_{cx}^u = 0 = \frac{1}{EA_{\hat{z}\hat{z}}} \left(\frac{3}{8} a^4 p + a^3 N_c + \frac{5}{3} a^3 Q_c + 2a^2 M_c \right)$$

Das Vorgehen für die Verformungsdifferenzen $U_{cy}^o - U_{cy}^u$ und $\varphi_c^o - \varphi_c^u$ verläuft ebenso; man erhält:

$$U_{cy}^o - U_{cy}^u = 0 = \frac{1}{EA_{\hat{z}\hat{z}}} \left(\frac{1}{3} a^4 p + \frac{5}{3} a^3 N_c + a^3 Q_c + 2a^2 M_c \right)$$

$$\varphi_c^o - \varphi_c^u = 0 = \frac{1}{EA_{\hat{z}\hat{z}}} \left(\frac{5}{12} a^2 p + 2a^2 N_c + 2a^2 Q_c + 4a M_c \right)$$

Diese drei kinematischen Bedingungen ergeben ein Gleichungssystem mit den drei Unbekannten Q_c, N_c und M_c , das in Matrix-Schreibweise wie folgt lautet:

$$\frac{1}{EA_{\hat{z}\hat{z}}} \begin{pmatrix} a^3 & \frac{5}{4} a^3 & 2a^2 \\ \frac{5}{4} a^3 & a^3 & 2a^2 \\ 2a^2 & 2a^2 & 4a \end{pmatrix} \begin{pmatrix} N_c \\ Q_c \\ M_c \end{pmatrix} = \frac{1}{EA_{\hat{z}\hat{z}}} \begin{pmatrix} \frac{3}{8} a^4 p \\ \frac{1}{3} a^4 p \\ \frac{5}{12} a^2 p \end{pmatrix}$$

Man erkennt hier wiederum die Symmetrie der Koeffizienten in der Matrix. Die Symmetrie läßt sich auch aus dem Betti-Maxwellschen Reziprozitätssatz schließen und kann ausgenutzt werden, um sich Rechenarbeit zu ersparen. Die Lösung des Systems liefert die unbestimmten Schnittgrößen als Funktion der äußeren Last p:

$$\begin{pmatrix} N_c \\ Q_c \\ M_c \end{pmatrix} = \begin{pmatrix} -\frac{3}{16} a p \\ -\frac{1}{4} a p \\ \frac{11}{96} a^2 p \end{pmatrix}$$

Mit dieser Lösung eingesetzt in die Gleichungen des Aufgabenteils a) ergeben sich die Schittmomentenverläufe innerhalb der einzelnen Bereiche ausschließlich als Funktion der äußeren Last p:

$$1:\ M(s_1) = \frac{11}{96}a^2p - \frac{3}{16}as_1p$$

$$2:\ M(s_2) = -\frac{7}{96}a^2p - \frac{1}{4}as_2p + \frac{1}{2}s_2^2p$$

$$3:\ M(s_3) = \frac{17}{96}a^2p - \frac{5}{16}as_3p$$

$$4:\ M(s_4) = -\frac{13}{96}a^2p + \frac{1}{4}as_4p$$

Teilaufgabe b)

Angemerkt sei hier, daß für die Bestimmung des virtuellen Zustandes die Betrachtungen nur am bestimmten System durchgeführt werden brauchen.

1) Der Schnittmomentenverlauf des Grundzustandes ist aus Teilaufgabe a) bekannt.

2) Für die Durchbiegung des Rahmenoberteils wird die virtuelle Kraft δP_1 im Abstand x vom Punkt C im Bereich 1 eingeführt (vgl. Abb. 4–4.1.2–1). Der resultierende Verlauf des virtuellen Schnittmoments ist dann:

$$
\begin{aligned}
1a:\ &\overline{M}_1(s_1 < x) &=&\quad\quad 0 \\
1b:\ &\overline{M}_1(s_1 > x) &=&\quad\quad ''1''(s_1 - x) \\
2:\ &\overline{M}_1(s_2) &=&\quad\quad ''1''(a - x) \\
3:\ &\overline{M}_1(s_3) &=&\quad ''1''\left(a - x - \left(1 - \tfrac{x}{a}\right)s_3\right) \\
4:\ &\overline{M}_1(s_4) &=&\quad\quad 0
\end{aligned}
$$

3) Die Biegelinie errechnet sich unter Einsetzen der Ergebnisse für die unbestimmten Schnittgrößen aus:

$$
U_1 = \frac{1}{EA_{\hat z\hat z}}\left(\int_0^x (N_c s_1 + M_c)\,0\,ds_1 + \int_x^a (N_c s_1 + M_c)\,''1''(s_1 - x)\,ds_1 \right.
$$

$$
+ \int_0^a \left(\frac{1}{2}ps_2^2 + N_c a + Q_c s_2 + M_c\right)(a - x)\,ds_2
$$

$$
+ \int_0^a \left(\frac{1}{2}p(a^2 - as_3) + N_c(a - s_3) + Q_c a + M_c\right)\left(a - x - \left(1 - \frac{x}{a}\right)\right)ds_3
$$

$$
\left. + \int_0^a (Q_c(a - s_4) + M_c)\,0\,ds_4 \right)
$$

$$
= \frac{pa}{EA_{\hat z\hat z}}\left(-\frac{1}{32}x^3 + \frac{11}{192}ax^2 - \frac{5}{192}a^2x \right)
$$

4–4.1.2 Anwendung der Sätze von Castigliano II und Menabrea

Das Vorgehen nach *Castigliano* erfordert für diese Aufgabenstellung weniger einzelne Schritte. Es muß nur der *Satz von Menabrea* für die ersatzweise eingeführten Schnittlasten N, Q und M angewendet werden:

$$\frac{\partial U_\varepsilon^*}{\partial N} = 0, \quad \frac{\partial U_\varepsilon^*}{\partial Q} = 0, \quad \frac{\partial U_\varepsilon^*}{\partial M} = 0.$$

Mit diesen Gleichungen wird auf energetische Weise die Kompatibilität erzwungen.

1) Als unbestimmte Kräfte werden im Schnitt in Punkt C die drei Schnittlasten N_c, Q_c und M_c angebracht. Mit Blick auf Teilaufgabe b) wird für die Durchbiegung des oberen Rahmenteils eine vertikale Hilfslast P_1 angebracht, deren Lage durch die Koordinate x bestimmt ist (Abb. 4–4.1.2–1).

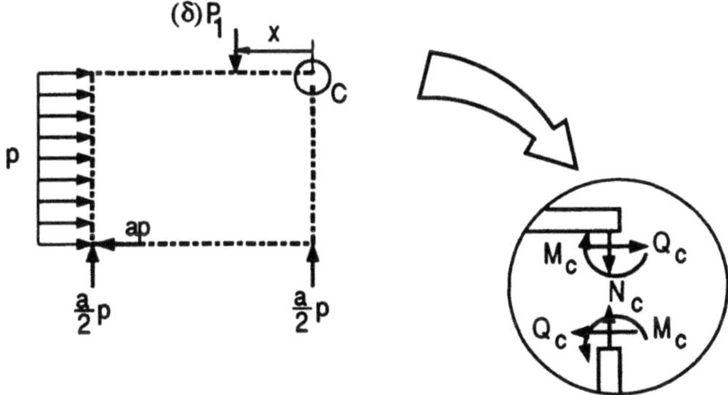

Abb. 4–4.1.2–1 Ersatzsystem mit Auflager-, Schnitt- und Hilfslasten

2) Das Schnittmoment läßt sich für die geschnittene und statisch bestimmte Struktur aus den Gleichgewichtsgleichungen berechnen.

$$1a: \quad M(s_1 < x) = N_c s_1 + M_c$$

$$1b: \quad M(s_1 > x) = N_c s_1 + M_c + P_1(s_1 - x)$$

$$2: \quad M(s_2) = \tfrac{1}{2}p\, s_2^2 + N_c a + Q_c s_2 + M_c + P_1(a - x)$$

$$3: \quad M(s_3) = \tfrac{1}{2}p(a^2 - a s_3) + N_c(a - s_3) + Q_c a + M_c + P_1\left(a - x - (1 - \tfrac{x}{a})s_3\right)$$

$$4: \quad M(s_4) = Q_c(a - s_4) + M_c$$

3) Die kinematische Bedingungen, ausgedrückt durch den *Satz von Menabrea*, benötigen die partiellen Ableitungen des Schnittmoments nach den

Schnittgrößen im Punkt C. Die Ableitungen sind in der folgenden Tabelle zusammengefaßt:

Bereich	$\dfrac{\partial M}{\partial N_c}$	$\dfrac{\partial M}{\partial Q_c}$	$\dfrac{\partial M}{\partial M_c}$	$\dfrac{\partial M}{\partial P_1}$
1a	s_1	0	1	0
1b	s_1	0	1	$s_1 - x$
2	a	s_2	1	$a - x$
3	$a - s_3$	a	1	$a - x - \left(1 - \dfrac{x}{a}\right)s_3$
4	0	$a - s_4$	1	0

Tabelle 4-4.1.2-1

4) Um die Bedingungen auszuwerten, werden die Energieausdrücke $\frac{\partial U_\varepsilon^*}{\partial N_c}$, $\frac{\partial U_\varepsilon^*}{\partial Q_c}$ und $\frac{\partial U_\varepsilon^*}{\partial M_c}$ aufgestellt. Die Hilfsgröße P_1 ist dabei Null zu setzen. Exemplarisch sind die Terme für $\frac{\partial U_\varepsilon^*}{\partial Q_c}$ angegeben:

$$\frac{\partial U_\varepsilon^*}{\partial Q_c} = 0 = \int_s \frac{M}{EA_{\hat z\hat z}} \frac{\partial M}{\partial Q_c} ds$$

$$= \frac{1}{EA_{\hat z\hat z}} \left(\int_0^a (N_c s_1 + M_c)\, 0\, ds_1 + \int_0^a \left(\frac{1}{2}ps_2^2 + N_c a + Q_c s_2 + M_c\right) s_2\, ds_2 \right.$$

$$+ \int_0^a \left(\frac{1}{2}p(a^2 - as_3) + N_c(a - s_3) + Q_c a + M_c\right)a\, ds_3$$

$$\left. + \int_0^a (Q_c(a - s_4) + M_c)(a - s_4)\, ds_4 \right)$$

$$= \frac{3}{8}\frac{a^4}{EA_{\hat z\hat z}}p + \frac{a^3}{EA_{\hat z\hat z}}N_c + \frac{5}{3}\frac{a^3}{EA_{\hat z\hat z}}Q_c + 2\frac{a^2}{EA_{\hat z\hat z}}M_c$$

Man kann diesen Ausdruck auch als

$$\frac{\partial U_\varepsilon^*}{\partial Q_c} = 0 = \frac{3}{8}\frac{a^4}{EA_{\hat z\hat z}}p + \frac{\partial^2 U_\varepsilon^*}{\partial Q_c \partial N_c}N_c + \frac{\partial^2 U_\varepsilon^*}{\partial Q_c \partial Q_c}Q_c + \frac{\partial^2 U_\varepsilon^*}{\partial Q_c \partial M_c}M_c$$

schreiben. Diese Schreibweise unterstreicht, daß die Koeffizienten des resultierenden Gleichungssystemes symmetrisch sind, da bekanntlich $\frac{\partial^2 U_\varepsilon^*}{\partial P_i \partial P_j} =$

$\frac{\partial^2 U_\varepsilon^*}{\partial P_j \partial P_i}$ ist. Man erhält das gleiche Gleichungsystem der drei kinematischen Bedingungen wie oben

$$\begin{pmatrix} \dfrac{\partial^2 U^*}{\partial N_c \partial N_c} & \dfrac{\partial^2 U^*}{\partial N_c \partial Q_c} & \dfrac{\partial^2 U^*}{\partial N_c \partial M_c} \\[2ex] \dfrac{\partial^2 U^*}{\partial Q_c \partial N_c} & \dfrac{\partial^2 U^*}{\partial Q_c \partial Q_c} & \dfrac{\partial^2 U^*}{\partial Q_c \partial M_c} \\[2ex] \dfrac{\partial^2 U^*}{\partial M_c \partial N_c} & \dfrac{\partial^2 U^*}{\partial M_c \partial Q_c} & \dfrac{\partial^2 U^*}{\partial M_c \partial M_c} \end{pmatrix} \begin{pmatrix} N_c \\ Q_c \\ M_c \end{pmatrix} = \frac{1}{EA_{\hat z \hat z}} \begin{pmatrix} \frac{3}{8} a^4 p \\[1ex] \frac{1}{3} a^4 p \\[1ex] \frac{5}{12} a^2 p \end{pmatrix}$$

und somit die gleiche Lösung für den Schnittmomentenverlauf, der daher hier nicht mehr explizit angegeben wird.

Teilaufgabe b)

Auch hier gibt es keine Besonderheiten beim Vorgehen.

1) Die Hilfskraft P_1 wurde bereits in Teilaufgabe a) angebracht und der

2) Schnittmonentenverlauf ist Tabelle 4–4.1.2–1 dieses Aufgabenteils zu entnehmen, wie auch

3) die partiellen Ableitung des Schnittmoments nach P_1.

4) Die gesuchte Biegelinie folgt aus dem Ausdruck

$$U_1(x) = \frac{\partial U_\varepsilon^*}{\partial P_1} = \int\limits_s \frac{M}{EA_{\hat z \hat z}} \frac{\partial M}{\partial P_1} \, ds$$

der die gleichen Terme enthält wie die Berechnung nach dem Einheitslasttheorem, wovon man sich leicht überzeugen kann, wenn man die Integrale mit den bereitgestellen Bereichsgrößen anschreibt.

4–5 Anwendungsbeispiele

4–5.1 Regal

Gegeben:

Auf den Kragarmen des statisch bestimmten Regals der Abb. 4–5.1–1 liegen Lasten, die durch die Punktlasten P idealisiert werden können. Mit Hilfe des

Einheitslasttheorems soll folgende Aufgabe gelöst werden.

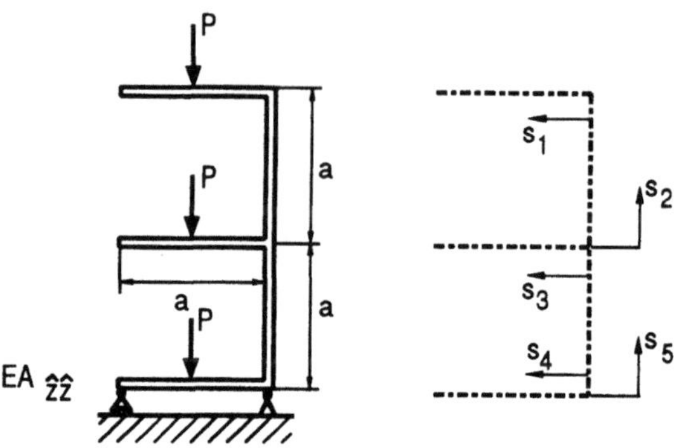

Abb. 4–5.1–1 Regal unter Einzellasten und Bereichseinteilung

Gesucht:

Unter welchem Winkel φ_1 und φ_2 müssen die oberen Kragarme eingebaut werden, damit die freien und eingespannten Enden der Kragarme unter Last auf einer horizontalen Linie verlaufen, so daß leicht verschiebliche Lasten nicht herunterfallen?

Lösung:

Der Einbauwinkel der Kragarme läßt sich aus der Durchsenkung der Kragarmspitzen bezogen auf die Kragarmlänge berechnen. Deshalb wird die Durchsenkung der Kragarmspitzen berechnet.

1) Der Schnittmomentenverlauf und Integraltypen für das statisch bestimmte System (vgl. Abb. 4–5.1–2).

$$1a: \quad M\left(s_1 < \tfrac{a}{2}\right) = -P\left(\tfrac{a}{2} - s_1\right) \quad \rightarrow \quad \int_{\frac{a}{2}} \genfrac{}{}{0pt}{}{(-P\frac{a}{2})}{(0)}[2,k]ds_1$$

$$1b: \quad M\left(s_1 > \tfrac{a}{2}\right) = 0 \quad \rightarrow \quad 0$$

$$2: \quad M(s_2) = -P\tfrac{a}{2} \quad \rightarrow \quad \int_{\frac{a}{2}} \genfrac{}{}{0pt}{}{(-P\frac{a}{2})}{(-P\frac{a}{2})}[1,k]ds_2$$

$$3a: \quad M\left(s_3 < \tfrac{a}{2}\right) = -P\left(\tfrac{a}{2} - s_3\right) \quad \rightarrow \quad \int_{\frac{a}{2}} \genfrac{}{}{0pt}{}{(-P\frac{a}{2})}{(0)}[2,k]ds_3$$

$$3b: \quad M\left(s_3 > \tfrac{a}{2}\right) = 0 \quad \rightarrow \quad 0$$

$$4: \quad M(s_4) = -Pa \quad \rightarrow \quad \int_{a} \genfrac{}{}{0pt}{}{(-Pa)}{(0)}[1,k]ds_4$$

$$5a: \quad M\left(s_5 < \tfrac{a}{2}\right) = -\tfrac{1}{2}P(2a - s_5) \quad \rightarrow \quad \int_{\frac{a}{2}} \genfrac{}{}{0pt}{}{(-P\frac{3a}{4})}{(-Pa)}[4,k]ds_5$$

$$5b: \quad M\left(s_5 > \tfrac{a}{2}\right) = -\tfrac{3}{2}P(a - s_5) \quad \rightarrow \quad \int_{\frac{a}{2}} \genfrac{}{}{0pt}{}{(0)}{(-P\frac{3a}{4})}[2,k]ds_5$$

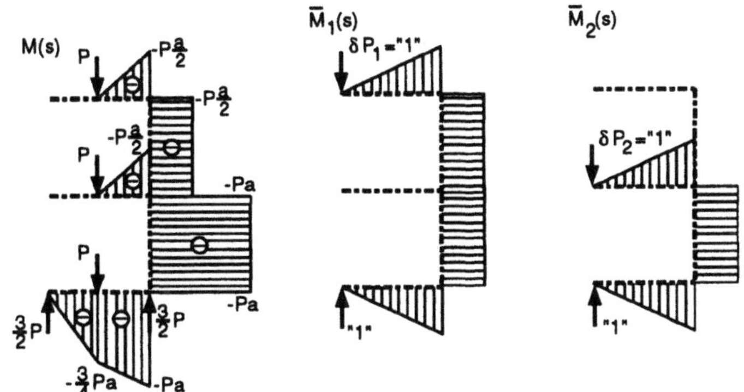

Abb. 4–5.1–2 Schnittmomentenverläufe am Regal

2) Die gesuchte Verformung der Kragarmspitzen korrespondiert mit den vertikalen Lasten an den Enden der Kragarme. Der zugehörige Schnittmomentenverlauf und die Integraltypen sind:

$$1a: \quad \overline{M}_1\left(s_1 < \tfrac{a}{2}\right) = -(a - s_1) \quad \rightarrow \quad \int_{\frac{a}{2}} [j,4]_{(-a)}^{\left(-\frac{a}{2}\right)} ds_1$$

$$1b: \quad \overline{M}_1\left(s_1 > \tfrac{a}{2}\right) = -(a - s_1) \quad \rightarrow \quad \int_{\frac{a}{2}} [j,2]_{(-a)}^{\left(-\frac{a}{2}\right)} ds_1$$

$$2: \quad \overline{M}_1(s_2) = -a \quad \rightarrow \quad \int_{a} [j,2]_{(-a)}^{(-a)} ds_2$$

$$3a: \quad \overline{M}_1\left(s_3 < \tfrac{a}{2}\right) = 0 \quad \rightarrow \quad 0$$

$$3b: \quad \overline{M}_1\left(s_3 > \tfrac{a}{2}\right) = 0 \quad \rightarrow \quad 0$$

$$4: \quad \overline{M}_1(s_4) = -a \quad \rightarrow \quad \int_{a} [j,2]_{(-a)}^{(-a)} ds_4$$

$$5a: \quad \overline{M}_1\left(s_5 < \tfrac{a}{2}\right) = -(a - s_5) \quad \rightarrow \quad \int_{\frac{a}{2}} [j,4]_{(-a)}^{\left(-\frac{a}{2}\right)} ds_5$$

$$5b: \quad \overline{M}_1\left(s_5 > \tfrac{a}{2}\right) = -(a - s_5) \quad \rightarrow \quad \int_{\frac{a}{2}} [j,2]_{(0)}^{\left(-\frac{a}{2}\right)} ds_5$$

$$1a: \quad \overline{M}_2\left(s_1 < \tfrac{a}{2}\right) = 0 \quad \rightarrow \quad 0$$

$$1b: \quad \overline{M}_2\left(s_1 > \tfrac{a}{2}\right) = 0 \quad \rightarrow \quad 0$$

$$2: \quad \overline{M}_2(s_2) = 0 \quad \rightarrow \quad 0$$

$$3a: \quad \overline{M}_2\left(s_3 < \tfrac{a}{2}\right) = -(a - s_3) \quad \rightarrow \quad \int_{\frac{a}{2}} [j,4]_{(-a)}^{\left(-\frac{a}{2}\right)} ds_3$$

$$3b: \quad \overline{M}_2\left(s_3 > \tfrac{a}{2}\right) = -(a - s_3) \quad \rightarrow \quad \int_{\frac{a}{2}} [j,2]_{(0)}^{\left(-\frac{a}{2}\right)} ds_3$$

$$4: \quad \overline{M}_2(s_4) = -a \quad \rightarrow \quad \int_{a} [j,2]_{(-a)}^{(-a)} ds_4$$

$$5a: \quad \overline{M}_2\left(s_5 < \tfrac{a}{2}\right) = -(a - s_5) \quad \rightarrow \quad \int_{\frac{a}{2}} [j,4]_{(-a)}^{\left(-\frac{a}{2}\right)} ds_5$$

$$5b: \quad \overline{M}_2\left(s_5 > \tfrac{a}{2}\right) = -(a - s_5) \quad \rightarrow \quad \int_{\frac{a}{2}} [j,2]_{(0)}^{\left(-\frac{a}{2}\right)} ds_5$$

3)   Die Verformungsgrößen ergeben sich dann aus den Arbeitsintegralen

$$U_1 = \frac{P}{EA_{\bar{z}\bar{z}}} \left(\int_0^{\frac{a}{2}} \left(\frac{a}{2} - s_1\right)(a - s_1)\, ds_1 + \int_{\frac{a}{2}}^a 0(a - s_1)\, ds_1 + \int_0^a \frac{a}{2}a\, ds_2 \right.$$

$$+ \int_0^{\frac{a}{2}} \left(\frac{a}{2} - s_3\right)0\, ds_3 + \int_{\frac{a}{2}}^a 0 \cdot 0\, ds_3 + \int_0^a aa\, ds_4$$

$$\left. + \int_0^{\frac{a}{2}} \left(a - \frac{1}{2}s_5\right)(a - s_5)\, ds_5 + \int_{\frac{a}{2}}^a (a - s_5)(a - s_5)\, ds_5 \right)$$

$$U_2 = \frac{P}{EA_{\bar{z}\bar{z}}} \left(\int_0^a \left(\frac{a}{2} - s_1\right)0\, ds_1 + \int_{\frac{a}{2}}^a 00\, ds_1 + \int_0^a \frac{a}{2}0\, ds_2 \right.$$

$$+ \int_0^{\frac{a}{2}} \left(\frac{a}{2} - s_3\right)(a - s_3)\, ds_3 + \int_{\frac{a}{2}}^a 0(a - s_3)\, ds_3 + \int_0^a aa\, ds_4$$

$$\left. + \int_0^{\frac{a}{2}} \left(a - \frac{1}{2}s_5\right)(a - s_5)\, ds_5 + \int_{\frac{a}{2}}^a \frac{3}{2}(a - s_5)(a - s_5)\, ds_5 \right)$$

Berechnung z.B. mit Integraltabelle liefert

$$U_1 = \frac{Pa^3}{EA_{\bar{z}\bar{z}}} \left(\frac{5}{48} + 0 + \frac{1}{2} + 0 + 0 + 1 + \frac{1}{3} + \frac{1}{16} \right) = \frac{2Pa^3}{EA_{\bar{z}\bar{z}}}$$

$$U_2 = \frac{Pa^3}{EA_{\bar{z}\bar{z}}} \left(0 + 0 + 0 + \frac{5}{48} + 0 + 1 + \frac{1}{3} + \frac{1}{16} \right) = \frac{3Pa^3}{2EA_{\bar{z}\bar{z}}}$$

Demzufolge müssen die Kragarme unter den Winkeln

$$\varphi_1 = \frac{U_1}{a} = \frac{2Pa^2}{EA_{\bar{z}\bar{z}}} \qquad und \qquad \varphi_2 = \frac{U_2}{a} = \frac{3Pa^2}{2EA_{\bar{z}\bar{z}}}$$

eingebaut werden.

4–5.2 Doppeldecker

Gegeben: Der Flügelholme eines Doppeldeckers werden durch die konstanten Linienlasten p beansprucht (Abb. 4–5.2–1).

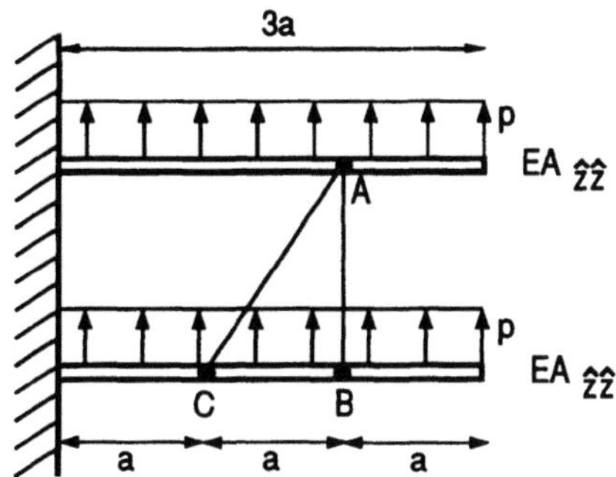

Abb. 4–5.2–1 Konfiguration der Doppeldeckerholme

Gesucht:

In welchem Maße lassen sich die Verformungen der Flügelspitzen vermindern, wenn die zwei Stäbe zwischen die Punkte A und B sowie A und C eingefügt werden. Zu berechnen ist die Aufgabe mit Hilfe des *Theorems II nach Castigliano* nur unter Berücksichtigung der Biegedehnungen.

Lösung:

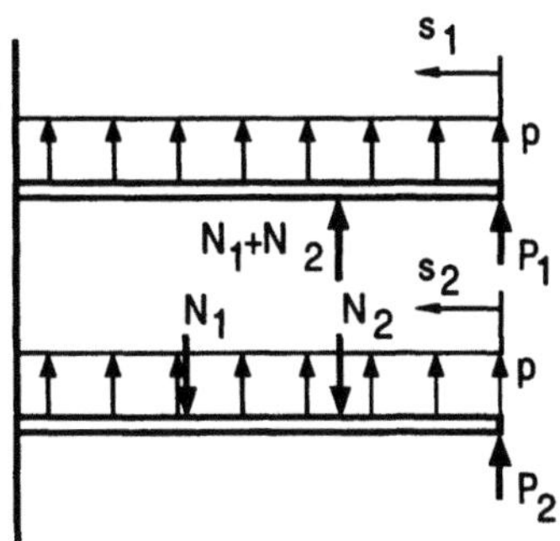

Abb. 4–5.2–1 Statisch bestimmtes Ersatzmodell mit Schnittkräften N_1 und N_2

1) Die eingefügten Stäbe liefern die Querkräfte N_1 und N_2. Für die Verschiebungsberechnung werden die Hilfskräfte P_1 und P_2 an den Flügelspitzen

angebracht. Der Schnittmomentenverlauf ist dann:

$$1: \quad M(0 < s_1 < a) \quad = \quad -\tfrac{1}{2}ps_1^2 \qquad\qquad\qquad -P_1 s_1$$

$$M(a < s_1 < 3a) \quad = \quad -\tfrac{1}{2}ps_1^2 \quad -N_1(s_1 - a) \quad -N_2(s_1 - a) \quad -P_1 s_1$$

$$2: \quad M(0 < s_2 < a) \quad = \quad -\tfrac{1}{2}ps_2^2 \qquad\qquad\qquad -P_2 s_2$$

$$M(a < s_2 < 2a) \quad = \quad -\tfrac{1}{2}ps_2^2 \quad +N_1(s_2 - a) \qquad\qquad -P_2 s_2$$

$$M(2a < s_2 < 3a) \quad = \quad -\tfrac{1}{2}ps_2^2 \quad +N_1(s_2 - a) \quad +N_2(s_2 - 2a) \quad -P_2 s_2$$

2) Für die gesuchten Verformungen und die unbestimmten Stabkräfte werden die partiellen Ableitungen der Schnittgrößen nach den Lasten P_1 , P_2 und den Schnittlasten N_1 und N_2 benötigt:

	Bereich	$\dfrac{\partial M}{\partial N_1}$	$\dfrac{\partial M}{\partial N_2}$	$\dfrac{\partial M}{\partial P_1}$	$\dfrac{\partial M}{\partial P_2}$
1:	$0 < s_1 < a$			s_1	
	$a < s_1 < 3a$	$a - s_1$	$a - s_1$	s_1	
2:	$0 < s_2 < a$				s_2
	$a < s_2 < 2a$	$s_2 - a$			s_2
	$2a < s_2 < 3a$	$s_2 - a$	$s_2 - 2a$		s_2

3) Zunächst lassen sich die unbestimmten Schnittkräfte N_1 und N_2 berechnen:

$$0 = \frac{\partial U_\varepsilon^*}{\partial N_1} = \frac{1}{EA_{\hat{z}\hat{z}}} \left(\int_a^{3a} \left(-\frac{1}{2}ps_1^2 - N_1(s_1 - a) - N_2(s_1 - a) - P_1 s_1 \right)(a - s_1)\, ds_1 \right.$$

$$+ \int_a^{2a} \left(-\frac{1}{2}ps_2^2 + N_1(s_2 - a) - P_1 s_2 \right)(s_2 - a)\, ds_2$$

$$+ \left. \int_{2a}^{3a} \left(-\frac{1}{2}ps_2^2 + N_1(s_2 - a) + N_2(s_2 - 2a) - P_2 s_2 \right)(s_2 - a)\, ds_2 \right)$$

$$= \frac{1}{EA_{\hat{z}\hat{z}}} \left(\frac{16}{3}a^3 N_1 + \frac{7}{2}a^3 N_2 \right)$$

$$0 = \frac{\partial U_\varepsilon^*}{\partial N_2} = \frac{1}{EA_{\hat{z}\hat{z}}} \left(\int\limits_a^{3a} \left(-\frac{1}{2}ps_1^2 - N_1(s_1 - a) - N_2(s_1 - a) - P_1 s_1 \right)(a - s_1)\, ds_1 \right.$$

$$+ \int\limits_{2a}^{3a} \left(-\frac{1}{2}ps_2^2 + N_1(s_2 - a) + N_2(s_2 - 2a) - P_2 s_2 \right)(s_2 - 2a)\, ds_2$$

$$= \frac{1}{EA_{\hat{z}\hat{z}}} \left(\frac{7}{2}a^3 N_1 + 3a^3 N_2 + \frac{31}{8}a^4 p \right)$$

Ergebnis:

$$N_1 = \frac{217}{60}ap \qquad und \qquad N_2 = -\frac{248}{45}ap$$

Die Verschiebungen der Lastangriffspitzen mit Stäben ergeben sich aus:

$$U_1 = \frac{\partial U_\varepsilon^*}{\partial P_1} = \frac{1}{EA_{\hat{z}\hat{z}}} \left(\int\limits_0^a \left(-\frac{1}{2}ps_1^2 - P_1 s_1 \right)(-s_1)\, ds_1 \right.$$

$$+ \int\limits_a^{3a} \left(-\frac{1}{2}ps_1^2 - N_1(s_1 - a) - N_2(s_1 - a) - P_1 s_1 \right)(-s_1)\, ds_1 \right)$$

$$= \frac{1387}{1080} \frac{a^4 p}{EA_{\hat{z}\hat{z}}}$$

$$U_2 = \frac{\partial U_\varepsilon^*}{\partial P_2} = \frac{1}{EA_{\hat{z}\hat{z}}} \left(\int\limits_0^a \left(-\frac{1}{2}ps_2^2 - P_2 s_2 \right)(-s_2)\, ds_2 \right.$$

$$+ \int\limits_a^{2a} \left(-\frac{1}{2}ps_2^2 + N_1(s_2 - a) - P_1 s_2 \right)(-s_2)\, ds_2$$

$$+ \int\limits_{2a}^{3a} \left(-\frac{1}{2}ps_2^2 + N_1(s_2 - a) + N_2(s_2 - 2a) - P_1 s_2 \right)(-s_2)\, ds_2$$

$$= \frac{643}{1080} \frac{a^4 p}{EA_{\hat{z}\hat{z}}}$$

Verschiebungen der Lastangriffspitze ohne Stäbe sind dann hingegen:

$$\hat{U}_1 = \hat{U}_2 = \frac{\partial U_\varepsilon^*}{\partial P_1} = \frac{1}{EA_{\hat{z}\hat{z}}} \left(\int\limits_0^{3a} \left(-\frac{1}{2}ps_1^2 \right)(-s_1)\, ds_1 \right.$$

$$= \frac{81}{8} \frac{a^4 p}{EA_{\hat{z}\hat{z}}}$$

Demzufolge lassen sich die Verschiebungen um 87% und um 94% reduzieren.

4–5.3 Schubfeldträger

Gegeben:

Der Holm eines Flugzeuges besteht aus drei Schubfeldern. Die Luftlasten können als diskrete Lasten P_1, P_2 und P_3 idealisiert werden.

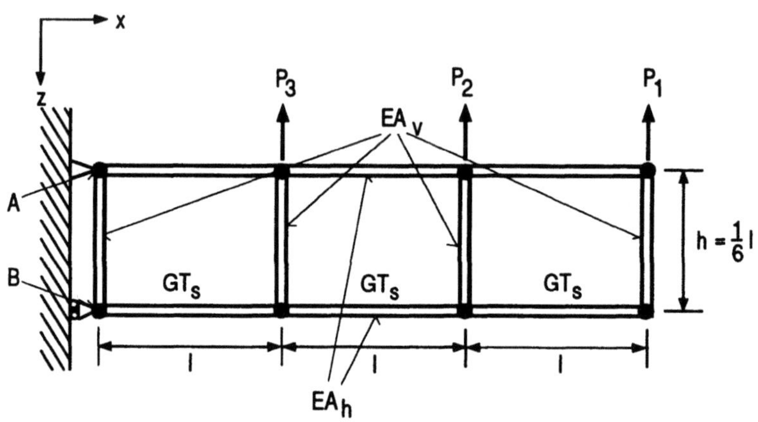

Abb. 4–5.3–1 Idealisierter Flügelholm

Gesucht:

Zu berechnen sind die Verschiebungen der Lastangriffspunkte mit Hilfe des *Theorems II nach Castigliano.*

Lösung:

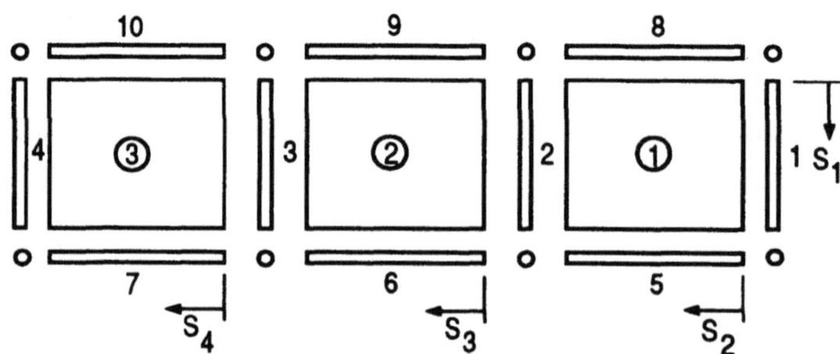

Abb. 4–5.3–2 Flügelholm zerlegt in Komponenten

1) Zur Schnittgrößenbestimmung werden zunächst die vertikalen Stäbe betrachtet und aus den Endwerten der Normalkräften der lineare Verlauf und somit der Schubfluß in den angrenzenden Schubblechen bestimmt.

Stab	N $(s_1 = h)$	N $(s_1 = 0)$	$N(s_1)$	
1	P_1	0	$q_1 s_1 = \dfrac{P_1}{h} s_1$	$\rightarrow q_1 = \dfrac{P_1}{h}$
2	P_2	0	$(q_2 - q_1)s_1 = \dfrac{P_2}{h} s_1$	$\rightarrow q_2 = \dfrac{P_1}{h} + \dfrac{P_2}{h}$
3	P_3	0	$(q_3 - q_2)s_1 = \dfrac{P_3}{h} s_1$	$\rightarrow q_3 = \dfrac{P_1}{h} + \dfrac{P_2}{h} + \dfrac{P_3}{h}$
4	$-P_1 - P_2 - P_3$	0	$-q_3 s_1 = \dfrac{P_1 - P_2 - P_3}{h} s_1$	$\rightarrow P_{Az} = -P_1 - P_2 - P_3$

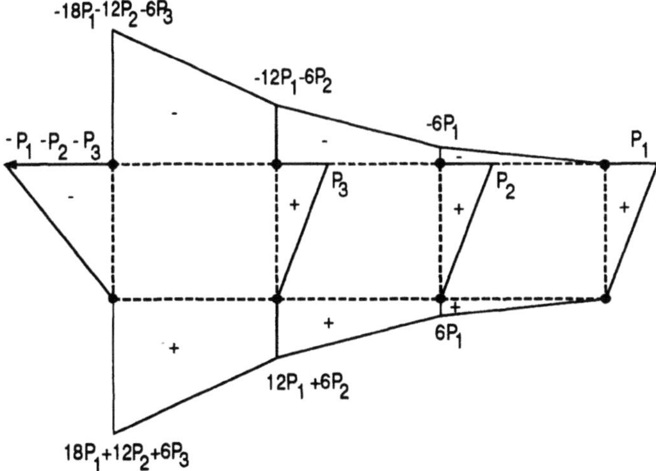

Abb. 4–5.3–3 Verlauf der Stabkräfte (nicht maßstäblich)

Mit den errechneten Schubflüssen in den Blechen können nun die Normalkraftverläufe in den horizontalen Stäben bestimmt werden. P_{Az} ist die vertikale Auflagerkraft im Punkt A.

Stab i	$N_i(s=0)$	$N_i(s)$
5	0	$q_1 s_2 = \dfrac{6P_1}{l} s_2$ $\to N_5(s=l) = 6P_1$
6	$6P_1$	$6P_1 + q_2 s_3 = 6P_1 + 6\dfrac{P_1+P_2}{l} s_3$ $\to N_6(s=l) = 12P_1 + 6P_2$
7	$12P_1 + 6P_2$	$12P_1 + 6P_2 + q_3 s_4 = 12P_1 + 6P_2 + 6\dfrac{P_1+P_2+P_3}{l} s_4$ $\to N_7(s=l) = 18P_1 + 12P_2 + 6P_3 = P_{Bx}$
8	0	$-q_1 s_2 = \dfrac{6P_1}{l} s_2$ $\to N_8(s=l) = -6P_1$
9	$-6P_1$	$-6P_1 - q_2 s_3 = -6P_1 - 6\dfrac{P_1+P_2}{l} s_3$ $\to N_9(s=l) = -12P_1 - 6P_2$
10	$-P_1 - P_2 - P_3$	$-12P_1 - 6P_2 - q_3 s_4 = -12P_1 - 6P_2 - 6\dfrac{P_1+P_2+P_3}{l} s_4$ $\to N_{10}(s=l) = -18P_1 - 12P_2 - 6P_3 = P_{Ax}$

P_{Ax} und P_{Bx} sind die horizontalen Auflagerlasten in den Punkten A und B.

2)   Für die gesuchten Verformungen werden die partiellen Ableitungen der Schnittgrößen nach den Lasten P_1, P_2 und P_3 benötigt:

Stab	$\dfrac{\partial N_i}{\partial P_1}$	$\dfrac{\partial N_i}{\partial P_2}$	$\dfrac{\partial N_i}{\partial P_3}$
1	$\dfrac{s_1}{h}$	0	0
2	0	$\dfrac{s_1}{h}$	0
3	0	0	$\dfrac{s_1}{h}$
4	$-\dfrac{s_1}{h}$	$-\dfrac{s_1}{h}$	$-\dfrac{s_1}{h}$
5	$6\dfrac{s_2}{l}$	0	0
6	$6 + 6\dfrac{s_3}{l}$	$6\dfrac{s_3}{l}$	0
7	$12 + 6\dfrac{s_4}{l}$	$6 + 6\dfrac{s_4}{l}$	$6\dfrac{s_4}{l}$
8	$-6\dfrac{s_2}{l}$	0	0
9	$-6 - 6\dfrac{s_3}{l}$	$-6\dfrac{s_3}{l}$	0
10	$-12 - 6\dfrac{s_4}{l}$	$-6 - 6\dfrac{s_4}{l}$	$-6\dfrac{s_4}{l}$

Schubblech i	$\dfrac{\partial q_i}{\partial P_1}$	$\dfrac{\partial q_i}{\partial P_2}$	$\dfrac{\partial q_i}{\partial P_3}$
1	$\dfrac{1}{h}$	0	0
2	$\dfrac{1}{h}$	$\dfrac{1}{h}$	0
3	$\dfrac{1}{h}$	$\dfrac{1}{h}$	$\dfrac{1}{h}$

3)   Integration der Arbeitsintegrale liefert die drei Verschiebungen:

$$U_1 = \frac{1}{EA_v}\left(\int_0^h \left(\frac{P_1}{h}s_1\right)\frac{s_1}{h}\,ds_1 + \int_0^h -\left(\frac{P_1+P_2+P_3}{h}s_1\right)\frac{-s_1}{h}\,ds_1\right)$$

$$+ \frac{1}{EA_h}\left(\int_0^l \left(6\frac{P_1}{l}s_2\right)6\frac{s_2}{l}ds_2 + \int_0^l \left(6P_1 + 6\frac{P_1+P_2}{l}s_3\right)\left(6 + 6\frac{s_3}{l}\right)ds_3\right.$$

$$+ \int_0^l \left(12P_1 + 6P_2 + 6\frac{P_1+P_2+P_3}{l}s_4\right)\left(12 + 6\frac{s_4}{l}\right)ds_4\Bigg)$$

$$+ \frac{1}{Gt_s}\left(\int_0^l\int_0^h \frac{P_1}{h}\frac{1}{h}ds_1\,ds_2 + \int_0^l\int_0^h \frac{P_1+P_2}{h}\frac{1}{h}ds_1\,ds_3 + \int_0^l\int_0^h \frac{P_1+P_2+P_3}{h}\frac{1}{h}ds_1\,ds_4\right)$$

Zur Anwendung der Integraltabelle:

$$U_1 = \frac{1}{EA_v}\left(\int_0^h {}_{(P_1)}[2,2]_{(1)}\,ds_1 + \int_0^h {}_{(-P_1-P_2-P_3)}[2,2]_{(-1)}\,ds_1\right)$$

$$+ \frac{2}{EA_h}\left(\int_0^l {}_{(6P_1)}[2,2]_{(6)}\,ds_2 + \int_0^l {}^{(12P_1+6P_2)}_{(6P_1)}[4,4]^{(12)}_{(6)}\,ds_3\right.$$

$$+ \int_0^l {}^{(18P_1+12P_2+6P_3)}_{(12P_1+6P_2)}[4,4]^{(18)}_{(12)}\,ds_4\Bigg)$$

$$+ \frac{1}{Gt_s}\left(\frac{P_1}{h^2}lh + \frac{P_1+P_2}{h^2}lh + \frac{P_1+P_2+P_3}{h^2}lh\right)$$

Resultat:

$$U_1 = \frac{h}{3EA_v}(2P_1 + P_2 + P_3) + \frac{24}{EA_h}(27P_1 + 14P_2 + 4P_3)$$

$$+ \frac{1}{Gt_s}\frac{1}{h}(3P_1 + 2P_2 + P_3)$$

Die Verschiebung U_2 ergibt sich aus:

$$U_2 = \frac{1}{EA_v}\left(\int_0^h \left(\frac{P_2}{h}s_1\right)\frac{s_1}{h}\,ds_1 + \int_0^h -\left(\frac{P_1+P_2+P_3}{h}s_1\right)\frac{-s_1}{h}\,ds_1\right)$$

$$+ \frac{1}{EA_h}\left(\int_0^l \left(6P_1 + 6\frac{P_1+P_2}{l}s_3\right)6\frac{s_3}{l}ds_3\right.$$

$$+ \int_0^l \left(12P_1 + 6P_2 + 6\frac{P_1+P_2+P_3}{l}s_4\right)\left(6 + 6\frac{s_4}{l}\right)ds_4\Bigg)$$

$$+ \frac{1}{Gt_s}\left(\int_0^l\int_0^h \frac{P_1+P_2}{h}\frac{1}{h}ds_1\,ds_3 + \int_0^l\int_0^h \frac{P_1+P_2+P_3}{h}\frac{1}{h}ds_1\,ds_4\right)$$

Zur Anwendung der Integraltabelle:

$$U_2 = \frac{1}{EA_v}\left(\int_0^h (P_2)[2,2]_{(1)}\ ds_1 + \int_0^h (-P_1-P_2-P_3)[2,2]_{(-1)}\ ds_1\right)$$

$$+ \frac{2}{EA_h}\left(\int_0^l \genfrac{}{}{0pt}{}{(12P_1+6P_2)}{(6P_1)}[4,2]_{(6)}\ ds_3 + \int_0^l \genfrac{}{}{0pt}{}{(18P_1+12P_2+6P_3)}{(12P_1+6P_2)}[4,4]_{(6)}^{(12)}\ ds_4\right)$$

$$+ \frac{1}{Gt_s}\left(\frac{P_1+P_2}{h^2}lh + \frac{P_1+P_2+P_3}{h^2}lh\right)$$

Resultat:

$$U_2 = \frac{h}{3EA_v}(P_1+2P_2+P_3) + \frac{12l}{EA_h}(28P_1+16P_2+5P_3)$$

$$+ \frac{1}{Gt_s}\frac{1}{h}(2P_1+2P_2+P_3)$$

Die Verschiebung U_3 ergibt sich aus:

$$U_3 = \frac{1}{EA_v}\left(\int_0^h \left(\frac{P_3}{h}s_1\right)\frac{s_1}{h}\ ds_1 + \int_0^h -\left(\frac{P_1+P_2+P_3}{h}s_1\right)\frac{-s_1}{h}\ ds_1\right)$$

$$+ \frac{1}{EA_h}\left(\int_0^l \left(12P_1+6P_2+6\frac{P_1+P_2+P_3}{l}s_4\right)6\frac{s_4}{l}ds_4\right)$$

$$+ \frac{1}{Gt_s}\left(\int_0^l \int_0^h \frac{P_1+P_2+P_3}{h}\frac{1}{h}ds_1 ds_4\right)$$

Zur Anwendung der Integraltabelle:

$$U_3 = \frac{1}{EA_v}\left(\int_0^h (P_3)[2,2]_{(1)}\ ds_1 + \int_0^h (-P_1-P_2-P_3)[2,2]_{(-1)}\ ds_1\right)$$

$$+ \frac{2}{EA_h}\left(\int_0^l \genfrac{}{}{0pt}{}{(18P_1+12P_2+6P_3)}{(12P_1+6P_2)}[4,2]_{(6)}\ ds_4\right)$$

$$+ \frac{1}{Gt_s}\left(\frac{P_1+P_2+P_3}{h^2}lh\right)$$

Resultat:

$$U_3 = \frac{h}{3EA_v}(P_1+P_2+2P_3) + \frac{12l}{EA_h}(8P_1+5P_2+2P_3)$$

$$+ \frac{1}{Gt_s}\frac{1}{h}(P_1+P_2+P_3)$$

Literatur

[1] Argyris, J. *Energy Theorems and Structural Analysis. Aircraft Eng. 26 u. 27* (1954 u. 1955), 347–356, 383–387, 394 u. 42–58, 80–94, 125–134, 145–158. Unter dem gleichen Titel erschienen bei Butterworth Scientific Publications, London 1960.

[2] Betten, J. *Tensorrechnung für Ingenieure.* B.G. Teubner, Stuttgart, 1987.

[3] Biezeno, C. und Grammel, R. *Technische Dynamik.* Springer, Berlin, 1939.

[4] Bornscheuer, F. *Systematische Darstellung der Biege – Verdrehvorgänge unter Berücksichtigung der Wölbkrafttorsion. Stahlbau 21* (1952), 1–9.

[5] Czerwenka, G. und Schnell, W. *Einführung in die Rechenmethoden des Leichtbaus, Band I.* Bibliographisches Institut, Mannheim, 1967.

[6] de Boer, R. *Vektor- und Tensorrechnung für Ingenieure.* Springer, Berlin, Heidelberg, New York, 1982.

[7] de Saint-Venant, B. *Mémoires sur la Torsion des Prismes. Paris Mémoires des Savants étrangers 14* (1856), 233–560.

[8] Eschenauer, H. und Schnell, W. *Elastizitätstheorie I.* Bibliographisches Institut, Mannheim / Wien / Zürich, 1986.

[9] Flügge, W. *Handbook of Engineering Mechanics.* McGraw-Hill, New York, Toronto, London, 1962.

[10] Flügge, W. *Statik und Dynamik der Schalen.* Springer, Berlin, Heidelberg, New York, 1962.

[11] Frisius, J. *Vektorrechnung.* Vogel-Verlag, Würzburg, 1973.

[12] Garvey, S. J. *The Quadrilateral 'Shear' Panel. Aircraft Engineering 23* (1951), 135–135.

[13] Göldner, H. *Lehrbuch höhere Festigkeitslehre, Band I und II.* Fachbuchverlag, Leipzig, 1991 und 1992.

[14] Grasse, W. *Wölbkrafttorsion dünnwandiger prismatischer Stäbe beliebigen Querschnitts. Ing. Arch. 34* (1965), 330 – 338.

[15] Heilig, R. *Beitrag zur Theorie der Kastenträger beliebiger Querschnittsform. Stahlbau 30* (1961), 333–349.

[16] Heilig, R. *Der Schubverformungseinfluß auf die Wölbtorsion von Stäben mit offenem Profil. Stahlbau 30* (1961), 97–103.

[17] Hertel, H. *Leichtbau.* Springer, Berlin, Göttingen, Heidelberg, 1960.

[18] Klein, B. *Leichtbau-Konstruktion.* Vieweg, Braunschweig, Wiesbaden, 1994.

[19] Klingbeil, E. *Tensorrechnung für Ingenieure.* Bibliographisches Institut, Mannheim / Wien / Zürich, 1966.

[20] Kollbrunner, C. F. und Basler, K. *Torsion.* Springer, Berlin, Heidelberg, New York, 1966.

[21] Kollbrunner, C. F. und Hajdin, N. *Dünnwandige Stäbe, Band I und II.* Springer, Berlin, Heidelberg, New York, 1972 und 1975.

[22] **Kuhn, P.** *Stresses in Aircraft and Shell Structures.* McGraw-Hill, New Yorrk, Toronto, London, 1956.

[23] **Leipholz, H.** *Einführung in die Elastizitätstheorie.* G. Braun, Karlsruhe, 1968.

[24] **Lippmann, H.** *Angewandte Tensorrechnung.* Springer, Berlin / Heidelberg / New York / Tokyo u.a.m., 1993.

[25] **Lohr, E.** *Vektor und Dyadenrechnung.* Walter de Gruyeter-Verlag, Berlin, 1950.

[26] **Marguerre, K.** *Technische Mechanik, Zweiter Teil: Elastostatik.* Springer, Berlin, Heidelberg, New York, 1977.

[27] **Megson, T.** *Aircraft Structures for Engineering Students.* Edward Arnold, London, 1972.

[28] **Przemieniecki, J.** *Theory of Matrix Structural Analysis.* McGraw-Hill, New York, St. Louis, London u.a.m., 1968.

[29] **Riemer, M., Wauer, J. und Wedig, W.** *Mathematische Methoden der Technischen Mechanik.* Springer, Berlin / Heidelberg / New York / Tokyo u.a.m., 1993.

[30] **Rüdiger, D.** *Wölbkrafttorsion dünnwandiger Hohlquerschnitte.* Ing.Arch. *33* (1964), 346 - 350.

[31] **Schapitz, E.** *Festigkeitslehre für den Leichtbau.* VDI, Düsseldorf, 1963.

[32] **Schnell, W. und Czerwenka, G.** *Einführung in die Rechenmethoden des Leichtbaus, Band II.* Bibliographisches Institut, Mannheim, 1969.

[33] **Szabo, I.** *Geschichte der mechanischen Prinzipien.* Birkhäuser Verlag, Basel, 1979.

[34] **Wagner, H.** *Ebene Blechwandträger mit sehr dünnem Stegblech.* ZFM *20* (1929), 200–207, 227–233, 256–262, 279–284, 306–314.

[35] **Wagner, H. und Kimm, G.** *Bauelemente des Flugzeugs.* Oldenbourg, München, Berlin, 1940.

[36] **Wiedemann, J.** *Beitrag zum Problem orthotroper Platten ohne allgemeine Neutralebene. Luftfahrttechnik 8,* 10 (1962).

[37] **Wiedemann, J.** *Leichtbau, Band I: Elemente.* Springer, Berlin Heidelberg, New York, Tokyo, 1986.

[38] **Wiedemann, J.** *Leichtbau, Band II: Konstruktion.* Springer, Berlin Heidelberg, New York, Tokyo, 1989.

[39] **Winter, H.** *Bibliographie der Veröffentlichungen über den Leichtbau und seine Randgebiete im deutschen und ausländischen Schrifttum aus den Jahren 1940–1954 und aus den Jahren 1955–1960.* Springer, Berlin, 1955 und 1960.

[40] **Wlassow, W.** *Dünnwandige elastische Stäbe, Band I und II.* VEB Bauwesen, Berlin, 1964 und 1965.

Sachwortverzeichnis

R

S

Springer-Verlag und Umwelt

$\mathbf{A}$ls internationaler wissenschaftlicher Verlag sind wir uns unserer besonderen Verpflichtung der Umwelt gegenüber bewußt und beziehen umweltorientierte Grundsätze in Unternehmensentscheidungen mit ein.

$\mathbf{V}$on unseren Geschäftspartnern (Druckereien, Papierfabriken, Verpackungsherstellern usw.) verlangen wir, daß sie sowohl beim Herstellungsprozeß selbst als auch beim Einsatz der zur Verwendung kommenden Materialien ökologische Gesichtspunkte berücksichtigen.

$\mathbf{D}$as für dieses Buch verwendete Papier ist aus chlorfrei bzw. chlorarm hergestelltem Zellstoff gefertigt und im pH-Wert neutral.

FSC
www.fsc.org
MIX
Papier aus verantwortungsvollen Quellen
Paper from responsible sources
FSC® C105338